에너지관리
기사 필기

시대에듀

합격에 윙크[Win-Q]하다

Win-Q

[에너지관리기사] 필기

Always with you

사람이 길에서 우연하게 만나거나 함께 살아가는 것만이 인연은 아니라고 생각합니다.
책을 펴내는 출판사와 그 책을 읽는 독자의 만남도 소중한 인연입니다.
시대에듀는 항상 독자의 마음을 헤아리기 위해 노력하고 있습니다.
늘 독자와 함께하겠습니다.

합격의 공식
시대에듀

자격증·공무원·금융/보험·면허증·언어/외국어·검정고시/독학사·기업체/취업
이 시대의 모든 합격! 시대에듀에서 합격하세요!
www.youtube.com ➜ 시대에듀 ➜ 구독

PREFACE 머리말

에너지관리 분야의 전문가를 향한 첫 발걸음!

'열에너지는 가정의 연료에서부터 산업용에 이르기까지 그 용도가 다양합니다. 이러한 열 사용처에 있어서 연료 및 이를 열원으로 하는 연료사용 기구의 품질을 향상시킴으로써 연료자원의 보전과 기업의 합리화에 이바지할 인력이 필요하게 됨에 따라 에너지관리 분야의 전문인력 양성에 관심이 높아지고 있습니다.

에너지관리기사는 각종 산업기계, 공장, 사무실, 아파트 등에 동력이나 난방을 위한 열을 공급하는 보일러 및 관련 장비를 효율적으로 운전할 수 있도록 지도하고, 안전관리를 위한 점검과 보수업무를 수행하며 유류용 보일러, 가스 보일러, 연탄 보일러 등 각종 보일러 및 열사용기자재의 제작·설치 시 효율적인 열설비류를 위한 시공·감독 및 보일러의 작동 상태, 배관 상태 등을 점검하는 업무를 수행합니다. 따라서 에너지관리기사는 사무용 빌딩, 아파트, 호텔 및 생산공장 등 열설비류를 취급하는 모든 기관과 보일러 검사 및 품질관리부서, 소형 공장부터 대형 공장까지 보일러 담당부서, 보일러 생산업체, 보일러 설비업체 등으로 진출할 수 있습니다.

에너지관리기사의 고용은 현 수준을 유지하거나 다소 증가할 전망이고, 에너지의 효율적 이용과 절약에 대한 필요성이 증대되고 우리나라는 에너지 낭비 규모가 미국, 일본 등 선진국에 비해 높은 수준이어서 상대적으로 에너지관리기사의 역할이 증대되고 있습니다.

본서는 빨간키(빨리 보는 간단한 키워드) 핵심요약, 핵심이론과 핵심예제, 최근 출제경향을 반영한 10개년 과년도 기출문제와 최근 기출복원문제 및 해설 등으로 구성되어 있습니다.

수험생들은 기출문제 중에서 자주 출제되는 내용을 완벽하게 숙지하시고 중요한 내용을 체계적으로 공부하고 이해와 집중을 기본으로 공부한다면, 합격에 한 발짝 더 가까이 다가갈 수 있습니다.

수험생활 동안 만나게 되는 어려움과 유혹을 모두 이겨내고 합격을 목표로 하여 에너지관리기사 자격을 취득하시길 바랍니다.

기계기술사 박병호

시험안내

개요
열에너지는 가정의 연료에서부터 산업용에 이르기까지 그 용도가 다양하다. 이러한 열 사용처에 있어서 연료 및 이를 열원으로 하는 연료 사용기구의 품질을 향상시킴으로써 연료 자원의 보전과 기업의 합리화에 기여할 인력을 양성하기 위해 자격제도를 제정하였다.

수행직무
- 각종 산업기계, 공장, 사무실, 아파트 등에 동력이나 난방을 위한 열을 공급하기 위하여 보일러 및 관련 장비를 효율적으로 운전할 수 있도록 지도하고, 안전관리를 위한 점검·보수업무를 수행한다.
- 유류용 보일러, 가스 보일러, 연탄 보일러 등 각종 보일러 및 열사용기자재의 제작, 설치 시 효율적인 열설비류를 위한 시공·감독을 하고 보일러의 작동 상태, 배관 상태 등을 점검하는 업무를 수행한다.

시험일정

구분	필기원서접수 (인터넷)	필기시험	필기합격 (예정자)발표	실기원서접수	실기시험	최종 합격자 발표일
제1회	1.13~1.16	2.7~3.4	3.12	3.24~3.27	4.19~5.9	1차 : 6.5 / 2차 : 6.13
제2회	4.14~4.17	5.10~5.30	6.11	6.23~6.26	7.19~8.6	1차 : 9.5 / 2차 : 9.12
제3회	7.21~7.24	8.9~9.1	9.10	9.22~9.25	11.1~11.21	1차 : 12.5 / 2차 : 12.24

※ 상기 시험일정은 시행처의 사정에 따라 변경될 수 있으니, www.q-net.or.kr에서 확인하시기 바랍니다.

시험요강
❶ 시행처 : 한국산업인력공단
❷ 관련 학과 : 대학의 기계공학과, 기계설계공학과, 건축설비공학과, 에너지공학과 등
❸ 시험과목
  ㉠ 필기 : 1. 연소공학 2. 열역학 3. 계측방법 4. 열설비재료 및 관계법규 5. 열설비설계
  ㉡ 실기 : 열관리 실무
❹ 검정방법
  ㉠ 필기 : 객관식 4지 택일형 과목당 20문항(과목당 30분)
  ㉡ 실기 : 필답형(3시간)
❺ 합격기준
  ㉠ 필기 : 100점을 만점으로 하여 과목당 40점 이상, 전 과목 평균 60점 이상
  ㉡ 실기 : 100점을 만점으로 하여 60점 이상

검정현황

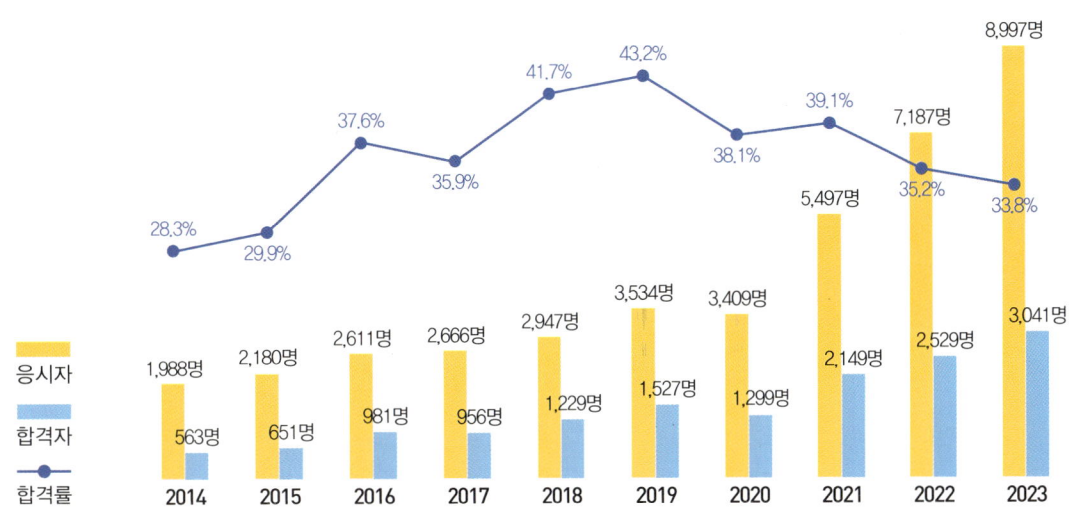

필기시험

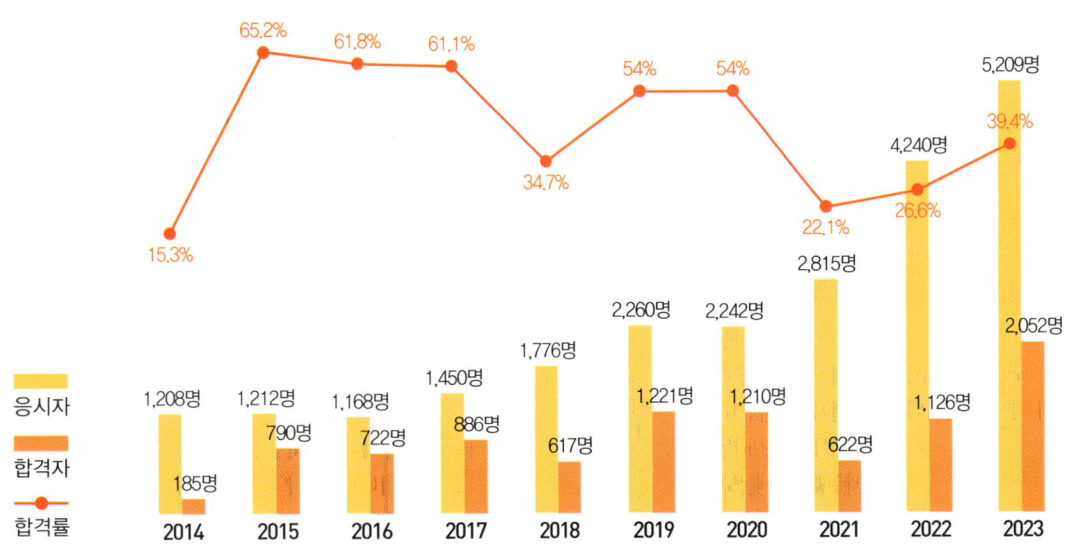

실기시험

# 시험안내

출제기준

필기과목명	주요항목	세부항목	세세항목		
연소공학	연소이론	연소 기초	• 연소의 정의 • 연소의 종류와 상태	• 연료의 종류 및 특성 • 연소속도 등	
		연소 계산	• 연소현상이론 • 공기비 및 완전연소 조건 • 화염온도	• 이론 및 실제공기량, 배기가스량 • 발열량 및 연소효율 • 화염전파이론 등	
	연소설비	연소장치의 개요	• 연료별 연소장치 • 연소기의 부품	• 연소방법 • 연료 저장 및 공급장치	
		연소장치설계	• 고부하 연소기술	• 저공해 연소기술	• 연소부하 산출
		통풍장치	• 통풍방법	• 통풍장치	• 송풍기의 종류 및 특징
		대기오염방지장치	• 대기오염 물질의 종류 • 대기오염방지장치의 종류 및 특징	• 대기오염 물질의 농도 측정	
	연소안전 및 안전장치	연소안전장치	• 점화장치 • 연료차단장치	• 화염검출장치 • 경보장치	• 연소제어장치
		연료 누설	• 외부 누설	• 내부 누설	
		화재 및 폭발	• 화재 및 폭발이론 • 분진 폭발	• 가스 폭발 • 자연발화	• 유증기 폭발
열역학	열역학의 기초사항	열역학적 상태량	• 온도	• 압력	• 비체적, 비중량, 밀도
		일 및 열에너지	• 일	• 열에너지	• 동력
	열역학 법칙	열역학 제1법칙	• 내부에너지	• 엔탈피	• 에너지식
		열역학 제2법칙	• 엔트로피	• 유효에너지와 무효에너지	
	이상기체 및 관련 사이클	기체의 상태 변화	• 정압 및 정적 변화	• 등온 및 단열 변화	• 폴리트로픽 변화
		기체동력기관의 기본 사이클	• 기체 사이클의 특성	• 기체 사이클의 비교	
	증기 및 증기동력 사이클	증기의 성질	• 증기의 열적 상태량	• 증기의 상태 변화	
		증기동력 사이클	• 증기동력 사이클의 종류 • 열효율, 증기소비율, 열소비율	• 증기동력 사이클의 특성 및 비교 • 증기표와 증기선도	
	냉동 사이클	냉매	• 냉매의 종류	• 냉매의 열역학적 특성	
		냉동 사이클	• 냉동 사이클의 종류 • 냉동능력, 냉동률, 성능계수(COP)	• 냉동 사이클의 특성 • 습공기선도	
계측방법	계측의 원리	단위계와 표준	• 단위 및 단위계	• SI 기본단위	• 차원 및 차원식
		측정의 종류와 방식	• 측정의 종류	• 측정의 방식과 특성	
		측정의 오차	• 오차의 종류	• 측정의 정도(精度)	
	계측계의 구성 및 제어	계측계의 구성	• 계측계의 구성요소	• 계측의 변환	
		측정의 제어회로 및 장치	• 자동제어의 종류 및 특성 • 보일러의 자동제어	• 제어동작의 특성	

필기과목명	주요항목	세부항목	세세항목		
계측방법	유체 측정	압력	• 압력 측정방법	• 압력계의 종류 및 특징	
		유량	• 유량 측정방법	• 유량계의 종류 및 특징	
		액면	• 액면 측정방법	• 액면계의 종류 및 특징	
		가스	• 가스의 분석방법	• 가스분석계의 종류 및 특징	
	열 측정	온도	• 온도 측정방법	• 온도계의 종류 및 특징	
		열량	• 열량 측정방법	• 열량계의 종류 및 특징	
		습도	• 습도 측정방법	• 습도계의 종류 및 특징	
열설비재료 및 관계법규	요로	요로의 개요	• 요로의 정의	• 요로의 분류	• 요로 일반
		요로의 종류 및 특징	• 철강용로의 구조 및 특징 • 주물용해로의 구조 및 특징 • 축요의 구조 및 특징	• 제강로의 구조 및 특징 • 금속가열 열처리로의 구조 및 특징	
	내화물, 단열재, 보온재	내화물	• 내화물의 일반	• 내화물의 종류 및 특성	
		단열재	• 단열재의 일반	• 단열재의 종류 및 특성	
		보온재	• 보온(랭)재의 일반	• 보온(랭)재의 종류 및 특성	
	배관 및 밸브	배관	• 배관 자재 및 용도 • 관 지지장치	• 신축 이음 • 패킹	
		밸브	• 밸브의 종류 및 용도		
	에너지 관계법규	에너지 이용 및 신재생에너지 관련 법령에 관한 사항	• 에너지법, 시행령, 시행규칙 • 에너지이용합리화법, 시행령, 시행규칙 • 신에너지 및 재생에너지 개발·이용·보급 촉진법, 시행령, 시행규칙 • 기계설비법, 시행령, 시행규칙		
열설비설계	열설비	열설비 일반	• 보일러의 종류 및 특징 • 열교환기의 종류 및 특징	• 보일러 부속장치의 역할 및 종류 • 기타 열사용기자재의 종류 및 특징	
		열설비설계	• 열사용기자재의 용량 • 관의 설계 및 규정	• 열설비 • 용접설계	
		열전달	• 열전달이론	• 열관류율	• 열교환기의 전열량
		열정산	• 입열, 출열	• 손실열	• 열효율
	수질관리	급수의 성질	• 수질의 기준	• 불순물의 형태	• 불순물에 의한 장애
		급수처리	• 보일러 외처리법 • 보일러수의 분출 및 배출기준	• 보일러 내처리법	
	안전관리	보일러 정비	• 보일러의 분해 및 정비	• 보일러의 보존	
		사고 예방 및 진단	• 보일러 및 압력용기 사고원인 및 대책 • 보일러 및 압력용기 취급요령		

구성 및 특징

CHAPTER 01 연소공학

제1절 | 연소이론

1-1. 연소기초

핵심이론 01 연소와 연료의 개요

① 연소(Combustion)의 정의
  ㉠ 온도가 높은 분위기 속에서 가연물질이 산소와 화합하여 빛과 열을 발생시키는 현상
  ㉡ 응고 상태 또는 기체 상태의 연료와 관계된 자발적인 발열반응과정
  ㉢ 가연성 물질이 공기 중의 산소와 반응을 일으키며 산화열을 발생시키는 현상

② 연소의 3요소와 4요소
  ㉠ 연소의 3요소 : 가연물(환원제), 산소 공급원(산화제), 점화원
  ㉡ 연소의 4요소 : 연소의 3요소 + 연소의 연쇄반응

③ 연료(Fuel)의 정의
  ㉠ 열에너지로 변환이 가능한 모든 물질
  ㉡ 자체 내부구조의 변화 또는 다른 물질과의 상호반응에 의해 화학에너지 및 핵에너지를 지속적으로 빛이나 열에너지로 변환시키는 물질
  ㉢ 공기 또는 산소가 공존할 때 지속적으로 산화반응을 일으켜 빛과 열에너지를 발생시키고, 이때 발생한 빛과 열에너지를 경제적으로 이용할 수 있는 물질
  ㉣ 연소에 의해 발생하는 열을 경제적으로 이용할 수 있는 가연물질

④ 연료의 구비조건
  ㉠ 연소가 안정적이며 단위질량당 발열량이 높아야 한다.
  ㉡ 활성화에너지가 작아야 한다(점화에너지가 작아야 한다).
  ㉢ 열전도도가 작아야 한다.
  ㉣ 산소와의 결합력이 강해야 한다.
  ㉤ 발열반응을 하고 연쇄반응을 수반해야 한다.
  ㉥ 자원이 풍부하여 쉽게 구할 수 있고, 가격이 저렴해야 한다.
  ㉦ 취급이 용이하고, 안전하며 무해하여야 한다.
  ㉧ 저장·운반이 간편하고, 사용 시 안전하며 위험성이 작아야 한다.
  ㉨ 연소 시 생성되는 회분(재) 등의 배출물이 적어야 하며 배출가스 중 공해물질이 적어야 한다.
  ㉩ 부하변동...
  ㉪ 점화점만...

⑤ 완전연소의 ...
  ㉠ 충분한 ...
  ㉡ 연소에 ...
  ㉢ 연소반응...
  ㉣ 가연물...

⑥ (공기나) 연료...
  ㉠ 연소실 ...
  ㉡ 화학열을...
  ㉢ 연소효율...

⑦ 현열, 잠열, ...
  • 현열(감열...
  • 물질의 ...
  • 현 열
  $Q_s = m$...
  (여기서,

핵심이론 02 연료의 기본 성질

① 비중 : 물질의 중량과 이와 동등한 체적의 표준물질과의 중량의 비이다(액체연료인 석유계 연료의 가장 중요한 성질 중의 하나).
  ㉠ 주요 액체연료의 비중 : 가솔린(휘발유) 0.65~0.8, 등유 0.78~0.8, 경유 0.81~0.88, 중유 0.85~0.99
  ㉡ API(American Petroleum Institute)도

  $$API = \frac{141.5}{S} - 131.5$$

  (여기서, S : 비중(60[°F]/60[°F]))

② 유동점 : 액체가 흐를 수 있는 최저 온도로 응고점보다 2.5[℃] 높다.

③ 인화점 또는 인화온도[℃]
  ㉠ 가연성 액체에서 발생한 증기가 공기 중 농도의 연소범위 내에 있을 때 불꽃을 접근시키면 불이 붙는 최저 온도이다.
  ㉡ 가솔린 -20, 벤졸 -10, 등유 30~60, 경유 50~70, 중유 60~150

④ 점화 또는 착화
  ㉠ 착화온도(착화점 또는 발화점) : 외부로부터 열을 받지 않아도 연소를 개시할 수 있는 최저 온도
    • 착화온도[℃] : 셀룰로이드 180, 아세틸렌 299, 휘발유(가솔린) 210~300, 목탄(목재, 장작) 250~300, 갈탄 250~450, 목탄(역청탄) 300~400, 석탄 330~450, 무연탄 400~500, 벙커 C유(중유) 500~600, 코크스 400~600, 프로판 460~520, 중유 530~580, 수소 580~600, 메탄 615~682, 탄소 800, 소금 800 등이며 고체연료 중에서는 목재의 착화온도가 가장 낮다.
    • 착화온도가 낮아지는 이유 : 분자구조가 복잡할수록, 산소농도·압력·발열량·반응활성도 등이 높을수록, 습도·활성화에너지·열전도율이 낮을수록 착화온도가 낮아진다.
  ㉡ 착화열 : 연료를 최초의 온도부터 착화온도까지 가열하는 데 사용되는 열량이다.
  ㉢ 최소 점화에너지 또는 최소 착화에너지(MIE) : 가연성 혼합기체(가스 및 증기, 분체 등)의 점화에 필요한 최소 에너지로 연소속도, 열전도도, 질소농도 등에 따라 증가하며 압력, 산소농도 등에 따라 감소된다. 일반적으로 분진의 MIE는 가연성 가스보다 크며 1[atm]/상온 상태에서 탄화수소의 MIE는 10^{-1}[mJ] 정도이다. 혼합기의 종류에 의해서 변하며 불꽃방전 시 일어나는 에너지의 크기는 전압의 제곱에 비례한다.

⑤ 세탄가 : 디젤연료의 발화성을 나타내는 지수로, 세탄가가 높으면 발화성이 양호하다(노멀파라핀 > 나프텐 > 올레핀).

핵심예제

2-1. 다음 액체연료 중 비중이 가장 낮은 것은?
[2010년 제1회, 2013년 제1회]

① 중 유   ② 등 유
③ 경 유   ④ 가솔린

2-2. 비중이 0.8(60[°F]/60[°F])인 액체연료의 API도는?
[2017년 제2회]

① 10.1   ② 21.9
③ 36.8   ④ 45.4

|해설|
2-1
비중이 가벼운 순서 : 가솔린 < 등유 < 경유 < 중유

2-2
$API = \frac{141.5}{S} - 131.5 = \frac{141.5}{0.8} - 131.5 = 45.4$

정답 2-1 ④ 2-2 ④

핵심이론

필수적으로 학습해야 하는 중요한 이론들을 각 과목별로 분류하여 수록하였습니다.
시험과 관계없는 두꺼운 기본서의 복잡한 이론은 이제 그만! 시험에 꼭 나오는 이론을 중심으로 효과적으로 공부하십시오.

핵심예제

출제기준을 중심으로 출제 빈도가 높은 기출문제와 필수적으로 풀어보아야 할 문제를 핵심이론당 1~2문제씩 선정했습니다. 각 문제마다 핵심을 찌르는 명쾌한 해설이 수록되어 있습니다.

STRUCTURES

합격의 공식 Formula of pass | 시대에듀 www.sdedu.co.kr

과년도 기출문제

지금까지 출제된 과년도 기출문제를 수록하였습니다. 각 문제에는 자세한 해설이 추가되어 핵심 이론만으로는 아쉬운 내용을 보충 학습하고 출제 경향의 변화를 확인할 수 있습니다.

최근 기출복원문제

최근에 출제된 기출문제를 복원하여 가장 최신의 출제경향을 파악하고 새롭게 출제된 문제의 유형을 익혀 처음 보는 문제들도 모두 맞힐 수 있도록 하였습니다.

최신 기출문제 출제경향

2021년 2회
- 추가로 공급된 산소의 유량
- 위험성을 나타내는 성질
- 냉동기의 냉동용량
- 과열기의 영향으로 발생하는 현상
- 노점온도(Dew Point Temperature)
- 방사고온계의 장점
- 다이어프램 압력계의 특징
- 열사용기자재관리
- 보온재의 구비조건
- 블로 다운의 양
- 다층벽의 총열관류율
- 노통 연관식 보일러의 특징

2021년 4회
- 최대 탄산가스율[%]
- 증기운 폭발의 특징
- 단열화염온도
- 증기의 성질
- 오토 사이클과 디젤 사이클의 열효율
- 피드백 제어계의 구성
- 측온저항체의 설치방법
- 2종 압력용기
- 포스터라이트(Forsterite)의 특징
- 저온부식 억제방법
- 열매체 보일러의 특징
- 원형 강관의 발열량

2022년 1회
- 고체연료의 일반적인 특징
- 액체의 인화점에 영향을 미치는 요인
- 포화액과 포화증기의 비엔트로피 변화량
- 폴리트로픽 지수(n)와 상태변화의 관계식
- 유량 측정에 쓰이는 탭(Tap)방식
- 자동제어의 특성
- 검사대상기기에 대한 검사의 종류
- 에너지절약전문기업의 사업
- 조업방식에 따른 요의 분류
- 보일러에 설치된 과열기의 역할
- 보일러 설치검사기준
- 핵비등(Nucleate Boiling)

2022년 2회
- 세정 집진장치의 입자포집원리
- 기체연료의 일반적인 특징
- 물의 임계압력
- 이상적인 랭킨 사이클의 과정
- 링밸런스식 압력계
- 전자유량계에서 검출되는 전압
- 보일러의 급수밸브 및 체크밸브 설치기준
- 터널가마의 일반적인 특징
- 에너지 수급안정을 위한 조치사항
- 원통 보일러의 특징
- 프라이밍 및 포밍 발생 시 조치사항
- 수관 보일러의 전열면적 계산

TENDENCY OF QUESTIONS

합격의 공식 Formula of pass | 시대에듀 www.sdedu.co.kr

- 슈테판-볼츠만의 열복사 법칙
- 열정산의 목적
- 최소 착화에너지(MIE)의 특징
- 엔트로피 증가의 원리를 나타내는 식
- 디젤엔진의 차단비(Cut Off Ratio) 계산
- 냉매가 구비해야 할 조건
- 공기의 평균 속도 계산
- 가스검지시험지와 검지가스의 연결
- 내화물의 비중과 관련된 성질
- 에너지이용합리화에 관한 기본계획 사항
- 스케줄 넘버(Schedule Number)
- 구형 용기의 최소 두께 계산

- 화학반응속도 지배요인
- 1차 연소, 2차 연소
- 정전기 방지대책
- 사이클의 열효율 큰 순서
- 습증기의 건도
- 정압과정의 엔트로피 변화량
- 계측기의 감도
- 원관 층류 유량 변화
- 평균효율관리기자재
- 탄소강관의 늘어난 길이
- 용접봉 피복재의 역할
- 열교환기 성능 향상의 요인

2023년 1회   **2023년 2회**   **2024년 1회**   **2024년 2회**

- 배기가스에 의한 대기오염을 방지하는 방법
- 프로판가스 연소 시 이론공기량 계산
- 액체연료 무화의 3요소
- 가역 단열압축 시 최종 온도 계산
- 혼합기체의 평균 분자량
- 배기가스 중의 CO_2, O_2, CO량 계산
- 캐스케이드 제어(Cascade Control)
- 벤투리미터(Venturi Meter)의 특성
- 캐스터블 내화물의 특성
- 에너지이용합리화법에서의 양벌규정사항
- 전기저항로의 시간당 이론 열량
- 감압밸브 설치 시 주의사항

- 부탄가스 폭발 가능 누출량
- 고체연료 대비 액체연료 성분 조성비
- 온도
- 열화학반응식과 생성열
- 피토관 사용 시 주의사항
- 색 온도계의 색과 온도
- 실리카의 전이특성
- 붙박이에너지사용기자재의 효율관리
- 고효율에너지인증대상기자재 제외 기자재
- 열교환기의 열교환량
- 보일러 옥내 설치기준
- 보일러 설치 공간 계획

이 책의 목차

빨리보는 간단한 키워드

PART 01 | 핵심이론 + 핵심예제

CHAPTER 01	연소공학	002
CHAPTER 02	열역학	055
CHAPTER 03	계측방법	113
CHAPTER 04	열설비재료 및 관계법규	176
CHAPTER 05	열설비설계	270

PART 02 | 과년도 + 최근 기출복원문제

2015년	과년도 기출문제	326
2016년	과년도 기출문제	385
2017년	과년도 기출문제	447
2018년	과년도 기출문제	508
2019년	과년도 기출문제	570
2020년	과년도 기출문제	628
2021년	과년도 기출문제	689
2022년	과년도 기출문제	753
2023년	최근 기출복원문제	795

PART 03 | 최근 기출복원문제

2024년	최근 기출복원문제	838

빨간키

합격의 공식 SD에듀 www.sdedu.co.kr

당신의 시험에 빨간불이 들어왔다면!
최다빈출키워드만 쏙쏙! 모아놓은
합격비법 핵심 요약집 "빨간키"와 함께하세요!
당신을 합격의 문으로 안내합니다.

01 연소공학

■ 연소의 3요소

가연물(환원제), 산소공급원(산화제), 점화원

■ 압력의 증가에 따른 증기의 성질
- 증가 : 현열, 엔탈피, 포화온도
- 감소 : 증발열, 잠열

■ API(American Petroleum Institute)도

$$API도 = \frac{141.5}{S} - 131.5$$

(여기서, S : 비중(60[°F]/60[°F])

■ 착화온도[℃]
- 외부로부터 열을 받지 않아도 연소를 개시할 수 있는 최저 온도
- 착화온도가 낮아지는 이유 : 분자구조가 복잡할수록, 산소농도·압력·발열량·반응활성도 등이 높을수록, 습도·활성화에너지·열전도율이 낮을수록

■ 중유의 점도가 높아질수록 연소에 미치는 영향
- 오일탱크로부터 버너까지의 이송이 곤란해진다.
- 버너의 연소 상태가 나빠진다.
- 기름의 분무현상(Atomization)이 불량해진다.
- 버너 화구에 유리탄소가 생긴다.

■ 연소속도에 영향을 미치는 인자

연료(가연물) 종류, 산화성 물질 종류, 가연물과 산화성 물질의 혼합비율, 연료의 밀도·비열(작을수록 연소속도 증가), 연료의 열전도율·화염온도·연소온도·압력(크거나 높을수록 연소속도 증가)

주요 연소방정식

- 수소 : $H_2 + 0.5O_2 \rightarrow H_2O$
- 탄소 : $C + O_2 \rightarrow CO_2$
- 황 : $S + O_2 \rightarrow SO_2$
- 일산화탄소 : $CO + 0.5O_2 \rightarrow CO_2$
- 메탄 : $CH_4 + 2O_2 \rightarrow CO_2 + 2H_2O$
- 아세틸렌 : $C_2H_2 + 2.5O_2 \rightarrow 2CO_2 + H_2O$
- 에탄 : $C_2H_6 + 3.5O_2 \rightarrow 2CO_2 + 3H_2O$
- 프로판 : $C_3H_8 + 5O_2 \rightarrow 3CO_2 + 4H_2O$
- 부탄 : $C_4H_{10} + 6.5O_2 \rightarrow 4CO_2 + 5H_2O$
- 옥탄 : $C_8H_{18} + 12.5O_2 \rightarrow 8CO_2 + 9H_2O$
- 등유 : $C_{10}H_{20} + 15O_2 \rightarrow 10CO_2 + 10H_2O$
- 탄화수소의 일반 반응식 : $C_mH_n + \left(m + \dfrac{n}{4}\right)O_2 \rightarrow mCO_2 + \dfrac{n}{2}H_2O$

발생탄소량 : 연료량 × 석유환산계수 × 탄소배출계수

- 석유환산계수 : 에너지원별 열량을 석유환산량[TOE]로 환산하기 위한 계수
- TOE(Ton of Oil Equivalent) : 원유 1[ton]에 해당하는 열량(약 107[kcal]), 발열량을 1[kg] = 10,000[kcal]로 환산한 값
- 탄소배출계수 : 화석연료 소비량을 탄소량으로 변환하기 위해 연료별 단위 에너지당 탄소 함유량

슈테판-볼츠만의 열복사 법칙

$R(T) = \sigma T^4$ (여기서, $R(T)$: 단위면적당 열복사에너지, σ : 슈테판-볼츠만 상수)

공기비(m) 계산공식

- $m = \dfrac{A}{A_0}$ (여기서, A : 실제공기량, A_0 : 이론공기량)
- $m = \dfrac{CO_{2\max}}{CO_2}$
- $m = \dfrac{21}{21 - O_2[\%]}$
- $m = \dfrac{N_2}{N_2 - 3.76(O_2 - 0.5CO)}$

■ 연소방정식을 이용한 이론산소량

- 질량 계산[kg/kg]

  $O_0 =$ 가연물질의 몰수 $\times$ 산소의 몰수 $\times 32$

- 체적 계산[Nm³/kg]

  $O_0 =$ 가연물질의 몰수 $\times$ 산소의 몰수 $\times 22.4$

■ 연소방정식을 이용한 이론공기량

- 질량 계산식[kg/kg]

  $$A_0 = \frac{O_0}{0.232}$$

- 체적 계산식[Nm³/kg]

  $$A_0 = \frac{O_0}{0.21}$$

■ 성분 조성을 이용한 이론산소량

- 고체, 액체연료의 이론산소량
  - 질량 계산식[kg/kg]

    $$O_0 = 32 \times \sum (\text{각 가연원소의 필요산소량})$$
    $$= 32 \times \left\{ \frac{C}{12} + \frac{(H - O/8)}{4} + \frac{S}{32} \right\}$$
    $$= 2.667C + 8\left(H - \frac{O}{8}\right) + S$$

  - 체적 계산식[Nm³/kg]

    $$O_0 = 22.4 \times \sum (\text{각 가연원소의 필요산소량})$$
    $$= 22.4 \times \left\{ \frac{C}{12} + \frac{(H - O/8)}{4} + \frac{S}{32} \right\}$$
    $$= 1.867C + 5.6\left(H - \frac{O}{8}\right) + 0.7S$$

- 기체연료의 이론산소량[Nm³/Nm³]

  $$O_0 = \sum (\text{각 단위가스의 필요산소량})$$
  $$= \left\{ \frac{CO}{2} + \frac{H_2}{2} + \sum \left(m + \frac{n}{4}\right) C_m H_n - O_2 \right\}$$

▌성분 조성을 이용한 이론공기량

- 고체, 액체연료의 이론공기량
  - 질량 계산식[kg/kg]

  $$A_0 = \frac{\text{이론산소량}}{0.232} = \left(\frac{32}{0.232}\right) \times \sum(\text{각 가연원소의 필요산소량})$$

  $$= \left(\frac{32}{0.232}\right) \times \left\{\frac{C}{12} + \frac{(H-O/8)}{4} + \frac{S}{32}\right\}$$

  $$= \frac{1}{0.232} \times \left\{2.667C + 8\left(H - \frac{O}{8}\right) + S\right\}$$

  - 체적 계산식[Nm³/kg]

  $$A_0 = \frac{\text{이론산소량}}{0.21} = \left(\frac{22.4}{0.21}\right) \times \sum(\text{각 가연원소의 필요산소량})$$

  $$= \left(\frac{22.4}{0.21}\right) \times \left\{\frac{C}{12} + \frac{(H-O/8)}{4} + \frac{S}{32}\right\}$$

  $$= \frac{1}{0.21} \times \left\{1.867C + 5.6\left(H - \frac{O}{8}\right) + 0.7S\right\}$$

- 기체연료의 이론공기량[Nm³/Nm³]

  $$A_0 = \frac{1}{0.21} \sum(\text{각 단위가스의 필요산소량})$$

  $$= \left(\frac{1}{0.21}\right)\left\{\frac{CO}{2} + \frac{H_2}{2} + \sum\left(m + \frac{n}{4}\right)C_m H_n - O_2\right\}$$

▌고체, 액체연료의 습연소가스량(습배기가스량, G)

- 연소방정식에 의한 계산
  - [kg/kg] $G = (m - 0.232)A_0 + (44/12)C + (18/2)H + (64/32)S + N + w$
  - [Nm³/kg] $G = (m - 0.21)A_0 + 22.4\{(C/12) + (H/2) + (S/32) + (N/28) + (w/18)\}$
- 체적 변화에 의한 계산
  - [Nm³/kg] $G = mA_0 + 22.4\{(O/32) + (H/4) + (N/28) + (w/18)\}$
  - [Nm³/kg] $G = mA_0 + 5.6H$ (액체연료성분이 탄소와 수소만일 경우)

▌기체연료의 습연소가스량(습배기가스량, G)

- 연소방정식에 의한 계산
  - [Nm³/Nm³] $G = (m - 0.21)A_0 + CO + H_2 + \sum(m + n/2)C_m H_n + N_2 + CO_2 + H_2O$
  - [Nm³/kg] $G = (m - 0.21)A_0 +$ 연료의 몰수 $\times 22.4 \times$ 연소가스의 몰수

- 체적 변화에 의한 계산
  - [Nm³/Nm³] $G = 1 + mA_0 - (1/2)CO - (1/2)H_2 + \sum(n/4 - 1)C_mH_n$

■ 고체, 액체연료의 건연소가스량(건배기가스량, G')
- 연소방정식에 의한 계산
  - [Nm³/kg] $G' = (m - 0.21)A_0 + 22.4\{(C/12) + (S/32) + (N/28)\}$
- 체적 변화에 의한 계산
  - [Nm³/kg] $G' = mA_0 + 22.4\{(O/32) - (H/4) + (N/28)\}$
  - [Nm³/kg] $G' = mA_0 - 5.6H$ (액체연료성분이 탄소와 수소만일 경우)

■ 기체연료의 건연소가스량(건배기가스량, G')
- 연소방정식에 의한 계산
  [Nm³/Nm³] $G' = (m - 0.21)A_0 + CO + H_2 + \sum(m)C_mH_n + (N_2 + CO_2)$
- 체적 변화에 의한 계산
  [Nm³/Nm³] $G' = 1 + mA_0 - (1/2)CO - (3/2)H_2 - \sum(n/4 + 1)C_mH_n - H_2O$

■ 연소가스량 관련식
- CO_2와 연료 중의 탄소분을 알고 있을 때의 건연소가스량
  $G' = \dfrac{1.867 \times C}{(CO_2)}$ [Nm³/kg]
- 습연소가스량과 건연소가스량의 관계식
  $G = G' + 1.25(9H + w)$
- 산소의 몰분율(연소가스 조성 중 산소값)
  $M = \dfrac{0.21(m - 1)A_0}{G}$
  (여기서, m : 공기과잉률, A_0 : 이론공기량, G : 실제 배기가스량)

■ 고체, 액체연료의 발열량
- 고체, 액체연료의 고위발열량
  - [kcal/kg] $H_h = 8,100C + 34,000(H - O/8) + 2,500S = H_L + 600(9H + w)$
  - [MJ/kg] $H_h = 33.9C + 144(H - O/8) + 10.5S = H_L + 2.5(9H + w)$

- 고체, 액체연료의 저위발열량
  - [kcal/kg] $H_L = H_h - 600(9H + w)$
  - [MJ/kg] $H_L = H_h - 2.5(9H + w)$

기체연료의 발열량

- 기체연료의 고위발열량

  [kcal/Nm³] $H_h = 3.05H_2 + 3.035CO + 9.530CH_4 + 14.080C_2H_2 + 15.280C_2H_4 + \cdots$

- 기체연료의 저위발열량

  [kcal/Nm³] $H_L = H_h - 480(H_2O\ \text{몰수})$

연소온도

- 이론연소온도

$$T_0 = \frac{H_L}{GC}$$

(여기서, H_L : 저위발열량, G : 배기가스량, C : 배기가스의 평균 비열)

- 실제연소온도

$$T = \frac{H_L + Q_a + Q_f}{GC} + t$$

(여기서, Q_a : 공기의 현열, Q_f : 연료의 현열, t : 기준온도)

- 연소온도에 영향을 미치는 요인 : 공기비, 공기 중의 산소농도, 연소효율, 공급공기온도, 연소 시 반응물질 주위의 온도, 연료의 저위발열량(연소온도는 공기비의 영향을 가장 많이 받는다)

입열과 출열

- 입열 : 연료의 보유열량, 현열, 예열, 연소열, (저위)발열량(가장 크다), 공기의 현열(연소용 마른 공기의 현열, 산소의 현열, 연소용 공기 중 수분의 현열), 무화제의 현열, 장입강재의 함열량, 발열반응에 의한 반응열, 스케일의 생성열, 급수의 현열, 노 내 분입증기의 현열(보유열) 등
- 출열 : 배기가스열 또는 배기가스손실열(가장 크다), 추출강재의 함열량, 스케일의 현열, 배기가스의 현열(마른 배기가스의 현열, 배기가스 중 수증기의 현열), 불완전연소에 의한 손실열, 냉각수가 가져가는 열, 노체 및 연통 발산열, 노 개구부 방염가스 손실열, 노 개구부 방사손실열, 예열유체 배관의 방사열, 열풍발산열, 연소 배기가스 중 수증기(발생증기)의 보유열, 과잉공기에 의한 열손실, 미연소분에 의한 열손실, 발생증기 보유열, 복사·전도에 의한 열손실, 축 열손실, 유입 수증기가 다시 가져나가는 열량 등

연소효율

- 연료가 보유한 화학에너지를 열에너지로 변환하는 정도
- 연소효율 : 실제의 연소에 의한 열량을 완전연소했을 때의 열량으로 나눈 것

$$\eta_c = \frac{H_c - H_1 - H_2}{H_c}$$

  (여기서, H_c : 연료의 발열량, H_1 : 미연탄소에 의한 열손실, H_2 : 불완전연소에 따른 손실 또는 CO가스에 따른 손실)

$$\eta_c = \frac{H_L - (L_c + L_i)}{H_L}$$

  (여기서, H_L : 저위발열량, L_c : 탄 찌꺼기 속의 미연탄소분에 의한 손실열, L_i : 불완전연소에 따른 손실열)

- 가열실의 이론효율

$$E = \frac{t_r - t_i}{t_r}$$

  (여기서, t_r : 이론연소온도, t_i : 피열물의 온도)

보일러 효율

- $\eta_B = \dfrac{G_a(h_2 - h_1)}{H_L \times G_f} \times 100[\%] = \dfrac{G_e \times 539}{H_L \times G_f} \times 100[\%]$

- $\eta_B = \eta_e \times \eta_r = \dfrac{\text{실제 연소열량}}{\text{연료의 발열량}} \times \dfrac{\text{유효열량}}{\text{실제 연소열량}} = \dfrac{\text{유효열량}}{\text{연료의 발열량}}$

환열실(리큐퍼레이터)의 전열량

$Q = FV\Delta t_m$

(여기서, F : 전열면적, V : 총괄 전열계수, Δt_m : 평균 온도차)

링겔만 매연농도를 이용한 매연 측정방법

- 농도는 0~5도(6종)로 구분되며 농도 1도당 매연 20[%]이다.
- 가장 양호한 연소는 1도(20[%])이며, 2도(40[%]) 이하를 합격으로 한다.
- 매연농도율

$$R = \frac{\text{매연농도값}}{\text{측정시간(분)}} \times 20[\%]$$

- 보일러 운전 중 매연농도가 2도 이하(매연율 40[%] 이하)로 항상 유지되어야 한다.
- 6개의 농도표와 배출 매연의 색을 연돌 출구에서 비교하는 것이다.
- 농도표는 측정자로부터 16[m] 떨어진 곳에 설치한다.

- 측정자와 연돌의 거리는 200[m] 이내여야 한다.
- 연돌 출구로부터 30~45[m] 정도 떨어진 곳의 연기를 관측한다.
- 연기가 흐르는 방향의 직각의 위치에서 측정한다.
- 태양광선을 측면으로 받는 위치에서 측정한다.

▌ 건식 집진장치의 종류
중력식, 관성력식(충돌식, 반전식), 원심식(사이클론식, 멀티 사이클론형), 백필터(여과식), 진동 무화식

▌ 습식 집진장치의 종류
유수식, 가압수식(벤투리 스크러버, 사이클론 스크러버, 제트 스크러버, 충진탑), 회전식 등

▌ 연소범위(폭발범위, 폭발한계, 연소한계, 가연한계)
- 연소범위는 상한치와 하한치의 값을 가지며 각각 연소 상한계 또는 폭발 상한(UFL), 연소 하한계 또는 폭발 하한(LFL)이라고 한다.
- 연소 상한계(UFL) : 연소 가능한 상한치
  - 공기 중에서 가장 높은 농도에서 연소할 수 있는 부피
  - 가연물의 최대 용량비
  - UFL 이상의 농도에서는 산소농도가 너무 낮다.
  - UFL이 높을수록 위험도는 증가한다.
  - UFL 공식

  $$\frac{100}{UFL} = \sum \frac{V_i}{L_i}$$

  (여기서, V_i : 각 가스의 조성[%], L_i : 각 가스의 연소 상한계[%])

- 연소 하한계(LFL) : 연소 가능한 하한치
  - 공기 중에서 가장 낮은 농도에서 연소할 수 있는 부피
  - 가연물의 최저 용량비
  - LFL 이하의 농도에서는 가연성 증기의 농도가 너무 낮다.
  - LFL이 낮을수록 위험도는 증가한다.
  - LFL 공식

  $$\frac{100}{LFL} = \sum \frac{V_i}{L_i}$$

  (여기서, V_i : 각 가스의 조성[%], L_i : 각 가스의 연소 하한계[%])

가연성 가스의 위험도(H)

$$H = \frac{U-L}{L}$$

(여기서, U : 폭발 상한, L : 폭발 하한)

DID(폭굉유도거리)

- 최초의 완만한 연소로부터 격렬한 폭굉으로 발산할 때까지의 거리이며 짧을수록 위험하다.
- DID가 짧아지는 요인 : 관경이 가늘수록, 관 속에 방해물이 있을수록, 압력이 높을수록, 발화원의 에너지가 클수록

CHAPTER 02 열역학

■ 종량성 성질, 강도성 성질
- 종량성 성질(Extensive Property) : 시량 특성이라고도 하며, 질량에 비례하는 상태량(무게, 체적, 질량, 엔트로피, 엔탈피, 에너지 등)이다.
- 강도성 성질(Intensive Property) : 시강 특성이라고도 하며, 물질의 양과는 무관한 상태량(절대온도, 압력, 비체적, 비질량, 밀도, 조성, 몰분율 등)이다.

■ 온 도
- 온도 측정의 타당성에 대한 근거 : 열역학 제0법칙
- 섭씨온도[℃] : 물의 어는점(0)과 끓는점(100)을 기준으로 전체 구간을 100등분한 눈금으로 값을 정한 온도
- 화씨온도[°F] : 물의 어는점(32)과 끓는점(212)을 기준으로 전체 구간을 180등분한 눈금으로 값을 정한 온도
- 절대온도[K] : 물의 삼중점을 273.16[K]로 정한 온도
- 섭씨온도, 화씨온도, 절대온도의 관계

$$[℃] = \frac{[°F] - 32}{1.8}, \ [°F] = 1.8[℃] + 32, \ [K] = [℃] + 273$$

- 섭씨온도와 화씨온도가 같은 온도 : $-40[℃]$
- 온도의 SI단위 : [K](켈빈)

■ 압력(P)
- 압력의 기준단위 : [Pa](파스칼)
- 1[Pa] : 1[m^2]의 면적에 1[N]의 힘이 작용할 때의 압력[N/m^2]
- 1[bar] = 100,000[Pa][=N/m^2], 0.9869[atm], 14.507[psi], 750.061[mmHg], 10.20[mH_2O](물의 수두), 1.02[kgf/cm^2]
- 1[kgf/cm^2] = 0.98[bar]
- 표준 대기압 : 1[atm] = 101.325[kPa] = 1.01325[bar]
  - 1[bar] = 10^5[Pa] = 100[kPa]
  - 산소의 분압 : P_{O_2} = 101.325 × 0.21 = 21.3[kPa]
- 절대압력 : 대기압력 ± 게이지압력

- 대기압력
  - 표준 대기압 : 1[atm], 760[mmHg], 10.33[mAq], 10.33[mH₂O](물의 수두), 1.033[kgf/cm^2], 101,325[Pa][=N/m^2], 1.013[bar], 14.7[psi]
  - 공학기압(1[kgf/cm^2] 압력 기준) : 1[at], 0.967[atm], 735.5[mmHg], 0.98[bar], 10.14[mH₂O](물의 수두)

비열

- 단위질량의 물질의 온도를 단위 온도만큼 올리는 데 필요한 열량
- 정압비열(C_p) : 압력이 일정하게 유지되는 열역학적 과정에서의 비열
- 정적비열(C_v) : 물체의 부피가 일정하게 유지되는 열역학적 과정에서의 비열
- 비열비 : $k = C_p/C_v$
  - 단원자 : $k = 1.67$(He 등)
  - 2원자 : $k = 1.4$(O₂ 등)
  - 다원자 : $k = 1.33$(CH₄ 등)

동력(출력)과 열효율

- 출력, 연료 발열량, 연료 소모율이 주어졌을 때의 열효율

$$\eta = \frac{H}{H_L \times m_f}$$

(여기서, H : 출력, H_L : 연료 발열량, m_f : 연료 소모율)

- 발생동력(출력)

$$H = H_L \times m_f \times \eta$$

- 연료 소모율

$$m_f = \frac{H}{H_L \times \eta}$$

열역학 제1법칙

- 에너지 보존의 법칙 = 가역법칙 = 양적법칙 = 제1종 영구기관 부정의 법칙
- 열을 일로 변환할 때 또는 일을 열로 변환할 때 전체 계의 에너지 총량은 변화하지 않고 일정하다.
- 계의 내부에너지의 변화량은 계에 들어온 열에너지에서 계가 외부에 해 준 일을 뺀 양과 같다.

$$\Delta U = \Delta Q - \Delta W$$

- 물체에 공급된 에너지는 물체의 내부에너지를 높이거나 외부의 일을 하므로, 에너지의 양은 일정하게 보존된다.

열역학 제2법칙

- 엔트로피 법칙 = 비가역법칙(에너지 흐름의 방향성) = 실제적 법칙 = 제2종 영구기관 부정의 법칙
- 임의의 과정에 대한 가역성과 비가역성을 논의하는 데 적용되는 법칙이다.
- 에너지가 전환될 때 에너지는 형태만 바뀌어 보존되지만, 외부로 확산된 열에너지는 다시 회수하여 사용할 수 없다.
- 사이클에 의하여 일을 발생시킬 때는 고온체와 저온체가 필요하다.
- 열은 온도가 높은 곳에서 낮은 곳으로 이동한다.
- 열은 그 자신만으로는 저온의 물체로부터 고온의 물체로 이동할 수 없다.
- 열에너지가 모두 역학적 에너지로 전환되는 것은 불가능하다.
- 일을 열로 바꾸는 것은 용이하고 완전히 되는 것에 반하여, 열을 일로 바꾸는 것은 그 효율이 절대로 100[%]가 될 수 없다.

클라우지우스(Clausius)의 폐적분값

- $\oint \dfrac{\delta Q}{T} \leq 0$ (항상 성립)
- 가역 사이클 : $\oint \dfrac{\delta Q}{T} = 0$
- 비가역 사이클 : $\oint \dfrac{\delta Q}{T} < 0$

엔트로피

- 자연 물질이 변형되어 다시 원래의 상태로 환원될 수 없게 되는 현상
- 다시 가용할 수 있는 상태로 환원시킬 수 없는 무용의 상태로 전환된 질량(에너지)의 총량
- 무질서도
- 엔트로피

$$\Delta S = \dfrac{\Delta Q}{T}$$

- 고립계에서 엔트로피는 항상 증가하거나 일정하게 보존된다.
- 우주의 모든 현상은 총엔트로피가 증가하는 방향으로 진행된다.
- 자유팽창, 종류가 다른 가스의 혼합, 액체 내의 분자의 확산 등의 과정은 비가역과정이므로 엔트로피는 증가한다.
- 비가역 단열 변화에서의 엔트로피 변화 : $dS > 0$
- 열의 이동 등 자연계에서의 엔트로피 변화 : $\Delta S_1 + \Delta S_2 > 0$
- 정압·정적 엔트로피

$$\Delta S_p = mC_p \ln \dfrac{T_2}{T_1}, \ \Delta S_v = mC_v \ln \dfrac{T_2}{T_1}, \ \dfrac{\Delta S_p}{\Delta S_v} = \dfrac{C_p}{C_v} = k$$

카르노 사이클(Carnot Cycle)

- 2개의 등온 변화(과정)와 2개의 단열 변화(과정 = 등엔트로피 변화)로 구성된 가역 사이클(실제로 존재하지 않는 이상 사이클)이며 열기관 사이클 중에서 열효율이 최대인 사이클
- 카르노 사이클을 구성하는 과정 : 등온팽창 → 단열팽창 → 등온압축 → 단열압축
  - 가역 등온과정 : 고온 열저장조와 열교환
  - 가역 단열과정 : 작동유체의 온도가 저온에서 고온으로 상승
  - 가역 등온과정 : 저온 열저장조와 열교환
  - 가역 단열과정 : 작동유체의 온도가 고온에서 저온으로 감소
- 카르노 사이클 열기관의 열효율

$$\eta_c = \frac{W_{net}}{Q_1} = 1 - \frac{Q_2}{Q_1} = 1 - \frac{T_2}{T_1}$$

(여기서, Q_1 : 고열원의 열량, Q_2 : 저열원의 열량, T_1 : 고열원의 온도, T_2 : 저열원의 온도)

- 카르노 사이클의 손실일

$$W_2 = Q_2 = \frac{T_2}{T_1} \times Q_1$$

(여기서, W_2 : 손실일, Q_2 : 비가용에너지)

- 카르노 사이클의 순환 적분 시 등온 상태에서 흡열·방열이 이루어지므로, 가열량과 사이클이 행한 일의 양은 같다.

$$\oint Tds = \oint PdV$$

열역학 제0법칙

- 열평형의 법칙
- 물체 A와 B가 각각 물체 C와 열평형을 이루었다면 A와 B도 서로 열평형을 이룬다는 열역학 법칙
- 두 계가 다른 한 계와 열평형을 이룬다면, 그 두 계는 서로 열평형을 이룬다.

열역학 제3법칙

- 절대영도 불가능의 법칙 = 제3종 영구기관 부정의 법칙
- 엔트로피 절댓값의 정의
- 자연계에 실제 존재하는 물질은 절대영도에 이르게 할 수 없다.
- 순수한(Perfect) 결정의 엔트로피는 절대영도에서 0이 된다.

▌ 보일의 법칙

온도가 일정할 때 기체의 부피는 압력에 반비례하여 변한다.

$P_1 V_1 = P_2 V_2 = C(일정)$

▌ 샤를의 법칙

압력이 일정할 때 기체의 부피는 온도에 비례하여 변한다(Gay Lussac의 법칙).

$\dfrac{V_1}{T_1} = \dfrac{V_2}{T_2} = C(일정)$

▌ 보일-샤를의 법칙

$\dfrac{P_1 V_1}{T_1} = \dfrac{P_2 V_2}{T_2} = C(일정)$

▌ 이상기체의 상태방정식

- $PV = nRT$

  (여기서, P : 압력([Pa] 또는 [atm]), V : 부피([m^3] 또는 [L]), n : 몰수[mol], R : 이상기체상수 또는 일반기체상수(모든 기체에 대해 동일한 값) = 8.314[J/mol·K] = 8.314[kJ/kmol·K] = 8.314[N·m/mol·K] = 0.082[L·atm/mol·K]), T : 온도[K])

- $PV = RT$(1[mol]의 경우, $n = 1$이므로)

- $PV = GRT$

  (여기서, P : 압력[kg/m^2], V : 부피[m^3], G : 몰수[mol], R : 일반기체상수(848[kg·m/kmol·K]), T : 온도[K])

- $PV = mRT$

  (여기서, m : 질량[= 분자량×몰수], R : 특정기체상수(기체마다 상이, [kJ/kg·K], [J/kg·K], [J/g·K], [kg·m/kg·K], [N·m/kg·K]), T : 온도[K])

▌ 실제기체를 이상기체로 근사시키기 가장 좋은 조건

저압, 고온, 큰 비체적, 작은 분자량, 작은 분자 간 인력

이상기체의 가역 변화(1) : 가역 정압과정

- 압력, 부피, 온도

$$P = C, \quad \frac{V_1}{T_1} = \frac{V_2}{T_2}$$

- 절대일(비유동일)

$$_1W_2 = \int PdV = P(V_2 - V_1) = mR(T_2 - T_1)$$

※ 과정 중에서 외부로 가장 많은 일을 하는 과정이다.

- 공업일(유동일)

$$W_t = -\int VdP = 0$$

- (가)열량

$$_1Q_2 = \Delta H = mC_p \Delta T = mC_p(T_2 - T_1) = mC_p T_1\left(\frac{T_2}{T_1} - 1\right) = mC_p T_1\left(\frac{V_2}{V_1} - 1\right)$$

- 내부에너지 변화량

$$\Delta U = mC_v \Delta T$$

- 엔탈피 변화량

$$\Delta H = {}_1Q_2 = mC_p \Delta T$$

- 엔트로피 변화량

$$\Delta S = mC_p \ln \frac{T_2}{T_1} - mC_p \ln \frac{V_2}{V_1}$$

- 정압비열

$$C_p = \frac{Q}{m(T_2 - T_1)} = \frac{k}{k-1} R [\text{kJ/kgK}]$$

- 체적팽창계수

$$\beta = \frac{1}{V}\left(\frac{\partial V}{\partial T}\right)_p$$ 이며, 비압축성 유체의 경우 $\beta = 0$이다.

이상기체의 가역 변화(2) : 가역 정적과정

- 압력, 부피, 온도

$$V = C, \quad \frac{P_1}{T_1} = \frac{P_2}{T_2}$$

- 절대일(비유동일)

$$_1W_2 = \int PdV = 0$$

- 공업일(유동일)

$$W_t = -\int VdP = V(P_1 - P_2) = mR(T_1 - T_2)$$

- (가)열량

$$_1Q_2 = \Delta U, \quad \delta q = du$$

- 내부에너지 변화량

$$\Delta U = \Delta Q = mC_v \Delta T$$

- 엔탈피 변화량

$$\Delta H = mC_p \Delta T$$

- 엔트로피 변화량

$$\Delta S = mC_v \ln \frac{T_2}{T_1} = mC_v \ln \frac{P_2}{P_1}$$

■ 이상기체의 가역 변화(3) : 가역 등온과정

- 압력, 부피, 온도

$$T = C, \quad P_1 V_1 = P_2 V_2$$

- 절대일(비유동일)

$$_1W_2 = \int PdV = P_1 V_1 \ln \frac{V_2}{V_1} = P_1 V_1 \ln \frac{P_1}{P_2} = mRT \ln \frac{V_2}{V_1} = mRT \ln \frac{P_1}{P_2}$$

- 공업일(유동일)

$$W_t = -\int VdP = {_1W_2}$$

- (가)열량

$$_1Q_2 = {_1W_2} = W_t, \quad Q = W, \quad \delta q = \delta w$$

- 내부에너지 변화량, 엔탈피 변화량, 엔트로피 변화량

$$\Delta U = 0, \quad \Delta H = 0, \quad \Delta S > 0$$

- 엔트로피 변화량

$$\Delta S = mR \ln \frac{V_2}{V_1} = mR \ln \frac{P_1}{P_2}$$

- 등온압축과정 : 기체 압축에 필요한 일을 최소로 할 수 있는 과정
  - 압축기에서 압축일의 크기 순 : 가역 단열압축일 > 폴리트로픽 압축일 > 등온압축일
  - 등온압축계수

$$K = -\frac{1}{V}\left(\frac{dV}{dP}\right)_T$$

이상기체의 가역 변화(4) : 가역 단열과정

- 압력, 부피, 온도

$$PV^k = C, \quad TV^{k-1} = C, \quad PT^{\frac{k}{1-k}} = C, \quad TP^{\frac{1-k}{k}} = C, \quad \frac{T_2}{T_1} = \left(\frac{V_1}{V_2}\right)^{k-1} = \left(\frac{P_2}{P_1}\right)^{\frac{k-1}{k}}$$

- 절대일(비유동일)

$$_1W_2 = \int PdV = \frac{1}{k-1}(P_1V_1 - P_2V_2) = \frac{mR}{k-1}(T_1 - T_2) = \frac{mRT_1}{k-1}\left(1 - \frac{T_2}{T_1}\right) = \frac{mRT_1}{k-1}\left[1 - \left(\frac{V_1}{V_2}\right)^{k-1}\right]$$

$$= \frac{mRT_1}{k-1}\left[1 - \left(\frac{P_2}{P_1}\right)^{\frac{k-1}{k}}\right] = \frac{P_1V_1}{k-1}\left[1 - \left(\frac{T_2}{T_1}\right)\right] = \frac{P_1V_1}{k-1}\left[1 - \left(\frac{V_1}{V_2}\right)^{k-1}\right] = \frac{P_1V_1}{k-1}\left[1 - \left(\frac{P_2}{P_1}\right)^{\frac{k-1}{k}}\right]$$

- 공업일(유동일)

$$W_t = -\int VdP = k \cdot {_1W_2}$$

- (가)열량

$$Q = 0, \quad \Delta Q = 0, \quad \delta q = 0$$

- 내부에너지 변화량

$$\Delta U = -{_1W_2}$$

- 엔탈피 변화량

$$\Delta H = -W_t = -k \cdot {_1W_2}$$

- 엔트로피 변화량

$$\Delta S = 0$$

- 단열 변화에서 $PV^n = C$(일정)일 때 $n = k$이다.

이상기체의 가역 변화(5) : 가역 폴리트로픽 과정

- 폴리트로픽 지수(n)와 상태 변화의 관계식
  - n의 범위 : $-\infty \sim +\infty$
  - $n = 0$이면, $P = C$: 등압 변화
  - $n = 1$이면, $T = C$: 등온 변화
  - $n = k(=1.4)$: 단열 변화
  - $n = \infty$이면, $V = C$: 등적 변화
  - $n > k$이면, 팽창에 의한 열량은 방열량이 되며 온도는 올라간다.
  - $1 < n < k$이면, 압축에 의한 열량은 흡열량이 되며 온도는 내려간다.

- 압력, 부피, 온도

$$PV^n = C, \quad \frac{T_2}{T_1} = \left(\frac{V_1}{V_2}\right)^{n-1} = \left(\frac{P_2}{P_1}\right)^{\frac{n-1}{n}}$$

- 외부에 하는 일(팽창)

$$_1W_2 = \int PdV = P_1V_1^n \int_1^2 \left(\frac{1}{V}\right)^n dV = \frac{1}{n-1}(P_1V_1 - P_2V_2) = \frac{P_1V_1}{n-1}\left(1 - \frac{P_2V_2}{P_1V_1}\right) = \frac{P_1V_1}{n-1}\left(1 - \frac{T_2}{T_1}\right)$$

$$= \frac{mRT}{n-1}\left(1 - \frac{T_2}{T_1}\right) = \frac{mRT}{n-1}\left[1 - \left(\frac{P_2}{P_1}\right)^{\frac{n-1}{n}}\right] = \frac{mR}{n-1}(T_1 - T_2)$$

- 공업일(유동일)

$$W_t = -\int VdP = n\,_1W_1$$

- 비열 : 폴리트로픽 비열

$$C_n = C_v\left(\frac{n-k}{n-1}\right)$$

- 외부로부터 공급되는 열량

$$_1Q_2 = C_v(T_2 - T_1) + {}_1W_2 = C_v(T_2 - T_1) + \frac{R}{n-1}(T_1 - T_2) = C_v\frac{n-k}{n-1}(T_2 - T_1) = C_n(T_2 - T_1)$$

- 내부에너지 변화량

$$\Delta U = mC_v(T_2 - T_1) = \frac{mRT_1}{k-1}\left[\left(\frac{P_2}{P_1}\right)^{\frac{n-1}{n}} - 1\right]$$

- 엔탈피 변화량

$$\Delta H = mC_p(T_2 - T_1) = \frac{kmRT_1}{k-1}\left[\left(\frac{P_2}{P_1}\right)^{\frac{n-1}{n}} - 1\right]$$

- 엔트로피 변화량

$$\Delta S = mC_n\ln\frac{T_2}{T_1} = mC_v\left(\frac{n-k}{n-1}\right)\ln\frac{T_2}{T_1} = mC_v(n-k)\ln\frac{V_1}{V_2} = mC_v\left(\frac{n-k}{n}\right)\ln\frac{P_2}{P_1}$$

혼합기체

- 돌턴(Dalton)의 법칙 : 전압은 분압의 합과 같다.
- 혼합기체의 기체상수

$$R = \sum_{i=1}^{n}\frac{G_i}{G}R_i = \sum_{i=1}^{n}\frac{m_i}{m}R_i$$

- 가스의 액화조건 : 압력 상승, 온도 저하(압축과정, 등압 냉각과정, 엔트로피 감소, 최종 상태는 압축액 또는 포화 혼합물 상태)

오토(Otto) 사이클

- 적용 : 가솔린기관의 기본 사이클
- 구성 : 2개의 등적과정과 2개의 등엔트로피 과정
- 과정 : 1-2가역 단열(등엔트로피)압축, 2-3가역 정적가열, 3-4가역 단열(등엔트로피)팽창, 4-1가역 정적방열
- 전기점화기관(불꽃점화기관)의 이상적 사이클이다.
- 열효율

$$\eta_o = \frac{\text{유효한 일}}{\text{공급열량}} = \frac{W}{Q_1} = \frac{\text{공급열량} - \text{방출열량}}{\text{공급열량}} = \frac{mC_V(T_3-T_2) - mC_V(T_4-T_1)}{mC_V(T_3-T_2)} = 1 - \frac{T_4-T_1}{T_3-T_2}$$

$$= 1 - \left(\frac{1}{\varepsilon}\right)^{k-1}$$

(여기서, ε : 압축비, k : 비열비)

- 열효율은 압축비만의 함수이다.
- 열효율은 공급열량과 방출열량, 작동유체의 비열비와 압축비에 의해서 결정된다.
- 열효율은 작동유체의 비열비가 클수록 증가한다.
- 4행정기관이 2행정기관보다 열효율이 높다.
- 카르노 사이클의 열효율보다 낮다.

디젤(Diesel) 사이클

- 적용 : (저속) 디젤기관의 기본 사이클
- 과정(디젤기관의 행정 순서) : 단열압축 - 정압급열 - 단열팽창 - 정적방열
- 압축비

$$\varepsilon = \left(\frac{P_2}{P_1}\right)^{\frac{1}{k}}$$

- 차단비(Cut-off Ratio, 단절비 또는 체절비, 등압팽창비)

$$\sigma = \frac{V_3}{V_2} = \frac{T_3}{T_2} = \frac{T_3}{T_1 \varepsilon^{k-1}}$$

- 열효율

$$\eta_d = 1 - \left(\frac{1}{\varepsilon}\right)^{k-1} \times \frac{\sigma^k - 1}{k(\sigma - 1)}$$

(여기서, ε : 압축비, k : 비열비, σ : 단절비)

- 가열(연소)과정은 정압과정으로 이루어진다(일정한 압력에서 열공급을 한다).
- 일정 체적에서 열을 방출한다.
- 등엔트로피 압축과정이 있다.

▌ 브레이턴(Brayton) 사이클

- 적용 : 가스터빈의 기본 사이클
- 과정 : 가역 단열압축, 가역 정압가열(연소), 가역 단열팽창, 가역 정압방열(냉각)
- 2-3 과정, 4-1 과정의 압력은 일정하다.
- 정압(등압) 상태에서 흡열(연소)되므로 정압(연소) 사이클 또는 등압(연소) 사이클이라고도 한다.
- 실제 가스터빈은 개방 사이클이다.
- 증기터빈에 비해 중량당의 동력이 크다.
- 공기는 산소를 공급하고, 냉각제의 역할을 한다.
- 단위시간당 동작유체의 유량이 많다.
- 열효율

$$\eta_B = 1 - \frac{Q_2}{Q_1} = 1 - \frac{T_4 - T_1}{T_3 - T_2} = 1 - \left(\frac{1}{\varepsilon}\right)^{\frac{k-1}{k}}$$

(여기서, ε : 압축비, k : 비열비)

▌ 절대습도

$$y = 0.622 \times \frac{\phi P_s}{P - \phi P_s}$$

(여기서, ϕ : 상대습도, P_s : 수증기 포화압력, P : 대기압)

▌ 임의의 온도와 압력에서의 건조공기의 밀도

$$\rho_2 = \rho_1 \times \frac{T_1}{T_2} \times \frac{P_2}{P_1}$$

(여기서, ρ_1 : 0[℃], 760[mmHg]에서의 건조공기의 밀도, T_1 : 0[℃], P_1 : 760[mmHg], T_2 : 공기온도[℃], P_2 : 조건 대기압 − 공기 중 증기의 분압[mmHg])

▌ 과열증기(Superheated Steam)

- 건포화증기에 계속 열을 가하여 포화온도 이상의 온도로 된 상태이다.
- 과열증기는 건포화증기보다 온도가 높다.
- 과열증기의 상태 : + 과열도(동일한 압력하의 과열증기와 포화증기의 온도 차이), 주어진 압력에서 포화증기의 온도보다 높은 온도, 주어진 압력에서 포화증기 비체적보다 높은 비체적, 주어진 비체적에서 포화증기의 압력보다 높은 압력, 주어진 온도에서 포화증기 엔탈피보다 높은 엔탈피
- 포화증기를 등엔트로피 과정으로 압축시키면(가역 단열압축 : 온도와 압력 상승) 과열증기가 된다.
- 수증기는 과열도가 증가할수록 이상기체에 가까운 성질을 나타낸다.

건도(x)와 습도(y), 과열도, 과열증기 가열량

- 건 도

$$x = \frac{\text{증기 중량}}{\text{습증기 중량}} = \frac{v_x - v'}{v'' - v'} = \frac{(V/G) - v'}{v'' - v'}$$

- 습 도

$y = 1 - x$

- 과열도

과열증기온도(t_B) - 포화온도(t_A)

- 과열증기 가열량

$Q_B = (1-x)(h'' - h') + C_p A$

(여기서, x : 건도, h'' : 건포화증기의 엔탈피, h' : 포화액의 엔탈피, C_p : 증기의 평균 정압비열, A : 과열도)

건포화증기의 엔탈피(h'')와 증발잠열(γ)

- 건포화증기의 엔탈피

$h'' = h' + \gamma$

(여기서, h' : 포화액의 엔탈피, γ : 증발잠열)

- 증발잠열

$\gamma = Q = h'' - h' = (u'' - u') + P(v'' - v')$

(여기서, h'' : 건포화증기의 엔탈피, h' : 포화액의 엔탈피, $(u'' - u')$: 내부 증발잠열, $P(v'' - v')$: 외부 증발잠열)

건도 x인 습증기의 비체적, 내부에너지, 엔탈피, 엔트로피

- 비체적

$v_x = v' + x(v'' - v')$

(여기서, v' : 포화수의 비체적, v'' : 건포화증기의 비체적)

- 내부에너지

$u_x = (1-x)u' + xu'' = u' + x(u'' - u') = u'' - y(u'' - u')$

- 엔탈피

$h_x = (1-x)h' + xh'' = h' + x(h'' - h') = h'' - y(h'' - h')$

- 엔트로피

$s_x = s' + x(s'' - s') = s'' - y(s'' - s')$

과열증기의 엔탈피

$h_B = h'' + C_B(t_B - t_A)$

(여기서, h'' : 포화증기의 엔탈피, C_B : 과열증기의 평균 비열, t_B : 과열증기의 온도, t_A : 포화증기의 온도)

교축과정

- 유체가 관 내를 흐를 때, 단면적이 급격히 작아지는 부분을 통과할 때 압력이 급격하게 감소되는 현상(비가역 단열과정)
- 이상기체의 교축과정 : 온도·엔탈피 일정, 압력 강하, 엔트로피 증가
- 실제유체의 교축과정 : 엔탈피 일정, 압력·온도 강하, 엔트로피·비체적·속도 증가의 비가역 정상류 과정

유속 및 임계압력

- 공기의 음속

$C = \sqrt{kRT}$

(여기서, k : 비열비, R : 기체상수, T : 절대온도)

- 가역 단열과정에서 압축공기의 분출속도

$v_2 = \sqrt{\dfrac{2kRT_1}{k-1}\left[1-\left(\dfrac{P_2}{P_1}\right)^{\frac{k-1}{k}}\right]}\,[\text{m/sec}]$

(여기서, k : 비열비, R : 기체상수, T_1 : 압축공기의 절대온도, P_1 : 압축공기의 압력, P_2 : 대기압력)

- 등엔트로피 팽창과정에서의 공기의 출구속도

$v_2 = \sqrt{2g\left(\dfrac{k}{k-1}\right)P_1 V_1\left[1-\left(\dfrac{P_2}{P_1}\right)^{\frac{k-1}{k}}\right]}\,[\text{m/sec}]$

(여기서, g : 중력가속도, k : 비열비, P_1 : 처음 압력, V_1 : 처음 체적, P_2 : 나중 압력)

- 단열 노즐 출구에서의 증기속도

$v_2 = 44.72\sqrt{h_1 - h_2}$

- 단열 노즐 출구에서의 속도계수

$\phi = \dfrac{\text{비가역 단열팽창 시 노즐 출구속도}}{\text{가역 단열팽창 시 노즐 출구속도}} = \dfrac{v_2'}{v_2}$

- 탱크에 저장된 건포화증기가 노즐로부터 분출될 때의 임계압력

$P_c = P_1\left(\dfrac{2}{k+1}\right)^{\frac{k}{k-1}}$

(여기서, P_1 : 탱크의 압력, k : 비열비)

- 랭킨(Rankine) 사이클(증기 사이클 또는 베이퍼 사이클)
  - 적용 : 증기원동기의 증기동력 사이클
  - 랭킨 사이클의 순서 : 단열압축 → 정압가열 → 단열팽창 → 정압냉각
  - 랭킨 사이클의 증기원동기의 순서 : 펌프(등엔트로피 압축) → 보일러와 과열기(정압가열) → 터빈(등엔트로피 팽창) → 복수기(정압방열)
  - 랭킨 사이클의 열효율
    - $\eta_R = \dfrac{W_{net}}{Q_1} = \dfrac{h_3 - h_4}{h_3 - h_1}$

    (여기서, h_3 : 터빈 입구 엔탈피, h_4 : 터빈 출구 엔탈피, h_1 : 급수펌프 입구 엔탈피)

    - $\eta_R = 1 - \dfrac{Q_2}{Q_2} = 1 - \dfrac{(h_4 - h_1)}{(h_3 - h_2)}$

    (여기서, h_1 : 펌프 입구의 비엔탈피, h_2 : 보일러 입구의 비엔탈피, h_3 : 터빈 입구의 비엔탈피, h_4 : 응축기 입구의 비엔탈피)
  - 랭킨 사이클의 열효율 향상 요인
    - 고대 : 초온, 초압, 보일러 압력, 고온측과 저온측의 온도차, 사이클 최고 온도, 과열도(증기가 고온으로 과열될수록 출력 증가)
    - 저소 : 응축기(복수기)의 압력(배압)과 온도
    - 재열기를 사용한 재열 사이클(2유체 사이클)에 의한 운전
  - 응축기의 압력을 낮출 때 나타나는 현상
    - 고대 : 이론 열효율 향상
    - 저소 : 터빈 출구의 증기건도, 응축기의 포화온도, 응축기 내의 절대압력, 배출열량
  - 랭킨 사이클의 특징
    - 랭킨 사이클에도 단점이 존재한다.
    - 카르노 사이클(Carnot Cycle)에 가깝다.
    - 포화수증기를 생산하는 핵동력장치에 가깝다.

- 절탄기(Economizer)
  - 보일러 본체나 과열기를 가열하고 연도에 남아 흐르는 연소가스의 열을 회수하여 급수를 예열하는 장치
  - 연도가스의 열로 급수를 예열하는 장치

- 냉동톤[RT]
  - 냉동능력을 나타내는 단위
  - 0[℃]의 물 1[ton]을 24시간(1일) 동안에 0[℃]의 얼음으로 만드는 능력
  - 1[RT] = 3,320[kcal/h] = 3.86[kW] = 5.18[PS]

■ 냉동기의 냉매가 갖추어야 할 조건
- 저소 : 응고온도, 액체비열, 비열비, 점도, 표면장력, 증기의 비체적, 포화압력, 응축압력, 절연물 침식성, 인화성, 폭발성, 부식성, 누설 시 물품 손상, 악취, 가격
- 고대 : 임계온도, 증발잠열, 증발열, 증발압력, 윤활유와의 상용성, 열전도율, 전열작용, 환경친화성, 절연내력, 화학적 안정성, 무해성(무독성), 내부식성, 불활성, 비가연성(내가연성), 누설 발견 용이성, 자동운전 용이성

■ 역카르노 사이클
- 이상적인 열기관 사이클인 카르노 사이클을 역작용시킨 사이클
- 저온측에서 고온측으로 열을 이동시킬 수 있는 사이클
- 이상적인 냉동 사이클 또는 열펌프 사이클
  - 냉동기 : 저온측을 사용하는 장치
  - 열펌프 : 고온측을 사용하는 장치
- 사이클 과정 : 카르노 사이클과 마찬가지로 2개의 등온과정과 2개의 등엔트로피 과정으로 구성
- 과정 구성 : 1-2 등온팽창(증발기), 2-3 단열압축(압축기), 3-4 등온압축(응축기), 4-1 단열팽창(팽창밸브)
- 성능계수(성적계수) : 냉동효과 또는 열펌프 효과의 척도로, 냉동 사이클 중에서 성능계수가 가장 크며 성능계수를 최대로 하기 위해서는 고온열원과 저온열원의 온도차를 작게 하거나 저온열원의 온도(냉동기) 또는 고온열원의 온도(열펌프)를 높게 하여야 한다.
  - 냉동기의 성능계수 : 냉동 사이클에 대한 성능계수는 저온측에서 흡수한 열량을 해 준 일로 나누어 준 값

    $$(COP)_R = \varepsilon_R = \frac{저온체에서의\ 흡수열량}{공급일} = \frac{q_2}{W_c} = \frac{T_2}{T_1 - T_2} = \frac{h_1 - h_3}{h_2 - h_1}$$

    (여기서, h_1 : 압축기 입구의 냉매 엔탈피, h_2 : 응축기 입구의 냉매 엔탈피, h_3 : 증발기 입구의 엔탈피)
  - 열펌프의 성능계수

    $$(COP)_H = \varepsilon_H = \frac{고온체에\ 공급한\ 열량}{공급일} = \frac{고온부\ 방출열}{입력일} = \frac{q_1}{W_c} = \frac{T_1}{T_1 - T_2} = \frac{응축열}{압축일} = \frac{h_2 - h_3}{h_2 - h_1}$$
    $$= \varepsilon_R + 1$$
  - 전체 성능계수

    $$\varepsilon_T = \varepsilon_R + \varepsilon_H = 2\varepsilon_R + 1$$
- 냉난방 겸용의 열펌프 사이클 구성 주요 요소 : 전기구동압축기, 4방밸브, 전자팽창밸브 등

역랭킨 사이클

- 증기압축 냉동 사이클(가장 많이 사용되는 냉동 사이클)에 적용
- 역카르노 사이클 중 실현이 곤란한 단열과정(등엔트로피 팽창과정)을 교축팽창시켜 실용화한 사이클
- 증발된 증기가 흡수한 열량은 역카르노 사이클에 의하여 증기를 압축하고 고온의 열원에서 방출하는 사이클 사이에 액체와 기체의 두 상으로 변하는 물질을 냉매로 하는 냉동 사이클
- 과정 구성 : 1-2 단열압축(압축기), 2-3 등압방열(응축기), 3-4 교축(팽창밸브), 4-1 등온등압(증발기)
  - 압축과정 : 기체 상태의 냉매가 단열압축되어 고온·고압의 상태가 되며 등엔트로피 과정이다.
  - 응축과정 : 냉매의 압력이 일정하며 주위로의 열방출을 통해 냉매가 포화액으로 변한다.
  - 팽창과정 : 대부분 등엔탈피 팽창을 한다.
  - 증발과정 : 일정한 압력 상태에서 저온부로부터 열을 공급받아 냉매가 증발한다.
- $T-S$ 곡선에서 수직선으로 나타나는 과정 : 1-2 과정
- 4개의 중요 기기 : 압축기(압력 상승), 응축기(기체에서 액체로 응축되면서 열방출), 압력강하장치(압력 강하, 일부 액체가 기체로 기화), 증발기(액체가 기체로 기화되면서 열흡수)
- 흡입열량(냉동효과)

  $q_2 = h_1 - h_4$

- 냉동능력(응축열량 또는 방출열량)

  $q_1 = q_2 + W_c = (h_1 - h_4) + (h_2 - h_1) = h_2 - h_4 = h_2 - h_3$

- 압축기에 필요한 일(단열압축)

  $W_c = h_2 - h_1$

- 성능계수

  - $(COP)_R = \varepsilon_R = \dfrac{흡수열}{받은\ 일} = \dfrac{q_2}{W_c} = \dfrac{q_2}{q_1 - q_2} = \dfrac{T_2}{T_1 - T_2} = \dfrac{h_1 - h_4}{h_2 - h_1}$

    (여기서, q_2 : 흡입열량, q_1 : 응축열량, W_c : 압축기 소요동력, h_1 : 압축기 입구에서의 엔탈피, h_2 : 증발기 입구에서의 엔탈피, h_4 : 응축기 입구에서의 엔탈피)

  - 증발온도는 높을수록, 응축온도는 낮을수록 크다.

CHAPTER 03 계측방법

■ SI 기본단위 7가지
미터[m], 킬로그램[kg], 초[sec], 암페어[A], 켈빈[K], 몰[mol], 칸델라[cd]

■ 파스칼의 원리
밀폐용기 내의 액체에 압력을 가하면 압력은 모든 부분에 동일하게 전달된다.

■ 점성계수와 동점성계수
- 점성계수

$$\mu = \rho \nu [\text{Pa} \cdot \text{s}] = [\text{N} \cdot \text{s/m}^2]$$

(여기서, ρ : 밀도, ν : 동점성계수)

- 동점성계수

$$\nu = \frac{\mu}{\rho} [\text{m}^2/\text{s}]$$

(여기서, μ : 점성계수, ρ : 밀도)

■ 레이놀즈수(Reynold's Number, R_e)
- 점성력에 대한 관성력의 비(Ratio)인 무차원계수
- 관성력과 점성력의 비(관성력 / 점성력)를 취한 값
- 관성에 의한 힘과 점성에 의한 힘의 비
- 레이놀즈수

$$R_e = \frac{관성력}{점성력} = \frac{\rho v d}{\mu} = \frac{vd}{\nu}$$

(여기서, ρ : 유체의 밀도, v : 유체의 평균 속도, d : 특성 길이(관의 내경), μ : 유체의 점도, ν : 유체의 동점성계수)
  - 비례 : 관성력, 유체속도, 관 직경
  - 반비례 : 점성력, 유체점성, 동점도(동점도계수)
  - 무관 : 중력, 압력
- 임계 레이놀즈수 : R_e = 2,320 또는 2,100

하겐-푸아죄유 방정식
- 수평 층류 원관을 흐르는 유량의 변화량 계산 공식
- 유량 : $Q = \dfrac{\pi \Delta p d^4}{128 \mu L}$ [m³/sec]
- 비례 : 압력 강하(Δp), 관의 지름의 4제곱(d^4)
- 반비례 : 점성계수(μ), 관의 길이(L)

측정량 계량방법
- 보상법 : 측정량의 크기가 거의 같은 미리 알고 있는 양의 분동을 준비하여 분동과 측정량의 차이로부터 측정량을 구하는 방법이다.
- 편위법 : 측정량의 크기에 따라 지침 등을 편위시켜 측정량을 구하는 방법으로 감도는 떨어지지만 취급이 쉬우며, 신속하게 측정할 수 있으므로 전압계 및 전류계 등의 공업용 기기로 많이 사용된다.
- 치환법 : 정확한 기준과 비교 측정하여 측정기 자신의 부정확한 원인이 되는 오차를 제거하기 위하여 사용되는 방법으로, 다이얼게이지를 이용하여 두께를 측정하는 방법 등이 이에 해당한다.
- 영위법 : 측정량(측정하고자 하는 상태량)과 기준량(독립적 크기 조정 가능)을 비교하여 측정량과 똑같이 되도록 기준량을 조정한 후 기준량의 크기로부터 측정량을 구하는 방법이다.

자동제어
- 자동제어의 4대 기본 장치 : 조절부, 조작부, 검출부, 비교부
- 자동제어의 일반적인 동작 순서 : 검출 → 비교 → 판단 → 조작

피드백 제어 : 폐루프를 형성하여 출력측의 신호를 입력측에 되돌리는 제어
- 입력과 출력을 비교하는 장치가 반드시 필요하다.
- 다른 제어계보다 정확도가 증가된다.
- 다른 제어계보다 제어폭이 증가(Band Width)된다.
- 급수제어에 사용된다.
- 설비비의 고액 투입이 요구된다.
- 운영에 있어 고도의 기술이 요구된다.
- 일부 고장이 있으면 전 생산에 영향을 미친다.
- 수리가 쉽지 않다.

캐스케이드 제어(Cascade Control)
- 2개의 제어계를 조합하여 1차 제어장치의 제어량을 측정하여 제어명령을 발하고, 2차 제어장치의 목표치로 설정하는 제어방식
- 유체의 온도를 제어하는 온도 조절의 출력으로, 열교환기에 유입되는 증기의 유량을 제어하는 유량조절기의 설정치를 조절한다.

오버슈트(Overshoot)
- 응답 중에 생기는 입력과 출력 사이의 편차량
- 최대 편차량

$$\frac{\text{최대 초과량}}{\text{최종 목표값}} \times 100[\%]$$

- 제어시스템에서 응답이 계단 변화가 도입된 후에 얻게 될 최종적인 값을 얼마나 초과하게 되는지를 나타내는 척도
- 자동제어 안정성 척도

PID동작(비례적분미분동작)
- 잔류편차(Off-set)를 제거하고 응답시간이 가장 빠르고 진동이 제거되는 제어방식
- PI + PD
- 제어계의 난이도가 큰 경우 가장 적합한 제어동작
- 가장 최적의 제어동작
- 잔류편차 제거
- D동작으로 인한 응답 촉진, 안정화 도모
- 조작량

$$y = K_p\left(\varepsilon + \frac{1}{T_I}\int \varepsilon\, dt + T_D \frac{d\varepsilon}{dt}\right)$$

$\left(\text{여기서, } K_p : \text{비례정수, } \varepsilon : \text{편차, } T_I : \text{적분시간, } \frac{1}{T_I} : \text{리셋률, } T_D : \text{미분시간}\right)$

보일러 자동제어(ABC)의 종류
- 자동연소제어 : ACC(Automatic Combustion Control)
- 자동급수제어(수위제어) : FWC(Feed Water Control)
- 증기온도제어 : STC(Steam Temperature Control)
- 증기압력제어 : SPC(Steam Pressure Control)

압력계의 분류
- 1차 압력계 : 액주식(U자관식, 단관식, 경사관식, 차압식, 플로트식, 환상천평식), 기준 분동식(부유 피스톤식), 침종식
- 2차 압력계 : 탄성식(부르동관, 벨로스, 다이어프램, 콤파운드게이지), 전기식(전기저항식, 자기 스테인리스식, 압전식), 진공식(맥라우드 진공계, 열전도형 진공계, 피라니 압력계, 가이슬러관, 열음극 전리 진공계)

피토관식 유량계
- 관에 흐르는 유체 흐름의 전압과 정압의 차이를 측정하고 유속을 구하는 장치
- 관 속을 흐르는 유체의 한 점에서의 속도를 측정하고자 할 때 가장 적당한 유속 측정이 가능한 유속식 유량계
- 액체의 전압과 정압과의 차(동압)로부터 순간치 유량을 측정
- 응용원리 : 베르누이 정리
- 유량 계산식

$$Q = C \cdot Av_m = C \cdot A\sqrt{2g \times \frac{P_t - P_s}{\gamma}} = C \cdot A\sqrt{2gh \times \frac{\gamma_m - \gamma}{\gamma}} = C \cdot A\sqrt{2gh \times \frac{\rho_m - \rho}{\rho}}$$

(여기서, Q : 유량[m³/sec], C : 유량계수, A : 단면적[m²], v_m : 평균유속, g : 중력가속도(9.8[m/sec²]), P_t : 전압[kgf/m²], P_s : 정압[kgf/m²], γ_m : 마노미터 액체의 비중량[kgf/m³], γ : 유체의 비중량[kgf/m³], ρ_m : 마노미터 액체밀도[kg/m³], ρ : 유체밀도[kg/m³])

- 유 속

$$v = C_v\sqrt{2g\Delta h} = C_v\sqrt{2g(P_t - P_s)/\gamma}$$

(여기서, v : 유속[m/sec], C_v : 속도계수, g : 중력가속도(9.8[m/sec²]), P_t : 전압[kgf/m²], P_s : 정압[kgf/m²], γ : 유체의 비중량[kgf/m³])

차압식 유량계
- 관로 내 조임기구(오리피스, 노즐, 벤투리관)를 설치하고 유량의 크기에 따라 전후에 발생하는 차압 측정으로 유량을 구하는 유량계
- 조리개식 유량계 혹은 [스로틀(Throttle) 기구에 의하여 유량 측정(순간치 측정)을 하므로] 교축기구식이라고도 한다.
- 측정원리 : 운동하는 유체의 에너지 법칙, 베르누이 방정식, 연속의 법칙(질량보존의 법칙)

- 유량 계산식

$$Q = C \cdot A v_m = C \cdot A \sqrt{\frac{2g}{1-(d_2/d_1)^4} \times \frac{P_1 - P_2}{\gamma}} = C \cdot A \sqrt{\frac{2gh}{1-(d_2/d_1)^4} \times \frac{\gamma_m - \gamma}{\gamma}}$$

$$= C \cdot A \sqrt{\frac{2gh}{1-(d_2/d_1)^4} \times \frac{\rho_m - \rho}{\rho}}$$

(여기서, Q : 유량[m³/sec], C : 유량계수, A : 단면적[m²], v_m : 평균유속, g : 중력가속도(9.8[m/sec²]), d_1 : 입구 지름, d_2 : 조임기구 목의 지름, P_1 : 교축기구 입구측 압력[kgf/m²], P_2 : 교축기구 출구측 압력[kgf/m²], h : 마노미터 높이차, γ_m : 마노미터 액체의 비중량[kgf/m³], γ : 유체의 비중량[kgf/m³], ρ_m : 마노미터 액체밀도[kg/m³], ρ : 유체밀도[kg/m³])

■ 화학적 가스분석계

- 오르자트 가스분석계 : 용적 감소를 이용하여 연소가스의 주성분인 이산화탄소, 산소, 일산화탄소를 분석하는 가스분석계이다.
- 헴펠 가스분석계 : 흡수법과 연소법의 조합법으로 이산화탄소, (중)탄화수소, 산소, 일산화탄소, 질소 등을 분석하는 가스분석계이다.
- 자동화학식 CO_2계 : 30[%] KOH 수용액을 흡수제로 사용하여 시료가스의 용적 감소를 측정함으로써 이산화탄소 농도를 측정한다.
- 연소식 O_2계 : 시료가스가 가연성인 경우 일정량의 시료가스에 가연성 가스(수소 등)를 혼합하여 촉매를 넣고 연소시켰을 때 반응열에 의해 온도 상승이 생기는데, 이 반응열이 측정가스 중에 산소농도에 비례한다는 것을 이용한다.

■ 물리적 가스분석계

- 열전도율형 CO_2(분석)계 : 탄산가스의 열전도율이 매우 작은 특성을 이용한 가스분석계이다.
- 밀도식 CO_2계 : 가스의 밀도차(CO_2의 밀도가 공기보다 크다)를 이용하여 CO_2의 농도를 측정하는 가스분석계이다.
- 자기식 O_2계 : 산소가스의 매우 높은 자성을 이용하는 가스분석계이다.
- 적외선식 가스분석계 : 대상 성분가스만이 강하게 흡수하는 파장의 광선을 이용하는 가스분석계이다.
- 자외선을 이용한 방법 : 거의 모든 물질이 각각 지니고 있는 특유한 자외선 흡수 스펙트럼을 이용한 가스분석계이다.
- 이온전류를 이용하는 방법 : 수소염 속에 유기물을 넣고 연소시키면 유기물 중의 탄소수에 비례한 이온이 발생한다. 이것을 모아 전류를 끌어냄으로써 유기물의 농도를 알 수 있다.

- 도전율식 가스분석계(흡수제의 도전율의 차를 이용하는 방법) : 용액은 가스를 흡수하면 그 도전율이 변화한다. 이러한 현상을 이용하여 각각 일정량의 시료가스와 용액을 혼합하여 반응시킨 후 반응 전후의 용액의 도전율을 전극으로 하여 측정함으로써 그 변화에 따라 대상 가스의 농도를 구하는 것이다.
- 세라믹식 O_2계 : (전기적 성질인) 기전력을 이용하여 산소농도를 측정하는 가스분석계이다.
- 전지식 O_2계 : 액체의 전해질의 전지반응을 이용하는 가스분석계이다.
- 흡광광도계 : 측정 대상 가스를 흡수한 용액에 적당한 화학적 조작을 가하여 발색시킨 다음 그 발색 시료에 가시부 또는 자외부 파장의 빛을 비추어 그 흡수광량에 의해 대상가스의 농도를 알아내는 가스분석계이다.
- 가스크로마토그래피(Gas Chromatography) : 기체 비점 300[℃] 이하의 액체를 측정하는 물리적 가스분석계이다.

가스크로마토그래피

- 원리 : 흡착의 원리
- 이용되는 기체의 특성 : 확산속도의 차이
- 분리과정 : 각 성분의 이동상과 정지상 사이의 분배, 흡착, 이온교환, 시료 크기의 차에 의해 결정
- 용도 : 선택성이 우수하여 두 가지 이상의 성분으로 된 물질을 단일 성분으로 분리하는 기법으로 사용되며 연소기체 분석에 가장 적합하다.
- 구성요소 : 유량측정기, 칼럼(Column)검출기, 캐리어가스통
- 캐리어(Carrier)가스 : He, Ar, N_2, H_2 등
- 칼럼에 사용되는 흡착제 : 활성탄, 실리카겔, 활성알루미나
- 특 징
  - 1대의 장치로 여러 가지 가스를 분석할 수 있다.
  - 미량 성분의 분석이 가능하다.
  - 분리성능이 좋고 선택성이 우수하다.
  - 응답속도가 다소 느리고 동일한 가스의 연속 측정이 불가능하다.
  - 연소가스에서는 SO_2, NO_2 등의 분석이 불가능하다.
- 검출기 : 불꽃이온화검출기(FID), 열전도도검출기(TCD), 전자포획검출기(ECD), 원자방출검출기, 알칼리열이온화검출기(FTD), 불꽃광도검출기(FPD)

대표적인 온도계의 최고 측정 가능(사용 가능) 온도[℃]

- 접촉식 온도계 : 유리제 온도계 750(수은 360, 수은 - 불활성 가스 이용 750, 알코올 100, 베크만 150), 바이메탈 온도계 500, 압력식 온도계 600(액체 : 수은 600, 알코올 200, 아닐린 400, 기체압력식 : 420), 전기저항식 온도계 500(백금 500, 니켈 150, 동 120, 서미스터 300), 열전대 온도계 1,600(PR 1,600, CA 1,200, IC 800, CC 350)
- 비접촉식 온도계 : 광고온계(광온도계) 3,000, 방사 온도계 3,000, 광전관 온도계 3,000, 색 온도계 2,500(어두운 색 600, 붉은색 800, 오렌지색 1,000, 노란색 1,200, 눈부신 황백색 1,500, 매우 눈부신 흰색 2,000, 푸른 기가 있는 흰백색 2,500)

열전대의 구비조건

- 저소 : 열전도율, 전기저항, 온도계수, 이력현상
- 고대 : 열기전력, 기계적 강도, 내열성, 내식성, 내변형성, 재생도, 가공 용이성
- 장시간 사용에 견디며, 이력현상이 없을 것
- 온도 상승에 따라 연속적으로 상승할 것

주위온도보상장치가 있는 열전식 온도기록계의 온도보상지시치

기전력 $V = V_1 + \dfrac{V_2(t_2 - t_1)}{1,000}[\text{mV}]$

(여기서, V_1 : 주위온도에서의 기전력, V_2 : 지시온도와 주위온도의 차에서의 기전력, t_1 : 주위온도, t_2 : 지시온도)

열전대의 종류

- 백금-백금·로듐(PR), 크로멜-알루멜(CA), 철-콘스탄탄(IC), 동-콘스탄탄(CC)
- 측정온도에 대한 기전력의 크기 순 : IC > CC > CA > PR

시스(Sheath) 열전대 온도계

열전대가 있는 보호관 속에 무기질 절연체인 마그네시아, 알루미나 등을 넣고 다져서 가늘고 길게 만든 열전대 온도계

바이메탈 온도계의 자유단 변위량

$\delta = K(\alpha_A - \alpha_B)L^2 \Delta t / h$

(여기서, K : 정수, α : 선팽창계수, L : 전장, Δt : 온도 변화)

방사 온도계(방사 고온계)

- 열복사를 이용한다.
- 응용이론 : 슈테판-볼츠만 법칙
- 전 방사에너지와 피측정체의 실제온도
  - 전 방사에너지

    $E = \sigma \varepsilon T^4 [\text{W}]$

    (여기서, σ : 슈테판-볼츠만 상수 $5.67 \times 10^{-12} [\text{W/cm}^2 \text{K}^4]$, ε : 방사율, T : 흑체 표면온도)
  - 피측정체의 실제온도

    $T = \dfrac{S}{\sqrt[4]{Et}}$

    (여기서, S : 계기의 지시온도, Et : 전 방사율)

색 온도계

- 파장을 이용한다.
- 온도에 따라 색이 변하는 일원적인 관계로부터 온도를 측정하는 비접촉식 온도계
- 측정 온도범위 : 600~2,000[℃]
- 색에 따른 온도 : 어두운 색 600[℃], 적색 800[℃], 오렌지색 1,000[℃], 노란색 1,200[℃], 눈부신 황백색 1,500[℃], 매우 눈부신 흰색 2,000[℃], 푸른 기가 있는 흰백색 2,500[℃]

고온의 노 내 온도측정용 온도계

제게르콘(Seger Cone) 온도계, 방사 온도계, 광고온계 등

봄베식 열량계 연료의 발열량

$Q = m C_w \Delta T = \left(\dfrac{m_1 + M}{w} \right) \times C_w \Delta T [\text{J/g}]$

(여기서, m_1 : 통 내 유량, M : 열량계의 물당량, w : 연료의 무게, C_w : 물의 비열, ΔT : 온도 변화량)

듀셀 노점계(가열식 노점계)

- 염화리튬이 공기 수증기압과 평형을 이룰 때 생기는 온도 저하를 저항 온도계 측정으로 습도를 알아내는 습도계
- 저습도 측정이 가능하다.
- 구조가 간단하고, 고장이 적다.
- 고압에서 사용이 가능하지만, 응답이 늦다.

CHAPTER 04 열설비재료 및 관계법규

에너지관리기사

▌요로 내에서 생성된 연소가스의 흐름
- 가열물의 주변에 고온가스가 체류하는 것이 좋다.
- 같은 흡입조건하에서 고온가스는 천장쪽으로 흐른다.
- 가연성 가스를 포함하는 연소가스는 흐르면서 연소가 진행된다.
- 연소가스는 일반적으로 가열실 내에 충만되어 흐르는 것이 좋다.

▌회전가마(Rotary Kiln)
클링커를 굽는 소성가마인 동시에 클링커를 생성하는 반응로이며 주로 시멘트 제조에 사용한다.

▌용광로(고로)
- 조직의 화학 변화를 동반하는 소성 및 가소를 목적으로 하는 노
- 구성 : 노구(Throat), 샤프트(Shaft), 보시(Bosh), 노상(Hearth)
- 용도 : 선철 제조
- 주원료 : 철광석, 코크스, 석회석
- 용량 : 1일 생산량을 톤[ton]으로 결정
- 종류 : 철피식, 철대식, 절충식

▌환열기(리큐퍼레이터)
연소 가스온도가 600[℃] 이하의 저온인 경우 축열공기 예열을 위한 장치

▌연소실의 연도 축조 시의 유의사항
- 넓거나 좁은 부분의 차이를 줄인다.
- 가스 정체 공극을 만들지 않는다.
- 통풍력 증가를 위하여 가능한 한 굴곡 부분을 없앤다.
- 댐퍼로부터 연도까지의 길이를 짧게 한다.

■ 내화도
- 'SK숫자'로 나타내며 연화 변형 상태에 따라 사용온도가 결정된다.
- 한국산업표준에서 규정하는 내화물의 내화도 하한치 : SK26번
- 내화물의 사용온도범위 : SK26번 1,580[℃], SK30번 1,670[℃], SK34번 1,750[℃], SK40번 1,920[℃], SK42번 2,000[℃]

■ 내화물
내화벽돌 SK26번 1,580[℃] 이상의 내화도를 지닌 물질

■ 부피 비중(겉보기 비중)
- 무게 / (참부피 × 밀봉 기공)
- $\dfrac{W_1}{W_3 - W_2}$

(여기서, W_1 : 시료의 건조 중량(벽돌을 105~120[℃]에서 건조시켰을 때의 무게), W_2 : 함수 시료의 수중 중량(물속에서 3시간 끓인 후 물속에서 유지시킨 무게), W_3 : 함수 시료의 중량(물속에서 3시간 끓인 후 물속에서 끄집어내어 표면에 묻은 수분을 닦은 후의 무게))

■ 흡수율

$\dfrac{W_3 - W_1}{W_1} \times 100[\%]$

(여기서, W_1 : 시료의 건조 중량(벽돌을 105~120[℃]에서 건조시켰을 때의 무게), W_3 : 함수 시료의 중량(물속에서 3시간 끓인 다음 물속에서 끄집어내어 표면에 묻은 수분을 닦은 후의 무게))

■ 스폴링(Spalling) 현상
온도의 급격한 변동 또는 불균일한 가열 등으로 내화물에 열응력이 생겨 표면이 갈라지는 균열이 생기거나 표면이 박리되는 현상

■ 푸리에 열전도 법칙

시간당 손실열량 $Q = \lambda A \dfrac{(t_1 - t_2)}{L}$

(여기서, λ : 열전도율, A : 벽면의 단면적, t_1 : 외면의 온도, t_2 : 내면의 온도, L : 벽의 두께)

■ 내화물의 종류
- 산성 내화물 : 규석질 내화물, 반규석질 내화물, 납석질 내화물, 샤모트질 내화물
- 염기성 내화물 : 마그네시아 내화물, 크롬마그네시아 내화물, 돌로마이트 내화물, 포스테라이트 내화물
- 중성 내화물 : 고알루미나질 내화물, 크롬질 내화물, 탄화규소질 내화물, 탄소질 내화물
- 부정형 내화물 : 캐스터블 내화물, 플라스틱 내화물, 내화 모르타르
- 특수 내화물 : 지르콘 내화물, 지르코니아 내화물, 베릴리아 내화물, 토리아 내화물

■ 안전사용온도
- 보온재, 단열재 및 보랭재 등을 구분하는 기준
- 내화 단열재 : 1,100[℃] 이상
- 단열재 : 500~1,000[℃]
- 보온재 : 100~500[℃]
- 보냉재 : 100[℃] 이하

■ 보온재의 구비조건
- 고대 : 내화도, 불연성, 내열성, 내약품성, 보온능력, 내구성
- 저소 : 밀도, 비중, 무게, 열전도율, 흡수성, 흡습성
- 적절 : 기계적 강도

■ 열전도율 순(낮은 것 → 높은 것)
공기 → 스티로폼 → 석고보드 → 고무 → 물 → 유리 → 콘크리트 → 철 → 알루미늄 → 구리

■ 유기질 보온재와 무기질 보온재의 일반적인 특징
- 유기질 보온재 : 보온능력이 우수하고, 가격도 저렴하다.
- 무기질 보온재 : 불연성이며 내열성·기계적 강도가 우수하다.

■ 스케줄 번호(SCH No.)
- 배관 호칭법으로 사용한다.
- 배관의 두께를 표시하는 번호이다.
- 스케줄 번호가 클수록 강관의 두께가 두꺼워진다.
- 스케줄 번호 산출에 영향을 미치는 요인 : 관의 외경, 관의 사용온도, 관의 허용응력, 사용압력(열팽창계수는 아님)
- 스케줄 번호 산출에 직접적인 영향을 미치는 요인 : 관의 허용응력, 사용압력

- 스케줄 번호 공식

  $SCH = 10 \times \dfrac{P}{\sigma}$

  (여기서, P : 사용압력, σ : 허용응력)

- 관의 두께

  $t = \left(\dfrac{P}{\sigma} \times \dfrac{D}{175}\right) + 2.54 = \dfrac{PD}{175\sigma} + 2.54$

  (여기서, D : 관의 바깥지름)

■ 관에 작용하는 응력

- 축 방향 응력

  $\sigma_a = \dfrac{pd}{4t}$

  (여기서, p : 내압, d : 관의 내경)

- 원주 방향 응력

  $\sigma_1 = \dfrac{pd}{2t}$

■ 관의 고정장치 설치 간격

- 지름 13[mm] 미만의 경우 : 1[m]
- 지름 13[mm] 이상 33[mm] 미만의 경우 : 2[m]
- 지름 33[mm] 이상의 경우 : 3[m]

■ 신축 이음

- 파이프의 열변형에 대응하기 위한 이음
- 신축량 : 열팽창계수, 길이, 온도차 등에 비례한다.
- 신축 이음의 종류 : 슬리브형, 루프형(곡관형), 벨로스형, 스위블형

■ 강관의 종류

- 일반배관용 탄소강관(SPP)
- 고압배관용 탄소강관(SPPH)
- 저온배관용 탄소강관(SPLT)
- 배관용 합금강관(SPA)
- 압력배관용 탄소강관(SPPS)
- 고온배관용 탄소강관(SPHT)
- 수도용 아연도금강관(SPPW)

▎시스턴(Cistern)밸브
하이탱크와 대변기를 이어 주는 세정관 중간에 설치하는 밸브로, 하이탱크식의 단점을 보완하기 위하여 세정관 바닥에서 40[cm] 정도의 높이에 설치한다.

▎체크밸브
유체의 역류를 방지하여 한쪽 방향으로만 흐르게 하는 것으로 리프트식과 스윙식으로 대별되는 밸브이다.

▎에너지
연료, 열 및 전기

▎연 료
석유・가스・석탄, 그 밖에 열을 발생하는 열원(제외 : 제품의 원료로 사용되는 것)

▎주 기
- 수시 : 간이 에너지 총조사
- 3년 : 에너지 총조사 주기
- 5년 : 에너지이용합리화 기본계획 수립

▎에너지이용합리화 기본계획 포함사항
- 에너지 절약형 경제구조로의 전환
- 에너지 이용효율의 증대
- 에너지 이용 합리화를 위한 기술 개발
- 에너지이용 합리화를 위한 홍보 및 교육
- 에너지원 간 대체
- 열사용기자재의 안전관리
- 에너지이용 합리화를 위한 가격예시제의 시행
- 에너지의 합리적인 이용을 통한 온실가스의 배출을 줄이기 위한 대책

▎에너지사용계획수립대상사업
도시개발사업, 산업단지개발사업, 에너지개발사업, 항만건설사업, 철도건설사업, 공항건설사업, 관광단지개발사업, 개발촉진지구개발사업 또는 지역종합개발사업

■ 에너지사용계획수립대상자
- 공공사업주관자 : 다음의 어느 하나에 해당하는 시설을 설치하려는 자
  - 연간 2천5백[TOE] 이상의 연료 및 열을 사용하는 시설
  - 연간 1천만[kWh] 이상의 전력을 사용하는 시설
- 민간사업주관자 : 다음의 어느 하나에 해당하는 시설을 설치하려는 자
  - 연간 5천[TOE] 이상의 연료 및 열을 사용하는 시설
  - 연간 2천만[kWh] 이상의 전력을 사용하는 시설

■ 에너지사용계획 검토결과, 공공사업주관자가 조치요청을 받았을 때 제출해야 하는 조치이행계획 포함내용
이행주체, 이행방법, 이행시기 등

■ 에너지저장의무부과대상자
전기사업법에 따른 전기사업자, 도시가스사업법에 따른 도시가스사업자, 석탄산업법에 따른 석탄가공업자, 집단에너지사업법에 따른 집단에너지사업자, 연간 2만 석유환산톤[TOE] 이상의 에너지를 사용하는 자

■ 효율관리기자재
전기냉장고, 전기냉방기, 전기세탁기, 조명기기, 삼상유도전동기, 자동차, 그 밖에 산업통상자원부장관이 그 효율의 향상이 특히 필요하다고 인정하여 고시하는 기자재 및 설비

■ 평균효율관리기자재
승용자동차(총중량 3.5톤 미만), 승합자동차(승차 인원이 15인승 이하이고, 총중량이 3.5톤 미만), 화물자동차(총중량이 3.5톤 미만)

■ 고효율에너지인증대상기자재
펌프, 산업건물용 보일러, 무정전전원장치, 폐열회수형 환기장치, 발광다이오드(LED) 등 조명기기, 그 밖에 산업통상자원부장관이 특히 에너지이용의 효율성이 높아 보급을 촉진할 필요가 있다고 인정하여 고시하는 기자재 및 설비

■ 에너지다소비업자가 신고해야 하는 사항
- 전년도의 분기별 에너지사용량, 제품생산량
- 해당 연도의 분기별 에너지사용예정량, 제품생산예정량
- 에너지사용기자재의 현황
- 전년도의 분기별 에너지 이용 합리화 실적 및 해당 연도의 분기별 계획
- 상기의 사항에 관한 업무를 담당하는 자(에너지관리자)의 현황

■ 목표에너지원단위
에너지를 사용하여 만드는 제품의 단위당 에너지사용목표량

■ 열사용기자재
- 열사용기자재 : 연료를 사용하는 기기, 열을 사용하는 기기, 축열식 전기기기, 단열성 자재
- 열사용기자재 지정품목 : 보일러(강철제 보일러·주철제 보일러, 소형 온수 보일러, 구멍탄용 온수 보일러, 축열식 전기 보일러, 캐스케이드 보일러, 가정용 화목 보일러), 압력용기(1종 압력용기, 2종 압력용기), 요로(요업요로 : 연속식 유리용융가마·불연속식 유리용융가마·유리용융도가니가마·터널가마·도염식 가마·셔틀가마·회전가마 및 석회용선가마, 금속요로 : 용선로·비철금속용융로·금속소둔로·철금속가열로 및 금속균열로), 태양열집열기, 집단에너지사업법의 적용을 받는 발전전용 보일러 및 압력용기

■ 용접검사 면제대상기기
- 전열면적이 5[m^2] 이하이고, 최고 사용압력이 0.35[MPa] 이하인 강철제 보일러
- 주철제 보일러
- 1종 관류 보일러
- 전열면적이 18[m^2] 이하이고, 최고 사용압력이 0.35[MPa] 이하인 온수 보일러
- 용접 이음(동체와 플랜지와의 용접이음은 제외한다)이 없는 강관을 동체로 한 헤더
- 동체의 두께가 6[mm] 미만인 압력용기로서 최고 사용압력[MPa]과 내부 부피[m^3]를 곱한 수치가 0.02 이하(난방용의 경우에는 0.05 이하)인 것
- 전열교환식 압력용기로서 최고 사용압력이 0.35[MPa] 이하이고, 동체의 안지름이 600[mm] 이하인 것

■ 검사대상기기설치자가 시·도지사에게 신고해야 하는 경우
- 검사대상기기를 폐기한 경우
- 검사대상기기의 사용을 중지한 경우
- 검사대상기기의 설치자가 변경된 경우
- 검사의 전부 또는 일부가 면제된 검사대상기기 중 산업통상자원부령으로 정하는 검사대상기기를 설치한 경우

■ 검사대상기기 관리대행기관 신청을 위한 제출서류
장비명세서, 기술인력명세서, 향후 1년간의 안전관리대행사업계획서, 변경사항을 증명할 수 있는 서류(변경지정의 경우만 해당)

CHAPTER 05 열설비설계

▌ 보일러 구성의 3대 요소
연소장치, 본체, 부속장치

▌ 압력용기의 옥내 설치
- 압력용기와 천장과의 거리는 압력용기 본체 상부로부터 1[m] 이상이어야 한다.
- 압력용기의 본체와 벽과의 거리는 최소 0.3[m] 이상이어야 한다.
- 인접한 압력용기와의 거리는 최소 0.3[m] 이상이어야 한다.
- 유독성 물질을 취급하는 압력용기는 2개 이상의 출입구나 환기장치를 설치해야 한다.

▌ 원통형 보일러의 종류
- 입형 : 입형 횡관, 코크란, 입형 연관
- 횡형 : 노통(코니시 : 노통 1개, 랭커셔 : 노통 2개), 연관(횡연관(외분식), 기관차, 케와니), 노통 연관(스코치, 브로돈카프스, 하우덴 존슨 : 선박용, 노통 연관 패키지형 : 육용)

▌ 수관식 보일러의 종류
자연순환식(바브콕 : 경사각 15[°], 스네기치 : 경사각 30[°], 다쿠마 : 경사각 45[°], 야로우, 가르베 : 경사각 90[°], 방사4관, 스터링(곡관형), 2동 D형·3동 A형(곡관형)), 강제순환식(라몬트, 베록스)

▌ 관류 보일러의 종류
- 단관식 : 슐저
- 다관식 : 벤슨(벤손), 가와사키(소형 관류), 람진, 애트모스(앳모스)

▌ 연관식 패키지 보일러와 랭커셔 보일러의 비교
연관식 패키지 보일러가 랭커셔 보일러보다 열효율, 부하변동 대응성이 크고 설치면적당 증발량이 크지만, 수처리는 랭커셔 보일러가 더 간단하다.

▌ 인젝터(Injector)
증기의 열에너지를 압력에너지로 변환시키고 다시 이를 운동에너지로 변환하여 급수하는 비동력 급수장치

▍플래시 탱크(Flash Tank)

고압응축수를 저압증기로 만드는 재증발 증기 발생 탱크로 응축수의 열을 회수하여 재사용하기 위해 설치하며 재증발조라고도 한다.

▍폐열회수장치(여열장치)

- 구성 : 과열기, 재열기, 절탄기, 공기예열기
- 순서 : (보일러 본체) → (증발관) → 과열기 → 재열기 → 절탄기 → 공기예열기

▍과열기(Superheater)

보일러에서 발생한 포화증기를 가열하여 압력 변화 없이 온도만 상승시켜 과열증기로 만드는 장치

▍증기트랩(Steam Trap)

증기관의 도중에 설치하여 증기를 사용하는 설비의 배관 내에 고여 있는 응축수(증기의 일부가 드레인된 상태)를 자동 배출시키는 장치

▍스테이(Stay, 버팀)

- 노통 보일러의 변형, 파손 방지를 위해 강도가 부족한 부분에 부착하여 강도를 보강시키는 부품
- 관 스테이의 최소 단면적(S)
  - $S = \dfrac{(A-a)P}{5}$

    (여기서, P : 최고 사용압력[kgf/cm^2])
  - $S = 2(A-a)P$

    (여기서, P : 최고 사용압력[MPa])
- 경사 스테이의 최소 단면적

  $A = A_1 \dfrac{l}{h}$

  (여기서, A : 경사 스테이의 최소 단면적[mm^2], A_1 : 봉 스테이를 부착하는 것으로 가정한 경우의 소요 단면적[mm^2], l : 경사 스테이의 길이[mm^2], h : 경사 스테이의 동체 부착부 중앙부에서 경판면으로의 수직선 길이[mm^2])
- 거싯 스테이의 최소 단면적 : 가장 긴 변과 동일한 각도를 이루는 경사 스테이의 최소 단면적보다 10[%] 이상 크게 한다.
- 육용강제 보일러에서 봉 스테이 또는 경사 스테이를 핀 이음으로 부착할 경우, 스테이링부의 단면적은 스테이 소요 단면적의 1.25배 이상으로 하여야 한다.

■ 열교환기의 성능이 저하되는 요인
- 온도차의 감소
- 유체의 느린 속도
- 병류 방향의 유체 흐름
- 낮은 열전도율의 재료 사용
- 작은 전열면적
- 이물질, 스케일, 응축수 존재

■ 열교환기의 효율을 향상시키기 위한 방법
- 온도차를 크게 한다.
- 유체의 유속을 빠르게 한다.
- 유체의 흐름 방향을 향류로 한다.
- 열전도율이 높은 재질을 사용한다.
- 전열면적을 크게 한다.
- 이물질, 스케일, 응축수 등을 제거한다.

■ 열교환기의 종류
원통다관(Shell & Tube)식 열교환기, 이중관(Double Pipe)식 열교환기, 평판(Plate)식(판형) 열교환기, 코일(Coil)식 열교환기, 스파이럴식 열교환기, 재킷식 열교환기, 히트파이프 열교환기

■ 보일러 설계 시 크리프 영역에 달하지 않는 설계온도에서의 허용 인장응력
- 철강재료 : 상온에서의 최소 인장강도의 1/4, 설계온도에서의 인장강도의 1/4, 상온에서의 최소 항복점 또는 0.2[%] 내력의 1/1.6, 설계온도에서의 항복점 또는 0.2[%] 내력의 1/1.6 중에서 최소의 것으로 한다(다만, 오스테나이트계 스테인리스강 강재로서 사용 장소에 따라 약간 큰 변형이 허용되는 부재에 대해서는 설계온도에서의 0.2[%] 내력의 90[%]까지를 취할 수 있음).
- 볼트 : 철강재료의 허용 인장응력, 상온에서 최소 인장강도의 1/5, 상온에서 최소 항복점 또는 0.2[%] 내력의 1/4 중에서 최소의 것으로 한다(다만, 탄소강 강재 및 저합금강 강재에서의 KS B 0223(전선관 나사)에 적합한 볼트의 허용 인장응력은 온도 573[K](300[℃]) 이하(쾌삭강인 경우에는 523[K](250[℃]) 이하)의 범위에서 KS에 표시된 강도 구분에 따라 대응하는 보증 하중응력의 1/3을 취할 수 있음).

■ 육용강제 보일러 구조에서 동체의 최소 두께 기준
- 안지름이 900[mm] 이하의 것 : 6[mm]
- 안지름이 900[mm] 이하이며, 스테이를 부착한 것 : 8[mm]
- 안지름이 900[mm] 초과 1,350[mm] 이하의 것 : 8[mm]
- 안지름이 1,350[mm] 초과 1,850[mm] 이하의 것 : 10[mm]
- 안지름이 1,850[mm] 초과하는 것 : 12[mm] 이상

■ 관판의 두께
- 관판의 롤 확관 부착부의 최소 두께 : 완전한 링 모양을 이루는 접촉면의 두께가 10[mm] 이상이어야 한다.
- 연관의 바깥지름 75[mm]인 연관 보일러 관판의 최소 두께(t)

$$t = \frac{D}{10} + 5 [\text{mm}]$$

(여기서, D : 연관의 바깥지름)
- 연관의 바깥지름 150[mm] 이하의 연관 보일러 관판의 최소 두께(t)

$$t = \frac{PD}{700} + 1.5 [\text{mm}]$$

(여기서, P : 최고 사용압력[kgf/cm^2], D : 연관의 바깥지름)

$$t = \frac{PD}{70} + 1.5 [\text{mm}]$$

(여기서, P : 최고 사용압력[MPa], D : 연관의 바깥지름)
- 연관 보일러 관판의 최소 두께(관판의 바깥지름 1,350[mm]~)

관판의 바깥지름[mm]	관판 최소 두께[mm]
1,350 이하	10
1,350 초과 1,850 이하	12
1,850 초과	14

■ 노통 보일러의 브레이징 스페이스 기준 수치
- 경판 두께 13[mm] 이하 : 230[mm] 이상
- 경판 두께 15[mm] 이하 : 260[mm] 이상
- 경판 두께 17[mm] 이하 : 280[mm] 이상
- 경판 두께 19[mm] 이하 : 300[mm] 이상
- 경판 두께 19[mm] 초과 : 320[mm] 이상

▌ 송풍기의 소요동력(H)

- $H = \dfrac{PQ}{60 \times \eta}[\text{kW}] = \dfrac{PQ}{60 \times 75 \times \eta}[\text{PS}]$

  (여기서, P : 송풍기 출구 풍압[mmAq], Q : 송풍량[m^3/min], η : 효율)

- 여유율(α) 반영 시

  $H = \dfrac{PQ}{60 \times \eta}(1+\alpha)[\text{kW}] = \dfrac{PQ}{60 \times 75 \times \eta}(1+\alpha)[\text{PS}]$

▌ 직립 보일러 또는 직립 수평관 보일러의 청소 구멍

청소 구멍 설치 위치	청소 구멍의 수 동체 안지름 600[mm] 이상	고 압 동체 안지름 600[mm] 미만
물다리 하부	3개	2개
안쪽 화실 천장판(하부 관판)의 윗면 부근	3개	1개
상용 수위 부근	1개	-
수관 청소 가능 위치(직립 수평관 보일러)	적당 수	적당 수

▌ 최저 수위의 위치(수면계의 부착 위치)

보일러 종류	부착 위치
직립형 보일러	연소실 천장판 최고부(플랜지부 제외) 위 75[mm]
직립형 연관 보일러	연소실 천장판 최고부 위 연관 길이의 1/3
수평 연관 보일러	연관의 최고부 위 75[mm]
노통 연관 보일러	연관의 최고부 위 75[mm]. 다만, 연관 최고 부분보다 노통 윗면이 높은 것은 노통 최고부(플랜지부 제외) 위 100[mm]
노통 보일러	노통 최고부(플랜지부를 제외) 위 100[mm]

▌ 파형 노통의 종류별 피치 및 골의 깊이

노통의 종류	피치[mm]	골의 깊이[mm]
모리슨형	200 이하	32 이상
데이톤형	200 이하	38 이상
폭스형	200 이하	38 이상
파브스형	230 이하	35 이상
리즈포지형	200 이하	57 이상
브라운형	230 이하	41 이상

▌ 리스트레인트(Restraint)

열팽창에 의한 배관의 이동을 구속 또는 제한하는 것을 말하며, 종류로는 앵커(Anchor), 스토퍼(Stopper), 가이드(Guide) 등이 있다.

■ 전열면적에 따른 방출관의 안지름
- 전열면적 10[m^2] 이하 : 방출관 안지름 25[mm](25A) 이상
- 전열면적 10~15[m^2] 이하 : 방출관 안지름 30[mm](30A) 이상
- 전열면적 15~20[m^2] 이하 : 방출관 안지름 40[mm](40A) 이상
- 전열면적 20[m^2] 이상 : 방출관 안지름 50[mm](50A) 이상

■ 맞대기 용접
- 판 두께에 따른 그루브 형상
  - 1~5[mm] : I형
  - 6~16[mm] : J형, R형, V형
  - 12~38[mm] : 양면 J형, K형, U형, X형
  - 19[mm] 이상 : H형
- 두께가 다른 판의 경우, 중심선 일치를 위하여 1/3 이하의 기울기로 가공한다.
- 용접부의 인장응력(σ)

$$\sigma = \frac{W}{hl}$$

(여기서, W : 인장하중, h : 판 두께, l : 용접 길이)

■ 리벳 이음에서의 강판의 효율

$$\eta_t = \left(1 - \frac{d}{p}\right) \times 100[\%]$$

(여기서, d : 리벳의 지름, p : 리벳의 피치)

■ 스테이 볼트의 알림 구멍
- 길이가 200[mm] 이하인 스테이 볼트에는 적어도 바깥쪽 끝에는 지름이 5[mm] 이상이고, 깊이가 판의 내면으로부터 13[mm] 이상인 알림 구멍을 설치하여야 한다.
- 중간부의 지름을 나사 밑 이하로 가늘게 한 경우에는 알림 구멍의 깊이를 지름이 감소된 부분의 기점으로부터 13[mm] 이상으로 하거나 속이 빈 스테이로 한다.
- 길이가 200[mm]를 초과하는 스테이에는 알림 구멍을 설치하지 않아도 된다.

■ 직관에서의 손실수두
- 다르시-바이스바하(Darcy-Weisbach) 방정식

$$h_L = f \frac{l}{d} \frac{v^2}{2g}$$

압력 강하

- 직관에서의 압력 강하(손실)

$$\Delta p = \gamma h_L = \gamma f \frac{l}{d} \frac{v^2}{2g}$$

- 연도 내에서의 압력 강하

$$p_1 = 4f \frac{\rho v^2}{2g} \frac{l}{d}$$

줄-톰슨계수(Joule-Thomson Coefficient, μ)

- 엔탈피 일정 시 압력 강하에 대한 온도 강하의 비
- 줄-톰슨계수식

$$\mu = \left(\frac{\partial T}{\partial P}\right)_{h=c}$$

- 온도 강하 시 : $(T_1 > T_2)\ \mu > 0$
- 온도 상승 시 : $(T_1 < T_2)\ \mu < 0$
- 이상기체의 경우 : $(T_1 = T_2)\ \mu = 0$

복사열(방사열)

- 슈테판-볼츠만 방정식 : 복사전열량은 흑체 표면 절대온도의 4제곱에 비례한다.
- 복사전열량

$$q_R = \varepsilon \sigma A T^4 [\text{W}]$$

(여기서, ε : 복사율, σ : 슈테판-볼츠만 상수, A : 전열면적, T : 절대온도)

- 복사율 : $0 < \varepsilon < 1$
- 슈테판-볼츠만 상수

$$\sigma = 4.88 \times 10^{-8} [\text{kcal/m}^2 \cdot \text{h} \cdot \text{K}^4] = 5.67 \times 10^{-8} [\text{W/m}^2 \cdot \text{K}^4]$$

- 완전 흑체의 복사력(복사열량)

$$E_b = \sigma \left(\frac{T}{100}\right)^4$$

- 복사열 전달률

$$\varepsilon C_b \left[\left(\frac{T_1}{100}\right)^4 - \left(\frac{T_2}{100}\right)^4\right] \times \frac{1}{T_1 - T_2}$$

(여기서, ε : 복사율, C_b : 흑체방사정수, T_1 : 표면온도, T_2 : 외기온도)

- 총괄 호환인자

$$F_{12} = C_0 = \cfrac{1}{\cfrac{1}{C_1} + \cfrac{F_1}{F_2}\left(\cfrac{1}{C_2} - \cfrac{1}{4.88}\right)}$$

(여기서, C_1 : 해당 물질의 복사능, F_1 : 해당 물질의 전열면적, F_2 : 둘러싼 물질의 전열면적, C_2 : 둘러 싼 물질의 복사능)

- Wien의 법칙 : 주어진 온도에서 최대 복사강도에서의 파장($\lambda_{\max}$)은 절대온도에 반비례한다.

■ 열전도율(λ), 열저항률(R), 열관류율(K)의 상관관계식과 그 응용

- $K = \dfrac{1}{R} = \dfrac{\lambda}{L}$, $\lambda = LK = \dfrac{L}{R}$

(여기서, L : 두께)

- $R = R_i + \dfrac{L_1}{\lambda_1} + \cdots + \dfrac{L_n}{\lambda_n} + R_o$

(여기서, R_i : 실내 표면 열저항률, R_o : 실외 표면 열저항률)

- 3겹층 평면벽의 평균 열전도율(λ)

$$\lambda = \cfrac{L_1 + L_2 + L_3}{\cfrac{L_1}{\lambda_1} + \cfrac{L_2}{\lambda_2} + \cfrac{L_3}{\lambda_3}}$$

(여기서, L : 두께, λ : 열전도율)

- 2중관 열교환기의 열관류율의 근사식(전열계산은 내관 외면 기준)

열관류율 $K = \dfrac{1}{R} = \cfrac{1}{\left(\cfrac{1}{\alpha_i F_i} + \cfrac{1}{\alpha_o F_o}\right)}$

(여기서, R : 열저항률, α_i : 내관 내면과 유체 사이의 경막계수, F_i : 내관 내면적, α_o : 내관 외면과 유체 사이의 경막계수, F_o : 내관 외면적)

- 다층벽의 열관류율

$$K = \dfrac{1}{R} = \cfrac{1}{\left(\cfrac{1}{\alpha_i} + \sum_{i=1}^{n}\cfrac{L_i}{\lambda_i} + \cfrac{1}{\alpha_o}\right)}$$

(여기서, R : 열저항률, α : 열전달률, $\dfrac{1}{\alpha}$: 열전도저항값, L : 두께, λ : 열전도율)

대수평균온도차($LMTD$, Δt_m)

- $LMTD = \dfrac{\Delta t_1 - \Delta t_2}{\ln(\Delta t_1/\Delta t_2)}$

  (여기서, Δt_1 : 고온유체의 입구측에서의 유체온도차, Δt_2 : 고온유체의 출구측에서의 유체온도차)

- $LMTD = \dfrac{\text{온도차}}{\left(\dfrac{\text{열관류율} \times \text{전열면적}}{\text{유량} \times \text{비열}}\right)} = \dfrac{\text{온도차}}{\text{전열 유닛수}} = \dfrac{\Delta t}{NTU}$

열교환기의 열교환열량

$Q = K \cdot A \cdot \Delta t_m = K \cdot F \cdot \Delta t_m$

(여기서, K : 열관류율(총괄 열전달계수), A 또는 F : 열교환면적, Δt_m : 대수평균온도차)

병류형 열교환기의 ΔT_m에 관한 식

$\Delta T_m = \dfrac{(T_{h1} - T_{c1}) - (T_{h2} - T_{c2})}{\ln \dfrac{T_{h1} - T_{c1}}{T_{h2} - T_{c2}}}$

(여기서, h : 고온측, 1 : 입구, c : 저온측, 2 : 출구)

향류 열교환기 저온측의 온도효율

$E_c = \dfrac{T_{c2} - T_{c1}}{T_{h1} - T_{h2}}$

(여기서, h : 고온측, 1 : 입구, c : 저온측, 2 : 출구)

전열량, 열유량, 열이동량, 열손실(Q)

- 전열량(열전달량)

$Q = K \cdot A \cdot \Delta t = K \cdot F \cdot \Delta t = \dfrac{\lambda}{b} \cdot F \cdot \Delta t$

(여기서, K : 열관류율, A, F : 전열면적, Δt : 온도차, $\Delta t = t_1 - t_2$, t_1 : 고온부 온도, t_2 : 저온부 온도, λ : 열전도율, b : 두께)

- 중공구를 통한 열이동량

$Q = \dfrac{4\pi k(t_1 - t_2)}{1/r_1 - 1/r_2}$

(여기서, k : 열전도율, t_1 : 중공지름부의 온도, t_2 : 구의 바깥지름의 온도, r_1 : 중공지름, r_2 : 구의 바깥지름)

- 노벽의 열손실(Q)

  $Q = K \cdot A \cdot (t_1 - t_2) = K \cdot F \cdot (t_1 - t_2)$

  (여기서, K : 열관류율, A, F : 노벽의 면적, t_1 : 노벽 내부온도, t_2 : 노벽 외부온도)

- 원통(강관)의 열손실(Q)

  $Q = \dfrac{2\pi L k (t_1 - t_2)}{\ln(r_2/r_1)}$

  (여기서, L : 원통의 길이, k : 열전도율, t_1 : 내면온도, t_2 : 외기온도, r_2 : 바깥쪽 반지름, r_1 : 안쪽 반지름)

1보일러 마력

- 1시간에 100[℃]의 물 15.65[kg]을 전부 증기로 만들 수 있는 능력
- 보일러 마력 = 매시 상당증발량 ÷ 15.65
- 1보일러 마력을 상당증발량으로 환산한 값 : 15.65[kg/h]
- 1보일러 마력을 시간당 발생열량으로 환산한 값 : 8,435[kcal/h]

트랩 선정 포화증기의 열량

$Q = mC\Delta t = w\gamma_0$

(여기서, m : 강관의 총중량, C : 강관의 비열, Δt : 포화온도와 외부온도의 차, w : 트랩 선정에 필요한 응축수량, γ_0)

상당증발량 또는 환산증발량

$G_e = \dfrac{G_a(h_2 - h_1)}{539}$

(여기서, G_a : 실제 증발량, h_2 : 발생증기의 엔탈피, h_1 : 급수의 엔탈피 또는 보일러 급수온도)

전기저항로에서의 전력량과 이론열량

- 전력량

  $W = Pt = VIt = I^2 Rt = \dfrac{V^2}{R} t \, [\text{Wh}]$

  (여기서, P : 전력, t : 시간, V : 전압, I : 전류, R : 저항)

- 이론열량

  $Q = 0.24 I^2 Rt$

▌ ppm(part per million)
- 백만분의 1단위
- 물 1,000[mL](1[L] = 1,000[cc]) 중에 함유된 시료의 양을 [mg]으로 표시한 것
- ppm의 환산단위 : [mg/kg], [g/ton], [mg/L]

▌ 탁 도

카올린 1[mg]이 증류수 1[L] 속에 들어 있을 때의 색과 같은 색을 가지는 물을 탁도 1도의 물이라고 한다.

▌ 경 도
- 보일러 급수 중에 함유되어 있는 칼슘(Ca) 및 마그네슘(Mg)의 농도를 나타내는 척도
- 경도에 따른 물의 구분
  - 경도 10 이하 : 연수
  - 경도 10 초과 : 경수

▌ pH(수소이온 농도지수)
- $pH = \log \dfrac{1}{[H^+]} = -\log[H^+]$
- $pH + pOH = 14$
- 급수 : pH 8~9
- 관수 : pH 10.5~12 이하
- 보일러수 : 보일러수 중에 적당량의 수산화나트륨을 포함시켜 보일러의 부식 및 스케일 부착을 방지하기 위하여 pH 10.5~11.5의 약알칼리성을 유지한다(가장 적정 : 11 전후).

▌ 제오라이트(Zeolite)법
- 경수를 연화시키는 방법
- 경수(Ca, Mg 등)에 사용하면 제거효율이 좋다.
- 전 경도를 제거할 수 있다.
- 특히 영구 경도 제거에 효과가 좋다.
- 넓은 장소를 차지하지 않고 침전물이 생기지 않는다.

▌ 보일러 청관제의 종류
- pH 조정제 : pH를 조절하여 부식, 스케일 등을 방지
  - pH 높임 : 수산화나트륨(가성소다), 탄산나트륨(탄산소다), 암모니아
  - pH 낮춤 : 황산, 인산, 인산나트륨

- 탄산나트륨 : 고압 보일러에 사용 불가(수온이 상승하면 가수분해되어 이산화탄소와 산화나트륨이 생성되어 부식 촉진)
- 연화제 : 인산소다, 수산화나트륨
- 용존산소를 제거할 목적으로 사용하는 탈산소제 : 하이드라진, 아황산나트륨(아황산소다), 타닌
  - 하이드라진 : 용존가스와 반응하여 질소와 물이 생성되며 용해 고형물 농도가 상승하지 않아 고압 보일러에 주로 사용되는 탈산소제
  - 아황산소다 : 주로 저압 보일러에 사용
  - 타닌 : 슬러지를 조정하며 환원작용이 약하고 보일러수를 착색하는 문제가 있지만 부식성 인자 생성이 없고 독성이 낮으므로 식품공장 등 건강·위생 안전관리가 중요한 분야에 적용
- 가성취하방지제 : 인산나트륨, 타닌, 리그린, 질산나트륨(pH 12 이상에서 발생되는 알칼리성 부식 방지)
- 포밍방지제 : 고급 지방산 에스테르, 폴리아미드, 고급 지방산 알코올, 프탈산 아마이드 등

보일러수의 분출량

$$B_D = \frac{W(1-R)d}{r-d}$$

(여기서, W : 시간당 급수량, R : 응축수 회수율, d : 급수 중의 불순물 농도, r : 관수 중의 불순물 농도)

프라이밍과 포밍

- 프라이밍(Priming, 비수현상) : 보일러 부하의 급변으로 인하여 동 수면에서 작은 입자의 물방울이 증기와 혼입하여 튀어오르는 현상이다.
- 포밍(Foaming, 물거품솟음현상) : 보일러 동 저부에서 부유물, 보일러수의 농축, 용해된 고형물 등이 수면 위로 떠오르면서 수면이 물거품으로 뒤덮이는 현상이다.

프라이밍과 포밍의 발생원인

- 증기부하가 클 때
- 증발 수면이 좁을 때
- 보일러수에 불순물, 유지분이 포함되어 있을 때
- 수면과 증기 취출구와의 거리가 가까울 때
- 주증기밸브(수증기밸브)를 급히 열었을 때
- 보일러를 고수위로 운전할 때

■ 프라이밍과 포밍 발생 시 조치사항
- 먼저 연소를 억제한다.
- 연소량을 줄인다(가볍게 한다).
- 증기 취출을 서서히 한다.
- 수위가 출렁거리면 조용히 취출을 한다.
- 보일러 물을 조사한다.
- 저압운전을 하지 않는다.
- 압력을 규정압력으로 유지한다.
- 보일러수의 일부를 분출하고 새로운 물을 넣는다.
- 안전밸브, 수면계의 시험과 압력계 연락관을 취출하여 본다.

■ 프라이밍과 포밍의 발생 방지대책
- 증기부하를 감소시킨다.
- 주증기밸브를 차단시킨다.
- 증발 수면을 넓게 한다.
- 보일러수를 농축시키지 않는다.
- 보일러수 중의 불순물을 제거한다.
- 과부하가 되지 않도록 한다.

■ 캐리오버(Carry Over, 기수공발)의 발생원인
- 프라이밍 또는 포밍이 발생할 때(외부 반출)
- 보일러수가 농축되었을 때
- 밸브를 급히 개방했을 때
- 인산나트륨이 많을 때
- 증발수의 면적이 좁을 때
- 증기밸브를 급히 개방했을 때
- 보일러 내의 수면이 비정상적으로 높을 때

■ 압궤, 팽출, 래미네이션, 블리스터
- 압궤(Collapse) : 보일러의 노통이나 화실과 같은 원통 부분이 외측으로부터의 압력에 견딜 수 없게 되어 눌려 찢어지는 현상으로 노통 상부, 화실 천장, 연관 등에서 발생된다.
- 팽출 : 내압을 받아 밖으로 부푸는 현상으로 수관에서 발생된다.
- 래미네이션 : 강판, 강관이 기포에 의해 내부에서 2장 이상으로 분리되는 현상이다.
- 블리스터 : 래미네이션 발생 후 부분적으로 팽출하는 현상이다.

▌ 스케일이 보일러 전열면(내면, 관 벽 등)에 부착되어 발생되는 현상
- 열전달률이 매우 작아 열전달 방해
- 전열면의 열전달률 저하에 따른 증발량 감소
- 물의 순환속도 저하
- 보일러의 파열 및 변형

▌ 연소실 부착물
- 석탄 보일러에서 회분의 부착 손상이 가장 심한 곳은 과열기와 재열기이다.
- 버드네스트(Birdnest) : 석탄연소 시 석탄재의 용융이 낮거나 화구 출구의 연소가스온도가 높을 때 재가 용융 상태 그대로 과열기나 재열기의 전열면에 새둥지 모양처럼 부착 및 성장한 물질
- 클링커(Klinker) : 재가 용융되어 만들어진 덩어리
- 신더(Cinder) : 석탄 등이 타고 남은 재

▌ 저온 부식 방지방법
- 과잉공기를 작게 하여 배기가스 중의 산소를 감소시키고 배기가스온도를 올린다.
- 연소 배기가스의 온도가 너무 낮지 않게 한다.
- 절탄기(이코노마이저), 공기예열기의 배기가스 온도를 황의 노점온도 이상으로 유지한다.
- 연료첨가제(수산화마그네슘)를 사용하여 황의 노점온도를 낮춘다.
- 연료 중의 황성분을 제거한다.
- 유황분을 제거하기 위한 연료 전처리를 실시한다.
- 저유황 중유를 사용한다.
- 절연면에 내식재료를 사용하거나 전열면을 내식재료로 피복(보호피막처리)한다.

▌ 고온 부식 방지방법
- 연료에 첨가제를 사용하여 바나듐의 융점을 높인다.
- 연료를 전처리하여 바나듐, 나트륨, 황분을 제거한다.
- 연소가스를 550[℃] 이하의 낮은 온도로 유지한다.
- 절연면에 내식재료를 사용하거나 전열면을 내식재료로 피복(보호피막처리)한다.

Win-Q
에너지관리기사

CHAPTER 01 연소공학
CHAPTER 02 열역학
CHAPTER 03 열역학
CHAPTER 04 열설비재료 및 관계법규
CHAPTER 05 열설비설계

PART 1

핵심이론 + 핵심예제

CHAPTER 01 연소공학

제1절 | 연소이론

1-1. 연소기초

핵심이론 01 연소와 연료의 개요

① 연소(Combustion)의 정의
  ㉠ 온도가 높은 분위기 속에서 가연물질이 산소와 화합하여 빛과 열을 발생시키는 현상
  ㉡ 응고 상태 또는 기체 상태의 연료와 관계된 자발적인 발열반응과정
  ㉢ 가연성 물질이 공기 중의 산소와 반응을 일으키며 산화열을 발생시키는 현상

② 연소의 3요소와 4요소
  ㉠ 연소의 3요소 : 가연물(환원제), 산소 공급원(산화제), 점화원
  ㉡ 연소의 4요소 : 연소의 3요소 + 연소의 연쇄반응

③ 연료(Fuel)의 정의
  ㉠ 열에너지로 변환이 가능한 모든 물질
  ㉡ 자체 내부구조의 변화 또는 다른 물질과의 상호반응에 의해 화학에너지 및 핵에너지를 지속적으로 빛이나 열에너지로 변화시키는 물질
  ㉢ 공기 또는 산소가 공존할 때 지속적으로 산화반응을 일으켜 빛과 열에너지를 발생시키고, 이때 발생한 빛과 열에너지를 경제적으로 이용할 수 있는 물질
  ㉣ 연소에 의해 발생하는 열을 경제적으로 이용할 수 있는 가연물질

④ 연료의 구비조건
  ㉠ 연소가 안정적이며 단위질량당 발열량이 높아야 한다.
  ㉡ 활성화에너지가 작아야 한다(점화에너지가 작아야 한다).
  ㉢ 열전도도가 작아야 한다.
  ㉣ 산소와의 결합력이 강해야 한다.
  ㉤ 발열반응을 하고 연쇄반응을 수반해야 한다.
  ㉥ 자원이 풍부하여 쉽게 구할 수 있고, 가격이 저렴해야 한다.
  ㉦ 취급이 용이하고, 안전하며 무해하여야 한다.
  ㉧ 저장·운반이 간편하고, 사용 시 안전하며 위험성이 작아야 한다.
  ㉨ 연소 시 생성되는 회분(재) 등의 배출물이 적어야 하며 배출가스 중 공해물질이 적어야 한다.
  ㉩ 부하변동에 따라 연소 조절이 용이해야 한다.
  ㉪ 점화뿐만 아니라 소화도 용이해야 한다.

⑤ 완전연소의 조건
  ㉠ 충분한 연료와 산소
  ㉡ 연소반응이 시작되기 위한 충분한 온도
  ㉢ 연소반응이 완결되기 위한 충분한 체류시간
  ㉣ 가연물과 산소의 충분한 혼합

⑥ (공기나) 연료의 예열효과
  ㉠ 연소실 온도를 높게 유지시킨다.
  ㉡ 착화열을 감소시켜 연료를 절약한다.
  ㉢ 연소효율이 향상되고, 연소 상태가 안정된다.

⑦ 현열, 잠열, 비열
  ㉠ 현열(감열, Sensible Heat)
    • 물질의 상태 변화 없이 온도 변화에만 필요한 열량
    • 현 열
      $Q_s = mC\Delta t$
      (여기서, m : 질량, C : 비열, Δt : 온도차)

ⓒ 잠열(Latent Heat)
  • 물질의 온도 변화 없이 상태 변화에만 필요한 열량
  • 잠 열
    $Q_L = m\gamma$
    (여기서, m : 질량, γ : 융해잠열, 증발잠열)
ⓒ 비열(Specific Heat)
  • 1[kg] 물체의 온도를 1[℃]만큼 올리는 데 필요한 열량
  • 물의 비열(1.0[kcal/kg·K])은 일반적으로 다른 물질에 비해서 큰 편이므로, 물입자는 많은 열량을 흡수하여 냉각효과가 우수하다.

⑧ 압력 증가에 따른 증기의 성질
  ㉠ 증가 : 현열, 엔탈피, 포화온도
  ㉡ 감소 : 증발열, 잠열

⑨ 연소공학 제반 기본사항
  ㉠ 열관리의 의의 : 연료 및 열의 효율적인 사용을 목적으로 관리방법 및 기술의 양면을 다룬다.
  ㉡ 연소의 목적 : 연소에 의해 생기는 열을 이용하는 것이다.
  ㉢ 연소가 일어나기 위한 조건 : 착화온도 이하에서 충분한 산소를 공급해야 한다.
  ㉣ 연소를 계속 유지시키는 데 필요한 조건 : 연료에 산소를 공급하고, 착화온도 이상으로 유지한다.
  ㉤ 디젤엔진에서 흡기온도가 상승하면 착화가 순조로워지므로 착화 지연시간이 감소된다.
  ㉥ 연료의 주성분 : 주로 탄소와 수소이며, 공기 중의 산소와 반응한다.
  ㉦ 대규모 화력발전용 보일러의 주연료로 사용되고 있는 것은 LNG, 미분탄, 중유 등이며 LPG는 아니다.
  ㉧ 버너의 타일이 과열되면 복사열이 발생되어 연소 상태가 양호해진다.

㉨ 물질의 위험성을 나타내는 성질
  • 온도가 높을수록 위험하다.
  • 압력이 클수록 위험하다.
  • 인화점, 착화점(발화점), 융점, 비등점이 낮을수록 위험하다.
  • 연소범위가 넓을수록 위험하다.
  • 연소속도, 증기압, 연소열이 클수록 위험하다.
  • 증발열, 비열, 표면장력이 작을수록 위험하다.
  • 비중이 작을수록 위험하다.

핵심예제

일반적으로 연료가 갖추어야 할 구비조건이 아닌 것은?

[2017년 2회]

① 연소 시 배출물이 많아야 한다.
② 저장과 운반이 편리해야 한다.
③ 사용 시 위험성이 작아야 한다.
④ 취급이 용이하고 안전하며 무해하여야 한다.

|해설|

연료는 연소 시 배출물이 적어야 한다.

정답 ①

핵심이론 02 연료의 기본 성질

① 비중 : 물질의 중량과 이와 동등한 체적의 표준물질과의 중량의 비이다(액체연료인 석유계 연료의 가장 중요한 성질 중의 하나).
  ㉠ 주요 액체연료의 비중 : 가솔린(휘발유) 0.65~0.8, 등유 0.78~0.8, 경유 0.81~0.88, 중유 0.85~0.99
  ㉡ API(American Petroleum Institute)도
  $$API = \frac{141.5}{S} - 131.5$$
  (여기서, S : 비중(60[°F]/60[°F]))

② 유동점 : 액체가 흐를 수 있는 최저 온도로 응고점보다 2.5[℃] 높다.

③ 인화점 또는 인화온도[℃]
  ㉠ 가연성 액체에서 발생한 증기가 공기 중 농도의 연소범위 내에 있을 때 불꽃을 접근시키면 불이 붙는 최저 온도이다.
  ㉡ 가솔린 -20, 벤졸 -10, 등유 30~60, 경유 50~70, 중유 60~150

④ 점화 또는 착화
  ㉠ 착화온도(착화점 또는 발화점) : 외부로부터 열을 받지 않아도 연소를 개시할 수 있는 최저 온도
  • 착화온도[℃] : 셀룰로이드 180, 아세틸렌 299, 휘발유(가솔린) 210~300, 목탄(목재, 장작) 250~300, 갈탄 250~450, 목탄(역청탄) 300~400, 석탄 330~450, 무연탄 400~500, 벙커 C유(중유) 500~600, 코크스 400~600, 프로판 460~520, 중유 530~580, 수소 580~600, 메탄 615~682, 탄소 800, 소금 800 등이며 고체연료 중에서는 목재의 착화온도가 가장 낮다.
  • 착화온도가 낮아지는 이유 : 분자구조가 복잡할수록, 산소농도·압력·발열량·반응활성도 등이 높을수록, 습도·활성화에너지·열전도율이 낮을수록 착화온도가 낮아진다.
  ㉡ 착화열 : 연료를 최초의 온도부터 착화온도까지 가열하는 데 사용되는 열량이다.
  ㉢ 최소 점화에너지 또는 최소 착화에너지(MIE) : 가연성 혼합기체(가스 및 증기, 분체 등)의 점화에 필요한 최소 에너지로 연소속도, 열전도도, 질소농도 등에 따라 증가되며 압력, 산소농도 등에 따라 감소된다. 일반적으로 분진의 MIE는 가연성 가스보다 크며 1[atm]/상온 상태에서 탄화수소의 MIE는 10^{-1}[mJ] 정도이다. 혼합기의 종류에 의해서 변하며 불꽃방전 시 일어나는 에너지의 크기는 전압의 제곱에 비례한다.

⑤ 세탄가 : 디젤연료의 발화성을 나타내는 지수로, 세탄가가 높으면 발화성이 양호하다(노멀파라핀 > 나프텐 > 올레핀).

핵심예제

2-1. 다음 액체연료 중 비중이 가장 낮은 것은?
[2010년 제1회, 2013년 제1회]

① 중유　　　　② 등유
③ 경유　　　　④ 가솔린

2-2. 비중이 0.8(60[°F]/60[°F])인 액체연료의 API도는?
[2017년 제2회]

① 10.1　　　　② 21.9
③ 36.8　　　　④ 45.4

|해설|
2-1
비중이 가벼운 순서 : 가솔린 < 등유 < 경유 < 중유

2-2
$$API도 = \frac{141.5}{S} - 131.5 = \frac{141.5}{0.8} - 131.5 \simeq 45.4$$

정답 2-1 ④　2-2 ④

핵심이론 03 연료의 종류 및 특성

① 고체연료

　㉠ 고체연료의 특징
- 저렴하고 구하기 쉽다.
- 주성분은 C, H, O이며 가연성은 C, H, S이다.
- 회분이 많고 발열량이 적다.
- 연소효율이 낮고, 고온을 얻기 어렵다.
- 점화 및 소화가 곤란하고, 온도 조절이 어렵다.
- 완전연소가 어렵고, 연료의 품질이 균일하지 못하다.
- 설비비 및 인건비가 많이 든다.
- 품질이 좋은 고체연료의 조건 : 고정탄소가 많고 수분, 회분, 황분이 적어야 한다.

　㉡ 고체연료의 종류 : 목재, 석탄, 코크스, 미분탄
- 목재 : 100~360[℃] 사이에서 일산화탄소(CO)가 가장 많이 발생한다.
- 석탄 : 석탄에 함유된 성분 중에서 수분(발열량 감소), 휘발분(매연 발생), 황분(연소기관의 부식) 등은 좋지 않은 영향을 미치므로 최소가 되도록 한다.
- 코크스 : 고온건류온도는 1,000~1,200[℃]이다.
- 미분탄 : 입자지름이 0.5[mm] 이하인 미세한 석탄이다.

　㉢ 석탄의 완전연소를 위한 조건
- 공기를 적당하게 보내 피연물과 잘 접촉시킨다.
- 연료를 착화온도 이상으로 유지시킨다.
- 통풍력을 좋게 한다.
- 공기를 예열한다.

　㉣ 연소성과 관련이 있는 석탄의 성질 : 비열, 기공률, 열전도율

② 액체연료

　㉠ 액체연료의 특징
- 고체연료에 비해서 수소(H_2) 함량이 많고, 산소(O_2) 함량이 적다.
- 연소온도가 높기 때문에 국부과열을 일으키기 쉽다.
- 발열량이 높고, 품질이 일정하다.
- 화재나 역화의 위험이 크다.
- 연소할 때 소음이 발생한다.
- 액체연료의 인화점에 영향을 미치는 요인 : 온도, 압력, 용액의 농도
- 안티노크(Anti-knock)제 : 가솔린기관의 노크를 방지하기 위해 연료 중에 첨가하는 제폭제

　㉡ 액체연료의 종류 : 가솔린, 등유, 경유, 중유, 나프타
- 가솔린(휘발유) : 액체연료 중 비중(0.65~0.8)이 가장 낮다.
- 중유 : 비중이 0.85~0.99이며 점도에 따라 A중유, B중유, C중유로 구분한다. A중유는 C중유보다 점성과 수분 함유량이 적고, C중유는 주로 대형 디젤기관 및 대형 보일러에 사용된다. 원소 조성성분은 C 84~87[%], H 10~12[%]이며 인화점은 60~70[℃] 이상(약 60~150[℃] 정도)이다.

　㉢ 중유연소의 특징
- 발열량이 석탄보다 크고, 과잉공기가 적어도 완전연소시킬 수 있다.
- 점화 및 소화가 용이하며 화력의 가감이 자유로워 부하변동에 적용하기 용이하다.
- 재가 적게 남으며 발열량, 품질 등이 고체연료에 비해 일정하다.
- 회분(재) 및 중금속성분이 포함된다.
- 중유의 탄수소비(C/H)가 증가하면 발열량은 감소한다.

② 고온건류하여 얻은 타르계 중유의 특징
- 화염의 방사율이 크다.
- 단위용적당 발열량이 크다.
- 황의 영향이 작다.
- 슬러지를 발생시킨다.

⑩ 노 또는 보일러에 사용하는 연소용 중유의 성질
- 비중 : 일반적으로 크다.
- 점도 : 사용지역에 적합한 것을 선택한다.
- 인화점 : 낮은 것은 화재의 위험성이 있으므로 예열온도보다 5[℃] 정도 높은 것을 선택한다.
- 잔류탄소 : 적은 것을 택한다.
- 첨가제 : 슬러지 분산제, 조연제, 부식방지제

⑪ 중유연소에서 화염이 불안정하게 되는 원인
- 유압이 변동될 때
- 노 내 온도가 너무 낮을 때
- 연소용 공기가 과다할 때
- 물 및 기타 협잡물에 의한 분무의 단속

⊗ 중유 연소과정에서 발생하는 그을음의 주원인 : 연료 중 미립탄소의 불완전연소

⊙ C중유 사용 시 그을음 발생원인 체크방법
- 화염이 닿고 있지 않은지 점검한다.
- 연소실 온도가 너무 낮지 않은지 점검한다.
- 연소실 열부하가 많지 않은지 점검한다.
- 통풍력이 부족하지 않은지 점검한다.

㊈ 중유의 점도가 높아질수록 연소에 미치는 영향
- 오일탱크로부터 버너까지의 이송이 곤란해진다.
- 버너의 연소 상태가 나빠진다.
- 기름의 분무현상(Atomization)이 불량해진다.
- 버너 화구에 유리탄소가 생긴다.

③ 기체연료
  ㉠ 기체연료의 특징
  - 연소 조절 및 점화, 소화가 용이하다.
  - 단위중량당 발열량이 크다.
  - 적은 공기로 완전연소시킬 수 있으며, 연소효율이 높다.
  - 연료의 예열이 쉽고, 전열효율이 좋다.
  - 화염온도의 상승이 비교적 용이하다.
  - 확산연소되므로 연소용 공기가 적게 든다.
  - 고온을 얻기 용이하다.
  - 하나의 가스원으로 다수의 연소장치에 쉽게 공급할 수 있다.
  - 자동제어에 의한 연소에 적합하다.
  - 연소 후에 유해성분의 잔류가 거의 없다.
  - 회분 및 유해물질의 배출량이 적고, 매연이 없어 청결하다.
  - 연소장치의 온도 및 온도분포의 조절이 용이하다.
  - 다량으로 사용할 경우 운반과 저장이 용이하지 않다.
  - 인화의 위험성이 있고, 연소장치가 간단하지 않다.
  - 누출되기 쉽고, 폭발의 위험성이 크다.
  - 회분을 전혀 함유하지 않아 회분에 의한 장해가 없다.
  - 포화탄화수소계의 기체연료에서 탄소원자수(C_1~C_4)가 증가할 때
    - 증가하거나 높아지는 것 : 분자량, 분자구조의 복잡성, 화학 결합의 반응활성도, 비등점, 융점, 비중, 발열량 등
    - 감소하거나 낮아지는 것 : 활성화에너지, 착화점(발화점), 연료 중의 수소분, 휘발성, 연소범위, 연소 하한, 증기압, 증발잠열, 연소속도 등

㉡ 기체연료의 종류 : 액화천연가스(LNG), 액화석유가스(LPG), 메탄, 수소, 부생가스(석탄가스, 발생로가스, 코크스로가스, 수성가스, 고로가스, 전로가스, 오일가스, 도시가스 등)

- 액화천연가스(LNG) : 메탄(CH_4)이 주성분이다. 단위중량당 발열량(15,000[kcal/kg])이 가장 높고, 프로판(C_3H_8)가스보다 가볍고, 대기압하에서 비등점이 −162[℃]인 액체이다.
- 액화석유가스(LPG) : 프로판(C_3H_8)과 부탄(C_4H_{10})이 주성분이며, 단위체적당 발열량이 가장 높다. 액화석유가스의 특징은 다음과 같다.
  - 상온, 상압(대기압)에서 기체이다.
  - 가스의 비중은 공기보다 무겁다.
  - 기화잠열이 커서 냉각제로도 이용 가능하다.
  - 천연고무를 잘 용해시킨다.
  - 물에는 잘 녹지 않는다.
  - 인화 폭발의 위험성이 크다.
- 기타 가스연료 : 발열량은 석탄가스(5,670[kcal/m^3]) > 수성가스(2,500[kcal/m^3]) > 발생로가스(1,100[kcal/m^3]) > 고로가스(900[kcal/m^3])의 순으로 높다.
  - 석탄가스 : 제철소의 코크스 제조 시 부산물로 생성되는 가스로, 주성분은 수소와 메탄이며 저온건류가스와 고온건류가스로 분류된다.
  - 수성가스 : H_2, CO가 주성분으로, 일산화탄소를 공기 중에서 연소시킬 때 과잉공기의 양이 많을수록 연소 평형 생성물의 이산화탄소 양은 증가한다.
  - 발생로가스 : 석탄, 코크스, 목재 등을 적열상태로 가열하고, 공기 또는 산소로 불완전연소시켜 얻는 연료이다.
  - 부생가스 : 고로가스(N_2, CO, CO_2가 주성분이며, 주요 가연분은 일산화탄소), 코크스로가스(메탄(CH_4)과 수소(H_2)가 주성분), 전로가스(O_2가 주성분)

핵심예제

3-1. 고체연료의 일반적인 특징에 대한 설명으로 틀린 것은?
[2016년 제4회]

① 회분이 많고 발열량이 적다.
② 연소효율이 낮고 고온을 얻기가 어렵다.
③ 점화 및 소화가 곤란하고 온도 조절이 어렵다.
④ 완전연소가 가능하고 연료의 품질이 균일하다.

3-2. 석탄에 함유되어 있는 성분 중 ㉠ 수분, ㉡ 휘발분, ㉢ 황분이 연소에 미치는 영향으로 가장 적합하게 각각 나열한 것은?
[2014년 제1회]

① ㉠ 매연 발생, ㉡ 대기오염, ㉢ 착화 및 연소 방해
② ㉠ 발열량 감소, ㉡ 매연 발생, ㉢ 연소기관의 부식
③ ㉠ 연소 방해, ㉡ 발열량 감소, ㉢ 매연 발생
④ ㉠ 매연 발생, ㉡ 발열량 감소, ㉢ 점화 방해

3-3. 액체연료가 갖는 일반적인 특징이 아닌 것은?
[2009년 제1회, 2011년 제4회, 2015년 제1회]

① 연소온도가 높기 때문에 국부과열을 일으키기 쉽다.
② 발열량은 높지만 품질이 일정하지 않다.
③ 화재, 역화 등의 위험이 크다.
④ 연소할 때 소음이 발생한다.

3-4. 액체연료 중 고온건류하여 얻은 타르계 중유의 특징에 대한 설명으로 틀린 것은?
[2012년 제1회, 2015년 제1회]

① 화염의 방사율이 크다.
② 황의 영향이 적다.
③ 슬러지를 발생시킨다.
④ 단위용적당 발열량이 적다.

3-5. 기체연료의 특징에 대한 설명 중 가장 거리가 먼 것은?
[2009년 제1회, 2011년 제4회, 2013년 제1회]

① 연소효율이 높다.
② 단위용적당 발열량이 많다.
③ 고온을 얻기 쉽다.
④ 자동제어에 의한 연소에 적합하다.

3-6. 포화탄화수소계의 기체연료에서 탄소원자수(C_1~C_4)가 증가할 때에 대한 설명으로 옳은 것은?
[2014년 제2회]

① 연료 중의 수소분이 증가한다.
② 연소범위가 넓어진다.
③ 발열량이 감소한다.
④ 발화온도가 낮아진다.

|해설|

3-1
완전연소가 어렵고 연료의 품질이 균일하지 못하다.

3-2
- 수분 : 발열량 감소
- 휘발분 : 매연 발생
- 황분 : 연소기관의 부식

3-3
액체연료는 발열량이 높고 품질이 일정하다.

3-4
단위용적당 발열량이 많다.

3-5
단위중량당 발열량이 많다.

3-6
① 연료 중의 수소분이 감소한다.
② 연소범위가 좁아진다.
③ 발열량이 증가한다.

정답 3-1 ④ 3-2 ② 3-3 ② 3-4 ② 3-5 ② 3-6 ④

핵심이론 04 연소의 형태(상태)

① 정상연소와 비정상연소
  ㉠ 정상연소 : 공기가 충분하게 공급되고 연소 시 기상조건이 양호할 때의 연소로, 열의 발생속도와 방산속도가 균형을 유지하는 상태의 연소이다.
  ㉡ 비정상연소 : 공기 공급이 불충분하고 연소 시 기상조건이 좋지 않을 때의 연소로, 열의 발생속도가 방산속도보다 빠르며 연소속도가 급격히 증가하여 폭발적으로 일어나는 연소이다.

② 고체연료의 연소방식
  ㉠ 고체연료 가열 시 '증발 가연물의 증발연소 → 열분해에 의한 분해연소 → 나머지 남은 물질의 표면연소'의 과정을 거친다.
  ㉡ 증발연소 : 열분해를 일으키지 않고 증발하여 증기가 공기와 혼합하여 일어나는 연소이다.
    - 고체 가연물이 점화에너지를 공급받아 가연성 증기를 발생하여 발생한 증기와 공기의 혼합 상태에서 연소하는 형태로 불꽃이 없다.
    - 파라핀(양초), 유지 등은 가열하면 융해되어 액체로 변화하고, 계속적인 가열로 기화되면서 증기가 되어 공기와 혼합하여 연소하는 형태를 보인다.
  ㉢ 표면연소 : 고체 가연물의 일반적인 연소 형태로, 표면이 산소와 반응하여 연소하는 현상이다.
    - 가연물에 휘발성분이 없거나 낮은 열분해반응에 의해 가연성 혼합기를 형성하지 못하고, 물질 자체가 느린 반응을 하는 현상이다.
    - 일반적으로 연료가 열분해되고 남은 고체분(Char)은 표면연소를 하게 된다.
    - 휘발분을 거의 포함하고 있지 않은 코크스, 목탄, 분해연소 후의 고체분 등에서 발견되는 현상으로, 산소나 산화성 가스가 고체 표면이나 내부의 빈 공간에 확산되어 표면반응을 한다.

- 확산에 의한 산소 공급이 부족하면, 불완전연소에서 생긴 CO와 같은 중간 생성물이 표면에서 떨어진 곳에서 기상연소되기 때문에 일반적으로 표면연소는 표면반응뿐만 아니라 기체 상태의 연소반응도 동반한다.
- 휘발성분이 없으므로 가연성 증기증발도 없고 열분해반응도 없기 때문에 불꽃이 없다.
- 별칭 : 직접연소, 무염연소, 작열연소(응축 상태의 연소로 불꽃은 없지만 가시광을 방출하면서 일어나는 연소)라고도 한다.
- 연소속도 : 비교적 느린 편이며, 연소 생성물의 상태에 따라 달라진다.
- 해당 고체연료 : 숯, 코크스, 목탄, 금속분(마그네슘 등) 등이 있다.

② 분해연소 : 복잡한 경로의 열분해반응을 일으켜 생성된 가연성 증기와 공기가 혼합하여 일어나는 연소이다.
- 열분해온도가 증발온도보다도 낮아 가열에 의해 열분해가 일어나 휘발하기 쉬운 성분이 연료 표면으로부터 떨어져 나와 일어나는 연소로, 연소속도가 느리다.
- 해당 고체연료 : 무연탄, 석탄, 목재, 종이, 플라스틱 등이 있다.

⑩ 자기연소(내부연소) : 외부로부터 산소 공급 없이 스스로 산소가 공급되어 일어나는 연소이다.
- 제5류 위험물처럼 가연성이면서 자체 내에 산소를 함유하고 있어 공기 중의 산소를 필요로 하지 않는 연소 형태이다.
- 연소속도가 매우 빠르며 폭발적이다.

⑪ 유동층 연소 : 석탄 분쇄입자와 유동매체(석회석)의 혼합 가루층에 적정 속도의 공기를 불어 넣은 부유 유동층 상태에서의 연소(기술)이다.

⑫ 미분탄연소 : 석탄을 200[mesh] 이하의 미분으로 만들어 1차 공기와 반응하여 발생되는 연소이다.

③ 액체연료의 연소방식

⑦ 증발연소 : 액체연소의 대부분을 차지하며 액체 표면에서 발생된 증기가 공기와 혼합하여 발생하는 연소이다(휘발유, 등유, 경유, 중유).

ⓒ 분해연소 : 비휘발성 액체를 열분해시켜 분해가스가 공기와 혼합하여 발생하는 연소로 연소속도가 느리다.

ⓒ 액적연소 : 점도가 높고 비휘발성인 액체를 가열하여 점도를 낮춘 뒤 분무기(버너)를 사용하여 액체 입자를 안개상으로 분출하여 표면적을 넓혀 연소시키는 방식이다.

② 기화연소(포트식 연소) : 등유, 경유 등의 휘발성이 큰 연료를 접시 모양의 용기에 넣어 증발연소시키는 방식이다.

⑩ 무화연소(분무연소) : 공업적으로 가장 많이 이용되는 액체연료의 연소방식이다.
- 액체연료의 미립화 방법 : 고속기류, 충돌식, 와류식, 회전식
- 액체연료의 미립화 특성 결정 시 반드시 고려해야 할 사항 : 분무입경, 입경분포, 분산도, 공기나 증기, 분무컵 등
- 액체연료의 분무를 지배하는 요소(액체를 미립화하기 위해 분무할 때 분무를 지배하는 요소) : 액류의 운동량, 액류와 기체의 표면적에 따른 저항력, 액체와 기체 사이의 표면장력
- 액체연료의 미립화 시 평균 분무입경에 직접적인 영향을 미치는 요소 : 표면장력, 점성계수, 밀도
- 중유연료의 연소 시 무화에 수증기를 사용하는 경우
  - 고압무화가 가능하므로 무화효율이 좋다.
  - 고압무화할수록 무화매체량이 적어도 되므로 대용량 보일러에 사용된다.
  - 고점도의 기름도 쉽게 무화시킬 수 있다.

– 고압기류식 버너인 수증기 사용 버너는 대용량 중유연료의 무화버너이다.

④ 기체연료의 연소방식

㉠ 확산연소(발염연소 또는 불꽃(Flaming)연소) : 연료, 공기를 별도로 공급한다.
- 기체 또는 액체 가연물의 전형적인 연소 형태이다.
- 가연성 가스와 산소가 반응하여 농도가 0이 되는 화염쪽으로 이동하는 확산과정으로 발생되는 연소이다.
- 일정한 양의 가연성 기체에 산소를 접촉시켜 점화원을 주면 산소와 접촉하고 있는 부분부터 불꽃을 내면서 연소한다.
- 연료의 불꽃은 있으나 불티가 없는 연소(불이 바람에 흔들리는 깃털처럼 움직이는 모습)이다.
- 가스의 반응에 의해 열과 빛을 발하는 것으로 육안으로 보이는 현상이다.
- 연쇄반응 및 폭발을 수반한다.
- 연쇄반응 발생현상 : 기체에 산소 공급, 열에 의해 고체가 분해된 분해가스, 액체에서 증발된 가스(가솔린)
- 단위시간당 발열량이 많다.
- 연소사면체에 의한 연소로 연소속도가 상당히 빠르고 양상도 매우 복잡하다.

㉡ 예혼합연소 : 연료, 공기를 혼합 공급한다.
- 가연성 혼합기가 형성되어 있는 상태에서의 연소이다.
- 증발, 분해, 혼합과정이 생략되므로 연소속도가 매우 빠르다.
- 내부 혼합형이며, 가스와 공기의 사전 혼합형이다.
- 불꽃의 길이가 확산연소방식보다 짧다.
- 노의 체적이 크지 않아도 된다.
- 연소실 부하율을 높게 얻을 수 있다.
- 화염대에 해당하는 두께는 두껍지 않다.
- 역화(Back Fire)의 위험성이 있다.

㉢ 부분 예혼합연소 : 소형 또는 중형에 쓰이며, 기체연료와 공기의 분출속도에 따른 흡인력으로 연료와 공기를 흡인한다.

핵심예제

불꽃(Flaming)연소에 대한 설명으로 틀린 것은?

[2013년 제4회, 2023년 제1회]

① 연소사면체에 의한 연소이다.
② 연소속도가 느리다
③ 연쇄반응을 수반한다.
④ 가솔린 등의 연소가 이에 해당한다.

|해설|

불꽃연소는 연소속도가 빠르다.

정답 ②

핵심이론 05 연소속도

① 연소속도의 정의
  ㉠ 단위면적의 화염면이 단위시간에 소비하는 미연소혼합기의 체적이다.
  ㉡ 별칭 : 산화속도, 산화반응속도, 반응속도
  ㉢ 반응속도
  $= \dfrac{\text{반응물질의 농도 감소량}}{\text{시간의 변화}}$
  $= \dfrac{\text{생성물질의 농도 증가량}}{\text{시간의 변화}}$

② 일반적인 정상연소의 연소속도 지배요인 : 공기(산소)의 확산속도

③ 연소속도에 영향을 미치는 인자 : 연료(가연물)의 종류, 산화성 물질의 종류, 산소농도, 가연물과 산화성 물질의 혼합 비율, 촉매, 연료의 밀도·비열(작을수록 연소속도 증가), 연료의 열전도율·화염온도·연소온도(반응온도)·압력(크거나 높을수록 연소속도 증가)

④ 기체연료의 연소속도
  ㉠ 연소속도는 가연 한계 내에서 혼합기체의 농도에 영향을 크게 받는다.
  ㉡ 연소속도는 메탄의 경우 당량비가 1.1 부근에서 최저가 된다.
  ㉢ 보통의 탄화수소와 공기의 혼합기체 연소속도는 약 40~50[cm/sec] 정도로 느린 편이다.
  ㉣ 혼합기체의 초기 온도가 올라갈수록 연소속도도 빨라진다.

⑤ 층류 연소속도의 측정법
  ㉠ 평면화염버너법 : 가연성 혼합기를 일정 속도분포로 만들어 혼합기의 유속과 연소속도가 균형을 이루게 하여 혼합기의 유속을 연소속도로 가정하는 기법이다.
  ㉡ 슬롯노즐버너법 : 가로, 세로의 비율이 3 이상인 노즐 내부에서는 균일한 속도분포를 얻을 수 있게 하여 착화시킨 후 노즐 위에 역V자의 화염콘(염심, Flame Cone)이 만들어진 것을 이용하여 화염 모형도로부터 연소속도를 구하는 방법이다.
  ㉢ 분젠버너법 : 슬롯버너법과 유사한 방법으로 연소속도를 결정한다. 단위면적당 단위시간에 소비되는 미연혼합기의 체적으로 연소속도를 계산한다.
  ㉣ 비누거품법 : 연료-산화제 혼합기로 비누거품을 만들고 그 중심에 전기불꽃점화 전극을 이용하여 점화시켜 화염을 구상으로 만들어 밖으로 전파시켜 비눗방울 내부가 연소 진행과 동시에 팽창하여 터지는 정압연소되는 속도를 측정하는 방법이다. 비눗방울법이라고도 한다.

핵심예제

일반적인 정상연소에 있어서 연소속도를 지배하는 주된 요인은?
[2011년 제1회]

① 화학반응의 속도
② 공기 중 산소의 확산속도
③ 연료의 착화온도
④ 배기가스 중의 CO_2 농도

|해설|
일반적인 정상연소에 있어서 연소속도를 지배하는 주된 요인은 공기 중 산소의 확산속도이다.

정답 ②

1-2. 연소 계산

핵심이론 01 연소현상이론

① 1차 연소와 2차 연소
  ㉠ 1차 연소 : 화실 내에서 연소하는 것
  ㉡ 2차 연소 : 불완전연소에 의해 발생한 미연가스가 연도 내에서 다시 연소하는 것

② 1차 공기 : 연료의 무화에 필요한 공기량

③ 연소의 3대 조건 : 연료(C, H, S 등의 가연성분), 산화제(산소 공급원), 착화원(점화원, 고온)

④ 연소반응에서 수소와 연소용 산소 및 연소가스(물)의 [kmol] 관계 = 2 : 1 : 2

⑤ 연소 계산의 단위량
  ㉠ 고체, 액체연료 : [kgf]
  ㉡ 기체연료 : 표준 상태에서의 단위체적으로, [m³N] 또는 [Nm³]으로 표시한다.

⑥ 연소 계산식의 표시
  ㉠ 고체·액체연료의 경우 : 연료 중 탄소, 수소, 황, 산소, 질소, 수분, 회분의 질량비[kg/kgf]를 각각 C, H, S, O, N, w, a로 표시하며, C+H+S+O+N+w+a = 1이다.
  ㉡ 기체연료의 경우 : 성분가스인 일산화탄소, 수소, 탄화수소가스, 산소, 탄산가스, 수증기 등의 각 단위가스의 체적비[m³/m³$_{Nf}$]를 각각 CO, H$_2$, C$_m$H$_n$, O$_2$, CO$_2$, H$_2$O로 표시하며, CO+H$_2$+$\sum$C$_m$H$_n$+O$_2$+CO$_2$+H$_2$O = 1이다.

⑦ 실제연소에 사용하는 공기의 조성
  ㉠ 질량비 : 산소 0.232, 질소 0.768
  ㉡ 체적비 : 산소 0.21, 질소 0.79

⑧ 연소 계산을 위한 필수 암기사항
  ㉠ 주요 원자와 원자량 : 수소원자(H) 1, 탄소원자(C) 12, 질소원자(N) 14, 산소원자(O) 16, 황원자(S) 32, 염소원자(Cl) 35.5
  ㉡ 주요 분자와 분자량[g/mol] : 수소분자(H$_2$) 2, 메탄(CH$_4$) 16, 물(H$_2$O) 18, 질소분자(N$_2$) 28, 일산화탄소(CO) 28, 공기(혼합물) 29, 에탄(C$_2$H$_6$) 30, 산소분자(O$_2$) 32, 이산화탄소(CO$_2$) 44, 프로판(C$_3$H$_8$) 44, 부탄(C$_4$H$_{10}$) 58, 아황산가스(SO$_2$) 64, 염소분자(Cl$_2$) 71

⑨ 연소반응 방정식 : 연소반응 전후의 양적관계를 식으로 나타낸 것이다.
  ㉠ 반응 전후의 물질 종류, 물질의 질량관계 또는 체적관계(기체)를 나타낸다.
  ㉡ 반응 전후의 질량보존의 원칙이 지켜지고 있다.
  ㉢ 주요 연소방정식
  - 수소 : $H_2 + 0.5O_2 \rightarrow H_2O$
  - 탄소 : $C + O_2 \rightarrow CO_2$
  - 황 : $S + O_2 \rightarrow SO_2$
  - 일산화탄소 : $CO + 0.5O_2 \rightarrow CO_2$
  - 메탄 : $CH_4 + 2O_2 \rightarrow CO_2 + 2H_2O$
  - 아세틸렌 : $C_2H_2 + 2.5O_2 \rightarrow 2CO_2 + H_2O$
  - 에탄 : $C_2H_6 + 3.5O_2 \rightarrow 2CO_2 + 3H_2O$
  - 프로판 : $C_3H_8 + 5O_2 \rightarrow 3CO_2 + 4H_2O$
  - 부탄 : $C_4H_{10} + 6.5O_2 \rightarrow 4CO_2 + 5H_2O$
  - 옥탄 : $C_8H_{18} + 12.5O_2 \rightarrow 8CO_2 + 9H_2O$
  - 등유 : $C_{10}H_{20} + 15O_2 \rightarrow 10CO_2 + 10H_2O$
  - 탄화수소의 일반 반응식 :
  $$C_mH_n + \left(m + \frac{n}{4}\right)O_2 \rightarrow mCO_2 + \frac{n}{2}H_2O$$

⑩ 유효 수소와 유효 수소수
  ㉠ 유효 수소 : 실제연소가 가능한 수소
  ㉡ 유효 수소수 : 연료 중에 포함된 산소가 연소 전에 수소와 반응하여 실제연소에 영향을 주는 가연성분인 수소가 감소된 수이다. 계산식은 다음과 같다.
  $$\left(H - \frac{O}{8}\right)$$

⑪ 발생탄소량 : 연료량×석유환산계수×탄소배출계수
  ㉠ 석유환산계수 : 에너지원별 열량을 석유환산량 [TOE]으로 환산하기 위한 계수이다.
  ㉡ TOE(Ton of Oil Equivalent) : 원유 1[ton]에 해당하는 열량(약 10^7[kcal])으로 발열량을 1[kg] = 10,000[kcal]로 환산한 값이다.
  ㉢ 탄소배출계수 : 화석연료 소비량을 탄소량으로 변환하기 위해 연료별 단위에너지당 탄소 함유량으로 나타낸 계수이다.

⑫ 슈테판 – 볼츠만의 열복사법칙
  $R(T) = \sigma T^4$ (여기서, $R(T)$: 단위면적당 열복사에너지, σ : 슈테판–볼츠만 상수)

핵심예제

1-1. 1차, 2차 연소 중 2차 연소란 어떤 것을 말하는가?
[2010년 제1회, 2015년 제1회, 2017년 제4회]

① 공기보다 먼저 연료를 공급했을 경우 1차, 2차 반응에 의해서 연소하는 것
② 불완전연소에 의해 발생하는 미연가스가 연도 내에서 다시 연소하는 것
③ 완전연소에 의한 연소가스가 2차 공기에 의해서 폭발되는 것
④ 점화할 때 착화가 늦었을 경우 재점화에 의해서 연소하는 것

1-2. 부탄의 연소반응에 대한 설명으로 틀린 것은?
[2009년 제1회, 2014년 제2회]

① 부탄 1[kg]을 연소시키기 위해서는 2.51[Sm³]의 산소가 필요하다.
② 부탄을 완전연소시키기 위해서는 질량으로 6.5배의 산소가 필요하다.
③ 부탄 1[m³]을 연소시키면 4[m³]의 탄산가스가 발생한다.
④ 부탄과 산소의 질량의 합은 탄산가스와 수증기의 질량의 합과 같다.

1-3. 산소 1[Nm³]를 이용하려면 공기 몇 [Nm³]가 필요한가?
[2009년 제1회, 2016년 제2회]

① 1.9
② 2.8
③ 3.7
④ 4.8

1-4. 경유 1,000[L]를 연소시킬 때 발생하는 탄소량은 얼마인가?(단, 경유의 석유환산계수는 0.92[TOE/kL], 탄소배출계수는 0.837[TC/TOE]다)
[2013년 제1회, 2023년 제1회]

① 77[TC]
② 7.7[TC]
③ 0.77[TC]
④ 0.077[TC]

1-5. 연소 시 100[℃]에서 500[℃]로 온도가 상승하였을 경우 500[℃]의 열복사에너지는 100[℃]에서의 열복사에너지의 약 몇 배가 되겠는가?
[2017년 제1회, 2023년 제1회]

① 16.2
② 17.1
③ 18.5
④ 19.3

|해설|

1-1

1차 연소와 2차 연소
- 1차 연소 : 화실 내에서 연소하는 것
- 2차 연소 : 불완전연소에 의해 발생한 미연가스가 연도 내에서 다시 연소하는 것

1-2

부탄을 완전연소시키기 위해서는 체적으로 6.5배의 산소가 필요하다. 질량으로는 208(6.5O_2)/58(C_4H_{10}) = 약 3.59배의 산소가 필요하다.

1-3

공기의 체적은 산소 0.21[%]와 질소 0.79[%]로 구성되므로 산소 1[m³]를 이용하기 위해 필요한 공기량은 1/0.21 ≒ 4.762 ≒ 4.8[Nm³]가 된다.

1-4

발생탄소량
연료량×석유환산계수×탄소배출계수[TC] = 1×0.92×0.837
= 0.77[TC]

1-5

슈테판 – 볼츠만의 열복사법칙 $R(T) = \sigma T^4$에 의하면 열복사에너지는 온도의 4승에 비례하므로
$\left(\dfrac{T_2}{T_1}\right)^4 = \left(\dfrac{500+273}{100+273}\right)^4 \simeq 18.5$배가 된다.

정답 1-1 ② 1-2 ② 1-3 ④ 1-4 ③ 1-5 ③

핵심이론 02 | 이론 및 실제공기량, 연소가스량

① **이론공기량(A_0)**
  ㉠ 연료의 연소 시 이론적으로 필요한 공기량이다.
  ㉡ 연소에 필요한 최소한의 공기량이다.
  ㉢ 완전연소에 필요한 최소한의 공기량이다.
  ㉣ 액화석유가스와 같이 이론산소량이 크게 요구되는 연료의 경우 이론공기량이 가장 크다.
  ㉤ 이론연소(양론연소) : 이론공기량으로 연료를 완전연소시키는 것이다.
  ㉥ 희박연소 : 이론공기보다 많은 양이 들어가는 상태의 연소로, 연료의 완전연소가 가능하도록 연료와 공기가 반응할 충분한 기회 제공이 가능하며 연소실 온도를 조절할 수 있다.
  ㉦ 결핍공기 : 이론공기보다 부족한 상태의 공기이다.
  ㉧ 과농 상태 : 이론공기보다 부족한 상태의 연소이다.

② **과잉공기** : 연소를 위해 필요한 이론공기량보다 과잉된 공기
  ㉠ 과잉공기량이 연소에 미치는 영향 : 열효율, CO 배출량, 노 내 온도
  ㉡ 과잉공기량이 너무 많을 때 일어나는 현상
    • 배가가스에 의한 열손실이 증가한다.
    • 연소실의 온도가 낮아진다.
    • 연료소비량이 많아진다.
    • 불완전연소물의 발생이 적어진다.
    • 연소속도가 느려지고 연소효율이 저하된다.
    • 연소가스 중의 N_2O 발생이 심하여 대기오염을 초래한다.
    • 연소가스 중의 SO_3이 현저히 줄어 저온 부식이 촉진된다.

③ **실제공기량(A)**
  ㉠ 연료를 완전히 연소할 수 있는 공기량
  ㉡ 이론공기량에 과잉공기량이 추가된 공기량

④ **연소가스량** : 연소 후 생성되는 가스량

⑤ **CO_{2max}(최대 탄산가스율 또는 탄산가스 최대량)** : 이론공기량으로 완전연소했을 때의 CO_2값 또는 이론건연소가스 중의 CO_2로 탄소가 가장 높다.
  ㉠ 고체, 액체연료
  $$CO_{2\max} = \frac{(C/12) \times 22.4}{G_0'} \times 100[\%]$$
  $$= \frac{1.867C}{8.89C + 21.1[H-(O/8)] + 3.33S + 0.8N} \times 100[\%]$$
  (여기서, G_0' : 이론건배기가스량)

  ㉡ 기체연료
  $$CO_{2\max} = \frac{CO + \sum mC_mH_n + CO_2}{G_0'} \times 100[\%]$$
  $$\simeq \frac{1.867C + 0.7S}{G_0'} \times 100[\%]$$
  (여기서, G_0' : 이론 건배기가스량)

  ㉢ 연소가스 분석결과로 CO_{2max}를 구하는 방법
    • CO 성분이 0[%]일 때 :
    $$CO_{2\max} = \frac{21 \times CO_2[\%]}{21 - O_2[\%]}$$
    • CO 성분이 주어졌을 때 :
    $$CO_{2\max} = \frac{21 \times (CO_2[\%] + CO[\%])}{21 - O_2[\%] + 0.395 \times CO[\%]}$$

  ㉣ 연소 배출가스 중 CO_2 함량을 분석하는 이유
    • 연소 상태를 판단하기 위해
    • 공기비를 계산하기 위해
    • 열효율을 높이기 위해

핵심예제

2-1. 다음 중 이론공기량에 대하여 가장 옳게 나타낸 것은?
[2012년 제2회, 2013년 제1회, 2015년 제4회]

① 완전연소에 필요한 1차 공기량
② 완전연소에 필요한 2차 공기량
③ 완전연소에 필요한 최대 공기량
④ 완전연소에 필요한 최소 공기량

2-2. 과잉공기량이 많을 때 일어나는 현상으로 옳은 것은?
[2011년 제4회, 2016년 제4회]

① 배기가스에 의한 열손실이 감소한다.
② 연소실의 온도가 높아진다.
③ 연료소비량이 적어진다.
④ 불완전연소물의 발생이 적어진다.

2-3. 과잉공기를 공급하여 어떤 연료를 연소시켜 건연소가스를 분석하였다. 그 결과 CO_2, O_2 및 N_2의 함유율이 각각 16[%], 1[%] 및 83[%]이었다면 이 연료의 최대 탄산가스율은 몇 [%]인가? [2010년 제1회, 2014년 제1회 유사, 2018년 제2회 유사]

① 15.6　　② 16.8
③ 17.4　　④ 18.2

2-4. 탄소(C) 86[%], 수소(H_2) 12[%], 황(S) 2[%]의 조성을 갖는 중유 100[kg]을 표준 상태(0[℃], 101.325[kPa])에서 완전연소시킬 때 C는 CO_2가 되고, H는 H_2O가 되며 S는 SO_2가 되었다고 하면 압력 101.325[kPa], 온도 590[K]에서 연소가스의 체적은 약 몇 [m³]인가? [2007년 제1회 유사, 2010년 제2회]

① 600　　② 620
③ 640　　④ 660

해설

2-1
이론공기량(A_0)
- 연료의 연소 시 이론적으로 필요한 공기량
- 연소에 필요한 최소한의 공기량
- 완전연소에 필요한 최소 공기량

2-2
과잉공기량이 많을 때 일어나는 현상
- 배기가스에 의한 열손실이 증가한다.
- 연소실의 온도가 낮아진다.
- 연료소비량이 많아진다.
- 불완전연소물의 발생이 적어진다.

2-3
$$CO_{2max} = \frac{21 \times CO_2[\%]}{21 - O_2[\%]} = \frac{21 \times 16}{21 - 1} = 16.8[\%]$$

2-4
$\frac{V_1}{T_1} = \frac{V_2}{T_2}$ 에서 $V_2 = V_1 \times \frac{T_2}{T_1} = 22.4 \times \frac{590}{273} = 48.4[m^3]$ 이므로,

연소가스의 체적은
$$V = 100 \times 48.4 \times (CO_2 + H_2O + SO_2)$$
$$= 100 \times 48.4 \times \left(\frac{44}{12} \times 0.86 \times \frac{1}{44} + \frac{18}{2} \times 0.12 \times \frac{1}{18}\right.$$
$$\left. + \frac{64}{32} \times 0.02 \times \frac{1}{64}\right)$$
$$= 100 \times 48.4 \times (0.0717 + 0.06 + 0.000625)$$
$$= 48.4 \times 13.2325 \simeq 640[m^3]$$

정답 2-1 ④　2-2 ④　2-3 ②　2-4 ③

핵심이론 03 공기비

① 공기비 또는 과잉공기계수(m) : 실제공기량과 이론공기량의 비
  ㉠ 공기비는 매연 생성에 가장 큰 영향을 미치는 요인이다.
  ㉡ 공기비가 1 이하이면 불완전연소 및 매연이 생성되며, 반면에 너무 크면 배기가스량이 증가한다.
  ㉢ 공기비(m) 계산공식
  - $m = \dfrac{A}{A_0}$

    (여기서, A : 실제공기량, A_0 : 이론공기량)

  - $m = \dfrac{CO_{2\max}}{CO_2}$

  - $m = \dfrac{21}{21 - O_2[\%]}$

  - $m = \dfrac{N_2}{N_2 - 3.76(O_2 - 0.5CO)}$

  ㉣ 과잉공기비 : $m - 1$
  ㉤ 과잉공기 백분율(ϕ) : $\phi = (m-1) \times 100[\%]$

② 공연(Air Fuel)비 : 연소과정 중에 사용되는 공기량과 연료량의 비

  공연비 = $\dfrac{공기량}{연료량}(A/F = AFR)$

③ 연공(Fuel Air)비 : 공연비의 역수($F/A = FAR$)

④ 과잉공기비(λ) : 실제공연비와 이론공연비의 비, 이론연공비와 실제연공비의 비

  과잉공기비 = $\dfrac{실제공연비}{이론공연비} = \dfrac{이론연공비}{실제연공비}$

⑤ 당량(Equivalence)비 : 과잉공기비의 역수

  당량비 = $\dfrac{이론공연비}{실제공연비} = \dfrac{실제연공비}{이론연공비}$

⑥ 보일러의 연소가스를 분석하는 주된 이유는 과잉공기비를 알기 위해서이다.

핵심예제

3-1. $CO_{2\max}$는 19.0[%], CO_2는 10.0[%], O_2는 3.0[%]일 때 과잉공기계수(m)는 얼마인가? [2017년 제1회]

① 1.25　② 1.35
③ 1.46　④ 1.90

3-2. 배기가스 중 O_2의 계측값이 3[%]일 때 공기비는?(단, 완전연소로 가정한다) [2016년 제1회]

① 1.07　② 1.11
③ 1.17　④ 1.24

3-3. 연소가스 부피 조성이 CO_2 13[%], O_2 8[%], N_2 79[%]일 때 공기과잉계수(공기비)는? [2009년 제1회, 2010년 제4회, 2016년 제2회, 2016년 제4회 유사, 2020년 제3회]

① 1.2　② 1.4
③ 1.6　④ 1.8

3-4. 시간당 100[mol]의 부탄(C_4H_{10})과 5,000[mol]의 공기를 완전연소시키는 경우에 과잉공기 백분율은? [2012년 제2회]

① 51.6[%]　② 61.6[%]
③ 71.6[%]　④ 100[%]

3-5. 어떤 연도가스의 조성을 분석하였더니 CO_2 11.9[%], CO 1.6[%], O_2 4.1[%], N_2 82.4[%]이었다. 이때 과잉공기의 백분율[%]은 얼마인가?(단, 공기 중 질소와 산소의 부피비는 79 : 21이다) [2013년 제4회, 2017년 제2회]

① 15.7　② 17.7
③ 19.7　④ 21.7

3-6. CH_4 1[mol]이 완전연소할 때의 AFR은 얼마인가? [2011년 제4회]

① 9.5　② 11.2
③ 15.8　④ 21.3

|해설|

3-1

과잉공기계수

$$m = \frac{CO_{2max}}{CO_2} = \frac{19}{10} = 1.9$$

3-2

$$m = \frac{21}{21 - O_2[\%]} = \frac{21}{21-3} = 1.17$$

3-3

$$m = \frac{N_2}{N_2 - 3.76(O_2 - 0.5CO)} = \frac{79}{79 - 3.76 \times (8 - 0.5 \times 0)}$$
$$= 1.61$$

3-4

- 부탄의 연소방정식 : $C_4H_{10} + 6.5O_2 \rightarrow 4CO_2 + 5H_2O$
- 공기비는 $m = \dfrac{5,000}{100 \times (6.5/0.21)} = 1.615$이므로,

  과잉공기 백분율은
  $\phi = (m-1) \times 100[\%]$
  $= (1.615 - 1) \times 100[\%]$
  $= 61.5[\%]$이다.

3-5

공기비

$$m = \frac{N_2}{N_2 - 3.76(O_2 - 0.5CO)}$$
$$= \frac{82.4}{82.4 - 3.76 \times (4.1 - 0.5 \times 1.6)} = 1.177$$

과잉공기 백분율

$\phi = (m-1) \times 100[\%] = (1.177 - 1) \times 100[\%] = 17.7[\%]$

3-6

메탄의 연소방정식은 $CH_4 + 2O_2 \rightarrow CO_2 + 2H_2O$이므로,

이론공기량은 $A_0 = \dfrac{2}{0.21} \simeq 9.52[mol]$이다.

AFR(공연비) $= \dfrac{공기량}{연료량}$에서 연료량이 $1[mol]$이므로,

$AFR = \dfrac{9.52}{1} = 9.52$

정답 3-1 ④ 3-2 ③ 3-3 ③ 3-4 ② 3-5 ② 3-6 ①

핵심이론 04 연소방정식을 이용한 이론산소량과 이론공기량의 계산

① 이론산소량

  ㉠ 질량 계산

  O_0 = 가연물질의 몰수 × 산소의 몰수
  $\times 32[kg/kg]$

  ㉡ 체적 계산

  O_0 = 가연물질의 몰수 × 산소의 몰수
  $\times 22.4[Nm^3/kg]$

② 이론공기량

  ㉠ 질량 계산식

  $$A_0 = \frac{O_0}{0.232}[kg/kg]$$

  ㉡ 체적 계산식

  $$A_0 = \frac{O_0}{0.21}[Nm^3/kg]$$

핵심예제

메탄(CH_4)의 완전연소 시 단위부피$[Nm^3]$당 이론공기량$[Nm^3]$은?

[2010년 제2회, 2014년 제2회 유사]

① 7.17 ② 9.52
③ 11.0 ④ 12.5

|해설|

메탄의 연소방정식은 $CH_4 + 2O_2 \rightarrow CO_2 + 2H_2O$이므로, 이론공기량은

$$A_0 = \frac{2}{0.21} \simeq 9.52[Nm^3]$$

정답 ②

핵심이론 05 성분 조성을 이용한 이론산소량과 이론공기량의 계산

① 이론산소량

　㉠ 고체, 액체연료의 이론산소량
　　• 질량 계산식
$$O_0 = 32 \times \sum(\text{각 가연원소의 필요산소량})$$
$$= 32 \times \left\{\frac{C}{12} + \frac{(H-O/8)}{4} + \frac{S}{32}\right\}$$
$$= 2.667C + 8\left(H - \frac{O}{8}\right) + S \,[\text{kg/kg}]$$

　　• 체적 계산식
$$O_0 = 22.4 \times \sum(\text{각 가연원소의 필요산소량})$$
$$= 22.4 \times \left\{\frac{C}{12} + \frac{(H-O/8)}{4} + \frac{S}{32}\right\}$$
$$= 1.867C + 5.6\left(H - \frac{O}{8}\right) + 0.7S \,[\text{Nm}^3/\text{kg}]$$

　㉡ 기체연료의 이론산소량
$$O_0 = \sum(\text{각 단위가스의 필요산소량})$$
$$= \left\{\frac{CO}{2} + \frac{H_2}{2} + \sum\left(m + \frac{n}{4}\right)C_mH_n - O_2\right\}$$
$$[\text{Nm}^3/\text{Nm}^3]$$

② 이론공기량

　㉠ 고체, 액체연료의 이론공기량
　　• 질량 계산식
$$A_0 = \frac{O_0}{0.232} \,[\text{kg/kg}]$$
$$= \left(\frac{32}{0.232}\right) \times \sum(\text{각 가연원소의 필요산소량})$$
$$= \left(\frac{32}{0.232}\right) \times \left\{\frac{C}{12} + \frac{(H-O/8)}{4} + \frac{S}{32}\right\}$$
$$= \frac{1}{0.232} \times \left\{2.667C + 8\left(H - \frac{O}{8}\right) + S\right\}$$
$$[\text{kg/kg}]$$

　　• 체적 계산식
$$A_0 = \frac{O_0}{0.21} \,[\text{Nm}^3/\text{kg}]$$
$$= \left(\frac{22.4}{0.21}\right) \times \sum(\text{각 가연원소의 필요산소량})$$
$$= \left(\frac{22.4}{0.21}\right) \times \left\{\frac{C}{12} + \frac{(H-O/8)}{4} + \frac{S}{32}\right\}$$
$$= \frac{1}{0.21} \times \left\{1.867C + 5.6\left(H - \frac{O}{8}\right) + 0.7S\right\}$$
$$[\text{Nm}^3/\text{kg}]$$

　㉡ 기체연료의 이론공기량
$$A_0 = \frac{1}{0.21}\sum(\text{각 단위가스의 필요산소량})$$
$$= \left(\frac{1}{0.21}\right)\left\{\frac{CO}{2} + \frac{H_2}{2} + \sum\left(m + \frac{n}{4}\right)C_mH_n - O_2\right\}[\text{Nm}^3/\text{Nm}^3]$$

핵심예제

5-1. 프로판(Propane)가스 2[kg]을 완전연소시킬 때 필요한 이론공기량[Nm³]은?　　[2012년 제1회, 2015년 제1회]

① 약 6　　② 약 8
③ 약 16　　④ 약 24

5-2. 중량비로 탄소 84[%], 수소 13[%], 유황 2[%]의 조성으로 되어 있는 경유의 이론공기량은 약 몇 [Nm³/kg]인가?
[2017년 제4회]

① 5　　② 7
③ 9　　④ 11

5-3. 질량 조성비가 탄소 60[%], 질소 13[%], 황 0.8[%], 수분 5[%], 수소 8.6[%], 산소 5[%], 회분 7.6[%]인 고체연료 5[kg]을 공기비 1.1로 완전연소시키고자 할 때의 실제공기량은 약 몇 [Nm³]인가?　　[2009년 제1회]

① 9.6　　② 41.2
③ 48.4　　④ 75.5

5-4. 분자식이 C_mH_n인 탄화수소가스 1[Nm³]을 완전연소시키는 데 필요한 이론공기량[Nm³]은?(단, C_mH_n의 m, n은 상수이다)　　[2016년 제1회]

① $4.76m + 1.19n$　　② $1.19m + 4.7n$
③ $m + \dfrac{n}{4}$　　④ $4m + 0.5n$

| 해설 |

5-1
프로판가스의 연소방정식 $C_3H_8 + 5O_2 \rightarrow 3CO_2 + 4H_2O$에서 C_3H_8의 분자량은 $12 \times 3 + 1 \times 8 = 44$이므로, $1[kmol] = 44[kg]$이다.
C_3H_8 2[kg]에 대해 완전연소에 필요한 산소량
$$O_0 = \left(\frac{2}{44}\right) \times 5[kmol] = \left(\frac{2}{44}\right) \times 5 \times 22.4[Nm^3] = 5.0909[Nm^3]$$
따라서, 이론공기량 $A_0 = \frac{O_0}{0.21} = \frac{5.0909}{0.21} = 24.24[Nm^3]$

5-2
이론공기량
$$A_0 = \left(\frac{22.4}{0.21}\right) \times \left\{\frac{C}{12} + \frac{(H-O/8)}{4} + \frac{S}{32}\right\}$$
$$= \left(\frac{22.4}{0.21}\right) \times \left(\frac{0.84}{12} + \frac{0.13}{4} + \frac{0.02}{32}\right)$$
$$= 106.67 \times 0.103 \simeq 11$$

5-3
고체연료 5[kg], 공기비 $m = A/A_0$이므로 $A = mA_0$이다.
$A = mA_0 = 1.1 \times 5 \times (8.89C + 26.67 \times (H-O/8) + 3.33S)$
$= 1.1 \times 5 \times (8.89 \times 0.6 + 26.67 \times (0.086 - 0.05/8)$
$\quad + 3.33 \times 0.008)$
$\simeq 41.2[Nm^3]$

5-4
기체연료의 이론공기량
$A_0 = \frac{1}{0.21}\sum$(각 단위가스의 필요 산소량)
$= \left(\frac{1}{0.21}\right)\left\{\frac{CO}{2} + \frac{H_2}{2} + \sum\left(m + \frac{n}{4}\right)C_mH_n - O_2\right\}$
$= \left(\frac{1}{0.21}\right) \times \left(m + \frac{n}{4}\right) = \left(\frac{1}{0.21}\right) \times \left(\frac{4m+n}{4}\right)$
$= \frac{4m+n}{0.21 \times 4} = \frac{4m+n}{0.84} = 4.76m + 1.19n$

정답 5-1 ④ 5-2 ④ 5-3 ② 5-4 ①

핵심이론 06 습연소가스량(습배기가스량)

① 고체, 액체연료의 습연소가스량(G)
  ㉠ 연소방정식에 의한 계산
  - [kg/kg]
  $$G = (m - 0.232)A_0 + (44/12)C + (18/2)H$$
  $$\quad + (64/32)S + N + w$$
  - [Nm³/kg]
  $$G = (m - 0.21)A_0 + 22.4\{(C/12) + (H/2)$$
  $$\quad + (S/32) + (N/28) + (w/18)\}$$
  ㉡ 체적 변화에 의한 계산
  - [Nm³/kg]
  $$G = mA_0 + 22.4\{(O/32) + (H/4) + (N/28)$$
  $$\quad + (w/18)\}$$
  - [Nm³/kg]
  $$G = mA_0 + 5.6H \text{ (액체연료성분이 탄소와 수소만일 경우)}$$

② 기체연료의 습연소가스량(G)
  ㉠ 연소방정식에 의한 계산
  - [Nm³/Nm³]
  $$G = (m - 0.21)A_0 + CO + H_2 +$$
  $$\quad \sum(m + n/2)C_mH_n + N_2 + CO_2 + H_2O$$
  - [Nm³/kg]
  $$G = (m - 0.21)A_0 + \text{연료의 몰수} \times 22.4$$
  $$\quad \times \text{연소가스의 몰수}$$
  ㉡ 체적 변화에 의한 계산 : [Nm³/Nm³]
  $$G = 1 + mA_0 - (1/2)CO - (1/2)H_2$$
  $$\quad + \sum(n/4 - 1)C_mH_n$$

③ 실제연소가스량과 이론연소가스량
$$G = G_0 + A - A_0 = G_0 + (m-1)A_0$$
(여기서, G : 실제습연소가스량(습배기가스량), G_0 : 이론습연소가스량(이론습배기가스량), A : 실제공기량, A_0 : 이론공기량, m : 공기비)

핵심예제

다음 보기와 같은 부피 조성을 가진 석탄가스의 연소 시 생성되는 이론습연소가스량은 약 몇 [Sm³/Sm³]인가?

[2010년 제4회, 2020년 제3회 유사]

┌ 보기 ┐
H₂ 26.5[%], CH₄ 18.2[%], CO₂ 5.2[%], CO 4.8[%],
C₂H₄ 13.1[%], O₂ 6.0[%], N₂ 26.2[%]

① 0.89 ② 3.01
③ 4.91 ④ 6.80

|해설|

$A_0 = \dfrac{1}{0.21}\sum$(각 단위가스의 필요산소량)

$= \left(\dfrac{1}{0.21}\right)\left\{\dfrac{CO}{2} + \dfrac{H_2}{2} + \sum\left(m + \dfrac{n}{4}\right)C_mH_n - O_2\right\}$

$= \dfrac{0.5 \times 0.048 + 0.5 \times 0.265 + 2 \times 0.182 + 3 \times 0.131 - 0.06}{0.21}$

$= 4.06 [Nm^3/Nm^3]$

$G = (m - 0.21)A_0 + CO + H_2 + \sum(m + n/2)C_mH_n$
$\quad + (N_2 + CO_2 + H_2O)$

$= 0.79 \times 4.06 + 0.048 + 0.265 + 3 \times 0.182 + 4 \times 0.131$
$\quad + 0.262 + 0.052$

$= 4.904 [Nm^3/Nm^3]$

정답 ③

핵심이론 07 건연소가스량(건배기가스량)

① 고체, 액체연료의 건연소가스량(G' 또는 G_d)

　㉠ 연소방정식에 의한 계산
　　· [Nm³/kg]
　　$G' = (m - 0.21)A_0 + 22.4\{(C/12)$
　　　　$+ (S/32) + (N/28)\}$

　㉡ 체적 변화에 의한 계산
　　· [Nm³/kg]
　　$G' = mA_0 + 22.4\{(O/32) - (H/4) + (N/28)\}$
　　· [Nm³/kg]
　　$G' = mA_0 - 5.6H$ (액체연료성분이 탄소와 수소만일 경우)

② 기체연료의 건연소가스량(G' 또는 G_d)

　㉠ 연소방정식에 의한 계산 : [Nm³/Nm³]
　　$G' = (m - 0.21)A_0 + CO + H_2 + \sum(m)C_mH_n$
　　　　$+ (N_2 + CO_2)$

　㉡ 연소 전후 체적 변화에 의한 계산 : [Nm³/Nm³]
　　$G' = 1 + mA_0 - (1/2)CO - (3/2)H_2$
　　　　$- \sum(n/4 + 1)C_mH_n - H_2O$

③ 고체연료의 건연소가스량

　$G' = G_0' + A - A_0 = G_0' + (m - 1)A_0$

　(여기서, G' : 건연소가스량, G_0' : 이론건연소가스량, A : 실제공기량, A_0 : 이론공기량, m : 공기비)

④ CO₂와 연료 중의 탄소분을 알고 있을 때의 건연소가스량

　$G' = \dfrac{1.867 \times C}{(CO_2)} [Nm^3/kg]$

⑤ 습연소가스량과 건연소가스량의 관계식

　$G = G' + 1.25(9H + w)$

⑥ 산소의 몰분율(연소가스 조성 중 산소값)

$$M = \frac{0.21(m-1)A_0}{G}$$

(여기서, m : 공기과잉률, A_0 : 이론공기량, G : 실제 배기가스량)

핵심예제

7-1. 프로판(C_3H_8) 5[Nm³]를 이론산소량으로 완전연소시켰을 때의 건연소가스량은 몇 [Nm³]인가?

[2009년 제1회, 2013년 제1회, 2017년 제1회]

① 5 ② 10
③ 15 ④ 20

7-2. 다음과 같은 조성을 가진 액체연료의 연소 시 생성되는 이론 건연소가스량은? [2016년 제1회]

탄소 : 1.2[kg]	산소 : 0.2[kg]
질소 : 0.17[kg]	수소 : 0.31[kg]
황 : 0.2[kg]	

① 13.5[Nm³/kg] ② 17.5[Nm³/kg]
③ 21.4[Nm³/kg] ④ 29.4[Nm³/kg]

7-3. 옥탄(C_8H_{18})이 공기과잉률 2로 연소될 때 연소가스 중의 산소의 몰분율은? [2011년 제2회, 2013년 제2회, 2021년 제1회]

① 0.0647 ② 0.1012
③ 0.1294 ④ 0.2024

|해설|

7-1

프로판 연소방정식은 $C_3H_8 + 5O_2 \rightarrow 3CO_2 + 4H_2O$ 이므로, 건연소가스량은 $3CO_2$ 이다.
따라서, 건연소가스량은 $5[Nm^3] \times 3 = 15[Nm^3]$ 이다.

7-2

$$A_0 = \frac{O_0}{0.21} = \frac{22.4}{0.21} \times \left\{ \frac{C}{12} + \frac{(H-O/8)}{4} + \frac{S}{32} \right\}$$

$$G' = (1-0.21)A_0 + 1.867C + 0.7S + 0.8N$$
$$= 8.89C + 21.07 \times (H-O/8) + 3.33S + 0.8N$$
$$= 8.89 \times 1.2 + 21.07 \times (0.31 - 0.2/8) + 3.33 \times 0.2 + 0.8 \times 0.17$$
$$= 17.5[Nm^3/kg]$$

7-3

- 옥탄의 연소방정식 : $C_8H_{18} + 12.5O_2 \rightarrow 8CO_2 + 9H_2O$
- 이론공기량 : $A_0 = \frac{O_0}{0.21} = \frac{12.5}{0.21} = 59.52[m^3/Sm^3]$
- 이론배기가스량
  $G_0 = (1-0.21) \times 59.52 + (8+9) = 64[m^3/Sm^3]$
- 실제배기가스량
  $G = G_0 + (m-1)A_0 = 64 + (2-1) \times 59.52$
  $= 123.52[m^3/Sm^3]$
- 산소의 몰분율
  $$M = \frac{0.21(m-1)A_0}{G}$$
  $$= \frac{0.21 \times (2-1) \times 59.52}{123.52} = \frac{12.5}{123.52} \approx 0.1012$$

정답 **7-1** ③ **7-2** ② **7-3** ②

핵심이론 08 발열량

① 발열량의 개요
  ㉠ 정의
    - 연료가 보유한 화학에너지
    - 연료가 완전연소할 때 발생하는 열량
    - 25[℃]에서 산소와 완전연소한 연료의 생성물이 25[℃]의 온도로 배출될 때 단위질량당 연료가 내는 열량
  ㉡ 기체연료는 그 성분으로부터 발열량을 계산한다.
  ㉢ 액체연료는 비중이 크면 체적당 발열량이 증가하고, 중량당 발열량은 감소한다.
  ㉣ 실제연소에 의한 열량을 계산하는 데 필요한 요소 : 연소가스 유출 단면적, 연소가스의 밀도, 연소가스의 비열
  ㉤ 연료의 발열량 측정방법의 종류 : 열량계에 의한 방법, 공업분석에 의한 방법, 원소분석에 의한 방법
  ㉥ 발열량의 분류 : 고위발열량(H_h), 저위발열량(H_L)
    - 고위발열량 또는 총발열량 : 연료의 연소과정에서 발생하는 수증기의 잠열을 포함한 발열량
    - 저위발열량 또는 순발열량 또는 진발열량 : 연료의 연소과정에서 발생하는 수증기의 잠열을 제외한 발열량
      ※ 저위발열량은 열로 이용할 수 없는 수증기 증발의 잠열을 뺀 값이므로 실제로 사용되는 연료의 발열량을 나타낸다는 의미로 순발열량이라고 한다.
    - 연료의 특성에 따라 H_h와 H_L 기준 적용 : 천연가스와 석탄화력발전은 H_h 기준, 디젤엔진과 보일러는 H_L 기준을 적용한다.
    - 석유환산톤[TOE]을 계산할 때는 H_h, 이산화탄소 배출량을 계산할 때는 H_L을 사용한다.
    - 저위발열량 = 고위발열량 - 물의 증발열
    - H_2O의 발생이 없으면 고위발열량과 저위발열량이 같다(일산화탄소, 유황).
    - 고위발열량과 저위발열량의 차이는 수소성분과 관련 있다. 석탄의 경우 수소 함량이 적으므로 H_h와 H_L의 차가 작고, 천연가스는 수소 함량이 많으므로 이 차이가 크다.

② 고체, 액체연료의 발열량
  ㉠ 고체, 액체연료의 고위발열량
    - [kcal/kg] $H_h = 8,100C + 34,000(H - O/8) + 2,500S$
      $= H_L + 600(9H + w)$
    - [MJ/kg] $H_h = 33.9C + 144(H - O/8) + 10.5S$
      $= H_L + 2.5(9H + w)$
  ㉡ 고체, 액체연료의 저위발열량
    - [kcal/kg] $H_L = H_h - 600(9H + w)$
    - [MJ/kg] $H_L = H_h - 2.5(9H + w)$

③ 기체연료의 발열량
  ㉠ 기체연료의 고위발열량
    [kcal/Nm^3] $H_h = 3.05H_2 + 3.035CO + 9.530CH_4 + 14.080C_2H_2 + 15.280C_2H_4 + \cdots$
  ㉡ 기체연료의 저위발열량
    [kcal/Nm^3] $H_L = H_h - 480(H_2O\ 몰수)$

④ 발열량 데이터(저위발열량/고위발열량, [kcal/kg])
  - [kg]당 발열량 크기 순 : 기체연료 > 액체연료 > 고체연료
  - 수소(H_2) 28,600/34,000
  - 메탄(CH_4) 11,970/13,320, 천연가스(LNG) 11,750/13,000, 에틸렌(C_2H_4) 11,360/12,130, 에탄(C_2H_6) 11,330/12,410, 아세틸렌(C_2H_2) 11,620/12,030, 프로판(C_3H_8) 11,070/12,040, 프로필렌(C_3H_6) 11,000/11,770, 가솔린 11,000/

- 부탄(C_4H_{10}) 10,940/11,840, 뷰틸렌(C_4H_8) 10,860/11,630, 헵탄(C_2H_{16}) 10,740/11,580, 옥탄(C_8H_{18}) 10,670/11,540, 등유 10,500/, 경유 10,400/, 중유 10,100/
- 벤졸증기 9,620/10,030, 탄소 8,100/8,100, 코크스 7,000/7,000, 수입 무연탄 6,400/6,550, 에탄올(에틸알코올) 6,540/, 유연탄(원료용) 5,950/7,000
- 아역청탄 5,000/5,350, 메탄올(메틸알코올) 4,700/, 국내 무연탄 4,600/4,650, 황 2,500/2,500, 일산화탄소(CO) 2,430/2,430

⑤ 에너지열량 환산기준(에너지법 시행규칙 별표)

구 분	에너지원	단위	총발열량			순발열량		
			MJ	kcal	석유환산톤(10^{-3}[toe])	MJ	kcal	석유환산톤(10^{-3}[toe])
석 유	원 유	kg	45.7	10,920	1.092	42.8	10,220	1.022
	휘발유	L	32.4	7,750	0.775	30.1	7,200	0.720
	등 유	L	36.6	8,740	0.874	34.1	8,150	0.815
	경 유	L	37.8	9,020	0.902	35.3	8,420	0.842
	바이오디젤	L	34.7	8,280	0.828	32.3	7,730	0.773
	B-A유	L	39.0	9,310	0.931	36.5	8,710	0.871
	B-B유	L	40.6	9,690	0.969	38.1	9,100	0.910
	B-C유	L	41.8	9,980	0.998	39.3	9,390	0.939
	프로판(LPG 1호)	kg	50.2	12,000	1.200	46.2	11,040	1.104
	부탄(LPG 3호)	kg	49.3	11,790	1.179	45.5	10,880	1.088
	나프타	L	32.2	7,700	0.770	29.9	7,140	0.714
	용 제	L	32.8	7,830	0.783	30.4	7,250	0.725
	항공유	L	36.5	8,720	0.872	34.0	8,120	0.812
	아스팔트	kg	41.4	9,880	0.988	39.0	9,330	0.933
	윤활유	L	39.6	9,450	0.945	37.0	8,830	0.883
	석유코크스	kg	34.9	8,330	0.833	34.2	8,170	0.817
	부생연료유 1호	L	37.3	8,900	0.890	34.8	8,310	0.831
	부생연료유 2호	L	39.6	9,530	0.953	37.7	9,010	0.901
가 스	천연가스(LNG)	kg	54.7	13,080	1.308	49.4	11,800	1.180
	도시가스(LNG)	Nm^3	42.7	10,190	1.019	38.5	9,190	0.919
	도시가스(LPG)	Nm^3	63.4	15,150	1.515	58.3	13,920	1.392
석 탄	국내 무연탄	kg	19.7	4,710	0.471	19.4	4,620	0.462
	연료용 수입 무연탄	kg	23.0	5,500	0.550	22.3	5,320	0.532
	원료용 수입 무연탄	kg	25.8	6,170	0.617	25.3	6,040	0.604
	연료용 유연탄(역청탄)	kg	24.6	5,860	0.586	23.3	5,570	0.557
	원료용 유연탄(역청탄)	kg	29.4	7,030	0.703	28.3	6,760	0.676
	아역청탄	kg	20.6	4,920	0.492	19.1	4,570	0.457
	코크스	kg	28.6	6,840	0.684	28.5	6,810	0.681
전기 등	전기(발전 기준)	kWh	8.9	2,130	0.213	8.9	2,130	0.213
	전기(소비 기준)	kWh	9.6	2,290	0.229	9.6	2,290	0.229
	신 탄	kg	18.8	4,500	0.450	–	–	–

[비고]
1. '총발열량'이란 연료의 연소과정에서 발생하는 수증기의 잠열을 포함한 발열량을 말한다.
2. '순발열량'이란 연료의 연소과정에서 발생하는 수증기의 잠열을 제외한 발열량을 말한다.
3. '석유환산톤'(toe : ton of oil equivalent)이란 원유 1톤(t)이 갖는 열량으로 10^7[kcal]를 말한다.
4. 석탄의 발열량은 인수식을 기준으로 한다. 다만, 코크스는 건식을 기준으로 한다.
5. 최종 에너지사용자가 사용하는 전력량값을 열량값으로 환산할 경우에는 1kWh=860[kcal]를 적용한다.
6. 1[cal] = 4.1868[J]이며, 도시가스 단위인 Nm^3은 0℃ 1기압[atm] 상태의 부피 단위 [m^3]를 말한다.
7. 에너지원별 발열량(MJ)은 소수점 아래 둘째 자리에서 반올림한 값이며, 발열량[kcal]은 발열량(MJ)으로부터 환산한 후 1의 자리에서 반올림한 값이다. 두 단위 간 상충될 경우 발열량(MJ)이 우선한다.

핵심예제

8-1. 보기의 무게 조성을 가진 중유의 저위발열량은 약 몇 [kcal/kg]인가?(단, 다음의 조성은 중유 1[kg]당 함유된 각 성분의 양이다)
[2017년 제4회]

┌ 보기 ┐
C : 84[%], H : 13[%], O : 0.5[%], S : 2[%], w : 0.5[%]

① 8,600
② 10,548
③ 13,600
④ 17,600

8-2. 고위발열량이 9,000[kcal/kg]인 연료 3[kg]이 연소할 때 총저위발열량은 몇 [kcal]인가?(단, 이 연료 1[kg]당 수소분은 15[%], 수분은 1[%]의 비율로 들어 있다)
[2011년 제1회, 2014년 제4회, 2017년 제2회]

① 12,300
② 24,552
③ 43,882
④ 51,888

8-3. 다음 가스 중 저위발열량[MJ/kg]이 가장 낮은 것은?
[2021년 제2회]

① 수 소
② 메 탄
③ 일산화탄소
④ 에 탄

8-4. 체적비 CH_4 94[%], C_2H_6 4[%], CO_2 2[%]인 어떤 혼합 기체 연료의 10[℃], 3기압하에서 고위발열량은 약 몇 [kJ/m³]인가?(단, 20[℃], 1기압하에 CH_4 및 C_2H_6의 고위발열량이 각각 37,204[kJ/m³] 및 65,727[kJ/m³]이다)
[2012년 제2회]

① 116,700
② 160,500
③ 205,600
④ 225,600

|해설|

8-1
$H_h = 8,100C + 34,000(H - O/8) + 2,500S$
$= 8,100 \times 0.84 + 34,000(0.13 - 0.005/8) + 2,500 \times 0.02$
$\simeq 11,253 [kcal/kg]$
$\therefore H_L = H_h - 600(9H + w)$
$= 11,253 - 600(9 \times 0.13 + 0.005)$
$= 10,548 [kcal/kg]$

8-2
총저위발열량
$H_L = $ 연료 무게 $\times \{H_h - 600(9H + w)\}$
$= 3 \times \{9,000 - 600 \times (9 \times 0.15 + 0.01)\} = 24,552 [kcal]$

8-3
저위발열량[MJ/kg]
- 수소 : 8.160
- 메탄 : 2.85
- 일산화탄소 : 0.580
- 에탄 : 2.712

8-4
$H_h = \{(0.94 \times 37,204) + (0.04 \times 65,727)\} \times \dfrac{3}{1} \times \dfrac{20+273}{10+273}$
$\simeq 116,788 [kJ/m^3]$

정답 8-1 ② 8-2 ② 8-3 ③ 8-4 ①

핵심이론 09 연소온도(화염온도)

① 연소온도 : 연소실 내 가열물질의 전열

  ㉠ 이론연소온도

  $$T_0 = \frac{H_L}{GC} + t$$

  (여기서, H_L : 저위발열량, G : 배기가스량,
  C : 배기가스의 평균 비열, t : 기준온도)

  ㉡ 실제연소온도

  $$T = \frac{H_L + Q_a + Q_f}{GC} + t$$

  (여기서, Q_a : 공기의 현열, Q_f : 연료의 현열,
  t : 기준온도)

② 연소온도에 영향을 미치는 요인 : 공기비, 공기 중의 산소농도, 연소효율, 공급공기온도, 연소 시 반응물질 주위의 온도, 연료의 저위발열량(연소온도는 공기비의 영향을 가장 많이 받는다)

③ 화염온도를 높이려고 할 때 조작방법

  ㉠ 공기를 예열한다.
  ㉡ 연료를 완전연소시킨다.
  ㉢ 노벽 등의 열손실을 막는다.
  ㉣ 과잉공기를 적게 공급한다.
  ㉤ 발열량이 높은 연료를 사용한다.

핵심예제

9-1. 연소온도에 영향을 주는 여러 원인 중 변화가 없는 것은?

[2012년 제1회]

① 연료의 발열량
② 공기비
③ 연소용 공기 중의 산소농도
④ 연소효율

9-2. 저위발열량 93,766[kJ/Sm³]의 C_3H_8을 공기비 1.2로 연소시킬 때의 이론연소온도는 약 몇 [K]인가?(단, 배기가스의 평균비열은 1.653[kJ/Nm³K]이고, 다른 조건은 무시한다)

[2011년 제1회, 2013년 제2회, 2022년 제2회]

① 1,656
② 1,756
③ 1,856
④ 1,956

|해설|

9-1
연소온도에 영향을 주는 여러 원인 중 공기비, 연소용 공기 중의 산소농도, 연소효율 등은 변화가 있으나 연료의 발열량은 변화가 없다.

9-2
프로판의 연소가스 방정식
$C_3H_8 + 5O_2 \rightarrow 3CO_2 + 4H_2O$

- 이론공기량 : $A_0 = \dfrac{O_0}{0.21} = \dfrac{5}{0.21} = 23.81[\text{m}^3/\text{Sm}^3]$

- 이론배기가스량 :
  $G_0 = (1-0.21) \times 23.81 + (3+4) = 25.81[\text{m}^3/\text{Sm}^3]$

- 실제배기가스량 : $G = G_0 + (m-1)A_0$
  $= 25.81 + (1.2-1) \times 23.81$
  $= 30.57[\text{m}^3/\text{Sm}^3]$

- 이론연소온도 : $T_0 = \dfrac{H_L}{GC} = \dfrac{93,766}{30.57 \times 1.653} \simeq 1,856[\text{K}]$

정답 9-1 ① 9-2 ③

핵심이론 10 열정산

① 개 요

　㉠ 열정산(Heat Balance)의 정의
　　• 연소장치의 열평형을 이용하여 입열과 출열의 관계를 상세히 계산하는 것이다.
　　• 발생하는 모든 입열과 출열의 수지 계산이며, 열감정 또는 열수지라고도 한다.
　　• 열정산 : 공급된 열량과 소비된 열량 사이의 양적 관계이다(입열과 출열의 관계).
　　• 물질정산 : 각 공급물질이나 생성물질의 양을 직접 측정할 수 없는 경우에 원소분석이나 가스분석에 의해 계산하여 구하는 것이다.

　㉡ 열정산의 목적
　　• 열손실과 열효율, 열설비의 성능, 열의 행방 파악
　　• 연소장치의 운전 상태 파악
　　• 장치의 고장이나 결함 발견
　　• 새로운 장치설계를 위한 기초 자료 확보
　　• 조업방법 개선 자료 확보
　　• 열설비의 개축 및 신축 시 기초 자료
　　• 열효율 향상을 위한 개조 자료 확보
　　• 운전조건의 개선 자료 확보

　㉢ 열정산에 관여하는 변수 : 연료의 발열량(저위, 고위), 열효율 혹은 연소효율, 연료와 공기의 현열, 연소가스량, 연소가스의 평균정압비열, 연소가스로부터의 방열량, 연소가스 성분, 연속가스 중 미연물질의 양과 온도, 가열될 물질의 양과 온도, 연소가스온도, 기준온도

　㉣ 가장 편리한 열정산의 기준온도 : 0[℃]

　㉤ 열정산도 : 연료의 전체 보유 열량을 100[%]로 하여 각 입·출열 항목에 대해서 상대적인 비율[%]를 나타내어 열량이 유효하게 이용되는 정도와 열손실 발생에 대해서 도시한 것으로, 열평형도라고도 한다.

　㉥ 열효율 향상 대책
　　• 과잉공기를 감소시킨다.
　　• 손실열을 가급적 적게 한다.
　　• 되도록 연속으로 조업할 수 있도록 한다.
　　• 장치의 최적 설계조건(설치조건)과 운전조건을 일치시킨다.
　　• 전열량이 증가되는 방법을 취한다.

② 입열과 출열, 순환열

　㉠ 입열 : 연료의 발열량(가장 크다, 연료의 보유 열량), 연료의 현열, 공기의 현열(연소용 마른 공기의 현열, 산소의 현열, 연소용 공기 중 수분의 현열), 노 내 취입증기 또는 온수의 보유열, 보조기기의 일에 상당하는 열량, 폐열 보일러의 입열, 기타(장입강재의 함열량, 연료의 예열, 연료의 연소열, 발열반응에 의한 반응열, 스케일의 생성열, 무화체의 현열, 급수의 현열 등)

　㉡ 출열 : 유효출열과 열손실
　　• 유효출열 : 발생증기의 흡수열(=발생증기의 보유열 - 급수의 현열), 분사물의 흡수된 열(블로다운 수의 흡수열), 기타
　　• 손실열 : 배기가스(수증기 포함) 보유 열손실(가장 크다. 발생증기 보유열 포함), 노 내 취입증기 또는 온수에 의한 열손실, 불완전 연소가스에 의한 열손실, 연소 잔재물 중 미연소분에 의한 열손실, 방산 열손실(노체 및 연통 발산열, 노 개구부 방염가스 방사 손실열, 예열유체 배관의 방사열, 열풍 발산열, 복사·전도에 의한 열손실 등), 기타 열손실(그을음(Soot)에 의한 손실, 추출강재의 함열량, 스케일의 현열, 배기가스의 현열, 냉각수가 가져가는 열, 과잉공기에 의한 열손실, 축열손실, 유입 수증기가 다시 가져나가는 열량 등)

　㉢ 순환열 : 예열장치에서 회수한 열, 공기예열기 흡수열량, 축열기 흡수열량, 과열기 흡수열량 등

③ 열정산방식(KS B 6205)
  ㉠ 열정산의 조건
    - 원칙적으로 정격부하 이상에서 정상 상태(Steady State)로 적어도 2시간 이상의 운전결과에 따른다.
    - 액체 또는 기체연료를 사용하는 소형 보일러에서는 인수・인도 당사자 간의 협의에 따라 시험시간을 1시간 이상으로 할 수 있다.
    - 시험부하는 원칙적으로 정격부하 이상으로 하고, 필요에 따라 3/4, 1/2, 1/3 등의 부하로 한다.
    - 최대 출열량을 시험할 경우에는 반드시 정격부하에서 시험을 한다.
    - 측정결과의 정밀도를 유지하기 위하여 급수량과 증기 배출량을 조절하여 증발량과 연료의 공급량이 일정한 상태에서 시험을 하도록 최대한 노력한다.
    - 급수량과 연료 공급량의 변동이 불가피한 경우에는 가능한 그 변동량이 작은 상태에서 시험을 한다.
    - 열정산시험 전에 미리 보일러의 각부를 점검한다.
    - 열정산시험 전에 연료, 증기 또는 물의 누설이 없는가를 확인한다.
    - 시험 중 실제 사용상 지장이 없는 경우 블로 다운(Blow Down), 그을음 불어내기(Soot Blowing) 등은 하지 않는다.
    - 안전밸브는 열지 않은 운전 상태에서 한다.
    - 안전밸브가 열린 경우에는 시험을 다시 한다.
    - 시험은 시험 보일러를 다른 보일러와 무관한 상태로 하여 실시한다.
    - 열정산시험 시의 연료 단위량(고체 및 액체연료의 경우는 1[kg], 기체연료의 경우는 표준 상태(온도 0[℃], 압력 101.3[kPa])로 환산한 1[Nm^3])에 대하여 열정산하는 것으로 한다.
    - 단위시간당 총입열량(총출열량, 총손실열량)에 대하여 열정산을 하는 경우에는 그 단위를 명확히 표시한다.
    - 혼소 보일러 및 폐열 보일러의 경우에는 단위시간당 총입열량에 대하여 실시한다.
    - 발열량은 원칙적으로 사용 시 연료의 총발열량(고위발열량)으로 한다.
    - 진발열량을 사용하는 경우에는 기준 발열량을 분명하게 명기해야 한다.
    - 열정산의 기준온도는 시험 시의 외기온도를 기준으로 하지만, 필요에 따라 주위온도는 압입송풍기 출구 등의 공기온도로 할 수 있다.
    - 과열기, 재열기, 절탄기 및 공기예열기를 갖는 보일러는 이들을 그 보일러에 포함시킨다. 다만, 인수・인도 당사자 간의 협의에 의해 이 범위를 변경할 수 있다.
    - 공기는 수증기를 포함하는 습공기로 한다.
    - 연소가스는 수증기를 포함하지 않은 건조가스로 하는 경우와 연소에 의하여 발생한 수증기를 포함한 습가스로 하는 경우가 있다. 이들의 단위량은 어느 것이나 연료 1[kg](또는 [Nm^3])당으로 한다.
    - 증기의 건도는 98[%] 이상인 경우에 시험함을 원칙으로 한다. 건도가 98[%] 이하인 경우에는 수위 및 부하를 조절하여 건도를 98[%] 이상으로 유지한다.
    - 온수 보일러 및 열매체 보일러의 열정산은 증기 보일러의 경우에 준하여 실시하되, 불필요한 항목(예를 들면, 증기의 건도 등)은 고려하지 않는다.
    - 폐열 보일러의 열정산은 증기 보일러의 경우에 준하여 실시하되, 입열량은 보일러에 들어오는 폐열과 보조연료의 화학에너지로 하고, 단위시간당 총입열량(총출열량, 총손실열량)에 대하여 실시한다.
    - 전기에너지는 1[kW]당 3,600[kJ/h]로 환산한다.

- 증기 보일러 열출력 평가의 경우, 시험압력은 보일러 설계압력의 80[%] 이상에서 실시한다. 온수 보일러 및 열매체 보일러의 열출력 평가 시에는 보일러 입구온도와 출구온도의 차에 민감하기 때문에 설계온도와의 차를 ±1[℃] 이하로 조절하고 시험을 실시한다. 이 조건을 만족하지 못하는 경우에는 그 이유를 명기한다.
- 열정산 시 절탄기의 전·후단에 설치된 온도계 중 절탄기 입구쪽의 온도계가 지시하는 온도를 적용한다.
- 열정산결과는 입열, 출열, 순환열 3항목이다.
- 열정산 시 입열량과 출열량은 같아야 한다.

ⓒ 보일러 효율의 산정방식
- 입·출열법에 의한 보일러 효율(η_1) :

$$\eta_1 = \frac{Q_s}{H_h + Q} \times 100[\%]$$

(여기서, Q_s : 유효출열, $H_h + Q$: 입열 합계)

- 열손실법에 의한 보일러 효율(η_2) :

$$\eta_2 = \left(1 - \frac{L_h}{H_h + Q}\right) \times 100[\%]$$

(여기서, L_h : 열손실 합계)

- 위의 2가지 방법에 의한 효율의 차가 과대한 경우에는 시험을 다시 실시한다. 다만, 입·출열법과 열손실법 중 어느 하나의 방법에 의하여 효율을 측정할 수밖에 없는 경우에는 그 이유를 분명하게 명기한다.

④ 열정산 관련식

㉠ 열정산식 : $\sum Q_{in}$(입열) $= \sum Q_{out}$(출열)

㉡ 연소효율(η_e) : 연소장치의 열효율

- $\eta_e = \dfrac{\text{실제 연소열량}}{\text{연료의 발열량}} \times 100[\%]$

  $= \dfrac{\text{실제 연소열량}}{\text{완전연소 시의 열량}} \times 100[\%]$

- 실제 연소에 의한 열량 계산 시 필요한 요소 : 연소가스 유출 단면적, 연소가스 밀도, 연소가스 비열

㉢ 전열효율(η_r) : $\eta_r = \dfrac{\text{유효열량}}{\text{실제 연소열량}} \times 100[\%]$

㉣ 열효율 : 연소장치에 공급한 열량 중 유효하게 이용된 비율

- 열효율 $\eta_{th} = \dfrac{\text{유효열량}}{\text{공급열}} \times 100[\%]$

  $= \dfrac{\text{유효출열}}{\text{입열 합계}} \times 100[\%]$

  $= 1 - \dfrac{\text{열손실 합계}}{\text{입열 합계}}$

- 열효율 $\eta_t = \dfrac{Q_p}{H_L}$

(여기서, Q_p : 피열물에 준 열량, H_L : 연료의 저위발열량)

- 연소효율 : 연소장치의 열효율
- 연료가 보유한 화학에너지를 열에너지로 변환하는 정도
- 연소효율 : 실제의 연소에 의한 열량을 완전연소했을 때의 열량으로 나눈 것
- 연소효율 $\eta_c = \dfrac{H_c - H_1 - H_2}{H_c}$

(여기서, H_c : 연료의 발열량, H_1 : 미연탄소에 의한 열손실, H_2 : 불완전연소에 따른 손실 또는 CO가스에 따른 손실)

- 연소효율 $\eta_c = \dfrac{H_L - (L_c + L_i)}{H_L}$

(여기서, H_L : 저위발열량, L_c : 탄 찌꺼기 속의 미연탄소분에 의한 손실열, L_i : 불완전 연소에 따른 손실열)

- 가열실의 이론효율 : $E = \dfrac{t_r - t_i}{t_r}$

(여기서, t_r : 이론연소온도, t_i : 피열물의 온도)

- 보일러의 열효율(η_B)

$$\eta_B = \frac{G_a(h_2-h_1)}{G_f \times H_L} = \frac{G_e \times 539}{G_f \times H_L} \times 100[\%]$$

(여기서, G_a : 실제 증발량, h_2 : 발생증기의 엔탈피, h_1 : 급수의 엔탈피(보일러 급수온도), G_f : 연료소비량, H_L : 저위발열량, G_e : 상당증발량)

- 보일러의 열효율(η_B)

$$\eta_B = \eta_e \times \eta_r$$

$$= \frac{\text{실제 연소열량}}{\text{연료의 발열량}} \times \frac{\text{유효열량}}{\text{실제 연소열량}}$$

$$= \frac{\text{유효열량}}{\text{연료의 발열량}}$$

- 열기관의 열효율 : $\eta = \frac{Q_{out}}{G_f \times H_L} \times 100[\%]$

(여기서, Q_{out} : 출력 혹은 출열)

- 건조기의 열효율(η) : $\eta = \frac{q_1 + q_2}{Q}$

(여기서, q_1 : 수분 증발에 소비된 열량, q_2 : 재료 가열에 소비된 열량, Q : 입열량)

- 온수 보일러의 효율 :

$$\eta = \frac{WC(t_2-t_1)}{G_f \times H_L} \times 100[\%]$$

(여기서, W : 시간당 온수 발생량[kg/h], C : 온수의 비열[kcal/kg℃], t_2 : 출탕온도[℃], t_1 : 급수온도[℃])

ⓒ 연소부하율[kcal/m³h] : 연소실 단위용적당 1시간 동안 발생되는 열량이다. 그 크기는 가스터빈 > 미분탄연소 보일러 > 중유 보일러 > 머플로 순으로, 가스터빈이 가장 높다.

- 보일러 부하율

$$= \frac{\text{시간당 증기발생량}(G)}{\text{시간당 최대증발량}(G_e)} \times 100[\%]$$

ⓑ 상당증발량 또는 환산증발량(G_e)

$$G_e = \frac{G_a(h_2-h_1)}{539}[\text{kgf/h}]$$

(여기서, G_a : 실제증발량, h_2 : 발생증기의 엔탈피, h_1 : 급수의 엔탈피(보일러 급수온도))

ⓐ 증발계수 : $\left(\frac{G_e}{G_a}\right) = \frac{(h_2-h_1)}{\gamma} = \frac{(h_2-h_1)}{539}$

(여기서, h_2 : 발생증기의 엔탈피, h_1 : 급수의 엔탈피, γ : 물의 증발잠열)

ⓞ 증발배수[kg/kg] : 연료 1[kg]이 연소하여 발생하는 증기량의 비

- 실제증발배수 : $\frac{G_a}{G_f}$

(여기서, G_a : 실제증발량, G_f : 연료소비량)

- 환산증발배수 또는 상당증발배수 : $\frac{G_e}{G_f}$

(여기서, G_e : 환산증발량, G_f : 연료소비량)

ⓩ 전열면의 증발률(보일러의 증발률) : 전열면적에 대한 실제 증발량과의 비

- 전열면 증발률 : $\frac{G_a}{F}$

(여기서, G_a : 실제증발량, F : 전열면적)

ⓒ 1보일러 마력(또는 보일러 1마력)

- 표준대기압(760mmHg) 상태하에서 포화수(100[℃] 물) 15.65[kg]을 1시간 동안 100[℃] 건포화증기로 만들거나 증발시킬 수 있는 능력
- 1시간에 100[℃]의 물을 15.65[kg]을 전부 증기로 만들 수 있는 능력
- 보일러 마력 = 매시 상당증발량 ÷ 15.65

$$BPS = \frac{G_e}{15.65} = \frac{G_a(h_2-h_1)}{539 \times 15.65}$$

$$= \frac{G_a(h_2-h_1)}{8,435}[\text{BPS}]$$

- 1보일러 마력을 상당증발량으로 환산한 값 : 15.65[kg/h]
- 1보일러 마력을 시간당 발생열량으로 환산한 값 : 8,435[kcal/h]

㉠ 제반 열 관계식
- 보일러의 공급열량

  $Q = G(h_2 - h_1)$

  (여기서, G : 시간당 얻는 증기량, h_1 : 보일러의 급수의 엔탈피, h_2 : 발생증기의 엔탈피)

- 시간당 연료소비량

  $G_f[\text{kgf/h}]$ = 체적유량[L/h] × 비중량[kgf/L]
  = 연소율[kgf/m²h] × 전열면적[m²]

- 연소실의 열 발생률

  $Q = \dfrac{\text{연소실 열 발생량}}{\text{연소실 체적}} = \dfrac{H_L \times G_f}{V_c}$

  (여기서, H_L : 저위발열량, G_f : 연료소비량, V_c : 연소실의 체적)

- 보일러 화격자 연소율

  G_f / F

  (여기서, G_f : 시간당 연료소비량, F : 화격자 면적)

- 급수온도를 올렸을 때의 연료 절감률[%]

  $= \dfrac{\text{최초 상태에서의 엔탈피차} - \text{승온 상태에서의 엔탈피차}}{\text{최초 상태에서의 엔탈피차}}$

핵심예제

10-1. 열정산에 대한 설명으로 틀린 것은?

[2011년 제4회, 2016년 제2회]

① 원칙적으로 정격부하 이상에서 정상 상태로 적어도 2시간 이상의 운전결과에 따른다.
② 발열량은 원칙적으로 사용 시 연료의 총발열량으로 한다.
③ 최대 출열량을 시험할 경우에는 반드시 최대 부하에서 시험을 한다.
④ 증기의 건도는 98[%] 이상인 경우에 시험함을 원칙으로 한다.

10-2. 보일러의 열정산 시 출열에 해당하지 않는 것은?

[2009년 제1회, 2017년 제2회]

① 연소 배기가스 중 수증기의 보유열
② 불완전연소에 의한 손실열
③ 건연소 배기가스의 현열
④ 급수의 현열

10-3. 다음 그림은 어떤 노의 열정산도이다. 발열량이 2,000 [kcal/Nm³]인 연료를 이 가열로에서 연소시켰을 때 강재가 함유하는 열량은 약 몇 [kcal/Nm³]인가?

[2012년 제4회, 2019년 제1회]

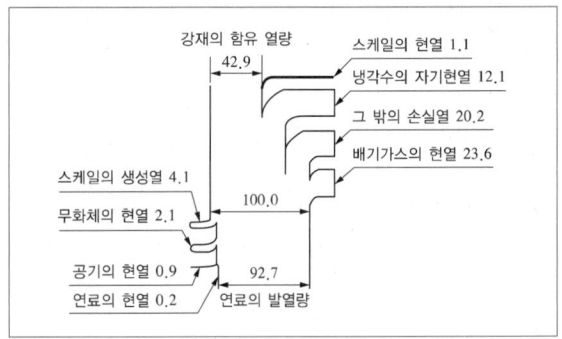

① 259.75
② 592.25
③ 867.43
④ 925.57

10-4. 다음 연소장치 중 연소부하율이 가장 높은 것은?

[2012년 제1회]

① 중유연소 보일러
② 가스터빈
③ 머플로
④ 미분탄연소 보일러

핵심예제

10-5. 어떤 기관의 출력이 100[kW]이며 매시간당 30[kg]의 연료를 소모한다. 연료의 발열량이 8,000[kcal/kg]이라면 이 기관의 열효율은 약 몇 [%]인가? [2010년 제4회]

① 15　　② 36
③ 69　　④ 91

10-6. 고체연료를 사용하는 어느 열기관의 출력이 3,000[kW]이고, 연료소비율이 매시간 1,400[kg]일 때, 이 열기관의 열효율[%]은?(단, 고체연료의 중량비는 C = 81.5[%], H = 4.5[%], O = 8[%], S = 2[%], W = 4[%]이다) [2016년 제4회]

① 25　　② 28
③ 30　　④ 32

10-7. 저위발열량이 1,784[kcal/kg]인 석탄을 연소시켜 13,200[kg/h]의 증기를 발생시키는 보일러의 효율[%]은?(단, 석탄의 소비량은 6,040[kg/h]이고, 증기의 엔탈피는 742[kcal/kg], 급수의 엔탈피는 23[kcal/kg]이다) [2015년 제4회]

① 64　　② 74
③ 88　　④ 94

10-8. 상당 증발량이 0.05[ton/min]인 보일러에서 5,800[kcal/kg]의 석탄을 태우고자 한다. 보일러의 효율이 87[%]라고 할 때 필요한 화상면적은?(단, 무연탄의 화상연소율은 73[kg/m²h]이다) [2016년 제1회]

① 2.3[m²]　　② 4.4[m²]
③ 6.7[m²]　　④ 10.9[m²]

10-9. 물 500[L]를 10[℃]에서 60[℃]로 1시간 가열하는 데 발열량 50.232[MJ/kg]인 가스를 사용할 경우, 가스는 몇 [kg/h]가 필요한가?(단, 연소효율은 75[%]이다) [2014년 제2회]

① 2.61　　② 2.78
③ 2.91　　④ 3.07

10-10. 보일러의 급수 및 발생증기의 엔탈피를 각각 150[kcal/kg], 670[kcal/kg]이라고 할 때 20,000[kg/h]의 증기를 얻으려면 공급열량은 약 몇 [kcal/h]인가? [2014년 제4회]

① 9.6×10^6　　② 10.4×10^6
③ 11.7×10^6　　④ 12.2×10^6

해설

10-1
최대 출열량을 시험할 경우에는 반드시 정격부하에서 시험을 한다.

10-2
급수의 현열은 입열에 해당된다.

10-3
강재가 함유하는 열량을 x라고 하면 주어진 조건에서
$2,000 : 92.7 = x : 42.9$이므로,
$$x = \frac{2,000 \times 42.9}{92.7} \simeq 925.57 [\text{kcal/Nm}^3]$$

10-4
연소부하율[kcal/m³h]의 크기 순
가스터빈 > 미분탄연소 보일러 > 중유 보일러 > 머플로

10-5
$$\eta = \frac{Q_2}{Q_1} \times 100[\%] = \frac{100[\text{kW}]}{30[\text{kg/h}] \times 8,000[\text{kcal/kg}]} \times 100[\%]$$
$$= \frac{100 \times 860[\text{kcal/h}]}{30 \times 8,000[\text{kcal/h}]} \times 100[\%] = 36[\%]$$

10-6
고위발열량
$H_h = 8,100\text{C} + 34,000(\text{H} - \text{O}/8) + 2,500\text{S}$
$= 8,100 \times 0.815 + 34,000 \times (0.045 - 0.08/8) + 2,500 \times 0.02$
$= 7841.5 [\text{kcal/kg}]$

∴ 저위발열량
$H_L = H_h - 600(9\text{H} + w)$
$= 7841.5 - 600 \times (9 \times 0.045 + 0.04) = 7,574.5 [\text{kcal/kg}]$
$Q_{out} = 3,000[\text{kW}] = 3,000 \times 860[\text{kcal/h}]$

∴ 열기관의 효율
$$\eta = \frac{Q_{out}}{Q_{in}} \times 100[\%] = \frac{Q_{out}}{G_f \times H_L} \times 100[\%]$$
$$= \frac{3,000 \times 860}{1,400 \times 7,574.5} \times 100[\%] \simeq 24.33[\%]$$

10-7
$$\eta_B = \frac{G_a(h_2 - h_1)}{H_L \times G_f} \times 100[\%] = \frac{13,200 \times (742 - 23)}{1,784 \times 6,040} \times 100[\%]$$
$= 88[\%]$

10-8

$$\eta_B = \frac{G_a(h_2 - h_1)}{H_L \times G_f} \times 100[\%] = \frac{G_e \times 539}{H_L \times G_f} \times 100[\%]$$ 이므로,

$$G_f = \frac{G_e \times 539}{H_L \times \eta_B} = \frac{(0.05 \times 1,000 \times 60) \times 539}{5,800 \times 0.87} = 320.45 [\text{kg/h}]$$

시간당 연료소비량

$G_f[\text{kgf/h}]$ = 체적유량[L/h] × 비중량[kgf/L]
= 연소율[kgf/m²h] × 전열면적[m²]이므로,

화상면적 = $\dfrac{G_f}{\text{연소율}} = \dfrac{320.45[\text{kg/h}]}{73[\text{kg/m}^2\text{h}]} = 4.39[\text{m}^2] \simeq 4.4[\text{m}^2]$

10-9
물의 가열량

$Q = mC\Delta t = 500 \times 4.186 \times (60 - 10) = 104,650 [\text{kJ}]$ 이며

$\eta = \dfrac{Q_{out}}{H_L \times G_f} \times 100[\%]$ 이므로,

$G_f = \dfrac{Q_{out}}{H_L \times \eta} \times 100[\%] = \dfrac{104,650}{50,232 \times 0.75} \simeq 2.78 [\text{kg/h}]$

10-10
공급열량

$Q = G(h_2 - h_1) = 20,000 \times (670 - 150) = 10.4 \times 10^6 [\text{kcal/h}]$

정답 10-1 ③ 10-2 ④ 10-3 ④ 10-4 ② 10-5 ② 10-6 ① 10-7 ②
10-8 ② 10-9 ② 10-10 ②

1-3. 연료의 분석과 시험

핵심이론 01 고체연료의 분석

① 로트에서 고체연료 시료 채취방법 : 이단 시료 채취, 계통 시료 채취, 층별 시료 채취

※ 로트(Lot) : 연료의 품위를 결정하기 위한 단위량 (예 석탄 : 500[ton])

② 원소분석

㉠ 탄소(C), 수소(H) : 세필드법, 리비히법

㉡ 황(S)

- 연소성 황분[%] : $S_C = S_T \times \dfrac{100}{100 - w} - S_N [\%]$

  (여기서, S_T : 전황분, w : 수분, S_N : 불연성 황분)

- 전황분 : 에슈카법, 연소용량법, 산소봄베법

  ※ 에슈카법(Eschka Method) : 석탄과 에슈카 합성제(산화마그네슘과 탄산나트륨 무수염)를 혼합한 후 공기 중에서 800 ± 25[℃]로 가열하여 황산염으로 고정한 후 황산이온을 산이나 알칼리 용액으로 추출하여 황산바륨으로 침전시켜 그 양으로 전황분을 정량한다.

- 전불연성 황분 : 연소중량법, 연소용량법

㉢ 질소 : 킬달법, 세미마이크로 킬달법

㉣ 산소 : O = 100 - (C[%] + H[%] + N[%] + S[%] + A[%])

③ 공업분석 : 수분, 회분, 휘발분, 고정탄소 순으로 분석

㉠ 수분(w) : 항습 시료 1[g]을 병에 넣어 뚜껑을 연 상태로 107 ± 2[℃]의 항온건조기 속에 넣어 1시간 경과 후 뚜껑을 닫고 데시케이터 속에서 냉각 및 건조시킨 후 건조 후의 감량 무게를 시료 무게에 대한 백분율로 표시한다.

$w = \dfrac{\text{감량 무게}}{\text{시료 무게}} \times 100[\%]$

연소가스의 노점(Dew Point)은 연소가스 중의 수분 함량에 가장 영향을 많이 받는다. 수분이 많을 경우 다음과 같은 현상이 나타난다.
- 점화가 어렵고 흰 연기 발생이 많다.
- 수분이 다량의 연소열을 흡수한다.
- 불완전연소로 연소효율이 감소된다.
- 통풍이 불량해진다.

ⓒ 회분(A) : 시료 1[g]을 도가니(Crucible)에 넣고 이를 전기로에 넣는다. 1시간에 500[℃]로 올리고, 다시 30~60분 동안 공기를 통과시키면서 800 ± 10[℃]까지 올려 2시간 정도 유지시켜 완전연소시킨 후 도가니를 꺼내어 10분 정도 냉각시킨 다음 데시케이터 속에서 15~20분 냉각시킨 후 잔류물의 양을 시료질량에 대한 백분율로 표시한다.

$$A = \frac{회화량}{시료\ 무게} \times 100[\%]$$

회분이 많을 경우 다음과 같은 현상이 나타난다.
- 발열량이 감소된다.
- 불완전연소 생성물(잔류물)이 많아진다.
- 연소 상태가 불량해진다.
- 클링커(Clinker)가 발생하여 통풍을 방해한다.

ⓒ 휘발분(V) : 시료 1[g]을 백금 도가니(뚜껑 부착)에 넣어 전기로에서 7분 동안 925 ± 20[℃]로 가열한 후 도가니를 꺼내어 1분간 대기 중에서 냉각시킨 다음 데시케이터 속에서 20분 정도 냉각시킨 후 감량 무게를 시료 질량에 대한 백분율로 표시하고 여기서 수분[%]을 뺀 값이다.

$$V = \frac{가열\ 감량\ 무게}{시료\ 무게} \times 100[\%] - 수분[\%]$$
$$= \frac{(가열\ 감량\ 무게 - 수분\ 무게)}{시료\ 무게} \times 100[\%]$$

휘발분이 많을 경우 다음과 같은 현상이 나타난다.
- 점화가 용이해진다.
- 발열량이 감소된다.
- 연소 시 붉은 장염과 매연이 발생된다.

ⓔ 고정탄소 : 100-(수분[%]+회분[%]+휘발분[%])
- 연료비 = $\frac{고정탄소[\%]}{휘발분[\%]}$ 이므로, 고정탄소가 높을수록 연료비가 크다. 고체연료의 연료비는 무연탄 7 이상, 유연탄 1~7(반역청탄 > 흑갈탄), 갈탄 1 이하이며 연료비가 크면 나타나는 일반적인 현상은 다음과 같다.
- 고정탄소량이 증가한다.
- 휘발분이 감소되므로 착화온도가 높아진다.
- 발열량이 증가된다.
- 연소속도가 늦어진다.
- 불꽃은 짧은 단염이 된다.
- 매연 발생이 적다.

핵심예제

1-1. 고체연료의 연료비를 식으로 바르게 나타낸 것은?

[2011년 제2회, 2015년 제4회, 2017년 제1회, 2020년 제1·2회 통합, 제3회]

① $\frac{고정탄소[\%]}{휘발분[\%]}$ ② $\frac{회분[\%]}{휘발분[\%]}$

③ $\frac{고정탄소[\%]}{회분[\%]}$ ④ $\frac{가연성\ 성분\ 중\ 탄소[\%]}{유리수소[\%]}$

1-2. 석탄을 공업분석하여 휘발분 33.1[%], 회분 14.8[%], 수분 5.7[%]의 결과를 얻었다. 이 석탄의 연료비는?

[2010년 제2회]

① 1.4 ② 3.1
③ 8.1 ④ 46.4

|해설|

1-2
고체연료의 연료비
$\frac{고정탄소[\%]}{휘발분[\%]} = \frac{100-(33.1+14.8+5.7)}{33.1} = \frac{46.4}{33.1} = 1.4$

정답 1-1 ① 1-2 ①

핵심이론 02 액체연료 시험

① **인화점 시험** : 가연물이 점화원에 의해 불이 붙는 최저 온도로 위험도를 표시하는 시험방법

　㉠ 아벨-펜스키 밀폐식 시험 : 인화점 50[℃] 이하인 시료의 인화점 시험
　　• 적용 유종 : 원유, 경유, 중유

　㉡ 태그 밀폐식 시험 : 인화점 93[℃] 이하인 시료의 인화점 시험
　　• 적용 유종 : 원유, 가솔린, 등유, 항공터빈연료유
　　• 제외 : 40[℃]에서 동점도 5.5[mm^2/sec] 이상인 액체, 25[℃]에서 동점도 9.5[mm^2/sec] 이상인 액체, 시험조건에서 기름막이 생기는 시료, 현탁 물질을 함유하는 시료

　㉢ 펜스키-마텐스 밀폐식 시험 : 태그 밀폐식을 적용할 수 없는 시료의 인화점 시험
　　• 적용 유종 : 원유, 경유, 중유, 전기 절연유, 방청유, 절삭유제 등

　㉣ 신속평형법 : 인화점 110[℃] 이하인 시료의 인화점 시험
　　• 적용 유종 : 원유, 등유, 경유, 중유, 항공터빈연료유

　㉤ 클리블랜드 개방식 시험 : 인화점 80[℃] 이상인 시료의 인화점 시험
　　• 적용 유종 : 석유 아스팔트, 유동 파라핀, 에어필터유, 석유 왁스, 방청유, 전기 절연유, 열처리유, 절삭유제, 각종 윤활유
　　• 제외 : 원유 및 연료유

② **황분 시험** : 석유제품에 포함된 황분을 정량, 측정하는 시험방법
　㉠ 램프식 : 용량법, 중량법으로 시험
　㉡ 봄베식 : 램프식 적용이 어려운 경우의 시험법
　㉢ 연소관식 : 공기법, 산소법으로 시험

③ **회분 시험** : 시료의 무게에 대한 회분(재)의 무게를 백분율로 표시하는 시험방법

핵심예제

인화점이 50[℃] 이상인 원유, 경유, 중유 등에 사용되는 인화점 시험방법으로 가장 적절한 것은?

[2012년 제4회, 2015년 제2회, 2021년 제4회]

① 태그 밀폐식
② 아벨-펜스키 밀폐식
③ 클리블랜드 개방식
④ 펜스키-마텐스 밀폐식

|해설|

① 태그 밀폐식 : 인화점이 93[℃] 이하인 시료(원유, 가솔린, 등유, 항공터빈연료유 등)에 사용되는 인화점 시험방법
② 아벨-펜스키 밀폐식 : 인화점이 50[℃] 이하인 시료에 사용되는 인화점 시험방법
③ 클리블랜드 개방식 : 인화점이 80[℃] 이상인 시료(석유 아스팔트, 유동 파라핀, 에어필터유, 석유 왁스, 방청유, 전기 절연유, 열처리유, 절삭유제, 각종 윤활유)에 사용되는 인화점 시험방법(원유 및 연료유는 제외)

정답 ④

핵심이론 03 기체연료 시험

① 헴펠법 : 연소가스 중에 들어 있는 성분을 이산화탄소(CO_2), 중탄화수소(C_mH_n), 산소(O_2) 등의 순서로 흡수체에 접촉 분리시킨 후 체적 변화로 조성을 구하고, 이어 잔류가스에 공기나 산소를 혼합, 연소시켜 성분을 분석하는 기체연료 분석방법
② 오르자트분석장치 : 흡수제를 이용하여 주로 기체연료 시험에 사용되는 휴대용 가스분석기

핵심예제

3-1. 연소가스 중에 들어 있는 성분을 이산화탄소(CO_2), 중탄화수소(C_mH_n), 산소(O_2) 등의 순서로 흡수체에 접촉 분리시킨 후 체적 변화로 조성을 구하고, 이어 잔류가스에 공기나 산소를 혼합, 연소시켜 성분을 분석하는 기체연료 분석방법은?
[2011년 제2회]

① 치환법　　② 헴펠법
③ 에슈카법　④ 리비히법

3-2. 프로판(C_3H_8) 및 부탄(C_4H_{10})이 혼합된 LPG를 건조공기로 연소시킨 가스를 분석하였더니 CO_2 11.32[%], O_2 3.76[%], N_2 84.92[%]의 조성을 얻었다. LPG 중 프로판의 부피는 부탄의 약 몇 배인가? [2012년 제4회 유사, 2014년 제2회, 2021년 제2회]

① 8배　　② 11배
③ 15배　　④ 20배

해설

3-1
헴펠법 : 연소가스 중에 들어 있는 성분을 이산화탄소(CO_2), 중탄화수소(C_mH_n), 산소(O_2) 등의 순서로 흡수체에 접촉 분리시킨 후 체적 변화로 조성을 구하고, 이어 잔류가스에 공기나 산소를 혼합, 연소시켜 성분을 분석하는 기체연료 분석방법

3-2
- 연소반응식
$$mC_3H_8 + nC_4H_{10} + x\left(O_2 + \frac{79}{21}N_2\right) \rightarrow$$
$$11.32CO_2 + 3.76O_2 + yH_2O + 84.92N_2$$

- 항등식의 성질을 이용한 각 원소별 방정식
  C : $3m + 4n = 11.32$
  H : $8m + 10n = 2y$
  O : $2x = 11.32 \times 2 + 3.76 \times 2 + y = 30.16 + y$
  N : $\frac{79}{21} \times x = 84.92$이므로, $x \simeq 22.574$

O의 식과 N의 식을 연립하면,
$2 \times 22.574 = 30.16 + y$
$y = 45.148 - 30.16 = 14.988$
y는 14.988이다.

H의 식을 n으로 정리하면,
$8m + 10n = 2 \times 14.988 = 29.976$
$8m + 10n = 29.976$
$n = \frac{29.976 - 8m}{10} = 2.9976 - 0.8m$이며 이를 C의 식에 대입하면,
$3m + 4 \times (2.9976 - 0.8m) = 11.32$
$m = \frac{0.6704}{0.2} = 3.352$

C의 식에 m값을 대입하면,
$3 \times 3.352 + 4n = 11.32$
$n = \frac{11.32 - 10.056}{4} = 0.316$

따라서 프로판은 $3.352C_3H_8$이며, 부탄은 $0.316C_4H_{10}$이다.

- 프로판과 부탄의 부피비
  프로판의 부피비 : 부탄의 부피비
  $= \frac{3.352}{3.352 + 0.316} : \frac{0.316}{3.352 + 0.316}$
  $= 0.91385 : 0.08615$

∴ $\frac{프로판의\ 부피비}{부탄의\ 부피비} = \frac{0.91385}{0.08615} \simeq 10.61 \simeq 11$배

정답 3-1 ② 3-2 ②

제2절 | 연소설비

1-1. 연소장치

핵심이론 01 고체연료의 연소장치

① 화격자 연소장치 : 중소형 산업용 고체연료 연소장치에 주로 사용한다.
  ㉠ 고정 화격자(Roaster) : 수분(Hard Firing)식 화격자라고도 한다. 고정 화격자에 연료를 직접 삽으로 투탄하여 연소시키는 방법으로, 연소효율이 좋지 않고 소규모 연소장치의 연료 공급에 사용된다.
  ㉡ 기계 화격자(스토커, Stoker) : 석탄 공급, 재(Ash) 처리를 기계적으로 자동화한 화격자로, 연소효율은 좋지만 설비비 및 운전비가 높다. 저질탄 또는 조분탄의 연소방식에도 유효하며 산포식, 쇄상식(체인), 계단식 등이 있다. 과거에는 주로 쓰레기 소각로에 적용되었지만, 현재는 액체연료나 가스연료로 대체되면서 사용용도가 감소되었다.
    • 산포식 스토커 : 하입식이며 스토커 후부에 착화아치를 설치하고 충분히 연소되도록 2차 공기를 넣어 준다.
      - 주요 구성요소 : 호퍼, 회전익차, 스크루 피더
      - 산포식 스토커(Stoker)를 이용한 강제통풍일 때의 화격자 부하는 150~200[kg/m²h] 정도이다.
      - 산포식 스토커로 석탄을 연소시킬 때 연소층이 형성되는 순서 : 건조층 → 환원층 → 산화층 → 회층
        ※ 스토커를 이용하여 무연탄을 연소시키고자 할 때의 고려사항
          • 연소장치는 산포식 스토커가 적합하다.
          • 미분탄 상태로 하고 공기는 예열한다.
          • 스토커 앞 부분에 착화아치를 설치한다.
          • 충분히 연소되도록 2차 공기를 넣어 준다.
    • 체인 스토커 : 무한궤도의 회전에 의한 연소장치
    • 계단식 스토커 : 쓰레기 소각로에 적합하며 저질 연료의 연소가 가능한 연소장치
      ※ 연소장치에 따른 공기과잉계수의 대수 : 수분 수평 화 격자 > 산포식 스토커 > 이동 화격자 스토커
      ※ 연소장치에 따른 공기비 크기 : 이동 화격자 스토커 < 산포식 스토커 < 수분 수평 화격자

② **유동층 연소장치(유동층식 소각로)** : 밑에서 가스를 주입하여 불활성층을 띄운 후 이를 가열시켜 (주입 전 미리 파쇄한) 폐기물을 상부에 주입하여 순간적으로 폐기물을 태워 연소시키는 열효율이 우수한 소각로이다. 특징은 다음과 같다.
  ㉠ 저질연료의 연소도 가능하다(연료, 공기, 유동매체인 입자의 혼합 접촉이 좋고, 특히 유동층 내가 균일온도로 유지되기 때문이다).
  ㉡ 유동층 내가 균일온도로 유지되기 때문에 국부 가열의 문제가 발생하지 않는다.
  ㉢ 유동층 내에 연료와 함께 석회석을 투입하면, 노내 탈황이 가능하기 때문에 배연탈황장치가 불필요하다.
  ㉣ 주로 대형 보일러에 사용한다.

③ **미분탄연소장치(버너연소)** : 석탄을 200[mesh] 이하로 가공하여 1차 공기와 혼합시켜 연소실에서 버너로 연소하는 방식으로 선회식 버너, 교차식 버너 등이 있다. 입경 1[mm] 정도의 미분탄 중 수분이나 회분을 많이 함유한 저품위탄을 사용할 수 있으며, 구조가 간단하고 소요동력이 적게 드는 연소장치를 클레이머 연소장치라고 한다. 특징은 다음과 같다.
  ㉠ 과잉공기가 적어도 된다.
  ㉡ 소량의 과잉공기로 단시간에 완전연소가 되므로 낮은 공기비로 높은 연소효율을 얻을 수 있다.
  ㉢ 부하변동에 대한 적응성, 응답성이 우수하다.

ⓔ 연소실의 공간을 유효하게 이용할 수 있다.
ⓜ 큰 연소실이 필요하며 노벽 냉각의 특별장치가 필요하다.
ⓗ 소형 연소로에는 부적합하다.
ⓢ 회, 먼지 등이 많이 발생하여 집진장치가 필요하다.
ⓞ 분쇄시설이나 분진처리시설이 필요하다.
ⓩ 중유연소기에 비해 소요동력이 많이 필요하다.
ⓒ 마모 부분이 많아 유지비가 많이 든다.
ⓚ 미분탄의 자연발화나 점화 시의 노 내 탄진 폭발 등의 위험이 있다.
ⓣ 사용연료의 범위가 넓지만, 주로 대형 보일러에 사용한다.

핵심예제

1-1. 고체연료의 연소방법 중 미분탄연소의 특징이 아닌 것은?
[2016년 제4회]

① 연소실의 공간을 유효하게 이용할 수 있다.
② 부하변동에 대한 응답성이 우수하다.
③ 소형 연소로에 적합하다.
④ 낮은 공기비로 높은 연소효율을 얻을 수 있다.

1-2. 수분이나 회분을 많이 함유한 저품위탄을 사용할 수 있으며, 구조가 간단하고 소요동력이 적게 드는 연소장치는?
[2012년 제2회, 2015년 제2회]

① 슬래그 탭식   ② 클레이머식
③ 사이클론식   ④ 각우식

|해설|

1-1
미분탄연소는 소형 연소로에 부적합하다.

1-2
클레이머식 연소장치 : 입경 1[mm] 정도의 미분탄 중 수분이나 회분을 많이 함유한 저품위탄을 사용할 수 있으며, 구조가 간단하고 소요동력이 적게 드는 연소장치이다.

정답 1-1 ③ 1-2 ②

핵심이론 02 액체연료의 연소장치

① **유압분무식 버너**
 ㉠ 구조가 간단하다.
 ㉡ 유지 및 보수가 간단하다.
 ㉢ 대용량의 버너 제작이 용이하다.
 ㉣ 소음 발생이 적다.
 ㉤ 보일러 가동 중 버너 교환이 용이하다.
 ㉥ 무화매체인 증기나 공기가 필요하지 않다.
 ㉦ 분무 유량 조절의 범위가 좁다(비환류식 1 : 2, 환류식 1 : 3).
 ㉧ 연소의 제어범위가 좁다.
 ㉨ 기름의 점도가 너무 높으면 무화가 나빠진다.

② **고압기류식 버너** : 분무각도가 30[°] 정도로 작으며 연소 시 소음이 발생하지만, 점도가 높은 연료도 무화가 가능하다. 유량 조절범위가 1 : 10 정도로 큰 버너이며, 2~7[kg/cm^2]의 고압증기에 사용된다.

③ **저압기류식 버너** : 분무각도가 30~60[°]까지 가능한 유량 조절범위가 넓은 버너이며, 0.05~2[kg/cm^2]의 저압증기에 사용된다.

④ **회전식 버너**
 ㉠ 구조가 간단하고 교환과 자동화가 용이하다.
 ㉡ 분무각은 에어노즐의 안내날개각도에 따르지만 보통 40~80[°] 정도이다.
 ㉢ 사용유압은 0.3~0.5[kg/cm^2] 정도로 매우 작다.
 ㉣ 유량 조절범위는 1 : 5 정도이다.
 ㉤ 자동제어에 편리한 구조이다.
 ㉥ 부속설비가 없으며 화염이 짧고 안정된 연소를 얻을 수 있다.
 ㉦ 유량이 적으면 무화가 불량해진다.
 ㉧ 로터리 버너를 장시간 사용했을 때 화염이 닿는 곳이 있으면, 노벽에 카본이 많이 붙는다.

ⓔ 로터리 버너로 벙커 C유를 연소시킬 때 분무가 잘 되게 하기 위한 조치는 다음과 같다.
- 점도를 낮추기 위하여 중유를 예열한다.
- 중유 중의 수분을 분리, 제거한다.
- 버너 입구의 오일압력을 30~50[kPa]로 한다.
- 버너 입구 배관부에 스트레이너를 설치한다.

⑤ 건(Gun) 타입 버너
㉠ 연소가 양호하다.
㉡ 소형이며, 구조가 간단하다.
㉢ 버너에 송풍기가 장치되어 있다.
㉣ 보일러 열교환기에 사용 가능하다.

⑥ 증발식 버너
㉠ 증발연소 : 액체연료가 증발하고 확산에 의해서 공기와 혼합되어 불꽃연소하는 방식
㉡ 포트식 연소방식 : 등유, 경유 등의 휘발성이 큰 연료를 접시 모양의 용기에 넣어 증발연소시키는 방식

⑦ 유류용 연소방법과 장치
㉠ 버너팁의 탄화물의 부착은 불완전연소, 버너팁 폐색의 원인이 된다.
㉡ 연소실 측벽에 탄소상 물질이 부착되는 것은 버너 무화의 불량이다.
㉢ 화염의 불안정은 무화용 스팀 공급의 부정적인 원인이다.
㉣ 화염에서 스파크 모양의 섬광이 발생되는 것은 무화의 불량, 연료의 비중이나 점도가 높기 때문이다.
㉤ 기름연소 시 공기량이 부족할 때 노 내 화염은 주로 암적색을 띤다.

핵심예제

2-1. 액체연료에 대한 가장 적당한 연소방법은?
[2012년 제1회, 2016년 제2회, 2020년 제1·2회 통합]

① 화격자연소 ② 스토커연소
③ 버너연소   ④ 확산연소

2-2. 유압분무식 버너의 특징에 대한 설명으로 틀린 것은?
[2012년 제1회, 2015년 제4회]

① 구조가 간단하다.
② 분무유량 조절의 범위가 넓다.
③ 소음 발생이 적다.
④ 보일러 가동 중 버너 교환이 용이하다.

2-3. 로터리 버너를 사용하였더니 노벽에 카본이 붙었다. 그 주원인은?
[2013년 제4회, 2014년 제2회]

① 연소실 온도가 너무 높다.
② 공기비가 너무 크다.
③ 화염이 닿는 곳이 있다.
④ 중유의 예열온도가 높다.

|해설|

2-1
③ 버너연소 : 액체, 기체연료
① 화격자연소 : 고체연료
② 스토커연소 : 고체연료(석탄)
④ 확산연소 : 기체연료

2-2
분무유량 조절의 범위가 좁다(2:1).

2-3
로터리 버너를 장시간 사용했을 때 화염이 닿는 곳이 있으면, 노벽에 카본이 많이 붙는다.

정답 2-1 ③ 2-2 ② 2-3 ③

핵심이론 03 기체연료의 연소장치

① **기체연료용 버너의 구성요소** : 가스량 조절부, 공기/가스 혼합부, 보염부 등
② **연소방식에 따른 분류**
  ㉠ 확산연소방식의 연소장치
    • 포트형 : 내화재로 만든 단면적이 큰 화구에서 공기와 기체연료를 별도로 공급하여 연소시키므로 모두 예열이 가능하며, 대형 가마에 적합한 가스연료 연소장치이다.
    • 버너형 : 가스버너로 연료가스를 연소시키면서 가스의 유출속도를 점차 빠르게 하면 불꽃이 엉클어지면서 짧아진다.
      - 선회버너 : 연료와 공기를 선회 날개를 통해 혼합시키는 방식으로, 고로가스 등 저질연료 연소에 사용되는 버너
      - 방사형 버너 : 천연가스 등 고발열량의 가스연소 시 사용하는 버너
  ㉡ 예혼합연소방식 버너의 종류
    • 저압버너 : 분무압 70~160[mmHg], 연료 분출 시 주위 공기를 흡인, 역화 방지를 위해 1차 공기량은 이론공기량의 60[%], 2차 공기는 노 내 압력을 부압(−)으로 유지하여 흡인하며 가정용, 소형 공업용으로 사용
    • 고압버너 : 분무압 2[kg/cm^2] 이상, 연소실 내 압력을 정압(+)으로 유지, 소형 가열로에 사용
    • 송풍버너 : 연소용 공기를 가압하여 송입하는 형식, 가압공기를 분출과 동시에 기체연료를 흡인·혼합하는 버너
③ **연소용 공기 공급방식에 따른 분류**
  ㉠ 유도 혼합식 버너 : 연소가스와 외기와의 온도차에 의한 통풍력 및 가스 분출에 의한 흡인력에 의해 연소용 공기가 공급되는 버너로, 주로 가정용 보일러와 같은 소형 기기에 사용된다.
    • 적화식 가스버너 : 가스 그대로를 대기 중으로 분출하여 연소시키는 가스버너이다. 소음이 적고 역화 염려가 없으며 공기 조절이 필요 없지만, 고온을 얻기가 힘들며 불완전연소로 인한 매연 발생 가능성이 있다.
    • 분젠식 가스버너 : 가스를 노즐로 분출시켜 운동에너지에 의해 공기 구멍으로 연소에 필요한 공기를 흡입하여 연소시키는 가스버너이다. 가스의 유출속도를 점차 빠르게 하면 난류현상으로 연소가 빨라지므로 불꽃 모양은 엉클어지면서 짧아진다. 종류로는 링버너, 적외선 버너, 슬릿버너 등이 있다.
  ㉡ 강제 혼합식 버너 : 송풍기에 의해 연소용 공기가 압입되는 가스 보일러용 버너로, 주로 산업용 보일러에 사용된다.
    • 내부 혼합식 : 가스와 공기를 미리 혼합하여 버너로 공급한다.
      - 가연성 혼합기를 버너에서 분출하면 역화의 위험이 있기 때문에 역화방지장치가 버너 상류측에 설치되어야 한다.
      - 예혼합 화염이 형성되는 버너이기 때문에 고부하연소에 적합하고, 화염의 크기도 작다.
      - 종류 : 원혼합식(프리믹스식 또는 예혼합식), 선혼합식(노즐믹스식 또는 벤투리식)
    • 외부 혼합식 : 공기와 가스가 버너 출구에서 혼합을 개시한다.
      - 내부 혼합식 버너에 비해 고부하연소를 행하기 어렵지만, 버너 내부에서 가연성 혼합기가 형성되지 않기 때문에 역화의 위험이 없이 광범위한 연소제어가 가능하다.
      - 고온의 예열공기를 연소에 이용하기 용이하다.
    • 부분 혼합식 : 연소용 공기의 일부를 혼합하여 버너에서 분출하고 나머지는 노즐 출구에서 혼합한다.

핵심예제

기체연료가 다른 연료에 비하여 연소용 공기가 적게 소요되는 가장 큰 이유는? [2011년 제2회, 2014년 제1회]

① 인화가 용이하므로
② 착화온도가 낮으므로
③ 열전도도가 크므로
④ 확산연소가 되므로

|해설|

기체연료가 다른 연료에 비하여 연소용 공기가 적게 소요되는 가장 큰 이유는 확산연소가 되기 때문이다.

정답 ④

핵심이론 04 연료의 저장·공급

① **저탄관리**
  ㉠ 석탄 저장 시 자연발화 및 풍화작용에 유의하여 저탄장을 설치·운용하여야 한다.
  ㉡ 석탄 저장 시 자연발화를 방지하기 위하여 탄층 1[m] 깊이의 온도를 측정하여 60[℃] 이하가 되도록 하는 것이 가장 적당하다(저탄장 자연발화 방지 온도 : 60[℃] 이하).
  ㉢ 자연발화를 억제하기 위해 탄층은 옥외 저탄 시 4[m] 이하, 옥내 저탄 시 2[m] 이하로 한다.
  ㉣ 저탄장
  • 바닥의 구배 : 1/100~1/150(경사 : 배수 양호)
  • 30[m^2]마다 1개소 이상의 통기구를 마련한다.
  • 탄층 높이 : 실내 2[m] 이하, 실외 4[m] 이하

② **석탄의 풍화작용** : 건조한 석탄층을 공기 중에 오래 방치할 때 일어나는 현상이다.
  ㉠ 석탄 표면의 색깔이 탈색되고, 탄질이 변화된다.
  ㉡ 공기 중 산소를 흡수하고, 휘발분이 감소되어 발열량이 서서히 감소한다.
  ㉢ 점결탄의 경우 점결성이 감소한다.
  ㉣ 산소에 의하여 산화와 직사광선으로 열이 발생하여 자연발화할 수도 있다.
  ㉤ 풍화작용은 외기온도 및 저장기간의 영향을 크게 받으므로 저장일은 30일 이내로 한다.
  ㉥ 풍화작용을 억제하기 위해 가급적 수분과 휘발분이 적고 입자가 큰 석탄을 선택하여야 한다.

③ **기체연료의 저장방식** : 저압식(유수식, 무수식), 고압식

④ **가스의 위험 장소 등급 구분** : 0종 장소, 1종 장소, 2종 장소

⑤ 일정한 체적의 저장용기에 담겨 있는 기체연료의 재고 관리상 측정해야 할 사항은 온도와 압력이다.

⑥ **액화석유가스를 저장하는 가스설비의 내압 성능** : 상용 압력 1.5배 이상의 압력으로, 내압 시험을 실시하여 이상이 없어야 한다.

핵심예제

4-1. 저탄장에서 석탄의 자연발화를 막기 위하여 탄층 내부온도는 최대 몇 [℃] 이하로 유지하여야 하는가?

[2010년 제2회, 2011년 제1회]

① 30 ② 60
③ 90 ④ 120

4-2. 기체연료의 저장방식이 아닌 것은? [2014년 제4회]

① 유수식 ② 고압식
③ 가열식 ④ 무수식

|해설|

4-1
석탄 저장 시 자연발화를 방지하기 위하여 탄층 1[m] 깊이의 온도를 측정하여 60[℃] 이하가 되도록 하는 것이 가장 적당하다.

4-2
기체연료의 저장방식 : 저압식(유수식, 무수식), 고압식

정답 4-1 ② 4-2 ③

2-2. 통풍·환기·보염·댐퍼

핵심이론 01 통풍(Draft)

① **자연통풍** : 연소가스와 외부공기의 밀도차에 의해서 생기는 압력차를 이용하는 통풍방법이다.

㉠ 자연통풍의 특징
- 동력이 필요 없으며 설비가 간단하여 설비비용이 적게 든다.
- 매연 연소가스를 외기로 비산시켜 부근에 해를 미치는 일이 적다.
- 통풍력은 연돌 높이, 배기가스온도, 외기온도, 습도 등에 영향을 받는다.
- 배기가스의 유속 : 3~4[m/sec] 정도
- 통풍력 : 15~30[mmAq]
- 통풍력이 약하다.
- 대용량 열설비에는 사용이 부적당하다.
- 연소실 내부가 대기압에 대하여 부압되어 차가운 공기가 침입하기 쉬우므로 열손실이 증가한다.

㉡ 통풍력을 증가시키는 방법
- High : 연돌의 높이, 배기가스의 온도, 연돌의 단면적
- Low : 배기가스의 비중량, 연도의 길이, 굴곡수, 외기의 온도, 공기의 습도, 연도벽과의 마찰, 연도의 급격한 단면적 감소, 벽돌 연도 시 크랙에 의한 외기 침입

② **강제통풍**

㉠ 압입통풍(가압통풍) : 노 앞에 설치된 송풍기에 의해 연소용 공기를 노 내부로 압입하는 방식이다.
- 노 내의 압력이 대기압보다 높으므로 가스의 기밀(氣密)을 유지할 수 있는 구조여야 한다.
- 굴뚝의 통풍작용과 같이 통풍을 유지하는 방식이다.
- 배기가스의 유속 : 8[m/sec] 정도

- 노 안은 항상 정압(+)으로 유지되어 연소가 용이하다.
- 가열연소용 공기를 사용하며 경제적이다.
- 가압연소가 되므로 연소율이 높다.
- 고부하연소가 가능하다.
- 300[℃] 이상의 연소용 공기가 예열된다.
- 통풍저항이 큰 보일러에 사용 가능하다.
- 송풍기의 고장이 적고 점검·보수가 용이하다.
- 연소용 공기 조절이 용이하다.
- 노 내압이 높아 연소가스 누설이 쉽다.
- 연소실 및 연도의 기밀 유지가 필요하다.
- 통풍력이 높아 노 내 손실이 발생한다.
- 송풍기 가동으로 동력 소비가 많다.
- 자연통풍에 비하여 설비비가 많이 든다.

ⓒ 흡인통풍(유인통풍) : 송풍기로 연소가스를 빨아들여 연도 끝으로 배출시키는 방식이다.
- 노 내의 압력은 대기압보다 낮고 고온의 열가스가 송풍기에 접촉하는 경우가 많으므로, 내열성·내식성이 풍부한 재료를 사용하여 관리에 충분한 주의를 기울여야 한다.
- 배기가스 유속 : 10[m/sec] 정도
- 흡출기로 배기가스를 방출하므로 연돌 높이와 관계없이 연소가스가 배출된다.
- 고온가스에 의한 송풍기의 재질이 견딜 수 있어야 한다.
- 강한 통풍력이 형성된다.
- 노 내에 항상 부압(-)이 유지되므로 노 내의 손상이 적다.
- 동력 소비가 많다.
- 노 내가 부압이라서 외기 침입으로 인한 열손실이 많다.
- 연소용 공기가 예열되지 않는다.
- 고장 시 점검 보수 교환이 불편하며 수명이 짧다.
- 연소가스 접촉으로 손상이 초래된다.

ⓒ 평형통풍 : 노 앞과 연돌 하부에 송풍기를 설치하여 대기압 이상의 공기를 압입 송풍시켜 노에 밀어 넣고, 노의 압력은 흡인 송풍시켜 항상 대기압보다 약간 낮은 압력으로 유지시키는 방식, 즉 압입통풍과 흡입통풍을 합한 방식이다.
- 안정된 연소를 유지할 수 있다.
- 노 내 정압을 임의로 조절할 수 있다(노 내 압력을 자유로이 조절할 수 있다).
- 대용량, 고성능, 대규모에 경제적이다.
- 통풍저항이 큰 대형 보일러나 고성능 보일러에 널리 사용한다.
- 강한 통풍력을 얻을 수 있다.
- 연소실 구조가 복잡하여도 통풍이 양호하다.
- 가스 누설이나 외기 침입이 없다.
- 송풍기에 의한 동력이 많이 소요된다.
- 설비비와 유지비가 많이 든다.
- 통풍력이 커서 소음이 심하다.
- 소규모의 경우에는 비경제적이다.

③ 연돌의 통풍력
㉠ 연돌의 단면적은 연도의 경우와 마찬가지로 연소량과 가스의 유속과 관계있다.
㉡ 연돌의 통풍력은 외기온도가 높아짐에 따라 통풍력이 감소하므로 주의가 필요하다.
㉢ 연돌의 통풍력은 공기의 습도 및 기압, 외기온도의 변화에 따라 달라진다.
㉣ 연돌의 통풍력은 연돌 높이에 비례한다.
㉤ 연돌의 설계에서 연돌 상부 단면적을 하부 단면적보다 작게 한다.
㉥ 유효 굴뚝 높이가 2배 높아지면 지표상의 최고 농도 C_{max}는 1/4배로 희박해진다.

ⓧ 통풍력 계산식
- 이론 통풍력

$$Z_{th} = 273H \times \left(\frac{\gamma_a}{T_a} - \frac{\gamma_g}{T_g}\right) [\text{mmH}_2\text{O}]$$

(여기서, H : 연돌의 높이[m], γ_a : 대기의 비중량[kg/Nm³], T_a : 외기의 절대온도, γ_g : 배기가스의 비중량[kg/Nm³], T_g : 배기가스의 절대온도)

- 실제 통풍력

$$Z_{real} = 0.8 Z_{th}$$

핵심예제

1-1. 연소실에서 연소된 연소가스의 자연통풍력을 증가시키는 방법으로 틀린 것은? [2015년 제1회]

① 연돌의 높이를 높게 하면 증가한다.
② 배기가스의 비중량이 클수록 증가한다.
③ 배기가스의 온도가 높아지면 증가한다.
④ 연도의 길이가 짧을수록 증가한다.

1-2. 연소로에서의 흡출 통풍에 대한 설명으로 틀린 것은? [2009년 제1회, 2015년 제2회]

① 노 안은 항시 부압(-)으로 유지된다.
② 흡출기로 배기가스를 방출하므로 연돌의 높이와 관계없이 연소할 수 있다.
③ 고온가스에 의한 송풍기의 재질이 견딜 수 있어야 한다.
④ 가열연소용 공기를 사용하며 경제적이다.

1-3. 연돌의 높이 100[m], 배기가스의 평균 온도 210[℃], 외기온도 20[℃], 대기의 비중량 γ_1 = 1.29[kg/Nm³], 배기가스 비중량 γ_2 = 1.35[kg/Nm³]일 때, 연돌의 통풍력[mmH₂O]은? [2016년 제1회, 2019년 제1회 유사]

① 15.9   ② 16.4
③ 43.9   ④ 52.7

|해설|

1-1
자연통풍력은 배기가스의 비중량이 작을수록 증가한다.

1-2
가열연소용 공기를 사용하며 경제적인 통풍은 노 안을 항상 정압(+)으로 유지하는 것은 압입통풍이다.

1-3
$$Z_{th} = 273H \times \left(\frac{\gamma_a}{T_a} - \frac{\gamma_g}{T_g}\right) [\text{mmH}_2\text{O}]$$
$$= 273 \times 100 \times \left(\frac{1.29}{20+273} - \frac{1.35}{210+273}\right) = 43.9 [\text{mmH}_2\text{O}]$$

정답 1-1 ② 1-2 ④ 1-3 ③

핵심이론 02 환 기

① 송풍기 풍량의 조절방법 : 속도제어(Speed Control), 댐퍼제어(Damper Control), 베인제어(Vane Control), 피치제어(Pitch Control)

② 송풍기의 형식
  ㉠ 압입통풍기
    • 터보형 송풍기 : 후향 날개 형태를 지니며 효율이 60~75[%] 정도로 좋은 편이고 작은 동력으로도 운전이 가능한 원심 송풍기로, 고온·고압·대용량에 적합하지만 소음이 크고 가격이 비싸다.
    • 다익형 송풍기(시로코 송풍기) : 대표적인 전향 날개 형태를 지닌 원심 송풍기로, 회전차의 지름이 작은 소형 경량의 송풍기로 풍량이 많은 편이지만 고온·고압·고속에는 부적합하다.
  ㉡ 흡인통풍기 : 6~12개의 날개를 지니며 풍량이 많아 배기가스 흡출용으로 이용되는 방사형 배치의 플레이트형 송풍기이다. 구조가 간단하고 대용량에 적합하지만, 대형이며 무겁고 설비비가 고가이다.
  ㉢ 축류형 송풍기 : 풍량이 증가하면 동력이 감소하는 경향을 나타내며 집진기에도 설치가 가능한 송풍기(비행기 프로펠러형, 디스크형)로, 고속운전·고압력에 적합하며 주로 배기용·환기용으로 많이 사용된다.

③ 송풍기의 상사법칙(비례법칙)
  ㉠ 풍량 : $Q_2 = Q_1 \left(\frac{N_2}{N_1}\right)^1 \left(\frac{D_2}{D_1}\right)^3$
  (여기서, D : 임펠러의 직경, N : 회전수)
  ㉡ 풍압 : $P_2 = P_1 \left(\frac{N_2}{N_1}\right)^2 \left(\frac{D_2}{D_1}\right)^2$
  ㉢ 축동력 : $H_2 = H_1 \left(\frac{N_2}{N_1}\right)^3 \left(\frac{D_2}{D_1}\right)^5$
  ㉣ 효율 : $\eta_2 = \eta_1$

핵심예제

2-1. 보일러의 흡인통풍(Induced Draft) 방식에 가장 많이 사용하는 송풍기의 형식은? [2013년 제1회, 2016년 제2회]
① 터보형   ② 플레이트형
③ 축류형   ④ 다익형

2-2. 보일러의 연소용 공기 압입 터보형 송풍기가 풍압이 부족하여 송풍기의 회전수를 1,800[rpm]에서 2,100[rpm]으로 올렸다. 이때 회전수 증가에 의한 풍압은 약 몇 [%] 상승하겠는가? [2013년 제1회, 2023년 제2회]
① 14   ② 16
③ 36   ④ 42

|해설|

2-1
송풍기의 형식
• 압입통풍기 : 터보형, 다익형
• 흡인통풍기 : 플레이트형
• 축류형 송풍기 : 비행기 프로펠러형, 디스크형

2-2
풍 압
$P_2 = P_1 \left(\frac{N_2}{N_1}\right)^2 \left(\frac{D_2}{D_1}\right)^2$, $P_2/P_1 = \left(\frac{2,100}{1,800}\right)^2 \times 1^2 = 1.36$

풍압 상승률
$\phi = P_2/P_1 - 1 = 1.36 - 1 = 0.36 = 36[\%]$

정답 2-1 ② 2-2 ③

핵심이론 03 보염·댐퍼

① 스태빌라이저(보염기) : 화염이 공급공기에 의해 꺼지지 않게 보호하며 선회기 방식과 보염판 방식으로 대별되는 장치
② 댐퍼 : 덕트 내에 흐르는 공기 등의 유체의 양을 제어하는 장치
  ㉠ 댐퍼의 종류
    • 공기댐퍼 : 부하변동에 따라 연소용 공기를 조절하는 방식의 댐퍼
    • 연도댐퍼 : 연도를 따라 설치하여 통풍력을 조절하는 방식의 댐퍼
  ㉡ 배기가스 연도에 댐퍼를 부착하는 이유
    • 통풍력 조절, 배기가스의 흐름을 차단하기 위해
    • 주연도, 부연도가 있는 경우 가스 흐름을 변경하기 위해
    • 안전상의 이유 : 배기가스·연소물질·외부 습기·빗물·이물질 등의 유입을 차단하기 위해
    • 절약상의 이유 : 에너지를 절약하기 위해

핵심예제

3-1. 화염이 공급공기에 의해 꺼지지 않게 보호하며 선회기 방식과 보염판 방식으로 대별되는 장치는?

[2010년 제2회, 2015년 제4회]

① 윈드박스
② 스태빌라이저
③ 버너타일
④ 컴버스터

3-2. 연소기의 배기가스 연도에 댐퍼를 부착하는 이유로 가장 거리가 먼 것은?

[2010년 제1회, 2014년 제4회, 2015년 제4회, 2018년 제4회, 2023년 제2회]

① 통풍력을 조절한다.
② 과잉공기를 조절한다.
③ 가스의 흐름을 차단한다.
④ 주연도, 부연도가 있는 경우에는 가스의 흐름을 바꾼다.

|해설|

3-1
스태빌라이저(보염기) : 화염이 공급공기에 의해 꺼지지 않게 보호하며 선회기 방식과 보염판 방식으로 대별되는 장치

3-2
과잉공기를 조절하는 것은 댐퍼의 역할이 아니다.

정답 3-1 ② 3-2 ②

2-3. 대기오염 · 화재 · 연소범위 · 폭발

핵심이론 01 대기오염

① 대기오염 물질 : 입자상 물질, 황산화물, 질소산화물 (단, 이산화탄소는 대기오염 물질이 아니다)
② 연료를 공기 중에서 연소시킬 때 질소산화물에서 가장 많이 발생하는 오염물질은 NO이다.
③ 대도시의 광화학 스모그(Smog) 발생의 원인물질로 문제가 되는 것은 NO_x이다.
④ 황산화물(SO_x)
   ㉠ 대기 중에서는 SO_2가 SO_3로, SO_3는 SO_2로 다시 변한다.
   ㉡ 액체연료 연소 시 온도가 높을수록 SO_3의 생산량은 적다.
   ㉢ 대기 중에 존재하는 황화물 중에서 가장 많은 것은 SO_2이다.
   ㉣ 대기 중의 황산화물이 많은 순은 $SO_x > SO_2 > SO_3$의 순이다.
   ㉤ SO_x는 연소 시 직접 생길 수도 있고, SO_2가 산화하여 생길 수도 있다.

핵심예제

연료를 공기 중에서 연소시킬 때 질소산화물에서 가장 많이 발생하는 오염물질은?
[2017년 제2회]

① NO
② NO_2
③ N_2O
④ NO_3

|해설|
연료를 공기 중에서 연소시킬 때 질소산화물에서 가장 많이 발생하는 오염물질은 NO이다.

정답 ①

핵심이론 02 대기오염 물질 생성 억제방법 및 폐열회수

① 배기가스에 대한 대기오염을 방지하는 방법
   ㉠ 집진장치를 설치한다.
   ㉡ 공기비를 낮춘다.
   ㉢ 연료유의 불순물을 제거한다.
   ㉣ 연소장치를 정기적으로 청소한다.
② 질소산화물 생성 억제 및 경감방법
   ㉠ 물분사법, 2단 연소법, 배기가스 재순환연소법, 저산소(저공기비)연소법, 저온연소법, 농담연소법
   ㉡ 건식법 환원제(암모니아, 탄화수소, 일산화탄소)를 사용한다.
   ㉢ 연료와 공기의 혼합을 양호하게 하여 연소온도를 낮춘다.
   ㉣ 저온 배출가스의 일부를 연소용 공기에 혼입하여 연소용 공기 중의 산소농도를 저하시킨다.
   ㉤ 버너 부근의 화염온도와 배기가스온도를 낮춘다.
   ㉥ 저소감 : 과잉공기량, 연소온도, 연소용 공기 중의 산소농도, 노 내 가스 잔류시간, 미연소분
   ㉦ 질소성분을 함유하지 않은 연료를 사용한다.
③ 배출가스 탈황법에 사용되는 물질 : 수산화나트륨, 석회석, 암모니아
④ 마그네시아 : 습식법과 건식법 배기가스 탈황설비에서 모두 사용할 수 있는 흡수제
⑤ 황산화물을 제거하는 방법 : 석회첨가법, 아황산석회법, 활성탄흡착법 등이 있으며 배출가스 탈황법에 사용되는 물질은 석회석, 백운석, 암모니아 등이다.
⑥ 집진장치의 전체 효율 계산식
   $$\eta_t = \eta_1 + \eta_2(1 - \eta_1)$$
   (여기서, η_t : 전체 효율, η_1 : 기존 집진장치의 효율, η_2 : 추가 집진장치의 효율)

⑦ 폐열회수
　㉠ 절탄기(Economizer)는 배기가스로 보일러 급수를 예열한다.
　㉡ 폐열회수 이용 시 검토해야 할 사항
　　• 폐열의 감소방법에 대해서 검토한다.
　　• 폐열회수의 경제적 가치에 대해서 검토한다.
　　• 폐열의 양과 질, 이용가치에 대해서 검토한다.
　　• 폐열회수의 방법과 이용방안에 대해서 검토한다.
　㉢ 환열실(리큐퍼레이터)의 전열량
　　$Q = FV\Delta t_m$
　　(여기서, F : 전열면적, V : 총괄 전열계수, Δt_m : 평균 온도차)
　㉣ 쓰레기(도시폐기물)의 소각열 : 2,000~5,000 [kcal/kg]

핵심예제

2-1. 보일러 등의 연소장치에서 질소산화물(NO_x)의 생성을 억제할 수 있는 연소방법이 아닌 것은?

[2009년 제1회, 2016년 제1회, 2016년 제2회]

① 2단 연소
② 저산소(저공기비)연소
③ 배기의 재순환연소
④ 연소용 공기의 고온 예열

2-2. 95[%] 효율을 가진 집진장치 계통을 요구하는 어느 공장에서 35[%] 효율을 가진 장치를 이미 설치하였다. 주처리장치는 몇 [%] 효율을 가진 것이어야 하는가?

[2009년 제1회, 2014년 제1회]

① 60.00　　② 85.76
③ 92.31　　④ 95.45

2-3. 환열실의 전열면적[m²]과 전열량[kcal/h] 사이의 관계는?(단, 전열면적은 F, 전열량은 Q, 총괄 전열계수는 V이며 Δt_m은 평균 온도차이다)

[2013년 제2회, 2017년 제1회]

① $Q = F/\Delta t_m$
② $Q = F \times \Delta t_m$
③ $Q = F \times V \times \Delta t_m$
④ $Q = V/(F \times \Delta t_m)$

|해설|

2-1
질소산화물(NO_x) 생성을 억제하는 연소방법 : 물분사법, 2단 연소법, 배기가스 재순환연소법, 저산소(저공기비)연소법, 저온연소법, 농담연소법 등

2-2
집진장치의 전체 효율 계산식
$\eta_t = \eta_1 + \eta_2(1-\eta_1)$
$0.95 = 0.35 + \eta_2(1-0.35) = 0.35 + 0.65\eta_2$ 이므로,
$\eta_2 = \dfrac{0.95 - 0.35}{0.65} = \dfrac{0.60}{0.65} \approx 92.31[\%]$

2-3
환열실(리큐퍼레이터) 전열량
$Q = FV\Delta t_m$
(여기서, F : 전열면적, V : 총괄 전열계수, Δt_m : 평균 온도차)

정답 2-1 ④　2-2 ③　2-3 ③

핵심이론 03 대기오염 물질의 농도 측정

① 연소 배기가스 중의 O_2, CO_2 함유량을 측정·분석하는 경제적인 이유 : 연소 상태 판단, 공기비 계산 및 조절로 열효율 향상, 연료 소비량 감소 등

② 링겔만농도표 : 연돌에서 배출되는 매연농도 측정
  ㉠ 개요 : 가로 14[cm] 세로 20[cm]의 백상지에 각각 0, 1.0, 2.3, 3.7, 5.5[mm] 전폭의 격자형 흑선을 그려 백상지의 흑선 부분이 전체의 0[%], 20[%], 40[%], 60[%], 80[%], 100[%]를 차지하도록 하여 이 흑선과 굴뚝에서 배출되는 매연의 검은 정도(농도)를 비교하여 각각 0에서 5도까지 6종으로 분류한다.
  ㉡ 매연농도의 법적 기준 : 2도 이하
  ㉢ 링겔만 매연농도를 이용한 매연 측정방법
   • 농도는 0~5도(6종)로 구분되며 농도 1도당 매연 20[%]이다.
   • 가장 양호한 연소는 1도(20[%])이며, 2도(40[%]) 이하를 합격으로 한다.
   • 매연농도율 : $R = \dfrac{\text{매연농도값}}{\text{측정시간(분)}} \times 20[\%]$
   • 보일러 운전 중 매연농도가 2도 이하(매연율 40[%] 이하)로 항상 유지되어야 한다.
   • 6개의 농도표와 배출 매연의 색을 연돌 출구에서 비교하는 것이다.
   • 농도표는 측정자로부터 16[m] 떨어진 곳에 설치한다.
   • 측정자와 연돌의 거리는 200[m] 이내여야 한다.
   • 연돌 출구로부터 30~45[m] 정도 떨어진 곳의 연기를 관측한다.
   • 연기가 흐르는 방향의 직각 위치에서 측정한다.
   • 태양광선을 측면으로 받는 위치에서 측정한다.

③ 기타 : 매연포집중량계, 광전관식 매연농도계, 바카라치 스모크 테스터

핵심예제

링겔만 매연농도표를 이용한 측정방법에 대한 설명으로 틀린 것은?
[2010년 제4회]

① 6개의 농도표와 배출 매연의 색을 연돌 출구에서 비교하는 것이다.
② 농도표는 측정자로부터 23[m] 떨어진 곳에 설치한다.
③ 연돌 출구로부터 30~45[m] 정도 떨어진 곳의 연기를 관측한다.
④ 연기가 흐르는 방향의 직각 위치에서 측정한다.

|해설|

농도표는 측정자로부터 16[m] 떨어진 곳에 설치한다.

정답 ②

핵심이론 04 대기오염 방지장치

① 건식 집진장치

　㉠ 중력식 : 분진을 함유한 배기가스의 유속을 감속시켜 사이즈 20[μm] 정도까지의 매연을 침강 분리시켜 집진하는 장치
　　• 취급이 용이하고, 설비비가 저렴하다.
　　• 구조가 간단하고, 압력손실이 작다.
　　• 함진량이 많은 배기가스의 1차 집진기로 많이 사용된다.

　㉡ 관성력식(충돌식, 반전식) : 기류와 같이 방향 전환이 어려운 매연을 충돌·반전시켜 관성력에 의해 사이즈 20[μm] 이상의 매연을 집진하는 장치로, 가주가 간단하지만 집진효율이 낮다. 집진율을 높이는 방법은 다음과 같다.
　　• 방해판이 많을수록 집진효율이 우수하다.
　　• 함진 배기가스 속도는 느릴수록 좋다.
　　• 충돌 직전 처리 가스 속도가 빠를수록 좋다.
　　• 충돌 후의 출구가스 속도가 느릴수록 미세한 입자가 제거된다.
　　• 곡률반경이 작을수록 작은 입자가 포집된다.
　　• 기류의 방향 전환각도가 작고 전환 횟수가 많을수록 집진효율이 증가한다.
　　• 적당한 Dust Box의 형상과 크기가 필요하다.

　㉢ 원심식(원심분리기) : 처리가스를 선회시켜 매연을 하강시키고 가스 상승 분리하여 매연을 집진하는 장치로, 집진장치 중 압력손실이 가장 크다.
　　• 사이클론 집진기 : 분진을 포함하고 있는 가스를 선회시켜 입자에 원심력을 주어 분리시키는 방법이다. 주로 고성능 집진장치의 전처리용으로 사용하며, 집진효율을 80[%] 정도로 하고 시설비가 가장 싸다. 함진가스의 충돌로 집진기의 마모가 쉽게 일어나고 사이클론 전체로서의 압력손실은 입구 헤드의 4배 정도이다. 입구의 속도가 클수록, 본체의 길이가 길수록, 입자의 지름 및 밀도가 클수록, 동반되는 분진량이 많을수록, 내벽이 미끄러울수록, 직경비가 클수록 집진효율이 향상된다.
　　• 멀티 사이클론 집진기 : 소형 사이클론을 병렬로 연결한 형식으로, 5[μm]까지 집진하며 처리량이 많고 집진효율이 70~95[%]로 우수하다.
　　• 멀티 스테이지 사이클론 : 동일한 크기의 사이클론을 직렬로 연결한 형식이다.

　㉣ 여과 집진기 또는 백필터(Bag-filter) : 백필터를 거꾸로 매달아 함진가스를 밑으로부터 백 내부로 송입하여 걸러 내는 집진장치이다.
　　• 미립자 크기와 관계없이 집진효율(99[%])이 가장 높다.
　　• 수[μm] 이하의 작은 입자와 박테리아의 제거도 가능하다.
　　• 여과면의 가스유속은 미세한 더스트일수록 작게 한다.
　　• 더스트 부하가 클수록 집진율은 커진다.
　　• 여포재에 더스트 일차 부착층이 형성되면 집진율은 높아진다.
　　• 백의 밑에서 가스백 내부로 송입하여 집진한다.
　　• 여과 집진장치의 여과재 중 내산성, 내알칼리성이 모두 좋은 성질을 지닌 것은 비닐론이다.
　　• 건조한 함진가스의 집진장치이므로, 100[℃] 이상의 고온가스나 습한 함진가스의 처리에는 적당하지 않다.
　　• 백(Bag)이 마모되기 쉽다.
　　• 처리가스의 온도는 250[℃]를 넘지 않도록 한다.
　　• 고온가스를 냉각할 때는 산노점 이상을 유지하여야 한다.
　　• 미세입자 포집을 위해서는 겉보기 여과속도가 작아야 한다.
　　• 높은 집진율을 얻기 위해서는 간헐식 털어 내기 방식을 선택한다.

ⓓ 진동 무화식 : 음파식
② 습식(세정식) 집진장치 : 액적, 액방울이나 액막과 같은 작은 매진과 관성에 의한 충돌 부착, 배기의 습도(습기) 증가로 입자의 응집성 증가에 의한 부착, 미립자(작은 매진) 확산에 의한 액적과의 접촉을 좋게 하여 부착, 입자(매진)를 핵으로 한 증기의 응결에 의한 응집성 증가 등의 입자 포집원리를 이용한다. 그 종류는 다음과 같다.
  ㉠ 유수식 : 집진실 내에 일정량의 물통을 집어넣어 오염물질을 집진하는 장치
  ㉡ 가압수식 : 가압한 물을 분사시켜 충돌·확산시키므로 집진율은 비교적 우수하나 압력손실이 큰 습식 집진방식이다. 사이클론 스크러버, 제트 스크러버, 벤투리 스크러버, 충진탑 등이 있다.
    • 벤투리 스크러버 : 가스 흡입구에 벤투리관을 조합하여 먼지를 세정하는 장치이다. 집진입자의 크기는 0.1~1[μm] 정도이며 분진제거능력이 좋지만, 압력손실이 크다.
    • 사이클론 스크러버 : 분무 시 원심력을 이용하여 액방울을 함진가스에 유입·분리시키는 장치이다.
    • 제트 스크러버 : 집진장치는 일반적으로 압력손실을 초래하지만 제트 스크러버는 승압효과를 나타낸다.
    • 충진탑(세정탑) : 탑 내부에 모래, 코크스 입자, 유리섬유 등을 넣고 함진가스를 통과시켜 포집하는 장치이다. 매연입자의 크기는 0.5~3[μm]이며, 농도가 낮은 가스를 고도로 정화하고자 할 때 사용된다.
  ㉢ 회전식 : 물을 회전시켜 오염물질을 집진하는 장치이다.

③ 전기식 집진장치(코트렐식) : 직류 전원으로 불평등 전계를 형성하고 이 전계에 코로나 방전을 이용하여 가스 중의 입자에 전하를 주어 (−)로 대전된 입자를 전기력(쿨롱력)에 의해 집진극(+)으로 이동시켜 미립자를 분리 및 포집하는 장치(건식, 습식)이다.
  ㉠ 방전극을 음, 집진극을 양으로 한다.
  ㉡ 전기집진은 쿨롱력에 의해 포집된다.
  ㉢ 포집입자의 직경은 0.05~20[μm] 정도이다.
  ㉣ 집진효율이 90~99.9[%]로 높은 편이다.
  ㉤ 광범위한 온도범위에서 설계가 가능하다.
  ㉥ 낮은 압력손실로 대량의 가스처리가 가능하다.

핵심예제

4-1. 여과집진장치의 효율을 높이기 위한 조건이 아닌 것은?
[2010년 제2회, 2012년 제2회]

① 처리가스의 온도는 250[℃]를 넘지 않도록 한다.
② 고온가스를 냉각할 때는 산노점 이하를 유지하여야 한다.
③ 미세입자 포집을 위해서는 겉보기 여과속도가 작아야 한다.
④ 높은 집진율을 얻기 위해서는 간헐식 털어 내기 방식을 선택한다.

4-2. 백필터(Bag-filter)에 대한 설명으로 틀린 것은?
[2015년 제1회, 2020년 제1·2회 통합]

① 여과면의 가스유속은 미세한 더스트일수록 작게 한다.
② 더스트 부하가 클수록 집진율은 커진다.
③ 여포재에 더스트 일차 부착층이 형성되면 집진율은 낮아진다.
④ 백의 밑에서 가스백 내부로 송입하여 집진한다.

|해설|

4-1
고온가스를 냉각할 때는 산노점 이상을 유지하여야 한다.

4-2
여포재에 더스트 일차 부착층이 형성되면 집진율은 높아진다.

정답 4-1 ② 4-2 ③

핵심이론 05 화재 · 연소범위

① 화 재

㉠ 화재의 종류 : 일반화재(A급 화재), 유류화재(B급 화재), 전기화재(C급 화재), 금속화재(D급 화재), 주방화재(K급 화재)

㉡ 가스발화의 주된 원인이 되는 외부 점화원 : 정전기, 화염, 전기불꽃, 마찰, 충격파, 단열압축, 열복사, 방전, 자외선 등

㉢ 가연성 가스의 폭발한계 측정에 영향을 주는 요소 : 점화에너지, 온도, 산소농도

㉣ 역화의 원인 : 연료의 불완전연소 및 미연소, 통풍이 불량할 때(흡입통풍 부족), 기름이 과열되었을 때, 기름에 수분·공기 등이 혼입되었을 때, 연료 밸브를 급하게 열 때, 점화 착화지연

㉤ 역화 방지대책
- 리프트(Lift) 한계가 큰 버너를 사용하여 저연소 시 분출속도를 크게 한다.
- 다공버너의 경우 각각의 연료 분출구를 작게 한다.
- 연소용 공기를 분할 공급하여 1차 공기를 착화범위보다 작게 한다.
- 버너 부근의 온도가 아니라 연소실, 화실, 노, 노통의 온도를 높게 유지한다.

② 연소범위

㉠ 연소범위의 정의
- 연소에 필요한 혼합가스의 농도
- 공기 중에서 가연성 가스가 연소할 수 있는 가연성 가스의 농도범위
- 공기 중 연소 가능한 가연성 가스의 최저 및 최고 농도

㉡ 연소범위의 별칭 : 폭발범위, 폭발한계, 연소한계, 가연한계

㉢ 모든 가연물질은 연소범위(폭발범위) 내에서만 폭발하며 연소범위는 넓을수록 위험하다.

㉣ 연소범위는 상한치와 하한치의 값을 가지며 각각 연소 상한계 또는 폭발 상한(UFL), 연소 하한계 또는 폭발 하한(LFL)이라고 한다.

㉤ 연소 상한계(UFL) : 연소 가능한 상한치
- 공기 중에서 가장 높은 농도에서 연소할 수 있는 부피
- 가연물의 최대 용량비
- UFL 이상의 농도에서는 산소농도가 너무 낮다.
- UFL이 높을수록 위험도는 증가한다.
- UFL 공식(르샤틀리에 법칙을 활용)

$$\frac{100}{UFL} = \sum \frac{V_i}{L_i}$$

(여기서, V_i : 각 가스의 조성[%], L_i : 각 가스의 연소 상한계[%])

㉥ 연소 하한계(LFL) : 연소 가능한 하한치
- 공기 중에서 가장 낮은 농도에서 연소할 수 있는 부피
- 가연물의 최저 용량비
- LFL 이하의 농도에서는 가연성 증기의 농도가 너무 낮다.
- LFL이 낮을수록 위험도는 증가한다.
- LFL 공식(르샤틀리에 법칙을 활용)

$$\frac{100}{LFL} = \sum \frac{V_i}{L_i}$$

(여기서, V_i : 각 가스의 조성[%], L_i : 각 가스의 연소 하한계[%])

- 활성화 에너지의 영향을 받는다.

㉦ 대표적 가스들의 폭발범위(괄호는 폭발범위 폭) 아세틸렌 2.5~82[%](79.5[%] 가장 넓음), 수소 4.1~75[%](70.9[%]), 일산화탄소 12.5~75[%](62.5[%]), 에틸에테르 1.7~48[%](46.3[%]), 이황화탄소 1.2~44[%](42.8[%]), 황화수소 4.3~46[%](41.7[%]), 사이안화수소 6~41[%](35[%]), 에틸렌 3.0~33.5(30.5[%]), 메틸알코올 7~37[%](30[%]), 에틸

알코올 3.5~20[%](16.5[%]), 아크릴로나이트릴 3~17[%](14[%]), 암모니아 15~28[%](13[%]), 아세톤 2~13[%](11[%]), 메탄 5~15[%](10[%]), 에탄 3~12.5[%] (9.5[%]), 프로판 2.1~9.5[%](7.4[%]), 산화에틸렌 3~10[%](7[%]), 부탄 1.8~8.4[%](6.6[%]), 휘발유 1.4~7.6[%](6.2[%]), 벤젠 1.4~7.4[%](6[%])

ⓞ 연소범위에 영향을 주는 요인으로 온도, 압력, 산소량, 조성(농도) 등이 있다. 일반적으로 온도, 압력, 산소량(산소농도) 등에 비례하며 불활성 기체량에 반비례한다.
- 수소와 공기 혼합물의 폭발범위는 저온보다 고온일 때 더 넓어진다.
- 온도가 낮아지면 방열속도가 빨라져서 연소범위가 좁아지고, 온도가 높아지면 방열속도가 느려져서 연소범위가 넓어진다.
- 메탄과 공기 혼합물의 폭발범위는 저압보다 고압일 때 더 넓어진다.
- 일반적으로 압력이 올라가면 연소범위가 넓어지는데, 일산화탄소는 공기 중의 질소의 영향을 받아 오히려 연소범위가 좁아진다.
- 프로판과 공기 혼합물에 질소를 더 가할 때 폭발범위는 더 좁아진다.
- 수소가스 : 공기 중에서 압력을 증가시키면(1기압까지는) 폭발범위가 좁아지다가 10[atm] 이상의 고압 이후부터는 폭발범위가 넓어진다.
- 압력이 1[atm]보다 낮아질 때 폭발범위는 크게 변화되지 않는다.

㉣ 안전간격(MESG) : H_2, C_2H_2, $CO + H_2$, CS_2 등의 안전간격이 짧은 가스일수록 위험하다.
- 1등급 : 0.6[mm] 초과
- 2등급 : 0.4[mm] 초과 0.6[mm] 이하
- 3등급 : 0.4[mm] 이하

㉤ 가연성 가스의 위험도

$$H = \frac{U - L}{L}$$

(여기서, U : 폭발 상한, L : 폭발 하한)
- 폭발 상한과 폭발 하한의 차이가 클수록 위험도는 커진다.
- 안전간격이 짧을수록, 연소속도가 빠를수록, 폭발범위가 넓을수록, 압력이 높아질수록 위험하다.

③ 가스 폭발사고
㉠ 피해범위의 산정절차 중 일반공정위험의 페널티 계산에서 일반적인 흡열반응인 경우에는 0.2 수치를 적용한다.
㉡ 가스 폭발사고의 근본적인 원인
- 내용물의 누출 및 확산
- 착화원 또는 고온물의 생성
- 경보장치의 미비
- 가연성 혼합기의 폭발 방지방법 : 산소농도의 최소화, 불활성 가스 치환, 불활성 가스의 첨가

핵심예제

다음 연소범위에 대한 설명으로 옳은 것은?

[2017년 제4회, 2021년 제4회]

① 온도가 높아지면 좁아진다.
② 압력이 상승하면 좁아진다.
③ 연소 상한계 이상의 농도에서는 산소농도가 너무 높다.
④ 연소 하한계 이하의 농도에서는 가연성 증기의 농도가 너무 낮다.

|해설|
① 온도가 높아지면 넓어진다.
② 압력이 상승하면 일반적으로 넓어진다.
③ 연소 상한계 이상의 농도에서는 산소농도가 너무 낮다.

정답 ④

핵심이론 06 폭 발

① 폭연과 폭굉
  ㉠ 폭연(Deflagration)
    - 압력파 또는 충격파가 미반응 매질 속으로 음속보다 느리게 이동하는 경우에 발생하며, 폭굉으로 전이될 수 있다.
    - 연소파의 전파속도는 기체의 조성·농도에 따라 다르나 통상 0.1~10[m/sec] 범위이다.
    - 폭연 시 벽이 받는 압력은 정압뿐이다.
    - 연소파의 파면(화염면)에서 온도, 압력, 밀도의 변화는 연속적이다.
  ㉡ 폭굉(Detonation)
    - 물질 내에 충격파가 발생하며 반응을 일으키고, 그 반응을 유지하는 현상이다.
    - 관 내에서 연소파가 일정거리 진행 후 연소속도가 급격히 빨라지는 현상이다.
    - 연소파의 전파속도가 초음속이 되는 경우는 데토네이션(Detonation)이다.
    - 충격파에 의해 유지되는 화학반응현상이다.
    - 반응의 전파속도가 그 물질 내에서 음속보다 빠른 것을 말한다.
    - 연소속도 : 1,000~3,500[m/sec]
    - DID(폭굉유도거리)
      – 최초의 완만한 연소로부터 격렬한 폭굉으로 발산할 때까지의 거리이며 짧을수록 위험하다.
      – DID가 짧아지는 요인 : 관경이 가늘수록, 관 속에 방해물이 있을수록, 압력이 높을수록, 발화원의 에너지가 클수록 DID는 짧아진다.

② 폭발의 공정별 분류
  ㉠ 핵폭발 : 원자핵의 분열 또는 융합에 동반하여 일어나는 강한 에너지의 유출에 유래하는 폭발이다.
  ㉡ 물리적 폭발 : 물리적 변화(액상·고상에서 기상으로의 상변화, 온도 상승, 충격에 의한 압력의 비정상적인 상승 등)를 주체로 하여 발생되는 폭발(고압용기 파열, 탱크 감압 파손, 폭발적 증발, (수)증기 폭발)
  ㉢ 화학적 폭발 : 화학반응에 의한 폭발적 연소, 중축합, 분해, 반응 폭주 등에 의해 발생되는 폭발이다.
    - 분해 폭발성 물질 : 아세틸렌, 하이드라진, (산화)에틸렌, 5류 위험물
    - 중합 폭발성 물질 : 사이안화수소, (산화)에틸렌
    - 화합 폭발성 물질 : 아세틸렌, 아세트알데하이드, 산화프로필렌
  ㉣ 물리적 폭발과 화학적 폭발의 병립에 의한 폭발

③ 원인물질의 물리적 상태에 따른 분류
  ㉠ 기상 폭발 : 열선, 화염, 충격파 등의 발화원에 의해 발생되는 폭발
    - 가스 폭발 : 농도조건이 맞고 발화원(에너지 조건)이 존재할 때 가연성 가스와 지연성 가스의 혼합기체에서 발생되는 폭발이다.
    - 분무 폭발 : 고압의 유압설비의 일부가 파손되어 내부의 가연성 액체가 공기 중에 분출되면, 이것이 미세한 액적이 되어 무상으로 되고 공기 중에 현탁하여 존재할 때 어떤 원인으로 인해 착화에너지가 주어지면 폭발하는 현상이다.
    - 분진 폭발 : 가연성의 미세입자가 공기 중에 퍼져 있을 때 약간의 불꽃이나 열에도 돌발적으로 연쇄 산화-연소를 일으켜 폭발하는 현상이다.
    - 분해 폭발 : 분해할 때 발열하는 가스로, 예를 들어 석유화학공업에서 다량으로 취급하는 에틸렌, 산화에틸렌이나 금속의 용접·용단에 널리 이용되고 있는 아세틸렌 등이 어떤 조건하에서 분해하는 경우가 있다. 이때 상당히 큰 발열을 동반하기 때문에 분해에 의해 생성된 가스가 열팽창되고, 이때 생기는 압력 상승과 이 압력의 방출에 의해 폭발이 일어난다.

- 산화 폭발 : 가스가 급격히 산화하면서 폭발하는 현상으로, 비정상연소를 일으키는 경우에 발생한다. 주로 가연성 가스, 증기, 분진, 미스트 등과 공기와의 혼합물, 산화성 환원성 고체 및 액체 혼합물 또는 화합물의 반응에 의하여 발생한다.
- 증기운 폭발(UVCE) : 증기운의 크기가 클수록 점화될 가능성이 커지며 폭발보다 화재가 많다. 점화 위치가 방출점에서 멀수록 폭발효율이 증가하여 폭발 위력이 커지며 연소에너지의 약 20[%]만 폭풍파로 변한다.
- 액화가스탱크의 폭발(BLEVE 현상) : 액체가 비등하여 증기가 팽창하면서 폭발을 일으키는 현상이다. BLEVE에 영향을 주는 인자는 저장된 물질의 종류와 형태, 저장용기의 재질, 내용물의 물질적 역학 상태, 주위온도와 압력 상태, 내용물의 인화성 및 독성 여부 등이다.

ⓒ 응상 폭발(수증기 폭발) : 액상에서 기상으로 상변화할 때 발생되는 폭발이다(용융금속이나 슬러그 같은 고온물질이 물속에 투입되었을 때 고온물질이 갖는 열이 저온의 물에 짧은 시간에 전달되면 일시적으로 물은 과열 상태로 되고, 조건에 따라서는 순간적인 짧은 시간에 급격하게 비등하여 발생되는 폭발).

핵심예제

6-1. 다음 기체 중 폭발범위가 가장 넓은 것은?
[2010년 제2회, 2014년 제2회, 2018년 제1회, 2023년 제2회]
① 수 소　　② 메 탄
③ 프로판　　④ 벤 젠

6-2. 가연성 혼합기의 폭발방지를 위한 방법으로 가장 거리가 먼 것은?
[2013년 제2회, 2016년 제2회]
① 산소농도의 최소화
② 불활성 가스 치환
③ 불활성 가스의 첨가
④ 이중용기의 사용

6-3. 증기운 폭발의 특징에 대한 설명으로 틀린 것은?
[2011년 제1회, 2014년 제2회, 2017년 제2회, 2021년 제4회, 2023년 제2회]
① 폭발보다 화재가 많다.
② 연소에너지의 약 20[%]만 폭풍파로 변한다.
③ 증기운의 크기가 클수록 점화될 가능성이 커진다.
④ 점화 위치가 방출점에서 가까울수록 가연성 증기가 다량으로 방출되므로 폭발 위력이 크다.

|해설|

6-1
폭발범위
- 수소 : 4~75[%]
- 메탄 : 5~15[%]
- 프로판 : 2.1~9.8[%]
- 벤젠 : 1.4~7.4[%]

6-2
가연성 혼합기의 폭발방지방법 : 산소농도의 최소화, 불활성 가스 치환, 불활성 가스의 첨가

6-3
점화 위치가 방출점에서 멀수록 폭발효율이 증가하므로 폭발위력이 커진다.

정답 6-1 ①　6-2 ④　6-3 ④

CHAPTER 02 열역학

제1절 | 열역학의 기초사항

핵심이론 01 열역학의 개요

① 경로함수와 상태함수
  ㉠ 경로함수 또는 과정함수(Path Function) : 경로에 따라 달라지는 물리량/함수/변수(일, 열)
  ㉡ 상태함수 또는 점함수(State Function or Point Function) : 경로와는 무관하게 처음과 나중의 상태만으로 정해지는 물리량/함수/변수(온도, 부피, 압력, 에너지, 엔트로피, 엔탈피)

② 상태량 : 종량성 성질, 강도성 성질
  ㉠ 종량성 성질(Extensive Property) : 시량특성 또는 용량성 상태량이라고도 하며, 질량에 비례하는 상태량이다(무게, 체적, 질량, 엔트로피, 엔탈피, 에너지 등).
  ㉡ 강도성 성질(Intensive Property) : 시강특성이라고도 하며, 물질의 양과는 무관한 상태량이다(절대온도, 압력, 비체적, 비질량, 밀도, 조성, 몰분율 등).

③ 차 원
  ㉠ 유차원수
    • 비리얼계수(Virial Equation) : 기체 상태를 고압 또는 응축온도 부근까지 정밀하게 표시하기 위해 사용되는 상태식이다.
    $PV = AP^0 + BP^1 + CP^2 + DP^3$
    (여기서, P : 기체압력, V : 몰체적)
  ㉡ 무차원수 : 마하수, 임계압력비, 노즐효율 등

④ 노즐 : 단면적의 변화로 운동에너지를 증가시키는 장치이다.
  ㉠ 아음속 유동($Ma < 1$)에서 유체가 가속되려면 노즐의 단면적은 유동 방향에 따라 감소되어야 한다.
  ㉡ 노즐에서 가역 단열팽창하여 분출하는 이상기체에 대한 유속
    $v = \sqrt{2(i_0 - i_1)}$ [m/sec]
    (여기서, i_0 : 입구에서의 엔탈피[kJ/kg], i_1 : 출구에서의 엔탈피[kJ/kg], 노즐 입구에서의 유속은 무시한다)
  ㉢ 증기터빈의 노즐효율
    $\eta_n = \left(\dfrac{C_a}{C_t}\right)^2$
    (여기서, 초속 무시, C_a : 수증기의 실제속도, C_t : 수증기의 이론속도, 초속은 무시한다)

⑤ 일과 열
  ㉠ 열역학적 개념
    • 일과 열은 경로함수이다.
    • 일과 열은 일시적 현상, 전이현상, 경계현상이다.
    • 일과 열은 계의 경계에서만 측정되고, 경계를 이동하는 에너지이다.
    • 일과 열은 전달되는 에너지로, 열역학적 성질은 아니다.
    • 일과 열은 온도와 같은 열역학적 상태량이 아니다.
    • 열과 일은 서로 변할 수 있는 에너지이며 그 관계는 1[kcal] = 427[kg·m]이다.
    • 사이클에서 시스템의 열전달 양은 시스템이 수행한 일과 같다.

- 일은 계에서 나올 때 열은 계에 공급 시 +값을 가진다.
- 일은 계에 공급 시 열은 계에서 나올 때 -값을 가진다.

ⓒ 부호 규약

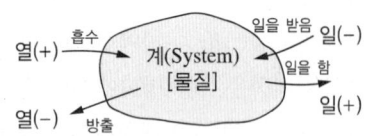

+	-
공급열 (열을 받는다)	방출열 (열을 내보낸다)
+	-
팽창일 (일을 한다)	압축일 (일을 받는다)

핵심예제

다음 중 경로에 의존하는 값은? [2016년 제1회]
① 엔트로피 ② 위치에너지
③ 엔탈피 ④ 일

|해설|
④ 일 : 경로함수
① 엔트로피 : 상태함수
② 위치에너지 : 상태함수
③ 엔탈피 : 상태함수

정답 ④

핵심이론 02 온도·압력·비열

① 온 도
  ㉠ 온도 측정의 타당성에 대한 근거는 열역학 제0법칙이다.
  ㉡ 온도 표시의 종류
   - 섭씨온도[℃] : 물의 어는점(0)과 끓는점(100)을 기준으로, 전체 구간을 100등분한 눈금으로 값을 정한 온도
   - 화씨온도[℉] : 물의 어는점(32)과 끓는점(212)을 기준으로, 전체 구간을 180등분한 눈금으로 값을 정한 온도
   - 절대온도[K] : 물의 삼중점을 273.16[K]로 정한 온도
   - 섭씨온도, 화씨온도, 절대온도의 관계
     - $[℃] = \dfrac{[℉] - 32}{1.8}$
     - $[℉] = 1.8[℃] + 32$
     - $[K] = [℃] + 273$
   - 섭씨온도와 화씨온도가 같은 온도 : -40[℃]
  ㉢ 온도의 SI단위 : [K](켈빈)

② 압력(P) : 단위면적(A)에 작용하는 수직 방향의 힘(F)이다.

$$P = \dfrac{F}{A}$$

  ㉠ 압력의 개요
   - 압력의 기준단위 : [Pa](파스칼)
   - 1[Pa] : 1[m^2]의 면적에 1[N]의 힘이 작용할 때의 압력[N/m^2]
   - 1[bar] = 100,000[Pa] = [N/m^2], 0.9869[atm], 14.507[psi], 750.061[mmHg], 10.20[mH$_2$O] (물의 수두), 1.02[kgf/cm^2]
   - 1[kgf/cm^2] = 0.98[bar]
  ㉡ 표준 대기압 : 1[atm] = 101.325[kPa] = 1.01325[bar] ≈ 760[mmHg]

- 1[bar] = 10^5[Pa] = 100[kPa]
- 산소의 분압

  $P_{O_2} = 101.325 \times 0.21 = 21.3$[kPa]

ⓒ 가스 누설 시 압력과 시간은 반비례한다.

ⓓ 절대압력 = 대기압 + 게이지압력

  = 대기압 - 진공압

ⓔ 대기압력
- 표준 대기압 : 1[atm], 760[mmHg], 10.33[mAq], 10.33[mH_2O](물의 수두), 1.033[kgf/cm^2], 101,325[Pa][=N/m^2], 1.013[bar], 14.7[psi]
- 공학 기압(1[kgf/cm^2] 압력기준) : 1[at], 0.967[atm], 735.5[mmHg], 0.98[bar], 10.14[mH_2O](물의 수두)
- 절대압력 : 대기압력 ± 게이지압력

ⓕ 게이지압력 : 대기압보다 높은 압력, (+)게이지압력

ⓖ 진공압력 : 대기압보다 낮은 압력, (-)게이지압력

ⓗ 비열 : 단위질량의 물질의 온도를 단위온도만큼 올리는 데 필요한 열량
- 정압비열(C_p) : 압력이 일정하게 유지되는 열역학적 과정에서의 비열

$$C_p = \left(\frac{dh}{dT}\right)_p$$

- 정적비열(C_v) : 물체의 부피가 일정하게 유지되는 열역학적 과정에서의 비열

$$C_v = \left(\frac{du}{dT}\right)_v$$

- 비열비

  $k = C_p/C_v$

  - 단원자 : $k = 1.67$(He 등)
  - 2원자 : $k = 1.4$(O_2 등)
  - 다원자 : $k = 1.33$(CH_4 등)

핵심예제

2-1. 온도와 관련된 설명으로 옳지 않은 것은?

[2010년 제4회, 2013년 제2회, 2017년 제4회]

① 온도 측정의 타당성에 대한 근거는 열역학 제0법칙이다.
② 온도가 0[℃]에서 10[℃]로 변화하면, 절대온도는 0[K]에서 283.15[K]로 변한다.
③ 섭씨온도는 물의 어는점과 끓는점을 기준으로 삼는다.
④ SI단위계에서 온도의 단위는 켈빈단위를 사용한다.

2-2. 대기압이 100[kPa]인 도시에서 두 지점의 계기압력비가 5 : 2라면 절대압력비는?

[2011년 제2회, 2017년 제2회]

① 1.5 : 1
② 1.75 : 1
③ 2 : 1
④ 주어진 정보로는 알 수 없다.

|해설|

2-1
온도가 0[℃]에서 10[℃]로 변화하면, 절대온도는 273.15[K]에서 283.15[K]로 변한다.

2-2
주어진 정보에는 계기압력비만 있는데, 이것만으로는 절대압력비를 알 수 없다.

정답 2-1 ② 2-2 ④

핵심이론 03 밀도·비중량·비체적·열량·소요전력

① 밀도(ρ)
 ㉠ 단위체적당 질량
 $$\rho = \frac{m}{V}$$
 ㉡ 물의 밀도 : $1[g/cm^3] = 1,000[kg/m^3]$
 ㉢ 온도와 압력이 변한 경우 건공기의 밀도
 $$\rho_2 = \rho_1 \times \frac{T_1}{T_2} \times \frac{P_2}{P_1}$$

② 비중량(γ)
 ㉠ 단위체적당 중량
 $$\gamma = \frac{w}{V}$$
 ㉡ 물의 비중량 : $1,000[kgf/m^3] = 9,800[N/m^3]$
  (표준기압, $4[\text{℃}]$)

③ 비체적(V_s)
 ㉠ 단위질량당 체적 : 절대단위계, $V_s = \frac{V}{m} = \frac{1}{\rho}$
 ㉡ 단위중량당 체적 : 중력단위계, $V_s = \frac{V}{w} = \frac{1}{\gamma}$
 ㉢ 물의 비체적 : $0.001[m^3/kg]$

④ 열량
 $$Q = mC\Delta t$$

⑤ 소요전력량
 $$P = \frac{Q}{\eta}$$
 (여기서, Q : 가열량, η : 전열기의 효율)

핵심예제

3-1. 밀도가 $800[kg/m^3]$인 액체와 비체적이 $0.0015[m^3/kg]$인 액체를 질량비 1:1로 잘 섞으면 혼합액의 밀도는 몇 $[kg/m^3]$인가?
[2015년 제2회]

① 721 ② 727
③ 733 ④ 739

3-2. 비열이 $0.473[kJ/kgK]$인 철 $10[kg]$의 온도를 $20[\text{℃}]$에서 $80[\text{℃}]$로 높이는 데 필요한 열량은 몇 $[kJ]$인가?
[2010년 제2회 유사, 2016년 제1회, 2023년 제1회]

① 28 ② 60
③ 284 ④ 600

3-3. $85[\text{℃}]$의 물 $120[kg]$의 온탕에 $10[\text{℃}]$의 물 $140[kg]$을 혼합하면 약 몇 $[\text{℃}]$의 물이 되는가?
[2010년 제2회, 2012년 제2회, 2019년 제1회, 제2회 유사]

① 44.6 ② 56.6
③ 66.9 ④ 70.0

3-4. 비열이 $3[kJ/kg\text{℃}]$인 액체 $10[kg]$을 $20[\text{℃}]$로부터 $80[\text{℃}]$까지 전열기로 가열시키는 데 필요한 소요 전력량은 약 몇 $[kWh]$인가?(단, 전열기의 효율은 $88[\%]$이다)
[2010년 제1회 유사, 2016년 제2회]

① 0.46 ② 0.57
③ 480 ④ 530

3-5. 전열기를 사용하여 물 $5[L]$의 온도를 $15[\text{℃}]$에서 $80[\text{℃}]$까지 올리려고 한다. 전열기의 용량은 $0.7[kW]$이고 투입된 에너지가 모두 물에 전달된다고 하면 가열에 요구되는 시간은 약 몇 분인가?(단, 가열 중에 외부로의 열손실은 없다고 가정하며, 물의 비열은 $4.179[kJ/kgK]$이다)
[2011년 제2회]

① 17.26 ② 21.74
③ 27.52 ④ 32.34

| 해설 |

3-1

질량비 1:1이므로,

혼합액의 비체적 $= \dfrac{(1/800)+0.0015}{2} = 1.375 \times 10^{-3} [\text{m}^3/\text{kg}]$

∴ 혼합액의 밀도 $= \dfrac{1}{1.375 \times 10^{-3}} \simeq 727 [\text{kg/m}^3]$

3-2

$Q = mC\Delta t = 10 \times 0.473 \times (80-20) \simeq 284 [\text{kJ}]$

3-3

$Q = mC\Delta t = m_1 C_1 (t_1 - t_m) = m_2 C_2 (t_m - t_2)$이며

$C_1 = C_2$이므로 혼합액체의 평균온도 t_m은

$t_m = \dfrac{m_1 t_1 + m_2 t_2}{m_1 + m_2} = \dfrac{120 \times 85 + 140 \times 10}{120 + 140} \simeq 44.6 [\text{℃}]$

3-4

소요전력량

$P = \dfrac{Q}{\eta} = \dfrac{mC\Delta t}{\eta} = \dfrac{10 \times 3 \times (80-20)}{0.88}$

$\simeq 2,045.5 [\text{kJ}] = \dfrac{2,045.5}{3,600} [\text{kWh}] \simeq 0.57 [\text{kWh}]$

3-5

$Q_1 = mC\Delta t = 5 \times 4.179 \times (80-15) \simeq 1,358 [\text{kJ}]$

$Q_2 = 0.7 [\text{kW}]$

가열시간

$\dfrac{Q_1}{Q_2} = \dfrac{1,358 [\text{kJ}]}{0.7 [\text{kW}]} = \dfrac{1,358}{0.7 \times 60} [\text{min}] \simeq 32.34 [\text{min}]$

정답 3-1 ② 3-2 ③ 3-3 ① 3-4 ② 3-5 ④

핵심이론 04 물

① 물의 상평형도(삼태도)

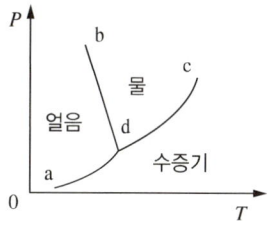

㉠ ad : 승화곡선

㉡ bd : 융해곡선

㉢ cd : 증발곡선

㉣ d : 삼중점(Triple Point)
- 기상, 액상, 고상이 함께 존재하는 점
- 온도 273.16[K](0.01[℃]), 압력(수증기압) 6.11 [hPa]

㉤ c : 임계점(Critical Point)
- 고온, 고압에서 포화액과 포화증기의 구분이 없어지는 상태
- 액상과 기상이 평형 상태로 존재할 수 있는 최고 온도 및 최고 압력
- 임계점에서는 액상과 기상을 구분할 수 없다.
- 물의 임계압력(P_c) : 22[MPa]
  $= 225.65 [\text{ata} = \text{kg/cm}^2]$
- 물의 임계온도(T_c) : 374.15[℃]
- 증발열 : 0
- 임계온도 이상에서는 순수한 기체를 아무리 압축시켜도 액화되지 않는다.

② 물의 특성

㉠ 4[℃] 부근에서 비체적은 최소가 된다.

㉡ 물이 얼어 고체가 되면 밀도는 감소한다.

㉢ 임계온도보다 높은 온도에서는 액상과 기상을 구분할 수 없다.

㉣ 물을 가열하여도 체적의 변화가 거의 없으므로 가열량은 내부에너지로 변환된다.

ⓓ 물을 가열하여 온도가 상승하는 경우, 이때 공급한 열을 현열이라고 한다.
③ 증발잠열
  ㉠ 온도에 따라 변화되지 않는 열량
  ㉡ 물의 증발잠열
   • 0[℃] 물 : 597[kcal/kg]=2,501[kJ/kg]
   • 100[℃] 물 : 539[kcal/kg]=2,256[kJ/kg]
  ㉢ 포화압력이 낮으면 물의 증발잠열은 증가한다.
④ 노점온도(Dew Point Temperature) : 공기, 수증기의 혼합물에서 수증기의 분압에 해당하는 수증기의 포화온도

핵심예제

4-1. 물의 삼중점(Triple Point)의 온도는?
[2012년 제1회, 2017년 제2회]
① 0[K]　　　　　② 273.16[℃]
③ 73[K]　　　　　④ 273.16[K]

4-2. 한 용기 내에 적당량의 순수물질 액체가 갇혀 있을 때, 어느 특정조건하에서 이 물질의 액체상과 기체상의 구별이 없어질 수 있다. 이러한 상태가 유지되기 위한 필요충분조건으로 옳은 것은?
[2013년 제1회]
① 임계압력보다 높은 압력, 임계온도보다 낮은 온도
② 임계압력보다 낮은 압력
③ 임계온도보다 낮은 온도
④ 임계압력보다 높은 압력, 임계온도보다 높은 온도

|해설|
4-1
삼중점(Triple Point) : 273.16K(0.01[℃]), 수증기압 6.11[hPa]
4-2
액상과 기상이 평형 상태로 존재할 수 있는 최고 온도 및 최고 압력을 임계점이라고 하며, 임계점 이상의 압력과 온도에서는 물질의 액체상과 기체상의 구별이 없어진다.

정답 4-1 ④　4-2 ④

핵심이론 05 일·동력과 열효율

① 일(Work)
  ㉠ 물체에 힘이 가해져 물체가 이동했을 때 힘과 힘의 방향으로의 이동거리의 곱이다.
  ㉡ 이동 방향으로의 힘의 크기와 이동거리의 곱이다.
  ㉢ 일=힘×변위= $W = F \cdot s = \int F dx = PV$
  ㉣ 힘-변위 그래프의 어떤 구간에서의 밑넓이이다.
  ㉤ 일의 단위 : 줄[J]=[N×m]=에너지 단위
② 절대일과 공업일
  ㉠ 절대일(비유동일) : 동작유체가 유동하지 않고 팽창 및 압축만으로 하는 일
  ㉡ 공업일(유동일) : 동작유체가 유동하면서 하는 일
③ 동력(출력)과 열효율
  ㉠ 출력, 연료의 발열량, 연료의 소모율이 주어졌을 때의 열효율
  $$\eta = \frac{H}{H_L \times m_f}$$
  (여기서, H : 출력, H_L : 연료 발열량, m_f : 연료 소모율)
  ㉡ 발생동력(출력)
  $$H = H_L \times m_f \times \eta$$
  ㉢ 연료 소모율
  $$m_f = \frac{H}{H_L \times \eta}$$

핵심예제

5-1. 폐쇄계에서 경로 A → C → B를 따라 100[J]의 열이 계로 들어오고, 40[J]의 일을 외부에 할 경우 B → D → A를 따라 계가 되돌아올 때 계가 30[J]의 일을 받는다면, 이 과정에서 계는 얼마의 열을 방출 또는 흡수하는가?

[2009년 제1회, 2017년 제4회 유사]

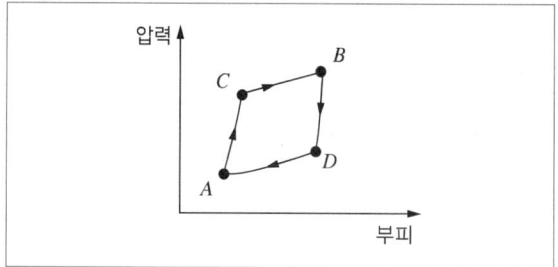

① 30[J] 흡수 ② 30[J] 방출
③ 90[J] 흡수 ④ 90[J] 방출

5-2. 직경 40[cm]의 피스톤이 800[kPa]의 압력에 대항하여 20[cm] 움직였을 때 한 일은 약 몇 [kJ]인가?

[2010년 제1회 유사, 2013년 제1회 유사, 2016년 제2회]

① 20.1 ② 63.6
③ 254   ④ 1,350

5-3. 출력 50[kW]의 열기관이 매시간 10[kg]의 연료를 소모할 때의 열효율[%]은?(단, 연료 발열량은 42,000[kJ/kg]이다)

[2014년 제4회 유사, 2015년 제2회, 2015년 제4회 유사, 2017년 제4회 유사]

① 21 ② 32
③ 43 ④ 60

5-4. 저발열량 11,000[kcal/kg]인 연료를 연소시켜서 900[kW]의 동력을 얻기 위해서는 매분당 약 몇 [kg]의 연료를 연소시켜야 하는가?(단, 연료는 완전연소되며, 발생한 열량의 50[%]가 동력으로 변환된다고 가정한다)

[2011년 제1회, 2016년 제4회]

① 1.37 ② 2.34
③ 3.82 ④ 4.17

|해설|

5-1
100[J]의 열을 받고 40[J]의 일을 하고 30[J]의 일을 받았으므로, 전체적으로는 10[J]의 일을 하고 나머지 90[J]의 열을 방출한 것이다.

5-2
$$W = PV = P \times A \times l = 800 \times \frac{3.14 \times 0.4^2}{4} \times 0.2 \simeq 20.1 \text{[kJ]}$$

5-3
$$\eta = \frac{H}{H_L \times m_f} = \frac{50\text{[kW]}}{42,000\text{[kJ/kg]} \times 10\text{[kg/h]}} = \frac{50 \times 3,600}{42,000 \times 10}$$
$$\simeq 43\text{[\%]}$$

5-4
$$m_f = \frac{H}{H_L \times \eta} = \frac{900\text{[kW]}}{11,000\text{[kcal/kg]} \times 0.5}$$
$$= \frac{900\text{[kW]}}{(11,000 \times 4.186)\text{[kJ/kg]} \times 0.5}$$
$$= \frac{900 \times 60}{(11,000 \times 4.186) \times 0.5}\text{[kg/min]}$$
$$\simeq 2.345\text{[kg/min]}$$

정답 5-1 ④ 5-2 ① 5-3 ③ 5-4 ②

제2절 | 열역학 법칙

2-1. 열역학 제1법칙

핵심이론 01 열역학 제1법칙의 개요

① 열역학 제1법칙(에너지보존의 법칙 = 가역법칙 = 양적법칙 = 제1종 영구기관 부정의 법칙)
  ⊙ 열을 일로 변환할 때 또는 일을 열로 변환할 때 전체 계의 에너지 총량은 변화하지 않고 일정하다.
  ⓒ 계 내부에너지의 변화량은 계에 들어온 열에너지에서 계가 외부에 해 준 일을 뺀 양과 같다.
    $\Delta U = \Delta Q - \Delta W$
  ⓒ 물체에 공급된 에너지는 물체의 내부에너지를 높이거나 외부의 일을 하므로, 에너지의 양은 일정하게 보존된다.
② 제1종 영구기관은 열역학 제1법칙에 위배된다.
③ 제1종 영구기관 : 에너지 공급이 없어도 영원히 일을 계속할 수 있는 가상의 기관이다.
④ 유로계(Flow System)에서 입구의 전체 에너지는 출구의 전체 에너지와 같으며, 이것은 시간에 따라 변하지 않는다.
⑤ 정상 유동의 에너지 방정식 : 정상 상태(Steady State)에서의 유체의 흐름은 입구와 출구에서의 유체 물성이 시간에 따라 변하지 않는 흐름이다.

핵심예제

다음 중 에너지보존의 법칙은 어느 것인가?

[2010년 제2회, 2011년 제2회, 2012년 제4회, 2017년 제2회]

① 열역학 제0법칙   ② 열역학 제1법칙
③ 열역학 제2법칙   ④ 열역학 제3법칙

|해설|

② 열역학 제1법칙 : 에너지보존의 법칙
① 열역학 제0법칙 : 열평형의 법칙
③ 열역학 제2법칙 : 엔트로피 증가의 법칙
④ 열역학 제3법칙 : 엔트로피 절댓값의 정의

정답 ②

핵심이론 02 내부에너지와 엔탈피

① 내부에너지

$$\Delta U = \Delta Q - \Delta W = \Delta H - \Delta W = \Delta H - P\Delta V$$

② 엔탈피(Enthalpy, H) : 일정한 압력과 온도에서 물질이 지닌 고유에너지량(열 함량)

㉠ 엔탈피(H)

내부에너지(U) + 유동일(에너지)
= 내부에너지(U) + 압력(P) × 체적(V)

$$H = U + PV$$

㉡ 엔탈피는 물리적·화학적 변화에서 출입하는 열의 양을 구하게 해 주고, 화학평형과도 밀접하게 연관되는 열역학의 핵심함수로 엔트로피와 더불어 열역학에서 가장 중요한 개념 중의 하나이다.

㉢ 완전미적분이 가능한 열량적 상태량(상태함수)이다.

㉣ $H = H(T, P)$로부터

$$dH = \left(\frac{\partial H}{\partial P}\right)_T dP + \left(\frac{\partial H}{\partial T}\right)_P dT$$를 유도할 수 있는데 $\left(\frac{\partial H}{\partial P}\right)_T$와 $\left(\frac{\partial H}{\partial T}\right)_P$는 모두 T, P의 함수이다.

핵심예제

압력 3,000[kPa], 온도 400[℃]인 증기의 비체적은 0.1015[m³/kg]이고, 엔탈피는 3,230[kJ/kg]이다. 이 상태에서 내부에너지는 약 몇 [kJ/kg]인가?   [2010년 제4회]

① 304   ② 2,501
③ 2,926 ④ 3,231

|해설|

$\Delta U = \Delta H - \Delta W$
$= 3,230 - (3,000 \times 0.1015) \simeq 2,926 [kJ/kg]$

정답 ③

핵심이론 03 에너지식과 단위질량유량당 축일

① 베르누이의 방정식

압력에너지 + 운동에너지 + 위치에너지 = 일정

② 운동에너지

$$K = \frac{1}{2}mv^2$$

③ 위치에너지

$$W = mgh$$

④ 위치에너지, 운동에너지, 열에너지의 변화

$$mgh = mC\Delta t$$

⑤ 유동하는 기체의 단위질량당 역학적 에너지

$$E = \frac{P}{\rho} + \frac{v^2}{2} + gh = C$$

(여기서, P : 압력, ρ : 밀도, v : 속도, g : 중력가속도, h : 높이, C : 일정)

⑥ 증기의 속도가 빠르고, 입·출구 사이의 높이차도 존재하여 운동에너지 및 위치에너지를 무시할 수 없다고 가정하고, 증기는 이상적인 단열 상태에서 개방시스템 내로 흘러 들어가 단위질량유량당 축일(W_s)을 외부로 제공하고 시스템으로부터 흘러나온다고 할 때, 단위질량유량당 축일(W_s)의 계산식은 다음과 같다.

$$W_s = -\int_i^e VdP + \frac{1}{2}(v_i^2 - v_e^2) + g(z_i - z_e)$$

(여기서, V : 비체적, P : 압력, v : 속도, z : 높이, i : 입구, e : 출구)

핵심예제

3-1. 9.8[N]의 물체가 100[m]의 높이에서 지상으로 떨어졌을 때 발생하는 열량은 약 몇 [J]인가? [2014년 제1회]

① 834 ② 980
③ 1,034 ④ 1,234

3-2. 200[kg]의 물체가 10[m]의 높이에서 지면으로 떨어졌다. 최초의 위치에너지가 모두 열로 변했다면 약 몇 [kcal]의 열이 발생하겠는가? [2010년 제4회, 2014년 제1회 유사, 2017년 제2회]

① 2.5 ② 3.6
③ 4.7 ④ 5.8

3-3. 높이 50[m]인 폭포에서 물이 낙하할 때 위치에너지가 운동에너지로 변했다가 다시 열에너지로 변한다면 물의 온도는 대략 몇 [℃] 정도 올라가는가? [2010년 제4회, 2013년 제4회]

① 0.02 ② 0.12
③ 0.22 ④ 0.32

|해설|

3-1
열량 $Q = W = E_p = mgh = F \times h = 9.8[N] \times 100[m]$
$= 980[N \cdot m] = 980[J]$

3-2
$W = mgh = (200 \times 9.8) \times 10 = 19,600[N \cdot m] = 19,600[J]$
$= \dfrac{19,600}{4.186}[cal] \simeq 4,682[cal] \simeq 4.7[kcal]$

3-3
위치에너지가 운동에너지로 변했다가 모두 열로 변했으므로
위치에너지 = (가)열량
∴ $mgh = mC\Delta t$ (여기서, C : 물의 비열)
∴ $\Delta t = \dfrac{mgh}{mC} = \dfrac{gh}{C} = \dfrac{9.8 \times 50}{4,186} \simeq 0.12[℃]$

※ 물의 비열
$1[cal/g \cdot ℃] = 1[kcal/kg \cdot ℃] \simeq 4.186[kJ/kg \cdot ℃]$
$= 4,186[J/kg \cdot ℃]$

정답 3-1 ② 3-2 ③ 3-3 ②

2-2. 열역학 제2법칙

핵심이론 01 열역학 제2법칙의 개요

① 열역학 제2법칙(엔트로피 법칙 = 비가역법칙(에너지 흐름의 방향성) = 실제적 법칙 = 제2종 영구기관 부정의 법칙)
  ㉠ 임의의 과정에 대한 가역성과 비가역성을 논의하는 데 적용되는 법칙이다.
  ㉡ 진공 중에서 가스의 확산은 비가역적이다.
  ㉢ 고립계 내부의 엔트로피 총량은 언제나 증가한다.
  ㉣ 자연계에서 일어나는 모든 현상은 규칙적이고 체계화된 정도가 감소하는 방향으로 일어난다. 즉, 자연계에서 일어나는 현상은 한 방향으로만 진행된다.
  ㉤ 에너지가 전환될 때의 에너지는 형태가 바뀌어 보존되지만, 외부로 확산된 열에너지는 다시 회수하여 사용할 수 없다.
  ㉥ 전열선에 전기를 가하면 열이 발생하지만 전열선을 가열하여도 전력은 얻을 수 없다.
  ㉦ 열기관의 효율에 대한 이론적인 한계를 결정한다.
    ※ 열기관 : 열에너지를 기계적 에너지로 변환하는 기관

② 열역학 제2법칙과 열
  ㉠ 사이클에 의하여 일을 발생시킬 때는 고온체와 저온체가 필요하다.
  ㉡ 열은 온도가 높은 곳에서 낮은 곳으로 이동한다.
  ㉢ 열은 외부동력 없이 저온체에서 고온체로 이동할 수 없다.
  ㉣ 열은 그 자신만으로는 저온의 물체로부터 고온의 물체로 이동할 수 없다.
  ㉤ 열은 차가운 물체에서 더운 물체쪽으로 스스로 이동하지 않는다.
  ㉥ 열은 스스로 고온에서 저온으로 이동할 수 있지만, 저온에서 고온으로는 이동하지 않는다.

ⓐ 열에너지가 모두 역학적 에너지로 전환되는 것은 불가능하다.
ⓑ 일을 열로 바꾸는 것은 용이하고 완전히 바뀌는 것에 반하여, 열을 일로 바꾸는 것은 그 효율이 절대로 100[%]가 될 수 없다.
ⓒ 열을 저온의 열원으로부터 고온의 열원으로 전달하는 것은 불가능하다.
ⓓ 외부에 어떠한 영향을 남기지 않고 한 사이클 동안에 계가 열원으로부터 받은 열을 모두 일로 바꾸는 것은 불가능하다.

③ 제2종 영구기관 : 공급된 열을 100[%] 완전하게 역학적인 일로 바꿀 수 있는 가상의 기관으로, 존재하지 않는다.

④ 유효에너지와 무효에너지
  ㉠ 유효에너지 : 유효한 일로 변환되는 에너지 또는 기계에너지로 변환할 수 있는 에너지(엑서지, Exergie)
  ㉡ 무효에너지 : 저열원으로 버리게 되는 에너지 또는 기계에너지로 변환할 수 없는 에너지(아너지, Anergy)

핵심예제

열역학 제2법칙에 관한 다음 설명 중 옳지 않은 것은?

[2017년 제1회]

① 100[%]의 열효율을 갖는 열기관은 존재할 수 없다.
② 단일열원으로부터 열을 전달받아 사이클 과정을 통해 모두 일로 변화시킬 수 있는 열기관이 존재할 수 있다.
③ 열은 저온부로부터 고온부로 자연적으로 전달되지는 않는다.
④ 고립계에서 엔트로피는 항상 증가하거나 일정하게 보존된다.

|해설|
단일열원으로부터 열을 전달받아 사이클 과정을 통해 모두 일로 변화시킬 수 있는 열기관은 존재할 수 없다. 사이클에 의하여 일을 발생시킬 때는 고온체와 저온체가 필요하다.

정답 ②

핵심이론 02 가역과정과 비가역과정

① 가역과정(Reversible Process) : 변화 전의 원래 상태로 되돌아갈 수 있는 과정(이상과정)
  ㉠ 과정은 어느 방향으로나 진행될 수 있다.
  ㉡ 과정은 이를 조절하는 값을 무한소만큼씩 변화시켜 역행할 수 있다.
  ㉢ 작용 물체는 전 과정을 통하여 항상 평형 상태에 있다.
  ㉣ 마찰로 인한 손실이 없다.
  ㉤ 열역학적 비유동계 에너지의 일반식
  $\delta Q = dU + PdV = dH - VdP$
  ㉥ 근접 예 : 잘 설계된 터빈·압축기·노즐을 통한 흐름, 유체의 균일하고 느린 팽창이나 압축, 충분히 천천히 일어나서 시스템 내에 기울기가 나타나지 않는 많은 과정 등

② 비가역과정(Irreversible Process) : 변화 전의 원래 상태로 되돌아갈 수 없는 과정(실제과정)
  ㉠ 과정은 실제과정이며 정방향으로만 진행된다.
  ㉡ 과정은 이를 조절하는 값을 무한소만큼씩 변화시켜도 역행할 수는 없다.
  ㉢ 예 : 점성력이 존재하는 관 또는 덕트 내의 흐름, 부분적으로 열린 밸브나 다공성 플러그와 같이 국부적으로 좁은 공간을 통과하는 흐름(Joule-Thomson 팽창), 충격파와 같은 큰 기울기를 통과하는 흐름, 온도 기울기가 존재하는 열전도, 마찰이 중요한 모든 과정, 온도 또는 압력이 서로 다른 유체의 흐름 등

③ 클라우지우스(Clausius)의 폐적분값 : $\oint \frac{\delta Q}{T} \leq 0$ (항상 성립)
  ㉠ 가역 사이클 : $\oint \frac{\delta Q}{T} = 0$
  ㉡ 비가역 사이클 : $\oint \frac{\delta Q}{T} < 0$

핵심예제

비가역 사이클에 대한 클라우지우스 적분에 대하여 옳은 것은?(단, Q는 열량, T는 온도)

[2013년 제2회, 2017년 제4회, 2023년 제2회]

① $\oint \frac{\delta Q}{T} > 0$ ② $\oint \frac{\delta Q}{T} \geq 0$

③ $\oint \frac{\delta Q}{T} = 0$ ④ $\oint \frac{\delta Q}{T} < 0$

|해설|

- 가역 사이클 : $\oint \frac{\delta Q}{T} = 0$
- 비가역 사이클 : $\oint \frac{\delta Q}{T} < 0$

정답 ④

핵심이론 03 엔트로피(Entropy)

① 엔트로피의 정의
  - ㉠ 자연 물질이 변형되어, 다시 원래의 상태로 환원될 수 없게 되는 현상
  - ㉡ 비가역 공정에 의한 열에너지의 소산 : 에너지의 사용으로 결국 사용 가능한 에너지가 손실되는 결과
  - ㉢ 다시 가용할 수 있는 상태로 환원시킬 수 없는, 무용의 상태로 전환된 질량(에너지)의 총량
  - ㉣ 무질서도라고도 한다.
  - ㉤ 엔트로피
    $$\Delta S = \frac{\Delta Q}{T}$$

② 엔트로피의 특징
  - ㉠ 엔트로피는 상태함수이다.
  - ㉡ 엔트로피는 분자들의 무질서도의 척도가 된다.
  - ㉢ 엔트로피는 고립계에서 항상 증가하거나 일정하게 보존된다.
  - ㉣ 우주의 모든 현상은 총엔트로피가 증가하는 방향으로 진행되고 있다.
  - ㉤ 자유팽창, 종류가 다른 가스의 혼합, 액체 내 분자의 확산 등의 과정은 비가역과정이므로 엔트로피는 증가한다.

③ 비가역 단열변화에서의 엔트로피 변화
  $dS > 0$

④ 열의 이동 등 자연계에서의 엔트로피 변화
  $\Delta S_1 + \Delta S_2 > 0$

⑤ 정압·정적 엔트로피
  - ㉠ $\Delta S_p = m C_p \ln \frac{T_2}{T_1}$
  - ㉡ $\Delta S_v = m C_v \ln \frac{T_2}{T_1}$
  - ㉢ $\frac{\Delta S_p}{\Delta S_v} = \frac{C_p}{C_v} = k$

핵심예제

3-1. 엔트로피에 대한 설명으로 틀린 것은?

[2012년 제1회, 2016년 제2회]

① 엔트로피는 상태함수이다.
② 엔트로피는 분자들의 무질서도의 척도가 된다.
③ 우주의 모든 현상은 총엔트로피가 증가하는 방향으로 진행되고 있다.
④ 자유팽창, 종류가 다른 가스의 혼합, 액체 내 분자의 확산 등의 과정에서 엔트로피는 변하지 않는다.

3-2. 96.9[℃]로 유지되고 있는 항온탱크가 온도 26.9[℃]의 방 안에 놓여 있다. 어떤 시간 동안에 1,000[J]의 열이 항온탱크로부터 방 안 공기로 방출됐다. 항온탱크 속 물질의 엔트로피 변화는 몇 [J/K]인가?

[2014년 제1회]

① -0.27 ② -2.70
③ 270   ④ 2,700

3-3. 비열 4.184[kJ/kgK]인 물 15[kg]을 0[℃]에서 80[℃]까지 가열할 때, 물의 엔트로피 상승은 약 몇 [kJ/K]인가?

[2013년 제2회]

① 9.5   ② 16.1
③ 21.9   ④ 30.8

3-4. 온도가 800[K]이고, 질량이 10[kg]인 구리를 온도 290[K]인 100[kg]의 물속에 넣었을 때 이 계 전체의 엔트로피 변화는 몇 [kJ/K]인가?(단, 구리와 물의 비열은 각각 0.398[kJ/kgK], 4.185[kJ/kgK]이고 물은 단열된 용기에 담겨 있다)

[2012년 제2회, 2018년 제2회, 2023년 제1회]

① -3.973 ② 2.897
③ 4.424   ④ 6.870

|해설|

3-1
자유팽창, 종류가 다른 가스의 혼합, 액체 내 분자의 확산 등의 과정은 비가역과정이므로 엔트로피는 증가한다.

3-2
$$\Delta S = \frac{Q}{T} = \frac{-1,000}{96.9+273} \simeq -2.70 [J/K]$$

3-3
$$\Delta S = mC\ln\frac{T_2}{T_1} = 15 \times 4.184 \times \ln\frac{(80+273)}{273} \simeq 16.1[kJ/K]$$

3-4
$m_1 C_1 T_1 + m_2 C_2 T_2 = m_1 C_1 T_m + m_2 C_2 T_m$ 에서

$$T_m = \frac{m_1 C_1 T_1 + m_2 C_2 T_2}{m_1 C_1 + m_2 C_2}$$

$$= \frac{10 \times 0.398 \times 800 + 100 \times 4.185 \times 290}{10 \times 0.398 + 100 \times 4.185}$$

$$\simeq 294.8[K]$$

$$\Delta S = \frac{\delta Q}{T} = m_1 C_1 \ln\frac{T_m}{T_1} + m_2 C_2 \ln\frac{T_m}{T_2}$$

$$= 10 \times 0.398 \times \ln\frac{294.8}{800} + 100 \times 4.185 \times \ln\frac{294.8}{290}$$

$$\simeq 2.897[kJ/K]$$

정답 **3-1** ④ **3-2** ② **3-3** ② **3-4** ②

핵심이론 04 카르노 사이클

① 개 요
  ㉠ 카르노 사이클(Carnot Cycle) : 2개의 등온과정과 2개의 단열과정으로 구성된 가역 사이클이다.
  ㉡ (실제로 존재하지 않는) 열기관의 이상 사이클이다.
  ㉢ 열기관 사이클 중에서 열효율이 최대인 사이클이다.
  ㉣ 과정 : 등온팽창 → 단열팽창 → 등온압축 → 단열압축

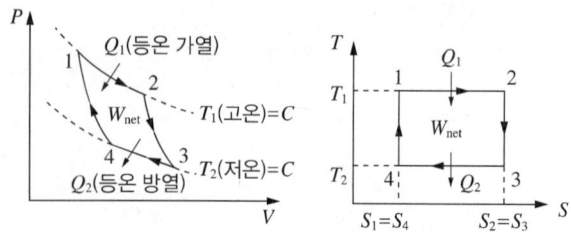

② 카르노 사이클 열기관의 열효율
  ㉠ 카르노 사이클 열기관의 열효율
  $$\eta_c = \frac{W_{net}}{Q_1} = 1 - \frac{Q_2}{Q_1} = 1 - \frac{T_2}{T_1}$$
  (여기서, Q_1 : 고열원의 열량, Q_2 : 저열원의 열량, T_1 : 고열원의 온도, T_2 : 저열원의 온도)
  ㉡ 고온 열저장조와 저온 열저장조의 온도(고열원의 온도와 저열원의 온도)만으로 표시할 수 있다.
  $$\eta_c = f(T_1, T_2)$$
  ㉢ 동일한 두 열저장조 사이에서 작동하는 용량이 다른 카르노 사이클 열기관의 열효율은 서로 같다.
  ㉣ 고온 열저장조의 온도가 높을수록 열효율은 높아진다.
  ㉤ 저온 열저장조의 온도가 높을수록 열효율은 낮아진다.
  ㉥ 주어진 고온 열저장조와 저온 열저장조 사이에서 작동할 수 있는 열기관 중 카르노 사이클 열기관의 열효율이 가장 높다.

③ 엔트로피의 변화량
$$\Delta S = \frac{\delta Q}{T}$$

④ 카르노 사이클의 손실일
$$W_2 = Q_2 = \frac{T_2}{T_1} \times Q_1$$
(여기서, W_2 : 손실일, Q_2 : 비가용에너지)

⑤ 카르노 사이클의 순환 적분 시 등온 상태에서 흡열·방열이 이루어지므로, 가열량과 사이클이 행한 일의 양은 같다.
$$\oint Tds = \oint PdV$$

핵심예제

4-1. 카르노 사이클을 이루는 4개의 가역과정이 아닌 것은?
[2010년 제1회, 2012년 제2회]
① 가역 단열팽창   ② 가역 단열압축
③ 가역 등온압축   ④ 가역 등압팽창

4-2. 500[K]의 고온 열저장조와 300[K]의 저온 열저장조 사이에서 작동되는 열기관이 낼 수 있는 최대 효율[%]은?
[2013년 제4회, 2016년 제2회 유사, 2016년 제4회 유사, 2017년 제1회]
① 100   ② 80
③ 60   ④ 40

4-3. 한 과학자가 자기가 만든 열기관이 80[℃]와 10[℃] 사이에서 작동하면서 100[kJ]의 열을 받아 20[kJ]의 유용한 일을 할 수 있다고 주장한다. 이 과학자의 주장은 어떠한가?
[2010년 제4회]
① 열역학 제0법칙에 어긋난다.
② 열역학 제1법칙에 어긋난다.
③ 열역학 제2법칙에 어긋난다.
④ 열역학 제3법칙에 어긋난다.

핵심예제

4-4. 온도가 400[℃]인 열원과 300[℃]인 열원 사이에서 작동하는 카르노 열기관이 있다. 이 열기관에서 방출되는 300[℃]의 열은 또 다른 카르노 열기관으로 공급되어, 300[℃]의 열원과 100[℃]의 열원 사이에서 작동한다. 이와 같은 복합 카르노 열기관의 전체 효율은 약 몇 [%]인가?

[2010년 제2회 유사, 2017년 제1회]

① 44.57[%]   ② 59.43[%]
③ 74.29[%]   ④ 29.72[%]

4-5. 카르노 사이클에서 공기 1[kg]이 1사이클마다 하는 일이 100[kJ]이고 고온 227[℃], 저온 27[℃] 사이에서 작용한다. 이 사이클의 열 공급과정 중에서 고온 열원에서의 엔트로피의 변화는 몇 [kJ/K]인가?

[2011년 제4회, 2019년 제4회 유사]

① 0.2   ② 0.44
③ 0.5   ④ 0.83

4-6. 200[℃]의 고온 열원과 30[℃]의 저온 열원 사이에서 작동하는 카르노 사이클이 하는 일이 10[kJ]이라면 저온에서 방출된 열[kJ]은 얼마인가?

[2011년 제1회 유사, 2014년 제4회]

① 10.0   ② 15.6
③ 17.8   ④ 27.8

4-7. 저열원 10[℃], 고열원 600[℃] 사이에 작용하는 카르노 사이클에서 사이클당 방열량이 3.5[kJ]이면 사이클당 실제 일의 양은 약 몇 [kJ]인가?

[2011년 제2회 유사, 2012년 제1회, 2016년 제2회]

① 3.5   ② 5.7
③ 6.8   ④ 7.3

4-8. 카르노 사이클로 작동하는 가역기관이 800[℃]의 고온 열원으로부터 5,000[kW]의 열을 받고 30[℃]의 저온열원에 열을 배출할 때 동력은 약 몇 [kW]인가?

[2010년 제4회 유사, 2016년 제4회, 2019년 제2회 유사]

① 440   ② 1,600
③ 3,590   ④ 4,560

|해설|

4-1
카르노 사이클의 4개 가역과정 : 등온팽창, 단열팽창, 등온압축, 단열압축

4-2
$\eta = 1 - \dfrac{T_2}{T_1} = 1 - \dfrac{300}{500} = 40[\%]$

4-3
카르노 사이클의 열효율은
$\eta_c = 1 - \dfrac{T_2}{T_1} = 1 - \dfrac{10+273}{80+273} = 1 - 0.802 \simeq 19.83[\%]$

과학자가 만든 열기관의 열효율은
$\eta = \dfrac{W_{net}}{Q_1} = \dfrac{20}{100} = 20[\%]$

결과적으로, $\eta > \eta_c$이다. 즉, 과학자가 만든 열기관의 열효율이 가장 효율이 높은 카르노 사이클보다 더 높다는 것이므로 열역학 제2법칙에 위배된다.

4-4
$\eta_c = 1 - \dfrac{T_2}{T_1} = 1 - \dfrac{100+273}{400+273} = 1 - \dfrac{373}{673} \simeq 0.4457 = 44.57[\%]$

4-5
고온 열원에서 발생한 열량을 Q_1, 저온 열원이 흡수한 열량을 Q_2라 하자.
카르노 사이클의 열효율
$\eta_c = \dfrac{W_{net}}{Q_1} = 1 - \dfrac{Q_2}{Q_1} = 1 - \dfrac{T_2}{T_1} = 1 - \dfrac{27+273}{227+273} = 0.4$이며

$Q_1 = \dfrac{W_{net}}{\eta_c} = \dfrac{100}{0.4} = 250[\text{kJ}]$

∴ 고온 열원에서 엔트로피의 변화량
$\Delta S_1 = \dfrac{\delta Q}{T_1} = \dfrac{250}{227+273} = \dfrac{250}{500} = 0.5[\text{kJ/K}]$

4-6
$\eta_c = \dfrac{W_{net}}{Q_1} = 1 - \dfrac{Q_2}{Q_1} = 1 - \dfrac{T_2}{T_1} = 1 - \dfrac{30+273}{200+273} = 0.36$

$Q_2 = Q_1(1-\eta_c) = \left(\dfrac{W_{net}}{\eta_c}\right)(1-\eta_c)$
$= \left(\dfrac{10}{0.36}\right) \times (1-0.36) \simeq 17.8[\text{kJ}]$

|해설|

4-7

$$\eta_c = \frac{W_{net}}{Q_1} = 1 - \frac{Q_2}{Q_1} = 1 - \frac{T_2}{T_1}$$
$$= 1 - \frac{10+273}{600+273} = 1 - \frac{283}{873} = 0.6758$$

$\eta_c = 1 - \dfrac{Q_2}{Q_1}$ 에서 $0.6758 = 1 - \dfrac{3.5}{Q_1}$ 이므로,

$Q_1 = \dfrac{3.5}{1-0.6758} = 10.796[\text{kJ}]$ 이며

$\eta_c = \dfrac{W_{net}}{Q_1}$ 에서 $0.6758 = \dfrac{W_{net}}{10.796}$ 이므로,

$W_{net} = 0.6758 \times 10.796 \simeq 7.3[\text{kJ}]$

4-8

$$\eta_c = \frac{W_{net}}{Q_1} = 1 - \frac{Q_2}{Q_1} = 1 - \frac{T_2}{T_1}$$
$$= 1 - \frac{30+273}{800+273} = 1 - \frac{303}{1,073}$$
$$= 0.7176$$

$\eta_c = \dfrac{W_{net}}{Q_1}$ 이므로,

$0.7176 = \dfrac{W_{net}}{5,000}$ 에서

$W_{net} = 0.7176 \times 5,000 = 3,588 \simeq 3,590[\text{kW}]$

정답 4-1 ④ 4-2 ④ 4-3 ③ 4-4 ① 4-5 ③ 4-6 ③ 4-7 ④ 4-8 ③

2-3. 열역학 제0법칙, 열역학 제3법칙, 제반법칙, 관계식

핵심이론 01 열역학 제0법칙과 열역학 제3법칙

① **열역학 제0법칙(열평형의 법칙)**
  ㉠ 물체 A와 B가 각각 물체 C와 열평형을 이루었다면 A와 B도 서로 열평형을 이룬다는 열역학 법칙이다.
  ㉡ 제3의 물체와 열평형에 있는 두 물체는 그들 상호 간에도 열평형을 이루며 물체의 온도는 서로 같다.
  ㉢ 두 계가 다른 한 계와 열평형을 이룬다면, 그 두 계는 서로 열평형을 이룬다.

② **열역학 제3법칙** : 엔트로피 절댓값의 정의(절대영도 불가능의 법칙)
  ㉠ 절대영도(0[K])에는 도달할 수 없다.
  ㉡ 순수한(Perfect) 결정의 엔트로피는 절대영도에서 0이 된다.
  ㉢ 자연계에 실제 존재하는 물질은 절대영도에 이르게 할 수 없다.
  ㉣ 제3종 영구기관 : 절대온도 0도에 도달할 수 있는 기관으로, 일을 하지 않으면서 운동은 계속한다.

핵심예제

온도 250[℃], 질량 50[kg]인 금속을 20[℃]의 물속에 놓았다. 최종 평형 상태에서의 온도가 30[℃]이면 물의 양은 약 몇 [kg]인가?(단, 열손실은 없으며 금속의 비열은 0.5[kJ/kgK], 물의 비열은 4.18[kJ/kgK]이다)

[2010년 제4회, 2013년 제1회, 2016년 제2회]

① 108.3 ② 131.6
③ 167.7 ④ 182.3

|해설|

열역학 제0법칙인 열평형의 법칙을 적용하면, 금속의 방열량은 물의 흡열량과 같다.

$m_1 C_1 (t_1 - t_m) = m_2 C_2 (t_m - t_2)$ 에서

$m_2 = \dfrac{m_1 C_1 (t_1 - t_m)}{C_2 (t_m - t_2)} = \dfrac{50 \times 0.5 \times (250-30)}{4.18 \times (30-20)} \simeq 131.6[\text{kg}]$

정답 ②

핵심이론 02 열역학의 제반법칙

① 보일의 법칙 : 온도가 일정할 때 기체의 부피는 압력에 반비례하여 변한다.
$$P_1 V_1 = P_2 V_2 = C(일정)$$

② 샤를의 법칙 : 압력이 일정할 때 기체의 부피는 온도에 비례하여 변한다(= Gay Lussac의 법칙).
$$\frac{V_1}{T_1} = \frac{V_2}{T_2} = C(일정)$$

③ 보일-샤를의 법칙
$$\frac{P_1 V_1}{T_1} = \frac{P_2 V_2}{T_2} = C(일정)$$

④ 헨리의 법칙 : 일정온도에서 기체의 용해도는 용매와 평형을 이루고 있는 기체의 부분압력에 비례한다는 법칙이다.

⑤ 줄-톰슨의 법칙(줄-톰슨 효과) : 실제 기체를 다공 물질로 통하게 하여 고압에서 저압측으로 연속적으로 팽창시킬 때 온도는 변화한다.

⑥ 깁스(Gibbs)의 상법칙(상률 또는 상칙, Phase Rule)
  ㉠ 상태의 자유도와 혼합물을 구성하는 성분 물질의 수 그리고 상의 수와 관계되는 법칙이다.
  ㉡ 평형일 때 존재하는 관계식이며 열역학의 기본법칙으로부터 유도할 수 있다.
  ㉢ 깁스의 상률은 강도성 상태량과 관계한다.
  ㉣ 깁스 상법칙의 공식
     $F = C - P + 2$
     (여기서, F : 자유도, C : 성분수, P : 상의 수, $+2$: 환경변수)
  ㉤ 자유도 : 시스템의 상태를 결정하는 독립적이고 강성적 성질의 수이며 0, 1, 2, 3의 값 중 어느 하나의 값이다.
  ㉥ 단일성분의 물질이 기상, 액상, 고상 중 임의의 2상이 공존할 때 상태의 자유도는 1이다.
  ㉦ 3상이 모두 존재하면 자유도는 0이며 독립적이고 강성적 성질 없이 압력과 온도는 모두 자연적으로 결정되는 상태이다. 이것이 온도의 기준을 물의 삼중점에서 택한 이유이기도 하다.

핵심예제

2-1. 어느 기체의 압력이 500[kPa]일 때 체적이 50[L]였다. 이 기체의 압력을 2배로 증가시키면 체적은 몇 [L]가 되는가? (단, 온도는 일정한 상태이다) [2009년 제1회]
① 100 ② 50
③ 25   ④ 12.5

2-2. 온도 100[℃], 압력 200[kPa]의 공기(이상기체)가 정압과정으로 최종 온도 200[℃]가 되었을 때 공기의 부피는 처음 부피의 약 몇 배가 되는가? [2013년 제4회]
① 1.12 ② 1.27
③ 1.52 ④ 2

2-3. 110[kPa], 20[℃]의 공기가 정압과정으로 온도가 50[℃]로 상승한 다음, 등온과정으로 압력이 반으로 줄어들었다. 최종 비체적은 최초 비체적의 약 몇 배인가? [2012년 제2회]
① 0.585 ② 1.17
③ 1.71   ④ 2.204

2-4. Gibbs의 상률(상법칙, Phase Rule)에 대한 설명 중 틀린 것은? [2013년 제2회, 2017년 제1회]
① 상태의 자유도와 혼합물을 구성하는 성분 물질의 수 그리고 상의 수와 관계되는 법칙이다.
② 평형이든 비평형이든 무관하게 존재하는 관계식이다.
③ Gibbs의 상률은 강도성 상태량과 관계한다.
④ 단일성분의 물질이 기상, 액상, 고상 중 임의의 2상이 공존할 때 상태의 자유도는 1이다.

| 해설 |

2-1
보일의 법칙
$P_1 V_1 = P_2 V_2 = C$
$V_2 = \dfrac{P_1 V_1}{P_2} = \dfrac{500 \times 50}{500 \times 2} = 25[\text{L}]$

2-2
샤를의 법칙
$\dfrac{V_1}{T_1} = \dfrac{V_2}{T_2} = C$
$V_2 = T_2 \times \dfrac{V_1}{T_1} = (200+273) \times \dfrac{V_1}{100+273} \simeq 1.27 V_1$

2-3
보일-샤를의 법칙
$\dfrac{P_1 V_1}{T_1} = \dfrac{P_2 V_2}{T_2} = C$
$V_2 = \dfrac{P_1 V_1}{T_1} \times \dfrac{T_2}{P_2} = \dfrac{110 V_1}{293} \times \dfrac{323}{55} \simeq 2.204 V_1$

2-4
Gibb의 상률은 평형일 때 존재하는 관계식이다.

정답 2-1 ③ 2-2 ② 2-3 ④ 2-4 ②

핵심이론 03 열역학의 제반 관계식

① 이상기체의 상태방정식

㉠ $PV = n\overline{R}T$(여기서, P : 압력([Pa] 또는 [atm]), V : 부피([m³] 또는 [L]), n : 몰수[mol], $\overline{R}$: 일반기체상수, T : 온도[K])

㉡ 1[mol]의 경우 $n=1$이므로, $PV = \overline{R}T$

㉢ $PV = G\overline{R}T$(여기서, P : 압력[kg/m²], V : 부피[m³], G : 몰수[mol], $\overline{R}$: 일반기체상수(848[kg·m/kmol·K]), T : 온도[K])

㉣ $PV = n\overline{R}T = mRT$(여기서, m : 질량(=분자×몰수), R : 특정기체상수, $R = \dfrac{\overline{R}}{M}$ (M : 기체의 분자량), T : 온도[K])

㉤ 기체상수

- $\overline{R}$: 이상기체상수 또는 일반기체상수로 모든 기체에 대해 동일한 값(일반기체상수는 모든 기체에 대해 항상 변함이 없다)

  $\overline{R} = 8.314[\text{J/mol·K}] = 8.314[\text{kJ/kmol·K}]$
  $= 8.314[\text{N·m/mol·K}] = 1.987[\text{cal/mol·K}]$
  $= 82.05[\text{cc-atm/mol·K}]$
  $= 0.082[\text{L·atm/mol·K}]$
  $= 848[\text{kg·m/kmol·K}]$

- R : 특정기체상수로 기체마다 상이하다(물질에 따라 값이 다르다).
  - 일반기체상수를 분자량으로 나눈 값이다.
  - 단위로 [kJ/kg·K], [J/kg·K], [J/g·K], [kg·m/kg·K], [N·m/kg·K] 등을 사용한다.
  - 공기의 기체상수
    $= 8.314[\text{kJ/kmol·K}] \times 1[\text{kmol}]/28.97[\text{kg}]$
    $\fallingdotseq 0.287[\text{kJ/kg·K}] = 287[\text{J/kg·K}]$

② 실제기체의 상태방정식

　㉠ 반 데르 발스(Van der Waals) 상태방정식

$$\left(P+\frac{n^2a}{V^2}\right)(V-nb)=n\overline{R}T,$$

$$P=\frac{n\overline{R}T}{V-nb}-a\left(\frac{n}{V}\right)^2$$

　　• 최초의 3차 상태방정식
　　• 실제기체의 상호작용을 위한 고려조건
　　　- 척력의 효과 고려 : 기체는 부피가 작은 구처럼 행동하므로 실제기체가 차지하는 부피는 측정된 부피보다 작다($V-nb$).
　　　- 인력의 효과 고려 : 기체 상호 간의 인력 때문에 실제기체의 압력이 감소된다$\left[-a\left(\frac{n}{V}\right)^2\right]$.
　　• 기체에 따라 주어지는 상수 a, b를 구하는 임계점 관계식

$$\left(\frac{\partial P}{\partial V}\right)_{T_c}=0,\ \left(\frac{\partial^2 P}{\partial V^2}\right)_{T_c}=0$$

　㉡ 비리얼(Virial) 상태방정식

$$PV=\overline{R}T\left(1+\frac{B}{V}+\frac{C}{V^2}+\cdots\right),$$

$$PV=\overline{R}T(1+B'P+C'P^2+\cdots)$$

　㉢ 비티-브리지먼(Beattie-Bridgeman) 상태방정식

$$P=\frac{\overline{R}T(1-\varepsilon)}{\overline{V}^2}(\overline{V}+B)-\frac{A}{\overline{V}^2}$$

③ 깁스(Gibbs)의 자유에너지식 : 깁스의 자유에너지의 정의와 직접 관련이 있는 것은 엔탈피, 온도, 그리고 엔트로피이다.

$$\Delta G=\Delta H-T\Delta S$$

핵심예제

공기의 기체상수가 0.287[kJ/kgK]일 때 표준 상태(0[℃], 1기압)에서 밀도는 약 몇 [kg/m³]인가? [2011년 제1회, 2017년 제1회]

① 1.29　　　　② 1.87
③ 2.14　　　　④ 2.48

|해설|

밀도는 $\rho=\frac{m}{V}$이므로 $PV=mRT$에서 밀도식을 유도하면,

$$\rho=\frac{m}{V}=\frac{P}{RT}=\frac{101.325}{0.287\times273}\approx 1.29[\text{kg/m}^3]$$

정답 ①

제3절 | 이상기체 및 관련 사이클

3-1. 이상기체

핵심이론 01 이상기체의 개요

① 이상기체의 특징
  ㉠ 분자와 분자 사이의 거리가 매우 멀다.
  ㉡ 분자 사이의 인력이 없다.
  ㉢ 압축성 인자가 1이다.
  ㉣ 내부에너지는 온도만의 함수이다.
   $dU = C_v dT$
  ㉤ 이상기체의 엔탈피는 온도만의 함수이다.
   $dH = C_p dT$

② 상태량 간의 관계식(이상기체의 내부에너지, 엔탈피, 엔트로피 관계식)
  ㉠ $Tds = du + pdv$
   (여기서, u : 단위질량당 내부에너지, h : 비엔탈피, s : 비엔트로피, T : 절대온도, p : 압력, v : 비체적)
  ㉡ $Tds = dh - vdp$
  ㉢ 가역과정, 비가역과정 모두에 대하여 성립한다.
  ㉣ 가역과정의 경로에 따라 적분할 수 있다.
  ㉤ 비가역과정의 경로에 대하여는 적분할 수 없다.

③ 이상기체의 정압비열과 정적비열의 관계
  $C_p - C_v = R$, $C_p / C_v = k$

④ 실제기체를 이상기체로 근사시키기 가장 좋은 조건 : 저압, 고온, 큰 비체적, 작은 분자량, 작은 분자 간 인력

⑤ 이상기체 상태 방정식으로 공기의 비체적을 계산할 때, 저압이고 고온일수록 오차가 가장 작다.

⑥ 이상기체의 엔트로피 변화량
  ㉠ T, V 함수일 때, $\Delta S = C_v \ln\left(\dfrac{T_2}{T_1}\right) + R \ln\left(\dfrac{V_2}{V_1}\right)$
  ㉡ T, P 함수일 때, $\Delta S = C_p \ln\left(\dfrac{T_2}{T_1}\right) - R \ln\left(\dfrac{P_2}{P_1}\right)$
  ㉢ V, P 함수일 때, $\Delta S = C_p \ln\left(\dfrac{V_2}{V_1}\right) + C_v \ln\left(\dfrac{P_2}{P_1}\right)$

핵심예제

1-1. 실제기체가 이상기체(Ideal Gas)에 가깝게 될 조건은?
[2009년 제1회, 2010년 제4회, 2011년 제1회, 2012년 제1회 유사]

① 압력이 낮고 온도가 높을 때
② 압력이 높고 온도가 낮을 때
③ 온도, 압력이 모두 낮을 때
④ 온도, 압력이 모두 높을 때

1-2. 온도 30[℃], 압력 350[kPa]에서 비체적 0.449[m³/kg]인 이상기체의 기체상수는 몇 [kJ/kgK]인가?
[2009년 제1회, 2012년 제2회]

① 0.143　　② 0.287
③ 0.518　　④ 2.077

1-3. 비열비 k = 1.30이고 정적비열이 0.65[kJ/kgK]이면, 이 기체의 기체상수 몇 [kJ/kgK]인가?
[2012년 제1회, 2020년 제1·2회 통합 유사]

① 0.195　　② 0.5
③ 0.845　　④ 1.345

1-4. 용기 속에 절대압력 850[kPa], 온도 52[℃]인 이상기체가 49[kg] 들어 있다. 이 기체의 일부가 누출되어 용기 내 절대압력이 415[kPa], 온도가 27[℃]되었다면 밖으로 누출된 기체는 약 몇 [kg]인가?
[2013년 제2회 유사, 2013년 제4회 유사, 2015년 제4회]

① 10.4　　② 23.1
③ 25.9　　④ 47.6

| 해설 |

1-1
실제기체를 이상기체로 근사시키기 가장 좋은 조건 : 저압, 고온

1-2
$PV = mRT$, 비체적 $= \dfrac{V}{m}$ 이므로,

$R = \dfrac{PV}{mT} = \dfrac{350 \times 0.449}{30 + 273} = 0.518 [\text{kJ/kgK}]$

1-3
$k = 1.3$, $C_v = 0.65$이며 $C_p/C_v = k$이므로, $C_p/0.65 = 1.3$에서
$C_p = 1.3 \times 0.65 = 0.845$
$C_p - C_v = R$이므로 $R = C_p - C_v = 0.845 - 0.65 = 0.195$이다.

1-4
용기 내 최초의 기체량을 m_1, 용기 내 나중의 기체량을 m_2라 하자.
이상기체의 상태방정식 $PV = mRT$에서 용기 내의 체적이 일정하므로

$V = \dfrac{m_1 R T_1}{P_1} = \dfrac{m_2 R T_2}{P_2}$ 이며

양변을 R로 나누면 $\dfrac{m_1 T_1}{P_1} = \dfrac{m_2 T_2}{P_2}$ 이므로

$m_2 = \dfrac{m_1 T_1}{P_1} \times \dfrac{P_2}{T_2} = \dfrac{49 \times (52 + 273)}{850} \times \dfrac{415}{(27 + 273)}$
$\simeq 25.917 [\text{kg}]$

∴ 누출된 기체량 $= m_1 - m_2 = 49 - 25.917 = 23.083 \simeq 23.1 [\text{kg}]$

정답 1-1 ① 1-2 ③ 1-3 ① 1-4 ②

핵심이론 02 이상기체의 가역 변화(1) : 가역 정압과정

① 정압과정(Constant Pressure Process) : 압력이 일정한 상태의 과정

② 압력, 부피, 온도
$$P = C, \quad \dfrac{V_1}{T_1} = \dfrac{V_2}{T_2}$$

③ 절대일(비유동일)
$$_1W_2 = \int P dV = P(V_2 - V_1)$$
$$= mR(T_2 - T_1)$$

※ 과정 중에서 외부로 가장 많은 일을 하는 과정이다.

④ 공업일(유동일) : $W_t = -\int V dP = 0$

⑤ (가)열량 : $_1Q_2 = \Delta H = m C_p \Delta T$
$$= m C_p (T_2 - T_1)$$
$$= m C_p T_1 \left(\dfrac{T_2}{T_1} - 1 \right)$$
$$= m C_p T_1 \left(\dfrac{V_2}{V_1} - 1 \right)$$

⑥ 내부에너지 변화량 : $\Delta U = m C_v \Delta T$

⑦ 엔탈피 변화량 : $\Delta H = {_1Q_2} = m C_p \Delta T$

⑧ 엔트로피 변화량 : $\Delta S = m C_p \ln \dfrac{T_2}{T_1} = m C_p \ln \dfrac{V_2}{V_1}$

⑨ 정압비열 : $C_p = \dfrac{Q}{m(T_2 - T_1)} = \dfrac{k}{k-1} R [\text{kJ/kgK}]$

⑩ 체적팽창계수 : $\beta = \dfrac{1}{V} \left(\dfrac{\partial V}{\partial T} \right)_p$ 이며, 비압축성 유체의 경우 $\beta = 0$ 이다.

핵심예제

2-1. 압력이 200[kPa]로 일정한 상태로 유지되는 실린더 내의 이상기체가 체적 0.3[m³]에서 0.4[m³]로 팽창될 때 이상기체가 한 일의 양은 몇 [kJ]인가?

[2011년 제2회, 2014년 제1회, 2017년 제1회]

① 20　　② 40
③ 60　　④ 80

2-2. 일정 정압비열(C_p = 1.0[kJ/kgK])을 가정하고 공기 100[kg]을 400[℃]에서 120[℃]로 냉각할 때 엔탈피[kJ]의 변화는?

[2013년 제2회, 2016년 제2회]

① -24,000　　② -26,000
③ -28,000　　④ -30,000

2-3. 질량 m[kg]의 어떤 기체로 구성된 밀폐계가 A[kJ]의 열을 받아 0.5A[kJ]의 일을 하였다면, 이 기체의 온도 변화는 몇 [K]인가?(단, 이 기체의 정적비열은 C_v[kJ/kgK], 정압비열은 C_p[kJ/kgK]이다)

[2012년 제1회, 2015년 제1회]

① $\dfrac{A}{mC_v}$　　② $\dfrac{A}{mC_p}$
③ $\dfrac{A}{2mC_v}$　　④ $\dfrac{A}{2mC_p}$

2-4. 기체 2[kg]을 압력이 일정한 과정으로 50[℃]에서 150[℃]로 가열할 때, 필요한 열량은 몇 [kJ]인가?(단, 이 기체의 정적비열은 3.1[kJ/kgK]이고, 기체상수는 2.1[kJ/kgK]이다)

[2012년 제2회, 2017년 제4회]

① 210　　② 310
③ 620　　④ 1,040

2-5. 압력을 일정하게 유지하면서 15[kg]의 이상기체를 300[K]에서 500[K]까지 가열하였다. 엔트로피 변화는 몇 [kJ/K]인가?(단, 기체상수는 0.189[kJ/kgK], 비열비는 1.289이다)

[2011년 제4회, 2015년 제4회]

① 5.273　　② 6.459
③ 7.441　　④ 8.175

2-6. 다음 중 압력이 일정한 상태에서 온도가 변하였을 때의 체적팽창계수 β에 관한 식으로 옳은 것은?(단, 식에서 V는 부피, T는 온도, P는 압력을 의미한다)

[2011년 제4회, 2017년 제4회]

① $\beta = -\dfrac{1}{P}\left(\dfrac{\partial P}{\partial T}\right)_V$　　② $\beta = -\dfrac{1}{V}\left(\dfrac{\partial V}{\partial T}\right)_T$

③ $\beta = \dfrac{1}{V}\left(\dfrac{\partial V}{\partial T}\right)_P$　　④ $\beta = \dfrac{1}{T}\left(\dfrac{\partial T}{\partial P}\right)_V$

|해설|

2-1
$_1W_2 = \int PdV = P(V_2 - V_1) = 200 \times (0.4 - 0.3) = 20[\text{kJ}]$

2-2
$\Delta H = mC_p(T_2 - T_1) = 100 \times 1.0 \times [(120+273) - (400+273)]$
$= -28,000[\text{kJ}]$

2-3
$Q - W = \Delta U[\text{kJ}]$이므로 $A - \dfrac{1}{2}A = mC_v\Delta T[\text{kJ}]$이며

따라서, $\Delta T = \dfrac{A}{2mC_v}[\text{K}]$

2-4
$C_p - C_v = R$에서 $C_p = R + C_v = 2.1 + 3.1 = 5.2[\text{kJ/kgK}]$
$\delta Q = dH = mC_p dT = 2 \times 5.2 \times 100 = 1,040[\text{kJ}]$

2-5
$C_p = \dfrac{k}{k-1}R = \dfrac{1.289}{1.289-1} \times 0.189 = 0.843[\text{kJ/kgK}]$

$\Delta S = mC_p \ln\dfrac{T_2}{T_1} = 15 \times 0.843 \times \ln\dfrac{500}{300} \simeq 6.459[\text{kJ/K}]$

2-6
체적팽창계수
$\beta = \dfrac{1}{V}\left(\dfrac{\partial V}{\partial T}\right)_p$

정답 2-1 ① 2-2 ③ 2-3 ③ 2-4 ④ 2-5 ② 2-6 ③

핵심이론 03 이상기체의 가역 변화(2) : 가역 정적과정

① 정적과정(Constant Volume Process) : 체적이 일정한 상태에서의 과정

② 압력, 부피, 온도

$$V = C, \quad \frac{P_1}{T_1} = \frac{P_2}{T_2}$$

③ 절대일(비유동일)

$$_1W_2 = \int P dV = 0$$

④ 공업일(유동일)

$$W_t = -\int V dP = V(P_1 - P_2) = mR(T_1 - T_2)$$

⑤ (가)열량

$$_1Q_2 = \Delta U, \quad \delta q = du$$

⑥ 내부에너지 변화량

$$\Delta U = \Delta Q = m C_v \Delta T$$

⑦ 엔탈피 변화량

$$\Delta H = m C_p \Delta T$$

⑧ 엔트로피 변화량

$$\Delta S = m C_v \ln \frac{T_2}{T_1} = m C_v \ln \frac{P_2}{P_1}$$

핵심예제

3-1. CO_2 50[kg]을 50[℃]에서 250[℃]로 가열할 때 내부에너지의 변화는 몇 [kJ]인가?(단, 정적비열 C_v는 0.67[kJ/kgK]이다) [2012년 제1회]

① 134 ② 168
③ 3,200 ④ 6,700

3-2. 이상기체 5[kg]이 250[℃]에서 120[℃]까지 정적과정으로 변화한다. 엔트로피 감소량은 약 몇 [kJ/K]인가?(단, 정적비열은 0.653[kJ/kgK]이다) [2017년 제1회]

① 0.933 ② 0.439
③ 0.274 ④ 0.187

3-3. 압력이 100[kPa]인 공기를 정적과정에서 200[kPa]의 압력이 되었다. 그 후 정압과정으로 비체적이 1[m³/kg]에서 2[m³/kg]으로 변하였다고 할 때, 이 과정 동안 총엔트로피의 변화량은 약 몇 [kJ/kgK]인가?(단, 공기의 정적비열은 0.7[kJ/kgK], 정압비열은 1.0[kJ/kgK]이다) [2011년 제1회, 2017년 제4회]

① 0.31 ② 0.52
③ 1.04 ④ 1.18

|해설|

3-1
$$\Delta U = \Delta Q = m C_v \Delta T = 50 \times 0.67 \times 200 = 6,700 [kJ]$$

3-2
$$\Delta S = m C_v \ln \frac{T_2}{T_1} = 5 \times 0.653 \times \ln \frac{120+273}{250+273} \approx -0.933 [kJ/K]$$

3-3
$$\Delta S_{total} = \Delta S_1 + \Delta S_2 = C_v \ln\left(\frac{P_2}{P_1}\right) + C_p \ln\left(\frac{V_2}{V_1}\right)$$
$$= 0.7 \times \ln\left(\frac{200}{100}\right) + 1.0 \times \ln\left(\frac{2}{1}\right)$$
$$= 1.18 [kJ/kgK]$$

정답 3-1 ④ 3-2 ① 3-3 ④

핵심이론 04 이상기체의 가역 변화(3) : 가역 등온과정

① 등온과정(Constant Temperature Process) : 온도가 일정한 상태의 과정

② 압력, 부피, 온도
$$T = C, \ P_1 V_1 = P_2 V_2$$

③ 절대일(비유동일)
$$_1W_2 = \int P dV = P_1 V_1 \ln \frac{V_2}{V_1} = P_1 V_1 \ln \frac{P_1}{P_2}$$
$$= mRT \ln \frac{V_2}{V_1} = mRT \ln \frac{P_1}{P_2}$$

④ 공업일(유동일)
$$W_t = -\int V dP = {_1W_2}$$

⑤ (가)열량
$$_1Q_2 = {_1W_2} = W_t, \ Q = W, \ \delta q = \delta w$$

⑥ 내부에너지 변화량, 엔탈피 변화량, 엔트로피 변화량
$$\Delta U = 0, \ \Delta H = 0, \ \Delta S > 0$$

⑦ 엔트로피 변화량
$$\Delta S = mR \ln \frac{V_2}{V_1} = mR \ln \frac{P_1}{P_2}$$

⑧ 등온압축과정 : 기체압축에 필요한 일을 최소로 할 수 있는 과정
  ㉠ 압축기에서 압축일의 크기 순 : 가역 단열압축일 > 폴리트로픽 압축일 > 등온압축일
  ㉡ 등온압축계수
  $$K = -\frac{1}{V}\left(\frac{dV}{dP}\right)_T$$

핵심예제

4-1. 피스톤과 실린더로 구성된 밀폐용기 내에 일정한 질량의 이상기체가 차 있다. 초기 상태의 압력은 2[atm], 체적은 0.5 [m³]이다. 이 시스템의 온도가 일정하게 유지되면서 팽창하여 압력이 1[atm]가 되었다. 이 과정 동안 시스템이 한 일은 몇 [kJ]인가?
[2015년 제1회 유사, 2016년 제1회]

① 64
② 70
③ 79
④ 83

4-2. 이상기체 1[mol]이 온도가 23[℃]로 일정하게 유지되는 등온과정으로 부피가 23[L]에서 45[L]로 등온가역팽창하였을 때 엔트로피 변화는 몇 [kJ/K]인가?(단, $\overline{R} = 8.314$[kJ/kmolK]이다)
[2012년 제4회, 2015년 제4회, 2023년 제1회]

① -5.58
② 5.58
③ -1.67
④ 1.67

4-3. 압력 300[kPa]인 이상기체 150[kg]이 있다. 온도를 일정하게 유지하면서 압력을 100[kPa]로 변화시킬 때 엔트로피 [kJ/K] 변화는?(단, 기체의 정적비열은 1.735[kJ/kgK], 비열비는 1.299이다)
[2014년 제1회]

① 62.7
② 73.1
③ 85.5
④ 97.2

4-4. 실린더 내에 있는 온도 300[K]의 공기 1[kg]을 등온압축할 때 냉각된 열량이 114[kJ]이다. 공기의 초기 체적이 V라면 최종 체적은 약 얼마가 되는가?(단, 이 과정은 이상기체의 가역과정이며 공기의 기체상수는 0.287[kJ/kgK]이다)
[2016년 제4회]

① 0.27 V
② 0.38 V
③ 0.46 V
④ 0.59 V

4-5. 60[℃]로 일정하게 유지되고 있는 항온조가 실내온도 26[℃]인 실험실에 설치되어 있다. 이때 항온조로부터 실험실 내의 실내공기로 1,200[J]의 열손실이 있는 경우에 대한 설명으로 틀린 것은?
[2012년 제4회]

① 비가역과정이다.
② 실험실 전체(실험실 공기와 항온조 내의 물질)의 엔트로피 변화량은 약 7.6[J/K]이다.
③ 항온조 내의 물질에 대한 엔트로피 변화량은 약 -3.6[J/K]이다.
④ 실험실 내에서 실내공기의 엔트로피 변화량은 약 4.0[J/K]이다.

4-6. 등온압축계수 K를 옳게 표시한 것은?
[2011년 제1회, 2014년 제2회]

① $K = -\frac{1}{V}\left(\frac{dP}{dT}\right)_V$
② $K = -\frac{1}{V}\left(\frac{dV}{dP}\right)_T$
③ $K = \frac{1}{V}\left(\frac{dP}{dT}\right)_V$
④ $K = \frac{1}{V}\left(\frac{dV}{dP}\right)_T$

|해설|

4-1

$$_1W_2 = \int PdV = P_1V_1 \ln\frac{P_1}{P_2} = 202 \times 0.5 \times \ln\frac{2}{1} \simeq 70[\text{kJ}]$$

4-2

$$\Delta S = n\overline{R}\ln\frac{V_2}{V_1} = 1 \times 8.314 \times \ln\frac{45}{23} \simeq 5.58[\text{kJ/K}]$$

4-3

$$\Delta S = mR\ln\frac{V_2}{V_1} = mR\ln\frac{P_1}{P_2} = m(C_p - C_v)\ln\frac{P_1}{P_2}$$
$$= mC_v(k-1)\ln\frac{P_1}{P_2} = 150 \times 1.735 \times (1.299 - 1) \times \ln\frac{300}{100}$$
$$\simeq 85.5[\text{kJ/K}]$$

4-4

$$Q = mRT\ln\frac{V_2}{V_1}$$
$$-114 = 1 \times 0.287 \times 300 \times \ln\frac{V_2}{V_1}$$
$$\ln\frac{V_2}{V_1} = -\frac{114}{86.1} = -1.324$$
$$\frac{V_2}{V_1} = e^{-1.324} \simeq 0.27$$
$$V_2 = 0.27 V_1$$

4-5

② 실험실 전체(실험실 공기와 항온조 내의 물질)의 엔트로피 변화량
$$\Delta S_{total} = \Delta S_1 + \Delta S_2 = -3.6 + 4.0 = 0.4[\text{J/K}]$$
① 열손실은 엔트로피가 증가하는 비가역과정이다.
③ 항온조 내의 물질에 대한 엔트로피 변화량
$$\Delta S_1 = -\frac{Q_1}{T_1} = \frac{-1,200}{60+273} \simeq -3.6[\text{J/K}]$$
④ 실험실 내에서 실내공기의 엔트로피 변화량
$$\Delta S_2 = \frac{Q_2}{T_2} = \frac{1,200}{26+273} \simeq 4.0[\text{J/K}]$$

4-6

등온압축계수
$$K = -\frac{1}{V}\left(\frac{dV}{dP}\right)_T$$

정답 4-1 ② 4-2 ④ 4-3 ③ 4-4 ① 4-5 ② 4-6 ②

핵심이론 05 이상기체의 가역 변화(4) : 가역 단열과정

① 단열과정(Adiabatic Process) : 경계를 통한 열전달 없이 일의 교환만 있는 과정

② 압력, 부피, 온도
$$PV^k = C, \ TV^{k-1} = C, \ PT^{\frac{k}{1-k}} = C,$$
$$TP^{\frac{1-k}{k}} = C, \ \frac{T_2}{T_1} = \left(\frac{V_1}{V_2}\right)^{k-1} = \left(\frac{P_2}{P_1}\right)^{\frac{k-1}{k}}$$

③ 절대일(비유동일)
$$_1W_2 = \int PdV = \frac{1}{k-1}(P_1V_1 - P_2V_2)$$
$$= \frac{mR}{k-1}(T_1 - T_2) = \frac{mRT_1}{k-1}\left(1 - \frac{T_2}{T_1}\right)$$
$$= \frac{mRT_1}{k-1}\left[1 - \left(\frac{V_1}{V_2}\right)^{k-1}\right]$$
$$= \frac{mRT_1}{k-1}\left[1 - \left(\frac{P_2}{P_1}\right)^{\frac{k-1}{k}}\right]$$
$$= \frac{P_1V_1}{k-1}\left[1 - \left(\frac{T_2}{T_1}\right)\right] = \frac{P_1V_1}{k-1}\left[1 - \left(\frac{V_1}{V_2}\right)^{k-1}\right]$$
$$= \frac{P_1V_1}{k-1}\left[1 - \left(\frac{P_2}{P_1}\right)^{\frac{k-1}{k}}\right]$$

④ 공업일(유동일)
$$W_t = -\int VdP = k \cdot {_1W_2}$$

⑤ (가)열량
$$Q = 0, \ \Delta Q = 0, \ \delta q = 0$$

⑥ 내부에너지 변화량
$$\Delta U = -{_1W_2}$$

⑦ 엔탈피 변화량
$$\Delta H = -W_t = -k \cdot {_1W_2}$$

⑧ 엔트로피 변화량
$$\Delta S = 0$$

⑨ 단열 변화에서는 $PV^n = C$(일정)일 때 $n = k$이다.

⑩ 이상기체와 실제기체를 진공 속으로 단열팽창시키면 이상기체의 온도는 변동 없지만 실제기체의 온도는 내려간다.

⑪ 밀폐계가 행한 일(절대일)은 내부에너지의 감소량과 같다.

⑫ 계의 전 엔트로피는 변하지 않는다. $\Delta S = 0$(등엔트로피=엔트로피 불변)

※ 그러나 비가역 단열과정에서의 ΔS는 항상 증가한다.

핵심예제

5-1. 이상기체로 구성된 밀폐계의 과정을 표시한 것으로 틀린 것은?
[2011년 제2회, 2014년 제2회]

① 등온과정에서 $Q = W$
② 단열과정에서 $Q = -W$
③ 정압과정에서 $Q = \Delta H$
④ 정적과정에서 $Q = \Delta U$

5-2. 이상기체를 가역 단열팽창시킨 후의 온도는?
[2011년 제4회, 2020년 제1·2회 통합]

① 처음 상태보다 낮게 된다.
② 처음 상태보다 높게 된다.
③ 변함이 없다.
④ 높을 때도 있고 낮을 때도 있다.

5-3. 1[mol]의 이상기체가 40[℃], 35[atm]으로부터 1[atm]까지 단열 가역적으로 팽창하였다. 최종 온도는 약 몇 [K]가 되는가?(단, 비열비는 1.67이다)
[2013년 제4회, 2017년 제1회, 2017년 제2회 유사, 2020년 제3회 유사]

① 75   ② 88
③ 98   ④ 107

5-4. 온도가 293[K]인 이상기체를 단열압축하여 체적을 1/6로 하였을 때 가스의 온도는 약 몇 [K]인가?(단, 가스의 정적비열(C_v)은 0.7[kJ/kgK], 정압비열(C_p)은 0.98[kJ/kgK]이다)
[2012년 제1회, 2016년 제2회]

① 393   ② 493
③ 558   ④ 600

5-5. 체적 4[m³], 온도 290[K]의 어떤 기체가 가역 단열과정으로 압축되어 체적 2[m³], 온도 340[K]로 되었다. 이상기체라고 가정하면 기체의 비열비는 약 얼마인가?
[2012년 제1회, 2017년 제2회]

① 1.091   ② 1.229
③ 1.407   ④ 1.667

5-6. 27[℃], 100[kPa]에 있는 이상기체 1[kg]을 1[MPa]까지 가역 단열압축하였다. 이때 소요된 일의 크기는 약 몇 [kJ]인가?(단, 이 기체의 비열비는 1.4, 기체상수는 0.287[kJ/kgK]이다)
[2012년 제2회]

① 100   ② 200
③ 300   ④ 400

|해설|

5-1
단열과정은 외부와 열전달이 없는 과정이므로 $Q = 0$이고, 밀폐계의 일(절대 일)은 내부에너지의 감소량과 같으므로 $W = -\Delta U$이다.

5-2
$$\frac{T_2}{T_1} = \left(\frac{V_1}{V_2}\right)^{k-1} = \left(\frac{P_2}{P_1}\right)^{\frac{k-1}{k}}$$

$$T_2 = T_1 \times \left(\frac{V_1}{V_2}\right)^{k-1} = T_1 \times \left(\frac{P_2}{P_1}\right)^{\frac{k-1}{k}}$$ 이므로, 이상기체를 가역 단열팽창시킨 후의 온도는 처음 상태보다 낮아진다.

5-3
$$\frac{T_2}{T_1} = \left(\frac{V_1}{V_2}\right)^{k-1} = \left(\frac{P_2}{P_1}\right)^{\frac{k-1}{k}}$$

$$T_2 = T_1 \times \left(\frac{V_1}{V_2}\right)^{k-1} = T_1 \times \left(\frac{P_2}{P_1}\right)^{\frac{k-1}{k}}$$

$$= (40 + 273) \times \left(\frac{1}{35}\right)^{\frac{1.67-1}{1.67}} \approx 75[K]$$

5-4
$k = C_p / C_v = 0.98 / 0.7 = 1.4$, $\frac{T_2}{T_1} = \left(\frac{V_1}{V_2}\right)^{k-1}$ 이므로,

$$T_2 = T_1 \times \left(\frac{V_1}{V_2}\right)^{k-1} = 293 \times \left(\frac{6}{1}\right)^{1.4-1} \approx 600[K]$$

5-5

$\dfrac{T_2}{T_1}=\left(\dfrac{V_1}{V_2}\right)^{k-1}$ 의 양변에 로그를 취하면,

$\ln\dfrac{T_2}{T_1}=(k-1)\ln\dfrac{V_1}{V_2}$ 이므로 $\ln\dfrac{340}{290}=(k-1)\ln\dfrac{4}{2}$ 이다.

이는 $0.159=(k-1)\times 0.693$ 이므로, $k=1+0.229=1.229$ 이다.

5-6

$_1W_2=\int PdV=\dfrac{RT_1}{k-1}\left[1-\left(\dfrac{P_2}{P_1}\right)^{\frac{k-1}{k}}\right]$

$=\dfrac{0.287\times 300}{1.4-1}\times\left[1-10^{\frac{1.4-1}{1.4}}\right]\simeq -200\,[\text{kJ}]$

정답 5-1 ② 5-2 ① 5-3 ① 5-4 ② 5-5 ① 5-6 ②

핵심이론 06 이상기체의 가역 변화(5) : 가역 폴리트로픽 과정

① 폴리트로픽 과정(Polytropic Process) : '$PV^n=$일정'으로 기술할 수 있는 과정

② 폴리트로픽 지수(n)와 상태 변화의 관계식
　㉠ n의 범위 : $-\infty \sim +\infty$
　㉡ $n=0$이면, $P=C$: 등압 변화
　㉢ $n=1$이면, $T=C$: 등온 변화
　㉣ $n=k(=1.4)$: 단열 변화
　㉤ $n=\infty$이면, $V=C$: 등적 변화
　㉥ $n>k$이면, 팽창에 의한 열량은 방열량이 되며 온도는 올라간다.
　㉦ $1<n<k$이면, 압축에 의한 열량은 흡열량이 되며 온도는 내려간다.

③ 압력, 부피, 온도

$$PV^n=C,\ \dfrac{T_2}{T_1}=\left(\dfrac{V_1}{V_2}\right)^{n-1}=\left(\dfrac{P_2}{P_1}\right)^{\frac{n-1}{n}}$$

④ 절대일(비유동일)

$$_1W_2=\int PdV=P_1V_1^n\int_1^2\left(\dfrac{1}{V}\right)^n dV$$

$$=\dfrac{1}{n-1}(P_1V_1-P_2V_2)$$

$$=\dfrac{P_1V_1}{n-1}\left(1-\dfrac{P_2V_2}{P_1V_1}\right)=\dfrac{P_1V_1}{n-1}\left(1-\dfrac{T_2}{T_1}\right)$$

$$=\dfrac{mRT}{n-1}\left(1-\dfrac{T_2}{T_1}\right)=\dfrac{mRT}{n-1}\left[1-\left(\dfrac{P_2}{P_1}\right)^{\frac{n-1}{n}}\right]$$

$$=\dfrac{mR}{n-1}(T_1-T_2)$$

※ 만일 $n=2$라면,

$$_1W_2=\dfrac{1}{n-1}(P_1V_1-P_2V_2)=P_1V_1-P_2V_2$$

⑤ 공업일(유동일)

$$W_t=-\int VdP=n\times {_1W_2}$$

⑥ 비열(폴리트로픽 비열)

$$C_n = C_v\left(\frac{n-k}{n-1}\right)$$

⑦ 외부로부터 공급되는 열량

$$_1Q_2 = C_v(T_2 - T_1) + {_1W_2}$$

$$= C_v(T_2 - T_1) + \frac{R}{n-1}(T_1 - T_2)$$

$$= C_v\frac{n-k}{n-1}(T_2 - T_1) = C_n(T_2 - T_1)$$

⑧ 내부에너지 변화량

$$\Delta U = mC_v(T_2 - T_1)$$

$$= \frac{mRT_1}{k-1}\left[\left(\frac{P_2}{P_1}\right)^{\frac{n-1}{n}} - 1\right]$$

⑨ 엔탈피 변화량

$$\Delta h = mC_p(T_2 - T_1)$$

$$= \frac{kmRT_1}{k-1}\left[\left(\frac{P_2}{P_1}\right)^{\frac{n-1}{n}} - 1\right]$$

⑩ 엔트로피 변화량

$$\Delta S = mC_n\ln\frac{T_2}{T_1} = mC_v\left(\frac{n-k}{n-1}\right)\ln\frac{T_2}{T_1}$$

$$= mC_v(n-k)\ln\frac{V_1}{V_2} = mC_v\left(\frac{n-k}{n}\right)\ln\frac{P_2}{P_1}$$

핵심예제

6-1. PV^n = 일정인 과정에서 밀폐계가 하는 일을 나타낸 식은? [2013년 제1회 유사, 2015년 제2회]

① $P_2V_2 - P_1V_1$
② $\frac{1}{n-1}(P_1V_1 - P_2V_2)$
③ $\frac{1}{n-1}(P_2V_2^{n-1} - P_1V_1^{n-1})$
④ $P_1V_1^n(V_2 - V_1)$

6-2. 1.5[MPa], 250[℃]의 공기 5[kg]이 $PV^{1.3}$값이 일정한 과정에 따라 팽창비가 5가 될 때까지 팽창하였다. 이때 내부에너지의 변화는 약 몇 [kJ]인가?(단, 공기의 정적비열은 0.72 [kJ/kgK]이다) [2010년 제2회, 2019년 제2회]

① -1,002
② -720
③ -144
④ -72

6-3. 다음 그림은 단열, 등압, 등온, 등적을 나타내는 압력(P)-부피(V), 온도(T)-엔트로피(S) 선도이다. 각 과정에 대한 설명으로 옳은 것은? [2017년 제4회]

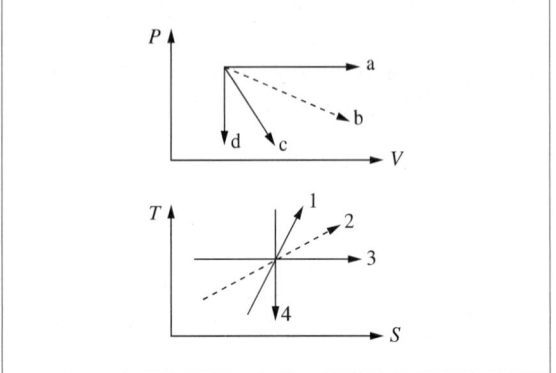

① a는 등적과정이고, 4는 가역 단열과정이다.
② b는 등온과정이고, 3은 가역 단열과정이다.
③ c는 등적과정이고, 2는 등압과정이다.
④ d는 등적과정이고, 4는 가역 단열과정이다.

|해설|

6-1

$$_1W_2 = \int_1^2 pdV = P_1V_1^n\int_1^2\left(\frac{1}{V}\right)^n dV = \frac{1}{n-1}(P_1V_1 - P_2V_2)$$

6-2

$$\frac{T_2}{T_1} = \left(\frac{V_1}{V_2}\right)^{n-1}$$

$$T_2 = T_1 \times \left(\frac{V_1}{V_2}\right)^{n-1} = (250+273)\times\left(\frac{1}{5}\right)^{1.3-1}$$

$$\simeq 323[K]이므로,$$

$$\Delta U = mC_v(T_2 - T_1) = 5\times 0.72\times(323-523) = -720[kJ/kg]$$

6-3

- 등압과정 : a, 2
- 등온과정 : b, 3
- 가역 단열과정 : c, 4
- 등적과정 : d, 1

정답 6-1 ② 6-2 ② 6-3 ④

핵심이론 07 혼합기체

① 돌턴(Dalton)의 법칙 : 전압은 분압의 합과 같다.
② 혼합기체의 기체상수

$$R = \sum_{i=1}^{n} \frac{G_i}{G} R_i = \sum_{i=1}^{n} \frac{m_i}{m} R_i$$

③ 가스의 액화조건 : 압력 상승, 온도 저하(압축과정, 등압 냉각과정, 엔트로피 감소, 최종 상태는 압축액 또는 포화 혼합물 상태)

핵심예제

7-1. N_2와 O_2의 가스정수는 각각 30.26[kgfm/kgK], 26.49[kgfm/kgK]이다. N_2가 70[%]인 N_2와 O_2의 혼합가스의 가스정수[kgfm/kgK]는 얼마인가? [2012년 제2회]

① 19.24 ② 23.24
③ 29.13 ④ 34.47

7-2. N_2와 O_2의 기체상수는 각각 0.297[kJ/kgK] 및 0.260[kJ/kgK]이다. N_2가 0.7[kg], O_2가 0.3[kg]인 혼합가스의 기체상수는 약 몇 [kJ/kgK]인가? [2017년 제4회]

① 0.213 ② 0.254
③ 0.286 ④ 0.312

7-3. 다음 중 가스의 액화과정과 가장 관계가 먼 것은? [2010년 제2회, 2015년 제2회]

① 압축과정
② 등압냉각과정
③ 최종 상태는 압축액 또는 포화 혼합물 상태
④ 등온팽창과정

7-4. 액화공정을 나타낸 그래프에서 ㉠, ㉡, ㉢ 과정 중 액화가 불가능한 공정을 나타낸 것은? [2011년 제1회, 2016년 제4회]

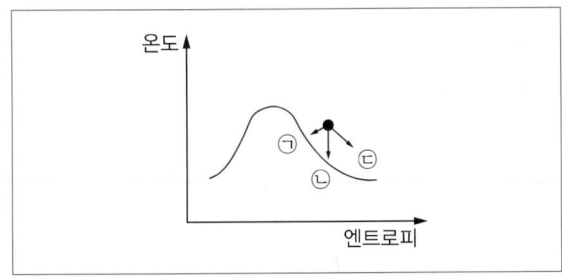

① ㉠ ② ㉡
③ ㉢ ④ ㉠, ㉡, ㉢

|해설|

7-1
혼합가스의 가스정수
$$R = \frac{G_{N_2}}{G} \times R_{N_2} + \frac{G_{O_2}}{G} \times R_{O_2}$$
$$= 0.7 \times 30.26 + 0.3 \times 26.49 \simeq 29.13 [\text{kgfm/kgK}]$$

7-2
혼합기체의 기체상수
$$R = \frac{m_{N_2}}{m} \times R_{N_2} + \frac{m_{O_2}}{m} \times R_{O_2}$$
$$= 0.7 \times 0.297 + 0.3 \times 0.260 \simeq 0.286 [\text{kJ/kgK}]$$

7-3
온도 변화가 없는 등온과정에서 가스의 액화는 불가능하다.

7-4
액화공정에서 엔트로피는 감소하므로, 엔트로피가 증가하는 ㉢ 과정은 액화가 불가능하다.

정답 7-1 ③ 7-2 ③ 7-3 ④ 7-4 ③

3-2. 기체 동력기관의 기본 사이클

핵심이론 01 오토(Otto) 사이클

① 적용 : 가솔린 기관의 기본 사이클

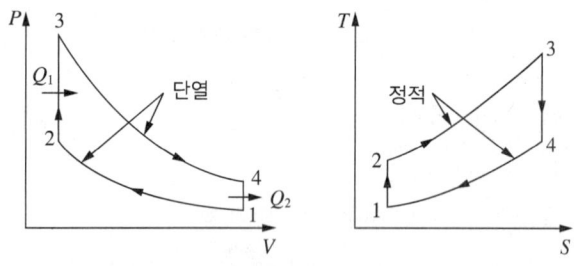

② 구성 : 2개의 등적과정과 2개의 등엔트로피 과정
③ 과정 : 단열압축 → 정적가열 → 단열팽창 → 정적방열
④ 작업유체의 열 공급 및 방열은 일정한 체적에서 이루어진다.
⑤ 전기점화기관(불꽃점화기관)의 이상적 사이클이다.
⑥ 압축비는 노킹현상 때문에 제한을 가진다.
⑦ 열효율

$$\eta_o = \frac{\text{유효한 일}}{\text{공급열량}} = \frac{W}{Q_1} = \frac{\text{공급열량} - \text{방출열량}}{\text{공급열량}}$$

$$= \frac{mC_V(T_3 - T_2) - mC_V(T_4 - T_1)}{mC_V(T_3 - T_2)}$$

$$= 1 - \frac{T_4 - T_1}{T_3 - T_2} = 1 - \left(\frac{1}{\varepsilon}\right)^{k-1}$$

(여기서, ε : 압축비, k : 비열비)

- 열효율은 압축비만의 함수이다.
- 열효율은 압축비가 증가하면 증가한다.
- 열효율은 공급열량과 방출열량에 의해 결정된다.
- 열효율은 작동유체의 비열비와 압축비에 의해서 결정된다.
- 열효율은 작동유체의 비열비가 클수록 증가한다.
- 4행정기관이 2행정기관보다 열효율이 높다.
- 카르노 사이클의 열효율보다 낮다.

⑧ 평균 유효압력

$$p_{mo} = P_1 \frac{(\alpha - 1)(\varepsilon^k - \varepsilon)}{(k-1)(\varepsilon - 1)}$$

$$\left(\text{여기서, } \alpha = \frac{P_3}{P_2} : \text{압력비, } P_1 : \text{최소 압력}\right)$$

핵심예제

1-1. Otto Cycle에서 압축비가 8일 때 열효율은 약 몇 [%]인가?(단, 비열비는 1.4이다)

[2010년 제4회, 2016년 제1회, 2017년 제1회 유사, 2023년 제2회]

① 26.4 ② 36.4
③ 46.4 ④ 56.4

1-2. 오토 사이클에서 동작가스의 가열 전후 온도가 600[K], 1,200[K]이고 방열 전후 온도가 800[K], 400[K]일 경우 이론 열효율은 몇 [%]인가?

[2014년 제1회]

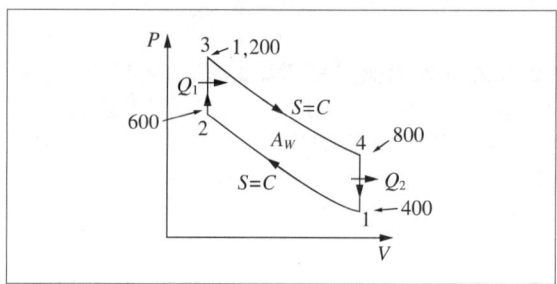

① 28.6 ② 33.3
③ 39.4 ④ 42.6

|해설|

1-1

$$\eta_o = 1 - \left(\frac{1}{\varepsilon}\right)^{k-1} = 1 - \left(\frac{1}{8}\right)^{1.4-1} \simeq 56.4[\%]$$

1-2

1-2(단열압축), 2-3(정적가열), 3-4(단열팽창), 4-1(등적방열)

이론열효율

$$\eta_o = 1 - \frac{T_4 - T_1}{T_3 - T_2} = 1 - \frac{800 - 400}{1,200 - 600} = 33.3[\%]$$

정답 1-1 ④ 1-2 ②

핵심이론 02 디젤(Diesel) 사이클

① 적용 : (저속)디젤기관의 기본 사이클

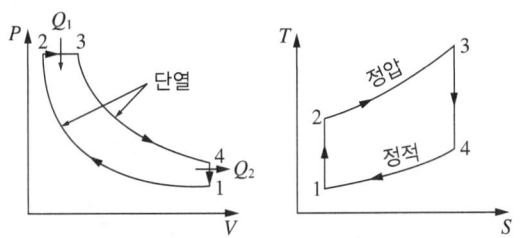

② 과정 : 단열압축 → 정압가열 → 단열팽창 → 정적방열

③ 압축비

$$\varepsilon = \left(\frac{P_2}{P_1}\right)^{\frac{1}{k}}$$

④ 차단비(Cut-off Ratio, 단절비 또는 체절비, 등압팽창비)

$$\sigma = \frac{V_3}{V_2} = \frac{T_3}{T_2} = \frac{T_3}{T_1 \varepsilon^{k-1}}$$

⑤ 열효율

$$\eta_d = 1 - \left(\frac{1}{\varepsilon}\right)^{k-1} \times \frac{\sigma^k - 1}{k(\sigma - 1)}$$

(여기서, ε : 압축비, k : 비열비, σ : 단절비)

⑥ 특 징
  ㉠ 가열(연소)과정은 정압과정으로 이루어진다(일정한 압력에서 열 공급을 한다).
  ㉡ 일정 체적에서 열을 방출한다.
  ㉢ 등엔트로피 압축과정이 있다.
  ㉣ 조기 착화 및 노킹 염려가 없다.
  ㉤ 오토사이클보다 효율이 높다.
  ㉥ 평균유효압력이 높다.
  ㉦ 압축비는 15~20 정도이다.

⑦ 평균 유효압력

$$P_{md} = P_1 \frac{\varepsilon^k k(\sigma - 1) - \varepsilon(\sigma^k - 1)}{(k-1)(\varepsilon - 1)}$$

핵심예제

2-1. 디젤 사이클에서 압축비가 20, 단절비(Cut-off Ratio)가 1.7일 때, 열효율은 약 몇 [%]인가?(단, 비열비는 1.4이다)

[2011년 제2회, 2011년 제4회 유사, 2015년 제1회 유사, 2017년 제4회, 2019년 제4회 유사, 2020년 제3회]

① 43   ② 66
③ 72   ④ 84

2-2. 공기를 작동유체로 하는 디젤 사이클의 온도범위가 32~3,200[℃]이고 이 사이클의 최고 압력 6.5[MPa], 최초 압력 160[kPa]일 경우 열효율[%]은?(단, 비열비는 1.4이다)

[2012년 제1회 유사, 2014년 제2회]

① 14.1   ② 39.5
③ 50.9   ④ 87.8

|해설|

2-1

$$\eta_d = 1 - \left(\frac{1}{\varepsilon}\right)^{k-1} \times \frac{\sigma^k - 1}{k(\sigma - 1)}$$

$$= 1 - \left(\frac{1}{20}\right)^{1.4-1} \times \frac{1.7^{1.4} - 1}{1.4 \times (1.7 - 1)} = 0.66 = 66[\%]$$

2-2

압축비와 단절비를 구해서 열효율식에 대입한다.

• 압축비 : $\varepsilon = \left(\frac{P_2}{P_1}\right)^{\frac{1}{k}} = \left(\frac{6,500}{160}\right)^{\frac{1}{1.4}} = 14$

• 단절비 : $\sigma = \frac{V_3}{V_2} = \frac{T_3}{T_2} = \frac{3,200 + 273}{T_1 \varepsilon^{k-1}} = \frac{3,473}{305 \times 14^{0.4}} \simeq 3.96$

• 열효율 : $\eta_d = 1 - \left(\frac{1}{\varepsilon}\right)^{k-1} \times \frac{\sigma^k - 1}{k(\sigma - 1)}$

$$= 1 - \left(\frac{1}{14}\right)^{1.4-1} \times \frac{3.96^{1.4} - 1}{1.4 \times (3.96 - 1)} \simeq 50.9[\%]$$

정답 2-1 ② 2-2 ③

핵심이론 03 브레이턴(Brayton) 사이클

① 적용 : 가스터빈의 기본 사이클

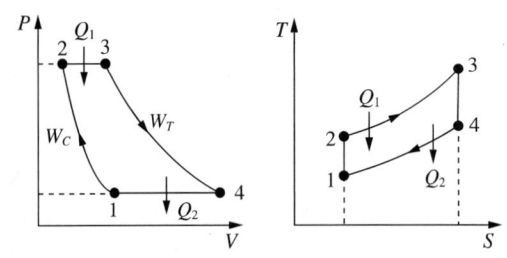

② 과정 : 단열압축 → 정압가열 → 단열팽창 → 정압방열
③ 2-3과정, 4-1과정의 압력이 일정하다.
④ 정압(등압) 상태에서 흡열(연소)되므로 정압(연소) 사이클 또는 등압(연소) 사이클이라고도 한다.
⑤ 실제 가스터빈은 개방 사이클이다.
⑥ 증기터빈에 비해 중량당 동력이 크다.
⑦ 공기는 산소를 공급하고 냉각제의 역할을 한다.
⑧ 단위시간당 동작유체의 유량이 많다.
⑨ 기관중량당 출력이 크다.
⑩ 연소가 연속적으로 이루어진다.
⑪ 가스터빈은 완전연소에 의해서 유해성분의 배출이 거의 없다.
⑫ 열효율

$$\eta_B = 1 - \frac{Q_2}{Q_1} = 1 - \frac{T_4 - T_1}{T_3 - T_2} = 1 - \left(\frac{1}{\varepsilon}\right)^{\frac{k-1}{k}}$$

(여기서, ε : 압축비, k : 비열비)

⑬ 열효율은 압축비가 클수록 증가한다.

핵심예제

3-1. 브레이턴 사이클은 어떤 기관에 대한 이상적인 사이클인가?
[2009년 제1회, 2010년 제2회, 2013년 제4회]

① 가스터빈기관　　② 증기기관
③ 가솔린기관　　　④ 디젤기관

3-2. $T-S$ 선도에서 다음 그림과 같은 사이클은 어느 사이클인가?(단, 2-3, 4-1과정에서는 압력이 일정하다)
[2013년 제2회]

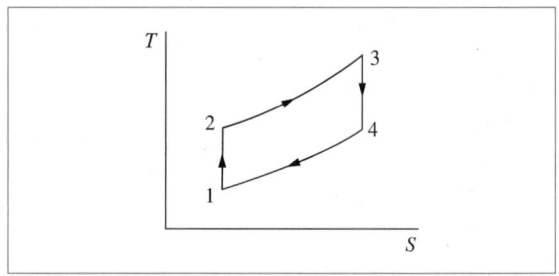

① 오토 사이클　　② 디젤 사이클
③ 브레이턴 사이클　④ 랭킨 사이클

|해설|

3-1
가스터빈기관은 브레이턴 사이클의 기본 사이클이다.
② 증기기관 : 랭킨 사이클
③ 가솔린기관 : 오토 사이클
④ 디젤기관 : 디젤 사이클

3-2
문제 그림의 사이클은 등압과정 2개, 가역 단열과정 2개로 구성된 브레이턴 사이클이다.

정답 3-1 ① 3-2 ③

핵심이론 04 그 밖의 기체 사이클

① 사바테(Sabathe) 사이클
  ㉠ 적용 : 고속 디젤기관의 기본 사이클(복합 사이클)

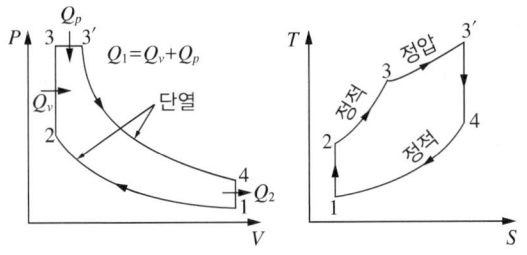

  ㉡ 가열과정은 정적과 정압과정이 복합적으로 이루어진다.
  ㉢ 과정 : 단열압축→정적가열→정압가열→단열팽창→정적방열
  ㉣ 평균유효압력

  $$P_{ms} = P_1 \frac{\varepsilon^k\{(\alpha-1) + k\alpha(\sigma-1)\} - \varepsilon(\sigma^k\alpha-1)}{(k-1)(\varepsilon-1)}$$

② 스털링(Stirling) 사이클
  ㉠ 적용 : 스털링 기관(밀폐식 외연기관)의 기본 사이클

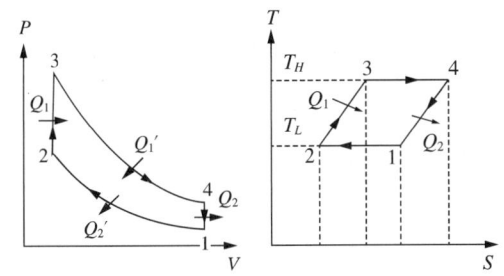

  ㉡ 구성 : 가열·냉각의 2가지 등적 변화와 압축·팽창의 2가지 등온 변화로 구성된다.
  ㉢ 과정 : 등온압축→정적가열→등온팽창→정적방열

③ 에릭슨(Ericsson) 사이클
  ㉠ 적용 : 가스터빈의 기본 사이클

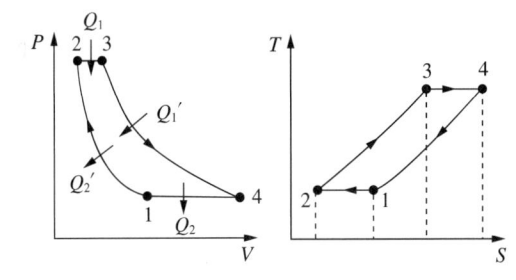

  ㉡ 등온 변화 2개와 정압 변화 2개로 구성
  ㉢ 과정 : 등온압축→정압가열→등온팽창→정압방열

핵심예제

4-1. 다음 그림의 열기관 사이클에 해당하는 것은?

[2012년 제1회]

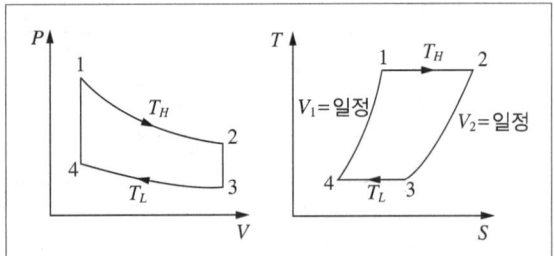

① 스털링 사이클 ② 오토 사이클
③ 브레이턴 사이클 ④ 랭킨 사이클

4-2. 다음 그림과 같은 $T-S$ 선도를 갖는 사이클은?

[2016년 제4회]

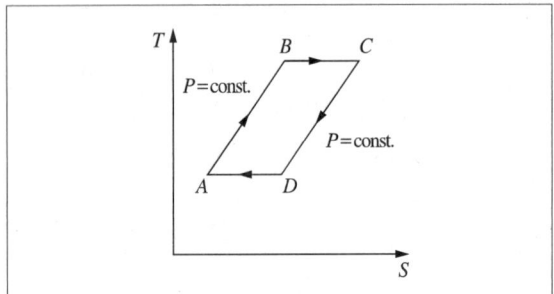

① 브레이턴 사이클 ② 에릭슨 사이클
③ 카르노 사이클 ④ 스털링 사이클

|해설|

4-1
문제 그림의 열기관 사이클은 등온과정 2개, 등적과정 2개로 구성된 스털링 사이클이다.

4-2
문제의 그림은 등온과정 2개, 등압과정 2개로 구성된 에릭슨 사이클이다.

정답 4-1 ① 4-2 ②

핵심이론 05 기체 사이클의 비교

① 사이클의 효율 비교
  ㉠ 초온, 초압, 최저 온도, 압축비, 공급열량, 가열량, 연료 단절비 등이 같은 경우 : 오토 사이클 > 사바테 사이클 > 디젤 사이클
  ㉡ 최고 압력이 일정한 경우 : 디젤 사이클 > 사바테 사이클 > 오토 사이클
② 동일한 압축비에서는 오토 사이클의 효율이 디젤 사이클의 효율보다 높다.
③ 카르노 사이클의 최고 및 최저 온도와 스털링 사이클의 최고 및 최저 온도가 서로 같을 경우 두 사이클의 이론 열효율은 동일하다.

핵심예제

최저 온도, 압축비 및 공급열량이 같을 경우 사이클의 효율이 큰 것부터 작은 순서대로 옳게 나타낸 것은? [2017년 제1회]

① 오토 사이클 > 디젤 사이클 > 사바테 사이클
② 사바테 사이클 > 오토 사이클 > 디젤 사이클
③ 디젤 사이클 > 오토 사이클 > 사바테 사이클
④ 오토 사이클 > 사바테 사이클 > 디젤 사이클

|해설|

열효율의 크기 순서
- 초온, 초압, 최저 온도, 압축비, 공급열량, 가열량, 연료 단절비 등이 같은 경우 : 오토 사이클 > 사바테 사이클 > 디젤 사이클
- 최고 압력이 일정한 경우 : 디젤 사이클 > 사바테 사이클 > 오토 사이클

정답 ④

제4절 | 공기와 증기

4-1. 공기

핵심이론 01 공기의 개요

① 습공기선도 : 수증기 분압, 절대습도, 상대습도, 건구온도, 습구온도, 노점온도, 비체적, 엔탈피 등 각각의 상태값을 측정한다.

② 절대습도

$$y = 0.622 \times \frac{\phi P_s}{P - \phi P_s}$$

(여기서, ϕ : 상대습도, P_s : 수증기 포화압력, P : 대기압)

③ 상대습도(Relative Humidity)를 가장 쉽고 빠르게 측정하려면 건구온도와 습구온도를 측정한 다음 습공기선도에서 상대습도를 읽는다.

④ 임의의 온도와 압력에서의 건조공기의 밀도(ρ_2)

$$\rho_2 = \rho_1 \times \frac{T_1}{T_2} \frac{P_2}{P_1}$$

(여기서, ρ_1 : 0[℃], 760[mmHg]에서 건조공기의 밀도, T_1 : 0[℃], P_1 : 760[mmHg], T_2 : 공기 온도[℃], P_2 : 조건 대기압 - 공기 중 증기의 분압[mmHg])

핵심예제

1-1. 다음 중 상대습도(Relative Humidity)를 가장 쉽고 빠르게 측정할 수 있는 방법은? [2010년 제4회, 2015년 제1회]

① 건구온도와 습구온도를 측정한 다음 습공기선도에서 상대습도를 읽는다.
② 건구온도와 습구온도를 측정한 다음 두 값 중 큰 값으로 작은 값을 나눈다.
③ 건구온도와 습구온도를 측정한 다음 몰리에르선도(Mollier Chart)에서 읽는다.
④ 대기압을 측정한 다음 습도곡선에서 읽는다.

1-2. 방 안의 온도가 25[℃]인데 온도를 낮추어 20[℃]에서 물방울이 생성되었다고 하면, 방 안의 온도가 25[℃]일 때의 상대습도는?(단, 20[℃], 25[℃]에서의 포화 수증기압은 각각 2.23[kPa], 3.15[kPa]이다) [2011년 제4회]

① 0.708
② 0.724
③ 0.735
④ 0.832

| 해설 |

1-1
상대습도(Relative Humidity)를 가장 쉽고 빠르게 측정할 수 있는 방법은 건구온도와 습구온도를 측정한 다음 습공기선도에서 상대습도를 읽는 것이다.

1-2
상대습도

$$\phi = \frac{P_w}{P_s} = \frac{2.23}{3.15} \simeq 70.8[\%]$$

정답 1-1 ① **1-2** ①

핵심이론 02 공기압축기

① 용어의 정의
    ㉠ 상사점 : 실린더의 체적이 최소일 때 피스톤의 위치
    ㉡ 하사점 : 실린더의 체적이 최대일 때 피스톤의 위치
    ㉢ 간극체적(V_C) : 실린더의 최소 체적(피스톤이 상사점에 있을 때 가스가 차지하는 체적)

② 단열효율
$$\eta_{ad} = \frac{\text{단열압축 시의 이론일}}{\text{단열압축 시의 실제 소요일}} = \frac{h_2 - h_1}{h_2' - h_1}$$

③ 압축비
$$\varepsilon = 1 + \frac{V_S}{V_C}$$
    (여기서, V_S : 피스톤 행정체적, V_C : 간극체적)

④ 압축기의 일(소비동력)을 작게 하는 방법 : 중간냉각기(Intercooler)를 사용하여 다단압축한다.

핵심예제

2-1. 간극체적이 피스톤 행정체적의 8[%]인 피스톤기관의 압축비는? [2011년 제1회]

① 13.5 ② 12.5
③ 1.08 ④ 0.08

2-2. 왕복식 압축기를 사용하여 공기를 1기압에서 9기압으로 압축한다. 이 경우에 압축에 소요되는 일을 가장 작게 하기 위해서는 중간 단의 압력을 몇 기압으로 하는 것이 가장 적당한가? [2015년 제4회]

① 2 ② 3
③ 4 ④ 5

|해설|

2-1
압축비
$$\varepsilon = 1 + \frac{V_S}{V_C} = 1 + \frac{1}{0.08} = 13.5$$

2-2
$\frac{P_m}{P_1} = \frac{P_2}{P_m}$ 에서 $P_m = \sqrt{P_1 P_2} = \sqrt{1 \times 9} = 3[\text{atm}]$

정답 2-1 ① **2-2** ②

4-2. 증 기

핵심이론 01 증기의 개요

① 기본 용어
    ㉠ 액체열(감열) : 포화수 상태에 도달할 때까지 가한 열량이다.
    ㉡ 포화온도(Saturated Temperature) : 가해진 압력에 대응하여 증발을 시작할 때의 온도(100[℃], 1기압)이다.
    ㉢ 건도(x) : 습증기 중량당 증발증기 중량의 비이다.
    ㉣ 습도(y) : 습증기 중량당(증기증발 후) 잔재 액체 중량의 비이다.
    ㉤ 과열도 : 과열증기온도(t_B)와 포화온도의 차로 증기 성질은 과열도가 증가할수록 이상기체에 근사한다.
    ㉥ 임계점 : 습증기가 존재할 수 없는 압력과 온도 이상의 점이다.
    ㉦ 증발잠열(γ) : 포화액이 건포화증기로 변할 때까지 가한 열량으로 1기압에서 2,256[kJ/kg], 539[kcal/kg]이다.
        • 내부잠열과 외부잠열로 이루어진다.
        • 포화압력이 증가할수록 증발잠열은 감소한다.
        • 포화압력이 감소할수록 증발잠열은 증가한다.

② 증기와 가스
    ㉠ 증기 : 액화와 기화가 용이한 작동유체(증기원동기의 수증기, 냉동기의 냉매 등)
    ㉡ 가스 : 액화와 증발현상이 잘 일어나지 않은 작동유체(내연기관의 연소가스 등)

③ 증기의 특징
    ㉠ 물보다 비열이 작다.
    ㉡ 임계압력하에서 증발열은 0이 된다.
    ㉢ 동일한 압력에서 포화수와 포화증기의 온도는 같다.

④ 증발과정(등압가열)

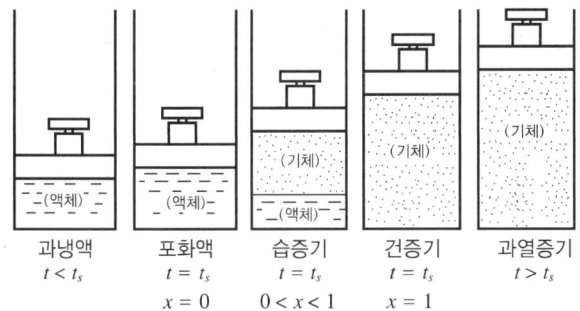

※ t_s = 포화온도, x = 건도

㉠ 과냉액(물, 압축수)
- 가열 전 상태(포화온도 이하)이다.
- 포화액의 온도를 유지하면서 압력을 높이면 과랭 액체가 된다.

㉡ 포화액(포화수)
- 포화온도에 도달하여 증발하기 시작하는 상태이다(건도 $x = 0$).
- 포화수의 증기압력이 낮을수록 물의 증발열이 크다.

㉢ 습증기(습포화증기)
- 포화액과 포화증기와의 혼합물로, 체적이 현저하게 증가되어 외부에 일을 하는 상태이다(계속 가열하지만 온도는 더 이상 증가하지 않음, 건도 $0 < x < 1$).
- 포화온도와 포화압력이 일정하므로 압력이 높아지면 증발잠열이 작아진다.
- 증발잠열과 엔트로피는 비례하므로 가압이 높을수록 엔트로피가 작아진다.
- 온도와 비체적, 압력과 비체적, 압력과 건도 등으로 습증기의 상태를 나타낼 수 있다.
- 습증기 구역에서는 온도와 압력선이 일치하므로(등압선과 등온선이 같으므로) 온도와 압력으로는 습증기의 상태를 나타낼 수 없다.

㉣ 건증기(건포화증기)
- 액체가 모두 증기로 변한 상태이다(건도 $x = 1$).
- 동일한 압력에서 습포화증기와 건포화증기는 온도가 같다.
- 포화증기(습포화증기와 건포화증기)의 온도는 포화수의 온도와 같다.

㉤ 과열증기(Super Heated Steam)
- 건포화증기에 계속 열을 가하여 포화온도 이상의 온도가 된 상태이다.
- 건포화증기를 가열한 것이 과열증기이다.
- 과열증기는 건포화증기보다 온도가 높다.
- 과열증기의 상태 : + 과열도(동일한 압력하의 과열증기와 포화증기의 온도 차이), 주어진 압력에서 포화증기의 온도보다 높은 온도, 주어진 압력에서 포화증기 비체적보다 높은 비체적, 주어진 비체적에서 포화증기의 압력보다 높은 압력, 주어진 온도에서 포화증기 엔탈피보다 높은 엔탈피
- 과열증기 상태의 예 : 1[MPa]의 포화증기가 등온 상태에서 압력이 700[kPa]까지 하강할 때의 최종 상태
- 포화증기를 정적하에서 압력을 증가시키면 과열증기가 된다.
- 포화증기를 일정한 압력 아래에서 가열하면 과열증기가 된다.
- 포화증기를 등엔트로피 과정으로 압축시키면(가역 단열압축 : 온도와 압력 상승) 과열증기가 된다.

• 수증기는 과열도가 증가할수록 이상기체에 가까운 성질을 나타낸다.

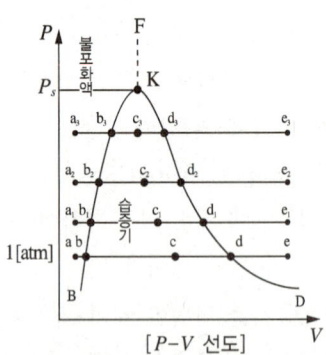

[P-V 선도]

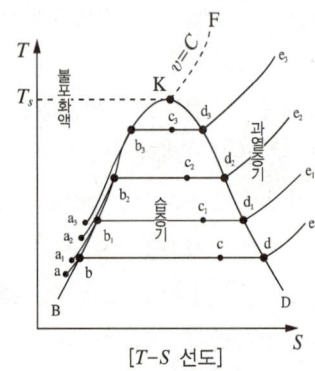

[T-S 선도]

ⓑ 포화액과 포화증기의 비엔트로피 변화량 : 온도가 올라가면 포화액의 비엔트로피는 증가하고, 포화증기의 비엔트로피는 감소한다.

핵심예제

다음 중 과열증기(Super Heated Steam)의 상태가 아닌 것은?
[2014년 제4회, 2017년 제4회]

① 주어진 압력에서 포화증기 온도보다 높은 온도
② 주어진 비체적에서 포화증기 압력보다 높은 압력
③ 주어진 온도에서 포화증기 비체적보다 낮은 비체적
④ 주어진 온도에서 포화증기 엔탈피보다 높은 엔탈피

|해설|
과열증기는 주어진 압력에서 포화증기 비체적보다 높은 비체적이다.

정답 ③

핵심이론 02 증기의 열적 상태량

① 증기의 열적 상태량의 개요
  ㉠ 기준 : 0[℃]의 포화액
    • 물 : 엔탈피와 엔트로피를 0으로 가정한다.
    • 냉동기 : 엔탈피는 100[kcal/kg], 엔트로피는 1[kcal/kgK]를 기준으로 한다.
  ㉡ 표시 기호
    • 포화액 : 비체적 v', 내부에너지 u', 엔탈피 h', 엔트로피 s'
    • 건포화증기 : 비체적 v'', 내부에너지 u'', 엔탈피 h'', 엔트로피 s''

② 건도(x)와 습도(y), 과열도, 과열증기 가열량
  ㉠ 건도
  $$x = \frac{증기\ 중량}{습증기\ 중량}$$
  $$= \frac{v_x - v'}{v'' - v'} = \frac{(V/G) - v'}{v'' - v'}$$
  ㉡ 습도
  $$y = 1 - x$$
  ㉢ 과열도
  과열증기온도(t_B) - 포화온도(t_A)
  ㉣ 과열증기 가열량
  $$Q_B = (1-x)(h'' - h') + C_p A$$
  (여기서, x : 건도, h'' : 건포화증기의 엔탈피, h' : 포화액의 엔탈피, C_p : 증기의 평균 정압비열, A : 과열도)

③ 건포화증기의 엔탈피(h'')와 증발잠열(γ)
  ㉠ 건포화증기의 엔탈피
  $$h'' = h' + \gamma$$
  (여기서, h' : 포화액의 엔탈피, γ : 증발잠열)

ⓛ 증발잠열

$$\gamma = Q = h'' - h' = (u'' - u') + P(v'' - v')$$

(여기서, h'' : 건포화증기의 엔탈피, h' : 포화액의 엔탈피, $(u'' - u')$: 내부 증발잠열, $P(v'' - v')$: 외부 증발잠열)

④ 건도 x인 습증기의 비체적, 내부에너지, 엔탈피, 엔트로피

㉠ 비체적

$$v_x = v' + x(v'' - v')$$

(여기서, v' : 포화수의 비체적, v'' : 건포화증기의 비체적)

㉡ 내부에너지

$$u_x = (1-x)u' + xu'' = u' + x(u'' - u')$$
$$= u'' - y(u'' - u')$$

㉢ 엔탈피

$$h_x = (1-x)h' + xh'' = h' + x(h'' - h')$$
$$= h'' - y(h'' - h')$$

㉣ 엔트로피

$$s_x = s' + x(s'' - s') = s'' - y(s'' - s')$$

⑤ 액체열(감열)

$$Q = \int mCdT = mCT_s$$

(여기서, T_s : 포화온도)

⑥ 수증기와 물의 엔탈피 차이 또는 건포화증기 형성에 필요한 열량

$$\Delta H = Q = \text{가열량(현열)} + \text{잠열량}$$
$$= m_1 C \Delta t + m_2 \gamma_0$$

(여기서, m_1 : 물의 무게, C : 비열, Δt : 온도차, m_2 : 수증기의 무게, γ_0 : 증발잠열)

⑦ 엔트로피 변화량

㉠ $\Delta S = \dfrac{\Delta Q}{T} = mC \ln \dfrac{T_s}{T_0}$

㉡ $s'' - s' = \dfrac{\gamma}{T}$

⑧ 과열증기의 엔탈피

$$h_B = h'' + C_B(t_B - t_A)$$

(여기서, h'' : 포화증기의 엔탈피, C_B : 과열증기의 평균 비열, t_B : 과열증기의 온도, t_A : 포화증기의 온도)

⑨ 물과 증기의 혼합배출액의 열량관계식

$$Q = m_1 C(t_m - t_1) = m_2 C(t_2 - t_m) + m_2 h$$

(여기서, m_1 : 물의 시간당 공급량, C : 물의 평균 비열, t_m : 혼합액의 온도, t_1 : 물의 온도, m_2 : 수증기의 시간당 공급량, t_2 : 수증기의 포화온도, h : 수증기의 엔탈피)

핵심예제

2-1. 포화증기를 가역 단열압축시켰을 때의 설명으로 옳은 것은? [2010년 제1회, 2016년 제2회]

① 압력과 온도가 올라간다.
② 압력은 올라가고 온도는 떨어진다.
③ 온도는 불변이고 압력은 올라간다.
④ 압력과 온도 모두 변하지 않는다.

2-2. 동일한 온도, 압력의 포화수 1[kg]과 포화증기 4[kg]을 혼합하였을 때 이 증기의 건조도[%]는? [2015년 제2회]

① 20　　② 25
③ 75　　④ 80

2-3. 50[℃]의 물의 포화액체와 포화증기의 엔트로피는 각각 0.703[kJ/kgK], 8.07[kJ/kgK]이다. 50[℃] 습증기의 엔트로피가 4[kJ/kgK]일 때 습증기의 건도는 약 몇 [%]인가?
[2010년 제2회 유사, 2017년 제1회, 2020년 제3회 유사, 2023년 제1회]

① 31.7　　② 44.8
③ 51.3　　④ 62.3

2-4. 피스톤이 설치된 실린더에 압력 0.3[MPa], 체적 0.8[m³]인 습증기 4[kg]이 들어 있다. 압력이 일정한 상태에서 가열하여 체적이 1.6[m³]가 되었을 때 습증기의 건도는 얼마인가?(단, 0.3[MPa]에서 포화액의 비체적은 0.001[m³/kg], 건포화증기의 비체적은 0.60[m³/kg]이다)
[2010년 제2회, 2015년 제2회 유사, 2014년 제1회 유사]

① 0.334　　② 0.425
③ 0.575　　④ 0.666

핵심예제

2-5. 피스톤이 설치된 실린더에 압력 0.3[MPa], 체적 0.8[m³]인 습증기 4[kg]이 들어 있다. 압력이 일정한 상태에서 가열하여 습증기의 건도가 0.8이 되었을 때 수증기에 의한 일은 몇 [kJ]인가?(단, 0.3[MPa]에서 포화액의 비체적은 0.001[m³/kg], 건포화증기의 비체적은 0.60[m³/kg]이다)
[2010년 제4회]

① 205.5 ② 237.2
③ 305.2 ④ 336.2

2-6. 80[℃]의 물(h = 335[kJ/kg])과 100[℃]의 건포화수증기(h_s = 2,676[kJ/kg])를 질량비 1 : 1, 열손실 없는 정상 유동과정으로 혼합하여 95[℃]의 포화액 - 증기 혼합물 상태로 내보낸다. 95[℃] 포화 상태에서 h_f = 398[kJ/kg], h_s = 2,668[kJ/kg]이라면 혼합실 출구 건도는 얼마인가?
[2011년 제2회, 2019년 제4회 유사]

① 0.46 미만
② 0.46 이상 0.48 미만
③ 0.48 이상 0.5 미만
④ 0.5 이상

2-7. 피스톤이 장치된 단열 실린더에 300[kPa], 건도 0.4인 포화액 - 증기 혼합물 0.1[kg]이 들어 있고 실린더 내에는 전열기가 장치되어 있다. 220[V]의 전원으로부터 0.5[A]의 전류를 10분 동안 흘려보냈을 때 이 혼합물의 건도는 약 얼마인가?(단, 이 과정은 정압과정이고 300[kPa]에서 포화액의 엔탈피는 561.43[kJ/kg]이며, 포화증기의 엔탈피는 2,724.9[kJ/kg]이다)
[2016년 제1회]

① 0.705 ② 0.642
③ 0.601 ④ 0.442

2-8. 보일러로부터 압력 1[MPa]로 공급되는 수증기의 건도가 0.95일 때 이 수증기 1[kg]당의 엔탈피는 약 몇 [kcal]인가?(단, 1[MPa]에서 포화액의 비엔탈피는 181.2[kcal/kg], 포화증기의 비엔탈피는 662.9[kcal/kg]이다)
[2017년 제1회, 2023년 제2회]

① 457.6 ② 638.8
③ 810.9 ④ 1,120.5

2-9. 동일한 압력에서 100[℃], 3[kg]의 수증기와 0[℃], 3[kg] 물의 엔탈피 차이는 몇 [kJ]인가?(단, C_v = 4.184[kJ/kgK], 100[℃]에서 증발잠열은 2,250[kJ/kg])
[2009년 제1회 유사, 2015년 제4회, 2016년 제4회 유사]

① 638 ② 1,918
③ 2,668 ④ 8,005

2-10. 다음 중 어떤 압력 상태의 습증기 엔트로피가 가장 작은가?(단, 온도는 동일하다고 가정한다)
[2013년 제2회]

① 5기압 ② 10기압
③ 15기압 ④ 20기압

2-11. 물 1[kg]이 50[℃]의 포화액 상태로부터 동일한 압력에서 건포화증기로 증발할 때까지 2,280[kJ]을 흡수하였다. 이때 엔트로피의 증가는 몇 [kJ/K]인가?
[2009년 제1회, 2015년 제1회]

① 7.06 ② 15.3
③ 22.3 ④ 47.6

2-12. 온도 127[℃]에서 포화수 엔탈피는 560[kJ/kg], 포화증기의 엔탈피는 2,720[kJ/kg]일 때 포화수 1[kg]이 포화증기로 변하는 데 따르는 엔트로피의 증가는 몇 [kJ/kgK]인가?
[2012년 제2회 유사, 2015년 제2회]

① 1.4 ② 5.4
③ 6.8 ④ 12.4

2-13. 압력 200[kPa], 온도 25[℃]의 물이 시간당 200[kg]씩 혼합실에 들어가 압력 200[kPa]의 건포화 수증기와 혼합되어 45[℃]의 물로 배출된다. 시간당 수증기의 공급량을 몇 [kg]으로 하여야 하는가?(단, 압력 200[kPa]에서 포화온도가 120[℃], 포화수증기의 엔탈피는 2,703[kJ/kg]이고 열손실은 없으며 액체 상태 물의 평균비열은 4.184[kJ/kgK]이다)
[2013년 제4회]

① 7.25 ② 5.55
③ 5.13 ④ 4.25

2-14. 압력 500[kPa], 온도 240[℃]인 과열증기와 압력 500[kPa]의 포화수가 정상 상태로 흘러 들어와 섞인 후 같은 압력의 포화증기 상태로 흘러나간다. 1[kg]의 과열증기에 대하여 필요한 포화수의 양을 구하면 약 몇 [kg]인가?(단, 과열증기의 엔탈피는 3,063[kJ/kg]이고, 포화수의 엔탈피는 636[kJ/kg], 증발열은 2,109[kJ/kg]이다)
[2015년 제2회]

① 0.15 ② 0.45
③ 1.12 ④ 1.45

2-15. 압력 500[kPa], 온도 250[℃]의 과열증기 500[kg]에 동일 압력의 주입 수량 x[kg]의 포화수를 주입하여 동일 압력의 건도 93[%]의 습공기를 얻었을 때, 주입 수량 x는 약 얼마인가?(단, 압력 500[kPa], 온도 250[℃]의 과열증기 엔탈피는 3,347[kJ/kg], 동일 압력에서 포화수의 엔탈피는 758[kJ/kg]이며, 이때 증발잠열은 2,108[kJ/kg]이다)
[2014년 제2회, 2023년 제2회]

① 80.6 ② 160.1
③ 230.7 ④ 268.7

|해설|

2-1
포화증기를 가역 단열압축(등엔트로피 과정으로 압축)시키면 온도와 압력이 모두 상승한다.

2-2
$$x = \frac{건포화증기질량}{습증기전체질량} = \frac{4}{1+4} = 80[\%]$$

2-3
$s_x = s' + x(s'' - s')$ 에서

건조도 $x = \dfrac{s_x - s'}{s'' - s'} = \dfrac{4 - 0.703}{8.07 - 0.703} \simeq 44.8[\%]$

2-4
습증기의 건도
$$x = \frac{v_x - v'}{v'' - v'} = \frac{(V/G) - v'}{v'' - v'} = \frac{(1.6/4) - 0.001}{0.6 - 0.001} = 0.666$$

2-5
건도 $x_1 = \dfrac{v_x - v'}{v'' - v'} = \dfrac{(V/G) - v'}{v'' - v'} = \dfrac{(0.8/4) - 0.001}{0.6 - 0.001} = 0.33$

$W = mP(x_2 - x_1)(v'' - v')$
$= 4 \times 0.3 \times 10^3 \times (0.8 - 0.33)(0.6 - 0.001) \simeq 336.2[\text{kJ}]$

2-6
$$h_m = x(h_f + h_g) = \frac{h + h_s}{m + m_s} = \frac{335 + 2,676}{2} = 1,505.5[\text{kJ/kg}]$$

에서
$$x = \frac{h_m}{h_f + h_s} = \frac{1,505.5}{398 + 2,668} = 0.49$$ 이므로,

혼합실 출구의 건도는 0.48 이상 0.5 미만이다.

2-7
전열기 발생열량
$Q = I^2 Rt = IVt = 0.5 \times 220 \times (10 \times 60) = 66,000[\text{J}] = 66[\text{kJ}]$
$= m(x_2 - x_1)\gamma = m(x_2 - x_1)(h'' - h')$ 이므로,

$x_2 = x_1 + \dfrac{Q}{m(h'' - h')} = 0.4 + \dfrac{66}{0.1 \times (2,724.9 - 561.43)}$
$\simeq 0.705$

2-8
$h_x = h' + x(h'' - h')$
$= 181.2 + 0.95 \times (662.9 - 181.2)$
$\simeq 638.8[\text{kcal/kg}]$

2-9
$\Delta H = m_1 C_v \Delta t + m_2 \gamma_0$
$= m(C_v \Delta t + \gamma_0) = 3 \times (4.184 \times 100 + 2,250) \simeq 8,005[\text{kJ}]$

2-10
기압이 높을수록 엔트로피가 작아지므로, 엔트로피가 가장 작은 경우는 20기압이다.

2-11
$$\Delta S = \frac{Q}{T_s} = \frac{2,280}{50 + 273} \simeq 7.06[\text{kJ/K}]$$

2-12
$$\Delta S = \frac{\Delta Q}{T} = \frac{h'' - h'}{T_s} = \frac{2,720 - 560}{127 + 273} \simeq 5.4[\text{kJ/kgK}]$$

2-13
$Q = m_1 C(t_m - t_1) = m_2 C(t_2 - t_m) + m_2 h$ 에서
$$m_2 = \frac{m_1 C(t_m - t_1)}{C(t_2 - t_m) + h} = \frac{200 \times 4.184 \times (45 - 25)}{4.184 \times (120 - 45) + 2,703} \simeq 5.55[\text{kg}]$$

2-14
- 습포화 과열증기 엔탈피
  $2,109 + 636 = 2,745[\text{kJ/kg}]$
- 과열증기 증발열
  $3,063 - 636 = 2,427[\text{kJ/kg}]$
- 습포화 과열증기 증발열 차이
  $2,427 - 2,109 = 318[\text{kJ/kg}]$

따라서, 포화수의 양
$m = \dfrac{318}{2,109} = 0.15[\text{kg}]$

2-15
- 습증기 비엔탈피
  $h_x = h' + x\gamma = 758 + 0.93 \times 2,108 = 2,718.44[\text{kJ/kg}]$
- 습증기열량
  $Q_w = m_1 h_x = 500 \times 2,718.44 = 1,359,220[\text{kJ}]$
- 과열증기열량
  $Q_B = 500 \times 3,347 = 1,673,500[\text{kJ}]$
- 주입 수량
  $m = \dfrac{Q_s - Q_w}{h_x - h'} = \dfrac{1,673,500 - 1,359,220}{2,718.44 - 758} = 160.3[\text{kg}]$

정답 2-1 ① 2-2 ④ 2-3 ② 2-4 ④ 2-5 ④ 2-6 ③ 2-7 ① 2-8 ②
2-9 ④ 2-10 ④ 2-11 ① 2-12 ② 2-13 ② 2-14 ① 2-15 ②

4-3. 교축과정과 유속 및 임계압력

핵심이론 01 교축과정(Throttling Process)

① 교축(스로틀링) : 유체가 관 내를 흐를 때, 단면적이 급격히 작아지는 부분을 통과할 때 압력이 급격하게 감소되는 현상(비가역 단열과정)이다.

② 일반적으로 교축과정에서는 외부에 대하여 일을 하지 않고 열교환이 없으며 속도 변화가 거의 없음에 따라 엔탈피는 변하지 않는다고 가정한다.

③ 이상기체의 교축과정 : 온도·엔탈피 일정 → 압력 강하 → 엔트로피 증가

④ 실제유체의 교축과정 : 엔탈피 일정 → 압력·온도 강하 → 엔트로피·비체적·속도 증가의 비가역 정상류 과정

⑤ 줄-톰슨효과 : 실제유체의 교축과정에서 압력만 강하되는 것이 아니라 온도도 강하한다.

⑥ 줄-톰슨계수(Joule-Thomson Coefficient, μ) : 엔탈피 일정 시 압력 강하에 대한 온도 강하의 비

  ㉠ 줄-톰슨계수식 : $\mu = \left(\dfrac{\partial T}{\partial P}\right)_{h=c}$

  ㉡ 온도 강하 시 : $(T_1 > T_2)$ $\mu > 0$

  ㉢ 온도 상승 시 : $(T_1 < T_2)$ $\mu < 0$

  ㉣ 이상기체의 경우 : $(T_1 = T_2)$ $\mu = 0$

⑦ 교축과정의 예 : 노즐, 오리피스, 팽창밸브 등

핵심예제

1-1. 교축(스로틀)과정에서 일정한 값을 유지하는 것은?
[2010년 제2회, 2011년 제4회, 2012년 제1회, 2014년 제2회, 2015년 제1회, 2023년 제1회]

① 압 력 ② 비체적
③ 엔탈피 ④ 엔트로피

1-2. 스로틀링(Throttling) 밸브를 이용하여 Joule-Thomson 효과를 보고자 한다. 압력이 감소함에 따라 온도가 반드시 감소하려면 Joule-Thomson계수 μ는 어떤 값을 가져야 하는가?
[2009년 제1회, 2014년 제4회, 2017년 제1회]

① $\mu = 0$ ② $\mu > 0$
③ $\mu < 0$ ④ $\mu \neq 0$

1-3. 20[MPa], 0[℃]의 공기를 100[kPa]로 교축(Throttling)하였을 때의 온도는 약 몇 [℃]인가?(단, 엔탈피는 20[MPa], 0[℃]에서 485[kJ/kg], 100[kPa], 0[℃]에서 439[kJ/kg]이고, 압력이 100[kPa]인 등압과정에서 평균비열은 1.0[kJ/kg℃]이다)
[2016년 제1회]

① -11 ② -22
③ -36 ④ -46

|해설|

1-1
교축(스로틀)과정
- 이상기체의 교축과정 : 온도·엔탈피 일정 → 압력 강하 → 엔트로피 증가
- 실제유체의 교축과정 : 엔탈피 일정 → 압력·온도 강하 → 엔트로피·비체적·속도 증가

1-2
압력이 감소함에 따라 온도가 감소하므로
줄-톰슨계수 $\mu = \dfrac{\partial T}{\partial P} = \dfrac{T_1 - T_2}{P_1 - P_2} > 0$이다.

1-3
$h_1 - h_2 = C_p(t_1 - t_2)$
$t_2 = t_1 - \dfrac{h_1 - h_2}{C_p} = 0 - \dfrac{485 - 439}{1.0} = -46[℃]$

정답 1-1 ③ 1-2 ② 1-3 ④

핵심이론 02 유속 및 임계압력

① 공기의 음속

$$C = \sqrt{kRT}$$

(여기서, k : 비열비, R : 기체상수, T : 절대온도)

② 가역 단열과정에서 압축공기의 분출속도

$$v_2 = \sqrt{\frac{2kRT_1}{k-1}\left[1 - \left(\frac{P_2}{P_1}\right)^{\frac{k-1}{k}}\right]} \, [\mathrm{m/sec}]$$

(여기서, k : 비열비, R : 기체상수, T_1 : 압축공기의 절대온도, P_1 : 압축공기의 압력, P_2 : 대기압력)

③ 등엔트로피 팽창과정에서의 공기의 출구속도

$$v_2 = \sqrt{2g\left(\frac{k}{k-1}\right)P_1 V_1\left[1 - \left(\frac{P_2}{P_1}\right)^{\frac{k-1}{k}}\right]} \, [\mathrm{m/sec}]$$

(여기서, g : 중력가속도, k : 비열비, P_1 : 처음 압력, V_1 : 처음 체적, P_2 : 나중 압력)

④ 단열 노즐 출구에서의 증기속도

$$v_2 = 44.72\sqrt{h_1 - h_2}$$

⑤ 단열 노즐 출구에서의 속도계수

$$\phi = \frac{\text{비가역 단열팽창 시 노즐 출구속도}}{\text{가역 단열팽창 시 노즐 출구속도}} = \frac{v_2'}{v_2}$$

⑥ 탱크에 저장된 건포화증기가 노즐로부터 분출될 때의 임계압력

$$P_c = P_1\left(\frac{2}{k+1}\right)^{\frac{k}{k-1}}$$

(여기서, P_1 : 탱크의 압력, k : 비열비)

핵심예제

2-1. 1[MPa], 500[℃]인 큰 용기 속의 공기가 노즐을 통하여 100[kPa]까지 등엔트로피 팽창을 한다. 출구속도는 약 몇 [m/sec]인가?(단, 비열비는 1.4이고, 정압비열은 1.0[kJ/kgK]이다)

[2010년 제4회, 2017년 제1회 유사]

① 735　　② 864
③ 910　　④ 925

2-2. 엔탈피가 3,140[kJ/kg]인 과열증기가 단열 노즐에 저속 상태로 들어와 출구에서 엔탈피가 3,010[kJ/kg]인 상태로 나갈 때 출구에서의 증기속도[m/sec]는?

[2011년 제1회, 2011년 제2회, 2016년 제1회 유사, 2016년 제2회]

① 8　　② 25
③ 160　　④ 510

2-3. 2.4[MPa], 450[℃]인 과열증기를 160[kPa]가 될 때까지 단열적으로 분출시킬 때, 출구속도는 960[m/sec]이었다. 속도계수는 얼마인가?(단, 초속은 무시하고 입구와 출구 엔탈피는 각각 h_1 = 3,350[kJ/kg], h_1 = 2,692[kJ/kg]이다)

[2012년 제2회 유사, 2016년 제4회, 2023년 제1회]

① 0.225　　② 0.543
③ 0.769　　④ 0.837

|해설|

2-1

비열비 $k = 1.4 = \dfrac{C_p}{C_v} = \dfrac{1.0}{C_v}$ 에서

정적비열 $C_v = \dfrac{1.0}{1.4} \simeq 0.7143 [\text{kJ/kgK}]$

∴ 기체상수 $R = C_p - C_v = 1.0 - 0.7143 = 0.2857 [\text{kJ/kgK}]$

∴ 출구속도

$v_2 = \sqrt{\dfrac{2kRT_1}{k-1}\left[1 - \left(\dfrac{P_2}{P_1}\right)^{\frac{k-1}{k}}\right]}$

$= \sqrt{\dfrac{2 \times 1.4 \times (0.2857 \times 1,000) \times (500+273)}{1.4-1} \times \left[1 - \left(\dfrac{100}{1,000}\right)^{\frac{1.4-1}{1.4}}\right]}$

$= \sqrt{\dfrac{2 \times 1.4 \times 285.7 \times 773}{0.4} \times 0.482}$

$= \sqrt{745,134.7}$

$\simeq 863.2 [\text{m/sec}]$

2-2

$v_2 = 44.72\sqrt{h_1 - h_2} = 44.72\sqrt{3,140 - 3,010} \simeq 510 [\text{m/sec}]$

2-3

$\phi = \dfrac{\text{비가역 단열팽창 시 노즐 출구속도}}{\text{가역 단열팽창 시 노즐 출구속도}} = \dfrac{v_2'}{v_2}$

$= \dfrac{960}{44.72\sqrt{h_1 - h_2}}$

$= \dfrac{960}{44.72\sqrt{3,350 - 2,692}} = \dfrac{960}{1,147} \simeq 0.837$

정답 2-1 ② 2-2 ④ 2-3 ④

4-4. 증기동력 사이클

핵심이론 01 랭킨(Rankine) 사이클

① 적용 : 증기 원동기의 증기동력 사이클
② 별칭 : 증기 사이클 또는 베이퍼 사이클

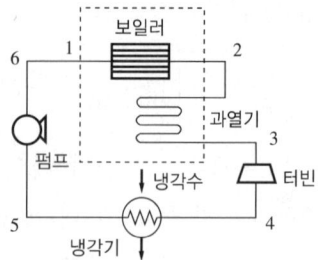

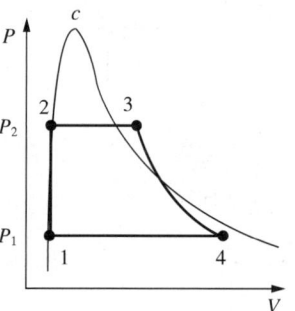

③ 랭킨 사이클의 순서 : 단열압축 → 정압가열 → 단열팽창 → 정압냉각
④ 증기 원동기의 순서 : 펌프(단열압축) → 보일러와 과열기(정압가열) → 터빈(단열팽창) → 복수기(정압냉각)

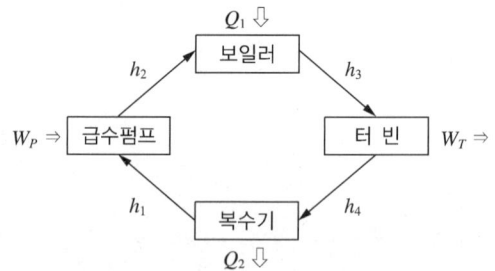

⑤ 엔탈피, 일량, 열량

　㉠ 엔탈피(h)
　　• h_1 : 포화수 엔탈피(펌프 입구 엔탈피)
　　• h_2 : 급수 엔탈피(보일러 입구 엔탈피)
　　• h_3 : 과열증기 엔탈피(터빈 입구 엔탈피)
　　• h_4 : 습증기 엔탈피(응축기 입구 엔탈피)

　㉡ 일량(W)
　　• 펌프일량 : $W_P = h_2 - h_1$
　　• 터빈일량 : $W_T = h_3 - h_4$

　㉢ 열량(Q)
　　• 공급열량 : $Q_1 = h_3 - h_2$
　　• 방출열량 : $Q_2 = h_4 - h_1$

⑥ 랭킨 사이클의 열효율

　㉠ 열량에 의한 랭킨 사이클 효율식
$$\eta_R = \frac{Q_1 - Q_2}{Q_1} = \frac{(h_3 - h_2) - (h_4 - h_1)}{h_3 - h_2}$$

　㉡ 일량에 의한 랭킨 사이클 효율식
$$\eta_R = \frac{W_T - W_P}{Q_1} = \frac{(h_3 - h_4) - (h_2 - h_1)}{h_3 - h_2}$$
$$= 1 - \frac{h_4 - h_1}{h_3 - h_2}$$

　㉢ 펌프일을 생략한 랭킨 사이클의 열효율
　$W_T \gg W_P$이므로 W_P를 생략(무시)할 수 있고,
　이 경우 $h_2 \approx h_1$이므로
$$\eta_R = \frac{W_T - W_P}{Q_1} = \frac{W_T}{Q_1} = \frac{W_{net}}{Q_1} = \frac{h_3 - h_4}{h_3 - h_2}$$
$$= \frac{h_3 - h_4}{h_3 - h_1}$$ 이 된다.

⑦ 랭킨 사이클의 열효율 향상 요인

　㉠ 고대 : 초온, 초압, 보일러 압력, 고온측과 저온측의 온도차, 사이클 최고 온도, 과열도(증기가 고온으로 과열될수록 출력 증가)

　㉡ 저소 : 응축기(복수기)의 압력(배압)과 온도

　㉢ 재열기를 사용한 재열 사이클(2유체 사이클)에 의한 운전

⑧ 응축기(복수기)의 압력을 낮출 때 나타나는 현상

　㉠ 고대 : 정미일, 이론 열효율 향상, 터빈 출구에서의 수분 함유량, 터빈 출구부의 부식

　㉡ 저소 : 방출온도, 터빈 출구의 증기건도, 응축기의 포화온도, 응축기 내의 절대압력, 배출열량

⑨ 랭킨 사이클의 특징

　㉠ 랭킨 사이클에도 단점이 존재한다.
　㉡ 카르노 사이클(Carnot Cycle)에 가깝다.
　㉢ 포화수증기를 생산하는 핵동력장치에 가깝다.

핵심예제

1-1. 다음 중 수증기를 사용하는 증기동력 사이클은?

[2010년 제4회, 2014년 제2회, 2017년 제4회, 2023년 제1회]

① 랭킨 사이클　　② 오토 사이클
③ 디젤 사이클　　④ 브레이턴 사이클

1-2. 다음 그림은 어떤 사이클에 가장 가까운가?

[2015년 제4회]

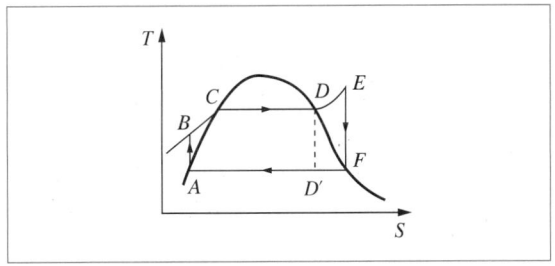

① 디젤 사이클　　② 냉동 사이클
③ 오토 사이클　　④ 랭킨 사이클

1-3. 랭킨 사이클로 작동되는 증기 원동소에서 터빈 입구의 과열증기온도는 500[℃], 압력은 2[MPa]이며, 터빈 출구의 압력은 5[kPa]이다. 펌프 일을 무시하는 경우 이 사이클의 열효율은 몇 [%]인가?(단, 터빈 입구의 과열증기 엔탈피(h_3)는 3,465[kJ/kg]이고, 터빈 출구의 엔탈피(h_4)는 2,556[kJ/kg]이며, 5[kPa]일 때 급수 엔탈피(h_2)는 135[kJ/kg]이다)

[2011년 제4회 유사, 2012년 제2회 유사, 2013년 제1회, 2014년 제4회 유사]

① 21.7　　② 27.3
③ 36.7　　④ 43.2

핵심예제

1-4. 다음 랭킨 사이클의 $T-S$ 선도에서 사선 부분 4-5-6-7-4는 무엇을 나타내는가?

[2013년 제2회]

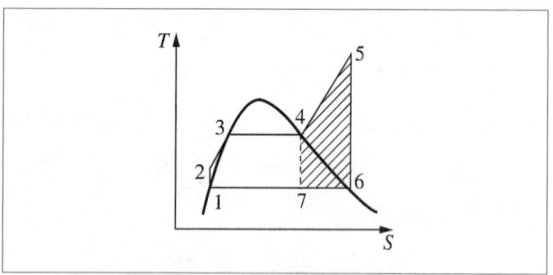

① 수증기의 과열에 의한 추가적인 일(Work)
② 수증기 과열을 위한 추가적 열량
③ 응축기에서 제거되어야 할 열량
④ 보일러의 열부하

해설

1-1
랭킨 사이클은 증기동력 사이클로 수증기 사용동력 플랜트 발전소의 열역학 사이클 등 증기 원동소의 사이클로 이용된다.

1-2
랭킨 사이클의 $T-S$ 선도
- AB : 가역 단열과정(펌프과정)
- BE : 정압가열(건포화증기)
- EF : 단열팽창(터빈 > 복수기로 유입)
- EA : 등온등압방열(포화수 응축)

1-3
$$\eta_R = \frac{W_T - W_P}{Q_1} = \frac{W_T}{Q_1} = \frac{W_{net}}{Q_1} = \frac{h_3 - h_4}{h_3 - h_2} = \frac{3,465 - 2,556}{3,465 - 135}$$
$$= 27.3[\%]$$

1-4
4-5-6-7-4 : 수증기의 과열에 의한 추가적인 일(Work)

정답 1-1 ① 1-2 ④ 1-3 ② 1-4 ①

핵심이론 02 재열(Reheating) 사이클

① 정의 : 랭킨 사이클을 개선한 사이클

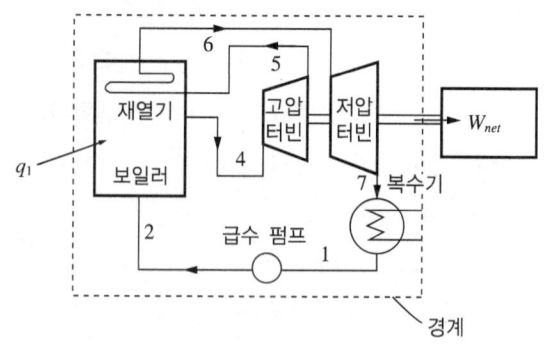

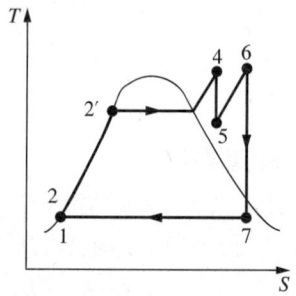

② 랭킨 사이클의 단열팽창과정 도중 추출한 증기는 재열기에서 재가열되고, 터빈에 되돌려서 팽창하게 해 열효율을 높인다.

③ 고압 증기터빈에서 저압 증기터빈으로 유입되는 증기의 건도를 높여 상대적으로 높은 보일러 압력을 사용할 수 있게 하고, 터빈 일을 증가시키며, 터빈 출구의 건도를 높인다.

④ 랭킨 사이클의 터빈 출구 증기의 건도를 상승시켜 터빈 날개의 부식을 방지하기 위한 사이클이다.

⑤ 설비가 복잡해지기 때문에 일반적으로 출력이 75,000 [kW] 이상인 대형 터빈에 이용된다.

⑥ 랭킨 사이클의 터빈 출구 증기의 건도를 상승시켜 터빈 날개의 부식을 방지하기 위한 사이클이다.

⑦ **열효율**

$$\eta = \frac{(h_4 - h_5) + (h_6 - h_7)}{(h_4 - h_1) + (h_6 - h_5)}$$

$$= 1 - \frac{h_7 - h_1}{(h_4 - h_1) + (h_6 - h_5)}$$

⑧ 열효율은 3~4[%] 증가하지만, 실제로는 재생 사이클의 팽창과정이 들어가 재열 – 재생으로 이용되는 경우가 있다.

핵심예제

랭킨 사이클에서 재열을 사용하는 목적은?

[2013년 제1회, 2017년 제1회]

① 응축기 온도를 높이기 위해서
② 터빈압력을 높이기 위해서
③ 보일러 압력을 낮추기 위해서
④ 열효율을 개선하기 위해서

|해설|

랭킨 사이클에서 재열을 사용하면 열효율을 개선할 수 있으며, 이렇게 랭킨 사이클을 개선한 사이클을 재열 사이클이라고 한다.

정답 ④

핵심이론 03 재생 사이클과 재생 – 재열 사이클

① 재생(Regenerative) 사이클

㉠ 정의 : 터빈에서 증기의 일부를 빼내어 그 증기로 급수를 예열하여 열효율을 향상시키는 사이클이다.

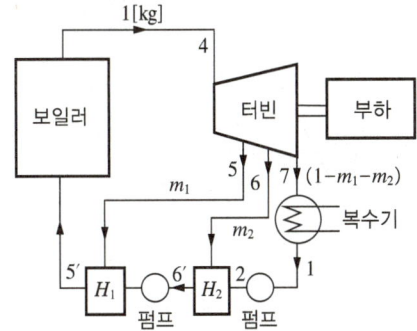

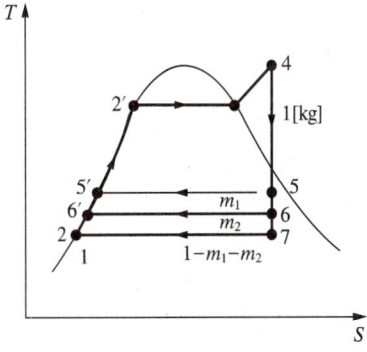

㉡ 대부분의 원자력발전소에서 이 방식을 채택한다.
㉢ 공기예열기(급수가열기)가 필요하다.
㉣ 추기(抽氣)에 의하여 보일러 급수를 예열하므로 보일러에서 가열량을 감소시킨다.
㉤ 터빈 저압부가 과대해지는 것을 막을 수 있다.
㉥ 랭킨 사이클에 비해 효율이 증가한다.
㉦ 열효율

$$\eta = \frac{(h_4 - h_7) - m_1(h_5 - h_7) + m_2(h_6 - h_7)}{h_4 - h_5{'}}$$

② 재생 – 재열 사이클
　㉠ 정의 : 재생 사이클에서 팽창 도중의 증기를 재가열하기 위해 재열기를 첨가한 사이클(대용량 증기 동력 플랜트)이다.

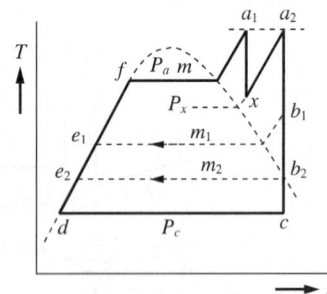

　㉡ 열효율
$$\eta_{th} = \frac{h_{a1} - h_c + (h_{a2} - h_x) - \{g_1(h_1 - h_c) + g_2(h_2 - h_c)\}}{h_{a1} - h_1' + h_{a2} - h_x}$$

핵심예제

다음 그림은 재생과정이 있는 랭킨 사이클이다. 추기에 의하여 급수가 가열되는 과정은?
[2016년 제1회]

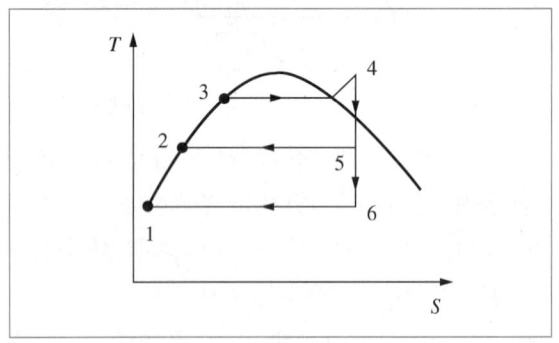

① 1-2　　　　② 4-5
③ 5-6　　　　④ 4-6

|해설|
1-2 : 추기에 의하여 급수가 가열되는 과정

정답 ①

핵심이론 04 증기 원동기

① 증기 원동기(보일러)의 주요 장치
　㉠ 몸체 : 보통 원통형이며 노에서 발생된 열을 받아서 물을 가열하여 증발시키는 장치로 수실, 증기실, 전열면(외부에서 전해 준 열을 물과 증기에 전하는 부분) 등으로 구성된다.
　㉡ 연소장치 : 보일러의 연료를 연소시키는 노
　㉢ 급수펌프(Feed Water Pump) : 보일러에서 필요한 급수를 적정한 압력으로 공급해 주는 펌프
　㉣ 과열기(Superheater) : 연도에 흐르는 연소가스의 열을 이용하여 고온의 과열증기를 만드는 장치
　㉤ 재열기(Reheater) : 과열증기가 터빈에서 팽창되어 일을 하면 포화증기가 되며, 이 포화증기를 가열하여 다시 과열증기로 만드는 장치
　㉥ 절탄기(Economizer) : 보일러의 본체나 과열기를 가열하고 연도에 남아 흐르는 연소가스의 열을 회수하여 급수를 예열하는 장치(연도가스의 열로 급수를 예열하는 장치)
　㉦ 공기예열기(Air Preheater) : 보일러의 본체나 과열기를 가열하고 연도에 남아 흐르는 연소가스의 열을 이용하여 연소실에 들어가는 연소용 공기를 예열하는 장치
　㉧ 미분탄기 또는 분탄기(Pulverizer) : 석탄을 잘게 부수는 장치
　㉨ 복수기(Condenser) : 증기기관에서 수증기를 물로 변환하는 열교환장치. 터빈이나 실린더 내에서 일이 끝난 수증기를 등압냉각 응축시켜 저압 포화액으로 복원하는 장치
　㉩ 속도조절기 : 증기가감밸브
　㉪ 기타 장치 : 급수장치, 기수분리기, 연도, 통풍장치, 집진장치, 재처리장치 등

② pH 범위 : 보일러 급수 7~9, 보일러수 10~11(12 이하)

③ 보일러의 열효율

$$\eta_B = \frac{G_a(h_2 - h_1)}{H_L \times m_f}$$

(여기서, G_a : 시간당 포화수증기 발생량, h_2 : 포화증기의 엔탈피, h_1 : 물의 엔탈피 H_L : 연료 발열량 [kJ/kg], m_f : 시간당 연료 소모율)

④ 카르노 효율 개념으로 계산한 보일러의 초당 연료 소비량
- 카르노 효율

$$\eta_c = 1 - \frac{T_l}{T_h}$$

- 연료 소비량 = $\dfrac{\text{보일러 용량}}{\text{천연가스의 연소열} \times \text{효율}}$

⑤ 손실열량

$$Q = kA\Delta t$$

(여기서, k : 유리의 열전도도, A : 유리의 단면적/유리의 두께, Δt : 유리의 안쪽과 바깥쪽의 온도차)

⑥ 과열온도 조절법
  ㉠ 과열저감기 사용방식
  ㉡ 댐퍼에 의한 열가스 조절방식
  ㉢ 버너 위치 변경, 사용 버너 변경방식
  ㉣ 과열증기에 습증기, 급수분무방식
  ㉤ 과열기 전용화로 이용방식
  ㉥ 연소가스 재순환방식

핵심예제

다음 중 절탄기에 관한 설명으로 옳은 것은?

[2009년 제1회, 2012년 제4회]

① 과열증기의 일부로 급수를 예열하는 장치이다.
② 연도가스의 열로 급수를 예열하는 장치이다.
③ 연도가스의 열로 고온의 공기를 만드는 장치이다.
④ 연도가스의 열로 고온의 수증기를 만드는 장치이다.

|해설|

절탄기(이코노마이저)는 연도가스의 열로 급수를 예열하는 장치이다.

정답 ②

제5절 | 냉동 사이클

5-1. 냉동 · 냉매

핵심이론 01 냉 동

① 냉동능력(Q_2) : 단위시간당 냉동기가 흡수하는 열량 ([kcal/h] 또는 [kJ/h])

$$Q_2 = m(C\Delta t + \gamma_0)$$

(여기서, m : 시간당 생산되는 얼음의 질량, C : 비열, Δt : 온도차, γ_0 : 얼음의 융해열)

② 냉동효과(q_2) : 냉매 1[kg]이 흡수하는 열량([kcal/kg] 또는 [kJ/kg])

$$q_2 = \varepsilon_R W_c$$

(여기서, ε_R : 성능계수, W_c : 공급일)

③ 체적냉동효과 : 압축기 입구에서의 증기 1[m³]의 흡열량

④ 냉동톤[RT] : 냉동능력을 나타내는 단위
  ㉠ 0[℃]의 물 1[ton]을 24시간(1일) 동안 0[℃]의 얼음으로 만드는 냉동능력
  ㉡ 1[RT] : 3,320[kcal/h] = 3.86[kW] = 5.18[PS]

⑤ 제빙톤 : 24시간(1일) 얼음생산능력을 톤으로 나타낸 것. 1제빙톤 = 1.65[RT]

⑥ 냉매순환량

$$G \text{ 또는 } m_R = \frac{\text{냉동능력}}{\text{냉동효과}} = \frac{Q_2}{q_2}[\text{kg/h}]$$

⑦ 체적효율

$$\eta_v = \frac{\text{실제 피스톤의 냉매 압축량}}{\text{이론 피스톤의 냉매 압축량}} = \frac{V_a}{V_{th}} = \frac{V_a}{V}$$

⑧ 흡수식 냉동시스템 : 재생기, 흡수기 등이 압축기 역할을 함께하기 때문에 압축기가 없어 압축에 소요되는 일이 감소하고, 소음 및 진동도 작아진다.

핵심예제

1-1. 냉동능력을 나타내는 단위로, 0[℃]의 물을 24시간 동안 0[℃]의 얼음으로 만드는 능력을 무엇이라 하는가?

[2012년 제1회, 2015년 제4회]

① 냉동효과 ② 냉동마력
③ 냉동톤 ④ 냉동률

1-2. 성능계수가 5.0, 압축기에서 냉매의 단위질량당 압축하는데 요구되는 에너지가 200[kJ/kg]인 냉동기에서 냉동능력 1[kW]당 냉매의 순환량[kg/h]은? [2017년 제4회]

① 1.8 ② 3.6
③ 5.0 ④ 20.0

1-3. 15[℃]의 물로부터 0[℃]의 얼음을 시간당 40[kg]으로 만드는 냉동기의 냉동톤은 약 얼마인가?(단, 얼음의 융해열은 80[kcal/kg]이고, 1냉동톤은 3,320[kcal/h]로 한다)

[2010년 제4회, 2014년 제2회]

① 0.14 ② 1.14
③ 2.14 ④ 3.14

1-4. 표준 증기압축 냉동시스템과 비교하여 흡수식 냉동시스템의 주된 장점은 무엇인가?(단, 얼음의 융해열은 80[kcal/kg]이고, 1냉동톤은 3,320[kcal/h]로 한다)

[2010년 제4회, 2012년 제4회, 2015년 제1회, 2023년 제1회]

① 압축에 소요되는 일이 줄어든다.
② 시스템의 효율이 상승한다.
③ 장치의 크기가 줄어든다.
④ 열교환기의 수가 줄어든다.

|해설|

1-1
냉동톤 : 냉동능력의 단위로, 0[℃]의 물을 24시간 동안 0[℃]의 얼음으로 만드는 냉동능력이다.

1-2
냉매순환량
$$G = \frac{냉동능력}{냉동효과} = \frac{Q_2}{q_2} = \frac{1[kW]}{\varepsilon_R W_c}$$
$$= \frac{3,600[kJ/h]}{0.5 \times 200[kJ/kg]} = 3.6[kg/h]$$

1-3
$Q_2 = m(C\Delta t + \gamma_0) = 40 \times (1 \times 15 + 80) = 3,800[kcal/h]$ 이므로

냉동톤 $RT = \frac{Q_2}{3,320} = \frac{3,800}{3,320} \simeq 1.14$

1-4
흡수식 냉동시스템은 압축기가 없기 때문에 압축에 소요되는 일이 감소하고, 소음 및 진동도 감소한다.

정답 1-1 ③ 1-2 ② 1-3 ② 1-4 ①

핵심이론 02 냉 매

① 냉매(Refrigerant)의 정의 : 냉동기 내를 순환하며 냉동 사이클을 형성하고, 상변화(Phase Change)에 의해 저온부(증발기)에서 열을 흡수하여 고온부(응축기)에 배출하는 매체이다.

② 냉동기의 냉매가 갖추어야 할 조건
　㉠ 저소 : 응고온도, 액체비열, 비열비, 점도, 표면장력, 증기의 비체적, 포화압력, 응축압력, 절연물 침식성, 가연성, 인화성, 폭발성, 부식성, 누설 시 물품 손상, 악취, 가격
　㉡ 고대 : 임계온도, 증발잠열, 증발열, 증발압력, 윤활유와의 상용성, 열전도율, 전열작용, 환경친화성, 절연내력, 화학적 안정성, 무해성(무독성), 내부식성, 불활성, 비가연성(내가연성), 누설 발견 용이성, 자동운전 용이성

③ 냉매의 상태 변화 : 증발과정(증발기) > 압축과정(압축기) > 응축과정(응축기) > 팽창과정(팽창밸브)

④ 팽창밸브에서의 냉매 상태 변화 : 압력과 온도 강하, 등엔탈피 과정, 비가역과정, 엔트로피 증가

⑤ 냉매선도 : 냉매의 물리적·화학적 성질을 모두 나타낼 수 있는 선도(등압선, 등엔탈피선, 포화액선, 포화증기선, 등온선, 등엔트로피선, 등비체적선, 등건조도선이 존재)
　㉠ 압력-체적선도($P-V$ 선도)
　㉡ 온도-엔탈피선도($T-S$ 선도)
　㉢ 엔탈피-엔트로피선도($H-S$ 선도)
　㉣ 압력-엔탈피선도($P-H$ 선도) : 냉동 사이클의 운전 특성을 잘 나타내고 사이클을 해석하는 데 가장 많이 사용되는 선도로, 냉동 사이클을 도시하여 냉동기의 성적계수를 구할 수 있다(몰리에르 선도).

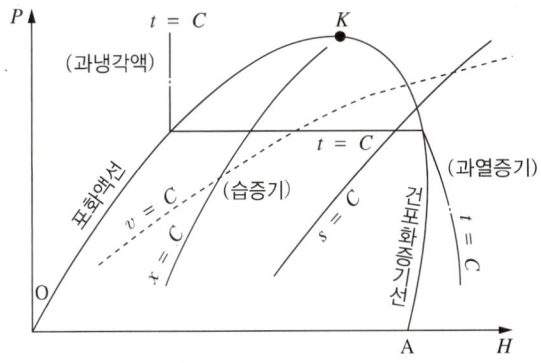

⑥ 냉매의 종류
　㉠ 암모니아(NH₃, R-717) : 냉매의 증발열이 매우 커서 표준(이상) 사이클에서 동일 냉동능력에 대한 냉매순환량이 가장 적고 냉동효과가 가장 좋은 냉매이다. 비열비가 커서($k=1.31$) 토출가스온도가 높다. 우수한 열역학적 특성 및 높은 효율을 지닌 냉매로 제빙, 냉동, 냉장 등 산업용의 증기 압축식 및 흡수식 냉동기의 냉매로 오래 전부터 많이 사용되어 왔다. 그러나 작동압력이 다소 높고 인체에 해로운 유독성이 있어 위험하다. 주로 산업용 대용량 시스템에서 사용되었으며, 소형에는 특수한 목적에만 사용되어 왔다.
　㉡ 물(R-718) : 가정 안전하고 투명한 무해·무취의 냉매로 증기분사식 냉동기, 흡수식 냉동기 등의 공기조화용으로 사용되지만, 응고점이 너무 높고 비체적이 커서 증기압축식 냉동기에는 사용할 수 없다.
　㉢ 공기(R-729) : 안전하고 투명한 무해·무취의 냉매로, 소요동력이 크고 냉동효과와 성능계수가 낮아 항공기의 냉방과 같은 특수한 목적의 공기냉동기 및 공기액화 등에 사용한다.
　㉣ 이산화탄소(CO_2, R-744) : 투명하고 무해·무취이며, 공기보다 무겁고 연소 및 폭발성이 없는 냉매이다. 냉매가 개발되기 전에는 선박이나 건물 등의 냉방용 냉매로 널리 사용하였으나 현재 특수한 용도 외에는 거의 사용되지 않는다. 가스의 비체적이 매우 작기 때문에 체적유량이 적으며, 소형의 냉동 시스템 제작이 가능하다. 임계점(31[℃])이 매우 낮아

⑩ 아황산가스(SO_2, R-764) : 소형 냉동기에 적합한 특성이 있어 초기에 가정용 냉동기 등에 널리 사용되었지만, 냄새와 독성이 매우 강해 현재는 거의 사용되지 않는다.

㉑ CFC(염화불화탄소) 냉매(프레온) : Cl, F, C로만 화합된 냉매로 열역학적 우수성, 화학적 안정성 등 냉매로서의 구비조건을 거의 완벽하게 갖추어 냉장고 및 에어컨을 포함한 냉동공조기기의 냉매는 물론 발포제, 세정제 및 분사제 등으로 널리 사용되어 왔지만, 오존층파괴지수(ODP ; Ozone Depletion Potential)가 커서 대기에 누출될 경우 오존층을 파괴하고, 지구온난화지수(GWP ; Global Warming Potential)가 높아 지구온난화에 영향을 미치는 환경오염물질로 판명되어 국제협약에 의해 제조와 사용이 금지되었다.

- R-11(CCl_3F) : 오존파괴지수가 가장 큰 냉매로, 비등점이 비교적 높고 냉매가스의 비중이 커서 주로 터보식 압축기에 사용되었다.
- R-12(CCl_2F_2) : 프레온 냉매 중 가장 먼저 개발되어 왕복식 압축기에 가장 많이 사용되는 등 널리 사용되었다.
- R-13($CClF_3$) : 비등점과 응고점이 매우 낮아 −100[℃] 이하의 극저온 냉동기에 사용되었다. 포화압력이 다른 냉매에 비해 매우 높아 R-22와 더불어 극저온을 얻는 2원 냉동기의 저온측 냉매로 사용되었다.
- R-113($C_2Cl_3F_3$) : 에탄계의 할로겐화 탄화수소 냉매로, 포화압력이 매우 낮다. 비등점과 응고점이 비교적 높아 냉방용, 소형 터보압축기에 사용되었다.

㉢ HCFC(수소염화불화탄소) 냉매 : H, Cl, F, C만으로 구성된 냉매이다. HCFC에 포함된 Cl이 공기 중에 쉽게 분해되지 않아 오존층에 대한 영향이 CFC 냉매보다 작아서 HFC 냉매가 개발되기 전까지 CFC의 대체 냉매로 사용되었지만, 지구온난화지수가 높아 CFC 냉매와 마찬가지로 환경오염물질로 판명되어 제조와 사용이 금지되었다.

- R-22($CHClF_2$) : 비열비가 작아(k=1.18) 토출가스온도가 낮다. 성질이 암모니아와 흡사한 냉매이다. 비등점 및 응고점이 낮고 저온영역에서 냉동능력이 암모니아보다 우수하여 −80~−50[℃]까지의 2단 압축냉동기에 쓰인다. 오존층파괴지수가 0.05로 낮은 편이지만, 지구온난화지수가 1,810으로 매우 높아 2030년부터 사용이 금지된다.
- R-21($CHCl_2F$)
- R-123($C_2HCl_2F_3$)

㉧ HFC(수소불화탄소) 냉매 : H, F, C만으로 구성된 냉매로, 오존파괴의 원인인 Cl을 포함하지 않아 오존층파괴 염려가 없어서 CFC/HCFC 냉매의 대체 냉매로 사용된다. 그러나 지구온난화지수가 높아 교토의정서의 6개 온실가스 중 하나에 포함되어 대기방출규제물질로 분류된 규제 대상 냉매이다.

- R-134a(CH_2FCF_3) : R-12의 대체 냉매로 개발되어 가정용 냉장고 및 자동차 에어컨에 사용된다.
- R-152a(CHF_2CH_3)

㉨ HFO(수소불화올레핀) : 오존층파괴지수는 0, 지구온난화지수는 4 이하이다. 약 가연성(A2L Level)이고 비싸지만, 자동차 에어컨용에 사용된다.

- R-1234yf : 교토협약에 의해 지구온난화지수가 높은 HFC가 규제되어 R-134a 대체 냉매로 개발된 냉매이다. 약 가연성(A2L Level)이며, Mineral Oil(광유)에는 적합하지 않아 PAG Oil을 사용해야 한다. 냉장고용, 자동차 에어컨용 등으로 쓰이지만, 비싸다. 오존층파괴지수는 0이며 지구온난화지수는 4 이하로 아주 낮아 환경친화적이지만, 독성에 관한 안전은 검증되지 않았다.
ㅊ) 할론냉매 : Br을 포함하는 냉매로, 소화제로도 널리 사용되지만 오존파괴물질로 사용이 제한되고 있다.
ㅋ) 탄화수소 냉매 : C, H만으로 이뤄진 냉매로 오존층파괴지수가 0이고, 지구온난화지수도 3 이하로 아주 낮다. 에너지 절감효과가 뛰어나 전 세계에서 냉장고와 정수기 등에 사용하고 있지만, 화재나 폭발 위험이 있어 각별한 주의와 대책이 필요하다.
- R-600a(이소부탄) : 반드시 99.55 이상의 고순도이어야 하며, 비등점이 -11.7[℃]이고, 분자량이 작아 냉매 주입량이 적다. 오존파괴지수가 0이고, 지구온난화지수도 3 이하로 아주 낮아 친환경적이다. 이 냉매는 가연성 등급이 A3임에도 불구하고 냉장고용 냉매로 전 세계적으로 사용하고 있다.
- R-290(프로판) : 반드시 99.55 이상의 고순도이어야 하며, 비등점이 -42.1[℃]이고, 분자량이 작아 냉매 주입량이 적다. 오존층파괴지수가 0이고, 지구온난화지수도 3 이하로 아주 낮아 친환경적이다. 이 냉매는 가연성 등급이 A3임에도 불구하고 유럽에서는 가정용 및 산업용 에어컨 냉매로 사용하도록 권장하고 있다. 오존층 파괴나 지구온난화에 미치는 영향이 없고 가연성을 제외하면 기존의 압축오일을 사용할 수 있어서 매우 우수한 냉매이기 때문에 R-22의 대체 냉매로 개발되었다. 가정용 공조기와 같은 소형 공조기에 적합하다.
- R-1270(프로필렌) : 반드시 99.55 이상의 고순도이어야 하며, 비등점이 -47.7[℃]이고, 분자량이 작아 냉매 주입량이 적다. 오존층파괴지수가 0이고, 지구온난화지수도 3 이하로 아주 낮아 친환경적이다. 이 냉매는 가연성 등급이 A3이고 냉각탑차, 쇼케이스 등의 냉매로 사용할 수 있다.
- 기타 : 메탄(CH_4), 에탄(C_2H_6)

ㅌ) 혼합 냉매
- 공비 혼합 냉매 : 2종의 할로겐화 탄화수소 냉매를 일정 비율로 혼합했을 때 전혀 다른 새로운 특성을 가지면서 혼합물의 비등점이 일치하는 냉매로, 응축압력을 감소시키거나 압축기의 압축비를 줄일 수 있다. R-500부터 개발된 순서에 따라 R-501, R-502와 같이 일련번호를 붙인다.
  예) R-500(R-12(73.8%) + R-152a(26.2%))
  　　R-502(R-12(48.8%) + R-115(51.2%))
- 비공비 혼합 냉매 : 2개 이상의 냉매가 혼합되어 각각 개별적인 성격을 띠며, 등압의 증발 및 응축과정을 겪을 때 조성비가 변하고 온도가 증가 또는 감소되는 온도 구배를 나타내는 냉매이다. 400번대의 번호로 표시되며, 비등점이 낮은 냉매부터 먼저 명시하는 것이 관례이다.
  예) R-404A, R-407C, R-410A 등

핵심예제

2-1. 일반적으로 사용되는 냉매로 가장 거리가 먼 것은?

[2012년 제4회, 2015년 제1회, 2017년 제4회]

① 암모니아　　　② 프레온
③ 이산화탄소　　④ 오산화인

2-2. 다음 중 냉동 사이클의 운전 특성을 잘 나타내고, 사이클을 해석하는 데 가장 많이 사용되는 선도는?

[2013년 제1회, 2016년 제2회]

① 온도-체적선도　　② 압력-엔탈피선도
③ 압력-체적선도　　④ 압력-온도선도

|해설|

2-1
인이 연소할 때 생기는 백색가루인 오산화인(P_2O_5)은 냉매제가 아니라 흡수제, 건조제, 탈수제 등으로 사용된다.

2-2
압력-엔탈피선도 : 냉동 사이클의 운전 특성을 잘 나타내고 사이클을 해석하는 데 가장 많이 사용되는 선도이다.

정답 2-1 ④　2-2 ②

5-2. 냉동 사이클

핵심이론 01 역카르노 사이클

① 역카르노 사이클의 정의
　㉠ 이상적인 열기관 사이클인 카르노 사이클을 역작용시킨 사이클이다.
　㉡ 저온측에서 고온측으로 열을 이동시킬 수 있는 사이클이다.
　㉢ 이상적인 냉동 사이클 또는 열펌프 사이클이다.
　　• 냉동기 : 저온측을 사용하는 장치
　　• 열펌프 : 고온측을 사용하는 장치

② 사이클 구성
　㉠ 과정 : 카르노 사이클과 마찬가지로 2개의 등온과정과 2개의 등엔트로피 과정으로 구성되었다.

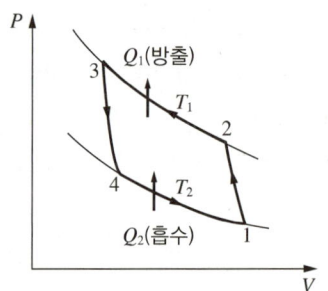

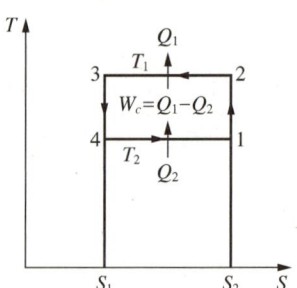

　㉡ 과정 : 단열압축 → 등온압축 → 단열팽창 → 등온팽창
　㉢ 구성 : 압축기 → 응축기 → 팽창밸브 → 증발기

③ 성능계수(성적계수) : 냉동효과 또는 열펌프효과의 척도이다. 냉동 사이클 중에서 성능계수가 가장 크며, 성능계수를 최대로 하기 위해서는 고온열원과 저온열원의 온도차를 작게 하거나 저온열원의 온도(냉동기) 또는 고온열원의 온도(열펌프)를 높여야 한다.

㉠ 냉동기의 성능계수

$$(COP)_R = \varepsilon_R$$

$$= \frac{\text{냉동열량(저온체에서의 흡수열량)}}{\text{압축일량(공급일)}}$$

$$= \frac{Q_2}{W_c} = \frac{Q_2}{Q_1 - Q_2} = \frac{T_2}{T_1 - T_2}$$

$$= \frac{h_1 - h_3}{h_2 - h_1}$$

(여기서, h_1 : 압축기 입구의 냉매 엔탈피(증발기 출구의 엔탈피), h_2 : 응축기 입구의 냉매 엔탈피, h_3 : 증발기 입구의 엔탈피)

㉡ 열펌프의 성능계수

$$(COP)_H = \varepsilon_H$$

$$= \frac{\text{방출열량(고온체에 공급한 열량)}}{\text{압축일량(공급일)}}$$

$$= \frac{Q_1}{W_c} = \frac{Q_1}{Q_1 - Q_2} = \frac{T_1}{T_1 - T_2}$$

$$= \frac{h_2 - h_3}{h_2 - h_1} = \varepsilon_R + 1$$

㉢ 전체 성능계수 : $\varepsilon_T = \varepsilon_R + \varepsilon_H = 2\varepsilon_R + 1$

④ 냉난방 겸용의 열펌프 사이클 구성의 주요 요소 : 전기구동압축기, 4방밸브, 전자팽창밸브 등

핵심예제

1-1. 30[℃]와 100[℃] 사이에서 냉동기를 가동시키는 경우 최대의 성능계수 $(COP)_R$는 약 얼마인가?

[2012년 제1회, 2013년 제2회 유사, 2015년 제4회]

① 2.33　　　　② 3.33
③ 4.33　　　　④ 5.33

1-2. 열펌프(Heat Pump) 사이클에 대한 성능계수(COP)는 다음 중 어느 것을 입력 일(Work Input)로 나누어 준 것인가?

[2012년 제2회, 2015년 제1회]

① 저온부 압력　　　② 고온부 온도
③ 고온부 방출열　　④ 저온부 부피

1-3. 역카르노 사이클로 작동하는 냉동 사이클이 있다. 저온부가 -10[℃]로 유지되고, 고온부가 40[℃]로 유지되는 상태를 A상태라고 하고, 저온부가 0[℃], 고온부가 50[℃]로 유지되는 상태를 B상태라고 할 때, 성능계수는 어느 상태의 냉동 사이클이 얼마나 높은가?

[2017년 제4회]

① A상태의 사이클이 약 0.8만큼 높다.
② A상태의 사이클이 약 0.2만큼 높다.
③ B상태의 사이클이 약 0.8만큼 높다.
④ B상태의 사이클이 약 0.2만큼 높다.

1-4. 온도가 각각 -20[℃], 30[℃]인 두 열원 사이에서 작동하는 냉동 사이클이 이상적인 역카르노 사이클을 이루고 있다. 냉동기에 공급된 일이 15[kW]이면 냉동용량(냉각열량)은 약 몇 [kW]인가?

[2013년 제1회, 2017년 제1회]

① 2.5　　　　② 3.0
③ 76　　　　④ 91

|해설|

1-1
성능계수
$(COP)_R = \dfrac{T_2}{T_1 - T_2} = \dfrac{30+273}{(100+273)-(30+273)} = 4.33$

1-2
열펌프의 성능계수
$(COP)_H = \dfrac{\text{고온부 방출열량(응축부하)}}{\text{압축기소비일량}} = \dfrac{\text{고온부 방출열}}{\text{입력일}}$

1-3
- A상태의 성능계수 $\varepsilon_{R(A)} = \dfrac{T_2}{T_1-T_2} = \dfrac{263}{313-263} = 5.26$
- B상태의 성능계수 $\varepsilon_{R(B)} = \dfrac{T_2}{T_1-T_2} = \dfrac{273}{323-273} = 5.46$

$\therefore \varepsilon_{R(B)} - \varepsilon_{R(A)} = 5.46 - 5.26 = 0.2$

1-4
$\varepsilon_R = \dfrac{T_2}{T_1-T_2} = \dfrac{253}{303-253} = 5.06 = \dfrac{q_2}{W_c}$ 에서

$q_2 = 5.06 W_c = 5.06 \times 15 \simeq 76[\text{kW}]$

정답 1-1 ③ 1-2 ③ 1-3 ④ 1-4 ③

핵심이론 02 역랭킨 사이클, 역브레이턴 사이클

① 역랭킨 사이클

㉠ 증기압축 냉동 사이클(가장 많이 사용되는 냉동 사이클)에 적용한다.

㉡ 역카르노 사이클 중 실현이 곤란한 단열과정(등엔트로피 팽창과정)을 교축팽창시켜 실용화한 사이클이다.

㉢ 증발된 증기가 흡수한 열량은 역카르노 사이클에 의하여 증기를 압축하고, 고온의 열원에서 방출하는 사이클 사이에 액체와 기체의 두 상으로 변하는 물질을 냉매로 하는 냉동 사이클이다.

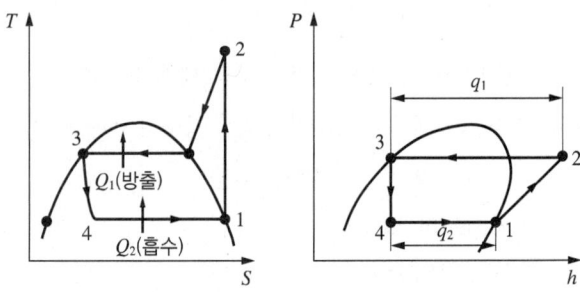

㉣ 과정 : 단열압축 → 정압방열 → 교축과정 → 등온정압흡열

- 단열압축(압축과정) : 압축기를 이용하여 증발기에서 나온 저온·저압의 기체(냉매)를 단열압축하여 고온·고압의 상태가 되게 하여 과열증기로 만든다. 등엔트로피 과정이며, $T-S$ 곡선에서 수직선으로 나타나는 과정(1-2 과정)이다.
- 정압방열(응축과정) : 압축기에 의한 고온·고압의 냉매증기가 응축기에서 냉각수나 공기에 의해 열을 방출하고 냉각되어 액화된다. 냉매의 압력이 일정하며 주위로의 열방출을 통해 기체(냉매)가 액체(포화액)로 응축·변화하면서 열을 방출한다.
- 교축과정(팽창과정) : 응축기에서 액화된 냉매가 팽창밸브를 통하여 교축팽창한다. 온도와 압력이 내려가면서 일부 액체가 증발하여 습증기로

변한다. 교축과정 중에는 외부와 열을 주고받지 않으므로 단열팽창인 동시에 등엔탈피 팽창의 변화과정이 이루어진다.
- 등온정압흡열(증발과정) : 팽창밸브를 통해 증발기의 압력까지 팽창한 냉매는 일정한 압력 상태에서 주위로부터 증발에 필요한 잠열을 흡수하여 증발한다.

ⓒ 구성 : 압축기 → 응축기 → 팽창밸브 → 증발기

ⓑ 방출열량(응축효과)

$q_1 = h_2 - h_3 = h_2 - h_4$

(여기서, h_2 : 응축기 입구측의 엔탈피, h_3 : 팽창밸브 입구측 엔탈피, h_4 : 증발기 입구측의 엔탈피)

ⓢ 흡입열량(냉동효과)

$q_2 = h_1 - h_4 = h_1 - h_3$

(여기서, h_1 : 압축기 입구에서의 엔탈피, h_3 : 팽창밸브 입구측 엔탈피, h_4 : 증발기 입구측의 엔탈피)

ⓞ 압축기의 소요일량

$W_c = h_2 - h_1$

(여기서, h_1 : 압축기 입구에서의 엔탈피, h_2 : 응축기 입구측의 엔탈피)

ⓩ 냉동기의 성능계수

- $(COP)_R = \varepsilon_R = \dfrac{q_2(냉동효과)}{W_c(압축일량)} = \dfrac{q_2}{q_1 - q_2}$

$= \dfrac{T_2}{T_1 - T_2} = \dfrac{h_1 - h_4}{h_2 - h_1} = \dfrac{h_1 - h_3}{h_2 - h_1}$

(여기서, q_2 : 냉동효과, q_1 : 응축효과, W_c : 압축일량, h_1 : 압축기 입구에서의 엔탈피, h_2 : 응축기 입구측의 엔탈피, h_3 : 팽창밸브 입구측 엔탈피, h_4 : 증발기 입구측의 엔탈피)

- 증발온도는 높을수록, 응축온도는 낮을수록 크다.

ⓒ 열펌프의 성능계수

$(COP)_H = \varepsilon_H = \dfrac{q_1(응축효과)}{W_c(압축일량)} = \dfrac{q_1}{q_1 - q_2}$

$= \dfrac{T_1}{T_1 - T_2} = \dfrac{h_2 - h_3}{h_2 - h_1} = \dfrac{h_2 - h_4}{h_2 - h_1}$

(여기서, q_1 : 응축효과, q_2 : 냉동효과, W_c : 압축일량, h_1 : 압축기 입구에서의 엔탈피, h_2 : 응축기 입구측의 엔탈피, h_3 : 팽창밸브 입구측 엔탈피, h_4 : 증발기 입구에서의 엔탈피)

② 역브레이턴 사이클

㉠ 공기냉동 사이클에 적용한다.

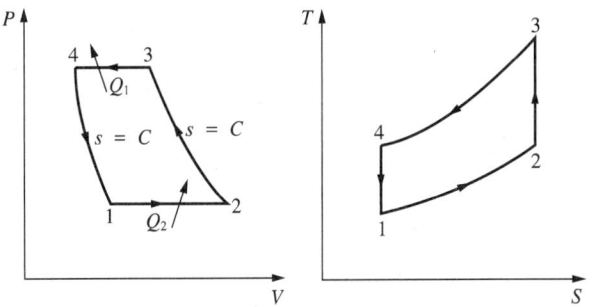

㉡ 과정 : 정압흡열 → 단열압축 → 정압방열 → 단열팽창

㉢ 흡입열량(냉동능력) : $Q_2 = C_p(T_2 - T_1)$

㉣ 방출열량 : $Q_1 = C_p(T_3 - T_4)$

㉤ 소요일량(냉동기가 소비하는 이론상의 일량)

$W = W_1 - W_2 = Q_1 - Q_2$
$= C_p(T_3 - T_4) - C_p(T_2 - T_1)$

(여기서, W_1 : 압축기에서 소비되는 일, W_2 : 팽창터빈에서 발생되는 일)

㉥ 냉동기의 성능계수

$(COP)_R = \varepsilon_R = \dfrac{Q_2}{W} = \dfrac{Q_2}{W_1 - W_2} = \dfrac{T_1}{T_4 - T_1}$

$= \dfrac{T_2}{T_3 - T_2}$

(여기서, Q_2 : 냉동능력, W : 소요일량)

핵심예제

2-1. 냉장고가 저온에서 30[kW]의 열을 흡수하여 고온체로 40[kW]의 열을 방출한다. 이 냉장고의 성능계수는?

[2010년 제2회 유사, 2011년 제1회, 2014년 제1회, 2014년 제4회 유사]

① 2　　　　　② 3
③ 4　　　　　④ 5

2-2. 증기압축 냉동 사이클에서 응축온도는 동일하고, 증발온도가 다음과 같을 때 성능계수가 가장 큰 것은?

[2012년 제2회, 2016년 제4회]

① -20[℃]　　　② -25[℃]
③ -30[℃]　　　④ -40[℃]

2-3. 성능계수가 4.8인 증기압축 냉동기의 냉동능력 1[kW]당 소요동력[kW]은?

[2011년 제2회 유사, 2011년 제4회 유사, 2012년 제1회 유사, 2017년 제2회]

① 0.21　　　　② 1.0
③ 2.3　　　　　④ 4.8

2-4. 냉동 사이클의 $T-S$ 선도에서 냉매 단위질량당 냉각열량 q_L과 압축기의 소요동력 W를 옳게 나타낸 것은?(단, h는 엔탈피를 나타낸다)

[2011년 제1회, 2016년 제2회]

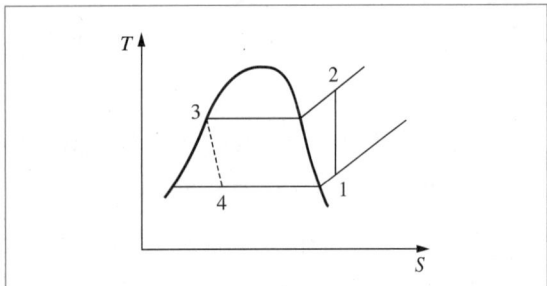

① $q_L = h_3 - h_4$, $W = h_2 - h_1$
② $q_L = h_1 - h_4$, $W = h_2 - h_1$
③ $q_L = h_2 - h_3$, $W = h_1 - h_4$
④ $q_L = h_3 - h_4$, $W = h_1 - h_4$

2-5. 다음 $T-S$ 선도에서 냉동 사이클의 성능계수를 옳게 표시한 것은?(단, u는 내부에너지, h는 엔탈피를 나타낸다)

[2016년 제1회]

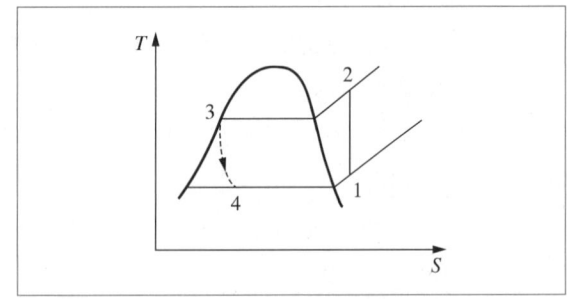

① $\dfrac{h_1 - h_4}{h_2 - h_1}$　　② $\dfrac{u_1 - u_4}{u_2 - u_1}$

③ $\dfrac{h_2 - h_1}{h_1 - h_4}$　　④ $\dfrac{u_2 - u_1}{u_1 - u_4}$

|해설|

2-1
성능계수
$(COP)_R = \dfrac{Q_L}{Q_H - Q_L} = \dfrac{30}{40 - 30} = 3$

2-2
성능계수는 증발온도가 높을수록, 응축온도가 낮을수록 크다.

2-3
냉동기 성능계수
$\varepsilon_R = \dfrac{Q_e}{W_c}$에서 $W_c = \dfrac{Q_e}{\varepsilon_R} = \dfrac{1}{4.8} \approx 0.21$[kW]

2-4
- 냉매 단위질량당 냉각열량(증발기의 냉동효과)
$q_L = h_1 - h_4$
- 압축기의 소요동력(압축기의 소요일량)
$W = h_2 - h_1$

2-5
$(COP)_R = \varepsilon_R = \dfrac{흡수열}{받은 일} = \dfrac{q_2}{W_c} = \dfrac{q_2}{q_1 - q_2} = \dfrac{T_2}{T_1 - T_2}$
$= \dfrac{h_1 - h_4}{h_2 - h_1}$

정답 2-1 ②　2-2 ①　2-3 ①　2-4 ②　2-5 ①

CHAPTER 03 계측방법

제1절 | 계측 일반

핵심이론 01 압력과 온도

① 압력
  ㉠ 대기압력
    - 표준 대기압
      1[atm], 760[mmHg], 10.33[mAq], 10.34[mH₂O](물의 수두), 1.033[kgf/cm²], 101,325[Pa][=N/m²], 1.013[bar], 14.7[psi]
    - 공학기압(1[kgf/cm²] 압력 기준)
      1[at], 0.967[atm], 735.5[mmHg], 0.98[bar], 10.14[mH₂O](물의 수두)
  ㉡ 절대압력 : 대기압력 ± 게이지압력
  ㉢ 게이지압력 : 대기압보다 높은 압력, (+)게이지압력
  ㉣ 진공압력 : 대기압보다 낮은 압력, (−)게이지압력

구 분	파스칼 [Pa]	바 [bar]	공학기압 [at]	기압 [atm]	토르 [Torr]
1[Pa]	1[N/m²]	10^{-5}	1.0197×10^{-5}	9.8692×10^{-6}	7.5006×10^{-3}
1[bar]	100,000	10^6 [dyne/cm²]	1.0197	0.98692	750.06
1[at]	98,066.5	0.980665	1[kgf/cm²]	0.96784	735.56
1[atm]	101,325	1.01325	1.0332	1[atm]	760
1[Torr]	133.322	1.3332×10^{-3}	1.3595×10^{-3}	1.3158×10^{-3}	1[Torr], 1[mmHg]

② 온도
  ㉠ 온도 단위
    - 섭씨온도[℃] : $C = \dfrac{5}{9}(F-32)$
    - 화씨온도[℉] : $F = \dfrac{9}{5}C + 32$
    - 절대온도[K] : [℃] + 273.15
    - 랭킨온도[°R] : [℉] + 460 = 1.8[K]
  ㉡ 섭씨온도와 화씨온도가 같은 온도 : −40[℃], [℉] = 233[K]
  ㉢ 물의 빙점(Icing Point) :
    0[℃] = 32[℉] = 273.15[K] = 492[°R]
  ㉣ 평형수소의 3중점 : −259.34[℃] = 13.81[K]
  ㉤ 온도계의 동작지연에 있어서 온도계 지시치와 시간과의 관계식
    $$\dfrac{dT}{d\tau} = \dfrac{(x - T_0)}{\lambda}$$
    (여기서, T : 온도계의 지시치, x : 측정온도, τ : 시간, λ : 시정수)

핵심예제

1-1. 표준 대기압 760[mmHg]은 SI단위로 변환하면 몇 [kPa]인가?
[2009년 제1회, 2013년 제1회, 2016년 제1회 유사]

① 1.01325
② 10.1325
③ 101.325
④ 1,013.25

1-2. 다음 중 실제값이 나머지 3개와 다른 값을 갖는 것은?
[2014년 제1회, 2016년 제4회, 2023년 제1회]

① 273.15[K]
② 0[℃]
③ 460[°R]
④ 32[°F]

1-3. 국제적인 실용온도 눈금 중 평형수소의 3중점은 얼마인가?
[2011년 제4회, 2014년 제2회, 2017년 제2회 유사]

① 0[K]
② 13.8[K]
③ 54.36[K]
④ 273.16[K]

|해설|

1-1
760[mmHg] = 101,325[Pa] = 101.325[kPa]

1-2
①, ②, ④는 물의 빙점과 같은 온도이며, ③은 492[°R]가 되어야 물의 빙점이 된다.

1-3
평형수소의 3중점 : −259.34[℃] = −259.34 + 273.15 = 13.81[K]

정답 1-1 ③ 1-2 ③ 1-3 ②

핵심이론 02 단위와 차원

① 단위계
　㉠ CGS단위계 : cm(길이단위), g(질량단위), s(시간단위, 초)를 기준으로 하는 단위계
　㉡ MKS단위(국제단위) : m, kg, s를 기준으로 하는 단위계
　　※ MKS단위는 SI단위의 기본이 되므로 통상 MKS단위를 사용하며, CGS단위는 보조적으로 사용한다.

② 국제단위계(SI) : 7가지 기본 측정단위를 정의하고 있으며, 이로부터 다른 모든 SI 유도단위를 이끌어낸다.

③ SI 기본단위 7가지 : 미터[m], 킬로그램[kg], 초[s], 암페어[A], 켈빈[K], 몰[mol], 칸델라[cd]

기본량	명 칭	기 호	정 의
길 이	미 터	m	1미터 : 빛이 진공에서 1/299,792,458초 동안 진행한 경로의 길이
질 량	킬로그램	kg	1킬로그램 : 국제 킬로그램 원기의 질량
시 간	초	s	1초 : 세슘 133 원자의 바닥 상태에 있는 두 초미세 준위 사이의 전이에 대응하는 복사선의 9,192,631,770 주기의 지속시간
전 류	암페어	A	1암페어 : 무한히 길고 무시할 만큼 작은 원형 단면을 가진 2개의 평행한 직선 도체가 진공 중에서 1미터의 간격으로 유지될 때, 두 도체 사이에 미터당 2×10^7 뉴턴의 힘을 발생시키는 일정한 전류
온 도	켈 빈	K	1켈빈 : 물의 삼중점에 해당하는 열역학적 온도의 1/273.16
물질량	몰	mol	1몰 : 바닥 상태에서 정지해 있고 속박되지 않은 탄소-12의 0.012킬로그램에 있는 원자의 개수와 같은 수의 구성요소를 포함하는 계의 물질량
광 도	칸델라	cd	1칸델라 : 진동수 540×10^{12}인 단헤르츠인 색광을 방출하는 광원의 복사도가 주어진 방향으로 스테라디안당 1/683 와트일 때의 광도

④ 절대단위계 물리량의 차원 표시
　㉠ 길이 : L
　㉡ 질량 : M
　㉢ 시간 : T

⑤ 계량단위에 대한 일반적인 요건
  ㉠ 정확한 기준이 있을 것
  ㉡ 사용하기 편리하고 알기 쉬울 것
  ㉢ 대부분의 계량단위를 10진법으로 할 것
  ㉣ 보편적이고 확고한 기반을 가진 안정된 원기가 있을 것

핵심예제

2-1. 다음 중 SI 기본단위를 바르게 표현한 것은?
[2017년 제1회]

① 길이 : 밀리미터 ② 질량 : 그램
③ 시간 : 분   ④ 전류 : 암페어

2-2. 절대단위계에서 물리량을 차원으로 표시한 것으로 틀린 것은?
[2014년 제2회]

① 질량 : M ② 중량 : F
③ 길이 : L ④ 시간 : T

|해설|

2-1
① 길이 : 미터
② 질량 : 킬로그램
③ 시간 : 초

2-2
절대단위계 물리량의 차원 표시
• 길이 : L
• 질량 : M
• 시간 : T

정답 2-1 ④ 2-2 ②

핵심이론 03 계측 적용원리, 법칙, 정리와 점성, 레이놀즈수

① **파스칼의 원리** : 밀폐용기 내의 액체에 압력을 가하면 압력은 모든 부분에 동일하게 전달된다.

② **베르누이 방정식의 가정** : 비점성유체, 비압축성유체, 정상 상태

③ **점성계수와 동점성계수**
  ㉠ 점성계수(μ)
  $$\mu = \rho\nu\,[\text{Pa}\cdot\text{s} = \text{N}\cdot\text{S}/\text{m}^2]$$
  (여기서, ρ : 밀도, ν : 동점성계수)

  ㉡ 동점성계수(ν)
  $$\nu = \frac{\mu}{\rho}\,[\text{m}^2/\text{s}]$$
  (여기서, μ : 점성계수, ρ : 밀도)

④ **레이놀즈수**(Reynold's Number, R_e)
  ㉠ 점성력에 대한 관성력의 비(Ratio)인 무차원 계수
  ㉡ 관성력과 점성력의 비(관성력 / 점성력)를 취한 값
  ㉢ 관성에 의한 힘과 점성에 의한 힘의 비
  $$R_e = \frac{\text{관성력}}{\text{점성력}} = \frac{\rho v d}{\mu} = \frac{vd}{\nu}$$
  (여기서, ρ : 유체의 밀도, v : 유체의 평균 속도, d : 특성 길이(관의 내경), μ : 유체의 점도, ν : 유체의 동점성계수)
  • 비례 : 관성력, 유체속도, 관의 직경
  • 반비례 : 점성력, 유체점성, 동점도(동점도계수)
  • 무관 : 중력, 압력

  ㉣ 임계 레이놀즈수 : $R_e = 2,320$ 또는 $2,100$
  • 층류 : 임계 레이놀즈수 이하
  • 난류 : 임계 레이놀즈수 이상

  ㉤ 층류에서의 관 마찰계수
  $$f = \frac{64}{R_e}$$

ⓑ 하겐-푸아죄유 방정식 : 수평 층류 원관을 흐르는 유량의 변화량 계산 공식이다.

- 유량 $Q = \dfrac{\pi \Delta p d^4}{128 \mu L} [\text{m}^3/\text{sec}]$

  - 비례 : 압력 강하(Δp), 관지름의 4제곱(d^4)
  - 반비례 : 점성계수(μ), 관의 길이(L)

핵심예제

베르누이 방정식을 적용할 수 있는 가정으로 옳게 나열된 것은?
[2016년 제4회]

① 무마찰, 압축성유체, 정상 상태
② 비점성유체, 등유속, 비정상 상태
③ 뉴턴유체, 비압축성유체, 정상 상태
④ 비점성유체, 비압축성유체, 정상 상태

|해설|

베르누이 방정식의 가정 : 비점성유체(무마찰), 비압축성유체, 정상 상태(밀도와 비중량 일정)

정답 ④

핵심이론 04 측정의 기본

① **측정의 기본용어**
  ㉠ 평균치 : 측정치를 모두 더하여 측정 횟수로 나눈 값이다(측정치의 산술평균값).
  ㉡ 편차와 정확도
   - 편차(Bias, 치우침) : 측정치로부터 모평균을 뺀 값 (측정값 – 평균값)
   - 정확도(Accuracy) : 치우침이 작은 정도
   - 오차가 작은 계량기는 정확도가 높다.
  ㉢ 산포와 정밀도
   - 산포(분산) : 흩어짐의 정도
   - 정밀도(Precision) : 분산(산포)이 작은 정도, 참값에 가까운 정도
  ㉣ 감도(Sensitivity) : 측정량의 변화 ΔM에 대한 지시량의 변화 ΔA의 비이다.
  $E = \dfrac{\text{지시량의 변화}}{\text{측정량의 변화}} = \dfrac{\Delta A}{\Delta M}$ 이며, 지시량은 눈금상에서 읽을 수 있는 측정량이다.
  ㉤ 동특성 : 시간 지연과 동의 오차

② **참값, 측정값, 오차(Error)**
  ㉠ 오차 : 측정값 – 참값
  ㉡ 참값 : 측정값 – 오차
  ㉢ 측정값 : 참값 + 오차

③ **측정오차의 종류**
  ㉠ 우연오차 : 원인을 알 수 없는 오차로서 측정할 때마다 측정값이 일정하지 않고 분포현상을 일으키는 오차
  ㉡ 개인오차 : 개인 숙련도의 따른 오차
  ㉢ 계기오차(기차) : 계측기가 가지고 있는 오차(구조, 측정압력, 측정온도, 측정기의 녹·마모 등에 따른 오차)
  ※ 측정기 정도 표준 : 온도 20±0.5[℃], 습도 65[%], 기압 760[mmHg](1,013[mb])

② 시차 : 눈의 위치와 눈금의 위치가 다른 데에서 기인되는 오차(눈금을 읽을 때 시선 방향에 따른 오차)
　　⑩ 긴 물체의 휨에 의한 영향
④ 측정의 종류
　㉠ 직접 측정 : 측정기를 피측정물에 직접 접촉시켜서 길이나 각도를 측정기의 눈금으로 읽는 방식(자, 버니어캘리퍼스, 마이크로미터 등)
　㉡ 비교 측정 : 기준 치수와 피측정물을 비교하여 차이를 읽는 방식(다이얼게이지, 미니미터, 공기 마이크로미터, 전기 마이크로미터 등)
　㉢ 간접 측정 : 피측정물의 측정부의 치수를 수학적이나 기하학적인 관계로 측정하는 방식(사인바에 의한 각도 측정, 롤러와 블록게이지에 의한 테이퍼 측정, 삼침법에 의한 나사의 유효지름 측정 등)
　㉣ 절대 측정 : 정의에 따라 결정된 양을 사용하여 측정하는 방식(U자 관압력계-수은주 높이, 밀도, 중력가속도를 측정해서 압력의 측정값 결정 등)
⑤ 측정량 계량방법
　㉠ 보상법 : 측정량의 크기가 거의 같고 미리 알고 있는 양의 분동을 준비하여 분동과 측정량의 차이로부터 측정량을 구하는 방법
　㉡ 편위법 : 측정량의 크기에 따라 지침 등을 편위시켜 측정량을 구하는 방법으로, 감도는 떨어지지만 취급이 쉽고 신속하게 측정할 수 있어 전압계 및 전류계 등의 공업용 기기로 많이 사용된다.
　㉢ 치환법 : 정확한 기준과 비교 측정하여 측정기의 부정확한 원인이 되는 오차를 제거하기 위하여 사용되는 방법으로, 다이얼게이지를 이용하여 두께를 측정하는 방법 등이 이에 해당한다.
　㉣ 영위법 : 측정량(측정하고자 하는 상태량)과 기준량(독립적 크기 조정 가능)을 비교하여 측정량과 똑같이 되도록 기준량을 조정한 후 기준량의 크기로부터 측정량을 구하는 방법이다.

핵심예제

4-1. 계측기의 성능을 나타내는 용어로서 가장 거리가 먼 것은?
[2012년 제2회]
① 정 도　　② 감 도
③ 정밀도　　④ 편 차

4-2. 측정하고자 하는 상태량과 독립적 크기를 조정할 수 있는 기준량과 비교하여 측정, 계측하는 방법은?
[2013년 제2회, 2017년 제2회]
① 보상법　　② 편위법
③ 치환법　　④ 영위법

|해설|
4-1
계측기의 성능은 정도, 정밀도, 감도 등으로 나타낸다.
4-2
영위법 : 측정하고자 하는 상태량과 독립적 크기를 조정할 수 있는 기준량과 비교하여 측정, 계측하는 방법

정답 4-1 ④　4-2 ④

제2절 | 자동제어

2-1. 자동제어 일반

핵심이론 01 자동제어의 개요

① 자동제어의 4대 기본장치
  ㉠ 조절부(조절기, Controller)
    • 기본 입력과 검출부 출력의 차를 조작부에 신호로 전하는 부분
    • 기준 입력과 주피드백 신호의 차에 의해서 일정한 신호를 조작요소에 보내는 제어장치
  ㉡ 조작부(조작기, Actuator)
    • 조절부로부터 받은 신호를 조작량으로 변환하여 제어대상에 보내는 장치
    • 유압식의 결점 : 정전 대책을 요한다.
  ㉢ 검출부 : 압력, 온도, 유량 등의 제어량을 계측하여 신호로 나타내는 부분
  ㉣ 비교부 : 목표량인 기준 입력요소와 주피드백 양과의 차이를 구하는 부분
② 자동제어의 일반적인 동작 순서 : 검출 → 비교 → 판단 → 조작
③ 자동조작장치 : 전자개폐기, 전동밸브, 댐퍼 등(안전밸브는 아님)
④ 화실 노 내압 제어에 필요한 조작 : 공기량 조작, 연료량 조작, 연소가스 배출량 조작, 댐퍼 조작

핵심예제

다음 중 자동제어와 직접 관련이 없는 장치는?
　　　　　　　　　　　　　　[2014년 제1회, 2017년 제2회, 2023년 제1회]
① 기록부　　　　② 검출부
③ 조절부　　　　④ 조작부

|해설|
자동제어의 4대 기본장치 : 조절부, 조작부, 검출부, 비교부

정답 ①

핵심이론 02 자동제어의 종류

① 시퀀스 제어와 피드백 제어
  ㉠ 시퀀스 제어 : 미리 정해진 순서에 따라 순차적으로 진행하는 제어방식
  ㉡ 피드백 제어 : 폐루프를 형성하여 출력측의 신호를 입력측에 되돌리는 제어

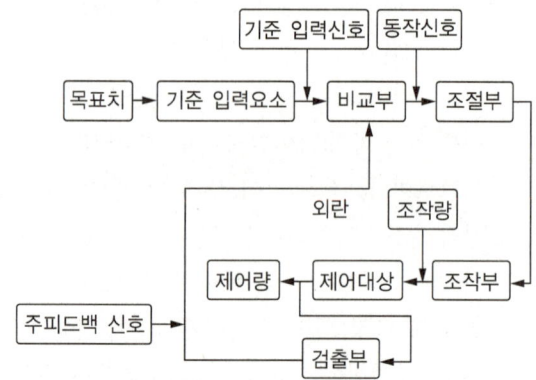

  • 입력과 출력을 비교하는 장치가 반드시 필요하다.
  • 다른 제어계보다 정확도가 증가된다.
  • 다른 제어계보다 제어폭이 증가(Band Width)된다.
  • 급수제어에 사용된다.
  • 설비비의 고액 투입이 요구된다.
  • 운영에 있어 고도의 기술이 요구된다.
  • 일부 고장이 있으면 전 생산에 영향을 미친다.
  • 수리가 쉽지 않다.
② 목표값에 따른 자동제어의 분류
  ㉠ 정치제어(Constant-value Control) : 목표값이 시간적으로 변하지 않고 일정한 제어(프로세스 제어, 자동조정)
  ㉡ 추치제어 또는 추종제어(Follow-up Control) : 목표값의 변화가 시간적으로 임의로 변하는 제어(서보기구)
  ㉢ 캐스케이드 제어(Cascade Control)
    • 2개의 제어계를 조합하여 1차 제어장치의 제어량을 측정하여 제어명령을 발하고, 2차 제어장치의 목표치로 설정하는 제어방식

- 유체의 온도를 제어하는 데 온도 조절의 출력으로, 열교환기에 유입되는 증기의 유량을 제어하는 유량조절기의 설정치를 조절한다.

핵심예제

2-1. 미리 정해진 순서에 따라 순차적으로 진행하는 제어방식은?
[2013년 제4회, 2017년 제4회]

① 시퀀스 제어
② 피드백 제어
③ 피드 포워드 제어
④ 적분제어

2-2. 출력측의 신호를 입력측에 되돌려 비교하는 제어방법은?
[2010년 제2회, 2012년 제2회, 2015년 제2회]

① 인터로크(Interlock)
② 시퀀스(Sequence)
③ 피드백(Feed-back)
④ 리셋(Reset)

2-3. 2개의 제어계를 조합하여 1차 제어장치의 제어량을 측정하여 제어명령을 발하고, 2차 제어장치의 목표치로 설정하는 제어방식은?
[2011년 제2회, 2015년 제2회, 2016년 제2회 유사]

① 정치제어
② 추치제어
③ 캐스케이드 제어
④ 피드백 제어

|해설|

2-1
시퀀스 제어 : 미리 정해진 순서에 따라 순차적으로 진행하는 제어방식

2-2
피드백(Feed-back) : 출력측의 신호를 입력측으로 되돌려 비교하는 제어방법

2-3
캐스케이드 제어에서는 1차 제어장치로 제어량을 측정하고, 2차 제어장치로 제어량을 조절한다.

정답 2-1 ① 2-2 ③ 2-3 ③

핵심이론 03 블록선도와 자동제어계의 응답

① **블록선도(Block Diagram)** : 자동제어계 내에서 신호가 전달되는 모양을 나타내는 선도

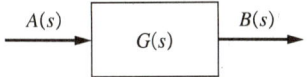

㉠ 출력 $B(s) = G(s)A(s)$
㉡ $G(s) = B(s)/A(s)$
㉢ 블록선도의 등가변환

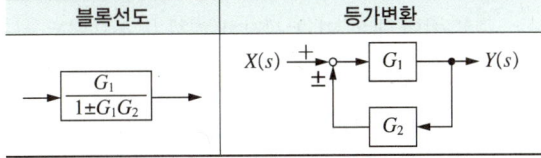

② 자동제어계의 응답

㉠ **응답(Response)** : 계에 입력신호를 가했을 때 출력신호의 변화를 나타내는 것이며, 기준 입력에 대응하는 정상응답이 계의 정확도의 지표가 되므로 응답 해석을 한다.

㉡ **정상상태응답(Steady State Response)** : 자동제어계의 입력신호가 어떤 상태에 이를 때 출력신호가 최종값이 되는 정상적인 응답으로, 시험입력에 대한 정상오차값을 측정하여 판단한다.

㉢ **과도응답(Transient Response)** : 입력이 임의의 시간적 변화를 가했을 때 정상 상태가 되기까지의 출력신호의 시간적 변화이다.

㉣ **오버슈트(Overshoot)** : 응답 중에 생기는 입력과 출력사이의 편차량이다.

- 최대편차량
- $\dfrac{최대 초과량}{최종 목표값} \times 100[\%]$
- 제어시스템에서의 응답이 계단 변화가 도입된 후에 얻게 될 최종적인 값을 얼마나 초과하게 되는지를 나타내는 척도이다.
- 자동제어 안정성 척도이다.

㉤ 지연시간(Delay Time) : 응답이 최초로 희망값의 50[%] 진행되는 데 요하는 시간이다.

㉥ 상승시간(Rise Time) : 응답이 희망값의 10[%]에서 90[%]까지 도달하는 데 요하는 시간이다.

㉦ 정정시간(Settling Time) : 응답의 최종값의 허용범위가 5~10[%] 내에 안정되기까지 요하는 시간이다.

㉧ 접근시간(Access Time) : 정보를 기억장치에 기억시키거나 읽어내는 명령을 한 후부터 실제로 정보가 기억 또는 읽기 시작할 때까지 소요되는 시간이다.

㉨ 정상편차 : 과도응답에 있어서 충분한 시간이 경과하여 제어편차가 일정한 값으로 안정되었을 때의 값이다.

㉩ 헌팅(Hunting) : 제어계가 불안정하여 제어량이 주기적으로 변하는 상태이다.

㉪ 동 특성 : 자동제어계에서 응답을 나타낼 때 목표치를 기준으로 한 앞뒤의 진동으로 시간의 지연을 필요로 하는 시간적 동작의 특성이다.

㉫ 1차 제어계에서 시간상수에 대한 관계식

$\tau = CR$

(여기서, τ : 시간상수, C : 커패시턴스, R : 저항)

㉬ 데드타임과 시정수
- 데드타임(Dead Time, L) : 스위칭 지연시간(처음 펄스에서 다음 펄스가 발생될 때까지의 지연시간)
- 시정수(Time Constant, T) : 전기회로에 갑자기 전압을 가했을 때 전류가 점차 증가하여 일정한 값에 도달할 때까지의 증가의 비율로, 정상값의 63.2[%]에 달할 때까지의 시간을 초로 표시한다.
- L/T(데드타임과 시정수의 비) : 작을수록 응답속도가 빠르고 제어가 용이하다.

핵심예제

3-1. 다음 중 정상편차에 대한 설명으로 옳은 것은?
[2011년 제4회, 2014년 제4회]

① 목표치와 제어량의 차
② 입력의 시간 미분값에 비례하는 편차
③ 2개 이상의 양 사이에 어떤 비례관계를 갖는 편차
④ 과도응답에 있어서 충분한 시간이 경과하여 제어편차가 일정한 값으로 안정되었을 때의 값

3-2. 제어계가 불안정하여 제어량이 주기적으로 변하는 상태를 무엇이라고 하는가?
[2012년 제4회, 2014년 제4회]

① 외 란
② 헌 팅
③ 오버슈트
④ 오프셋

3-3. 제어 시스템에서의 응답이 계단 변화가 도입된 후에 얻게 될 최종적인 값을 얼마나 초과하게 되는지를 나타내는 척도는?
[2010년 제4회, 2015년 제4회 유사, 2017년 제1회]

① 오프셋
② 쇠퇴비
③ 오버슈트
④ 응답시간

|해설|

3-1
정상편차 : 과도응답에 있어서 충분한 시간이 경과하여 제어편차가 일정한 값으로 안정되었을 때의 값

3-2
헌팅 : 제어계가 불안정하여 제어량이 주기적으로 변하는 상태

3-3
오버슈트 : 제어 시스템에서의 응답이 계단 변화가 도입된 후에 얻게 될 최종적인 값을 얼마나 초과하게 되는지를 나타내는 척도

정답 3-1 ④ 3-2 ② 3-3 ③

핵심이론 04 제어동작

① 불연속동작 제어계
  ㉠ 온오프동작(2위치 동작)
    - 조작량이 제어편차에 의해서 정해진 2개의 값이 어느 편인가를 택하는 제어방식이다.
    - 제어량이 설정치로부터 벗어났을 때 조작부를 개 또는 폐의 2가지 중 하나로 동작시키는 동작이다.

    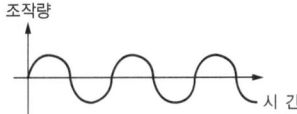

    - 편차의 정(+), 부(-)에 의해서 조작신호가 최대, 최소가 되는 제어동작이다.
    - 2위치 제어 또는 뱅뱅제어라고도 한다.
    - 외란에 의한 잔류편차(Off-set)가 발생하지 않는다.
    - 사이클링(Cycling) 현상을 일으킨다.
    - 설정값 부근에서 제어량이 일정하지 않다.
    - 주로 탱크의 액위를 제어하는 방법으로 이용된다.
  ㉡ 다위치동작 : 제어량이 변화했을때 제어장치의 조작 위치가 3위치 이상이 있어 제어량 편차의 크기에 따라 그중 하나의 위치를 취하는 동작이다.
  ㉢ 부동제어(불연속 속도동작) : 제어량 편차의 과소에 의하여 조작단을 일정한 속도로 정작동, 역작동 방향으로 움직이게 하는 동작이다.

② 연속동작 제어계
  ㉠ P동작(비례동작) : 동작신호에 대해 조작량의 출력 변화가 일정한 비례관계에 있는 제어동작이다.
    - 조절부 동작의 수식 표현
      $Y(t) = K \cdot e(t)$
      (여기서, $Y(t)$: 출력, K : 비례감도(비례상수), $e(t)$: 편차)
    - 비례대(PB ; Proportional Band, $PB[\%]$)
      – 밸브를 완전히 닫힌 상태로부터 완전히 열린 상태로 움직이는 데 필요한 오차의 크기이다.

      $PB[\%] = \dfrac{CR}{SR} \times 100[\%]$

      (여기서, CR : 제어범위(제어기 측정온도차), SR : 설정 조절범위(비례제어기 온도차 또는 조절온도차)

      – 자동조절기에서 조절기의 입구신호와 출구신호 사이의 비례감도의 역수인 $1/K$을 백분율[%]로 나타낸 값이다.

      $PB[\%] = \dfrac{1}{K} \times 100[\%]$

      $K \times PB[\%] = 100[\%]$

    - 사이클링(상하진동)을 제거할 수 있다.
    - 외란이 작은 제어계, 부하 변화가 작은 프로세스 제어에 적합하다.
    - 오차에 비례한 제어출력신호를 발생시키며 공기식 제어의 경우에는 압력 등을 제어출력신호로 이용한다.
    - 잔류편차가 발생한다.
    - 외란이 큰 제어계(부하가 변화하는 등)에는 부적합하다.
  ㉡ I동작(적분동작) : 출력 변화의 속도가 편차에 비례하는 제어동작이다.
    - 조절부 동작의 수식 표현
      $Y(t) = K \cdot \dfrac{1}{T_i} \int e(t) dt$
      (여기서, $Y(t)$: 출력, K : 비례감도, T_i : 적분시간, $e(t)$: 편차, $\dfrac{1}{T_i}$: 리셋률)
    - 편차의 크기와 지속시간이 비례하는 동작이다.
    - 제어량의 편차가 없어질 때까지 동작을 계속한다.
    - 부하 변화가 커도 잔류편차가 제거된다.
    - 진동하는 경향이 있다.
    - 응답시간이 길어서 제어의 안정성은 떨어진다.
    - 단독으로 사용되지 않고, 비례동작과 조합하여 사용된다.

- 적분동작은 유량제어에 가장 많이 사용된다.
- 적분동작이 좋은 결과를 얻을 수 있는 경우
  - 측정 지연 및 조절 지연이 작은 경우
  - 제어 대상이 자기평형성을 가진 경우
  - 제어 대상의 속응도가 큰 경우
  - 전달 지연과 불감시간이 작은 경우

ⓒ D동작(미분동작) : 조절계의 출력 변화가 편차의 시간 변화(편차의 변화속도)에 비례하는 제어동작이다.

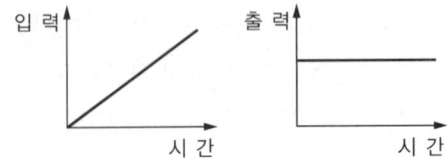

- 조절부 동작의 수식 표현

$$Y(t) = K \cdot T_d \cdot \frac{de}{dt}$$

(여기서, $Y(t)$: 출력, K : 비례감도, T_d : 미분시간, e : 편차)

- 진동이 제거된다.
- 응답시간이 빨라져서 제어의 안정성이 높아진다.
- 오버슈트를 감소시킨다.
- 잔류편차가 제거되지 않는다.
- 단독으로 사용되지 않고, 비례동작과 조합하여 사용된다.

ⓔ PI동작(비례적분동작) : 비례동작에 의해 발생하는 잔류편차를 제거하기 위하여 적분동작을 조합시킨 제어동작이다.

- 조절부 동작의 수식 표현

$$Y(t) = K \cdot \left[e(t) + \frac{1}{T_i} \int e(t) dt \right]$$

- 잔류편차가 제거된다.
- ※ 정상특성 : 출력이 일정한 값에 도달한 이후 제어계의 특성

- 부하 변화가 넓은 범위의 프로세스에도 적용할 수 있다.
- 진동하는 경향이 있다.
- 제어의 안정성이 떨어진다.
- 간헐현상이 발생한다.

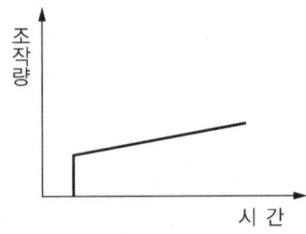

- 제어시간은 단축되지 않다.
- 전달 느림이나 쓸모없는 시간이 크면 사이클링의 주기가 커진다.
- 자동조절계의 비례적분동작에서 적분시간 : P동작에 의한 조작신호의 변화가 I동작만으로 일어나는 데 필요한 시간이다.

ⓜ PD동작(비례미분동작) : 제어결과에 신속하게 도달되도록 비례동작에 미분동작을 조합시킨 제어동작이다.

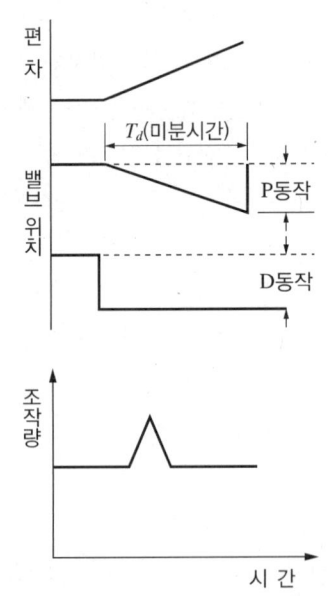

- 조절부 동작의 수식 표현

$$Y(t) = K \cdot \left[e(t) + T_d \cdot \frac{de}{dt} \right]$$

- 오버슈트가 감소한다.
- 진동이 제거된다.
- 응답속도가 개선된다.
- 제어의 안정성이 높아진다.
- 잔류편차는 제거되지 않는다.

㉥ PID동작(비례적분미분동작) : 비례적분동작에 미분동작을 조합시킨 제어동작이다.

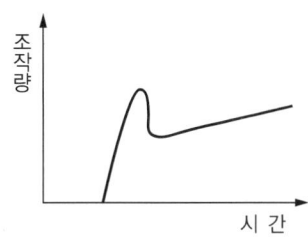

- 조절부 동작의 수식 표현

$$Y(t) = K \cdot \left[e(t) + \frac{1}{T_i} \int e(t)dt + T_d \frac{de}{dt} \right]$$

- 잔류편차와 진동이 제거되어 응답시간이 가장 빠르다.
- 제어계의 난이도가 큰 경우에 가장 적합한 제어동작이다.
- 가장 최적의 제어동작이다.
- 조절효과가 좋다.
- 피드백제어는 비례미적분제어(PID Control)를 사용한다.

핵심예제

4-1. 편차의 정(+), 부(-)에 의해서 조작신호가 최대, 최소가 되는 제어동작은?
[2013년 제1회, 2015년 제1회]

① 다위치동작　　② 적분동작
③ 비례동작　　　④ 온오프동작

4-2. 적분동작(I동작)을 가장 바르게 설명한 것은?
[2012년 제2회, 2015년 제1회]

① 출력 변화의 속도가 편차에 비례하는 동작
② 출력 변화가 편차의 제곱근에 비례하는 동작
③ 출력 변화가 편차의 제곱근에 반비례하는 동작
④ 조작량이 동작신호의 값을 경계로 완전 개폐되는 동작

4-3. 다음 보기에서 설명하는 제어동작은?
[2011년 제1회, 2012년 제1회, 2014년 제2회, 2017년 제1회, 2023년 제1회]

┤보기├
- 부하 변화가 커도 잔류편차가 생기지 않는다.
- 급변할 때 큰 진동이 생긴다.
- 전달 느림이나 쓸모 없는 시간이 크면 사이클링의 주기가 커진다.

① PD동작　　② 뱅뱅동작
③ PI동작　　④ P동작

4-4. 제어계의 난이도가 큰 경우에 가장 적합한 제어동작은?
[2011년 제2회, 2015년 제4회]

① 헌팅동작　　② PD동작
③ ID동작　　　④ PID동작

|해설|
4-1
온오프동작 : 편차의 정(+), 부(-)에 의해서 조작신호가 최대, 최소가 되는 불연속 제어동작

4-2
적분동작(I동작) : 출력 변화의 속도가 편차에 비례하는 동작

4-3
PI(비례적분 동작) : 비례동작에 의해 발생하는 잔류편차를 제거하기 위하여 적분동작을 조합시킨 제어동작이다.
- 잔류편차를 제거하여 정상특성을 개선한다.
- 간헐현상이 발생한다.
- 부하 변화가 넓은 범위의 프로세스에도 적용할 수 있다.
- 급변할 때 큰 진동이 생긴다.
- 전달 느림이나 쓸모없는 시간이 크면 사이클링의 주기가 커진다.

정답 4-1 ④　4-2 ①　4-3 ③　4-4 ④

2-2. 보일러의 자동제어

핵심이론 01 보일러 자동제어(ABC)의 종류

① 자동연소제어 : ACC(Automatic Combustion Control)
② 자동급수제어(수위제어) : FWC(Feed Water Control)
  ㉠ 단요소식 수위제어 : 보일러의 수위만 검출하여 급수량을 조절하는 피드백 수위제어방식이다.
  ㉡ 2요소식 수위제어 : 수위와 증기유량의 2가지 요소로 급수량을 제어하는 방식으로, 부하변동에 의한 수위의 변화폭이 작다.
  ㉢ 3요소식 수위제어 : 수위, 증기유량 및 급수유량의 3요소로 제어하는 방식으로, 보일러의 부하 변화가 심한 발전용 고압 대용량 보일러의 수위제어에 사용된다.
③ 증기온도제어 : STC(Steam Temperature Control)
  ㉠ 과열증기의 온도 조절방법 : 습증기의 일부를 과열기로 보내는 방법, 연소가스의 유량을 가감하는 방법, 과열기 전용 화로를 설치하는 방법, 연소실의 화염 위치를 바꾸는 방법, 저온가스를 연소실 내로 재순환시키는 방법 등
④ 증기압력제어 : SPC(Steam Pressure Control)
  ㉠ 증기압력을 검출하여 설정압력에 따라 연료량과 공기량을 가감하는 제어
  ㉡ 증기압력제어의 병렬제어방식의 구성

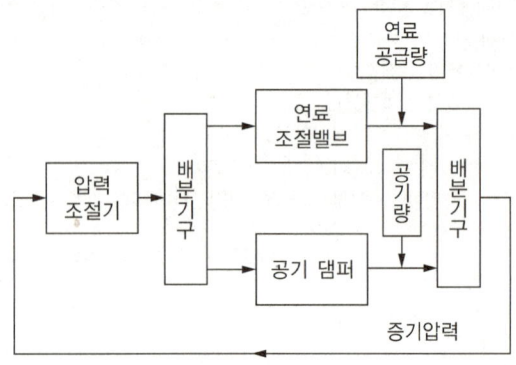

⑤ 보일러 수위를 육안으로 직접 확인할 수 있는 계측기(수면계) : 평형반사식 수면계, 평형투과식 수면계, 유리계 수면계, 2색(녹색, 적색) 수면계
⑥ 수위의 역응답
  ㉠ 보일러 물속에 점유하고 있는 기포의 체적 변화에 의해 발생하는 현상
  ㉡ 증기유량이 증가하면 수위가 약간 상승하는 현상
  ㉢ 증기유량이 감소하면 수위가 약간 하강하는 현상
⑦ 프라이밍(비수), 포밍(거품 발생)의 원인 : 수질 불량, 보일러 부하변동, 증기밸브 급개현상 등

핵심예제

단요소식 수위제어에 대한 설명으로 옳은 것은?
[2009년 제4회, 2011년 제4회]

① 발전용 고압 대용량 보일러의 수위제어에 사용된다.
② 보일러의 수위만 검출하여 급수량을 조절하는 방식이다.
③ 수위조절기의 제어동작에는 PID동작이 채용된다.
④ 부하변동에 의한 수위의 변화폭이 아주 작다.

|해설|

① 3요소식 수위제어
② 단요소식 수위제어

정답 ②

핵심이론 02 인터로크, 입력신호전송방식, 신호조절기

① 인터로크(Interlock) : 조건이 충족되지 않으면 다음 동작으로 진행되지 않고 중지되도록 하는 방법이나 장치이다.
   ㉠ 프리퍼지(Prepurge) 인터로크 : 보일러를 자동운전할 경우 송풍기가 작동되지 않으면 연료 공급 전자밸브가 열리지 않는 인터로크
   ㉡ 압력 초과 인터로크 : 제한 설정 압력 초과 시 연료 공급을 차단시키는 인터로크
   ㉢ 저연소 인터로크 : 운전 중 연소 상태가 불량하거나 연소 초기와 연소 정지 시 최대 부하의 30[%] 정도의 저연소 전환 시 연소 전환이 안 되면 연료 공급을 차단시키는 인터로크
   ㉣ 불착화 인터로크(실화 인터로크) : 착화버너의 소염에 의해 주버너 점화 시 일정시간 내 점화가 되지 않거나 운전 중에 실화되면 연료 공급을 차단시키는 인터로크
   ㉤ 저수위 인터로크 : 보일러의 수위가 안전 수위 이하가 될 때 연료 공급을 차단시키는 인터로크

② 조절계의 입력신호전송방식
   ㉠ 공기압식
     • 신뢰성이 높은 입력신호 전송방식이다.
     • 조절기의 자동제어 조작단의 고장이 거의 없다.
     • 석유화학, 화약공장과 같은 화기 위험성이 있는 곳에 사용한다.
     • 신호 전송거리 : 100[m] 정도
   ㉡ 유압식
     • 조작력이 크고 응답성이 우수하다.
     • 전송 지연이 적고 희망 특성을 얻을 수 있다.
     • 부식의 염려가 적으나 인화 위험성이 있다.
     • 신호 전송거리 300[m] 이내
   ㉢ 전기식
     • 신호 지연이 없으며 배선이 용이하다.
     • 컴퓨터와의 접속성이 좋다.
     • 취급기술을 요하며 습도에 주의해야 한다.
     • 신호 전송거리 300[m]~수[km]

③ 신호조절기
   ㉠ 공기압식 조절기
     • 신호로 사용되는 공기압은 약 $0.2~1.0[kg/cm^2]$이다.
     • 관로저항으로 전송 지연이 생길 수 있다.
     • 실용상 150[m] 이내에서는 전송 지연이 없다.
     • 신호 공기압은 충분히 제습·제진한 것이 요구된다.
     • 4~20[mA] 또는 10~50[mA] DC 전류를 통일신호로 삼고 있다.
   ㉡ 유압식 조절기
     • 조작력이 크게 요구되는 곳에 사용한다.
     • 유압원이 별도로 필요하다.
   ㉢ 전류신호 전송기
     • 전송거리가 길어도 지연 염려가 없다.
     • DC 4~20[mA] 또는 DC 10~50[mA]의 전류로 통일시켜 신호한다.

> 핵심예제

2-1. 보일러를 자동운전할 경우 송풍기가 작동되지 않으면 연료 공급 전자밸브가 열리지 않는 인터로크의 종류는?

[2011년 제1회, 2014년 제4회]

① 송풍기 인터로크 ② 불착화 인터로크
③ 프리퍼지 인터로크 ④ 전자밸브 인터로크

2-2. 석유화학, 화약공장과 같은 화기 위험성이 있는 곳에 사용되며, 신뢰성이 높은 입력신호 전송방식은?

[2009년 제1회, 2013년 제1회]

① 공기압식
② 유압식
③ 전기식
④ 유압식과 전기식의 결합방식

2-3. 공기압식 조절계에 대한 설명으로 틀린 것은?

[2015년 제1회]

① 신호로 사용되는 공기압은 약 $0.2 \sim 1.0[kg/cm^2]$이다.
② 관로저항으로 전송 지연이 생길 수 있다.
③ 실용상 2,000[m] 이내에서는 전송 지연이 없다.
④ 신호 공기압은 충분히 제습, 제진한 것이 요구된다.

|해설|

2-1
프리퍼지 인터로크 : 보일러를 자동 운전할 경우 송풍기가 작동되지 않으면 연료 공급 전자밸브가 열리지 않는 인터로크

2-2
공기압식은 석유화학, 화약공장과 같은 화기 위험성이 있는 곳에 사용되며, 신뢰성이 높은 입력신호 전송방식이다.

2-3
실용상 150[m] 이내에서는 전송 지연이 없다.

정답 2-1 ③ 2-2 ① 2-3 ③

제3절 | 유체 측정

3-1. 압력 측정

핵심이론 01 압력 측정의 개요

① 압력계의 분류
  ㉠ 1차 압력계
    • 액주식 : U자관식, 단관식, 경사관식, 플로트식, 환상천평식, 2액식
    • 기준 분동식(부유 피스톤식)
    • 침종식
  ㉡ 2차 압력계
    • 탄성식 : 부르동관, 벨로스, 다이어프램, 콤파운드게이지
    • 전기식 : 전기저항식, 자기 스테인리스식, 압전식
    • 진공식 : 맥라우드 진공계, 열전도형 진공계, 피라니 압력계, 가이슬러관, 열음극 전리 진공계

② 압력계 선택 시 유의사항
  ㉠ 사용용도를 고려하여 선택한다.
  ㉡ 사용압력에 따라 압력계의 측정범위를 정한다.
  ㉢ 진동 등을 고려하여 필요한 부속품을 준비한다.
  ㉣ 사용목적의 중요도에 따라 압력계의 크기, 등급 정도를 결정한다.

> 핵심예제

압력계를 선택할 때 유의할 사항이 아닌 것은? [2003년 제2회]

① 사용용도는 고려하지 않아도 된다.
② 사용압력에 따라 압력계의 측정범위를 정한다.
③ 진동 등을 고려하여 필요한 부속품을 준비한다.
④ 사용목적 중요도에 따라 압력계의 크기, 등급 정도를 결정한다.

|해설|

압력계를 선택할 때는 사용용도를 고려해야 한다.

정답 ①

핵심이론 02 액주식 압력계

① 액주식 압력계의 개요
  ㉠ 액주식 압력계는 측정압력에 의해 발생되는 힘과 액주의 무게가 평형을 이룰 때 액주의 높이로부터 압력을 계산하는 압력계로, 오래 전부터 사용되었다.
  ㉡ 액주식 압력계의 종류
    • 형태에 따른 분류 : U자관식, 단관식, 경사관식, 플로트식, 링밸런스식, 2액식
    • 측정방법에 따른 분류 : 열린식, 차압식, 닫힌식
      – 열린식(Open-end) : 한쪽 끝이 대기 중에 개방되어 있으므로 대기압 기준압력인 상대압력(계기압력)을 측정하는 마노미터
      – 차압식(Differential) : 공정 흐름선상의 두 지점의 압력차를 측정하며 압력 계산 시 유체의 밀도에는 무관하고 단지 마노미터 액의 밀도에만 관계되는 마노미터
      – 닫힌식(Sealed-end) : 한쪽 끝이 진공 상태로 막혀 있으므로 진공 기준압력인 절대압력을 측정하는 마노미터
  ㉢ 구비조건과 취급 시 주의사항
    • 온도에 따른 액체의 밀도 변화를 작게 해야 한다.
    • 모세관현상에 의한 액주의 변화가 없도록 해야 한다.
    • 순수한 액체를 사용한다.
    • 점도를 작게 하여 사용하는 것이 안전하다.
    • 액주식 압력계의 보정방법 : 모세관현상의 보정, 중력의 보정, 온도의 보정
  ㉣ 액주식 압력계의 특징
    • 1차 압력계로 미압 분야의 1차 표준기로 사용되고 있다.
    • 구조가 간단하다.
    • 응답성 및 정도가 양호하다.
    • 고장이 적다.
    • 현재까지도 고도화된 각종 산업의 압력 측정 분야에서 널리 사용된다.
    • 액주식 압력계에 봉입되는 액체 : 수은, 물, 기름(석유류) 등
    • 압력 측정의 크기 순 : 플로트식 > 링밸런스식 > 단관식 > U자관 > 경사관식
    • 온도에 민감하다.
    • 액체와 유리관의 오염으로 인한 오차가 발생한다.
  ㉤ 액주식 압력계에 사용되는 액주의 구비조건
    • 고대 : 화학적 안정성
    • 저소 : 점성(점도), 열팽창계수, 모세관현상, 온도 변화에 의한 밀도 변화
    • 유지 : 액면은 항상 수평, 일정한 (화학)성분

② U자관식 압력계
  ㉠ 개 요
    • U자관식 압력계는 U자관 속에 수은, 물 등을 넣고 한쪽 끝에 측정압력을 도입하여 압력을 측정하는 액주식 압력계이다.
    • 차압을 측정할 때 양쪽에 압력을 가한다.

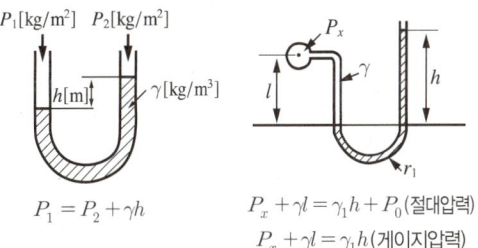

$P_1 = P_2 + \gamma h$

$P_x + \gamma l = \gamma_1 h + P_0$ (절대압력)
$P_x + \gamma l = \gamma_1 h$ (게이지압력)

(여기서, P : 압력, γ : 비중)

  ㉡ 특 징
    • 측정범위 : 5~2,000[mmH$_2$O], 정확도 : ±0.1[mmH$_2$O]
    • 압력 유도식이며 고압 측정이 가능하다.
    • 크기는 특수한 용도를 제외하고는 보통 2[m] 정도로 한다.
    • 주로 통풍력을 측정하는 데 사용된다.

- 측정 시 메니스커스, 모세관현상 등의 영향을 받으므로 이에 대한 보정이 필요하다.

③ 단관식 압력계(Cistern)
  ㉠ U자관 압력계의 한쪽 관의 단면적을 크게 하여 압력계의 크기를 줄인 액주식 압력계로, 유리관을 압력 측정용기에 수직으로 세워 유리관 내의 상승 액주 높이로 액체의 압력을 측정한다.
  ㉡ 특 징
    - 측정범위 : 300~2,000[mmH₂O], 정확도 : ±0.1[mmH₂O]
    - 액체를 넣을 때는 액면이 눈금의 영점과 일치하도록 넣어야 한다.
    - 압력을 시스턴에 가하면 액체는 가는 유리관을 통하여 올라간다.
    - 주로 저압용으로 사용된다.

④ 경사관식 압력계
  ㉠ 경사관식 압력계는 액주를 경사지게 하여 눈금을 확대하여 읽을 수 있는 구조로 만든 액주식 압력계이다.

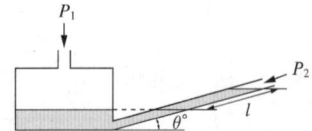

$P_1 = P_2 + \gamma l \sin\theta$

(여기서, γ : 액체의 비중량, l : 경사관 압력계의 눈금, θ : 경사각)

  ㉡ 특 징
    - 측정범위 : 10~300[mmH₂O], 정확도 : ±0.01[mmH₂O]
    - 높은 정밀도가 요구되는 미압의 측정에 가장 적합한 압력계이다.
    - 미세압 측정용으로 가장 적합하여 통풍계로 사용 가능하다.
    - 감도(정도)가 우수하므로 주로 정밀측정에 사용된다.

⑤ 플로트식 압력계
  ㉠ 플로트식 압력계는 U자관식과 비슷하지만, 플로트를 이용하여 액의 변화를 기계적 또는 전기적으로 변환시켜 압력을 측정하는 액주식 압력계이다.
  ㉡ 압력측정범위 : 500~6,000[mmH₂O]

⑥ 링밸런스식 압력계

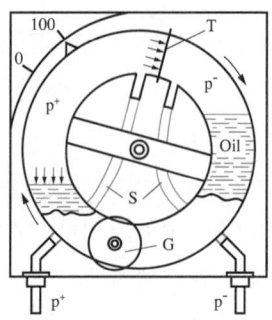

  ㉠ 개 요
    - 링밸런스식 압력계는 링 모양의 액주 하부에는 봉입액이 절반쯤 채워져 있고, 상부에는 격벽을 두어 하부의 액체와의 사이에는 2개의 실(Chamber)로 구성되어 있다. 각 압력 도입 구멍(총 2개)의 한쪽에는 대기압이 들어가고, 다른 한쪽에는 측정하고자 하는 압력이 들어가 압력이 가해지면 각 실의 압력이 불균형해지면서 하부에 부착된 평형추가 회전되어 압력차에 비례하여 회전하는 링 본체(Ring Body)의 회전각을 지침이 지시하는 값을 통하여 압력차를 구하는 액주식 압력계이다.
    - 평형추의 복원력과 회전력이 평형을 이루면 링 본체는 정지한다.
    - U자관식 압력계의 변형된 형태이며 환상천평식이라고도 한다.
    - 봉입액 : 물, 수은, 기름 등
  ㉡ 링밸런스식 압력계의 특징
    - 측정범위 : 25~3,000[mmH₂O] 정도
    - 도압관은 굵고 짧게 한다.
    - 원격 전송이 가능하고 회전력이 크므로 기록이 쉽다.

- 단면적을 크게 하면 회전력이 커져 고정도를 얻을 수 있다.
- 평형추의 증감이나 취부장치의 이동에 의해 측정범위의 변경이 가능하다.
- 주로 저압가스의 압력 측정이나 드래프트(Draft) 게이지로 이용된다.
- 부식성 가스나 습기가 많은 곳에서는 정도가 떨어진다.
- 봉입유체가 액체이므로 액의 압력 측정에는 사용할 수 없고, 기체의 압력 측정에만 사용할 수 있다.

ⓒ 설치 시 주의사항
- 진동 및 충격이 없는 곳에 수평 또는 수직으로 설치한다.
- 온도 변화가 작고 상온이 유지되는 곳에 설치한다.
- 부식성 가스나 습기가 적은 곳에 설치한다.
- 계기는 압력원에 접근하도록 가깝게 설치한다.
- 보수 및 점검이 원활하고 눈에 잘 띄는 곳에 설치한다.

⑦ 2액식 압력계
ⓐ 2액식 압력계는 비중이 다른 2액을 사용하여 미소 압력을 측정하는 압력계이다.
ⓑ 2액식 압력계의 특징
- 미소압력을 측정한다.
- 감도가 우수하다.
- 사용되는 2액 : 물과 클로로폼을 1 : 1.47의 비율로 사용하며, 물과 톨루엔을 사용하기도 한다.

핵심예제

2-1. 액주식 압력계에 사용되는 액체의 구비조건으로 틀린 것은?
[2012년 제1회 유사, 2013년 제1회, 2016년 제4회]
① 온도 변화에 의한 밀도 변화가 커야 한다.
② 액면은 항상 수평이 되어야 한다.
③ 점도와 팽창계수가 작아야 한다.
④ 모세관현상이 작아야 한다.

2-2. U자관 압력계에 관한 설명으로 가장 거리가 먼 것은?
[2012년 제2회 유사, 2016년 제1회]
① 차압을 측정할 경우에는 한쪽 끝에만 압력을 가한다.
② U자관의 크기는 특수한 용도를 제외하고는 보통 2[m] 정도로 한다.
③ 관 속에 수은, 물 등을 넣고 한쪽 끝에 측정압력을 도입하여 압력을 측정한다.
④ 측정 시 메니스커스, 모세관현상 등의 영향을 받으므로 이에 대한 보정이 필요하다.

2-3. 물이 흐르고 있는 공정상의 두 지점에서 압력 차이를 측정하기 위해 다음 그림과 같은 압력계를 사용하였다. 압력계 내 액의 비중은 1.1이고, 양쪽 관의 높이가 다음 그림과 같을 때 지점 (1)과 (2)에서의 압력 차이는 몇 [dyne/cm^2]인가?
[2013년 제4회]

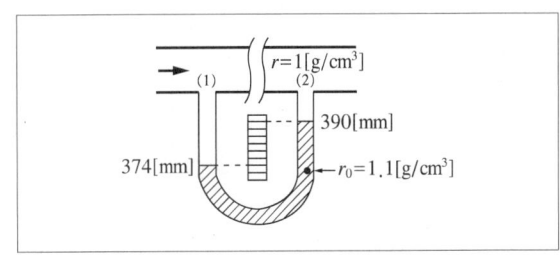

① 5 ② 48
③ 157 ④ 1,568

핵심예제

2-4. 수지관 속에 비중이 0.9인 기름이 흐르고 있다. 다음 그림과 같이 액주계를 설치하였을 때 압력계의 지시값은 몇 $[kg/cm^2]$인가?
[2017년 제4회]

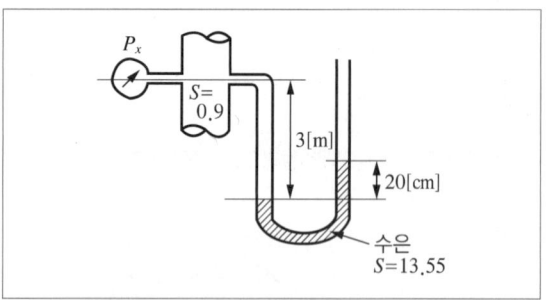

① 0.001
② 0.01
③ 0.1
④ 1.0

2-5. 다음 그림과 같은 탱크 내 기체의 압력을 측정할 때 수은을 넣은 U자관 압력계를 사용한다. 대기압이 756[mmHg]일 때 수은면의 높이차가 124[mm]이면, 탱크 내 기체의 절대압 P_0는 몇 $[kg/cm^2]$인가?(단, 수은의 비중량은 13.8[g/cm³]이다)
[2012년 제4회]

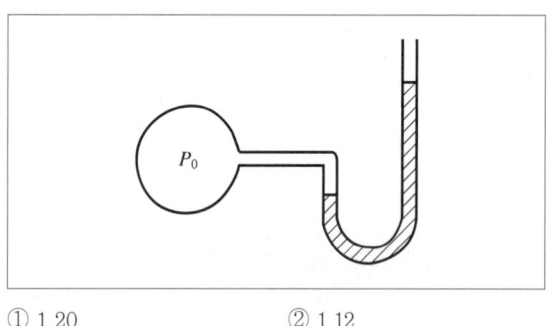

① 1.20
② 1.12
③ 0.17
④ 0.13

2-6. 다음 그림과 같이 수은을 넣은 차압계를 이용하는 액면계에 있어 수은면의 높이차(h)가 50[mm]일 때 상부의 압력 취출구에서 탱크 내 액면까지의 높이(H)는 약 몇 [mm]인가?(단, 액의 밀도(γ)는 999[kg/m³]이고, 수은의 밀도(γ_0)는 13,550[kg/m³]이다)
[2011년 제4회, 2021년 제1회]

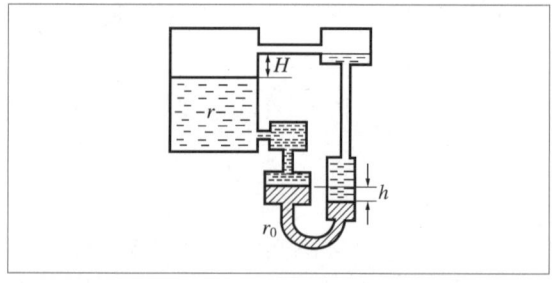

① 578
② 628
③ 678
④ 728

2-7. 다음 압력계 중 정도가 가장 높은 것은?
[2010년 제4회, 2011년 제1회, 2015년 제2회]

① 경사관식
② 부르동관식
③ 다이어프램식
④ 링 밸런스식

2-8. 다음 그림과 같은 경사관식 압력계에서 P_2가 50[kg/m²]일 때 측정압력 P_1은 약 몇 [kg/m²]인가?(단, 액체의 비중은 1이다)
[2017년 제1회]

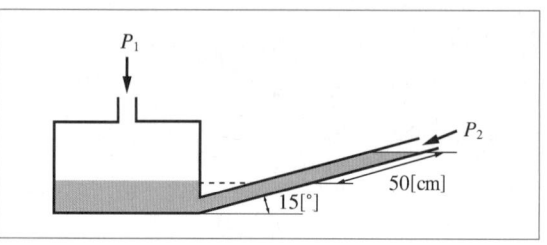

① 130
② 180
③ 320
④ 530

|해설|

2-1
온도 변화에 의한 밀도 변화가 작아야 한다.

2-2
차압을 측정할 때는 양쪽에 압력을 가한다.

2-3
$$\Delta P = P_1 - P_2 = (\gamma_0 - \gamma)h = (1.1/1 - 1) \times 1.6$$
$$= 0.16[g/cm^2] = 1.6[kg/m^2] = 1.6 \times 9.8[N/m^2]$$
$$= 15.68[N/m^2] = \frac{15.68 \times 10^5}{10^4}[dyne/cm^2]$$
$$\simeq 157[dyne/cm^2]$$

2-4
$$P_x + 1,000S \times 3 = (1,000 \times 13.55) \times 0.2 = 2,710 \text{에서}$$
$$P_x = 2,710 - (1,000 \times 0.9 \times 3) = 2,710 - 2,700 = 10[kg/m^2]$$
$$= 0.001[kg/cm^2]$$

2-5
절대압력
$$P_0 = P + \gamma h = \frac{756}{760} \times 1.0332 + 13.8 \times 10^{-3} \times 12.4 \simeq 1.20[kg/cm^2]$$

2-6
$$H + h = \frac{\gamma_0}{\gamma} \times h \text{이므로}, \quad H = \left(\frac{13,550}{999} \times 50\right) - 50 \simeq 628[mm]$$

2-7
경사관식 압력계는 정도가 ±0.01[mmH₂O]로, 가장 높고 미압 측정용으로 적합하다. 부르동관식, 다이어프램식, 링 밸런스식의 정도는 모두 ±1~2[%] 정도이다.

2-8
$$\Delta P = P_1 - P_2 = \gamma l \sin\theta \text{에서}$$
$$P_1 = P_2 + \gamma l \sin\theta = 50 + 1,000 \times 0.5 \times \sin15 \simeq 180[kg/m^2]$$

정답 2-1 ① 2-2 ① 2-3 ③ 2-4 ① 2-5 ① 2-6 ② 2-7 ① 2-8 ②

핵심이론 03 탄성식 압력계

① 탄성식 압력계의 개요
  ㉠ 탄성식 압력계는 탄성한계 내의 변위는 외력에 비례한다는 탄성법칙을 이용하여 수압부(수압소자)를 탄성체로 하여 탄성변위를 측정하여 압력을 구하는 압력계이다.
  ㉡ 탄성식 압력계의 특징
    • 기계적인 압력계로 2차 압력계이다.
    • 취급이 간단하고 공업적으로 적용이 편리하여 산업혁명 이후 가장 많이 사용되고 있는 압력계이다.
    • 탄성의 법칙을 완전하게 만족시키는 수압소자를 얻기 곤란하다.
  ㉢ 탄성식 압력계의 오차 유발요인
    • 히스테리시스(Hysteresis) 오차
    • 마찰에 의한 오차
    • 아날로그식 탄성압력계의 측정오차
    • 탄성요소와 압력지시기의 비직진성
    • Creep, Repeatability, 경년변화 및 온도 변화 등

② 부르동(Bourdon)관 압력계
  ㉠ 개 요
    • 부르동관은 곡관에 압력을 가하면 곡률반경이 증대(변화)되는 것을 이용하는 탄성식 압력계이다.
    • 호칭 크기 결정기준 : 눈금판의 바깥지름
    • 부르동관의 선단은 압력이 상승하면 팽창하고, 낮아지면 수축한다.
    • 암모니아용 압력계에는 Cu 및 Cu 합금의 사용을 금한다.
    • 과열증기로부터 부르동관 압력계를 보호하기 위한 방법으로 사이펀(Siphon) 설치가 가장 적당하다.
      - 사이펀관의 안지름 : 6.5[mm] 이상

- 압력계 연결관의 지름 : 강관(12.7[mm] 이상), 동 및 황동관(6.5[mm] 이상)
- 증기온도가 210[℃] 이상인 경우는 황동관 또는 동관의 사용을 금지한다.
- 사이펀관 속에 넣는 물질 : 물

ⓒ 형태에 따른 종류 : C자형, 스파이럴형(와권형), 헬리컬형(나선형), 버튼형(토크튜브 타입)

ⓒ 용도에 따른 종류로 구분할 때 사용하는 기호 : 내진형 V, 증기용 보통형 M, 내열형 H, 증기용 내진형 MV

ⓒ 부르동관의 재질
  • 저압용 : 황동, 청동, 인청동, 특수청동
  • 고압용 : 니켈(Ni)강, 스테인리스강

ⓒ 특 징
  • 측정범위 : 0.1~5,000[kg/cm²], 정확도 : ±0.5~2[%]
  • 구조가 간단하며 제작비가 저렴하다.
  • 높은 압력을 넓은 범위로 측정할 수 있다.
  • 주로 고압용에 사용된다.
  • 다이어프램 압력계보다 고압 측정이 가능하다.
  • 일반적으로 장치에 사용되고 있는 부르동관 압력계 등으로 측정되는 압력은 게이지압력이다.
  • 측정 시 외부로부터 에너지를 필요로 하지 않는다.
  • 계기 하나로 2공정의 압력차 측정이 불가능하다.
  • 정도는 좋지 않다.
  • 설치 공간을 비교적 많이 차지한다.
  • 내부 기기들의 마찰에 의한 오차가 발생한다.
  • 비교적 감도가 느리다.
  • 히스테리시스가 크다.

③ 벨로스(Bellows) 압력계
ⓒ 개 요
  • 벨로스의 내부 또는 외부에 압력을 가하여 중심 축 방향으로 팽창 및 수축을 일으키는 양으로 압력을 구하는 탄성식 압력계이다.
  • 벨로스는 외주에 주름상자형의 주름을 갖고 있는 금속박판 원통상이다.

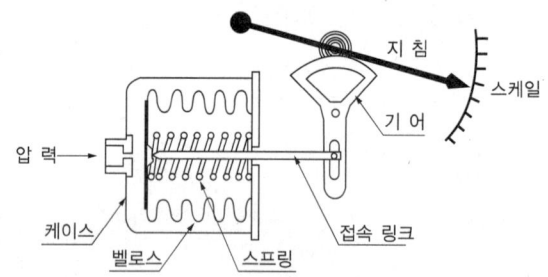

ⓒ 특 징
  • 측정범위 : 0.01~10[kg/cm²], 정확도 : ±1~2[%]
  • 주로 진공압 및 차압 측정용으로 사용한다.
  • 히스테리시스 현상(압력 측정 시 벨로스 내부에 압력이 가해질 경우 원래 위치로 돌아가지 않는 현상)을 없애기 위하여 벨로스 탄성의 보조로 코일 스프링을 조합하여 사용한다.

④ 다이어프램(Diaphragm) 압력계
ⓒ 개 요
  • 다이어프램 압력계는 박막으로 격실을 만들고 압력 변화에 따른 격막의 변위를 링크, 섹터, 피니언 등에 의해 지침에 전달하여 지시계로 나타내는 탄성식 압력계이다.
  • 미소압력의 변화에도 민감하게 반응하는 얇은 막을 이용하여 입력을 감지한다.
  • 격막식 압력계라고도 한다.

ⓒ 다이어프램의 재질 : 고무(천연고무, 합성고무), 테프론, 양은, 인청동, 스테인리스강 등

ⓒ 다이어프램 압력계의 종류 : 평판형, 물결무늬형, 캡슐형

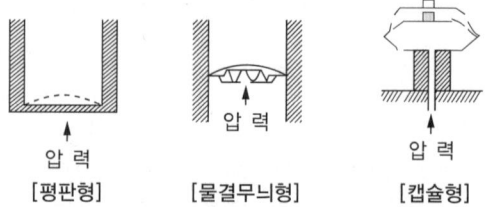

ⓔ 다이어프램의 특성 결정요인 : 다이어프램의 유효경, 박막의 두께, 굴곡의 모양, 굴곡의 횟수, 재료의 탄성계수
ⓓ 특 징
- 측정범위 : 0.01~500[kg/cm^2], 정확도 : ±0.25~2[%]
- 감도가 우수하며 응답성이 좋다.
- 정확성이 높은 편이다.
- 압력증가현상이 일어나면 피니언이 시계 방향으로 회전한다.
- 작은 변화에도 크게 편향하는 성질이 있다.
- 극히 미소한 압력을 측정할 수 있다.
- 저기압, 미소한 압력을 측정하기에 적합하다.
- 격막식 압력계로 압력을 측정하기에 적당한 대상 : 점도가 큰 액체, 먼지 등을 함유한 액체, 고체 부유물이 있는 유체, 부식성 유체
- 연소로의 드래프트게이지(통풍계 또는 드래프트계)로 주로 사용되며 공기식 자동제어의 압력 검출용으로도 이용 가능하다.
- 주로 압력의 변화가 크지 않은 곳에 사용된다.
- 과잉압력으로 파손되면 그 위험성은 크지 않다.
- 온도의 영향을 받는다.
ⓑ 격막식 압력계의 겉모양 및 구조
- 영점조절장치를 갖추고 있어야 한다.
- 직결형은 A형, 격리형은 B형을 사용한다.
- 지침에 직접 닿는 멈추개는 원칙적으로 붙이지 않아야 한다.
- 중간 플랜지는 나사식 및 I형 플랜지식에 적용한다.
⑤ 콤파운드게이지(Compound Gage)
ⓐ 콤파운드게이지는 압력계와 진공계 두 가지 기능을 갖춘 탄성식 압력게이지이다.
ⓑ 진공과 양압을 동일한 계기에서 측정할 수 있다.

핵심예제

3-1. 부르동관 압력계로 측정한 압력이 5[kg/cm^2]이었다. 이때 부유 피스톤 압력계 추의 무게가 10[kg]이고, 펌프 실린더의 직경이 8[cm], 피스톤 지름이 4[cm]라면 피스톤의 무게는 약 몇 [kg]인가?
[2011년 제4회]

① 38.2
② 52.8
③ 72.9
④ 99.4

3-2. 벨로스 압력계에서 벨로스 탄성의 보조로 코일 스프링을 조합하여 사용하는 주된 이유는?
[2011년 제1회, 2017년 제4회, 2023년 제1회]

① 측정압력범위를 넓히기 위하여
② 강도를 증대시키기 위하여
③ 히스테리시스 현상을 없애기 위하여
④ 측정 지연시간을 없애기 위하여

|해설|

3-1
추의 무게를 W_1, 피스톤의 무게를 W_2라고 하면

압력 $P = \dfrac{F}{A} = \dfrac{W_1 + W_2}{\dfrac{\pi d^2}{4}} = 5$ 에서

$W_1 + W_2 = 5\pi \times 4 = 20\pi$ 이므로
$W_2 = 20\pi - W_1 = 20 \times 3.14 - 10 = 52.8[kg]$

3-2
벨로스 압력계에서는 히스테리시스 현상을 없애기 위하여 벨로스 탄성의 보조로 코일 스프링을 조합하여 사용한다.

정답 3-1 ② 3-2 ③

핵심이론 04 기타 압력계

① 기준 분동식 압력계
  ㉠ 개 요
    - 기준 분동식 압력계는 램, 실린더, 기름탱크, 가압펌프 등으로 구성된 압력계이다.
    - (자유) 피스톤식 압력계(피스톤형 게이지 또는 부유 피스톤형 압력계)의 일종이며 분동식 압력계, 분동식 압력교정기, 표준 분동식 압력계, 사하중계(Dead Weight Gauge) 등으로도 부른다.
  ㉡ 사용 액체와 측정 압력
    - 모빌유 : 490[MPa](5,000[kgf/cm^2])
    - 스핀들유 : 9.8~98[MPa](100~1,000[kgf/cm^2])
    - 피마자유 : 9.8~98[MPa](100~1,000[kgf/cm^2])
    - 경유 : 3.92~9.8[MPa](40~100[kgf/cm^2])
  ㉢ 특 징
    - 측정범위 : 2~100,000[kg/cm^2], 정확도 : ±0.01[%]
    - 압력계 중 압력 측정범위가 가장 크다.
    - 측정압력이 아주 높고, 정도가 좋다.
    - 다른 압력계의 교정 또는 검정용 표준기, 연구실용으로 사용된다.
    - 주로 탄성식 압력계의 일반교정용 시험기(부르동관식 압력계의 눈금 교정)로 사용된다.
  ㉣ 게이지압력 : $P_g = \dfrac{W}{A}$
    (여기서, W : 사하중계의 추, 피스톤 그리고 팬(Pan)의 전체 무게, A : 피스톤의 단면적)

② 침종식 압력계
  ㉠ 개 요
    - 침종식 압력계(Inverted Bell Pressure Gauge)는 수은이나 기름 위에 종 모양의 플로트(부자)를 액 속에 넣고 압력에 따라 떠오르는 플로트의 변위량으로 압력을 측정하는 압력계이다.
    - 용기 내에 압력을 가하면 종을 뒤집어 놓은 모양의 용기를 위로 밀어 올리는 힘이 작용하여 종과 평형을 유지시켜 압력을 측정한다.
    - 압력을 고체의 무게와 평형시켜 이에 대응하는 고체량으로부터 압력을 구하는 방법이다.
    - 단종식과 복종식이 있다.

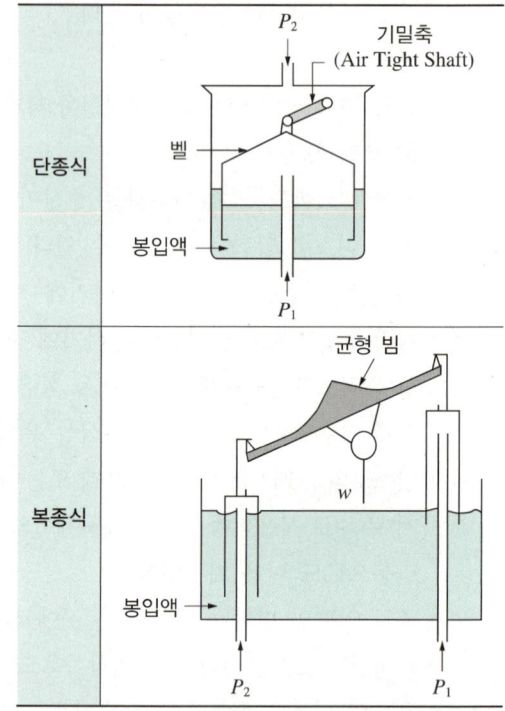

  ㉡ 측정원리 : 아르키메데스의 원리
  ㉢ 특 징
    - 측정범위 : 단종식 100[mmH$_2$O] 이하, 복종식 5~30[mmH$_2$O]
    - 정도 : ±1~2[%] 또는 ±2.5[%] 이하
    - 봉입액 : 물, 수은, 기름 등
    - 진동, 충격의 영향을 작게 받는다.
    - 압력이 낮은 기체의 압력 측정에 적합하다.
    - 미소 차압의 측정이 가능하다.
    - 액체 측정에는 부적당하고, 기체의 압력 측정에는 적당하다.

ㄹ) 설치 시 주의사항
- 계기는 똑바로 수평으로 설치한다.
- 압력 취출구에서 압력계까지 배관은 직선으로 가능한 한 짧게 설치한다.
- 봉입액은 자주 세정 또는 교환하여 청정하도록 유지한다.
- 봉입액의 양은 일정하게 유지해야 한다.
- 과대압력이나 큰 차압은 피해야 한다.

③ 전기식 압력계
㉠ 개 요
- 기계식 압력계는 보통 육안용으로 사용하며, 공정에 대한 기록, 분석, 원격 자동제어를 하기 위해서는 전기식 압력계를 사용해야 한다.
- 전기식 압력계는 변환기, Indicator, 기록계 등의 측정장치와 분리가 가능하며 정확도 및 신뢰성이 아날로그 압력계보다 우수하다.
- 측정범위 : 수천[mmH$_2$O]~수천[kg/cm^2], 정확도 : ±0.5[%]
- 전기저항식 압력계
  - 금속의 전기저항값이 변화되는 것을 이용하여 압력을 측정하는 전기식 압력계이다.
  - 응답속도가 빠르고, 초고압에서 미압까지 측정한다.
  - 종류 : 자기변형식 전기압력계, 피에조 전기압력계, 퍼텐쇼메트릭형 압력계

㉠ 자기변형식 전기압력계 : 압전저항효과를 이용한 전기식 압력계
- 금속은 늘어나면 전기저항은 증가하고, 줄어들면 전기저항은 감소한다는 피에조 저항(Piezo-resistivity)효과원리를 이용한 전기식 압력계
- 별칭 : 스트레인게이지(Strain Gauge), 스트레인게이지형 압력센서, 자기 스트레인리스식 압력계, 스트레인게이지식 압력계
- 전기저항측정기 휘트스톤 브리지(Wheatstone Bridge)를 결합하여 압력을 전기적인 신호로 감지하여 측정한다.

㉡ 피에조 전기압력계
- 피에조 전기저항효과라고 하는 압전효과(Piezo-electric Effect)를 이용한 전기식 압력계이다.
- 몇몇 종류의 결정체는 특정한 방향으로 힘을 받으면 자체 내에 전압이 유기되는 성질이 있는데, 피에조 전기압력계는 이러한 성질을 이용한 압력계이다.
- 수정 등의 결정체에 압력을 가할 때 표면에 발생하는 전기적 변화의 특성을 이용하는 압력계이다.
- 별칭 : 압전식 압력계, 압전형(Piezoelectric Type) 압력센서
- 측정범위 : 7×10^{-8}~700[kg/cm^2], 정확도 : ±0.5~4[%]
- 압전효과는 수정이나 세라믹 등을 매개로 하여 특정한 방향으로 기계적 에너지(압력 등)를 받으면 매개 자체 내에 전압이 발생되는데, 이 전기적 에너지를 측정하여 압력으로 환산하여 사용하는 원리이다.
- 수정이나 전기석 또는 로셀염 등의 결정체의 특정 방향으로 압력을 가할 때 표면에 발생하는 전기적 변화의 특성(표면 전기량)으로 압력을 측정한다.
- 응답이 빠르고 일반 기체에 부식되지 않는다.
- 기전력을 이용한 것으로, 응답이 빠르고 급격히 변화하는 압력의 측정에 적당하다.
- 가스 폭발 등 급속한 압력 변화를 측정하거나 엔진의 지시계로 사용한다.

㉢ 퍼텐쇼메트릭(Potentiometric)형 압력계
- 인가압력에 의해서 벨로스 또는 부르동관이 신축하면 그 변위가 와이퍼 암(Wiper Arm)을 구동해서 전위차계의 저항을 변화시켜 압력을 측정하는 전기식 압력계이다.

- 측정범위 : 사양에 따라 결정, 정확도 : ±0.25[%]
- 전위차계식 압력센서(Potentiometric Pressure Sensor)라고도 한다.
- 부르동관 또는 벨로스와 전위차계로 구성되어 있다.
- 전위차계 압력센서는 극히 작게 만들 수 있다.
- 추가의 증폭기가 필요 없을 정도로 출력이 커서 저전력이 요구되는 곳에 응용된다.
- 가격이 저렴하다.
- 히스테리시스 오차가 크고, 재현성이 나쁘다.
- 진동에 민감하다.
- 가동 접촉부의 마모 및 접촉저항이 발생된다.

② 커패시턴스(Capacitance)형 압력계 또는 정전용량형(Capacitance Type) 압력센서
- 측정범위 : 수천[mmH$_2$O]~수천[kg/cm^2], 정확도 : ±1.0[%]
- 평판과 전극 사이의 정전용량을 측정하여 압력을 구하는 전기식 압력계이다.
- 평판은 다이어프램이 주로 사용된다.
- 측정원리 : 다이어프램에 압력이 가해지면 고정 전극 사이의 위치에 따른 정전용량의 변화(정전용량은 극판 사이의 거리에 반비례)가 일어난다. 이 정전용량을 측정하여 압력으로 환산하는 원리이다.
- 게이지압, 차압, 절대압 검출이 가능하다.
- 관리 유지가 편리하다.
- 직선성이 좋다.
- 신호변환기가 고가이다.

④ **진공식 압력계** : 대기압 이하의 진공압력을 측정하는 압력계이다.
  ㉠ 진공계의 원리
  - 수은주를 이용한 것 : 맥라우드 진공계
  - 열전도를 이용한 것 : 피라니 진공계, 열전쌍 진공계, 서미스터 진공계
  - 전기적 현상을 이용한 것 : 가이슬러관, 열음극 전리 진공계

  ㉡ 맥라우드(McLeod) 진공계 : 측정 기체를 압축하여 체적 변화를 수은주로 읽어 원래의 압력을 측정하는 형식의 진공에 대한 폐관식 압력계이다.
  - 일종의 폐관식 수은 마노미터이다.
  - 표준 진공계, 진공계의 교정용으로 사용된다.
  - 측정범위는 1×10^{-2}[Pa] 정도이다.

  ㉢ 열전도형 진공계
  - 진공 속에서 가열된 물체의 열손실이 압력에 비례하는 것을 이용한 진공계이다.
  - 필라멘트에 충돌하는 기체분자의 수가 많을수록 증가되는 필라멘트의 열손실로 인한 필라멘트의 온도 변화를 이용한다.
  - 압력이 증가하면 열전도현상으로 필라멘트의 온도가 감소한다.
  - 필라멘트의 열전대로 측정하는 열전대 진공계의 측정범위 : $10^{-3} \sim 1$[torr](10^{-2}[torr])
  - 사용이 간편하며 가격이 저렴하다.
  - 필라멘트 재질이나 가스의 종류에 따라 특성이 달라진다.

  ㉣ 피라니(Pirani) 진공계 : 압력에 따른 기체의 열전도 변화를 이용하여 저압을 측정하는 진공계(압력계)이다.
  - 저압에서 기체의 열전도도는 압력에 비례하는 원리를 이용한 진공계이다.
  - 응답속도가 빠르며 회로가 간단하다.
  - 전기적 출력을 자동기록장치 등에 쉽게 연결할 수 있다.

  ㉤ 가이슬러관 : 방전을 이용하는 진공식 압력계이다.

  ㉥ 열음극 전리 진공계 : 정밀도가 가장 우수한 진공계로, 전리되는 양이온의 수가 충돌되는 기체분자 수(기체분자의 밀도)와 방출되는 전자수에 비례하는 것을 이용한다.

핵심예제

4-1. 분동식 압력계에서 300[MPa] 이상 측정할 수 있는 것에 사용되는 액체로 가장 적합한 것은? [2020년 제4회]

① 경 유   ② 스핀들유
③ 피마자유   ④ 모빌유

4-2. 침종식 압력계에 대한 설명으로 틀린 것은? [2011년 제2회 유사, 2015년 제2회]

① 봉입액은 자주 세정 또는 교환하여 청정하도록 유지한다.
② 압력 취출구에서 압력계까지 배관은 가능한 한 길게 한다.
③ 계기 설치는 똑바로 수평으로 하여야 한다.
④ 봉입액의 양은 일정하게 유지해야 한다.

4-3. 주로 낮은 압력을 측정하는 데 사용되는 피라니게이지의 원리는 압력에 따른 기체의 어떤 성질의 변화를 이용한 것인가? [2010년 제1회, 2011년 제4회]

① 비 중   ② 열전도
③ 비 열   ④ 압축인자

|해설|

4-1
사용 액체와 측정압력
• 경유 : 3.92~9.8[MPa](40~100[kgf/cm^2])
• 스핀들유 : 9.8~98[MPa](100~1,000[kgf/cm^2])
• 피마자유 : 9.8~98[MPa](100~1,000[kgf/cm^2])
• 모빌유 : 490[MPa](5,000[kgf/cm^2])

4-2
압력 취출구부터 압력계까지 배관은 직선으로 하여 가능한 한 짧게 한다.

4-3
피라니(Pirani) (진공)압력계 : 압력에 따른 기체의 열전도 변화를 이용하여 저압을 측정하는 압력계

정답 4-1 ④ 4-2 ② 4-3 ②

3-2. 유량 측정

핵심이론 01 유량 측정의 개요

① 유량과 유량계
  ㉠ 유 량
   • 단위시간당 통과하는 유체의 양(유체의 양/단위시간)이다.
   • 유체의 양은 주로 체적으로 나타내지만, 질량이나 중량으로도 표시한다.
   • 유량의 단위 : [Nm^3/sec], [m^3/sec], [L/sec], [kg/sec], [kg/h], [ft^3/sec] 등
  ㉡ 유량계(Flow Meter) : 유체의 양을 체적, 질량이나 중량으로 나타내는 계측기로 유량측정계라고도 한다.
   • 체적유량계 : 유체의 양을 체적으로 나타내는 유량계
   • 질량유량계 : 유체의 양을 질량으로 나타내는 유량계
   • 중량유량계 : 유체의 양을 중량으로 나타내는 유량계

② 체적유량계의 종류
  ㉠ 직접측정식 유량계(용적식 유량계)
   • 용적식 유량계는 유체의 체적이나 질량을 직접 측정하는 유량계이다.
   • 용적식 유량계의 종류 : 오벌식, 루트식, 로터리 피스톤식, 회전원판식, 나선형 회전자식, 가스미터
  ㉡ 간접측정식 유량계 : 유체의 제반법칙이나 원리, 유체의 흐름에 따른 물리량의 변화, 전기적 현상 등을 근거로 계산을 통하여 간접적으로 유량을 측정하는 유량계로, 추측식 유량계 또는 추량식 유량계라고도 한다.
   • 차압식 : 오리피스미터, 플로 노즐, 벤투리미터

- 유속식 : 임펠러식 유량계, 피토관식 유량계, 열선식 유량계, 아누바유량계
- 면적식 유량계, 와류유량계, 전자유량계, 초음파유량계

③ 질량유량계와 중량유량계의 종류
　㉠ 질량유량계의 종류
　　- 직접식 : 열식(기체용), 코리올리식(액체용), 와류식(기체용), 각운동량식
　　- 간접식 : 유량계와 밀도계의 조합형, 유량계와 유량계의 조합형, 온도보정형, 온도·압력보정형, MFC
　㉡ 중량유량계의 종류(일반적이지 않아 설명을 생략함)

④ 직관거리(Straight Pipe)
　㉠ 개 요
　　- 유량계의 전·후단에 구부러짐 또는 방해물 없이 직선으로 설치되는 직관거리가 확보되어야 한다.
　　- 유량계의 전단부는 파이프 내경의 10배 정도의 직관거리가 필요하고, 유량계 후단부는 파이프 내경의 5배 정도의 직관거리가 필요하다.
　　- 직관거리는 길면 길수록 평평한 유속을 얻을 수 있기 때문에 유량계의 오차를 최소화할 수 있다.
　　- 직선 파이프가 있는 경우, 총직관의 2/3 지점이 유량계의 전단, 1/3 지점이 유량계의 후단이 되도록 설치한다.
　　- 유량계 전단에 구부러짐이나 제어밸브 등의 방해물을 설치해야 한다면 직관거리는 배로 늘리는 것이 좋다.
　　- 설치조건상 부득이하게 충분한 직관거리를 확보할 수 없다면 유량계의 측정값에 대해 어느 정도의 오차는 감수해야 한다.
　　- 유량계에서는 원리상 직관 길이가 필요하지 않는 유량계도 있다.

　㉡ 안정된 유속분포를 얻기 위해서 일반적으로 추천하는 직관 길이
　　- 상·하류 직관 길이가 필요 없는 유량계 : 용적식, 면적식, 질량식(코리올리식, 열식)
　　- 상류 5D, 하류 3D 이상 필요한 경우(D : 파이프 내경) : 전자식(단, 구경이 500[mm] 이상인 다전극형에서는 상류 직관 길이가 3D이면 충분하다)
　　- 상류 10~15D, 하류 5~7D : 차압식, 터빈식, 와류식, 초음파식

　㉢ 유량계 형식에 따른 직관부 길이 규정(국내 상수도법)

구 분		전자식	초음파	기계식
상류측	밸브	3	30	5
	곡관	2	10	5
	확대관	5	30	5
	축소관	3	10	5
하류측	확대관	2	5	3
	밸브	2	10	3

⑤ 유체조건에 따른 유량계의 그루핑
　㉠ 유체의 종류에 따라 적합한 유량계
　　- 유체의 종류와 관계없이 측정 가능한 유량계 : 차압식, 와류식, 면적식, 초음파식
　　- 액체 및 기체만 측정할 수 있는 유량계 : 용적식, 터빈식
　　- 액체만 측정 가능한 유량계 : 전자유량계, 질량식(코리올리식)
　　- 기체만 측정 가능한 유량계 : 질량식(열식)
　㉡ 유체의 온도와 압력에 따라 추천하는 유량계
　　- 200[℃] 이상의 고온유체 측정 : 차압식, 터빈식, 와류식, 면적식, 질량식(열식), 용적식
　　- −100[℃] 이하의 저온유체 측정 : 와류식, 터빈식, 면적식, 질량식(코리올리식)
　　- 10[MPa]을 넘는 고압 유체 측정 : 차압식, 와류식, 면적식, 질량식(코리올리식, 열식)

ⓒ 유량계의 압력손실 정도
  - 압력손실이 없는 유량계 : 전자식, 초음파식, 코리올리식(단일직관형)
  - 압력손실이 적은 유량계 : 면적식, 와류식
  - 압력손실이 큰 유량계 : 차압식, 용적식, 터빈식, 질량식(코리올리 곡관형, 열식)

ⓔ 측정 정밀도에 따른 유량계
  - 지시값의 0.2~0.3[%] 정밀도를 갖는 유량계 : 코리올리식, 용적식, 터빈식
  - 지시값의 0.5~1[%] 정밀도를 갖는 유량계 : 전자식, 와류식, 용적식, 터빈식
  - 전 범위의 1~2[%] 정밀도를 갖는 유량계 : 면적식, 차압식, 초음파식, 질량(열식)

ⓜ 측정 가능 범위에 따른 유량계
  - 광범위한 범위를 가진 유량계(20 : 1 이상) : 전자식, 초음파식, 질량(코리올리식, 열식)
  - 중간 범위를 가진 유량계(10 : 1 이상) : 와류식, 용적식, 터빈식
  - 좁은 범위를 가진 유량계(10 : 1 미만) : 면적식, 차압식

⑥ 기본식, 선정요령, 유량 측정 관련 제반사항
  ㉠ 유량 관련 기본식
    - 체적유량 : $Q = Av_m [\text{m}^3/\text{sec}]$
      (여기서, A : 단면적, v_m : 평균유속)
    - 질량유량 : $M = \rho Av_m [\text{kg}/\text{sec}]$
      (여기서, ρ : 밀도)
    - 중량유량 : $Q = \gamma Av_m [\text{N}/\text{sec}]$
      (여기서, γ : 비중량)
    - 적산유량 : $G = \int \rho Av_m [\text{m}^3, \text{kg}]$

  ㉡ 유량 측정 관련 기타 사항
    - 유체의 밀도가 변할 경우 질량유량을 측정하는 것이 좋다.
    - 유체가 기체일 경우 온도와 압력에 의한 영향이 크다.
    - 유체가 액체일 때 온도나 압력에 의한 밀도의 변화는 무시할 수 있다.
    - 유체의 흐름이 층류일 때와 난류일 때의 유량 측정방법은 다르다.
    - 압력손실의 크기 순 : 오리피스 > 플로 노즐 > 벤투리 > 전자유량계
    - 유량계를 교정하는 방법 중 기체유량계의 교정에 가장 적합한 것은 기준 체적관을 사용하는 방법이다.

핵심예제

다음 중 유량 측정과 관계없는 것은? [2010년 제4회]

① 벤투리미터　　② 전자유량계
③ 로터미터　　　④ 제게르콘

|해설|
제게르콘은 SK26(1,580[℃])~SK42(2,000[℃])까지 내화물의 내화도를 측정한다.

정답 ④

핵심이론 02 용적식 유량계(직접식 유량계)

① 개요
  ㉠ 용적식 유량계[PD(Positive Displacement) Meter]
    • 직접 체적유량을 측정하는 적산유량계이다.
    • 계량실 내부의 회전자나 피스톤 등의 가동부와 그것을 둘러싸고 있는 케이스 사이에 일정 용적의 공간부를 밸브로 하고, 그 속에 유체를 충만시켜 유체를 연속적으로 유출구로 송출하는 구조로 되어 있다.
    • 계량 횟수를 통하여 용적유량을 측정하는 적산식 유량계이다.
  ㉡ 종류 : 오벌식, 루트식, 로터리 피스톤식, 회전원판식, 나선형 회전자식, 가스미터
  ㉢ 특징
    • 정밀도가 우수하다.
    • 유체의 성질에 영향을 작게 받는다.
    • 유체의 물성치(온도, 압력 등)에 의한 영향을 거의 받지 않는다.
    • 점도가 높거나 점도 변화가 있는 유체의 유량 측정에 가장 적합하다.
    • 고점도의 유체에 적합하며 주로 액체 유량의 정량 측정에 사용된다.
    • 외부에너지의 공급이 없어도 측정할 수 있다.
    • 유량계 전후의 직관 길이에 영향을 받지 않는다.
    • 직관부가 필요하지 않지만, 유량계 전단에 반쯤 열린 밸브가 있어 기포가 발생할 우려가 있는 경우에는 주의해야 한다.
    • 유량계 상류측에 기체분리기를 설치한다.
    • 여과기(Strainer)는 유량계의 바로 전단에 설치한다.
    • 유량계의 전후 및 우회 파이프(By-pass Line)에는 밸브를 설치한다.
    • 유량계 본체의 입구 및 출력 플랜지는 설치 시까지 더미 플랜지를 설치하여 먼지 등의 이물질이 유입되지 않도록 유의해야 한다.
    • 유량계의 점검이 가능하도록 반드시 우회 파이프를 설치하고, 우회 파이프의 크기는 주파이프와 동일하게 한다.
    • 수직 설치의 경우, 유량계는 우회 파이프에 설치한다. 이것은 파이프 중량에 의한 응력이 유량계에 직접 가해지는 것을 피하기 위함이다.
    • 유량계는 펌프의 배기(Discharge)쪽에 설치해야 한다. 펌프의 흡기(Suction)쪽은 압력이 낮기 때문에 유량계의 압력손실보다 압력이 낮은 경우에는 유량계가 회전하지 않는 경우가 생길 수 있다.
    • 설치 시 유량계를 떨어뜨리거나 충격을 주지 않도록 유의해야 한다. 특히, 플랜지 표면에 흠이 나지 않도록 유의해야 한다.
    • 유량계의 흐름 방향과 실체 유체의 흐름 방향이 일치해야 한다.
    • 압력변동의 가압유체 측정은 어렵다.

② 용적식 유량계의 종류
  ㉠ 오벌(Oval) 유량계 : 맞물린 2개의 타원형 기어를 유체 흐름 속에 놓고, 유체의 압력으로 생기는 기어의 회전을 계수하는 방식의 유량계이다.

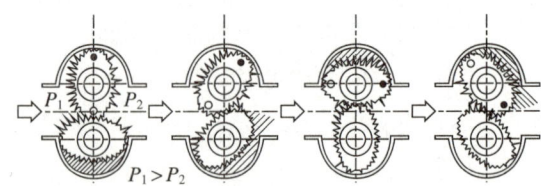

    • 오벌기어식 또는 원형기어식이라고도 한다.
    • 기어의 회전이 유량에 비례하는 것을 이용한 용적식 유량계이다.
    • 유입되는 유체 흐름에 의해 2개의 타원형 기어가 서로 맞물려 회전하며 유체를 출구로 밀어 보낸다.

- 회전체의 회전속도를 측정하여 유량을 구한다.
- 액체의 유량 측정에는 적합하지만 기체의 유량 측정에는 부적합하다.
- 히스테리시스 차의 원인 : 내부 기어의 마모

ⓒ 루트식 유량계 : 오벌기어식과 유사한 구조이지만 회전자의 모양(누에고치 모양)이 다르며 회전자에 기어가 없다.

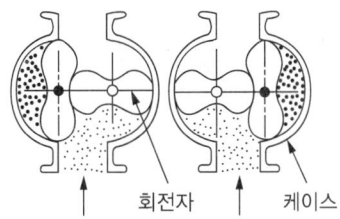

ⓒ 로터리 피스톤식 유량계 : 입구에서 유입되는 유체에 의한 회전자의 회전속도를 이용하여 유량을 구하는 용적식 유량계이다.
- 선회피스톤형이라고도 한다.
- 회전자가 1개이므로 회전저항이 작아 작은 유량 측정에 적합하다.
- 계량실과 회전자 사이를 크게 하였기 때문에 고점도 유체 측정에 적합하다.
- 수평, 수직, 기울임 설치 등 설치방법에 제한이 없다.
- 계량부에 맞물림 기구가 없어 소음, 진동이 작다.
- 유체의 이동이 계량실의 회전자 내·외부에서 동시에 실행되기 때문에 회전자 1회전당 토출량이 다른 용적식 유량계에 비하여 큰 편이다.
- 구조가 간단하여 분해와 세척이 쉽다.
- 주로 수도계량기에 사용된다.
- 로터리 피스톤식에서 중량유량을 구하는 식

$$G = CA\sqrt{\frac{2g\gamma W}{a}}$$

(여기서, C : 유량계수, A : 유출구의 단면적, W : 유체 중의 피스톤 중량, a : 피스톤의 단면적)

ⓔ 회전원판식 유량계 : 둥근 축을 갖는 원판이 유량실의 중심에 위치하고, 원판의 회전에 따른 유체의 통과량을 측정하는 용적식 유량계이다.

ⓜ 나선형 회전자식 유량계
- 나선형 기어식이라고도 한다.
- 액체유량을 측정한다.
- 오벌기어식과 같이 맥동을 발생시키는 유량계에 비하여 등속회전이고, 동일한 토크이기 때문에 맥동이 발생하지 않는다.
- 진동 및 소음이 매우 작다.
- 토출되는 유량이 연속적이며, 1회전당 토출량이 크다. 회전속도도 비교적 빠르게 할 수 있기 때문에 소형이라도 대용량 측정이 가능하다.
- 두 회전자 사이에 에너지 교환이 없으므로 회전자의 톱니면에 부하가 발생하지 않아 내구성이 뛰어나다.
- 파일럿기어방식에서는 회전자가 비접촉식으로 동작하므로 내구성이 매우 뛰어나다.

ⓗ 가스미터(기체유량계) : 실측식, 추량식이 있으며 기준 체적관을 사용하여 교정한다.
- 실측식
  - 습식 가스미터 : 기준 가스미터, 공해 측정용으로 사용한다.
  - 건식 가스미터(막식, 회전식) : 도시가스 측정에 사용한다.
- 추량식 : 오리피스식, 벤투리식, 터빈식, 와류식, 델타식

핵심예제

2-1. 다음 중 용적식 유량계에 해당하는 것은?
[2018년 제2회, 2018년 제4회 유사, 2022년 제2회, 2023년 제1회]
① 오리피스미터 ② 습식 가스미터
③ 로터미터 ④ 피토관

2-2. 오벌(Oval)식 유량계의 특징에 대한 설명으로 틀린 것은?
[2010년 제1회, 2013년 제4회]
① 타원형 치차의 맞물림을 이용하므로 비교적 측정점도가 높다.
② 기체유량 측정은 불가능하다.
③ 유량계의 앞부분(前部)에 여과기(Strainer)를 설치하지 않아도 된다.
④ 설치가 간단하고 내구력이 있다.

2-3. 유량계의 교정방법 중 기체유량계의 교정에 가장 적합한 방법은?
① 밸런스를 사용하여 교정한다.
② 기준 탱크를 사용하여 교정한다.
③ 기준 유량계를 사용하여 교정한다.
④ 기준 체적관을 사용하여 교정한다.

|해설|

2-1
② 습식 가스미터 : 용적식 유량계
① 오리피스미터 : 차압식 유량계
③ 로터미터 : 면적식 유량계
④ 피토관 : 유속식 유량계

2-2
이물질 흡입에 의한 고장을 미연에 방지하기 위하여 유량계의 앞부분(前部)에 여과기(Strainer)를 설치한다.

2-3
기체유량계는 기준 체적관을 사용하여 교정한다.

정답 2-1 ② 2-2 ③ 2-3 ④

핵심이론 03 차압식 유량계

① 차압식 유량계의 개요

㉠ 차압식 유량계는 관로 내 조임기구(오리피스, 노즐, 벤투리관)를 설치하고 유량의 크기에 따라 전후에 발생하는 차압 측정으로 유량을 구하는 유량계이다. 조리개식 유량계 혹은 (스로틀(Throttle) 기구에 의하여 유량을 측정(순간치 측정)하므로) 교축기구식이라고도 한다.

㉡ 측정원리
- 운동하는 유체의 에너지 법칙
- 베르누이 방정식
- 연속의 법칙(질량보존의 법칙)

㉢ 유량 계산식

$$Q = C \cdot A v_m$$
$$= C \cdot A \sqrt{\frac{2g}{1-(d_2/d_1)^4} \times \frac{P_1 - P_2}{\gamma}}$$
$$= C \cdot A \sqrt{\frac{2gh}{1-(d_2/d_1)^4} \times \frac{\gamma_m - \gamma}{\gamma}}$$
$$= C \cdot A \sqrt{\frac{2gh}{1-(d_2/d_1)^4} \times \frac{\rho_m - \rho}{\rho}}$$

(여기서, Q : 유량[m³/sec], C : 유량계수, A : 단면적[m²], v_m : 평균유속, g : 중력가속도(9.8[m/sec²]), d_1 : 입구 지름, d_2 : 조임기구 목의 지름, P_1 : 교축기구 입구측 압력[kgf/m²], P_2 : 교축기구 출구측 압력[kgf/m²], h : 마노미터 높이차, γ_m : 마노미터 액체비중량[kgf/m³], γ : 유체비중량[kgf/m³], ρ_m : 마노미터 액체밀도[kg/m³], ρ : 유체밀도[kg/m³])

- 차압식 유량계에서 유량은 압력차의 제곱근에 비례한다.
- 유량을 계산하기 위하여 설치한 유량계에서 유체를 흐르게 하면서 측정해야 할 값은 마노미터 액주계 눈금인 h의 값이다.

② 특 징
- 압력 강하를 측정(정압의 차)한다.
- 간접식(간접 계량)이다.
- 액체, 기체, 스팀 등 거의 모든 유체의 유량 측정이 가능하다.
- 기체 및 액체, 양용으로 사용한다.
- 구조가 간단하고 견고하며 가동부가 없어 수명이 길고 내구성이 좋다.
- 가격이 저렴하며, 특히 대구경인 경우 더욱 유리하다.
- 고온, 고압의 과부하에 잘 견딘다.
- 유체의 점도 및 밀도를 알고 있어야 한다.
- 하류측과 상류측의 절대압력의 비가 0.75 이상이어야 한다.
- 조임기구의 재료의 열팽창계수를 알아야 한다.
- 관로의 수축부가 있어야 하므로 압력손실이 비교적 높은 편이다.
- 압력손실의 크기 순 : 오리피스식 > 플로 노즐식 > 벤투리미터식
- 오리피스의 교축기구를 기하학적으로 닮은꼴이 되도록 정밀하게 끝맺음질을 하면 정확한 측정값을 얻을 수 있다.
- 유량은 압력차의 평방근에 비례한다.
- 레이놀즈수 10^5 이상에서 유량계수가 유지된다.
- 직관부가 필요하며, 요구 직관부의 길이가 길다.
- 유출계수 및 유량 측정 정확도는 배관의 형태, 유체의 유동 상태에 따라 큰 영향을 받는다.
- 정도가 좋지 않고, 측정범위가 좁다.
- 유량에 대한 교정을 하면 높은 정확도를 얻을 수 있으나, 교정을 하지 않으면 2[%] 이내의 정확도를 얻기 힘들다.
- 기계 부분의 마모 및 노후화로 인하여 유량 측정 정확도가 큰 영향을 받을 소지가 있으며, 이에 대한 영향이 정량화되어 있지 않다.
- 일부 유량계의 경우, 특히 오리피스 유량계의 경우 압력손실이 크며, 이로 인한 동력 소모가 높다.

⑤ 탭 입구 위치에 따른 차압 측정 탭(압력 탭 혹은 압력 도출구) 방식의 분류

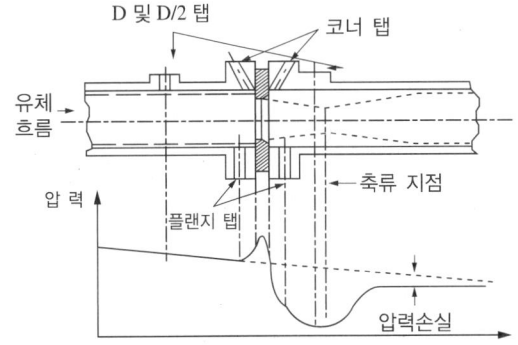

- 플랜지 탭(Flange Tap) : 가장 많이 사용되는 방법으로, 오리피스 전단 및 후단 플랜지로부터 오리피스 전단 및 후단의 표면에 평행하게 천공하여 차압을 측정하는 방식이다. 오리피스의 압력을 측정하기 위하여 관지름에 관계없이 오리피스 판 벽으로부터 상하류 25[mm] 위치에 설치한다.
- 코너 탭(Corner Tap) : 오리피스 전단 및 후단 플랜지로부터 오리피스 전단 및 후단의 표면까지 경사지게 천공하여 차압을 측정하는 방식이다. 오리피스판의 바로 인접한 위치에서 압력을 측정하는 방식으로, 주로 2인치 이하의 라인에 사용된다. 플랜지 탭보다 가공하기 어려워 가격이 플랜지 탭보다 비싸고 구멍이 작아서 막히기 쉽고 압력이 불안정하다.
- D 및 D/2 탭 : 파이프 탭(Pipe Tap) 또는 Full-flow 탭이라고도 하며, 오리피스가 설치될 배관에 천공하여 차압(오리피스 양단의 손실압력)을 측정하는 방식이다. 배관 천공작업은 현장에서 한다. 상류 탭은 판으로부터 관지름의 2-1/2만큼 떨어진 위치에 설치하고, 하류 탭은 관지름의 8배 만큼 떨어진 위치에 설치한다.

- 축류 탭 : 오리피스 하류측 압력 구멍은 오리피스 유량계 직경비의 변화에 따라 가변적인 위치의 값을 갖게 한 방식으로, 이론적으로 최대의 압력을 얻을 수 있는 위치에 설치한다. 제작이 까다롭고 복잡하다.
- 반경 탭 : 축류 탭과 유사하나 하류 탭이 오리피스 판으로부터 관지름의 1/2만큼 떨어진 위치에 설치한다는 것이 다르다.

ⓑ 종류 : 오리피스미터, 플로 노즐, 벤투리미터

② 오리피스(Orifice) 유량계

㉠ 개 요
- 오리피스 유량계는 조임기구의 하나인 오리피스를 이용한 유량계이다.
- 오리피스 플레이트 설계 시 고려요인 : 에지 각도, 베벨각, 표면거칠기 등
- 오리피스에서 유출하는 물의 속도수두 : $h \cdot C_v^2$ (여기서, h : 수면의 높이, C_v : 속도계수)
- 오리피스 유량계의 측정오차 중 맥동에 의한 영향
  - 게이지라인이 배관 내 압력 변화를 차압계까지 전달하지 못하는 경우
  - 차압계의 반응속도가 좋지 않은 경우
  - SRE(Square Root Error)가 생기는 경우

㉡ 적용원리 : 유체의 운동방정식(베르누이의 원리)

㉢ 오리피스의 종류
- 동심형 오리피스
  - 제작과 교정이 용이하다.
  - 가격이 싸다.
  - 정확도가 좋지 않다.
  - 에지판이 마모되기 쉽다.
  - 정확도의 계속적인 저하가 발생한다.
- 편심형 또는 반원형 오리피스 : 이물질이 많은 유체에 적용한다.
- 콘형(원뿔형), 사분원형 오리피스 : 고점도 유체, 낮은 레이놀즈수의 유체에 적용한다.

㉣ 특 징
- 형상과 구조가 간단하고 제작이 용이하므로 널리 사용된다.
- 설치가 쉽고 고압에 적당하다.
- 사용조건에 따라 다르지만, 거의 반영구적이다.
- 측정유량 범위 변경 시 플레이트 변경만으로 가능하다.
- 액체, 가스, 증기의 유량 측정이 가능하고, 광범위한 온도, 압력에서의 유량 측정이 가능하다.
- 충분한 정도를 보증하기 위해서 필요한 직관부가 필요하다.
- 관의 곡선부에 설치하면 정도가 떨어진다.
- 압력손실이 크다.
- 유량계수가 작다.
- 에지(Edge) 마모가 정도에 영향을 미치므로 유체 중에 고형물 함유를 피해야 한다.

③ 플로 노즐(Flow Nozzle)

㉠ 개요 : 플로 노즐은 조임기구의 하나인 노즐을 이용한 유량계이다.

㉡ 특 징
- 고속, 고압 및 레이놀즈수가 높은 경우에 사용하기 적당하다.
- 유체 흐름에 의한 유선형의 노즐 형상을 지니므로 유체 중에 이물질에 의한 마모 등의 영향이 매우 작다.
- 같은 사양의 오리피스에 비해 유량계수가 60[%] 이상 많다.
- 소량 고형물이 포함된 슬러지 유체의 유량 측정이 가능하다.
- 오리피스에 비해 압력손실(차압손실)이 작으나 벤투리관보다는 크다.

- 오리피스보다 마모가 정도에 미치는 영향이 작다.
- 고속유체의 유속 측정에는 플로 노즐식이 이용된다.
- 고온, 고압, 고속의 유체 측정에도 사용된다.
- 노즐은 수직 관로상에서 유입부를 위쪽으로 설치하는 것이 바람직하며, 액체보다는 기체유량 측정에 더 적합하다.
- 노즐에 대한 압력 탭 위치는 코너 탭을 사용하나 타원 노즐에 대해서는 오리피스의 D 및 D/2 탭방식을 사용하고, 압력 탭의 위치가 노즐 출구보다 높은 경우에는 노즐 출구 이내에 위치하도록 한다.
- 유체 중 고압입자가 지나치게 많이 들어 있는 경우에는 사용할 수 없다.
- 유량 측정범위 변경 시 교환이 오리피스에 비하여 어렵다.
- 구조가 다소 복잡하며 오리피스에 비해 고가이다.

④ 벤투리(Venturi)미터 유량계

㉠ 개 요
- 벤투리미터 유량계는 조리개부가 유선형에 가까운 형상으로 설계되어 축류의 영향을 비교적 작게 받고, 조리개에 의한 압력손실을 최대한으로 줄인 조리개 형식의 유량계이다.
- 유량은 유량계수, 관지름의 제곱, 차압의 평방근 등에 비례하며 조리개비의 제곱에 반비례한다.

㉠ 특 징
- 압력손실이 작고 측정 정도가 높다.
- 유체 체류부가 없어 마모에 의한 내구성 좋다.
- 오리피스 및 노즐에 비해 압력손실이 작다.
- 축류(縮流)의 영향을 비교적 작게 받는다.
- 침전물의 생성 우려가 작다.
- 고형물을 함유한 유체에 적합하다(단, 차압 취출구의 막힘이 발생하므로 퍼지 등의 대책이 필요함).
- 대유량 측정이 가능하며 취부범위가 크다.
- 동일한 사이즈의 오리피스에 비해서 발생 차압이 작다.
- 구조가 복잡하고 공간을 많이 차지하며 대형이며 비싸다.
- 파이프와 목 부분의 지름비를 변화시킬 수 없다.
- 유량의 측정범위 변경 시 교환이 어렵다.

핵심예제

3-1. 차압식 유량계에 있어 조리개 전후의 압력 차이가 처음보다 2배 커졌을 때 유량은 어떻게 되는가?(단, Q_1은 처음 유량, Q_2는 나중 유량이다)

[2011년 제1회 유사, 제4회, 2012년 제1회, 2021년 제2회]

① $Q_2 = Q_1$
② $Q_2 = \sqrt{2}\, Q_1$
③ $Q_2 = 2Q_1$
④ $Q_2 = 4Q_1$

3-2. 관로에 설치된 오리피스 전후의 압력차는?

[2013년 제4회, 2017년 제1회]

① 유량의 제곱에 비례한다.
② 유량의 제곱근에 비례한다.
③ 유량의 제곱에 반비례한다.
④ 유량의 제곱근에 반비례한다.

3-3. 다음 중 스로틀(Throttle) 기구에 의하여 유량을 측정하는 유량계가 아닌 것은?

[2010년 제1회, 2017년 제4회]

① 오리피스미터
② 플로 노즐
③ 벤투리미터
④ 오벌미터

3-4. 조리개부가 유선형에 가까운 형상으로 설계되어 축류의 영향을 비교적 적게 받게 하고 조리개에 의한 압력손실을 최대한 줄인 조리개 형식의 유량계는?

[2014년 제1회, 2016년 제4회]

① 원판(Disc)
② 벤투리관(Venturi)
③ 노즐(Nozzle)
④ 오리피스(Orifice)

| 해설 |

3-1
$Q_1 = k\sqrt{2g\Delta P/\gamma}$
$Q_2 = k\sqrt{2g2\Delta P/\gamma} = \sqrt{2}\,(k\sqrt{2g\Delta P/\gamma}) = \sqrt{2}\,Q_1$

3-2
유량은 $Q = \gamma Av = k\sqrt{2g\Delta P/\gamma}$ 이므로, 관로에 설치된 오리피스 전후의 압력차 ΔP는 유량의 제곱에 비례한다.

3-3
스로틀(Throttle) 기구에 의하여 유량을 측정하는 유량계는 차압식이다. ①, ②, ③은 차압식 유량계이며 오벌미터는 용적식 유량계이다.

3-4
벤투리관(Venturi) : 조리개부가 유선형에 가까운 형상으로 설계되어 축류의 영향을 비교적 작게 받고 조리개에 의한 압력손실을 최대한 줄인 조리개 형식의 유량계

정답 3-1 ② 3-2 ① 3-3 ④ 3-4 ②

핵심이론 04 유속식 유량계

① 임펠러식 유량계
　㉠ 개요
　　• 임펠러식 유량계는 관 속에 설치된 임펠러를 통한 유속의 변화를 이용한 유량계이다.
　　• 유체에너지를 이용한다.
　　• 종류
　　　- 접선식 : 임펠러의 축이 유체 흐름 방향에 수직
　　　　(단상식, 복상식)
　　　- 축류식 : 임펠러의 축이 유체 흐름 방향에 수평
　㉡ 특징
　　• 구조가 간단하고 보수가 용이하다.
　　• 내구력이 우수하다.
　　• 부식성이 강한 액체에도 사용할 수 있다.
　　• 측정 정도는 약 ±0.5[%]이다.
　　• 직관 부분이 필요하다.
　㉢ 접선식 임펠러 유량계 : 배관에 수직으로 임펠러 축을 설치하여 유체 흐름에 의하여 발생하는 임펠러의 회전수로 유량을 측정하는 임펠러식 유량계이다.
　　• 단상식은 복상식에 비해서 감도가 좋고 가격이 저렴하지만, 정밀도가 불안정하고 마모가 심하여 내구력이 떨어진다.
　　• 복상식은 단상식보다 정밀도가 우수하고 임펠러에 균일한 힘이 작용하고 회전부 부분의 마모가 작아 내구성이 우수하다.
　㉣ 축류식 임펠러 유량계 : 배관에 수평으로 터빈 축을 설치하여 유체 흐름에 의하여 발생하는 터빈의 회전수로 유량을 측정하는 임펠러식 유량계이다.
　　• 유체에너지를 이용하는 유속식 유량계이다.
　　• 날개에 부딪히는 유체의 운동량으로 회전체를 회전시켜 운동량과 회전량의 변화로 가스 흐름을 측정한다.

- 터빈유량계, 월트만(Woaltman)식 또는 터빈미터라고도 한다.
- 원통상의 유로 속에 로터(회전 날개)를 설치하고, 이것에 유체가 흐르면 통과하는 유체의 속도에 비례한 회전속도로 로터가 회전한다. 이 로터의 회전속도를 측정하여 흐르는 유체의 유량을 구하는 방식이다.
- 용적식에 비해 소형이고 구조가 간단해 제작이 쉽고 저가이다.
- 내구력이 있고 수리가 용이하다.
- 크기가 간결하고 선형도가 우수하며 재현성이 좋아 교정 후 사용하면 ±0.2[%]의 측정 정확도 유지가 가능하다.
- 측정범위가 넓고 압력손실이 작다.
- 주로 기체용으로 많이 사용되나 액체에도 적용 가능하다.
- 순시유량과 적산유량의 측정에 적당하다.
- 상류측은 5D, 하류측은 3D 정도의 직관부가 필요하다.
- 상부에 밸브나 곡관이 있으면 정확한 측정이 어려우므로 반드시 상부와 하부에 직관부를 두어야 한다.
- 파이프 유동조건과 측정 대상 유체의 점도에 따라 특성이 달라진다.
- 유속이 급격히 변화하는 경우 오차가 발생한다.
- 교정 후 사용기간이 길어지면 베어링 등 기계 구동부의 마모로 유량 측정의 정확도와 특성이 달라지는 문제가 발생한다.
- 유량 측정 정확도를 보장하기 위해서는 요구되는 직관부의 길이가 길어야 한다.
- 슬러리 유체에는 적용 불가능하다.

② 피토관식 유량계
  ㉠ 개 요
   - 피토관식 유량계는 관에 흐르는 유체 흐름의 전압과 정압의 차이를 측정하고, 유속을 구하는 장치이다.
   - 관 속을 흐르는 유체의 한 점에서의 속도를 측정하고자 할 때 가장 적당한 유속 측정이 가능한 유속식 유량계이다.
   - 액체의 전압과 정압의 차(동압)로부터 순간치 유량을 측정한다.
   - 응용원리 : 베르누이 정리
  ㉡ 유량 계산식

$$Q = C \cdot A v_m = C \cdot A \sqrt{2g \times \frac{P_t - P_s}{\gamma}}$$
$$= C \cdot A \sqrt{2gh \times \frac{\gamma_m - \gamma}{\gamma}}$$
$$= C \cdot A \sqrt{2gh \times \frac{\rho_m - \rho}{\rho}}$$

(여기서, Q : 유량[m³/sec], C : 유량계수, A : 단면적[m²], v_m : 평균유속, g : 중력가속도(9.8[m/sec²]), P_t : 전압[kgf/m²], P_s : 정압[kgf/m²], γ_m : 마노미터 액체비중량[kgf/m³], γ : 유체비중량[kgf/m³], ρ_m : 마노미터 액체밀도[kg/m³], ρ : 유체밀도[kg/m³])

  ㉢ 관련 식
   - 피토관을 이용한 풍속 측정

$$풍속\ v = C\sqrt{2gh\left(\frac{\gamma_w}{\gamma_{Air}} - 1\right)}$$

(여기서, C : 피스톤 속도계수, g : 중력가속도, h : 전압, γ_w : 물의 비중량, γ_{Air} : 공기의 비중량)

- 유속 $v = C_v\sqrt{2g\Delta h} = C_v\sqrt{2g(P_t - P_s)/\gamma}$ 이므로 피토관의 유속은 $v \propto \sqrt{\Delta h}$, 즉 $\sqrt{\Delta h}$ 에 비례한다(여기서, v : 유속[m/sec], C_v : 속도계수, g : 중력가속도(9.8[m/sec^2]), P_t : 전압[kgf/m^2], P_s : 정압[kgf/m^2], γ : 유체의 비중량[kgf/m^3]).

ㄹ 특 징
- 측정이 간단하다.
- 피토관의 헤드 부분은 유동 방향에 대해 평행(일치)하게 부착한다.
- 흐름에 대해 충분한 강도를 가져야 한다.
- 5[m/sec] 이하의 기체에는 부적당하다.
- 피토관의 단면적은 관 단면적의 1[%] 이하이어야 한다.
- 노즐 부분의 마모에 의한 오차가 발생한다.
- 더스트(분진), 미스트, 슬러지 등의 불순물이 많은 유체에는 부적합하다.
- 비행기의 속도 측정, 수력발전소의 수량 측정, 송풍기의 풍량 측정 등에 사용된다.
- 사용방법에 따라 오차가 발생하기 쉬우므로 주의가 필요하다.

③ 열선식 유량계
ㄱ 개 요
- 열선식 유량계는 관에 전열선을 설치하여 유체 유속 변화에 따른 온도 변화를 측정하여 순간유량을 구하는 유속식 유량계이다.
- 보일러 공기예열기의 공기유량을 측정하는 데 가장 적합한 유량계이다.

ㄴ 특 징
- 유체의 압력손실이 작다.
- 기체의 질량유량의 직접 측정이 가능하다.
- 기체의 종류가 바뀌거나 조성이 변하면 정도가 떨어진다.

ㄷ 종류 : 토마스식 유량계, 열선풍속계(미풍계), 서멀유량계
- 토마스식 유량계 : 유체의 흐름 중에 전열선을 넣고 유체의 온도를 높이는 데 필요한 에너지를 측정하여 유체의 질량유량을 알 수 있는 열선식 유량계(유체가 필요로 하는 열량이 유체의 양에 비례하는 것을 이용한 유량계)로, 가스의 유량 측정에 적합하다.
- 열선풍속계 : 열선의 전기저항이 감소하는 것을 이용한 유량계이다.

④ 아누바유량계
ㄱ 개 요
- 아누바 유량계는 관 속의 평균유속을 구하여 유량을 측정하는 속도수두 측정식 유량계이다.
- 아누바(Annubar)는 특정 회사의 상품명에서 유래되었다.
- 아누바관 유량계라고도 한다.
- 2개의 관을 이용하여 1개는 유체와 부딪히는 관으로서 4개의 구멍을 통하여 유속에 의한 압력을 측정하여 평균점을 찾고, 다른 1개의 관은 유로의 반대쪽으로 향하게 하여 일정압을 측정하게 하여 이 두 압력의 차이를 측정하여 유량을 구한다.

ㄴ 특 징
- 피토관식과 구조가 유사하다.
- 구조가 간단하다.
- 유량범위가 넓다.
- 측정 정확도가 우수하다.
- 여러 변수를 측정할 수 있다.

핵심예제

4-1. 피토관의 전압을 P_t[kgf/m²], 정압을 P_s[kgf/m²], 유체의 비중량을 γ[kg/m³], 중력가속도를 g(9.8[m/sec²])라고 하면 유속 v[m/sec]를 구하는 식은?

[2013년 제2회, 2014년 제1회, 2016년 제4회]

① $v = \sqrt{2g(P_s - P_t)/\gamma}$
② $v = \sqrt{2g(P_t - P_s)/\gamma}$
③ $v = \sqrt{2g(P_s - P_t)\gamma}$
④ $v = \sqrt{2g(P_t - P_s)\gamma}$

4-2. 월트만(Waltman)식과 관련된 설명으로 옳은 것은?

[2011년 제1회, 2016년 제4회]

① 전자식 유량계의 일종이다.
② 용적식 유량계 중 박막식이다.
③ 유속식 유량계 중 터빈식이다.
④ 차압식 유량계 중 노즐식과 벤투리식을 혼합한 것이다.

4-3. 피토관 유량계에 관한 설명이 아닌 것은?

[2012년 제2회 유사, 2015년 제2회 유사, 2017년 제2회]

① 흐름에 대해 충분한 강도를 가져야 한다.
② 더스트가 많은 유체에는 부적당하다.
③ 피토관의 단면적은 관 단면적의 10[%] 이상이어야 한다.
④ 피토관을 유체 흐름의 방향으로 일치시킨다.

4-4. 열선식 유량계에 대한 설명으로 틀린 것은?

[2009년 제1회, 2012년 제1회]

① 열선의 전기저항이 감소하는 것을 이용한 유량계를 열선풍속계라고 한다.
② 유체가 필요로 하는 열량이 유체의 양에 비례하는 것을 이용한 유량계는 토마스식 유량계이다.
③ 기체의 종류가 바뀌거나 조성이 변해도 정도가 높다.
④ 기체의 질량유량의 직접측정이 가능하다.

4-5. 유체의 흐름 중에 전열선을 넣고 유체의 온도를 높이는 데 필요한 에너지를 측정하여 유체의 질량유량을 알 수 있는 것은?

[2011년 제1회, 2016년 제2회]

① 토마스식 유량계   ② 정전압식 유량계
③ 정온도식 유량계   ④ 마그네틱식 유량계

|해설|

4-1
베르누이 방정식은 $\dfrac{P_1}{\gamma} + \dfrac{v_1^2}{2g} + z_1 = \dfrac{P_2}{\gamma} + \dfrac{v_2^2}{2g} + z_2$이며,
여기서, $z_1 = z_2$, $v_2 = 0$이므로
$\dfrac{P_1}{\gamma} + \dfrac{v_1^2}{2g} = \dfrac{P_2}{\gamma} + \dfrac{v_2^2}{2g}$에서 $\dfrac{v_1^2}{2g} = \dfrac{P_2 - P_1}{\gamma} = \dfrac{P_t - P_s}{\gamma}$이며,
따라서, $v_1 = \sqrt{2g(P_t - P_s)/\gamma}$

4-2
월트만(Waltman)식은 유속식 유량계 중 터빈식이다.

4-3
피토관의 단면적은 관 단면적의 1[%] 이하이어야 한다.

4-4
기체의 종류가 바뀌거나 조성이 변하면 정도는 떨어진다.

4-5
토마스식 유량계 : 유체의 흐름 중에 전열선을 넣고 유체의 온도를 높이는 데 필요한 에너지를 측정하여 유체의 질량유량을 측정하는 유량계이다.

정답 4-1 ② 4-2 ③ 4-3 ③ 4-4 ③ 4-5 ①

핵심이론 05 기타 유량계

① 면적식 유량계(Area Flowmeter)
  ㉠ 개 요
    - 면적식 유량계는 관로에 설치된 테이퍼관에 부자(Float)를 넣고 유체를 관의 밑 부분에서 위쪽으로 흘려서 부자가 위쪽으로 변위하는 변위량을 측정하여 유량을 측정하는 유량계이다.
    - 변위량은 유량 및 밀도에 비례하는 것을 이용한다.
  ㉡ 종류 : 부자식(플로트 타입, 로터미터), 게이트식, 피스톤식
    - 플로트 타입 면적식 유량계의 검사 및 교정시기 : 유량계를 분해·소제한 경우, 장시간 사용하지 않았던 것을 재사용할 경우, 그 밖의 성능에 의문이 생긴 경우 등
    - 로터(Rota)미터 : 부표(Float)와 관의 단면적 차이를 이용하여 유량을 측정하는 면적식 순간 유량계이다.
      - 수직 유리관 속에 원뿔 모양의 플로트를 넣어 관 속을 흐르는 유체의 유량에 의해 밀어 올리는 위치로 유량을 구한다.
      - 유체가 흐르는 단면적이 변함으로써 직접 유체의 유량을 읽을 수 있고 압력차를 측정할 필요가 없다.
  ㉢ 특 징
    - 압력손실이 작고 균등한 유량을 얻을 수 있다.
    - 슬러리나 부식성 액체의 측정이 가능하다.
    - 적은 유량(소유량)도 측정이 가능하다.
    - 플로트 형상에 따르며, 측정치가 균등한 눈금으로 얻어진다.
    - 측정하려는 유체의 밀도를 미리 알아야 한다.
    - 고점도 유체의 측정이 가능하지만 점도가 높으면 유동저항의 증가로 정밀 측정이 곤란하다.
    - 수직 배관에만 적용 가능하다.
    - 정도는 1~2[%]로 낮아 정밀 측정에는 부적당하다.

② 와류유량계(Eddy Flow)
  ㉠ 개 요
    - 와류유량계는 와류에서 발생되는 와류(소용돌이) 발생수를 이용하여 압력 변화나 유속 변화를 검출하여 유량을 측정하는 유량계이다.
    - 계량기 내에서 와류를 발생시켜 초음파로 측정하여 계량하는 방식이다.
    - 볼텍스유량계(Vortex Flow Meter)라고도 한다.
    - 유량계의 입구에 고정된 터빈 형태의 가이드 보디(Guide Body)가 와류현상을 일으켜 발생한 고유의 주파수가 피에조 센서(Piezo Sensor)에 의해 검출되어 유량을 적산하는 방법의 가스미터이다.
    - 유량 출력은 유동유체의 평균 유속에 비례한다.
  ㉡ 종류 : 델타식, 칼만(Karman)식, 스와르 미터식 등
  ㉢ 특 징
    - 압전소자인 피에조 센서를 이용한다.
    - 액체, 가스, 증기 모두 측정 가능한 범용형 유량계이지만, 주로 증기유량 계측에 사용된다.
    - 측정범위가 넓다.
    - 유체의 압력이나 밀도에 관계없이 사용 가능하다.
    - 오리피스 유량계 등과 비교해서 높은 정도를 지닌다.
    - 구조가 간단하고 설치·관리가 쉽다.
    - 신뢰성이 높고, 수명이 길다.
    - 압력손실이 작다.
    - 고점도 유량 측정은 어느 정도 가능하지만 슬러리 유체, 고체를 포함한 액체의 측정에는 사용할 수 없다.
    - 외란에 의해 측정에 영향을 받는다.

③ 전자유량계
  ㉠ 개 요
    - 전자유량계는 유체에 생기는 기전력을 측정하여 유량을 구하는 간접식 유량계이다.

- 패러데이의 전자유도법칙을 원리로 한다.
- 유량계 출력이 유량에 비례한다.

ⓒ 특 징
- 전도성 액체(도전성 유체)에 한하여 사용할 수 있다.
- 유속 검출에 지연시간이 없어 응답이 매우 빠르다.
- 측정관 내에 장애물이 없으며, 압력손실이 거의 없다.
- 정도는 약 1[%]이고, 고성능 증폭기를 필요로 한다.
- 액체의 온도, 압력, 밀도, 점도의 영향을 거의 받지 않으며, 체적유량의 측정이 가능하다.
- 유체의 밀도, 점성 등의 영향을 받지 않아 밀도, 점도가 높은 유체의 측정도 가능하다.
- 적절한 라이닝 재질을 선정하면 슬러리나 부식성 액체의 측정이 용이하다.
- (관 내에 적당한 재료를 라이닝하므로) 높은 내식성을 유지할 수 있다.
- 유로에 장애물이 없고 압력손실과 이물질 부착의 염려가 없다.
- 다른 물질이 섞여 있거나 기포가 있는 액체도 측정이 가능하다.
- 미소한 측정전압에 대해 고성능의 증폭기가 필요하다.

④ **초음파유량계**
ⓐ 초음파유량계는 관로 밖에서 유체의 흐름에 초음파를 방사하여 유속에 의하여 변화를 받은 투과파와 반사파를 관 밖에서 포착하여 유량을 측정하는 유량계이다.

ⓒ 특 징
- 도플러효과를 원리로 한다.
- 압력은 유량에 비례하며 압력손실이 거의 없다.
- 정확도가 매우 높은 편이다.
- 측정체가 유체와 접촉하지 않는다.
- 비전도성 유체 측정도 가능하다.
- 대구경 관로의 측정이 가능하며, 대유량 측정에 적합하다.
- 개방 수로에 적용된다.
- 고온, 고압, 부식성 유체에도 사용이 가능하다.
- 액체 중 고형물이나 기포가 많이 포함되어 있으면 정도가 나빠진다.

⑤ **질량유량계(Mass Flowmeter)**
ⓐ 열식 질량유량계 : 압력과 온도가 변화하는 유동성 배관에서 압력이나 온도의 변화에 따른 밀도를 직접 보상하여 질량유량을 측정하는 질량유량계이다.
- 질량유량을 직접 측정한다.
- 작은 유속에서도 측정 가능하다.
- 압력손실이 작다.
- 반응속도가 빠르다.
- 설치비용, 운전비용이 적게 든다.
- 측정 가능한 배관 크기는 4~50,000[mm]로 광범위하다.
- 먼지나 파티클이 있어도 유량 측정에 문제가 없다.
- 다양한 출력이 가능하다.
- 컴퓨터와의 연계가 가능하다.

ⓒ 코리올리스 질량유량계 : 양단이 고정된 플로 튜브 내로 유체가 흐를 때 유출의 각 지점의 반대 방향의 힘(Coriolis Force)이 작용하여 진동의 반사이클 지점에서 발생되는 뒤틀림 현상이 질량유량에 비례하는 것을 이용하여 질량유량을 측정하는 질량유량계이다.
- 액체, 기체에 모두 적용 가능하다.
- 질량유량을 직접 측정하는 것이 가능하다.
- 정확도가 매우 높다(±0.2[%]).
- 제한된 온도 및 압력범위에서 거의 모든 유체의 유량 측정이 가능하다.
- 검출센서는 유체와 접촉하지 않는 비접촉이다.
- 유량 외에 유체의 밀도 측정도 가능하다.

- 원리적으로 유체의 점도나 밀도의 영향을 받지 않는다.
ⓒ MFC(Mass Flow Controller) : 관을 통과하는 기체의 질량유량을 센서로 측정하고 제어하는 유량계
  - 부피가 아니라 질량을 측정하기 때문에 온도나 압력으로 인한 기체의 부피 변화와 상관없이 유량 측정이 가능하다.
  - 질량유량을 매우 정확하게 폭넓은 범위에서 측정 및 제어할 수 있다.
  - 유체의 압력 및 온도 변화에 영향이 작다.
  - 정확한 가스유량 측정과 제어가 가능하다.
  - 응답속도가 빠르다.
  - 소유량이며 혼합가스 제조 등에 유용하다.
  - 헬륨에 질소용 Mass Flow Controller를 사용하면, 지시계는 변화가 없으나 부피유량은 증가한다.

핵심예제

5-1. 유체의 와류에 의해 측정하는 유량계는?

[2010년 제2회, 2012년 제1회]

① 오벌(Oval)유량계
② 델타(Delta)유량계
③ 로터리 피스톤(Rotary Piston) 유량계
④ 로터미터(Rotameter)

5-2. 전자유량계의 특징에 대한 설명으로 가장 거리가 먼 것은?

[2010년 제2회, 2013년 제1회, 제4회, 2014년 제1회, 2017년 제1회 유사]

① 응답이 매우 빠르다.
② 압력손실이 거의 없다.
③ 도전성 유체에 한하여 사용한다.
④ 점도가 높은 유체는 사용하기 곤란하다.

|해설|

5-1
와류식 유량계 : 델타식, 칼만식, 스와르 미터식

5-2
전자유량계는 점도가 높은 유체의 측정도 가능하다.

정답 5-1 ② 5-2 ④

3-3. 액면 측정

핵심이론 01 액면 측정의 개요

① 액면계의 구비조건 및 선정 시 고려사항
  ㉠ 공업용 액면계(액위계)로서 갖추어야 할 조건
    - 연속 측정이 가능하고, 고온과 고압에 잘 견디어야 한다.
    - 지시 기록 또는 원격 측정이 가능하고 내식성이 좋아야 한다.
    - 액면의 상·하한계를 간단히 계측할 수 있어야 하며, 적용이 용이해야 한다.
    - 구조가 간단하고, 조작이 용이해야 한다.
    - 자동제어장치에 적용이 가능해야 한다.
    - 가격이 저렴하고 보수가 용이해야 한다.
  ㉡ 액면계의 선정 시 고려사항
    - 측정범위
    - 측정 정도
    - 측정 장소 조건 : 개방, 밀폐탱크, 탱크의 크기 또는 형상
    - 피측정체의 상태 : 액체, 분말, 온도, 압력, 비중, 점도, 입도(입자 크기)
    - 변동 상태 : 액위의 변화속도
    - 설치조건 : 플랜지 치수, 설치 위치의 분위기
    - 안정성 : 내식성, 방폭성
    - 정격 출력 : 현장 지시, 원격 지시, 제어방식
② 액면계의 분류
  ㉠ 직접측정식 : 유리관식(직관식), 검척식, 플로트식(부자식), 사이트글라스
  ㉡ 간접측정식 : 차압식, 편위식(부력식), 퍼지식(기포식), 초음파식, 정전용량식, 전극식(전도도식), 방사선식(γ선식), 레이더식, 슬립튜브식, 중추식, 중량식

핵심예제

1-1. 액면계 선정 시 고려사항이 아닌 것은?
① 동특성
② 안전성
③ 측정범위와 정도
④ 변동 상태

1-2. 일반적인 액면 측정방법이 아닌 것은?
① 압력식
② 정전용량식
③ 박막식
④ 부자식

|해설|

1-1
액면계 선정 시 동특성은 고려사항이 아니다.

1-2
액면 측정방법이 아닌 것으로 박막식, 임펠러식 등이 출제될 수 있다.

정답 1-1 ① 1-2 ③

핵심이론 02 직접측정식 액면계

① 유리관식 액면계
  ㉠ 개 요
    - 유리관식 액면계는 유리 등을 이용하여 액위를 직접 판독할 수 있는 직접측정식 액위계이다.
    - 직관식 액위계 또는 봉상 액위계라고도 한다.
  ㉡ 특 징
    - 직접적으로 자동제어가 가장 어려운 액면계이다.
    - 구조와 설치가 간단하다.
    - 저압용이다.
    - 개방된 액체용 탱크에 적합하다.

② 검척식 액면계
  ㉠ 개 요
    - 검척식 액면계는 직접 검척봉의 눈금을 읽어 액면을 측정하는 액면계이다.
    - 검척봉으로 직접 액면의 높이를 측정한다.
  ㉡ 특 징
    - 구조와 사용이 간단하다.
    - 액면 변동이 작은 개방된 탱크, 저수탱크 등에 사용한다.
    - 자동차 엔진오일 체크용으로 사용된다.

③ 플로트(Float)식 액면계
  ㉠ 개 요
    - 플로트식 액면계는 액면상에 부자(Float)의 변위를 여러 가지 기구에 의해 지침이 변동되는 것을 이용하여 액면을 측정하는 방식의 직접측정식 액면계이다.
    - 부자식 액면계라고도 한다.
    - 적용원리 : 아르키메데스의 원리
    - 종류 : 도르래식, 차동변압식, 전기저항식 등
  ㉡ 특 징
    - 고압 밀폐탱크의 액면측정용으로 가장 많이 이용된다.

- 여러 종류의 액체 레벨을 검출할 수 있다.
- 원리와 구조가 간단하다.
- 견고하고 수명이 길다.
- 고온·고압의 액체에도 사용 가능하다.
- 액면의 상·하한계에 경보용 리밋 스위치를 설치할 수 있다.
- 용도 : LPG 자동차 용기의 액면계, 경보 및 액면 제어용 등에 사용된다.
- 액면이 심하게 움직이는 곳에는 사용하기 어렵다.

④ 사이트 글라스(Sight Glass)
  ㉠ 개 요
  - 액체용 탱크에 많이 사용되는 액위계이다.
  - 입구를 완만한 동심형으로 축소 설계하여 난류가 촉진되게 하여 유체의 흐름 상태 판단을 쉽게 할 수 있다.
  ㉡ 특 징
  - 유체의 흐름 방향이 올바른지 확인이 가능하다.
  - 흐름이 막혔는지 확인이 가능하다.
  - 생증기 및 재증발증기가 새는지 확인이 가능하다.
  - 공정을 통해서 나온 제품의 색상검사가 가능하다.
  - 측정범위가 넓은 곳에서 사용하기 곤란하다.
  - 동결 방지를 위한 보호가 필요하다.
  - 파손되기 쉬우므로 보호대책이 필요하다.
  - 외부 설치 시 요동 방지를 위해 스틸링 체임버(Stilling Chamber) 설치가 필요하다.

핵심예제

다음 중 직접식 액위계에 해당하는 것은? [2015년 제2회]

① 플로트식   ② 초음파식
③ 방사선식   ④ 정전용량식

|해설|
직접식 액위계는 플로트식이다. ②, ③, ④는 간접식 액위계에 해당한다.

정답 ①

핵심이론 03 간접측정식 액면계

① 차압식 액면계
  ㉠ 개 요
  - 차압식 액면계는 기준 수위에서의 압력과 측정 액면계에서의 압력 차이로부터 액위를 구하는 간접측정식 액면계이다.
  - 액위는 높이와 비중에 비례하므로 비중만 알면 액위 측정이 가능하다.
    차압 $\Delta P = \gamma h = \rho g h$ 에서
    액체의 높이 $h = \dfrac{\Delta P}{\gamma}$
    (여기서, γ : 비중량, ρ : 밀도, g : 중력가속도)
  ㉡ 종류 : 다이어프램식, U자관식(햄프슨식)
  - 액화산소와 같은 극저온 저장조의 상하부를 U자관에 연결시켜 차압에 의하여 액면을 측정하는 방식인 햄프슨식이 대표적이다.
  - 햄프슨식 액면계는 액체산소, 액체질소 등과 같이 주로 초저온 저장탱크에 사용된다.
  ㉢ 특 징
  - 정압 측정으로 액위를 구한다.
  - 주로 고압 밀폐탱크의 액면 측정용으로 사용한다.
  - (고압) 밀폐탱크의 액위를 측정할 수 있다.
  - 고압·고온에 사용할 수 있다.
  - 공업용 프로세스용에 가장 많이 사용된다.
  - 액화산소 등을 저장하는 초저온 저장탱크의 액면 측정용으로 가장 적합하다.
  - 액체의 밀도가 변화하면 측정오차가 유발된다.

② 편위식 액면계
  ㉠ 개 요
  - 편위식 액면계는 아르키메데스의 원리를 이용하여 액체에 잠긴 부력기의 무게를 측정하여 액위를 검출하는 액면계이다.
  - 부력식 액면계라고도 한다.

ⓛ 특 징
- 구조가 간단하고 견고하다.
- 고온·고압에서 사용이 가능하다
- 완충효과가 있어 안정적인 검출이 용이하다.

③ 퍼지(Purge)식 액면계
ⓘ 개 요
- 퍼지식 액면계는 액 중에 관을 넣고 압축공기의 압력을 조절하여 보내 관 끝에서 기포가 발생될 때의 압력을 측정하여 액위를 계산하는 간접측정식 액면계이다.
- 액체의 압력을 이용하여 액위를 측정하는 방식이다.
- 탱크 내에 퍼지관을 삽입하여 공기나 불활성 가스를 흘리면 퍼지관으로부터 항상 기포가 발생되고, 이때 파이프 내의 압력은 퍼지관 끝단의 정압과 같으므로 이 압력을 측정함으로써 액면을 검출한다.
- 기포식 액면계라고도 한다.

ⓛ 특 징
- 압력식 액면계이다.
- 부식성이 강하거나 점도가 높은 액체에 사용한다.
- 주로 개방탱크에 이용된다.

④ 초음파식 액면계
ⓘ 개 요
- 초음파식 액면계는 초음파를 이용하여 액면을 측정하는 간접측정식 액면계이다.
- 20[kHz] 이상을 초음파라고 하며, 초음파식 액위계에 적용하는 초음파는 50[kHz]까지 이용된다.
- 초음파 진동식, 초음파 레벨식 등으로 부른다.

ⓛ 특 징
- 측정 대상에 직접 접촉하지 않고 레벨을 측정할 수 있다.
- 부식성 액체나 유속이 큰 수로의 레벨을 측정할 수 있다.

- 측정 정도가 높고 측정범위가 넓다.
- 공정온도에 따라 오차가 발생될 수 있으므로 측정온도를 보정해 주어야 한다.
- 고온이나 고압의 환경에서는 사용하기 부적합하다.

⑤ 정전용량식 액면계
ⓘ 개 요
- 정전용량식 액면계는 검출소자를 액 속에 넣어 액위에 따른 정전용량의 변화를 측정하여 액면 높이를 측정하는 액면계이다.
- 액 중에 탐사침을 넣어 검출되는 물질의 유전율을 이용하는 액면계이다.
- 프로브 형성 및 부착 위치와 길이에 따라 정전용량이 변화한다.
- 전극 프로브와 전극 벽 사이에 레벨이 상승하면 전극 프로브를 둘러싸고 있던 전기가 다른 유전체(측정물)로 대체되어 레벨에 따라 정전용량값이 변하게 된다. 전극 프로브는 공기 중에 있을 때 초기의 낮은 정전용량값을 가지며, 측정물이 상승하면서 전극 프로브를 덮어 정전용량값이 증가하게 된다. 정전용량은 두 개의 서로 절연된 도체가 있을 경우 두 도체 사이에서 형성되는 두 도체의 크기, 상대적인 위치관계 및 도체 간에 존재하는 매질(내용물)의 유전율에 따라 결정된다.
- 서로 맞서 있는 2개 전극 사이의 정전용량은 전극 사이에 있는 물질 유전율의 함수이다.

ⓛ 특 징
- 측정범위가 넓다.
- 온도, 압력 등의 사용범위가 넓다.
- 구조가 간단하고 설치 및 보수가 용이하다.
- 액체 및 분체에 사용 가능하다.
- 도전성이나 비도전성 액체의 수위 측정에 모두 사용된다.
- 저장탱크는 전도성 물질이어야 한다.

- 액체가 탐침에 부착되면 오차가 발생한다.
- 대상 물질 액체의 유전율이 변화하는 경우 오차가 발생한다.
- 온도에 따라 유전율이 변화되는 곳에는 사용할 수 없다.
- 습기가 있거나 전극에 피측정체를 부착하는 곳에는 적당하지 않다.

⑥ 전극식 액면계
  ㉠ 개요
  - 전극식 액면계는 전도성 액체 내에 전극을 설치하여 저전압을 이용하여 액면을 검지하며, 자동급배수제어장치에 이용되는 액면계이다.
  - 2개의 전극에 전압을 가하여 전극의 선단에 도전성 액체가 접촉하면, 전기적인 폐회로가 구성되고 전류가 통하면서 릴레이를 구동시켜 경보가 울린다.
  - 전도도식 액면계라고도 한다.
  ㉡ 특징
  - 내식성이 강한 전극봉이 필요하다.
  - 액체의 고유저항 차이에 따라 동작점의 차이가 발생하기 쉽다.
  - 고유저항이 큰 액체에는 사용할 수 없다.

⑦ 방사선식 액면계
  ㉠ 개요
  - 방사선식 액면계는 γ선을 방사시켜 액위를 측정하는 간접측정식 액면계이다.
  - 방사선 동위원소에서 방사되는 γ선이 투과할 때 흡수되는 에너지를 이용한다.
  - 탱크 외벽에 방사선원을 놓고 강한 투과력에 의해 탱크벽을 통해 투과되는 방사선량을 측정하는 방식이다.
  - γ선식 액면계라고도 한다.
  ㉡ 종류 : 조사식, 가반식, 투과식
  ㉢ 특징
  - 레벨계는 용기 외측에 검출기를 설치한다.
  - 측정범위는 25[m] 정도이다.
  - 방사선원은 코발트60(Co60)의 γ선이 이용된다.
  - 용해 금속의 레벨 측정 등에 이용된다.
  - 액면 측정 가능 대상 : 고온·고압의 액체, 밀폐 고압탱크, 고점도의 부식성 액체, 분립체
  - 매우 까다로운 조건의 레벨 측정이 가능하다.
  - 법적 규제가 있고 취급상에 주의가 필요하며, 고가이다.

⑧ 레이더식 액면계
  ㉠ 개요 : 레이더식 액면계는 극초단파(Microwave) 주파수를 연속적으로 가변하여 탱크 내부에 발사하고, 탱크 내 액체에서 반사되어 되돌아오는 극초단파와 발사된 극초단파의 주파수의 차를 측정하여 액위를 측정하는 액면계이다.
  ㉡ 특징
  - 측정면에 비접촉으로 측정할 수 있다.
  - 고정밀 측정을 할 수 있다.
  - 초음파식보다 정도가 좋다.
  - 진공용기에서의 측정이 가능하다.
  - 탱크 내 공기나 증기 또는 거품의 영향을 받지 않는다.
  - 압력 또는 가스의 성질에 영향을 받지 않는다.
  - 모든 액위, 극심한 공정조건에 사용할 수 있다.
  - 고온·고압의 환경에서도 사용이 가능하다.
  - 산업용으로 허가된 주파수 대역을 사용한다.

⑨ 그 밖의 액면계
  ㉠ 슬립튜브식 액면계
  - 슬립튜브식 액면계는 저장탱크 정상부에서 탱크 밑면까지 지름이 작은 스테인리스관을 부착하여 관을 상하로 움직여서 관 내에서 분출하는 가스 상태와 액체 상태의 경계면을 찾아 액면을 측정하는 간접식 액면계이다.

- 주로 액면계로부터 가스가 방출되었을 때 인화 또는 중독의 우려가 없는 장소에 사용한다.
ⓒ 중추식 액면계
- 중추식 액면계는 모터에 의해서 추를 하강시키고 하강 길이를 레벨지시계에 표시하고 추가 원료 표면까지 하강하면, 모터와 레벨지시계는 정지하고 다시 원위치로 추가 복귀되는 것을 반복적으로 측정하는 간접식 액면계이다.
- 탱크 내의 고체 레벨은 추의 이동거리 또는 시간과 관계가 있다.
ⓒ 중량식 액면계
- 탱크의 중량은 무시되도록 교정하고 고체를 포함한 탱크 중량을 로드셀에 의해 측정하여 고체 레벨로 환산하는 액면계이다.
- 저장탱크 내의 고체 레벨은 탱크 내의 고체 중량과 직접적인 관계를 갖는다.
- 로드셀은 스트레인게이지를 포함하는 신호변환기로서, 스트레인게이지는 인가되는 중량에 비례하는 전기적 출력이 발생한다.

핵심예제

3-1. 아르키메데스의 부력원리를 이용한 액면 측정기기는?
[2010년 제1회, 2012년 제4회]

① 차압식 액면계
② 퍼지식 액면계
③ 기포식 액면계
④ 편위식 액면계

3-2. 정전용량식 액면계의 특징에 대한 설명 중 틀린 것은?
[2010년 제4회, 2012년 제2회]

① 측정범위가 넓다.
② 구조가 간단하고 보수가 용이하다.
③ 유전율이 온도에 따라 변화되는 곳에도 사용할 수 있다.
④ 습기가 있거나 전극에 피측정체를 부착하는 곳에는 부적당하다.

|해설|

3-1
편위식 액면계 : 아르키메데스의 부력원리를 이용한 액면 측정기기

3-2
온도에 따라 유전율이 변화되는 곳에는 사용할 수 없다.

정답 3-1 ④ 3-2 ③

3-4. 가스 측정

핵심이론 01 가스분석의 개요

① 가스분석법의 종류
  ㉠ 흡수법 : 오르자트법
  ㉡ 흡수법과 연소법의 조합법 : 헴펠법
  ※ 흡수제(용액)
   • CO : 암모니아성 염화 제1동 용액
   • CO_2 : 30[%]의 수산화칼륨(KOH) 용액
   • O_2 : 알칼리성 파이로갈롤 용액
   • 중탄화수소($C_m H_n$) : 발연 황산(진한 황산)
  ㉢ 자기법 : O_2농도 측정 가능, CO_2농도 측정 불가능
  ㉣ 도전율법 : 흡수액에 시료가스를 흡수시켜서 용액의 도전율 변화로 가스농도를 측정하는 방법
  ㉤ 열전도율법 : 측정가스 도입 셀과 공기를 채운 비교 셀 속에 백금선을 넣어 전기저항값을 측정하여 CO_2농도를 측정하는 방법
  ㉥ 적외선법 : 적외선을 이용하여 가스를 분석하는 방법
  ㉦ 완만연소법(우일 클레법) : 산소와 시료가스를 피펫에 천천히 넣고 백금선 등으로 연소시켜 가스를 분석하는 방법

② 가스분석계의 특징
  ㉠ 적정한 시료가스의 채취장치가 필요하다.
  ㉡ 선택성에 대한 고려가 필요하다.
  ㉢ 시료가스의 온도 및 압력의 변화로 측정오차를 유발할 우려가 있다.
  ㉣ 계기의 교정에는 화학분석에 의해 검정된 표준 시료가스를 이용한다.

③ 가스미터의 표준기로도 이용되는 가스미터의 형식 : 드럼형

④ 가스별 시험지와 누설 변색 색상
  ㉠ 암모니아 : 리트머스시험지(청색)
  ㉡ 사이안화수소 : 질산구리벤젠지(청색)
  ㉢ 염소 : 아이오딘화칼륨 전분지(청색)
  ㉣ 황화수소 : 연당지(흑갈색)

⑤ 가스 채취 시 주의하여야 할 사항
  ㉠ 가스 구성성분의 비중을 고려하여 적정 위치에서 측정하여야 한다.
  ㉡ 가스 채취구는 외부에서 공기가 유통되지 않도록 잘 밀폐시켜야 한다.
  ㉢ 채취된 가스의 온도, 압력의 변화로 측정오차가 생기지 않도록 한다.
  ㉣ 가스성분과 화학반응을 일으키지 않는 관을 이용하여 채취한다.

⑥ 막식 가스미터
  ㉠ 부착 후 유지관리 시간이 필요하지 않아 관리가 용이하다.
  ㉡ 가격이 비싸며, 대용량에서는 설치 면적이 많이 소요된다.
  ㉢ 부동 : 가스는 가스미터를 통과하지만 미터지침이 작동하지 않는 현상이다.
  ㉣ 막식 가스미터의 고장현상인 부동의 원인은 다음과 같다.
   • 계량막의 파손, 밸브의 탈락
   • 밸브와 밸브시트 틈새 불량
   • 지시 기어장치의 물림 불량

핵심예제

다음 중 가스분석 측정법이 아닌 것은? [2017년 제4회]

① 오르자트법
② 적외선 흡수법
③ 플로 노즐법
④ 가스크로마토그래피법

|해설|

플로 노즐 : 유량 측정에 사용되는 차압식 유량계

정답 ③

핵심이론 02 화학적 가스분석계

① **오르자트 가스분석계** : 용적 감소를 이용하여 연소가스의 주성분인 이산화탄소, 산소, 일산화탄소를 분석하는 가스분석계이다.

② **헴펠가스분석계** : 흡수법과 연소법의 조합법으로 이산화탄소, (중)탄화수소, 산소, 일산화탄소, 질소 등을 분석하는 가스분석계이다.

③ **자동화학식 CO_2계** : 30[%] KOH 수용액을 흡수제로 사용하여 시료가스의 용적 감소를 측정함으로써 이산화탄소 농도를 측정한다.
  ㉠ 조작은 모두 자동화되어 있다.
  ㉡ 선택성이 비교적 우수하다.
  ㉢ 흡수액 선정에 따라 O_2 및 CO의 분석계로도 사용 가능하다.
  ㉣ 유리 부분이 많아 구조상 약하고 파손되기 쉽다.
  ㉤ 점검과 보수가 용이하지 않다.

④ **연소식 O_2계** : 시료가스가 가연성인 경우 일정량의 시료 가스에 가연성 가스(수소 등)를 혼합하여 촉매를 넣고 연소시켰을 때 반응열에 의해 온도 상승이 생기는데, 이 반응열이 측정가스 중에 산소농도에 비례한다는 것을 이용한 방법이다.
  ㉠ 원리가 간단하며 취급이 용이하다.
  ㉡ O_2 측정 시 팔라듐(Palladium)계를 이용한다.
  ㉢ 가스의 유량이 변동되면 오차가 발생한다.

⑤ **미연소식 가스계** : 주로 일산화탄소(CO)와 수소(H_2) 분석에 사용한다.

핵심예제

2-1. 다음 중 오르자트식 가스분석계로 측정하기 곤란한 것은?
[2010년 제1회, 2017년 제1회]

① O_2 ② CO_2
③ CH_4 ④ CO

2-2. 100[mL] 시료가스를 CO_2, O_2, CO 순으로 흡수시켰더니 남은 부피가 각각 50[mL], 30[mL], 20[mL]이었으며, 최종 질소가스가 남았다. 이때 가스 조성으로 옳은 것은?
[2016년 제2회]

① CO_2 50[%]   ② O_2 30[%]
③ CO 20[%]   ④ N_2 10[%]

|해설|

2-1
오르자트식 가스분석계 : 연소가스의 주성분인 이산화탄소(CO_2), 산소(O_2), 일산화탄소(CO)를 분석 및 측정

2-2
① $CO_2 = \dfrac{100-50}{100} \times 100[\%] = 50[\%]$

② $O_2 = \dfrac{50-30}{100} \times 100[\%] = 20[\%]$

③ $CO = \dfrac{30-20}{100} \times 100[\%] = 10[\%]$

④ $N_2 = 100[\%] - (CO_2 + O_2 + CO) = 100 - 80 = 20[\%]$

정답 2-1 ③   2-2 ①

핵심이론 03 물리적 가스분석계

① **열전도율형 CO_2(분석)계**
  ㉠ 탄산가스의 열전도율이 매우 작은 특성을 이용한 가스분석계
  ㉡ 사용 시 주의사항
   • 브리지의 공급전류를 확실하게 점검한다.
   • 셀의 주위온도와 측정가스의 온도는 거의 일정하게 유지시키고 온도의 과도한 상승을 피한다.
   • 가스의 유속을 일정하게 하여야 한다.
   • 열전도율이 큰 수소가 혼입되면 지시값이 저하되므로 측정오차의 영향이 크다.

② **밀도식 CO_2계** : 가스의 밀도차(CO_2의 밀도가 공기보다 크다)를 이용하여 CO_2의 농도를 측정하는 가스분석계이다.

③ **자기식 O_2계** : 산소가스의 매우 높은 자성을 이용하는 가스분석계
  ㉠ 열선(저항선)의 냉각작용이 강해지면 온도가 저하하고, 온도 저하에 의한 전기저항의 변화를 측정한다.
  ㉡ 자기풍 세기 : O_2농도에 비례, 열선온도에 반비례
  ㉢ 자화율 : 열선온도에 반비례
  ㉣ 가동 부분이 없고 구조도 비교적 간단하며 취급이 용이하다.
  ㉤ 가스의 유량, 압력, 점성의 변화에 대하여 지시오차가 거의 발생하지 않는다.
  ㉥ 열선은 유리로 피복되어 있어 측정가스 중 가연성 가스에 대한 백금의 촉매작용을 막아 준다.
  ㉦ 다른 가스의 영향이 없고, 계기 자체의 지연시간이 짧다.
  ㉧ 감도가 크고 정도는 1[%] 내외이다.

④ **적외선식 가스분석계** : 대상 성분가스만이 강하게 흡수하는 파장의 광선을 이용하는 가스분석계
  ㉠ 저농도의 분석에 적합하며 선택성이 우수하다.
  ㉡ CO_2, CO, CH_4 등의 가스분석이 가능하다.
  ㉢ 대칭성 2원자 분자(N_2, O_2, H_2, Cl_2 등), 단원자 가스(He, Ar 등) 등의 분석은 불가능하다.

⑤ **자외선식 가스분석계** : 거의 모든 물질이 각각 지니고 있는 특유한 자외선 흡수 스펙트럼을 이용한 가스분석계

⑥ **이온전류를 이용하는 방법** : 수소염 속에 유기물을 넣고 연소시키면 유기물 중의 탄소수에 비례한 이온이 발생하는데, 이것을 모아 전류를 끌어냄으로써 유기물의 농도를 알 수 있다.

⑦ **도전율식 가스분석계(흡수제의 도전율의 차를 이용하는 방법)** : 용액은 가스를 흡수하면 그 도전율이 변화한다. 이러한 현상을 이용하여 각각 일정량의 시료가스와 용액을 혼합하여 반응시킨 후, 반응 전후의 용액 도전율을 전극으로 하여 측정함으로써 그 변화에 따라 대상가스의 농도를 구하는 것이다.

⑧ **세라믹식 O_2계** : (전기적 성질인) 기전력을 이용하여 산소농도를 측정하는 가스분석계
  ㉠ 세라믹 주성분 : 산화지르코늄(ZrO_2)
  ㉡ 고온이 되면 산소 이온만 통과시키고 전자나 양이온은 거의 통과시키지 않는 특수한 도전성 나타내는 지르코니아(Zr)의 특성을 이용하여 산소농담전지를 만들어 시료가스 중의 산소농도를 측정한다.
  ㉢ 비교적 응답이 빠르며(5~30초), 측정가스의 유량이나 설치 장소의 주위온도 변화에 의한 영향이 작다.
  ㉣ 연속 측정이 가능하며 측정범위가 광범위(ppm~%)하다.
  ㉤ 측정부의 온도 유지를 위하여 온도 조절 전기로가 필요하다.

⑨ **전지식 O_2계** : 액체 전해질의 전지반응을 이용하는 가스분석계

⑩ **흡광광도계** : 측정 대상가스를 흡수한 용액에 적당한 화학적 조작을 가하여 발색시킨 후, 그 발색 시료에 가시부 또는 자외부 파장의 빛을 비추어 그 흡수광량에 의해 대상가스의 농도를 알아내는 가스분석계

⑪ 가스크로마토그래피(Gas Chromatography) : 기체 비점 300[℃] 이하의 액체를 측정하는 물리적 가스분석계

핵심예제

가스의 자기성(상자성)을 이용한 분석계는?

[2010년 제2회, 2015년 제2회]

① CO_2계
② SO_2계
③ O_2계
④ 가스크로마토그래피

해설

O_2계 가스분석계 : O_2가스의 자기성(상자성)을 이용한 가스분석계

정답 ③

핵심이론 04 가스크로마토그래피

① 원리 : 흡착의 원리
② 이용되는 기체의 특성 : 확산속도의 차이
③ 분리과정 : 각 성분의 이동상과 정지상 사이의 분배, 흡착, 이온 교환, 시료 크기의 차에 의해 결정한다.
④ 용도 : 선택성이 우수하여 두 가지 이상의 성분으로 된 물질을 단일성분으로 분리하는 기법으로 사용되며, 연소기체분석에 가장 적합하다.
⑤ 구성요소 : 유량측정기, 칼럼(Column), 검출기, 캐리어가스통, 기록계
⑥ 캐리어(Carrier)가스 : He, Ar, N_2, H_2 등
⑦ 칼럼에 사용되는 흡착제 : 활성탄, 실리카겔, 활성알루미나
⑧ 특 징
  ㉠ 1대의 장치로 여러 가지 가스를 분석할 수 있다.
  ㉡ 미량성분의 분석이 가능하다.
  ㉢ 분리성능이 좋고 선택성이 우수하다.
  ㉣ 응답속도가 다소 느리고 동일한 가스의 연속 측정이 불가능하다.
  ㉤ 연소가스에서는 SO_2, NO_2 등의 분석이 불가능하다.
⑨ 검출기
  ㉠ 불꽃이온화검출기(FID ; Flame Ionization Detector) : 수소염이온화검출기라고도 하며, 물에 대하여 감도를 나타내지 않기 때문에 자연수 중에 들어있는 오염물질을 검출하는 데 유용한 검출기이다. 본체(수소 연소노즐, 이온수집기와 함께 대극 및 배기구로 구성), 직류전압 변환회로(전극 사이에 직류전압을 주어 흐르는 이온 전류를 측정), 감도조절부, 신호감쇄부 등으로 구성된다.

ⓛ 열전도도검출기(TCD ; Thermal Conduct Detector) : 열전도도검출기는 금속 필라멘트 또는 전기저항체를 검출소자로 하여 금속판 안에 들어 있는 본체와 여기에 안정된 직류전기를 공급하는 전원회로, 전류조절부, 신호검출전기회로, 신호감쇄부 등으로 구성된다.

ⓒ 전자포획검출기(ECD ; Electron Capture Detector) : 방사선 동위원소로부터 방출되는 β선이 운반가스를 전리하여 미소전류를 흘려보낼 때 시료 중의 할로겐이나 산소와 같이 전자포획력이 강한 화합물에 의하여 전자가 포획되어 전류가 감소하는 것을 이용하는 방법이다. 유기할로겐화합물, 나이트로화합물 및 유기금속화합물을 선택적으로 검출할 수 있다.

ⓡ 원자방출검출기(AED ; Atomic Emission Detector)

ⓜ 알칼리열이온화검출기(FTD ; Flame Thermionic Detector) : 수소염이온화검출기에 알칼리 또는 알칼리토류 금속염의 튜브를 부착한 것으로 유기질소화합물 및 유기염 화합물을 선택적으로 검출할 수 있다.

ⓗ 불꽃광도검출기(FPD ; Flame Photometric Detector) : 수소염에 의하여 시료성분을 연소시키고 이때 발생하는 염광의 광도를 분광학적으로 측정하는 방법으로써 인 또는 유황화합물을 선택적으로 검출할 수 있다.

⑩ **운반가스의 종류** : 운반가스는 충전물이나 시료에 대하여 불활성이고 사용하는 검출기의 작동에 적합한 것을 사용한다.

㉠ 일반적으로 열전도도형 검출기에서는 순도 99.9[%] 이상의 수소나 헬륨을 사용한다.

㉡ 수소염이온화검출기에서는 순도 99.9[%] 이상의 질소 또는 헬륨을 사용한다.

㉢ 기타 검출기에서는 각각 규정하는 가스를 사용한다. 단, 전자포획형 검출기의 경우에는 순도 99.99[%] 이상의 질소 또는 헬륨을 사용하여야 한다.

핵심예제

4-1. 가스크로마토그래피의 특징에 대한 설명으로 옳지 않은 것은?
[2009년 제1회, 2011년 제2회, 2017년 제2회 유사]

① 1대의 장치로는 여러 가지 가스를 분석할 수 없다.
② 미량성분의 분석이 가능하다.
③ 분리성능이 좋고 선택성이 우수하다.
④ 응답속도가 다소 느리고 동일한 가스의 연속 측정이 불가능하다.

4-2. CO, CH₄, CO₂를 함유한 어떤 기체 분석 시 Gas Chromatography를 사용하여 다음 그림과 같은 스트립 차트를 얻었다. 이들 2가지 물질에 대한 CO : CH₄ : CO₂의 몰분율비는?

[2012년 제1회]

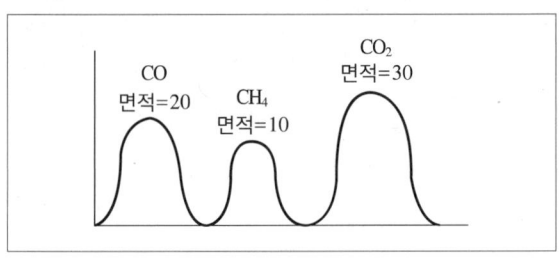

① 2 : 1 : 3
② 4 : 1 : 9
③ 8 : 1 : 27
④ 11 : 16 : 15

|해설|
4-1
가스크로마토그래피는 1대의 장치로 여러 가지 가스를 분석할 수 있다.

4-2
전체 면적 = 20 + 10 + 30 = 60이므로 몰분율비는

$\dfrac{20}{60} : \dfrac{10}{60} : \dfrac{30}{60} = \dfrac{2}{6} : \dfrac{1}{6} : \dfrac{3}{6} = 2 : 1 : 3$

정답 4-1 ① 4-2 ①

3-5. 온도 측정

핵심이론 01 접촉식 온도계와 비접촉식 온도계

① 접촉식 온도계
  ㉠ 측온소자를 접촉시킨다.
  ㉡ 피측정체의 내부온도만을 측정한다.
  ㉢ 1,600[℃]까지도 측정이 가능하지만, 일반적으로 1,000[℃] 이하의 측온에 적합하다.
  ㉣ 측정범위가 넓고 측정오차가 비교적 작지만, 응답속도가 느리다.
  ㉤ 측정 정도는 측정조건에 따라 0.01[%]도 가능하나 일반적으로 0.5~1.0[%] 정도이다.
  ㉥ 응답속도는 조건이 나쁘면 1시간이 걸리기도 하지만 일반적으로 1~2분 정도가 걸린다.
  ㉦ 이동 물체의 온도 측정은 불가능하다.
  ㉧ 접촉식 온도계의 종류 : 유리제 온도계(수은 온도계, 알코올 온도계, 베크만 온도계), 열전대 온도계, 바이메탈 온도계, 제게르콘, 압력식 온도계, 전기저항식 온도계 등
  ㉨ 유리제 온도계(수은 온도계, 알코올 온도계, 베크만 온도계), 바이메탈 온도계 등은 열팽창 원리를 이용한다.

② 비접촉식 온도계
  ㉠ 피측정 대상이 충분히 보여야 한다.
  ㉡ 고온의 노 내 온도 측정에 적절하다.
  ㉢ 1,000[℃] 이하에서는 오차가 크며 일반적으로 1,000[℃] 이상의 측온에 적합하다.
  ㉣ 측정범위가 좁고 측정오차가 비교적 크지만, 응답속도가 빠르다.
  ㉤ 측정 정도는 일반적으로 20[°] 정도이며, 좋아도 5~10[°] 정도이다.
  ㉥ 응답속도는 일반적으로 2~3초이며, 아무리 늦어도 10초 이하이다.
  ㉦ 이동 물체의 온도 측정이 가능하다.
  ㉧ 측정량의 변화가 없다.
  ㉨ 측정시간의 지연이 크다.
  ㉩ 방사 온도계의 경우 방사율에 의한 보정을 필요로 한다.
  ㉪ 비접촉식 온도계의 종류 : 방사 온도계, 광전관식 온도계, 광고온계(광온도계), 색 온도계 등

※ 대표적인 온도계의 최고 측정 가능(사용 가능) 온도[℃]
  • 접촉식 온도계 : 유리제 온도계 750(수은 360, 수은 - 불활성 가스 이용 750, 알코올 100, 베크만 150), 바이메탈 온도계 500, 압력식 온도계 600(액체 : 수은 600, 알코올 200, 아닐린 400, 기체압력식 : 420), 전기저항식 온도계 500(백금 500, 니켈 150, 동 120, 서미스터 300), 열전대 온도계 1,600(PR 1,600, CA 1,200, IC 800, CC 350)
  • 비접촉식 온도계 : 광고온계(광온도계) 3,000, 방사 온도계 3,000, 광전관 온도계 3,000, 색 온도계 2,500(어두운 색 600, 붉은색 800, 오렌지색 1,000, 노란색 1,200, 눈부신 황백색 1,500, 매우 눈부신 흰색 2,000, 푸른기가 있는 흰백색 2,500)

핵심예제

다음 중 접촉식 온도계가 아닌 것은? [2016년 제2회]
① 방사 온도계
② 제게르콘
③ 수은 온도계
④ 백금저항 온도계

|해설|
방사 온도계는 비접촉식 온도계이다.

정답 ①

핵심이론 02 유리제 온도계

① 수은 온도계
　㉠ 모세관의 상부에 수은을 봉입한 부분에 대해 측정 온도에 따라 남은 수은의 양을 가감하여 그 온도 부분의 온도차를 0.01[℃]까지 측정할 수 있다.
　㉡ 상용 온도범위 : -35~350[℃]
　㉢ 2개의 수은 온도계를 사용하는 습도계 : 건습구 습도계

② 알코올 온도계
　㉠ 끓는점 : 78[℃]
　㉡ 저온(78[℃] 이하) 측정에 적합하다.
　㉢ 알코올 온도계는 표면장력이 작아서 모세관현상이 작다.
　㉣ 열팽창계수가 크다.
　㉤ 매우 작은 단위의 값까지 도출 가능하므로 정밀도가 높다.
　㉥ 액주가 상승 후 하강하는 데 시간이 많이 걸린다.
　㉦ 다소 부정확하다.

③ 베크만 온도계
　㉠ 미세한 온도 변화를 정밀하게 측정하는 수은 온도계이다.
　㉡ 모세관의 상부에 수은을 봉입한 부분에 대해 측정 온도에 따라 남은 수은의 양을 가감하여 그 온도 부분의 온도차를 0.01[℃]까지 측정할 수 있다.
　㉢ 온도 그 자체가 아니라 임의 기준온도와의 미세한 온도 차이를 정밀하게 측정한다.
　㉣ 응답성은 좋지 않다.
　㉤ -20~160[℃] 정도의 측정온도범위인 것이 보통이다.
　㉥ 용도 : 끓는점이나 응고점의 변화, 발열량, 유기화합물의 분자량 측정 등

핵심예제

2-1. 다음 중 접촉식 온도계가 아닌 것은?
[2011년 제4회, 2017년 제2회]
① 저항 온도계　② 방사 온도계
③ 열전 온도계　④ 유리 온도계

2-2. 알코올 온도계의 일반적인 특징에 대한 설명으로 틀린 것은?
[2010년 제2회, 2016년 제2회]
① 저온 측정에 적합하다.
② 표면장력이 커서 모세관현상이 작다.
③ 열팽창계수가 크다.
④ 액주가 상승 후 하강하는 데 시간이 많이 걸린다.

|해설|

2-1
방사 온도계는 대표적인 비접촉식 온도계이다.

2-2
알코올 온도계는 표면장력이 작아서 모세관현상이 작다.

정답 2-1 ②　2-2 ②

핵심이론 03 열전대 온도계

① 열전대 온도계의 개요
  ㉠ 열전(대) 온도계(Thermo Couple) : (열기전력의) 전위차계를 이용한 접촉식 온도계
  ㉡ 열전대 온도계의 원리 : 제베크(Seebeck)효과(성질이 다른 두 금속의 접점에 온도차를 두면 열기전력이 발생된다)
  ㉢ 열전대의 구비조건
    • 저소 : 열전도율, 전기저항, 온도계수, 이력현상
    • 고대 : 열기전력, 기계적 강도, 내열성, 내식성, 내변형성, 재생도, 가공 용이성
    • 장시간 사용에 견디며 이력현상이 없어야 한다.
    • 온도 상승에 따라 연속적으로 상승해야 한다.
  ㉣ 열전대의 특징
    • 온도에 대한 열기전력이 크다.
    • 온도 증가에 따라 열기전력이 상승해야 한다.
    • 기준접점의 온도를 일정하게 유지해야 한다.
    • 소자를 보호관 속에 넣어 사용한다.
    • 내구성이 우수하다.
    • 냉접점의 온도를 0[℃]로 유지해야 하며, 0[℃]가 아닐 때는 지시온도를 보정한다.
    • 큐폴라 상부의 배기가스 온도 측정에 적합하다.
    • 접촉식 온도계에서 비교적 높은 온도 측정에 사용한다.
  ㉤ (가스온도를) 열전대 사용 시 주의사항
    • 계기는 수평 또는 수직으로 바르게 달고 먼지와 부식성 가스가 없는 장소에 부착한다.
    • 기계적 진동이나 충격은 피한다.
    • 사용온도에 따라 적당한 보호관을 선정하고 바르게 부착한다.
    • 열전대를 배선할 때에는 접속에 의한 절연 불량을 고려해야 한다.
    • 주위의 고온체로부터 복사열의 영향으로 인한 오차가 생기지 않도록 주의해야 한다.
    • 보호관 선택 및 유지관리에 주의한다.
    • 열전대는 측정하고자 하는 곳에 정확히 삽입하며 삽입된 구멍에 냉기가 들어가지 않게 한다.
    • 단자의 +, −가 보상도선의 +, −와 일치하도록 연결하여 감온부의 열팽창에 의한 오차가 발생하지 않도록 하여야 한다.
    • 보호관 선택에 주의한다.
  ㉥ 열전대 온도계의 구성 : 기준접점 냉각기(감온접점), 보상도선, 금속보호관, 열전대, 계기
    • 보상도선의 원리 : 중간금속의 법칙
    • 금속 보호관 : 내부의 온도 변화를 신속하게 열전대에 전달 가능할 것
    • 계기 : 전위차계, 자동평형계기, 디지털 온도계, 온도지시계, 온도기록계
    • 주위온도보상장치가 있는 열전식 온도기록계의 온도보상지시치 :
    $$V = V_1 + \frac{V_2(t_2 - t_1)}{1,000}[\mathrm{mV}]$$
    (여기서, V_1 : 주위온도에서의 기전력, V_2 : 지시온도와 주위온도의 차에서의 기전력, t_1 : 주위온도, t_2 : 지시온도)
  ㉦ 보상도선의 구비조건
    • 일반용은 비닐로 피복한 것으로 침수 시에도 절연이 저하되지 않을 것
    • 내열용은 글라스 울(Glass Wool)로 절연되어 있을 것
    • 절연은 500[V] 직류전압하에서 3~10[MΩ] 정도일 것
  ㉧ 열전대 보호관의 구비조건
    • 기밀을 유지할 것
    • 사용온도에 견딜 것
    • 화학적으로 강할 것
    • 열전도율이 높을 것

ⓒ 열전대 보호관의 재질
- 유 리
- 카보런덤 : 상용온도가 가장 높고 급랭·급열에 강하고, 방사 고온계의 단망관이나 2중 보호관의 외관으로 주로 사용되는 재료이다.
- 자기 : 최고 측정온도는 1,600[℃] 이하이며 상용 사용온도는 약 1,450[℃]이다. 급열이나 급랭에 약하며 이중 보호관 외관에 사용되는 비금속 보호관 재료이다.
- 석영 : 최고 측정온도는 1,100[℃] 이하이며 상용 사용온도는 약 1,000[℃]이다. 내열성, 내산성이 우수하나 환원성 가스에 기밀성이 약간 떨어진다.
- 내열강 SEH-5
  - 탄소강 + 크롬(Cr) 25[%] + 니켈(Ni) 25[%]로 구성된다.
  - 내식성, 내열성, 강도가 우수하다.
  - 상용온도는 1,050[℃], 최고 사용온도는 1,200[℃]이다.
  - 유황가스 및 산화염과 환원염에도 사용 가능하다.
  - 비금속관(자기관 등)에 비해 비교적 저온 측정에 사용한다.
- Ni-Cr 스테인리스강 : 1,050[℃] 이하
- 구리 : 최고 측정온도는 400[℃] 이하

ⓩ 열전대의 결선
- A : 열접점
- AB : 열전대
- B : 보상접점
- BC : 보상도선
- C : 냉접점
- D : 측정단자

※ 열접점 : 측온접점

※ 냉접점 : 냉각하여 항상 0[℃]를 유지한 점으로, 기준접점이라고도 한다.

㉠ 주위온도에 의한 오차를 전기적으로 보상할 때 주로 구리(Cu) 저항선을 사용한다.
㉡ 열전대의 종류 : 백금 - 백금·로듐(PR), 크로멜 - 알루멜(CA), 철 - 콘스탄탄(IC), 동 - 콘스탄탄(CC)
㉢ 측정온도에 대한 기전력의 크기 순 : IC > CC > CA > PR

② 백금·로듐(PR) 열전대 온도계 : B형, R형, S형
㉠ 극성 : (+) 백금·로듐 / (-) 백금 또는 (-) 백금·로듐
㉡ 특 징
- 보상도선의 허용오차 : 0.5[%] 이내
- 열전대 중에서 측정온도가 가장 높다.
- 주로 정밀 측정용으로 사용된다(다른 열전대에 비하여 측정값이 가장 정밀하다).
- 다른 열전대 온도계보다 안정성이 우수하여 고온 측정에 적합하다.
- 산화 분위기에서 강하다.
- 환원성 분위기에 약하고, 금속증기 등에 침식되기 쉽다.
- 열기전력이 작다.
- 가격이 비싸다.

㉢ 종 류
- B형(Pt-30%Rh / Pt-6%Rh) : 측정 온도범위는 0~1,700[℃]이며 다른 백금·로듐 열전대보다 로듐 함량이 높기 때문에 용융점 및 기계적 강도가 우수하다. 1,600[℃]까지의 산화 및 중성 분위기에서 지속적으로 사용할 수 있고, 다른 백금·로듐 열전대보다 환원 분위기에도 장시간 사용할 수 있다. 특히, 정밀 측정 및 고온하에 내구성을 요구하는 장소에 유리하다.

- R형(Pt-13%Rh / Pt) 측정온도범위는 0~1,600[℃]이며 1,400[℃]까지는 연속적으로, 1,600[℃]까지는 간헐적으로 산화 및 비활성 분위기 내에서 되지만, 세라믹 절연관과 보호관으로 올바르게 보호했더라도 진공, 환원 또는 금속증기 분위기 내에서는 사용이 불가하다.
- S형(Pt-10%Rh / Pt) 측정온도범위는 0~1,600[℃]이며, 1886년 르샤틀리에(Le Chatelier)에 의해 처음으로 개발된 역사적인 열전대이다. IPTS(International Practical Temperature Scale, 국제실용온도눈금)에 의해 정의된 630.74[℃]에서 Antimony(안티모니)로부터 1,064.43[℃]의 Gold(금) 범위까지 동결점으로 정의하는 표준 열전대로 사용된다.

③ 크로멜 – 알루멜(CA) 열전대 온도계 : K형
  ㉠ 극성 : (+) 크로멜(Ni 90, Cr 10) / (–) 알루멜(Ni 94, Mn 2)(Si 1, Al 3)
  ㉡ 특 징
  - 1906년 미국의 Hoskins사의 마시(A.L.Marsh)가 개발하였다.
  - 다양한 특성을 지니므로 신뢰성이 높은 산업용 열전대로 가장 널리 사용된다.
  - 측정온도범위 : -20~1,250[℃]
  - 열기전력이 크다.
  - 환원 분위기에 강하다.
  - 산화성, 부식성 분위기에 약하다.

④ 크로멜 – 콘스탄탄(CRC) 열전대 온도계 : E형
  ㉠ 극성 : (+) 크로멜(Ni 90, Cr 10) / (–) 콘스탄탄(Cu 55, Ni 45)
  ㉡ 특 징
  - 산업용 열전대 중 기전력 특성이 가장 높다.
  - 대단위 화력 및 원자력 발전소에서 폭넓게 사용한다.
  - 750[℃]까지 지속적으로 사용할 수 있고, 실제 사용을 위해 E형과 유사한 K형을 예방책으로 사용하고 있다.
  - 금속열전대 중 가장 높은 저항성을 갖고 있어 이와 연결시키는 계기 선정 시에 각별한 주의가 요구된다.

⑤ 철 – 콘스탄탄(IC) 열전대 온도계 : J형
  ㉠ 극성 : (+) 순철(Fe) / (–) 콘스탄탄(Cu 55, Ni 45)
  ㉡ 특 징
  - 측정온도범위 : -210~760[℃]
  - 환원성 분위기에는 강하지만 산화 분위기에는 약하다.
  - E형 열전대 다음으로 기전력 특성이 높다.
  - 환원, 비활성, 산화 또는 진공 분위기 등에서 사용 가능하다.
  - 가격이 저렴하고 다양한 곳에서 사용한다.
  - 538[℃] 이상의 유황 분위기에서는 사용이 불가하다(녹이 슬거나 물러지므로 이때는 저온 측정용 T형을 적용한다).

⑥ 동 – 콘스탄탄(CC) 열전대 온도계 : T형
  ㉠ 극성 : (+) 순동(Cu) / (–) 콘스탄탄(Cu 55, Ni 45)
  ㉡ 특 징
  - 측정온도범위 : -200~350[℃]
  - 주로 저온용으로 사용된다.
  - 저항 및 온도계수가 작다.
  - 습한 분위기에서도 부식에 강하다.
  - 중간이 0[℃]인 온도 측정에 적합하며 이 범위에서 정도가 가장 우수하다.
  - 진공 및 산화, 환원 또는 비활성 분위기 등에서 사용 가능하다.
  - 기전력 특성이 안정되고 정확하기 때문에 실험용으로 폭넓게 사용된다.

⑦ Ni-Cr-Si / Ni-Si-Mg 열전대 온도계 : N형
  ㉠ 극성 : (+) 84%Ni-14.2%Cr-1.4%Si /
    (-) 95.5%Ni-4.4%Si-0.1%Mg
  ㉡ 특 징
    • 측정온도범위 : 600~1,250[℃]
    • 호주 국방성 재료연구실험실에서 처음 개발하였다.
    • 안정되고 산화에 우수한 저항력을 지닌다.
    • Si 및 Mg의 첨가로 Cr 혼합물의 조정에 의해 'Short Range Ordering' 부근에서의 기전력 변화가 작아졌고, 'Green Rot' 부식저항력이 개선되었다.
    • 1,000~1,200[℃]에서, 지속적 산화 분위기에서 사용 가능하다.

※ 측온접점이 형성되는 열전대 소선 보호형태에 따른 열전대 분류
  • 일반 열전대(General Thermocouple) : 분리 제작된 보호관, 열전대 소선, 절연관, 단자함을 결합하여 구성되었다.
  • 시스 열전대(Sheathed Thermocouple) : 보호관, 열전대소선, 산화마그네슘(MgO) 등의 절연재가 일체로 구성되며 기계적 내구성이 좋고 임의로 구부릴 수 있는 특징이 있어 일반 열전대보다 많이 사용된다.

⑧ 시스 열전대 온도계 : 열전대가 있는 보호관 속에 무기질 절연체인 마그네시아, 알루미나 등을 넣고 다져서 가늘고 길게 만든 열전대 온도계이다.
  ㉠ 특 징
    • 무기질 절연 금속 시스 열전대(Mineral Insulated Metal Sheathed Thermocouple), M.I Cable이라고도 한다.
    • 보호관, 소선, 절연재를 일체화한 열전대이다.
    • 응답속도가 빠르다.
    • 국부적인 온도 측정에 적합하다.
    • 피측온체의 온도 저하 없이 측정할 수 있다.
    • 시간 지연이 없다.
    • 매우 가늘고 가소성이 있다.
    • 진동이 심한 곳에 사용 가능하다.
  ㉡ 종류 : 금속 보호관에 대한 열전대 소선의 접지 여부에 따라 접지식과 비접지식으로 분류한다.
    • 접지식 : 열전대 소선을 시스의 선단부에 직접 용접하여 측온접점을 만든 형태로서, 응답이 빠르고 고온, 고압하의 온도 측정에 적당하다.
    • 비접지식 : 열전대 소선을 시스와 완전히 절연시키고 측온접점을 만든 형태로서, 열기전력의 경시 변화가 작고 장시간의 사용에 견딜 수 있다. 잡음전압에도 영향을 받지 않고 위험 장소에도 안전하게 사용할 수 있다. 한 쌍의 열전대 소선에 절연저항계를 설치하면 간편하게 절연재의 절연 저항을 측정할 수 있다.

핵심예제

3-1. 열전대의 구비조건으로 틀린 것은?

[2009년 제4회, 2015년 제1회]

① 열전도율이 작을 것
② 전기저항과 온도계수가 클 것
③ 기계적 강도가 크고 내열성, 내식성이 있을 것
④ 온도 상승에 따른 열기전력이 클 것

3-2. 다음 열전대 보호관 재질 중 상용온도가 가장 높은 것은?

[2012년 제1회, 2016년 제1회]

① 유 리   ② 자 기
③ 구 리   ④ Ni-Cr 스테인리스강

3-3. 열전대 온도계의 보호관으로 사용되는 재료의 상용온도가 높은 순으로 옳게 나열된 것은?

[2011년 제4회, 2017년 제2회, 2021년 제4회]

① 석영관 > 자기관 > 동관
② 석영관 > 동관 > 자기관
③ 자기관 > 석영관 > 동관
④ 동관 > 자기관 > 석영관

핵심예제

3-4. 열전대 온도계의 기전력은 온도에 따라 변한다. 다음 중 일정온도에서 열기전력의 값이 가장 큰 것은? [2014년 제1회]
① 크로멜 - 알루멜
② 크로멜 - 콘스탄탄
③ 철 - 콘스탄탄
④ 백금 - 백금·로듐

3-5. 다음 중 가장 높은 온도 측정에 사용되는 열전대의 형식은? [2009년 제4회]
① T형
② K형
③ R형
④ J형

|해설|

3-1
열전대는 전기저항과 온도계수가 작아야 한다.

3-2
② 자기 : 1,600[℃]
③ 동관 : 400[℃]
④ Ni-Cr 스테인리스강 : 1,050[℃]

3-3
자기관 1,600[℃] 이하, 석영관 1,100[℃] 이하, 동관 400[℃] 이하

3-4
열기전력이 큰 순서 : 크로멜-콘스탄탄(E형) > 철-콘스탄탄(J형) > 동-콘스탄탄(T형) > 크로멜-알루멜(K형) > 백금-백금로듐(B형, R형, S형)

3-5
최고 측정온도 : T형 350[℃], K형 1,250[℃], R형 1,600[℃], J형 750[℃]

정답 3-1 ② 3-2 ② 3-3 ② 3-4 ② 3-5 ③

핵심이론 04 기타 접촉식 온도계

① 바이메탈 온도계(열팽창식 온도계) : 열팽창계수가 다른 2종 박판 금속을 맞붙여 온도 변화에 의하여 휘어지는 변위로 온도를 측정하는 접촉식 온도계이다.

㉠ 특 징
  • 기본 작동원리 : 두 금속판의 열팽창계수의 차
  • 온도 측정범위 : -50~500[℃]
  • 유리 온도계보다 견고하다.
  • 작용하는 힘이 크다.
  • 오래 사용 시 히스테리시스 오차가 발생할 수 있다.
  • 현장 지시용, 온도 자동 조절, 온도보정장치 등에 이용된다.
  • 고체팽창식 온도계이다.
  • 선팽창계수가 큰 재질로 주로 황동을 사용한다.

㉡ 자유단의 변위량
$$\delta = K(\alpha_A - \alpha_B)L^2 \Delta t / h$$
(여기서, K : 정수, α : 선팽창계수, L : 전장, Δt : 온도 변화)

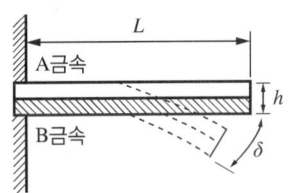

② 제게르콘(Seger Cone) : 내화물의 내화도를 측정한다.

③ 압력식 온도계 : 밀폐된 관에 수은 등과 같은 액체나 기체를 봉입한 것으로 온도에 따라 체적 변화를 일으켜 관 내에 생기는 압력의 변화를 이용하여 온도를 측정하는 접촉식 온도계이다.

㉠ 원리방식의 종류 : 액체팽창식, 증기팽창식, 기체팽창식

㉡ 특징 : 정도가 열선식이나 측온저항체보다는 낮지만 구조가 간단하고 전원이 필요하지 않다.

ⓒ 압력식 온도계의 종류 : 액체팽창식 온도계, 증기압식 온도계, 가스압력식 온도계(또는 차압식, 기포식, 액저압식으로도 구분한다)

④ **전기저항식 온도계** : 온도가 증가함에 따라 금속의 전기저항이 증가하는 현상을 이용한 접촉식 온도계이다.

㉠ 특 징
- 저항체의 저항온도계수는 커야 한다.
- 일정온도에서 일정한 저항을 지녀야 한다.
- 전기저항 온도계의 측온저항체의 공칭저항치 : 온도가 0[℃]일 때 저항소자의 저항
- 자동 기록이 가능하며 원격 측정이 용이하다.
- 저항값

    $R_t = R_0(1 + \alpha dt)$

    (여기서, R_0 : 0[℃]에서의 저항값, α : 저항온도계수, dt : 온도차)

㉡ 동 전기저항식 온도계 : 온도 측정범위는 0~120[℃]이며, 저항률이 낮다.

㉢ 서미스터(Thermistor) (측온)저항(체) 온도계 : 금속산화물 분말을 혼합 소결시킨 반도체로 만든 전기저항식 온도계이다.
- 이용현상 : 온도에 의한 전기저항의 변화
- 저항온도계수 (α_T, 단위 : [%/℃]) : 임의 측정온도에서 온도 1[℃]당 서미스터 저항의 변화 비율을 나타내는 계수로서, 섭씨온도의 제곱에 반비례한다.
- 조성성분 : 니켈(Ni), 코발트(Co), 망간(Mn), 철(Fe), 구리(Cu)
- 온도 측정범위 : -100~300[℃]
- 자기가열현상이 있다.
- 응답이 빠르고 감도가 높다.
- 도선저항에 의한 오차를 작게 할 수 있다.
- 소형으로 좁은 장소의 측온에 적합하다.
- 저항온도계수가 부특성이며 저항 온도계 중 저항값이 가장 크다.
- 저항온도계수는 25[℃]에서 백금의 10배 정도이다.
- 온도 증가에 따라 전기저항이 감소된다.
- 온도 변화에 따른 저항 변화가 직선성이 아니다.
- 재현성과 호환성이 좋지 않다.
- 특성을 고르게 얻기 어렵다(소자의 온도 특성인 균일성을 얻기 어렵다).
- 흡습 등으로 열화되기 쉽다.
- 충격에 대한 기계적 강도가 떨어진다.

㉣ 니켈 저항 온도계 : 온도 측정범위는 -50~300[℃]이다. 저항온도계수가 크며, 표준 측온저항체는 0[℃]에서 500[Ω]이다.

㉤ 백금 저항 온도계
- 온도 측정범위가 -200~500[℃]로 넓다.
- 사용 온도범위가 넓어 저항온도계의 저항체 중 재질이 가장 우수하다.
- 안정성과 재현성이 우수하다.
- 고온에서 열화가 작고 일반적으로 가장 많이 사용된다.
- 0[℃]에서 100[Ω], 50[Ω], 25[Ω] 등을 사용한다.
- 저항온도계수가 비교적 낮고 가격이 비싸다.
- 온도 측정시간이 지연된다.

㉥ 시스(Sheath)형 측온저항체의 특성
- 응답성이 빠르다.
- 진동에 강하다.
- 가소성이 있다.
- 국부적인 측온에 사용된다.

㉦ 측온저항체의 설치방법
- 내열성, 내식성이 커야 한다.
- 삽입 길이는 관 직경의 10~15배이어야 한다.
- 유속이 가장 느린 곳에 설치하는 것이 좋다.
- 가능한 한 파이프 중앙부의 온도를 측정할 수 있게 한다.
- 파이프 길이가 아주 짧을 때에는 유체의 방향으로 굴곡부에 설치한다.

핵심예제

4-1. 바이메탈 온도계의 특징으로 틀린 것은?
[2011년 제4회 유사, 2017년 제2회, 2023년 제2회]

① 구조가 간단하다.
② 온도 변화에 대하여 응답이 빠르다.
③ 오래 사용 시 히스테리시스 오차가 발생한다.
④ 온도 자동 조절이나 온도보상장치에 이용된다.

4-2. 다음 중 압력식 온도계가 아닌 것은?
[2011년 제1회, 2014년 제2회 유사, 2014년 제4회, 2016년 제1회 유사, 2018년 제1회]

① 고체팽창식   ② 액체팽창식
③ 기체팽창식   ④ 증기팽창식

4-3. 전기저항 온도계의 특징에 대한 설명으로 틀린 것은?
[2015년 제4회]

① 자동 기록이 가능하다.
② 원격 측정이 용이하다.
③ 700[℃] 이상의 고온 측정에서 특히 정확하다.
④ 온도가 상승함에 따라 금속의 전기저항이 증가하는 현상을 이용한 것이다.

4-4. 명판에 Ni450이라고 쓰여 있는 측온저항체의 100[℃]점에서의 저항값은 얼마인가?(단, Ni의 저항온도계수는 +0.0067이다)
[2014년 제2회, 2023년 제1회]

① 752[mΩ]   ② 752[Ω]
③ 301[mΩ]   ④ 301[Ω]

|해설|

4-1
온도 변화에 대하여 응답이 느리다.

4-2
고체팽창식은 바이메탈 온도계이다.

4-3
전기저항 온도계로는 최고 500[℃]까지만 측정 가능하다.

4-4
저항값
$R_t = R_0(1 + \alpha dt) = 450 \times (1 + 0.0067 \times 100) = 752[\Omega]$

정답 4-1 ② 4-2 ① 4-3 ③ 4-4 ②

핵심이론 05 비접촉식 온도계

① 방사 온도계(방사 고온계) : 열복사를 이용한다.

㉠ 응용이론 : 슈테판 – 볼츠만 법칙

㉡ 전 방사에너지와 피측정체의 실제온도
- 전 방사에너지
$E = \sigma \varepsilon T^4 [\text{W}]$
(여기서, σ : 슈테판 – 볼츠만 상수 5.67×10^{-12} [W/cm^{2}K^4], ε : 방사율, T : 흑체표면온도)

- 피측정체의 실제온도
$T = \dfrac{S}{\sqrt[4]{Et}}$
(여기서, S : 계기의 지시온도, Et : 전 방사율)

㉢ 특 징
- 측정 대상의 온도의 영향이 작다.
- 이동 물체에 대한 온도 측정이 가능하다.
- 고온도에 대한 측정에 적합하다.
- 1,000[℃] 이상 최고 2,000[℃]까지 고온 측정이 가능하다.
- 응답속도가 빠르다.
- 발신기의 온도가 상승하지 않도록 필요에 따라 냉각한다.
- 노벽과의 사이에 수증기, 탄산가스 등이 있으면 오차가 생기므로 주의해야 한다.
- 방사율에 대한 보정량이 크다.
- 측정거리에 따라 오차 발생이 크다.

② 광전관식 온도계 : 복사 광전류를 이용한다.
㉠ 이동 물체의 온도 측정이 가능하다.
㉡ 응답시간이 매우 빠르다.
㉢ 온도의 연속 기록 및 자동제어가 용이하다.
㉣ 비교증폭기가 부착되어 있다.

③ 광고온계(광온도계) : 특정 파장을 온도계 내에 통과시켜 온도계 내의 전구 필라멘트의 휘도를 육안으로 직접 비교하여 온도를 측정한다.

㉠ 특 징
  - 정도가 우수하여 비접촉식 온도측정기 중 가장 정확한 측정이 가능하다.
  - 방사 온도계에 비해 방사율에 대한 보정량이 적다.
  - 구조가 간단하고 휴대가 편리하다.
  - 측정 온도범위는 700~2,000[℃]이며, 900[℃] 이하의 경우 오차가 발생된다.
  - 측정시간이 지연된다.
  - 측정인력이 필요하다(사람의 손이 필요하다).
  - 기록, 경보, 연속 측정, 자동제어는 불가능하다.

㉡ 사용상 주의점
  - 개인차가 발생하므로 여러 명이 모여서 측정한다.
  - 측정하는 위치와 각도를 같은 조건으로 한다.
  - 광학계의 먼지, 상처 등을 수시로 점검한다.
  - 측정체와의 사이에 연기나 먼지 등이 생기지 않도록 주의한다.
  - 발신부 설치 시 성립사항

    $\dfrac{L}{D} < \dfrac{l}{d}$

    (여기서, L : 렌즈로부터 물체까지의 거리, D : 물체의 직경, l : 렌즈로부터 수열판까지의 거리, d : 수열판의 직경)

④ 색 온도계 : 파장을 이용한다.
  ㉠ 온도에 따라 색이 변하는 일원적인 관계로부터 온도를 측정하는 비접촉식 온도계이다.
  ㉡ 측정 온도범위 : 600~2,000[℃]
  ㉢ 색에 따른 온도 : 어두운 색 600[℃], 적색 800[℃], 오렌지색 1,000[℃], 노란색 1,200[℃], 눈부신 황백색 1,500[℃], 매우 눈부신 흰색 2,000[℃], 푸른 기가 있는 흰백색 2,500[℃]
  ㉣ 특 징
    - 방사율의 영향이 작다.
    - 광흡수에 영향이 작다.
    - 응답이 매우 빠르다.
    - 휴대와 취급이 간편하다.
    - 고온 측정이 가능하며 기록 조절용으로 사용된다.
    - 구조가 복잡하며 주위로부터 빛 반사의 영향을 받는다.

핵심예제

5-1. 다음 중 고온의 노 내 온도 측정을 위해 사용되는 온도계로 가장 부적절한 것은? [2014년 제2회, 2016년 제4회]

① 제게르콘(Seger Cone) 온도계
② 백금 저항 온도계
③ 방사 온도계
④ 광고온계

5-2. 특정 파장을 온도계 내에 통과시켜 온도계 내의 전구 필라멘트의 휘도를 육안으로 직접 비교하여 온도를 측정하므로 정도는 높지만 측정인력이 필요한 비접촉 온도계는? [2011년 제2회, 2011년 제4회, 2013년 제1회]

① 광고온도계　　　② 방사 온도계
③ 열전대 온도계　④ 저항 온도계

5-3. 다음 중 방사 고온계는 어느 이론을 응용한 것인가? [2009년 제1회, 2016년 제1회]

① 제베크효과　　　② 필터효과
③ 윈-플라크 법칙　④ 슈테판-볼츠만 법칙

5-4. 비접촉식 온도계 중 색 온도계의 특징에 대한 설명으로 틀린 것은? [2015년 제2회 유사, 2016년 제2회]

① 방사율의 영향이 작다.
② 휴대와 취급이 간편하다.
③ 고온 측정이 가능하며 기록 조절용으로 사용된다.
④ 주변 빛의 반사에 영향을 받지 않는다.

|해설|

5-1
고온의 노 내 온도 측정용 온도계 : 제게르콘(Seger Cone) 온도계, 방사 온도계, 광고온계 등

5-2
광고온도계 : 정도는 높지만 기록, 경보, 자동제어는 불가능하며 측정인력이 필요한 비접촉식 온도계이다.

5-3
방사 고온계는 슈테판-볼츠만 법칙을 응용한 온도계이다.

5-4
색 온도계는 주변 빛의 반사에 영향을 받는다.

정답 5-1 ②　5-2 ①　5-3 ④　5-4 ④

3-6. 열량·습도·점도 측정

핵심이론 01 열량 측정

① 전기적인 열량(Q)

$$Q = VI = (IR)I = I^2R = \left(\frac{V}{R}\right)^2 R = \frac{V^2}{R} [W]$$

② 간이 열량계 : 발생 열량 모두 용액이 흡수한다고 가정하고 열량을 측정하는 열량계이다.

③ 봄베식 열량계(단열식 열량계 또는 열연식 단열 열량계) : 액체와 고체연료의 열량을 측정하는 열량계이다.

　㉠ 연료의 발열량

$$Q = mC_w \Delta T = \left(\frac{m_1 + M}{w}\right) \times C_w \Delta T [J/g]$$

　　(여기서, m_1 : 통 내 유량, M : 열량계의 물당량, w : 연료의 무게, C_w : 물의 비열, ΔT : 온도 변화량)

　㉡ 물당량 : 연료의 질량을 물의 질량으로 환산한 값

④ 융커스식 유수 열량계 : 기체연료의 열량을 측정하는 열량계이다.

⑤ 시차주사 열량계 : 융해열을 측정하는 열량계이다.

핵심예제

1-1. 2.2[kΩ]의 저항에 220[V]의 전압이 사용되었다면 1초당 발생한 열량은 몇 [W]인가?　　[2017년 제4회]

① 12　　② 22
③ 32　　④ 42

1-2. 액체와 고체연료의 열량을 측정하는 열량계의 종류로 맞는 것은?　　[2012년 제2회]

① 봄베식　　② 융커스식
③ 클리블랜드식　　④ 태그식

|해설|

1-1

$$Q = VI = (IR)I = I^2R = \left(\frac{V}{R}\right)^2 R = \frac{V^2}{R} = \frac{220^2}{2.2 \times 10^3} = 22[W]$$

정답 1-1 ②　1-2 ①

핵심이론 02 습도 측정

① 습도 측정법

　㉠ 흡습법
　　• 수분흡수법에 의해 습도를 측정할 때 흡수제 : 오산화인, 실리카겔, 황산 등
　　• 수분흡수법에 의해 습도를 측정할 때 건조제 : 활성탄

　㉡ 이슬점법 : 흡습염(염화리튬)을 이용하여 대기 중의 습도를 흡습체 표면에 흡수시켜 포화용액층을 형성하게 하여 포화용액과 대기와의 증기 평형을 이루는 온도를 측정하여 습도를 측정하는 방법이다.

② 습도계의 종류

　㉠ 건습구 습도계(Psychrometer) : 2개의 수은 온도계를 사용하여 건구온도와 습구온도를 동시에 측정하는 습도계이다.
　　• 구조가 간단하고 가격이 저렴하다.
　　• 습도 측정 시 계산이 필요하다.
　　• 증류수 공급, 거즈 설치·관리가 필요하다.
　　• 정확도가 낮다.

　㉡ 모발 습도계(Hair Hygrometer) : 습도에 따라 규칙적으로 신축하는 모발의 성질을 이용한 습도계이다.
　　• 사용이 간편하고 저습도 측정이 가능하다.
　　• 안정성과 응답성이 좋지 않다.
　　• 실내에서 사용하기 좋지만, 모발은 물에 젖으면 수축하는 성질이 있어 야외에서는 사용하기 곤란하다.
　　• 모발은 10~20개 정도 묶어서 사용하며 2년마다 모발을 바꾸어 주어야 한다.

　㉢ 듀셀 노점계(가열식 노점계) : 염화리튬이 공기 수증기압과 평형을 이룰 때 생기는 온도 저하를 저항 온도계로 측정하여 습도를 알아내는 습도계이다.
　　• 저습도 측정이 가능하다.

- 구조가 간단하고 고장이 적다.
- 고압에서 사용이 가능하지만, 응답이 늦다.

㉣ 통풍건습구 습도계
- 휴대용으로 상온에서 비교적 정도가 좋은 아스만(Asman) 습도계이다.
- 상온에서 비교적 정확도가 좋다.
- 비교적 가격이 저렴하다.
- 2.5~5[m/sec]의 통풍이 필요하다.
- 습도 측정 시 계산이 필요하다.
- 증류수 공급, 거즈 설치·관리가 필요하다.
- 안정에 많은 시간이 소요되며 숙련이 필요하다.

㉤ 전기저항식 습도계
- 교류전압을 사용하여 저항치를 측정하여 상대습도를 표시한다.
- 응답이 빠르고 정도가 우수하다.
- 저습도의 측정이 가능하다.
- 연속 기록, 원격 측정, 자동제어에 이용된다.

㉥ 서미스터 습도센서 : 물을 함유한 공기와 건조공기의 열전도율 차이를 이용하여 습도를 측정하는 습도센서이다.
- 사용온도 영역이 0~200[℃]로 넓다.
- 응답이 신속하다.

㉦ 기타 습도센서 : 고분자 습도센서, 염화리튬 습도센서, 수정진동자 습도센서

핵심예제

2-1. 염화리튬이 공기 수증기압과 평형을 이룰 때 생기는 온도 저하를 저항 온도계로 측정하여 습도를 알아내는 습도계는?
[2013년 제4회, 2017년 제1회, 2020년 제4회]

① 아스만 습도계
② 듀셀 노점계
③ 전기저항식 습도계
④ 광전관식 노점계

2-2. 다음 각 습도계의 특징에 대한 설명으로 틀린 것은?
[2013년 제2회, 2017년 제2회, 2020년 제3회]

① 노점 습도계는 저습도를 측정할 수 있다.
② 모발 습도계는 2년마다 모발을 바꾸어 주어야 한다.
③ 통풍건습구 습도계는 3~5[m/sec]의 통풍이 필요하다.
④ 저항식 습도계는 직류전압을 사용하여 측정한다.

2-3. 물을 함유한 공기와 건조공기의 열전도율 차이를 이용하여 습도를 측정하는 것은?
[2013년 제2회, 2017년 제2회]

① 고분자 습도센서
② 염화리튬 습도센서
③ 서미스터 습도센서
④ 수정진동자 습도센서

|해설|

2-1
듀셀 노점계(가열식 노점계) : 염화리튬이 공기 수증기압과 평형을 이룰 때 생기는 온도 저하를 저항 온도계로 측정하여 습도를 알아내는 습도계이다.

2-2
저항식 습도계는 교류전압을 사용하여 측정한다.

2-3
서미스터 습도센서 : 물을 함유한 공기와 건조공기의 열전도율 차이를 이용하여 습도를 측정하는 습도센서로, 사용온도 영역이 넓고 응답이 신속하다.

정답 2-1 ② 2-2 ④ 2-3 ③

핵심이론 03 점도 측정

① 하겐 – 푸아죄유 방정식(또는 원리)을 이용한 점도계 : 오스트발트 점도계, 세이볼트 점도계
② 스톡스 법칙을 이용한 점도계 : 낙구식 점도계
③ 뉴턴의 점성법칙을 이용한 점도계 : 스토마 점도계, 맥미첼 점도계, 회전식 점도계, 모세관 점도계

핵심예제

다음 중 하겐 – 푸아죄유의 법칙을 이용한 점도계는?

[2014년 제1회]

① 낙구식 점도계
② 스토마 점도계
③ 맥미첼 점도계
④ 세이볼트 점도계

|해설|

하겐 – 푸아죄유 방정식(또는 원리)을 이용한 점도계 : 오스트발트 점도계, 세이볼트 점도계

정답 ④

CHAPTER 04 열설비재료 및 관계법규

PART 01 핵심이론 + 핵심예제

제1절 | 요 로

1-1. 요로의 개요

핵심이론 01 요로의 정의

① 요(Kiln, 가마)와 노(Furnace)
  ㉠ 전열을 이용한 가열장치
  ㉡ 연료의 환원반응을 이용한 장치
  ㉢ 열원에 따라 연료의 발열반응을 이용한 장치
  ㉣ 물체(주로 비금속재료)에 열을 가하여 소성하는 장치
  ㉤ 재료를 가열하여 물리적 및 화학적 성질을 변화시키는 가열장치
  ㉥ 석탄, 석유, 가스, 전기 등의 에너지를 다량으로 사용하는 설비
  ㉦ 물체를 가열하여 용융시키거나 소성을 통하여 가공 생산하는 공업장치로서 열원에 따라 연료의 발열반응을 이용하는 장치, 전열을 이용하는 장치 및 연료의 환원반응을 이용하는 장치의 3종류로 크게 구분할 수 있다.

② 요(Kiln, 가마) : 소성, 용융 등의 열처리 공정을 수행하기 위하여 도자기, 벽돌, 시멘트 등의 요업제조공정에 사용되는 장치이다.

③ 노(Furnace) : 물체(주로 금속재료)에 열을 가하여 용융하는 장치이다.

핵심예제

다음은 요로의 정의에 대한 설명이다. ㉠~㉣에 들어갈 용어로서 틀린 것은? [2014년 제1회, 2023년 제1회]

요로란 물체를 가열하여 (㉠)시키거나 (㉡)를 통하여 가공 생산하는 공업장치로서 (㉢)에 따라 연료의 발열반응을 이용하는 장치, 전열을 이용하는 장치 및 연료의 (㉣)반응을 이용하는 장치의 3종류로 크게 구분할 수 있다.

① ㉠ : 용융
② ㉡ : 소성
③ ㉢ : 열원
④ ㉣ : 산화

|해설|
① ㉠ : 용융, ② ㉡ : 소성, ③ ㉢ : 열원, ④ ㉣ : 환원

정답 ④

핵심이론 02 분류방식(분류관점)에 따른 요로의 분류

① 업종별 : 금속공업용, 요업용, 화학공업용 등
② 사용목적 : 가열용, 용융용, 소성용, 반응용 등
③ 조업방식 : 불연속식(단가마 : 횡염식, 승염식, 도염식), 반연속식(등요, 셔틀(대차식)요), 연속식(윤요(고리가마), 견요(선가마), 터널요, 회전용 가마, 탱크요)
④ 열원 : 석탄, 중유, 가스, 전기 등
⑤ 가열(전열)방식 : 직화식(용광로, 용선로, 전로), 반간접식, 간접식(평로)
⑥ 화염진행방식 : 승염식, 횡염식, 도염식 등
⑦ 재료이송방식 : 푸셔식, 워킹빔식, 워킹하즈식 등
⑧ 폐열회수방식 : 축열식, 환열식 등
⑨ 형상 : 수(竪)형, 상자형, 도가니형 등
⑩ 연소기 설치 위치 : 상부연소식, 측방연소식, 하부연소식 등

핵심예제

다음 중 연속식 요가 아닌 것은? [2014년 제4회, 2017년 제2회]
① 등 요
② 윤 요
③ 터널요
④ 고리가마

|해설|

조업방식에 따른 요의 분류
- 불연속식(단가마) : 횡염식, 승염식, 도염식
- 반연속식 : 등요, 셔틀요
- 연속식 : 윤요, 터널요, 고리가마

정답 ①

핵심이론 03 요로 일반

① 요로를 균일하게 가열하는 방법
  ㉠ 노 내 가스를 순환시켜 연소가스량을 많게 한다.
  ㉡ 가열시간을 되도록 길게 한다.
  ㉢ 장염이나 축차연소를 행한다.
  ㉣ 벽으로부터 방사열을 적절히 이용한다.
② 요로의 열효율을 높이는 방법
  ㉠ 요로의 적정압력 유지
  ㉡ 폐가스의 열회수(폐열 사용)
  ㉢ 발열량이 높은 연료 사용
  ㉣ 적정한 연소장치 선택
  ㉤ 공기 예열
  ㉥ 가열시간 및 가열온도의 조절
③ 소성가마 내 열의 전열방법 : 복사, 전도, 대류
④ 산화배소 : 광석을 공기의 존재하에서 가열하여 금속산화물 또는 산소를 함유한 금속화합물로 바꾸는 조작이다.
⑤ 섀도 월(Shadow Wall) : 유리 용융용 브리지 월(Bridge Wall) 탱크에서 용융부와 작업부 간의 연소가스 유통을 억제하는 역할을 담당하는 구조 부분이다.
⑥ 노 내 강의 산화를 다소 감소시킬 수 있는 연소가스 : CO
⑦ 침탄법 : 노 내 가열온도 850~950[℃] 상태에서 노 속에 목탄이나 코크스와 침탄촉진제를 이용하여 강의 표면에 탄소를 침입시켜 표면을 경화시키는 표면처리법이다.
⑧ 리큐퍼레이터(환열기) : 공업용 노의 폐열회수장치로 가장 적합하며 연도측 가까이에 설치한다.
⑨ 요로 내에서 생성된 연소가스의 흐름
  ㉠ 가열물의 주변에 고온가스가 체류하는 것이 좋다.
  ㉡ 같은 흡입조건하에서 고온가스는 천장쪽으로 흐른다.

ⓒ 가연성 가스를 포함하는 연소가스는 흐르면서 연소가 진행된다.
ⓓ 연소가스는 일반적으로 가열실 내에 충만되어 흐르는 것이 좋다.

핵심예제

요로를 균일하게 가열하는 방법이 아닌 것은? [2011년 제1회]

① 노 내 가스를 순환시켜 연소가스량을 많게 한다.
② 가열시간을 되도록 짧게 한다.
③ 장염이나 축차연소를 행한다.
④ 벽으로부터 방사열을 적절히 이용한다.

|해설|

요로를 균일하게 하기 위해서는 가열시간을 되도록 길게 해야 한다.

정답 ②

1-2. 요로의 종류 및 특징

핵심이론 01 불연속식 요(Kiln, 가마)

① 횡염식 요(옆불꽃 가마)
② 등염식 요(오름불꽃 가마)
③ 도염식(Down Draft) 요(꺾임불꽃가마)
  ㉠ 불꽃이 올라가서 가마 천장에 부딪쳐 가마 바닥의 흡입 구멍으로 빠진다.
  ㉡ 머플가마 : 피가열물이 연소가스의 더러움을 받지 않는 간접 가열식 가마

핵심예제

도염식 가마에서 불꽃의 진행 방향으로 옳은 것은?
[2016년 제2회]

① 불꽃이 올라가서 가마 천장에 부딪쳐 가마 바닥의 흡입 구멍으로 빠진다.
② 불꽃이 처음부터 가마 바닥과 나란하게 흘러 굴뚝으로 나간다.
③ 불꽃이 연소실에서 위로 올라가 천장에 닿아서 수평으로 흐른다.
④ 불꽃의 방향이 일정하지 않으나 대개 가마 밑에서 위로 흘러 나간다.

|해설|

도염식 가마의 불꽃 진행 방향 : 불꽃이 올라가서 가마 천장에 부딪쳐 가마 바닥의 흡입 구멍으로 빠진다.

정답 ①

핵심이론 02 반연속식 요

① 등요(오름가마)
② 셔틀요(Shuttle Kiln)
   ㉠ 가마의 보유열보다 대차의 보유열이 열 절약의 요인이 된다.
   ㉡ 급랭파가 안 생길 정도의 고온에서 제품을 꺼낸다.
   ㉢ 가마 1개당 2대 이상의 대차가 있어야 한다.
   ㉣ 요체의 보유열을 이용할 수 있으므로 경제적이다.
   ㉤ 작업이 간편하고 조업이 용이하여 조업주기가 단축된다.

핵심예제

셔틀요의 특징에 대한 설명으로 가장 거리가 먼 것은?
[2010년 제1회, 2012년 제2회, 2016년 제4회]

① 가마의 보유열보다 대차의 보유열이 열 절약의 요인이 된다.
② 급랭파가 안 생길 정도의 고온에서 제품을 꺼낸다.
③ 가마 1개당 2대 이상의 대차가 있어야 한다.
④ 가마의 보유열이 주로 제품의 예열에 쓰인다.

|해설|
가마의 보유열이 주로 제품의 예열에 쓰이는 요는 윤요나 터널요이다.

정답 ④

핵심이론 03 연속식 요

① 윤요(Ring Kiln, 고리가마) : 피열물을 정지시켜 놓고 소성대의 위치를 바꾸어 가며 주로 벽돌, 기와, 보도타일 등의 건축재료를 소성하는 연속식 가마이다.
   ㉠ 형태 : 원형, 타원형
   ㉡ 소성실 개수와 전체 길이 : 약 14개, 약 80[m]
   ㉢ 종류 : 호프만 가마, 지그재그 가마, 해리슨 가마, 복스형 가마
   ㉣ 특 징
   • 종이 칸막이가 있다.
   • 단가마보다 약 65[%] 정도 연료 절약이 가능하다.
   • 열효율이 좋다.
   • 소성이 균일하지 않다.
② 견요(선가마)
   ㉠ 석회석 클링커 제조에 널리 사용한다.
   ㉡ 특 징
   • 이동화상식이다.
   • 연료를 상부에서 장입한다.
   • 제품의 예열을 이용하여 연소용 공기를 예열한다.
③ 터널요(터널가마)
   ㉠ 3대 구조부 : 예열부, 소성부, 냉각부
   ㉡ 소성온도 : 1,300[℃] 정도의 고온
   ㉢ 특 징
   • 전체 길이 : 30~100[m]
   • 예열, 소성, 냉각이 연속적으로 이루어지며 연소가스는 소성대에서 배기된다.
   • 대량 생산이 가능하며 유지비가 저렴하다.
   • 소성이 균일하여 제품의 품질이 좋다.
   • 산화환원 소성의 조절이 쉽고, 노 내 온도 조절이 용이하며 온도 조절의 자동화가 쉽다.
   • 열효율이 좋아 연료비가 절감된다.
   • 소성 서랭시간이 짧다.

- 가마의 바닥면적이 생산량에 비해 작고 노무비가 절감된다.
- 열 절연을 위하여 샌드 실(Sand Seal) 장치를 마련한다.
- 대차가 필요하다.
- 사용연료에 제한이 따른다.
- 제품의 품질, 크기, 형상 등에 제한을 받는다.

④ 회전가마(Rotary Kiln) : 클링커를 굽는 소성가마인 동시에 클링커를 생성하는 반응로이며, 주로 시멘트 제조에 사용한다.
  ㉠ 시멘트 클링커의 제조방법에 따른 분류 : 건식법, 습식법, 반건식법
  ㉡ 온도에 따라 소성대, 하소대, 예열대, 건조대 등으로 구분된다.
  ㉢ 특 징
    - 선가마의 단점을 보완한 가마이다.
    - 원료를 가마 안에서 열처리하여 클링커 생성반응을 일으켜 클링커를 만들면서, 반응물질을 운반하는 컨베이어 구실도 한다.
    - 원료와 연소가스는 서로 반대 방향으로 이동함으로써 열교환이 일어난다.
    - 클링커는 별도로 제거한다.
    - 일반적으로 시멘트, 석회석 등의 소성에 사용된다.

⑤ 탱크요 : 유리 용융용으로 대량 생산 시 사용되는 가마이다.

핵심예제

3-1. 연속식 가마로서 피열물을 정지시켜 놓고 소성대의 위치를 바꾸어 가며 주로 벽돌, 기와 등의 건축재료를 소성하는 가마는?
[2010년 제4회, 2012년 제1회, 2014년 제1회 유사]

① 오름가마　　② 꺾임불꽃식 가마
③ 터널가마　　④ 고리가마

3-2. 터널요의 3개 구조부에 해당하지 않는 것은?
[2010년 제1회, 2013년 제2회]

① 용융부　　② 예열부
③ 소성부　　④ 냉각부

3-3. 회전가마에 대한 설명으로 틀린 것은?
[2005년 제1회, 2010년 제4회, 2015년 제2회 유사]

① 일반적으로 시멘트, 석회석 등의 소성에 사용된다.
② 온도에 따라 소성대, 가소대, 예열대, 건조대 등으로 구분된다.
③ 소성대에는 황산염이 함유된 클링커가 용융되어 내화 벽돌을 침식시킨다.
④ 원료와 연소가스는 서로 반대 방향으로 이동함으로써 열교환이 일어난다.

|해설|

3-1
고리가마 : 피열물을 정지시켜 놓고 소성대의 위치를 바꾸어 가며 주로 벽돌, 기와, 보도타일 등의 건축재료를 소성하는 연속식 가마이다.

3-2
터널요의 3대 구조부 : 예열부, 소성부, 냉각부

3-3
회전가마는 주로 황산염과 관련성이 없는 시멘트 제조에 사용된다.

정답 3-1 ④　3-2 ①　3-3 ③

핵심이론 04 노(Furnace)

① 용광로(고로)

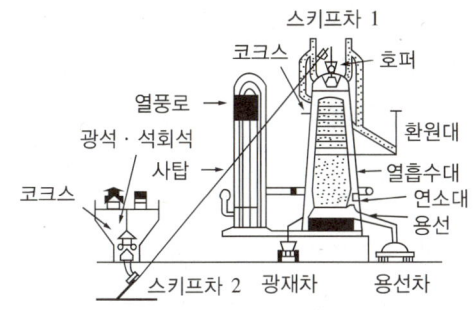

㉠ 조직의 화학 변화를 동반하는 소성 및 가소를 목적으로 하는 노이다.

㉡ 구성 : 노구(Throat), 샤프트(Shaft), 보시(Bosh), 노상(Hearth)으로 구성되어 있다.

㉢ 용도 : 선철 제조

㉣ 주원료 : 철광석, 코크스, 석회석

㉤ 용량 : 1일 생산량을 톤(Ton)으로 결정

㉥ 종류 : 철피식, 철대식, 절충식

㉦ 코크스의 역할
- 흡탄작용(가스 상태로 선철 중에 흡수)
- 선철을 제조하는 데 필요한 열원 공급(탄소의 연소에 따른 열원 공급 역할)
- 연소 시 환원성 가스를 발생시켜 철의 환원을 도모(철광석 및 산화물의 환원제 역할)
- 용선과 슬래그에 열을 주는 열교환 매체의 역할
- 고로 내 통기를 위한 스페이스 제공(고로 내의 가스 통풍을 양호하게 함)

㉧ 특 징
- 산소의 제거는 CO가스에 의한 간접 환원반응과 코크스에 의한 직접 환원반응으로 이루어진다.
- 철광석 등의 원료는 노의 상부에서 투입되고 용선은 노의 하부에서 배출된다.
- 망간광석은 탈황 및 탈산을 위해 첨가된다.
- 노 내부의 반응을 촉진시키기 위해 압력을 높이거나 열풍의 온도를 높이는 경우도 있다.

② 주물 용해로

㉠ 용선로(큐폴라) : 주철 용해로
- 대량 생산이 가능하다.
- 용해 특성상 용량에 탄소, 황, 인 등의 불순물이 들어가기 쉽다.
- 다른 용해로에 비해 열효율이 좋고 용해시간이 빠르다.

㉡ 반사로

㉢ 도가니로
- 동합금, 경합금 등 비철금속 용해로
- 도가니 재료 : 흑연질

③ 제강로

㉠ 평 로
- 축열실 : 배기가스에 현열을 흡수하여 공기나 연료가스 예열에 이용하여 열효율을 증가시키는 배열회수장치
- 환열기(리큐퍼레이터) : 연소가스온도가 600[℃] 이하의 저온인 경우 축열공기 예열을 위한 장치

㉡ 전로(Converter) : 연료를 사용하지 않고 용선의 보유열과 용선 속 불순물의 산화열에 의해서 노 내 온도를 유지하며 용강을 얻는 제강로(LD 전로 : 생석회(CaO)와 같은 매용제가 필요한 노)

㉢ 전기로 : 아크로, 저항로, 유도로

④ 금속 가열로(강재 가열로)

㉠ 연속식 가열로 : 강편을 압연온도까지 가열하기 위하여 사용되는 가열로이며, 강제 이동방식에 따라 다음과 같이 분류된다.
- Pusher Type : 푸셔를 이용하여 피열물을 이송하는 방식으로, 1대식에서 5대식까지 있으며 주로 중소형에 사용된다.
- Walking Beam Type : 2개의 빔(고정빔, 이동빔)을 이용하여 피열물을 이동시키며 품질이 우수하며 주로 대용량에 사용된다.
- Walking Hearth Type

- 회전로상식(Rotary(또는 Roller) Hearth Type)
  ⓒ 배치식 가열로(균열로) : 강괴를 균일 가열하기 위하여 사용하는 가열로로, 열효율이 낮고 처리 물량이 적다.
⑤ 금속 열처리로
  ㉠ 구조에 따라 상형로, 대차로, 회전로로 분류한다.
  ㉡ 풀림로 : 열처리로 경화된 재료를 변태점 이상의 적당한 온도로 가열한 다음 서서히 냉각시켜 강의 입도를 미세화하여 조직을 연화, 내부응력을 제거하는 노이다.
  ㉢ 머플로 : 가스로 중 주로 내열강재의 용기를 내부에서 가열하고 그 용기 속에 열처리품을 장입하여 간접 가열하는 노이다.

핵심예제

4-1. 제강로가 아닌 것은?
[2012년 제2회, 2012년 제4회, 2016년 제1회]

① 고 로 ② 전 로
③ 평 로 ④ 전기로

4-2. 다음 중 전로법에 의한 제강작업 시의 열원은?
[2009년 제4회, 2017년 제4회]

① 가스의 연소열
② 코크스의 현열
③ 석회석의 반응열
④ 용선 내의 불순원소의 산화열

|해설|
4-1
고로(용광로)는 제강로가 아니라 선철 제조로이다.
4-2
전로법에 의한 제강작업 시의 열원은 용선 내의 불순원소의 산화열이다.

정답 4-1 ① 4-2 ④

핵심이론 05 축요(가마 제작)

① 가마 축조 시 단열재의 효과
  ㉠ 작업온도까지 가마의 온도를 빨리 올릴 수 있다.
  ㉡ 가마의 벽을 얇게 할 수 있다.
  ㉢ 가마 내의 온도 분포가 균일하게 된다.
  ㉣ 내화 벽돌의 내·외부 온도가 급격히 상승되는 것을 방지한다.
② 지반 적부 결정시험 : 지내력시험, 토질시험, 지하탐사
③ 노재의 하중연화점 측정방법 : 하중을 일정하게 하고 온도를 높이면서 그 하중에 견디지 못하고 변형하는 온도를 측정한다.
④ 연소실의 연도 축조 시의 유의사항
  ㉠ 넓거나 좁은 부분의 차이를 줄인다.
  ㉡ 가스 정체공극을 만들지 않는다.
  ㉢ 통풍력 증가를 위하여 가능한 한 굴곡 부분을 없앤다.
  ㉣ 댐퍼로부터 연도까지의 길이를 짧게 한다.

핵심예제

연소실의 연도를 축조하려 할 때의 유의사항으로 가장 거리가 먼 것은?
[2013년 제1회]

① 넓거나 좁은 부분의 차이를 줄인다.
② 가스 정체공극을 만들지 않는다.
③ 가능한 한 굴곡 부분을 여러 곳에 설치한다.
④ 댐퍼로부터 연도까지의 길이를 짧게 한다.

|해설|
통풍력 증가를 위하여 가능한 한 굴곡 부분을 없앤다.

정답 ③

제2절 | 내화물·단열재·보온재

2-1. 내화물

핵심이론 01 내화물의 일반

① 내화도 : 'SK숫자'로 나타내며 연화 변형 상태에 따라 사용온도가 결정된다.
  ㉠ 한국산업표준에서 규정하는 내화물의 내화도 하한치 : SK26번
  ㉡ 내화물의 사용온도범위 : SK26번 1,580[℃], SK30번 1,670[℃], SK34번 1,750[℃], SK40번 1,920[℃], SK42번 2,000[℃]
② 내화물 : 내화 벽돌 SK26번 1,580[℃] 이상의 내화도를 지닌 물질
③ 제게르콘(Seger Cone) : 소성온도 또는 내화도를 확인하기 위한 표준 콘
④ 노재(내화물)의 기본 제조공정 : 분쇄 → 혼련 → 성형 → 건조 → 소성 → (제품)
⑤ 도자기 소성 시 노 내 분위기의 순서 : 산화성 분위기 → 환원성 분위기 → 중성 분위기
⑥ 내화물의 구비조건
  ㉠ 고대 : 압축강도, 내마모성, 내열성, 내침식성, 내연화변형성
  ㉡ 저소 : 팽창, 수축, 연화 변형
  ㉢ 적정 : 열전도율
⑦ 내화물의 비중
  ㉠ 참비중(D_t, True Specific Gravity)
    • 내부 기공을 제외한 참부피에 대한 비중이다.
    • 무게 / 참부피
  ㉡ 겉보기비중(D_a, Apparent Specific Gravity)
    • 내부 기공까지 포함시킨 체적에 대한 비중이다.
    • 겉보기비중 : $D_a = \dfrac{W_1}{W_1 - W_2}$
    (여기서, W_1 : 시료의 건조 중량[kg], W_2 : 함수시료의 수중 중량[kg])
  ㉢ 부피비중(D_b, Bulk Specific Gravity)
    • 부피비중 $D_b = \dfrac{W_1}{W_3 - W_2}$
    (여기서, W_1 : 시료의 건조 중량[kg], W_2 : 함수시료의 수중 중량[kg], W_3 : 함수시료의 중량[kg])
  ㉣ 중량 기준
    • 시료의 건조 중량(W_1) : 벽돌을 105~120[℃]에서 건조시켰을 때의 무게
    • 함수시료의 수중 중량(W_2) : 물속에서 3시간 끓인 후 물속에서 유지시킨 무게
    • 함수시료의 중량(W_3) : 물속에서 3시간 끓인 후 물속에서 끄집어내어 표면에 묻은 수분을 닦은 후의 무게
  ㉤ 내화물의 비중과 관련된 성질 : 압축강도, 기공률, 열전도율, 내화도 등
⑧ 흡수율 : $\dfrac{W_3 - W_1}{W_1} \times 100 [\%]$

[여기서, W_1 : 시료의 건조 중량(벽돌을 105~120[℃]에서 건조시켰을 때의 무게), W_3 : 함수 시료의 중량(물속에서 3시간 끓인 다음 물속에서 끄집어내어 표면에 묻은 수분을 닦은 후의 무게)]

⑨ 스폴링(Spalling) 현상
  ㉠ 온도의 급격한 변동 또는 불균일한 가열 등으로 내화물에 열응력이 생겨 표면이 갈라지는 균열이 생기거나 표면이 박리되는 현상이다.
  ㉡ 스폴링의 종류 : 기계적 스폴링, 조직적 스폴링, 열적 스폴링이 있다.

ⓒ 내화물의 스폴링 시험방법
- 시험체는 표준형 벽돌을 110±5[℃]에서 건조시켜 사용한다.
- 전 기공률 45[%] 이상 내화 벽돌은 공랭법에 의한다.
- 공랭법의 경우 시험편을 노 내에 삽입 후 약 15분간 가열한 후 15분간 공랭시킨다.
- 수랭법의 경우 시험편을 노 내에 삽입 후 약 15분간 가열한 후 노 내에서 시험편을 꺼내어 재빠르게 가열면 측을 눈금의 위치까지 물에 잠기게 하여 약 10분간 냉각시킨다.

⑩ 스파이스 : 제련에서 중금속 비화물이 균일하게 녹아 있는 인공적 혼합물이다. 원료 중에 As, Sb 등이 다량으로 들어 있고, 이것이 환원 분위기에서 산화제거되지 않을 때 생기는 물질이다.

⑪ 배소(Roasting)
ⓐ 광석을 용해되지 않을 정도로 가열시킨다.
ⓑ 화학적 조정과 물리적 조직 변화가 발생한다.
ⓒ 원광석의 결합수(화합수)를 제거하고 탄산염을 분해한다.
ⓓ 황, 인 등의 유해성분을 제거한다.
ⓔ 산화배소는 일반적으로 발열반응이다.
ⓕ 산화도를 변화시켜 자력선광을 할 수 있도록 하며 제련을 용이하게 한다.

핵심예제

1-1. 소성 내화물의 제조공정으로 가장 적절한 것은?
[2010년 제4회, 2017년 제4회]

① 혼련 → 성형 → 분쇄 → 소성 → 건조
② 분쇄 → 성형 → 혼련 → 건조 → 소성
③ 혼련 → 분쇄 → 성형 → 소성 → 건조
④ 분쇄 → 혼련 → 성형 → 건조 → 소성

1-2. 내화물의 구비조건으로 틀린 것은?
[2011년 제1회, 2017년 제1회]

① 상온에서 압축강도가 작을 것
② 내마모성 및 내침식성을 가질 것
③ 재가열 시 수축이 작을 것
④ 사용온도에서 연화변형하지 않을 것

|해설|

1-1
소성 내화물의 제조공정 : 분쇄 → 혼련 → 성형 → 건조 → 소성 → 제품

1-2
내화물은 상온에서 압축강도가 커야 한다.

정답 1-1 ④ 1-2 ①

핵심이론 02 벽돌

① 보통 벽돌 : 점토를 주원료로 하여 점성이 작은 흙이나 강모래를 배합하여 만든 건축재료이다.
  ㉠ 흡수율은 약 4~23[%] 정도이다.
  ㉡ 겉보기 비중은 1.8~2.2 정도이다.
    (저온용 점토 1.8~2.0, 고온용 점토 2.0~2.2)
  ㉢ 압축강도는 약 100~300[kg/cm^2] 정도이다.
  ㉣ 원료에는 약 5[%]의 산화철이 함유되어 있으며 적갈색이다.

② 벽돌의 안전사용온도
  ㉠ 내화 단열 벽돌 : 1,300~1,500[℃]
  ㉡ 단열 벽돌 : 800~1,200[℃]

③ 푸리에 열전도 법칙

  시간당 손실 열량 $Q = \lambda A \dfrac{(t_1 - t_2)}{L}$

  (여기서, λ : 열전도율, A : 벽면의 단면적, t_1 : 내면의 온도, t_2 : 외면의 온도, L : 벽의 두께)

④ 납석 벽돌
  ㉠ 납석은 불순한 석영질이며, 열수축이 작기 때문에 생원료의 배합을 많이 할 수 있으며, 가격이 저렴하다.
  ㉡ 비교적 저온에서의 소결이 용이하다.
  ㉢ 흡수율이 작고, 압축강도가 크다.
  ㉣ 슬래그에 의해서 내식성이 크다.
  ㉤ 내화도는 SK28~33 정도이며, 하중연화점도 높지 않아 일반용으로 사용된다.

⑤ 각종 내화벽돌을 쌓을 때 결합제로 사용되는 내화 모르타르의 분류 : 열경성 내화 모르타르, 기경성 내화 모르타르, 수경성 내화 모르타르

핵심예제

두께 230[mm]의 내화 벽돌이 있다. 내면의 온도가 320[℃]이고, 외면의 온도가 150[℃]일 때 이 벽면 10[m^2]에서 매시간당 손실되는 열량은 몇 [kcal]인가?(단, 내화벽돌의 열전도율은 0.96[kcal/mh℃]이다) [2011년 제4회, 2016년 제1회]

① 710　　　　② 1,632
③ 7,096　　　④ 14,391

|해설|

푸리에 열전도 법칙
$Q = \lambda A \dfrac{(t_1 - t_2)}{L} = 0.96 \times 10 \times \dfrac{320-150}{0.23} \simeq 7,096 [\text{kcal/h}]$

정답 ③

핵심이론 03 내화물의 종류

① 산성 내화물

　㉠ 규석질 내화물
- 주성분 : SiO_2(실리카)
- 내화도가 높다(SK31~34, 1,690~1,750[℃]).
- 용융점 부근까지 하중에 견딘다.
- 하중연화온도가 높고 온도 변화가 작다.
- 저온에서 스폴링이 발생되기 쉽다.
- 내마모성이 좋고 열전도율이 작다.
- 용도 : 각종 가마의 천장, 산성 제강요로의 벽, 전기로, 축열실, 코크스 가마 벽 등
- 불순물이 적은 규석을 천천히 가열하면 변태가 일어난다.
- 실리카의 전이 특성
  - 온도 변화에 따라 결정형이 달라진다.
  - 광화제가 전이를 촉진시킨다.
  - 가열온도가 높아질수록 비중이 작아진다.
  - 고온전이형이 되면 비중이 작아진다.
  - 내화물에서 중요한 것은 실리카의 고온형 변태이다.
  - 실리카의 전이는 짧은 시간에 매우 빠르게 이루어진다.
  - 실리카(Silica)의 결정형은 규석(석영, Quartz), 트리디마이트(Tridymaite), 크리스토발라이트(Cristobalite)의 3가지 주형(Principal Form)으로 구성된다.
  - 실리카의 3가지 주형 중에서 규석은 상온에서 가장 안정된 광물이다. 상압 870[℃] 이하 온도에서 안정된 형으로, 573[℃] 이하에서 안정한 α석영(저온석영)과 573[℃] 이상에서 안정한 β석영(고온석영)의 2가지 형태로 존재한다.
  - 트리디마이트는 870~1,470[℃]에서 안정한 형이다.
  - 크리스토발라이트는 1,470~1,728[℃]에서 안정한 형이다.
  - 온도 1,728[℃]를 넘으면 융해되어 용융실리카(Fused Silica 또는 Silica Glass)가 된다.
  - 이와 같이 결정형이 바뀌는 것을 전이(Inversion)라고 하며, 주형 간의 전이는 매우 느리다.
  - 전이속도를 빠르게 작용하도록 하는 성분을 광화제(Mineralizer)라고 하며 일반화학에서 촉매와 같은 역할을 한다.
  - 각 주형에는 1개 이상의 수식형(Modification)이 있는데 이 수식형 간의 전이는 전이온도에 달하면 즉각적으로 일어나기 때문에 전이속도가 매우 빠르고 가역적이다. 1,200[℃]까지 계속 가열하면 β석영은 크리스토발라이트로 변하고 규소-산소의 결합이 끊어진다. 이 변화는 이온들 간에 재배열이 일어나면서 서서히 진행되는 비가역과정이며 실리카의 전이는 팽창을 수반한다.
  - 크리스토발라이트에서 용융실리카로 전이에 따른 부피 변화 시 20[%] 팽창된다.
  - SiO_2의 전이에 따른 부피 변화

온도[℃]	전이의 종류	부피 변화[%]
573	α-Quartz → β-Quartz	+1.35
870	β-Quartz → β_2-Tridymaite	+14.4
1,250	β-Quartz → β-Cristobalite	+17.4
1,470	β-Cristobalite → α-Cristobalite	-6.0
1,728	Cristobalite → Fused Silica	+20.0

　㉡ 반규석질 내화물
- 주성분 : $SiO_2(Al_2O_3)$이며 실리카 50~80[%] 정도이다.
- 열에 의한 수축과 팽창이 작아지므로 치수변동률이 작다.
- 내화도는 낮다(SK28~30).
- 용도 : 야금로, 배소로

ⓒ 납석질 내화물
　　ⓒ 샤모트질 내화물 : 카올린을 미리 SK10~14 정도로 1차 소성하여 탈수 후 분쇄한 것으로서, 고온에서 광물상을 안정화한 산성 내화물이다.
　　　• 주성분 : Al_2O_3, $2SiO_2$, $2H_2O$
　　　• 성형 및 소결성을 좋게 하기 위하여 샤모트 이외에 가소성 생점토를 가한다.
　　　• 일반적으로 기공률이 크고 비교적 낮은 온도(SK28~34)에서 연화되며 내스폴링성이 좋다.
　　　• 용도 : 일반 가마용
② 염기성 내화물
　　㉠ 마그네시아 내화물
　　　• 마그네사이트 또는 수산화마그네슘을 주원료로 한다.
　　　• 1,500[℃] 이상으로 가열하여 소성한다.
　　　• 산성 슬래그와 접촉하여 쉽게 침식되나 염기성 슬래그에 대한 내침식성이 크다.
　　　• 주로 염기성 제강로의 노재로 사용한다.
　　　• 내화도가 SK36~42로 매우 높다.
　　　• 열팽창률이 커서 내스폴링성이 좋지 않다.
　　㉡ 크롬-마그네시아 내화물 : 전기로나 시멘트 소성용 회전가마의 소성대 내벽에 사용하기 적합한 내화물
　　　• 비중이 크고 염기성 슬래그에 대한 저항이 크다.
　　　• 내스폴링성이 크다.
　　㉢ 돌로마이트 내화물
　　　• CaO와 MgO를 주성분으로 하는 염기성 내화물이다(돌로마이트의 주성분 : $MgCO_3$, $CaCO_3$).
　　　• 염기성 슬래그에 대한 저항이 크다.
　　　• 내화도, 하중연화온도가 높다.
　　　• 소화성이 크다.
　　　• 내화도는 SK35~36 정도이다.
　　　• 내스폴링성이 크다.
　　　• 전로 내장용, 노의 정련용 용기에 사용된다.

　　㉣ 포스터라이트(Forsterite) 내화물 : MgO-SiO_2계 내화물($2MgO \cdot SiO_2$ 또는 Mg_2SiO_4)이며 제강로, 비철금속 용해로의 내화물로 사용한다.
　　　• 내식성이 우수하고 기공률이 크다.
　　　• 돌로마이트에 비해 소화성이 작다.
　　　• 하중연화점과 내화도(SK35~37)가 높다.
　　㉤ 슬래킹(Slaking)
　　　• 염기성 내화물이 수증기에 의해서 조직이 약화되는 현상이다.
　　　• 마그네시아 또는 돌로마이트 등을 원료로 하는 염기성 내화물의 내화열이 수증기의 작용을 받아 $Ca(OH)_2$나 $Mg(OH)_2$를 생성하는데, 이때 큰 비중 변화에 의해 체적 변화를 일으키므로 노벽에 균열이 발생하거나 붕괴되는 현상이다.
　　　• 슬래킹은 염기성 내화벽돌의 공통적인 취약성이다.
③ 중성 내화물
　　㉠ 고알루미나질 내화물
　　　• 알루미나가 50[%] 이상 포함된 중성 내화물이다.
　　　• 알루미나 함량이 많은 원료는 가소성이 작다.
　　　• 고대 : 급열·급랭에 대한 저항성, 내화도, 하중연화온도, 내식성, 내마모성
　　　• 저소 : 고온에서의 부피 변화
　　㉡ 크롬질 내화물 : 염기성 평로에서 산성 벽돌과 염기성 벽돌을 섞어서 축로할 때 서로의 침식을 방지하는 목적으로 사용되는 중성 내화물로 내마모성이 크지만 스폴링을 일으키기 쉽다.
　　㉢ 탄화규소질(SiC) 내화물
　　　• 탄화규소를 주원료로 한다.
　　　• 고대 : 내열성, 내마모성, 내스폴링성, 내화학침식성, 내화도, 하중연화온도, 열간 강도, 열전도율
　　　• 저소 : 열팽창률
　　　• 고온의 중성 및 환원염 분위기에서는 안정하다.
　　　• 고온의 산화염 분위기에서는 산화되기 쉽다.
　　㉣ 탄소질 내화물

④ 부정형 내화물
  ㉠ 캐스터블(Castable) 내화물 : 내화성 골재에 경화제로 사용되는 수경성 알루미나 시멘트를 10~20[%] 정도 배합하여 만든 부정형 내화물이다.
    • 건조, 소성 시 수축이 작다.
    • 소성할 필요가 없다.
    • 사용 현장에서 필요한 형상이나 치수로 자유롭게 성형할 수 있다.
    • 열전도율이 작다.
    • 열팽창은 작고, 잔존 수축은 크다.
    • 접합부 없이 노체를 구축할 수 있다.
    • 가마의 열손실이 작다.
    • 내스폴링성이 우수하다.
    • 시공 후 약 24시간 후에 건조, 승온이 가능하고 경화제로 알루미나 시멘트를 사용한다.
    • 점토질이 많이 사용되고 용도에 따라 고알루미나질이나 크롬질도 사용된다.
    • 경화건조 후 부피 비중이 크다(크롬질 2.7~2.9, 고알루미나질 1.9~2.1, 점토질 1.6~2.1, 내화단열질 1.0~1.3).
  ㉡ 플라스틱 내화물
    • 소결력이 좋고 내식성이 크다.
    • 캐스터블 소재보다 고온에 적합하다.
    • 내화도가 높고 하중연화점이 높다.
    • 팽창과 수축이 작다.
  ㉢ 내화 모르타르
    • 시공성 및 접착성이 좋아야 한다.
    • 화학성분 및 광물 조성이 내화 벽돌과 유사해야 한다.
    • 건조, 가열 등에 의한 수축과 팽창이 작아야 한다.
    • 필요한 내화도를 지녀야 한다.

⑤ 특수 내화물
  ㉠ 지르콘($ZrSiO_4$) 내화물
    • 열팽창률이 작다.
    • 내스폴링성이 크다.
    • 염기성 용재에 약하다.
    • 내화도는 일반적으로 SK37~38 정도이다.
  ㉡ 지르코니아(ZrO_2) 내화물
    • 용융점은 약 2,710[℃]이다.
    • 내식성이 크고 열전도율은 작다.
    • 고온에서 전기저항이 작다.
    • 용융주조 내화물로 주로 사용된다.
  ㉢ 베릴리아질 내화물
  ㉣ 토리아질 내화물

핵심예제

3-1. 내화도가 높고 용융점 부근까지 하중에 견디기 때문에 각종 가마의 천장에 주로 사용되는 내화물은?

[2014년 제2회, 2016년 제4회]

① 규석 내화물 ② 납석 내화물
③ 샤모트 내화물 ④ 마그네시아 내화물

3-2. 샤모트(Chamotte)질 벽돌의 주성분은?

[2012년 제4회, 2013년 제2회, 2016년 제4회]

① Al_2O_3, $2SiO_2$, $2H_2O$ ② Al_2O_3, $7SiO_2$, H_2O
③ FeO, Cr_2O_3 ④ $MgCO_3$

3-3. 크롬이나 크롬마그네시아 벽돌이 고온에서 산화철을 흡수하여 표면이 부풀어 오르고 떨어져 나가는 현상은?

[2010년 제2회, 2012년 제2회, 2015년 제1회, 2017년 제1회]

① 버스팅(Bursting) ② 스폴링(Spalling)
③ 슬래킹(Slaking) ④ 큐어링(Curing)

3-4. 캐스터블(Castable) 내화물의 특징이 아닌 것은?

[2011년 제2회, 2015년 제4회]

① 소성할 필요가 없다.
② 접합부 없이 노체를 구축할 수 있다.
③ 사용 현장에서 필요한 형상으로 성형할 수 있다.
④ 온도의 변동에 따라 스폴링(Spalling)을 일으키기 쉽다.

|해설|

3-1
규석 내화물 : 내화도가 높고 용융점 부근까지 하중에 견디기 때문에 각종 가마의 천장에 주로 사용되는 내화물
3-2
샤모트(Chamotte)질 벽돌의 주성분 : Al_2O_3, $2SiO_2$, $2H_2O$
3-3
버스팅(Bursting) : 크롬이나 크롬마그네시아 벽돌이 고온에서 산화철을 흡수하여 표면이 부풀어 오르고 떨어져 나가는 현상
3-4
캐스터블 내화물은 내스폴링성이 우수하다.

정답 3-1 ① 3-2 ① 3-3 ① 3-4 ④

2-2. 단열재

핵심이론 01 단열재의 일반

① 안전사용온도 : 보온재, 단열재 및 보랭재 등을 구분하는 기준
  ㉠ 내화 단열재 : 1,100[℃] 이상
  ㉡ 단열재 : 500~1,000[℃]
  ㉢ 보온재 : 100~500[℃]
  ㉣ 보랭재 : 100[℃] 이하
② 단열재 : 약 850~1,200[℃] 정도까지 견디며 열손실을 감소시키기 위해 사용되는 재료이다.
③ 단열재의 기본적인 필요요건
  ㉠ 유효 열도전율이 작아야 한다.
  ㉡ 소성이나 유효 열전도율과 관련된다.
  ㉢ 소성 시 기포 생성이 없어야 한다.
④ 공업용 노의 단열시공의 효과
  ㉠ 열확산계수가 작아진다.
  ㉡ 열전도계수가 작아진다.
  ㉢ 노 내 온도가 균일하게 유지된다.
  ㉣ 스폴링 현상을 방지한다.
  ㉤ 내화재의 내구력을 증가시킨다.
  ㉥ 열손실을 방지하여 연료사용량을 감소시킨다.
  ㉦ 축열용량을 감소시킨다.
⑤ 단열재의 보온효율

$$\eta = 1 - \frac{Q_2}{Q_1}$$

(여기서, Q_2 : 단열재 사용 시의 방출열량, Q_1 : 단열재 미사용 시의 방출열량)

| 핵심예제 |

보온재, 단열재 및 보랭재 등을 구분하는 기준은?

[2010년 제2회, 2012년 제1회, 2012년 제4회, 2016년 제4회]

① 열전도율
② 안전사용온도
③ 압 력
④ 내화도

|해설|

안전사용온도 : 보온재, 단열재 및 보랭재 등을 구분하는 기준

정답 ②

핵심이론 02 단열재의 종류

① 점토질 단열재
  ㉠ 내스폴링성이 좋다.
  ㉡ 노벽이 얇아져서 가볍다.
  ㉢ 내화재와 단열재의 역할을 동시에 한다.
  ㉣ 안전사용온도 : 1,300~1,500[℃]

② 규조토질 단열재
  ㉠ 안전사용온도 : 800~1,200[℃]
  ㉡ 기공률 : 70~80[%] 정도
  ㉢ 열전도율 : 0.12~0.2[kcal/m·h·℃](350[℃] 기준)
  ㉣ 압축강도 : 5~30[kg/cm^2]
  ㉤ 내마모성, 내스폴링성이 나쁘다.
  ㉥ 재가열, 수축열이 크다.

| 핵심예제 |

점토질 단열재의 특징에 대한 설명으로 틀린 것은?

[2015년 제4회]

① 내스폴링성이 작다.
② 노벽이 얇아져서 노의 중량이 적다.
③ 내화재와 단열재의 역할을 동시에 한다.
④ 안전사용온도는 1,300~1,500[℃] 정도이다.

|해설|

점토질 단열재는 내스폴링성이 우수하다.

정답 ①

2-3. 보온재

핵심이론 01 보온재의 일반

① 보온재의 구비조건
  ㉠ 고대 : 내화도, 불연성, 내열성, 내약품성, 보온능력, 내구성
  ㉡ 저소 : 밀도, 비중, 무게, 열전도율, 흡수성, 흡습성
  ㉢ 적절 : 기계적 강도

② 열전도율(λ) : 보온재에서는 열전도율이 작을수록 좋다(기준 온도 : 상온(20[℃]).
  ㉠ 열전도율 순(낮은 것 → 높은 것) : 공기 → 스티로폼 → 석고보드 → 고무 → 물 → 유리 → 콘크리트 → 철 → 알루미늄 → 구리
  ㉡ 상온(20[℃])에서 공기의 열전도율 : 0.022 [kcal/mh℃]=0.026[W/mK]
  ㉢ 보온재의 열전도율 : 일반적으로 상온(20[℃])에서 약 0.4[kJ/mhK]=0.11[W/mK]=0.095[kcal/mh℃] 이다.
    • 비례요인 : 온도, 밀도, 비중, 수분(습분, 함수율)
    • 반비례요인 : 두께, 기공률, 가스분자량
    • 무관 : 압력, 강도
  ㉣ 보온재 내 공기 이외의 가스를 사용하는 경우 가스분자량이 공기의 분자량보다 적으면 보온재의 열전도율은 높아진다.

③ 실리카겔(SiO_2) : 유리섬유의 내열도에 있어서 안전사용온도 범위를 크게 개선시킬 수 있는 결합제

④ 보온층의 경제적 두께 결정요인 : 연료비, 시공비, 감가상각비

⑤ 경제성을 고려한 보온재의 최소 두께
  $Q+P$(여기서, Q : 방산열량, P : 보온재의 비용)

⑥ 보온재의 보온효율
  $\eta = 1 - \dfrac{Q_2}{Q_1}$
  (여기서, Q_2 : 보온면의 방산열량, Q_1 : 나면의 방산열량)

⑦ 보온재의 선택조건
  ㉠ 노재의 흡습성과 흡수성 고려
  ㉡ 물리적·화학적 강도와 내용연수
  ㉢ 단위체적당 가격 및 불연성
  ㉣ 사용온도범위와 열전도도

⑧ 보온재의 시공
  ㉠ 물로 반죽하여 시공하는 보온재의 1차 시공 시 보온재의 두께는 25[mm]가 적당하다.
  ㉡ 판상 보온재를 사용할 경우 두께가 75[mm]를 초과하는 경우에는 층을 두 개로 나누어 시공한다.
  ㉢ 보온재의 열전도성 및 내열성을 충분히 검토한 후 선택하여 사용하여야 한다.
  ㉣ 내화 벽돌을 사용할 경우 일반 보온재를 내층에, 내화 벽돌은 외층으로 하여 밀착 시공한다.
  ㉤ 사용 개소의 온도에 적당한 보온재를 선택한다.
  ㉥ 사용처의 구조 및 크기 또는 위치 등에 적합한 것을 선택한다.
  ㉦ 가격만 보고 가장 저렴한 것을 선택하면 안 된다.
  ㉧ 물로 반죽하는 보온재의 2차 시공 시에는 수분이 보온재의 1~1.5배 정도 남도록 건조시킨 후 바른다.

⑨ 폴리스티렌폼 제조공정

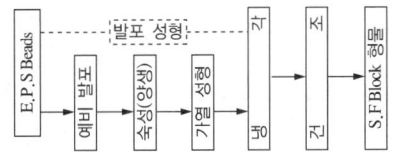

핵심예제

1-1. 보온재로서 구비하여야 할 일반적인 조건이 아닌 것은?

[2010년 제2회 유사, 제4회 유사, 2015년 제1회, 2023년 제2회]

① 불연성일 것
② 비중이 작을 것
③ 열전도율이 클 것
④ 어느 정도 강도가 있을 것

핵심예제

1-2. 보온재의 열전도율에 대한 설명으로 틀린 것은?
[2011년 제2회, 2015년 제2회, 2020년 제1·2회 통합]

① 재료의 두께가 두꺼울수록 열전도율이 작아진다.
② 재료의 밀도가 클수록 열전도율이 작아진다.
③ 재료의 온도가 낮을수록 열전도율이 작아진다.
④ 재질 내 수분이 작을수록 열전도율이 작아진다.

1-3. 온수탱크 나면과 보온면으로부터 방산열량을 측정한 결과 각각 1,000[kcal/m²h], 300[kcal/m²h]이었을 때, 이 보온재의 보온효율[%]은?
[2010년 제4회, 2013년 제2회 유사, 2016년 제2회 유사, 2017년 제2회]

① 30　　② 70
③ 93　　④ 233

1-4. 보온재의 시공방법에 대한 설명으로 틀린 것은?
[2011년 제4회, 2015년 제4회]

① 물로 반죽하여 시공하는 보온재의 1차 시공 시 보온재의 두께는 50[mm]가 적당하다.
② 판상 보온재를 사용할 경우 두께가 75[mm]를 초과하는 경우에는 층을 두 개로 나누어 시공한다.
③ 보온재는 열전도성 및 내열성을 충분히 검토한 후 선택하여 사용하여야 한다.
④ 내화 벽돌을 사용할 경우 일반 보온재를 내층에, 내화벽돌은 외층으로 하여 밀착 시공한다.

|해설|

1-1
보온재는 열전도율이 작아야 한다.

1-2
재료의 밀도가 클수록 열전도율이 커진다.

1-3
보온재의 보온효율
$$\eta = 1 - \frac{Q_2}{Q_1} = 1 - \frac{300}{1,000} = 0.7 = 70[\%]$$

1-4
물로 반죽하여 시공하는 보온재의 1차 시공 시 보온재의 두께는 25[mm]가 적당하다.

정답 1-1 ③　1-2 ②　1-3 ②　1-4 ①

핵심이론 02 보온재의 종류

① 금속 보온재

㉠ 알루미늄박 보온재
- 보온효과 : 복사열에 대한 반사의 특성을 이용한다.
- 열전도율 : 0.028~0.048[kcal/m·h·℃]
- 안전사용온도 : 500[℃]

② 비금속 보온재

[유기질 보온재와 무기질 보온재의 일반적인 특징]
- 유기질 보온재 : 보온능력이 우수하고, 가격도 저렴하다.
- 무기질 보온재 : 불연성이며, 내열성·기계적 강도가 우수하다. 안전사용온도범위가 넓고, 최고 사용온도가 높아 고온에 적합하다.

㉠ 유기질 보온재(사용 가능온도 : 200[℃] 이하) : 폴리스티렌폼(스티로폼), 폴리에틸렌폼, 염화비닐폼, 펠트(우모 및 양모), 탄화코르크, 경질 우레탄폼, 페놀폼 등이 있다. 폼(Foam) 형태의 기포성 수지는 흡수성이 좋지 않지만, 불에 잘 타지 않고 보온성과 보랭성이 우수하며 굽힘성 풍부하다.

- 폴리스티렌폼(스티로폼) : 폴리스티렌수지에 발포제를 넣은 다공질의 기포 플라스틱으로, 단열 및 보온효과가 우수하고 가벼워 운반과 시공성이 우수하다. 고온과 자외선에 약하고, 화재 시 착화나 유독가스의 발생 위험이 있다(최고 안전사용온도 : 70[℃]).

- 폴리에틸렌폼 : 폴리에틸렌수지에 발포제 및 난연제를 배합하여 압출발포시킨 후 냉각한 판상의 발포제를 적층 열융착하여 제조한다. 자기소화성을 갖춘 보온판, 보온통에 사용한다(최고 안전사용온도 : 80[℃]).

- 염화비닐 : PVC수지의 원료로 사용되며 가격이 저렴하다(최고 안전사용온도 : 80[℃]).

- 펠트 : 저온에서 사용되는 유기질 보온재이며 방습처리가 필요하다. 아스팔트로 방습한 것은 -60[℃]까지 유지할 수 있어 보랭용으로 사용된다(최고 안전사용온도 : 120[℃]).
- 탄화코르크 : 코르크 입자를 가열하여 제조하며 냉장고, 보온, 보랭제로 사용한다(최고 안전사용온도 : 120[℃]).
- 경질 우레탄폼(최고 안전사용온도 : 120[℃])
  - 대부분의 보온재는 열전도율이 온도에 따라 직선적으로 증가하며 $\lambda = \lambda_0 + m\theta$의 형으로 되나 -40[℃] 부근에서 그 경향을 크게 벗어나는 보온재이다(단, λ : 열전도율, λ_0 : 0[℃]에서의 열전도율, θ : 온도, m : 온도계수).
  - 가볍고 탄성이 있고 견고하며 안정성이 우수하다.
  - 자기접착력이 높고 현장 발포가 가능하다.
  - 방수 및 부식저항력이 우수하다.
  - 내용제성, 내약품성, 시공성이 우수하다.
  - 땅속에 직접 매설되는 지역난방용 온수배관으로 많이 사용되는 이중보온관(Pre-insulated Pipe) 공장에서 보온 및 외부 보호관까지 일체형으로 제작)에 주로 사용되는 보온재이다.
- 페놀폼 : 페놀수지를 발포하여 경화시킨 유기발포계의 판상단열재로 주택·공장 등의 단열재, 내장재로 많이 사용한다(최고 안전사용온도 : 200[℃]).

ⓒ 무기질 보온재(사용 가능온도 : 200~800[℃]) : 탄산마그네슘, 글라스 울(유리섬유), 암면, 석면(아스베스토스), 규조토, 규산칼슘, 펄라이트, 세라믹 파이버

- 탄산마그네슘($MgCO_3$) 보온재(최고 안전사용온도 : 250[℃])
  - 염기성인 탄산마그네슘 85[%]에 석면 15[%]를 첨가한 것이다.
  - 석면의 혼합 비율에 따라 열전도율이 달라지지만, 일반적으로 열전도율이 작다.
  - 물 반죽 또는 보온판, 보온통 형태로 사용된다.
  - 방습처리하여 습기가 많은 옥외배관에 많이 사용한다.
- 폼 글라스(발포초자) : 유리 분말에 발포제를 가하여 가열 용융하여 발포 및 경화시켜 제조하며 기계적 강도지만 흡수성이 크다. 판이나 통으로 사용한다(최고 안전사용온도 : 300[℃]).
- 글라스 울(유리면, 최고 안전사용온도 : 300[℃])
  - 주원료 : 규사, 석회석, 장석, 소다회 등 유리계 광물질
  - 용융유리를 섬유화한 것이며 유리섬유 사이에 밀봉된 공기층이 단열층 역할을 한다.
  - 형상에 따라 보온판, 보온대, 블랭킷, 보온통으로 분류된다.
  - 유리원료를 용융하여 원심법, 와류법 및 화염법 등에 의해 섬유 상태로 만들어진다.
  - 강산화제와 강알칼리를 제외하고는 내약품성이 좋으며 품질의 변화와 변형이 작아 수명이 길다.
  - 울 등에 의하여 화학작용을 일으키지 않는다.
  - 내열성과 내구성이 좋다.
  - 섬유가 가늘고 섬세하며 밀집되어 다량의 공기를 포함하고 있으므로 보온효과가 좋다.
  - 가볍고 유연하여 작업성이 좋으며, 칼이나 가위 등으로 쉽게 절단되어 작업이 용이하다.
  - 단열성, 불연성, 흡음성, 시공성, 운반성이 우수하다.
  - 압축이나 침하에 의한 유효 두께가 감소하고, 함수에 의한 단열성 저하의 우려가 있다.
  - 흡습성이 크고 투습저항이 없으므로 별도의 방수·방습층이 필요하다.

- 유리섬유의 내열도에 있어서 안전사용온도 범위를 크게 개선시킬 수 있는 결합제로 실리카 겔이 사용된다.
- 암면(최고 안전사용온도 : 400[℃])
  - 안산암, 현무암 등에 석회석을 섞어 용해 제조한다.
  - 가볍고 가격이 저렴하다.
  - 보온효과가 우수하며 흡수성이 적고 알칼리에 강하다.
  - 산에 약하고 석면보다 꺾이기 쉽다.
  - 파이프, 덕트, 탱크 등의 보온재로 사용한다.
  - 블랭킷(Blanket) : 무기질 보온재인 암면을 가공한 것으로 빌딩의 덕트, 천장, 마루 등의 단열재로 사용된다. 한쪽 면은 은박지 등을 부착하였고, 사용온도는 600[℃] 정도이다.
- 석면(아스베스토스) : 400[℃] 이하의 파이프, 탱크, 노벽 등의 보온재로 적합하며, 곡관부나 진동이 심한 곳에서도 사용 가능하다(최고 안전사용온도 : 450[℃]).
- 규조토 : 규조토 건조 분말에 석면 또는 삼여물을 혼합하여 물 반죽 시공을 하며, 접착성이 좋으나 시공 후 건조시간이 길다. 500[℃] 이하의 배관, 탱크, 보일러 등의 보온에 사용되나 보온재로서는 높은 열전도율을 지니고 있어서 보온효과는 좋지 않기 때문에 두껍게 시공한다. 규조토의 주성분이 유리규산(SiO_2)이므로 규조토 자체만으로는 부스러지기 쉽지만, 다공성 재료이므로 흡습제나 필터 등으로도 많이 사용된다(최고 안전사용온도 : 500[℃]).
- 규산칼슘(최고 안전사용온도 : 650[℃])
  - 규산에 석회 및 석면섬유를 섞어 성형하고 다시 수증기로 처리하여 만든다.
  - 무기질 보온재로 다공질이다.
  - 가볍고 기계적 강도가 우수하다.
  - 압축강도, 굽힘강도, 내마모성, 내열성, 내수성 등이 우수하다.
  - 내산성이 우수하고, 끓는 물에 쉽게 붕괴되지 않는다.
  - 시공이 용이하다.
  - 용도 : 탱크, 노벽, 플랜트 설비의 탑조류, 가열로, 배관류 등의 보온공사 등에 쓰인다.
- 펄라이트 : 진주암, 흑석 등을 소성·팽창시켜 다공질로 하여 접착제와 석면 등과 같은 무기질 섬유를 배합하여 성형한다(최고 안전사용온도 : 650[℃]).
- 세라믹 파이버 : 용융석영을 방사하여 제조하며 융점이 높고 내약품성 우수하다(최고 안전사용온도 : 1,100[℃]).

③ **최고 안전사용온도(종합)** : 폴리스티렌폼 70[℃], 폴리에틸렌폼 80[℃], 염화비닐폼 80[℃], 펠트 120[℃], 탄화 코르크 120[℃], 경질 우레탄폼 120[℃], 페놀폼 200[℃], 탄산마그네슘 250[℃], 폼 글라스 300[℃], 글라스 울(유리면) 300[℃], 암면 400[℃], 석면(아스베스토스) 450[℃], 규조토 500[℃], 규산칼슘 650[℃], 펄라이트 650[℃], 세라믹 파이버 1,100[℃]

핵심예제

2-1. 최고 안전사용온도가 600[℃] 이상의 고온용 무기질 보온재는?
　　　　　　　　　　　　　　　[2016년 제4회, 2017년 제2회 유사]
① 펄라이트　　② 폼 유리
③ 석 면　　　④ 규조토

2-2. 다음 중 최고 안전사용온도가 가장 낮은 보온재는?
　　　　　　　[2012년 제1회 유사, 2012년 제4회, 2013년 제4회 유사]
① 염화비닐폼　　② 폼 글라스
③ 암 면　　　　 ④ 규산칼슘

|해설|

2-1
① 펄라이트 : 650[℃]
② 폼 유리 : 120[℃]
③ 석면 : 450[℃]
④ 규조토 : 500[℃]

2-2
① 염화비닐폼 : 80[℃] 이하
② 폼 글라스 : 300[℃] 이하
③ 암면 : 400~600[℃]
④ 규산칼슘 : 650[℃]

정답 2-1 ①　2-2 ①

제3절 | 배관 및 밸브

핵심이론 01 배관과 밸브의 개요

① 스케줄 번호(SCH No.) : 배관 호칭법으로 사용한다.
　㉠ 배관의 두께를 표시하는 번호이다.
　㉡ 스케줄 번호가 클수록 강관의 두께가 두꺼워진다.
　㉢ 스케줄 번호 산출에 영향을 미치는 요인 : 관의 외경, 관의 사용온도, 관의 허용응력, 사용압력(열팽창계수는 아님)
　㉣ 스케줄 번호 산출에 직접적인 영향을 미치는 요인 : 관의 허용응력, 사용압력
　㉤ SCH No.
$$SCH = 10 \times \frac{P}{\sigma}$$
（여기서, P : 사용압력, σ : 허용응력）
　㉥ 관의 두께
$$t = \left(\frac{P}{\sigma} \times \frac{D}{175}\right) + 2.54 = \frac{PD}{175\sigma} + 2.54$$
（여기서, D : 관의 바깥지름）

② 마찰손실
　㉠ 유체가 관로 내를 흐를 때 유체가 갖는 에너지 일부가 유체 상호 간 또는 유체와 내벽과의 마찰로 인해 소모되는 것이다.
　㉡ 마찰손실 중 주손실수두 : 관 내에서 유체와 관 내벽과의 마찰에 의한 것이다.
　㉢ 마찰손실 중 국부저항 손실수두
　　• 배관 중의 밸브, 이음쇠류 등에 의한 것
　　• 관의 굴곡 부분에 의한 것
　　• 관의 축소, 확대에 의한 것

③ 배관설비의 지지에 필요한 조건
　㉠ 온도 변화에 따른 배관 신축을 충분히 고려하여야 한다.
　㉡ 배관시공 시 필요한 배관 기울기를 용이하게 조정할 수 있어야 한다.

ⓒ 배관설비의 진동과 소음이 외부로 쉽게 전달하지 않고 조정이 가능해야 한다.
ⓒ 수격현상 및 외부로부터 진동과 힘에 대하여 견고하여야 한다.

④ 관에 작용하는 응력
  ㉠ 축 방향 응력
  $\sigma_a = \dfrac{pd}{4t}$ (여기서, p : 내압, d : 관의 내경)
  ㉡ 원주 방향 응력
  $\sigma_1 = \dfrac{pd}{2t}$

⑤ 관의 고정장치 설치 간격
  ㉠ 지름 13[mm] 미만의 경우 : 1[m]
  ㉡ 지름 13[mm] 이상 33[mm] 미만의 경우 : 2[m]
  ㉢ 지름 33[mm] 이상의 경우 : 3[m]

⑥ 증기배관용 부품 : 인라인 증기믹서, 사일런서, 벨로스형 신축관 이음 등

⑦ 파형 노통
  ㉠ 강도가 크다.
  ㉡ 열의 신축에 의한 탄력성이 좋다.
  ㉢ 스케일 생성이 쉽다.
  ㉣ 내부 청소 및 제작이 어렵다.
  ㉤ 제작비가 비싸다.

⑧ 보일러의 급수밸브 및 체크밸브 설치기준
  ㉠ 전열면적 10[m²] 이하의 보일러 : 관의 호칭 15A 이상
  ㉡ 전열면적 10[m²]를 초과하는 보일러 : 관의 호칭 20A 이상

⑨ 이음 시 사용하는 패킹
  ㉠ 나사용 패킹으로 광명단을 섞은 페인트를 사용하기도 한다.
  ㉡ 플랜지 패킹을 한 석면 조인트 시트는 내열성이 좋다.
  ㉢ 테프론 테이프는 탄성이 부족하기 때문에 석면, 고무, 파형 금속관 등으로 표면처리하여 사용하는 합성수지류의 패킹이다.
  ㉣ 액화합성수지는 화학약품에 강하며 내유성이 크다.
  ㉤ 네오프렌(Neoprene) : 천연고무와 비슷한 성질을 가진 합성고무이다. 내열성을 위주로 만들어진 알칼리성이며, 내열도가 -46~121[℃] 사이에서 사용되는 패킹재료이다.
  ㉥ 식물성 섬유제 : 한지를 여러 겹 붙여서 일정한 두께로 내유가공한 오일시트패킹이 주로 쓰이며, 내유성이 있으나 내열도가 작은 플랜지 패킹재료이다.

⑩ 도료 관련 사항
  ㉠ 광명단 도료
    • 연단을 아마인유나 알키드수지와 혼합하여 만든다.
      ※ 연단 : 색깔이 적등색이고 내산성이 양호하며, 내알칼리성, 내열성이 우수한 방청 안료
    • 적색 안료에 사용된다.
    • 다른 착색도료의 초벽으로 우수하다.
    • 강관의 용접이음 시공 후 용접부에 사용된다.
    • 녹을 방지하기 위해 기계류의 도장(페인트) 밑칠에 널리 사용된다.
  ㉡ 알루미늄도료
    • 유성 니스에 알루미늄 분말을 안료로 혼합하여 만든다.
    • 은분(Aluminium Powder)이라고도 하며 방청 효과가 크고 습기가 통하기 어렵기 때문에 내구성이 풍부한 도막이 형성된다.
    • 알루미늄 도막은 금속 광택이 있고, 빛과 열을 잘 반사한다.
    • 내수성, 내광성, 내구성, 피복본딩력, 철강재의 산화방지력이 우수하다.
    • 주로 옥외도료로 사용된다.
    • 400~500[℃]의 내열성을 지니고 있어 난방용 방열기 등의 외면에 도장한다.

ⓒ 고농도 아연도료 : 금속의 희생전극의 원리를 이용하여 방청하는 도료

※ 희생전극의 원리 : 아연과 철이 전해질 속에 공존할 경우 아연 금속의 전자가 철 금속으로 이동하며, 아연이 부식하여 철 소재를 보호하는 원리

- 철 소재에 도장할 때 아연 분말이 양극으로 작용하여 철이 받게 되는 침식을 대신 감수함으로써 소재의 부식을 방지한다.
- 무기질의 전색제를 사용한다.
- 내열성, 방청성, 부착성이 우수하다.
- 아연도금을 대용할 수 있다.

ⓓ 에폭시수지 : 보통 피스페놀 A와 에피클로로하이드린을 결합해서 얻어지며, 내열성과 내수성이 크고 전기절연도 우수하여 도료접착제, 방식용으로 쓰이는 합성수지이다.

핵심예제

1-1. 다음 중 배관 호칭법으로 사용되는 스케줄 번호를 산출하는 데 직접적인 영향을 미치는 것은?
[2007년 제1회, 2017년 제4회]

① 관의 외경
② 관의 사용온도
③ 관의 허용응력
④ 관의 열팽창계수

1-2. 다음 마찰손실 중 국부저항 손실수두로 가장 거리가 먼 것은?
[2012년 제4회, 2016년 제1회]

① 배관 중의 밸브, 이음쇠류 등에 의한 것
② 관의 굴곡 부분에 의한 것
③ 관 내에서 유체와 관 내벽과의 마찰에 의한 것
④ 관의 축소, 확대에 의한 것

1-3. 배관의 경제적 보온 두께 산정 시 고려대상으로 가장 거리가 먼 것은?
[2012년 제2회, 2014년 제4회]

① 열량 가격
② 배관공사비
③ 감가상각연수
④ 연간 사용시간

1-4. 배관설비의 지지에 필요한 조건을 설명한 것 중 틀린 것은?
[2013년 제2회, 2017년 제1회]

① 온도의 변화에 따른 배관 신축을 충분히 고려하여야 한다.
② 배관시공 시 필요한 배관 기울기를 용이하게 조정할 수 있어야 한다.
③ 배관설비의 진동과 소음이 외부로 쉽게 전달할 수 있어야 한다.
④ 수격현상 및 외부로부터 진동과 힘에 대하여 견고하여야 한다.

|해설|

1-1
- 스케줄 번호 산출에 영향을 미치는 요인 : 관의 외경, 관의 사용온도, 관의 허용응력, 사용압력
- 스케줄 번호 산출에 직접적인 영향을 미치는 요인 : 관의 허용응력, 사용압력

1-2
관 내에서 유체와 관 내벽과의 마찰에 의한 것은 국부저항 손실수두가 아니라 주손실수두에 해당된다.

1-3
배관의 경제적 보온 두께 산정 시 고려대상 : 열량 가격, 감가상각연수, 연간 사용시간

1-4
배관설비의 진동과 소음이 외부로 쉽게 전달하지 않고 조정이 가능해야 한다.

정답 1-1 ③ 1-2 ③ 1-3 ② 1-4 ③

핵심이론 02 관 이음

① 나사 이음(강관) : 저압이나 분리가 필요한 관 이음법이다.
② 플랜지 이음(강관) : 다수의 볼트로 분할된 힘에 의한 관의 이음으로, 압력과 무관하게 대형 관에 사용되며 분해와 보수가 용이한 이음법이다.
③ 용접 이음(강관) : 고압이나 분리가 필요하지 않은 관 이음법이다.
④ 소켓 이음(주철관) : 주철관의 소켓에 납과 마(Yarn)를 정으로 박아 넣는 관 이음법이다.
⑤ 플레어 이음(동관) : 압축 이음이라고도 하며, 직경 20[mm] 이하에 사용한다.
⑥ 신축 이음 : 파이프의 열변형에 대응하기 위한 이음이다.
  ㉠ 신축량 : 열팽창계수, 길이, 온도차 등에 비례한다.
  ㉡ 신축 이음의 종류 : 슬리브형, 루프형(곡관형), 벨로스형, 스위블형
   • 슬리브형 : 단식, 복식
   • 루프형(곡관형) : 고온, 고압에 잘 견디며 주로 고압증기의 옥외 배관에 사용한다.
   • 벨로스형 : 신축으로 인한 응력을 받지 않는다.
   • 스위블형 : 온수 또는 저압증기의 배관에 사용하며 큰 신축에서는 누설 염려가 있다.

핵심예제

2-1. 다음 중 관의 신축량에 대한 설명으로 옳은 것은?
[2010년 제1회, 2013년 제2회, 2017년 제1회, 2021년 제4회]

① 신축량은 관의 열팽창계수, 길이, 온도차에 반비례한다.
② 신축량은 관의 열팽창계수, 길이, 온도차에 비례한다.
③ 신축량은 관의 길이, 온도차에는 비례하지만 열팽창계수에는 반비례한다.
④ 신축량은 관의 열팽창계수에 비례하고 온도차와 길이에 반비례한다.

2-2. 신축 이음에 대한 설명 중 틀린 것은?
[2013년 제4회, 2017년 제1회]

① 슬리브형은 단식과 복식의 2종류가 있으며 고온, 고압에 사용한다.
② 루프형은 고압에 잘 견디며 주로 고압증기의 옥외 배관에 사용한다.
③ 벨로스형은 신축으로 인한 응력을 받지 않는다.
④ 스위블형은 온수 또는 저압증기의 배관에 사용하며 큰 신축에 대하여는 누설 염려가 있다.

|해설|
2-1
관의 신축량은 관의 열팽창계수, 길이, 온도차에 비례한다.
2-2
고온, 고압에 적절한 것은 루프형이다.

정답 2-1 ② 2-2 ①

핵심이론 03 재질에 따른 관의 분류

① 강관(탄소강관) : 배관의 바깥지름을 호칭지름의 기준으로 한다.
  ㉠ 특 징
   - 고대 : 내충격성, 인장강도, 용접성, 부식성
   - 저소 : 중량, 내부식성
   - 용이 : 관의 접합
   - 강관 이음방법 : 나사 이음, 플랜지 이음, 용접 이음
  ㉡ 일반배관용 탄소강관(SPP) : 350[℃] 이하에서 사용압력 10[kg/cm^2] 이하인 저압 관(증기, 물 등의 유체 수송관)에 사용하며 백관과 흑관으로 구분되는 강관으로, 가스관이라고도 한다.
  ㉢ 압력배관용 탄소강관(SPPS) : 350[℃] 이하에서 사용압력 9.8[N/mm^2] 이하인 압력배관용 강관이다.
  ㉣ 고압배관용 탄소강관(SPPH)
   - 관의 소재로는 킬드강을 사용하여 이음매 없이 제조된다.
   - KS 규격기호로 SPPH라고 표기한다.
   - 350[℃] 이하, 100[kg/cm^2](=9.8[N/mm^2]) 이상의 압력범위에 사용 가능하다.
   - NH$_3$ 합성용 배관, 화학공업의 고압유체 수송용에 사용한다.
  ㉤ 고온배관용 탄소강관(SPHT) : 350[℃]를 초과하는 온도에서 배관에 사용하는 탄소강관이다.
  ㉥ 저온배관용 탄소강관(SPLT) : 영점 이하의 저온도에서 사용되는 탄소강관이다.
  ㉦ 수도용 아연도금강관(SPPW) : 수두 100[m] 이하의 급수 수도에 주로 사용되는 탄소강관이다.

② 배관용 합금강관(SPA) : 주로 고온도의 배관에 사용되는 합금강관이다.

③ 주철관
  ㉠ 탄소 함량이 약 2[%] 이상이다.
  ㉡ 제조방법 : 수직법, 원심력법
  ㉢ 인성이 작아(취성이 커서) 충격에 약하다.
  ㉣ 적용 이음 : 소켓 이음, 플랜지 이음, 메커니컬 이음, 빅토리 이음, 타이톤 이음 등
  ㉤ 용접 이음은 불가능하다.
  ㉥ 용도 : 수도용, 배수용, 가스용

④ 동관 : 전기와 열의 양도체로서 내식성·굴곡성이 우수하고 내압성도 있어서 열교환기의 내관(Tube) 및 화학공업용으로 사용되는 관으로, 직경 20[mm] 이하의 경우 플레어 이음(압축 이음)을 한다.

⑤ 스테인리스강관 : 내식성이 우수한 금속관이며 일반강관에 비해 기계적 성질이 우수하다. 얇고 가벼워 운반 및 가공 쉽고 위생적이다.

⑥ 알루미늄관 : 배관재료 중 온도범위 0~100[℃] 사이에서 온도 변화에 의한 팽창계수가 가장 크다.

핵심예제

고압배관용 탄소강관에 대한 설명으로 틀린 것은?
[2011년 제1회, 2014년 제1회, 2017년 제1회, 2023년 제2회]

① 관의 소재로는 킬드강을 사용하여 이음매 없이 제조된다.
② KS 규격기호로 SPPS라고 표기한다.
③ 350[℃] 이하, 100[kg/cm^2] 이상의 압력범위에 사용이 가능하다.
④ NH$_3$ 합성용 배관, 화학공업의 고압유체 수송용에 사용한다.

|해설|

고압배관용 탄소강관은 KS 규격기호로 SPPH라고 표기한다.

정답 ②

핵심이론 04 밸브의 종류

① 압력제어밸브
  ㉠ 감압밸브
    - 작동방식 : 직동식, 파일럿 작동식
    - 증기용 감압밸브의 출구측에는 안전밸브를 설치하여야 한다.
    - 감압밸브를 설치할 때는 직관부를 호칭경의 10배 이상으로 하는 것이 좋다.
    - 감압밸브를 2단으로 설치할 경우에는 1단의 설정압력을 2단보다 높게 하는 것이 좋다.
  ㉡ 안전밸브
    - 스프링식 안전밸브 : 스프링의 신축으로 증기의 취출압력을 조절하며 고압, 대용량 보일러에 적합하다.
    - 지렛대식 안전밸브 : 추의 이동에 따라 증기의 취출압력을 조정하며 저압용에 적합하다.
    - 중추식 안전밸브 : 밸브 위에 추를 올려 놓아 증기압력과 수직이 되게 하며 저압용에 적합하다.

② 유량제어밸브
  ㉠ 슬루스밸브 : 일반적으로 가장 많이 사용하는 밸브이다.
    - 유체의 흐름을 열고 닫는 대표적인 밸브로, 게이트밸브라고도 한다.
    - 완전히 열면 유동저항이 매우 작고 구조상 밸브 내에 유체가 남지 않는다.
    - 값이 다소 비싸고, 개폐시간이 길다.
  ㉡ 글로브(Globe)밸브 : 밸브의 몸통이 둥근 달걀형 밸브이다. 유체의 압력 감소가 커서 압력이 필요하지 않은 경우나 유량 조절용이나 차단용으로 적합한 밸브로, 구형 밸브 또는 옥형 밸브라고도 한다.
    - 유량 조절이 용이하므로 자동조절밸브 등에 응용시킬 수 있다.
    - 유체의 흐름 방향이 밸브 몸통 내부에서 변한다.
    - 디스크 형상에 따라 앵글밸브, Y형 밸브, 니들밸브 등으로 분류된다.
    - 압력손실과 조작력이 크다.
  ㉢ 다이어프램(Diaphram)밸브
    - 내약품성, 내열성의 고무로 만든 것을 밸브 시트에 밀어 붙여서 유량을 조절하는 밸브이다.
    - 유체의 흐름에 주는 저항이 작아 유체 흐름이 원활하다.
    - 화학약품을 차단하여 금속 부분의 부식을 방지한다.
    - 기밀을 유지하기 위한 패킹을 필요로 하지 않는다.
  ㉣ 버터플라이(Butterfly)밸브
    - 종류로는 기어형과 레버형이 있다.
    - 90[°] 회전으로 개폐가 가능하다.
    - 유량 조절이 가능하다.
    - 완전 열림 시 유체저항이 작다.
    - 개구경의 관로에 적용되며, 조름(Throttle)밸브로 사용된다.
  ㉤ 볼(Ball)밸브
    - 유로가 배관과 같은 형상으로 유체의 저항이 작다.
    - 밸브의 개폐가 쉽고 조작이 간편하여 자동조작 밸브로 활용된다.
    - 이음쇠 구조가 없으므로 설치 공간이 작아도 되고 보수가 쉽다.
    - 밸브대가 90[°] 회전하므로 패킹과의 원주 방향 움직임이 작아서 개폐시간이 짧아 가스배관에 많이 사용된다.
    - 구형 밸브라고도 한다.
  ㉥ 시스턴(Cistern)밸브 : 하이탱크와 대변기를 이어주는 세정관 중간에 설치하는 밸브로, 하이탱크식의 단점을 보완하기 위하여 세정관 바닥에서 40[cm] 정도의 높이에 설치한다.

③ 방향제어밸브

　㉠ 체크밸브
- 유체의 역류를 방지하여 한쪽 방향으로만 흐르게 하는 밸브로, 리프트식과 스윙식으로 대별된다.
- 밸브의 무게와 밸브의 양면 간 압력차를 이용하여 밸브를 자동으로 작동시켜 유체가 한쪽 방향으로만 흐르게 한다.

핵심예제

4-1. 감압밸브에 대한 설명으로 틀린 것은?
[2010년 제4회, 2012년 제1회]

① 작동방식에는 직동식과 파일럿 작동식이 있다.
② 증기용 감압밸브의 유입측에는 안전밸브를 설치하여야 한다.
③ 감압밸브를 설치할 때는 직관부를 호칭경의 10배 이상으로 하는 것이 좋다.
④ 감압밸브를 2단으로 설치할 경우에는 1단의 설정압력을 2단보다 높게 하는 것이 좋다.

4-2. 유체의 역류를 방지하여 한쪽 방향으로만 흐르게 하는 것으로, 리프트식과 스윙식으로 대별되는 밸브는?
[2010년 제2회, 2015년 제1회 유사, 2016년 제4회]

① 회전밸브　　　　② 슬루스밸브
③ 체크밸브　　　　④ 앵글밸브

|해설|

4-1
증기용 감압밸브의 출구측에는 안전밸브를 설치하여야 한다.

4-2
체크밸브 : 역류방지밸브

정답 4-1 ②　4-2 ③

제4절 | 에너지 관계법규

4-1. 에너지법

핵심이론 01 에너지법의 개요

① 목적 : 안정적이고 효율적이며 환경친화적인 에너지 수급구조를 실현하기 위한 에너지 정책 및 에너지 관련 계획의 수립·시행에 관한 기본적인 사항을 정함으로써 국민경제의 지속가능한 발전과 국민의 복리 향상에 이바지하는 것을 목적으로 한다.

② 용어의 정의

　㉠ 에너지 : 연료·열 및 전기
　㉡ 연료 : 석유·가스·석탄, 그 밖에 열을 발생하는 열원(제외 : 제품의 원료로 사용되는 것)
　㉢ 신재생에너지 : 신에너지 및 재생에너지 개발·이용·보급 촉진법 제2조제1호 및 제2호에 따른 에너지

- 신에너지 : 기존의 화석연료를 변환시켜 이용하거나 수소·산소 등의 화학반응을 통하여 전기 또는 열을 이용하는 에너지
  - 수소에너지
  - 연료전지
  - 석탄을 액화·가스화한 에너지 및 중질잔사유를 가스화한 에너지로서 대통령령으로 정하는 기준 및 범위에 해당하는 에너지
  - 그 밖에 석유·석탄·원자력 또는 천연가스가 아닌 에너지로서 대통령령으로 정하는 에너지
- 재생에너지 : 햇빛·물·지열·강수·생물 유기체 등을 포함하는 재생 가능한 에너지를 변환시켜 이용하는 에너지
  - 태양에너지
  - 풍 력
  - 수 력
  - 해양에너지

- 지열에너지
- 생물자원을 변환시켜 이용하는 바이오에너지로서 대통령령으로 정하는 기준 및 범위에 해당하는 에너지
- 폐기물에너지(비재생폐기물로부터 생산된 것은 제외한다)로서 대통령령으로 정하는 기준 및 범위에 해당하는 에너지
- 그 밖에 석유·석탄·원자력 또는 천연가스가 아닌 에너지로서 대통령령으로 정하는 에너지

② 에너지사용시설 : 에너지를 사용하는 공장·사업장 등의 시설이나 에너지를 전환하여 사용하는 시설

⑩ 에너지사용자 : 에너지사용시설의 소유자 또는 관리자

⑪ 에너지공급설비 : 에너지를 생산·전환·수송 또는 저장하기 위하여 설치하는 설비

⑫ 에너지공급자 : 에너지를 생산·수입·전환·수송·저장 또는 판매하는 사업자

⑬ 에너지이용권 : 저소득층 등 에너지 이용에서 소외되기 쉬운 계층의 사람이 에너지공급자에게 제시하여 에너지를 공급받을 수 있도록 일정한 금액이 기재(전자적 또는 자기적 방법에 의한 기록 포함)된 증표

⑭ 에너지사용기자재 : 열사용기자재나 그 밖에 에너지를 사용하는 기자재

⑮ 열사용기자재 : 연료 및 열을 사용하는 기기, 축열식 전기기기와 단열성 자재로서 산업통상자원부령으로 정하는 것

⑯ 온실가스 : 기후위기 대응을 위한 탄소중립·녹색성장기본법 제2조제5호에 따른 온실가스(이산화탄소(CO_2), 메탄(CH_4), 아산화질소(N_2O), 수소불화탄소(HFCs), 과불화탄소(PFCs), 육불화황(SF_6) 및 그 밖에 대통령령으로 정하는 것으로 적외선 복사열을 흡수하거나 재방출하여 온실효과를 유발하는 대기 중의 가스 상태의 물질)

핵심예제

1-1. 에너지법에서 정한 에너지에 해당하지 않는 것은?
[2014년 제1회, 2015년 제4회 유사, 2016년 제4회, 2023년 제2회]

① 열 ② 연료
③ 전기 ④ 원자력

1-2. 에너지와 관련된 용어 정의에 대한 설명으로 틀린 것은?
[2011년 제4회 유사, 2014년 제4회 유사, 2015년 제1회 유사, 2015년 제2회, 2020년 1·2회 통합]

① 에너지라 함은 연료, 열 및 전기를 말한다.
② 연료라 함은 석유, 가스, 석탄, 그 밖에 열을 발생하는 열원을 말한다.
③ 에너지사용자라 함은 에너지를 전환하여 사용하는 자를 말한다.
④ 에너지사용기자재라 함은 열사용기자재나 그밖에 에너지를 사용하는 기자재를 말한다.

|해설|
1-1
에너지법에서 정한 에너지의 종류 : 열, 연료, 전기

1-2
에너지사용자라 함은 에너지사용시설의 소유자 또는 관리자를 말한다.

정답 1-1 ④ 1-2 ③

핵심이론 02 에너지 관련 기관

① 에너지위원회
  ㉠ 정부는 주요 에너지 정책 및 에너지 관련 계획에 관한 사항을 심의하기 위하여 산업통상자원부장관 소속으로 에너지위원회(이하 위원회)를 둔다.
  ㉡ 법 제9조제1항에 따른 위원회의 사무를 처리하기 위하여 간사 1명을 두며, 간사는 산업통상자원부 소속 고위공무원단에 속하는 공무원 중에서 산업통상자원부장관이 지명하는 사람이 된다.
  ㉢ 위원회 : 위원장 1명을 포함한 25명 이내의 위원으로 구성하고, 위원은 당연직위원과 위촉위원으로 구성한다.
  ㉣ 위원장 : 산업통상자원부장관
  ㉤ 당연직위원 : 관계 중앙행정기관의 차관급 공무원 중 대통령령으로 정하는 사람(기획재정부, 과학기술정보통신부, 외교부, 환경부, 국토교통부 등의 차관, 복수차관이 있는 중앙행정기관의 경우는 그 기관의 장이 지명하는 차관)
  ㉥ 위촉위원 : 에너지 분야에 관한 학식과 경험이 풍부한 사람 중에서 산업통상자원부장관이 위촉하는 사람(위촉위원에는 대통령령으로 정하는 바에 따라 에너지 관련 시민단체에서 추천한 사람 5명 이상 포함)
    • 에너지 관련 시민단체의 사업 분야 : 에너지 절약과 이용 효율화, 에너지와 관련된 환경 개선, 에너지와 관련된 환경친화적 시민운동, 에너지와 관련된 법령과 제도의 연구 · 개선, 에너지와 관련된 사회적 갈등 조정과 예방에 관한 사업
    • 산업통상자원부장관은 에너지관련 시민단체가 위촉위원을 추천할 수 있도록 추천기간 및 제출서류 등 추천에 필요한 사항을 정하여 7일 이상 공고하여야 한다.
    • 위촉위원이 궐위된 경우 후임 위원의 임기는 전임 위원 임기의 남은 기간으로 한다.
  ㉦ 위촉위원의 임기 : 2년(연임 가능)
  ㉧ 위원회의 회의에 부칠 안건을 검토하거나 위원회가 위임한 안건을 조사 · 연구하기 위하여 분야별 전문위원회를 둘 수 있다.
  ㉨ 분야별 전문위원회
    • 전문위원회의 종류 : 에너지정책전문위원회, 에너지기술기반전문위원회, 에너지개발전문위원회, 원자력발전전문위원회, 에너지산업전문위원회, 에너지안전전문위원회
    • 구성 : 각 20명 내외 위원
    • 각 전문위원회의 위원 : 다음의 사람 중에서 산업통상자원부장관이 위촉하는 사람과 중앙행정기관의 고위공무원단에 속하는 공무원 또는 지방자치단체의 이에 상응하는 직급에 속하는 공무원 중에서 해당 기관의 장이 지명하는 사람으로 할 수 있다.
      - 전문위원회 소관 분야에 관한 전문지식과 경험이 풍부한 사람
      - 경제단체, 민법 제32조에 따라 설립된 비영리법인 중 에너지 관련 단체, 소비자기본법 제29조에 따라 등록한 소비자단체 또는 에너지 관련 시민단체의 장이 추천하는 관련 분야 전문가
    • 위촉된 위원의 임기 : 2년(연임 가능)
    • 위촉위원이 궐위된 경우 후임 위원의 임기는 전임 위원 임기의 남은 기간으로 한다.
    • 각 전문위원회의 사무를 처리하기 위하여 간사위원 1명을 각각 두며, 간사위원은 고위공무원단에 속하는 산업통상자원부 소속 공무원 중 에너지에 관한 업무를 담당하는 사람으로서 산업통상자원부장관이 지명하는 사람으로 한다.
    • 각 전문위원회의 위원장 : 각 전문위원회의 위원 중에서 호선한다.

- 각 분야별 조사·연구 내용
  - 에너지정책전문위원회 : 에너지 관련 중요 정책의 수립 및 추진, 장애인·저소득층 등에 대한 최소한의 필수 에너지 공급 등 에너지복지 정책, 에너지기본계획의 수립·변경 및 비상 시 에너지 수급계획의 수립, 에너지 산업의 구조조정, 에너지와 관련된 교통 및 물류, 에너지와 관련된 재원의 확보, 세제 및 가격정책, 에너지 관련 국제 및 남북 협력, 에너지 부문의 녹색성장 전략 및 추진계획, 에너지·산업 부문의 기후 변화 대응과 온실가스의 감축에 관한 기본계획의 수립, 기후 변화에 관한 국제연합 기본협약 관련 에너지·산업 분야 대응 및 국내 이행, 에너지·산업 부문의 기후 변화 및 온실가스 감축을 위한 국제협력 강화, 온실가스 감축목표 달성을 위한 에너지·산업 등 부문별 할당 및 이행방안, 에너지 및 기후 변화 대응 관련 갈등관리, 그 밖에 에너지 및 기후 변화와 관련된 사항으로서 에너지정책전문위원회의 위원장이 회의에 부치는 사항
  - 에너지기술기반전문위원회 : 에너지기술개발계획 및 신재생에너지 등 환경친화적 에너지와 관련된 기술 개발과 그 보급 촉진, 에너지의 효율적 이용을 위한 기술 개발, 에너지 기술 및 신재생에너지 관련 국제협력, 신재생에너지 및 에너지 분야 전문인력의 양성계획 수립, 신재생에너지 관련 갈등관리, 그 밖에 에너지 기술 및 신재생에너지와 관련된 사항으로서 에너지기술기반전문위원회의 위원장이 회의에 부치는 사항
  - 에너지개발전문위원회 : 외국과의 전략적 에너지(에너지 중 열 및 전기는 제외 : 이하 동일) 개발 촉진, 국내외 에너지 개발 관련 전략 수립 및 기본계획, 국내외 에너지 개발 관련 기술 개발·인력 양성 등 기반 구축, 에너지 개발 관련 기업 지원 시책 수립, 에너지 개발 관련 국제협력 지원 및 국내 이행, 에너지의 가격제도, 유통, 판매, 비축 및 소비 등, 에너지 개발 관련 갈등관리, 남북 간 에너지 개발협력, 그 밖에 에너지 개발과 관련된 사항으로서 에너지개발전문위원회의 위원장이 회의에 부치는 사항
  - 원자력발전전문위원회 : 원전 및 방사성폐기물관리와 관련된 연구·조사와 인력 양성 등, 원전산업 육성시책의 수립 및 경쟁력 강화, 원전 및 방사성폐기물관리에 대한 기본계획 수립, 원전연료의 수급계획 수립, 원전 및 방사성폐기물 관련 갈등관리, 원전 플랜트·설비 및 기술의 수출 진흥, 국제협력 지원 및 국내 이행, 그 밖에 원전 및 방사성폐기물과 관련된 사항으로서 원자력발전전문위원회의 위원장이 회의에 부치는 사항
  - 에너지산업전문위원회 : 석유·가스·전력·석탄 산업 관련 경쟁력 강화 및 구조 조정, 석유·가스·전력·석탄 관련 기본계획, 석유·가스·전력·석탄의 안정적 확보 및 위기 대응, 석유·가스·전력·석탄의 가격제도, 유통, 판매, 비축 및 소비 등, 석유·가스·전력·석탄 관련 품질관리, 석유·가스·전력·석탄 관련 갈등관리, 석유·가스·전력·석탄 산업 관련 국제협력 지원 및 국내 이행, 그 밖에 석유·가스·전력·석탄 산업과 관련된 사항으로서 에너지산업전문위원회의 위원장이 회의에 부치는 사항
  - 에너지안전전문위원회 : 석유·가스·전력·석탄 및 신재생에너지의 안전관리, 에너지사용시설 및 에너지 공급시설의 안전관리, 그 밖에 에너지안전과 관련된 사항으로서 에너지안전전문위원회의 위원장이 회의에 부치는 사항

- 규정 사항 외에 전문위원회의 구성 및 운영에 필요한 사항은 위원회의 의결을 거쳐 위원장이 정한다.
ㅊ. 조사・연구의 의뢰 : 위원회 또는 전문위원회는 안건의 심의와 그 밖의 업무수행을 위하여 필요한 경우에는 국내외의 관계 기관이나 전문가에게 해당 사항에 대한 조사・연구를 의뢰할 수 있다(조사・연구를 의뢰한 경우에는 예산의 범위에서 필요한 경비를 지급할 수 있다).
ㅋ. 여론의 수집 : 위원회 또는 전문위원회는 업무수행을 위하여 필요한 경우에는 공청회・세미나, 설문조사 및 방송토론 등을 통하여 여론을 수집할 수 있다.
ㅌ. 수당 : 위원회 또는 전문위원회에 출석한 위원(제3조 제4항 단서에 따라 문서로 의결한 위원 포함) 및 이해관계인과 의견을 제출한 전문가에게는 예산의 범위에서 수당 및 여비와 그 밖에 필요한 경비를 지급할 수 있다. 다만, 공무원인 위원이 그 소관업무와 직접적으로 관련되어 위원회 또는 전문위원회에 출석하는 경우에는 그러하지 아니하다.
ㅍ. 그 밖에 위원회 및 전문위원회의 구성・운영 등에 관하여 필요한 사항은 대통령령으로 정한다.
ㅎ. 위원회의 기능(심의사항)
  - 에너지기본계획 수립・변경의 사전심의
  - 비상계획
  - 국내외 에너지 개발
  - 에너지와 관련된 교통 또는 물류에 관련된 계획
  - 주요 에너지 정책 및 에너지 사업의 조정
  - 에너지와 관련된 사회적 갈등의 예방 및 해소 방안
  - 에너지 관련 예산의 효율적 사용 등
  - 원자력 발전정책
  - 기후 변화에 관한 국제연합 기본협약에 대한 에너지 대책 중 에너지
  - 다른 법률에서 위원회의 심의를 거치도록 한 사항
  - 그 밖에 에너지에 관련된 주요 정책사항에 관한 것으로서 위원장이 회의에 부치는 사항

② 한국에너지기술평가원(이하 평가원)
  ㉠ 제12조제1항에 따른 에너지 기술개발에 관한 사업(이하 에너지기술개발사업)의 기획・평가 및 관리 등을 효율적으로 지원하기 위하여 법인으로 설립한다.
  ㉡ 평가원은 그 주된 사무소의 소재지에서 설립등기를 함으로써 성립한다.
  ㉢ 평가원 수행사업
    - 에너지 기술개발사업의 기획, 평가 및 관리
    - 에너지 기술 분야 전문인력 양성사업의 지원
    - 에너지 기술 분야의 국제협력 및 국제 공동연구 사업의 지원
    - 그 밖에 에너지 기술개발과 관련하여 대통령령으로 정하는 사업(에너지기술개발사업의 중장기 기술 기획, 에너지기술의 수요조사, 동향 분석 및 예측, 에너지기술에 관한 정보・자료의 수집, 분석, 보급 및 지도, 에너지기술에 관한 정책 수립의 지원, 법 제14조제1항에 따라 에너지기술개발사업비의 운용・관리(관계 중앙행정기관의 장이 그 업무를 담당하게 하는 경우만 해당), 에너지기술개발사업 결과의 실증연구 및 시범 적용, 에너지기술에 관한 학술・전시・교육 및 훈련, 그 밖에 산업통상자원부장관이 에너지기술 개발과 관련하여 필요하다고 인정하는 사업
  ㉣ 정부는 평가원의 설립・운영에 필요한 경비를 예산의 범위에서 출연할 수 있다.
  ㉤ 중앙행정기관의 장 및 지방자치단체의 장은 제4항 각호의 사업을 평가원으로 하여금 수행하게 하고 필요한 비용의 전부 또는 일부를 대통령령으로 정하는 바에 따라 출연할 수 있다.
  ㉥ 평가원은 제13조제1항에 따른 목적 달성에 필요한 경비를 조달하기 위하여 대통령령으로 정하는 바에 따라 수익사업을 할 수 있다.
  ㉦ 평가원의 운영 및 감독 등에 필요한 사항은 대통령령으로 정한다.

◎ 평가원에 관하여 이 법에 규정되지 아니한 사항은 민법 중 재단법인에 관한 규정을 준용한다.

③ 전담기관

㉠ 전담기관의 지정
- 산업통상자원부장관은 에너지 관련 업무를 전문적으로 수행하는 기관 또는 단체를 에너지복지사업 전담기관(이하 전담기관)으로 지정하여 에너지이용권의 발급 및 운영 등 에너지복지사업 관련 업무를 수행하게 할 수 있다.
- 산업통상자원부장관은 예산의 범위에서 전담기관에 대하여 위의 사업을 수행하는 데 필요한 경비의 전부 또는 일부를 지원할 수 있다.
- 전담기관의 지정 기준 및 절차 등에 관한 세부사항은 대통령령으로 정한다.

㉡ 전담기관 지정의 취소
- 산업통상자원부장관은 전담기관이 다음의 어느 하나에 해당하는 경우에는 지정을 취소하거나 6개월의 범위에서 기간을 정하여 업무의 전부 또는 일부를 정지할 수 있다.
  - 거짓이나 그 밖의 부정한 방법으로 지정을 받은 경우(정지조치 아닌 반드시 지정 취소 조치)
  - 제16조의5제3항에 따른 지정 기준에 적합하지 아니하게 된 경우
- 행정처분의 세부기준은 그 사유와 위반의 정도를 고려하여 대통령령으로 정한다.

④ 한국에너지공단 : 에너지이용합리화법에 상세 기재

핵심예제

에너지위원회는 위원장을 포함하여 몇 명으로 구성되는가?

[2015년 제4회]

① 10명 내외
② 15명 내외
③ 20명 내외
④ 25명 내외

|해설|
에너지위원회는 위원장을 포함하여 25명 내외의 인원으로 구성된다.

정답 ④

핵심이론 03 에너지 계획과 에너지 기술개발

① 지역에너지계획의 수립

㉠ 특별시장·광역시장·특별자치시장·도지사 또는 특별자치도지사(이하 시·도지사)는 관할 구역의 지역적 특성을 고려하여 에너지기본계획(이하 기본계획)의 효율적인 달성과 지역경제의 발전을 위한 지역에너지계획(이하 지역계획이라 한다)을 5년마다 5년 이상을 계획기간으로 하여 수립·시행하여야 한다.

㉡ 지역계획에는 해당 지역에 대한 다음의 사항이 포함되어야 한다.
- 에너지 수급의 추이와 전망에 관한 사항
- 에너지의 안정적 공급을 위한 대책에 관한 사항
- 신재생에너지 등 환경친화적 에너지 사용을 위한 대책에 관한 사항
- 에너지 사용의 합리화와 이를 통한 온실가스의 배출 감소를 위한 대책에 관한 사항
- 집단에너지사업법 제5조제1항에 따라 집단에너지공급대상지역으로 지정된 지역의 경우 그 지역의 집단에너지 공급을 위한 대책에 관한 사항
- 미활용 에너지원의 개발·사용을 위한 대책에 관한 사항
- 그 밖에 에너지시책 및 관련 사업을 위하여 시·도지사가 필요하다고 인정하는 사항

㉢ 지역계획을 수립한 시·도지사는 이를 산업통상자원부장관에게 제출하여야 한다. 수립된 지역계획을 변경하였을 때에도 또한 같다.

㉣ 정부는 지방자치단체의 에너지시책 및 관련 사업을 촉진하기 위하여 필요한 지원시책을 마련할 수 있다.

② 비상시 에너지수급계획의 수립

㉠ 산업통상자원부장관은 에너지 수급에 중대한 차질이 발생할 경우에 대비하여 비상시 에너지수급계획(이하 비상계획)을 수립하여야 한다.

ⓛ 비상계획은 제9조에 따른 에너지위원회의 심의를 거쳐 확정한다. 수립된 비상계획을 변경할 때에도 또한 같다.
ⓒ 비상계획 포함 사항
- 국내외 에너지 수급의 추이와 전망
- 비상시 에너지 소비 절감을 위한 대책
- 비상시 비축에너지의 활용 대책
- 비상시 에너지의 할당·배급 등 수급 조정 대책
- 비상시 에너지 수급 안정을 위한 국제협력 대책
- 비상계획의 효율적 시행을 위한 행정계획

ⓔ 산업통상자원부장관은 국내외 에너지 사정의 변동에 따른 에너지의 수급 차질에 대비하기 위하여 에너지 사용을 제한하는 등 관계 법령에서 정하는 바에 따라 필요한 조치를 할 수 있다.

③ 에너지기술개발계획
㉠ 정부는 에너지 관련 기술의 개발과 보급을 촉진하기 위하여 10년 이상을 계획기간으로 하는 에너지기술개발계획(이하 에너지기술개발계획)을 5년마다 수립하고, 이에 따른 연차별 실행계획을 수립·시행하여야 한다.
- 연차별 실행계획의 수립 : 산업통상자원부장관은 법 제11조제1항에 따른 에너지기술개발계획에 따라 관계 중앙행정기관의 장의 의견을 들어 연차별 실행계획을 수립·공고하여야 한다.
- 연차별 실행계획 포함 사항 : 에너지기술 개발의 추진전략, 과제별 목표 및 필요 자금, 연차별 실행계획의 효과적인 시행을 위하여 산업통상자원부장관이 필요하다고 인정하는 사항

ⓛ 에너지기술개발계획은 대통령령으로 정하는 바에 따라 관계 중앙행정기관의 장의 협의와 국가과학기술자문회의법에 따른 국가과학기술자문회의의 심의를 거쳐서 수립된다. 이 경우 위원회의 심의를 거친 것으로 본다.

ⓒ 에너지기술개발계획 포함사항
- 에너지의 효율적 사용을 위한 기술개발
- 신재생에너지 등 환경친화적 에너지에 관련된 기술개발
- 에너지 사용에 따른 환경오염을 줄이기 위한 기술개발
- 온실가스 배출을 줄이기 위한 기술개발
- 개발된 에너지기술의 실용화의 촉진
- 국제 에너지기술 협력의 촉진
- 에너지기술에 관련된 인력·정보·시설 등 기술개발자원의 확대 및 효율적 활용

④ 에너지 기술개발 추진자
㉠ 관계 중앙행정기관의 장은 에너지 기술개발을 효율적으로 추진하기 위하여 대통령령으로 정하는 바에 따라 다음의 어느 하나에 해당하는 자에게 에너지 기술개발을 하게 할 수 있다.
- 공공기관의 운영에 관한 법률 제4조에 따른 공공기관
- 국·공립 연구기관
- 특정연구기관 육성법의 적용을 받는 특정연구기관
- 산업기술혁신촉진법 제42조에 따른 전문생산기술연구소
- 소재·부품·장비산업 경쟁력 강화를 위한 특별조치법에 따른 특화선도기업 등
- 정부출연연구기관 등의 설립·운영 및 육성에 관한 법률에 따른 정부출연연구기관
- 과학기술 분야 정부출연연구기관 등의 설립·운영 및 육성에 관한 법률에 따른 과학기술 분야 정부출연연구기관
- 국가과학기술 경쟁력 강화를 위한 이공계지원특별법에 따른 연구개발업을 전문으로 하는 기업
- 고등교육법에 따른 대학, 산업대학, 전문대학
- 산업기술연구조합육성법에 따른 산업기술연구조합
- 기초연구진흥 및 기술개발지원에 관한 법률 제14조의2제1항에 따라 인정받은 기업부설연구소

- 그 밖에 대통령령으로 정하는 과학기술 분야 연구기관 또는 단체(민법 또는 다른 법률에 따라 설립된 과학기술 분야 비영리법인, 그 밖에 연구인력 및 연구시설 등 산업통상자원부장관이 정하여 고시하는 기준에 해당하는 연구기관 또는 단체)
  ⓒ 관계 중앙행정기관의 장은 기술개발에 필요한 비용의 전부 또는 일부를 출연할 수 있다.
⑤ 에너지기술개발사업 협약의 체결 : 관계 중앙행정기관의 장은 법 제12조제1항에 따른 에너지기술개발사업을 실시하려는 경우에는 상기의 자 중에서 해당 에너지 기술개발사업을 주관할 기관(이하 사업주관기관)의 장과 에너지기술개발사업에 대한 협약을 체결하여야 한다. 다만, 관계 중앙행정기관의 장이 에너지기술개발사업을 효율적으로 추진하기 위하여 필요하다고 인정하는 경우에는 법 제13조제1항에 따른 한국에너지기술평가원(이하 평가원)에 에너지기술개발사업에 대한 협약의 체결을 대행하게 할 수 있다.
⑥ 에너지기술개발사업비
  ㉠ 관계 중앙행정기관의 장은 에너지기술개발사업을 종합적이고 효율적으로 추진하기 위하여 제11조제1항에 따른 연차별 실행계획의 시행에 필요한 에너지기술개발사업비를 조성할 수 있다.
  ㉡ 에너지기술개발사업비는 정부 또는 에너지 관련 사업자 등의 출연금, 융자금, 그 밖에 대통령령으로 정하는 재원으로 조성한다.
  ㉢ 관계 중앙행정기관의 장은 평가원으로 하여금 에너지기술개발사업비의 조성 및 관리에 관한 업무를 담당하게 할 수 있다.
  ㉣ 에너지기술개발사업비 지원사업
    - 에너지기술의 연구·개발
    - 에너지기술의 수요 조사
    - 에너지사용기자재와 에너지공급설비 및 그 부품에 관한 기술개발
    - 에너지 기술개발 성과의 보급 및 홍보
    - 에너지 기술에 관한 국제협력
    - 에너지에 관한 연구인력 양성
    - 에너지 사용에 따른 대기오염을 줄이기 위한 기술개발
    - 온실가스 배출을 줄이기 위한 기술개발
    - 에너지기술에 관한 정보의 수집·분석 및 제공과 이와 관련된 학술활동
    - 평가원의 에너지기술개발사업 관리
  ㉤ ㉠~㉣까지의 규정에 따른 에너지기술개발사업비의 관리 및 사용에 필요한 사항은 대통령령으로 정한다.
⑦ 에너지기술 개발 투자 등의 권고 : 관계 중앙행정기관의 장은 에너지 기술개발을 촉진하기 위하여 필요한 경우 에너지 관련 사업자에게 에너지 기술개발을 위한 사업에 투자하거나 출연할 것을 권고할 수 있다.
⑧ 에너지 및 에너지자원기술 전문인력의 양성 : 산업통상자원부장관은 에너지 및 에너지자원기술 분야의 전문인력을 양성하기 위하여 필요한 사업을 할 수 있고, 이에 따른 사업을 하기 위하여 자금지원 등 필요한 지원을 할 수 있다. 이 경우 지원의 대상 및 절차 등에 관하여 필요한 사항은 산업통상자원부령으로 정한다.
  ㉠ 전문인력 양성사업의 지원대상 : 국·공립 연구기관, 특정연구기관 육성법에 따른 특정연구기관, 정부출연연구기관 등의 설립·운영 및 육성에 관한 법률에 따른 정부출연연구기관, 고등교육법에 따른 대학(대학원을 포함한다)·산업대학(대학원을 포함한다) 또는 전문대학, 과학기술분야 정부출연연구기관 등의 설립·운영 및 육성에 관한 법률에 따른 과학기술분야 정부출연연구기관, 그 밖에 에너지 및 에너지자원기술 분야의 전문인력을 양성하기 위하여 산업통상자원부장관이 필요하다고 인정하는 기관 또는 단체

ⓛ ㉠의 어느 하나에 해당하는 자 중에서 법 제16조제2항에 따른 지원을 받으려는 자는 지원받으려는 내용 등이 포함된 지원신청서를 산업통상자원부장관에게 제출하여야 한다.
ⓒ 산업통상자원부장관은 지원신청서가 접수되었을 때에는 60일 이내에 지원 여부, 지원 범위 및 지원 우선순위 등을 심사・결정하여 지원신청자에게 알려야 한다.
ⓔ ⓛ, ⓒ에 따른 신청자격 및 신청방법과 그 밖에 지원 절차에 관하여 필요한 세부사항은 산업통상자원부장관이 정하여 고시한다.

핵심예제

특별시장・광역시장・특별자치시장・도지사 또는 특별자치도지사는 관할 구역의 지역적 특성을 고려하여 저탄소녹색성장기본법에 따른 에너지기본계획의 효율적인 달성과 지역경제의 발전을 위한 지역에너지계획을 몇 년 단위로 수립・시행하여야 하는가?

[2010년 제4회]

① 2년
② 3년
③ 5년
④ 10년

|해설|

지역에너지계획 : 특별시장・광역시장・특별자치시장・도지사 또는 특별자치도지사는 관할 구역의 지역적 특성을 고려하여 저탄소녹색성장기본법에 따른 에너지기본계획의 효율적인 달성과 지역경제의 발전을 위한 지역에너지계획을 5년마다 5년 이상을 계획기간으로 하여 수립・시행하여야 한다.
※ 저탄소녹색성장기본법은 폐지되고, 2022년 7월 1일부터 기후위기 대응을 위한 탄소중립・녹색성장 기본법이 시행된다.

정답 ③

핵심이론 04 에너지복지사업, 행정 및 기타 제반 사항

① 에너지복지사업의 실시 등
  ㉠ 정부는 모든 국민에게 에너지가 보편적으로 공급되도록 하기 위하여 다음의 사항에 관한 지원사업(이하 에너지복지사업이라 한다)을 할 수 있다.
   • 저소득층 등 에너지 이용에서 소외되기 쉬운 계층(이하 에너지이용 소외계층이라 한다)에 대한 에너지의 공급
   • 냉방・난방장치의 보급 등 에너지이용 소외계층에 대한 에너지 이용효율의 개선
   • 그 밖에 에너지이용 소외계층의 에너지 이용 관련 복리의 향상에 관한 사항
  ㉡ 산업통상자원부장관은 에너지복지사업을 실시하는 경우 3년마다 에너지이용 소외계층에 관한 실태조사를 하고 그 결과를 공표하여야 한다. 다만, 산업통상자원부장관이 필요하다고 인정하는 경우에는 추가로 간이조사를 할 수 있다.
  ㉢ 산업통상자원부장관은 ㉡에 따른 실태조사 및 간이조사를 위하여 필요한 경우에는 관계 중앙행정기관의 장 또는 지방자치단체의 장에게 관련 자료의 제출을 요청할 수 있다. 이 경우 자료의 제출을 요청받은 중앙행정기관의 장 또는 지방자치단체의 장은 특별한 사유가 없으면 이에 따라야 한다.
  ㉣ ㉡에 따른 실태조사 및 간이조사의 내용・방법 등에 관하여 필요한 사항은 대통령령으로 정한다.
② 에너지이용권의 발급
  ㉠ 산업통상자원부장관은 에너지이용 소외계층에 속하는 사람으로서 대통령령으로 정하는 요건을 갖춘 사람의 신청을 받아 에너지이용권을 발급할 수 있다.
  ㉡ 산업통상자원부장관은 에너지이용권의 수급자 선정 및 수급자격 유지에 관한 사항을 확인하기 위하여 가족관계증명・국세 및 지방세 등에 관한 자료 등 대통령령으로 정하는 자료의 제공을 당사자의

ⓒ 산업통상자원부장관은 상기 자료 확인을 위하여 사회복지사업법 제6조의제2항에 따른 정보시스템을 연계하여 사용할 수 있다.
ⓔ 산업통상자원부장관은 에너지공급자, 그 밖의 에너지 관련 기관 또는 단체에 다음의 자료의 제공을 요청할 수 있다. 이 경우 요청을 받은 에너지공급자, 기관 또는 단체는 특별한 사유가 없으면 그 요청에 따라야 한다.
  • 에너지 공급 현황
  • 에너지 이용 현황
  • 그 밖에 에너지이용권 수급 자격 기준 마련에 필요한 자료
ⓜ 상기의 규정 사항 외에 에너지이용권의 신청 및 발급 등에 필요한 사항은 대통령령으로 정한다.
ⓗ 에너지이용권의 사용
  • 에너지이용권을 발급받은 사람(이하 이용자)은 에너지공급자에게 에너지이용권을 제시하고, 에너지를 공급받을 수 있다.
  • 에너지이용권을 제시받은 에너지공급자는 정당한 사유 없이 에너지 공급을 거부할 수 없다.
  • 누구든지 에너지이용권을 판매 · 대여하거나 부정한 방법으로 사용해서는 아니 된다.
  • 산업통상자원부장관은 이용자가 에너지이용권을 판매 · 대여하거나 부정한 방법으로 사용한 경우에는 그 에너지이용권을 회수하거나 에너지이용권 기재금액에 상당하는 금액의 전부 또는 일부를 환수할 수 있다.
  • 상기의 규정한 사항 외에 에너지이용권의 사용 등에 필요한 사항은 산업통상자원부령으로 정한다.

• 금전 또는 현물 등의 지급을 신청하려는 사람은 에너지이용권 예외 지급 신청서에 다음의 서류를 첨부하여 특별자치시장 · 특별자치도지사 · 시장 · 군수 또는 구청장(자치구의 구청장)에게 제출하여야 한다.
  - 에너지 관련 영수증 또는 고지서
  - 신청인 또는 신청인이 속한 세대의 다른 세대원의 통장 사본
  - 신청인의 신분증(주민등록증, 운전면허증, 여권, 장애인등록증 등 본인 및 주소를 확인할 수 있는 증명서) 사본
  - 대리인이 신청하는 경우 : 대리인의 신분증 사본, 대리사실을 확인할 수 있는 위임장

③ **행정 및 재정상의 조치** : 국가와 지방자치단체는 이 법의 목적을 달성하기 위하여 학술연구 · 조사 및 기술개발 등에 필요한 행정적 · 재정적 조치를 할 수 있다.

④ **민간활동의 지원** : 국가와 지방자치단체는 에너지에 관련된 공익적 활동을 촉진하기 위하여 민간 부문에 대하여 필요한 자료를 제공하거나 재정적 지원을 할 수 있다.

⑤ **에너지 관련 통계의 관리 · 공표**
  ㉠ 산업통상자원부장관은 기본계획 및 에너지 관련 시책의 효과적인 수립 · 시행을 위하여 국내외 에너지 수급에 관한 통계를 작성 · 분석 · 관리하며, 관련 법령에 저촉되지 아니하는 범위에서 이를 공표할 수 있다. 통계의 작성 · 분석 · 관리는 에너지 열량 환산기준을 적용한다.
  ㉡ 에너지열량환산기준
    • 에너지열량환산기준은 5년마다 작성하되, 산업통상자원부장관이 필요하다고 인정하는 경우에는 수시로 작성할 수 있다.

에너지열량환산기준표

구분	에너지원	단위	총발열량 MJ	총발열량 kcal	총발열량 석유환산톤 (10^{-3}[toe])	순발열량 MJ	순발열량 kcal	순발열량 석유환산톤 (10^{-3}[toe])
석유	원유	kg	45.7	10,920	1.092	42.8	10,220	1.022
	휘발유	L	32.4	7,750	0.775	30.1	7,200	0.720
	등유	L	36.6	8,740	0.874	34.1	8,150	0.815
	경유	L	37.8	9,020	0.902	35.3	8,420	0.842
	바이오디젤	L	34.7	8,280	0.828	32.3	7,730	0.773
	B-A유	L	39.0	9,310	0.931	36.5	8,710	0.871
	B-B유	L	40.6	9,690	0.969	38.1	9,100	0.910
	B-C유	L	41.8	9,980	0.998	39.3	9,390	0.939
	프로판(LPG 1호)	kg	50.2	12,000	1.200	46.2	11,040	1.104
	부탄(LPG 3호)	kg	49.3	11,790	1.179	45.5	10,880	1.088
	나프타	L	32.2	7,700	0.770	29.9	7,140	0.714
	용제	L	32.8	7,830	0.783	30.4	7,250	0.725
	항공유	L	36.5	8,720	0.872	34.0	8,120	0.812
	아스팔트	kg	41.4	9,880	0.988	39.0	9,330	0.933
	윤활유	L	39.6	9,450	0.945	37.0	8,830	0.883
	석유코크스	kg	34.9	8,330	0.833	34.2	8,170	0.817
	부생연료유 1호	L	37.3	8,900	0.890	34.8	8,310	0.831
	부생연료유 2호	L	39.9	9,530	0.953	37.7	9,010	0.901
가스	천연가스(LNG)	kg	54.7	13,080	1.308	49.4	11,800	1.180
	도시가스(LNG)	Nm³	42.7	10,190	1.019	38.5	9,190	0.919
	도시가스(LPG)	Nm³	63.4	15,150	1.515	58.3	13,920	1.392
석탄	국내 무연탄	kg	19.7	4,710	0.471	19.4	4,620	0.462
	연료용 수입 무연탄	kg	23.0	5,500	0.550	22.3	5,320	0.532
	원료용 수입 무연탄	kg	25.8	6,170	0.617	25.3	6,040	0.604
	연료용 유연탄(역청탄)	kg	24.6	5,860	0.586	23.3	5,570	0.557
	원료용 유연탄(역청탄)	kg	29.4	7,030	0.703	28.3	6,760	0.676
	아역청탄	kg	20.6	4,920	0.492	19.1	4,570	0.457
	코크스	kg	28.6	6,840	0.684	28.5	6,810	0.681
전기 등	전기(발전 기준)	kWh	8.9	2,130	0.213	8.9	2,130	0.213
	전기(소비 기준)	kWh	9.6	2,290	0.229	9.6	2,290	0.229
	신탄	kg	18.8	4,500	0.450	-	-	-

비고
1. '총발열량'이란 연료의 연소과정에서 발생하는 수증기의 잠열을 포함한 발열량을 말한다.
2. '순발열량'이란 연료의 연소과정에서 발생하는 수증기의 잠열을 제외한 발열량을 말한다.
3. '석유환산톤'(toe : ton of oil equivalent)이란 원유 1톤이 갖는 열량으로 10^7[kcal]를 말한다.
4. 석탄의 발열량은 인수식을 기준으로 한다. 다만, 코크스는 건식을 기준으로 한다.
5. 최종 에너지사용자가 사용하는 전력량값을 열량값으로 환산할 경우에는 1[kWh]=860[kcal]를 적용한다.
6. 1[cal]=4.1868[J], 도시가스 단위인 [Nm³]은 0[℃] 1기압 상태의 부피단위[m³]를 말한다.
7. 에너지원별 발열량[MJ]은 소수점 아래 둘째 자리에서 반올림한 값이며, 발열량[kcal]은 발열량[MJ]으로부터 환산한 후 1의 자리에서 반올림한 값이다. 두 단위 간 상충될 경우 발열량[MJ]이 우선한다.

ⓒ 산업통상자원부장관은 매년 에너지 사용 및 산업공정에서 발생하는 온실가스 배출량, 에너지 이용 소외계층의 에너지 이용 현황 등의 통계를 작성·분석하며, 그 결과를 공표할 수 있다.

ⓔ 산업통상자원부장관은 통계를 작성할 때 필요하다고 인정하면 에너지 유관기관의 장 또는 산업통상자원부령으로 정하는 에너지사용자에 대하여 자료의 제출을 요구할 수 있다. 이 경우 자료의 제출을 요구받은 에너지 유관기관의 장 또는 에너지사용자는 정당한 사유가 없으면 이에 따라야 한다.

- 해당 에너지사용자 : 중앙행정기관·지방자치단체 및 그 소속기관, 공공기관 운영에 관한 법률 제4조에 따른 공공기관, 지방공기업법에 따른 지방직영기업·지방공사·지방공단, 에너지공급자와 에너지공급자로 구성된 법인·단체, 에너지이용합리화법 제31조제1항에 따른 에너지다소비사업자, 자가소비를 목적으로 에너지를 수입하거나 전환하는 에너지사용자

- 해당 에너지사용자가 자료의 제출을 요구받았을 때에는 특별한 사유가 없으면 그 요구를 받은 날부터 60일 이내에 산업통상자원부장관에게 그 자료를 제출하여야 한다.

ⓜ 산업통상자원부장관은 필요하다고 인정하면 대통령령으로 정하는 바에 따라 에너지 총조사를 할 수 있다.

ⓑ 산업통상자원부장관은 전문성을 갖춘 기관을 지정하여 통계의 작성·분석·관리 및 에너지 총조사에 관한 업무의 전부 또는 일부를 수행하게 할 수 있다. 에너지 총조사는 3년마다 실시하되, 산업통상자원부장관이 필요하다고 인정할 때에는 간이조사를 실시할 수 있다.

⑥ 국회 보고
㉠ 정부는 매년 주요 에너지정책의 집행 경과 및 결과를 국회에 보고하여야 한다.
㉡ 산업통상자원부장관은 법 제20조에 따른 보고서를 해마다 작성하여 다음 연도 2월 말까지 국회에 제출하여야 한다.
㉢ 보고서는 분야별 전문위원회의 검토를 거쳐 작성되어야 한다.
㉣ 보고 포함사항
- 국내외 에너지 수급의 추이와 전망
- 에너지·자원의 확보, 도입, 공급, 관리를 위한 대책의 추진 현황 및 계획
- 에너지 수요관리 추진 현황 및 계획
- 환경친화적인 에너지의 공급·사용 대책의 추진 현황 및 계획
- 온실가스 배출 현황과 온실가스 감축을 위한 대책의 추진 현황 및 계획
- 에너지정책의 국제협력 등에 관한 사항의 추진 현황 및 계획
- 그 밖에 주요 에너지정책의 추진
㉤ 보고에 필요한 사항은 대통령령으로 정한다.

⑦ 질문 및 조사 : 산업통상자원부장관은 다음의 어느 하나에 해당하는 경우에는 소속 공무원으로 하여금 에너지공급자, 에너지복지사업의 대상자 또는 관계인에 대하여 질문하거나 장부 등 서류를 조사하게 할 수 있다.
㉠ 에너지복지사업 대상자의 선정 및 자격 확인을 위하여 필요한 경우
㉡ 에너지이용권의 발급 및 사용의 적정성 여부 확인을 위하여 필요한 경우
㉢ 그 밖에 에너지복지 사업의 수행을 위하여 필요한 경우로서 대통령령으로 정하는 경우

⑧ 청문 : 산업통상자원부장관은 제16조의6제1항에 따른 전담기관의 지정취소에 해당하는 처분을 하려면 청문을 하여야 한다.

⑨ 권한의 위임·위탁
㉠ 이 법에 따른 산업통상자원부장관의 권한은 그 일부를 대통령령으로 정하는 바에 따라 시·도지사 또는 시장·군수·구청장(자치구의 구청장)에게 위임할 수 있다.
㉡ 이 법에 따른 산업통상자원부장관의 업무는 그 일부를 대통령령으로 정하는 바에 따라 전담기관에 위탁할 수 있다.

핵심예제

에너지 총조사는 몇 년 주기로 시행하는가?

[2011년 제4회, 2012년 제2회]

① 2년　　　② 3년
③ 4년　　　④ 5년

|해설|
- 3년 : 에너지 총조사 주기
- 수시 : 간이 에너지 총조사

정답 ②

4-2. 에너지이용합리화법

핵심이론 01 에너지이용합리화법의 개요

① 목 적
　㉠ 에너지 수급 안정화
　㉡ 에너지의 합리적이고 효율적인 이용 증진
　㉢ 에너지 소비로 인한 환경 피해 감소
　㉣ 국민경제의 건전한 발전 및 국민복지의 증진에 이바지
　㉤ 지구온난화의 최소화에 이바지

② 용어 정의
　㉠ 에너지경영시스템 : 에너지사용자 또는 에너지공급자가 에너지 이용효율을 개선할 수 있는 경영목표를 설정하고, 이를 달성하기 위하여 인적·물적자원을 일정한 절차와 방법에 따라 체계적이고 지속적으로 관리하는 경영활동체제
　㉡ 에너지관리시스템 : 에너지 사용을 효율적으로 관리하기 위하여 센서·계측장비·분석 소프트웨어 등을 설치하고 에너지 사용 현황을 실시간으로 모니터링하여 필요시 에너지사용을 제어할 수 있는 통합관리시스템
　㉢ 에너지진단 : 에너지를 사용하거나 공급하는 시설에 대한 에너지 이용 실태와 손실요인 등을 파악하여 에너지 이용효율의 개선방안을 제시하는 모든 행위

③ 정부와 에너지사용자·공급자 등의 책무
　㉠ 정부는 에너지의 수급 안정과 합리적이고 효율적인 이용을 도모하고 이를 통한 온실가스의 배출을 줄이기 위한 기본적이고 종합적인 시책을 강구하고 시행할 책무를 진다.
　㉡ 지방자치단체는 관할 지역의 특성을 고려하여 국가에너지정책의 효과적인 수행과 지역경제의 발전을 도모하기 위한 지역에너지시책을 강구하고 시행할 책무를 진다.
　㉢ 에너지사용자와 에너지공급자는 국가나 지방자치단체의 에너지시책에 적극 참여하고 협력하여야 하며, 에너지의 생산·전환·수송·저장·이용 등에서 그 효율을 극대화하고 온실가스의 배출을 줄이도록 노력하여야 한다.
　㉣ 에너지사용기자재와 에너지공급설비를 생산하는 제조업자는 그 기자재와 설비의 에너지효율을 높이고 온실가스의 배출을 줄이기 위한 기술의 개발과 도입을 위하여 노력하여야 한다.
　㉤ 모든 국민은 일상생활에서 에너지를 합리적으로 이용하여 온실가스의 배출을 줄이도록 노력하여야 한다.

핵심예제

에너지이용합리화법의 목적이 아닌 것은?
[2011년 제2회, 2015년 제1회, 2016년 제1회 유사, 2020년 제3회 유사]

① 에너지의 합리적인 이용 증진
② 국민경제의 건전한 발전에 이바지
③ 지구온난화의 최소화에 이바지
④ 에너지자원의 보전 및 관리와 에너지 수급 안정

|해설|

에너지 수급 안정은 에너지이용합리화법의 목적에 포함되지만, 에너지자원의 보전 및 관리는 포함되지 않는다.

정답 ④

핵심이론 02 에너지이용합리화 계획

① 에너지이용합리화 기본계획
  ㉠ 산업통상자원부장관은 에너지의 합리적 이용을 위하여 에너지이용합리화에 관한 기본계획(이하 기본계획)을 5년마다 수립하여야 한다.
  ㉡ 기본계획 포함사항
    • 에너지 절약형 경제구조로의 전환
    • 에너지 이용효율의 증대
    • 에너지이용 합리화를 위한 기술개발
    • 에너지이용 합리화를 위한 홍보 및 교육
    • 에너지원 간 대체
    • 열사용기자재의 안전관리
    • 에너지이용 합리화를 위한 가격예시제의 시행
    • 에너지의 합리적인 이용을 통한 온실가스의 배출을 줄이기 위한 대책
    • 그 밖에 에너지이용 합리화를 추진하기 위하여 필요한 사항으로서 산업통상자원부령으로 정하는 사항
  ㉢ 산업통상자원부장관이 기본계획을 수립하려면 관계 행정기관의 장과 협의한 후 에너지법 제9조에 따른 에너지위원회의 심의를 거쳐야 한다.
  ㉣ 산업통상자원부장관은 기본계획을 수립하기 위하여 필요하다고 인정하는 경우 관계 행정기관의 장에게 필요한 자료를 제출하도록 요청할 수 있다.

② 에너지이용합리화 실시계획
  ㉠ 관계 행정기관의 장과 특별시장·광역시장·도지사 또는 특별자치도지사(이하 시·도지사라 한다)는 기본계획에 따라 에너지이용 합리화에 관한 실시계획을 수립하고 시행하여야 한다.
    • 실시계획을 매년 수립하고 그 계획을 해당 연도 1월 31일까지, 그 시행 결과를 다음 연도 2월 말일까지 각각 산업통상자원부장관에게 제출하여야 한다.
    • 산업통상자원부장관은 시행 결과를 평가하고, 해당 관계 행정기관의 장과 시·도지사에게 그 평가 내용을 통보하여야 한다.
  ㉡ 관계 행정기관의 장 및 시·도지사는 실시계획과 그 시행 결과를 산업통상자원부장관에게 제출하여야 한다.
  ㉢ 산업통상자원부장관은 위원회의 심의를 거쳐 제출된 실시계획을 종합·조정하고 추진상황을 점검·평가하여야 한다. 이 경우 평가업무의 효과적인 수행을 위하여 대통령령으로 정하는 바에 따라 관계 연구기관 등에 그 업무를 대행하도록 할 수 있다.

③ 에너지이용합리화 촉진을 위한 정부지원사업
  ㉠ 에너지원의 연구개발사업
  ㉡ 에너지 이용 합리화 및 이를 통하여 온실가스 배출을 줄이기 위한 에너지절약시설 설치 및 에너지기술개발사업
  ㉢ 기술용역 및 기술지도사업
  ㉣ 에너지 분야에 관한 신기술·지식집약형 기업의 발굴·육성을 위한 지원사업

④ 수급 안정을 위한 조치
  ㉠ 산업통상자원부장관은 국내외 에너지 사정의 변동에 따른 에너지의 수급 차질에 대비하기 위하여 대통령령으로 정하는 주요 에너지사용자와 에너지공급자에게 에너지저장시설을 보유하고 에너지를 저장하는 의무를 부과할 수 있다.
    • 에너지저장의무 부과대상자 : 전기사업법 제2조제2호에 따른 전기사업자, 도시가스사업법 제2조제2호에 따른 도시가스사업자, 석탄산업법 제2조제5호에 따른 석탄가공업자, 집단에너지사업법 제2조제3호에 따른 집단에너지사업자, 연간 2만 석유환산톤(TOE, 티오이) 이상의 에너지를 사용하는 자

- 에너지저장의무 부과 시의 고시사항 : 대상자, 저장시설의 종류 및 규모, 저장하여야 할 에너지의 종류 및 저장의무량, 그 밖에 필요한 사항
- ㉡ 산업통상자원부장관은 에너지 수급의 안정을 위한 조치를 하려는 경우에는 그 사유·기간 및 대상자 등을 정하여 조치 예정일 7일 이전에 에너지사용자·에너지공급자 또는 에너지사용기자재의 소유자와 관리자에게 예고하여야 한다.
- ㉢ 수급안정을 위한 조치사항(조정·명령, 그 밖에 필요한 조치)
  - 지역별·주요 수급자별 에너지 할당
  - 에너지공급설비의 가동 및 조업
  - 에너지의 비축과 저장
  - 에너지의 도입·수출입 및 위탁가공
  - 에너지공급자 상호 간의 에너지의 교환 또는 분배 사용
  - 에너지의 유통시설과 그 사용 및 유통경로
  - 에너지의 배급
  - 에너지의 양도·양수의 제한 또는 금지
  - 에너지사용의 시기·방법 및 에너지사용기자재의 사용 제한 또는 금지 등 대통령령으로 정하는 사항
    - 에너지사용시설 및 에너지사용기자재에 사용할 에너지의 지정 및 사용에너지의 전환
    - 위생접객업소 및 그 밖의 에너지사용시설에 대한 에너지사용의 제한
    - 차량 등 에너지사용기자재의 사용 제한
    - 에너지 사용의 시기 및 방법의 제한
    - 특정 지역에 대한 에너지 사용의 제한
  - 그 밖에 에너지수급을 안정시키기 위하여 대통령령으로 정하는 사항
- ㉣ 산업통상자원부장관은 ㉢의 내용에 따른 조치를 시행하기 위하여 관계 행정기관의 장이나 지방자치단체의 장에게 필요한 협조를 요청할 수 있으며 관계 행정기관의 장이나 지방자치단체의 장은 이에 협조하여야 한다.
- ㉤ 산업통상자원부장관은 ㉢의 내용에 따른 조치를 한 사유가 소멸되었다고 인정하면 지체 없이 이를 해제하여야 한다.

⑤ 에너지의 효율적 이용과 온실가스배출감소를 위한 에너지이용효율화 조치의 구체적인 내용과 위원회 심의에 의한 추진자
- ㉠ 에너지이용효율화 조치의 구체적인 내용 : 에너지 절약 및 온실가스 배출 감축을 위한 제도·시책의 마련 및 정비, 에너지의 절약 및 온실가스 배출 감축 관련 홍보 및 교육, 건물 및 수송 부문의 에너지이용 합리화 및 온실가스 배출 감축
- ㉡ 위원회 심의에 의한 추진자 : 국가, 지방자치단체, 공공기관의 운영에 관한 법률 제4조제1항에 따른 공공기관

⑥ 에너지공급자의 수요관리투자계획
- ㉠ 에너지공급자 중 대통령령으로 정하는 에너지공급자는 해당 에너지의 생산·전환·수송·저장 및 이용상의 효율 향상, 수요의 절감 및 온실가스 배출의 감축 등을 도모하기 위한 연차별 수요관리투자계획을 수립·시행하여야 하며, 그 계획과 시행결과를 산업통상자원부장관에게 제출하여야 한다. 연차별 수요관리투자계획을 변경하는 경우에도 또한 같다.
- ㉡ 에너지공급자 제출 수요관리 투자계획 포함사항
  - 장·단기 에너지 수요 전망
  - 에너지 절약 잠재량의 추정 내용
  - 수요관리의 목표 및 그 달성방법
  - 그 밖에 수요관리의 촉진을 위하여 필요하다고 인정하는 사항
- ㉢ 대통령령으로 정하는 에너지공급자(에너지공급자의 수요관리투자계획 대상자)
  - 한국전력공사법에 따른 한국전력공사
  - 한국가스공사법에 따른 한국가스공사
  - 집단에너지사업법에 따른 한국지역난방공사

- 그 밖에 대량의 에너지를 공급하는 자로서 에너지 수요관리투자를 촉진하기 위하여 산업통상자원부장관이 특히 필요하다고 인정하여 지정하는 자
ㄹ 상기 에너지공급자는 법 제9조제1항에 따른 연차별 수요관리투자계획(이하 투자계획)을 해당 연도 개시 2개월 전까지, 그 시행결과를 다음 연도 2월 말일까지 산업통상자원부장관에게 제출하여야 하며, 제출된 투자계획을 변경하는 경우에는 그 변경한 날부터 15일 이내에 산업통상자원부장관에게 그 변경된 사항을 제출하여야 한다.
ㅁ 상기 에너지공급자는 법 제9조제2항에 따라 투자계획의 수정 또는 보완을 요구받은 경우에는 특별한 사유가 없으면 그 요구를 받은 날부터 30일 이내에 산업통상자원부장관에게 투자계획의 수정 또는 보완결과를 제출하여야 한다.
ㅂ 산업통상자원부장관은 에너지 수급상황의 변화, 에너지 가격의 변동, 그 밖에 대통령령으로 정하는 사유가 생긴 경우에는 수요관리투자계획을 수정·보완하여 시행하게 할 수 있다.
  - 그 밖에 대통령령으로 정하는 사유 : 에너지 수급 안정을 위한 조치에 따라 투자계획의 변경이 필요한 경우, 에너지자원의 효율적 이용을 도모하기 위하여 에너지공급자 상호 간 에너지의 교환·분배 등 공급의 조정이 필요한 경우, 투자계획에 따라 ㄴ의 내용이 포함되어 있지 않거나 제16조제4항의 내용에 따라 작성되지 않은 경우
ㅅ 에너지공급자는 연차별 수요관리투자사업비 중 일부를 대통령령으로 정하는 수요관리전문기관에 출연할 수 있다.
  - 대통령령으로 정하는 수요관리전문기관 : 한국에너지공단, 그 밖에 수요관리사업의 수행능력이 있다고 인정되는 기관으로서 산업통상자원부령으로 정하는 기관
ㅇ 산업통상자원부장관은 에너지공급자의 수요관리투자를 촉진하기 위하여 수요관리투자로 인하여 에너지공급자에게 발생되는 비용과 손실을 최소화하는 방안을 수립·시행할 수 있다.

⑦ 에너지사용계획의 협의
ㄱ 도시개발사업이나 산업단지개발사업 등 대통령령으로 정하는 일정 규모 이상의 에너지를 사용하는 사업을 실시하거나 시설을 설치하려는 자(이하 사업주관자)는 그 사업의 실시와 시설의 설치로 에너지 수급에 미칠 영향과 에너지 소비로 인한 온실가스(이산화탄소만을 말한다)의 배출에 미칠 영향을 분석하고, 소요에너지의 공급계획 및 에너지의 합리적 사용과 그 평가에 관한 계획(이하 에너지사용계획)을 수립하여, 그 사업의 실시 또는 시설의 설치 전에 산업통상자원부장관에게 제출하여야 한다.
ㄴ 에너지사용계획수립대상사업 : 도시개발사업, 산업단지개발사업, 에너지개발사업, 항만건설사업, 철도건설사업, 공항건설사업, 관광단지개발사업, 개발촉진지구개발사업 또는 지역종합개발사업
ㄷ 공공사업주관자 : 다음의 어느 하나에 해당하는 시설을 설치하려는 자
  - 연간 2천5백[TOE] 이상의 연료 및 열을 사용하는 시설
  - 연간 1천만[kWh] 이상의 전력을 사용하는 시설
ㄹ 민간사업주관자 : 다음의 어느 하나에 해당하는 시설을 설치하려는 자
  - 연간 5천[TOE] 이상의 연료 및 열을 사용하는 시설
  - 연간 2천만[kWh] 이상의 전력을 사용하는 시설
ㅁ 산업통상자원부장관은 법 제10조제1항에 따라 에너지사용계획을 제출받은 경우에는 그날부터 30일 이내에 공공사업주관자에게는 그 협의결과를, 민간사업주관자에게는 그 의견 청취결과를 통보하여야 한다. 다만, 산업통상자원부장관이 필요하다고 인정할 때에는 20일의 범위에서 통보를 연장할 수 있다.

ⓑ 산업통상자원부장관은 제출된 에너지사용계획에 관하여 공공사업주관자와 협의하여야 하며, 공공사업주관자 외의 자(이하 민간사업주관자)로부터 의견을 들을 수 있다.

ⓢ 사업주관자가 제출한 에너지사용계획 중 에너지수요예측 및 공급계획 등 대통령령으로 정한 사항을 변경하려는 경우에도 ㉠, ⓑ으로 정하는 바에 따른다.
- 대통령령으로 정한 사항을 변경하려는 경우 : 토지나 건축물의 면적 또는 시설의 변경으로 인하여 법 제10조제1항에 따라 제출한 에너지사용계획의 에너지사용량이 100분의 10 이상 증가되는 경우, 집단에너지 공급계획의 변경·냉난방 방식의 변경·그 밖에 에너지사용계획에 큰 변동을 가져오는 사항으로서 산업통상자원부장관이 정하여 고시하는 사항이 변경되는 경우
- 공공사업주관자의 경우 에너지사용계획의 변경사항에 관하여 산업통상자원부장관에게 협의를 요청하여야 한다.

ⓞ 사업주관자는 국공립연구기관, 정부출연연구기관 등 에너지사용계획을 수립할 능력이 있는 자로 하여금 에너지사용계획의 수립을 대행하게 할 수 있다.
- 에너지사용계획의 수립을 대행할 수 있는 기관 : 국공립연구기관, 정부출연연구기관, 대학부설에너지 관계 연구소, 엔지니어링산업진흥법 제2조에 따른 엔지니어링사업자, 기술사법 제6조에 따라 기술사사무소의 개설등록을 한 기술사, 법 제25조제1항에 따른 에너지절약전문기업(이들 중에서 산업통상자원부장관이 정하여 고시하는 인력을 갖춘 자)

ⓩ 에너지사용계획의 내용, 협의 및 의견 청취의 절차, 대행기관의 요건, 그 밖에 필요한 사항은 대통령령으로 정한다.
- 에너지사용계획의 내용 : 사업의 개요, 에너지 수요예측 및 공급계획, 에너지 수급에 미치게 될 영향 분석, 에너지 소비가 온실가스(이산화탄소만 해당한다)의 배출에 미치게 될 영향 분석, 에너지 이용효율향상방안, 에너지 이용의 합리화를 통한 온실가스(이산화탄소만 해당한다)의 배출 감소방안, 사후관리계획, 그 밖에 에너지 이용 효율 향상을 위하여 필요하다고 산업통상자원부장관이 정하는 사항
- 에너지사용계획의 구체적인 기재 사항, 작성 방법, 그 밖에 필요한 사항은 산업통상자원부장관이 정하여 고시한다.

ⓒ 산업통상자원부장관은 에너지사용계획의 수립을 대행하는 데에 필요한 비용의 산정기준을 정하여 고시하여야 한다.

⑧ **에너지사용계획의 검토**
  ㉠ 에너지사용계획의 검토기준
  - 에너지의 수급 및 이용 합리화 측면에서 해당 사업의 실시 또는 시설 설치의 타당성
  - 부문별·용도별 에너지 수요의 적절성
  - 연료·열 및 전기의 공급 체계, 공급원 선택 및 관련 시설 건설계획의 적절성
  - 해당 사업에 있어서 용지의 이용 및 시설의 배치에 관한 효율화 방안의 적절성
  - 고효율에너지이용 시스템 및 설비 설치의 적절성
  - 에너지이용의 합리화를 통한 온실가스(이산화탄소만 해당) 배출 감소 방안의 적절성
  - 폐열의 회수·활용 및 폐기물 에너지이용계획의 적절성
  - 신재생에너지이용계획의 적절성
  - 사후 에너지관리계획의 적절성

ⓒ 산업통상자원부장관은 검토를 할 때 필요하면 관계 행정기관, 지방자치단체, 연구기관, 에너지공급자, 그 밖의 관련 기관 또는 단체에 검토를 의뢰하여 의견을 제출하게 하거나, 소속 공무원으로 하여금 현지조사를 하게 할 수 있다.

ⓒ 산업통상자원부장관은 에너지사용계획을 검토한 결과, 그 내용이 에너지의 수급에 적절하지 아니하거나 에너지 이용의 합리화와 이를 통한 온실가스(이산화탄소만을 말한다)의 배출 감소 노력이 부족하다고 인정되면 대통령령으로 정하는 바에 따라 다음과 같이 요청할 수 있다.

- 공공사업주관자에게는 에너지사용계획의 조정·보완을 요청할 수 있고, 공공사업주관자가 조정·보완요청을 받은 경우에는 정당한 사유가 없으면 그 요청에 따라야 한다. 공공사업주관자는 요청받은 조치에 대하여 이의가 있는 경우에는 산업통상자원부령으로 정하는 바에 따라 그 요청을 받은 날부터 30일 이내에 산업통상자원부장관에게 이의를 신청할 수 있다.
- 민간사업주관자에게는 에너지사용계획의 조정·보완을 권고할 수 있다.

ⓔ 산업통상자원부장관은 에너지사용계획을 검토할 때 필요하다고 인정되면 사업주관자에게 관련 자료를 제출하도록 요청할 수 있다.

ⓜ 에너지사용계획의 검토기준, 검토방법, 그 밖에 필요한 사항은 산업통상자원부령으로 정한다.

⑨ 이행계획 작성 포함사항 : 산업통상자원부장관으로부터 요청받은 조치내용, 이행주체, 이행방법, 이행시기

⑩ 에너지사용계획의 사후관리

㉠ 산업통상자원부장관은 사업주관자가 에너지사용계획 또는 제11조제1항에 따라 요청받거나 권고받은 조치를 이행하는지를 점검하거나 실태를 파악할 수 있다.

㉡ 점검이나 실태 파악의 방법과 그 밖에 필요한 사항은 대통령령으로 정한다.

⑪ 에너지이용 합리화를 위한 홍보 : 정부는 에너지이용 합리화를 위하여 정부의 에너지정책, 기본계획 및 에너지의 효율적 사용방법 등에 관한 홍보방안을 강구하여야 한다.

⑫ 금융·세제상의 지원

㉠ 정부는 에너지이용을 합리화하고 이를 통하여 온실가스의 배출을 줄이기 위하여 대통령령으로 정하는 에너지절약형 시설 투자, 에너지절약형 기자재의 제조·설치·시공, 그 밖에 에너지이용 합리화와 이를 통한 온실가스 배출의 감축에 관한 사업과 우수한 에너지 절약 활동 및 성과에 대하여 금융상·세제상의 지원, 경제적 인센티브 제공 또는 보조금의 지급, 그 밖에 필요한 지원을 할 수 있다.

㉡ 세제 지원이 되는 에너지 절약형 시설투자 : 에너지 절약설비 또는 연료 대체설비 등에 직접 투자하거나 에너지이용합리화법에 의한 에너지절약전문기업(ESCO)사업으로 설치한 시설

- 노후 보일러 교체
- 열병합발전사업
- 10[%] 이상의 에너지 절감효과가 있다고 인정되는 시설
- 산업용 요로 등 에너지 다소비 설비의 대체
- 고효율인증기자재

핵심예제

2-1. 에너지이용합리화법에 따라 산업통상자원부장관은 에너지이용합리화에 관한 기본계획을 몇 년마다 수립하여야 하는가?
[2015년 제4회, 2016년 제1회, 2017년 제1회, 2017년 제2회]

① 3년   ② 5년
③ 7년   ④ 10년

2-2. 에너지이용합리화법에 따라 에너지이용 합리화에 관한 기본계획사항에 포함되지 않는 것은?
[2010년 제4회 유사, 2011년 제1회 유사, 2011년 제4회 유사, 2017년 제4회, 2020년 제3회 유사]

① 에너지 절약형 경제구조로의 전환
② 에너지이용 합리화를 위한 기술개발
③ 열사용기자재의 안전관리
④ 국가 에너지정책 목표를 달성하기 위하여 대통령령으로 정하는 사항

2-3. 에너지이용합리화법에 따라 산업통상자원부장관이 국내외 에너지 사정의 변동으로 에너지 수급에 중대한 차질이 발생될 경우 수급 안정을 위해 취할 수 있는 조치사항이 아닌 것은?
[2010년 제2회 유사, 2017년 제4회, 2020년 제1·2회 통합, 제3회 유사]

① 에너지의 배급
② 에너지의 비축과 저장
③ 에너지의 양도·양수의 제한 또는 금지
④ 에너지 수급의 안정을 위하여 산업통상부자원령으로 정하는 사항

2-4. 에너지사용계획을 수립하여 산업통상자원부장관에게 제출하여야 하는 공공사업주관자에 해당하는 시설 규모는?
[2010년 제1회 유사, 2015년 제2회]

① 연간 1천[TOE] 이상의 연료 및 열을 사용하는 시설
② 연간 2천[TOE] 이상의 연료 및 열을 사용하는 시설
③ 연간 2천5백[TOE] 이상의 연료 및 열을 사용하는 시설
④ 연간 1만[TOE] 이상의 연료 및 열을 사용하는 시설

2-5. 에너지이용합리화법에 따라 에너지사용계획을 수립하여 산업통상자원부장관에게 제출하여야 하는 민간사업주관자의 기준은?
[2012년 제1회 유사, 제2회 유사, 2014년 제4회, 2016년 제4회 유사, 2017년 제1회, 2023년 제1회]

① 연간 5백만[kWh] 이상의 전력을 사용하는 시설을 설치하려는 자
② 연간 1천만[kWh] 이상의 전력을 사용하는 시설을 설치하려는 자
③ 연간 1천5백만[kWh] 이상의 전력을 사용하는 시설을 설치하려는 자
④ 연간 2천만[kWh] 이상의 전력을 사용하는 시설을 설치하려는 자

2-6. 에너지사용계획에 대한 검토결과 공공사업주관자가 조치요청을 받은 경우, 이를 이행하기 위하여 제출하는 이행계획에 포함되어야 할 내용이 아닌 것은?
[2011년 제2회, 제4회, 2015년 제2회, 2023년 제2회]

① 이행주체   ② 이행방법
③ 이행장소   ④ 이행시기

2-7. 에너지이용합리화법에 따라 에너지저장의무를 부과할 수 있는 대상자가 아닌 자는?
[2011년 제2회 유사, 2013년 제4회 유사, 2015년 제1회 유사, 2017년 제1회, 2023년 제1회]

① 전기사업법에 의한 전기사업자
② 도시가스사업법에 의한 도시가스사업자
③ 풍력사업법에 의한 풍력사업자
④ 석탄사업법에 의한 석탄가공업자

| 해설 |

2-1
산업통상자원부장관은 에너지이용 합리화에 관한 기본계획을 5년마다 수립하여야 한다.

2-2
국가 에너지 정책목표를 달성하기 위하여 대통령령으로 정하는 사항은 국가에너지기본계획이다.

2-3
에너지사용의 시기·방법 및 에너지사용기자재의 사용 제한 또는 금지 등 대통령령으로 정하는 사항

2-4
공공사업주관자 : 다음의 어느 하나에 해당하는 시설을 설치하려는 자
- 연간 2천5백[TOE] 이상의 연료 및 열을 사용하는 시설
- 연간 1천만[kWh] 이상의 전력을 사용하는 시설

2-5
민간사업주관자 : 다음의 어느 하나에 해당하는 시설을 설치하려는 자
- 연간 5천[TOE] 이상의 연료 및 열을 사용하는 시설
- 연간 2천만[kWh] 이상의 전력을 사용하는 시설

2-6
에너지사용계획 검토결과 공공사업주관자가 조치요청을 받았을 때, 제출해야 하는 조치이행계획 포함내용 : 이행주체, 이행방법, 이행시기 등(산업통상부장관)

2-7
에너지저장의무 부과대상자 : 전기사업법에 따른 전기사업자, 도시가스사업법에 따른 도시가스사업자, 석탄산업법에 따른 석탄가공업자, 집단에너지사업법에 따른 집단에너지사업자, 연간 2만 석유환산톤[TOE] 이상의 에너지를 사용하는 자

정답 2-1 ② 2-2 ④ 2-3 ④ 2-4 ③ 2-5 ④ 2-6 ③ 2-7 ③

핵심이론 03 에너지사용기자재

① **효율관리기자재** : 전기냉장고, 전기냉방기, 전기세탁기, 조명기기, 삼상유도전동기, 자동차, 그 밖에 산업통상자원부장관이 그 효율의 향상이 특히 필요하다고 인정하여 고시하는 기자재 및 설비

㉠ 효율관리기자재의 지정 : 산업통상자원부장관은 에너지사용기자재(상당량의 에너지를 소비하는 기자재에 한정) 또는 에너지관련기자재(에너지를 사용하지 아니하나 그 구조 및 재질에 따라 열손실 방지 등으로 에너지 절감에 기여하는 기자재)로서 산업통상자원부령으로 정하는 기자재(이하 효율관리기자재)에 대하여 다음 사항을 정하여 고시하여야 한다. 다만, 에너지관련기자재 중 건축법 제2조제1항의 건축물에 고정되어 설치·이용되는 기자재 및 자동차관리법 제29조제2항에 따른 자동차부품을 효율관리기자재로 정하려는 경우에는 국토교통부장관과 협의한 후 다음의 사항을 공동으로 정하여 고시하여야 한다.
- 에너지의 목표 소비효율 또는 목표 사용량의 기준
- 에너지의 최저 소비효율 또는 최대 사용량의 기준
- 에너지의 소비효율 또는 사용량의 표시
- 에너지의 소비효율 등급기준 및 등급 표시
- 에너지의 소비효율 또는 사용량의 측정방법
- 그 밖에 효율관리기자재의 관리에 필요한 사항으로서 산업통상자원부령으로 정하는 사항

㉡ 효율관리기자재의 제조업자 또는 수입업자는 산업통상자원부장관이 지정하는 시험기관(이하 효율관리시험기관)에서 해당 효율관리기자재의 에너지사용량을 측정받아 에너지소비효율등급 또는 에너지소비효율을 해당 효율관리기자재에 표시하여야 한다. 다만, 산업통상자원부장관이 정하여 고시하는 시험설비 및 전문인력을 모두 갖춘 제조업자 또는 수입업자로서 산업통상자원부령으로 정하는

바에 따라 산업통상자원부장관의 승인을 받은 자는 자체 측정으로 효율관리시험기관의 측정을 대체할 수 있다.
ⓒ 효율관리기자재의 제조업자 또는 수입업자는 효율관리시험기관으로부터 측정결과를 통보받은 날 또는 자체 측정을 완료한 날부터 각각 90일 이내에 그 측정 결과를 한국에너지공단에 신고하여야 한다.
② 효율관리기자재의 광고에 포함하여야 하는 사항 : 에너지소비효율등급 또는 에너지소비효율
⑩ 효율관리시험기관은 국가표준기본법 제23조에 따라 시험·검사기관으로 인정받은 기관으로서 다음의 어느 하나에 해당하는 기관이어야 한다.
  • 국가가 설립한 시험·연구기관
  • 특정연구기관 육성법 제2조에 따른 특정연구기관
  • 상기의 연구기관과 동등 이상의 시험능력이 있다고 산업통상자원부장관이 인정하는 기관
ⓑ 효율관리기자재의 사후관리
  • 산업통상자원부장관은 효율관리기자재가 제15조제1항제1호, 제3호 또는 제4호에 따라 고시한 내용에 적합하지 아니하면 그 효율관리기자재의 제조업자·수입업자 또는 판매업자에게 일정한 기간을 정하여 그 시정을 명할 수 있다.
  • 산업통상자원부장관은 효율관리기자재가 제15조제1항제2호에 따라 고시한 최저 소비효율 기준에 미달하거나 최대 사용량 기준을 초과하는 경우에는 해당 효율관리기자재의 제조업자·수입업자 또는 판매업자에게 그 생산이나 판매의 금지를 명할 수 있다.
  • 산업통상자원부장관은 효율관리기자재가 제15조제1항제1호부터 제4호까지의 규정에 따라 고시한 내용에 적합하지 아니한 경우에는 그 사실을 공표할 수 있다.
  • 산업통상자원부장관은 상기 내용의 규정에 따른 처분을 하기 위하여 필요한 경우에는 산업통상자원부령으로 정하는 바에 따라 시중에 유통되는 효율관리기자재가 제15조제1항에 따라 고시된 내용에 적합한지를 조사할 수 있다.

② 평균에너지소비효율제도
  ㉠ 평균에너지소비효율 : 각 효율관리기자재의 에너지소비효율 합계를 그 기자재의 총수로 나누어 산출한 값

$$\frac{기자재\ 판매량}{\sum\left[\dfrac{기자재\ 종류별\ 국내\ 판매량}{기자재\ 종류별\ 에너지소비효율}\right]}$$

  ㉡ 산정방법, 개선기간, 개선명령의 이행절차 및 공표방법 등 필요한 사항은 산업통상자원부령으로 정한다.
  ㉢ 평균에너지 소비효율의 개선기간은 개선명령으로부터 다음 해 12월 31일까지로 한다.
  ㉣ 개선명령을 받은 자는 개선명령을 받은 날부터 60일 이내에 개선명령이행계획을 수립하여 산업통상부장관에게 제출하여야 한다.
  ㉤ 개선명령이행계획을 제출한 자는 개선명령의 이행상황을 매년 6월 말과 12월 말에 산업통상자원부장관에게 보고하여야 한다. 다만, 개선명령이행계획을 제출한 날부터 90일이 지나지 아니한 경우에는 그 다음 보고 기간에 보고할 수 있다.
  ㉥ 산업통상자원부장관은 개선명령이행계획을 검토한 결과 평균에너지소비효율의 개선계획이 미흡하다고 인정되는 경우에는 조정·보완을 요청할 수 있다.
  ㉦ 조정·보완을 요청받은 자는 정당한 사유가 없으면 30일 이내에 개선명령이행계획을 조정·보완하여 산업통상자원부장관에게 제출하여야 한다.
  ㉧ 평균에너지소비효율의 공표방법은 관보 또는 일간신문에의 게재로 한다.

③ 평균효율관리기자재
  ㉠ 평균효율관리기자재 : 평균에너지소비효율에 대하여 총량적인 에너지효율의 개선이 특히 필요하다고 인정되는 기자재
    • 대상 자동차 : 승용자동차(총중량 3.5톤 미만), 승합자동차(승차 인원이 15인승 이하이고, 총중량이 3.5톤 미만), 화물자동차(총중량이 3.5톤 미만)
    • 제외 자동차 : 환자의 치료 및 수송 등 의료목적으로 제작된 자동차, 군용자동차, 방송·통신 등의 목적으로 제작된 자동차, 2012년 1월 1일 이후 제작되지 아니하는 자동차, 특수형 승합자동차 및 특수용도형 화물자동차
  ㉡ 평균효율관리기자재를 제조하거나 수입하여 판매하는 자는 에너지소비효율 산정에 필요하다고 인정되는 판매에 관한 자료와 효율 측정에 관한 자료를 산업통상자원부장관에게 제출하여야 한다. 다만, 자동차 평균에너지소비효율 산정에 필요한 판매에 관한 자료에 대해서는 환경부장관이 산업통상자원부장관에게 제공하는 경우에는 그러하지 아니하다.

④ 과징금 부과
  ㉠ 환경부장관은 자동차관리법 제3조제1항에 따른 승용자동차 등 산업통상자원부령으로 정하는 자동차(평균 효율관리기자재)에 대하여 기후위기 대응을 위한 탄소중립·녹색성장기본법 제32조제2항에 따라 자동차 평균에너지소비효율기준을 택하여 준수하기로 한 자동차 제조업자·수입업자가 평균에너지소비효율기준을 달성하지 못한 경우 그 정도에 따라 대통령령으로 정하는 매출액에 100분의 1을 곱한 금액을 초과하지 아니하는 범위에서 과징금을 부과할 수 있다. 다만, 대기환경보전법 제76조의5제2항에 따라 자동차 제조업자·수입업자가 미달성분을 상환하는 경우에는 그러하지 아니하다.
  ㉡ 자동차 평균에너지소비효율기준의 적용·관리에 관한 사항은 대기환경보전법 제76조의5에 따른다.
  ㉢ 과징금의 산정방법·금액, 징수시기, 그 밖에 필요한 사항은 대통령령으로 정한다. 이 경우 과징금의 금액은 대기환경보전법 제76조의2에 따른 자동차 온실가스 배출 허용기준을 준수하지 못하여 부과하는 과징금 금액과 동일한 수준이 될 수 있도록 정한다.
  ㉣ 환경부장관은 과징금 부과처분을 받은 자가 납부기한까지 과징금을 내지 아니하면 국세체납처분의 예에 따라 징수한다.
  ㉤ 징수한 과징금은 환경정책기본법에 따른 환경개선특별회계의 세입으로 한다.

⑤ 대기전력저감대상제품
  ㉠ 대기전력저감대상제품 : 프린터, 복합기, 전자레인지, 팩시밀리, 복사기, 스캐너, 오디오, DVD플레이어, 라디오카세트, 도어폰, 유무선전화기, 비데, 모뎀, 홈 게이트웨이, 자동절전제어장치, 손건조기, 서버, 디지털컨버터, 그 밖에 산업통상자원부장관이 대기전력의 저감이 필요하다고 인정하여 고시하는 제품
  ㉡ 산업통상자원부장관은 외부의 전원과 연결만 되어 있고, 주기능을 수행하지 아니하거나 외부로부터 켜짐 신호를 기다리는 상태에서 소비되는 전력(이하 대기전력이라 한다)의 저감이 필요하다고 인정되는 에너지사용기자재로서 산업통상자원부령으로 정하는 제품(이하 대기전력저감대상제품)에 대하여 다음의 사항을 정하여 고시하여야 한다.
    • 대기전력저감대상제품의 각 제품별 적용범위
    • 대기전력저감기준
    • 대기전력의 측정방법
    • 대기전력 저감성이 우수한 대기전력저감대상제품(이하 대기전력저감우수제품)의 표시
    • 그 밖에 대기전력저감대상제품의 관리에 필요한 사항으로서 산업통상자원부령으로 정하는 사항

ⓒ 대기전력저감대상제품의 사후관리
- 산업통상자원부장관은 대기전력저감우수제품이 제18조제2호의 대기전력저감기준에 미달하는 경우 산업통상자원부령으로 정하는 바에 따라 대기전력저감대상제품의 제조업자 또는 수입업자에게 일정한 기간을 정하여 그 시정을 명할 수 있다.
- 산업통상자원부장관은 대기전력저감대상제품의 제조업자 또는 수입업자가 시정명령을 이행하지 아니하는 경우에는 그 사실을 공표할 수 있다.

⑥ 대기전력경고표지대상제품
ⓐ 대기전력경고표지대상제품 : 프린터, 복합기, 전자레인지, 팩시밀리, 복사기, 스캐너, 오디오, DVD 플레이어, 라디오카세트, 도어폰, 유무선전화기, 비데, 모뎀, 홈 게이트웨이
ⓑ 산업통상자원부장관은 대기전력저감대상제품 중 대기전력 저감을 통한 에너지 이용의 효율을 높이기 위하여 제18조제2호의 대기전력저감기준에 적합할 것이 특히 요구되는 제품으로서 산업통상자원부령으로 정하는 제품(이하 대기전력경고표지대상제품)에 대하여 다음의 사항을 정하여 고시하여야 한다.
- 대기전력경고표지대상제품의 각 제품별 적용범위
- 대기전력경고표지대상제품의 경고 표시
- 그 밖에 대기전력경고표지대상제품의 관리에 필요한 사항으로서 산업통상자원부령으로 정하는 사항
ⓒ 대기전력경고표지대상제품의 제조업자 또는 수입업자는 대기전력경고표지대상제품에 대하여 산업통상자원부장관이 지정하는 시험기관(이하 대기전력시험기관)의 측정을 받아야 한다. 다만, 산업통상자원부장관이 정하여 고시하는 시험설비 및 전문인력을 모두 갖춘 제조업자 또는 수입업자로서 산업통상자원부령으로 정하는 바에 따라 산업통상자원부장관의 승인을 받은 자는 자체 측정으로 대기전력시험기관의 측정을 대체할 수 있다.
ⓓ 대기전력경고표지대상제품의 제조업자 또는 수입업자는 측정결과를 산업통상자원부령으로 정하는 바에 따라 산업통상자원부장관에게 신고하여야 한다.
ⓔ 대기전력경고표지대상제품의 제조업자 또는 수입업자는 측정결과, 해당 제품이 제18조제2호의 대기전력저감기준에 미달하는 경우에는 그 제품에 대기전력경고표지를 하여야 한다.
ⓕ 대기전력시험기관으로 지정받으려는 자는 다음 각 호의 요건을 모두 갖추어 산업통상자원부령으로 정하는 바에 따라 산업통상자원부장관에게 지정 신청을 하여야 한다.
- 다음 중 어느 하나에 해당할 것
  - 국가가 설립한 시험·연구기관
  - 특정연구기관육성법 제2조에 따른 특정연구기관
  - 국가표준기본법 제23조에 따라 시험·검사기관으로 인정받은 기관
  - 상기 연구기관과 동등 이상의 시험능력이 있다고 산업통상자원부장관이 인정하는 기관
- 산업통상자원부장관이 대기전력저감대상제품별로 정하여 고시하는 시험설비 및 전문인력을 갖출 것

⑦ 대기전력저감우수제품
ⓐ 대기전력저감대상제품의 제조업자 또는 수입업자가 해당 제품에 대기전력저감우수제품의 표시를 하려면 대기전력시험기관의 측정을 받아 해당 제품이 제18조제2호의 대기전력저감기준에 적합하다는 판정을 받아야 한다. 다만, 제19조제2항 단서에 따라 산업통상자원부장관의 승인을 받은 자는 자체 측정으로 대기전력시험기관의 측정을 대체할 수 있다.
ⓑ 적합 판정을 받아 대기전력저감우수제품의 표시를 하는 제조업자 또는 수입업자는 측정결과를 산업통상자원부령으로 정하는 바에 따라 산업통상자원부장관에게 신고하여야 한다.

ⓒ 산업통상자원부장관은 대기전력저감우수제품의 보급을 촉진하기 위하여 필요하다고 인정되는 경우에는 제8조제1항 각호에 따른 자에 대하여 대기전력저감우수제품을 우선적으로 구매하게 하거나, 공장·사업장 및 집단주택단지 등에 대하여 대기전력저감우수제품의 설치 또는 사용을 장려할 수 있다.

⑧ **고효율에너지기자재**

㉠ 고효율에너지인증대상기자재 : 펌프, 산업건물용 보일러, 무정전전원장치, 폐열회수형 환기장치, 발광다이오드(LED) 등 조명기기, 그 밖에 산업통상자원부장관이 특히 에너지 이용의 효율성이 높아 보급을 촉진할 필요가 있다고 인정하여 고시하는 기자재 및 설비

㉡ 고효율에너지인증대상기자재 제외 기자재(에너지이용합리화법 시행규칙 제22조의2 관련 별표 2의2)
- 해당 기자재의 기술 수준
  - 해당 기자재를 고효율에너지인증대상기자재로 정한지 10년이 지난 경우일 것
  - 해당 기자재의 에너지이용효율에 대한 기술 수준이 해당 기자재를 더 이상 고효율에너지인증대상기자재로 인정할 필요성이 없을 만큼 이미 보편화되었을 것
- 해당 기자재의 보급 정도
  - 해당 기자재의 연간 판매 대수가 해당 연도의 고효율에너지인증대상기자재 전체 판매 대수의 100분의 10을 넘는 경우일 것
  - 해당 기자재에 대한 이용 및 보급이 해당 기자재를 더 이상 고효율에너지인증대상기자재로 인정할 필요성이 없을 만큼 이미 보편화되었을 것
- 해당 기자재의 인증 등 실적
  - 해당 기자재를 고효율에너지인증대상기자재로 인증한 건수가 최근 3년간 연간 10건 이하인 경우일 것
  - 해당 기자재의 최근 3년간 생산·판매한 실적이 해당 기자재를 더 이상 고효율에너지인증대상기자재로 인정할 필요성이 없을 만큼 현저히 저조할 것
- 상기 외에 해당 기자재의 기술 수준 및 보급 정도 등을 고려할 때, 계속하여 고효율에너지인증대상기자재로 정할만한 필요성이 낮다고 산업통상자원부장관이 인정하는 경우일 것

㉢ 고효율에너지기자재의 인증 : 산업통상자원부장관은 에너지 이용의 효율성이 높아 보급을 촉진할 필요가 있는 에너지사용기자재 또는 에너지 관련 기자재로서 산업통상자원부령으로 정하는 기자재(이하 고효율에너지인증대상기자재)에 대하여 다음의 사항을 정하여 고시하여야 한다. 다만, 에너지 관련 기자재 중 건축법 제2조제1항의 건축물에 고정되어 설치·이용되는 기자재 및 자동차관리법 제29조제2항에 따른 자동차부품을 고효율에너지인증대상기자재로 정하려는 경우에는 국토교통부장관과 협의한 후 다음의 사항을 공동으로 정하여 고시하여야 한다.
- 고효율에너지인증대상기자재의 각 기자재별 적용범위
- 고효율에너지인증대상기자재의 인증 기준·방법 및 절차
- 고효율에너지인증대상기자재의 성능 측정방법
- 에너지이용의 효율성이 우수한 고효율에너지인증대상기자재(이하 고효율에너지기자재)의 인증 표시
- 그 밖에 고효율에너지인증대상기자재의 관리에 필요한 사항으로서 산업통상자원부령으로 정하는 사항

㉣ 고효율에너지인증대상기자재의 제조업자 또는 수입업자가 해당 기자재에 고효율에너지기자재의 인증 표시를 하려면 해당 에너지사용기자재 또는

에너지 관련 기자재가 인증기준에 적합한지 여부에 대하여 산업통상자원부장관이 지정하는 시험기관(이하 고효율시험기관)의 측정을 받아 산업통상자원부장관으로부터 인증을 받아야 한다.
ⓜ 고효율에너지기자재의 인증을 받으려는 자는 산업통상자원부령으로 정하는 바에 따라 산업통상자원부장관에게 인증을 신청하여야 한다.
ⓑ 산업통상자원부장관은 신청된 고효율에너지 인증대상기자재가 인증기준에 적합한 경우에는 인증을 하여야 한다.
ⓢ 인증을 받은 자가 아닌 자는 해당 고효율에너지인증대상기자재에 고효율에너지기자재의 인증 표시를 할 수 없다.
ⓞ 산업통상자원부장관은 고효율에너지기자재의 보급을 촉진하기 위하여 필요하다고 인정하는 경우에는 제8조제1항 각호에 따른 자에 대하여 고효율에너지기자재를 우선적으로 구매하게 하거나, 공장·사업장 및 집단주택단지 등에 대하여 고효율에너지기자재의 설치 또는 사용을 장려할 수 있다.
ⓩ 고효율시험기관으로 지정받으려는 자는 다음의 요건을 모두 갖추어 산업통상자원부령으로 정하는 바에 따라 산업통상자원부장관에게 지정 신청을 하여야 한다.
  • 다음의 어느 하나에 해당할 것
    - 국가가 설립한 시험·연구기관
    - 특정연구기관육성법에 따른 특정연구기관
    - 국가표준기본법에 따라 시험·검사기관으로 인정받은 기관
    - 상기 연구기관과 동등 이상의 시험능력이 있다고 산업통상자원부장관이 인정하는 기관
  • 산업통상자원부장관이 고효율에너지인증대상기자재별로 정하여 고시하는 시험설비 및 전문인력을 갖출 것

ⓩ 산업통상자원부장관은 고효율에너지인증대상기자재 중 기술 수준 및 보급 정도 등을 고려하여 고효율에너지인증대상기자재로 유지할 필요성이 없다고 인정하는 기자재를 산업통상자원부령으로 정하는 기준과 절차에 따라 고효율에너지인증대상기자재에서 제외할 수 있다.
ⓚ 고효율에너지기자재의 사후관리
  • 거짓이나 그 밖의 부정한 방법으로 인증을 받은 경우 : 인증 취소(산업통상자원부장관)
  • 인증기준에 미달하는 경우 : 인증을 취소하거나 6개월 이내의 기간을 정하여 인증을 사용하지 못하도록 명할 수 있다.
  • 산업통상자원부장관은 인증이 취소된 고효율에너지기자재에 대하여 그 인증이 취소된 날부터 1년의 범위에서 산업통상자원부령으로 정하는 기간인 1년 동안 인증을 하지 아니할 수 있다.

⑨ 시험기관의 지정 취소(산업통상자원부장관)
  ㉠ 효율관리시험기관, 대기전력시험기관 및 고효율시험기관이 다음의 어느 하나에 해당하는 경우
    • 지정 취소 : 거짓이나 그 밖의 부정한 방법으로 지정을 받은 경우, 업무정지 기간 중에 시험업무를 행한 경우
    • 지정 취소 또는 시험업무 정지(6개월 이내) : 정당한 사유 없이 시험을 거부하거나 지연하는 경우, 산업통상자원부장관이 정하여 고시하는 측정방법을 위반하여 시험한 경우, 제15조제5항, 제19조제5항 또는 제22조제7항에 따른 시험기관의 지정기준에 적합하지 아니하게 된 경우
  ㉡ 자체 측정의 승인을 받은 자
    • 승인 취소 : 거짓이나 그 밖의 부정한 방법으로 승인을 받은 경우, 업무정지 기간 중에 자체 측정 업무를 행한 경우

- 승인 취소 또는 자체 측정업무 정지(6개월 이내) : 산업통상자원부장관이 정하여 고시하는 측정방법을 위반하여 측정한 경우, 시험설비 및 전문인력 기준에 적합하지 아니하게 된 경우

핵심예제

3-1. 에너지이용합리화법상의 효율관리기자재에 속하지 않는 것은?
[2014년 제2회 유사, 2015년 제1회, 제4회 유사, 2016년 제2회, 2017년 제1회 유사]

① 전기냉장고
② 조명기기
③ 개인용 PC
④ 자동차

3-2. 에너지이용합리화법에 따라 효율관리기자재의 제조업자가 효율관리시험기관으로부터 측정결과를 통보받은 날 또는 자체 측정을 완료한 날부터 그 측정결과를 며칠 이내 한국에너지공단에 신고하여야 하는가?
[2018년 제1회, 2023년 제1회]

① 15일　　② 30일
③ 60일　　④ 90일

3-3. 다음 중 평균효율관리기자재에 해당하는 것은?
[2013년 제2회, 2014년 제2회]

① 승용자동차
② 가전제품
③ 산업용 보일러
④ 조명기기

3-4. 에너지이용합리화법에 따라 고효율에너지인증대상기자재에 해당되지 않는 것은?
[2014년 제1회, 2017년 제4회]

① 펌프
② 무정전 전원장치
③ 가정용 가스보일러
④ 발광다이오드 등 조명기기

|해설|

3-1
효율관리기자재 : 전기냉장고, 전기냉방기, 전기세탁기, 조명기기, 삼상유도전동기, 자동차, 그 밖에 산업통상자원부장관이 그 효율의 향상이 특히 필요하다고 인정하여 고시하는 기자재 및 설비

3-2
효율관리기자재의 제조업자 또는 수입업자는 효율관리시험기관으로부터 측정결과를 통보받은 날 또는 자체 측정을 완료한 날부터 각각 90일 이내에 그 측정 결과를 한국에너지공단에 신고하여야 한다.

3-3
평균효율관리기자재 : 승용자동차(총중량 3.5톤 미만), 승합자동차(승차 인원이 15인승 이하, 총중량 3.5톤 미만), 화물자동차(총중량이 3.5톤 미만)

3-4
고효율에너지인증대상기자재 : 펌프, 산업건물용 보일러, 무정전 전원장치, 폐열회수형 환기장치, 발광다이오드(LED) 등 조명기기, 그 밖에 산업통상자원부장관이 특히 에너지이용의 효율성이 높아 보급을 촉진할 필요가 있다고 인정하여 고시하는 기자재 및 설비

정답 3-1 ③　3-2 ④　3-3 ①　3-4 ③

핵심이론 04 에너지 절약·자발적 협력·지원·온실가스·건물

① 에너지절약전문기업
  ㉠ 에너지절약전문기업의 지원
    • 정부는 제3자로부터 위탁을 받아 다음의 어느 하나에 해당하는 사업을 하는 자로서 산업통상자원부장관에게 등록을 한 자(이하 에너지절약전문기업)가 에너지절약사업과 이를 통한 온실가스의 배출을 줄이는 사업을 하는 데에 필요한 지원을 할 수 있다.
      - 에너지사용시설의 에너지절약을 위한 관리·용역사업
      - 에너지절약형 시설투자에 관한 사업
      - 그 밖에 대통령령으로 정하는 에너지절약을 위한 사업(신에너지 및 재생에너지원의 개발 및 보급사업, 에너지절약형 시설 및 기자재의 연구개발사업)
    • 에너지절약전문기업으로 등록하려는 자는 대통령령으로 정하는 바에 따라 장비, 자산 및 기술인력 등의 등록기준을 갖추어 산업통상자원부장관에게 등록을 신청하여야 한다.
  ㉡ 에너지절약전문기업의 등록신청 첨부서류(한국에너지공단에 제출)
    • 사업계획서
    • 보유장비명세서 및 기술인력명세서(자격증명서 사본 포함)
    • 감정평가 및 감정평가사에 관한 법률 제2조제4호에 따른 감정평가법인 등이 평가한 자산에 대한 감정평가서(개인인 경우만 해당)
    • 공인회계사법 제7조에 따른 공인회계사가 검증한 최근 1년 이내의 재무상태표(법인인 경우만 해당)
  ㉢ 에너지절약전문기업의 등록 취소(산업통상자원부장관) : 에너지절약전문기업이 다음의 어느 하나에 해당하면 등록을 취소하거나 지원을 중단할 수 있다.
    • 등록 취소 : 거짓이나 그 밖의 부정한 방법으로 제25조제1항에 따른 등록을 한 경우
    • 등록 취소 또는 지원 중단 : 거짓이나 그 밖의 부정한 방법으로 제14조제1항에 따른 지원을 받거나 지원받은 자금을 다른 용도로 사용한 경우, 에너지절약전문기업으로 등록한 업체가 그 등록의 취소를 신청한 경우, 타인에게 자기의 성명이나 상호를 사용하여 제25조제1항 각호의 어느 하나에 해당하는 사업을 수행하게 하거나 에너지절약전문기업 등록증을 대여한 경우, 제25조제2항에 따른 등록기준에 미달하게 된 경우, 제66조제1항에 따른 보고를 하지 아니하거나 거짓으로 보고한 경우 또는 같은 항에 따른 검사를 거부·방해 또는 기피한 경우, 정당한 사유 없이 등록한 후 3년 이내에 사업을 시작하지 아니하거나 3년 이상 계속하여 사업수행실적이 없는 경우
  ㉣ 에너지절약전문기업의 등록 제한 : 제26조에 따라 등록이 취소된 에너지절약전문기업은 등록 취소일부터 2년이 지나지 아니하면 제25조제2항에 따른 등록을 할 수 없다.
  ㉤ 에너지절약전문기업의 공제조합 가입
    • 에너지절약전문기업은 에너지절약사업과 이를 통한 온실가스의 배출을 줄이는 사업을 원활히 수행하기 위하여 엔지니어링산업진흥법 제34조에 따른 공제조합의 조합원으로 가입할 수 있다.
    • 공제조합의 실시 가능 사업
      - 에너지절약사업에 따른 의무 이행에 필요한 이행 보증
      - 에너지절약사업을 위한 채무 보증 및 융자
      - 에너지절약사업 수출을 위한 주거래은행 설정에 관한 보증
      - 에너지절약사업으로 인한 매출채권의 팩토링
      - 에너지절약사업의 대가로 받은 어음의 할인

- 조합원 및 조합원에 고용된 자의 복지 향상을 위한 공제사업
- 조합원 출자금의 효율적 운영을 위한 투자사업
- 공제사업을 위한 공제규정, 공제규정으로 정할 내용 등에 관한 사항은 대통령령으로 정한다.

② 자발적 협약체결기업의 지원

㉠ 정부는 에너지사용자 또는 에너지공급자로서 에너지의 절약과 합리적인 이용을 통한 온실가스의 배출을 줄이기 위한 목표와 그 이행방법 등에 관한 계획을 자발적으로 수립하여 이를 이행하기로 정부나 지방자치단체와 약속(이하 자발적 협약)한 자가 에너지절약형 시설이나 그 밖에 대통령령으로 정하는 시설 등에 투자하는 경우에는 그에 필요한 지원을 할 수 있다.

- 그 밖에 대통령령으로 정하는 시설
  - 에너지절약형 공정 개선을 위한 시설
  - 에너지이용 합리화를 통한 온실가스의 배출을 줄이기 위한 시설
  - 그 밖에 에너지절약이나 온실가스의 배출을 줄이기 위하여 필요하다고 산업통상자원부장관이 인정하는 시설
  - 위의 시설과 관련된 기술 개발

㉡ 에너지사용자 또는 에너지공급자가 수립해야 하는 자발적 협약 이행계획

- 협약 체결 전년도 에너지소비 현황
- 에너지를 사용하여 만드는 제품, 부가가치 등의 단위당 에너지 이용효율 향상목표 또는 온실가스 배출 감축목표 및 그 이행방법
- 효율 향상목표 등의 이행을 위한 투자계획
- 에너지관리체제 및 에너지관리방법
- 그 밖에 효율 향상목표 등을 이행하기 위하여 필요한 사항

㉢ 자발적 협약의 목표, 이행방법의 기준과 평가에 관하여 필요한 사항은 환경부장관과 협의하여 산업통상자원부령으로 정한다.

㉣ 자발적 협약의 평가기준
- 에너지 절감량 또는 에너지의 합리적인 이용을 통한 온실가스 배출 감축량
- 계획 대비 달성률 및 투자 실적
- 자원 및 에너지의 재활용 노력
- 그밖에 에너지 절감 또는 에너지의 합리적인 이용을 통한 온실가스 배출 감축에 관한 사항

③ 온실가스

㉠ 온실가스 배출 감축실적의 등록·관리
- 정부는 에너지절약전문기업, 자발적 협약체결기업 등이 에너지이용 합리화를 통한 온실가스 배출 감축실적의 등록을 신청하는 경우 그 감축실적을 등록·관리하여야 한다.
- 신청, 등록·관리 등에 관하여 필요한 사항은 대통령령으로 정한다.

㉡ 온실가스의 배출을 줄이기 위한 교육훈련 및 인력양성 등
- 정부는 온실가스의 배출을 줄이기 위하여 필요하다고 인정하면 산업계 종사자 등 온실가스 배출 감축 관련 업무담당자에 대하여 교육훈련을 실시할 수 있다.
- 정부는 온실가스 배출을 줄이는 데에 필요한 전문인력을 양성하기 위하여 고등교육법 제29조에 따른 대학원 및 같은 법 제30조에 따른 대학원대학 중에서 대통령령으로 정하는 기준에 해당하는 대학원이나 대학원대학을 기후변화협약특성화대학원으로 지정할 수 있다.
- 정부는 지정된 기후변화협약특성화대학원의 운영에 필요한 지원을 할 수 있다.

- 교육훈련 대상자와 교육훈련 내용, 기후변화협약특성화대학원 지정절차 및 지원내용 등에 필요한 사항은 대통령령으로 정한다.
- 온실가스 배출 감축 관련 교육훈련 대상자 : 산업계의 온실가스 배출 감축 관련 업무담당자, 정부 등 공공기관의 온실가스 배출 감축 관련 업무담당자
- 교육훈련의 내용 : 기후변화협약과 대응방안, 기후변화협약 관련 국내외 동향, 온실가스 배출 감축 관련 정책 및 감축방법에 관한 사항

④ 에너지다소비사업자

㉠ 에너지다소비사업자의 에너지관리기준 : 에너지를 효율적으로 관리하기 위하여 필요한 기준

㉡ 에너지다소비업자 : 연간 에너지사용량 합계가 2천[TOE] 이상인 자

㉢ 에너지다소비사업자의 신고
- 에너지다소비사업자는 다음의 사항을 산업통상자원부령으로 정하는 바에 따라 매년 1월 31일까지 그 에너지사용시설이 있는 지역을 관할하는 시·도지사에게 신고하여야 한다.
  - 전년도의 분기별 에너지사용량, 제품생산량
  - 해당 연도의 분기별 에너지사용예정량, 제품생산예정량
  - 에너지사용기자재의 현황
  - 전년도의 분기별 에너지이용 합리화 실적 및 해당 연도의 분기별 계획
  - 상기의 사항에 관한 업무를 담당하는 자(이하 에너지관리자)의 현황
- 시·도지사는 신고를 받으면 이를 매년 2월 말일까지 산업통상자원부장관에게 보고하여야 한다.
- 산업통상자원부장관 및 시·도지사는 에너지다소비사업자가 신고한 사항을 확인하기 위하여 필요한 경우 다음의 어느 하나에 해당하는 자에 대하여 에너지다소비사업자에게 공급한 에너지의 공급량 자료를 제출하도록 요구할 수 있다.
  - 한국전력공사법에 따른 한국전력공사
  - 한국가스공사법에 따른 한국가스공사
  - 도시가스사업법 제2조제2호에 따른 도시가스사업자
  - 집단에너지사업법 제2조제3호에 따른 사업자 및 같은 법 제29조에 따른 한국지역난방공사
  - 그 밖에 대통령령으로 정하는 에너지공급기관 또는 관리기관

⑤ 에너지 진단

㉠ 에너지 진단주기는 월 단위로 계산하되, 에너지 진단을 시작한 달의 다음 달부터 기산한다.

㉡ 산업통상자원부장관은 관계 행정기관의 장과 협의하여 에너지다소비사업자가 에너지를 효율적으로 관리하기 위하여 필요한 기준(이하 에너지관리기준)을 부문별로 정하여 고시하여야 한다.

㉢ 에너지다소비사업자는 산업통상자원부장관이 지정하는 에너지진단전문기관(이하 진단기관)으로부터 3년 이상의 범위에서 대통령령으로 정하는 기간마다 그 사업장에 대하여 에너지 진단을 받아야 한다. 다만, 물리적 또는 기술적으로 에너지 진단을 실시할 수 없거나 에너지 진단의 효과가 작은 아파트, 발전소 등 산업통상자원부령으로 정하는 범위에 해당하는 사업장(에너지 진단 제외대상 사업장)은 그러하지 아니하다.
- 에너지 진단 제외대상 사업장 : 전기사업자가 설치하는 발전소, 아파트, 연립주택, 다세대주택, 판매시설 중 소유자가 2명 이상이며 공동 에너지사용설비의 연간 에너지 사용량이 2천[TOE] 미만인 사업장, 일반업무시설 중 오피스텔, 창고, 지식산업센터, 군사시설, 폐기물처리의 용도만으로 설치하는 폐기물처리시설, 그 밖에 기술적으로 에너지 진단을 실시할 수 없거나 에너지 진단의 효과가 적다고 산업통상자원부장관이 인정하여 고시하는 사업장

② 연간 에너지사용량이 20만[TOE] 이상인 자가 전체 에너지 진단을 할 때의 에너지 진단 주기, 연간 에너지사용량이 20만[TOE] 미만인 자가 전체 에너지 진단을 할 때의 에너지 진단 주기 : 5년
⑩ 연간 에너지사용량이 20만[TOE] 이상인 자가 부분 에너지 진단(구역별로 나누어 진단)을 할 때의 에너지 진단 주기 : 3년
⑪ 산업통상자원부장관은 대통령령으로 정하는 바에 따라 에너지진단업무에 관한 자료 제출을 요구하는 등 진단기관을 관리·감독한다.
⊘ 산업통상자원부장관은 자체 에너지 절감실적이 우수하다고 인정되는 에너지다소비사업자에 대하여는 산업통상자원부령으로 정하는 바에 따라 에너지 진단을 면제하거나 에너지 진단주기를 연장할 수 있다.

- 에너지진단 면제(에너지진단주기 연장) 할 수 있는 자
  - 친에너지형 설비 : 금융·세제상의 지원을 받는 설비, 효율관리기자재 중 에너지소비효율이 1등급인 제품, 대기전력저감우수제품, 인증 표시를 받은 고효율에너지기자재, 설비인증을 받은 신재생에너지 설비
  - 에너지관리시스템을 구축하여 에너지를 효율적으로 이용하고 있다고 산업통상자원부장관이 고시하는 자
  - 목표관리업체(목표관리 대상 공공기관과 온실가스배출관리업체)로서 온실가스 목표관리실적이 우수하다고 산업통상자원부장관이 환경부장관과 협의한 후 정하여 고시하는 자(단, 배출권 할당 대상업체로 지정·고시된 업체는 제외)
- 에너지진단면제(에너지진단주기 연장) 신청서에 추가되는 서류 : 자발적 협약 우수사업장임을 확인할 수 있는 서류, 중소기업임을 확인할 수 있는 서류, 에너지경영시스템 구축 및 개선실적을 확인할 수 있는 서류, 에너지 절약 유공자 표창 사본, 에너지 진단결과를 반영한 에너지 절약투자 및 개선실적을 확인할 수 있는 서류, 친에너지형 설비 설치를 확인할 수 있는 서류(설비의 목록, 용량 및 설치사진 등), 에너지관리시스템 구축 및 개선실적을 확인할 수 있는 서류, 목표관리업체로서 온실가스 목표관리 실적을 확인할 수 있는 서류

대상사업자	면제 또는 연장 범위
1. 에너지절약 이행실적 우수사업자	
가. 자발적 협약 우수사업장으로 선정된 자(중소기업인 경우)	에너지 진단 1회 면제
나. 자발적 협약 우수사업장으로 선정된 자(중소기업이 아닌 경우)	1회 선정에 에너지 진단주기 1년 연장
1의2. 에너지경영 시스템을 도입한 자로서 에너지를 효율적으로 이용하고 있다고 산업통상자원부장관이 정하여 고시하는 자	에너지 진단주기 2회마다 에너지진단 1회 면제
2. 에너지절약 유공자	에너지 진단 1회 면제
3. 에너지 진단결과를 반영하여 에너지를 효율적으로 이용하고 있는 자	1회 선정에 에너지 진단주기 3년 연장
4. 지난 연도 에너지사용량의 100분의 30 이상을 친에너지형 설비를 이용하여 공급하는 자	에너지 진단 1회 면제
5. 에너지관리시스템을 구축하여 에너지를 효율적으로 이용하고 있다고 산업통상자원부장관이 고시하는 자	에너지 진단주기 2회마다 에너지진단 1회 면제
6. 목표관리업체로서 온실가스·에너지 목표관리실적이 우수하다고 산업통상자원부장관이 환경부장관과 협의한 후 정하여 고시하는 자	에너지 진단주기 2회마다 에너지진단 1회 면제

비 고
1. 에너지 절약 유공자에 해당되는 자는 1개의 사업장만 해당한다.
2. 제1호, 제1호의2 및 제2호부터 제6호까지의 대상사업자가 동시에 해당되는 경우에는 어느 하나만 해당되는 것으로 한다.
3. 제1호가목 및 나목에서 '중소기업'이란 중소기업기본법 제2조에 따른 중소기업을 말한다.
4. 에너지 진단이 면제되는 '1회'의 시점은 다음 각 목의 구분에 따라 최초로 에너지 진단주기가 도래하는 시점을 말한다.
  가. 제호가목의 경우 : 중소기업이 자발적 협약 우수사업장으로 선정된 후
  나. 제2호의 경우 : 에너지 절약 유공자 표창을 수상한 후
  다. 제4호의 경우 : 100분의 30 이상의 에너지사용량을 친에너지형 설비를 이용하여 공급한 후

ⓞ 산업통상자원부장관은 에너지진단 결과 에너지다소비사업자가 에너지관리기준을 지키고 있지 아니한 경우에는 에너지관리기준의 이행을 위한 지도(이하 에너지관리지도)를 할 수 있다.

ⓩ 산업통상자원부장관은 에너지다소비사업자가 에너지진단을 받기 위하여 드는 비용의 전부 또는 일부를 지원할 수 있다. 이 경우 지원 대상, 규모 및 절차는 대통령령으로 정한다. 에너지진단비용의 일부 또는 전부를 지원할 수 있는 에너지다소비사업자는 중소기업기본법 제2조에 따른 중소기업이며 연간 에너지사용량이 1만[TOE] 미만이어야 한다.

ⓩ 진단기관의 지정기준은 대통령령으로 정하고, 진단기관의 지정절차와 그 밖에 필요한 사항은 산업통상자원부령으로 정한다.
  - 진단기관 지정신청서에 첨부되는 서류 : 에너지진단업무 수행계획서, 보유장비명세서, 기술인력명세서(자격증 사본, 경력증명서, 재직증명서 포함)

ⓚ 에너지진단의 범위와 방법, 그 밖에 필요한 사항은 산업통상자원부장관이 정하여 고시한다.

ⓔ 진단기관의 지정취소 : 산업통상자원부장관은 진단기관의 지정을 받은 자가 다음의 어느 하나에 해당하면 그 지정을 취소하거나 업무 정지를 명할 수 있다.
  - 지정 취소 : 거짓이나 그 밖의 부정한 방법으로 지정을 받은 경우
  - 지정 취소 또는 업무 정지(2년 이내) : 에너지관리기준에 비추어 현저히 부적절하게 에너지 진단을 하는 경우, 제32조제7항에 따른 평가결과 진단기관으로서 적절하지 아니하다고 판단되는 경우, 제32조제8항에 따른 지정기준에 적합하지 아니하게 된 경우, 제66조제1항에 따른 보고를 하지 아니하거나 거짓으로 보고한 경우 또는 같은 항에 따른 검사를 거부·방해 또는 기피한 경우, 정당한 사유 없이 3년 이상 계속하여 에너지진단업무 실적이 없는 경우

⑥ 개선명령
  ㉠ 산업통상자원부장관은 에너지관리 지도결과, 에너지가 손실되는 요인을 줄이기 위하여 필요하다고 인정하면 에너지다소비사업자에게 에너지 손실요인의 개선을 명할 수 있다.
  ㉡ 개선명령의 요건 및 절차는 대통령령으로 정한다.
    - 에너지다소비사업자는 개선명령을 받은 경우에는 개선명령일부터 60일 이내에 개선계획을 수립하여 산업통상자원부장관에게 제출하여야 하며, 그 결과를 개선 기간 만료일부터 15일 이내에 산업통상자원부장관에게 통보하여야 한다.

⑦ 목표에너지원단위의 설정
  ㉠ 목표에너지원단위 : 에너지를 사용하여 만드는 제품의 단위당 에너지사용목표량 또는 건축물의 단위면적당 에너지사용목표량
  ㉡ 산업통상자원부장관은 에너지의 이용효율을 높이기 위하여 필요하다고 인정하면 관계 행정기관의 장과 협의하여 목표에너지원단위를 정하여 고시하여야 한다.
  ㉢ 산업통상자원부장관은 산업통상자원부령으로 정하는 바에 따라 목표에너지원단위의 달성에 필요한 자금을 융자할 수 있다.

⑧ 붙박이 에너지사용기자재의 효율관리
  ㉠ 산업통상자원부장관은 건설사업자(주택법 제4조에 따라 등록한 주택건설사업자 또는 건축법 제2조에 따른 건축주 및 공사시공자)가 설치하여 입주자에게 공급하는 붙박이 가전제품(건축물의 난방, 냉방, 급탕, 조명, 환기를 위한 제품은 제외)으로서 국토교통부장관과 협의하여 산업통상자원부령으로 정하는 에너지사용기자재(이하 붙박이 에너지사용기자재 : 전기냉장고, 전기세탁기, 식기세척기, 산업통상자원부장관이 국토교통부장관과의 협의를 거쳐 고시하는 에너지사용기자재)의 에너지이용 효율을 높이기 위하여 다음 사항을 정하여 고시하여야 한다.

- 에너지의 최저 소비효율 또는 최대 사용량의 기준
- 에너지의 소비효율등급 또는 대기전력 기준
- 그 밖에 붙박이 에너지사용기자재의 관리에 필요한 사항으로서 산업통상자원부령으로 정하는 사항

ⓛ 산업통상자원부장관은 건설사업자에게 고시된 사항을 준수하도록 권고할 수 있다.

ⓓ 산업통상자원부장관은 붙박이 에너지사용기자재를 설치한 건설사업자에 대하여 국토교통부장관과 협의하여 산업통상자원부령으로 정하는 바에 따라 권고의 이행 여부를 조사할 수 있다.

⑨ 폐열의 이용
ⓐ 에너지사용자는 사업장 안에서 발생하는 폐열을 이용하기 위하여 노력하여야 하며, 사업장 안에서 이용하지 아니하는 폐열을 타인이 사업장 밖에서 이용하기 위하여 공급받으려는 경우에는 이에 적극 협조하여야 한다.

ⓛ 산업통상자원부장관은 폐열의 이용을 촉진하기 위하여 필요하다고 인정하면 폐열을 발생시키는 에너지사용자에게 폐열의 공동 이용 또는 타인에 대한 공급 등을 권고할 수 있다. 다만, 폐열의 공동 이용 또는 타인에 대한 공급 등에 관하여 당사자 간에 협의가 이루어지지 아니하거나 협의를 할 수 없는 경우에는 조정을 할 수 있다.

ⓓ 집단에너지사업법에 따른 사업자는 같은 법 제5조에 따라 집단에너지공급대상지역으로 지정된 지역에 소각시설이나 산업시설에서 발생되는 폐열을 활용하기 위하여 적극 노력하여야 한다.

⑩ 냉난방(가동)제한온도 기준
ⓐ 냉난방온도제한대상건물 : 연간 에너지사용량이 2천[TOE] 이상인 건물
ⓛ 냉방제한온도 : 26[℃] 이상(단, 판매시설 및 공항의 경우는 25[℃] 이상)
ⓓ 난방제한온도 : 20[℃] 이하

⑪ 냉난방온도제한건물
ⓐ 냉난방온도제한건물의 지정
- 산업통상자원부장관은 에너지의 절약 및 합리적인 이용을 위하여 필요하다고 인정하면 냉난방온도의 제한온도 및 제한기간을 정하여 다음의 건물 중에서 냉난방온도를 제한하는 건물을 지정할 수 있다.
  - 국가·지방자치단체·공공기관이 업무용으로 사용하는 건물
  - 에너지다소비사업자의 에너지사용시설 중 에너지사용량이 대통령령으로 정하는 기준량 이상인 건물
  - 단, 산업집적활성화 및 공장설립에 관한 법률에 따른 공장과 건축법에 따른 공동주택은 제외
- 냉난방온도의 제한온도를 적용하지 않을 수 있는 건물 : 의료법 제3조에 따른 의료기관의 실내구역, 식품 등의 품질관리를 위해 냉난방온도의 제한온도 적용이 적절하지 않은 구역, 숙박시설 중 객실 내부구역, 그 밖에 관련 법령 또는 국제기준에서 특수성을 인정하거나 건물의 용도상 냉난방온도의 제한온도를 적용하는 것이 적절하지 않다고 산업통상자원부장관이 고시하는 구역
- 산업통상자원부장관은 냉난방온도제한건물의 관리기관 또는 에너지다소비사업자가 해당 건물의 냉난방온도를 제한온도에 적합하게 유지·관리하는지 여부를 점검하거나 실태를 파악할 수 있다.
- 냉난방온도의 제한온도를 정하는 기준 및 냉난방온도제한건물의 지정기준, 점검방법 등에 필요한 사항은 산업통상자원부령으로 정한다.

ⓒ 건물의 냉난방온도 유지·관리를 위한 조치 : 산업통상자원부장관은 냉난방온도제한건물의 관리기관 또는 에너지다소비사업자가 제36조의2제3항에 따라 해당 건물의 냉난방온도를 제한온도에 적합하게 유지·관리하지 아니한 경우에는 냉난방온도의 조절 등 냉난방온도의 적합한 유지·관리에 필요한 조치를 하도록 권고하거나 시정조치를 명할 수 있다.

⑫ 공업로의 에너지절감대책
  ㉠ 배열을 재료의 예열로 사용
  ㉡ 노체 열용량의 감소
  ㉢ 공연비의 개선
  ㉣ 단열의 강화

핵심예제

4-1. 에너지절약전문기업의 등록이 취소된 에너지절약전문기업은 원칙적으로 등록취소일로부터 최소 얼마의 기간이 지나면 다시 등록할 수 있는가?
[2011년 제1회, 2013년 제4회, 2016년 제2회]

① 1년 ② 2년
③ 3년 ④ 5년

4-2. 에너지이용합리화법에 따라 에너지다소비사업자는 연료·열 및 전력의 연간 사용량의 합계가 얼마 이상인 자를 나타내는가?
[2013년 제1회, 2016년 제4회, 2017년 제4회]

① 1천[TOE] 이상인 자 ② 2천[TOE] 이상인 자
③ 3천[TOE] 이상인 자 ④ 5천[TOE] 이상인 자

4-3. 에너지이용합리화법에 따라 에너지다소비업자가 그 에너지사용시설이 있는 지역을 관할하는 시·도지사에게 신고하여야 할 사항에 해당되지 않는 것은?
[2016년 제2회, 2017년 제2회 유사]

① 전년도의 분기별 에너지사용량, 제품생산량
② 에너지사용기자재의 현황
③ 사용에너지원의 종류 및 사용처
④ 해당 연도의 분기별 에너지사용예정량, 제품생산예정량

4-4. 에너지이용합리화법상 '목표에너지원단위'란?
[2010년 제4회 유사, 2013년 제4회, 2014년 제4회 유사, 2017년 제1회]

① 열사용기기당 단위시간에 사용할 열의 사용목표량
② 각 회사마다 단위기간 동안 사용할 열의 사용목표량
③ 에너지를 사용하여 만드는 제품의 단위당 에너지사용목표량
④ 보일러에서 증기 1톤을 발생할 때 사용할 연료의 사용목표량

| 해설 |

4-1
2년 : 에너지절약전문기업의 등록이 취소된 에너지절약전문기업이 재등록할 수 있는 등록 취소일 이후 경과기간

4-2
에너지다소비업자 : 연료·열 및 전력의 연간 사용량의 합계가 2천[TOE] 이상인 자

4-3
- 에너지다소비업자가 신고해야 하는 사항
- 전년도의 분기별 에너지사용량, 제품생산량
- 해당 연도의 분기별 에너지사용예정량, 제품생산예정량
- 에너지사용기자재의 현황
- 전년도의 분기별 에너지이용 합리화 실적 및 해당 연도의 분기별 계획
- 상기의 사항에 관한 업무를 담당하는 자(에너지관리자)의 현황

4-4
목표에너지원단위 : 에너지를 사용하여 만드는 제품의 단위당 에너지사용목표량

정답 4-1 ② 4-2 ② 4-3 ③ 4-4 ③

핵심이론 05 열사용기자재

① **열사용기자재** : 연료를 사용하는 기기, 열을 사용하는 기기, 축열식 전기기기, 단열성 자재

② **열사용기자재 지정품목** : 보일러(강철제·주철제 보일러, 소형 온수보일러, 구멍탄용 온수보일러, 축열식 전기보일러, 캐스케이드 보일러, 가정용 화목 보일러), 태양열 집열기, 압력용기(1종 압력용기, 2종 압력용기), 요로(요업요로 : 연속식 유리용융가마·불연속식 유리용융가마·유리용융도가니가마·터널가마·도염식 가마·셔틀가마·회전가마 및 석회용선가마, 금속요로 : 용선로·비철금속용융로·금속소둔로·철금속가열로 및 금속균열로), 집단에너지사업법의 적용을 받는 발전전용 보일러 및 압력용기

구 분	품목명	적용범위
보일러	강철제 보일러, 주철제 보일러	1. 1종 관류 보일러 : 강철제 보일러 중 헤더의 안지름이 150[mm] 이하이고, 전열면적이 5[m^2] 초과 10[m^2] 이하이며, 최고 사용압력이 1[MPa] 이하인 관류 보일러(기수분리기를 장치한 경우에는 기수분리기의 안지름이 300[mm] 이하이고, 그 내부 부피가 0.07[m^3] 이하인 것만 해당) 2. 2종 관류 보일러 : 강철제 보일러 중 헤더의 안지름이 150[mm] 이하이고, 전열면적이 5[m^2] 이하이며, 최고 사용압력이 1[MPa] 이하인 관류 보일러(기수분리기를 장치한 경우에는 기수분리기의 안지름이 200[mm] 이하이고, 그 내부 부피가 0.02[m^3] 이하인 것에 한정) 3. 1종 관류 보일러 및 2종 관류 보일러 외의 금속(주철 포함)으로 만든 것. 다만, 소형 온수 보일러·구멍탄용 온수 보일러 및 축열식 전기 보일러는 제외한다.
	소형 온수 보일러	전열면적이 14[m^2] 이하이고, 최고 사용압력이 0.35[MPa] 이하의 온수를 발생하는 것. 다만, 구멍탄용 온수 보일러·축열식 전기 보일러 및 가스 사용량이 17[kg/h](도시가스는 232.6[kW]) 이하인 가스용 온수 보일러는 제외한다.
	구멍탄용 온수 보일러	연탄을 연료로 사용하여 온수를 발생시키는 것으로서 금속제만 해당한다.
	축열식 전기 보일러	심야 전력을 사용하여 온수를 발생시켜 축열조에 저장한 후 난방에 이용하는 것으로서 정격소비전력이 30[kW] 이하이고, 최고 사용압력이 0.35[MPa] 이하인 것

구 분	품목명	적용범위
보일러	캐스케이드 보일러	산업표준화법에 따른 한국산업표준에 적합함을 인증받거나 액화석유가스의 안전관리 및 사업법에 따라 가스용품의 검사에 합격한 제품으로서, 최고사용 압력이 대기압을 초과하는 온수 보일러 또는 온수기 2대 이상이 단일 연통으로 연결되어 서로 연동되도록 설치되며, 최대가스사용량의 합이 17[kg/h](도시가스는 232.6[kW])를 초과하는 것
	가정용 화목 보일러	화목(火木) 등 목재연료를 사용하여 90[℃] 이하의 난방수 또는 65[℃] 이하의 온수를 발생하는 것으로서 표시 난방출력이 70[kW] 이하로서 옥외에 설치하는 것
태양열 집열기		태양열 집열기
압력 용기	1종 압력 용기	최고 사용압력[MPa]과 내부 부피[m³]를 곱한 수치가 0.004를 초과하는 다음의 어느 하나에 해당하는 것 1. 증기 그 밖의 열매체를 받아들이거나 증기를 발생시켜 고체 또는 액체를 가열하는 기기로서 용기 안의 압력이 대기압을 넘는 것 2. 용기 안의 화학반응에 따라 증기를 발생시키는 용기로서 용기 안의 압력이 대기압을 넘는 것 3. 용기 안의 액체의 성분을 분리하기 위하여 해당 액체를 가열하거나 증기를 발생시키는 용기로서 용기 안의 압력이 대기압을 넘는 것 4. 용기 안의 액체의 온도가 대기압에서의 비점을 넘는 것
	2종 압력 용기	최고 사용압력이 0.2[MPa]를 초과하는 기체를 그 안에 보유하는 용기로서 다음의 어느 하나에 해당하는 것 1. 내부 부피가 0.04[m³] 이상인 것 2. 동체의 안지름이 200[mm] 이상(증기헤더의 경우에는 동체의 안지름이 300[mm] 초과)이고, 그 길이가 1,000[mm] 이상인 것
요로 (고온 가열 장치)	요업 요로	연속식 유리용융가마, 불연속식 유리용융가마, 유리용융도가니가마, 터널가마, 도염식 가마, 셔틀가마, 회전가마 및 석회용선가마
	금속 요로	용선로, 비철금속용융로, 금속소둔로, 철금속가열로 및 금속균열로

③ **열사용기자재 제외품목** : 전기사업자가 설치하는 발전소의 발전전용 보일러 및 압력용기, 기관차 및 철도차량용 보일러, 고압가스 보일러 및 압력용기, 선박용 보일러 및 압력용기, 2종 압력용기, 이 규칙에 따라 관리하는 것이 부적합하다고 산업통상자원부장관이 인정하는 수출용 열사용기자재

④ **열사용기자재 관리규칙**
  ㉠ 계속사용검사는 해당 연도 말까지 연기할 수 있으며 검사의 연기를 받으려는 자는 검사대상기기 검사연기신청서를 한국에너지공단 이사장에게 제출하여야 한다(단, 검사대상기기의 계속사용검사 유효기간 만료일이 9월 1일 이후인 경우에는 4개월 이내에서 계속사용검사를 연기할 수 있다).
  ㉡ 한국에너지공단 이사장은 검사에 합격한 검사대상기기에 대해서 검사신청인에게 검사일로부터 7일 이내에 검사증을 발급하여야 한다.
  ㉢ 검사대상기기관리자의 선임·해임·퇴직신고는 신고사유가 발생한 날로부터 30일 이내에 한국에너지공단에 신고하여야 한다.
  ㉣ 검사대상기기에 대한 폐기신고는 폐기한 날로부터 15일 이내에 한국에너지공단 이사장에게 신고하여야 한다.

⑤ **특정열사용기자재 및 설치·시공범위**

구 분	품목명	설치·시공범위
보일러	강철제 보일러, 주철제 보일러, 온수 보일러, 구멍탄용 온수 보일러, 축열식 전기 보일러, 캐스케이드 보일러, 가정용 화목보일러	해당 기기의 설치·배관 및 세관
태양열 집열기	태양열 집열기	
압력용기	1종 압력용기, 2종 압력용기	
요업요로	연속식 유리용융가마, 불연속식 유리용융가마, 유리용융도가니가마, 터널가마, 도염식 각가마, 셔틀가마, 석회용선가마	해당 기기의 설치를 위한 시공
금속요로	용선로, 비철금속용융로, 금속소둔로, 철금속가열로, 금속균열로	

⑥ **검사대상기기의 검사**
  ㉠ 특정열사용기자재 중 산업통상자원부령으로 정하는 검사대상기기(이하 검사대상기기)의 제조업자는 그 검사대상기기의 제조에 관하여 시·도지사의 검사를 받아야 한다.

ⓛ 검사대상기기

구 분	검사대상 기기	적용범위
보일러	강철제 보일러, 주철제 보일러	다음의 어느 하나에 해당하는 것은 제외 1. 최고 사용압력 0.1[MPa] 이하이고, 동체 안지름이 300[mm] 이하이며, 길이가 600[mm] 이하인 것 2. 최고 사용압력이 0.1[MPa] 이하이고, 전열면적이 5[m^2] 이하인 것 3. 2종 관류 보일러 4. 온수를 발생시키는 보일러로서 대기 개방형인 것
	소형 온수 보일러	가스를 사용하는 것으로서 가스 사용량이 17[kg/h](도시가스는 232.6[kW])를 초과하는 것
	캐스케이드 보일러	에너지이용합리화법 시행규칙 별표 1에 따른 캐스케이드 보일러의 적용범위에 따른다.
압력 용기	1종 압력용기, 2종 압력용기	에너지이용합리화법 시행규칙 별표 1에 따른 압력용기의 적용범위에 따른다.
요 로	철금속 가열로	정격용량이 0.58[MW]를 초과하는 것

ⓒ 다음의 어느 하나에 해당하는 자(이하 검사대상기기설치자)는 산업통상자원부령으로 정하는 바에 따라 시·도지사의 검사를 받아야 한다.
- 검사대상기기를 설치하거나 개조하여 사용하려는 자
- 검사대상기기의 설치 장소를 변경하여 사용하려는 자
- 검사대상기기를 사용 중지한 후 재사용하려는 자

ⓔ 시·도지사는 검사에 합격된 검사대상기기의 제조업자나 설치자에게는 지체 없이 그 검사의 유효기간을 명시한 검사증을 내주어야 한다.

ⓜ 검사의 유효기간이 끝나는 검사대상기기를 계속 사용하려는 자는 산업통상자원부령으로 정하는 바에 따라 다시 시·도지사의 검사를 받아야 한다.

ⓗ 검사에 합격되지 아니한 검사대상기기는 사용할 수 없다. 다만, 시·도지사는 검사의 내용 중 산업통상자원부령으로 정하는 항목의 검사에 합격되지 아니한 검사대상기기에 대하여는 검사대상기기의 안전관리와 위해 방지에 지장이 없는 범위에서 산업통상자원부령으로 정하는 기간 내에 그 검사에 합격할 것을 조건으로 계속 사용하게 할 수 있다.

ⓢ 검사의 종류 및 적용대상

검사의 종류		적용 대상
제조 검사	용접검사	동체·경판(동체의 양 끝부분에 부착하는 판) 및 이와 유사한 부분을 용접으로 제조하는 경우의 검사
	구조검사	강판·관 또는 주물류를 용접·확대·조립·주조 등에 따라 제조하는 경우의 검사
설치검사		신설한 경우의 검사(사용 연료의 변경에 의하여 검사 대상이 아닌 보일러가 검사 대상으로 되는 경우의 검사를 포함한다)
개조검사		다음의 어느 하나에 해당하는 경우의 검사 1. 증기 보일러를 온수 보일러로 개조하는 경우 2. 보일러 섹션의 증감에 의하여 용량을 변경하는 경우 3. 동체·돔·노통·연소실·경판·천장판·관판·관모음 또는 스테이의 변경으로서 산업통상자원부장관이 정하여 고시하는 대수리의 경우 4. 연료 또는 연소방법을 변경하는 경우 5. 철금속가열로로서 산업통상자원부장관이 정하여 고시하는 경우의 수리
설치 장소 변경검사		설치 장소를 변경한 경우의 검사. 다만, 이동식 검사대상기기를 제외한다.
재사용검사		사용 중지 후 재사용하고자 하는 경우의 검사
계속 사용 검사	안전검사	설치검사·개조검사·설치 장소 변경검사 또는 재사용검사 후 안전 부문에 대한 유효기간을 연장하고자 하는 경우의 검사
	운전성능 검사	다음의 어느 하나에 해당하는 기기에 대한 검사로서 설치검사 후 운전성능 부문에 대한 유효기간을 연장하고자 하는 경우의 검사 1. 용량이 1[t/h](난방용의 경우에는 5[t/h]) 이상인 강철제 보일러 및 주철제 보일러 2. 철금속가열로

ⓞ 시·도지사는 검사에서 검사대상기기의 안전관리와 위해 방지에 지장이 없는 범위에서 산업통상자원부령으로 정하는 바에 따라 그 검사의 전부 또는 일부를 면제할 수 있다.

ⓩ 검사의 면제대상범위

검사대상 기기명	대상범위	면제되는 검사
강철제 보일러, 주철제 보일러	1. 강철제 보일러 중 전열면적 5[m²] 이하이고, 최고 사용압력 0.35[MPa] 이하인 것 2. 주철제 보일러 3. 1종 관류 보일러 4. 온수 보일러 중 전열면적 18[m²] 이하이고, 최고 사용압력이 0.35[MPa] 이하인 것	용접검사
	주철제 보일러	구조검사
	1. 가스 외의 연료를 사용하는 1종 관류 보일러 2. 전열면적 30[m²] 이하의 유류용 주철제 증기 보일러	설치검사

	1. 전열면적 5[m²] 이하의 증기 보일러로서 다음 각 목의 어느 하나에 해당하는 것
	  가. 대기에 개방된 안지름이 25[mm] 이상인 증기관이 부착된 것
	  나. 수두압 5[m] 이하이며 안지름 25[mm] 이상인 대기에 개방된 U자형 입관이 보일러의 증기부에 부착된 것
	2. 온수 보일러로서 다음 각 목의 어느 하나에 해당하는 것
	  가. 유류·가스 외의 연료를 사용하는 것으로서 전열면적 30[m²] 이하인 것
	  나. 가스 외의 연료를 사용하는 주철제 보일러
		계속사용 검사

소형 온수 보일러	가스 사용량 17[kg/h](도시가스는 232.6[kW])를 초과하는 가스용 소형 온수 보일러	제조검사
캐스케이드 보일러	캐스케이드 보일러	제조검사
1종 압력용기, 2종 압력용기	1. 용접이음(동체와 플랜지와의 용접이음 제외)이 없는 강관을 동체로 한 헤더 2. 압력용기 중 동체의 두께가 6[mm] 미만인 것으로서 최고사용압력([MPa])과 내부 부피([m³])를 곱한 수치가 0.02 이하(난방용의 경우에는 0.05 이하)인 것 3. 전열교환식인 것으로서 최고 사용압력이 0.35[MPa] 이하이고, 동체의 안지름이 600[mm] 이하인 것	용접검사
1종 압력용기, 2종 압력용기	1. 2종 압력용기 및 온수탱크 2. 압력용기 중 동체의 두께가 6[mm] 미만인 것으로서 최고사용압력([MPa])과 내부 부피([m³])를 곱한 수치가 0.02 이하(난방용 경우 0.05 이하)인 것 3. 압력용기 중 동체의 최고 사용압력이 0.5[MPa] 이하인 난방용 압력용기 4. 압력용기 중 동체의 최고 사용압력이 0.1[MPa] 이하인 취사용 압력용기	설치검사 및 계속사용검사
철금속 가열로	철금속가열로	제조검사, 재사용검사 및 계속사용검사 중 안전검사

ⓩ 검사대상기기설치자는 다음의 어느 하나에 해당하면 산업통상자원부령으로 정하는 바에 따라 시·도지사에게 신고하여야 한다.
- 검사대상기기를 폐기한 경우 : 15일 이내 폐기신고서를 한국에너지공단 이사장에게 제출
- 검사대상기기의 사용을 중지한 경우 : 15일 이내 사용 중지 신고서를 한국에너지공단 이사장에게 제출
- 검사대상기기의 설치자가 변경된 경우 : 15일 이내 변경신고서를 한국에너지공단 이사장에게 제출
- 검사의 전부 또는 일부가 면제된 검사대상기기 중 산업통상자원부령으로 정하는 검사대상기기를 설치한 경우

ⓚ 검사대상기기에 대한 검사의 내용·기준, 그 밖에 필요한 사항은 산업통상자원부령으로 정한다.

ⓒ 검사대상기기의 검사 유효기간

검사의 종류		검사유효기간
설치검사		1. 보일러 : 1년. 다만, 운전성능 부문의 경우에는 3년 1개월로 한다. 2. 캐스케이드 보일러, 압력용기 및 철금속가열로 : 2년
개조검사		1. 보일러 : 1년 2. 캐스케이드 보일러, 압력용기 및 철금속가열로 : 2년
설치 장소 변경검사		1. 보일러 : 1년 2. 캐스케이드 보일러, 압력용기 및 철금속가열로 : 2년
재사용검사		1. 보일러 : 1년 2. 캐스케이드 보일러, 압력용기 및 철금속가열로 : 2년
계속 사용 검사	안전검사	1. 보일러 : 1년 2. 캐스케이드 보일러 및 압력용기 : 2년
	운전성 능검사	1. 보일러 : 1년 2. 철금속가열로 : 2년

비 고
1. 보일러의 계속사용검사 중 운전성능검사에 대한 검사유효기간은 해당 보일러가 산업통상자원부장관이 정하여 고시하는 기준에 적합한 경우에는 2년으로 한다.
2. 설치 후 3년이 지난 보일러로서 설치 장소 변경검사 또는 재사용검사를 받은 보일러는 검사 후 1개월 이내에 운전성능검사를 받아야 한다.
3. 개조검사 중 연료 또는 연소방법의 변경에 따른 개조검사의 경우에는 검사유효기간을 적용하지 않는다.
4. 다음 각 목의 구분에 따른 검사대상기기에 대한 안전검사 유효기간은 다음 각 목의 구분에 따른다.
　가. 고압가스 안전관리법 제13조의2 제2항에 따른 안전성향상계획과 산업안전보건법 제44조 제1항에 따른 공정안전보고서 모두를 작성해야 하는 자의 검사대상기기(보일러의 경우에는 제품을 제조·가공하는 공정에만 사용되는 보일러만 해당한다. 이하 나목에서 같다) : 4년. 다만, 산업통상자원부장관이 정하여 고시하는 바에 따라 8년의 범위에서 연장할 수 있다.
　나. 고압가스안전관리법 제13조의2 제1항에 따른 안전성향상계획과 산업안전보건법 제44조 제1항에 따른 공정안전보고서 중 어느 하나를 작성해야 하는 자의 검사대상기기 : 2년. 다만, 산업통상자원부장관이 정하여 고시하는 바에 따라 6년의 범위에서 연장할 수 있다.
　다. 의약품 등의 안전에 관한 규칙 별표 3에 따른 생물학적 제제 등을 제조하는 의약품제조자로서 같은 표에 따른 제조 및 품질관리기준에 적합한 자의 압력용기 : 4년
5. 제31조의25 제1항에 따라 설치신고를 하는 검사대상기기는 신고 후 2년이 지난 날에 계속사용검사 중 안전검사(재사용검사를 포함)를 하며, 그 유효기간은 2년으로 한다.
6. 법 제32조 제2항에 따라 에너지 진단을 받은 운전성능 검사대상기기가 제31조의9에 따른 검사기준에 적합한 경우에는 에너지 진단 이후 최초로 받는 운전성능검사를 에너지 진단으로 갈음한다(비고 4에 해당하는 경우는 제외).

ⓟ 검사대상기기의 검사 유효기간 기준
- 검사 유효기간은 검사에 합격한 날의 다음 날부터 계산한다.
- 검사에 합격한 날이 검사 유효기간 만료일 이전 30일 이내인 경우와 적절히 검사가 연기된 경우에는 검사 유효기간 만료일의 다음 날부터 계산한다.
- 산업통상자원부장관은 검사대상기기의 안전관리 또는 에너지 효율 향상을 위하여 부득이하다고 인정할 때에는 검사 유효기간을 조정할 수 있다.

⑦ 수입 검사대상기기의 검사
　㉠ 검사대상기기를 수입하려는 자는 제조업자로 하여금 그 검사대상기기의 제조에 관하여 산업통상자원부장관의 검사를 받도록 하여야 한다. 다만, 산업통상자원부장관은 수입 검사대상기기가 다음의 어느 하나에 해당하는 경우에는 검사대상기기의 안전관리와 위해방지에 지장이 없는 범위에서 산업통상자원부령으로 정하는 바에 따라 그 검사의 전부 또는 일부를 면제할 수 있다.
- 산업통상자원부장관이 고시하는 외국의 검사기관에서 검사를 받은 경우
- 전시회나 박람회에 출품할 목적으로 수입하는 경우
- 그 밖에 산업통상자원부령으로 정하는 경우

　㉡ 산업통상자원부장관은 ㉠에 따른 검사에 합격된 검사대상기기의 제조업자에게는 지체 없이 검사증을 내주어야 한다.
　㉢ 검사에 합격되지 아니한 검사대상기기는 수입할 수 없다.
　㉣ 검사의 내용·기준, 그 밖에 필요한 사항은 산업통상자원부령으로 정한다.

⑧ 검사대상기기관리자의 선임
　㉠ 검사대상기기설치자는 검사대상기기의 안전관리, 위해 방지 및 에너지이용의 효율을 관리하기 위하여 검사대상기기의 관리자(이하 검사대상기기관리자)를 선임하여야 한다.

ⓛ 검사대상기기관리자의 자격 및 관리범위

관리자의 자격	관리범위
에너지관리기능장 또는 에너지관리기사	용량이 30[t/h]를 초과하는 보일러
에너지관리기능장, 에너지관리기사 또는 에너지관리산업기사	용량이 10[t/h]를 초과하고 30[t/h] 이하인 보일러
에너지관리기능장, 에너지관리기사, 에너지관리산업기사 또는 에너지관리기능사	용량이 10[t/h] 이하인 보일러
에너지관리기능장, 에너지관리기사, 에너지관리산업기사, 에너지관리기능사 또는 인정검사 대상기기 관리자의 교육을 이수한 자	1. 증기 보일러로서 최고사용압력이 1[MPa] 이하이고, 전열면적이 10[m²] 이하인 것 2. 온수 발생 및 열매체를 가열하는 보일러로서 용량이 581.5[kW] 이하인 것 3. 압력용기

비 고
1. 온수 발생 및 열매체를 가열하는 보일러의 용량은 697.8[kW]를 1[t/h]로 본다.
2. 에너지이용합리화법 시행규칙 제31조의27 제2항에 따른 1구역에서 가스 연료를 사용하는 1종 관류 보일러의 용량은 이를 구성하는 보일러의 개별 용량을 합산한 값으로 한다.
3. 계속사용검사 중 안전검사를 실시하지 않는 검사대상기기 또는 가스 외의 연료를 사용하는 1종 관류 보일러의 경우에는 검사대상기기관리자의 자격에 제한을 두지 아니한다.
4. 가스를 연료로 사용하는 보일러의 검사대상기기관리자의 자격은 위 표에 따른 자격을 가진 사람으로서 에너지이용합리화법 시행규칙 제31조의26 제2항에 따라 산업통상자원부장관이 정하는 관련 교육을 이수한 사람 또는 도시가스사업법 시행령 별표 1에 따른 특정가스사용시설의 안전관리 책임자의 자격을 가진 사람으로 한다.

ⓒ 검사대상기기관리자의 선임·해임·퇴직신고는 신고사유가 발생한 날로부터 30일 이내에 한국에너지공단에 신고하여야 한다.

② 검사대상기기설치자는 검사대상기기관리자를 해임하거나 검사대상기기관리자가 퇴직하는 경우에는 해임이나 퇴직 이전에 다른 검사대상기기관리자를 선임하여야 한다. 다만, 산업통상자원부령으로 정하는 사유에 해당하는 경우에는 시·도지사의 승인을 받아 다른 검사대상기기관리자의 선임을 연기할 수 있다.

⑨ 검사대상기기 관리대행기관
㉠ 검사대상기기관리자의 위탁업무 수행
㉡ 제출서류 : 장비명세서, 기술인력명세서, 향후 1년간의 안전관리대행사업계획서, 변경사항을 증명할 수 있는 서류(변경지정의 경우만 해당)

⑩ 검사대상기기 사고의 통보 및 조사
㉠ 검사대상기기설치자는 검사대상기기로 인하여 다음의 어느 하나에 해당하는 사고가 발생한 때에는 지체 없이 사고의 일시·내용 등 산업통상자원부령으로 정하는 사항을 제45조에 따른 한국에너지공단에 통보하여야 하며, 한국에너지공단은 이를 산업통상자원부장관 또는 시·도지사에게 보고하여야 한다.
 • 사람이 사망한 사고
 • 사람이 부상당한 사고
 • 화재 또는 폭발사고
 • 그 밖에 검사대상기기가 파손된 사고로서 산업통상자원부령으로 정하는 사고
㉡ 한국에너지공단은 사고의 재발 방지를 위하여 필요하다고 인정하면 사고의 원인과 경위 등을 조사할 수 있다.

핵심예제

5-1. 에너지이용합리화법에 따른 특정열사용기자재가 아닌 것은? [2013년 제1회, 2017년 제1회]

① 주철제 보일러 ② 금속소둔로
③ 2종 압력용기 ④ 석유난로

5-2. 특정열사용기자재와 설치, 시공범위가 바르게 연결된 것은? [2013년 제2회 유사, 2016년 제1회]

① 강철제 보일러 : 해당 기기의 설치, 배관 및 세관
② 태양열집열기 : 해당 기기의 설치를 위한 시공
③ 비철금속 용융로 : 해당 기기의 설치, 배관 및 세관
④ 축열식 전기 보일러 : 해당 기기의 설치를 위한 시공

핵심예제

5-3. 에너지이용합리화법에 따라 검사대상기기검사 중 개조검사 적용대상이 아닌 것은?
[2011년 제1회, 2011년 제2회 유사, 2016년 제2회, 2020년 제1·2회 통합]

① 온수 보일러를 증기 보일러로 개조하는 경우
② 보일러 섹션의 증감에 의하여 용량을 변경하는 경우
③ 동체·경판·관판·관모음 또는 스테이의 변경으로서 산업통상자원부장관이 정하여 고시하는 대수리의 경우
④ 연료 또는 연소방법을 변경하는 경우

5-4. 용접검사가 면제되는 대상기기가 아닌 것은?
[2010년 제1회 유사, 2015년 제2회]

① 용접 이음이 없는 강관을 동체로 한 헤더
② 최고 사용압력이 0.35[MPa] 이하이고, 동체의 안지름이 600[mm]인 전열교환식 1종 압력용기
③ 전열면적이 30[m²] 이하의 유류용 주철제 증기 보일러
④ 전열면적이 18[m²] 이하이고, 최고 사용압력이 0.35[MPa]인 온수 보일러

5-5. 에너지이용합리화법에 따라 검사대상기기설치자는 검사대상기기관리자를 선임하거나 해임한 때 산업통상자원부령에 따라 누구에게 신고하여야 하는가?
[2016년 제1회]

① 시장·도지사
② 시장·군수
③ 경찰서장·소방서장
④ 한국에너지공단 이사장

5-6. 인정검사대상기기관리자가 조종할 수 없는 검사대상기기는?
[2012년 제1회 유사, 2014년 제2회 유사, 2015년 제2회, 2017년 제1회 유사]

① 압력용기
② 열매체를 가열하는 보일러로서 용량이 581.5[kW] 이하인 것
③ 온수를 발생하는 보일러로서 용량이 581.5[kW] 이하인 것
④ 증기 보일러로서 최고 사용압력이 2[MPa] 이하이고, 전열면적이 5[m²] 이하인 것

5-7. 에너지이용합리화법에 따라 검사대상기기관리자의 업무 관리대행기관으로 지정을 받기 위하여 산업통상자원부장관에게 제출하여야 하는 서류가 아닌 것은?
[2016년 제1회, 2019년 제2회 유사, 2020년 제3회]

① 장비명세서
② 기술인력명세서
③ 기술인력고용계약서 사본
④ 향후 1년간의 안전관리대행사업계획서

|해설|

5-1
석유난로는 특정열사용기자재가 아니다.

5-2
② 태양열집열기 : 해당 기기의 설치·배관 및 세관
③ 비철금속 용융로 : 해당 기기의 설치를 위한 시공
④ 축열식 전기보일러 : 해당 기기의 설치·배관 및 세관

5-3
증기 보일러를 온수 보일러로 개조하는 경우

5-4
용접검사 면제대상기기
- 전열면적이 5[m²] 이하이고, 최고 사용압력이 0.35[MPa] 이하인 강철제 보일러
- 주철제 보일러
- 1종 관류 보일러
- 전열면적이 18[m²] 이하이고, 최고 사용압력이 0.35[MPa] 이하인 온수 보일러
- 용접 이음(동체와 플랜지와의 용접이음은 제외한다)이 없는 강관을 동체로 한 헤더
- 동체의 두께가 6[mm] 미만인 압력용기로서 최고 사용압력[MPa]과 내부 부피[m³]를 곱한 수치가 0.02 이하(난방용의 경우에는 0.05 이하)인 것
- 전열교환식 압력용기로서 최고 사용압력이 0.35[MPa] 이하이고, 동체의 안지름이 600[mm] 이하인 것

5-5
2016년 출제 당시에는 '검사대상기기설치자는 검사대상기기관리자를 선임하거나 해임한 때 산업통상자원부령에 따라 시·도지사에 신고'했으나, 2018년 법령이 개정되면서 '에너지이용합리화법 제69조 및 시행령 제51조에 의하여 한국에너지공단에 업무가 위탁'된 사항이므로 실제 작성된 신고서를 신고할 때에는 한국에너지공단 이사장에게 한다.

5-6
인정검사대상기기관리자가 조종할 수 있는 검사대상기기 : 증기 보일러로서 최고 사용압력이 1[MPa] 이하이고, 전열면적이 10[m²] 이하인 것

5-7
검사대상기기 관리대행기관 신청을 위한 제출서류 : 장비명세서, 기술인력명세서, 향후 1년간의 안전관리대행사업계획서, 변경사항을 증명할 수 있는 서류(변경지정의 경우만 해당)

정답 5-1 ④　5-2 ①　5-3 ①　5-4 ④　5-5 ④　5-6 ④　5-7 ③

핵심이론 06 시공업자단체

① 시공업자단체의 설립
  ㉠ 시공업자는 품위 유지, 기술 향상, 시공방법 개선, 그 밖에 시공업의 건전한 발전을 위하여 산업통상자원부장관의 인가를 받아 시공업자단체를 설립할 수 있다.
  ㉡ 시공업자단체는 법인으로 한다.
  ㉢ 시공업자단체는 설립등기를 함으로써 성립한다.
  ㉣ 시공업자단체의 설립, 정관의 기재사항과 감독에 관하여 필요한 사항은 대통령령으로 정한다.

② 정 관
  ㉠ 정관의 내용(포함사항) : 목적, 명칭, 주된 사무소·지부에 관한 사항, 업무 및 그 집행에 관한 사항, 회원의 등록 및 권리·의무에 관한 사항, 회비에 관한 사항, 재산 및 회계에 관한 사항, 임원 및 직원에 관한 사항, 기구 및 조직에 관한 사항, 총회와 이사회에 관한 사항, 정관의 변경에 관한 사항, 해산에 관한 사항
  ㉡ 시공업자단체는 정관을 변경하려는 경우에는 산업통상자원부장관의 인가를 받아야 한다.

③ 시공업자단체의 회원 자격 : 시공업자는 시공업자단체에 가입할 수 있다.

④ 지도·감독
  ㉠ 산업통상자원부장관은 법 제41조제4항에 따라 시공업자단체에 대하여 그 업무·회계 및 재산에 관하여 필요한 사항을 보고하게 하거나 소속 공무원으로 하여금 시공업자단체의 장부·서류나 그 밖의 물건을 검사하게 할 수 있다.
  ㉡ 검사를 하는 공무원은 그 권한을 표시하는 증표를 지니고 관계인에게 내보여야 한다.

⑤ 건의와 자문 : 시공업자단체는 시공업에 관한 사항을 정부에 건의하거나 정부의 자문에 응할 수 있다.

⑥ 민법의 준용 : 시공업자단체에 관하여 이 법에 규정한 것 외에는 민법 중 사단법인에 관한 규정을 준용한다.

핵심예제

시공업자단체에 대한 설명으로 틀린 것은? [2013년 제2회]
① 산업통상자원부장관의 인가를 받아 단체를 설립할 수 있다.
② 단체는 개인으로 한다.
③ 시공업자는 시공업자단체에 가입할 수 있다.
④ 단체는 시공업에 관한 사항을 정부에 건의할 수 있다.

|해설|

시공업자단체는 법인으로 한다.

정답 ②

핵심이론 07 한국에너지공단

① **기관의 역할** : 에너지이용합리화법에서 규정한 수요관리전문기관, 검사대상기기관리자에 대한 교육기관(에너지관리자의 기본교육과정의 법정교육 기간 : 3년마다 1일)

② **설 립**
  ㉠ 설립 목적 : 에너지이용합리화사업을 효율적으로 추진하기 위하여(이하 공단) 설립
  ㉡ 설립 형태 : 법인
  ㉢ 정부 또는 정부 외의 자는 공단의 설립·운영과 사업에 드는 자금에 충당하기 위하여 출연을 할 수 있다.
  ㉣ 출연시기, 출연방법, 그 밖에 필요한 사항은 대통령령으로 정한다.

③ **사무소**
  ㉠ 공단의 주된 사무소의 소재지는 정관으로 정한다.
  ㉡ 공단은 산업통상자원부장관의 승인을 받아 필요한 곳에 지부, 연수원, 사업소 또는 부설기관을 둘 수 있다.

④ **정관** : 공단의 정관에는 공공기관의 운영에 관한 법률에 따른 기재사항 외에 다음의 사항을 포함하여야 한다.
  ㉠ 지부, 연수원 및 사업소에 관한 사항
  ㉡ 부설기관의 운영과 관리에 관한 사항
  ㉢ 재산에 관한 사항
  ㉣ 규약·규정의 제정, 개정 및 폐지에 관한 사항

⑤ **설립등기**
  ㉠ 공단은 주된 사무소의 소재지에서 설립등기를 함으로써 성립한다.
  ㉡ 설립등기 사항 : 목적, 명칭, 주된 사무소·지부·연수원 및 사업소, 임원의 성명과 주소, 공고의 방법
  ㉢ 설립등기 외의 등기에 관하여 필요한 사항은 대통령령으로 정한다.

⑥ **유사명칭의 사용금지** : 공단이 아닌 자는 한국에너지공단 또는 이와 유사한 명칭을 사용하지 못한다.

⑦ **임원** : 이사장 1명, 부이사장 1명, 이사장·부이사장을 제외한 이사 9명 이내(6명 이내의 비상임이사 포함), 감사 1명

⑧ **임원의 직무**
  ㉠ 이사장은 공단을 대표하고, 공단의 업무를 총괄한다.
    • 에너지절약전문기업의 등록신청서 접수자
    • 에너지사용계획의 검토
    • 에너지관리지도
    • 효율관리기자재의 측정결과 신고의 접수
  ㉡ 산업통상자원부장관 또는 시·도지사가 한국에너지공단이사장에게 위탁한 업무
    • 에너지관리지도
    • 에너지사용계획의 검토
    • 에너지절약전문기업의 등록
    • 냉난방온도의 유지·관리 여부에 대한 점검 및 실태 파악
    • 효율관리기자재의 측정결과 신고의 접수
  ㉢ 부이사장은 이사장을 보좌한다.
  ㉣ 이사는 정관으로 정하는 바에 따라 공단 업무를 분장한다.
  ㉤ 감사는 공단의 업무와 회계를 감사한다.

⑨ **직원의 임면** : 공단의 직원은 정관으로 정하는 바에 따라 이사장이 임면한다.

⑩ **공단의 사업**
  ㉠ 에너지이용 합리화 및 이를 통한 온실가스의 배출을 줄이기 위한 사업과 국제협력
  ㉡ 에너지기술의 개발·도입·지도 및 보급
  ㉢ 에너지이용 합리화, 신에너지 및 재생에너지의 개발과 보급, 집단에너지공급사업을 위한 자금의 융자 및 지원
  ㉣ 법 제25조제1항 각호의 사업

ⓜ 에너지진단 및 에너지관리지도
ⓑ 신에너지 및 재생에너지 개발사업의 촉진
ⓢ 에너지관리에 관한 조사·연구·교육 및 홍보
ⓞ 에너지이용 합리화사업을 위한 토지·건물 및 시설 등의 취득·설치·운영·대여 및 양도
ⓩ 집단에너지사업법 제2조에 따른 집단에너지사업의 촉진을 위한 지원 및 관리
ⓒ 에너지사용기자재·에너지관련기자재의 효율관리 및 열사용기자재의 안전관리
ⓚ 사회취약계층의 에너지이용 지원
ⓣ ㉠부터 ㉿까지의 사업에 딸린 사업
ⓟ ㉠부터 ㉣까지의 사업 외에 산업통상자원부장관, 시·도지사, 그 밖의 기관 등이 위탁하는 에너지이용의 합리화와 온실가스의 배출을 줄이기 위한 사업

⑪ **비용부담** : 공단은 산업통상자원부장관의 승인을 받아 그 사업에 따른 수익자로 하여금 그 사업에 필요한 비용을 부담하게 할 수 있다.

⑫ **자금의 차입** : 공단이 법 제57조제4호에 따른 사업을 하는 경우에는 정부, 정부가 설치한 기금, 국내외 금융기관, 외국정부 또는 국제기구로부터 자금을 차입할 수 있다.

⑬ **회계** : 공단은 매 회계연도 시작 전에 예산총칙·추정손익계산서·추정대차대조표와 자금계획서로 구분하여 예산안을 편성하여 이사회의 의결을 거쳐 산업통상자원부장관의 승인을 받아야 한다. 이를 변경하는 경우에도 또한 같다.

⑭ **이익금의 처리** : 공단은 매 회계연도의 결산결과 이익금이 생긴 경우에는 이월손실금을 보전하는 데에 충당하고, 나머지는 산업통상자원부장관이 정하는 바에 따라 적립하여야 한다.

⑮ **업무의 지도 및 감독**
  ㉠ 산업통상자원부장관은 다음의 업무에 대하여 공단을 지도·감독하며, 그 사업의 수행에 필요한 지시·처분 또는 명령을 할 수 있다.

• 사업계획 및 예산편성
• 사업실적 및 결산
• 법 제57조에 따라 공단이 수행하는 사업
• 법 제69조제3항에 따라 산업통상자원부장관이 위탁한 업무

  ㉡ 산업통상자원부장관은 공단에 업무·회계 및 재산에 관하여 필요한 사항을 보고하게 하거나 소속 공무원으로 하여금 공단의 장부·서류, 그 밖의 물건을 검사하게 할 수 있다.
  ㉢ 검사를 하는 공무원은 그 권한을 표시하는 증표를 지니고 이를 관계인에게 내보여야 한다.

⑯ **비밀누설 등의 금지** : 공단의 임직원으로 근무하거나 근무하였던 사람은 그 직무상 알게 된 비밀을 누설하거나 도용하여서는 아니 된다.

⑰ **민법의 준용** : 공단에 관하여 이 법 및 공공기관의 운영에 관한 법률에 규정한 것 외에는 민법 중 재단법인에 관한 규정을 준용한다.

핵심예제

에너지이용합리화법상 한국에너지공단의 설립목적은?
[2010년 제2회, 2013년 제4회 유사]

① 에너지이용 합리화사업을 효율적으로 추진하기 위하여
② 에너지전환사업을 추진하기 위하여
③ 에너지절약형기자재의 도입을 위하여
④ 에너지이용합리화를 위한 기술·지도를 위하여

정답 ①

핵심이론 08 수수료·과태료·과징금·벌칙 및 교육

① 수수료 : 다음의 어느 하나에 해당하는 자는 산업통상자원부령으로 정하는 바에 따라 수수료를 내야 한다.
  ㉠ 고효율에너지기자재의 인증을 신청하려는 자
  ㉡ 에너지진단을 받으려는 자
  ㉢ 검사대상기기의 검사를 받으려는 자
  ㉣ 검사대상기기의 검사를 받으려는 제조업자

② 과태료
  ㉠ 2천만원 이하의 과태료
    • 효율관리기자재에 대한 에너지소비효율등급 또는 에너지소비효율을 표시하지 아니하거나 거짓으로 표시를 한 자
    • 에너지진단을 받지 아니한 에너지다소비사업자
    • 한국에너지공단에 사고의 일시·내용 등을 통보하지 아니하거나 거짓으로 통보한 자
  ㉡ 1천만원 이하의 과태료
    • 에너지사용계획을 제출하지 아니하거나 변경하여 제출하지 아니한 자(국가 또는 지방자치단체인 사업주관자는 제외)
    • 개선명령을 정당한 사유 없이 이행하지 아니한 자
    • 검사를 거부·방해 또는 기피한 자
  ㉢ 500만원 이하의 과태료
    • 광고내용이 포함되지 아니한 광고를 한 자
  ㉣ 300만원 이하의 과태료
    • 에너지사용의 제한 또는 금지에 관한 조정·명령, 그 밖에 필요한 조치를 위반한 자(국가 또는 지방자치단체 제외)
    • 정당한 이유 없이 수요관리투자계획과 시행결과를 제출하지 아니한 자
    • 수요관리투자계획을 수정·보완하여 시행하지 아니한 자
    • 필요한 조치의 요청을 정당한 이유 없이 거부하거나 이행하지 아니한 공공사업주관자(국가 또는 지방자치단체 제외)
    • 관련 자료의 제출요청을 정당한 이유 없이 거부한 사업주관자(국가 또는 지방자치단체 제외)
    • 이행 여부에 대한 점검이나 실태 파악을 정당한 이유 없이 거부·방해 또는 기피한 사업주관자(국가 또는 지방자치단체 제외)
    • 자료를 제출하지 아니하거나 거짓으로 자료를 제출한 자
    • 정당한 이유 없이 대기전력저감우수제품 또는 고효율에너지기자재를 우선적으로 구매하지 아니한 자(국가 또는 지방자치단체 제외)
    • 신고를 하지 아니하거나 거짓으로 신고를 한 자(국가 또는 지방자치단체 제외)
    • 냉난방온도의 유지·관리 여부에 대한 점검 및 실태 파악을 정당한 사유 없이 거부·방해 또는 기피한 자(국가 또는 지방자치단체 제외)
    • 시정조치명령을 정당한 사유 없이 이행하지 아니한 자(국가 또는 지방자치단체 제외)
    • 법 제39조제7항 또는 법 제40조제3항에 따른 신고를 하지 아니하거나 거짓으로 신고를 한 자
    • 한국에너지공단 또는 이와 유사한 명칭을 사용한 자
    • 교육을 받지 아니한 자 또는 교육을 받게 하지 아니한 자
    • 보고를 하지 아니하거나 거짓으로 보고를 한 자
  ㉤ 과태료는 대통령령으로 정하는 바에 따라 산업통상자원부장관이나 시·도지사가 부과·징수한다.

③ 과징금
  ㉠ 산업통상자원부장관은 업무정지를 명하여야 할 경우로서 업무정지가 이용자 등에게 심한 불편을 주거나 공익을 해칠 우려가 있는 경우에는 대통령령으로 정하는 바에 따라 업무정지처분을 갈음하여 1천만원 이하의 과징금을 부과할 수 있다.
  ㉡ 과징금을 부과하는 위반행위의 종류와 위반정도 등에 따른 과징금의 금액 등에 필요한 사항은 대통령령으로 정한다.

ⓒ 과징금부과처분을 받은 자가 과징금을 기한까지 납부하지 아니하면 국세체납처분의 예에 따라 징수한다.
④ 벌 칙
  ㉠ 2년 이하의 징역 또는 2천만원 이하의 벌금
    • 에너지저장시설의 보유 또는 저장의무의 부과 시 정당한 이유 없이 이를 거부하거나 이행하지 아니한 자
    • 조정·명령 등의 조치를 위반한 자
    • 직무상 알게 된 비밀을 누설하거나 도용한 자
  ㉡ 1년 이하의 징역 또는 1천만원 이하의 벌금
    • 거짓 또는 그 밖의 부정한 방법으로 에너지이용권을 발급받거나 다른 사람으로 하여금 에너지이용권을 발급받게 한 자
    • 에너지이용권을 판매·대여하거나 부정한 방법으로 사용한 자(해당 에너지이용권을 발급받은 이용자는 제외)
    • 검사대상기기의 검사를 받지 아니한 자
    • 검사에 불합격된 검사대상기기를 사용한 자
    • 검사에 불합격된 검사대상기기를 수입한 자
  ㉢ 2천만원 이하의 벌금 : 최저 소비효율기준에 미달하거나 최대 사용량기준을 초과한 것의 생산 또는 판매 금지명령 위반자
  ㉣ 1천만원 이하의 벌금 : 검사대상기기관리자를 선임하지 아니한 자
  ㉤ 5백만원 이하의 벌금
    • 효율관리기자재에 대한 에너지사용량의 측정결과를 신고하지 아니한 자
    • 대기전력경고표지대상제품에 대한 측정결과를 신고하지 아니한 자
    • 대기전력경고표지를 하지 아니한 자
    • 대기전력저감우수제품임을 표시하거나 거짓 표시를 한 자
    • 시정명령을 정당한 사유 없이 이행하지 아니한 자
    • 허위 인증 표시를 한 자
  ㉥ 양벌규정 : 위반 행위자를 포함하여 해당 법인 또는 개인에게도 해당 조문의 벌금형을 과한다.
    • 양벌규정인 것 : 에너지저장시설의 보유 또는 저장의무의 부과 시 정당한 이유 없이 이를 거부하거나 이행하지 아니한 자, 조정·명령 등의 조치를 위반한 자, 직무상 알게 된 비밀을 누설하거나 도용한 자, 검사대상기기의 검사를 받지 아니한 자, 법을 위반하여 검사대상기기를 사용한 자, 생산 또는 판매 금지명령을 위반한 자, 검사대상기기 관리자를 선임하지 아니한 자, 효율관리기자재에 대한 에너지사용량의 측정결과를 신고하지 아니한 자
    • 양벌규정 예외 : 위반행위를 방지하기 위하여 해당 업무에 관하여 상당한 주의와 감독을 게을리하지 아니한 경우
    • 양벌규정이 아닌 것
      - 개선명령을 정당한 사유 없이 이행하지 아니한 자
      - 공무원이 효율관리기자재 제조업자 사무소의 서류를 검사할 때 검사를 방해한 자
  ㉦ 벌칙 적용에서의 공무원 의제
    다음 어느 하나에 해당하는 사람은 형법의 규정을 적용할 때에는 공무원으로 본다.
    • 대평가원의 임직원
    • 전담기관의 임직원
⑤ 교 육
  ㉠ 에너지관리자에 대한 교육
    • 에너지관리자 기본 교육과정 : 1일
    • 에너지관리자 기본 교육과정을 마친 사람이 동일한 에너지다소비사업자의 에너지관리자로 다시 신고되는 경우에는 교육대상자에서 제외한다.

ⓒ 시공업의 기술인력 및 검사대상기기관리자에 대한 교육

교육과정	교육기간	교육대상자	교육기관
난방시공업 제1종 기술자 과정	1일	건설산업기본법 시행령 별표 2에 따른 난방시공업 제1종의 기술자로 등록된 사람	법 제41조에 따라 설립된 한국열관리시공협회 및 민법 제32조에 따라 국토교통부장관의 허가를 받아 설립된 전국보일러설비협회
난방시공업 제2종, 제3종 기술자 과정	1일	건설산업기본법 시행령 별표 2에 따른 난방시공업 제2종 또는 난방시공업 제3종의 기술자로 등록된 사람	
중·대형 보일러 관리자 과정	1일	법 제40조제1항에 따른 검사대상기기관리자로 선임된 사람으로서 용량이 1[ton/h](난방용의 경우에는 5[ton/h])를 초과하는 강철제 보일러 및 주철제 보일러의 관리자	공단 및 민법 제32조에 따라 산업통상자원부장관의 허가를 받아 설립된 한국에너지기술인협회
소형 보일러·압력용기 관리자 과정	1일	법 제40조제1항에 따른 검사대상기기관리자로 선임된 사람으로서 제1호의 보일러관리자 과정의 대상이 되는 보일러 외의 보일러 및 압력용기관리자	

- 난방시공업 제1종 기술자 과정 등에 대한 교육과목, 교육 수수료 및 교육통지 등에 관한 세부사항은 산업통상자원부장관이 정하여 고시한다.
- 시공업의 기술인력은 난방시공업 제1종, 제2종 또는 제3종의 기술자로 등록된 날부터, 검사대상기기관리자는 법 제40조제1항에 따른 검사대상기기관리자로 선임된 날부터 6개월 이내에, 그 후에는 교육을 받은 날부터 3년마다 교육을 받아야 한다.
- 위 교육과정 중 난방시공업 제1종 기술자 과정을 이수한 경우에는 난방시공업 제2종, 제3종 기술자 과정을 이수한 것으로 보며, 중·대형 보일러 관리자 과정을 이수한 경우에는 소형 보일러·압력용기관리자 과정을 이수한 것으로 본다.
- 산업통상자원부장관은 제도의 변경, 기술의 발달 등 안전관리환경의 변화로 효율 향상을 위하여 추가로 교육하려는 경우에는 교육의 기관·기간·과정 등에 관한 사항을 미리 고시하여야 한다.

핵심예제

에너지이용합리화법에 따라 최대 1천만원 이하의 벌금에 처할 대상자에 해당되지 않는 자는? [2017년 제1회]

① 검사대상기기관리자를 정당한 사유 없이 선임하지 아니한 자
② 검사대상기기의 검사를 정당한 사유 없이 받지 아니한 자
③ 검사에 불합격한 검사대상기기를 임의로 사용한 자
④ 최저 소비효율기준에 미달된 효율관리기자재를 생산한자

|해설|

검사대상기기관리자를 선임하지 아니한 자

정답 ④

핵심이론 09 신에너지와 그린환경

① 신재생에너지
　㉠ 관련 용어의 이해
　　• 에너지 : 연료·열 및 전기
　　• 연료 : 석유·가스·석탄, 그 밖에 열을 발생하는 열원(제외 : 제품의 원료로 사용되는 것)
　　• 신에너지 : 기존의 화석연료를 변환시켜 이용하거나 수소·산소 등의 화학반응을 통하여 전기 또는 열을 이용하는 에너지
　　　- 수소에너지
　　　- 연료전지 : 연료전지로 사용 가능한 연료에는 수소, 천연가스, 나프타, 석탄가스, 메탄올 등이 있다.
　　　- 석탄을 액화·가스화한 에너지
　　　- 중질잔사유를 가스화한 에너지
　　　- 그 밖에 석유·석탄·원자력 또는 천연가스가 아닌 에너지로서 대통령령으로 정하는 에너지
　　• 재생에너지 : 햇빛·물·지열·강수·생물유기체 등을 포함하는 재생 가능한 에너지를 변환시켜 이용하는 에너지
　　　- 태양에너지
　　　- 풍 력
　　　- 수 력
　　　- 해양에너지 : 파력에너지(파도 이용), 조력에너지(밀물과 썰물 이용), 조류에너지(좁은 해협의 조류 이용), 해양 온도차 등
　　　- 지열에너지
　　　- 생물자원을 변환시켜 이용하는 바이오에너지로서 대통령령으로 정하는 기준 및 범위에 해당하는 에너지
　　　- 폐기물에너지(비재생 폐기물로부터 생산된 것은 제외한다)로서 대통령령으로 정하는 기준 및 범위에 해당하는 에너지
　　　- 그 밖에 석유·석탄·원자력 또는 천연가스가 아닌 에너지로서 대통령령으로 정하는 에너지
　　• 바이오에너지 설비 : 바이오에너지를 생산하거나 이를 에너지원으로 이용하는 설비
　　• 바이오매스(Biomass) : 태양에너지를 화학에너지로 전환하여 저장하는 생물로부터 얻은 유기물질이며, 바이오연료의 원료로 사용된다.
　　• 바이오연료 : 바이오매스를 직접 또는 가공하여 연료로 이용하는 신재생연료이다.
　㉡ 신재생에너지 공급 의무화(RPS ; Renewable Portfolio Standard)
　　• RPS제도는 신재생에너지 공급 의무화 제도로서 FIT 제도 이후에 등장한 제도이다.
　　• 50만[kW](500[MW]) 이상 발전사업자는 반드시 일정 비율 이상을 신재생에너지원으로 발전해야 한다.
　　• REC는 RPS제도에서 신재생에너지를 이용하여 에너지를 공급한 사실을 증명하는 인증서이다.
　　• 신재생에너지 중 의무 공급량이 지정된 에너지원은 태양에너지이다(단, 태양의 빛에너지를 변환시켜 전기를 생산하는 방식에 한정함).
　　• 연도별 의무 공급량[GWh]
　　　- 2012년 : 276
　　　- 2013년 : 723
　　　- 2014년 : 1,353
　　　- 2015년 이후 : 1,971
　㉢ 태양전지(솔라셀) : 실리콘(단결정, 다결정), 화합물, 적층형, 기타
　㉣ 슬래그(Slag) : 철강 제조공정에서 철의 원료인 철광석 등으로부터 철을 분리하고 남은 암석성분이다. 시멘트 원료, 건설토목용 재료 등 활용 분야가 무한한 환경친화적 재료이며, 좋은 슬래그가 갖추어야 할 구비조건은 다음과 같다.
　　• 유가금속의 비중이 낮을 것

- 유가금속의 용해도가 작을 것
- 유가금속의 용융점이 낮을 것
- 점성이 낮고, 유동성이 좋을 것

ⓓ 폐열발생사업장에서 이용하지 않는 폐열을 공동 이용 또는 제3자에 대한 공급을 위한 당사자 간 협의를 할 수 없을 경우, 산업통상자원부에 할 수 있는 조치 : 조정안의 작성 및 수락 권고(관련 없는 조치 : 협조 통지, 벌금, 과태료 등)

② 에너지원의 종류별 기준 및 범위

ⓐ 석탄을 액화·가스화한 에너지
- 기준 : 석탄을 액화 및 가스화하여 얻어지는 에너지로서, 다른 화합물과 혼합되지 않은 에너지
- 범위 : 증기 공급용 에너지, 발전용 에너지

ⓑ 중질잔사유를 가스화한 에너지
- 기 준
  - 중질잔사유(원유를 정제하고 남은 최종 잔재물로서 감압증류과정에서 나오는 감압잔사유, 아스팔트와 열분해 공정에서 나오는 코크, 타르 및 피치 등)를 가스화한 공정에서 얻어지는 연료
  - 상기의 연료를 연소 또는 변환하여 얻어지는 에너지
- 범위 : 합성가스

ⓒ 바이오(Bio)에너지
- 기준
  - 생물유기체를 변환시켜 얻어지는 기체, 액체 또는 고체의 연료
  - 상기의 연료를 연소 또는 변환시켜 얻어지는 에너지
  - 신재생에너지가 아닌 석유제품 등과 혼합된 경우에는 생물유기체로부터 생산된 부분만 바이오에너지로 본다.
- 범위
  - 생물유기체를 변환시킨 바이오가스, 바이오에탄올, 바이오액화유 및 합성가스
  - 쓰레기매립장의 유기성 폐기물을 변환시킨 매립지가스
  - 동물·식물의 유지를 변환시킨 바이오디젤 및 바이오중유
  - 생물유기체를 변환시킨 땔감, 목재칩, 펠릿 및 숯 등의 고체연료

ⓓ 폐기물에너지
- 기준
  - 폐기물을 변환시켜 얻어지는 기체, 액체 또는 고체의 연료
  - 상기의 연료를 연소 또는 변환시켜 얻어지는 에너지
  - 폐기물의 소각열을 변환시킨 에너지
  - 신재생에너지가 아닌 석유제품 등과 혼합되는 경우에는 폐기물로부터 생산된 부분만 폐기물에너지로 보고, 비재생폐기물(석유, 석탄 등 화석연료에 기원한 화학섬유, 인조가죽, 비닐 등으로서 생물 기원이 아닌 폐기물)로부터 생산된 것은 제외한다.

ⓔ 수열에너지
- 기준 : 물의 열을 히트펌프(Heat Pump)를 사용하여 변환시켜 얻어지는 에너지
- 범위 : 해수의 표층 및 하천수의 열을 변환시켜 얻어지는 에너지

③ 그린환경

ⓐ 온실가스 : 적외선 복사열을 흡수하거나 재방출하여 온실효과를 유발하는 대기 중의 가스 상태의 물질로서 이산화탄소(CO_2), 메탄(CH_4), 아산화질소(N_2O), 수소불화탄소(HFCs), 과불화탄소(PFCs), 육불화황(SF_6) 및 그 밖에 대통령령으로 정하는 물질을 말한다(기후위기 대응을 위한 탄소중립·녹색성장 기본법).

ⓒ 저탄소 : 화석연료에 대한 의존도를 낮추어 청정에너지의 사용 및 보급을 확대하여 녹색기술 연구개발, 탄소 흡수원 확충 등을 통하여 온실가스가 적정 수준 이하로 줄어드는 것
ⓒ 지구온난화 : 사람의 활동에 수반하여 발생하는 온실가스가 대기 중에 축적되어 온실가스의 농도를 증가시킴으로써 지구 전체적으로 지표 및 대기의 온도가 추가적으로 상승하는 현상
ⓔ 교토의정서 : 지구온난화의 규제 및 방지를 위한 국제협약인 기후변화협약의 수정안
- 정식 명칭 : 기후 변화에 관한 국제연합규약의 교토의정서(Kyoto Protocol to the United Nations Framework Convention on Climate Change)
- 온실가스 배출을 1990년대 수준으로 줄이기 위해서 기후변화협약 당사국들은 제3차 당사국 회의(교토, 1997년 12월)에서 기후 변화의 기본원칙에 입각하여 선진국에게 구속력이 있는 온실가스 감축목표를 부여한 의정서이다.
- 교토의정서를 인준한 국가는 이산화탄소를 포함한 6가지의 온실가스의 배출을 감축하며 배출량을 줄이지 않는 국가에 대해서는 비관세 장벽을 적용하게 된다.
- 6가지의 온실가스 : 이산화탄소, 메탄, 아산화질소, 과플루오린화탄소, 수소불화탄소, 육불화황

핵심예제

9-1. 신재생에너지 중 의무 공급량이 지정되어 있는 에너지원은? [2014년 제2회, 2023년 제1회]
① 해양에너지
② 지열에너지
③ 태양에너지
④ 바이오에너지

9-2. 다음 중 바이오에너지가 아닌 것은? [2014년 제4회]
① 식물의 유지를 변환시킨 바이오디젤
② 생물유기체를 변환시켜 얻어지는 연료
③ 폐기물의 소각열을 변환시킨 고체의 연료
④ 쓰레기매립장의 유기성 폐기물을 변환시킨 매립지가스

9-3. 태양전지에서 가장 널리 쓰이는 재료는? [2014년 제1회]
① 유 황
② 탄 소
③ 규 소
④ 인

9-4. 좋은 슬래그가 갖추어야 할 구비조건으로 옳지 않은 것은? [2012년 제4회, 2016년 제2회]
① 유가금속의 비중이 낮을 것
② 유가금속의 용해도가 클 것
③ 유가금속의 용융점이 낮을 것
④ 점성이 낮고, 유동성이 좋을 것

|해설|

9-1
신재생에너지 중 의무 공급량이 지정된 에너지원은 태양에너지이다(단, 태양의 빛에너지를 변환시켜 전기를 생산하는 방식에 한정함).

9-2
바이오(Bio) 에너지
- 식물의 유지를 변환시킨 바이오디젤
- 생물유기체를 변환시켜 얻어지는 연료(땔감, 목재칩, 펠릿, 목판 등)
- 쓰레기 매립장의 유기성 폐기물을 변환시킨 매립지가스

9-4
좋은 슬래그는 유가금속의 용해도가 작아야 한다.

정답 9-1 ③ 9-2 ③ 9-3 ③ 9-4 ②

4-3. 기계설비법, 시행령, 시행규칙

핵심이론 01 기계설비법

① 총 칙
  ㉠ 기계설비법의 목적 : 기계설비산업의 발전을 위한 기반을 조성하고 기계설비의 안전하고 효율적인 유지관리를 위하여 필요한 사항을 정함으로써 국가경제의 발전과 국민의 안전 및 공공복리 증진에 이바지하기 위함이다.
  ㉡ 용 어
    - 기계설비 : 건축물, 시설물 등에 설치된 기계·기구·배관 및 그 밖에 건축물 등의 성능을 유지하기 위한 설비로서 대통령령으로 정하는 설비이다.
    - 기계설비산업 : 기계설비 관련 연구 개발, 계획, 설계, 시공, 감리, 유지관리, 기술 진단, 안전관리 등의 경제활동을 하는 산업이다.
    - 기계설비사업 : 기계설비 관련 활동을 수행하는 사업이다.
    - 기계설비사업자 : 기계설비사업을 경영하는 자이다.
    - 기계설비기술자 : 기계설비 관련 분야의 기술자격을 취득하거나 기계설비에 관한 기술 또는 기능을 인정받은 사람이다.
    - 기계설비유지관리자 : 기계설비유지관리(기계설비의 점검 및 관리를 실시하고, 운전·운용하는 모든 행위를 말함)를 수행하는 자이다.

② 기계설비산업발전을 위한 계획의 수립 및 추진
  ㉠ 국토교통부장관은 기계설비산업의 육성과 기계설비의 효율적인 유지관리 및 성능 확보를 위하여 다음의 사항이 포함된 기계설비발전기본계획을 5년마다 수립·시행하여야 한다.
    - 기계설비산업의 발전을 위한 시책의 기본 방향
    - 기계설비산업의 부문별 육성 시책에 관한 사항
    - 기계설비산업의 기반 조성 및 창업 지원에 관한 사항
    - 기계설비의 안전 및 유지관리와 관련된 정책의 기본목표 및 추진 방향
    - 기계설비의 안전 및 유지관리를 위한 법령·제도의 마련 등 기반 조성
    - 기계설비기술자 등 기계설비 전문인력(이하 '전문인력'이라 한다)의 양성에 관한 사항
    - 기계설비의 성능 및 기능 향상을 위한 사항
    - 기계설비산업의 국제협력 및 해외시장 진출 지원에 관한 사항
    - 기계설비기술의 연구 개발 및 보급에 관한 사항
    - 그 밖에 기계설비산업의 발전과 기계설비의 안전 및 유지관리를 위하여 대통령령으로 정하는 사항
  ㉡ 기계설비산업 정보체계의 구축 : 국토교통부장관은 기계설비산업 관련 정보 및 자료 등을 체계적으로 수집·관리 및 활용하기 위하여 기계설비산업 정보체계를 구축·운영할 수 있으며, 정보체계에는 다음의 사항을 포함할 수 있다.
    - 국내외 기계설비산업의 현황에 관한 사항
    - 기계설비사업자의 수주 실적에 관한 사항
    - 기계설비산업의 연구·개발에 관한 사항
    - 기계설비성능점검업의 등록에 관한 사항
    - 기계설비유지관리자의 교육에 관한 사항
    - 그 밖에 국토교통부령으로 정하는 기계설비산업에 관련된 정보

③ 기계설비산업에 대한 지원과 기반 구축
  ㉠ 기계설비산업의 연구·개발 등
    - 국토교통부장관은 기계설비산업 발전을 위한 시책을 추진하기 위하여 공공기관, 대학, 민간단체 및 기업과 협약을 체결하여 기계설비산업 발전에 필요한 연구·개발사업을 실시할 수 있다.
    - 협약의 체결방법과 공동 연구 추진 및 연구수행 지원 등에 필요한 사항은 대통령령으로 정한다.

ⓒ 전문인력의 양성
- 국토교통부장관은 전문인력의 양성과 자질 향상을 위하여 교육훈련을 실시할 수 있다.
- 국토교통부장관은 대통령령으로 정하는 요건 및 절차에 따라 해당하는 기관을 전문인력 양성기관으로 지정하고 교육훈련에 필요한 비용의 전부 또는 일부를 지원할 수 있다.
- 대통령령으로 정하는 요건
  - 교육시설 및 인력을 갖출 것(시행령 별표 4 전문인력 양성기관의 교육시설 및 인력 요건)

구 분	세부기준
교육시설	• 전용면적이 66[m²] 이상인 강의실 하나 이상 • 실습을 위한 장비가 갖추어진 실습장 하나 이상
인력	• 전문인력의 양성과 자질 향상을 위한 교육훈련을 운영할 수 있는 전문교수요원 1명 이상 • 전문인력의 양성과 자질 향상을 위한 교육훈련을 운영·관리하는 전담관리자 1명 이상

  - 교육에 필요한 장비를 보유할 것
  - 기계설비기술자 등 기계설비 전문인력을 양성하기에 적합한 교육과정 및 내용을 갖출 것
  - 지원금 활용계획이 적절할 것
- 국토교통부장관은 교육훈련에 관한 업무를 대통령령으로 정하는 바에 따라 전문인력 양성기관에 위탁할 수 있다.
- 지정된 전문인력양성기관은 전문인력의 양성 및 교육훈련에 관한 계획을 수립하여 국토교통부장관에게 제출하여야 한다. 이 경우 계획 수립에 관한 절차 및 내용은 국토교통부령으로 정한다.
- 국토교통부장관은 지정된 전문인력양성기관이 지정 요건에 적합하지 아니하게 된 경우 그 지정을 취소할 수 있다. 다만, 거짓이나 그 밖의 부정한 방법으로 지정을 받은 경우 그 지정을 취소하여야 한다.

ⓒ 국토교통부장관은 기계설비산업의 국제협력과 해외 진출을 촉진하기 위하여 다음의 사업을 지원할 수 있다.
- 국제협력 및 해외 진출 관련 정보의 제공 및 상담 지도·협조
- 국제협력 및 해외 진출 관련 기술 및 인력의 국제교류
- 국제행사 유치 및 참가
- 국제 공동연구 개발사업
- 그 밖에 국제협력 및 해외 진출의 활성화를 위하여 필요한 사업

④ 기계설비 안전관리를 위한 조치 등
ⓐ 국토교통부장관은 기계설비의 안전과 성능 확보를 위하여 필요한 기술기준을 정하여 고시하여야 한다. 이를 변경하는 경우에도 또한 같다. 기계설비사업자는 기술기준을 준수하여야 한다.
ⓑ 기계설비의 착공 전 확인과 사용 전 검사
- 대통령령으로 정하는 기계설비공사를 발주한 자는 해당 공사를 시작하기 전에 전체 설계도서 중 기계설비에 해당하는 설계도서를 특별자치시장·특별자치도지사·시장·군수·구청장(자치구의 구청장을 말함)에게 제출하여 기술기준에 적합한지를 확인받아야 하며, 그 공사를 끝냈을 때에는 특별자치시장·특별자치도지사·시장·군수·구청장의 사용 전 검사를 받고 기계설비를 사용하여야 한다. 다만, 착공신고 및 사용승인 과정에서 기술기준에 적합한지 여부를 확인받은 경우에는 이 법에 따른 착공 전 확인 및 사용 전 검사를 받은 것으로 본다.
- 특별자치시장·특별자치도지사·시장·군수·구청장은 필요한 경우 기계설비공사를 발주한 자에게 착공 전 확인과 사용 전 검사에 관한 자료의 제출을 요구할 수 있다. 이 경우 기계설비공사를 발주한 자는 특별한 사유가 없으면 자료를 제출하여야 한다.
- 착공 전 확인과 사용 전 검사의 절차, 방법 등은 대통령령으로 정한다.

⑤ 기계설비유지관리
  ㉠ 기계설비유지관리에 대한 점검 및 확인
    • 대통령령으로 정하는 일정 규모 이상의 건축물 등에 설치된 기계설비의 소유자 또는 관리자는 유지관리기준을 준수하여야 한다.
    • 관리 주체는 유지관리기준에 따라 기계설비의 유지관리에 필요한 성능을 점검하고 그 점검기록을 작성하여야 한다. 이 경우 관리 주체는 기계설비성능점검업자에게 성능점검 및 점검기록의 작성을 대행하게 할 수 있다.
    • 관리 주체는 점검기록을 대통령령으로 정하는 기간(10년) 동안 보존하여야 하며, 특별자치시장·특별자치도지사·시장·군수·구청장이 그 점검기록의 제출을 요청하는 경우 이에 따라야 한다.
  ㉡ 기계설비유지관리자 선임
    • 관리 주체는 국토교통부령으로 정하는 바에 따라 기계설비유지관리자를 선임하여야 한다. 다만, 기계설비유지관리업무를 위탁한 경우 기계설비유지관리자를 선임한 것으로 본다.
    • 관리 주체가 기계설비유지관리자를 선임 또는 해임한 경우 국토교통부령으로 정하는 바에 따라 지체 없이 그 사실을 특별자치시장·특별자치도지사·시장·군수·구청장에게 신고하여야 한다. 신고된 사항 중 국토교통부령으로 정하는 사항이 변경된 경우에도 또한 같다.
    • 기계설비유지관리자의 해임신고를 한 자는 해임한 날부터 30일 이내에 기계설비유지관리자를 새로 선임하여야 한다.
    • 기계설비유지관리자의 자격과 등급은 대통령령으로 정한다.
⑥ 기계설비성능점검업
  ㉠ 기계설비성능점검업의 등록
    • 성능점검과 관련된 업무를 하려는 자는 자본금, 기술인력의 확보 등 대통령령으로 정하는 요건을 갖추어 특별시장·광역시장·특별자치시장·도지사 또는 특별자치도지사(이하 시·도지사라 함)에게 등록하여야 한다.
    • 기계설비성능점검업을 등록한 자는 등록한 사항 중 대통령령으로 정하는 사항이 변경된 경우에는 변경 사유가 발생한 날부터 30일 이내에 변경등록을 하여야 한다(대통령령으로 정하는 사항 : 상호, 대표자, 영업소 소재지, 기술인력사항 등의 어느 하나에 해당하는 사항을 말한다).
    • 기계설비성능점검업의 등록과 관련하여 다음의 어느 하나의 행위를 하거나 제3자로 하여금 이를 하게 하여서는 아니 된다.
      – 다른 사람에게 자기의 성명을 사용하여 기계설비성능점검 업무를 수행하게 하거나 자신의 등록증을 빌려주는 행위
      – 다른 사람의 성명을 사용하여 기계설비성능점검 업무를 수행하거나 다른 사람의 등록증을 빌리는 행위
      – 이상의 행위를 알선하는 행위
    • 기계설비성능점검업자는 휴업하거나 폐업하는 경우에는 대통령령으로 정하는 바에 따라 시·도지사에게 신고하여야 한다. 이 경우 폐업신고를 받은 시·도지사는 그 등록을 말소하여야 한다.
    • 시·도지사는 기계설비성능점검업자가 등록 또는 변경등록을 하거나 기계설비성능점검업자로부터 휴업 또는 폐업신고를 받은 경우에는 그 사실을 국토교통부장관에게 통보하여야 한다.
    • 기계설비성능점검업의 등록 및 변경등록, 휴업·폐업의 절차 등에 필요한 사항은 국토교통부령으로 정한다.
  ㉡ 기계설비성능점검업자의 지위승계
    • 다음의 어느 하나에 해당하는 자는 기계설비성능점검업자의 지위를 승계한다.
      – 기계설비성능점검업자가 사망한 경우 그 상속인

- 기계설비성능점검업자가 그 영업을 양도하는 경우 그 양수인
- 법인인 기계설비성능점검업자가 합병하는 경우 합병 후 존속하는 법인이나 합병에 따라 설립되는 법인
- 기계설비성능점검업자의 지위를 승계한 자는 국토교통부령으로 정하는 바에 따라 30일 이내에 시·도지사에게 신고하여야 한다.
- 시·도지사는 기계설비성능점검업자의 지위승계에 따른 신고를 받은 날부터 10일 이내에 신고수리 여부 또는 민원처리 관련 법령에 따른 처리기간의 연장을 통지하여야 한다.
- 시·도지사가 기간 내에 신고수리 여부 또는 민원처리 관련 법령에 따른 처리기간의 연장을 신고인에게 통지하지 아니하면 그 기간(민원처리 관련 법령에 따라 처리기간이 연장 또는 재연장된 경우에는 해당 처리기간을 말함)이 끝난 날의 다음 날에 신고를 수리한 것으로 본다.
- 기계설비성능점검업자의 지위를 승계한 상속인은 상속받은 날부터 6개월 이내에 다른 사람에게 그 기계설비성능점검업자의 지위를 양도하여야 한다.

ⓒ 등록의 결격사유 및 취소
- 다음의 어느 하나에 해당하는 자는 등록을 할 수 없다.
  - 피성년후견인
  - 파산선고를 받고 복권되지 아니한 사람
  - 이 법을 위반하여 징역 이상의 실형을 선고받고 그 집행이 종료(집행이 종료된 것으로 보는 경우를 포함)되거나 집행이 면제된 날부터 2년이 지나지 아니한 사람
  - 이 법을 위반하여 징역 이상의 형의 집행유예를 선고받고 그 유예기간 중에 있는 사람
  - 등록이 취소(결격사유에 해당하여 등록이 취소된 경우는 제외)된 날부터 2년이 지나지 아니한 자(법인인 경우 그 등록 취소의 원인이 된 행위를 한 사람과 대표자를 포함)
  - 대표자가 상기의 어느 하나에 해당하는 법인
- 등록취소의 경우
  - 거짓이나 그 밖의 부정한 방법으로 등록한 경우
  - 최근 5년 간 3회 이상 업무정지처분을 받은 경우
  - 업무정지 기간에 기계설비성능점검 업무를 수행한 경우(다만, 등록취소 또는 업무정지의 처분을 받기 전에 체결한 용역계약에 따른 업무를 계속한 경우는 제외)
  - 기계설비성능점검업자로 등록한 후 결격사유에 해당하게 된 경우(법인이 그 대표자를 6개월 이내에 결격사유가 없는 다른 대표자로 바꾸어 임명하는 경우는 제외)
  - 대통령령으로 정하는 요건에 미달한 날부터 1개월이 지난 경우
- 등록 취소 또는 영업의 전부 또는 일부의 정지(기간 : 1년 이내)
  - 변경등록을 하지 아니한 경우
  - 발급받은 등록증을 다른 사람에게 빌려준 경우

⑦ 기 타
㉠ 수수료 또는 교육비
- 기계설비의 사용 전 검사를 신청하는 자
- 기계설비유지관리자의 선임신고증명서를 발급받으려는 자
- 유지관리교육을 받는 자
- 기계설비성능점검업의 등록을 하는 자
- 기계설비성능점검업의 변경등록을 하는 자
- 기계설비성능점검업의 상속, 양수 또는 합병 등을 신고하는 자
- 기계설비의 성능점검능력 평가 및 공시를 신청하는 자

㉡ 벌칙 : 다음의 어느 하나에 해당하는 자는 1년 이하의 징역 또는 1천만원 이하의 벌금에 처한다.

- 착공 전 확인을 받지 아니하고 기계설비공사를 발주한 자 또는 사용 전 검사를 받지 아니하고 기계설비를 사용한 자
- 등록을 하지 아니하거나 변경등록을 하지 아니하고 기계설비성능점검 업무를 수행한 자
- 거짓이나 그 밖의 부정한 방법으로 등록을 하거나 변경등록을 한 자
- 기계설비성능점검업등록증을 다른 사람에게 빌려주거나, 빌리거나 이러한 행위를 알선한 자

ⓒ 양벌규정 : 법인의 대표자나 법인 또는 개인의 대리인, 사용인, 그 밖의 종업원이 그 법인 또는 개인의 업무에 관하여 위반행위를 하면 그 행위자를 벌하는 외에 그 법인 또는 개인에게도 해당 조문의 벌금형을 과한다. 다만, 법인 또는 개인이 그 위반행위를 방지하기 위하여 해당 업무에 관하여 상당한 주의와 감독을 게을리하지 아니한 경우에는 그러하지 아니하다.

ⓔ 500만원 이하의 과태료 부과
- 유지관리기준을 준수하지 아니한 자
- 점검기록을 작성하지 아니하거나 거짓으로 작성한 자
- 점검기록을 보존하지 아니한 자
- 기계설비유지관리자를 선임하지 아니한 자

ⓜ 100만원 이하의 과태료 부과
- 착공 전 확인과 사용 전 검사에 관한 자료를 특별자치시장·특별자치도지사·시장·군수·구청장에게 제출하지 아니한 자
- 점검기록을 특별자치시장·특별자치도지사·시장·군수·구청장에게 제출하지 아니한 자
- 유지관리교육을 받지 아니한 사람을 해임하지 아니한 자
- 신고를 하지 아니하거나 거짓으로 신고한 자
- 유지관리교육을 받지 아니한 사람
- 서류를 거짓으로 제출한 자

핵심이론 02 기계설비법 시행령

① 총 칙
ㄱ) 기계설비의 범위(별표 1)
- 열원설비 : 건축물 등에서 에너지를 이용하여 열매체를 가열, 냉각하기 위하여 설치된 기계·기구·배관 및 그 밖에 성능을 유지하기 위한 설비
- 냉난방설비 : 건축물 등에서 일정한 실내온도 유지를 위하여 설치된 기계·기구·배관 및 그 밖에 성능을 유지하기 위한 설비
- 공기조화·공기청정·환기설비 : 건축물 등에서 온도, 습도, 청정도, 기류 등을 조절하기 위하여 설치된 기계·기구·배관 및 그 밖에 성능을 유지하기 위한 설비
- 위생기구·급수·급탕·오배수·통기설비 : 건축물 등에서 위생과 냉수·온수 공급, 오배수, 오배수관 통기 등을 위하여 설치된 기계·기구·배관 및 그 밖에 성능을 유지하기 위한 설비
- 오수정화·물재이용설비 : 건축물 등에서 오수를 정화하여 배출하거나 정화된 물을 재이용하기 위하여 설치된 기계·기구·배관 및 그 밖에 성능을 유지하기 위한 설비
- 우수배수설비 : 건축물 등에서 빗물을 외부로 배출하기 위하여 설치된 기계·기구·배관 및 그 밖에 성능을 유지하기 위한 설비
- 보온설비 : 건축물 등에 설치된 기계·기구·배관 및 그 밖에 성능을 유지하기 위한 설비의 보온, 보랭, 결로 및 동결 방지 등을 위하여 설치된 설비
- 덕트(Duct)설비 : 건축물 등에 설치된 기계·기구·배관 및 그 밖에 성능을 유지하기 위한 설비의 풍량 등을 조절하고 급기·배기 및 환기 등을 위하여 설치된 설비

- 자동제어설비 : 건축물 등에 설치된 기계·기구·배관 및 그 밖에 성능을 유지하기 위한 설비의 감시, 제어·관리 및 통제 등을 위하여 설치된 설비
- 방음·방진·내진설비 : 건축물 등에 설치된 기계·기구·배관 및 그 밖에 성능을 유지하기 위한 설비의 소음, 진동, 전도 및 탈락 등을 방지하기 위하여 설치된 설비
- 플랜트설비 : 건축물 등에서 생산물의 제조·생산·이송 및 저장이나 오염물질의 제거 및 저장 등을 위하여 설치된 기계·기구·배관 및 그 밖에 성능을 유지하기 위한 설비
- 특수설비
  - 건축물 등에서 냉동·냉장, 항온·항습(온도와 습도를 일정하게 유지시키는 것), 특수청정(세균 또는 먼지 등을 제거하는 것), 생활폐기물 집하 및 이송, 전자파 차단 등을 위하여 설치된 기계·기구·배관 및 그 밖에 성능을 유지하기 위한 설비
  - 청정실(실내 공간의 오염물질 등을 없애거나 줄이기 위하여 공기정화시설 등의 설비가 설치된 방), 자동창고(물건이 나가고 들어오는 모든 일을 컴퓨터가 자동적으로 제어하고 관리하는 창고), 집진기(먼지를 모으는 기기), 무대기계장치, 기송관(압축공기를 써서 물건을 운반하는 기계) 등의 설비와 그 설비를 위하여 설치된 기계·기구·배관 및 그 밖에 성능을 유지하기 위한 설비

ⓒ 기계설비기술자의 범위(별표 2)
- 다음의 기계설비 관련 자격을 취득한 사람
  - 다음의 국가기술자격을 취득한 사람

등급	기술·기능 분야
기술사	건축기계설비, 기계, 건설기계, 공조냉동기계, 산업기계설비, 용접, 소음진동
기능장	배관, 에너지관리, 판금제관, 용접
기사	일반기계, 건축설비, 건설기계설비, 공조냉동기계, 설비보전, 메카트로닉스, 용접, 소음진동, 에너지관리, 신재생에너지발전설비(태양광)
산업기사	건축설비, 배관, 정밀측정, 건설기계설비, 공조냉동기계, 생산자동화, 판금제관, 용접, 소음진동, 에너지관리, 신재생에너지발전설비(태양광)
기능사	온수온돌, 배관, 전산응용기계제도, 정밀측정, 공조냉동기계, 설비보전, 생산자동화, 판금제관, 용접, 특수용접, 에너지관리, 신재생에너지발전설비(태양광)

  - 기계 직무 분야의 건설기술인 자격(건설기술진흥법 시행령 별표 1)
  - 설비 부문의 설비전문 분야(엔지니어링산업진흥법 시행령 별표 1 제1호)
  - 그 밖에 건설산업기본법 및 자격기본법에 따른 자격으로서 국토교통부장관이 정하여 고시하는 기계설비 관련 자격을 갖춘 사람
- 다음의 어느 하나에 해당하게 된 후 유지관리교육의 교육과정 중 신규교육 또는 보수교육을 이수한 사람
  - 학교에서 국토교통부장관이 정하여 고시하는 기계설비 관련 학과의 학사, 석사 또는 박사학위를 취득한 사람
  - 특수목적고등학교 또는 특성화고등학교에서 국토교통부장관이 정하여 고시하는 기계설비 관련 교육과정이나 학과를 이수하거나 졸업한 사람
  - 그 밖에 관계 법령에 따라 국내 또는 외국에서 상기와 같은 수준 이상의 학력이 있다고 인정되는 사람

ⓒ 기계설비유지관리자의 자격(별표 5의2)
  • 일반기준
    - 기계설비유지관리자는 책임기계설비유지관리자와 보조기계설비유지관리자로 구분하며, 책임기계설비유지관리자는 자격 및 경력기준에 따라 특급·고급·중급·초급으로 구분한다. 이 경우 실무경력은 해당 자격의 취득 이전의 실무경력까지 포함한다.
    - 상기에도 불구하고 국토교통부장관은 기계설비의 안전하고 효율적인 유지관리를 위하여 책임기계설비유지관리자 및 보조기계설비유지관리자의 경력, 자격·학력 및 교육을 다음의 구분에 따른 점수범위에서 종합평가하여 그 결과에 따라 등급을 특급·고급·중급·초급으로 산정할 수 있다.
      ⓐ 실무경력 : 30점 이내
      ⓑ 보유자격·학력 : 30점 이내
      ⓒ 교육 : 40점 이내
    - 외국인 기계설비유지관리자의 인정범위 및 등급 : 외국인 기계설비유지관리자는 해당 외국인의 국가와 우리나라 간의 상호 인정 협정 등에서 정하는 바에 따라 자격을 인정하되, 그 인정범위 및 등급에 관하여는 상기의 내용을 준용한다.
    - 그 밖에 기계설비유지관리자의 실무경력 인정, 등급 산정 및 인정범위 등에 필요한 방법 및 절차에 관한 세부기준은 국토교통부장관이 정하여 고시한다.

  • 세부기준

구 분		자격 및 경력기준		종합평가 결과에 따른 등급 산정
		보유자격	실무경력	
책임기계설비유지관리자	특급	기술사	–	특급으로 산정된 기계설비유지관리자
		기능장	10년 이상	
		기사	10년 이상	
		산업기사	13년 이상	
		특급 건설기술인	10년 이상	
	고급	기능장	7년 이상	고급으로 산정된 기계설비유지관리자
		기사	7년 이상	
		산업기사	10년 이상	
		고급 건설기술인	7년 이상	
	중급	기능장	4년 이상	중급으로 산정된 기계설비유지관리자
		기사	4년 이상	
		산업기사	7년 이상	
		중급 건설기술인	4년 이상	
	초급	기능장	–	초급으로 산정된 기계설비유지관리자
		기사	–	
		산업기사	3년 이상	
		초급 건설기술인	–	
보조기계설비유지관리자		기계설비기술자 중 기계설비유지관리자에 필요한 자격을 갖추었다고 국토교통부장관이 정하여 고시하는 사람		

② 기계설비산업 발전을 위한 계획의 수립 및 추진
  ㉠ 기계설비 발전 기본계획의 수립
    • 대통령령으로 정하는 사항
      - 기계설비산업의 국내외 시장 전망에 관한 사항
      - 기계설비 발전 기본계획의 추진 성과에 관한 사항
      - 기계설비산업의 생산성 향상에 관한 사항
    • 국토교통부장관은 기본계획을 수립하기 위하여 필요한 경우 관계 중앙행정기관의 장 및 지방자치단체의 장에게 자료 제출을 요청할 수 있다.
    • 국토교통부장관은 기본계획을 수립했을 때에는 관계 중앙행정기관의 장에게 통보해야 한다.

ⓛ 실태 조사 내용(조사주기 : 매년)
- 기계설비산업의 국내외 시장 현황
- 기계설비산업의 분야별 수주 및 매출 현황
- 기계설비 관련 연구·개발 현황
- 기계설비 관련 분야의 기술자격 취득 현황
- 교육훈련 현황 등 전문인력 양성 현황
- 기계설비 착공 전 확인과 사용 전 검사 현황
- 기계설비성능 점검기록 제출 현황
- 기계설비유지관리자 선임·해임 현황
- 기계설비성능점검업 등록신청 현황
- 그 밖에 기계설비산업의 발전에 필요한 사항

③ 기계설비의 착공 전 확인과 사용 전 검사의 대상 건축물(별표 5, 대통령령으로 정하는 기계설비공사에 해당하는 건축물·시설물)
ⓐ 용도별 건축물 중 연면적 10,000[m²] 이상인 건축물(창고시설은 제외)
ⓑ 에너지를 대량으로 소비하는 다음의 어느 하나에 해당하는 건축물
- 냉동·냉장, 항온·항습 또는 특수청정을 위한 특수설비가 설치된 건축물로서 해당 용도에 사용되는 바닥면적의 합계가 500[m²] 이상인 건축물
- 아파트 및 연립주택
- 다음의 어느 하나에 해당하는 건축물로서 해당 용도에 사용되는 바닥면적의 합계가 500[m²] 이상인 건축물
  - 목욕장
  - 놀이형 시설(물놀이를 위하여 실내에 설치된 경우로 한정)
  - 운동장(실내에 설치된 수영장과 이에 딸린 건축물로 한정)
- 다음의 어느 하나에 해당하는 건축물로서 해당 용도에 사용되는 바닥면적의 합계가 2,000[m²] 이상인 건축물
  - 기숙사
  - 의료시설
  - 유스호스텔
  - 숙박시설
- 다음의 어느 하나에 해당하는 건축물로서 해당 용도에 사용되는 바닥면적의 합계가 3,000[m²] 이상인 건축물
  - 판매시설
  - 연구소
  - 업무시설

ⓒ 지하 역사 및 연면적 2,000[m²] 이상인 지하도 상가(연속되어 있는 둘 이상의 지하도 상가의 연면적 합계가 2,000[m²] 이상인 경우를 포함)

④ 기계설비 유지관리
ⓐ 유지관리 대상 설비 : 대통령령으로 정하는 일정 규모 이상의 건축물
- 용도별 건축물 중 연면적 10,000[m²] 이상의 건축물(공동주택 및 창고시설은 제외)
- 다음의 어느 하나에 해당하는 공동주택
  - 500세대 이상의 공동주택
  - 300세대 이상으로서 중앙집중식 난방방식(지역난방방식을 포함)의 공동주택
- 해당 건축물 등의 규모를 고려하여 국토교통부장관이 정하여 고시하는 건축물
  - 시설물의 안전 및 유지관리에 관한 특별법에 따른 시설물
  - 학교시설사업 촉진법에 따른 학교시설
  - 실내공기질 관리법에 따른 지하 역사 및 지하도 상가
  - 중앙행정기관의 장, 지방자치단체의 장 및 그 밖에 국토교통부장관이 정하는 자가 소유하거나 관리하는 건축물

ⓒ 유지관리교육의 교육과정 및 교육과목(별표 6)
- 교육과정, 교육대상자 및 교육시기

교육과정	교육대상자	교육시기
신규교육	기계설비유지관리자	선임된 날부터 6개월 이내
보수교육	신규교육을 이수하고 업무를 수행하고 있는 기계설비유지관리자	최근에 이수한 유지관리교육의 이수일부터 3년이 지난 날을 기준으로 3개월 이내

- 교육과목
  - 기계설비유지관리 실무 Ⅰ : 기계설비 일반, 기계설비 운영계획, 기계설비유지관리 점검, 기계설비 관련 법령
  - 기계설비유지관리 실무 Ⅱ : 열원설비 및 냉난방설비, 공기조화·공기청정·환기설비, 위생기구·급수·급탕·오배수·통기설비, 자동제어설비, 그 밖의 설비
- 그 밖의 사항
  - 신규교육은 기계설비유지관리자가 선임될 때마다 이수해야 한다. 다만, 해당 기계설비유지관리자가 선임된 날을 기준으로 최근 1년 이내에 신규교육 또는 보수교육을 이수한 경우에는 선임에 따른 신규교육을 이수한 것으로 본다.
  - 교육과정별 교육시간은 총 21시간 이상으로 하되, 교육과목의 일부는 온라인교육으로 실시할 수 있다.
  - 그 밖에 교육과목별 교육시간, 교육내용 및 온라인교육 대상 교육과목은 국토교통부장관이 정한다. 다만, 국토교통부장관이 유지관리교육을 위탁한 경우에는 그 위탁받은 관계 기관 및 단체가 정할 수 있다.

⑤ 기계설비성능점검업
  ㉠ 기계설비성능점검업의 등록 요건(별표 7)
  - 자본금 : 1억원 이상일 것
    ※ 자본금 : 법인인 경우에는 기계설비성능점검업을 경영하기 위한 납입자본금 또는 출자금이고, 개인인 경우에는 영업용 자산평가액이다.
  - 기술인력 : 다음의 기술인력을 모두 갖출 것
    ※ 기술인력 : 상시 근무하는 사람으로, 자격이 정지된 사람은 제외한다.
    - 다음의 어느 하나에 해당하는 분야의 특급 책임기계설비유지관리자 1명
      ⓐ 건축설비 분야
      ⓑ 공조냉동기계 분야 또는 공조냉동 및 설비 전문 분야
      ⓒ 에너지관리 분야
    - 고급 이상인 책임기계설비유지관리자 1명
    - 중급 이상인 책임기계설비유지관리자 2명
  - 장비 : 다음의 장비를 모두 갖출 것
    - 적외선 열화상카메라, 초음파유량계, 디지털압력계, 데이터기록계, 연소가스분석기, 건습구온도계, 표준온도계, 적외선온도계, 디지털풍속계, 디지털풍압계, 교류전력측정계, 조도계, 회전계(RPM 측정기), 초음파두께측정기, 아들자캘리퍼스(아들자 Calipers : 아들자가 달려 두께나 지름을 재는 기구), 이산화탄소(CO_2) 측정기, 일산화탄소(CO) 측정기, 미세먼지측정기, 누수탐지기, 배관 내시경카메라, 수질분석기
    ※ 상기의 장비 중 두 가지 이상의 기능을 함께 가지고 있는 장비를 갖춘 경우에는 각각의 장비를 갖춘 것으로 본다.
  ㉡ 특별시장·광역시장·특별자치시장·도지사 또는 특별자치도지사(이하 시·도지사라 함)는 등록신청이 다음의 어느 하나에 해당하는 경우를 제외하고는 등록을 해 주어야 한다.
  - 등록을 신청한 자가 법 제22조제1항(등록의 결격사유 및 취소)의 어느 하나에 해당하는 경우

- 별표 7에 따른 등록 요건을 갖추지 못한 경우
- 그 밖에 법, 이 영 또는 다른 법령에 따른 제한에 위반되는 경우

ⓒ 기계설비성능점검업의 휴업·폐업 : 기계설비성능점검업을 등록한 자는 휴업 또는 폐업의 신고를 하려는 경우에는 그 휴업 또는 폐업한 날부터 30일 이내에 국토교통부령으로 정하는 휴업·폐업신고서를 시·도지사에게 제출해야 한다.

ⓒ 시·도지사는 기계설비성능점검업 등록을 말소한 경우에는 다음의 사항을 해당 특별시·광역시·특별자치시·도 또는 특별자치도의 인터넷 홈페이지에 게시해야 한다.
- 등록말소 연월일
- 상 호
- 주된 영업소의 소재지
- 말소 사유

ⓜ 기계설비성능점검업자에 대한 행정처분의 기준 (별표 8)
- 일반기준
  - 위반행위의 횟수에 따른 행정처분의 기준은 최근 1년간 같은 위반행위로 행정처분을 받은 경우에 적용한다. 이 경우 기간의 계산은 위반행위에 대하여 행정처분을 받은 날과 그 행정처분 후 다시 같은 위반행위를 하여 적발된 날을 기준으로 한다.
  - 상기에 따라 가중된 부과처분을 하는 경우 가중처분의 적용 차수는 그 위반행위 전 부과처분 차수(상기의 내용에 따른 기간 내에 행정처분이 둘 이상 있었던 경우에는 높은 차수를 말한다)의 다음 차수로 한다.
  - 위반행위가 둘 이상인 경우로서 그에 해당하는 각각의 처분기준이 다른 경우에는 그중 무거운 처분기준에 따른다. 다만, 둘 이상의 처분기준이 모두 영업정지인 경우에는 각 처분기준을 합산한 기간을 넘지 않는 범위에서 무거운 처분기준의 2분의 1 범위까지 가중하여 처분할 수 있다.
  - 업무정지처분기간 중 업무정지에 해당하는 위반사항이 있는 경우에는 종전의 처분기간 만료일의 다음 날부터 새로운 위반사항에 따른 업무정지처분을 한다.
  - 행정처분권자는 처분기준이 영업정지인 경우 위반행위의 정도·동기 및 그 결과 등 다음의 사유를 고려하여 업무정지기간의 2분의 1 범위에서 그 기간을 줄이거나 늘릴 수 있다.
    ⓐ 감경사유 : 위반행위가 경미한 과실이나 사소한 부주의로 발생한 경우, 위반행위가 적발된 날부터 최근 3년 이내에 법에 따른 업무정지처분을 받은 사실이 없는 경우
    ⓑ 가중사유 : 위반행위가 고의나 중대한 과실로 발생한 경우 또는 위반행위가 적발된 날부터 최근 1년 이내에 법에 따른 업무정지처분을 받은 사실이 있는 경우, 해당 위반행위보다 중대한 위반행위를 은폐·조작하기 위하여 위반행위가 발생한 경우
  - 감경 또는 가중 사유에 해당하는 경우 각 사유마다 업무정지기간의 4분의 1씩을 줄이거나 늘린다.

- 개별기준

위반행위	근거 법조문	행정처분기준 1차 위반	2차 위반	3차 이상 위반
거짓이나 그 밖의 부정한 방법으로 등록한 경우	법 제22조 제2항제1호	등록 취소		
최근 5년간 3회 이상 업무정지처분을 받은 경우	법 제22조 제2항제2호	등록 취소		
업무정지기간에 기계설비성능점검 업무를 수행한 경우. 다만, 등록취소 또는 업무정지의 처분을 받기 전에 체결한 용역계약에 따른 업무를 계속한 경우는 제외한다.	법 제22조 제2항제3호	등록 취소		
기계설비성능점검업자로 등록한 후 법 제22조제1항에 따른 결격사유에 해당하게 된 경우(같은 항 제6호에 해당하게 된 법인이 그 대표자를 6개월 이내에 결격사유가 없는 다른 대표자로 바꾸어 임명하는 경우는 제외한다)	법 제22조 제2항제4호	등록 취소		
법 제21조제1항에 따른 대통령령으로 정하는 요건에 미달한 날부터 1개월이 지난 경우	법 제22조 제2항제5호	등록 취소		
법 제21조제2항에 따른 변경등록을 하지 않은 경우	법 제22조 제2항제6호	시정 명령	업무 정지 1개월	업무 정지 2개월
법 제21조제3항에 따라 발급받은 등록증을 다른 사람에게 빌려준 경우	법 제22조 제2항제7호	업무 정지 6개월	등록 취소	

⑥ 과태료의 부과기준(별표 10)

㉠ 일반기준
- 위반행위의 횟수에 따른 과태료의 가중된 부과기준은 최근 1년간 같은 위반행위로 과태료의 부과처분을 받은 경우에 적용한다. 이 경우 기간의 계산은 위반행위에 대하여 과태료 부과처분을 받은 날과 그 처분 후 다시 같은 위반행위를 하여 적발된 날을 기준으로 계산한다.
- 상기에 따라 가중된 부과처분을 하는 경우 가중처분의 적용 차수는 그 위반행위 전 부과처분 차수(상기의 내용에 따른 기간 내에 과태료 부과처분이 둘 이상 있었던 경우에는 높은 차수를 말한다)의 다음 차수로 한다.
- 부과권자는 위반행위의 정도·동기와 그 결과 등 다음의 사유를 고려하여 과태료 금액의 2분의 1의 범위에서 그 금액을 줄이거나 늘릴 수 있다. 다만, 늘리는 경우에도 과태료 금액의 상한을 넘을 수 없다.
  - 감경사유 : 위반행위가 경미한 과실이나 사소한 부주의로 발생한 경우, 위반행위가 적발된 날부터 최근 3년 이내에 법에 따른 과태료 처분을 받은 사실이 없는 경우
  - 가중사유 : 위반행위가 고의나 중대한 과실로 발생한 경우 또는 위반행위가 적발된 날부터 최근 1년 이내에 법에 따른 과태료 처분을 받은 사실이 있는 경우, 해당 위반행위보다 중대한 위반행위를 은폐·조작하기 위하여 위반행위가 발생한 경우
- 감경 또는 가중 사유에 해당하는 경우 각 사유마다 정한 금액의 4분의 1씩을 줄이거나 늘린다.

㉡ 개별기준

위반행위	근거 법조문	과태료 금액(만원) 1차 위반	2차 위반	3차 이상 위반
법 제15조제2항을 위반하여 착공 전 확인과 사용 전 검사에 관한 자료를 특별자치시장·특별자치도지사·시장·군수·구청장에게 제출하지 않은 경우	법 제30조 제2항제1호	50	70	100
법 제17조제1항에 따른 유지관리기준을 준수하지 않은 경우	법 제30조 제1항제1호	300	400	500
법 제17조제2항에 따른 점검기록을 작성하지 않거나 거짓으로 작성한 경우	법 제30조 제1항제2호	300	400	500

위반행위	근거 법조문	과태료 금액(만원)		
		1차 위반	2차 위반	3차 이상 위반
법 제17조제3항에 따른 점검기록을 보존하지 않은 경우	법 제30조 제1항제3호	300	400	500
법 제17조제3항을 위반하여 점검기록을 시장·군수·구청장에게 제출하지 않은 경우	법 제30조 제2항제2호	50	70	100
법 제19조제1항을 위반하여 기계설비유지관리자를 선임하지 않은 경우	법 제30조 제1항제4호	300	400	500
법 제19조제2항을 위반하여 유지관리교육을 받지 않은 사람을 해임하지 않은 경우	법 제30조 제2항제3호	50	70	100
법 제19조제3항에 따른 신고를 하지 않거나 거짓으로 신고한 경우	법 제30조 제2항제4호			
• 지연기간이 1개월 미만인 경우			30	
• 지연기간이 1개월 이상 3개월 미만인 경우			50	
• 지연기간이 3개월 이상인 경우			70	
• 거짓으로 신고한 경우			100	
법 제20조제1항을 위반하여 유지관리교육을 받지 않은 경우	법 제30조 제2항제4호	50	70	100
법 제21조의2제2항에 따른 신고를 하지 않거나 거짓으로 신고한 경우	법 제30조 제2항제6호			
• 지연기간이 1개월 미만인 경우			30	
• 지연기간이 1개월 이상 3개월 미만인 경우			50	
• 지연기간이 3개월 이상인 경우			70	
• 거짓으로 신고한 경우			100	
법 제22조의2제2항에 따른 서류를 거짓으로 제출한 경우	법 제30조 제2항제7호	50	70	100

핵심이론 03 기계설비법 시행규칙

① 기계설비산업 발전을 위한 계획의 수립 및 추진
  ㉠ 기계설비산업 정보체계의 구축·운영을 위한 수행업무
    • 정보체계의 구축·운영에 관한 연구·개발 및 기술 지원
    • 정보체계의 표준화 및 고도화
    • 정보체계를 이용한 정보의 공동 활용 촉진
    • 기계설비산업 관련 정보 및 자료를 보유하고 있는 기관 또는 단체와의 연계·협력 및 공동사업의 시행
    • 그 밖에 정보체계의 구축·운영과 관련하여 국토교통부장관이 필요하다고 인정하는 사항
  ㉡ 국토교통부령으로 정하는 기계설비산업에 관련된 정보사항
    • 기계설비산업의 국제협력 및 해외 진출에 관한 사항
    • 기계설비산업의 고용 및 촉진에 관한 사항
    • 전문인력 양성·교육에 관한 사항
    • 그 밖에 정보체계와 관련하여 국토교통부장관이 필요하다고 인정하는 사항
② 기계설비산업에 대한 지원과 기반 구축
  ㉠ 기계설비 전문인력 양성기관지정신청서의 첨부서류
    • 교육훈련 인력·시설 및 장비 확보 현황
    • 교육훈련 사업계획서 및 교육훈련 평가계획서
    • 교육훈련 운영경비조달계획서 및 지원받을 교육훈련 비용에 대한 활용계획서
    • 교육훈련 운영 규정
  ㉡ 전문인력 양성기관의 장은 다음 연도의 전문인력 양성 및 교육훈련에 관한 계획을 수립하여 매년 11월 30일까지 국토교통부장관에게 제출해야 한다.

ⓒ 전문인력 양성 및 교육훈련에 관한 계획에 포함해야 할 사항
  - 교육훈련의 기본 방향
  - 교육훈련 추진계획에 관한 사항
  - 교육훈련의 재원 조달방안에 관한 사항
  - 그 밖에 교육훈련을 위하여 필요한 사항

③ 기계설비 안전관리를 위한 조치
  ㉠ 기계설비공사 착공 전 확인신청서에 첨부해야 하는 서류
    - 기계설비공사 설계도서 사본
    - 기계설비설계자 등록증 사본
  ㉡ 특별자치시장·특별자치도지사·시장·군수·구청장(구청장은 자치구의 구청장을 말함. 이하 '시장·군수·구청장'이라 함)은 기계설비공사 착공 전 확인 결과의 내용을 기록하고 관리하는 경우에는 별지 제6호 서식의 기계설비공사 착공 전 확인업무 관리대장에 일련번호 순으로 기록해야 한다.
  ㉢ 부분 전단에 따른 기계설비 사용 전 검사신청서에 첨부해야 하는 서류
    - 기계설비공사 준공설계도서 사본
    - 기계설비에 대한 감리업무를 수행한 자가 확인한 기계설비 사용적합확인서
    - 검사결과서(해당하는 검사 결과가 있는 경우로 한정)
  ㉣ 사용 전 검사
    - 기계설비 사용 전 검사확인증은 별지 제8호 서식에 따른다.
    - 시장·군수·구청장은 기계설비 사용 전 검사확인증을 발급한 경우에는 별지 제9호 서식의 기계설비 사용 전 검사확인증 발급대장에 일련번호 순으로 기록해야 한다.

④ 기계설비유지관리
  ㉠ 기계설비의 유지관리 및 점검을 위하여 필요한 유지관리 기준에 반영해야 하는 사항
    - 기계설비유지관리 및 점검에 대한 계획 수립
    - 기계설비유지관리 및 점검 참여자의 자격, 역할 및 업무내용
    - 기계설비유지관리 및 점검의 종류, 항목, 방법 및 주기
    - 기계설비유지관리 및 점검의 기록 및 문서 보존 방법
    - 그 밖에 유지관리기준의 관리, 운영, 조사, 연구 및 개선업무에 관한 사항
  ㉡ 기계설비유지관리자의 선임기준(별표 1)

구 분	선임 대상	선임자격	선임인원
영 제14조제1항제1호에 해당하는 용도별 건축물	연면적 6만[m²] 이상	특급 책임기계설비유지관리자	1
		보조기계설비유지관리자	1
	연면적 3만[m²] 이상 연면적 6만[m²] 미만	고급 책임기계설비유지관리자	1
		보조기계설비유지관리자	1
	연면적 1만 5천[m²] 이상 연면적 3만[m²] 미만	중급 책임기계설비유지관리자	1
	연면적 1만[m²] 이상 연면적 1만 5천[m²] 미만	초급 책임기계설비유지관리자	1
영 제14조제1항제2호에 해당하는 공동주택	3천 세대 이상	특급 책임기계설비유지관리자	1
		보조기계설비유지관리자	1
	2천 세대 이상 3천 세대 미만	고급 책임기계설비유지관리자	1
		보조기계설비유지관리자	1
	1천 세대 이상 2천 세대 미만	중급 책임기계설비유지관리자	1
	500세대 이상 1천 세대 미만	초급 책임기계설비유지관리자	1
	300세대 이상 500세대 미만으로서 중앙집중식 난방방식(지역난방방식 포함)의 공동주택	초급 책임기계설비유지관리자	1

구 분	선임 대상	선임자격	선임인원
영 제14조제1항제3호에 해당하는 건축물 등(같은 항 제1호 및 제2호에 해당하는 건축물은 제외)	영 제14조제1항제3호에 해당하는 건축물 등(같은 항 제1호 및 제2호에 해당하는 건축물은 제외)	건축물의 용도, 면적, 특성 등을 고려하여 국토교통부장관이 정하여 고시하는 기준에 해당하는 초급 책임기계설비유지관리자 또는 보조기계설비유지관리자	1

- 선임자격 : 해당 기계설비유지관리자 등급 이상을 보유한 사람으로서 다음 각 목의 구분에 따른 기준을 충족한 사람을 말한다. 이 경우 보조기계설비유지관리자는 초급 이상인 책임기계설비유지관리자로 선임할 수 있다.
  - 제1호 및 제2호 : 다른 건축물 등의 기계설비유지관리자로 선임되어 있지 않은 사람
  - 제3호 : 다른 건축물 등의 기계설비유지관리자로 선임되어 있지 않거나 국토교통부장관이 정하여 고시하는 범위 이내에서 다른 건축물등의 기계설비유지관리자로 선임되어 있는 사람
- 건축물대장의 건축물 현황도에 표시된 대지 경계선 안의 지역 또는 연접한 2개 이상의 대지에 건축물 등이 둘 이상 있고, 그 관리에 관한 권원을 가진 자가 동일인인 경우에는 이를 하나의 건축물 등으로 보아 해당 건축물 등을 합산한 연면적 또는 세대를 기준으로 기계설비유지관리자를 선임해야 한다.

ⓒ 관리 주체는 기계설비유지관리자를 선임하는 경우, 다음의 구분에 따른 날부터 30일 이내에 선임해야 한다.
- 신축·증축·개축·재축 및 대수선으로 기계설비유지관리자를 선임해야 하는 경우 : 해당 건축물·시설물 등의 완공일(건축법 등 관계 법령에 따라 사용 승인 및 준공 인가 등을 받은 날)
- 용도 변경으로 기계설비유지관리자를 선임해야 하는 경우 : 용도 변경 사실이 건축물관리대장에 기재된 날
- 기계설비유지관리업무를 위탁한 경우로서 그 위탁계약이 해지 또는 종료된 경우 : 기계설비 유지관리업무의 위탁이 끝난 날

ⓓ 기계설비유지관리자의 선임신고
- 관리 주체는 기계설비유지관리자 선임 또는 해임신고를 하려는 경우에는 그 선임일 또는 해임일부터 30일 이내에 별지 제9호의2 서식의 기계설비유지관리자 선임·해임신고서(전자문서로 된 신고서를 포함)에 다음의 서류를 첨부하여 시장·군수·구청장에게 제출해야 한다.
  - 기계설비유지관리자의 재직증명서 등 재직 사실을 확인할 수 있는 서류(기계설비 유지관리업무를 위탁한 경우에는 기계설비 유지관리업무 위탁계약서 사본을 말함)
  - 발급받은 기계설비유지관리자 수첩 사본

ⓔ 관리 주체는 변경사유가 발생한 날부터 30일 이내에 기계설비유지관리자 신고사항 변경신고서에 그 변경사항을 증명하는 서류를 첨부하여 시장·군수·구청장에게 제출해야 한다.

ⓕ 시장·군수·구청장은 선임신고서를 받은 때에는 행정 정보의 공동 이용을 통하여 사업자등록증명 및 대상 건축물 등의 건축물대장을 확인해야 한다. 다만, 신고인이 해당 서류의 확인에 동의하지 않은 경우에는 해당 서류를 첨부하도록 해야 한다.

ⓖ 관리 주체는 선임신고증명서를 발급받으려는 경우에는 기계설비유지관리자 선임신고증명서 발급신청서를 시장·군수·구청장에게 제출해야 한다. 이 경우 시장·군수·구청장은 지체 없이 기계설비유지관리자 선임신고증명서(전자문서로 된 증명서 포함)를 발급해야 한다.

ⓗ 시장·군수·구청장은 기계설비유지관리자의 선임 또는 해임신고를 받은 경우에는 기계설비유지관리자 선임·해임신고대장에 그 사실을 기록하고, 매월 신고 현황을 다음 달 말일까지 국토교통부장관에게 통보해야 한다.

⑤ 기계설비성능점검업
  ㉠ 기계설비성능점검업의 등록신청
    • 기계설비성능점검업을 등록하려는 자(법인인 경우에는 대표자)는 기계설비성능점검업 등록신청서에 다음의 서류를 첨부하여 특별시장·광역시장·특별자치시장·도지사 또는 특별자치도지사(이하 시·도지사라고 함)에게 제출해야 한다.
      - 등록 요건에 따른 자본금을 보유하고 있음을 증명하는 다음의 구분에 따른 서류
        ⓐ 법인의 경우 : 재무상태표 및 손익계산서
        ⓑ 개인의 경우 : 영업용 자산평가액명세서 및 증명서류
      - 등록 요건에 따른 기술인력을 고용하고 있음을 증명하는 기술인력보유증명서와 다음의 어느 하나에 해당하는 서류
        ⓐ 기계설비유지관리자 수첩 사본
        ⓑ 기계설비유지관리자 경력증명서
      - 등록 요건에 따른 장비를 보유하고 있음을 증명할 수 있는 서류
    • 제출서류는 기계설비성능점검업 등록신청 전 30일 이내에 발행되거나 작성된 것이어야 한다.
    • 시·도지사는 신청서를 받은 때에는 행정 정보의 공동 이용을 통하여 다음의 사항을 확인해야 한다. 다만, 신청인이 해당 서류의 확인에 동의하지 않은 경우에는 해당 서류를 첨부하도록 해야 한다.
      - 사업자등록증명
      - 기술인력의 국민연금 가입증명서 또는 건강보험자격 취득확인서
  ㉡ 기계설비성능점검업 등록증의 발급 및 반납
    • 시·도지사는 등록신청자에게 등록증을 발급하는 때에는 기계설비성능점검업 등록증과 기계설비성능점검업 등록 수첩을 발급(전자문서로 된 발급을 포함)하고, 기계설비성능점검업 등록대장에 그 사실을 적고 관리해야 한다.
    • 기계설비성능점검업을 등록한 자는 발급받은 기계설비성능점검업 등록증 또는 등록 수첩을 잃어버리거나 기계설비성능점검업 등록증 또는 등록 수첩이 헐어 못쓰게 된 경우에는 기계설비성능점검업 등록증(등록 수첩) 재발급 신청서에 등록증 또는 등록 수첩을 첨부하여(잃어버린 경우는 제외) 시·도지사에게 제출해야 한다.
    • 기계설비성능점검업자는 다음의 어느 하나에 해당하는 경우에는 지체 없이 시·도지사에게 그 기계설비성능점검업 등록증 및 등록 수첩을 반납해야 한다.
      - 등록이 취소된 경우
      - 기계설비성능점검업을 휴업·폐업한 경우
      - 재발급 신청을 하는 경우(다만, 등록증 또는 등록 수첩을 잃어버리고 재발급을 받은 경우에는 이를 다시 찾은 경우로 한정하며, 다시 찾은 경우에는 지체 없이 반납해야 한다)
    • 시·도지사는 기계설비성능점검업 등록증 및 등록 수첩을 발급한 때에는 기계설비성능점검업 등록증 및 등록 수첩 발급(재발급)대장에 그 사실을 기록해야 한다.
  ㉢ 기계설비성능점검업의 변경등록 신청
    • 기계설비성능점검업자는 등록사항의 변경이 있는 때에는 변경된 날부터 30일 이내에 기계설비성능점검업 변경등록신청서에 그 변경사항별로 다음의 구분에 따른 서류를 첨부하여 시·도지사에게 제출해야 한다.
      - 상호 또는 영업소 소재지를 변경하는 경우 : 기계설비성능점검업 등록증 및 등록 수첩
      - 대표자를 변경하는 경우 : 기계설비성능점검업 등록증 및 등록 수첩

- 기술인력을 변경하는 경우 : 기계설비성능점검업 등록 수첩, 기술인력 보유증명서와 그 첨부서류
- 시·도지사는 신청서를 받은 때에는 행정 정보의 공동 이용을 통하여 법인 등기사항증명서(법인인 경우만 해당) 또는 사업자등록증명(개인인 경우만 해당)을 확인해야 한다. 다만, 신청인이 사업자등록증명 확인에 동의하지 않은 경우에는 해당 서류를 첨부하도록 해야 한다.
- 시·도지사는 변경등록 신청을 받은 때에는 기계설비성능점검업 등록증 및 등록 수첩을 새로 발급하거나 제출된 기계설비성능점검업 등록증 및 등록 수첩에 그 변경된 사항을 적어 발급해야 한다.
- 시·도지사는 변경등록을 한 때에는 기계설비성능점검업 등록대장에 그 사실을 적고 관리해야 한다.

ⓔ 기계설비성능점검업의 휴업·폐업신고
- 휴업·폐업신고서는 서식에 따르며, 신고인은 이를 제출할 때에는 기계설비성능점검업 등록증 및 등록 수첩을 첨부해야 한다.
- 시·도지사는 휴업 또는 폐업신고를 받은 때에는 행정 정보의 공동이용을 통하여 관할 세무서에 신고한 폐업사실증명 또는 사업자등록증명을 확인해야 한다. 다만, 신고인이 확인에 동의하지 않은 경우에는 해당 서류를 첨부하도록 해야 한다.

ⓜ 기계설비성능점검업의 지위승계신고
- 기계설비성능점검업자의 지위를 승계한 자는 기계설비성능점검업 지위승계신고서에 다음의 서류를 첨부하여 시·도지사에게 제출해야 한다.
  - 지위승계 사실을 증명하는 서류
  - 피상속인, 양도인 또는 합병 전 법인의 기계설비성능점검업 등록증 및 등록 수첩
- 시·도지사는 신고서를 받은 때에는 행정 정보의 공동 이용을 통하여 다음의 서류를 확인해야 한다. 다만, 신고인이 해당 서류의 확인에 동의하지 않은 경우에는 해당 서류를 첨부하게 해야 한다.
  - 사업자등록증명
  - 외국인등록 사실 증명[지위승계자(법인인 경우에는 대표자를 포함한 임원을 말함)가 외국인인 경우만 해당]
  - 기술인력의 국민연금 가입증명서 또는 건강보험자격 취득확인서
  - 양도인의 국세 및 지방세납세증명서(양도·양수의 경우만 해당)
- 시·도지사는 신고를 수리한 때에는(신고가 수리된 것으로 보는 경우를 포함) 지위승계자에게 기계설비성능점검업 등록증 및 기계설비성능점검업 등록 수첩을 새로 발급하고, 기계설비성능점검업 등록대장에 지위승계에 관한 사항을 적고 관리해야 한다.

ⓗ 성능점검능력 평가의 신청
- 기계설비의 성능점검능력 평가를 받으려는 기계설비성능점검업자(이하 '신청인'이라 함)는 기계설비성능점검능력 평가신청서에 다음의 서류를 첨부하여 매년 2월 15일까지 성능점검능력 평가에 관한 업무를 위탁받은 자(이하 '성능점검능력 평가 수탁기관')에 제출해야 한다.
  - 기계설비 성능점검실적을 증명하는 다음의 서류
    ⓐ 발주자가 발급한 기계설비성능점검실적증명서 및 세금계산서(공급자 보관용) 사본
    ⓑ 주한국제연합군 그 밖의 외국군의 기관으로부터 용역받은 기계설비성능점검의 경우에는 거래하는 외국환 은행이 발급한 외화입금증명서 및 계약서 사본

- 재무 상태를 증명하는 다음의 어느 하나에 해당하는 서류(다만, 신청인이 외부 감사의 대상이 되는 법인인 경우에는 감사인의 회계 감사를 받은 재무제표 제출)
  ⓐ 관할 세무서장에게 제출한 조세에 관한 신고서류(세무사 또는 세무대리업무등록부에 등록한 공인회계사가 확인한 것으로서 대차대조표 및 손익계산서가 포함된 것을 말함)
  ⓑ 공인회계사 또는 회계법인의 회계감사를 받은 재무제표
- 기술인력 보유증명서
- 기계설비유지관리자 수첩 사본 또는 기계설비유지관리자 경력증명서 중 어느 하나에 해당하는 서류
• 서류의 제출 기한
  - 법인인 경우 : 4월 15일
  - 개인인 경우 : 5월 31일
  - 성실신고확인대상사업자인 경우 : 6월 30일
ⓐ 성능점검능력의 평가방법
• 기계설비성능점검업자의 성능점검능력의 평가방법은 별표 2와 같다.
• 상속인 및 합병 후 존속하는 법인이나 합병에 따라 설립되는 법인의 성능점검능력은 피상속인 및 종전 법인의 성능점검능력과 동일한 것으로 본다.
• 기계설비성능점검업 양도신고를 한 경우 양수인의 성능점검능력은 평가방법에 따라 새로 평가한다. 다만, 기계설비성능점검업의 양도가 양도인의 기계설비성능점검업에 관한 자산과 권리·의무의 전부를 포괄적으로 양도하는 경우로서 다음의 어느 하나에 해당하는 경우에는 양도인의 성능점검능력과 동일한 것으로 본다.
  - 개인이 영위하던 기계설비성능점검업을 법인사업으로 전환하기 위하여 기계설비성능점검업을 양도하는 경우
  - 기계설비성능점검업자인 법인을 합명회사 또는 합자회사에서 유한회사 또는 주식회사로 전환하기 위하여 기계설비성능점검업을 양도하는 경우
  - 기계설비성능점검업자인 회사가 분할로 인하여 설립된 회사에 기계설비성능점검업 전부를 양도하거나 기계설비성능점검업자인 회사를 분할하여 다른 회사에 기계설비성능점검업 전부를 양도하는 경우
• 해당 기계설비성능점검업자의 신청이 있거나 성능점검능력이 현저히 변동되었다고 성능점검능력평가 수탁기관이 인정하는 경우에는 평가방법에 따라 새로 평가할 수 있다.
• 2월 15일까지 성능점검능력평가를 신청하지 못한 기계설비성능점검업자로서 다음의 어느 하나에 해당하는 자가 성능점검능력평가를 신청한 경우에는 기계설비성능점검업자의 성능점검능력은 평가할 수 있다.
  - 새로 기계설비성능점검업을 등록한 자
  - 복권된 자
  - 기계설비성능점검업 등록취소 처분이 취소되거나 법원의 판결 등으로 집행정지 결정이 된 자
• 성능점검능력평가 수탁기관은 제출된 서류가 거짓으로 확인된 경우에는 확인된 날부터 10일 이내에 점검능력을 새로 평가해야 한다.
◎ 성능점검능력의 공시항목 및 공시시기
• 국토교통부장관은 성능점검능력을 평가한 경우에는 다음의 항목을 공시해야 하며, 성능점검능력평가 수탁기관은 해당 기계설비성능점검업자의 등록 수첩에 성능점검능력평가액을 기재해야 한다.
  - 상호(법인인 경우에는 법인 명칭)
  - 기계설비성능점검업자의 성명(법인인 경우에는 대표자의 성명)
  - 영업소 소재지

- 기계설비성능점검업 등록번호
- 성능점검능력평가액과 그 산정항목이 되는 점검실적평가액, 경영평가액, 기술능력평가액 및 신인도평가액
- 보유 기술인력

• 성능점검능력평가 수탁기관은 성능점검능력평가 결과를 매년 7월 31일까지 일간신문 또는 성능점검능력평가 수탁기관의 인터넷 홈페이지에 공시해야 한다. 다만, 성능점검능력의 평가방법(시행규칙 제16조제3항부터 제6항) 따라 평가한 경우에는 평가를 완료한 날부터 10일 이내에 공시해야 한다.

• 성능점검능력평가 수탁기관은 성능점검능력에 관한 서류를 비치하여 일반인이 열람할 수 있도록 해야 한다.

• 관리 주체 또는 기계설비유지관리업무를 위탁받은 자는 공시된 성능점검능력평가액(그 산정항목이 되는 점검실적평가액, 경영평가액, 기술능력평가액 및 신인도평가액을 포함)을 고려하여 기계설비성능점검업자를 선정할 수 있다.

⑥ 기계설비성능점검업자의 성능점검능력 평가방법(별표 2)
㉠ 기계설비성능점검업자의 성능점검능력평가액은 기계설비성능점검업자의 상대적인 성능점검수행 역량을 정량적으로 평가하여 나타낸 지표로서 다음의 산식에 따라 산정한다.

> 성능점검능력평가액 = 점검실적평가액 + 경영평가액 + 기술능력평가액 ± 신인도평가액

• 위의 산식 중 점검실적평가액은 최근 3년간 기계설비성능점검실적의 연평균액으로 한다. 다만, 성능점검업을 영위한 기간이 1년 미만인 자의 경우에는 성능점검실적의 총액으로 하고, 성능점검업 영위기간이 1년 이상 3년 미만인 자의 경우에는 성능점검실적 총액을 연단위로 환산한 성능점검업영위월수(나머지 일수가 15일 이상인 때에는 1개월로 하고, 15일 미만인 때에는 월수에 산입하지 않는다)로 나눈 것으로 한다.

• 위의 산식 중 경영평가액은 다음의 산식에 따라 산정한다.

> 경영평가액 = 자본금 × 경영평점

- 위의 산식 중 자본금은 재무제표를 기초로 하여 총자산에서 총부채를 뺀 금액으로 하며, 자본금이 0 이하인 경우에는 0으로 한다. 다만, 평가 연도 직전 연도에 성능점검업을 신규로 등록한 경우 산정된 자본금이 성능점검업 등록기준 이하인 때에는 등록기준상 자본금을 자본금으로 한다.
- 위의 산식 중 경영평점은 다음의 산식에 의하여 산정한다.

> 경영평점 = (유동비율평점 + 자기자본비율평점 + 매출액순이익률평점 + 총자본회전율평점) ÷ 4

ⓐ 위의 산식 중 유동비율평점·자기자본비율평점·매출액순이익률평점 및 총자본회전율평점은 재무제표를 기초로 하여 유동비율(유동자산 / 유동부채)·자기자본비율(자기자본 / 총자본)·매출액순이익률(법인세 또는 소득세 차감 전 순이익 / 매출액) 및 총자본회전율(매출액 / 총자본)을 각각 성능점검능력평가 신청업체 전체의 가중평균비율(분자에 해당하는 업계 전체의 값을 분모에 해당하는 업계 전체의 값으로 나눈 비율로 하되, 자기자본비율 및 매출액순이익률 중 0 이하인 비율은 제외한다)로 나눈 것으로 한다. 이 경우 각각의 평점이 3을 초과하는 때에는 3으로 하고, '-3' 이하인 때에는 그 평점을 각각 '-3'으로 한다.

ⓑ 경영평점이 3을 초과하는 때에는 3으로 하고, 0 이하인 때에는 0으로 한다.
- 점검실적평가액이 영 별표 7에 따른 성능점검업 등록 요건인 법인의 최저자본금보다 적은 경우의 경영평가액은 법인의 최저자본금의 3배를 초과하지 않도록 하며, 점검실적평가액이 영 별표 7에 따른 성능점검업 등록요건인 법인의 최저자본금 이상인 경우의 경영평가액은 점검실적평가액의 3배를 초과하지 않도록 한다.

• 위의 산식 중 기술능력평가액은 다음의 산식에 따라 산정한다.

> 기술능력평가액 = 기술능력생산액(전년도 성능점검업계의 기계설비유지관리자 1명당 평균생산액) × 성능점검업자가 보유한 기계설비유지관리자 수(기계설비유지관리자 등급별 가중치를 반영한 수) × 30/100

- 위의 산식 중 기술능력생산액은 자본금(경영평가액에 따라 산정한 자본금을 말함)의 3배와 점검실적평가액 중 큰 금액을 초과하지 않도록 한다.
- 위의 산식 중 전년도 성능점검업계의 기계설비유지관리자 1명당 평균생산액은 성능점검능력평가를 신청한 업체의 총점검실적액을 성능점검능력평가를 신청한 업체가 보유한 기계설비유지관리자의 총수로 나눈 금액으로 한다.
- 위의 산식 중 기계설비유지관리자 등급별 가중치는 다음 표에 따른다.

보유 기술인력	특급	고급	중급	초급	보조
가중치	1.7	1.5	1.3	1	0.7

• 위의 산식 중 신인도평가액은 다음의 산식에 따라 산정한다. 다만, 요소별 신인도반영비율의 합계는 ±30/100을 초과하지 않도록 한다.

> 신인도평가액 = 점검실적평가액 × 요소별 신인도 반영비율의 합계

- 성능점검업자의 성능점검업 영위기간에 따라 다음의 표에 해당하는 비율을 더한다.

영위 기간	1년 이상 5년 미만	5년 이상 10년 미만	10년 이상 20년 미만	30년 이상
비율	1/100	3/100	5/100	7/100

- 평가 연도의 직전 연도에 이 법에 따른 과태료 처분을 받은 자는 100분의 1을 뺀다.
- 평가 연도의 직전 연도에 이 법에 따른 영업정지처분을 받은 자는 100분의 3을 뺀다.
- 최근 3년 이내에 부도가 발생한 성능점검업자는 100분의 5를 뺀다.
- 서류를 허위로 제출한 경우에는 허위 제출 사실이 확인된 때의 다음 연도와 그다음 연도의 성능점검능력평가 시 100분의 30을 뺀다.

ⓒ 점검실적평가액 중 성능점검실적을 산정할 때 상속인, 합병 후 존속하는 법인이나 합병에 따라 설립되는 법인의 또는 양수인의 경우에는 피상속인, 종전 법인 또는 양도인의 기계설비 성능점검실적을 합산한다.

ⓒ 경영평가액 중 경영평점을 산정할 때 새로 성능점검업의 등록을 한 성능점검업자와 양수인의 경우에는 해당 연도와 다음 연도의 경영평점은 1로 한다.

ⓔ 신인도평가액 중 성능점검업 영위기간을 산정할 때 양수인의 경우에는 양도인의 기계설비성능점검업 영위기간을 합산하며, 그 밖의 지위승계자는 그렇지 않다.

ⓜ 그 밖에 성능점검능력 평가에 따른 세부사항에 대하여 국토교통부장관은 성능점검능력평가 수탁기관과 협의하여 정할 수 있다.
⑦ 수수료 및 교육비(별표 3)
　㉠ 수수료 및 교육비 금액

납부자	금액
기계설비공사의 사용 전 검사를 신청하는 자	없 음
기계설비유지관리자의 선임신고증명서를 발급받으려는 자	5천원
유지관리교육을 받는 자 • 신규교육을 받는 자 • 보수교육을 받는 자	 15만 5천원 15만 5천원
기계설비성능점검업의 등록을 하는 자	4만원
기계설비성능점검업의 변경등록을 하는 자	없 음
기계설비성능점검업의 상속, 양수 또는 합병 등을 신고하는 자	2만원

㉡ 수수료 및 교육비의 반환기준
- 수수료 또는 교육비를 과오납한 경우 : 과오납된 금액의 전부
- 교육 실시기관의 책임이 있는 사유로 교육을 받지 못한 경우 : 납입된 교육비의 전부
- 교육 신청기간 안에 신청을 취소하는 경우 : 납입된 교육비의 전부
- 교육 실시일 20일 전까지 신청을 취소하는 경우 : 납입된 교육비의 전부
- 교육 실시일 10일 전까지 신청을 취소하는 경우 : 납입된 교육비의 100분의 50

CHAPTER 05 열설비설계

제1절 | 열설비 일반

1-1. 요로의 개요

핵심이론 01 열설비 일반의 개요

① 보일러의 구성
  ㉠ 보일러는 연료의 연소로 발생되는 열을 밀폐용기 내에 있는 물에 전달하여 일정 압력의 증기를 발생시켜 건물의 난방, 온수 등에 사용하는 설비로, 증기 원동기라고도 한다.
  ㉡ 보일러는 연료의 연소로 열을 발생하는 부분과 밀폐용기의 벽을 통하여 열을 내부의 물에 전하여 증발시키는 부분(보일러 본체)으로 구성된다.

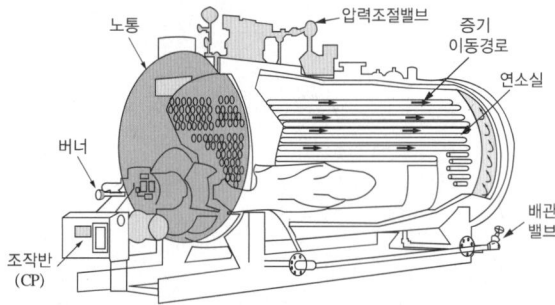

  ㉢ 보일러 구성의 3대 요소 : 본체, 부속장치, 연소장치
  • 본체(몸체) : 노에서 발생된 연소열을 받아서 물을 가열하여 증기 및 온수를 발생시키는 장치로, 동(Drum)과 관(Tube)으로 구성되어 수실(수부), 증기실, 전열면(외부에서 전해 준 열을 물과 증기에 전하는 부분)의 역할을 한다.
  • 부속장치
    - 안전장치 : 안전밸브(압력방출장치), 방출밸브, 방출관, 가용전(가용마개), 방폭문(폭발문), 화염검출기, 증기압력제어기, 연료차단밸브(전자밸브), 저수위경보장치
    - 급수장치 : 급수펌프, 인젝터, 급수내관, 급수가열기, 급수수위조절기, 바이패스관, 자동급수조정장치, 환원기, 급수량계, 밸브류(급수밸브, 체크밸브)
    - 송기장치 : 주증기관, 비수방지관(증기내관), 기수분리기(스팀 세퍼레이터), 증기헤더, 증기축열기(스팀 어큐뮬레이터), 증기트랩, 신축 이음, 스트레이너(여과기), 응축수회수기, 탱크류(응축수 탱크, 플래시 탱크), 밸브류(주증기밸브, 감압밸브, 자동온도조절밸브)
    - 열교환기
    - 집진장치
    - 분출장치
    - 폐열회수장치(여열장치) : 과열기, 재열기, 절탄기, 공기예열기
    - 지시장치(측정장치 또는 계측기기) : 수면계(수위계), 압력계, 온도계, 유량계, 가스계량기
    - 수트블로어(Soot Blower)
    - 기타 부속장치와 부속품
  • 연소장치 : 보일러의 연료를 연소시키는 노
② 과열증기(Superheated Steam)
  ㉠ 개요
    • 과열증기는 건포화증기에 계속 열을 가하여 포화온도 이상의 온도로 된 상태이다.
    • 건포화증기를 가열한 것이 과열증기이다.
    • 과열증기상태의 예 : 1[MPa]의 포화증기가 등온상태에서 압력이 700[kPa]까지 하강할 때의 최종 상태
    • 포화증기를 정적하에서 압력을 증가시키면 과열증기가 된다.

- 포화증기를 일정한 압력 아래에서 가열하면 과열증기가 된다.
- 포화증기를 등엔트로피 과정으로 압축시키면 (가역 단열압축 : 온도와 압력 상승) 과열증기가 된다.

ⓒ 과열증기의 상태
- \+ 과열도(동일한 압력하의 과열증기와 포화증기의 온도 차이)
- 주어진 압력에서 포화증기온도보다 높은 온도
- 주어진 압력에서 포화증기 비체적보다 높은 비체적
- 주어진 비체적에서 포화증기압력보다 높은 압력
- 주어진 온도에서 포화증기 엔탈피보다 높은 엔탈피

ⓒ 과열증기의 특징
- 과열증기는 건포화증기보다 온도가 높다.
- 수증기는 과열도가 증가할수록 이상기체에 가까운 성질을 나타낸다.
- 사이클의 열효율을 증가시킨다.
- 증기의 건도가 증가하여 터빈효율이 상승된다.
- 터빈 날개의 부식을 감소시킨다.
- 과열도를 증가시킨다.
- 수분이 없으므로 관 내 마찰저항이 감소한다.
- 온도가 높아 응축수로 되기 어렵고, 복수기에서만 응축수 변환이 가능하다.
- 용융되어 포함된 바나듐으로 인하여 표면 고온부식이 발생하며 표면의 온도가 일정하지 않게 된다.

ⓒ 과열증기의 온도조절방법
- 습증기의 일부를 과열기로 보내는 방법
- 연소가스의 유량을 가감하는 방법
- 과열기 전용 화로를 설치하는 방법
- 연소실의 화염 위치를 바꾸는 방법
- 저온가스를 연소실 내로 재순환시키는 방법 등

③ 보일러 관련 제반 사항
ⓒ 전열면적 : 한쪽에 연소가스가 닿고 다른 한쪽은 물이 닿는 면적
- 한쪽 면이 연소가스 등에 접촉하고 다른 면이 물(기수 혼합물 포함)에 접촉하는 부분의 면을 연소가스 등의 쪽에서 측정한 면적이다.
- 특별히 지정하지 않을 때는 과열기 및 절탄기의 전열면을 제외한다.

ⓒ 보일러의 용량 산출(표시)량 : 상당증발량(G_e), (전열면의) 증발률, 연소율, 전열면적, 상당방열면적(EDR), 정격출력, 보일러 마력 등

ⓒ 난방 및 급탕용 보일러 용량 선정 순서 : 방열기 용량→배관 열손실→상용출력→정격출력
- 상용출력 = 방열기(난방부하) + 급탕부하 + 배관부하
- 정격출력(용량 계산) = 상용출력 × 예열부하

ⓒ 보일러의 부하율(ϕ)
- 부하율 공식 : $\phi = \dfrac{\text{실제 사용용량}}{\text{보일러 설계용량}} \times 100[\%]$
- 일반적인 보일러 운전 중 가장 이상적인 부하율 : 60~80[%]

ⓒ 보일러 성능 표시방법의 하나인 레이팅(Rating) : 1[ft^2]당의 상당증발량 34.5[lb/h]를 기준으로 하여 이것을 100[%] 레이팅이라고 한다.

ⓒ 보일러 배기가스
- 배기가스 열손실은 같은 연소조건일 경우에 연소가스량이 적을수록 작아진다.
- 배기가스의 열량을 회수하기 위한 방법으로 급수예열기와 공기예열기를 적용한다.
- 배기가스의 열량을 회수함에 따라 배기가스의 온도가 낮아지고 효율이 상승한다.
- 배기가스온도는 발생증기의 포화온도 이하로 낮출 수 없어 보일러의 증기압력이 높아짐에 따라 배기가스 손실도 크다.

ⓧ 가스용 보일러의 배기가스 중 일산화탄소의 이산화탄소에 대한 비 : 0.002 이하이어야 한다.
ⓞ 보일러에서 연소용 공기 및 연소가스가 통과하는 순서 : 송풍기 → 공기예열기 → 연소실 → 과열기 → 절탄기 → 굴뚝
ⓩ 보일러의 운전 및 성능
  • 보일러 송출증기의 압력을 낮추면 방열손실이 감소한다.
  • 보일러의 송출압력이 증가할수록 가열에 이용할 수 있는 증기의 응축잠열은 작아진다.
  • LNG를 사용하는 보일러의 경우 총발열량의 약 10[%]는 배기가스 내부의 수증기에 흡수된다.
  • LNG를 사용하는 보일러의 경우 배기가스로부터 발생되는 응축수는 산성이며, pH는 4 정도이다.
ⓒ 증기관 크기 결정 시 고려해야 하는 사항 : 가격, 열손실, 압력 강하 등
㋖ 과열온도조절법
  • 과열저감기 사용방식
  • 댐퍼에 의한 열가스 조절방식
  • 버너 위치 변경, 사용 버너 변경방식
  • 과열증기에 의한 습증기, 급수분무방식
  • 과열기 전용 화로 이용방식
  • 연소가스 재순환방식
㋗ 증기보일러 동체에 물이 담겨 있는 부분인 수부가 클 때 발생 가능한 현상
  • 부하변동에 대한 압력 변화가 작다.
  • 습증기 발생이 쉬워 건조공기를 얻기가 용이하지 않다.
  • 증기 발생시간이 길다.
  • 동체 파열 시 피해가 크다.
  • 캐리오버의 발생 가능성이 증가한다.
㋙ 배기가스 또는 연소가스의 열을 배열, 폐열, 배기가스열, 연소가스열 등으로 부른다.

㋚ 비등점 상승(BPR ; Boiling Point Rise) : 비휘발성 용질을 녹인 휘발성 용매의 끓는점이 순수한 휘발성 용매의 비등점보다 높아지는 현상이다.
  • 끓는점 오름(BPE ; Boiling Point Elevation)이라고도 한다.
  • 녹이는 비휘발성 용질의 몰수에 비례하여 끓는점이 올라간다.
  • 비휘발성 용질이 휘발성 용매에 녹아 있을 때 비휘발성 물질의 비등점이 휘발성 용매보다 더 높아 용매가 증발하는 것을 방해하기 때문에 끓는점이 올라간다.

핵심예제

1-1. 다음 중 보일러 구성의 3대 요소에 해당되지 않는 것은?
[2015년 제4회, 2023년 제2회]

① 본 체   ② 분출장치
③ 연소장치   ④ 부속장치

1-2. 보일러의 용량을 산출하거나 표시하는 양으로서 적합하지 않은 것은? [2014년 제1회 유사, 2017년 제1회, 2023년 제1회]

① 상당증발량   ② 보일러 마력
③ 전열면적   ④ 재열계수

|해설|

1-1
보일러 구성의 3대 요소 : 본체, 연소장치, 부속장치

1-2
보일러의 용량 산출(표시)량 : 상당증발량(G_e), (전열면의) 증발률, 연소율, 전열면적, 상당방열면적(EDR), 정격출력, 보일러 마력 등

정답 1-1 ② 1-2 ④

핵심이론 02 보일러의 설치·시험·검사

① 보일러의 설치 장소

㉠ 보일러의 옥내 설치
- 불연성 물질의 격벽으로 구분된 장소에 설치한다. 다만, 소형 보일러(소용량 강철제 보일러, 소용량 주철제 보일러, 가스용 온수 보일러, 소형 관류 보일러 등)는 반격벽으로 구분된 장소에 설치할 수 있다.
- 보일러 동체 최상부로부터(보일러의 검사 및 취급에 지장이 없도록 작업대를 설치한 경우에는 작업대로부터) 천장, 배관 등 보일러 상부에 있는 구조물까지의 거리는 1.2[m] 이상이어야 한다. 다만, 소형 보일러 및 주철제 보일러의 경우에는 0.6[m] 이상으로 할 수 있다.
- 보일러 동체에서 벽, 배관, 기타 보일러 측부에 있는 구조물(검사 및 청소에 지장이 없는 것은 제외)까지 거리는 0.45[m] 이상이어야 한다. 다만, 소형 보일러는 0.3[m] 이상으로 할 수 있다.
- 보일러 및 보일러에 부설된 금속제의 굴뚝 또는 연도의 외측으로부터 0.3[m] 이내에 있는 가연성 물체에 대하여는 금속 이외의 불연성 재료로 피복하여야 한다.
- 연료를 저장할 때에는 보일러 외측으로부터 2[m] 이상 거리를 두거나 방화격벽을 설치하여야 한다. 다만, 소형 보일러의 경우에는 1[m] 이상 거리를 두거나 반격벽으로 할 수 있다.
- 보일러에 설치된 계기들을 육안으로 관찰하는 데 지장이 없도록 충분한 조명시설이 있어야 한다.
- 보일러실은 연소 및 환경을 유지하기에 충분한 급기구 및 환기구가 있어야 하며 급기구는 보일러 배기가스 덕트의 유효 단면적 이상이어야 하고 도시가스를 사용하는 경우에는 환기구를 가능한 한 높이 설치하여 가스가 누설되었을 때 체류하지 않는 구조이어야 한다.

㉡ 압력용기의 옥내 설치
- 압력용기와 천장과의 거리는 압력용기 본체 상부로부터 1[m] 이상이어야 한다.
- 압력용기의 본체와 벽과의 거리는 최소 0.3[m] 이상이어야 한다.
- 인접한 압력용기와의 거리는 최소 0.3[m] 이상이어야 한다.
- 유독성 물질을 취급하는 압력용기는 2개 이상의 출입구나 환기장치를 설치해야 한다.

㉢ 보일러의 옥외 설치
- 보일러에 빗물이 스며들지 않도록 케이싱 등의 적절한 방지설비를 하여야 한다.
- 노출된 절연재 또는 래깅 등에는 방수처리(금속 커버 또는 페인트 포함)를 하여야 한다.
- 보일러 외부에 있는 증기관 및 급수관 등이 얼지 않도록 적절한 보호조치를 하여야 한다.
- 강제 통풍팬의 입구에는 빗물 방지 보호판을 설치하여야 한다.

㉣ 보일러의 설치
- 기초가 약하여 내려앉거나 갈라지지 않아야 한다.
- 강 구조물은 접지되어야 하고 빗물이나 증기에 의하여 부식되지 않도록 적절한 보호조치를 하여야 한다.
- 수관식 보일러의 경우 전열면을 청소할 수 있는 구멍이 있어야 한다. 다만, 전열면의 청소가 용이한 구조인 경우에는 예외로 한다.
- 보일러에 설치된 폭발구의 위치가 보일러 기사의 작업 장소에서 2[m] 이내에 있을 때에는 해당 보일러의 폭발가스를 안전한 방향으로 분산시키는 장치를 설치하여야 한다.
- 보일러의 사용압력이 어떠한 경우에도 최고 사용압력을 초과할 수 없도록 설치하여야 한다.

- 보일러는 바닥 지지물에 반드시 고정되어야 한다. 소형 보일러의 경우는 앵커 등을 설치하여 가동 중 보일러의 움직임이 없도록 설치하여야 한다.

② 보일러의 성능시험방법
  ㉠ 증기건도는 강철제(0.98) 또는 주철제(0.97)로 나누어 정해져 있다.
  ㉡ 측정은 매 10분마다 실시한다.
  ㉢ 수위는 최초 측정치에 비해서 최종 측정치가 높아야 한다.
  ㉣ 측정 기록 및 계산 양식은 규격으로 정해진 것을 사용한다.
  ㉤ 압력변동은 ±7[%] 이내이어야 한다.
  ㉥ 유량계의 오차는 ±1[%] 범위 이내이어야 한다.

③ 부분 방사선 투과시험의 검사 길이 계산 : 300[mm] 단위

④ 방사선 투과시험 시 방사선에서 시험기 성능을 판 두께의 2[%] 결함을 검출할 수 있어야 한다.

⑤ 수압시험압력
  ㉠ 강철제 보일러
    - 최고 사용압력이 0.43[MPa] 이하일 때에는 그 최고 사용압력의 2배 압력으로 한다. 다만, 그 시험압력이 0.2[MPa] 미만인 경우에는 0.2[MPa]로 한다.
    - 보일러의 최고 사용압력이 0.43[MPa] 초과 1.5[MPa] (15[kgf/cm^2]) 이하일 때에는 그 최고 사용압력의 1.3배에 0.3 [MPa]를 더한 압력으로 한다.
    - 보일러의 최고 사용압력이 1.5[MPa]를 초과할 때에는 그 최고 사용압력의 1.5배 압력으로 한다.
  ㉡ 주철제 보일러
    - 최고 사용압력이 0.43[MPa] 이하일 때는 그 최고 사용압력의 2배 압력으로 한다. 다만, 시험압력이 0.2[MPa] 미만인 경우에는 0.2[MPa]로 한다.
    - 보일러의 최고 사용압력이 0.43[MPa]를 초과할 때는 그 최고 사용압력의 1.3배에 0.3[MPa]을 더한 압력으로 한다.
  ㉢ 압력용기의 수압시험압력
    - 최고 사용압력이 0.1[MPa]를 초과하는 경우, 주철제 압력용기는 최고 사용압력의 2배이다.
    - 최고 사용압력이 1[MPa] 이하의 주철제 압력용기는 최고 사용압력의 1.3배에 0.3[MPa]를 더한 압력이다.
    - 비철금속제 압력용기는 최고 사용압력의 1.5배의 압력에 온도를 보정한 압력이다.
    - 법랑 또는 유리 라이닝한 압력용기는 최고 사용압력이다.

⑥ 보일러의 설치방법
  ㉠ 보일러 설치 공간 계획 시 바닥으로부터 보일러 동체의 최상부의 높이가 4.4[m]라면, 바닥으로부터 상부 건축구조물까지의 최소 높이는 5.6[m] 이상을 유지해야 한다.
  ㉡ 증기 보일러에는 2개 이상의 유리수면계를 부착한다.
  ㉢ 액상식 열매체 보일러, 온도 120[℃] 이하의 온수 보일러에는 방출밸브를 설치한다.
  ㉣ 온도 120[℃]를 초과하는 온수 보일러에는 안전밸브를 설치한다.
  ㉤ 보일러 설치 시 수위계의 최고 눈금은 보일러 최고 사용압력의 1.5배 이상 2배 이하로 하여야 한다.

⑦ 보일러 설치검사
  ㉠ 배기가스온도
    - 유류용 및 가스용 보일러(열매체 보일러는 제외) 출구에서의 배기가스 온도는 주위 온도와의 차이가 정격용량에 따라 다음과 같아야 한다.

보일러용량[t/h]	배기가스 온도차[K, ℃]
5 이하	300 이하
5 초과 20 이하	250 이하
20 초과	210 이하

- 열매체 보일러의 배기가스 온도는 출구 열매온도와의 차이가 150[K][℃] 이하이어야 한다.
ⓒ 보일러의 외벽온도 : 주위 온도보다 30[K][℃]를 초과하여서는 안 된다.
ⓒ 저수위안전장치
  - 저수위안전장치는 연료 차단 전에 경보가 울려야 한다.
  - 온수 발생 보일러(액상식 열매체 보일러 포함)의 온도-연소제어장치는 최고 사용온도 이내에서 연료가 차단되어야 한다.
  - 보일러의 안전장치는 사고를 방지하기 위해 먼저 경보기를 울리고 30초 정도 지난 후 연료를 차단한다.
  - 수입 보일러의 설치검사의 경우 수압시험이 필요하다.
ⓒ 수압시험방법
  - 공기를 빼고 물을 채운 후 천천히 압력을 가하여 규정된 시험수압에 도달된 후 30분이 경과된 뒤에 검사를 실시하여 검사가 끝날 때까지 그 상태를 유지한다.
  - 시험수압은 규정된 압력의 6[%] 이상을 초과하지 않도록 모든 경우에 대한 적절한 제어를 마련하여야 한다.
  - 수압시험 중 또는 시험 후에도 물이 얼지 않도록 하여야 한다.
ⓒ 보일러 설치검사 시 안전장치 기능 테스트를 한다.

핵심예제

2-1. 보일러의 성능시험방법에 대한 설명으로 옳은 것은?
[2012년 제4회, 2017년 제1회, 2020년 제1·2회 통합]
① 증기건도는 강철제 또는 주철제로 나누어 정해져 있다.
② 측정은 매 1시간마다 실시한다.
③ 수위는 최초 측정치에 비해서 최종 측정치가 작아야 한다.
④ 측정 기록 및 계산 양식은 제조사에서 정해진 것을 사용한다.

2-2. 보일러를 옥내에 설치하는 경우에 대한 설명으로 틀린 것은?
[2012년 제2회, 2016년 제4회, 2020년 제1·2회 통합]
① 불연성 물질의 격벽으로 구분된 장소에 설치한다.
② 보일러 동체 최상부로부터 천장, 배관 등 보일러 상부에 있는 구조물까지의 거리는 0.3[m] 이상으로 한다.
③ 연도의 외측으로부터 0.3[m] 이내에 있는 가연성 물체에 대하여는 금속 이외의 불연성 재료로 피복한다.
④ 연료를 저장할 때에는 소형 보일러의 경우 보일러 외측으로부터 1[m] 이상 거리를 두거나 반격벽으로 할 수 있다.

|해설|

2-1
증기건도 측정은 매 10분마다 실시하며 강철제 또는 주철제로 구분하여 강철제 0.98, 주철제 0.97로 정해져 있다.

2-2
보일러 동체 최상부로부터 천장, 배관 등 보일러 상부에 있는 구조물까지의 거리는 대형 보일러는 1.2[m] 이상, 소형 보일러는 0.6[m] 이상으로 한다.

정답 2-1 ① 2-2 ②

핵심이론 03 보일러의 종류

① **원통형 보일러** : 한 개 또는 수 개의 원통으로 구성되며 양끝을 경판으로 막은 보일러이다.
  ㉠ 특 징
   - 구조가 가장 간단하여 취급이 쉽다.
   - 내부의 청소 및 검사가 용이하다.
   - 부하변동에 의한 압력 변화가 작다.
   - 수부가 커서 부하변동에 응하기가 용이하다.
   - 전열면적당 수부의 크기는 수관 보일러에 비해 크다.
   - 비교적 큰 동체를 가지므로 보유 수량이 많다.
   - 보유 수량이 많아 증기 발생시간이 길고, 파열 시 피해가 크다.
   - 형상에 비해서 전열면적이 작고 열효율은 수관 보일러보다 낮다.
   - 구조상 고압용 및 대용량에는 부적당하다.
  ㉡ 종류 : 입형(입형 횡관, 코크란, 입형 연관), 횡형(노통 : 코니시-노통 1개, 랭커셔-노통 2개, 연관 : 횡 연관(외분식), 기관차, 케와니, 노통 연관 : 스코치, 브로돈카프스, 하우덴 존슨(선박용), 노통 연관 패키지형(육용))
   - 입형 보일러의 특징
     - 좁은 장소에도 설치할 수 있다.
     - 전열면적이 작고 효율이 낮다.
     - 증발량이 적으며 습증기가 발생된다.
     - 화실과 증기실이 작아서 내부 청소와 검사가 쉽지 않다.
   - 노통 보일러 : 보유 수량이 많아서 증기 발생 소요 시간이 길며 주로 압축 열응력을 받으므로 압궤현상 발생 방지대책이 필요하다. 다음의 목적을 위하여 노통 상하부를 약 30[°] 정도로 관통시킨 원추형 관인 갤로웨이(Galloway)관 2~3개를 직각으로 설치한다.
     - 노통 보강
     - 보일러수의 원활한 순환
     - 전열면적의 증가
   - 코니시 보일러 : 원통형 보일러의 노통이 편심으로 설치되어 관수의 순환작용을 촉진시킬 수 있는 보일러이다(노통을 한쪽으로 편심 부착하는 이유 : 보일러 물의 순환을 좋게 하기 위함임).
   - 랭커셔 보일러 : 노통이 2개이며 부하변동 시 압력 변화가 작다. 전열면적이 작아 효율이 낮으며 급수가 까다롭지 않고 가동 후 증기 발생시간이 짧다.
   - 횡 연관식 보일러에서 연관의 배열을 바둑판 모양으로 하는 이유 : 물의 순환을 양호하게 하기 위해서이다.
   - 노통 연관식 보일러의 특징
     - 보일러의 크기에 비하여 전열면적이 크고 효율이 좋다.
     - 노통 보일러에 비해 열효율이 높다.
     - 설치면적이 작고 패키지 형태로 운반 가능하며 설치가 간단하다.
     - 제작과 취급이 용이하며 가격이 저렴하다.
     - 내분식이므로 방산손실열량이 적다.
     - 노통 바깥면과 이것에 가장 가까운 연관의 면과의 틈새 : 50[mm] 이상
     - 양질의 급수처리가 필요하다.
     - 증발속도가 빨라서 스케일 부착이 쉽다.
     - 보유 수량이 많아 파열 시 위험하다.
     - 구조가 복잡하여 검사, 수리 및 내부 청소가 간단하지 않다.
     - 고압이나 대용량 보일러에는 적당하지 않다.

② **수관식 보일러** : 연소실 주위에 직경이 작은 수관을 주체로 하여 배치·구성한 보일러이다.
  ㉠ 특 징
   - 연소실의 크기와 형태를 자유롭게 설계할 수 있다.

- 고압증기의 발생에 적합하다.
- 시동시간이 짧고 과열 위험성이 낮아 파열 시 피해가 작다.
- 증발률이 크고 열효율이 높다.
- 고압, 대용량에 적합하다.
- 전열면에 비해서 관수 보유량이 적으므로 압력 변동이 크다.
- 구조가 복잡하고, 스케일 발생이 많고, 청소가 용이하지 않다.

ⓒ 수랭 노벽 설치목적
- 고온의 연소열에 의한 내화물의 연화, 변형을 방지한다.
- 복사열 흡수로 복사에 의한 열손실이 감소된다.
- 전열면적 증가로 전열효율 상승 및 보일러 효율이 향상된다.

ⓒ 종류 : 자연순환식(배브콕 – 경사각 15[°], 스네기치 – 경사각 30[°], 다쿠마 – 경사각 45[°], 야로, 가르베 – 경사각 90[°], 방사4관, 스털링(곡관형), 2동 D형·3동 A형(곡관형)), 강제순환식(라몬트, 베록스)

ⓔ 자연순환식 수관 보일러에서의 물의 순환
- 순환을 높이기 위하여 수관을 경사지게 한다.
- 발생증기의 압력이 높을수록 순환력이 작아진다.
- 순환을 높이기 위하여 수관 직경을 크게 한다.
- 순환을 높이기 위하여 보일러의 비중차를 크게 한다.

③ 관류 보일러 : 드럼 없이 초임계압하에서 증기를 발생시키는 강제 순환 보일러이다(드럼이 없고 관만으로 구성시켜서 긴 관의 일단에서 급수를 펌프로 압입하여 도중에서 한꺼번에 가열·증발·과열시켜 과열증기로 내보내는 초고압 보일러).

ⓐ 특 징
- 보유 수량이 적으므로 증기 발생이 운전 개시 후 5분 이내로 매우 빠르다.
- 안정성이 높으므로 법적관리 제약에서 비교적 자유롭다.
- 자동화하기 쉬우며, 인력 절감에 유효하다.
- 다관설치, 군관리 시스템을 도입할 수 있다.
- 효율적인 투자가 가능하고 투자 대비 운전비용이 저렴하다.
- 튜브 직경이 작으므로 가볍고 내압강도가 크지만, 압력손실의 증가로 동력손실이 많다.
- 보충 수량은 적으나 운전 중 보일러수에 포함된 고형물이나 염분 배출을 위한 블로 다운(Blow Down)이 불가능하므로 수질관리를 철저히 하여야 한다.

ⓒ 종 류
- 단관식 : 슐저
- 다관식 : 벤슨(벤손), 가와사키(소형 관류), 람진, 애트모스(앳모스)

④ 주철제 보일러(주철제 섹션 – 증기, 온수)
ⓐ 소용량 주철제 보일러 : 전열면적 5[m^2] 이하이고 최고 사용압력 0.1[MPa] 이하

⑤ 특수 보일러 : 열매체(수은, 다우섬, 모빌섬, 카네크롤, 시큐리티), 간접 가열(슈미트, 레플러), 폐열(하이네, 리히), 특수연료(바크, 버개스(사탕수수 찌꺼기)) 보일러 등이 있으며 열매체 보일러는 다음과 같은 특징을 지닌다.
ⓐ 저압으로 고온의 증기를 얻을 수 있다.
ⓑ 겨울철 동결의 우려가 작다.
ⓒ 부식 염려가 없으므로 청관제 주입장치가 필요하지 않다.
ⓓ 안전관리상 보일러 안전밸브는 밀폐식 구조로 한다.
ⓔ 물이나 스팀보다 전열 특성이 좋다.
ⓕ 열매체의 종류에 따라 사용온도의 한계가 차별화된다.
ⓖ 인화성, 자극성이 있다.

⑥ 기타 보일러 : 원자로, 전기 보일러

⑦ 효율 크기 순 : 관류식 > 수관식 > 노통연관 > 연관 > 입형
⑧ 연관식 패키지 보일러와 랭커셔 보일러의 비교 : 연관식 패키지 보일러가 랭커셔 보일러보다 열효율, 부하변동 대응성이 크고 간단하며 설치면적당 증발량이 크지만, 수처리는 랭커셔 보일러가 더 간단하다.

핵심예제

3-1. 원통형 보일러의 특징이 아닌 것은?
[2010년 제1회 유사, 2015년 제4회 유사, 2016년 제4회]
① 구조가 간단하고 취급이 용이하다.
② 부하변동에 의한 압력 변화가 작다.
③ 보유 수량이 적어 파열 시 피해가 작다.
④ 고압 및 대용량에는 부적당하다.

3-2. 원통 보일러와 비교하여 수관 보일러의 장점으로 틀린 것은?
[2011년 제2회 유사, 2015년 제4회]
① 고압증기의 발생에 적합하다.
② 구조가 간단하고 청소가 용이하다.
③ 시동시간이 짧고 파열 시 피해가 작다.
④ 증발률이 크고 열효율이 높아 대용량에 적합하다.

3-3. 열매체 보일러의 특징이 아닌 것은?
[2010년 제2회, 2014년 제2회, 2015년 제1회 유사, 2016년 제4회, 2023년 제2회]
① 낮은 압력에서도 고온의 증기를 얻을 수 있다.
② 물처리장치나 청관제 주입장치가 필요하다.
③ 겨울철 동결의 우려가 작다.
④ 안전관리상 보일러 안전밸브는 밀폐식 구조로 한다.

|해설|
3-1
보유 수량이 적어 파열 시 피해가 작은 것은 수관식 보일러이다.
3-2
구조가 간단하고 청소가 용이한 것은 원통 보일러이며, 수관 보일러는 구조가 복잡하고 청소가 용이하지 않지만, 대용량에 적합하며 효율이 높다.
3-3
열매체 보일러는 청관제 주입장치가 필요하지 않다.

정답 3-1 ③ 3-2 ② 3-3 ②

핵심이론 04 보일러의 부속장치

① 급수장치
  ㉠ 급수 펌프
    • 원심펌프 : 벌류트펌프, 터빈펌프
    • 왕복펌프 : 피스톤펌프, 플런저펌프, 워싱턴펌프, 웨어펌프
  ㉡ 급수가열기 : 급수를 증기터빈에서 추기된 증기로 가열하는 장치이다.
  ㉢ 인젝터(Injector) : 증기의 열에너지를 속도에너지(운동에너지)로 전환시키고, 다시 압력에너지로 바꾸어 급수하는 비동력 예비급수장치이다.
    • 특 징
      - 구조가 간단하고 별도의 소요동력이 필요하지 않다.
      - 소량의 고압증기로 다량을 급수할 수 있다.
      - 소형 저압용 보일러에 사용된다.
      - 송수량의 조절이 불편하다.
      - 급수온도가 높으면 작동이 불가능하다.
    • 인젝터의 작동 순서(시동 순서)와 정지 순서
      - 작동 순서 : 정지밸브 → 급수밸브 → 증기밸브 → 핸들
      - 정지 순서 : 핸들 → 증기밸브 → 급수밸브 → 정지밸브
  ㉣ 급수밸브와 체크밸브 : 보일러에 인접하여 설치한다.
  ㉤ 급수내관
    • 급수를 고르게 하게 하여 급수의 집중을 방지하고 예열효과를 도모한다.
    • 분해정비가 가능하며 안전 저수면보다 약간 아래인 50[mm] 하부에 설치한다.
  ㉥ 환원기 : 증기압과 수압을 이용하는 비동력 급수장치
  ㉦ 응축수 탱크
    • 응축수 회수배관보다 낮게 설치한다.
    • 크기 : 펌프용량의 2배 이상

- 응축수 펌프용량 : 응축수 발생량의 3배 이상
◎ 급수수위조절기 : 급수탱크의 수위를 일정하게 유지시키는 장치이다(플로트식, 부력식, 수은 스위치식, 전극식).
㉢ 코프식 자동급수조정장치 : 금속관의 열팽창을 이용한다.
㉣ 바이패스(Bypass)관 : 급수조절기를 사용할 경우 총수 수압시험 또는 보일러를 시동할 때 조절기가 작동하지 않게 하거나 수리·교체하는 경우를 위하여 모든 자동 또는 수동제어밸브 주위에 설치하는 관이다.
㉤ 플래시 탱크(Flash Tank) : 고압응축수를 저압증기로 만드는 재증발증기 발생 탱크로 응축수의 열을 회수하여 재사용하기 위해 설치하며 재증발조라고도 한다.
- 재증발증기 : 압력이 저하된 고온의 응축수에서 형성된 증기
- 플래시 탱크의 재증발증기량(W)

$$W = \frac{G_c \times \Delta Q}{h_L} = \frac{G_c(h_1 - h_2)}{h_3 - h_2}$$

(여기서, G_c : 응축수량, ΔQ : 응축수 열량의 차이, h_L : 출구측 압력의 증기잠열(탱크의 증발잠열), h_1 : 입구측의 비엔탈피(응축수의 엔탈피), h_2 : 출구측의 비엔탈피(배출 응축수의 엔탈피), h_3 : 재증발증기의 엔탈피)

② 계측장치
㉠ 수면계(수위계) : 보일러 내부의 수면 위치를 지시하는 장치
㉡ 압력계 : 바깥지름 10[mm] 이상이며 압력계의 눈금 범위는 보일러의 최고 사용압력의 1.5배 이상 최대 3.0배 이하의 것을 사용해야 한다.
㉢ 기타 계측장치류 : 온도계, 유량계, 가스계량기
③ 열교환기 : 고체벽으로 분리된 서로 온도가 상이한 두 유체 사이에서 열교환을 수행하는 장치이다.

④ 분출장치 : 보일러의 농축 방지, 신진대사 도모 등을 위하여 보일러 내의 불순물을 배출시키는 장치이다.
⑤ 매연분출장치(Soot Blower, 수트블로어) : 그을음(Soot) 제거기
㉠ 로터리형 : 연도 등의 저온의 전열면에 주로 사용되는 수트블로어
㉡ 롱리트랙터블형 : 삽입형으로 보일러의 고온 전열면 또는 과열기 등에 사용되고 증기 및 공기를 동시에 분사시켜 취출작업을 하는 수트블로어
⑥ 폐열회수장치(여열장치) : 과열기, 재열기, 절탄기, 공기예열기
㉠ 순서 : (보일러 본체) → (증발관) → 과열기 → 재열기 → 절탄기 → 공기예열기
㉡ 과열기(Superheater) : 보일러에서 발생한 포화증기를 가열하여 압력 변화 없이 온도만 상승시켜 과열증기로 만드는 장치
- 특 징
 - 마찰저항 감소 및 관 내 부식을 방지한다.
 - 엔탈피 증가로 증기소비량이 감소한다.
 - 과열증기를 만들어 터빈효율 증대시킨다.
 - 증기의 열에너지가 커 열손실이 많아질 수 있다.
 - 바나듐에 의해 과열기 전열면에 고온 부식이 발생될 수 있다.
 - 연소가스의 저항으로 압력손실이 크다.
 - 과열기 재료 : 과열온도 600[℃] 이하에서는 주로 일반강관을 사용하고, 그 이상에서는 주로 오스테나이트계 스테인리스강을 사용한다.
- 종류 : 전열방식(방사식(복사식), 대류식, 복사대류식), 열가스 흐름(병류형, 향류형, 혼류형)
 - 방사과열기(복사과열기)
  ⓐ 주로 고온·고압 보일러에서 접촉과열기와 조합해서 사용한다.
  ⓑ 연소실 내의 전열면적 부족을 보충하는 데도 사용한다.

ⓒ 보일러 부하와 함께 증기온도가 하강한다.
ⓓ 과열온도의 변동을 작게 하는데 사용된다.
- 대류과열기 : 보일러 부하가 증가할수록 온도가 상승한다.
ⓒ 재열기 : 원동기에서 팽창한 포화증기를 재가열시키는 장치이다.
ⓔ 절탄기(이코노마이저) : 연도에서 배기가스(폐가스)를 이용하여 보일러 급수를 예열하는 장치이다.
- 설치 위치 : 연도
- 특 징
  - 증발능력을 상승시켜 열효율을 향상시킨다.
  - 열응력을 감소시킨다.
  - 통풍손실이 발생될 수 있다.
  - 저온 부식이 발생될 수 있다.
  - 연소가스의 성분 중 황산화물(SO_2)은 절탄기의 전열면을 부식시킨다.
- 종 류
  - 강관식 : 고압용 절탄기
  - 주철관식 : 저압용으로 내식성이 크고, 청소하기 쉬운 구조이며, 증기압이 2[kg/cm^2] 이하인 경우에 사용되는 절탄기
ⓕ 공기예열기 : 배기가스의 여열을 이용하여 연소용 공기를 예열시켜 공급하는 장치
- 특 징
  - 연료의 착화열을 줄인다.
  - 배가스 손실을 줄인다.
  - 연소효율을 증가시킨다.
  - 보일러 효율이 높아진다.
  - 과잉공기량을 감소시킨다.
  - 배기가스 온도가 내려가므로 배기가스 저항이 증가한다.
  - 저질탄 연소에 효과적이다.
- 적정온도 : 180~350[℃]

- 종류 : 재생식, 전도식
  - 재생식 공기예열기(융스트롬 공기예열기) : 금속판을 일정시간 열가스와 접촉시킨 후 회전시켜 공기와 열교환하는 방식
  - 전도식(전열식) 공기예열기 : 금속절연면을 경계로 하여 배기가스의 열을 전달하는 방식으로, 강판식과 강관식이 있다.

⑦ 송기장치 : 보일러에서 발생된 증기를 증기 사용부로 공급하는 장치이다.
ⓐ 비수방지관 : 증기 속에 혼합된 수분을 분리시켜 증기의 건도를 높이는 장치이다.
ⓑ 기수분리기 : 발생된 증기 중에서 수분(물방울)을 제거하고 건포화증기에 가까운 증기를 사용하기 위한 장치이다.
- 증기부의 체적이나 높이가 작고 수면의 면적이 증발량에 비해 작을 때는 기수공발이 일어날 수 있다.
- 압력이 비교적 낮은 보일러의 경우는 압력이 높은 보일러보다 증기와 물의 비중량 차이가 크므로 기수분리가 용이하다.
- 기수분리방법(사용원리)에 따른 분류
  - 차폐판식(Baffle Type, 배플식) : 다수의 차폐판을 통하여 여러 번 유체의 흐름 방향이 바뀌는 증기의 방향 전환과 관성력을 이용한 기수분리기로, 날개식(Vane Type)이라고도 한다.
  - 사이클론식(Cyclone Type) : 증기의 원심력을 이용한 기수분리기
  - 스크러버식(Scrubber Type) : 파도형의 다수 강판의 장애판(방해판)을 이용한 기수분리기
  - 건조스크린식 : 여러 겹의 금속그물망 또는 다공판을 이용한 기수분리기
ⓒ 주증기관 : 보일러에서 발생된 증기를 증기소비처로 운반하는 관이다.

ⓔ 신축장치 : 증기배관의 신축량을 흡수하여 변형과 파손을 방지하기 위한 장치이다.
ⓜ 증기 헤더 : 발생된 증기를 한곳에 모아서 증기 공급량을 조절하여 증기의 불필요한 열손실을 방지하기 위한 증기 분배기로 보일러 주증기관과 부하측 증기관 사이에 설치한다.
ⓗ 증기트랩(Steam Trap) : 증기관의 도중에 설치하여 증기를 사용하는 설비의 배관 내에 고여 있는 응축수(증기의 일부가 드레인된 상태)를 자동 배출시키는 장치이다.
- 특 징
  - 응축수 배출로 수격작용 방지
  - 응축수에 의한 설비 부식 방지
  - 관 내 유체 흐름에 대한 마찰저항 감소
- 증기트랩의 조건
  - 압력, 유량의 변화가 있어도 작동(동작)이 확실해야 한다.
  - 슬립, 율동 부분이 적고 마모나 부식에 견뎌야 한다.
  - 내구력이 있어야 한다.
  - 마찰저항이 작고 공기 빼기가 좋아야 한다.
- 종류 : 플로트식, 바이메탈식, 디스크식, 상향 버킷식
  - 플로트(Float)식 증기트랩
    ⓐ 다량의 드레인을 연속적으로 처리한다.
    ⓑ 증기 누출 극소화된다.
    ⓒ 가동 시 공기 빼기가 불필요하다.
    ⓓ 수격작용에 다소 약하다.
  - 바이메탈(Bimetal)식 증기트랩
    ⓐ 증기와 응축수의 온도 차이를 이용한다.
    ⓑ 구조상 고압에 적당하다.
    ⓒ 배기능력이 탁월하다.
    ⓓ 배압이 높아도 작동이 가능하다.
    ⓔ 드레인 배출온도를 변화시킬 수 있다.
    ⓕ 증기 누출이 없다.
    ⓖ 밸브 폐색의 우려가 없다.
    ⓗ 과열증기에는 사용할 수 없다.
    ⓘ 개폐온도의 차가 크다.
  - 디스크(Disc)식 증기트랩
    ⓐ 가동 시 공기 배출이 불필요하다.
    ⓑ 높은 작동 확률, 소형, 워터해머에 강하다.
    ⓒ 과열증기 사용에 적합하나 고압용에는 부적당하다.
    ⓓ 빈번한 작동 및 낮은 내구성
  - 상향 버킷식 증기트랩
    ⓐ 배관계통에 설치하여 배출용으로 사용한다.
    ⓑ 장치의 설치는 수평으로 한다.
    ⓒ 가동 시 공기 빼기가 필요하다.
    ⓓ 겨울철 동결 우려가 있다.
ⓢ 어큐뮬레이터(Accumulator) : 보일러 연소량을 일정하게 하고 저부하시 잉여증기를 축적시켰다가 갑작스런 부하변동이나 과부하 등에 대처하기 위해 사용되는 장치

⑧ 보일러의 부속 부품
  ㉠ 스테이(Stay, 버팀) : 노통 보일러의 변형·파손 방지를 위해 강도가 부족한 부분에 부착하여 강도를 보강시키는 부품
    • 도그(Dog) 스테이 : 맨홀 뚜껑의 보강재 버팀
    • 경사 스테이 : 경판과 동판, 관판과 동판을 지지하는 보강재 버팀
    • 나사 스테이 : 접근되어 있는 평행한 2매의 보일러판의 보강에 주로 사용되는 버팀
    • 봉 스테이(막대 버팀) : 진동, 충격 등에 따른 동체의 놀림을 방지하기 위한 보강재 버팀
    • 거더 스테이(나막신 버팀, 시렁 버팀) : 화실 천장 과열 부분의 압궤현상을 방지하는 버팀
    • 거싯 스테이 : 평행경판을 사용하여 경판, 동판 또는 관판이나 동판의 지지보강재

- 튜브 스테이 : 연관의 팽창에 따른 관판이나 경판의 팽출에 대한 보강재
- 관 스테이 : 연관 평판판을 연결 보강하는 관으로 만든 스테이로, 연관역할을 겸하며 소요압력에 따라 적절한 간격으로 배치된다.
※ 육용강제 보일러에서 봉 스테이 또는 경사 스테이를 핀 이음으로 부착할 경우, 스테이 링부의 단면적은 스테이 소요단면적의 1.25배 이상으로 하여야 한다.

ⓛ 보일러 경판(Boiler End Plate) : 동체의 양옆을 막아주는 판
- 종류 : 반구형 경판, 반타원형 경판, 접시형 경판, 평 경판
- 강도 순서 : 반구형 경판 > 반타원형 경판 > 접시형경판 > 평 경판
- 평경판은 강도가 극히 약하기 때문에 보강대인 거싯 스테이가 반드시 설치되어야 한다.

ⓒ 화실판 : 평 노통, 파형 노통, 화실 및 직립 보일러 화실판의 최고 두께 : 22[mm] 이하(다만, 습식 화실 및 조합 노통 중 평 노통은 제외)

ⓔ 유류 연소버너의 노즐 : 압력 증가 시 다음과 같은 현상이 발생한다.
- 분사각이 명백해진다.
- 유입자가 약간 안쪽으로 가는 현상이 나타난다.
- 유량이 증가한다.
- 유입자가 작아진다.

ⓜ 인버터
- 보일러 송풍장치의 회전수 변환을 통한 급기풍량을 제어하기 위해 유도전동기에 설치한 장치이다.
- 유도전동기의 회전수(N)

$$N = \frac{120f}{P}$$

(여기서, f : 주파수, P : 극수)

핵심예제

4-1. 인젝터의 작동 순서로 옳은 것은?

[2014년 제1회, 2014년 제4회, 2017년 제1회]

> ㉠ 인젝터의 정지변을 연다.
> ㉡ 증기변을 연다.
> ㉢ 급수변을 연다.
> ㉣ 인젝터의 핸들을 연다.

① ㉠ → ㉡ → ㉢ → ㉣
② ㉠ → ㉢ → ㉡ → ㉣
③ ㉣ → ㉡ → ㉢ → ㉠
④ ㉣ → ㉢ → ㉡ → ㉠

4-2. 과열기에 대한 설명으로 틀린 것은?

[2012년 제4회, 2017년 제2회]

① 보일러에서 발생한 포화증기를 가열하여 증기의 온도를 높이는 장치다.
② 저압 보일러의 효율을 상승시키기 위하여 주로 사용된다.
③ 증기의 열에너지가 커 열손실이 많아질 수 있다.
④ 고온 부식의 우려와 연소가스의 저항으로 압력손실이 크다.

4-3. 공기예열기의 효과에 대한 설명으로 틀린 것은?

[2009년 제4회 유사, 2017년 제1회]

① 연소효율을 증가시킨다.
② 과잉공기량을 줄일 수 있다.
③ 배기가스 저항이 줄어든다.
④ 저질탄 연소에 효과적이다.

4-4. 육용강제 보일러에서 봉 스테이 또는 경사 스테이를 핀 이음으로 부착할 경우, 스테이링부의 단면적은 스테이 소요단면적의 얼마 이상으로 하여야 하는가?

[2011년 제2회, 2018년 제2회, 2021년 제4회]

① 1배
② 1.25배
③ 1.75배
④ 2배

| 해설 |

4-1
인젝터의 작동 순서 : 정지변 → 급수변 → 증기변 → 핸들

4-2
폐열 회수로 어느 정도 열효율이 상승되지만 주로 저압 보일러에 사용되는 것은 아니다.

4-3
공기예열기는 배기가스 저항이 증가된다.

4-4
육용강제 보일러에서 봉 스테이 또는 경사 스테이를 핀 이음으로 부착할 경우, 스테이링부의 단면적은 스테이 소요단면적의 1.25배 이상으로 하여야 한다.

정답 4-1 ② 4-2 ② 4-3 ② 4-4 ②

핵심이론 05 열교환기

① 열교환기의 개요
  ㉠ 열교환기의 성능이 저하되는 요인
    • 온도차의 감소
    • 유체의 느린 속도
    • 병류 방향의 유체 흐름
    • 낮은 열전도율의 재료 사용
    • 작은 전열면적
    • 이물질, 스케일, 응축수 존재
  ㉡ 열교환기의 효율을 향상시키기 위한 방법
    • 온도차를 크게 한다.
    • 유체의 유속을 빠르게 한다.
    • 유체의 흐름 방향을 향류로 한다.
    • 열전도율이 높은 재질을 사용한다.
    • 전열면적을 크게 한다.
    • 이물질, 스케일, 응축수 등을 제거한다.

② 열교환기의 종류
  ㉠ 원통다관(Shell & Tube)식 열교환기
    • 가장 널리 사용되고 있는 열교환기로 폭넓은 범위의 열전달량을 얻을 수 있어 적용범위가 매우 넓고, 신뢰성과 효율이 높다.
    • 공장 제작하며 크기에 따라 적당한 공간이 필요하고 현장에서 설치 및 조립한다.
    • 플레이트 열교환기에 비해서 열통과율이 낮다.
    • Shell과 Tube 내의 흐름은 직류보다 향류 흐름의 성능이 더 우수하다.
    • 구조상 고온·고압에 견딜 수 있어 석유화학공업 분야 등에서 많이 이용된다.
  ㉡ 이중관(Double Pipe)식 열교환기 : 외관 속에 전열관을 동심원 상태로 삽입하여 전열관 내부 및 외관 동체의 환상부에 각각 유체를 흘려서 열교환시키는 열교환기이다.
    • 구조가 간단하며 가격도 저렴하다.

- 전열면적 20[m²] 이하에 사용 : 전열면적이 증대됨에 따라 전열면적당의 소요용적이 커지며 가격도 비싸진다.
- 종류 : 병류형, 향류형(Counter Flow : 전열면적이 많이 필요), 직교류(Cross Flow)형
- 동일한 조건에서 열교환기의 온도효율이 높은 순서 : 향류 > 직교류 > 병류

ⓒ 평판(Plate)식(판형) 열교환기 : 유로 및 강도를 고려하여 요철(凹凸)형으로 프레스 성형된 전열판을 포개서 교대로 각기 유체가 흐르게 한 열교환기이다.
- 구조상 압력손실이 크고, 내압성이 작다.
- 다수의 파형이나 반구형의 돌기를 프레스 성형하여 판을 조합한다.
- 전열면의 청소나 조립이 간단하고, 고점도에도 적용할 수 있다.
- 판의 매수 조절이 가능하여 전열면적 증감이 용이하다.
- 전열효과가 우수하며 설치면적 소요가 적다.
- 오염도가 낮으며 열손실이 작다.
- 얇은 판에 슬러지가 쉽게 쌓이므로 고장이 쉽게 일어난다.
- 슬러지 청소 시 설비 해체의 어려움이 따른다.

ⓔ 코일(Coil)식 열교환기 : 탱크나 기타 용기 내의 유체를 가열하기 위하여 용기 내에 전기 코일이나 스팀 라인을 넣어 감아 둔 방식의 열교환기로 교반기를 사용하면 열전달 계수가 더욱 커지므로 큰 효과를 볼 수 있다.

ⓜ 스파이럴식 열교환기 : 금속판을 전열체로 하여 유체를 가열하는 방식의 열교환기이다.
- 열팽창에 대한 염려가 없다.
- 플랜지 이음이다.
- 내부 수리가 용이하다.

ⓗ 재킷식 열교환기 : 원통형의 저조 또는 반응관의 동체를 두 겹으로 하고, 그 공간에 냉매 또는 열매체를 통과시키는 구조의 열교환기
- 구조가 간단하고 제작이 쉽다.
- 가격이 저렴하고 내용적이 크다.
- 전열계수가 비교적 낮다.
- 내부 유체의 보온을 목적으로 하는 경우에 적합하다.
- 열교환만을 목적으로 한 용도에는 부적당하다.

ⓢ 히트파이프의 열교환기
- 열저항이 작아 낮은 온도하에서도 열회수가 가능하다.
- 전열면적을 크게 하기 위해 핀튜브를 사용한다.
- 수평, 수직, 경사구조로 설치가 가능하다.
- 별도의 구동장치가 불필요하다.

핵심예제

5-1. 동일 조건에서 열교환기의 온도효율이 높은 순서대로 나열한 것은?
[2012년 제1회, 2013년 제4회, 2017년 제1회]

① 향류 > 직교류 > 병류
② 병류 > 직교류 > 향류
③ 직교류 > 향류 > 병류
④ 직교류 > 병류 > 향류

5-2. Shell & Tube 열교환기에 대한 설명으로 틀린 것은?
[2010년 제2회, 2013년 제2회]

① 현장 제작이 가능하여 좁은 공간에 설치가 가능하다.
② 플레이트 열교환기에 비해서 열통과율이 낮다.
③ Shell과 Tube 내의 흐름은 직류보다 향류 흐름의 성능이 더 우수하다.
④ 구조상 고온·고압에 견딜 수 있어 석유화학공업 분야 등에서 많이 이용된다.

|해설|

5-1
동일 조건에서 열교환기의 온도효율이 높은 순서 : 향류 > 직교류 > 병류

5-2
공장 제작하며 크기에 따라 적당한 공간이 필요하고 현장에서 설치 및 조립한다.

정답 5-1 ① 5-2 ①

제2절 | 열설비의 기계설계

핵심이론 01 열설비 기계설계의 개요

① 응력(보일러 동체, 드럼, 원통형 고압용기)

　㉠ 축 방향(길이 방향) 인장응력(σ) : $\sigma = \dfrac{PD}{4t}$

　　(여기서, P : 내압, D : 안지름, t : 두께)

　㉡ 원주 방향(반경 방향) 인장응력(σ_1) : $\sigma_1 = \dfrac{PD}{2t}$

　　(여기서, P : 내압, D : 안지름, t : 두께)

　㉢ 이음효율(η) 고려 시 : $\sigma = \dfrac{PD}{4t\eta}$, $\sigma_1 = \dfrac{PD}{2t\eta}$

　㉣ $\sigma : \sigma_1 = 1 : 2$

　㉤ 보일러 설계 시 크리프 영역에 달하지 않는 설계온도에서의 허용 인장응력
　　- 철강재료 : 상온에서 최소 인장강도의 1/4, 설계온도에서 인장강도의 1/4, 상온에서 최소 항복점 또는 0.2[%] 내력의 1/1.6, 설계온도에서의 항복점 또는 0.2[%] 내력의 1/1.6 중에서 최소의 것으로 한다(다만, 오스테나이트계 스테인리스강 강재로서 사용 장소에 따라 약간 큰 변형이 허용되는 부재에 대해서는 설계온도에서의 0.2[%] 내력의 90[%]까지를 취할 수 있음).
　　- 볼트 : 철강재료의 허용 인장응력, 상온에서 최소 인장강도의 1/5, 상온에서 최소 항복점 또는 0.2[%] 내력의 1/4 중에서 최소의 것으로 한다(다만, 탄소강 강재 및 저합금강 강재에서의 KS B 0223(전선관 나사)에 적합한 볼트의 허용인장응력은 온도 573[K](300 [℃]) 이하(쾌삭강인 경우에는 523[K](250[℃]) 이하)의 범위에서 KS에 표시된 강도 구분에 따라 대응하는 보증 하중응력의 1/3을 취할 수 있음).

　㉥ 크리프 영역 설계온도에서의 허용 인장응력 : 설계온도에서 1,000시간에 0.01[%]의 크리프가 생기는 응력의 평균치, 설계온도에서 100,000시간에 파열(Rupture)이 생기는 응력 평균치의 1/1.5, 설계온도에서 100,000시간에 파열이 생기는 응력 최소치의 1/1.25 중 최소인 것을 취한다.

　㉦ 계산에 사용하는 허용 압축응력 : 허용 인장응력과 같게 취한다.

　㉧ 계산에 사용하는 허용 전단응력 : 허용 인장응력의 80[%]를 취한다.

　㉨ 각부의 최고 사용압력
　　- 보일러의 최고 사용압력 이상으로 한다.
　　- 다만, 강제 순환 보일러 및 관류 보일러에서는 순환 또는 관류를 위하여 각부에 가해지는 최대 수두압을 보일러의 최고 사용압력에 가산한 것 이상으로 한다.
　　- 어떠한 경우에도 보일러에서는 0.2[MPa] (2[kgf/cm^2]) 이상으로 한다.
　　- 증기관, 급수관 및 분출관에서는 0.7[MPa] (7[kgf/cm^2]) 이상으로 한다.

② 두께

　㉠ 육용강제 보일러의 구조에서 동체의 최소 두께 기준
　　- 안지름이 900[mm] 이하 : 6[mm]
　　- 안지름이 900[mm] 이하이며 스테이를 부착한 경우 : 8[mm]
　　- 안지름이 900[mm] 초과 1,350[mm] 이하 : 8[mm]
　　- 안지름이 1,350[mm] 초과 1,850[mm] 이하 : 10[mm]
　　- 안지름이 1,850[mm] 초과 : 12[mm] 이상

　㉡ 원통판의 두께(t) : $t = \dfrac{PD}{2\sigma_1}$

　　(여기서, P : 내압[kgf/cm^2], D : 안지름[mm], σ_1 : 원주 방향(반경 방향) 인장응력[kgf/cm^2])

ⓒ 최소 두께 : 보일러와 압력용기에서 일반적으로 사용되는 계산식에 의해 산정되는 두께로서 부식 여유를 포함한 두께이다.

ⓒ 안전율(S), 이음효율(η), 부식여유(C) 고려 시 최소 두께(t) : $t = \dfrac{PD}{2\sigma_a \eta} + C = \dfrac{PDS}{2\sigma_u \eta} + C$

(여기서, σ_a : 허용인장응력[kgf/cm²], σ_u : 강판의 인장강도[kgf/cm²])

ⓜ 구형용기의 최소 두께(t)

$$t = \dfrac{PD}{400\sigma_a \eta - 0.4P} + \alpha$$

(여기서, P : 최고 사용압력[kgf/cm²], D : 안지름[mm], σ_a : 허용인장응력[kgf/cm²], η : 용접 이음효율, α : 부식 여유[mm])

ⓗ 절탄기용 주철관의 최소 두께(t)

- $t = \dfrac{PD}{200\sigma_a - 1.2P} + C$

(여기서, P : 급수에 지장이 없는 압력 또는 릴리프밸브의 분출압력[kgf/cm²], D : 안지름[mm], σ_a : 허용인장응력[kgf/cm²], C : 핀 미부착 시 4[mm], 핀 부착 시 2[mm])

- $t = \dfrac{PD}{2\sigma_a - 1.2P} + C$

(여기서, P : 급수에 지장이 없는 압력 또는 릴리프밸브의 분출압력[MPa], D : 안지름[mm], σ_a : 허용인장응력[MPa], C : 핀 미부착 시 4[mm], 핀 부착 시 2[mm])

ⓢ 육용강제 보일러에 접시 모양 경판으로 노통 설치 시 경판의 최소 두께(t) : $t = \dfrac{PR}{150\sigma_a \eta} + A$

(여기서, P : 최고 사용압력[kgf/cm²], R : 접시 모양 경판의 중앙부에서의 내면 반지름[mm], σ_a : 재료의 허용인장응력[kgf/cm²], η : 경판 자체의 이음효율, A : 부식 여유[mm])

ⓞ 관판의 두께
- 관판의 롤 확관 부착부의 최소 두께 : 완전한 링 모양을 이루는 접촉면의 두께가 10[mm] 이상이어야 한다.
- 연관의 바깥지름 75[mm]인 연관 보일러 관판의 최소 두께(t) : $t = \dfrac{D}{10} + 5$ [mm]

  (여기서, D : 연관의 바깥지름[mm])

- 연관의 바깥지름 150[mm] 이하의 연관 보일러 관판의 최소 두께(t)

  - $t = \dfrac{PD}{700} + 1.5$ [mm]

    (여기서, P : 최고 사용압력[kgf/cm²], D : 연관의 바깥지름[mm])

  - $t = \dfrac{PD}{70} + 1.5$ [mm]

    (여기서, P : 최고 사용압력[MPa])

- 연관 보일러 관판의 최소 두께(관판의 바깥지름 1,350[mm]~)

관판의 바깥지름[mm]	관판 최소 두께[mm]
1,350 이하	10
1,350 초과 1,850 이하	12
1,850 초과	14

ⓩ 화실 및 노통용 판의 두께 제한
- 최소 두께 제한 : 플랜지가 있는 화실판 또는 노통판의 최소 두께는 8[mm] 이상으로 하여야 한다.
- 최고 두께 제한 : 평 노통, 파형 노통, 화실 및 직립 보일러 화실판의 최고 두께는 22[mm] 이하이어야 한다. 다만, 습식 화실 및 조합 노통 중 평 노통은 제외한다.

㉠ 규칙적으로 배치된 스테이 볼트 그 밖의 스테이에 의하여 지지되는 평판의 최소 두께

• $t = p\sqrt{\dfrac{P}{C}}$

(여기서, p : 스테이 볼트 또는 이것과 똑같은 스테이의 평균 피치이며 스테이 열의 수평 및 수직 방향 중심선 간 거리의 평균치, P : 최고 사용압력[kgf/cm^2], C : 노통의 종류에 따른 상수)

• $t = p\sqrt{\dfrac{10P}{C}}$

(여기서, P : 최고 사용압력[MPa])

※ 다만, 어떠한 경우에도 8[mm] 미만으로 해서는 안 된다.

③ 파형 노통의 최소 두께와 최고 사용압력

㉠ 노통식 보일러 파형부 길이 230[mm] 미만인 노통의 최소 두께(t)

• $t = \dfrac{PD}{C}[\text{mm}]$

(여기서, P : 최고 사용압력[kgf/cm^2])

• $t = \dfrac{10PD}{C}[\text{mm}]$

(여기서, P : 최고 사용압력[MPa])

※ 공통조건

D : 노통의 파형부에서의 최대 내경과 최소 내경의 평균치(모리슨형 노통에서는 최소 내경에 50[mm]를 더한 값), C : 노통의 종류에 따른 상수

㉡ 최고 사용압력 : $P = \dfrac{Ct}{D}[kgf/cm^2]$

(여기서, P : 최고 사용압력[kgf/cm^2], C : 노통의 종류에 따른 상수, t : 관판의 최소 두께, D : 노통의 파형부에서의 최대 내경과 최소 내경의 평균치)

④ 부속장치류 설계 시 고려사항

㉠ 연소실 체적 결정 시 고려사항 : 연소실의 열발생률, 연소실의 열부하, 연료의 연소량

㉡ 연소실 노 내 온도 및 노 내 압력 결정 시 고려사항 : 내화 벽돌의 내압강도

㉢ 과열기 설계 시 고려사항 : 연료의 종류 및 연소방법, 과열기로 공급되는 과열증기의 과열도, 증기와 연소가스의 온도차

㉣ 수증기관에 만곡(Loop)관을 설치하는 목적 : 열팽창에 의한 관의 팽창작용을 허용하기 위함

㉤ 사이펀(Siphon)관과 관련 있는 계기 : (탄성) 압력계(부르동관식)

㉥ 관 내 유속의 크기 : 과열증기관 > 포화증기관 > 펌프토출관 > 응축수관

㉦ 브레이징 스페이스(Breathing Space)

• 노통의 신축호흡거리(노통 보일러에 경판 부착 시 거싯 스테이의 하단과 노통 상단 사이의 거리)로 경판의 탄성(강도)를 높이기 위한 완충폭의 역할을 한다.

• 브레이징 스페이스가 충분하지 않을 때 : 그루빙(Grooving) 부식(구식) 발생

• 노통 보일러의 브레이징 스페이스 기준 수치
  - 경판 두께 13[mm] 이하 : 230[mm] 이상
  - 경판 두께 15[mm] 이하 : 260[mm] 이상
  - 경판 두께 17[mm] 이하 : 280[mm] 이상
  - 경판 두께 19[mm] 이하 : 300[mm] 이상
  - 경판 두께 19[mm] 초과 : 320[mm] 이상

• 노통 보일러의 이외의 보일러의 브레이징 스페이스 기준 수치

구 분	완충폭[mm]
① 경판부 거싯 스테이 하단과 노통 상부 사이	• $D \leq 1,800$: 200 이상 • $1,800 < D \leq 2,300$: 225 이상 • $2,300 < D$: 250 이상
② 관군과 거싯 스테이 사이	100 이상
③ 동체판의 내면과 관군 사이	40 이상
④ 노통과 관군, 동체판의 내면과 노통 사이	0.03D 또는 50 중 큰 쪽값 이상 (100을 초과할 필요는 없음)
• D : 동체 안지름	
• 후연실 둘레판과 관군부 사이에는 적용하지 않는다.	
• 항 중 노통에 돌기 설치 경우 : 30[mm] 이상 틈새 유지	

◎ 강보일러 재료로 이용되는 대부분의 강철제는 200~300[℃]에서 최대의 강도를 유지하지만, 350[℃] 이상이 되면 재료의 강도가 급격히 저하된다.

ⓒ 스테이(Stay, 버팀)
- 관 스테이의 최소 단면적(S)

  1개의 관 스테이가 지시하는 면적이 A, A 중에서 관 구멍의 합계 면적이 a일 때,

  − $S = \dfrac{(A-a)P}{5}$

  (여기서, P : 최고 사용압력[kgf/cm²])

  − $S = 2(A-a)P$

  (여기서, P : 최고 사용압력[MPa])

- 경사 스테이의 최소 단면적

  $A = A_1 \dfrac{l}{h}$

  (여기서, A : 경사 스테이의 최소 단면적[mm²], A_1 : 봉 스테이를 부착하는 것으로 가정한 경우의 소요단면적[mm²], l : 경사 스테이의 길이[mm], h : 경사 스테이의 동체 부착부 중앙부에서 경판 면으로의 수직선 길이[mm])

- 거싯 스테이의 최소 단면적 : 가장 긴 변과 동일한 각도를 이루는 경사 스테이의 최소 단면적보다 10[%] 이상 크게 한다.

- 육용강제 보일러에서 봉 스테이 또는 경사 스테이를 핀 이음으로 부착할 경우, 스테이링부의 단면적은 스테이 소요단면적의 1.25배 이상으로 하여야 한다.

ⓒ 송풍기의 소요동력(H)
- $H = \dfrac{PQ}{60 \times \eta}[\text{kW}] = \dfrac{PQ}{60 \times 75 \times \eta}[\text{PS}]$

  (여기서, P : 송풍기 출구 풍압[mmAq], Q : 송풍량[m³/min], η : 효율)

- 여유율(α) 반영 시

  $H = \dfrac{PQ}{60 \times \eta}(1+\alpha)[\text{kW}]$

  $= \dfrac{PQ}{60 \times 75 \times \eta}(1+\alpha)[\text{PS}]$

⑤ 구 멍
ⓒ 맨홀, 청소 구멍 및 검사 구멍과 그 크기
- 맨홀(Manhole : 보일러의 내부 청소와 검사에 필요한 구멍)의 크기와 형상 : 긴 지름 375[mm] 이상, 짧은 지름 275[mm] 이상의 타원형 또는 긴 원형 또는 안지름 375[mm] 이상의 원형
- 드럼에 타원형 맨홀을 설치할 때
  - 단축 지름 : 동체축에 평행하게 70[mm] 이상
  - 장축 지름 : 동체 원주 방향에 평행하게 90[mm] 이상
- 손 구멍(청소 또는 검사를 하기 위하여 손을 넣을 필요가 있는 구멍)의 크기와 형상 : 긴 지름 90[mm] 이상, 짧은 지름 70[mm] 이상인 타원형이나 또는 지름 90[mm] 이상인 원형(각형으로 할 때에는 안치수 90[mm] 이상)
- 검사 구멍의 크기와 형상 : 지름 30[mm] 이상의 원형

ⓒ 타원형 맨홀 구멍의 방향 : 짧은 지름의 축을 동체축에 평행하게 한다.

ⓒ 맨홀의 대용 : 안지름이 750[mm] 미만이고, 길이가 1,000[mm] 미만인 동체 또는 안지름 1,500[mm] 미만의 직립 보일러는 2개 이상의 손 구멍을 맨홀 대신 사용할 수 있다. 이 경우에 긴 지름 310[mm] 이상, 짧은 지름 230[mm] 이상인 타원형 또는 지름 310[mm] 이상인 원형의 청소 구멍이 있을 때는 이 청소 구멍 1개를 맨홀에 대신할 수 있다.

ⓒ 외부 연소 수평 연관 보일러의 맨홀 : 동체에 설치하는 맨홀 외에 앞 관판의 하부에 맨홀을 설치해야 한다. 다만, 동체의 안지름 1,200[mm] 미만인 것 또는 중앙에 230[mm] 이상의 틈새를 두고 관군을 배치한 것에서는 되도록 큰 청소 구멍으로 맨홀을 대신할 수 있다.

⑩ 노통 연관 보일러의 청소 구멍 및 검사 구멍 : 동체 하부 부근에 청소 구멍 1개 이상을 동체 옆면의 노통이 보이는 위치에 검사 구멍을 좌우에 각 1개(동체의 길이가 3,000[mm]를 초과하는 경우에는 각 2개) 이상을 설치해야 한다. 다만, 내부에 들어가 노통의 외면을 청소 및 검사할 수 있는 것에 대해서는 그럴 필요는 없다. 이 청소 구멍의 크기는 안지름이 1,850[mm] 이하인 경우에는 긴 지름 120[mm] 이상, 짧은 지름 90[mm] 이상의 타원형 또는 지름 120[mm] 이상의 원형으로 하고, 안지름이 1,850[mm]를 초과하는 경우에는 긴 지름 150[mm] 이상, 짧은 지름 120[mm] 이상의 타원형 또는 지름 150[mm] 이상의 원형으로 하여야 한다. 검사구멍의 크기는 지름 75[mm] 이상의 원형으로 하여야 한다.

ⓑ 직립 보일러 또는 직립 수평관 보일러의 청소 구멍 : 동체에는 적어도 다음의 청소 구멍을 설치해야 한다. 다만, 맨홀 또는 이와 유사한 구멍을 설치하여 내부검사를 할 수 있는 것에서는 물다리 하부의 것을 제외하는 외에 이것을 생략할 수 있다.

청소 구멍의 설치 위치	청소 구멍의 수	
	동체 안지름 600[mm] 이상	동체 안지름 600[mm] 미만
물다리 하부	3개	2개
안쪽 화실 천장판(하부 관판)의 윗면 부근	3개	1개
상용 수위 부근	1개	-
수관 청소 가능 위치(직립 수평관 보일러)	적당 수	적당 수

ⓢ 맨홀 또는 손 구멍의 개스킷 받이면과 개스킷 두께 : 맨홀의 개스킷을 받는 면의 너비는 15[mm] 이상이어야 한다. 맨홀 또는 손 구멍의 개스킷을 조인 후의 두께는 6[mm] 이상이어서는 안 된다.

⑥ 수면계
 ㉠ 수면계의 개수
  • 증기 보일러에는 2개(소용량 및 소형 관류 보일러는 1개) 이상의 유리수면계를 부착하여야 한다. 다만, 단관식 관류 보일러는 제외한다.
  • 최고 사용압력 1[MPa](10[kgf/cm^2]) 이하로서 동체 안지름이 750[mm] 미만인 경우에 있어서는 수면계 중 1개는 다른 종류의 수면 측정장치로 할 수 있다.
  • 2개 이상의 원격 지시 수면계를 설치하는 경우에 한하여 유리수면계를 1개 이상으로 할 수 있다.
 ㉡ 수면계의 구조 : 유리수면계는 보일러의 최고 사용압력과 그에 상당하는 증기온도에서 원활히 작용하는 기능을 가지며, 수시로 이것을 시험할 수 있는 동시에 용이하게 내부를 청소할 수 있는 구조로서 다음에 따른다.
  • 유리수면계는 KS규격(보일러용 수면계 유리)의 유리를 사용하여야 한다.
  • 유리수면계는 상하에 밸브 또는 콕을 갖추어야 하며, 한눈에 그것의 개폐 여부를 알 수 있는 구조이어야 한다. 다만, 소형 관류 보일러에서는 밸브 또는 콕을 갖추지 아니할 수 있다.
  • 스톱밸브를 부착하는 경우에는 청소에 편리한 구조로 하여야 한다.
 ㉢ 수면계의 부착 : 유리수면계는 보일러 사용 중 안전한 수위를 나타내도록 다음에 따라 보일러 또는 수주관에 부착한다. 수주관은 2개의 수면계에 대하여 공동으로 할 수 있다.
  • 원형 보일러에서는 특별한 경우를 제외하고, 상용 수위가 중심선에 오도록 부착한다.
  • 최저 수위의 위치 : 수면계의 부착 위치

보일러 종류	부착 위치
직립형 보일러	연소실 천장판 최고부(플랜지부 제외) 위 75[mm]
직립형 연관 보일러	연소실 천장판 최고부 위 연관 길이의 1/3
수평 연관 보일러	연관의 최고부 위 75[mm]
노통 연관 보일러	연관의 최고부 위 75[mm]. 다만, 연관 최고 부분보다 노통 윗면이 높은 것으로서는 노통 최고부(플랜지부 제외) 위 100[mm]
노통 보일러	노통 최고부(플랜지부를 제외) 위 100[mm]

- 수관식, 그 밖의 보일러에서는 그 구조에 따른 적당한 위치에 부착한다.

ⓛ 수면계의 안전관리 사항
- 수면계의 유리 최하단부와 안전 저수위가 일치되도록 장착한다.
- 운전 시 적정 수위는 수면계 중심의 1/2이다.
- 수면계가 파손되면 물 콕(밸브)을 먼저 신속히 닫는다.
- 수면계를 수시로 확인한다.
- 보일러는 정상 작동시험 가동으로 이상 유무를 점검한다.

⑦ 수위계
㉠ 온수 발생 보일러에는 보일러 동체 또는 온수의 출구 부근에 수위계를 설치하고, 이것에 가까이 부착한 콕을 달 경우 이외에는 보일러와의 연락을 차단하지 않도록 하여야 하며, 이 콕의 핸들은 콕이 열려 있을 경우에 이것을 부착시킨 관과 평행되어야 한다.
㉡ 수위계의 최고 눈금은 보일러의 최고 사용압력의 1배 이상 3배 이하로 하여야 한다.

핵심예제

1-1. 동체의 안지름이 2,000[mm], 최고 사용압력이 12[kg/cm²]인 원통 보일러 동판의 두께[mm]는?(단, 강판의 인장강도 40[kg/mm²], 안전율 4.5, 용접부의 이음효율(η) 0.71, 부식 여유는 2[mm]이다)

[2014년 제2회 유사, 2015년 제1회 유사, 2015년 제4회 유사, 2017년 제4회]

① 12 ② 16
③ 19 ④ 21

1-2. 육용강제 보일러의 구조에서 동체의 최소 두께에 대하여 옳지 않게 나타낸 것은? [2012년 제1회, 2016년 제4회]

① 안지름이 900[mm] 이하의 것은 6[mm](단, 스테이를 부착할 경우)
② 안지름이 900[mm] 초과 1,350[mm] 이하의 것은 8[mm]
③ 안지름이 1,350[mm] 초과 1,850[mm] 이하의 것은 10[mm]
④ 안지름이 1,850[mm] 초과하는 것은 12[mm] 이상

1-3. 다음 열설비에 사용되는 관 중 관 내 유속이 30~80[m/sec] 정도로서 가장 빠른 관은? [2013년 제2회]

① 응축수관 ② 펌프토출관
③ 포화증기관 ④ 과열증기관

1-4. 수면계의 안전관리 사항으로 옳은 것은? [2016년 제2회]

① 수면계의 최상부와 안전 저수위가 일치되도록 장착한다.
② 수면계의 점검은 2일에 1회 정도 실시한다.
③ 수면계가 파손되면 물밸브를 신속히 닫는다.
④ 보일러 가동 완료 후 이상 유무를 점검한다.

|해설|

1-1
$$t = \frac{PD}{2\sigma_a \eta} + C = \frac{PDS}{2\sigma_u \eta} + C = \frac{12 \times 2{,}000 \times 4.5}{2 \times 40 \times 10^2 \times 0.71} + 2 \approx 21 [\text{mm}]$$

1-2
① 안지름이 900[mm] 이하이며 스테이를 부착한 경우는 8[mm]

1-3
관 내 유속의 크기 : 과열증기관 > 포화증기관 > 펌프토출관 > 응축수관

1-4
수면계의 안전관리 사항
- 수면계의 유리 최하단부와 안전 저수위가 일치되도록 장착한다.
- 수면계의 점검은 수시로 확인한다.
- 수면계가 파손되면 물 콕(밸브)을 먼저 신속히 닫는다.
- 보일러는 정상 작동시험 가동으로 이상 유무를 점검한다.

정답 1-1 ④ 1-2 ① 1-3 ④ 1-4 ③

핵심이론 02 관의 설계

① 배 관
  ㉠ 보일러 실내에 설치하는 배관
    - 배관은 외부에 노출시켜 시공하여야 한다.
    - 배관의 이음부와 전기계량기와의 거리는 60[cm] 이상의 거리를 유지하여야 한다.
    - 관경 50[mm]인 배관은 3[m]마다 고정장치를 설치하여야 한다.
    - 배관을 나사접합으로 하는 경우에는 관용 테이퍼나사에 의하여야 한다.
  ㉡ 급수배관의 비수방지관에 뚫려 있는 구멍의 면적 : 증기 배출에 지장이 없도록 주증기관의 면적의 1.5배 이상으로 한다.
  ㉢ 연소실 연도의 단면적 크기 설정 고려요인
    - 연도 내부를 통과하는 연소가스량
    - 연소가스의 통과속도
    - 연돌의 통풍력

② 노통 : 노통 보일러의 연소실
  ㉠ 평형 노통
    - 제작이 용이하며 내부 청소, 통풍이 양호하다.
    - 고열에 의해 신축이 용이하지 못하다.
    - 외압에 의해 강도가 약하므로 플랜지형으로 몇 개의 노통으로 분할 제작하여 길이 1[m] 간격으로 이음 보강한다(아담스 조인트).
    - 노통 보강, 전열면적 증가, 보일러의 순환 개선 등을 위하여 겔로이드관을 30[°] 경사로 3~4개 설치한다.
    - 애덤슨(아담스) 링이 있는 평형 수평 노통의 플랜지 : 플랜지의 굽힘 반지름은 화염쪽에서 측정한 판 두께의 3배 이상이어야 한다.
  ㉡ 파형 노통 : 노통을 물결 모양으로 제작한 노통
    - 특 징
      - 열에 대한 신축 탄력성이 좋다.
      - 외압에 강하다.
      - 전열면적이 넓다.
      - 제작 비용이 많이 들고 내부 청소 및 제작이 어렵다.
      - 통풍의 저항이 있다.
    - 파형 노통의 종류별 피치 및 골의 깊이

노통의 종류	피 치[mm]	골의 깊이[mm]
모리슨형	200 이하	32 이상
데이톤형	200 이하	38 이상
폭스형	200 이하	38 이상
파브스형	230 이하	35 이상
리즈포지형	200 이하	57 이상
브라운형	230 이하	41 이상

    - 폭스형・모리슨형・데이톤형(피치 200[mm] 이하, 골 깊이 38[mm] 이상), 휘크형(피치 150[mm] 이하, 골 깊이 38[mm] 이상), 파브스형(피치 230[mm] 이하, 골 깊이 35[mm] 이상), 리즈・위지형(피치 200[mm] 이하, 골 깊이 57[mm] 이상), 브라운형(피치 230[mm] 이하, 골 깊이 41[mm] 이상)

③ 연관(Smoke Tube) : 관 내에 연소가스가 흐르며 주위에는 물이 접촉하고 있는 관

④ 기 타
  ㉠ 수주관 : 최고 사용압력 1.6[MPa](16[kgf/cm^2]) 이하의 보일러의 수주관은 주철제로 할 수 있다. 수주관에는 호칭지름 20A 이상의 분출관을 장치해야 한다.
  ㉡ 수주관과 보일러를 연결하는 관은 호칭지름 20A 이상으로 다음 조건을 갖추어야 한다.
    - 물쪽 연락관 및 수주관 내부는 용이하게 청소할 수 있도록 하여야 한다.
    - 물쪽 연락관을 수주관 또는 보일러에 부착하는 구멍 입구는 수면계가 보이는 최저 수위보다 위에 있어서는 안 된다. 그리고 관의 도중에 굽힘(중고 또는 중저)이 없도록 하여야 하며, 부득이 중저 부분을 두는 경우에는 그 부분의 물을 전부 분출할 수 있는 드레인 밸브를 부착하여야 한다.

- 증기쪽 연락관을 수주관 또는 보일러에 부착할 때 그 위치는 수면계가 보이는 최고 수위보다 아래에 있어서는 안 된다. 또한, 관 중간에 응축수가 고이지 않도록 하여야 한다.
- 연락관에 밸브 또는 콕을 설치할 때는 한눈에 그것의 개폐 여부를 확인할 수 있는 구조로 하여야 한다.

ⓒ 수면계의 연락관 : 수주관과 보일러를 연결하는 관의 조건을 준용하되, 연락관에 밸브 또는 콕을 설치할 때에는 한눈에 그 개폐 여부를 알 수 있는 구조로 하여야 한다.

ⓓ 리스트레인트(Restraint) : 열팽창에 의한 배관의 이동을 구속 또는 제한하는 것을 말하며, 종류에는 앵커(Anchor), 스토퍼(Stopper), 가이드(Guide) 등이 있다.

ⓔ 행거(Hanger) : 배관을 천장에 매다는 것을 말하며, 종류에는 리지드, 콘스탄트, 스프링 행거 등이 있다.

⑤ 전열면적(A 또는 F)
  ㉠ 수관 보일러 몸체의 전열면적
    - 몸통, 수관 또는 헤더에서 그 일부 또는 전부가 연소가스 등에 접촉하고, 다른 면이 물(기수 혼합물 포함)에 접촉하는 부분의 면을 연소가스 등의 쪽에서 측정한 면적

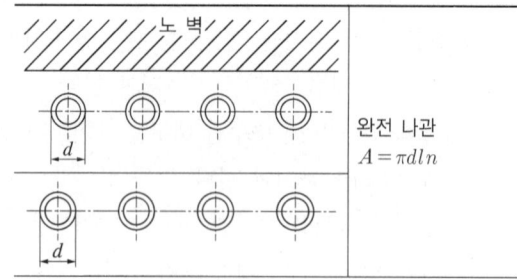

완전 나관
$A = \pi d l n$

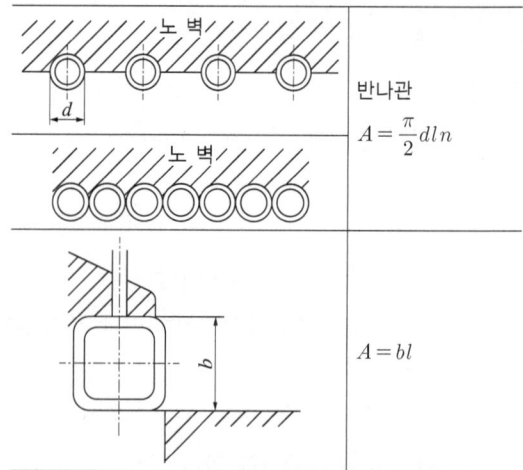

반나관
$A = \dfrac{\pi}{2} d l n$

$A = b l$

여기서, d : 수관의 바깥지름[m]
  l : 수관 또는 헤더의 길이[m]
  n : 수관의 수
  b : 너비[m]

- 핀붙이 수관에서 핀이 길이 방향으로 부착되어 있고, 양쪽면이 연소가스 등에 접촉하는 것은 전열의 종류에 따라 각각 다음의 계수를 핀의 한쪽면 면적에 곱하여 얻은 면적을 관 바깥둘레의 면적에 더한 면적

전열의 종류	계수(α)
양쪽면에 방사열을 받는 경우	1.0
한쪽면에 방사열, 다른 면에 접촉열을 받는 경우	0.7
양쪽면에 접촉열을 받는 경우	0.4

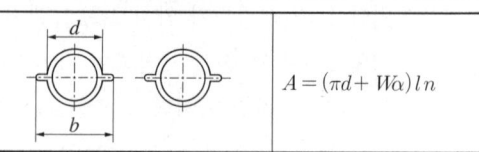

$A = (\pi d + W\alpha) l n$

여기서, d : 수관의 바깥지름[m]
  l : 수관 또는 헤더의 길이[m]
  n : 수관의 수
  b : 너비[m]
  W : 1개 수관의 핀 너비의 합[m], $W = b - d$
  α : 열전달 종류에 따른 계수

- 핀붙이 수관에서 길이 방향으로 부착되어 있고, 한쪽면이 연소가스 등에 접촉하는 것은 전열의 종류에 따라 다음의 계수를 핀의 한쪽면 면적에 곱하여 얻은 면적에 관 바깥둘레 중 연소가스 등에 접촉하는 부분의 면적을 더한 면적

전열의 종류	계수(α)
방사열을 받는 경우	0.5
접촉열을 받는 경우	0.2

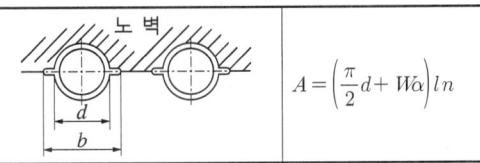

$$A = \left(\frac{\pi}{2}d + W\alpha\right)ln$$

여기서, d : 수관의 바깥지름[m]
l : 수관 또는 헤더의 길이[m]
n : 수관의 수
b : 너비[m]
W : 1개 수관의 핀너비의 합[m], $W = b - d$
α : 열전달의 종류에 따른 계수

• 핀붙이 수관에서 핀이 원둘레 방향 또는 스파이럴 모양으로 부착되어 있는 것은 핀의 한쪽면 면적(핀이 스파이럴 모양으로 부착되어 있을 때는 핀의 감긴 수를 매수로 하여 원둘레 방향으로 핀이 부착되어 있는 것으로 간주하여 계산한 면적)의 20[%] 면적을 관 바깥둘레의 면적에 더한 면적

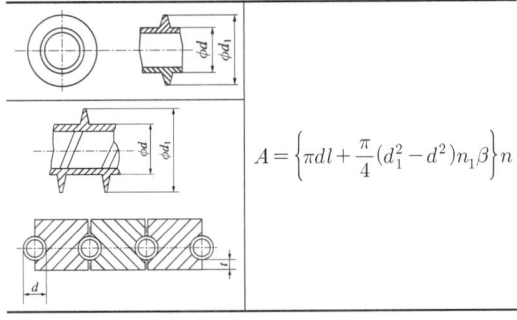

$$A = \left\{\pi dl + \frac{\pi}{4}(d_1^2 - d^2)n_1\beta\right\}n$$

여기서, d : 수관의 바깥지름[m]
d_1 : 핀의 바깥지름[m]
l : 수관 또는 헤더의 길이[m]
n : 수관의 수
n_1 : 수관 1개당 핀의 수
β : 상수 = 0.2

• 내화물(내화벽돌 포함)로 피복된 수관에서 한쪽면이 연소가스 등에 접촉하는 것은 내화물의 두께(표면과 내화물 표면 사이의 최소 두께)가 10[mm] 이하인 경우는 관의 반둘레 면적, 내화물의 두께가 10[mm]를 초과하고 30[mm] 이하인 경우는 관의 반둘레 면적에 0.65를 곱한 면적, 양쪽면 또는 전체 둘레가 접촉하는 것에서는 각각 앞에 적은 2배의 면적 또한 어떤 경우에서도 내화물의 두께가 30[mm]를 초과하는 경우는 두께(t[mm])에 비례하여 감소하는 것으로서 각각 앞에 적은 면적에 $30/t$을 곱한 면적

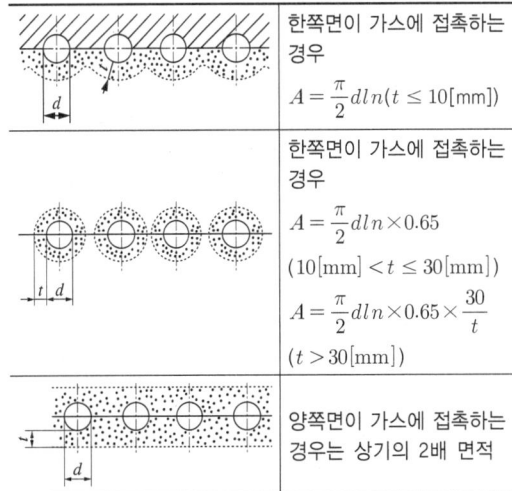

	한쪽면이 가스에 접촉하는 경우 $A = \frac{\pi}{2}dln (t \leq 10[mm])$
	한쪽면이 가스에 접촉하는 경우 $A = \frac{\pi}{2}dln \times 0.65$ $(10[mm] < t \leq 30[mm])$ $A = \frac{\pi}{2}dln \times 0.65 \times \frac{30}{t}$ $(t > 30[mm])$
	양쪽면이 가스에 접촉하는 경우는 상기의 2배 면적

여기서, d : 수관의 바깥지름[m]
l : 수관 또는 헤더의 길이[m]
n : 수관의 수
t : 내화물의 두께[m]

• 베일리식 수랭 노벽은 연소가스 등에 접촉하는 면의 전개면적

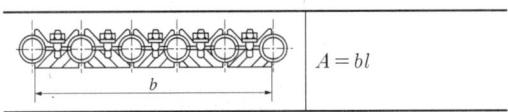

$$A = bl$$

여기서, b : 너비[m]
l : 수관 또는 헤더의 길이[m]

• 스터드 튜브에서 내화물로 피복되고 한쪽면이 연소가스 등에 접촉하는 것에서는 관의 반둘레 면적, 전체 둘레가 접촉하는 것에서는 관의 바깥 둘레 면적. 다만, 내화물의 두께가 30[mm]를 초과할 경우는 두께(t[mm])에 비례하여 감소하는 것으로서 각각 앞에 적은 면적에 $30/t$을 곱한 면적

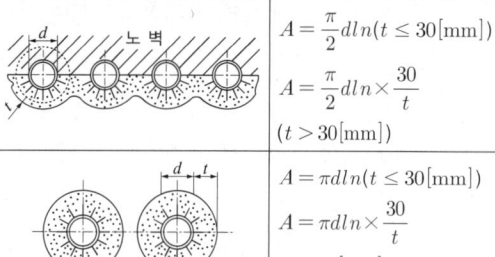

노 벽	$A = \frac{\pi}{2}dln(t \leq 30[\text{mm}])$ $A = \frac{\pi}{2}dln \times \frac{30}{t}$ $(t > 30[\text{mm}])$
	$A = \pi dln(t \leq 30[\text{mm}])$ $A = \pi dln \times \frac{30}{t}$ $(t > 30[\text{mm}])$

여기서, d : 수관의 바깥지름[m]
　　　　l : 수관 또는 헤더의 길이[m]
　　　　n : 수관의 수
　　　　t : 내화물의 두께[m]

- 스터드 튜브에서 연소가스 등에 접촉하는 것은 스터드의 옆면 면적의 합이 15[%]의 면적을 관의 바깥둘레 면적에 더한 면적

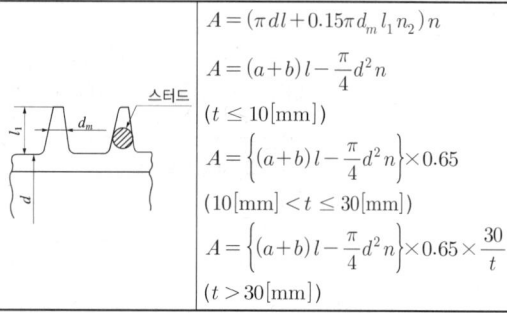

스터드	$A = (\pi dl + 0.15\pi d_m l_1 n_2)n$ $A = (a+b)l - \frac{\pi}{4}d^2 n$ $(t \leq 10[\text{mm}])$ $A = \left\{(a+b)l - \frac{\pi}{4}d^2 n\right\} \times 0.65$ $(10[\text{mm}] < t \leq 30[\text{mm}])$ $A = \left\{(a+b)l - \frac{\pi}{4}d^2 n\right\} \times 0.65 \times \frac{30}{t}$ $(t > 30[\text{mm}])$

여기서, d : 수관의 바깥지름[m]
　　　　l : 수관 또는 헤더의 길이[m]
　　　　d_m : 스터드의 평균지름[m]
　　　　l_1 : 스터드의 길이[m]
　　　　n_2 : 수관 1개당 스터드수
　　　　n : 수관의 수
　　　　a, b : 너비[m]

- 몸통 또는 헤더에서 연소가스 등에 접촉하는 면을 내화물로 피복하고 있는 것은 내화물의 두께가 10[mm] 이하인 경우는 그 면의 표면적, 내화물의 두께가 10[mm]를 초과하고 30[mm] 이하인 경우에는 그 면의 표면적에 0.65를 곱한 면적, 내화물의 두께가 30[mm]를 초과할 경우는 그 면의 표면적에 $0.65 \times 30/t$ 을 곱한 면적

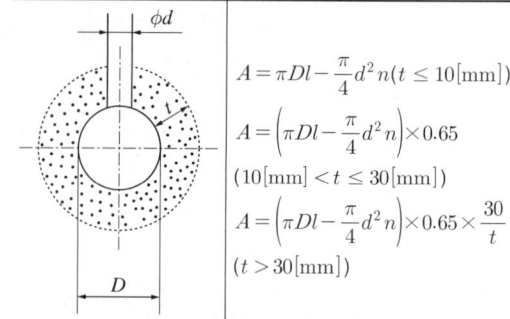

$A = \pi Dl - \frac{\pi}{4}d^2 n (t \leq 10[\text{mm}])$
$A = \left(\pi Dl - \frac{\pi}{4}d^2 n\right) \times 0.65$
$(10[\text{mm}] < t \leq 30[\text{mm}])$
$A = \left(\pi Dl - \frac{\pi}{4}d^2 n\right) \times 0.65 \times \frac{30}{t}$
$(t > 30[\text{mm}])$

여기서, D : 헤더의 바깥지름[m]
　　　　l : 수관 또는 헤더의 길이[m]
　　　　d : 수관의 바깥지름[m]
　　　　n : 수관의 수

ⓒ 수관 보일러 외 보일러의 전열면적

- 코니시 보일러의 전열면적(A) : $A = \pi dl$
  (여기서, d : 보일러 동체의 외경, l : 보일러 동체의 길이)

- 랭커셔 노통 보일러의 전열면적(A) : $A = 4dl$
  (여기서, d : 보일러 동체의 외경, l : 보일러 동체의 길이)

- 연관식 보일러의 전열면적(A) : $A = \pi dln$
  (여기서, d : 연관의 내경, l : 연관의 길이, n : 연관의 수)

- 횡연관식 보일러의 전열면적(A) :
  $A = \pi l\left(\frac{d}{2} + d_1 n\right) + d^2$
  (여기서, d : 보일러 동체의 외경, l : 보일러 동체의 길이, d_1 : 연관의 내경, n : 연관의 개수)

- 중공원관의 평균 전열면적(A_m) :
  $A_m = \dfrac{A_o - A_i}{\ln(A_o/A_i)}$
  (여기서, A_o : 외경측의 전열면적, A_i : 내경측의 전열면적)

⑥ 관의 설계 관련 수치 및 계산식
  ㉠ 급수밸브, 체크밸브 관의 호칭지름
   • 전열면적 10[m²] 이하 : 15A(15[mm]) 이상
   • 전열면적 10[m²] 초과 : 20A(20[mm]) 이상
  ㉡ 전열면적에 따른 방출관의 안지름

전열면적[m²]	방출관의 안지름[mm]
10 미만	25 이상
10 이상 15 미만	30 이상
15 이상 20 미만	40 이상
20 이상	50 이상

  ㉢ 노통 연관 보일러의 노통 바깥면과 이에 가장 가까운 연관의 면과의 틈새 : 50[mm]
  ㉣ 평노통, 파형 노통, 화실 및 직립 보일러 화실판의 최고 두께 : 22[mm] 이하(습식 연소실 및 조합 노통 중 평노통 제외)
  ㉤ 연관 보일러 연관의 최소 피치(p)
   $p = (1 + 4.5/t)d$
   (여기서, t : 연관판의 두께, d : 관 구멍의 지름)

핵심예제

2-1. 보일러 실내에 설치하는 배관에 대한 설명으로 틀린 것은? [2013년 제2회]

① 배관은 외부에 노출하여 시공하여야 한다.
② 배관의 이음부와 전기계량기와의 거리는 30[cm] 이상의 거리를 유지하여야 한다.
③ 관경 50[mm]인 배관은 3[m]마다 고정장치를 설치하여야 한다.
④ 배관을 나사접합으로 하는 경우에는 관용 테이퍼나사에 의하여야 한다.

2-2. 파형 노통의 특징에 대한 설명으로 옳은 것은? [2010년 제2회, 2014년 제4회]

① 외압에 약하다.
② 전열면적이 좁다.
③ 열에 의한 신축에 대하여 탄력성이 작다.
④ 내부 청소 및 제작이 어렵다.

2-3. 열팽창에 의한 배관의 이동을 구속 또는 제한하는 것을 리스트레인트(Restraint)라고 한다. 리스트레인트의 종류에 해당하지 않는 것은? [2010년 제4회, 2012년 제4회, 2016년 제4회]

① 앵커(Anchor)   ② 스토퍼(Stopper)
③ 리지드(Rigid)   ④ 가이드(Guide)

|해설|

2-1
배관의 이음부와 전기계량기의 거리는 60[cm] 이상의 거리를 유지하여야 한다.

2-2
① 외압에 강하다.
② 전열면적이 넓다.
③ 열에 의한 신축에 대하여 탄력성이 좋다.

2-3
리스트레인트(Restraint)의 종류 : 앵커(Anchor), 스토퍼(Stopper), 가이드(Guide)

정답 2-1 ② 2-2 ④ 2-3 ③

핵심이론 03 이음 설계

① 용접 이음

㉠ 용접 이음의 특징
- 이음효율이 우수하다.
- 기밀성과 수밀성이 우수하다.
- 이음 형상을 자유롭게 선택할 수 있다.
- 구조를 간단하게 할 수 있다.
- 두께 제한이 없다.
- 중량 경감이 가능하며 작업공정이 짧다.
- 잔류응력이 발생된다.
- 진동에 대한 감쇠력이 낮다.
- 응력 집중에 대해 민감하다.

㉡ 용접봉 피복재의 역할
- 용융금속의 정련작업을 하며 탈산제 역할을 한다.
- 용융금속의 급랭을 늦추어 산화 방지를 한다.
- 용융금속에 필요한 원소를 보충해 준다.
- 피복재의 강도를 증가시킨다.

㉢ 연관 보일러 관판의 필렛용접 : 연관 보일러의 관판은 플랜지부를 보일러의 안쪽 또는 바깥쪽으로 향하여 동체에 필렛용접을 하여도 좋다. 이 경우에는 다음에 따라야 한다. 다만, 외부연소 수평 연관 보일러의 뒤 관판은 동체에 필렛용접으로 부착해서는 안 된다.
- 플랜지가 바깥쪽으로 향하는 경우에는 이음을 동체 끝부의 안쪽에 두고 한쪽 전체 두께 필렛 겹치기 용접으로 한다.
- 플랜지가 안쪽으로 향하는 경우에는 양쪽 전체 두께 필렛 겹치기 용접으로 하여야 한다.
- 필렛용접부는 직접 화염에 접촉해서는 안 된다.
- 필렛용접의 목 두께는 관판 두께의 0.7배 이상으로 한다.
- 용접부는 방사선 검사를 필요로 하지 않는다.

㉣ 양쪽 전체 두께 필렛겹침용접
- 판의 겹침부를 판 두께의 4배 이상(최소 25[mm])으로 하여야 한다.
- 판의 두께가 다를 경우에는 얇은 쪽의 판 두께를 취한다.

㉤ 가스용접
사용 불꽃에 산소량이 많을 경우 용착금속이 산화, 탈탄된다.

㉥ 맞대기 용접
- 판 두께에 따른 그루브 형상
  - 1~5[mm] : I형
  - 6~16[mm] : J형, R형, V형
  - 12~38[mm] : 양면J형, K형, U형, X형
  - 19[mm] 이상 : H형
- 두께가 다른 판의 경우, 중심선 일치를 위하여 1/3 이하의 기울기로 가공한다.
- 용접부의 인장응력(σ) : $\sigma = \dfrac{W}{hl}$

  (여기서, W : 인장하중, h : 판 두께, l : 용접 길이)

㉦ 맞대기 양쪽 용접 : 노통 보일러에 있어 원통 연소실 또는 노통의 길이 이음에 가장 적합한 용접법

㉧ 피복아크용접에서 루트 간격이 크게 되었을 때 보수하는 방법
- 맞대기 이음에서 간격이 6[mm] 이하일 때에는 이음부의 한쪽 또는 양쪽에 덧붙이를 하고 깎아 내어 간격을 맞춘다.
- 맞대기 이음에서 간격이 16[mm] 이하일 때에는 판의 전부 또는 일부를 바꾼다.
- 필렛용접에서 간격이 1.5~4.5[mm]일 때에는 그대로 용접해도 좋지만 벌어진 간격만큼 각장을 크게 한다.
- 필렛용접에서 간격이 1.5[mm] 이하일 때에는 그대로 용접한다.

ⓩ 테르밋(Thermit) 용접 : 테르밋 반응에 의해 발생되는 강렬한 열을 이용한 용접법
  ※ 테르밋 : 알루미나와 산화철의 분말
ⓒ 스테이의 용접 부착
  - 스테이 재료의 탄소 함유량 : 0.35[%] 이하
  - 봉 스테이 또는 관 스테이의 용접 부착
    - 스테이를 판의 구멍에 삽입하여 그 주위를 용접한다. 또한, 스테이의 축에 평행하게 전단력이 작용하는 면을 스테이가 필요한 단면적의 1.25배 이상으로 한다.
    - 용접의 다리 길이 : 관의 두께 이상을 기본으로 봉 스테이 10[mm] 이상, 관 스테이 4[mm] 이상
    - 스테이의 끝은 판의 외면보다 안쪽에 있어서는 안 된다.
    - 스테이의 끝은 화염에 접촉하는 판의 바깥으로 10[mm]를 초과하여 돌출해서는 안 된다.
    - 관 스테이의 두께는 4[mm] 이상으로 한다.
    - 관 스테이는 용접하기 전에 가볍게 롤 확관을 한다.
  - 경사스테이는 다음과 같이 동체의 내면에 필렛 용접을 할 수 있으나, 경판의 내면에 필렛용접을 해서는 안 된다.
    - 필렛용접의 다리 길이는 10[mm] 이상으로 한다.
    - 스테이가 용접되는 부분의 단면적 및 동체축에 평행하게 측정한 목 두께부의 단면적은 스테이가 필요한 단면적의 1.25배 이상으로 한다.
    - 용접은 스테이 부착부의 전체 둘레에 걸쳐서 하여야 한다.
  - 스테이의 길이 방향 중심선 또는 그 연장이 동체의 안쪽 면과 교차하는 점은 스테이가 동체의 안쪽 면에 용접되어 있는 용접선으로 둘러 쌓인 면적 안에 있어야 한다.
  - 거싯 스테이를 용접으로 부착할 경우는 다음에 따른다.
    - 경판과의 부착은 K형 용접 또는 V형 용접으로 한다.
    - 동체판과의 부착은 K형 용접, V형 용접 또는 양쪽 필렛용접으로 한다.
    - 경판과의 부착부 아래의 끝과 노통 사이에는 충분한 완충폭이 있어야 한다.
  - 스테이의 용접부에 대해서는 방사선 검사가 필요 없으며, 관 스테이를 부착하는 용접부의 목 두께가 6.5[mm] 미만인 경우 또는 관 스테이가 연속되고 있지 않은 경우에 용접 후 열처리는 필요로 하지 않는다.
  - $\pi dl \geq 1.25 S$
    (여기서, S : 스테이의 계산상 필요한 최소 단면적(mm^2), d : 스테이의 실제 지름[mm], l : 다리 길이[mm])
ⓚ 부착물의 용접
  - 압력이 작용하지 않는 것의 부착은 단속용접 또는 용접 후 열처리를 하는 연속용접으로 할 수 있다. 다만, 용접 후 열처리는 본체가 이것을 필요로 하지 않을 경우에는 하지 않아도 좋다.
  - 단속용접의 방법
    - 단속용접의 비드 길이 : 75[mm] 이하
    - 노통 등 외압 동체의 보강링을 단속용접하는 경우에는 비드의 간격을 동체판 두께의 8배 이하로 하고, 또한 1용접선에 대한 비드의 합계 길이를 동체 바깥둘레의 1/2 이상으로 한다.
② 리벳 이음
  ㉠ 기밀작용 시 리베팅하고 냉각된 후 가장자리에 코킹작업을 한다.
  ㉡ 열간 리베팅은 작업 완료 후 수축이 있어 판을 죄는 힘이 있고 마찰저항도 생긴다.
  ㉢ 보일러 제작 시 이음의 추세는 리벳 이음에서 용접 이음으로 대부분 바뀌었다.

② 리벳재료는 가능한 판재와 같은 종류의 재질계통을 사용하는 것이 원칙이다.
⑩ 리벳 양쪽 이음매 판의 최소 두께(t_0) : $t_0 = 0.6t + 2$
(여기서, t : 드럼판 두께)
⑪ 강판의 효율 : $\eta_t = \left(1 - \dfrac{d}{p}\right) \times 100[\%]$
(여기서, d : 리벳의 지름, p : 리벳의 피치)

③ 볼트 이음

㉠ 스테이 볼트의 부착
- 2산 이상을 완전히 판면으로부터 돌출시켜 이것을 코킹하여야 한다.
- 스테이가 판에 대하여 경사지게 부착되는 경우에는 3산 이상이 나사박음되고, 그중 1산 이상이 전체 둘레 나사박음되어 있어야 한다. 판 두께가 이에 부족할 때는 보강하여야 한다.

㉡ 스테이 볼트의 알림구멍
- 길이가 200[mm] 이하인 스테이 볼트에는 적어도 바깥쪽 끝에는 지름 5[mm] 이상이고 깊이가 판의 내면으로부터 13[mm] 이상인 알림 구멍을 설치하여야 한다.
- 중간부의 지름을 나사 밑 이하로 가늘게 한 경우에는 알림 구멍의 깊이를 지름이 감소된 부분의 기점으로부터 13[mm] 이상으로 하거나 속이 빈 스테이로 한다.
- 길이가 200[mm]를 초과하는 스테이에는 알림 구멍을 설치하지 않아도 좋다.

㉢ 관 스테이의 부착 : 나사 밑에서 두께 4.3[mm] 이상으로 하고 나사박음하여 양끝을 관판에서 약 6[mm] 돌출시켜 롤을 확관하고, 화염에 접촉되는 끝은 가장자리를 굽힌다.

㉣ 스테이에 부착한 너트는 화염에 노출되어서는 안 된다.

㉤ 봉 스테이의 부착
- 판에 나사박음하여 판의 바깥쪽에 너트를 부착하거나 판의 안팎 양쪽에 와셔 없이 너트를 부착한다.
- 안쪽에 너트를, 바깥쪽에 강재 와셔와 너트를 부착한다.
- 형강 그 밖의 쇠붙이를 판에 부착하고 여기에 핀으로 부착한다.

④ 기타 이음

㉠ 핀 이음에 의한 스테이의 부착 : 봉 스테이 또는 경사 스테이를 핀 이음으로 부착할 때는 핀이 2곳에서 전단력을 받도록 하고, 핀의 단면적은 스테이 소요 단면적의 3/4 이상으로 하며, 스테이링부의 단면적은 스테이 소요단면적의 1.25배 이상으로 하여야 한다.

㉡ 나사식 파이프 조인트
- 소구경이고 저압의 파이프에 사용한다.
- 관의 분해·조립 시 사용되는 이음장치 : 플랜지, 유니언

㉢ 애덤슨(아담스) 조인트 : 노통 보일러에서 일어나는 열팽창 흡수역할을 하는 이음이며, 몇 개의 플랜지형 노통 제작 시의 이음부로 사용된다.

핵심예제

3-1. 맞대기 용접은 용접방법에 따라서 그루브를 만들어야 한다. 판의 두께가 50[mm] 이상인 경우에 적합한 그루브의 형상은?(단, 자동 용접은 제외한다)
[2013년 제1회, 제2회, 제4회 유사, 2014년 제4회 유사, 2016년 제4회, 2021년 제4회]

① V형　　② H형
③ R형　　④ A형

3-2. 그림과 같은 V형 용접 이음의 인장응력(σ)을 구하는 식은?
[2012년 제4회, 2015년 제1회]

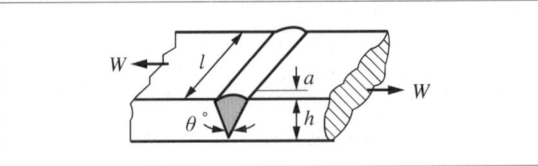

① $\sigma = \dfrac{W}{hl}$　　② $\sigma = \dfrac{2W}{hl}$

③ $\sigma = \dfrac{W}{ha}$　　④ $\sigma = \dfrac{W}{2hl}$

핵심예제

3-3. 피복아크용접에서 루트의 간격이 크게 되었을 때 보수하는 방법으로 틀린 것은?

[2015년 제2회, 2017년 제4회, 2023년 제2회]

① 맞대기 이음에서 간격이 6[mm] 이하일 때에는 이음부의 한쪽 또는 양쪽에 덧붙이를 하고 깎아 내어 간격을 맞춘다.
② 맞대기 이음에서 간격이 16[mm] 이하일 때에는 판의 전부 또는 일부를 바꾼다.
③ 필렛용접에서 간격이 1.5~4.5[mm]일 때에는 그대로 용접해도 좋지만 벌어진 간격만큼 각장을 작게 한다.
④ 필렛용접에서 간격이 1.5[mm] 이하일 때에는 그대로 용접한다.

3-4. 강판의 두께가 20[mm]이고 리벳의 직경이 28.2[mm]이며 피치 50.1[mm]의 1줄 겹치기 리벳 조인트가 있다. 이 강판의 효율은 몇 [%]인가?

[2015년 제2회 유사, 2016년 제2회]

① 34.7
② 43.7
③ 53.7
④ 63.7

|해설|

3-1
판 두께와 그루브 형상
- H형 : 19[mm] 이상
- V형 : 6~16[mm]
- R형 : 12~38[mm]
- A형 : 없음

3-2
인장응력
$\sigma = \dfrac{W}{A} = \dfrac{W}{hl}$

3-3
필렛용접에서 간격이 1.5~4.5[mm]일 때에는 그대로 용접해도 좋지만 벌어진 간격만큼 각장을 크게 한다.

3-4
강판의 효율
$\eta_t = \left(1 - \dfrac{d}{p}\right) \times 100[\%] = \left(1 - \dfrac{28.2}{50.1}\right) \times 100[\%] \approx 43.7[\%]$

정답 3-1 ② 3-2 ① 3-3 ③ 3-4 ②

제3절 | 열설비의 열공학설계

핵심이론 01 유체의 흐름

① 유량·유속관계식
  ㉠ 유량계수 고려 시
    유량 $Q = CAv$
    (여기서, C : 유량계수, A : 단면적, v : 평균유속)
  ㉡ 유량계수 = 1 또는 미고려 시
    유량 $Q = Av$

② 직관에서의 손실수두
  $h_L = f \dfrac{l}{d} \dfrac{v^2}{2g}$ (다르시-바이스바하(Darcy-Weisbach) 방정식)

③ 압력강하
  ㉠ 직관에서의 압력 강하(손실)
    $\Delta p = \gamma h_L = \gamma f \dfrac{l}{d} \dfrac{v^2}{2g}$
  ㉡ 연도 내에서의 압력 강하 : $p_1 = 4f \dfrac{\rho v^2}{2g} \dfrac{l}{d}$

④ 유체에서의 무차원수
  ㉠ 에케르트(Eckert)수(Ec)
    - 엔탈피에 대한 운동에너지의 비
    - $Ec = \dfrac{u_\infty^2}{C_p(T_\infty - T_s)}$
    (여기서, u_∞ : 표면에서 충분히 멀리 떨어진 유체의 운동에너지, C_p : 정압비열, T_∞ : 표면에서 충분히 멀리 떨어진 유체의 온도, T_s : 표면온도)
    - 점성 소산(Dissipation), 확산계수와 관계가 있다.
    - 에케르트수가 1보다 매우 작으면 점성 소산과 체적력을 무시할 수 있다.
  ㉡ 그래호프(Grashof)수(Gr)
    - 유체의 열팽창에 의한 부력과 점성력의 비(부력 / 점성력)

- 자연대류에서 층류와 난류를 결정하는 수 ($Gr = 10^9$)
- $Gr = \dfrac{g\beta(T_s - T_\infty)L_c^3}{\nu^3}$

(여기서, g : 중력가속도, β : 체적팽창계수, T_s : 표면온도, T_∞ : 표면에서 충분히 멀리 떨어진 유체의 온도, L_c : 특성 길이, ν : 동점성계수)

ⓒ 너셀(Nusselt)수(N_u)
- 유체층을 통과하는 대류에 의한 열전달 크기와 전도에 의한 열전달 크기의 비(대류에 의한 열전달 크기 / 전도에 의한 열전달 크기)
- $N_u = \dfrac{hL}{k}$

(여기서, h : 대류열전달계수, L : 특성 길이, k : 유체의 열전도도)
- 열전달계수(열전도도)와 관계가 있다.
- 너셀수가 클수록 대류효과가 크다.

ⓓ 프랜틀(Prandtl)수(P_r)
- 유체의 동점성계수와 유체온도 전파속도의 비
- 운동량 전달계수와 열전달계수와의 비
- 운동량의 퍼짐도와 열적 퍼짐도의 비(열확산 / 열전도)
- $P_r = \dfrac{\mu C_p}{k}$

(여기서, μ : 유체의 점성계수, C_p : 정압비열, k : 열전도계수)
- 동점성계수와 관계가 있다.
- 속도 경계층과 온도 경계층의 확산비이다.
- 흐름과 열이동의 관계를 결정한다.
- P_r값은 액체에서는 온도에 따라 변화되지만 기체에서는 거의 일정하다.
- 강제대류, 고속기류에서 점성의 문제를 다룬다.

ⓔ 레이놀즈(Reynold's)수(R_e)
- 관성력과 점성력의 비(관성력 / 점성력)
- $R_e = \dfrac{\rho vL}{\mu} = \dfrac{vL}{\nu}$

(여기서, ρ : 유체밀도, v : 유체속도, L : 특성 길이, μ : 유체의 점성계수, ν : 동점성계수)
- 강제대류에서의 층류와 난류를 결정(임계 레이놀즈수 $R_e = 2,320$)
  - 층류 : 점성력이 지배적인 유동, 레이놀즈수가 낮고 평탄하고 일정한 유동
  - 난류 : 관성력이 지배적인 유동, 레이놀즈수가 높고 와류의 어지러운 유동

ⓕ 슈밋(Schmidt)수(Sc)
- 운동량 계수와 물질전달계수와의 비(운동량 계수 / 물질전달계수)
- $Sc = \dfrac{\mu}{\rho D} = \dfrac{\nu}{D}$

(여기서, μ : 유체의 점성계수, ρ : 유체밀도, ν : 동점성계수, D : 물질 확산도)
- 농도경계층 결정에 적용된다.

ⓖ 스탠턴(Stanton)수(St)
- 열전달률과 관계가 있다.
- $S_t = \dfrac{\alpha}{C_p \rho v}$

(여기서, α : 열전달률, C_p : 정압비열, ρ : 유체밀도, v : 유체속도)

⑤ 과열증기의 특징
㉠ 수분이 없으므로 관 내 마찰저항이 감소한다.
㉡ 온도가 높으므로 응축수로 되기 어렵고 복수기에서만 응축수 변환이 가능하다.
㉢ 용융되어 포함된 바나듐으로 인하여 표면 고온 부식이 발생되며 표면의 온도가 일정하지 않게 된다.

핵심예제

1-1. 유속을 일정하게 하고 관의 직경을 2배로 증가시켰을 경우 일반적으로 유량은 어떻게 변하는가?
[2009년 제4회, 2011년 제2회]

① 2배로 증가   ② 4배로 증가
③ 8배로 증가   ④ 16배로 증가

1-2. 파이프의 내경 D[mm]를 유량 Q[m³/sec]와 평균 속도 v[m/sec]로 표시한 식으로 옳은 것은? [2010년 제4회, 2015년 제2회]

① $d = 1,128\sqrt{\dfrac{Q}{v}}$ ② $d = 1,128\sqrt{\dfrac{\pi v}{Q}}$

③ $d = 1,128\sqrt{\dfrac{Q}{\pi v}}$ ④ $d = 1,128\sqrt{\dfrac{v}{Q}}$

1-3. 내경이 150[mm]이고, 강판두께가 10[mm]인 파이프의 허용 인장응력이 6[kg/mm²]일 때, 이 파이프의 유량이 40[L/sec]이다. 이때 평균 유속은 약 몇 [m/sec]인가?(단, 유량계수는 1이다)
[2010년 제1회 유사, 2012년 제4회 유사, 2014년 제1회, 제2회 유사, 2015년 제2회 유사]

① 0.92   ② 1.05
③ 1.78   ④ 2.26

1-4. 유체의 압력손실은 배관설계 시 중요한 인자이다. 압력손실과의 관계로 틀린 것은? [2013년 제2회, 2017년 제1회]

① 압력손실은 관마찰계수에 비례한다.
② 압력손실은 유속의 제곱에 비례한다.
③ 압력손실은 관의 길이에 반비례한다.
④ 압력손실은 관의 내경에 반비례한다.

|해설|

1-1
유량 $Q = Av$에서 관의 직경을 2배로 증가시켰을 경우 A(단면적)이 4배로 증가되므로 유량 Q는 4배로 증가된다.

1-2
$Q = Av = \dfrac{\pi d^2 v}{4} = 0.785 v d^2$에서

$d = \sqrt{\dfrac{Q}{0.785 v}} \simeq 1.1287\sqrt{\dfrac{Q}{v}}\,[\text{m}] \simeq 1,128\sqrt{\dfrac{Q}{v}}\,[\text{mm}]$

1-3
유량 $Q = CAv$에서

$v = \dfrac{Q}{CA} = \dfrac{Q}{A} = \dfrac{4Q}{\pi d^2} = \dfrac{4 \times 40 \times 10^{-3}}{3.14 \times 0.15^2} \simeq 2.26[\text{m/sec}]$

1-4
압력강하 $\Delta p = \gamma h_L = \gamma f \dfrac{l}{d}\dfrac{v^2}{2g}$ 이므로, 압력손실은 관의 길이에 비례한다.

정답 1-1 ② 1-2 ① 1-3 ④ 1-4 ③

핵심이론 02 열전달 이론

① 열의 이동
  ㉠ 대류(Convection) : 유동 물체가 고온 부분에서 저온 부분으로 이동하는 현상으로, 유체가 열을 받아 밀도가 감소하여 부력의 발생으로 상승하는 것은 대류현상이다.
  ㉡ 전도 : 정지하고 있는 물체 속을 열이 이동하는 현상이다.
  ㉢ 복사 : 전자파의 에너지 형태로 열이 고온 물체에서 저온 물체로 이동하는 현상이다.

② 줄-톰슨계수(Joule-Thomson Coefficient, μ) : 엔탈피 일정 시 압력 강하에 대한 온도 강하의 비
  ㉠ 줄-톰슨계수식 : $\mu = \left(\dfrac{\partial T}{\partial P}\right)_{h=c}$
  ㉡ 온도 강하 시 : $(T_1 > T_2)$ $\mu > 0$
  ㉢ 온도 상승 시 : $(T_1 < T_2)$ $\mu < 0$
  ㉣ 이상기체의 경우 : $(T_1 = T_2)$ $\mu = 0$

③ 복사열(방사열)
  ㉠ 슈테판-볼츠만 방정식 : 복사전열량은 흑체표면의 절대온도의 4제곱에 비례한다.
  • 복사전열량 : $q_R = \varepsilon \sigma A T^4$ [W]
    (여기서, ε : 복사율, σ : 슈테판-볼츠만 상수, A : 전열면적, T : 절대온도)
  • 복사율 : $0 < \varepsilon < 1$
  • 슈테판-볼츠만 상수
    $\sigma = 4.88 \times 10^{-8}$ [kcal/m²hK⁴]
    $= 5.67 \times 10^{-8}$ [W/m²K⁴]
  ㉡ 완전 흑체의 복사력(복사열량) : $E_b = \sigma \left(\dfrac{T}{100}\right)^4$
  ㉢ 복사열전달률
    $\varepsilon C_b \left[\left(\dfrac{T_1}{100}\right)^4 - \left(\dfrac{T_2}{100}\right)^4\right] \times \dfrac{1}{T_1 - T_2}$
    (여기서, ε : 복사율, C_b : 흑체방사정수, T_1 : 표면온도, T_2 : 외기온도)
  ㉣ 총괄호환인자
    $F_{12} = C_0 = \dfrac{1}{\dfrac{1}{C_1} + \dfrac{F_1}{F_2}\left(\dfrac{1}{C_2} - \dfrac{1}{4.88}\right)}$
    (여기서, C_1 : 해당 물질의 복사능, F_1 : 해당 물질의 전열면적, F_2 : 둘러싼 물질의 전열면적, C_2 : 둘러싼 물질의 복사능)
  ㉤ Wien의 법칙 : 주어진 온도에서 최대 복사강도에서의 파장($\lambda_{\max}$)은 절대온도에 반비례한다.

핵심예제

2-1. 줄-톰슨계수(Joule-Thomson Coefficient, μ)에 대한 설명으로 옳은 것은? [2014년 제1회, 2016년 제4회]
① μ가 (-)일 때 기체가 팽창함에 따라 온도는 내려간다.
② μ가 (+)일 때 기체가 팽창함에 따라 온도는 일정하다.
③ μ의 부호는 온도의 함수이다.
④ μ의 부호는 열량의 함수이다.

2-2. 흑체로부터의 복사전열량은 절대온도(T)의 몇 제곱에 비례하는가? [2013년 제4회, 2016년 제2회, 2021년 제1회]
① $\sqrt{2}$
② 2
③ 3
④ 4

|해설|

2-1
③ μ의 부호는 온도의 함수이다.
① μ가 (-)일 때 기체가 팽창함에 따라 온도는 올라간다.
② μ가 (+)일 때 기체가 압축함에 따라 온도는 내려간다.

2-2
흑체로부터의 복사전열량은 절대온도의 4제곱에 비례한다.

정답 2-1 ③ 2-2 ④

핵심이론 03 열전도율 · 열저항률 · 열관류율

① 열전도율(Thermal Conductivity)
  ㉠ 개 요
   • 열전도율은 열전달을 나타내는 물질의 고유한 성질로서 전도에 의한 열이동의 정도이다.
   • 열전도율은 재료의 앞쪽 표면에서 뒤쪽 표면으로 열을 전달하는 정도이다.
   • 두께 1[m], 면적 1[m^2]인 재료의 앞쪽 표면에서 뒤쪽 표면으로 1[℃]의 온도차로 1시간 동안 전달된 열량이다.
   • 두께와는 무관하며 전도율, 열전도도, 열전도계수라고도 한다.
  ㉡ 단위와 표시기호
   • 단위 : [kcal/m · h · ℃] 또는 [W/m · K], [W/m · ℃]
   • 표시기호 : λ, k, κ
  ㉢ 열전도율 관련 사항
   • 열전도율 순 : 구리 > 알루미늄 > 니켈 > 철(탄소강) > 물 > 스케일 > 고무 > 그을음
   • 상온(20[℃])에서 공기의 열전도율 : 0.022[kcal/m · h · ℃]

② 열관류율(Heat Transmittance)
  ㉠ 개 요
   • 열관류율은 열이 벽과 같은 고체를 통하여 공기층으로 열이 전해지는 정도이다.
   • 고체의 벽을 통하여 고온유체에서 저온유체로 열이 통과하는 정도이다.
   • 단위시간에 1[m^2]의 단면적을 1[℃] 온도차가 있을 때 흐르는 열량이다.
   • 한 종류 이상의 재료로 구성된 복합체에 대해 전체 벽 두께에 대한 단열성능을 표현한 값이다.
   • 두께에 반비례하며 열전달계수(Heat Transfer Coefficient), 열전달률, 열통과율이라고도 한다.

  ㉡ 단위와 표시기호
   • 단위 : [kcal/m^2 · h · ℃] 또는 [W/m^2 · K], [W/m^2 · ℃]
   • 표시기호 : K
  ㉢ 열관류율(K) 계산 공식
   • 평면일 경우 : 실내측을 1, 실외측을 2라고 하면,
   $$\frac{1}{K} = \frac{1}{\alpha_1} + \left(\sum_{i=1}^{n} \frac{b_i}{\lambda_i}\right) + \frac{1}{\alpha_2}$$
   (여기서, K : 열관류율, α : 열전달계수, b : 전열부의 두께, λ : 전열부의 열전도율)
   • 원통일 경우 : 관 내부를 1, 관 외부를 2라고 하면,
   – 단일관의 원통일 경우
    ⓐ 내표면적(내경) 기준
    $$\frac{1}{K_1} = \frac{1}{\alpha_1} + \left(\frac{r_1}{\lambda}\ln\frac{r_2}{r_1}\right) + \frac{1}{\alpha_2}\frac{r_1}{r_2}$$
    ⓑ 외표면적(외경) 기준
    $$\frac{1}{K_2} = \frac{1}{\alpha_2} + \left(\frac{r_2}{\lambda}\ln\frac{r_2}{r_1}\right) + \frac{1}{\alpha_1}\frac{r_2}{r_1}$$
   (여기서, α_1 : 관 내부의 열전달계수, α_2 : 관 외부의 열전달계수, r_1 : 관 내부 반경, r_2 : 관 외부 반경, λ : 열전도율)
   – 2중관의 원통일 경우
    ⓐ 내표면적(내경) 기준
    $$\frac{1}{K_i} = \frac{1}{\alpha_i} + \left(\frac{r_1}{\lambda_1}\ln\frac{r_2}{r_1}\right) + \left(\frac{r_1}{\lambda_2}\ln\frac{r_3}{r_2}\right) + \frac{1}{\alpha_o}\frac{r_1}{r_3}$$
    ⓑ 외표면적(외경) 기준
    $$\frac{1}{K_o} = \frac{1}{\alpha_o} + \left(\frac{r_3}{\lambda_1}\ln\frac{r_2}{r_1}\right) + \left(\frac{r_3}{\lambda_2}\ln\frac{r_3}{r_2}\right) + \frac{1}{\alpha_i}\frac{r_3}{r_1}$$
   (여기서, α_i : 관 내부의 열전달계수, α_o : 관 외부의 열전달계수, r_1 : 안쪽 관의 내부 반경, r_2 : 안쪽 관의 외부 반경 또는 바깥쪽 관의 내부 반경, r_3 : 바깥쪽 관의 외부 반경, λ_1 : 안쪽 관의 열전도율, λ_2 : 바깥쪽 관의 열전도율)

- 강관을 흐르는 온수의 열전달계수(K) :

  $K = N_u \times \dfrac{k}{D}$

  (여기서, N_u : Nusselt수, k : 온수의 열전도도, D : 강관의 지름)

③ **열저항률**(Heat Resistance)

  ㉠ 개 요
  - 열저항률은 고체 내부의 한 지점에서 다른 한 지점까지 통과하는 열량에 대한 저항의 정도이다.
  - 두께에 비례하며 열전도저항이라고도 한다.
  - 열관류율의 역수이다.

  ㉡ 단위와 표시기호
  - 단위 : [$m^2 \cdot h \cdot ℃/kcal$]
  - 표시기호 : R

  ㉢ 열저항률 계산식
  - $R = \dfrac{b}{\lambda}$

    (여기서, b : 두께, λ : 열전도율)

④ **열전도율**(λ)·**열저항률**(R)·**열관류율**(K)의 상관관계식과 그 응용

  ㉠ $K = \dfrac{1}{R} = \dfrac{\lambda}{b}$, $\lambda = bK = \dfrac{b}{R}$

     (여기서, b : 두께)

  ㉡ $R = R_i + \dfrac{b_1}{\lambda_1} + \cdots + \dfrac{b_n}{\lambda_n} + R_o$

     (여기서, R_i : 실내 표면 열저항률, R_o : 실외 표면 열저항률)

  ㉢ 3겹층 평면 벽의 평균 열전도율(λ)

     $\lambda = \dfrac{b_1 + b_2 + b_3}{\dfrac{b_1}{\lambda_1} + \dfrac{b_2}{\lambda_2} + \dfrac{b_3}{\lambda_3}}$

     (여기서, b : 두께, λ : 열전도율)

  ㉣ 2중관 열교환기의 열관류율의 근사식(전열 계산은 내관 외면 기준)

     열관류율 $K = \dfrac{1}{R} = \dfrac{1}{\left(\dfrac{1}{\alpha_i F_i} + \dfrac{1}{\alpha_o F_o}\right)}$

     (여기서, R : 열저항률, α_i : 내관 내면과 유체 사이의 경막계수, F_i : 내관 내면적, α_o : 내관 외면과 유체 사이의 경막계수, F_i : 내관 외면적)

  ㉤ 다층벽의 열관류율 :

     $K = \dfrac{1}{R} = \dfrac{1}{\left(\dfrac{1}{\alpha_i} + \sum\limits_{i=1}^{n}\dfrac{b_i}{\lambda_i} + \dfrac{1}{\alpha_o}\right)}$

     (여기서, R : 열저항률, α : 열전달률, $\dfrac{1}{\alpha}$: 열전도저항값, b : 두께, λ : 열전도율)

⑤ **총괄 전열계수**(U 또는 K, Overall Coefficient of Heat Transfer)

  ㉠ 고체 벽을 관통해서 열이 한쪽의 유체에서 다른 쪽의 유체로 전달될 때의 열전달계수이며 총괄 열전달계수라고도 한다.

  ㉡ 총괄 열전달계수 = 복사 열전달계수 + 전도 열전달계수 + 대류 열전달계수
  - 복사 열전달계수 : 외기 → 열교환기 표면
  - 전도 열전달계수 : 열교환기의 표면 → 열교환기 내면
  - 대류 열전달계수 : 열교환기 내면 → 열교환기 내부의 유체

  ㉢ 총괄 전열계수의 계산식

     $U = \dfrac{1}{1/h_1 + b/k + 1/h_2}$ [$kcal/m^2 h℃$]

     (여기서, U : 총괄열전달계수, h_1 : 고온유체측의 전열계수, b : 고체 벽의 두께[m], k : 고체의 열전도율, h_2 : 저온유체측의 전열계수)

핵심예제

3-1. 다음 중 열전도율이 가장 낮은 것은?

[2012년 제2회, 2016년 제2회]

① 니켈 ② 탄소강
③ 스케일 ④ 그을음

3-2. 두께 20[cm]의 벽돌의 내측을 10[mm]의 모르타르와 5[mm]의 플라스터 마무리로 그리고 외측은 두께 15[mm]의 모르타르 마무리로 시공한 다층벽의 열관류율은 몇 [kcal/m²h℃]인가?(단, 실내 측벽 표면의 열전달률은 α_i = 8[kcal/m²h℃], 실외 측벽 표면의 열전달률은 α_o = 20[kcal/m²h℃], 플라스터의 열전도율은 λ_1 = 0.5[kcal/m²h℃], 모르타르의 열전도율은 λ_2 = 1.3[kcal/m²h℃], 벽돌의 열전도율은 λ_3 = 0.65[kcal/m²h℃]이다)

[2015년 제2회, 2023년 제2회]

① 1.9 ② 4.5
③ 8.7 ④ 12.1

|해설|

3-1
열전도율 순 : 니켈 > 탄소강 > 스케일 > 그을음

3-2
열관류율

$$K = \frac{1}{R} = \frac{1}{\left(\frac{1}{\alpha_i} + \sum_{i=1}^{n}\frac{L_i}{\lambda_i} + \frac{1}{\alpha_o}\right)}$$

$$= \frac{1}{\frac{1}{8} + \left(\frac{0.2}{0.65} + \frac{0.01}{1.3} + \frac{0.005}{0.5}\right) + \frac{1}{20}}$$

$$\simeq 1.9 [kcal/m^2 h℃]$$

정답 3-1 ④ 3-2 ①

핵심이론 04 열교환기의 계산식

① 대수평균온도차($LMTD$, Δt_m)

㉠ $LMTD = \dfrac{\Delta t_1 - \Delta t_2}{\ln(\Delta t_1 / \Delta t_2)}$

(여기서, Δt_1 : 고온유체의 입구측에서의 유체온도차, Δt_2 : 고온 유체의 출구측에서의 유체온도차)

㉡ $LMTD = \dfrac{온도차}{\left(\dfrac{열관류율 \times 전열면적}{유량 \times 비열}\right)}$

$= \dfrac{온도차}{전열유닛수} = \dfrac{\Delta t}{NTU}$

② 열교환열량(Q)

$Q = K \cdot A \cdot \Delta t_m = K \cdot F \cdot \Delta t_m$

(여기서, K : 열관류율(총괄열전달계수), A, F : 열교환면적, Δt_m : 대수평균온도차)

③ 병류형 열교환기의 ΔT_m에 관한 식

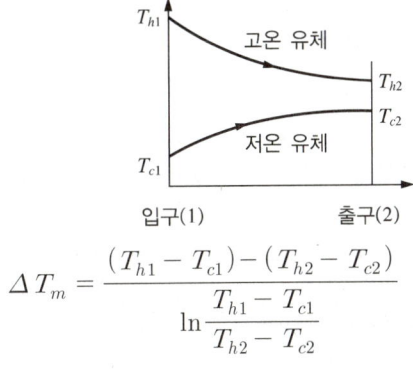

$\Delta T_m = \dfrac{(T_{h1} - T_{c1}) - (T_{h2} - T_{c2})}{\ln \dfrac{T_{h1} - T_{c1}}{T_{h2} - T_{c2}}}$

(여기서, h : 고온측, 1 : 입구 c : 저온측, 2 : 출구)

④ 향류 열교환기 저온측의 온도효율(E_c)

$E_c = \dfrac{T_{c2} - T_{c1}}{T_{h1} - T_{h2}}$

(여기서, h : 고온측, 1 : 입구 c : 저온측, 2 : 출구)

핵심예제

4-1. 방열 유체의 전열유닛수(NTU)가 3.5, 온도차가 105[℃]이고 열교환기의 전열효율이 1일 때의 대수평균온도차(LMTD)는 약 몇 [℃]인가?
[2010년 제2회, 2010년 제4회]

① 0.03 ② 22.03
③ 30   ④ 62

4-2. 향류 열교환기의 대수평균온도차가 300[℃], 열관류율이 15[kcal/m²h℃], 열교환면적이 8[m²]일 때 열교환열량[kcal/h]은?
[2016년 제4회]

① 16,000 ② 26,000
③ 36,000 ④ 46,000

4-3. 대향류 열교환기에서 가열 유체는 260[℃]에서 120[℃]로 나오고 수열 유체는 70[℃]에서 110[℃]로 가열될 때 전열면적[m²]은?(단, 열관류율은 125[W/m²℃]이고 총열부하는 160,000[W]이다)
[2011년 제2회 유사, 2016년 제1회]

① 7.24   ② 14.06
③ 16.04 ④ 23.32

|해설|

4-1
$$LMTD = \frac{온도차}{전열유닛수} = \frac{\Delta t}{NTU} = \frac{105}{3.5} = 30[℃]$$

4-2
$Q = KA \times LMTD = 15 \times 8 \times 300 = 36,000 [kcal/h]$

4-3
$\Delta_1 = 260 - 110 = 150[℃]$, $\Delta_2 = 120 - 70 = 50[℃]$

$$LMTD = \frac{\Delta_1 - \Delta_2}{\ln(\Delta_1/\Delta_2)} = \frac{150-50}{\ln(150/50)} \simeq 91.02[℃]$$

$Q = KA \times LMTD$에서

$$A = \frac{Q}{K \times LMTD} = \frac{160,000}{125 \times 91.02} \simeq 14.06[m^2]$$

정답 4-1 ③ 4-2 ③ 4-3 ②

핵심이론 05 제반 열관계식

① 전열량 · 열유량 · 열이동량 · 열손실(Q)

㉠ 전열량

$$Q = K \cdot A \cdot \Delta t = K \cdot F \cdot \Delta t = \frac{\lambda}{b} \cdot F \cdot \Delta t$$

(여기서, K : 열관류율, A, F : 전열면적, Δt : 온도차, $\Delta t = t_1 - t_2$, t_1 : 고온부 온도, t_2 : 저온부 온도, λ : 열전도율, b : 두께)

㉡ 중공구를 통한 열이동량

$$Q = \frac{4\pi k(t_1 - t_2)}{1/r_1 - 1/r_2}$$

(여기서, k : 열전도율, t_1 : 중공지름부의 온도, t_2 : 구의 바깥지름의 온도, r_1 : 중공지름, r_2 : 구의 바깥지름)

㉢ 노벽의 열손실

$$Q = K \cdot A \cdot (t_1 - t_2) = K \cdot F \cdot (t_1 - t_2)$$

(여기서, K : 열관류율, A, F : 노벽의 면적, t_1 : 노벽 내부온도, t_2 : 노벽 외부온도)

㉣ 원통(강관)의 열손실

$$Q = \frac{2\pi L k(t_1 - t_2)}{\ln(r_2/r_1)}$$

(여기서, L : 원통의 길이, k : 열전도율, t_1 : 내면 온도, t_2 : 외기온도, r_2 : 바깥쪽 반지름, r_1 : 안쪽 반지름)

② 단위시간에 대한 교환열량(열유속) 계산식($\dot{q}$)

$$\dot{q} = \frac{\dot{Q}}{A}$$

(여기서, $\dot{Q}$: 열교환량, A : 전열면적)

③ 열확산계수 또는 열확산도(h)

㉠ $h = \dfrac{\lambda}{\rho C_p}$

(여기서, h : 열확산계수, λ : 열전도율, ρ : 밀도, C_p : 정압비열)

ⓒ 열확산계수는 열전도성을 나타내며 열전도계수에 비례하는 온도에 대한 함수이고 단위는 [m³/sec]이다.

④ 1보일러 마력
  ㉠ 1시간에 100[℃]의 물을 15.65[kg]을 전부 증기로 만들 수 있는 능력
  ㉡ 보일러 마력 = 매시 상당증발량 ÷ 15.65
  ㉢ 1보일러 마력을 상당증발량으로 환산한 값 : 15.65[kg/h]
  ㉣ 1보일러 마력을 시간당 발생열량으로 환산한 값 : 8,435 [kcal/h]

⑤ 보일러 화격자 연소율
  G_f / A
  (여기서, G_f : 시간당 연료소비량, A : 화격자 면적)

⑥ 보일러의 열효율
  $$\eta_B = \frac{G_a(h_2 - h_1)}{G_f \times H_L}$$
  (여기서, G_a : 실제증발량, h_2 : 발생증기의 엔탈피, h_1 : 급수의 엔탈피(보일러 급수온도), G_f : 연료소비량, H_L : 저위발열량)

⑦ 건조기의 열효율
  $$\eta = \frac{q_1 + q_2}{Q}$$
  (여기서, q_1 : 수분증발에 소비된 열량, q_2 : 재료 가열에 소비된 열량, Q : 입열량)

⑧ 트랩 선정 관련 식
  $Q = mC\Delta t = w\gamma_0$
  (여기서, Q : 포화증기의 열량, m : 강관의 총중량, C : 강관의 비열, Δt : 포화온도와 외부온도의 차, w : 트랩 선정에 필요한 응축수량, γ_0 : 증발잠열)

⑨ 전열면의 증발률(보일러의 증발률) : 전열면적에 대한 실제 증발량과의 비이다. 실제증발량/전열면적 = G_a / A [kg/m²h]

⑩ 상당증발량 또는 환산증발량
  $$G_e = \frac{G_a(h_2 - h_1)}{539}$$
  (여기서, G_a : 실제증발량, h_2 : 발생증기의 엔탈피, h_1 : 급수의 엔탈피(보일러 급수온도))

⑪ 증발배수[kg/kg] : 연료 1[kg]이 연소하여 발생하는 증기량의 비
  ㉠ 실제증발배수 : $\dfrac{G_a}{G_f}$
    (여기서, G_a : 실제증발량, G_f : 연료소비량)
  ㉡ 환산증발배수 또는 상당증발배수 : $\dfrac{G_e}{G_f}$
    (여기서, G_e : 환산증발량, G_f : 연료소비량)

⑫ 증발계수 : $\dfrac{h_2 - h_1}{\gamma}$
  (여기서, h_2 : 발생 증기의 엔탈피, h_1 : 급수의 엔탈피, γ : 물의 증발잠열)

⑬ 수관식 보일러의 시간당 증발량
  $G_B = \gamma_0 (\pi D_o L) \times Z$
  (여기서, γ_0 : 전열면적 1[m²]당 증발량, D_o : 보일러 외경, L : 보일러 유효 길이, Z : 수관 개수)
  ※ 단, 수관 이외 부분의 전열면적은 무시한다.

⑭ 발생열이 모두 일로 전환될 때의 동력
  $H = H_L \times G_f$
  (여기서, H_L : (저위)발열량, G_f : 연료소비량)

⑮ 수관 보일러의 기수드럼의 증기부 용적
  $$V = \frac{증발량 \times 포화증기의 비체적}{증기실 부하}$$

⑯ 전기저항로에서의 전력량과 이론열량
  ㉠ 전력량 : $W = Pt = VIt = I^2 Rt = \dfrac{V^2}{R} t$ [Wh]
    (여기서, P : 전력, t : 시간, V : 전압, I : 전류, R : 저항)
  ㉡ 이론열량 : $Q = 0.24 I^2 Rt$

⑰ 총괄 전열계수(U, Over-all Coefficient of Heat Transfer)
  ㉠ 고체벽을 관통해서 열이 한쪽의 유체에서 다른 쪽의 유체로 전달될 때의 열전달 계수이며 총괄 열전달계수라고도 한다.
  ㉡ 총괄 열전달계수 = 복사 열전달계수 + 전도 열전달계수 + 대류 열전달계수
    • 복사 열전달계수 : 외기 → 열교환기 표면
    • 전도 열전달계수 : 열교환기의 표면 → 열교환기 내면
    • 대류 열전달계수 : 열교환기 내면 → 열교환기 내부의 유체
  ㉢ 총괄 전열계수의 계산식
    $$U = \frac{1}{1/h_1 + L/k + 1/h_2}\,[\text{kcal}/\text{m}^2\text{h}°\text{C}]$$
    (여기서, U : 총괄 열전달계수, h_1 : 고온유체측의 전열계수, L : 고체벽의 두께[m], k : 고체의 열전도율, h_2 : 저온유체측의 전열계수)

핵심예제

5-1. 두께 4[mm] 강의 평판에서 고온 측면의 온도가 100[℃]이고 저온 측면의 온도가 80[℃]이며 단위면적당 매분 30,000[kJ]의 전열을 한다고 하면 이 강판의 열전도율은 몇 [W/mK]인가?
[2013년 제4회, 2016년 제2회]

① 5 ② 100
③ 150 ④ 200

5-2. 두께 230[mm]의 내화 벽돌, 114[mm]의 단열 벽돌, 230[mm]의 보통 벽돌로 된 노의 평면 벽에서 내벽면의 온도가 1,200[℃]이고 외벽면의 온도가 120[℃]일 때 노벽 1[m²]당 열손실은 매시간당 약 몇 [kcal]인가?(단, 벽돌의 열전도는 각각 1.2, 0.12, 0.6[kcal/mh℃]이다) [2011년 제4회, 2019년 제4회]

① 376 ② 563
③ 708 ④ 1,688

5-3. 옥내온도는 15[℃], 외기온도가 5[℃]일 때 콘크리트 벽(두께 10[cm], 길이 10[m] 및 높이 5[m])을 통한 열손실이 1,500 [kcal/h]이라면 외부표면 열전달계수는 약 몇 [kcal/m²h℃]인가? (단, 내부표면 열전달계수는 8.0[kcal/m²h℃]이고, 콘크리트 열전도율은 0.7443[kcal/mh℃]이다)
[2010년 제1회, 2013년 제4회, 2020년 제4회 유사]

① 11.5 ② 13.5
③ 15.5 ④ 17.5

5-4. 안쪽 반지름이 5[cm], 바깥쪽 반지름이 15[cm]인 원통의 열전도도는 0.1[kcal/mh℃]이다. 외기온도 0[℃], 내면온도 100[℃]일 경우 이 원통의 1[m]당 열손실은 몇 [kcal/h]인가?
[2011년 제2회, 2012년 제2회 유사]

① 55.3 ② 56.2
③ 57.2 ④ 58.4

5-5. 두께 150[mm]인 적벽돌과 100[mm]인 단열 벽돌로 구성되어 있는 내화 벽돌의 노벽이 있다. 이것의 열전도율은 각각 1.2 [kcal/mh℃], 0.06[kcal/mh℃]이다. 이때 손실열량[kcal/m²h]은?(단, 노 내 벽면의 온도는 800[℃]이고, 외벽면의 온도는 100[℃]이다)
[2011년 제1회 유사, 2012년 제4회 유사, 2015년 제2회, 2020년 제4회 유사]

① 289 ② 390
③ 505 ④ 635

5-6. 저위발열량이 9,750[kcal/kg]인 B-C유를 사용하는 보일러에서 실제증발량이 4[t/h]이고 보일러 효율이 85[%], 급수엔탈피는 70[kcal/kg], 발생증기의 엔탈피가 656[kcal/kg]이라면 연료소비량은 약 몇 [kg/h]인가?
[2010년 제1회 유사, 2011년 제2회 유사, 2012년 제1회 유사, 2016년 제1회 유사]

① 263 ② 283
③ 303 ④ 314

5-7. 증기압력 1.2[kg/cm²]의 포화증기(포화온도 104.25[℃], 증발잠열 536.1[kcal/kg])를 내경 52.9[mm], 길이 50[m]인 강관을 통해 이송하고자 한다. 이때 트랩 선정에 필요한 응축수량은 약 몇 [kg]인가?(단, 외부온도 0[℃], 강관 총중량 270[kg], 강관비열 0.115[kcal/kg·℃]이다)
[2010년 제1회, 2015년 제2회 유사, 2021년 제2회 유사]

① 4 ② 6
③ 8 ④ 10

핵심예제

5-8. 10[kg/cm²]의 압력하에 2,000[kg/h]로 증발하고 있는 보일러의 급수온도가 20[℃]일 때 환산증발량은 몇 [kg/h]인가?(단, 발생증기의 엔탈피는 600[kcal/kg]이다)

[2013년 제1회, 2015년 제1회 유사, 2017년 제2회]

① 2,152 ② 3,124
③ 4,562 ④ 5,260

5-9. 어떤 연료 1[kg]당 발열량이 6,320[kcal]이다. 이 연료 50[kg/h]을 연소시킬 때 발생하는 열이 모두 일로 전환된다면 이때 발생하는 동력은 몇 [PS]인가?

[2011년 제1회, 2013년 제2회 유사, 2017년 제1회]

① 300 ② 400
③ 500 ④ 600

|해설|

5-1

$Q = \lambda(\Delta T/L)$ 이므로

$\lambda = \dfrac{QL}{\Delta T} = \dfrac{30,000 \times 10^3 \times 0.004}{20}$

$= 6,000 [\text{J}/(\min \cdot \text{m} \cdot \text{K})]$

$= \dfrac{6,000}{60} [\text{J}/(\text{s} \cdot \text{mK})] = 100 [\text{W/mK}]$

5-2

$Q = KA(t_1 - t_2) = \dfrac{1}{R} A(t_1 - t_2)$

$= \dfrac{1}{(l_1/\lambda_1) + (l_2/\lambda_2) + (l_3/\lambda_3)} A(t_1 - t_2)$

$= \dfrac{1}{(0.23/1.2) + (0.114/0.12) + (0.23/0.6)} \times 1 \times (1,200 - 120)$

$\simeq 708 [\text{kcal/h}]$

5-3

$Q = KA\Delta T$에서 $1,500 = K \times (5 \times 10) \times 10$이므로

$K = 3 [\text{kcal/m}^2\text{h}℃]$이며

$K = \dfrac{1}{R} = \dfrac{1}{\dfrac{1}{\alpha_i} + \dfrac{l}{\lambda} + \dfrac{1}{\alpha_o}}$에서

$3 = \dfrac{1}{\dfrac{1}{8} + \dfrac{0.1}{0.7443} + \dfrac{1}{\alpha_o}}$ 이므로, $\alpha_o \simeq 13.5 [\text{kcal/m}^2\text{h}℃]$이다.

5-4

$Q = \dfrac{2\pi L K(t_1 - t_2)}{\ln(r_2/r_1)} = \dfrac{2\pi \times 1 \times 0.1 \times (100 - 0)}{\ln(15/5)} \simeq 57.2 [\text{kcal/h}]$

5-5

열전도율 $K = \dfrac{1}{R} = \dfrac{1}{\dfrac{l_1}{\lambda_1} + \dfrac{l_2}{\lambda_2}} = \dfrac{1}{\dfrac{0.15}{1.2} + \dfrac{0.1}{0.06}} \simeq 0.558$

손실열량 $q = Q/A = K(t_1 - t_2)$
$= 0.558 \times (800 - 100)$
$\simeq 390 [\text{kcal/m}^2\text{h}]$

5-6

보일러의 효율 $\eta_B = \dfrac{G_a(h_2 - h_1)}{G_f \times H_L}$ 이므로

연료소비량은 $G_f = \dfrac{G_a(h_2 - h_1)}{\eta_B \times H_L} = \dfrac{4,000 \times (656 - 70)}{0.85 \times 9,750}$

$\simeq 283 [\text{kg/h}]$

5-7

$Q = mC\Delta t = w\gamma_0$ 에서

$w = \dfrac{mC\Delta t}{\gamma_0} = \dfrac{270 \times 0.115 \times (104.25 - 0)}{536.1} \simeq 6 [\text{kg}]$

5-8

환산증발량 $G_e = \dfrac{G_a(h_2 - h_1)}{539} = \dfrac{2,000 \times (600 - 20)}{539}$

$\simeq 2,152 [\text{kg/h}]$

5-9

$H = H_L \times G_f = 6,320 [\text{kcal/kg}] \times 50 [\text{kg/h}] = 6,320 \times 50 [\text{kcal/h}]$

$= \dfrac{6,320 \times 50}{632} [\text{PS}] = 500 [\text{PS}]$

정답 5-1 ② 5-2 ③ 5-3 ② 5-4 ④ 5-5 ② 5-6 ② 5-7 ② 5-8 ①
5-9 ③

제4절 | 열설비의 수질관리

4-1. 급수의 성질

핵심이론 01 수질의 기준

① ppm(parts per million) : 백만분의 1단위
  ㉠ 물 1,000[mL](1[L] = 1,000[cc]) 중에 함유된 시료의 양을 [mg]으로 표시한 것
  ㉡ ppm의 환산단위 : [mg/kg], [g/ton], [mg/L]
② epm(당량농도) : 용액 1[kg] 중의 용질 1[mg] 당량
③ 탁도 : 카올린 1[mg]이 증류수 1[L] 속에 들어 있을 때의 색과 같은 색을 가지는 물을 탁도 1도의 물이라고 한다.
④ 경도 : 보일러 급수 중에 함유되어 있는 칼슘(Ca) 및 마그네슘(Mg)의 농도를 나타내는 척도
  ㉠ 경도에 따른 물의 구분
    • 경도 10 이하 : 연수
    • 경도 10 초과 : 경수
  ㉡ 해수 마그네시아 침전반응의 화학반응식
    $MgCO_3 + Ca(OH)_2 \rightarrow Mg(OH)_2 + CaCO_3$
⑤ pH(수소이온 농도지수)
  $$pH = \log \frac{1}{[H^+]} = -\log[H^+]$$
  ㉠ pH + pOH = 14
  ㉡ KS B 6209(보일러 급수 및 보일러수의 수질)에 의하면 pH 기준온도는 25[℃]이다.
  ㉢ 급 수
    • 급수의 일반적인 pH 범위는 8.0~9.0 사이이다.
    • 원통형 보일러의 급수 : pH 7.0~9.0
    • 수관식 보일러의 급수
      - 최고 사용압력 3[MPa] 이하 : pH 7.0~9.0
      - 최고 사용압력 3[MPa] 초과 5[MPa] 이하 : pH 8.0~9.5
      - 최고 사용압력 5[MPa] 초과 20[MPa] 이하 : pH 8.5~9.0
    • 관류 보일러의 급수
      - 최고 사용압력 2.5[MPa] 이하 : pH 10.5~11.0
      - 최고 사용압력 7.5[MPa] 초과 20[MPa] 이하 : pH 8.5~9.5
      - 최고 사용압력 20[MPa] 초과 : pH 9.0~9.5
  ㉣ 보일러수(관수)
    • 보일러수의 일반적인 pH 범위는 10~11 사이이며, 가장 알맞은 pH는 11 전후이다.
    • 보일러수 중에 적당량의 수산화나트륨을 포함시켜 보일러의 부식 및 스케일 부착을 방지하기 위하여 pH 10.5~11.5(11.8)의 약알칼리성을 유지한다.
    • 원통형 보일러의 관수 : pH 11.0~11.8
    • 저압 원통형 보일러의 관수 : pH 10.5~11.5
    • 수관식 보일러의 관수
      - 최고 사용압력 1[MPa] 이하 : pH 11.0~11.8
      - 최고 사용압력 1[MPa] 초과 2[MPa] 이하 : pH 10.8~11.3
      - 최고 사용압력 2[MPa] 초과 3[MPa] 이하 : pH 10.5~11.0
⑥ 알칼리도 : 물의 알칼리성의 정도를 아는 척도로 수질 조정의 지표로 이용된다. 시료 물에 지시약인 페놀프탈레인이나 메틸오렌지를 첨가하여 (이미 농도를 알고 있는) 염산이나 황산으로 중화 적정하여 정한다. 지시약에 의한 색깔 변화를 비교하여 측정하며 통상 탄산칼슘의 상당량으로 나타낸다. 수중에 함유되어 있는 알칼리분을 탄산칼슘($CaCO_3$)으로 환산하여 1[L] 중의 [mg] 양으로 표시한다. 알칼리분은 용존하는 탄산염류(CO_3), 탄산수소염류(HCO_3), 수산화물류(OH) 등을 말한다. 알칼리도는 산을 중화시키는 데 필요한 능력이므로 일정한 농도의 황산을 주입하면서 결정하게 되는데, 이때 주입된 산의 양을 $CaCO_3$값으로 환산한 것이다.

㉠ P 알칼리도(페놀프탈레인 알칼리도) : 페놀프탈레인을 사용한 알칼리도로서 천연수에 함유되어 있는 수산이온의 총량과 탄산이온의 반량(1/2)에 상당한다.

㉡ M 알칼리도(메틸오렌지 알칼리도) : 메틸오렌지를 사용한 알칼리도로서 탄산수소이온까지 포함한 것이며, 총알칼리도라고도 한다.

⑦ 수질관리 기준

㉠ 최고 사용압력이 1[MPa]인 수관보일러의 보일러수 수질관리 기준
- pH 11~11.8(25[℃] 기준)
- M 알칼리도 100~800[mg $CaCO_3$/L]

㉡ 계속사용검사기준에 따라 설치한 날로부터 15년 이내인 보일러에 대한 순수처리 수질 기준
- pH[298K(25℃)에서] : 7~9
- 총경도(mg $CaCO_3$/L) : 0
- 실리카(mg SiO_2/L) : 흔적이 나타나지 않음
- 전기전도율[298K(25℃)에서의] : 0.5[μs/cm] 이하

핵심예제

다음 중 ppm의 환산단위로 가장 거리가 먼 것은?

[2011년 제2회 유사, 2015년 제1회]

① [mg/kg] ② [g/ton]
③ [mg/L] ④ [kg/sec]

|해설|

ppm의 환산단위 : [mg/kg], [g/ton], [mg/L]

정답 ④

핵심이론 02 불순물

① 스케일(Scale, 관석) : 보일러 관수 중의 용존 고형물로부터 생성되어 전열면에 부착하여 굳어진 물질이다.

㉠ 보일러에서 스케일 생성 주요인 : 경도성분, 실리카

㉡ 주성분
- 연질 스케일 : 탄산염[탄산칼슘($Ca(HCO_3)_2$)], 탄산마그네슘, 산화철
- 경질 스케일 : 황산염(황산칼슘), 규산염(규산칼슘), 염화칼슘($CaCl_2$)
  - 황산칼슘 : 보일러수에 함유된 성분 중 고온에서 석출되는 것으로, 주로 증발관에서 스케일화 되기 쉬우며 내처리제를 사용하여 침전시켜 제거한다.

㉢ 스케일은 열전도율이 매우 작으므로 보일러에서 열전도의 방해물질로 작용한다.

㉣ 스케일은 전열면에 부착되어 과열을 일으키고 더 크게 성장한다.

㉤ 스케일로 인하여 연료소비가 많아진다.

㉥ 스케일로 인하여 배기가스의 온도가 높아진다.

㉦ 고압 수관식 보일러의 증발관이 스케일이 부착되면 파열을 일으킨다.

㉧ 보일러 스케일 두께에 따른 연료손실과 관 벽의 온도

스케일 두께[mm]	0.5	1	2	3	4	5	6
연료의 손실[%]	1.1	2.2	4.0	4.7	6.3	6.8	8.2

② 염산을 이용한 산 세척 스케일 제거법

㉠ 스케일의 용해능력이 우수하다.
㉡ 위험성이 적고 취급이 용이하다.
㉢ 가격이 저렴하여 경제적이다.
㉣ 사용 중에 부식억제제를 첨가한다.

③ 급수 불순물과 그에 따른 보일러 장해

㉠ 철 : 부식
㉡ 용존산소 : 부식

ⓒ 보일러수 중에 포함된 실리카(SiO_2)
- 칼슘, 알루미늄 등과 결합해서 여러 가지 형의 스케일을 생성한다.
- 실리카 함유량이 많은 스케일은 경질이어서 제거가 어렵다.
- 보일러수에 실리카가 많으면 캐리오버에 의해 터빈 날개 등에 부착되어 성능을 저하시킬 수 있다.
- 저압 보일러에서는 알칼리도를 높여 스케일화를 방지할 수 있다.

ⓔ 경도성분 : 스케일 부착

ⓕ 나트륨 : 가성취화

핵심예제

스케일(Scale)에 대한 설명으로 틀린 것은?
[2013년 제1회, 2017년 제2회]

① 스케일로 인하여 연료 소비가 많아진다.
② 스케일은 규산칼슘, 황산칼슘이 주성분이다.
③ 스케일로 인하여 배기가스의 온도가 낮아진다.
④ 스케일은 보일러에서 열전도의 방해물질이다.

|해설|

스케일로 인하여 배기가스의 온도가 높아진다.

정답 ③

4-2. 급수처리

핵심이론 01 보일러 외처리법(1차 처리법)

① 용해고형물 처리법

㉠ 약품첨가법 : 수중 경도 성분을 불용성 화합물로 침전 여과시켜 제거하는 방법

㉡ 증류법 : 양질의 급수를 얻을 수 있으나 비용이 많이 들어 보급수의 양이 적은 보일러 또는 선박 보일러에서 해수로부터 청수를 얻고자 할 때 주로 사용하는 급수처리법

㉢ 이온교환법 : 수지의 성분과 Na형의 양이온이 결합하여 경도성분을 제거하여 경수를 연화시키는 방법
- 양이온 교환수지는 소금 또는 염화수소, 황산 등으로 재생
- 음이온 교환수지는 수산화나트륨(가성소다), 염화나트륨(소금), 암모니아, 탄산나트륨 등으로 재생

㉣ 제오라이트(Zeolite)법 : 경수를 연화시키는 방법
- 경수(Ca, Mg 등)에 사용하면 제거효율이 좋다.
- 전 경도를 제거할 수 있다.
- 영구 경도 제거에 특히 효과가 좋다.
- 넓은 장소를 차지하지 않고 침전물이 생기지 않는다.

② 고형협잡물 처리법(기계적 방법)

㉠ 침강법 : 비중이 큰 협잡물을 자연 침강시켜 처리하는 방법

㉡ 여과법 : 부유물, 유지분 등을 필터로 걸러내는 방법

㉢ 응집법 : 황산알루미늄, 폴리염화 알루미늄 등의 응집제를 사용하여 콜로이드 상태의 미세입자로 된 협잡물을 제거하는 방법

③ 용존가스 처리법
  ㉠ 기폭법 : 기폭기로 이산화탄소(CO_2)가스, 암모니아(NH_3)가스 등을 제거(철, 망간 등의 이물질도 제거 가능)
  ㉡ 탈기법 : 탈기기로 산소(O_2)가스, 이산화탄소(CO_2)가스 등을 제거(진공탈기법, 가열탈기법)
  ㉢ 보일러 급수의 탈기방법 중 물리적 방법 : 물을 진공 용기 중에 작은 방울로 떨어뜨려 기체분압이 낮아져 탈기한다.

핵심예제

보일러수에 녹아 있는 기체를 제거하는 탈기기가 제거하는 대표적인 용존가스는?

[2012년 제4회, 2015년 제2회, 2021년 제4회, 2023년 제2회]

① O_2
② N_2
③ H_2O
④ SO_2

|해설|

탈기법 : 탈기기로 산소(O_2)가스, 이산화탄소(CO_2)가스 등을 제거(진공탈기법, 가열탈기법)

정답 ①

핵심이론 02 보일러 내처리법(2차 처리법)

① 소량의 청관제(내처리제)를 급수에 공급하여 급수 중에 포함된 유해성분을 보일러 내에서 화학적 방법으로 처리하는 방법

② 보일러 청관제 선택 시 주의사항
  ㉠ 수질을 분석한다.
  ㉡ 스케일 성분을 조사한다.
  ㉢ 슬러지 생성을 관찰한다.
  ㉣ 청관제의 주요성분을 파악한다.
  ㉤ 보일러수에 청관제를 소량 공급하여 pH 변화를 측정한다.

③ 보일러 청관제의 종류
  ㉠ pH 조정제 : pH를 조절하여 부식, 스케일 등을 방지한다.
    • pH 높임 : 수산화나트륨(가성소다), 탄산나트륨(탄산소다), 암모니아
    • pH 낮춤 : 황산, 인산, 인산나트륨
    • 탄산나트륨 : 고압 보일러에 사용 불가(수온이 상승하면 가수분해되어 이산화탄소와 산화나트륨이 생성되어 부식 촉진)
  ㉡ 연화제 : 인산소다, 수산화나트륨
  ㉢ 용존산소를 제거할 목적으로 사용하는 탈산소제 : 하이드라진, 아황산나트륨(아황산소다), 타닌
    • 하이드라진 : 용존가스와 반응하여 질소와 물이 생성되며 용해고형물 농도가 상승하지 않아 고압 보일러에 주로 사용되는 탈산소제
    • 아황산소다 : 주로 저압 보일러에 사용한다.
    • 타닌 : 슬러지를 조정하며 환원작용이 약하고 보일러수를 착색시키는 문제가 있지만 부식성 인자 생성이 없고 독성이 낮아 식품공장 등 건강·위생 안전관리가 중요한 분야에 적용된다.
  ㉣ 가성취하방지제 : 인산나트륨, 타닌, 리그린, 질산나트륨(pH 12 이상에서 발생되는 알칼리성 부식 방지)

ⓜ 포밍방지제 : 고급 지방산 에스테르, 폴리아마이드, 고급 지방산 알코올, 프탈산 아마이드 등
ⓗ 보일러에 사용되는 중화방청제 : 암모니아, 하이드라진, 탄산나트륨

핵심예제

보일러 급수처리 중 사용목적에 따른 청관제의 연결로 틀린 것은?
[2016년 제4회]

① pH 조정제 : 암모니아
② 연화제 : 인산소다
③ 탈산소제 : 하이드라진
④ 가성취하방지제 : 아황산소다

|해설|

가성취하방지제는 인산나트륨, 타닌, 리그린, 질산나트륨 등이며 아황산소다는 탈산소제이다.

정답 ④

핵심이론 03 보일러수의 분출

① 보일러수의 분출목적
　㉠ 물의 순환을 촉진한다.
　㉡ 가성취화를 방지한다.
　㉢ 프라이밍 및 포밍을 방지한다.
　㉣ 관수의 pH를 조절한다.
　㉤ 불순물의 농도를 한계치 이하로 하여 부식 발생을 방지한다.
　㉥ 슬러지를 배출시켜 스케일 생성을 방지한다.

② 보일러수의 분출시기
　㉠ 보일러의 가동 전 관수가 정지되었을 때
　㉡ 연속 운전일 경우 부하가 낮아졌을 때
　㉢ 수위가 지나치게 높아졌을 때
　㉣ 프라이밍 및 포밍이 발생할 때

③ 분출량

$$B_D = \frac{W(1-R)d}{r-d}$$

(여기서, W : 시간당 급수량, R : 응축수 회수율, d : 급수 중의 불순물 농도, r : 관수 중의 불순물 농도)

핵심예제

보일러수의 분출목적이 아닌 것은?
[2009년 제4회, 2013년 제4회, 2017년 제2회]

① 물의 순환을 촉진한다.
② 가성취화를 방지한다.
③ 프라이밍 및 포밍을 촉진한다.
④ 관수의 pH를 조절한다.

|해설|

보일러수를 분출하면 프라이밍 및 포밍을 방지한다.

정답 ③

제5절 | 열설비의 안전설계 및 관리

핵심이론 01 보일러 안전설계

① 압력용기의 안전설계와 설치
  ㉠ 압력용기는 1개소 이상 접지되어야 한다.
  ㉡ 압력용기의 화상 위험이 있는 고온 배관은 보온되어야 한다.
  ㉢ 압력용기의 기초는 약하여 내려앉거나 갈라짐이 없어야 한다.
  ㉣ 압력용기의 본체는 바닥에서 10[cm] 이상 높이에 설치되어야 한다.
  ㉤ 압력용기를 옥내에 설치하는 경우 유독성 물질을 취급하는 압력용기는 2개 이상의 출입구 및 환기장치가 되어 있어야 한다.
  ㉥ 압력용기를 옥내에 설치하는 경우 압력용기의 본체와 벽과의 거리는 0.3[m] 이상이어야 한다.

② 압력방출장치(안전밸브) : 증기압력이 규정 이상으로 될 때 자동적으로 열리게 하여 일정압력을 유지하여 최고 사용압력 초과로 인한 파열을 방지하기 위한 밸브
  ㉠ 분출압력 조정형식 : 중추식, 지렛대식, 스프링식
  ㉡ 안전밸브는 보일러 동체에 직접 부착시켜야 한다.
  ㉢ 안전밸브의 방출판은 단독으로 설치하여야 한다.
  ㉣ 증기 보일러는 2개 이상의 안전밸브를 설치해야 한다.
  ㉤ 전열면적 50[m^2] 이하의 증기 보일러에는 1개 이상의 안전밸브를 설치한다.
  ㉥ 안전밸브 및 압력방출장치의 크기는 호칭지름 25[mm] 이상으로 하여야 한다.
  ㉦ 안전밸브와 안전밸브가 부착된 동체 사이에는 어떠한 차단밸브도 설치하지 않아야 한다.
  ㉧ 온수 보일러의 안전밸브
    • 온수온도가 120[℃] 초과 시 안전밸브를 설치하여야 한다.
    • 안전밸브는 보일러 상부에 설치해야 한다.
    • 안전밸브는 보일러 내부의 관에 연결하여서는 안 된다.
    • 안전밸브는 중심선을 수직으로 하여 설치해야 한다.
    • 안전밸브 연결 시에 나사로 된 연결관을 사용한다.
  ㉨ 안전밸브의 작동시험
    • 안전밸브의 분출압력은 1개일 경우 최고 사용압력 이하이어야 한다.
    • 과열기의 안전밸브 분출압력은 증발부 안전밸브의 분출압력 이하이어야 한다.
    • 재열기 및 독립과열기의 안전밸브가 하나인 경우 최고 사용압력 이하이어야 한다.

③ 다이어프램(Diaphram)밸브
  ㉠ 유체의 흐름을 주는 저항이 작다.
  ㉡ 기밀할 때 패킹이 불필요하다.
  ㉢ 화학약품을 차단하여 금속 부분의 부식을 방지한다.

④ 감압밸브
  ㉠ 감압밸브는 부하설비에 가깝게 설치한다.
  ㉡ 감압밸브는 반드시 스트레이너를 설치한다.
  ㉢ 감압밸브 1차측에는 편심 리듀서를 설치해야 한다.
  ㉣ 감압밸브 앞에서는 기수분리기 또는 스팀트랩에 의해 응축수가 제거되어야 한다.

⑤ 압력제한 스위치(압력차단 스위치 또는 압력제한장치) : 상용압력 이상으로 압력이 상승할 경우 보일러의 파열을 방지하기 위해 버너연소를 차단하여 열원을 제거시켜 정상압력을 유지시키는 장치
  ㉠ 수동식 : 버너작동 완전 정지
  ㉡ 자동식 : 일시 정지 후 압력강하 시 재기동 작동

⑥ 고저수위조절장치 : 보일러 동 내 수위를 적당한 범위 내에서 유지시키며, 이상 시 경보를 울리는 장치

⑦ 저수위차단장치
  ㉠ 기계식(부력) : 기계적 감시에 의한 전원차단장치 (맥도널 스위치 사용)

ⓛ 전자식 : 전기적 감지장치로 전자회로의 전원을 차단하는 장치(플로트리스 액면 스위치 사용)
⑧ **압력계** : 보일러의 압력을 지시하며, 압력계 사이에 U자형 사이펀 관을 장착하여 고온증기를 냉각하여 압력 지시 오류를 막는다.
⑨ **(자동)경보장치** : 운전조건이 미리 설정된 범위를 일탈한 경우에 계기류의 검출단에서 직접 신호를 받아 부저를 울리는 등 경보장치를 작동시켜 정상적인 운전조건을 유지시킨다(저수위경보기, 고수위경보기 등).
⑩ **과열방지 스위치** : 설정온도(최고 사용압력하의 포화온도+약 10[℃])에서 전원을 차단하여 모든 컨트롤 기능을 정지시킨다.
  ㉠ 퓨즈식 : 설정온도에 의한 퓨즈 단락으로 전원 차단(재사용 불가)
  ㉡ 전자식 : 설정온도에 의한 리밋 스위치의 작동으로 전원 차단(정상 시 원상 복귀시켜 계속 사용 가능)
⑪ **연소제어장치** : 이상 발생 시 연료 공급밸브의 잠김과 동시에 버너기능을 차단하는 연소안전장치
  ㉠ 착화 또는 연소 중 이상 발생 시 버너 기능 차단
  ㉡ 기동 전 안전장치 : 기동 전 연소실 내에 이상 화염이 잔류할 경우 기동 중지
  ㉢ 연료 분사 후 착화가 이루어지지 않는 경우 : 오일용 7.7초 이내, 가스버너의 제1안전 시간 2.0초 이내(파일럿), 가스버너의 제2안전 시간 4.0초 이내(주버너)에 각각 버너기능 차단
  ㉣ 착화 후 연료 중단 등으로 실화될 경우 : 오일용 4.0초 이내, 가스용 1.0초 이내 버너기능 차단
  ㉤ 과잉공기량 조절 시 최소로 조절해야 할 대상 : $L_s + L_i$
  (여기서, L_s : 배기가스에 의한 열손실량, L_i : 불완전연소에 의한 열손실량)
  ㉥ 연소부하의 감소 시 조치사항 : 연소실의 구조 개량, 노상면적 축소, 연소방식 개조
  ㉦ 비례식 자동제어를 할 때에 보일러 효율이 높아지는 가장 큰 이유는 연료량과 공기량이 일정한 비율로 자동제어되기 때문이다.
⑫ **연료차단장치** : 가스버너에 적용하는 연료공급안전장치
  ㉠ 가스압력 부족 시 안전 차단(가스압 하한 스위치) : 설정된 압력 이하로 가스가 공급되거나, 공급이 중단되었을 경우 버너기능을 1초 이내에 차단시킨다.
  ㉡ 가스 공급압력 초과 시 안전 차단(가스압 상한 스위치) : 설정된 압력 이상으로 가스가 공급되거나 노 내압 이상 상승 시 버너기능을 1초 이내에 차단시킨다.
⑬ **가스누설 안전장치** : 메인밸브의 내부 누설로 인한 가스가 노 내에 유입되지 않게 하는 누설가스 유입 방지 안전장치
  ㉠ 보일러 정지 상태에서 가스 누설 시 전후 압력차에 의한 정지신호로 버너 작동을 정지시킨다.
  ㉡ 실내에 설치되는 기기로 외부 가스누설검출기와는 작동 방식이 다르다.
  ㉢ 보일러에서는 외부 누설 검출기 미적용
⑭ **미연소가스배출 안전장치** : 노 내에 잔류한 미연소가스를 배출시키는 안전장치
  ㉠ 30초 이상 프리퍼지한 후에 착화 기능 작동
  ㉡ 풍압 스위치에 의한 풍압 확인 기능(압입송풍기능)
  ㉢ 댐퍼모터 개폐 작동에 의한 퍼지 확인
  ㉣ 기능 이상 발생 시 착화기능 중단
⑮ **화염검출장치**
  ㉠ 화염검출방식 : 화염의 열을 이용하는 방법, 화염의 빛을 이용하는 방법, 화염의 전기전도성을 이용하는 방법 등이 있다.
  ㉡ 화염검출기의 종류
   • 플레임 아이 : 주로 오일용으로 사용한다.
   • 플레임 로드 : 화염의 이온화를 이용한 것으로 주로 가스 점화버너에 사용한다.

- 스택 스위치 : 주로 저용량 보일러에 사용한다.
- CdS 광전도 셀 : 주로 오일용으로 사용한다.

ⓒ 불꽃이온화식 검출기
- 시료를 파괴한다.
- 감도가 높다.
- 선형감응범위가 넓다.
- 잡음이 적다.

ⓔ 자동연소장치의 광전관 화염검출기가 정상적으로 작동하는지를 간단히 점검할 수 있는 가장 좋은 방법은 화염검출기 앞을 가려보는 것이다. 이때 만일 점화가 불량해진다면 화염검출기는 정상이다.

⑯ 기타 : 방폭문, 스팀트랩 등
⑰ 그 밖의 안전설계 관련 사항
  ㉠ 입형 횡관 보일러의 안전저수위 : 화실 천장판에서 상부 75[mm] 지점
  ㉡ 용량 1[t/h] 이상의 증기 보일러에는 수질관리를 위한 급수처리, 스케일 부착 방지나 제거 등을 위한 시설을 하여야 한다.
  ㉢ 강제 순환 : 보일러의 압력이 상승하면 포화수와 포화증기의 비중량의 차가 점점 줄어들어 자연순환이 순조롭지 않기 때문에 보일러 내에서 물을 강제 순환시킨다.
  ㉣ 점화장치의 프리퍼지 : 연소 시 점화 전에 연소실 가스를 몰아내는 환기

핵심예제

1-1. 화염검출방식으로 가장 거리가 먼 것은? [2016년 제2회]
① 화염의 열을 이용하는 방법
② 화염의 빛을 이용하는 방법
③ 화염의 전기전도성을 이용하는 방법
④ 화염의 색을 이용하는 방법

1-2. 보일러에서 사용하는 안전밸브의 분출압력 조정형식이 아닌 것은? [2015년 제4회 유사, 2016년 제1회, 2021년 제4회]
① 중추식
② 탄성식
③ 지렛대식
④ 스프링식

|해설|

1-1
화염검출방식 : 화염의 열을 이용하는 방법, 화염의 빛을 이용하는 방법, 화염의 전기전도성을 이용하는 방법

1-2
안전밸브의 분출압력 조정형식 : 중추식, 지렛대식, 스프링식

정답 1-1 ④ 1-2 ②

핵심이론 02 보일러 관리

① 보일러의 청소
  ㉠ 보일러의 냉각은 연화적(벽돌)이 있는 경우에는 24시간 이상 소요되어야 한다.
  ㉡ 보일러는 적어도 40[℃] 이하까지 냉각한다.
  ㉢ 부득이하게 빨리 냉각시키고자 할 경우 찬물을 보내면서 취출하는 방법에 의해 압력을 저하시킨다.
  ㉣ 압력이 남아 있지 않은 상태(0)에서 취출밸브를 열어서 보일러물을 완전히 배출한다.

② 보일러의 내부 청소 목적
  ㉠ 스케일 슬러지에 의한 보일러 효율 저하 방지
  ㉡ 수면계 노즐 막힘에 의한 장해 방지
  ㉢ 보일러수 순환 저해 방지

③ 보일러의 일상점검 : 급수배관 점검, 압력계 상태 점검, 자동제어장치 점검 등

④ 보일러의 보존방법
  ㉠ (석회밀폐) 건조보존법
    • 보존기간이 6개월 이상인 장기보존의 경우 적용한다.
    • 1년 이상 보존할 경우 방청도료를 도포한다.
    • 약품의 상태는 1~2주마다 점검하여야 한다.
    • 동 내부의 산소 제거는 숯불 등을 이용한다.
  ㉡ 만수보존법
    • 보존기간이 6개월 미만(2~3개월)인 단기 보존의 경우 적용한다.
    • 밀폐보존방식이다.
    • 겨울철 동결에 주의하여야 한다.
    • 보일러수는 pH가 7.5~8.2 정도로 유지되도록 한다.
    • 약품 첨가, 방청도료, 생석회 건조제 등을 사용한다.
  ㉢ 기타 보존방법 : 질소보존법, 특수보존법

⑤ 보일러의 효율 향상을 위한 운전방법
  ㉠ 가능한 한 정격부하로 가동되도록 조업을 계획한다.
  ㉡ 여러 가지 부하에 대해 열정산을 행하여 그로 인해 얻은 결과를 통해 연소를 관리한다.
  ㉢ 전열면의 오손, 스케일 등을 제거하여 전열효율을 향상시킨다.
  ㉣ 보일러에 대하여 부하변동이 크지 않도록 주의하여 운전한다.
  ㉤ 적절한 연소용 공기량을 확보한다.
  ㉥ 운전 중의 보일러와 정지 중의 보일러는 배관과 연도를 함께 분리한다.
  ㉦ 보일러의 블로(Blow)는 최소한으로 하고, 가능한 한 연속 블로는 하지 않도록 한다.

핵심예제

다음 보기에서 설명하는 보일러 보존방법은?
[2011년 제4회, 2016년 제1회]

┌ 보기 ┐
• 보존기간이 6개월 이상인 경우 적용한다.
• 1년 이상 보존할 경우 방청도료를 도포한다.
• 약품의 상태는 1~2주마다 점검하여야 한다.
• 동 내부의 산소 제거는 숯불 등을 이용한다.

① 건조보존법   ② 만수보존법
③ 질소보존법   ④ 특수보존법

|해설|

건조보존법
• 보존기간이 6개월 이상인 장기보존의 경우 적용한다.
• 1년 이상 보존할 경우 방청도료를 도포한다.
• 약품의 상태는 1~2주마다 점검하여야 한다.
• 동 내부의 산소 제거는 숯불 등을 이용한다.

만수보존법
• 보존기간이 6개월 미만(2~3개월)인 단기보존의 경우 적용한다.
• 약품 첨가, 방청도료, 생석회 건조제 등을 사용한다.

정답 ①

핵심이론 03 보일러의 이상현상과 트러블

① 프라이밍과 포밍
  ㉠ 프라이밍(Priming, 비수현상) : 보일러 부하의 급변으로 인하여 동 수면에서 작은 입자의 물방울이 증기와 혼입하여 튀어오르는 현상이다.
  ㉡ 포밍(Foaming, 물거품솟음현상) : 보일러 동 저부에서 부유물, 보일러수의 농축, 용해된 고형물 등이 수면 위로 떠오르면서 수면이 물거품으로 뒤덮이는 현상이다.
  ㉢ 프라이밍과 포밍의 발생원인
    • 증기부하가 클 때
    • 증발수면이 좁을 때
    • 보일러수에 불순물, 유지분이 포함되어 있을 때
    • 수면과 증기취출구와의 거리가 가까울 때
    • 주증기밸브(수증기밸브)를 급히 열었을 때
    • 보일러를 고수위로 운전할 때
  ㉣ 프라이밍과 포밍 발생 시 조치사항
    • 먼저 연소를 억제한다.
    • 연소량을 줄인다(가볍게 한다).
    • 증기취출을 서서히 한다.
    • 수위가 출렁거리면 조용히 취출을 한다.
    • 보일러수를 조사한다.
    • 저압운전을 하지 않는다.
    • 압력을 규정압력으로 유지한다.
    • 보일러수의 일부를 분출하고 새로운 물을 넣는다.
    • 안전밸브, 수면계의 시험과 압력계 연락관을 취출하여 본다.
  ㉤ 프라이밍과 포밍의 발생 방지대책
    • 증기부하를 감소시킨다.
    • 주증기밸브를 차단시킨다.
    • 증발수면을 넓게 한다.
    • 보일러수를 농축시키지 않는다.
    • 보일러수 중의 불순물을 제거한다.
    • 과부하가 되지 않도록 한다.

② 캐리오버(Carry Over, 기수공발) : 보일러수 중에 용해 또는 현탁되어 있던 불순물로 인해 보일러수가 비등해 증기와 함께 혼합된 상태로 보일러 본체 밖으로 나오는 현상이다.
  ㉠ 발생원인
    • 프라이밍 또는 포밍이 발생할 때(외부 반출)
    • 보일러수가 농축되었을 때
    • 밸브를 급히 개방했을 때
    • 인산나트륨이 많을 때
    • 증발수의 면적이 좁을 때
    • 증기밸브를 급히 개방했을 때
    • 보일러 내의 수면이 비정상적으로 높을 때
  ㉡ 방지대책
    • 주증기밸브를 서서히 연다.
    • 관수의 농축을 방지한다.
    • 과부하를 피한다.
    • 보일러 수위를 너무 높게 하지 않는다.
    • 유지분이나 불순물이 많은 물을 사용하지 않는다.
    • 무리한 연소를 하지 않는다.
    • 심한 부하변동 발생요인을 제거한다.
    • 기수분리기(스팀 세퍼레이터)를 이용한다.

③ 압궤·팽출·래미네이션·블리스터
  ㉠ 압궤(Collapse) : 보일러의 노통이나 화실과 같은 원통 부분이 외측으로부터의 압력에 견딜 수 없게 되어 눌려 찢어지는 현상으로 노통 상부, 화실 천장, 연관 등에서 발생된다.
  ㉡ 팽출 : 내압을 받아 밖으로 부푸는 현상으로 수관에서 발생된다.
  ㉢ 래미네이션 : 강판 강관이 기포에 의해 내부에서 2장 이상으로 분리되는 현상이다.
  ㉣ 블리스터 : 래미네이션 발생 후 부분적으로 팽출하는 현상이다.

④ 보일러 플랜트에 발생하는 부식 : 일반 부식, 점식(Pitting), 알칼리 부식

⑤ 피팅(Pitting 점식 또는 공식) : 물속의 용존산소에 의한 부식
   ㉠ 진행속도가 빠르다.
   ㉡ 흔히 스테인리스강에서 발생된다.
   ㉢ 양극반응의 독특한 형태이다.
   ㉣ 재료 표면의 성분이 고르지 못한 곳에 발생하기 쉽다.
   ㉤ 공식을 방지하는 가장 좋은 방법은 재료 선택을 잘하는 것이다.

⑥ 핵비등(Nucleate Boiling) : 전열면에 비등기포가 생겨 열유속이 급격하게 증대하며 가열면상에 서로 다른 기포의 발생이 나타나는 비등과정이다.

⑦ 보일러 연소 시 그을음
   ㉠ 발생원인 : 통풍력 부족, 연소실의 낮은 온도, 연소장치 불량, 연소실 면적 협소
   ㉡ 대책 : 적절한 통풍력, 연소실 온도 상승, 연소장치 불량 부위 수리, 연소실 면적 증가

⑧ 스케일이 보일러 전열면(내면, 관 벽 등)에 부착되어 발생되는 현상
   ㉠ 열전달률이 매우 작아 열전달 방해
   ㉡ 전열면의 열전달률 저하에 따른 증발량 감소
   ㉢ 물의 순환속도 저하
   ㉣ 보일러의 파열 및 변형

⑨ 보일러 가동 시 환경오염의 문제가 되는 매연 발생의 원인 : 협소한 연소실 면적, 낮은 연소실 온도, 무리한 연소, 통풍력의 부족 또는 과대

⑩ 보일러 역화(Back Firing)의 원인 : 연료의 불완전연소 및 미연소, 통풍이 불량할 때(흡입통풍 부족), 기름이 과열되었을 때, 기름에 수분·공기 등이 혼입되었을 때, 연료밸브를 급하게 열 때, 점화 착화지연

⑪ 연소실 내의 통풍력이 과대할 때의 현상
   ㉠ 과잉공기량이 많아진다.
   ㉡ 완전연소가 가능하다.
   ㉢ 배기가스에 의한 열손실이 커진다.
   ㉣ 연소실 내부의 온도가 떨어진다.

⑫ 전열면 오손
   ㉠ 전열면 오손이 미치는 영향 : 전열량 감소, 열설비 손상 초래
   ㉡ 전열면 오손 방지대책
   • 황분이 적은 연료를 사용하여 저온 부식을 방지한다.
   • 첨가제를 사용하여 배기가스의 노점을 낮추어 저온 부식을 방지한다.
   • 과잉공기를 적게 하여 저공기비 연소를 시킨다.
   • 내식성이 강한 재료를 사용한다.

⑬ 물 사용 설비에서의 부식 초래 인자 : 용존산소, 용존 탄산가스, pH 등

⑭ 연소실 부착물
   ㉠ 석탄 보일러에서 회분의 부착 손상이 가장 심한 곳은 과열기와 재열기이다.
   ㉡ 버드네스트(Birdnest) : 석탄연소 시 석탄재의 용융이 낮거나 화구출구의 연소가스온도가 높을 때 재가 용융상태 그대로 과열기나 재열기의 전열면에 새둥지 모양처럼 부착 및 성장한 물질
   ㉢ 클링커(Klinker) : 재가 용융되어 만들어진 덩어리
   ㉣ 신더(Cinder) : 석탄 등이 타고 남은 재

⑮ 저온 부식
   ㉠ 저온 부식 : 황산화물에 의해 폐열장치 등에서 일어나는 부식
   ㉡ 저온 부식 방지방법
   • 과잉공기를 적게 하여 배기가스 중의 산소를 감소시키고 배기가스온도를 올린다.
   • 연소 배기가스의 온도가 너무 낮지 않게 한다.
   • 절탄기(이코노마이저), 공기예열기의 배기가스 온도를 황의 노점온도 이상으로 유지한다.

- 연료첨가제(수산화마그네슘)를 사용하여 황의 노점온도를 낮춘다.
- 연료 중의 황성분을 제거한다.
- 유황분을 제거하기 위한 연료 전처리를 실시한다.
- 저유황 중유를 사용한다.
- 절연면에 내식재료를 사용하거나 전열면을 내식재료로 피복(보호피막처리)한다.

⑯ 고온 부식
  ㉠ 고온 부식 : 바나듐산화물에 의해 전열면 등에서 일어나는 부식
  - 연소 시 고온 부식의 주원인이 되는 연료성분은 바나듐이다. 연료에 함유된 바나듐이 500[℃] 이상에서 산소와 화합하여 생성된 바나듐 산화물인 오산화바나듐(V_2O_5)이 고온부 과열기, 재열기의 전열면에서 용융되어 고온 부식이 발생된다.
  - 회(灰)의 부착으로 인하여 고온 부식이 잘 생기는 곳은 과열기이다.
  - 연료 중 황분의 산화에 의해서 일어난다.
  - 연료의 연소 후 생기는 수분이 응축해서 일어난다.
  - 연료 중 수소의 산화에 의해서 일어난다.

  ㉡ 고온 부식 방지대책
  - 연료에 첨가제를 사용하여 바나듐의 융점을 높인다.
  - 연료를 전처리하여 바나듐, 나트륨, 황분을 제거한다.
  - 연소가스를 550[℃] 이하의 낮은 온도로 유지한다.
  - 절연면에 내식재료를 사용하거나 전열면을 내식재료로 피복(보호피막처리)한다.

⑰ 용존 고형물이 증가하면 전기전도도는 커진다.

⑱ 보일러 사용 중 이상 감수의 원인
  ㉠ 급수밸브가 누설될 때
  ㉡ 수면계의 연락관이 막혀 수위를 모를 때
  ㉢ 방출콕 또는 밸브가 누설될 때

핵심예제

3-1. 보일러의 노통이나 화실과 같은 원통 부분이 외측으로부터의 압력에 견딜 수 없게 되어 눌려 찢어지는 현상을 무엇이라 하는가? [2009년 제4회, 2014년 제1회, 2017년 제2회]

① 블리스터　　　　② 압궤
③ 응력 부식 균열　　④ 래미네이션

3-2. 다음 중 프라이밍(Priming)과 포밍(Foaming)의 발생원인이 아닌 것은? [2010년 제1회, 2010년 제2회 유사, 2015년 제1회]

① 증기부하가 작을 때
② 보일러수에 불순물, 유지분이 포함되어 있을 때
③ 수면과 증기취출구와의 거리가 가까울 때
④ 수증기밸브를 급히 열었을 때

|해설|

3-1
압궤(Collapse) : 보일러의 노통이나 화실과 같은 원통 부분이 외측으로부터의 압력에 견딜 수 없게 되어 눌려 찢어지는 현상

3-2
증기부하가 클 때 프라이밍과 포밍이 발생한다.

정답 3-1 ②　3-2 ①

핵심이론 04 보일러의 안전관리

① 보일러 안전사고의 종류(주요 위험요인)와 원인
  ㉠ 균열, 파열 : 이상압력 상승, 버너 노즐의 막힘으로 인한 국부 가열, 압궤(Collapse), 전열면의 팽출(Bulge)
  ㉡ 폭발 : 자동급수장치 고장으로 인한 저수위 급수, 착화 불량에 따른 연소실 역화(Back Fire), 그 외의 이상연소

② 보일러 가스폭발 방지에 관한 작업 시 준수사항
  ㉠ 점화 전 또는 보일러에 따라 정지 시에도 노 내 및 연도 내의 충분한 환기
  ㉡ 매연(그을음) 퇴적에 주의하여 퇴적한 매연에 의한 착화 방지
  ㉢ 버너의 청소를 주기적으로 실시
  ㉣ 연소 안전장치는 그 기능을 잃은 채로 보일러 운전 강행 금지
  ㉤ 화염검출기로 화염의 유무를 검출하고, 검출부의 오손·소손 등의 유무 및 검출기능 점검
  ㉥ 연료차단밸브는 정기적으로 그 기능, 누설 및 이물질의 유무를 점검하고, 청소 실시

③ 보일러 사용 중 이상 감수(저수위 사고)의 원인
  ㉠ 급수펌프가 고장이 났을 때
  ㉡ 급수 내관이 스케일로 막혔을 때
  ㉢ 수위검출기에 이상이 있을 때
  ㉣ 수면계의 연락관이 막혀 수위를 모를 때
  ㉤ 분출장치, 급수밸브, 방출콕 또는 밸브, 보일러 연결부 등에서 누설될 때
  ㉥ 급수밸브 및 체크밸브가 고장이 나서 보일러수가 급수탱크로 역류할 때
  ㉦ 수면계의 유리가 오손되어 수위를 오인할 때
  ㉧ 수면계 막힘·고장, 밸브 개폐 오류에 의해 수위를 오판할 때
  ㉨ 자동급수제어장치가 고장 나거나 작동이 불량할 때
  ㉩ 증기 토출량이 지나치게 과대할 때
  ㉪ 펌프 용량이 증발능력에 비해 과소한 것을 설치했을 때
  ㉫ 갑자기 정전사고가 발생했을 때
  ㉬ 보일러 운전 중 안전관리자가 자리를 이탈했을 때 등

④ 보일러 저수위 사고방지에 관한 작업 시 확인사항
  ㉠ 가동 전 확인사항
    • 급수탱크의 수위
    • 분출장치의 폐지 상태
    • 급수배관밸브의 개폐
    • 수면 측정장치 각 연락배관의 밸브 또는 콕의 상태
    • 보일러의 수위
  ㉡ 가동 중 확인사항
    • 수면 측정장치의 기능
    • 연료차단밸브, 연료리턴밸브의 기능
    • 수위검출기의 증기와 물쪽 연락관 및 배수관에 설치되어 있는 밸브 또는 콕의 상태
    • 분출장치에서의 누설 유무

⑤ 보일러의 과열 방지대책
  ㉠ 고열 부분에 스케일 슬러지를 부착시키지 말 것
  ㉡ 보일러수를 농축하지 말 것
  ㉢ 보일러수의 순환을 좋게 할 것

⑥ 보일러의 안전수칙
  ㉠ 작업 전 안전수칙
    • 점화 전 충분히 환기시킨다.
    • 급수탱크의 수위가 정상 상태인지 수시로 확인한다.
    • 점화에 실패한 경우 계속해서 연료를 공급하지 말고 환기 후 다시 점화한다.

- 기기를 기동시킬 때 주위를 정돈하고, 불필요한 물건을 제거한 후 조작한다.
- 보일러 소음으로 인한 청력 손실 예방을 위한 귀마개·귀덮개를 착용한다.
- 노 내의 점검 시에는 입회인을 꼭 대기시킨 후 작업을 실시한다.

ⓒ 작업 중 안전수칙
- 보일러 내에서 증발이 시작되면 소정압력에 달할 때까지 보일러의 압력, 수위의 움직임 및 연소 상태를 감시한다.
- 일정압력으로 상승 후 수면 측정장치의 기능, 수위검출기의 작동상황, 연료차단밸브의 기능 등을 점검 후 송기를 시작한다.
- 운전 중 다른 사정으로 수위 확인이 불가능할 경우 일단 보일러 운전을 정지한 후, 원인을 파악한다.
- 수위검출기나 조절기를 너무 믿지 말고 수면계를 수시로 확인한다.

ⓒ 버너의 점화 시 주의사항
- 점화 전 아궁이문, 연도댐퍼를 전개하여 노 내, 연도 등에 체류된 가연가스를 몰아낸다.
- 점화 시 공기와 연료를 분무한 후 불씨를 밀어 넣는다.
- 점화 직후 점화봉을 꺼낸 다음 연소량 및 공기량을 조절하여 충분히 연소되는지를 확인한다.
- 점화 직후 노 내가 차가워서 불이 꺼지는 경우가 있으므로 소화되면 가연가스를 완전히 몰아낸 후 재점화한다.

핵심예제

보일러 안전사고의 종류로서 가장 거리가 먼 것은?
[2009년 제4회, 2011년 제2회, 2014년 제4회]

① 노통, 수관, 연관 등의 파열 및 균열
② 보일러 내의 스케일 부착
③ 동체, 노통, 화실의 압궤(Collapse) 및 수관, 연관 등 전열면의 팽출(Bulge)
④ 연도나 노 내의 가스폭발, 역화 및 그 외의 이상연소

|해설|

보일러 내의 스케일 부착은 전열 방해를 일으켜서 과열의 원인이 된다.

정답 ②

Win-Q 에너지관리기사

PART 2

2015~2022년 과년도 기출문제
2023년   최근 기출복원문제

과년도 + 최근 기출복원문제

2015년 제1회 과년도 기출문제

제1과목 | 연소공학

01 석탄을 완전연소시키기 위하여 필요한 조건에 대한 설명 중 틀린 것은?

① 공기를 적당하게 보내 피연물과 잘 접촉시킨다.
② 연료를 착화온도 이하로 유지한다.
③ 통풍력을 좋게 한다.
④ 공기를 예열한다.

해설
석탄을 완전연소시키려면 연료를 착화온도 이상으로 유지해야 한다.

02 다음 중 연소온도에 가장 많은 영향을 주는 것은?

① 외기온도
② 공기비
③ 공급되는 연료의 현열
④ 열매체의 온도

해설
연소온도에 가장 많은 영향을 주는 것은 공기비이다.

03 고체연료의 전황분 측정방법에 해당되는 것은?

① 에슈카법
② 셰필드 고온법
③ 중량법
④ 리비히법

해설
에슈카법은 고체연료의 전황분 측정방법이다.

04 1차, 2차 연소 중 2차 연소란 어떤 것을 말하는가?

① 공기보다 먼저 연료를 공급했을 경우 1차, 2차 반응에 의해서 연소하는 것
② 불완전연소에 의해 발생하는 미연가스가 연도 내에서 다시 연소하는 것
③ 완전연소에 의한 연소가스가 2차 공기에 의해서 폭발되는 것
④ 점화할 때 착화가 늦었을 경우 재점화에 의해서 연소하는 것

해설
1차 연소와 2차 연소
- 1차 연소 : 화실 내에서의 연소
- 2차 연소 : 불완전연소에 의해 발생한 미연가스가 연도 내에서 다시 연소하는 것

05 연소가스 중의 질소산화물 생성을 억제하기 위한 방법으로 틀린 것은?

① 2단 연소
② 고온연소
③ 농담연소
④ 배기가스 재순환연소

해설
질소산화물 생성을 억제하기 위해서는 저온연소를 해야 한다.

정답 1 ② 2 ② 3 ① 4 ② 5 ②

06 프로판(Propane)가스 2kg을 완전연소시킬 때 필요한 이론공기량은?

① 약 6[Nm³/kg] ② 약 8[Nm³/kg]
③ 약 16[Nm³/kg] ④ 약 24[Nm³/kg]

해설
프로판가스의 연소방정식
$C_3H_8 + 5O_2 \rightarrow 3CO_2 + 4H_2O$
C_3H_8의 분자량은 $12 \times 3 + 1 \times 8 = 44$이므로, $1[kmol] = 44[kg]$이다.
C_3H_8 $2[kg]$에 대해 완전연소에 필요한 산소량은
$\left(\frac{2}{44}\right) \times 5[kmol] = \left(\frac{2}{44}\right) \times 5 \times 22.4[Nm^3] = 5.0909[Nm^3/kg]$
이다.
따라서, 이론공기량은
$A_0 = \frac{이론산소량}{0.21} = \frac{5.0909}{0.21} = 24.24[Nm^3/kg]$

07 기계분(機械焚) 연소에 대한 설명으로 틀린 것은?

① 설비비 및 운전비가 높다.
② 산포식 스토커는 호퍼, 회전익차, 스크루피더가 주요 구성요소이다.
③ 고정 화격자 연소의 경우 효율이 떨어진다.
④ 저질연료를 사용하여도 유효한 연소가 가능하다.

해설
고정 화격자 연소의 경우 효율이 좋다.

08 백필터(Bag-filter)에 대한 설명으로 틀린 것은?

① 여과면의 가스 유속은 미세한 더스트일수록 작게 한다.
② 더스트 부하가 클수록 집진율은 커진다.
③ 여포재에 더스트 일차 부착층이 형성되면 집진율은 낮아진다.
④ 백의 밑에서 가스백 내부로 송입하여 집진한다.

해설
여포재에 더스트 일차 부착층이 형성되면 집진율은 높아진다.

09 액체연료 중 고온건류하여 얻은 타르계 중유의 특징에 대한 설명으로 틀린 것은?

① 화염의 방사율이 크다.
② 황의 영향이 작다.
③ 슬러지를 발생시킨다.
④ 단위용적당의 발열량이 작다.

해설
단위용적당 발열량이 크다.

10 C(85[%]), H(15[%])의 조성을 가진 중유를 10[kg/h]의 비율로 연소시키는 가열로가 있다. 오르자트 분석 결과가 다음과 같았다면 연소 시 필요한 시간당 실제 공기량은?(단, CO_2 = 12.5[%], O_2 = 3.2[%], N_2 = 84.3[%]이다)

① 약 121[Nm³] ② 약 124[Nm³]
③ 약 135[Nm³] ④ 약 143[Nm³]

해설
$m = \frac{N_2}{N_2 - 3.76(O_2 - 0.5CO)}$
$= \frac{84.3}{84.3 - 3.76 \times 3.2} \approx 1.17$이며
$m = \frac{실제공기량}{이론공기량} = \frac{A}{A_0}$이므로,
$A = mA_0$
$= 10[kg] \times 1.17 \times \frac{1}{0.21} \times \left\{1.867C + 5.6\left(H - \frac{O}{8}\right) + 0.7S\right\}$
$= 10 \times 1.17 \times \frac{1}{0.21} \times (1.867 \times 0.85 + 5.6 \times 0.15)$
$\approx 135[Nm^3]$

정답 6 ④ 7 ③ 8 ③ 9 ④ 10 ③

11 미분탄연소의 일반적인 특징에 대한 설명으로 틀린 것은?

① 사용연료의 범위가 좁다.
② 소량의 과잉공기로 단시간에 완전연소가 되므로 연소화율이 높다.
③ 부하변동에 대한 적응성이 좋다.
④ 회(灰), 먼지 등이 많이 발생하여 집진장치가 필요하다.

해설
미분탄연소는 사용연료의 범위가 넓다.

14 메탄 1[Nm^3]를 이론산소량으로 완전연소시켰을 때 습연소가스의 부피는 몇 [Nm^3]인가?

① 1 ② 2
③ 3 ④ 4

해설
메탄의 연소방정식
$CH_4 + 2O_2 \rightarrow CO_2 + 2H_2O$
메탄이 1[Nm^3]이므로 습연소가스의 부피는 몰수비와 같으므로, $1 + 2 = 3$[Nm^3]이다.

12 연소 배기가스 중에 가장 많이 포함된 기체는?

① O_2 ② N_2
③ CO_2 ④ SO_2

해설
연소 배기가스에 가장 많이 포함된 기체는 질소(N_2)가스이다.

13 벙커 C유 연소 배기가스를 분석한 결과 CO_2의 함량이 12.5[%]였다. 이때 벙커 C유 500[L/h] 연소에 필요한 공기량은?(단, 벙커 C유 이론공기량은 10.5[Nm^3/kg], 비중 0.96, CO_{2max}는 15.5[%]로 한다)

① 약 105[Nm^3/min] ② 약 150[Nm^3/min]
③ 약 180[Nm^3/min] ④ 약 200[Nm^3/min]

해설
공기비$(m) = \dfrac{CO_{2max}}{CO_2} = \dfrac{15.5}{12.5} = 1.24$
연료소비량 $= 500[L/h] \times 0.96[kgf/L] = 480[kgf/h]$
$A = mA_0 = 480[kgf/h] \times 1.24 \times 10.5[Nm^3/kg]$
$\simeq 6,250[Nm^3/h] \simeq 104[Nm^3/min]$

15 착화열에 대한 설명으로 옳은 것은?

① 연료가 착화해서 발생하는 전 열량
② 외부로부터의 점화에 의하지 않고 스스로 연소하여 발생하는 열량
③ 연료 1[kg]이 착화하여 연소할 때 발생하는 총 열량
④ 연료를 최초의 온도부터 착화온도까지 가열하는 데 사용된 열량

해설
착화점과 착화열
• 착화점 : 외부로부터의 점화에 의하지 않고 스스로 연소하여 발생하는 열량
• 착화열 : 연료를 최초의 온도부터 착화온도까지 가열하는 데 사용된 열량

16 건조한 석탄층을 공기 중에 오래 방치할 때 일어나는 현상 중에서 틀린 것은?

① 공기 중 산소를 흡수하여 서서히 발열량이 감소한다.
② 점결탄의 경우 점결성이 감소한다.
③ 불순물이 증발하여 발열량이 증가한다.
④ 산소에 의하여 산화와 직사광선으로 열을 발생하여 자연발화할 수도 있다.

해설
건조한 석탄층을 공기 중에 오래 방치하면 휘발분이 감소하여 발열량이 저하된다.

17 연소 시 배기가스량을 구하는 식으로 옳은 것은?(단, G : 배기가스량, G_0 : 이론배기가스량, A_0 : 이론공기량, m : 공기비이다)

① $G = G_0 + (m-1)A_0$
② $G = G_0 + (m+1)A_0$
③ $G = G_0 - (m+1)A_0$
④ $G = G_0 + (1-m)A_0$

해설
연소 시 배기가스량
$G = G_0 + (m-1)A_0$
(여기서, G : 배기가스량, G_0 : 이론배기가스량, m : 공기비, A_0 : 이론공기량)

18 액체연료가 갖는 일반적인 특징이 아닌 것은?

① 연소온도가 높기 때문에 국부과열을 일으키기 쉽다.
② 발열량은 높지만 품질이 일정하지 않다.
③ 화재, 역화 등의 위험이 크다.
④ 연소할 때 소음이 발생한다.

해설
액체연료는 발열량이 높고 품질도 일정하다.

19 고체연료의 연소가스 관계식으로 옳은 것은?(단, G : 연소가스량, G_0 : 이론연소가스량, A : 실제공기량, A_0 : 이론공기량, a : 연소 생성 수증기량)

① $G_0 = A_0 + 1 - a$
② $G = G_0 - A + A_0$
③ $G = G_0 + A - A_0$
④ $G_0 = A_0 - 1 + a$

해설
고체연료의 연소가스 관계식
$G = G_0 + A - A_0$
(여기서, G : 연소가스량, G_0 : 이론연소가스량, A : 실제공기량, A_0 : 이론공기량)

20 연소실에서 연소된 연소가스의 자연통풍력을 증가시키는 방법으로 틀린 것은?

① 연돌의 높이를 높게 하면 증가한다.
② 배기가스의 비중량이 클수록 증가한다.
③ 배기가스 온도가 높아지면 증가한다.
④ 연도의 길이가 짧을수록 증가한다.

해설
배기가스의 비중량이 작을수록 자연통풍력은 증가한다.

제2과목 | 열역학

21 300[℃], 200[kPa]인 공기가 탱크에 밀폐되어 대기공기로 냉각되었다. 이 과정에서 탱크 내 공기 엔트로피의 변화량을 ΔS_1, 대기공기의 엔트로피의 변화량을 ΔS_2라고 할 때 엔트로피 증가의 원리를 옳게 나타낸 것은?

① $\Delta S_1 + \Delta S_2 \leq 0$
② $\Delta S_1 + \Delta S_2 < 0$
③ $\Delta S_1 + \Delta S_2 > 0$
④ $\Delta S_1 + \Delta S_2 = 0$

해설
자연계에서 엔트로피는 항상 증가하므로, $\Delta S_1 + \Delta S_2 > 0$ 성립한다.

22 교축(스로틀)과정에서 일정한 값을 유지하는 것은?

① 압력   ② 비체적
③ 엔탈피   ④ 엔트로피

해설
교축(스로틀)과정
- 이상기체의 교축과정 : 온도·엔탈피 일정, 압력 강하, 엔트로피 증가
- 실제 유체의 교축과정 : 엔탈피 일정, 압력·온도 강하, 엔트로피·비체적·속도 증가

23 포화액의 온도를 유지하면서 압력을 높이면 어떤 상태가 되는가?

① 습증기   ② 압축(과냉)액
③ 과열증기   ④ 포화액

해설
포화액의 온도를 유지하면서 압력을 높이면 압축(과냉)액이 된다.

24 열펌프(Heat Pump) 사이클에 대한 성능계수(COP)는 다음 중 어느 것을 입력일(Work Input)로 나누어 준 것인가?

① 저온부 압력   ② 고온부 온도
③ 고온부 방출열   ④ 저온부 부피

해설
열펌프의 성능계수
$$(COP)_H = \frac{\text{고온부 방출열량(응축부하)}}{\text{압축기소비일량}} = \frac{\text{고온부 방출열}}{\text{입력일}}$$

25 $H = H(T, P)$로부터 $dH = \left(\frac{\partial H}{\partial P}\right)_T dPZ + \left(\frac{\partial H}{\partial T}\right)_P dT$를 유도할 수 있다. 다음 중 옳은 것은?

① $\left(\frac{\partial H}{\partial T}\right)_P$는 P의 함수, $\left(\frac{\partial H}{\partial P}\right)_T$는 T의 함수이다.
② $\left(\frac{\partial H}{\partial P}\right)_T$는 P의 함수, $\left(\frac{\partial H}{\partial T}\right)_P$는 T의 함수이다.
③ $\left(\frac{\partial H}{\partial T}\right)_P, \left(\frac{\partial H}{\partial P}\right)_T$는 모두 T, P의 함수이다.
④ $\left(\frac{\partial H}{\partial T}\right)_P, \left(\frac{\partial H}{\partial P}\right)_T$ 둘 다 P만의 함수이다.

해설
$H = H(T, P)$로부터 $dH = \left(\frac{\partial H}{\partial P}\right)_T dP + \left(\frac{\partial H}{\partial T}\right)_P dT$를 유도할 수 있는데, $\left(\frac{\partial H}{\partial P}\right)_T, \left(\frac{\partial H}{\partial T}\right)_P$ 모두 T, P의 함수이다.

26 공기 표준 디젤 사이클에서 압축비가 17이고 단절비(Cut-off Ratio)가 3일 때의 열효율은 약 몇 [%]인가?(단, 공기의 비열비는 1.4이다)

① 52　　② 58
③ 63　　④ 67

해설
$$\eta_d = 1 - \left(\frac{1}{\varepsilon}\right)^{k-1} \times \frac{\sigma^k - 1}{k(\sigma - 1)}$$
$$= 1 - \left(\frac{1}{17}\right)^{1.4-1} \times \frac{3^{1.4} - 1}{1.4 \times (3-1)} \simeq 0.58 \simeq 58[\%]$$

27 용적 0.02[m³]의 실린더 속에 압력 1[MPa], 온도 25[℃]의 공기가 들어 있다. 이 공기가 일정온도하에서 압력 200[kPa]까지 팽창하였을 경우 공기가 행한 일의 양은 약 몇 [kJ]인가?(단, 공기는 이상기체이다)

① 2.3　　② 3.2
③ 23.1　　④ 32.2

해설
$$_1W_2 = \int PdV = P_1 V_1 \ln \frac{P_1}{P_2}$$
$$= 1,000 \times 0.02 \times \ln \frac{1,000}{200} \simeq 32.2[kJ]$$

28 다음 중 상대습도(Relative Humidity)를 가장 쉽고 빠르게 측정할 수 있는 방법은?

① 건구온도와 습구온도를 측정한 다음 습공기선도에서 상대습도를 읽는다.
② 건구온도와 습구온도를 측정한 다음 두 값 중 큰 값으로 작은 값을 나눈다.
③ 건구온도와 습구온도를 측정한 다음 Mollier Chart에서 읽는다.
④ 대기압을 측정한 다음 습도곡선에서 읽는다.

해설
상대습도(Relative Humidity)를 가장 쉽고 빠르게 측정할 수 있는 방법은 건구온도와 습구온도를 측정한 다음 습공기선도에서 상대습도를 읽는 것이다.

29 일반적으로 사용되는 냉매로 가장 거리가 먼 것은?

① 암모니아　　② 프레온
③ 이산화탄소　　④ 오산화인

해설
인이 연소할 때 생기는 백색 가루인 오산화인(P_2O_5)은 냉매제가 아니라 흡수제, 건조제, 탈수제 등으로 사용된다.

30 표준증기압축 냉동 시스템에 비교하여 흡수식 냉동 시스템의 주된 장점은 무엇인가?

① 압축에 소요되는 일이 줄어든다.
② 시스템의 효율이 상승한다.
③ 장치의 크기가 줄어든다.
④ 열교환기의 수가 줄어든다.

해설
흡수식 냉동 시스템은 압축기가 없기 때문에 압축에 소요되는 일이 감소하고 소음 및 진동도 감소한다.

31 질량 m[kg]의 이상기체로 구성된 밀폐계가 A[kJ]의 열을 받아 $0.5A$[kJ]의 일을 하였다면, 이 기체의 온도 변화는 몇 [K]인가?(단, 이 기체의 정적비열은 C_v[kJ/kg·K], 정압비열은 C_p[kJ/kg·K]이다)

① $\dfrac{A}{mC_v}$ ② $\dfrac{A}{mC_p}$

③ $\dfrac{A}{2mC_v}$ ④ $\dfrac{A}{2mC_p}$

해설

$Q - W = \Delta U$[kJ]이므로, $A - \dfrac{1}{2}A = mC_v\Delta T$[kJ]이며

따라서, $\Delta T = \dfrac{A}{2mC_v}$[K]

32 물 1[kg]이 50[℃]의 포화액 상태로부터 동일 압력에서 건포화증기로 증발할 때까지 2,280[kJ]을 흡수하였다. 이때 엔트로피의 증가는 몇 [kJ/K]인가?

① 7.06   ② 15.3
③ 22.3   ④ 47.6

해설

$\Delta S = \dfrac{Q}{T_s} = \dfrac{2,280}{50+273} \approx 7.06$[kJ/K]

33 임의의 가역 사이클에서 성립되는 Clausius의 적분은 어떻게 표현되는가?

① $\oint \dfrac{dQ}{T} > 0$ ② $\oint \dfrac{dQ}{T} < 0$

③ $\oint \dfrac{dQ}{T} = 0$ ④ $\oint \dfrac{dQ}{T} \geq 0$

해설

클라우지우스(Clausius)의 적분값 : $\oint \dfrac{\delta Q}{T} \leq 0$(항상 성립)

• 가역 사이클 : $\oint \dfrac{\delta Q}{T} = 0$

• 비가역 사이클 : $\oint \dfrac{\delta Q}{T} < 0$

34 열역학적 사이클에서 사이클의 효율이 고열원과 저열원의 온도만으로 결정되는 것은?

① 카르노 사이클   ② 랭킨 사이클
③ 재열 사이클   ④ 재생 사이클

해설

카르노 사이클은 고온 열저장조와 저온 열저장조의 온도(고열원의 온도와 저열원의 온도)만으로 표시할 수 있다.
$\eta_c = f(T_1, T_2)$

35 이상적인 단순 랭킨 사이클로 작동되는 증기원동소에서 펌프 입구, 보일러 입구, 터빈 입구, 응축기 입구의 비엔탈피를 각각 h_1, h_2, h_3, h_4라고 할 때 열효율은?

① $1 - \dfrac{h_4 - h_1}{h_3 - h_2}$ ② $1 - \dfrac{h_4 - h_2}{h_3 - h_2}$

③ $1 - \dfrac{h_4 - h_2}{h_3 - h_1}$ ④ $1 - \dfrac{h_4 - h_1}{h_3 - h_1}$

해설

랭킨 사이클의 열효율

$\eta_R = 1 - \dfrac{Q_2}{Q_1} = 1 - \dfrac{h_4 - h_1}{h_3 - h_2}$

(여기서, h_1 : 펌프 입구의 비엔탈피, h_2 : 보일러 입구의 비엔탈피, h_3 : 터빈 입구의 비엔탈피, h_4 : 응축기 입구의 비엔탈피)

36 다음 중 열역학 제2법칙과 관련된 것은?

① 상태 변화 시 에너지는 보존된다.
② 일을 100[%] 열로 변환시킬 수 있다.
③ 사이클 과정에서 시스템(계)이 한 일은 시스템이 받은 열량과 같다.
④ 열을 저온부로부터 고온부로 자연적으로(저절로) 전달되지 않는다.

해설
열역학 제2법칙과 열
- 사이클에 의하여 일을 발생시킬 때는 고온체와 저온체가 필요하다.
- 열은 온도가 높은 곳에서 낮은 곳으로 이동한다.
- 열은 외부동력 없이 저온체에서 고온체로 이동할 수 없다.
- 열은 차가운 물체에서 더운 물체로 스스로 이동하지 않는다.
- 열은 스스로 고온에서 저온으로 이동할 수 있지만, 저온에서 고온으로는 이동하지 않는다.
- 열에너지가 모두 역학적 에너지로 전환되는 것은 불가능하다.
- 열을 저온의 열원으로부터 고온의 열원으로 전달하는 것은 불가능하다.
- 일을 열로 바꾸는 것은 용이하고 완전히 되는 것에 반하여, 열을 일로 바꾸는 것은 그 효율이 절대 100[%]가 될 수 없다.

37 400[K], 1[MPa]의 이상기체 1[kmol]이 700[K], 1[MPa]으로 팽창할 때 엔트로피 변화는 몇 [kJ/K]인가?(단, 정압비열 C_p는 28[kJ/kmol·K]이다)

① 15.7 ② 19.4
③ 24.3 ④ 39.4

해설
정압과정에서의 엔트로피 변화량
$$\Delta S = m C_p \ln \frac{T_2}{T_1} = 1 \times 28 \times \ln \frac{700}{400} \approx 15.7 [kJ/K]$$

38 물을 20[℃]에서 50[℃]까지 가열하는 데 사용된 열의 대부분은 무엇으로 변환되었는가?

① 물의 내부에너지 ② 물의 운동에너지
③ 물의 유동에너지 ④ 물의 위치에너지

해설
물을 가열하는 데 사용되는 대부분의 열은 물의 내부에너지로 변환된다.

39 다음 중 부피 팽창계수 β에 관한 식은?(단, P는 압력, V는 부피, T는 온도이다)

① $\beta = -\frac{1}{V}\left(\frac{\partial V}{\partial T}\right)_P$

② $\beta = -\frac{1}{V}\left(\frac{\partial V}{\partial P}\right)_T$

③ $\beta = \frac{1}{V}\left(\frac{\partial V}{\partial T}\right)_P$

④ $\beta = \frac{1}{V}\left(\frac{\partial V}{\partial P}\right)_T$

해설
체적팽창계수
$$\beta = \frac{1}{V}\left(\frac{\partial V}{\partial T}\right)_p$$

40 다음 상태 중에서 이상기체 상태방정식으로 공기의 비체적을 계산할 때 오차가 가장 작은 것은?

① 1[MPa], -100[℃]
② 1[MPa], 100[℃]
③ 0.1[MPa], -100[℃]
④ 0.1[MPa], 100[℃]

해설
이상기체 상태방정식으로 공기의 비체적을 계산할 때 저압이고, 고온일수록 오차가 가장 작다.

정답 36 ④ 37 ① 38 ① 39 ③ 40 ④

제3과목 | 계측방법

41 백금-백금·로듐 열전대 온도계에 대한 설명으로 옳은 것은?

① 측정 최고온도는 크로멜-알루멜 열전대보다 낮다.
② 다른 열전대에 비하여 정밀 측정용에 사용된다.
③ 열기전력이 다른 열전대에 비하여 가장 높다.
④ 200[℃] 이하의 온도 측정에 적당하다.

해설
① 측정 최고온도는 크로멜-알루멜 열전대보다 높다.
③ 열기전력이 다른 열전대에 비해서 낮다.
④ 1,600[℃]의 온도까지 측정이 가능하다.

42 내경이 50[mm]인 원관에 20[℃] 물이 흐르고 있다. 층류로 흐를 수 있는 최대 유량은?(단, 20[℃]일 때 동점성계수(ν) = 1.0064×10^{-6}[m²/sec]이고, 레이놀즈(R_e)수는 2,320이다)

① 약 5.33×10^{-5}[m³/sec]
② 약 7.33×10^{-5}[m³/sec]
③ 약 9.22×10^{-5}[m³/sec]
④ 약 15.23×10^{-5}[m³/sec]

해설
레이놀즈수는 $R_e = \dfrac{관성력}{점성력} = \dfrac{\rho v d}{\mu} = \dfrac{vd}{\nu}$ 이므로,
유체의 평균 속도는
$v = \dfrac{R_e \nu}{d} = \dfrac{2,320 \times 1.0064 \times 10^{-6}}{0.05} \simeq 0.047$[m/sec] 이다.
따라서, 최대 유량
$Q = Av = \dfrac{3.14 \times 0.05^2}{4} \times 0.047 \simeq 9.22 \times 10^{-5}$[m³/sec] 이다.

43 편차의 정(+), 부(-)에 의해서 조작신호가 최대, 최소가 되는 제어동작은?

① 다위치동작
② 적분동작
③ 비례동작
④ 온오프동작

해설
온오프동작 : 편차의 정(+), 부(-)에 의해서 조작신호가 최대, 최소가 되는 제어동작이다.

44 다음 중 사용온도범위가 넓어 저항온도계의 저항체로서 가장 우수한 재질은?

① 백 금
② 니 켈
③ 동
④ 철

해설
사용온도범위가 넓어 저항온도계의 저항체로 가장 우수한 재질은 백금이다.

45 접촉식 온도계에 대한 설명으로 틀린 것은?

① 일반적으로 1,000[℃] 이하의 측온에 적합하다.
② 측정오차가 비교적 작다.
③ 방사율에 의한 보정을 필요로 한다.
④ 측온소자를 접촉시킨다.

해설
접촉식 온도계는 방사율에 의한 보정이 필요하지 않다.

41 ② 42 ③ 43 ④ 44 ① 45 ③ **정답**

46 응답이 빠르고 감도가 높으며, 도선저항에 의한 오차를 작게 할 수 있으나 특성을 고르게 얻기가 어려우며, 흡습 등으로 열화되기 쉬운 특징을 가진 온도계는?

① 광고온계
② 열전대 온도계
③ 서미스터 저항체 온도계
④ 금속 측온저항체 온도계

해설
서미스터(Thermistor) (측온)저항(체) 온도계 : 금속산화물 분말을 혼합 소결시킨 반도체로 만든 저항 온도계
• 이용현상 : 온도에 의한 전기저항의 변화
• 조성성분 : 니켈(Ni), 코발트(Co), 망간(Mn), 철(Fe), 구리(Cu)
• 온도 측정범위 : $-100 \sim 300[℃]$
• 응답이 빠르고 감도가 높다.
• 도선저항에 의한 오차를 작게 할 수 있다.
• 특성을 고르게 얻기가 어렵다(소자의 온도 특성인 균일성을 얻기 어렵다).
• 흡습 등으로 열화되기 쉽다.
• 충격에 대한 기계적 강도가 떨어진다.

47 오르자트식 가스분석계에서 CO_2 측정을 위해 일반적으로 사용하는 흡수제는?

① 수산화칼륨 수용액
② 암모니아성 염화 제1구리 용액
③ 알칼리성 파이로갈롤 용액
④ 발연 황산액

해설
흡수제(용액)
• CO : 암모니아성 염화 제1동 용액
• CO_2 : 30[%]의 수산화칼륨(KOH) 용액
• O_2 : 알칼리성 파이로갈롤 용액
• 중탄화수소($C_m H_n$) : 발연 황산(진한 황산)

48 열관리 측정기기 중 오벌(Oval)미터는 주로 무엇을 측정하기 위한 것인가?

① 온 도
② 액 면
③ 위 치
④ 유 량

해설
오벌미터는 주로 유량을 측정한다.

49 공기압식 조절계에 대한 설명으로 틀린 것은?

① 신호로 사용되는 공기압은 약 $0.2 \sim 1.0[kg/cm^2]$이다.
② 관로저항으로 전송 지연이 생길 수 있다.
③ 실용상 2,000[m] 이내에서는 전송 지연이 없다.
④ 신호 공기압은 충분히 제습, 제진한 것이 요구된다.

해설
실용상 150[m] 이내에서는 전송 지연이 없다.

50 탄성체의 탄성 변형을 이용하는 압력계가 아닌 것은?

① 단관식
② 부르동관식
③ 벨로스식
④ 다이어프램식

해설
탄성체의 탄성 변형을 이용하는 압력계 : 부르동관식, 벨로스식, 다이어프램식

정답 46 ③ 47 ① 48 ④ 49 ③ 50 ①

51 열전대 보호관의 구비조건으로 틀린 것은?

① 기밀을 유지할 것
② 사용온도에 견딜 것
③ 화학적으로 강할 것
④ 열전도율이 낮을 것

해설
열전대보호관은 열전도율이 높아야 한다.

52 다음 중 차압식 유량계가 아닌 것은?

① 오리피스(Orifice)
② 로터미터(Rotameter)
③ 벤투리(Venturi)관
④ 플로 노즐(Flow Nozzle)

해설
로터미터는 면적식 유량계에 해당된다.

53 열전대 온도계의 구성 부분으로 가장 거리가 먼 것은?

① 보상도선
② 저항 코일과 저항선
③ 감온접점
④ 보호관

해설
열전대 온도계의 구성 : 기준접점 냉각기(감온 접점), 보상도선, 금속보호관, 열전대

54 U자 관에 수은이 채워져 있다. 여기에 어떤 액체를 넣었는데 이 액체 20[cm]와 수은 4[cm]가 평형을 이루었다면 이 액체의 비중은?(단, 수은의 비중은 13.6이다)

① 6.82 ② 0.59
③ 2.72 ④ 3.44

해설
액체의 비중
$$S = S_{Hg} \times \frac{h_{Hg}}{h} = 13.6 \times \frac{4}{20} = 2.72$$

55 열전대(Thermo Couple)의 구비조건으로 틀린 것은?

① 열전도율이 작을 것
② 전기저항과 온도계수가 클 것
③ 기계적 강도가 크고 내열성·내식성이 있을 것
④ 온도 상승에 따른 열기전력이 클 것

해설
열전대는 전기저항과 온도계수가 작아야 한다.

정답 51 ④ 52 ② 53 ② 54 ③ 55 ②

56 다음 중 액체의 온도팽창을 이용한 온도계는?

① 저항 온도계
② 색 온도계
③ 유리제 온도계
④ 광학 온도계

해설
유리제 온도계는 액체의 온도팽창을 이용한 온도계로 수은 온도계, 알코올 온도계, 베크만 온도계가 있다.

57 다이어프램 재질의 종류로 가장 거리가 먼 것은?

① 가 죽
② 스테인리스강
③ 구 리
④ 탄소강

해설
탄소강은 다이어프램의 재질로 부적합하다.

58 150[°F]는 몇 [℃]인가?

① 65.5[℃]
② 88.5[℃]
③ 118.5[℃]
④ 123.5[℃]

해설
$[℃] = \dfrac{[°F] - 32}{1.8}$ $[℃] = \dfrac{150 - 32}{1.8} = \dfrac{118}{18} \approx 65.5[℃]$

59 적분동작(I동작)을 가장 바르게 설명한 것은?

① 출력 변화의 속도가 편차에 비례하는 동작
② 출력 변화가 편차의 제곱근에 비례하는 동작
③ 출력 변화가 편차의 제곱근에 반비례하는 동작
④ 조직량이 동작신호의 값을 경계로 완전 개폐되는 동작

해설
적분동작(I동작) : 출력 변화의 속도가 편차에 비례하는 동작

60 체적유량 $\overline{V}$ [m³/sec]의 올바른 표현식은?(단, A [m²]는 유로의 단면적, $\overline{U}$ [m/sec]는 유로 단면의 평균 선속도이다)

① $\overline{V} = \overline{U}/A$
② $\overline{V} = \overline{U}A$
③ $\overline{V} = A/\overline{U}$
④ $\overline{V} = \dfrac{1}{\overline{U}A}$

해설
$Q = Av$ 이므로, $\overline{V} = A\overline{U} = \overline{U}A$

정답 56 ③ 57 ④ 58 ① 59 ① 60 ②

제4과목 | 열설비재료 및 관계법규

61 진주암, 흑석 등을 소성·팽창시켜 다공질로 하여 접착제 및 3~15[%]의 석면 등과 같은 무기질 섬유를 배합하여 성형한 고온용 무기질 보온재는?

① 규산칼슘 보온재 ② 세라믹 파이버
③ 유리섬유 보온재 ④ 펄라이트

해설
펄라이트 : 진주암, 흑석 등을 소성·팽창시켜 다공질로 하여 접착제와 석면 등과 같은 무기질섬유를 배합하여 성형한 단열 보온재로 최고 사용온도 600[℃] 이상의 고온용이다.

62 검사대상기기설치자가 검사대상기기관리자를 선임 또는 해임한 경우 산업통상자원부령에 따라 시·도지사에게 해야 하는 행정사항은?

① 승인 ② 보고
③ 지정 ④ 신고

해설
검사대상기기설치자는 검사대상기기관리자를 선임 또는 해임하거나 검사대상기기관리자가 퇴직한 경우에는 산업통상자원부령으로 정하는 바에 따라 시·도지사에게 신고하여야 한다.

63 고압배관용 탄소강 강관(KS D 3564) 호칭지름의 기준이 되는 것은?

① 배관의 안지름 기준
② 배관의 바깥지름 기준
③ 배관의 (안지름+바깥지름)/2 기준
④ 배관나사의 바깥지름 기준

해설
고압배관용 탄소강 강관의 호칭지름의 기준은 배관의 바깥지름이다.

64 유체의 역류를 방지하기 위한 것으로 밸브의 무게와 밸브의 양면 간 압력차를 이용하여 밸브를 자동으로 작동시켜 유체가 한쪽 방향으로만 흐르도록 한 밸브는?

① 슬루스밸브 ② 회전밸브
③ 체크밸브 ④ 버터플라이밸브

해설
체크밸브 : 역류방지밸브

65 보온재 내 공기 이외의 가스를 사용하는 경우 가스분자량이 공기의 분자량보다 적으면 보온재 열전도율의 변화는?

① 동일하다. ② 작게 된다.
③ 크게 된다. ④ 크다가 작아진다.

해설
가스분자량이 공기의 분자량보다 적으면 보온재 열전도율의 변화는 커진다.

66 에너지 사용 안정을 위한 에너지저장의무부과대상자에 해당되지 않는 사업자는?

① 전기사업법에 따른 전기사업자
② 석탄산업법에 따른 석탄가공업자
③ 집단에너지사업법에 따른 집단에너지사업자
④ 액화석유가스사업법에 따른 액화석유가스사업자

해설
에너지저장의무부과대상자 : 전기사업법에 따른 전기사업자, 도시가스사업법에 따른 도시가스사업자, 석탄산업법에 따른 석탄가공업자, 집단에너지사업법에 따른 집단에너지사업자, 연간 2만 석유환산톤[TOE] 이상의 에너지를 사용하는 자

정답 61 ④ 62 ④ 63 ② 64 ③ 65 ③ 66 ④

67 크롬 벽돌이나 크롬-마그 벽돌이 고온에서 산화철을 흡수하여 표면이 부풀어 오르고 떨어져 나가는 현상은?

① 버스팅
② 큐어링
③ 슬래킹
④ 스폴링

해설
버스팅(Bursting) : 크롬이나 크롬-마그네시아 벽돌이 고온에서 산화철을 흡수하여 표면이 부풀어 오르고 떨어져 나가는 현상이다.

68 효율관리기자재에 해당되지 않는 것은?

① 전기냉장고
② 자동차
③ 삼상유도전동기
④ 전동차

해설
효율관리기자재 : 전기냉장고, 전기냉방기, 전기세탁기, 조명기기, 삼상유도전동기, 자동차, 그 밖에 산업통상자원부장관이 그 효율의 향상이 특히 필요하다고 인정하여 고시하는 기자재 및 설비

69 에너지이용합리화법의 목적이 아닌 것은?

① 에너지의 합리적인 이용 증진
② 국민경제의 건전한 발전에 이바지
③ 지구온난화의 최소화에 이바지
④ 에너지 자원의 보전 및 관리와 에너지 수급 안정

해설
에너지 수급 안정은 에너지이용합리화법의 목적에 포함되지만, 에너지 자원의 보전 및 관리는 포함되지 않는다.

70 검사대상기기의 검사유효기간 기준으로 틀린 것은?

① 검사에 합격한 날의 다음 날부터 계산한다.
② 검사에 합격한 날이 검사유효기간 만료일 이전 60일 이내인 경우 검사유효기간 만료일의 다음 날부터 계산한다.
③ 검사를 연기한 경우의 검사유효기간은 검사유효기간 만료일의 다음 날부터 계산한다.
④ 산업통상자원부장관은 검사대상기기의 안전관리 또는 에너지효율 향상을 위하여 부득이하다고 인정할 때에는 검사유효기간을 조정할 수 있다.

해설
검사에 합격한 날이 검사유효기간 만료일 이전 30일 이내인 경우 검사유효기간 만료일의 다음 날부터 계산한다.

71 요로(窯爐)의 정의를 설명한 것으로 가장 적절한 것은?

① 물을 가열하여 수증기를 만드는 장치
② 물체를 가열시켜 소성 또는 용융하는 장치
③ 금속을 녹이는 장치
④ 도자기를 굽는 장치

해설
요로 : 물체를 가열시켜 소성 또는 용융하는 장치이다.

72 단가마는 어떠한 형식의 가마인가?

① 불연속식
② 반연속식
③ 연속식
④ 불연속식과 연속식의 절충형식

해설
단가마는 불연속식 가마이다.

정답 67 ① 68 ④ 69 ④ 70 ② 71 ② 72 ①

73 에너지이용합리화법에서 규정한 수요관리전문기관은?

① 한국가스안전공사
② 한국에너지공단
③ 한국전력공사
④ 한국전기안전공사

해설
에너지이용합리화법에서 규정한 수요관리전문기관은 한국에너지공단이다.

74 에너지사용자가 수립하여야 할 자발적 협약이행계획에 포함되지 않는 것은?

① 협약 체결 전년도 에너지 소비 현황
② 에너지관리체제 및 관리방법
③ 전년도의 에너지사용량, 제품생산량
④ 효율 향상 목표 등의 이행을 위한 투자계획

해설
에너지사용자가 수립해야 하는 자발적 협약이행계획
- 협약 체결 전년도 에너지 소비 현황
- 에너지를 사용하여 만드는 제품
- 부가가치 등의 단위당 에너지 이용효율 향상 목표
- 효율 향상 목표 등의 이행을 위한 투자계획
- 온실가스 배출 감축 목표
- 에너지관리체제 및 관리방법
- 그 밖에 효율 향상 목표 등을 이행하기 위하여 필요한 사항

75 에너지사용계획협의대상사업으로 맞는 것은?(단, 기준면적 적용)

① 택지개발사업 중 면적이 10만[m²] 이상
② 도시개발사업 중 면적이 30만[m²] 이상
③ 국가산업단지개발사업 중 면적이 5만[m²] 이상
④ 공항개발사업 중 면적이 20만[m²] 이상

해설
에너지사용계획협의대상사업 : 도시개발사업 중 면적이 30만[m²] 이상인 경우

76 에너지관리공단 이사장에게 권한이 위탁된 것이 아닌 것은?

① 에너지사용계획의 검토
② 에너지관리지도
③ 효율관리기자재의 측정결과 신고의 접수
④ 열사용기자재 제조업의 등록

해설
열사용기자재 제조업의 등록 권한은 시·도지사에게 있다.

77 에너지법에서 정의한 용어의 설명으로 틀린 것은?

① 열사용기자재라 함은 핵연료를 사용하는 기기, 축열식 전기기기와 단열성 자재로서 기획재정부령이 정하는 것을 말한다.
② 에너지사용기자재라 함은 열사용기자재, 그 밖에 에너지를 사용하는 기자재를 말한다.
③ 에너지공급설비라 함은 에너지 생산·전환·수송·저장하기 위하여 설치하는 설비를 말한다.
④ 에너지사용시설이라 함은 에너지를 사용하는 공장·사업장 등의 시설이나 에너지를 전환하여 사용하는 시설을 말한다.

해설
열사용기자재 : 연료를 사용하는 기기, 열을 사용하는 기기, 축열식 전기기기, 단열성 자재

78 사용연료를 변경함으로써 검사대상이 아닌 보일러가 검사대상으로 되었을 경우 해당되는 검사는?

① 구조검사 ② 설치검사
③ 개조검사 ④ 재사용검사

해설
설치검사 : 신설한 경우의 검사(사용연료의 변경에 의하여 검사대상이 아닌 보일러가 검사대상으로 되는 경우의 검사를 포함)

79 플라스틱 내화물에 대한 설명으로 틀린 것은?

① 소결력이 좋고 내식성이 크다.
② 캐스터블 소재보다 고온에 적합하다.
③ 내화도가 높고 하중 연화점이 낮다.
④ 팽창·수축이 작다.

해설
플라스틱 내화물은 내화도와 하중 연화점이 높아야 한다.

80 보온재로서 구비하여야 할 일반적인 조건이 아닌 것은?

① 불연성일 것
② 비중이 작을 것
③ 열전도율이 클 것
④ 어느 정도의 강도가 있을 것

해설
보온재는 열손실을 줄이기 위해 열전도율이 작아야 한다.

제5과목 | 열설비설계

81 보일러의 용접설계에서 두께가 다른 판을 맞대기 이음할 때 중심선을 일치시킬 경우 얼마 이하의 기울기로 가공하여야 하는가?

① $\frac{1}{2}$ ② $\frac{1}{3}$
③ $\frac{1}{4}$ ④ $\frac{1}{5}$

해설
맞대기 용접 이음에서 두께가 다른 판의 경우, 중심선 일치를 위하여 1/3 이하의 기울기로 가공한다.

82 다음 그림과 같은 V형 용접 이음의 인장응력(σ)을 구하는 식은?

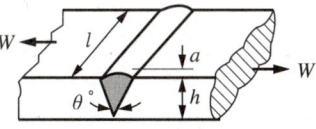

① $\sigma = \dfrac{W}{hl}$ ② $\sigma = \dfrac{2W}{hl}$
③ $\sigma = \dfrac{W}{ha}$ ④ $\sigma = \dfrac{W}{2hl}$

해설
인장응력
$\sigma = \dfrac{W}{A} = \dfrac{W}{hl}$

83 보일러에 설치된 과열기의 역할로 틀린 것은?

① 포화증기의 압력 증가
② 마찰저항 감소 및 관 내 부식 방지
③ 엔탈피 증가로 증기소비량 감소 효과
④ 과열증기를 만들어 터빈의 효율 증대

> **해설**
> 과열기(Superheater)
> 보일러에서 발생한 포화증기를 가열하여 압력 변화 없이 온도만 상승시켜 과열증기로 만드는 장치로 다음과 같은 특징을 지닌다.
> • 마찰저항 감소 및 관 내 부식을 방지한다.
> • 엔탈피 증가로 증기소비량을 감소시킨다.
> • 과열증기를 만들어 터빈효율을 증대시킨다.
> • 증기의 열에너지가 커 열손실이 많아질 수 있다.
> • 바나듐에 의해 과열기 전열면에 고온 부식이 발생될 수 있다.
> • 연소가스의 저항으로 압력손실이 크다.

84 급수펌프 중 원심펌프는 어느 것인가?

① 워싱턴펌프   ② 웨어펌프
③ 벌류트펌프   ④ 플런저펌프

> **해설**
> 벌류트 펌프는 원심펌프에 속한다.

85 보일러에서 발생하는 저온 부식의 방지방법이 아닌 것은?

① 연료 중의 황성분을 제거한다.
② 배기가스의 온도를 노점온도 이하로 유지한다.
③ 과잉공기를 적게 하여 배기가스 중의 산소를 감소시킨다.
④ 전열면 표면에 내식재료를 사용한다.

> **해설**
> 저온 부식을 방지하기 위해서는 배기가스의 온도를 노점온도 이상으로 유지시킨다.

86 노통 연관 보일러의 노통 바깥면은 가장 가까운 연관의 면과 몇 [mm] 이상의 틈새를 두어야 하는가?

① 20[mm]   ② 30[mm]
③ 40[mm]   ④ 50[mm]

> **해설**
> 노통 연관 보일러의 노통 바깥면과 이와 가장 가까운 연관의 면과의 틈새 간격 : 50[mm]

87 용존 고형물이 증가하면 전기전도도는 어떻게 되는가?

① 커지다 작아진다.   ② 관계없다.
③ 작아진다.   ④ 커진다.

> **해설**
> 용존 고형물이 증가하면 전기전도도는 커진다.

88 보일러 동체, 드럼 및 일반적인 원통형 고압용기 두께의 계산식은?(단, t는 원통판 두께, P는 내부 압력, D는 원통 안지름, σ는 허용 인장응력(원통 단면의 원형 접선 방향)이다)

① $t = \dfrac{PD}{\sqrt{2}\,\sigma}$ ② $t = \dfrac{PD}{\sigma}$

③ $t = \dfrac{PD}{2\sigma}$ ④ $t = \dfrac{PD}{3\sigma}$

> 해설
> 보일러 강판의 두께
> $t = \dfrac{PD}{2\sigma}$

89 프라이밍(Priming)과 포밍(Foaming)의 발생원인이 아닌 것은?

① 증기부하가 적을 때
② 보일러수에 불순물, 유지분이 포함되어 있을 때
③ 수면과 증기 취출구의 거리가 가까울 때
④ 주증기밸브를 급히 열었을 때

> 해설
> 증기부하가 클 때 프라이밍과 포밍이 발생한다.

90 압력이 20[kgf/cm²], 건도가 95[%]인 습포화증기를 시간당 5[ton] 발생시키는 보일러에서 급수온도가 50[℃]라면 상당증발량은?(단, 20[kgf/cm²]의 포화수와 건포화증기의 엔탈피는 각각 215.82[kcal/kg], 668.5[kcal/kg]이다)

① 5,528[kg/h]   ② 8,345[kg/h]
③ 10,258[kg/h]   ④ 12,573[kg/h]

> 해설
> 발생증기의 엔탈피
> h_2 = 포화수의 엔탈피 + 건도 × (건포화증기의 엔탈피 − 포화수의 엔탈피)
> = 215.82 + 0.95 × (668.5 − 215.82) ≈ 645.9[kcal/kg]
> 급수의 엔탈피
> h_1 = 물의 비열 × 급수온도 = 1[kcal/kg·℃] × 50[℃]
> = 50[kcal/kg]
> 상당증발량
> $G_e = \dfrac{G_a(h_2 - h_1)}{539} = \dfrac{5,000 \times (645.9 - 50)}{539} \approx 5,528[\text{kg/h}]$

91 자연순환식 수관 보일러에서 물의 순환에 관한 설명으로 틀린 것은?

① 순환을 높이기 위하여 수관을 경사지게 한다.
② 순환을 높이기 위하여 수관 직경을 크게 한다.
③ 순환을 높이기 위하여 보일러수의 비중차를 크게 한다.
④ 발생증기의 압력이 높을수록 순환력이 커진다.

> 해설
> 발생증기의 압력이 높을수록 순환력은 줄어든다.

92 다음 중 ppm의 환산 단위로 가장 거리가 먼 것은?

① [mg/kg]   ② [g/ton]
③ [mg/L]   ④ [kg/sec]

> 해설
> ppm의 환산단위 : [mg/kg], [g/ton], [mg/L]

93 다음 보기에서 설명하는 증기트랩은?

> **보기**
> - 가동 시 공기 배출이 필요 없다.
> - 작동이 빈번하여 내구성이 낮다.
> - 작동 확률이 높고 소형이며 워터 해머에 강하다.
> - 고압용에는 부적당하나 과열증기 사용에는 적합하다.

① 디스크식 트랩(Disc Type Trap)
② 버킷형 트랩(Bucket Type Trap)
③ 플로트식 트랩(Float Type Trap)
④ 바이메탈식 트랩(Bimetal Type Trap)

해설
디스크(Disc)식 증기트랩 : 가동 시 공기 배출 불필요, 높은 작동 확률, 소형, 워터 해머에 강함. 과열증기 사용에 적합하나 고압용에는 부적당, 빈번한 작동 및 낮은 내구성

94 보일러 안전장치의 종류가 아닌 것은?

① 방폭문
② 안전밸브
③ 체크밸브
④ 고저수위경보기

해설
체크밸브는 급수설비에서 유체의 역류 방지를 위한 밸브이다.

95 열매체 보일러의 특징에 대한 설명으로 틀린 것은?

① 저압으로 고온의 증기를 얻을 수 있다.
② 겨울철에도 동결의 우려가 적다.
③ 물이나 스팀보다 전열 특성이 좋으며, 사용온도 한계가 일정하다.
④ 다우삼, 모빌섬, 카네크롤 보일러 등이 이에 해당한다.

해설
열매체 보일러의 특징
- 저압으로 고온의 증기를 얻을 수 있다.
- 겨울철 동결의 우려가 적다.
- 부식 염려가 없으므로 청관제 주입장치가 필요하지 않다.
- 안전관리상 보일러의 안전밸브는 밀폐식 구조로 한다.
- 열매체의 종류에 따라 사용온도의 한계가 차별화된다.
- 인화성, 자극성이 있다.

96 내경 2,000[mm], 사용압력 10[kgf/cm^2]의 보일러 강판의 두께는 몇 [mm]로 해야 하는가?(단, 강판의 인장강도 40[kgf/mm^2], 안전율 4.5, 이음효율 η=70[%], 부식 여유 2[mm]를 가산한다)

① 16[mm] ② 18[mm]
③ 20[mm] ④ 24[mm]

해설
$$t = \frac{PD}{2\sigma_a \eta} + C = \frac{PDS}{2\sigma_u \eta} + C$$
$$= \frac{10 \times 2,000 \times 4.5}{2 \times 40 \times 10^2 \times 0.7} + 2 \simeq 18[mm]$$

97 다음과 같은 결과의 수관식 보일러에서 시간당 증발량(a)과 시간당 연료사용량(b)은?(단, 증기압력 0.7[MPa], 급유량 1,000[kg], 급수온도 24[℃], 급수량 30,000[kg], 시험시간 5시간이다)

① (a) 3,000[kg/h], (b) 100[kg/h]
② (a) 6,000[kg/h], (b) 100[kg/h]
③ (a) 3,000[kg/h], (b) 200[kg/h]
④ (a) 6,000[kg/h], (b) 200[kg/h]

해설
- 시간당 증발량 $G = 30,000/5 = 6,000$[kg/h]
- 시간당 연료사용량 $= 1,000/5 = 200$[kg/h]

98 보일러의 리벳 이음 시 양쪽 이음매판의 최소 두께를 구하는 식으로 옳은 것은?(단, t_0는 양쪽 이음매판의 최소 두께[mm], t는 드럼판의 두께[mm]이다)

① $t_0 = 0.1t + 2$
② $t_0 = 0.6t + 2$
③ $t_0 = 0.1t + 5$
④ $t_0 = 0.6t + 5$

해설
리벳 양쪽 이음매판의 최소 두께(t_0)
$t_0 = 0.6t + 2$
(여기서, t : 드럼판 두께)

99 원통형 보일러의 노통이 편심으로 설치되어 관수의 순환작용을 촉진시켜 줄 수 있는 보일러는?

① 코니시 보일러
② 라몬트 보일러
③ 케와니 보일러
④ 기관차 보일러

해설
코니시 보일러 : 원통형 보일러의 노통이 편심으로 설치되어 관수의 순환작용을 촉진시킬 수 있는 보일러
※ 노통을 한쪽으로 편심 부착하는 이유 : 보일러 물의 순환을 좋게 하기 위해

100 인젝터의 특징으로 틀린 것은?

① 급수온도가 높으면 작동이 불가능하다.
② 소형 저압 보일러용으로 사용된다.
③ 구조가 간단하다.
④ 열효율은 좋으나 별도의 소요동력이 필요하다.

해설
인젝터의 특징
- 구조가 간단하고 별도의 소요동력이 필요하지 않다.
- 소량의 고압증기로 다량을 급수할 수 있다.
- 소형 저압용 보일러에 사용된다.
- 송수량의 조절이 불편하다.
- 급수온도가 높으면 작동이 불가능하다.

정답 97 ④ 98 ② 99 ① 100 ④

2015년 제2회 과년도 기출문제

제1과목 | 연소공학

01 액체연료의 유동점은 응고점보다 몇 [℃] 높은가?

① 1.5[℃]
② 2.0[℃]
③ 2.5[℃]
④ 3.0[℃]

[해설]
액체연료의 유동점은 응고점보다 2.5[℃] 높다.

02 고체연료에 비해 액체연료의 장점에 대한 설명으로 틀린 것은?

① 화재, 역화 등의 위험이 작다.
② 회분이 거의 없다.
③ 연소효율 및 열효율이 좋다.
④ 저장 운반이 용이하다.

[해설]
액체연료는 고체연료에 비해서 화재나 역화 등의 위험이 더 크다.

03 다음 각 성분의 조성을 나타낸 식 중에서 틀린 것은?(단, m : 공기비, L_0 : 이론공기량, G : 가스량, G_0 : 이론 건연소가스량이다)

① $(CO_2) = \dfrac{1.867C - (CO)}{G} \times 100$

② $(O_2) = \dfrac{0.21(m-1)L_0}{G} \times 100$

③ $(N_2) = \dfrac{0.8N + 0.79mL_0}{G} \times 100$

④ $(CO_2)_{max} = \dfrac{1.867C - (0.7S)}{G_0} \times 100$

[해설]
① $(CO_2) = \dfrac{0.867C}{G} \times 100$

04 과잉공기가 너무 많을 때 발생하는 현상으로 옳은 것은?

① 이산화탄소 비율이 많아진다.
② 연소온도가 높아진다.
③ 보일러 효율이 높아진다.
④ 배기가스의 열손실이 많아진다.

[해설]
과잉공기량이 너무 많을 때 일어나는 현상
• 배기가스에 의한 열손실이 증가한다.
• 연소실의 온도가 낮아진다.
• 연료소비량이 많아진다.
• 불완전연소물의 발생이 적어진다.
• 연소가스 중의 N_2O 발생이 심하여 대기오염을 초래한다.
• 연소속도가 느려지고 연소효율이 저하된다.

05 집진장치에 대한 설명으로 틀린 것은?

① 전기 집진기는 방전극을 음(陰), 집진극을 양(陽)으로 한다.
② 전기집진은 쿨롱(Coulomb)력에 의해 포집된다.
③ 소형 사이클론을 직렬시킨 원심력 분리장치를 멀티 스크러버(Multi-scrubber)라고 한다.
④ 여과집진기는 함진가스를 여과재에 통과시키면서 입자를 분리하는 장치이다.

해설
소형 사이클론을 병렬시킨 원심력분리장치를 멀티 사이클론이라고 한다.

06 로터리 버너(Rotary Burner)로 벙커 C유를 연소시킬 때 분무가 잘되게 하기 위한 조치로서 가장 거리가 먼 것은?

① 점도를 낮추기 위하여 중유를 예열한다.
② 중유 중의 수분을 분리·제거한다.
③ 버너 입구 배관부에 스트레이너를 설치한다.
④ 버너 입구의 오일압력을 100[kPa] 이상으로 한다.

해설
버너 입구의 오일압력은 30~50[kPa]로 한다.

07 고위발열량과 저위발열량의 차이는 어떤 성분과 관련이 있는가?

① 황
② 탄 소
③ 질 소
④ 수 소

해설
고위발열량과 저위발열량은 차이는 수소성분과 관련 있다. 석탄의 경우 수소 함량이 적어 고위발열량(HHV)과 저위발열량(LHV)의 차가 작고, 천연가스는 수소 함량이 많으므로 이 차이가 크다.

08 인화점이 50[℃] 이상인 원유, 경유 등에 사용되는 인화점 시험방법으로 가장 적절한 것은?

① 태그 밀폐식
② 아벨-펜스키 밀폐식
③ 클리블랜드 개방식
④ 펜스키마텐스 밀폐식

해설
인화점이 50[℃] 이상인 원유, 경유, 중유 등에 사용되는 인화점 시험방법은 펜스키마텐스 밀폐식이다.

09 연소로에서의 흡출(吸出)통풍에 대한 설명으로 틀린 것은?

① 노 안은 항상 부압(-)으로 유지된다.
② 흡출기로 배기가스를 방출하므로 연돌의 높이에 관계없이 연소할 수 있다.
③ 고온가스에 대한 송풍기의 재질이 견딜 수 있어야 한다.
④ 가열연소용 공기를 사용하며 경제적이다.

해설
가열 연소용 공기를 사용하며 경제적인 통풍은 노 안을 항상 정압(+)을 유지하는 압입통풍이다.

10 탄소 1[kg]을 완전히 연소시키는 데 요구되는 이론 산소량은?

① 약 0.82[Nm³] ② 약 1.23[Nm³]
③ 약 1.87[Nm³] ④ 약 2.45[Nm³]

해설
탄소의 연소방정식 C + O₂ → CO₂에서 탄소분자량이 12이고 산소 몰수가 1몰이므로, 이론산소요구량은
$O_0 = 22.4/12 \simeq 1.87[\text{Nm}^3]$

11 다음의 무게 조성을 가진 중유의 저위발열량은?

> C : 84[%], H : 13[%], O : 0.5[%],
> S : 2[%], w : 0.5[%]

① 약 8,600[kcal/kg] ② 약 10,547[kcal/kg]
③ 약 13,606[kcal/kg] ④ 약 17,606[kcal/kg]

해설
$H_h = 8,100C + 34,000(H - O/8) + 2,500S$
$= 8,100 \times 0.84 + 34,000(0.13 - 0.005/8) + 2,500 \times 0.02$
$\simeq 11,253[\text{kcal/kg}]$
$\therefore H_L = H_h - 600(9H + W)$
$= 11,253 - 600 \times (9 \times 0.13 + 0.005)$
$= 10,548[\text{kcal/kg}]$
보기 ①~④ 중에서 가장 가까운 값인 ②를 정답으로 한다.

12 수분이나 회분을 많이 함유한 저품위탄을 사용할 수 있으며 구조가 간단하고 소요동력이 적게 드는 연소장치는?

① 슬래그 탭식 ② 클레이머식
③ 사이클론식 ④ 각우식

해설
클레이머식 연소장치 : 입경 1[mm] 정도의 미분탄 중 수분이나 회분을 많이 함유한 저품위탄을 사용할 수 있으며, 구조가 간단하고 소요동력이 적게 드는 연소장치이다.

13 다음 중 습식법과 건식법 배기가스 탈황설비에서 모두 사용할 수 있는 흡수제는?

① 수산화나트륨 ② 마그네시아
③ 아황산칼륨 ④ 활성산화망간

해설
마그네시아 : 습식법과 건식법 배기가스 탈황설비에서 모두 사용할 수 있는 흡수제이다.

14 순수한 탄소 1[kg]을 이론공기량으로 완전연소시켜서 나오는 연소가스량은?

① 약 8.89[Nm³/kg] ② 약 10.59[Nm³/kg]
③ 약 12.89[Nm³/kg] ④ 약 14.59[Nm³/kg]

해설
탄소의 연소방정식 C + O₂ → CO₂에서 탄소분자량이 12이고 산소 몰수가 1몰이므로,
이론산소요구량 $O_0 = 22.4/12 \simeq 1.87[\text{Nm}^3]$
이론공기량은 $A_0 = O_0/0.21 = 1.87/0.21 \simeq 8.89[\text{Nm}^3/\text{kg}]$

15 연료소비량이 50[kg/h]인 노(爐)의 연소실 체적이 50[m³], 사용연료의 저위발열량이 5,400[kcal/kg]이라고 할 때 연소실의 열 발생률은?(단, 공기의 예열온도에 의한 영향은 무시한다)

① 5,400[kcal/m³·h]
② 6,800[kcal/m³·h]
③ 7,200[kcal/m³·h]
④ 8,400[kcal/m³·h]

해설
연소실의 열발생률
$Q = \dfrac{\text{연소실 열 발생량}}{\text{연소실 체적}} = \dfrac{H_L \times G_f}{V_c}$
$= \dfrac{5,400 \times 50}{50} = 5,400[\text{kcal/m}^3 \cdot \text{h}]$

16 배기가스 질소산화물 제거방법 중 건식법에서 사용되는 환원제가 아닌 것은?

① 질소가스 ② 암모니아
③ 탄화수소 ④ 일산화탄소

해설
배기가스 질소산화물 제거방법 중 건식법에서 사용되는 환원제 : 암모니아, 탄화수소, 일산화탄소

17 습한 함진가스에 가장 부적당한 집진장치는?

① 사이클론 ② 멀티클론
③ 여과식 집진기 ④ 스크러버

해설
여과식 집진기(백필터)는 건식 집진장치이므로 습한 함진가스에는 부적당하다.

18 가연성 액체에서 발생한 증기의 공기 중 농도가 연소범위 내에 있을 경우 불꽃을 접근시키면 불이 붙는데, 이때 필요한 최저 온도를 무엇이라고 하는가?

① 기화온도 ② 인화온도
③ 착화온도 ④ 임계온도

해설
인화점 또는 인화온도
가연성 액체에서 발생한 증기의 공기 중 농도가 연소범위 내에 있을 때 불꽃을 접근시키면 불이 붙는 최저 온도이다. 가솔린 −20[℃], 벤졸 −10[℃], 등유 30∼60[℃], 경유 50∼70[℃], 중유 60∼150[℃]

19 기체연료의 연소속도에 대한 설명으로 틀린 것은?

① 연소속도는 가연한계 내에서 혼합기체의 농도에 영향을 크게 받는다.
② 연소속도는 메탄의 경우 당량비가 1.1 부근에서 최저가 된다.
③ 보통의 탄화수소와 공기의 혼합기체 연소속도는 약 40∼50[cm/sec] 정도로 느린 편이다.
④ 혼합기체의 초기 온도가 올라갈수록 연소속도도 빨라진다.

해설
연소속도는 메탄의 경우 당량비 1.1 부근에서 최대가 된다.

20 가연성 혼합기의 공기비가 1.0일 때 당량비는?

① 0 ② 0.5
③ 1.0 ④ 1.5

해설
가연성 혼합기의 공기비가 1.00이면 당량비도 1.00이다.

정답 16 ① 17 ③ 18 ② 19 ② 20 ③

제2과목 | 열역학

21 카르노 사이클의 효율은 무엇에만 의존하는가?

① 두 열저장조(Heat Reservoir)의 온도
② 저온부의 온도
③ 카르노 사이클에 사용되는 작동유체
④ 고온부의 온도

해설
카르노 사이클은 두 열저장조의 온도에만 의존하는 사이클이다.

22 압력 500[kPa], 온도 240[℃]인 과열증기와 압력 500[kPa]의 포화수가 정상 상태로 흘러들어와 섞인 후 같은 압력의 포화증기 상태로 흘러나간다. 1[kg]의 과열증기에 대하여 필요한 포화수의 양을 구하면 약 몇 [kg]인가?(단, 과열증기의 엔탈피는 3,063[kJ/kg]이고, 포화수의 엔탈피는 636[kJ/kg], 증발열은 2,109[kJ/kg]이다)

① 0.15
② 0.45
③ 1.12
④ 1.45

해설
습포화 과열증기 엔탈피 = $2,109 + 636 = 2,745$[kJ/kg]
과열증기 증발열 = $3,063 - 636 = 2,427$[kJ/kg]
습포화 과열증기 증발열 차이 = $2,427 - 2,109 = 318$[kJ/kg]
따라서, 포화수의 양 $m = \dfrac{318}{2,109} = 0.15$[kg]

23 시량적 성질(Extensive Property)에 해당하는 것은?

① 체 적
② 조 성
③ 압 력
④ 절대온도

해설
체적은 시량적(종량성) 성질에 해당되며, 나머지 답안은 모두 시강적(강도성) 성질에 해당된다.

24 이상기체에 대한 설명 중 틀린 것은?

① 분자와 분자 사이의 거리가 매우 멀다.
② 분자 사이의 인력이 없다.
③ 압축성 인자가 1이다.
④ 내부에너지는 온도와 무관하고 압력과 부피의 함수로 이루어진다.

해설
이상기체의 내부에너지는 압력과 부피와는 무관하고 온도의 함수만으로 이루어진다.

25 일정한 압력 300[kPa]로 체적 0.5[m³]의 공기가 외부로부터 160[kJ]의 열을 받아 그 체적이 0.8[m³]로 팽창하였다. 내부에너지의 증가는 얼마인가?

① 30[kJ]
② 70[kJ]
③ 90[kJ]
④ 160[kJ]

해설
$_1W_2 = Q - \Delta U$이므로,
$\Delta U = Q - {_1W_2} = Q - P(V_2 - V_1)$
$= 160 - 300 \times (0.8 - 0.5) = 70$[kJ]

26 다음 중 표준 냉동 사이클에서의 냉동능력이 가장 좋은 냉매는?

① 암모니아
② R-12
③ R-22
④ R-113

해설
암모니아 : 표준 냉동 사이클에서의 냉동효과가 가장 우수한 냉매

27 증기에 대한 설명 중 틀린 것은?

① 동일 압력에서 포화수보다 포화증기는 온도가 높다.
② 동일 압력에서 건포화증기를 가열한 것이 과열증기이다.
③ 동일 압력에서 과열증기는 건포화증기보다 온도가 높다.
④ 동일 압력에서 습포화증기와 건포화증기는 온도가 같다.

해설
동일 압력에서 포화수와 포화증기의 온도는 같다.

28 동일한 온도, 압력의 포화수 1[kg]과 포화증기 4[kg]을 혼합하였을 때 이 증기의 건도는?

① 20[%]   ② 25[%]
③ 75[%]   ④ 80[%]

해설
$x = \dfrac{건포화증기질량}{습증기전체질량} = \dfrac{4}{1+4} = 80[\%]$

29 출력 50[kW]의 가솔린 엔진이 매시간 10[kg]의 가솔린을 소모한다. 이 엔진의 효율은?(단, 가솔린의 발열량은 42,000[kJ/kg]이다)

① 21[%]   ② 32[%]
③ 43[%]   ④ 60[%]

해설
$\eta = \dfrac{H}{H_L \times m_f}$
$= \dfrac{50[\text{kW}]}{42,000[\text{kJ/kg}] \times 10[\text{kg/h}]} = \dfrac{50 \times 3,600}{42,000 \times 10} \simeq 43[\%]$

30 체적 500[L]인 탱크가 300[℃]로 보온되었고, 이 탱크 속에는 25[kg]의 습증기가 들어 있다. 이 증기의 건도를 구한 값은?(단, 증기표의 값은 300[℃]인 온도기준일 때 $v' = 0.0014036[\text{m}^3/\text{kg}]$, $v'' = 0.02163[\text{m}^3/\text{kg}]$이다)

① 62[%]   ② 72[%]
③ 82[%]   ④ 92[%]

해설
습증기의 건도
$x = \dfrac{v_x - v'}{v'' - v'} = \dfrac{(V/G) - v'}{v'' - v'}$
$= \dfrac{(0.5/25) - 0.0014036}{0.02163 - 0.0014036} \simeq 0.92 = 92[\%]$

31 $PV^n =$ 일정인 과정에서 밀폐계가 하는 일을 나타낸 식은?

① $P_2 V_2 - P_1 V_1$
② $\dfrac{P_1 V_1 - P_2 V_2}{n-1}$
③ $\dfrac{P_2 V_2^{n-1} - P_1 V_1^{n-1}}{n-1}$
④ $P_1 V_1^n (V_2 - V_1)$

해설
$_1W_2 = \int_1^2 p\,dV = P_1 V_1^n \int_1^2 \left(\dfrac{1}{V}\right)^n dV$
$= \dfrac{1}{n-1}(P_1 V_1 - P_2 V_2)$

32 랭킨 사이클에서 압력 및 온도의 영향에 대한 설명으로 틀린 것은?

① 응축기 압력이 낮아지면 배출열량은 적어지고 열효율은 증가한다.
② 배기온도를 낮추면 터빈을 떠나는 습증기의 건도가 증가한다.
③ 보일러 압력이 높아지면 열효율이 증가한다.
④ 주어진 압력에서 과열도가 높을수록 출력이 증가하여 열효율이 증가한다.

해설
배기온도를 낮추면 터빈을 떠나는 습증기의 건도가 감소한다.

33 다음 중 가스의 액화과정과 가장 관계가 먼 것은?

① 압축과정
② 등압냉각과정
③ 최종 상태는 압축액 또는 포화 혼합물 상태
④ 등온 팽창과정

해설
온도 변화가 없는 등온과정에서 가스의 액화는 불가능하다.

34 공기가 표준 대기압하에 있을 때 산소의 분압은 몇 [kPa]인가?

① 1.0
② 21.3
③ 80.0
④ 101.3

해설
공기가 표준 대기압하에 있을 때 산소의 분압
$P_{O_2} = 101.325 \times 0.21 \simeq 21.3 [kPa]$

35 냉동 사이클에서 냉매의 구비조건으로 가장 거리가 먼 것은?

① 임계온도가 높을 것
② 증발열이 클 것
③ 인화 및 폭발의 위험성이 낮을 것
④ 저온, 저압에서 응축이 되지 않을 것

해설
냉동기의 냉매가 갖추어야 할 조건
- 저소 : 응고온도, 액체 비열, 비열비, 점도, 표면장력, 증기의 비체적, 임계온도, 응축압력, 절연물 침식성, 인화성, 폭발성, 부식성, 누설 시 물품 손상, 악취, 가격
- 고대 : 임계온도, 증발잠열, 증발열, 증발압력, 윤활유와의 상용성, 열전도율, 전열작용, 환경친화성, 절연내력, 화학적 안정성, 무해성, 내부식성, 불활성, 비가연성, 누설 발견 용이성, 자동운전 용이성

36 열역학 제2법칙을 설명한 것이 아닌 것은?

① 사이클로 작동하면서 하나의 열원으로부터 열을 받아서 이 열을 전부 일로 바꾸는 것은 불가능하다.
② 에너지는 한 형태에서 다만 다른 형태로 바뀔 뿐이다.
③ 제2종 영구기관을 만든다는 것은 불가능하다.
④ 주위에 아무런 변화를 남기지 않고 열을 저온의 열원으로부터 고온의 열원으로 전달하는 것은 불가능하다.

해설
'에너지는 한 형태에서 다만 다른 형태로 바뀔 뿐이다'는 열역학 제1법칙이다.

37 가스터빈에 대한 이상적인 공기 표준 사이클로서 정압연소 사이클이라고도 하는 것은?

① Stirling 사이클
② Ericsson 사이클
③ Diesel 사이클
④ Brayton 사이클

해설
브레이턴 사이클 : 가스터빈의 이상적인 공기 표준 사이클로서, 정압연소 사이클이라고도 한다.

38 다음 중 온도에 따라 증가하지 않는 것은?

① 증발잠열
② 포화액의 내부에너지
③ 포화증기의 엔탈피
④ 포화액의 엔트로피

해설
증발잠열은 온도가 일정할 때 상태만 변화시키는 열량을 의미하므로, 온도에 따라 증가하지 않는다.

39 온도 127[℃]에서 포화수 엔탈피는 560[kJ/kg], 포화증기의 엔탈피는 2,720[kJ/kg]일 때 포화수 1[kg]이 포화증기로 변화하는 데 따르는 엔트로피의 증가는 몇 [kJ/kg·K]인가?

① 1.4 ② 5.4
③ 6.8 ④ 21.4

해설
$$\Delta S = \frac{\Delta Q}{T} = \frac{h'' - h'}{T_s} = \frac{2,720 - 560}{127 + 273} \simeq 5.4 [kJ/kg \cdot K]$$

40 밀도가 800[kg/m³]인 액체와 비체적이 0.0015[m³/kg]인 액체를 질량비 1:1로 잘 섞으면 혼합액의 밀도는 몇 [kg/m³]인가?

① 721 ② 727
③ 733 ④ 739

해설
질량비 1:1이므로

$$혼합액의\ 비체적 = \frac{(1/800) + 0.0015}{2} = 1.375 \times 10^{-3} [m^3/kg]$$

$$\therefore 혼합액의\ 밀도 = \frac{1}{1.375 \times 10^{-3}} \simeq 727 [kg/m^3]$$

제3과목 | 계측방법

41 세라믹식 O_2계의 특징에 대한 설명으로 틀린 것은?

① 측정가스의 유량이나 설치장소 주위의 온도 변화에 의한 영향이 작다.
② 연속 측정이 가능하며, 측정범위가 넓다.
③ 측정부의 온도 유지를 위해 온도 조절용 전기로가 필요하다.
④ 저농도 가연성 가스의 분석에 적합하고 대기오염 관리 등에서 사용된다.

해설
세라믹식 O_2계 : (전기적 성질인) 기전력을 이용하여 산소농도를 측정하는 가스분석계
- 고온이 되면 산소 이온만 통과시키고 전자나 양이온은 거의 통과시키지 않는 특수한 도전성 나타내는 지르코니아(Zr)의 특성을 이용하여 산소 농담을 전지를 만들어 시료가스 중의 산소농도를 측정한다.
- 비교적 응답이 빠르며(5~30초) 측정가스의 유량이나 설치장소의 주위 온도 변화에 의한 영향이 작다.
- 연속 측정이 가능하며 측정범위가 광범위(ppm~%)하다.
- 측정부의 온도 유지를 위하여 온도 조절 전기로가 필요하다.

42 열전대 온도계가 구비해야 할 사항에 대한 설명으로 틀린 것은?

① 주위의 고온체로부터 복사열의 영향으로 인한 오차가 생기지 않도록 주의해야 한다.
② 보호관 선택 및 유지관리에 주의한다.
③ 열전대는 측정하고자 하는 곳에 정확히 삽입하여 삽입한 구멍을 통하여 냉기가 들어가지 않게 한다.
④ 단자의 (+), (−)와 보상도선의 (−), (+)를 결선해야 한다.

해설
단자의 (+), (−)를 보상도선의 (+), (−)와 일치하도록 연결하여 감온부의 열팽창에 의한 오차가 발생하지 않도록 하여야 한다.

43 배관의 유속을 피토관으로 측정한 결과 마노미터 수주의 높이가 29[cm]일 때 유속은?

① 1.69[m/sec]
② 2.38[m/sec]
③ 2.94[m/sec]
④ 3.42[m/sec]

해설
$v = \sqrt{2g\Delta h} = \sqrt{2 \times 9.8 \times 0.29} \approx 2.38[\text{m/sec}]$

44 피토관(Pitot Tube)의 사용 시 주의사항으로 틀린 것은?

① 5[m/sec] 이하의 기체에는 부적당하다.
② 더스트(Dust), 미스트(Mist) 등이 많은 유체에 적합하다.
③ 피토관의 헤드 부분은 유동 방향에 대해 평행하게 부착한다.
④ 흐름에 대해 충분한 강도를 가져야 한다.

해설
피토관은 더스트, 미스트 등이 많은 유체에는 부적당하다.

45 가스크로마토그래피법에서 사용하는 검출기 중 수소염 이온화검출기를 의미하는 것은?

① ECD
② FID
③ HCD
④ FTD

해설
수소염이온화 검출기(FID ; Flame Ionization Detector) : FID는 수소연소 노즐, 이온수집기와 함께 대극 및 배기구로 구성되는 본체와 이 전극 사이에 직류전압을 주어 흐르는 이온전류를 측정하기 위한 직류전압 변환회로, 감도조절부, 신호감쇄부 등으로 구성된다.

46 벤투리미터(Venturi Meter)의 특성으로 옳은 것은?

① 오리피스에 비해 가격이 저렴하다.
② 오리피스에 비해 공간을 적게 차지한다.
③ 압력손실이 적고 측정 정도가 높다.
④ 파이프와 목 부분의 지름비를 변화시킬 수 있다.

해설
벤투리(Venturi)
조리개부가 유선형에 가까운 형상으로 설계되어 축류의 영향을 비교적 적게 받게 하고 조리개에 의한 압력손실을 최대한으로 줄인 조리개 형식의 유량계
• 압력손실이 적고 측정 정도가 높다.
• 파이프와 목 부분의 지름비를 변화시킬 수 없다.
• 구조가 복잡하고 공간을 많이 차지하며 대형이며 비싸다.

47 점성계수 μ = 0.85poise, 밀도 ρ = 85[sec^2/m^4]인 유체의 동점계수는?

① 1[m^2/sec]
② 0.1[m^2/sec]
③ 0.01[m^2/sec]
④ 0.001[m^2/sec]

해설
동점성계수
$$\nu = \frac{\mu}{\rho} = \frac{0.85 \times 0.1 [\text{s}/\text{m}^2]}{85[\text{s}^2/\text{m}^4]} = 0.001[\text{m}^2/\text{sec}]$$

48 출력측의 신호를 입력측에 되돌려 비교하는 제어방법은?

① 인터로크(Interlock)
② 시퀀스(Sequence)
③ 피드백(Feed-back)
④ 리셋(Reset)

해설
피드백(Feed-back) : 출력측의 신호를 입력측에 되돌려 비교하는 제어방법

49 가스의 자기성(磁氣性)을 이용한 분석계는?

① CO_2계
② SO_2계
③ O_2계
④ 가스크로마토그래피

해설
O_2계 가스분석계 : O_2가스의 자기성(상자성)을 이용한 가스분석계

50 방사 온도계의 특징에 대한 설명으로 틀린 것은?

① 방사율에 대한 보정량이 크다.
② 측정거리에 따라 오차 발생이 작다.
③ 발신기의 온도가 상승하지 않게 필요에 따라 냉각한다.
④ 노벽과의 사이에 수증기, 탄산가스 등이 있으면 오차가 생기므로 주의해야 한다.

해설
방사 온도계는 측정거리에 따라 오차 발생이 크다.

51 2개의 제어계를 조합하여 1차 제어장치의 제어량을 측정하여 제어명령을 발하고 2차 제어장치의 목표치를 설정하는 제어방식은?

① 정치제어
② 추치제어
③ 캐스케이드 제어
④ 피드백 제어

해설
캐스케이드 제어에서는 1차 제어장치로 제어량을 측정하고, 2차 제어장치로 제어량을 조절한다.

정답 47 ④ 48 ③ 49 ③ 50 ② 51 ③

52 다음 중 직접식 액위계에 해당하는 것은?

① 플로트식
② 초음파식
③ 방사선식
④ 정전용량식

해설
직접식 액위계는 플로트식이며 ②, ③, ④는 모두 간접식 액위계에 해당한다.

53 열전대(Thermo Couple)는 어떤 원리를 이용한 온도계인가?

① 열팽창률차
② 전위차
③ 압력차
④ 전기저항차

해설
열전대 온도계는 전위차(열기전력의 차)를 이용한다.

54 침종식 압력계에 대한 설명으로 틀린 것은?

① 봉입액은 자주 세정 혹은 교환하여 청정하도록 유지한다.
② 압력 취출구에서 압력계까지 배관은 가능한 한 길게 한다.
③ 계기 설치는 똑바로 수평으로 하여야 한다.
④ 봉입액의 양은 일정하게 유지해야 한다.

해설
압력 취출구에서 압력계까지 배관은 직선으로 가능한 한 짧게 한다.

55 색 온도계의 특징이 아닌 것은?

① 방사율의 영향이 크다.
② 광흡수에 영향이 작다.
③ 응답이 빠르다.
④ 구조가 복잡하며 주위로부터 빛 반사의 영향을 받는다.

해설
색 온도계는 방사율의 영향이 작다.

56 전기저항식 온도계 중 백금(Pt) 측온저항체에 대한 설명으로 틀린 것은?

① 0[℃]에서 500[Ω]을 표준으로 한다.
② 측정온도는 최고 약 500[℃] 정도이다.
③ 저항온도계수는 작으나 안정성이 좋다.
④ 온도 측정 시 시간 지연의 결점이 있다.

해설
백금 측온저항체 : 0[℃]에서 100[Ω], 50[Ω], 25[Ω] 등을 사용한다.

57 수분흡수법에 의해 습도를 측정할 때 흡수체로 사용하기에 부적절한 것은?

① 오산화인
② 활성탄
③ 실리카겔
④ 황산

해설
활성탄은 흡수제가 아니라 건조제에 해당된다.

58 시료가스 중의 CO_2, 탄화수소, 산소 CO 및 질소성분을 분석할 수 있는 방법으로 흡수법 및 연소법의 조합인 분석법은?

① 분젠-실링(Bunsen Schiling)법
② 헴펠(Hempel)식 분석법
③ 정커스(Junkers)식 분석법
④ 오르자트(Orsat)분석법

해설
흡수법과 연소법의 조합법 : 헴펠법

59 다음 압력계 중 정도가 가장 높은 것은?

① 경사관식
② 부르동관식
③ 다이어프램식
④ 링밸런스식

해설
경사관식 압력계는 정도가 ±0.01[mmH_2O]로 가장 높고 미압 측정용으로 적합하다. 부르동관식, 다이어프램식, 링밸런스식의 정도는 모두 ±1~2[%]이다.

60 다음 중 자동조작장치로 쓰이지 않는 것은?

① 전자개폐기
② 안전밸브
③ 전동밸브
④ 댐퍼

해설
자동조작장치 : 전자개폐기, 전동밸브, 댐퍼 등(안전밸브는 아님)

정답 57 ② 58 ② 59 ① 60 ②

제4과목 | 열설비재료 및 관계법규

61 에너지사용계획에 대한 검토결과 공공사업주관자가 조치요청을 받은 경우, 이를 이행하기 위하여 제출하는 이행계획에 포함되어야 할 내용이 아닌 것은?

① 이행주체
② 이행방법
③ 이행장소
④ 이행시기

해설
에너지사용계획 검토결과 공공사업주관자가 조치요청을 받았을 때, 제출해야 하는 조치이행계획 포함 내용 : 이행주체, 이행방법, 이행시기 등(산업통상부장관)

62 고온용 무기질 보온재로서 석영을 녹여 만들며, 내약품성이 뛰어나고, 최고 사용온도가 1,100[℃] 정도인 것은?

① 유리섬유(Glass Wool)
② 석면(Asbestos)
③ 펄라이트(Pearlite)
④ 세라믹 파이버(Ceramic Fiber)

해설
세라믹 파이버 : 용융석영을 방사하여 제조하며 융점이 높고 내약품성이 우수하여 최고 사용온도가 약 1,100[℃]인 단열 보온재이다.

63 내화물 SK26번이면 용융온도 1,580[℃]에 견디어야 한다. SK30번이라면 약 몇 [℃]에 견디어야 하는가?

① 1,460[℃]
② 1,670[℃]
③ 1,780[℃]
④ 1,800[℃]

해설
내화물의 사용온도범위 : SK26번 1,580[℃], SK30번 1,670[℃], SK34번 1,750[℃], SK40번 1,920[℃], SK42번 2,000[℃]

64 검사대상기기 중 검사에 불합격된 검사대상기기를 사용한 자의 벌칙규정은?

① 5백만원 이하의 벌금
② 1년 이하의 징역 또는 1천만원 이하의 벌금
③ 2년 이하의 징역 또는 2천만원 이하의 벌금
④ 3천만원 이하의 벌금

해설
검사에 불합격된 검사대상기기를 사용한 자에게는 1년 이하의 징역 또는 1천만원 이하의 벌금에 처한다.

65 다음 중 연속가열로의 종류가 아닌 것은?

① 푸셔(Pusher)식 가열로
② 워킹-빔(Working Beam)식 가열로
③ 대차식 가열로
④ 회전로상식 가열로

해설
연속식 가열로 : 강편을 압연온도까지 가열하기 위하여 사용되는 가열로이며, 강제 이동방식에 따라 Pusher Type, Walking Beam Type, Walking Hearth Type, 회전로상식(Rotary(혹은 Roller) Hearth Type) 등의 종류가 있다.

66 제조업자 등이 광고매체를 이용하여 효율관리기자재의 광고를 하는 경우 그 광고내용에 포함시켜야 할 사항인 것은?

① 에너지 최저 효율
② 에너지 사용량
③ 에너지 소비효율
④ 에너지 평균 소비량

해설
효율관리기자재의 광고에 포함하여야 하는 사항 : 에너지 소비효율 등급 또는 에너지 소비효율

정답 61 ③ 62 ④ 63 ② 64 ② 65 ③ 66 ③

67 용접검사가 면제되는 대상기기가 아닌 것은?

① 용접 이음이 없는 강관을 동체로 한 헤더
② 최고 사용압력이 0.35[MPa] 이하이고, 동체의 안지름이 600[mm]인 전열교환식 1종 압력용기
③ 전열면적이 30[m²] 이하의 유류용 주철제 증기 보일러
④ 전열면적이 18[m²] 이하이고, 최고 사용압력이 0.35[MPa]인 온수 보일러

해설
용접검사 면제대상기기
- 전열면적이 5[m²] 이하이고, 최고 사용압력이 0.35[MPa] 이하인 강철제 보일러
- 주철제 보일러
- 1종 관류 보일러
- 전열면적이 18[m²] 이하이고, 최고 사용압력이 0.35[MPa] 이하인 온수 보일러
- 용접 이음(동체와 플랜지와의 용접 이음은 제외한다)이 없는 강관을 동체로 한 헤더
- 동체의 두께가 6[mm] 미만인 압력용기로서 최고 사용압력[MPa]과 내부 부피[m³]를 곱한 수치가 0.02 이하(난방용의 경우에는 0.05 이하)인 것
- 전열교환식 압력용기로서 최고 사용압력이 0.35[MPa] 이하이고, 동체의 안지름이 600[mm] 이하인 것

68 인정검사대상기기관리자(한국에너지공단에서 검사대상기기 조종에 관한 교육이수자)가 조종할 수 없는 검사대상기기는?

① 압력용기
② 열매체를 가열하는 보일러로서 용량이 581.5[kW] 이하인 것
③ 온수를 발생하는 보일러로서 용량 581.5[kW] 이하인 것
④ 증기 보일러로서 최고 사용압력이 2[MPa] 이하이고, 전열면적이 5[m²] 이하인 것

해설
증기 보일러로서 최고 사용압력이 1[MPa] 이하이고, 전열면적이 10[m²] 이하인 것

69 검사대상기기관리자를 해임한 경우 한국에너지공단이사장에게 신고사유가 발생한 날부터 며칠 이내에 신고하여야 하는가?

① 7일 ② 10일
③ 20일 ④ 30일

해설
검사대상기기관리자의 해임신고 : 신고사유 발생일로부터 30일 이내 신고

70 회전가마(Rotary Kiln)에 대한 설명으로 틀린 것은?

① 일반적으로 시멘트, 석회석 등의 소성에 사용된다.
② 온도에 따라 소성대, 가소대, 예열대, 건조대 등으로 구분된다.
③ 소성대에는 황산염이 함유된 클링커가 용융되어 내화 벽돌을 침식시킨다.
④ 시멘트 클링커의 제조방법에 따라 건식법, 습식법, 반건식법으로 분류된다.

해설
회전가마는 주로 황산염과 관련성이 없는 제조 분야인 시멘트 제조에 사용된다.

71 보온재의 열전도율에 대한 설명으로 틀린 것은?

① 재료의 두께가 두꺼울수록 열전도율이 작아진다.
② 재료의 밀도가 클수록 열전도율이 작아진다.
③ 재료의 온도가 낮을수록 열전도율이 작아진다.
④ 재질 내 수분이 적을수록 열전도율이 작아진다.

해설
재료의 밀도가 클수록 열전도율도 커진다.

72 경화건조 후 부피 비중이 가장 큰 캐스터블 내화물은?

① 점토질 ② 고알루미나질
③ 크롬질 ④ 내화단열질

해설
경화건조 후 부피 비중
- 크롬질 : 2.7~2.9
- 고알루미나질 : 1.9~2.1
- 점토질 : 1.6~2.1
- 내화 단열질 : 1.0~1.3

73 파이프의 축 방향 응력(σ)을 나타낸 식은?(단, D는 파이프의 내경[mm], p는 원통의 내압[kg/cm²], σ는 축 방향 응력[kg/mm²], t는 파이프의 두께[mm]이다)

① $\sigma = \dfrac{\pi p D}{400t}$ ② $\sigma = \dfrac{pD}{400t}$

③ $\sigma = \dfrac{pD}{200t}$ ④ $\sigma = \dfrac{\pi p D}{200t}$

해설
관에 작용하는 응력
축 방향 응력 $\sigma_a = \dfrac{pD}{4t}$
(여기서, p : 내압, D : 관의 내경)에서 내압을 단위 환산하면, $\sigma_a = \dfrac{pD}{400t}$ 가 된다.

74 검사대상기기관리자는 선임된 날부터 얼마 이내에 교육을 받아야 하는가?

① 1개월 ② 3개월
③ 6개월 ④ 1년

해설
검사대상기기관리자는 선임된 날로부터 6개월 이내에 교육을 받아야 한다.

75 냉난방온도의 제한온도 기준 중 냉난방온도 제한 건물(판매시설 및 공항은 제외)의 냉방 제한온도는?

① 18[℃] 이하 ② 20[℃] 이상
③ 22[℃] 이하 ④ 26[℃] 이상

해설
냉난방 제한 건물의 냉방 제한온도는 26[℃] 이상이다.

76 에너지와 관련된 용어의 정의에 대한 설명으로 틀린 것은?

① 에너지라 함은 연료, 열 및 전기를 말한다.
② 연료라 함은 석유, 가스, 석탄, 그 밖에 열을 발생하는 열원을 말한다.
③ 에너지사용자라 함은 에너지를 전환하여 사용하는 자를 말한다.
④ 에너지사용기자재라 함은 열사용기자재나 그 밖의 에너지를 사용하는 기자재를 말한다.

해설
에너지사용자라 함은 에너지사용시설의 소유자 또는 관리자를 말한다.

77 제강 평로에서 채용되고 있는 배열회수방법으로서 배기가스의 현열을 흡수하여 공기나 연료가스 예열에 이용될 수 있도록 한 장치는?

① 축열실　　② 환열기
③ 폐열 보일러　　④ 판형 열교환기

[해설]
축열실 : 배기가스에 현열을 흡수하여 공기나 연료가스 예열에 이용하여 열효율을 증가시키는 배열회수장치

78 연료를 사용하지 않고 용선의 보유열과 용선 속의 불순물의 산화열에 의하여 노 내 온도를 유지하며 용강을 얻는 것은?

① 평로　　② 고로
③ 반사로　　④ 전로

[해설]
전로(Converter) : 연료를 사용하지 않고 용선의 보유열과 용선 속의 불순물의 산화열에 의해서 노 내 온도를 유지하며 용강을 얻는 제강로(LD 전로 : 생석회(CaCO)와 같은 매용제가 필요한 노)

79 원관을 흐르는 층류에 있어서 유량의 변화는?

① 관의 반지름의 제곱에 비례해서 증가한다.
② 압력 강하에 반비례하여 증가한다.
③ 관의 길이에 비례하여 증가한다.
④ 점성계수에 반비례해서 증가한다.

[해설]
① 관의 지름의 4제곱에 비례하여 증가한다.
② 압력 강하에 비례하여 증가한다.
③ 관의 길이에 반비례하여 증가한다.

80 에너지사용계획을 수립하여 산업통상자원부장관에게 제출하여야 하는 공공사업주관자에 해당하는 시설 규모는?

① 연간 1천[TOE] 이상의 연료 및 열을 사용하는 시설
② 열간 2천[TOE] 이상의 연료 및 열을 사용하는 시설
③ 연간 2천5백[TOE] 이상의 연료 및 열을 사용하는 시설
④ 연간 1만[TOE] 이상의 연료 및 열을 사용하는 시설

[해설]
공공사업주관자
다음의 어느 하나에 해당하는 시설을 설치하려는 자로 에너지사용계획을 수립하여 산업통상자원부장관에게 제출해야 한다.
• 연간 2천5백[TOE] 이상의 연료 및 열을 사용하는 시설
• 연간 1천만[kWh] 이상의 전력을 사용하는 시설

제5과목 | 열설비설계

81 보일러의 부속장치 중 여열장치가 아닌 것은?

① 공기예열기　　② 송풍기
③ 재열기　　④ 절탄기

[해설]
폐열회수장치(여열장치) : 과열기, 재열기, 절탄기, 공기예열기

정답　77 ①　78 ④　79 ④　80 ③　81 ②

82 보일러수에 녹아 있는 기체를 제거하는 탈기기(脫氣器)가 제거하는 대표적인 용존가스는?

① O_2
② H_2SO_4
③ H_2S
④ SO_2

해설
탈기법 : 탈기기로 산소(O_2)가스, 이산화탄소(CO_2) 가스 등을 제거(진공탈기법, 가열탈기법)

83 다음 중 보일러의 탈산소제로 사용되지 않는 것은?

① 아황산나트륨
② 하이드라진
③ 타 닌
④ 수산화나트륨

해설
용존산소를 제거할 목적으로 사용하는 탈산소제 : 하이드라진, 아황산나트륨(아황산소다), 타닌

84 보일러 급수 중에 함유되어 있는 칼슘(Ca) 및 마그네슘(Mg)의 농도를 나타내는 척도는?

① 탁 도
② 경 도
③ BOD
④ pH

해설
경도 : 보일러 급수에 함유되어 있는 칼슘(Ca) 및 마그네슘(Mg)의 농도를 나타내는 척도

85 두께 10[mm]의 강판으로 내경 1,000[mm]인 원통을 만들면 최대 어느 압력까지 사용할 수 있는가? (단, 허용 인장응력은 7[kgf/mm²], 이음효율은 70[%]로 한다)

① 7.6[kgf/cm²]
② 8.3[kgf/cm²]
③ 9.7[kgf/cm²]
④ 10.5[kgf/cm²]

해설
$t = \dfrac{PD}{2\sigma_a \eta}$ 에서
$P = \dfrac{2\sigma_a \eta t}{D} = \dfrac{200 \times 7 \times 0.7 \times 10}{1,000} = 9.8 [\text{kgf/cm}^2]$

86 두께 20[cm]의 벽돌의 내측에 10[mm]의 모르타르와 5[mm]의 플라스터 마무리로 시행하고, 외측은 두께 15[mm]의 모르타르 마무리로 시공한 다층벽의 열관류율은?(단, 실내측벽 표면의 열전달률은 α_1 = 8[kcal/m²·h·℃], 실외측벽 표면의 열전달률은 α_o = 20[kcal/m²·h·℃], 플라스터의 열도율은 λ_1 = 0.5[kcal/m·h·℃], 모르타르의 열전도율은 λ_2 = 1.3[kcal/m·h·℃], 벽돌의 열전달률은 λ_3 = 0.65[kcal/m²·h·℃]이다)

① 1.9[kcal/m²·h·℃]
② 4.5[kcal/m²·h·℃]
③ 8.7[kcal/m²·h·℃]
④ 12.1[kcal/m²·h·℃]

해설
$K = \dfrac{1}{R} = \dfrac{1}{\left(\dfrac{1}{\alpha_i} + \sum\limits_{i=1}^{n} \dfrac{L_i}{\lambda_i} + \dfrac{1}{\alpha_o}\right)}$

$= \dfrac{1}{\dfrac{1}{8} + \left(\dfrac{0.2}{0.65} + \dfrac{0.01}{1.3} + \dfrac{0.005}{0.5}\right) + \dfrac{1}{20}}$

$\simeq 1.9 [\text{kcal/m}^2 \cdot h \cdot ℃]$

정답 82 ① 83 ④ 84 ② 85 ③ 86 ①

87 용접에서 발생한 잔류응력을 제거하기 위한 열처리는?

① 뜨임(Tempering)
② 풀림(Annealing)
③ 담금질(Quenching)
④ 불림(Nomalizing)

해설
용접에서 발생한 잔류응력을 제거하려면 풀림(Annealing) 열처리를 해야 한다.

88 보일러 연소 시 그을음의 발생원인이 아닌 것은?

① 통풍력이 부족한 경우
② 연소실의 온도가 낮은 경우
③ 연소장치가 불량인 경우
④ 연소실의 면적이 큰 경우

해설
보일러 연소 시 그을음
• 발생원인 : 통풍력 부족, 연소실의 낮은 온도, 연소장치 불량, 협소한 연소실 면적
• 대책 : 적절한 통풍력, 연소실 온도 상승, 연소장치 불량 부위 수리, 연소실 면적 증가

89 강관의 두께가 10[mm]이고 리벳의 직경이 16.8[mm] 이면 리벳 구멍의 피치가 60.2[mm]의 1줄 겹치기 리벳조인트가 있을 때 이 강판의 효율은?

① 58[%]   ② 62[%]
③ 68[%]   ④ 72[%]

해설
강판의 효율
$\eta_t = \left(1 - \dfrac{d}{p}\right) \times 100[\%] = \left(1 - \dfrac{16.8}{60.2}\right) \times 100[\%] \simeq 72[\%]$

90 관판의 두께가 10[mm]이고, 관 구멍의 직경이 30[mm]인 연관 보일러 연관의 최소 피치는?

① 약 37.2[mm]   ② 약 43.5[mm]
③ 약 53.2[mm]   ④ 약 64.9[mm]

해설
연관 보일러 연관의 최소 피치
$p = (1 + 4.5/t)d = (1 + 4.5/10) \times 30 \simeq 43.5[mm]$
(여기서, t : 연관판 두께, d : 관 구멍의 지름)

91 직경 200[mm] 철관을 이용하여 매분 1,500[L]의 물을 흘려보낼 때 철관 내의 유속은?

① 0.59[m/sec]   ② 0.79[m/sec]
③ 0.99[m/sec]   ④ 1.19[m/sec]

해설
유량 $Q = CAv$에서
$v = \dfrac{Q}{CA} = \dfrac{Q}{A} = \dfrac{4Q}{\pi d^2} = \dfrac{4 \times 1.5}{3.14 \times 0.2^2 \times 60} \simeq 0.79[m/sec]$

92 파이프의 내경 D[mm]를 유량 Q[m³/sec]와 평균 속도 v[m/sec]로 표시한 식으로 옳은 것은?

① $D = 1,128\sqrt{\dfrac{Q}{v}}$

② $D = 1,128\sqrt{\dfrac{\pi v}{Q}}$

③ $D = 1,128\sqrt{\dfrac{Q}{\pi v}}$

④ $D = 1,128\sqrt{\dfrac{v}{Q}}$

해설
$Q = Av = \dfrac{\pi d^2 v}{4} = 0.785 v d^2$에서
$d = \sqrt{\dfrac{Q}{0.785 v}} \simeq 1.1287\sqrt{\dfrac{Q}{v}}[m] \simeq 1,128\sqrt{\dfrac{Q}{v}}[mm]$

정답 87 ② 88 ④ 89 ④ 90 ② 91 ② 92 ①

93 급수처리에 있어서 양질의 급수를 얻을 수 있으나 비용이 많이 들어 보급수의 양이 적은 보일러 또는 선박 보일러에서 해수로부터 청수를 얻고자 할 때 주로 사용하는 급수처리 방법은?

① 증류법
② 여과법
③ 석회소다법
④ 이온교환법

해설
증류법 : 양질의 급수를 얻을 수 있으나 비용이 많이 들어 보급수의 양이 적은 보일러 또는 선박 보일러에서 해수로부터 청수를 얻고자 할 때 주로 사용하는 급수처리법

95 피복아크용접에서 루트의 간격이 크게 되었을 때 보수하는 방법으로 틀린 것은?

① 맞대기 이음에서 간격이 6[mm] 이하일 때에는 이음부의 한쪽 또는 양쪽에 덧붙이를 하고 깎아내어 간격을 맞춘다.
② 맞대기 이음에서 간격이 16[mm] 이상일 때에는 판의 전부 혹은 일부를 바꾼다.
③ 필렛용접에서 간격이 1.5~4.5[mm]일 때에는 그대로 용접해도 좋지만 벌어진 간격만큼 각장을 작게 한다.
④ 필렛용접에 간격이 1.5[mm] 이하일 때에는 그대로 용접한다.

해설
필렛용접에서 간격이 1.5~4.5[mm]일 때에는 그대로 용접해도 좋지만 벌어진 간격만큼 각장을 크게 한다.

94 두께 150[mm]인 적벽돌과 100[mm]인 단열 벽돌로 구성되어 있는 내화 벽돌의 노벽이 있다. 이것의 열전도율은 각각 1.2[kcal/m·h·℃], 0.06[kcal/m·h·℃]이다. 이때 손실열량은?(단, 노 내 벽면의 온도는 800[℃]이고, 외벽면의 온도는 100[℃]이다)

① 289[kcal/m²·h]
② 390[kcal/m²·h]
③ 505[kcal/m²·h]
④ 635[kcal/m²·h]

해설
열전도율
$$K = \frac{1}{R} = \frac{1}{\frac{l_1}{\lambda_1} + \frac{l_2}{\lambda_2}} = \frac{1}{\frac{0.15}{1.2} + \frac{0.1}{0.06}} \simeq 0.558$$

손실열량
$$q = Q/A = K(t_1 - t_2) = 0.558 \times (800 - 100) \simeq 390[\text{kcal/m}^2\text{h}]$$

96 분리하는 방식에 따라 구분되는 집진장치의 종류가 아닌 것은?

① 건 식
② 습 식
③ 전기식
④ 전자식

해설
분리하는 방식에 따른 집진장치의 종류 : 건식, 습식, 전기식

97 관 스테이의 최소 단면적을 구하려고 한다. 이때 적용하는 설계 계산식은?(단, S : 관 스테이의 최소 단면적[mm²], A : 1개의 관 스테이가 지지하는 면적[cm²], a : A 중에서 관 구멍의 합계면적[cm²], P : 최고 사용압력[kgf/cm²]이다)

① $S = \dfrac{(A-a)P}{5}$ ② $S = \dfrac{(A-a)P}{10}$

③ $S = \dfrac{15P}{(A-a)}$ ④ $S = \dfrac{10P}{(A-a)}$

해설
관 스테이의 최소 단면적
$S = \dfrac{(A-a)P}{5}$
(여기서, A : 1개의 관 스테이가 지지하는 면적, a : A 중에서 관 구멍의 합계면적, P : 최고 사용압력)

98 증기압력 1.2[kg/cm²]의 포화증기(포화온도 104.25[℃], 증발잠열 536.1[kcal/kg])를 내경 52.9[mm], 길이 50[m]인 강관을 통해 이송하고자 할 때 트랩 선정에 필요한 응축수량은?(단, 외부온도 0[℃], 강관 총중량 300[kg], 강관비열 0.11[kcal/kg·℃]이다)

① 4.4[kg] ② 6.4[kg]
③ 8.4[kg] ④ 10.4[kg]

해설
$Q = mC\Delta t = w\gamma_0$ 에서
$w = \dfrac{mC\Delta t}{\gamma_0} = \dfrac{300 \times 0.11 \times (104.25 - 0)}{536.1} \approx 6.4[kg]$

99 내화물의 기계적 성질이 아닌 것은?

① 압축강도
② 용적 변화
③ 탄성률
④ 인장강도

해설
용적 변화는 내화물의 물리적 성질이다.

100 압력용기의 설치 상태에 대한 설명으로 틀린 것은?

① 압력용기는 1개소 이상 접지되어야 한다.
② 압력용기의 화상 위험이 있는 고온배관은 보온되어야 한다.
③ 압력용기의 기초는 약하여 내려앉거나 갈라짐이 없어야 한다.
④ 압력용기의 본체는 바닥에서 30[mm] 이상 높이에 설치되어야 한다.

해설
압력용기의 본체는 바닥에서 100[mm] 이상 높이에 설치되어야 한다.

2015년 제4회 과년도 기출문제

제1과목 | 연소공학

01 탄소 1[kg]을 연소시키는 데 필요한 공기량은?

① 1.87[Nm³/kg]
② 3.93[Nm³/kg]
③ 8.89[Nm³/kg]
④ 13.51[Nm³/kg]

해설
탄소의 연소방정식 C+O₂ → CO₂에서 탄소분자량이 12이고 산소 몰수가 1[mol]이므로 이론산소요구량은 $O_0 = 22.4/12 \simeq 1.87[\text{Nm}^3]$이며, 이론공기량은 $A_0 = O_0/0.21 = 1.87/0.21 \simeq 8.89[\text{Nm}^3/\text{kg}]$이다.

02 어떤 중유 연소 보일러의 연소 배기가스의 조성이 CO₂(SO₂ 포함) = 11.6[%], CO = 0[%], O₂ = 6.0[%], N₂ = 82.4[%]였다. 중유의 분석결과는 중량단위로 탄소 84.6[%], 수소 12.9[%], 황 1.6[%], 산소 0.9[%]로서 비중은 0.924이었다. 연소할 때 사용된 공기의 공기비는?

① 1.08
② 1.18
③ 1.28
④ 1.38

해설
$$m = \frac{N_2}{N_2 - 3.76(O_2 - 0.5CO)}$$
$$= \frac{82.4}{82.4 - 3.76 \times (6 - 0.5 \times 0)} \simeq 1.38$$

03 여과집진장치의 여과재 중 내산성, 내알칼리성이 모두 좋은 성질을 지닌 것은?

① 테트론
② 사 란
③ 비닐론
④ 글라스

해설
내산성, 내알칼리성이 모두 좋은 성질을 지닌 여과재는 비닐론이다.

04 통풍방식 중 평형통풍에 대한 설명으로 틀린 것은?

① 통풍력이 커서 소음이 심하다.
② 안정한 연소를 유지할 수 있다.
③ 노 내 정압을 임의로 조절할 수 있다.
④ 중형 이상의 보일러에는 사용할 수 없다.

해설
평형통풍은 중형 이상의 보일러에 사용된다.

05 연도가스를 분석한 결과 CO₂ 10.6[%], O₂ 4.4[%], CO가 0.0[%]였다. (CO₂)max는?

① 13.4[%]
② 19.5[%]
③ 22.6[%]
④ 35.0[%]

해설
탄산가스 최대량
$$CO_{2\max} = \frac{21 \times CO_2[\%]}{21 - O_2[\%]}$$
$$= \frac{21 \times 10.6}{21 - 4.4} = 13.4[\%]$$

06 순수한 CH_4를 건조공기로 연소시키고 난 기체화합물을 응축기로 보내 수증기를 제거시킨 다음, 나머지 자체를 Orsat법으로 분석한 결과, 부피비로 CO_2가 8.21[%], CO가 0.41[%], O_2가 5.02[%], N_2가 86.36[%]였다. CH_4 1[kg-mol]당 약 몇 [kg-mol]의 건조공기가 필요한가?

① 7.3[kg-mol] ② 8.5[kg-mol]
③ 10.3[kg-mol] ④ 12.1[kg-mol]

해설

공기비 $m = \dfrac{N_2}{N_2 - 3.76(O_2 - 0.5CO)}$

$= \dfrac{86.36}{86.36 - 3.76 \times (5.02 - 0.5 \times 0.41)} \simeq 1.265$이며

메탄의 이론공기량 $A_0 = O_0/0.21 = 2/0.21 = 9.52[Nm^3/Nm^3]$
이므로, 메탄의 실제공기량은
$A = mA_0 = 1.265 \times 9.52 \simeq 12.04[kg-mol]$

07 화염이 공급공기에 의해 꺼지지 않게 보호하며 선회기 방식과 보염판 방식으로 대별되는 장치는?

① 윈드박스 ② 스태빌라이저
③ 버너타일 ④ 컴버스터

해설

스태빌라이저(보염기) : 화염이 공급공기에 의해 꺼지지 않게 보호하며, 선회기 방식과 보염판 방식으로 대별되는 장치

08 분젠버너의 가스 유속을 빠르게 했을 때 불꽃이 짧아지는 이유는?

① 층류현상이 생기기 때문에
② 난류현상으로 연소가 빨라지기 때문에
③ 가스와 공기의 혼합이 잘 안 되기 때문에
④ 유속이 빨라서 미처 연소를 못하기 때문에

해설

분젠버너를 사용할 때 가스의 유출속도를 점차 빠르게 하면 난류현상으로 연소가 빨라져 불꽃 모양이 엉클어지면서 짧아진다.

09 저위발열량이 1,784[kcal/kg]인 석탄을 연소시켜 13,200[kg/h]의 증기를 발생시키는 보일러의 효율은?(단, 석탄의 소비량은 6,040[kg/h]이고, 증기의 엔탈피는 742[kcal/kg], 급수의 엔탈피는 23[kcal/kg]이다)

① 64[%] ② 74[%]
③ 88[%] ④ 94[%]

해설

$\eta_B = \dfrac{G_a(h_2 - h_1)}{H_L \times G_f} \times 100[\%]$

$= \dfrac{13,200 \times (742 - 23)}{1,784 \times 6,040} \times 100[\%]$

$= 88[\%]$

10 다음과 같은 조성의 석탄가스를 연소시켰을 때의 이론습연소가스량[Nm^3/Nm^3]은?

성분	CO	CO_2	H_2	CH_4	N_2
부피[%]	8	1	50	37	4

① 5.61 ② 4.61
③ 3.94 ④ 2.94

해설

$A_0 = \dfrac{1}{0.21}\sum($각 단위가스의 필요산소량$)$

$= \left(\dfrac{1}{0.21}\right)\left\{\dfrac{CO}{2} + \dfrac{H_2}{2} + \sum\left(m + \dfrac{n}{4}\right)C_mH_n - O_2\right\}$

$= \dfrac{0.5 \times 0.08 + 0.5 \times 0.5 + 2 \times 0.37}{0.21} \simeq 4.9[Nm^3/Nm^3]$

$G = (m - 0.21)A_0 + CO + H_2 + \sum(m + n/2)C_mH_n + (N_2 + CO_2 + H_2O)$

$= 0.79 \times 4.9 + 0.08 + 0.5 + 3 \times 0.37 + (0.04 + 0.01)$

$\simeq 5.61[Nm^3/Nm^3]$

11 이론공기량의 정의로 옳은 것은?

① 연소장치의 공급 가능한 최대의 공기량
② 단위량의 연료를 완전연소시키는 데 필요한 최대의 공기량
③ 단위량의 연료를 완전연소시키는 데 필요한 최소의 공기량
④ 단위량의 연료를 지속적으로 연소시키는 데 필요한 최대의 공기량

> [해설]
> 이론공기량(A_0)
> • 연료 연소 시 이론적으로 필요한 공기량
> • 연소에 필요한 최소한의 공기량
> • 완전연소에 필요한 최소 공기량

12 다음 중 건식 집진장치가 아닌 것은?

① 사이클론(Cyclone)
② 백필터(Bag Filter)
③ 멀티클론(Multiclone)
④ 사이클론 스크러버(Cyclone Scrubber)

> [해설]
> 사이클론 스크러버는 습식 집진장치다.

13 예혼합 연소방식의 특징으로 틀린 것은?

① 내부 혼합형이다.
② 불꽃의 길이가 확산 연소방식보다 짧다.
③ 가스와 공기의 사전 혼합형이다.
④ 역화 위험이 없다.

> [해설]
> 예혼합 연소방식은 역화 위험이 있다.

14 기체연료의 장점이 아닌 것은?

① 연소 조절이 용이하다.
② 운반과 저장이 용이하다.
③ 회분이나 매연이 없어 청결하다.
④ 적은 공기로 완전연소가 가능하다.

> [해설]
> 기체연료는 운반과 저장이 용이하지 않다.

15 중유연소에 있어서 화염이 불안정하게 되는 원인이 아닌 것은?

① 유압의 변동
② 노 내 온도가 높을 때
③ 연소용 공기의 과다(過多)
④ 물 및 기타 협잡물에 의한 분무의 단속(斷續)

> [해설]
> 중유연소에서 화염이 불안정하게 되는 원인
> • 유압의 변동
> • 노 내 온도가 너무 낮을 때
> • 연소용 공기의 과다
> • 물 및 기타 협잡물에 의한 분무의 단속

16 고체연료의 연료비(Fuel Ratio)를 옳게 나타낸 것은?

① $\dfrac{휘발분}{고정탄소}$
② $\dfrac{고정탄소}{휘발분}$
③ $\dfrac{탄소}{수소}$
④ $\dfrac{수소}{탄소}$

> [해설]
> 고체연료의 연료비 = $\dfrac{고정탄소[\%]}{휘발분[\%]}$

정답 11 ③ 12 ④ 13 ④ 14 ② 15 ② 16 ②

17 중유에 대한 일반적인 설명으로 틀린 것은?

① A중유는 C중유보다 점성이 작다.
② A중유는 C중유보다 수분 함유량이 적다.
③ 중유는 점도에 따라 A급, B급, C급으로 나뉜다.
④ C중유는 소형 디젤기관 및 소형 보일러에 사용된다.

해설
C중유는 대형 디젤기관 및 대형 보일러에 사용된다.

18 다음 중 매연 측정을 위해 사용하는 것은?

① 보염장치   ② 링겔만농도표
③ 레드우드 점도계   ④ 사이클론장치

해설
링겔만농도표는 매연 측정을 위해 사용된다.

19 배기가스 출구 연도에 댐퍼를 부착하는 주된 이유가 아닌 것은?

① 통풍력을 조절한다.
② 과잉공기를 조절한다.
③ 배기가스의 흐름을 차단한다.
④ 주연도, 부연도가 있는 경우에는 가스의 흐름을 바꾼다.

해설
과잉공기를 조절하는 것은 댐퍼의 역할이 아니다.

20 유압분무식 버너의 특징에 대한 설명 중 틀린 것은?

① 기름의 점도가 너무 높으면 무화가 나빠진다.
② 유지 및 보수가 간단하다.
③ 대용량의 버너 제작이 용이하다.
④ 분무 유량 조절의 범위가 넓다.

해설
분무 유량 조절의 범위가 좁다(2 : 1).

제2과목 | 열역학

21 다음 중 터빈에서 증기의 일부를 배출하여 급수를 가열하는 증기 사이클은?

① 사바테 사이클
② 재생 사이클
③ 재열 사이클
④ 오토 사이클

해설
재생 사이클 : 터빈에서 증기의 일부를 배출하여 급수를 가열하는 증기 사이클

22 비엔탈피가 326[kJ/kg]인 어떤 기체가 노즐을 통하여 단열적으로 팽창되어 비엔탈피가 322[kJ/kg]으로 되어 나간다. 유입속도를 무시할 때 유출속도는 몇 [m/sec]인가?

① 4.4   ② 22.6
③ 64.7   ④ 89.4

해설
$v_2 = 44.72\sqrt{h_1 - h_2} = 44.72\sqrt{326 - 322} \simeq 89.4[\text{m/sec}]$

23 다음 열역학선도 중 몰리에르선도(Mollier Chart)를 나타낸 것은?

① $P-V$ ② $T-S$
③ $H-P$ ④ $H-S$

해설
수증기 몰리에르선도 : $H-S$

24 냉동능력을 나타내는 단위로 0[℃]의 물을 24시간 동안에 0[℃]의 얼음으로 만드는 능력을 무엇이라 하는가?

① 냉동효과 ② 냉동마력
③ 냉동톤   ④ 냉동률

해설
냉동톤 : 냉동능력의 단위로, 0[℃]의 물을 24시간 동안에 0[℃]의 얼음으로 만드는 능력이다.

25 동일한 압력에서 100[℃], 3[kg]의 수증기와 0[℃], 3[kg] 물의 엔탈피 차이는 몇 [kJ]인가?(단, 평균 정압비열은 4.184[kJ/kg·K]이고, 100[℃]에서 증발잠열은 2,250[kJ/kg]이다)

① 638   ② 1,918
③ 2,668 ④ 8,005

해설
$\Delta H = m_1 C_v \Delta t + m_2 \gamma_0$
$= m(C_v \Delta t + \gamma_0) = 3 \times (4.184 \times 100 + 2,250) \simeq 8,005[kJ]$

26 공기를 왕복식 압축기를 사용하여 1기압에서 9기압으로 압축한다. 이 경우에 압축에 소요되는 일을 가장 작게 하기 위해서는 중간 단의 압력을 다음 중 어느 정도로 하는 것이 가장 적당한가?

① 2기압 ② 3기압
③ 4기압 ④ 5기압

해설
$\dfrac{P_m}{P_1} = \dfrac{P_2}{P_m}$ 에서
$P_m = \sqrt{P_1 P_2} = \sqrt{1 \times 9} = 3[atm]$

27 이상기체 1몰이 온도가 23[℃]로 일정하게 유지되는 등온과정으로 부피가 23[L]에서 45[L]로 가역팽창하였을 때 엔트로피 변화는 몇 [J/K]인가?(단, $\overline{R} = 8.314[kJ/kmol·K]$이다)

① −5.58 ② 5.58
③ −1.67 ④ 1.67

해설
$\Delta S = n \overline{R} \ln \dfrac{V_2}{V_1} = 1 \times 8.314 \times \ln \dfrac{45}{23} \simeq 5.58[J/K]$

28 다음 중 물의 임계압력에 가장 가까운 값은?

① 1.03[kPa] ② 100[kPa]
③ 22[MPa]   ④ 63[MPa]

해설
물의 임계압력
$P_c = 22[MPa] = 225.65[ata = kg/cm^2]$

29 이상적인 증기압축 냉동 사이클에서 증발온도가 동일하고 응축온도가 다음과 같을 때 성능계수가 가장 큰 경우는?

① 15[℃] ② 20[℃]
③ 30[℃] ④ 25[℃]

해설
이상적인 증기압축 냉동 사이클에서 증발온도가 동일할 경우 응축온도가 낮을수록 성능계수는 크다.

30 용기 속에 절대압력이 850[kPa], 온도 52[℃]인 이상기체가 49[kg] 들어 있다. 이 기체의 일부가 누출되어 용기 내 절대압력이 415[kPa], 온도가 27[℃] 되었다면 밖으로 누출된 기체는 약 몇 [kg]인가?

① 10.4 ② 23.1
③ 25.9 ④ 47.6

해설
용기 내 최초의 기체량을 m_1, 용기 내 나중의 기체량을 m_2라 하자.
이상기체의 상태방정식 $PV = mRT$에서 용기 내 체적이 일정하므로
$$V = \frac{m_1 R T_1}{P_1} = \frac{m_2 R T_2}{P_2}$$ 이며,
양변을 R로 나누면 $\frac{m_1 T_1}{P_1} = \frac{m_2 T_2}{P_2}$ 이므로
$$m_2 = \frac{m_1 T_1}{P_1} \times \frac{P_2}{T_2} = \frac{49 \times (52+273)}{850} \times \frac{415}{(27+273)} \simeq 25.917 [kg]$$
∴ 누출된 기체량 $= m_1 - m_2 = 49 - 25.917$
$= 23.083 \simeq 23.1 [kg]$

31 다음 그림은 디젤 사이클의 $P-V$ 선도이다. 단절비(Cut-off Ratio)에 해당하는 것은?(단, P는 압력, V는 체적이다)

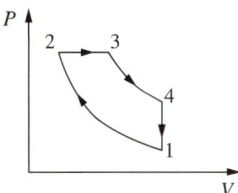

① V_1/V_2 ② V_3/V_2
③ V_4/V_3 ④ V_4/V_2

해설
차단비(Cut-off Ratio, 단절비 혹은 체절비, 등압팽창비)
$$\sigma = \frac{V_3}{V_2} = \frac{T_3}{T_2} = \frac{T_3}{T_1 \varepsilon^{k-1}}$$

32 200[℃], 2[MPa]의 질소 5[kg]을 정압과정으로 체적이 1/2이 될 때까지 냉각하는 데 필요한 열량은 약 얼마인가?(단, 질소의 비열비는 1.4, 기체상수는 0.297[kJ/kg·K]이다)

① -822[kJ]
② -1,230[kJ]
③ -1,630[kJ]
④ -2,450[kJ]

해설
정압비열은
$C_p = \frac{k}{k-1} R = \frac{1.4}{1.4-1} \times 0.297 \simeq 1.04 [kJ/kg \cdot K]$ 이며,
$Q = mC_p(T_2 - T_1) = mC_p T_1 \left(\frac{T_2}{T_1} - 1\right) = mC_p T_1 \left(\frac{V_2}{V_1} - 1\right)$
$= 5 \times 1.04 \times 473 \times (0.5 - 1) \simeq -1,230 [kJ]$

정답 29 ① 30 ② 31 ② 32 ②

33 공기온도가 15[℃], 대기압이 758.7[mmHg]일 때에 습도계로 공기 중 증기의 분압이 9.5[mmHg]임을 알았다. 건조공기의 밀도는 얼마인가?(단, 0[℃], 760[mmHg]일 때의 건조공기 밀도는 1.293[kg/m³] 이다)

① 1.02[kg/m³]
② 1.21[kg/m³]
③ 1.40[kg/m³]
④ 1.6[kg/m³]

해설
건조공기의 공기밀도
$$\rho_2 = \rho_1 \times \frac{T_1}{T_2} \frac{P_2}{P_1}$$
$$= 1.293 \times \frac{273}{288} \times \frac{758.7 - 9.5}{760} \simeq 1.21 [kg/m^3]$$

34 다음 그림은 어떤 사이클에 가장 가까운가?

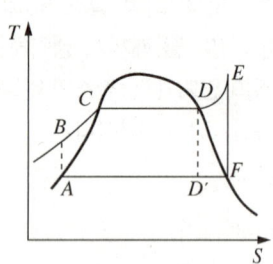

① 디젤 사이클
② 냉동 사이클
③ 오토 사이클
④ 랭킨 사이클

해설
랭킨 사이클(증기원동소의 증기동력 사이클)의 $T-S$ 선도
• AB 가역 단열과정(펌프과정)
• BE 정압가열(건포화증기)
• EF 단열팽창(터빈 > 복수기로 유입)
• EA 등온등압방열(포화수 응축)

35 동일한 압력하에서 포화수, 건포화증기의 비체적을 각각 v', v''로 하고, 건도 x의 습증기의 비체적을 v_x로 할 때 건도 x는 어떻게 표시되는가?

① $x = \dfrac{v'' - v'}{v_x + v'}$
② $x = \dfrac{v_x + v'}{v'' - v'}$
③ $x = \dfrac{v'' - v'}{v_x - v'}$
④ $x = \dfrac{v_x - v'}{v'' - v'}$

해설
건도
$$x = \frac{증기\ 중량}{습증기\ 중량} = \frac{v_x - v'}{v'' - v'} = \frac{(V/G) - v'}{v'' - v'}$$

36 30[℃]와 100[℃] 사이에서 냉동기를 가동시키는 경우 최대 성능계수(COP)는 약 얼마인가?

① 2.33
② 3.33
③ 4.33
④ 5.33

해설
성능계수
$$(COP)_R = \frac{T_2}{T_1 - T_2} = \frac{30 + 273}{(100 + 273) - (30 + 273)} = 4.33$$

37 압력을 일정하게 유지하면서 15[kg]의 이상기체를 300[K]에서 500[K]까지 가열하였다. 엔트로피 변화는 몇 [kJ/K]인가?(단, 기체상수는 0.189[kJ/kg·K], 비열비는 1.289이다)

① 5.273
② 6.459
③ 7.441
④ 8.175

해설
$$C_p = \frac{k}{k-1} R = \frac{1.289}{1.289 - 1} \times 0.189 = 0.843 [kJ/kg \cdot K]$$
$$\Delta S = m C_p \ln \frac{T_2}{T_1} = 15 \times 0.843 \times \ln \frac{500}{300} \simeq 6.459 [kJ/K]$$

38 출력이 100[kW]인 디젤 발전기에서 시간당 25[kg]의 연료를 소모한다. 연료의 발열량이 42,000[kJ/kg]일 때 이 발전기의 전환효율은 얼마인가?

① 34[%] ② 40[%]
③ 60[%] ④ 66[%]

해설

$$\eta = \frac{H}{H_L \times m_f}$$
$$= \frac{100[kW]}{42,000[kJ/kg] \times 25[kg/h]} = \frac{100 \times 3,600}{42,000 \times 25} \approx 34[\%]$$

39 노점온도(Dew Point Temperature)를 가장 옳게 설명한 것은?

① 공기, 수증기의 혼합물에서 수증기의 분압에 대한 수증기 과열 상태 온도
② 공기, 가스의 혼합물에서 가스의 분압에 대한 가스의 과랭 상태 온도
③ 공기, 수증기의 혼합물을 가열시켰을 때 증기가 없어지는 온도
④ 공기, 수증기의 혼합물에서 수증기의 분압에 해당하는 수증기의 포화온도

해설

노점온도(Dew Point Temperature) : 공기, 수증기의 혼합물에서 수증기의 분압에 해당하는 수증기의 포화온도

40 물에 관한 다음 설명 중 틀린 것은?

① 물은 4[℃] 부근에서 비체적이 최대가 된다.
② 물이 얼어 고체가 되면 밀도가 감소한다.
③ 임계온도보다 높은 온도에서는 액상과 기상을 구분할 수 없다.
④ 액체 상태의 물을 가열하여 온도가 상승하는 경우, 이때 공급한 열을 현열이라고 한다.

해설

물은 4[℃] 부근에서 비체적이 최소가 된다.

제3과목 | 계측방법

41 자동제어계에서 안정성의 척도가 되는 것은?

① 감 쇠
② 정상편차
③ 지연시간
④ 오버슈트(Overshoot)

해설

오버슈트는 제어시스템에서의 응답이 계단 변화가 도입된 후에 얻게 될 최종적인 값을 얼마나 초과하게 되는지 나타내는 척도로, 자동제어계에서 안정성의 척도가 된다.

42 다음 중 액주식(液柱式) 압력계가 아닌 것은?

① U자관 압력계
② 단관식 압력계
③ 링밸런스식 압력계
④ 격막식(Diaphragm) 압력계

해설

격막식 압력계는 탄성식 압력계에 해당된다.

43 다음 그림은 열전대의 결선방법과 냉접점을 나타낸 것이다. 냉접점을 표시하는 부분은?

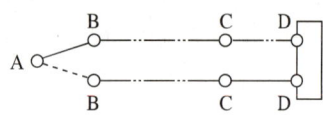

① A ② B
③ C ④ D

해설
- A : 열접점(측온접점)
- AB : 열전대
- B : 보상접점
- BC : 보상도선
- C : 냉접점
- D : 측정단자

44 연속동작으로 잔류편차(Off-set) 현상이 발생하는 제어동작은?

① 온오프(On-Off) 2위치 동작
② 비례동작(P동작)
③ 비례적분동작(PI동작)
④ 비례적분미분동작(PID동작)

해설
비례동작(P동작)에서는 연속동작이며 잔류편차 현상이 발생하는 제어동작이다.

45 서로 다른 2개의 금속판을 접합시켜 만든 바이메탈 온도계의 기본 작동원리는?

① 두 금속판의 비열의 차
② 두 열전도도의 차
③ 두 금속판의 열팽창계수의 차
④ 두 금속판의 기계적 강도의 차

해설
서로 다른 2개의 금속판을 접합시켜 만든 바이메탈 온도계의 기본 작동원리는 두 금속판의 열팽창계수의 차이다.

46 개방형 마노미터로 측정한 공기의 압력이 150[mm H₂O]일 때, 이 공기의 절대압력은?

① 약 150[kg/m²]
② 약 150[kg/cm²]
③ 약 151.033[kg/cm²]
④ 약 10,480[kg/m²]

해설
절대압력 = 대기압력 ± 게이지압력
= 10,330 + 150 = 10,480[kg/m²]

47 휴대용으로 상온에서 비교적 정도가 좋은 아스만(Asman) 습도계는 다음 중 어디에 속하는가?

① 간이 건습구 습도계
② 저항 습도계
③ 통풍형 건습구 습도계
④ 냉각식 노점계

해설
아스만 습도계는 통풍형 건습구 습도계에 속한다.

48 다음 중 물리적 가스분석법으로 가장 거리가 먼 것은?

① 적외선 흡수식
② 열전도율식
③ 연소열식
④ 자기식

해설
연소열식은 화학적 가스분석법이다.

49 부자식(Float) 면적유량계에 대한 설명으로 틀린 것은?

① 압력손실이 작다.
② 정밀 측정에는 부적당하다.
③ 대유량의 측정에 적합하다.
④ 수직배관에만 적용이 가능하다.

해설
부자식 면적유량계는 소유량 측정에 적합하다.

50 전기저항 온도계의 특징에 대한 설명으로 틀린 것은?

① 자동 기록이 가능하다.
② 원격 측정이 용이하다.
③ 700[℃] 이상의 고온 측정에서 특히 정확하다.
④ 온도가 상승함에 따라 금속의 전기저항이 증가하는 현상을 이용한 것이다.

해설
전기저항 온도계로는 최고 500[℃]까지만 측정 가능하다.

51 산소의 농도를 측정할 때 기전력을 이용하여 분석·계측하는 분석계는?

① 자기식 O_2계
② 세라믹식 O_2계
③ 연소식 O_2계
④ 밀도식 O_2계

해설
세라믹식 O_2계 : 산소의 농도를 측정할 때 기전력을 이용하여 분석·계측하는 분석계

52 정도가 높고 내열성은 강하나 환원성 분위기나 금속증기 중에는 약한 특징의 열전대는?

① 구리 콘스탄탄
② 철-콘스탄탄
③ 크로멜-알루멜
④ 백금-백금·로듐

해설
백금-백금·로듐 열전대 : 정도가 높고 내열성은 강하나 환원성 분위기나 금속증기 중에는 약하다.

53 제어계의 난이도가 큰 경우에 가장 적합한 제어동작은?

① 헌팅동작   ② PD동작
③ ID동작   ④ PID동작

해설
제어계의 난이도가 큰 경우에 가장 적합한 제어동작은 PID동작이다.

54 열전대 재료의 구비조건으로 틀린 것은?

① 장시간 사용에 견디며 이력현상(履歷現狀)이 없을 것
② 내열성으로 고온에도 기계적 강도를 가지고 고온의 공기나 가스 중에서 내식성이 좋을 것
③ 재생도가 높고 제조와 가공이 용이할 것
④ 열기전력이 작고 온도 상승에 따라 연속적으로 상승하지 않을 것

해설
열전대 재료는 열기전력이 크고, 온도 상승에 따라 연속적으로 상승해야 한다.

정답 49 ③ 50 ③ 51 ② 52 ④ 53 ④ 54 ④

55 산소(O_2)를 측정하기 위한 가스분석기의 산소 분압이 양극에서 0.5[kg/cm²], 음극에서 1.0[kg/cm²]로 각각 측정되었을 때 양극 사이의 기전력은?

① 16.8[mV] ② 15.7[mV]
③ 14.6[mV] ④ 13.5[mV]

해설
기전력
$$E[\text{mV}] = 55.7\log\frac{P_c}{P_a} = 55.7\log\frac{1}{0.5} \simeq 16.8[\text{mV}]$$

56 밀폐된 관에 수은 등과 같은 액체나 기체를 봉입한 것으로 온도에 따라 체적 변화를 일으켜 관 내에 생기는 압력의 변화를 이용하여 온도를 측정하는 특징의 온도계 종류로 가장 거리가 먼 것은?

① 차압식 ② 기포식
③ 부자식 ④ 액저압식

해설
압력식 온도계 : 압력식 온도계는 밀폐된 관에 수은 등과 같은 액체나 기체를 봉입한 것으로 온도에 따라 체적 변화를 일으켜 관 내에 생기는 압력의 변화를 이용하여 온도를 측정하는 접촉식 온도계이다. 그 종류에는 차압식, 기포식, 액저압식 등이 있다.

57 다음 중 압전저항효과를 이용한 압력계는?

① 액주형 압력계
② 아네로이드 압력계
③ 박막식 압력계
④ 스트레인게이지식 압력계

해설
스트레인게이지식 압력계 : 압전저항효과를 이용한 전기식 압력계

58 오차와 관련된 설명으로 틀린 것은?

① 흩어짐이 큰 측정을 정밀하다고 한다.
② 오차가 작은 계량기는 정확도가 높다.
③ 계측기가 가지고 있는 고유의 오차를 기차라고 한다.
④ 눈금을 읽을 때 시선의 방향에 따른 오차를 시차라고 한다.

해설
흩어짐이 큰 측정은 산포(분산)가 크다고 한다.

59 다이얼게이지를 이용하여 두께를 측정하는 방법 등이 이에 해당하며, 정확한 기준과 비교 측정하여 측정기 자신의 부정확한 원인이 되는 오차를 제거하기 위하여 사용되는 방법은?

① 편위법 ② 영위법
③ 치환법 ④ 보상법

해설
치환법 : 정확한 기준과 비교 측정하여 측정기 자신의 부정확한 원인이 되는 오차를 제거하기 위하여 사용되는 방법으로, 다이얼게이지를 이용하여 두께를 측정하는 방법 등이 이에 해당한다.

60 피토관에서 얻은 압력차 Δp[kg/m²]와 흐르는 유체와 유량 w[m³/sec]의 관계는?(단, k는 정수, g는 중력가속도[9.8m/sec²], γ은 유체의 비중량[kg/m³], A는 측정관의 단면적[m²]을 나타낸다)

① $w = k\sqrt{2g\gamma\Delta p}$
② $w = k\sqrt{\gamma\Delta p}$
③ $w = k\sqrt{2g\Delta p/\gamma}$
④ $w = k\sqrt{\gamma\Delta p/2g}$

해설
피토관의 유량
$Q = \gamma Av = k\sqrt{2g\Delta p/\gamma}$
(여기서, Q : 유량[m³/sec], γ : 유체의 비중량[kg/m³], A : 단면적[m²] v : 유속[m/sec], k : 정수, g : 중력가속도[m/sec²], Δp : 압력차[kgf/m²])

62 외경 76[mm]의 압력배관용 강관에 두께가 50[mm], 열전도율이 0.068[kcal/m·h·℃]인 보온재가 시공되어 있다. 보온재 내면온도가 260[℃]이고 외면온도가 30[℃]일 때 관 길이 10[m]당 열손실은?

① 313[kcal/h]
② 531[kcal/h]
③ 982[kcal/h]
④ 1,170[kcal/h]

해설
원형관 열전도 열손실
$Q = \dfrac{2\pi kL(t_1 - t_2)}{\ln(r_2/r_1)}$
$= \dfrac{2\pi \times 0.068 \times 10 \times (260-30)}{\ln(0.088/0.038)} \simeq 1,170[\text{kcal/h}]$

63 산업통상자원부장관은 에너지이용 합리화에 관한 기본계획을 몇 년마다 수립하는가?

① 5년   ② 3년
③ 2년   ④ 1년

해설
산업통상자원부장관은 에너지이용 합리화에 관한 기본계획을 5년마다 수립하여야 한다.

제4과목 | 열설비재료 및 관계법규

61 캐스터블(Castable) 내화물의 특징이 아닌 것은?

① 소성할 필요가 없다.
② 접합부 없이 노체를 구축할 수 있다.
③ 사용현장에서 필요한 형상으로 성형할 수 있다.
④ 온도의 변동에 따라 스폴링(Spalling)을 일으키기 쉽다.

해설
캐스터블은 내스폴링(Spalling)성이 우수하다.

64 점토질 단열재의 특징에 대한 설명으로 틀린 것은?

① 내스폴링성이 작다.
② 노벽이 얇아져서 노의 중량이 적다.
③ 내화재와 단열재의 역할을 동시에 한다.
④ 안전 사용온도는 1,300~1,500[℃] 정도이다.

해설
점토질 단열재는 내스폴링성이 우수하다.

65 에너지이용합리화법에 의거하여 산업통상자원부장관이 에너지저장의무를 부과할 수 있는 자로 가장 거리가 먼 것은?

① 석탄산업법에 의한 석탄가공업자
② 석유사업법에 의한 석유판매업자
③ 집단에너지사업법에 의한 집단에너지사업자
④ 연간 2만 석유환산톤 이상의 에너지를 사용하는 자

해설
에너지 저장의무 부과대상자 : 전기사업법에 따른 전기사업자, 도시가스사업법에 따른 도시가스사업자, 석탄산업법에 따른 석탄가공업자, 집단에너지사업법에 따른 집단에너지사업자, 연간 2만 석유환산톤[TOE] 이상의 에너지를 사용하는 자

66 에너지이용합리화법에 의한 에너지관리자의 기본 교육과정 교육기간은?

① 1일   ② 3일
③ 5일   ④ 7일

해설
에너지이용합리화법에 의한 에너지관리자의 기본 교육과정 교육기간 : 1일

67 효율기자재의 제조업자는 효율관리시험기관으로부터 측정결과를 통보받은 날로부터 며칠 이내에 그 측정결과를 한국에너지공단에 신고하여야 하는가?

① 15일   ② 30일
③ 90일   ④ 120일

해설
효율관리기자재의 제조업자는 효율관리시험기관으로부터 측정결과를 통보받은 날로부터 90일 이내에 그 측정결과를 한국에너지공단에 신고해야 한다.

68 산업통상자원부장관은 에너지이용 합리화를 위하여 필요하다고 인정하는 경우 효율관리기자재를 정하여 고시할 수 있다. 이에 따른 효율관리기자재에 해당하지 않는 것은?

① 전기냉장고   ② 조명기기
③ 개인용 PC   ④ 자동차

해설
효율관리기자재 : 전기냉장고, 전기냉방기, 전기세탁기, 조명기기, 삼상유도전동기, 자동차, 그 밖에 산업통상자원부장관이 그 효율의 향상이 특히 필요하다고 인정하여 고시하는 기자재 및 설비

69 광석을 용해되지 않을 정도로 가열하는 배소(Roasting)의 목적이 아닌 것은?

① 물리적 변화의 방지
② 화합수와 탄산염의 분해를 촉진
③ 황(S), 인(P) 등의 유해성분을 제거
④ 산화도를 변화시켜 제련이 용이

해설
배소(Roasting)
• 광석을 용해되지 않을 정도로 가열한다.
• 화학적 조성과 물리적 조직 변화가 발생한다.
• 화합수와 탄산염을 분해한다.
• 황, 인 등의 유해성분을 제거한다.
• 산화배소는 일반적으로 발열반응이다.
• 산화도를 변화시켜 자력선광을 할 수 있도록 하며 제련을 용이하게 한다.

70 에너지다소비사업자는 산업통상자원부령으로 정하는 바에 따라 에너지사용기자재의 현황을 매년 언제까지 시·도지사에게 신고하여야 하는가?

① 12월 31일까지   ② 1월 31일까지
③ 2월 말까지   ④ 3월 31일까지

해설
에너지다소비사업자는 산업통상자원부령으로 정하는 바에 따라 에너지사용기자재의 현황을 매년 1월 31일까지 시·도지사에게 신고하여야 한다.

71 성형물을 1,300[℃] 정도의 고온으로 소성하고자 할 때 일반적으로 열효율이 좋고, 온도 조절의 자동화가 쉬운 특징의 가마는?

① 터널가마
② 도염식 가마
③ 승염식 가마
④ 도염식 둥근 가마

해설
터널요(터널가마)
• 3대 구조부 : 예열부, 소성부, 냉각부
• 소성온도 : 1,300[℃] 정도의 고온
• 전체 길이 : 30~100[m]
• 예열, 소성, 냉각이 연속적으로 이루어지며 연소가스는 소성대에서 배기된다.
• 대량 생산이 가능하며 유지비가 저렴하다.
• 소성이 균일하여 제품의 품질이 좋다.
• 산화환원 소성의 조절이 쉽고 노 내 온도 조절이 용이하며 온도 조절의 자동화가 쉽다.
• 열효율이 좋아 연료비가 절감된다.
• 소성 서랭시간이 짧다.
• 가마의 바닥면적이 생산량에 비해 작고 노무비가 절감된다.
• 열 절연을 위하여 샌드 실(Sand Seal) 장치를 마련한다.
• 대차가 필요하다.
• 사용연료에 제한이 따른다.
• 제품의 품질, 크기, 형상 등에 제한을 받는다.

72 사용압력이 비교적 낮은 증기, 물 등의 유체수송관에 사용하며, 백관과 흑관으로 구분되는 강관은?

① SPP
② SPPH
③ SPHT
④ SPA

해설
일반배관용 탄소강관(SPP) : 350[℃] 이하에서 사용압력 10[kg/cm²] 이하인 저압의 관(증기, 물 등의 유체수송관)에 사용하며 백관과 흑관으로 구분되는 강관으로, 가스관이라고도 한다.

73 보온재의 시공방법에 대한 설명으로 틀린 것은?

① 물로 반죽하여 시공하는 보온재의 1차 시공 시 보온재의 두께는 50[mm]가 적당하다.
② 판상 보온재를 사용할 경우 두께가 75[mm]를 초과하는 경우에는 층을 두 개로 나누어 시공한다.
③ 보온재는 열전도성 및 내열성을 충분히 검토한 후 선택하여 사용하여야 한다.
④ 내화 벽돌을 사용할 경우 일반 보온재를 내층에, 내화 벽돌은 외층으로 하여 밀착·시공한다.

해설
물로 반죽하여 시공하는 보온재의 1차 시공 시 보온재의 두께는 25[mm]가 적당하다.

74 산업통상자원부장관이 정하는 바에 따라 수수료를 납부하여야 하는 경우는?

① 제조업의 허가를 신청하는 경우
② 검사대상기기의 검사를 받고자 하는 경우
③ 에너지관리대상자의 지정을 받고자 하는 경우
④ 열사용기자재의 형식 승인을 얻고자 하는 경우

해설
수수료 : 다음의 어느 하나에 해당하는 자는 산업통상자원부령으로 정하는 바에 따라 수수료를 내야 한다.
• 고효율에너지기자재의 인증을 신청하려는 자
• 에너지 진단을 받으려는 자
• 검사대상기기의 검사를 받으려는 자
• 검사대상기기의 검사를 받으려는 제조업자

75 스폴링(Spalling)의 종류로 가장 거리가 먼 것은?

① 열적 스폴링 ② 기계적 스폴링
③ 화학적 스폴링 ④ 조직적 스폴링

해설
스폴링(Spalling) 현상
- 온도의 급격한 변동 또는 불균일한 가열 등으로 내화물에 열응력이 생겨 표면이 갈라지는 균열이 생기거나 표면이 박리되는 현상이다.
- 스폴링의 종류 : 기계적 스폴링, 조직적 스폴링, 열적 스폴링

76 다음 중 내화물의 구비조건으로 틀린 것은?

① 사용온도에서 연화 변형하지 않아야 한다.
② 내마모성 및 내침식성이 뛰어나야 한다.
③ 재가열 시에 수축이 크게 일어나야 한다.
④ 상온에서 압축강도가 커야 한다.

해설
내화물은 재가열 시 수축이 작게 일어나야 한다.

77 강관 이음방법이 아닌 것은?

① 나사 이음 ② 용접 이음
③ 플랜지 이음 ④ 플레어 이음

해설
강관 이음방법 : 나사 이음, 플랜지 이음, 용접 이음

78 에너지법상 연료에 해당되지 않는 것은?

① 석 유
② 원유가스
③ 천연가스
④ 제품 원료로 사용되는 석탄

해설
에너지법에서 정한 에너지의 종류 : 열, 연료, 전기

79 내화물에 대한 설명으로 틀린 것은?

① 샤모트질 벽돌은 카올린을 미리 SK10~14 정도로 1차 소성하여 탈수 후 분쇄한 것으로 고온에서 광물상을 안정화한 것이다.
② 제게르콘 22번의 내화도는 1,530[℃]이며, 내화물은 제게르콘 26번 이상의 내화도를 가진 벽돌을 말한다.
③ 중성질 내화물에는 고알루미나질, 탄소질, 탄화규소질, 크롬질 내화물이 있다.
④ 용융내화물은 원료를 일단 용융 상태로 한 다음에 주조한 내화물이다.

해설
SK26번의 내화도는 1,580[℃]이며, 내화물은 SK26번 이상의 내화도를 가진 벽돌이다.

80 에너지이용합리화법에 의하면 국가에너지절약추진위원회는 위원장을 포함하여 몇 명으로 구성되는가?

① 10명 이내 ② 15명 이내
③ 20명 이내 ④ 25명 이내

해설
국가에너지절약추진위원회는 위원장을 포함하여 25명 내외의 인원으로 구성된다.
※ 에너지이용합리화법 개정(2018.4.17)에 따라 관련 법령이 삭제됨(국가에너지절약추진위원회 폐지)

정답 75 ③ 76 ③ 77 ④ 78 ④ 79 ② 80 ④

제5과목 | 열설비설계

81 원통 보일러의 특징이 아닌 것은?

① 압력변동이 크다.
② 구조가 간단하다.
③ 보유 수량이 많아 증기 발생기간이 길다.
④ 보유 수량이 많아 파열 시 피해가 크다.

해설
원통 보일러는 부하변동에 의한 압력 변화가 작다.

82 보일러 과열방지대책으로 가장 거리가 먼 것은?

① 보일러의 수위를 너무 높게 하지 말 것
② 고열 부분에 스케일 슬러지를 부착시키지 말 것
③ 보일러수를 농축하지 말 것
④ 보일러수의 순환을 좋게 할 것

해설
보일러의 과열방지대책
• 고열 부분에 스케일 슬러지를 부착시키지 말 것
• 보일러수를 농축하지 말 것
• 보일러수의 순환을 좋게 할 것

83 지름이 5[cm]인 강관(50[W/m·K]) 내에 온도 98[K]의 온수가 0.3[m/sec]로 흐를 때, 온수의 열전달계수 [W/m²·K]는?(단, 온수의 열전도도는 0.68[W/m·K]이고, N_u수(Nusselt Number)는 160이다)

① 1,238 ② 2,176
③ 3,184 ④ 4,232

해설
강관을 흐르는 온수의 열전달계수
$$K = N_u \times \frac{k}{D} = 160 \times \frac{0.68}{0.05} \approx 2,176 [W/m^2 \cdot K]$$

84 저압용으로 내식성이 크고, 청소하기 쉬운 구조이며, 증기압이 2[kg/cm²] 이하인 경우에 사용되는 절탄기는?

① 강관식 ② 이중관식
③ 주철관식 ④ 황동관식

해설
철관식 절탄기 : 저압용으로 내식성이 크고, 청소하기 쉬운 구조이며, 증기압이 2[kg/cm²] 이하인 경우에 사용되는 절탄기

85 다음 중 보일러 역화(Back Fire)의 원인으로 가장 옳은 것은?

① 점화 시 착화가 너무 빠르다.
② 연료보다 공기의 공급이 비교적 빠르다.
③ 흡입통풍이 과대하다.
④ 연료가 불완전연소 및 미연소된다.

해설
보일러 역화(Back Fire)의 원인 : 연료의 불완전연소 및 미연소, 통풍이 불량할 때(흡입통풍 부족), 기름이 과열되었을 때, 기름에 수분·공기 등이 혼입되었을 때, 연료밸브를 급하게 열 때, 점화 착화 지연

86 보일러에서 최고 사용압력 초과로 인한 파열을 방지하기 위하여 설치하는 안전밸브의 분출압력 조정형식이 아닌 것은?

① 레버(지렛대)식 ② 중추식
③ 전자식 ④ 스프링식

해설
안전밸브의 분출압력 조정형식 : 중추식, 지렛대식, 스프링식

정답 81 ① 82 ① 83 ② 84 ③ 85 ④ 86 ③

87 다음 중 보일러 구성의 3대 요소에 해당되지 않는 것은?

① 본 체 ② 분출장치
③ 연소장치 ④ 부속장치

해설
보일러 구성의 3대 요소 : 본체, 연소장치, 부속장치

88 보일러 연소량을 일정하게 하고 저부하 시 잉여증기를 축적시켰다가 갑작스런 부하변동이나 과부하 등에 대처하기 위해 사용되는 장치는?

① 탈기기 ② 인젝터
③ 재열기 ④ 어큐뮬레이터

해설
어큐뮬레이터(Accumulator) : 보일러 연소량을 일정하게 하고 저부하 시 잉여증기를 축적시켰다가 갑작스런 부하변동이나 과부하 등에 대처하기 위해 사용되는 장치

89 증기로 공기를 가열하는 열교환기에서 가열원으로 150[℃]의 증기가 열교환기 내부에서 포화 상태를 유지하고, 이때 유입공기의 입·출구 온도는 20[℃]와 70[℃]이다. 열교환기에서의 전열량이 3,090[kJ/h], 전열면적이 12[m²]라고 할 때 열교환기의 총괄 열전달계수는?

① 2.5[kJ/h·m²·℃]
② 2.9[kJ/h·m²·℃]
③ 3.1[kJ/h·m²·℃]
④ 3.5[kJ/h·m²·℃]

해설
대수평균온도차

$LMTD = \dfrac{\Delta_1 - \Delta_2}{\ln(\Delta_1/\Delta_2)} = \dfrac{130-80}{\ln(130/80)} \simeq 103[℃]$ 이며

열교환열량 $Q = KA \times LMTD$ 이므로,

$K = \dfrac{Q}{A \times LMTD} = \dfrac{3,090}{12 \times 103} \simeq 2.5[kJ/m^2 \cdot h \cdot ℃]$

90 용존산소와 반응하여 질소와 물이 생성되며 용해 고형물 농도가 상승하지 않아 고압 보일러에 주로 사용되는 탈산소제는?

① 탄산나트륨 ② 타 닌
③ 하이드라진 ④ 아황산소다

해설
하이드라진 : 용존가스와 반응하여 질소와 물이 생성되며 용해 고형물 농도가 상승하지 않아 고압 보일러에 주로 사용되는 탈산소제이다.

91 긴 관의 일단에서 급수를 펌프로 압입하여 도중에서 가열, 증발, 과열을 한꺼번에 시켜 과열증기로 내보내는 보일러로서 드럼이 없고, 관만으로 구성된 보일러는?

① 이중 증발 보일러 ② 특수 열매 보일러
③ 연관 보일러 ④ 관류 보일러

해설
관류 보일러 : 드럼 없이 초임계압하에서 증기를 발생시키는 강제 순환 보일러이다. 드럼이 없고 관만으로 구성되어, 긴 관의 일단에서 급수를 펌프로 압입하여 도중에서 한꺼번에 가열·증발·과열시켜 과열증기로 내보내는 초고압 보일러이다.

92 맞대기 용접 이음에서 하중이 120[kg], 용접부의 길이가 3[cm], 판의 두께가 2[mm]라고 할 때 용접부의 인장응력은?

① 0.5[kg/mm²] ② 2[kg/mm²]
③ 20[kg/mm²] ④ 50[kg/mm²]

해설
용접부의 인장응력

$\sigma = \dfrac{W}{hl} = \dfrac{120}{2 \times 30} = 2[kg/mm^2]$

93 최고 사용압력이 490[kPa], 내경이 0.6[m]인 주철제 드럼이 있다. 드럼 강판에 대한 최대 인장강도는 8[kg/mm²], 안전계수는 2이며, 부식을 고려하지 않을 때, 드럼 동체에 대한 강판 두께로 적당한 것은? (단, 이음효율 $\eta = 0.94$이다)

① 1[mm] ② 4[mm]
③ 5[mm] ④ 7[mm]

해설
$$t = \frac{PD}{2\sigma_a \eta} + C = \frac{PDS}{2\sigma_u \eta} + C = \frac{4.9 \times 600 \times 2}{200 \times 8 \times 0.94} + 0 \simeq 4[mm]$$

94 보일러의 설치방법에 대한 설명으로 옳은 것은?

① 증기 보일러에는 4개 이상의 유리수면계를 부착한다.
② 온도가 120[℃]를 초과하는 온수 보일러에는 방출밸브를 설치해야 한다.
③ 온도가 120[℃]를 초과하는 온수 보일러에는 안전밸브를 설치한다.
④ 보일러의 설치 시 수위계의 최고 눈금은 보일러 최고 사용압력의 3배 이상 5배 이하로 하여야 한다.

해설
보일러 설치방법
- 보일러 설치 공간 계획 시 바닥으로부터 보일러 동체의 최상부 높이가 4.4[m]라면, 바닥으로부터 상부 건축구조물까지의 최소 높이는 5.6[m] 이상 유지해야 한다.
- 증기 보일러에는 2개 이상의 유리수면계를 부착한다.
- 액상식 열매체 보일러, 온도 120[℃] 이하의 온수 보일러에는 방출밸브를 설치한다.
- 온도 120[℃]를 초과하는 온수 보일러에는 안전밸브를 설치한다.
- 보일러 설치 시 수위계의 최고 눈금은 보일러 최고 사용압력의 1.5배 이상 2배 이하로 하여야 한다.

95 급수 및 보일러수의 순도 표시방법에 대한 설명으로 틀린 것은?

① ppm의 단위는 100만분의 1의 단위이다.
② epm은 당량농도라 하고 용액 1[kg] 중의 용질 1[mg]당량을 의미한다.
③ 보일러수에서는 재료의 부식을 방지하기 위하여 pH가 7인 중성을 유지하여야 한다.
④ 알칼리도는 물속에 녹아 있는 알칼리분을 중화시키기 위해 필요한 산의 양을 말한다.

해설
pH(수소이온 농도지수)
- 급수 : pH 8~9
- 관수 : pH 10.5~12 이하
- 보일러수 : 보일러수 중에 적당량의 수산화나트륨을 포함시켜 보일러의 부식 및 스케일 부착을 방지하기 위하여 pH 10.5~11.5의 약알칼리성을 유지(가장 적정한 농도 : 11 전후)

96 1보일러 마력을 상당 증발량으로 환산하면 약 몇 [kg/h]가 되는가?

① 3.05 ② 15.65
③ 30.05 ④ 34.55

해설
1보일러 마력을 상당증발량으로 환산한 값 : 15.65[kg/h]

97 스케일의 주성분에 해당되지 않는 것은?

① 탄산칼슘
② 규산칼슘
③ 탄산마그네슘
④ 과산화수소

해설
스케일의 주성분
- 연질 스케일 : 탄산염(탄산칼슘, 탄산마그네슘), 산화철
- 경질 스케일 : 황산염(황산칼슘), 규산염(규산칼슘)

98 고체연료의 연소방식이 아닌 것은?

① 화격자 연소방식
② 확산 연소방식
③ 미분탄 연소방식
④ 유동층 연소방식

해설
확산 연소방식은 기체연료의 연소방식이다.

99 원통 보일러와 비교하여 수관 보일러의 장점으로 틀린 것은?

① 고압증기의 발생에 적합하다.
② 구조가 간단하고 청소가 용이하다.
③ 시동시간이 짧고 파열 시 피해가 작다.
④ 증발률이 크고 열효율이 높아 대용량에 적합하다.

해설
구조가 간단하고 청소가 용이한 것은 원통 보일러이며, 수관 보일러는 구조가 복잡하고 청소가 용이하지 않지만 대용량에 적합하며 효율이 높다.

100 지름이 d[cm], 두께가 t[cm]인 얇은 두께의 밀폐된 원통 안에 압력 P[kg/cm²]가 작용할 때 원통에 발생하는 원주 방향의 인장응력을 구하는 식은?

① $\dfrac{\pi Pd}{2t}$ ② $\dfrac{\pi Pd}{4t}$

③ $\dfrac{Pd}{2t}$ ④ $\dfrac{Pd}{4t}$

해설
응력(보일러 동체, 드럼, 원통형 고압용기)
- 축 방향(길이 방향) 인장응력(σ) : $\sigma = \dfrac{Pd}{4t}$
 (여기서, P : 내압, d : 안지름, t : 두께)
- 원주 방향(반경 방향) 인장응력(σ_1) : $\sigma_1 = \dfrac{Pd}{2t}$
 (여기서, P : 내압, d : 안지름, t : 두께)

2016년 제1회 과년도 기출문제

제1과목 | 연소공학

01 석탄가스에 대한 설명으로 틀린 것은?

① 주성분은 수소와 메탄이다.
② 저온건류가스와 고온건류가스로 분류된다.
③ 탄전에서 발생되는 가스이다.
④ 제철소의 코크스 제조 시 부산물로 생성되는 가스이다.

해설
석탄가스는 제철소의 코크스 제조 시 부산물로 생성되는 가스로, 주성분은 수소와 메탄이며 저온건류가스와 고온건류가스로 분류된다. 탄전에서 발생되는 가스는 주로 메탄이다.

02 유압분무식 버너의 특징에 대한 설명으로 틀린 것은?

① 유량 조절범위가 좁다.
② 연소의 제어범위가 넓다.
③ 무화매체인 증기나 공기가 필요하지 않다.
④ 보일러 가동 중 버너 교환이 가능하다.

해설
유압분무식 버너의 연소 제어범위는 좁다.

03 배기가스 중 O_2의 계측값이 3[%]일 때 공기비는? (단, 완전연소로 가정한다)

① 1.07
② 1.11
③ 1.17
④ 1.24

해설
$m = \dfrac{21}{21 - O_2[\%]} = \dfrac{21}{21-3} = 1.17$

04 상당증발량이 0.05[ton/min]인 보일러에 5,800 [kcal/kg]의 석탄을 태우고자 한다. 보일러의 효율이 87[%]라고 할 때 필요한 화상면적은?(단, 무연탄의 화상연소율은 73[kg/m² · h]이다)

① 2.3[m²]
② 4.4[m²]
③ 6.7[m²]
④ 10.9[m²]

해설
$\eta_B = \dfrac{G_a(h_2 - h_1)}{H_L \times G_f} \times 100[\%] = \dfrac{G_e \times 539}{H_L \times G_f} \times 100[\%]$ 이므로,

$G_f = \dfrac{G_e \times 539}{H_L \times \eta_B} = \dfrac{(0.05 \times 1,000 \times 60) \times 539}{5,800 \times 0.87}$

$= 320.45[\text{kg/h}]$ 이다.

시간당 연료소비량은
$G_f[\text{kgf/h}] = $ 체적유량[L/h] × 비중량[kgf/L]
$= $ 연소율[kgf/m²h] × 전열면적[m²]이므로,

화상면적 $= \dfrac{G_f}{\text{연소율}} = \dfrac{320.45[\text{kg/h}]}{73[\text{kg/m}^2\text{h}]}$

$= 4.39[\text{m}^2] \simeq 4.4[\text{m}^2]$ 이다.

정답 1 ③ 2 ② 3 ③ 4 ②

05 어떤 연료를 분석한 결과 탄소(C), 수소(H), 산소(O), 황(S) 등으로 나타낼 때 이 연료를 연소시키는 데 필요한 이론산소량을 구하는 계산식은?(단, 각 원소의 원자량은 산소 16, 수소 1, 탄소 12, 황 32이다)

① $1.867C + 5.6\left(H + \dfrac{O}{8}\right) + 0.7S [Nm^3/kg]$

② $1.867C + 5.6\left(H - \dfrac{O}{8}\right) + 0.7S [Nm^3/kg]$

③ $1.867C + 11.2\left(H + \dfrac{O}{8}\right) + 0.7S [Nm^3/kg]$

④ $1.867C + 11.2\left(H - \dfrac{O}{8}\right) + 0.7S [Nm^3/kg]$

해설
고체·액체연료의 이론산소량
- 질량 계산식[kg/kg]
$$O_0 = 32 \times \sum (\text{각 가연원소의 필요산소량})$$
$$= 32 \times \left\{\dfrac{C}{12} + \dfrac{(H-O/8)}{4} + \dfrac{S}{32}\right\}$$
$$= 2.667C + 8\left(H - \dfrac{O}{8}\right) + S$$
- 체적 계산식[Nm³/kg]
$$O_0 = 22.4 \times \sum (\text{각 가연원소의 필요산소량})$$
$$= 22.4 \times \left\{\dfrac{C}{12} + \dfrac{(H-O/8)}{4} + \dfrac{S}{32}\right\}$$
$$= 1.867C + 5.6\left(H - \dfrac{O}{8}\right) + 0.7S$$

06 전기식 집진장치에 대한 설명 중 틀린 것은?

① 포집입자의 직경은 30~50[μm] 정도이다.
② 집진효율이 90~99.9[%]로서 높은 편이다.
③ 고전압장치 및 정전설비가 필요하다.
④ 낮은 압력손실로 대량의 가스처리가 가능하다.

해설
포집입자의 직경은 0.05~20[μm] 정도이다.

07 CH₄ 가스 1[Nm³]을 30[%] 과잉공기로 연소시킬 때 실제 연소가스량은?

① $2.38 [Nm^3/Nm^3]$ ② $13.36 [Nm^3/Nm^3]$
③ $23.1 [Nm^3/Nm^3]$ ④ $82.31 [Nm^3/Nm^3]$

해설
메탄의 연소방정식
$CH_4 + 2O_2 \rightarrow CO_2 + 2H_2O$
연소가스량
$$G = (m - 0.21)A_0 + CO + H_2 + \sum(m + n/2)C_mH_n$$
$$+ (N_2 + CO_2 + H_2O)$$
$$= (1.3 - 0.21) \times \dfrac{2}{0.21} + 1 + 2 \approx 13.38 [Nm^3/Nm^3]$$

08 다음과 같은 조성을 가진 액체연료의 연소 시 생성되는 이론건연소가스량은?

| 탄소 1.2[kg] | 산소 0.2[kg] | 질소 0.17[kg] |
| 수소 0.31[kg] | 황 0.2[kg] | |

① $13.5 [Nm^3/kg]$ ② $17.5 [Nm^3/kg]$
③ $21.4 [Nm^3/kg]$ ④ $29.4 [Nm^3/kg]$

해설
$$G' = (1 - 0.21)A_0 + 1.867C + 0.7S + 0.8N$$
$$= 8.89C + 21.07 \times (H - O/8) + 3.33S + 0.8N$$
$$= 8.89 \times 1.2 + 21.07 \times (0.31 - 0.2/8) + 3.33 \times 0.2$$
$$+ 0.8 \times 0.17 = 17.5 [Nm^3/kg]$$

09 세정식 집진장치의 집진형식에 따른 분류가 아닌 것은?

① 유수식 ② 가압수식
③ 회전식 ④ 관성식

해설
습식(세정식) 집진장치 : 액적, 액방울, 액막과 같은 작은 매진과 관성에 의한 충돌 부착, 배기의 습도(습기) 증가로 입자의 응집성 증가에 의한 부착, 미립재(작은 매진) 확산에 의한 액적과의 접촉을 좋게 하여 부착, 입자(매진)를 핵으로 한 증기의 응결에 의한 응집성 증가 등의 입자 포집원리를 이용하며 종류로는 유수식, 가압수식(벤투리 스크러버, 사이클론 스크러버, 제트 스크러버, 충전탑), 회전식 등이 있다.

10 중유 연소과정에서 발생하는 그을음의 주된 원인은?

① 연료 중 미립탄소의 불완전연소
② 연료 중 불순물의 연소
③ 연료 중 회분과 수분의 중합
④ 연료 중 파라핀 성분 함유

해설
중유 연소과정에서 발생하는 그을음의 주원인 : 연료 중 미립탄소의 불완전연소

11 분자식이 $C_m H_n$인 탄화수소가스 $1[Nm^3]$을 완전연소시키는 데 필요한 이론공기량$[Nm^3]$은?(단, $C_m H_n$의 m, n은 상수이다)

① $4.76m + 1.19n$
② $1.19m + 4.7n$
③ $m + \dfrac{n}{4}$
④ $4m + 0.5n$

해설
기체연료의 이론공기량

$$A_0 = \dfrac{1}{0.21}\sum(\text{각 단위가스의 필요산소량})$$
$$= \left(\dfrac{1}{0.21}\right)\left\{\dfrac{CO}{2} + \dfrac{H_2}{2} + \sum\left(\dfrac{m+n}{4}\right)C_m H_n - O_2\right\}$$
$$= \left(\dfrac{1}{0.21}\right) \times \left(m + \dfrac{n}{4}\right) = \left(\dfrac{1}{0.21}\right) \times \left(\dfrac{4m+n}{4}\right)$$
$$= \dfrac{4m+n}{0.21 \times 4} = \dfrac{4m+n}{0.84} = 4.76m + 1.19n$$

12 보일러의 연소장치에서 NO_x의 생성을 억제할 수 있는 연소방법으로 가장 거리가 먼 것은?

① 2단 연소
② 배기의 재순환연소
③ 저산소연소
④ 연소용 공기의 고온 예열

해설
질소산화물(NO_x) 생성 억제 연소방법 : 물분사법, 2단 연소법, 배기가스 재순환연소법, 저산소(저공기비)연소법, 저온연소법, 농담연소법 등

13 연돌의 높이 100[m], 배기가스의 평균 온도 210[℃], 외기온도 20[℃], 대기의 비중량 $\gamma_1 = 1.29[kg/Nm^3]$, 배기가스의 비중량 $\gamma_2 = 1.35[kg/Nm^3]$일 때, 연돌의 통풍력은?

① $15.9[mmH_2O]$
② $16.4[mmH_2O]$
③ $43.9[mmH_2O]$
④ $52.7[mmH_2O]$

해설
$$Z_{th} = 273H \times \left(\dfrac{\gamma_a}{T_a} - \dfrac{\gamma_g}{T_g}\right) = 273 \times 100 \times \left(\dfrac{1.29}{20+273} - \dfrac{1.35}{210+273}\right)$$
$$= 43.9[mmH_2O]$$

14 석탄을 분석한 결과가 다음과 같을 때 연소성 황은 몇 [%]인가?

| 탄소 68.52[%], 수소 5.79[%], 전체 황 0.72[%], 불연성 황 0.21[%], 회분 22.31[%], 수분 2.45[%] |

① $0.82[\%]$
② $0.70[\%]$
③ $0.65[\%]$
④ $0.53[\%]$

해설
연소성 황분

$$S_C = S_T \times \dfrac{100}{100-w} - S_N[\%]$$
$$= 0.72 \times \dfrac{100}{100-2.45} - 0.21 = 0.53[\%]$$

(여기서, S_T : 전황분, w : 수분, S_N : 불연성 황분)

15 탄소(C) $\dfrac{1}{12}[kmol]$을 완전연소시키는 데 필요한 이론산소량은?

① $\dfrac{1}{12}[kmol]$
② $\dfrac{1}{2}[kmol]$
③ $1[kmol]$
④ $2[kmol]$

해설
탄소 연소방정식은 $C + O_2 \rightarrow CO_2$이므로, 탄소 $1/12[kmol]$을 완전연소시키는 데 필요한 이론산소량은 $1/12[kmol]$이다.

16 연료 조성이 C : 80[%], H₂ : 18[%], O₂ : 2[%]인 연료를 사용하여 10.2[%]의 CO_2가 계측되었다면 이때의 최대 탄산가스율은?(단, 과잉공기량은 3[Nm³/kg]이다)

① 12.78[%] ② 13.25[%]
③ 14.78[%] ④ 15.25[%]

해설
이론공기량은
$$A_0 = \frac{1}{0.21} \times \left\{1.867C + 5.6\left(H - \frac{O}{8}\right) + 0.7S\right\}$$
$$= \frac{1}{0.21} \times \left\{1.867 \times 0.8 + 5.6\left(0.18 - \frac{0.02}{8}\right)\right\}$$
$$\simeq 11.8[Nm^3/kg]\ \text{이며},$$
이론건배기가스량은
$$G_0' = (1-0.21)(A_0 + \text{과잉공기량})$$
$$= 0.79 \times (11.8+3) \simeq 11.69[Nm^3/kg]\ \text{이다}.$$
따라서, 최대 탄산가스율은
$$CO_{2\max} = \frac{1.867C + 0.7S}{G_0'} \times 100[\%]$$
$$= \frac{1.867 \times 0.8 + 0.7 \times 0}{11.69} \times 100[\%]$$
$$\simeq 12.78[\%]$$

17 질소산화물을 경감시키는 방법으로 틀린 것은?

① 과잉공기량을 감소시킨다.
② 연소온도를 낮게 유지한다.
③ 노 내 가스의 잔류시간을 늘려 준다.
④ 질소성분을 함유하지 않은 연료를 사용한다.

해설
질소산화물 생성 억제 및 경감방법
• 물분사법, 2단 연소법, 배기가스 재순환연소법, 저산소(저공기비)연소법, 저온연소법, 농담연소법
• 건식법 환원제(암모니아, 탄화수소, 일산화탄소)를 사용한다.
• 연료와 공기의 혼합을 양호하게 하여 연소온도를 낮춘다.
• 저온 배출가스 일부를 연소용 공기에 혼입시켜 연소용 공기 중의 산소농도를 저하시킨다.
• 저소감 : 과잉공기량, 연소온도, 연소용 공기 중의 산소농도, 노 내 가스 잔류시간, 미연소분
• 질소성분을 함유하지 않은 연료를 사용한다.

18 공기비(m)에 대한 식으로 옳은 것은?

① $\dfrac{\text{실제공기량}}{\text{이론공기량}}$ ② $\dfrac{\text{이론공기량}}{\text{실제공기량}}$

③ $1 - \dfrac{\text{과잉공기량}}{\text{이론공기량}}$ ④ $\dfrac{\text{실제공기량}}{\text{과잉공기량}} - 1$

해설
공기비 혹은 공기과잉계수(m) : 실제공기량과 이론공기량의 비
$$m = \frac{\text{실제공기량}}{\text{이론공기량}} > 1$$

19 각종 천연가스(유전가스, 수용성 가스, 탄전가스 등)의 주성분은?

① CH_4 ② C_2H_6
③ C_3H_8 ④ C_4H_{10}

해설
각종 천연가스(유전가스, 수용성 가스, 탄전가스 등)의 주성분은 메탄(CH_4)이다.

20 중유를 A급, B급, C급으로 구분하는 기준은?

① 발열량   ② 인화점
③ 착화점   ④ 점도

해설
중유를 A급, B급, C급으로 구분하는 기준은 점도이다.

정답 16 ① 17 ③ 18 ① 19 ① 20 ④

제2과목 | 열역학

21 단열계에서 엔트로피 변화에 대한 설명으로 옳은 것은?

① 가역 변화 시 계의 전 엔트로피는 증가된다.
② 가역 변화 시 계의 전 엔트로피는 감소한다.
③ 가역 변화 시 계의 전 엔트로피는 변하지 않는다.
④ 가역 변화 시 계의 전 엔트로피의 변화량은 비가역 변화 시보다 일반적으로 크다.

해설
가역 단열 변화 시 계의 전체 엔트로피는 변하지 않는다.

22 증기동력 사이클 중 이상적인 랭킨(Rankine) 사이클에서 등엔트로피 과정이 일어나는 곳은?

① 펌프, 터빈
② 응축기, 보일러
③ 터빈, 응축기
④ 응축기, 펌프

해설
증기동력 사이클 중 이상적인 랭킨 사이클에서 등엔트로피 과정이 일어나는 곳은 펌프(단열압축)와 터빈(단열팽창)이다.

23 20[MPa], 0[℃]의 공기를 100[kPa]로 교축(Throttling)하였을 때의 온도는 약 몇 [℃]인가? (단, 엔탈피는 20[MPa], 0[℃]에서 439[kJ/kg], 100[kPa], 0[℃]에서 485[kJ/kg]이고, 압력이 100[kPa]인 등압과정에서 평균 비열은 1.0[kJ/kg · ℃]이다)

① -11
② -22
③ -36
④ -46

해설
$h_1 - h_2 = C_p(t_1 - t_2)$ 에서
$t_2 = t_1 - \dfrac{h_1 - h_2}{C_p} = 0 - \dfrac{485 - 439}{1.0} = -46[℃]$

24 피스톤이 장치된 단열 실린더에 300[kPa], 건도 0.4인 포화액-증기 혼합물 0.1[kg]이 들어 있고 실린더 내에는 전열기가 장치되어 있다. 220[V]의 전원으로부터 0.5[A]의 전류를 10분 동안 흘려보냈을 때 이 혼합물의 건도는 약 얼마인가?(단, 이 과정은 정압과정이고 300[kPa]에서 포화액의 엔탈피는 561.43[kJ/kg]이고 포화증기의 엔탈피는 2,724.9[kJ/kg]이다)

① 0.705
② 0.642
③ 0.601
④ 0.442

해설
전열기 발생열량
$Q = I^2Rt = IVt = 0.5 \times 220 \times (10 \times 60) = 66,000[J] = 66[kJ]$
$Q = m(x_2 - x_1)\gamma = m(x_2 - x_1)(h'' - h')$ 이므로
$x_2 = x_1 + \dfrac{Q}{m(h'' - h')}$
$= 0.4 + \dfrac{66}{0.1 \times (2,724.9 - 561.43)} \approx 0.705$

25 랭킨 사이클로 작동되는 발전소의 효율을 높이려고 할 때 증기터빈의 초압과 배압은 어떻게 하여야 하는가?

① 초압과 배압 모두 올림
② 초압은 올리고 배압을 낮춤
③ 초압은 낮추고 배압을 올림
④ 초압과 배압 모두 낮춤

해설
랭킨 사이클로 작동되는 발전소의 효율을 높이려면 증기터빈의 초압은 올리고 배압을 낮춘다.

26 어느 과열증기의 온도가 325[℃]일 때 과열도를 구하면 약 몇 [℃]인가?(단, 이 증기의 포화온도는 495[K]이다)

① 93 ② 103
③ 113 ④ 123

해설
과열도
$t - t_s = 325 - (495 - 273) = 103[℃]$

27 이상기체의 상태 변화와 관련하여 폴리트로픽(Polytropic)지수 n에 대한 설명 중 옳은 것은?

① $n = 0$이면 단열 변화
② $n = 1$이면 등온 변화
③ $n =$ 비열비이면 정적 변화
④ $n = \infty$이면 등압 변화

해설
폴리트로픽 지수(n)와 상태 변화의 관계식
- n의 범위 : $-\infty \sim +\infty$
- $n = 0$이면, $P = C$: 등압 변화
- $n = 1$이면, $T = C$: 등온 변화
- $n = k(= 1.4)$: 단열 변화
- $n = \infty$이면, $V = C$: 등적 변화
- $n > k$이면, 팽창에 의한 열량은 방열량이 되며 온도는 올라간다.
- $1 < n < k$이면, 압축에 의한 열량은 흡열량이 되며 온도는 내려간다.

28 건조 포화증기가 노즐 내를 단열적으로 흐를 때 출구 엔탈피가 입구 엔탈피보다 15[kJ/kg]만큼 작아진다. 노즐 입구에서의 속도를 무시할 때 노즐 출구에서의 속도는 약 몇 [m/sec]인가?

① 173 ② 200
③ 283 ④ 346

해설
$v_2 = 44.72\sqrt{h_1 - h_2} = 44.72\sqrt{15} \simeq 173[\text{m/sec}]$

29 다음 중 경로에 의존하는 값은?

① 엔트로피 ② 위치에너지
③ 엔탈피 ④ 일

해설
④ 일 : 경로함수
① 엔트로피 : 상태함수
② 위치에너지 : 상태함수
③ 엔탈피 : 상태함수

30 냉동기의 냉매로서 갖추어야 할 요구조건으로 적당하지 않은 것은?

① 불활성이고 안정해야 한다.
② 비체적이 커야 한다.
③ 증발온도에서 높은 잠열을 가져야 한다.
④ 열전도율이 커야 한다.

해설
냉매는 비체적이 작아야 한다.

31 디젤 사이클로 작동되는 디젤기관 각 행정의 순서를 옳게 나타낸 것은?

① 단열압축 – 정적급열 – 단열팽창 – 정적방열
② 단열압축 – 정압급열 – 단열팽창 – 정압방열
③ 등온압축 – 정적급열 – 등온팽창 – 정적방열
④ 단열압축 – 정압급열 – 단열팽창 – 정적방열

해설
디젤기관의 행정 순서 : 단열압축 – 정압급열 – 단열팽창 – 정적방열

32 비열이 0.473[kJ/kg·K]인 철 10[kg]의 온도를 20[℃]에서 80[℃]로 높이는 데 필요한 열량은 몇 [kJ]인가?

① 28   ② 60
③ 284 ④ 600

해설
$Q = mC\Delta t = 10 \times 0.473 \times (80-20) \simeq 284[kJ]$

33 20[℃]의 물 10[kg]을 대기압하에서 100[℃]의 수증기로 완전히 증발시키는 데 필요한 열량은 약 몇 [kJ]인가?(단, 수증기의 증발잠열은 2,257[kJ/kg]이고 물의 평균 비열은 4.2[kJ/kg·K]이다)

① 800   ② 6,190
③ 25,930 ④ 61,900

해설
물을 수증기로 완전히 증발시키는 데 필요한 열량
$Q = Q_S + Q_L$
(여기서, Q_S : 20[℃]의 물을 100[℃]의 포화수로 만드는 데 소요되는 가열량, Q_L : 잠열량 = 100[℃]의 물을 100[℃]의 증기로 만드는 데 소요되는 가열량)
$Q_S = mC(t_2 - t_1) = 10 \times 4.2 \times (100-20) = 3,360[kJ]$
$Q_L = m\gamma_0 = 10 \times 2,257 = 22,570[kJ]$
따라서, $Q = Q_S + Q_L = 3,360 + 22,570 = 25,930[kJ]$

34 다음 그림은 재생과정이 있는 랭킨 사이클이다. 추기에 의하여 급수가 가열되는 과정은?

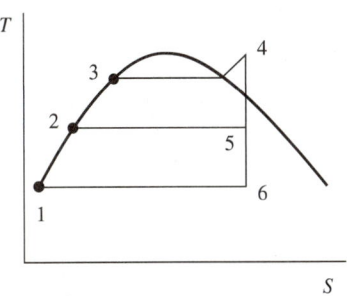

① 1 – 2   ② 4 – 5
③ 5 – 6   ④ 4 – 6

해설
1–2 : 추기에 의하여 급수가 가열되는 과정

35 Otto Cycle에서 압축비가 8일 때 열효율은 약 몇 [%]인가?(단, 비열비는 1.4이다)

① 26.4   ② 36.4
③ 46.4   ④ 56.4

해설
$\eta_o = 1 - \left(\dfrac{1}{\varepsilon}\right)^{k-1} = 1 - \left(\dfrac{1}{8}\right)^{1.4-1} \simeq 56.4[\%]$

정답 31 ④ 32 ③ 33 ③ 34 ① 35 ④

36 다음 $T-S$ 선도에서 냉동 사이클의 성능계수를 옳게 표시한 것은?(단, u는 내부에너지, h는 엔탈피를 나타낸다)

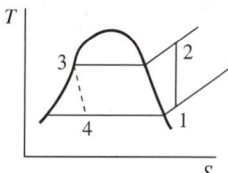

① $\dfrac{h_1 - h_4}{h_2 - h_1}$ ② $\dfrac{u_1 - u_4}{u_2 - u_1}$

③ $\dfrac{h_2 - h_1}{h_1 - h_4}$ ④ $\dfrac{u_2 - u_1}{u_1 - u_4}$

해설

$(COP)_R = \varepsilon_R = \dfrac{흡수열}{받은\ 일}$

$= \dfrac{q_2}{W_c} = \dfrac{q_2}{q_1 - q_2} = \dfrac{T_2}{T_1 - T_2} = \dfrac{h_1 - h_4}{h_2 - h_1}$

37 냉동 사이클을 비교하여 설명한 것으로 잘못된 것은?

① 역Carnot 사이클이 최고의 COP를 나타낸다.
② 가역 팽창엔진을 가진 증기압축 냉동 사이클의 성능계수는 최곳값에 접근한다.
③ 보통의 증기압축 사이클은 역Carnot 사이클의 COP보다 낮은 값을 갖는다.
④ 공기 냉동 사이클이 가장 높은 효율을 나타낸다.

해설

냉동 사이클 중에서 역카르노 사이클이 가장 높은 효율을 나타낸다.

38 정압과정으로 5[kg]의 공기에 20[kcal]의 열이 전달되어 공기의 온도가 10[℃]에서 30[℃]로 올랐다. 이 온도범위에서 공기의 평균 비열[kJ/kg·K]을 구하면?

① 0.152   ② 0.321
③ 0.463   ④ 0.837

해설

$Q = mC_p(t_2 - t_1)$이므로

$C_p = \dfrac{Q}{m(t_2 - t_1)} = \dfrac{83.736}{5 \times (30-10)} = 0.837[kJ/kg \cdot K]$

39 포화증기를 등엔트로피 과정으로 압축시키면 상태는 어떻게 되는가?

① 습증기가 된다.   ② 과열증기가 된다.
③ 포화액이 된다.   ④ 임계성을 띤다.

해설

포화증기를 등엔트로피 과정으로 압축시키면 과열증기가 된다.

40 피스톤과 실린더로 구성된 밀폐된 용기 내에 일정한 질량의 이상기체가 차 있다. 초기 상태의 압력은 2[atm], 체적은 0.5[m³]이다. 이 시스템의 온도가 일정하게 유지되면서 팽창하여 압력이 1[atm]이 되었다. 이 과정 동안에 시스템이 한 일은 몇 [kJ]인가?

① 64   ② 70
③ 79   ④ 83

해설

$_1W_2 = \int PdV = P_1 V_1 \ln \dfrac{P_1}{P_2}$

$= (2 \times 101.325) \times 0.5 \times \ln \dfrac{2}{1} \approx 70[kJ]$

제3과목 | 계측방법

41 열전대 온도계에서 주위 온도에 의한 오차를 전기적으로 보상할 때 주로 사용되는 저항선은?

① 서미스터(Thermistor)
② 구리(Cu) 저항선
③ 백금(Pt) 저항선
④ 알루미늄(Al) 저항선

해설
구리(Cu) 저항선 : 열전대 온도계에서 주위 온도에 의한 오차를 전기적으로 보상할 때 주로 사용되는 저항선

42 다음 중 열전대 보호관 재질 중 상용온도가 가장 높은 것은?

① 유리
② 자기
③ 구리
④ Ni-Cr 스테인리스

해설
② 자기 : 1,600[℃]
③ 동관 : 400[℃]
④ Ni-Cr 스테인리스강 : 1,050[℃]

43 비중량이 900[kgf/m³]인 기름 18[L]의 중량은?

① 12.5[kgf]
② 15.2[kgf]
③ 16.2[kgf]
④ 18.2[kgf]

해설
$w = \gamma V = 900 \times (18 \times 10^{-3}) = 16.2[\text{kgf}]$

44 부르동게이지(Bourdon Gauge)는 유체의 무엇을 직접적으로 측정하기 위한 기기인가?

① 온도
② 압력
③ 밀도
④ 유량

해설
부르동관식 압력계
- 곡관에 압력을 가하면 곡률반경이 변화되는 것을 이용한 것이다.
- 종류 : C형, 스파이럴형, 헬리컬형
- 구조가 간단하다.
- 재질은 고압용에 니켈(Ni)강, 저압용에 황동, 인청동, 특수청동을 사용한다.
- 주로 고압용(0.5~3,000[kgf/cm²])에 사용된다.
- 높은 압력은 측정 가능하지만 정확도는 낮다.

45 진동·충격의 영향이 작고, 미소 차압의 측정이 가능하며 저압가스의 유량을 측정하는 데 주로 사용되는 압력계는?

① 압전식 압력계
② 분동식 압력계
③ 침종식 압력계
④ 다이어프램 압력계

해설
침종식 압력계
- 측정범위 : 단종식(100[mmAq] 이하) > 복종식(5~30[mmAq] 이하)
- 진동·충격의 영향을 작게 받는다.
- 미소 차압의 측정이 가능하다.
- 주로 저압가스의 유량 측정에 사용된다.
- 액체 측정에는 부적당하고 기체의 압력 측정에는 적당하다.
- 봉입액은 자주 세정 또는 교환하여 청정하도록 유지한다.
- 압력 취출구에서 압력계까지 배관은 직선으로 가능한 한 짧게 한다.
- 계기 설치는 똑바로 수평으로 하여야 한다.
- 봉입액의 양은 일정하게 유지해야 한다.

정답 41 ② 42 ② 43 ③ 44 ② 45 ③

46 관 속을 흐르는 유체가 층류로 되려면?

① 레이놀즈수가 4,000보다 많아야 한다.
② 레이놀즈수가 2,100보다 적어야 한다.
③ 레이놀즈수가 4,000이어야 한다.
④ 레이놀즈수와는 관계가 없다.

해설
임계 레이놀즈수 : R_e = 2,320 또는 2,100

47 U자관 압력계에 관한 설명으로 가장 거리가 먼 것은?

① 차압을 측정할 경우에는 한쪽 끝에만 압력을 가한다.
② U자관의 크기는 특수한 용도를 제외하고는 보통 2[m] 정도로 한다.
③ 관 속에 수은, 물 등을 넣고 한쪽 끝에 측정압력을 도입하여 압력을 측정한다.
④ 측정 시 메니스커스, 모세관현상 등의 영향을 받으므로 이에 대한 보정이 필요하다.

해설
차압을 측정할 때에는 양쪽에 압력을 가한다.

48 절대압력 700[mmHg]는 약 몇 [kPa]인가?

① 93[kPa] ② 103[kPa]
③ 113[kPa] ④ 123[kPa]

해설
760[mmHg] = 101,325[Pa] = 101.325[kPa]이므로,
760[mmHg] = $\frac{700}{760} \times 101.325 \approx 93$[kPa]

49 가스분석계의 측정법 중 전기적 성질을 이용한 것은?

① 세라믹식 측정방법
② 연소열식 측정방법
③ 자동 오르자트법
④ 가스크로마토그래피법

해설
세라믹식 측정방법은 전기적 성질을 이용한 가스분석계이다.

50 주위온도보상장치가 있는 열전식 온도기록계에서 주위온도가 20[℃]인 경우 1,000[℃]의 지시치를 보려면 몇 [mV]를 주어야 하는가?(단, 20[℃] : 0.80[mV], 980[℃] : 40.53[mV], 1,000[℃] : 41.31[mV]이다)

① 40.51 ② 40.53
③ 41.31 ④ 41.33

해설
주위온도보상장치가 있는 열전식 온도기록계의 온도보상지시치
$$V = V_1 + \frac{V_2(t_2 - t_1)}{1,000}[\text{mV}]$$
$$= 0.8 + \frac{40.53 \times (1,000 - 20)}{1,000} \approx 40.51[\text{mV}]$$

51 저항 온도계에 활용되는 측온저항체 종류에 해당되는 것은?

① 서미스터(Thermistor) 저항 온도계
② 철-콘스탄탄(IC) 저항 온도계
③ 크로멜(Chromel) 저항 온도계
④ 알루멜(Alumel) 저항 온도계

해설
서미스터 저항 온도계는 저항 온도계에 활용되는 측온저항체다.

정답 46 ② 47 ① 48 ① 49 ① 50 ① 51 ①

52 다음 중 속도수두 측정식 유량계는?

① Delta 유량계 ② Annubar 유량계
③ Oval 유량계   ④ Thermal 유량계

해설
아누바(Annubar) 유량계 : 관 속의 평균 유속을 구하여 유량을 측정하는 속도수두 측정식 유량계

53 세라믹(Ceramic)식 O_2계의 세라믹 주원료는?

① Cr_2O_3 ② Pb
③ P_2O_5 ④ ZrO_2

해설
세라믹식 O_2계 : (전기적 성질인) 기전력을 이용하여 산소농도를 측정하는 가스분석계이며, 세라믹 주성분은 산화지르코늄(ZrO_2)이다.

54 다음은 증기압력제어의 병렬제어방식의 구성을 나타낸 것이다. ( ) 안에 알맞은 용어를 바르게 나열한 것은?

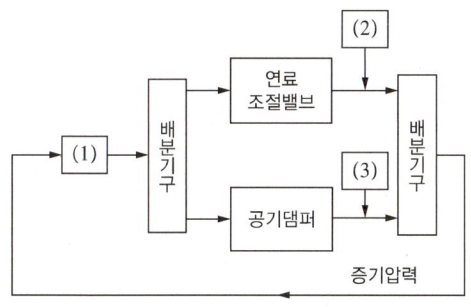

① (1) 동작신호 (2) 목표치   (3) 제어량
② (1) 조작량   (2) 설정신호 (3) 공기량
③ (1) 압력조절기 (2) 연료 공급량 (3) 공기량
④ (1) 압력조절기 (2) 공기량   (3) 연료 공급량

해설
압력증기가 압력조절기를 거쳐 배분기구에서 ① 연료조절밸브 → 연료 공급량, ② 공기댐퍼 → 공기량으로 병렬제어되어 계속 순환된다.

55 열전대 온도계에서 열전대의 구비조건으로 틀린 것은?

① 장시간 사용하여도 변형이 없을 것
② 재생도가 높고 가공이 용이할 것
③ 전기저항, 저항온도계수와 열전도율이 클 것
④ 열기전력이 크고 온도 상승에 따라 연속적으로 상승할 것

해설
전기저항, 저항온도계수와 열전도율이 작아야 한다.

56 다음 중 방사고온계는 어느 이론을 응용한 것인가?

① 제베크효과
② 필터효과
③ 윈-프랑크 법칙
④ 슈테판-볼츠만 법칙

해설
방사고온계는 슈테판-볼츠만 법칙을 응용한 온도계다.

57 보일러의 자동제어에서 인터로크 제어의 종류가 아닌 것은?

① 압력 초과
② 저연소
③ 고온도
④ 불착화

해설
보일러의 인터로크 제어 : 프리퍼지, 압력 초과, 저연소, 불착화, 저수위 등

58 압력식 온도계가 아닌 것은?

① 액체팽창식
② 전기저항식
③ 기체압력식
④ 증기압력식

해설
압력식 온도계 : 액체팽창식, 기체팽창식, 증기팽창식

59 큐폴라 상부의 배기가스 온도를 측정하기 위한 접촉식 온도계로 가장 적합한 것은?

① 광고온계
② 색 온도계
③ 수은 온도계
④ 열전대 온도계

해설
큐폴라 상부의 배기가스 온도 측정에는 열전대 온도계가 적당하다.

60 차압식 유량계의 측정에 대한 설명으로 틀린 것은?

① 연속의 법칙에 의한다.
② 플로트 형상에 따른다.
③ 차압기구는 오리피스이다.
④ 베르누이의 정리를 이용한다.

해설
플로트 형상에 따르는 유량계는 차압식 유량계가 아니라 면적식 유량계이다.

제4과목 | 열설비재료 및 관계법규

61 특정 열사용기자재와 설치, 시공범위가 바르게 연결된 것은?

① 강철제 보일러 : 해당 기기의 설치·배관 및 세관
② 태양열 집열기 : 해당 기기의 설치를 위한 시공
③ 비철금속 용융로 : 해당 기기의 설치·배관 및 세관
④ 축열식 전기보일러 : 해당 기기의 설치를 위한 시공

해설
② 태양열 집열기 : 해당 기기의 설치·배관 및 세관
③ 비철금속 용융로 : 해당 기기의 설치를 위한 시공
④ 축열식 전기보일러 : 해당 기기의 설치·배관 및 세관

62 에너지이용합리화법에 따라 검사대상기기의 계속사용검사 신청은 검사유효기간 만료의 며칠 전까지 하여야 하는가?

① 3일
② 10일
③ 15일
④ 30일

해설
에너지이용합리화법에 따라 검사대상기기의 계속사용검사 신청은 검사유효기간 만료 10일 전까지 하여야 한다.

63 에너지이용합리화법에 따라 검사대상기기관리자 업무관리대행기관으로 지정을 받기 위하여 산업통상자원부장관에게 제출하여야 하는 서류가 아닌 것은?

① 장비명세서
② 기술인력명세서
③ 기술인력고용계약서 사본
④ 향후 1년간 안전관리대행사업계획서

해설
검사대상기기 관리대행기관 신청을 위한 제출서류 : 장비명세서, 기술인력명세서, 향후 1년간의 안전관리대행사업계획서, 변경사항을 증명할 수 있는 서류(변경 지정의 경우만 해당)

64 다음 중 MgO-SiO$_2$계 내화물은?

① 마그네시아질 내화물
② 돌로마이트질 내화물
③ 마그네시아-크롬질 내화물
④ 포스테라이트질 내화물

해설
포스테라이트 내화물 : MgO-SiO$_2$계 내화물 (2MgO-SiO$_2$)이며 제강로, 비철금속 용해로의 내화물로 사용

65 유리 용융용 브리지 월(Bridge Wall) 탱크에서 용융부와 작업부 간의 연소가스 유통을 억제하는 역할을 담당하는 구조 부분은?

① 포트(Port)
② 스로트(Throat)
③ 브리지 월(Bridge Wall)
④ 섀도 월(Shadow Wall)

해설
섀도 월(Shadow Wall) : 유리 용융용 브리지 월(Bridge Wall) 탱크에서 용융부와 작업부 간의 연소가스 유통을 억제하는 역할을 담당하는 구조 부분

66 보온재의 열전도율에 대한 설명으로 옳은 것은?

① 열전도율 0.5[kcal/m·h·℃] 이하를 기준으로 하고 있다.
② 재질 내 수분이 많을 경우 열전도율은 감소한다.
③ 비중이 클수록 열전도율은 작아진다.
④ 밀도가 작을수록 열전도율은 작아진다.

해설
보온재의 열전도율
일반적으로 상온(20[℃])에서
약 0.4[kJ/mK]=0.11[W/mK]=0.095[kcal/m·h·℃]
• 비례요인 : 온도, 밀도, 비중, 수분(습분, 함수율)
• 반비례요인 : 두께, 기공률, 가스분자량
• 무관 : 압력, 강도

67 보온재의 열전도율과 체적 비중, 온도, 습분 및 기계적 강도와의 관계에 관한 설명으로 틀린 것은?

① 열전도율은 일반적으로 체적 비중의 감소와 더불어 작아진다.
② 열전도율은 일반적으로 온도의 상승과 더불어 커진다.
③ 열전도율은 일반적으로 습분의 증가와 더불어 커진다.
④ 열전도율은 일반적으로 기계적 강도가 클수록 커진다.

해설
보온재의 열전도율은 일반적으로 기계적 강도와는 무관하다.

정답 63 ③ 64 ④ 65 ④ 66 ④ 67 ④

68 다음 마찰손실 중 국부 저항손실수두로 가장 거리가 먼 것은?

① 배관 중의 밸브, 이음쇠류 등에 의한 것
② 관의 굴곡 부분에 의한 것
③ 관 내에서 유체와 관 내벽과의 마찰에 의한 것
④ 관의 축소·확대에 의한 것

[해설]
관 내에서 유체와 관 내벽과의 마찰에 의한 것은 주손실수두에 해당된다.

69 다음 중 유리섬유의 내열도에 있어서 안전 사용온도범위를 크게 개선시킬 수 있는 결합제는?

① 페놀수지   ② 메틸수지
③ 실리카겔   ④ 멜라민수지

[해설]
실리카겔(SiO_2) : 유리섬유의 내열도에 있어서 안전 사용온도범위를 크게 개선시킬 수 있는 결합제

70 한국에너지공단의 사업이 아닌 것은?

① 신에너지 및 재생에너지 개발사업의 촉진
② 열사용기자재의 안전관리
③ 에너지의 안정적 공급
④ 집단에너지사업의 촉진을 위한 지원 및 관리

[해설]
한국에너지공단의 사업
• 에너지이용 합리화 및 이를 통한 온실가스의 배출을 줄이기 위한 사업과 국제협력
• 에너지기술의 개발·도입·지도 및 보급
• 에너지이용 합리화, 신에너지 및 재생에너지의 개발과 보급, 집단에너지공급사업을 위한 자금의 융자 및 지원
• 에너지진단 및 에너지관리지도
• 신에너지 및 재생에너지 개발사업의 촉진
• 에너지관리에 관한 조사·연구·교육 및 홍보
• 에너지이용합리화 사업을 위한 토지·건물 및 시설 등의 취득·설치·운영·대여 및 양도
• 집단에너지사업법에 따른 집단에너지사업의 촉진을 위한 지원 및 관리
• 에너지사용기자재, 에너지 관련 기자재의 효율관리 및 열사용기자재의 안전관리
• 사회취약계층의 에너지 이용 지원
• 산업통상자원부장관, 시·도지사, 그 밖의 기관 등이 위탁하는 에너지 이용의 합리화와 온실가스의 배출을 줄이기 위한 사업

71 다음 중 셔틀요(Shuttle Kiln)는 어디에 속하는가?

① 반연속 요   ② 승염식 요
③ 연속 요   ④ 불연속 요

[해설]
셔틀요는 반연속 요에 속한다.

정답 68 ③ 69 ③ 70 ③ 71 ①

72 스폴링(Spalling)에 대한 설명으로 옳은 것은?

① 마그네시아를 원료로 하는 내화물이 체적 변화를 일으켜 노벽이 붕괴하는 현상
② 온도의 급격한 변동으로 내화물에 열응력이 생겨 표면이 갈라지는 현상
③ 크롬마그네시아 벽돌이 1,600[℃] 이상의 고온에서 산화철을 흡수하여 부풀어 오르는 현상
④ 내화물이 화학반응에 의하여 녹아내리는 현상

> **해설**
> 스폴링(Spalling) 현상
> • 온도의 급격한 변동 또는 불균일한 가열 등으로 내화물에 열응력이 생겨 표면이 갈라지는 균열이 생기거나 표면이 박리되는 현상
> • 스폴링의 종류 : 기계적 스폴링, 조직적 스폴링, 열적 스폴링

73 고로(Blast Furnace)의 특징에 대한 설명이 아닌 것은?

① 축열실, 탄화실, 연소실로 구분되며 탄화실에는 석탄장 입구와 가스를 배출시키는 상승관이 있다.
② 산소의 제거는 CO가스에 의한 간접 환원반응과 코크스에 의한 직접 환원반응으로 이루어진다.
③ 철광석 등의 원료는 노의 상부에서 투입되고 용선은 노의 하부에서 배출된다.
④ 노 내부의 반응을 촉진시키기 위해 압력을 높이거나 열풍의 온도를 높이는 경우도 있다.

> **해설**
> 고로(용광로)의 특징
> • 구성 : 노구(Throat), 샤프트(Shaft), 보시(Bosh), 노상(Hearth)
> • 산소의 제거는 CO가스에 의한 간접 환원반응과 코크스에 의한 직접 환원반응으로 이루어진다.
> • 철광석 등의 원료는 노의 상부에서 투입되고 용선은 노의 하부에서 배출된다.
> • 망간광석은 탈황 및 탈산을 위해 첨가된다.
> • 노 내부의 반응을 촉진시키기 위해 압력을 높이거나 열풍의 온도를 높이는 경우도 있다.

74 에너지이용 합리화 기본계획은 산업통상자원부장관이 몇 년마다 수립하여야 하는가?

① 3년   ② 4년
③ 5년   ④ 10년

> **해설**
> 산업통상자원부장관은 에너지이용 합리화에 관한 기본계획을 5년마다 수립하여야 한다.

75 에너지이용합리화법에 따라 검사대상기기설치자는 검사대상기기관리자를 선임하거나 해임한 때 산업통상자원부령에 따라 누구에게 신고하여야 하는가?

① 시・도지사
② 시장・군수
③ 경찰서장・소방서장
④ 한국에너지공단이사장

> **해설**
> 2016년 출제 당시에는 '검사대상기기설치자는 검사대상기기관리자를 선임하거나 해임한 때 산업통상자원부령에 따라 시・도지사에 신고'했으나, 2018년 법령이 개정되면서 '에너지이용합리화법 제69조 및 시행령 제51조에 의하여 한국에너지공단에 업무가 위탁'된 사항이므로 실제 작성된 신고서를 신고할 때에는 한국에너지공단 이사장에게 한다.

76 제강로가 아닌 것은?

① 고 로   ② 전 로
③ 평 로   ④ 전기로

> **해설**
> 고로(용광로)는 제강로가 아니라 선철 제조로이다.

정답 72 ② 73 ① 74 ③ 75 ① 76 ①

77 보일러 계속사용검사 유효기간 만료일이 9월 1일 이후인 경우 연기할 수 있는 최대 기한은?

① 2개월 이내 ② 4개월 이내
③ 6개월 이내 ④ 10개월 이내

해설
보일러 계속사용검사 유효기간 만료일이 9월 1일 이후인 경우 연기할 수 있는 최대 기한은 4개월 이내이다.

78 에너지이용합리화법에 따라 검사대상기기설치자의 변경신고는 변경일로부터 15일 이내에 누구에게 신고하여야 하는가?

① 한국에너지공단이사장
② 산업통상자원부장관
③ 지방자치단체장
④ 관할소방서장

해설
에너지이용합리화법에 따라 검사대상기기설치자의 변경신고는 변경일로부터 15일 이내에 한국에너지공단이사장에게 하여야 한다.

79 에너지이용합리화법의 목적이 아닌 것은?

① 에너지 수급 안정화
② 국민경제의 건전한 발전에 이바지
③ 에너지 소비로 인한 환경 피해 감소
④ 연료 수급 및 가격 조정

해설
연료 수급과 가격 조정은 에너지이용합리화법의 목적이 아니다.

80 두께 230[mm]의 내화 벽돌이 있다. 내면의 온도가 320[℃]이고 외면의 온도가 150[℃]일 때 이 벽면 10[m²]에서 매시간당 손실되는 열량은?(단, 내화 벽돌의 열전도율은 0.96[kcal/m·h·℃]이다)

① 710[kcal/h]
② 1,632[kcal/h]
③ 7,096[kcal/h]
④ 14,391[kcal/h]

해설
푸리에 열전도 법칙
$$Q = \lambda A \frac{(t_1 - t_2)}{L} = 0.96 \times 10 \times \frac{320 - 150}{0.23} \simeq 7,096[\text{kcal/h}]$$

제5과목 | 열설비설계

81 보일러 설치검사 사항 중 틀린 것은?

① 5[t/h] 이하 유류 보일러의 배기가스 온도는 정격 부하에서 상온과의 차가 315[℃] 이하이어야 한다.
② 보일러의 안전장치는 사고를 방지하기 위해 먼저 연료를 차단한 후 경보를 울리게 해야 한다.
③ 수입 보일러의 설치검사의 경우 수압시험은 필요하다.
④ 보일러 설치검사 시 안전장치기능 테스트를 한다.

해설
보일러 안전장치는 사고를 방지하기 위해 먼저 경보기를 울리고 30초 정도 지난 후 연료를 차단한다.

82 증기트랩의 설치목적이 아닌 것은?

① 관의 부식 방지
② 수격작용 발생 억제
③ 마찰저항 감소
④ 응축수 누출 방지

해설
증기트랩(Steam Trap) : 증기관의 도중에 설치하여 증기를 사용하는 설비의 배관 내에 고여 있는 응축수(증기의 일부가 드레인된 상태)를 자동 배출시키는 장치
• 응축수 배출로 수격작용 방지
• 응축수에 의한 설비 부식 방지
• 관 내 유체 흐름에 대한 마찰저항 감소

83 저위발열량이 10,000[kcal/kg]인 연료를 사용하고 있는 실제증발량이 4[t/h]인 보일러에서 급수온도 40[℃], 발생증기의 엔탈피가 650[kcal/kg], 급수 엔탈피 40[kcal/kg]일 때 연료소비량은? (단, 보일러의 효율은 85[%]이다)

① 251[kg/h]   ② 287[kg/h]
③ 361[kg/h]   ④ 397[kg/h]

해설
보일러의 효율이 $\eta_B = \dfrac{G_a(h_2 - h_1)}{G_f \times H_L}$ 이므로,

연료소비량은 $G_f = \dfrac{G_a(h_2 - h_1)}{\eta_B \times H_L}$

$= \dfrac{4{,}000 \times (650 - 40)}{0.85 \times 10{,}000} \simeq 287[kg/h]$ 이다.

84 보일러에서 사용하는 안전밸브의 방식으로 가장 거리가 먼 것은?

① 중추식   ② 탄성식
③ 지렛대식   ④ 스프링식

해설
안전밸브의 분출압력 조정형식 : 중추식, 지렛대식, 스프링식

85 압력용기에 대한 수압시험 압력의 기준으로 옳은 것은?

① 최고 사용압력이 0.1[MPa] 이상의 주철제 압력용기는 최고 사용압력의 3배이다.
② 비철금속제 압력용기는 최고 사용압력의 1.5배의 압력에 온도를 보정한 압력이다.
③ 최고 사용압력이 1[MPa] 이하의 주철제 압력용기는 0.1[MPa]이다.
④ 법랑 또는 유리 라이닝한 압력용기는 최고 사용압력의 1.5배의 압력이다.

해설
수압시험 압력
• 강철제 보일러
 - 최고 사용압력이 0.43[MPa] 이하일 때에는 그 최고 사용압력의 2배의 압력으로 한다. 다만, 그 시험압력이 0.2[MPa] 미만인 경우에는 0.2[MPa]로 한다.
 - 보일러의 최고 사용압력이 0.43[MPa] 초과 1.5[MPa](15[kgf/cm²]) 이하일 때에는 그 최고 사용압력의 1.3배에 0.3[MPa]를 더한 압력으로 한다.
 - 보일러의 최고 사용압력이 1.5[MPa]를 초과할 때에는 그 최고 사용압력의 1.5배의 압력으로 한다.
• 주철제 보일러
 - 최고 사용압력이 0.43[MPa] 이하일 때는 그 최고 사용압력의 2배의 압력으로 한다. 다만, 시험압력이 0.2[MPa] 미만인 경우에는 0.2[MPa]로 한다.
 - 보일러의 최고 사용압력이 0.43[MPa]를 초과할 때는 그 최고 사용압력의 1.3배에 0.3[MPa]을 더한 압력으로 한다.
• 비철금속제 압력용기 : 최고 사용압력의 1.5배의 압력에 온도를 보정한 압력이다.

86 대향류 열교환기에서 가열유체는 260[℃]에서 120[℃]로 나오고, 수열유체는 70[℃]에서 110[℃]로 가열될 때 전열면적은?(단, 열관류율은 125[W/m²·℃]이고, 총열부하는 160,000[W]이다)

① 7.24[m²]
② 14.06[m²]
③ 16.04[m²]
④ 23.32[m²]

해설
$\Delta_1 = 260 - 110 = 150[℃]$, $\Delta_2 = 120 - 70 = 50[℃]$
$LMTD = \dfrac{\Delta_1 - \Delta_2}{\ln(\Delta_1/\Delta_2)} = \dfrac{150 - 50}{\ln(150/50)} \approx 91.02[℃]$
$Q = KA \times LMTD$에서
$A = \dfrac{Q}{K \times LMTD} = \dfrac{160,000}{125 \times 91.02} \approx 14.06[m^2]$

87 보일러의 종류에 따른 수면계의 부착 위치로 옳은 것은?

① 직립형 보일러는 연소실 천장판 최고부 위 95[mm]
② 수평연관 보일러는 연관의 최고부 위 100[mm]
③ 노통 보일러는 노통 최고부(플랜지부를 제외) 위 100[mm]
④ 직립형 연관보일러는 연소실 천장판 최고부 위 연관 길이의 2/3

해설
수면계(수위계)
보일러 내부의 수면 위치를 지시하는 장치로 부착 위치는 다음과 같다.
• 노통(연관식) 보일러 : 노통 최고부(플랜지부 제외) 위 100[mm]
• 직립형 보일러 : 연소실 천장판 최고부 위 100[mm]
• 수평연관 보일러 : 연관의 최고부 위 75[mm]
• 직립형 연관 보일러 : 연소실 천장판 최고부 위 연관 길이의 1/3

88 구조상 고압에 적당하여 배압이 높아도 작동하며, 드레인 배출온도를 변화시킬 수 있고 증기 누출이 없는 트랩의 종류는?

① 디스크(Disk)식
② 플로트(Float)식
③ 상향 버킷(Bucket)식
④ 바이메탈(Bimetal)식

해설
바이메탈(Bimetal)식 증기트랩
• 증기와 응축수의 온도 차이를 이용한다.
• 구조상 고압에 적당하다.
• 배압이 높아도 작동 가능하다.
• 드레인 배출온도를 변화시킬 수 있다.
• 증기 누출이 없다.

89 맞대기 이음용접에서 하중이 3,000[kg], 용접 높이가 8[mm]일 때 용접 길이는 몇 [mm]로 설계하여야 하는가?(단, 재료의 허용 인장응력은 5[kg/mm²]이다)

① 52[mm]   ② 75[mm]
③ 82[mm]   ④ 100[mm]

해설
인장응력
$\sigma = \dfrac{W}{A} = \dfrac{W}{hl}$에서 $l = \dfrac{W}{h\sigma} = \dfrac{3,000}{8 \times 5} = 75[mm]$

90 열교환기 설계 시 열교환 유체의 압력 강하는 중요한 설계인자이다. 관 내경, 길이 및 유속(평균)을 각각 Di, l, u로 표기할 때 압력 강하량 ΔP와의 관계는?

① $\Delta P \propto \dfrac{l}{Di} \dfrac{1}{2g} u^2$

② $\Delta P \propto lDi / \dfrac{1}{2g} u^2$

③ $\Delta P \propto \dfrac{Di}{l} \dfrac{1}{2g} u^2$

④ $\Delta P \propto \dfrac{1}{2g} u^2 \cdot l \cdot Di$

해설
압력 강하 $\Delta p = \gamma h_L = \gamma f \dfrac{l}{d} \dfrac{v^2}{2g}$

91 일반적인 보일러 운전 중 가장 이상적인 부하율은?

① 20~30[%]
② 30~40[%]
③ 40~60[%]
④ 60~80[%]

해설
보일러의 부하율(ϕ)
- 부하율 공식 : $\phi = \dfrac{\text{실제 사용용량}}{\text{보일러 설계용량}} \times 100[\%]$
- 일반적인 보일러 운전 중 가장 이상적인 부하율 : 60~80[%]

92 보일러 청소에 관한 설명으로 틀린 것은?

① 보일러의 냉각은 연화적(벽돌)이 있는 경우에는 24시간 이상 걸려야 한다.
② 보일러는 적어도 40[℃] 이하까지 냉각한다.
③ 부득이하게 냉각을 빨리시키고자 할 경우 찬물을 보내면서 취출하는 방법에 의해 압력을 저하시킨다.
④ 압력이 남아 있는 동안 취출밸브를 열어서 보일러 물을 완전 배출한다.

해설
보일러 청소 시 압력이 남아 있지 않은 상태(0)에서 취출밸브를 열어 보일러 물을 완전히 배출시켜야 한다.

93 고온 부식의 방지대책이 아닌 것은?

① 중유 중의 황성분을 제거한다.
② 연소가스의 온도를 낮게 한다.
③ 고온의 전열면에 내식재료를 사용한다.
④ 연료에 첨가제를 사용하여 바나듐의 융점을 높인다.

해설
고온 부식 방지대책
- 연료에 첨가제를 사용하여 바나듐의 융점을 높인다.
- 연료를 전처리하여 바나듐, 나트륨, 황분을 제거한다.
- 연소가스를 550[℃] 이하의 낮은 온도로 유지한다.
- 절연면에 내식재료를 사용하거나 전열면을 내식재료로 피복(보호피막처리)한다.

94 점식(Pitting)에 대한 설명으로 틀린 것은?

① 진행속도가 아주 느리다.
② 양극반응의 독특한 형태이다.
③ 스테인리스강에서 흔히 발생한다.
④ 재료 표면의 성분이 고르지 못한 곳에 발행하기 쉽다.

해설
점식(Pitting)은 진행속도가 매우 빠르다.

95 급수배관의 비수방지관에 뚫려 있는 구멍의 면적은 주증기관 면적의 최소 몇 배 이상 되어야 증기 배출에 지장이 없는가?

① 1.2배   ② 1.5배
③ 1.8배   ④ 2배

해설
급수배관의 비수방지관에 뚫려 있는 구멍의 면적은 주증기관의 면적의 1.5배 이상으로 하여 증기 배출에 지장이 없도록 해야 한다.

96 2중관식 열교환기 내 68[kg/min]의 비율로 흐르는 물이 비열 1.9[kJ/kg·℃]의 기름으로 35[℃]에서 75[℃]까지 가열된다. 이때 기름의 온도가 열교환기에 들어올 때 110[℃], 나갈 때 75[℃]이라면, 대수평균온도차는?(단, 두 유체는 향류형으로 흐른다)

① 37[℃]   ② 49[℃]
③ 61[℃]   ④ 73[℃]

해설
- $\Delta t_1 = 110 - 75 = 35[℃]$
- $\Delta t_2 = 75 - 35 = 40[℃]$

∴ 대수평균온도차 $LMTD = \dfrac{\Delta t_1 - \Delta t_2}{\ln(\Delta t_1 / \Delta t_2)}$
$= \dfrac{35 - 40}{\ln(35/40)}$
$\simeq 37.4[℃]$

97 다음 보기에서 설명하는 보일러 보존방법은?

보기
- 보존기간이 6개월 이상인 경우 적용한다.
- 1년 이상 보존할 경우 방청도료를 도포한다.
- 약품의 상태는 1~2주마다 점검하여야 한다.
- 동 내부의 산소 제거는 숯불 등을 이용한다.

① 건조보존법   ② 만수보존법
③ 질소보존법   ④ 특수보존법

해설
건조보온법과 만수보존법
- 건조보존법
  - 보존기간이 6개월 이상인 장기 보존의 경우 적용한다.
  - 1년 이상 보존할 경우 방청도료를 도포한다.
  - 약품의 상태는 1~2주마다 점검하여야 한다.
  - 동 내부의 산소 제거는 숯불 등을 이용한다.
- 만수보존법
  - 보존기간이 6개월 미만(2~3개월)인 단기 보존의 경우 적용한다.
  - 약품 첨가, 방청도료, 생석회 건조제 등을 사용한다.

98 다음 중 횡형 보일러의 종류가 아닌 것은?

① 노통식 보일러
② 연관식 보일러
③ 노통 연관식 보일러
④ 수관식 보일러

해설
횡형 보일러 : 노통식, 연관식, 노통연관식

99 보일러 운전 중에 발생하는 기수공발(Carry Over) 현상의 발생원인으로 가장 거리가 먼 것은?

① 인산나트륨이 많을 때
② 증발수 면적이 넓을 때
③ 증기정지밸브를 급히 개방했을 때
④ 보일러 내의 수면이 비정상적으로 높을 때

해설
캐리오버(Carry Over, 기수공발)의 발생원인
• 프라이밍 또는 포밍의 발생(외부 반출)
• 보일러수의 농축
• 밸브의 급개방
• 인산나트륨이 많을 때
• 증발수 면적이 좁을 때
• 증기밸브를 급히 개방했을 때
• 보일러 내의 수면이 비정상적으로 높을 때

100 급수조절기를 사용할 경우 충수 수압시험 또는 보일러를 시동할 때 조절기를 작동하지 않게 하거나, 모든 자동 또는 수동제어밸브 주위에 수리·교체하는 경우를 위하여 설치하는 설비는?

① 블로 오프관
② 바이패스관
③ 과열 저감기
④ 수면계

해설
바이패스(Bypass)관 : 급수조절기를 사용할 경우 충수 수압시험 또는 보일러를 시동할 때 조절기가 작동하지 않게 하거나 수리·교체하는 경우를 위하여 모든 자동 또는 수동제어밸브 주위에 설치하는 관

정답 98 ④ 99 ② 100 ②

2016년 제2회 과년도 기출문제

제1과목 | 연소공학

01 연소효율을 실제의 연소에 의한 열량을 완전연소 했을 때의 열량으로 나눈 것으로 정의할 때, 실제의 연소에 의한 열량을 계산하는 데 필요한 요소가 아닌 것은?

① 연소가스 유출 단면적
② 연소가스 밀도
③ 연소가스 열량
④ 연소가스 비열

해설
실제의 연소에 의한 열량을 계산하는 데 필요한 요소 : 연소가스 유출 단면적, 연소가스의 밀도, 연소가스의 비열

02 보일러 흡인통풍(Induced Draft) 방식에 가장 많이 사용되는 송풍기의 형식은?

① 플레이트형
② 터보형
③ 축류형
④ 다익형

해설
송풍기의 형식
• 압입통풍기 : 터보형, 다익형
• 흡인통풍기 : 플레이트형
• 축류형 송풍기 : 비행기 프로펠러형, 디스크형

03 중유의 점도가 높아질수록 연소에 미치는 영향에 대한 설명으로 틀린 것은?

① 오일탱크로부터 버너까지의 이송이 곤란해진다.
② 기름의 분무현상(Atomization)이 양호해진다.
③ 버너 화구(火口)에 유리탄소가 생긴다.
④ 버너의 연소 상태가 나빠진다.

해설
중유의 점도가 높아질수록 기름의 분무현상은 불량해진다.

04 탄소(C) 80[%], 수소(H) 20[%]의 중유를 완전연소시켰을 때 CO_{2max}[%]는?

① 13.2
② 17.2
③ 19.1
④ 21.1

해설
$$CO_{2max} = \frac{1.867C}{8.89C + 21.1[H-(O/8)] + 3.33S + 0.8N} \times 100[\%]$$
$$= \frac{1.867 \times 0.8}{8.89 \times 0.8 + 21.1 \times 0.2} \times 100[\%] \simeq 13.2[\%]$$

1 ③ 2 ① 3 ② 4 ①

05 연소의 정의를 가장 옳게 나타낸 것은?

① 연료가 환원하면서 발열하는 현상
② 화학 변화에서 산화로 인한 흡열반응
③ 물질의 산화로 에너지의 전부가 직접 빛으로 변하는 현상
④ 온도가 높은 분위기 속에서 산소와 화합하여 빛과 열을 발생하는 현상

해설
연소(Combustion)의 정의
- 온도가 높은 분위기 속에서 가연물질이 산소와 화합하여 빛과 열을 발생하는 현상
- 응고 상태 또는 기체 상태의 연료가 관계된 자발적인 발열반응 과정
- 가연성 물질이 공기 중의 산소와 반응을 일으키며 산화열을 발생시키는 현상

06 보일러 등의 연소장치에서 질소산화물(NO_x)의 생성을 억제할 수 있는 연소방법이 아닌 것은?

① 2단 연소
② 저산소(저공기비)연소
③ 배기의 재순환연소
④ 연소용 공기의 고온 예열

해설
질소산화물(NO_x) 생성 억제 연소방법 : 물분사법, 2단 연소법, 배기가스 재순환연소법, 저산소(저공기비)연소법, 저온연소법, 농담연소법 등

07 가연성 혼합기의 폭발 방지를 위한 방법으로 가장 거리가 먼 것은?

① 산소농도의 최소화 ② 불활성 가스의 치환
③ 불활성 가스의 첨가 ④ 이중용기 사용

해설
가연성 혼합기의 폭발 방지방법 : 산소농도의 최소화, 불활성 가스 치환, 불활성 가스의 첨가

08 다음 기체연료 중 단위체적당 고위발열량이 가장 높은 것은?

① LNG   ② 수성가스
③ LPG   ④ 유(油)가스

해설
단위 체적당 고위발열량
- LPG : 15,000[kcal/Nm^3]
- LNG : 10,550[kcal/Nm^3]
- 수성가스 : 2,650[kcal/Nm^3]
- 유(油)가스 : No Data

09 이론습연소가스량 G_{ow}와 이론건연소가스량 G_{od}의 관계를 나타낸 식으로 옳은 것은?(단, H는 수소, w는 수분을 나타낸다)

① $G_{od} = G_o + 1.25(9H+w)$
② $G_{od} = G_o - 1.25(9H+w)$
③ $G_{od} = G_o + (9H+w)$
④ $G_{od} = G_o - (9H-w)$

해설
습연소가스량(G)과 건연소가스량(G')의 관계식
$G = G' + 1.25(9H+w)$ 이므로 $G' = G - 1.25(9H+w)$

10 연소가스 부피조성이 CO_2 13[%], O_2 8[%], N_2 79[%]일 때 공기 과잉계수(공기비)는?

① 1.2
② 1.4
③ 1.6
④ 1.8

해설

$$m = \frac{N_2}{N_2 - 3.76(O_2 - 0.5CO)}$$
$$= \frac{79}{79 - 3.76 \times (8 - 0.5 \times 0)} = 1.61$$

11 액체연료에 대한 가장 적합한 연소방법은?

① 화격자 연소
② 스토커 연소
③ 버너연소
④ 확산연소

해설
③ 버너연소 : 액체·기체연료
① 화격자 연소 : 고체연료
② 스토커 연소 : 고체연료(석탄)
④ 확산연소 : 기체연료

12 발열량이 5,000[kcal/kg]인 고체연료를 연소할 때 불완전연소에 의한 열손실이 5[%], 연소재에 의한 열손실이 5[%]이었다면 연소효율은?

① 80[%]
② 85[%]
③ 90[%]
④ 95[%]

해설
연소효율은 열손실 10[%]를 제외한 90[%]이다.

13 NO_x의 배출을 최소화할 수 있는 방법이 아닌 것은?

① 미연소분을 최소화하도록 한다.
② 연료와 공기의 혼합을 양호하게 하여 연소온도를 낮춘다.
③ 저온 배출가스 일부를 연소용 공기에 혼입해서 연소용 공기 중의 산소농도를 저하시킨다.
④ 버너 부근의 화염온도는 높이고 배기가스 온도는 낮춘다.

해설
질소산화물 생성 억제 및 경감방법
• 물분사법, 2단 연소법, 배기가스 재순환연소법, 저산소(저공기비)연소법, 저온연소법, 농담연소법
• 건식법 환원제(암모니아, 탄화수소, 일산화탄소)를 사용한다.
• 연료와 공기의 혼합을 양호하게 하여 연소온도를 낮춘다.
• 저온 배출가스 일부를 연소용 공기에 혼입시켜 연소용 공기 중의 산소농도를 저하시킨다.
• 버너 부근의 화염온도와 배기가스 온도를 낮춘다.
• 저소감 : 과잉공기량, 연소온도, 연소용 공기 중의 산소농도, 노 내 가스 잔류시간, 미연소분
• 질소성분을 함유하지 않은 연료를 사용한다.

14 열병합 발전소에서 배기가스를 사이클론에서 전처리하고 전기 집진장치에서 먼지를 제거하고 있다. 사이클론 입구, 전기집진기 입구와 출구에서의 먼지농도가 각각 95, 10, 0.5[g/Nm³]일 때 종합집진율은?

① 85.7%
② 90.8%
③ 95.0%
④ 99.5%

해설
종합집진율
$$\left(1 - \frac{0.5}{95}\right) \times 100[\%] \simeq 99.5[\%]$$

15 연소배기가스를 분석한 결과 O_2의 측정치가 4[%]일 때 공기비(m)는?

① 1.10　　② 1.24
③ 1.30　　④ 1.34

해설
공기비
$$m = \frac{21}{21 - O_2[\%]} = \frac{21}{21-4} \simeq 1.24$$

16 액체를 미립화하기 위해 분무를 할 때 분무를 지배하는 요소로서 가장 거리가 먼 것은?

① 액류의 운동량
② 액류의 기체 표면적에 따른 저항력
③ 액류와 액공 사이의 마찰력
④ 액체와 기체 사이의 표면장력

해설
액체연료의 분무를 지배하는 요소(액체를 미립화하기 위해 분무할 때 분무를 지배하는 요소) : 액류의 운동량, 액류와 기체의 표면적에 따른 저항력, 액체와 기체 사이의 표면장력

17 가열실의 이론효율(E_1)을 옳게 나타낸 식은?(단, t_r : 이론연소온도, t_i : 피열물의 온도이다)

① $E_1 = \dfrac{t_r + t_i}{t_r}$　　② $E_1 = \dfrac{t_r - t_i}{t_r}$

③ $E_1 = \dfrac{t_i - t_r}{t_i}$　　④ $E_1 = \dfrac{t_i + t_r}{t_i}$

해설
가열실의 이론효율
$$E = \frac{t_r - t_i}{t_r}$$
(여기서, t_r : 이론연소온도, t_i : 피열물의 온도)

18 산소 1[Nm³]을 연소에 이용하려면 필요한 공기량[Nm³]은?

① 1.9　　② 2.8
③ 3.7　　④ 4.8

해설
공기의 체적은 산소 0.21[%]와 질소 0.79[%]로 구성되므로, 산소 1[m³]를 이용하기 위해 필요한 공기량은 1/0.21 ≒ 4.762 ≒ 4.8[Nm³]가 된다.

19 온도가 293[K]인 이상기체를 단열압축하여 체적을 1/6로 하였을 때 가스의 온도는 약 몇 [K]인가? (단, 가스의 정적비열[C_v]은 0.7[kJ/kg·K], 정압비열[C_p]은 0.98[kJ/kg·K]이다)

① 393　　② 493
③ 558　　④ 600

해설
$k = C_p/C_v = 0.98/0.7 = 1.4$이며 $\dfrac{T_2}{T_1} = \left(\dfrac{V_1}{V_2}\right)^{k-1}$ 이므로,

$$T_2 = T_1 \times \left(\frac{V_1}{V_2}\right)^{k-1} = 293 \times \left(\frac{6}{1}\right)^{1.4-1} \simeq 600[K]$$

20 열효율 향상대책이 아닌 것은?

① 과잉공기를 증가시킨다.
② 손실열을 가급적 적게 한다.
③ 전열량이 증가되는 방법을 취한다.
④ 장치의 최적 설계조건과 운전조건을 일치시킨다.

해설
열효율 향상대책
• 과잉공기를 감소시킨다.
• 손실열을 가급적 적게 한다.
• 되도록 연속으로 조업할 수 있도록 한다.
• 장치의 최적 설계조건(설치조건)과 운전조건을 일치시킨다.
• 전열량이 증가되는 방법을 취한다.

정답　15 ②　16 ③　17 ②　18 ④　19 ④　20 ①

제2과목 | 열역학

21 360[℃]와 25[℃] 사이에서 작동하는 열기관의 최대 이론 열효율은 약 얼마인가?

① 0.450　　② 0.529
③ 0.635　　④ 0.735

해설
$$\eta = 1 - \frac{T_2}{T_1} = 1 - \frac{25+273}{360+273} \simeq 0.529$$

22 다음 중 냉동 사이클의 운전 특성을 잘 나타내고, 사이클을 해석하는 데 가장 많이 사용되는 선도는?

① 온도 – 체적선도
② 압력 – 엔탈피선도
③ 압력 – 체적선도
④ 압력 – 온도선도

해설
압력-엔탈피선도 : 냉동 사이클의 운전 특성을 잘 나타내고 사이클을 해석하는 데 가장 많이 사용되는 선도

23 터빈에서 2[kg/sec]의 유량으로 수증기를 팽창시킬 때 터빈의 출력이 1,200[kW]라면 열손실은 몇 [kW]인가?(단, 터빈 입구와 출구에서 수증기의 엔탈피는 각각 3,200[kJ/kg]와 2,500[kJ/kg]이다)

① 600　　② 400
③ 300　　④ 200

해설
손실동력 = 이론출력 – 실제출력
　　　　= 2×(3,200 – 2,500) – 1,200 = 200[kW]

24 엔탈피가 3,140[kJ/kg]인 과열증기가 단열 노즐에 저속 상태로 들어와 출구에서 엔탈피가 3,010[kJ/kg]인 상태로 나갈 때 출구에서의 증기속도 [m/sec]는?

① 8　　② 25
③ 160　　④ 510

해설
$$v_2 = 44.72\sqrt{h_1 - h_2} = 44.72\sqrt{3,140 - 3,010} \simeq 510[\text{m/sec}]$$

25 엔트로피에 대한 설명으로 틀린 것은?

① 엔트로피는 상태함수이다.
② 엔트로피는 분자들의 무질서도 척도가 된다.
③ 우주의 모든 현상은 총엔트로피가 증가하는 방향으로 진행되고 있다.
④ 자유팽창, 종류가 다른 가스의 혼합, 액체 내 분자의 확산 등의 과정에서 엔트로피가 변하지 않는다.

해설
자유팽창, 종류가 다른 가스의 혼합, 액체 내 분자의 확산 등의 과정은 비가역과정이므로 엔트로피는 증가한다.

26 포화증기를 가역 단열압축시켰을 때의 설명으로 옳은 것은?

① 압력과 온도가 올라간다.
② 압력은 올라가고 온도는 떨어진다.
③ 온도는 불변이며 압력은 올라간다.
④ 압력과 온도 모두 변하지 않는다.

해설
포화증기를 가역 단열압축(등엔트로피 과정으로 압축)시키면 온도와 압력이 모두 상승한다.

27 $PV^n = C$에서 이상기체의 등온 변화인 경우 폴리트로픽 지수(n)는?

① ∞   ② 1.4
③ 1   ④ 0

해설
폴리트로픽 지수(n)와 상태 변화의 관계식
- n의 범위 : $-\infty \sim +\infty$
- $n=0$이면, $P=C$: 등압 변화
- $n=1$이면, $T=C$: 등온 변화
- $n=k(=1.4)$: 단열 변화
- $n=\infty$이면, $V=C$: 등적 변화
- $n>k$이면, 팽창에 의한 열량은 방열량이 되며 온도는 올라간다.
- $1<n<k$이면, 압축에 의한 열량은 흡열량이 되며 온도는 내려간다.

28 증기의 교축과정에 대한 설명으로 옳은 것은?

① 습증기 구역에서 포화온도가 일정한 과정
② 습증기 구역에서 포화압력이 일정한 과정
③ 가역과정에서 엔트로피가 일정한 과정
④ 엔탈피가 일정한 비가역 정류과정

해설
실제유체의 교축과정 : 엔탈피 일정, 압력·온도 강하, 엔트로피·비체적·속도 증가의 비가역 정상류 과정

29 공기 50[kg]을 일정 압력하에서 100[℃]에서 700[℃]까지 가열할 때 엔탈피 변화는 얼마인가?(단, $C_p = 1.0$[kJ/kg·K], $C_v = 0.71$[kJ/kg·K]이다)

① 600[kJ]   ② 21,300[kJ]
③ 30,000[kJ]   ④ 42,600[kJ]

해설
$\Delta H = mC_p dt = 50 \times 1 \times (700-100) = 30,000$[kJ]

30 비열이 일정하고 비열비가 k인 이상기체의 등엔트로피 과정에서 성립하지 않는 것은?(단, T, P, v는 각각 절대온도, 압력, 비체적이다)

① $Pv^k = $ 일정   ② $Tv^{k-1} = $ 일정
③ $PT^{\frac{k}{k-1}} = $ 일정   ④ $TP^{\frac{1-k}{k}} = $ 일정

해설
③ $TP^{\frac{1-k}{k}} = $ 일정 혹은 $PT^{\frac{k}{1-k}} = $ 일정

31 다음 그림은 공기 표준 Otto Cycle이다. 효율 η에 관한 식으로 틀린 것은?(단, γ은 압축비, k는 비열비이다)

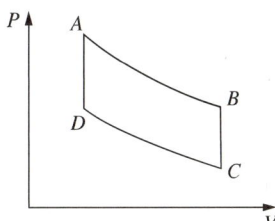

① $\eta = 1 - \left(\dfrac{T_B - T_C}{T_A - T_D}\right)$

② $\eta = 1 - \gamma\left(\dfrac{1}{\gamma}\right)^k$

③ $\eta = 1 - \left(\dfrac{P_B - P_C}{P_A - P_D}\right)$

④ $\eta = 1 - \left(\dfrac{T_B}{T_A}\right)$

해설
공기 표준 오토 사이클의 열효율
$\eta_o = \dfrac{\text{유효한 일}}{\text{공급열량}} = \dfrac{W}{Q_1} = \dfrac{\text{공급열량} - \text{방출열량}}{\text{공급열량}}$
$= \dfrac{mC_V(T_A - T_D) - mC_V(T_B - T_C)}{mC_V(T_A - T_D)} = 1 - \dfrac{T_B - T_C}{T_A - T_D}$
$= 1 - \left(\dfrac{T_B}{T_A}\right) = 1 - \left(\dfrac{1}{\gamma}\right)^{k-1} = 1 - \gamma\left(\dfrac{1}{\gamma}\right)^k$
(여기서, γ : 압축비, k : 비열비)

32 냉동사이클의 $T-S$ 선도에서 냉매단위질량당 냉각열량 q_L과 압축기의 소요동력 W를 옳게 나타낸 것은?(단, h는 엔탈피를 나타낸다)

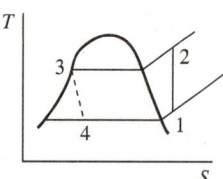

① $q_L = h_3 - h_4,\ W = h_2 - h_1$
② $q_L = h_1 - h_4,\ W = h_2 - h_1$
③ $q_L = h_2 - h_3,\ W = h_1 - h_4$
④ $q_L = h_3 - h_4,\ W = h_1 - h_4$

해설
- 냉매단위질량당 냉각열량(증발기의 냉동효과) : $q_L = h_1 - h_4$
- 압축기의 소요동력(압축기의 소요일량) : $W = h_2 - h_1$

33 압력이 P로 일정한 용기 내에 이상기체 1[kg]이 들어 있고, 이 이상기체를 외부에서 가열하였다. 이때 전달된 열량은 Q이며, 온도가 T_1에서 T_2로 변화하였고, 기체의 부피가 V_1에서 V_2로 변하였다. 공기의 정압비열 C_P은 어떻게 계산되는가?

① $C_P = Q/P$
② $C_P = Q/(T_2 - T_1)$
③ $C_P = Q/(V_2 - V_1)$
④ $C_P = P \times (V_2 - V_1)/(T_1 - T_2)$

해설
$Q = mC_P \Delta T$에서
$C_P = \dfrac{Q}{m\Delta T} = \dfrac{Q}{1 \times (T_2 - T_1)} = \dfrac{Q}{(T_2 - T_1)}$

34 온도 250[℃], 질량 50[kg]인 금속을 20[℃]의 물 속에 넣었다. 최종 평형 상태에서의 온도가 30[℃]이면 물의 양은 약 몇 [kg]인가?(단, 열손실은 없으며, 금속의 비열은 0.5[kJ/kg · K], 물의 비열은 4.18[kJ/kg · K]이다)

① 108.3 ② 131.6
③ 167.7 ④ 182.3

해설
열역학 제0법칙인 열평형의 법칙을 적용하면, 금속의 방열량은 물의 흡열량과 같다.
$m_1 C_1 (t_1 - t_m) = m_2 C_2 (t_m - t_2)$에서
$m_2 = \dfrac{m_1 C_1 (t_1 - t_m)}{C_2 (t_m - t_2)} = \dfrac{50 \times 0.5 \times (250 - 30)}{4.18 \times (30 - 20)} \simeq 131.6[\text{kg}]$

35 $\int F dx$는 무엇을 나타내는가?(단, F는 힘, x는 변위를 나타낸다)

① 일 ② 열
③ 운동에너지 ④ 엔트로피

해설

$\int F dx = $ 힘 $\times$ 변위 $=$ 일

36 비열이 3[kJ/kg · ℃]인 액체 10[kg]을 20[℃]로부터 80[℃]까지 전열기로 가열시키는 데 필요한 소요전력량은 약 몇 [kWh]인가?(단, 전열기의 효율은 88[%]이다)

① 0.46 ② 0.57
③ 480 ④ 530

해설
소요전력량
$P = \dfrac{Q}{\eta} = \dfrac{mC\Delta t}{\eta} = \dfrac{10 \times 3 \times (80 - 20)}{0.88} \simeq 2,045.5[\text{kJ}]$
$= \dfrac{2,045.5}{3,600}[\text{kWh}] \simeq 0.57[\text{kWh}]$

37 저열원 10[℃], 고열원 600[℃] 사이에 작용하는 카르노 사이클에서 사이클당 방열량이 3.5[kJ]이면 사이클당 실제 일의 양은 약 몇 [kJ]인가?

① 3.5
② 5.7
③ 6.8
④ 7.3

해설

$$\eta_c = \frac{W_{net}}{Q_1} = 1 - \frac{Q_2}{Q_1} = 1 - \frac{T_2}{T_1} = 1 - \frac{10+273}{600+273} = 1 - \frac{283}{873}$$
$$= 0.6758$$

$\eta_c = 1 - \frac{Q_2}{Q_1}$ 에서 $0.6758 = 1 - \frac{3.5}{Q_1}$ 이므로

$Q_1 = \frac{3.5}{1-0.6758} = 10.796[kJ]$ 이며

$\eta_c = \frac{W_{net}}{Q_1}$ 에서 $0.6758 = \frac{W_{net}}{10.796}$ 이므로

$W_{net} = 0.6758 \times 10.796 \simeq 7.3[kJ]$

38 직경 40[cm]의 피스톤이 800[kPa]의 압력에 대항하여 20[cm] 움직였을 때 한 일은 약 몇 [kJ]인가?

① 20.1
② 63.6
③ 254
④ 1,350

해설

$$W = PV = P \times A \times l = 800 \times \frac{3.14 \times 0.4^2}{4} \times 0.2 \simeq 20.1[kJ]$$

39 일정 정압비열(C_p = 1.0[kJ/kg·K])을 가정하고, 공기 100[kg]을 400[℃]에서 120[℃]로 냉각할 때 엔탈피 변화는?

① −24,000[kJ]
② −26,000[kJ]
③ −28,000[kJ]
④ −30,000[kJ]

해설

$$\Delta H = mC_p(t_2 - t_1) = 100 \times 1.0 \times (120-400)$$
$$= -28,000[kJ]$$

40 냉동(Refrigeration) 사이클에 대한 성능계수(COP)는 다음 중 어느 것을 해 준 일(Work Input)로 나누어 준 것인가?

① 저온측에서 방출된 열량
② 저온측에서 흡수한 열량
③ 고온측에서 방출된 열량
④ 고온측에서 흡수한 열량

해설
냉동 사이클에 대한 성능계수는 저온측에서 흡수한 열량을 해 준 일로 나눈 값이다.

제3과목 | 계측방법

41 진공에 대한 폐관식 압력계로서 측정하려고 하는 기체를 압축하여 수은주로 읽게 하여 그 체적 변화로부터 원래의 압력을 측정하는 형식의 진공계는?

① 크누센(Knudsen)식
② 피라니(Pirani)식
③ 맥라우드(McLeod)식
④ 벨로스(Bellows)식

해설
맥라우드(McLeod) : 측정 기체를 압축하여 체적 변화를 수은주로 읽어 원래의 압력을 측정하는 진공에 대한 폐관식 압력계

42 보기의 열교환기에 대한 제어내용은 다음 중 어느 제어방법에 해당하는가?

| 보기 |
| 유체의 온도를 제어하는 데 온도 조절의 출력으로 열교환기에 유입되는 증기의 유량을 제어하는 유량조절기의 설정치를 조절한다. |

① 추종제어
② 프로그램 제어
③ 정치제어
④ 캐스케이드 제어

해설
캐스케이드 제어에서는 1차 제어장치로 제어량을 측정하고, 2차 제어장치로 제어량을 조절한다.

43 저항식 습도계의 특징으로 틀린 것은?

① 저온도의 측정이 가능하다.
② 응답이 늦고 정도가 좋지 않다.
③ 연속기록, 원격 측정, 자동제어에 이용된다.
④ 교류전압에 의하여 저항치를 측정하여 상대습도를 표시한다.

해설
저항식 습도계는 응답이 빠르고 정도가 우수하다.

44 화염검출방식으로 가장 거리가 먼 것은?

① 화염의 열을 이용
② 화염의 빛을 이용
③ 화염의 전기전도성을 이용
④ 화염의 색을 이용

해설
화염검출방식 : 화염의 열을 이용하는 방법, 화염의 전기전도성을 이용하는 방법

45 입구의 지름이 40[cm], 벤투리 목의 지름이 20[cm]인 벤투리미터로 공기의 유량을 측정하여 물-공기 시차액주계가 300[mmH₂O]를 나타냈다. 이때 유량은?(단, 물의 밀도는 1,000[kg/m³], 공기의 밀도는 1.5[kg/m³], 유량계수는 1이다)

① $4[m^3/sec]$
② $3[m^3/sec]$
③ $2[m^3/sec]$
④ $1[m^3/sec]$

해설
$$Q = CAv = CA\sqrt{\frac{2gh(\rho_w/\rho_a - 1)}{1 - (d_2/d_1)^4}}$$
$$= 1 \times \frac{\pi(0.2)^2}{4} \times \sqrt{\frac{2 \times 9.8 \times 0.3 \times (1,000/1.5 - 1)}{1 - (0.2/0.4)^4}}$$
$$\simeq 2[m^3/sec]$$

46 다음 중 접촉식 온도계가 아닌 것은?

① 방사 온도계 ② 제게르콘
③ 수은 온도계 ④ 백금저항 온도계

해설
방사 온도계는 비접촉식 온도계이다.

47 100[mL] 시료가스를 CO_2, O_2, CO 순으로 흡수시켰더니 남은 부피가 각각 50[mL], 30[mL], 20[mL]이었으며, 최종 질소가스가 남았다. 이때 가스 조성으로 옳은 것은?

① CO_2 50[%]   ② O_2 30[%]
③ CO 20[%]   ④ N_2 10[%]

해설
① $CO_2 = \dfrac{100-50}{100} \times 100[\%] = 50[\%]$
② $O_2 = \dfrac{50-30}{100} \times 100[\%] = 20[\%]$
③ $CO = \dfrac{30-20}{100} \times 100[\%] = 10[\%]$
④ $N_2 = 100[\%] - (CO_2 + O_2 + CO) = 100 - 80 = 20[\%]$

48 다음 블록선도에서 출력을 바르게 나타낸 것은?

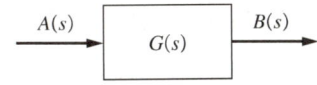

① $B(s) = G(s)A(s)$
② $B(s) = \dfrac{G(s)}{A(s)}$
③ $B(s) = \dfrac{A(s)}{G(s)}$
④ $B(s) = \dfrac{1}{G(s)A(s)}$

해설
$G(s) = B(s)/A(s)$이므로 출력은 $B(s) = G(s)A(s)$이다.

49 수면계의 안전관리 사항으로 옳은 것은?

① 수면계의 최상부와 안전 저수위가 일치하도록 장착한다.
② 수면계의 점검은 2일에 1회 정도 실시한다.
③ 수면계가 파손되면 물밸브를 신속히 닫는다.
④ 보일러는 가동 완료 후 이상 유무를 점검한다.

해설
③ 수면계가 파손되면 물밸브(물콕)을 먼저 신속히 닫는다.
① 수면계의 유리 최하단부와 안전 저수위가 일치되도록 장착한다.
② 수면계는 수시로 점검하여 확인한다.
④ 보일러는 정상 작동시험 가동으로 이상 유무를 점검한다.

50 액체 온도계 중 수은 온도계 비하여 알코올 온도계에 대한 설명으로 틀린 것은?

① 저온측정용으로 적합하다.
② 표면장력이 작다.
③ 열팽창계수가 작다.
④ 액주 상승 후 하강시간이 길다.

해설
알코올 온도계는 수은 온도계보다 열팽창계수가 크다.

51 흡습염(염화리튬)을 이용하여 습도 측정을 위해 대기 중의 습도를 흡수하면 흡습체 표면에 포화용액층을 형성하게 되는데, 이 포화용액과 대기와의 증기 평형을 이루는 온도를 측정하는 방법은?

① 이슬점법   ② 흡습법
③ 건구습도계법   ④ 습구습도계법

해설
이슬점법 : 흡습염(염화리튬)을 이용하여 흡습체 표면에 대기 중의 습도를 흡수시켜 포화용액층을 형성하게 하여, 포화용액과 대기와의 증기 평형을 이루는 온도 측정으로 습도를 측정하는 방법

52 비접촉식 온도계 중 색 온도계의 특징에 대한 설명으로 틀린 것은?

① 방사율의 영향이 작다.
② 휴대와 취급이 간편하다.
③ 고온 측정이 가능하며 기록 조절용으로 사용된다.
④ 주변 빛의 반사에 영향을 받지 않는다.

해설
색 온도계는 주변 빛의 반사에 영향을 받는다.

53 오르자트(Orast) 분석기에 CO_2의 흡수액은?

① 산성염화 제1구리 용액
② 알칼리성 염화 제1구리 용액
③ 염화암모늄 용액
④ 수산화칼륨 용액

해설
오르자트 분석기에서 이산화탄소의 흡수액은 수산화칼륨 용액이다.

54 다음 중 구조상 먼지 등을 함유한 액체나 점도가 높은 액체에도 적합하여 주로 연소가스의 통풍계로 사용되는 압력계는?

① 다이어프램식   ② 벨로스식
③ 링밸런스식   ④ 분동식

해설
다이어프램(Diaphragm)식 압력계
박막으로 격실을 만들고 압력 변화에 따른 격막의 변위를 링크, 섹터, 피니언 등에 의해 지침에 전달하여 지시계로 나타내는 압력계로 격막식 압력계라고도 한다.
- 구조상 먼지 등을 함유한 액체나 점도가 높은 액체에도 적합하다.
- 용도 : 주로 연소가스의 통풍계(드래프트계)로 사용한다.
- 다이어프램의 재질 : 고무, 양은, 인청동, 스테인리스강 등
- 측정압력의 범위 : 보통 20~5,000[mmH_2O], 금속의 경우 20[kg/cm^2]
- 감도가 우수하며 정도는 1~2[%]이다.
- 다이어프램의 변화를 측정하는 다이어프램 캡슐형이 있다.
- 압력증가현상이 일어나면 피니언이 시계 방향으로 회전한다.

55 열전대 온도계로 사용되는 금속이 구비하여야 할 조건이 아닌 것은?

① 이력현상이 커야 한다.
② 열기전력이 커야 한다.
③ 열적으로 안정해야 한다.
④ 재생도가 높고, 가공성이 좋아야 한다.

해설
열전대 온도계는 이력현상이 (거의) 없어야 한다.

56 보일러 냉각기의 진공도가 700[mmHg]일 때 절대압은 몇 [$kg/cm^2 \cdot a$]인가?

① 0.02[$kg/cm^2 \cdot a$]   ② 0.04[$kg/cm^2 \cdot a$]
③ 0.06[$kg/cm^2 \cdot a$]   ④ 0.08[$kg/cm^2 \cdot a$]

해설
$$P_a = \frac{760-700}{760} \times 1.0332 \simeq 0.08[kg/cm^2 \cdot a]$$

57 유체의 흐름 중에 전열선을 넣고 유체의 온도를 높이는 데 필요한 에너지를 측정하여 유체의 질량유량을 알 수 있는 것은?

① 토마스식 유량계
② 정전압식 유량계
③ 정온도식 유량계
④ 마그네틱식 유량계

해설
토마스식 유량계 : 유체의 흐름 중에 전열선을 넣고 유체의 온도를 높이는 데 필요한 에너지를 측정하여 유체의 질량유량을 측정하는 유량계

58 최고 약 1,600[℃] 정도까지 측정할 수 있는 열전대는?

① 동-콘스탄탄
② 크로멜-알루멜
③ 백금-백금·로듐
④ 철-콘스탄탄

해설
백금-백금·로듐 열전대는 최고 약 1,600[℃]까지 측정 가능하다.

59 비접촉식 온도 측정방법 중 가장 정확하게 측정할 수 있으나 기록, 경보, 자동제어가 불가능한 온도계는?

① 압력식 온도계
② 방사 온도계
③ 열전 온도계
④ 광고온계

해설
광고온계 : 특정 파장을 온도계 내에 통과시켜 온도계 내 전구 필라멘트의 휘도를 육안으로 직접 비교하여 온도를 측정하는 비접촉식 온도계이다.
• 정도가 우수하여 비접촉식 온도측정기 중 가장 정확한 측정이 가능하다.
• 방사 온도계에 비해 방사율에 대한 보정량이 작다.
• 구조가 간단하고 휴대가 편리하다.
• 측정온도범위는 700~2,000[℃]이며 900[℃] 이하의 경우 오차가 발생된다.
• 측정시간이 지연된다.
• 측정인력이 필요하다(사람의 손이 필요하다).
• 기록, 경보, 자동제어는 불가능하다.

60 노 내압을 제어하는 데 필요하지 않는 조작은?

① 공기량 조작
② 연료량 조작
③ 급수량 조작
④ 댐퍼의 조작

해설
화실 노 내압 제어에 필요한 조작 : 공기량 조작, 연료량 조작, 연소가스 배출량 조작, 댐퍼의 조작

정답 57 ① 58 ③ 59 ④ 60 ③

제4과목 | 열설비재료 및 관계법규

61 에너지이용합리화법에 따른 효율관리기자재의 종류로 가장 거리가 먼 것은?(단, 산업통상자원부장관이 그 효율의 향상이 특히 필요하다고 인정하여 고시하는 기자재 및 설비는 제외한다)

① 전기냉방기 ② 전기세탁기
③ 조명기기 ④ 전자레인지

해설
효율관리기자재 : 전기냉장고, 전기냉방기, 전기세탁기, 조명기기, 삼상유도전동기, 자동차, 그 밖에 산업통상자원부장관이 그 효율의 향상이 특히 필요하다고 인정하여 고시하는 기자재 및 설비

62 요의 구조 및 형상에 의한 분류가 아닌 것은?

① 터널요 ② 셔틀요
③ 횡 요 ④ 승염식 요

해설
승염식 요는 화염 진행방식에 따른 분류이다.

63 에너지이용합리화법에 따라 인정검사대상기기관리자의 교육을 이수한 사람의 조종범위는 증기 보일러로서 최고 사용압력이 1[MPa] 이하이고 전열면적이 얼마 이하일 때 가능한가?

① 1[m^2] ② 2[m^2]
③ 5[m^2] ④ 10[m^2]

해설
인정검사대상기기관리자의 교육을 이수한 자의 관리범위 : 증기보일러로서 최고 사용압력이 1[MPa] 이하이고, 전열면적이 10[m^2] 이하인 것

64 에너지이용합리화법에 따라 에너지다소비사업자가 그 에너지사용시설이 있는 지역을 관할하는 시·도지사에게 신고하여야 할 사항에 해당되지 않는 것은?

① 전년도의 분기별 에너지 사용량, 제품 생산량
② 에너지사용기자재의 현황
③ 사용 에너지원의 종류 및 사용처
④ 해당 연도의 분기별 에너지 사용 예정량·제품 생산 예정량

해설
에너지다소비업자가 신고해야 하는 사항
• 전년도의 분기별 에너지사용량, 제품생산량
• 해당 연도의 분기별 에너지사용예정량, 제품생산예정량
• 에너지사용기자재의 현황
• 전년도의 분기별 에너지이용 합리화 실적 및 해당 연도의 분기별 계획
• 상기의 사항에 관한 업무를 담당하는 자(에너지관리자)의 현황

65 다음 중 구리합금 용해용 도가니로에 사용될 도가니의 재료로 가장 적합한 것은?

① 흑연질 ② 점토질
③ 구 리 ④ 크롬질

해설
도가니로
• 동합금, 경합금 등 비철금속 용해로
• 도가니 재료 : 흑연질

66 에너지절약전문기업의 등록이 취소된 에너지절약전문기업은 원칙적으로 등록취소일로부터 최소 얼마의 기간이 지나면 다시 등록을 할 수 있는가?

① 1년 ② 2년
③ 3년 ④ 5년

해설
에너지절약전문기업의 등록이 취소된 에너지절약전문기업이 재등록할 수 있는 등록취소일 이후 경과기간은 2년이다.

정답 61 ④ 62 ④ 63 ④ 64 ③ 65 ① 66 ②

67 소성가마 내 열의 전열방법으로 가장 거리가 먼 것은?

① 복 사   ② 전 도
③ 전 이   ④ 대 류

해설
소성가마 내 열의 전열방법 : 복사, 전도, 대류

68 에너지이용합리화법에 따라 한국에너지공단이 하는 사업이 아닌 것은?

① 에너지이용 합리화 사업
② 재생에너지 개발사업의 촉진
③ 에너지기술의 개발, 도입, 지도 및 보급
④ 에너지 자원 확보사업

해설
한국에너지공단의 사업
- 에너지이용 합리화 및 이를 통한 온실가스의 배출을 줄이기 위한 사업과 국제협력
- 에너지기술의 개발·도입·지도 및 보급
- 에너지이용 합리화, 신에너지 및 재생에너지의 개발과 보급, 집단에너지공급사업을 위한 자금의 융자 및 지원
- 에너지진단 및 에너지관리지도
- 신에너지 및 재생에너지 개발사업의 촉진
- 에너지관리에 관한 조사·연구·교육 및 홍보
- 에너지이용 합리화 사업을 위한 토지·건물 및 시설 등의 취득·설치·운영·대여 및 양도
- 집단에너지사업법에 따른 집단에너지사업의 촉진을 위한 지원 및 관리
- 에너지사용기자재, 에너지 관련 기자재의 효율관리 및 열사용기자재의 안전관리
- 사회취약계층의 에너지이용 지원
- 산업통상자원부장관, 시·도지사, 그 밖의 기관 등이 위탁하는 에너지이용의 합리화와 온실가스의 배출을 줄이기 위한 사업

69 다음 중 열전도율이 낮은 재료에서 높은 재료 순으로 바르게 표기된 것은?

① 물 - 유리 - 콘크리트 - 석고보드 - 스티로폼 - 공기
② 공기 - 스티로폼 - 석고보드 - 물 - 유리 - 콘크리트
③ 스티로폼 - 유리 - 공기 - 석고보드 - 콘크리트 - 물
④ 유리 - 스티로폼 - 물 - 콘크리트 - 석고보드 - 공기

해설
열전도율 순(낮은 것 → 높은 것)
공기 → 스티로폼 → 석고보드 → 고무 → 물 → 유리 → 콘크리트 → 철 → 알루미늄 → 구리

70 도입식 가마(Down Draft Kiln)에서 불꽃의 진행 방향으로 옳은 것은?

① 불꽃이 올라가서 가마 천장에 부딪쳐 가마 바닥의 흡입 구멍으로 빠진다.
② 불꽃이 처음부터 가마 바닥과 나란하게 흘러 굴뚝으로 나간다.
③ 불꽃이 열소실에서 위로 올라가 천장에 닿아서 수평으로 흐른다.
④ 불꽃의 방향이 일정하지 않으나 대게 가마 밑에서 위로 흘러나간다.

해설
도염식 가마의 불꽃 진행 방향 : 불꽃이 올라가서 가마 천장에 부딪쳐 가마 바닥의 흡입 구멍으로 빠진다.

정답 67 ③ 68 ④ 69 ② 70 ①

71 슬래그(Slag)가 잘 생성되기 위한 조건으로 틀린 것은?

① 유가금속의 비중이 낮을 것
② 유가금속의 용해도가 클 것
③ 유가금속의 용융점이 낮을 것
④ 점성이 낮고 유동성이 좋을 것

해설
슬래그가 잘 생성되려면 유가금속의 용해도가 작아야 한다.

72 내화물의 구비조건으로 틀린 것은?

① 내마모성이 클 것
② 화학적으로 침식되지 않을 것
③ 온도의 급격한 변화에 의해 파손이 적을 것
④ 상온 및 사용온도에서 압축강도가 작을 것

해설
내화물의 구비조건
- 고대 : 압축강도, 내마모성, 내열성, 내침식성, 내연화 변형성
- 저소 : 팽창, 수축, 연화 변형
- 적정 : 열전도율

73 배관재료 중 온도범위 0~100[℃] 사이에서 온도 변화에 의한 팽창계수가 가장 큰 것은?

① 동
② 주 철
③ 알루미늄
④ 스테인리스강

해설
알루미늄관 : 배관재료 중 온도범위 0~100[℃] 사이에서 온도 변화에 의한 팽창계수가 가장 크다.

74 에너지이용합리화법에 따라 검사대상기기 검사 중 개조검사의 적용대상이 아닌 것은?

① 온수 보일러를 증기 보일러로 개조하는 경우
② 보일러 섹션의 증감에 의하여 용량을 변경하는 경우
③ 동체·경판·관판·관모음 또는 스테이의 변경으로서 산업통상자원부장관이 정하여 고시하는 대수리의 경우
④ 연료 또는 연소방법을 변경하는 경우

해설
증기 보일러를 온수 보일러로 개조하는 경우에 개조검사의 적용대상이 된다.

75 염기성 내화 벽돌에서 공통적으로 일어날 수 있는 현상은?

① 스폴링(Spalling)
② 슬래킹(Slaking)
③ 더스팅(Dusting)
④ 스웰링(Swelling)

해설
슬래킹(Slaking)
- 염기성 내화물이 수증기에 의해서 조직이 약화되는 현상이다.
- 마그네시아 또는 돌로마이트 등을 원료로 하는 염기성 내화물의 내화열이 수증기의 작용을 받아 $Ca(OH)_2$나 $Mg(OH)_2$를 생성하는데, 이때 큰 비중 변화에 의해 체적 변화를 일으키므로 노벽에 균열이 발생하거나 붕괴하는 현상이다.
- 슬래킹은 염기성 내화 벽돌의 공통적인 취약성이다.

정답 71 ② 72 ④ 73 ③ 74 ① 75 ②

76 용광로에 장입되는 물질 중 탈황 및 탈산을 위해 첨가하는 것은?

① 철광석   ② 망간광석
③ 코크스   ④ 석회석

해설
망간광석은 탈황 및 탈산을 위해 첨가된다.

77 에너지이용합리화법에 따라 시공업의 기술인력 및 검사대상기기관리자에 대한 교육과정과 그 기간으로 틀린 것은?

① 난방시공업 제1종 기술자 과정 : 1일
② 난방시공업 제2종 기술자 과정 : 1일
③ 소형 보일러, 압력용기 관리자 과정 : 1일
④ 중·대형 보일러 관리자 과정 : 2일

해설
에너지관리자의 기본 교육과정의 법정 교육기간 : 3년마다 1일

78 보온면의 방산열량 1,100[kJ/m²], 나면의 방산열량 1,600[kJ/m²]일 때 보온재의 보온효율은?

① 25[%]   ② 31[%]
③ 45[%]   ④ 69[%]

해설
보온재의 보온효율
$\eta = 1 - \dfrac{Q_2}{Q_1} = 1 - \dfrac{1,100}{1,600} \approx 0.31 = 31[\%]$

79 에너지이용합리화법에 따라 한국에너지공단이사장 또는 검사기관의 장이 검사를 받는 자에게 그 검사의 종류에 따라 필요한 사항에 대한 조치를 하게 할 수 있는 사항이 아닌 것은?

① 검사수수료의 준비
② 기계적 시험의 준비
③ 운전성능 측정의 준비
④ 수압시험의 준비

해설
검사의 종류에 따라 필요한 사항에 대한 조치를 하게 할 수 있는 사항 : 기계적 시험의 준비, 비파괴검사의 준비, 운전성능 측정의 준비, 수압시험의 준비 등

80 실리카(Silica) 전이 특성에 대한 설명으로 옳은 것은?

① 규석(Quartz)은 상온에서 가장 안정된 광물이며 상압에서 573[℃] 이하 온도에서 안정된 형이다.
② 실리카(Silica)의 결정형은 규석(Quartz), 트리디마이트(Tridymite), 크리스토발라이트(Cristobalite), 카올린(Kaoline)의 4가지 주형으로 구성된다.
③ 결정형이 바뀌는 것을 전이라고 하며 전이속도를 빠르게 작용토록 하는 성분을 광화제라고 한다.
④ 크리스토발라이트(Cristobalite)에서 용융 실리카(Fused Silica)로 전이에 따른 부피 변화 시 20[%]가 수축한다.

해설
실리카의 전이 특성 : 결정형이 바뀌는 것을 전이라고 하며, 전이속도를 빠르게 작용하도록 촉진시키는 성분을 광화제라고 한다. 870[℃] 이상 가열 전이시키면 트리디마이트가 된다. 1,470[℃] 정도에서는 크리스토발라이트로 하여 체적 변화가 일어나지 않게 한다. 고온 전이형이 되면 비중은 작아진다.

제5과목 | 열설비설계

81 다음 중 pH 조정제가 아닌 것은?

① 수산화나트륨
② 타 닌
③ 암모니아
④ 인산소다

해설
pH 조정제 : pH를 조절하여 부식, 스케일 등을 방지
• pH 높임 : 수산화나트륨(가성소다), 탄산나트륨(탄산소다), 암모니아
• pH 낮춤 : 황산, 인산, 인산나트륨
• 탄산나트륨 : 고압 보일러에 사용 불가(수온이 상승하면 가수분해되어 이산화탄소와 산화나트륨이 생성되어 부식 촉진)

82 흑체로부터의 복사전열량은 절대온도(T)의 몇 제곱에 비례하는가?

① $\sqrt{2}$
② 2
③ 3
④ 4

해설
흑체로부터의 복사전열량은 절대온도의 4제곱에 비례한다.

83 원통 보일러의 노통은 주로 어떤 열응력을 받는가?

① 압축응력
② 인장응력
③ 굽힘응력
④ 전단응력

해설
원통 보일러의 노통은 주로 압축응력을 받는다.

84 다음 중 보일러수를 pH 10.5~11.5의 약알칼리로 유지하는 주된 이유는?

① 첨가된 염산이 강재를 보호하기 때문에
② 보일러수 중에 적당량의 수산화나트륨을 포함시켜 보일러의 부식 및 스케일 부착을 방지하기 위하여
③ 과잉 알칼리성이 더 좋으나 약품이 많이 소요되므로 원가를 절약하기 위하여
④ 표면에 딱딱한 스케일이 생성되어 부식을 방지하기 때문에

해설
보일러수 중에 적당량의 수산화나트륨을 포함시켜 보일러의 부식 및 스케일 부착을 방지하기 위하여 pH 10.5~11.5의 약알칼리성을 유지한다(가장 적정 : 11 전후)

85 다음 중 열교환기의 성능이 저하되는 요인은?

① 온도차의 증가
② 유체의 느린 유속
③ 향류 방향의 유체 흐름
④ 높은 열전도율의 재료 사용

해설
유체의 속도가 느리면 열교환기의 성능이 저하된다.

정답 81 ② 82 ④ 83 ① 84 ② 85 ②

86 열관류율에 대한 설명으로 옳은 것은?

① 인위적인 장치를 설치하여 강제로 열이 이동되는 현상이다.
② 고온의 물체에서 방출되는 빛이나 열이 전자파의 형태로 저온의 물체에 도달되는 현상이다.
③ 고체의 벽을 통하여 고온 유체에서 저온의 유체로 열이 이동되는 현상이다.
④ 어떤 물질을 통하지 않는 열의 직접 이동을 말하며 정지된 공기층에 열 이동이 가장 적다.

해설
열관류율(열통과율, 열전달률, K, [kcal/m² · h · ℃])
• 열이 벽과 같은 고체를 통하여 공기층으로 열이 전해지는 정도
• 고체의 벽을 통하여 고온 유체에서 저온 유체로 열이 통과하는 정도
• 단위시간에 1[m²]의 단면적을 1[℃] 온도차가 있을 때 흐르는 열량
• 두께에 반비례

87 다음 그림에서 3겹층으로 되어 있는 평면벽의 평균 열전도율은?(단, 열전도율은 $\lambda_A = 1.0[kcal/m \cdot h \cdot ℃]$, $\lambda_B = 2.0[kcal/m \cdot h \cdot ℃]$, $\lambda_C = 1.0[kcal/m \cdot h \cdot ℃]$)

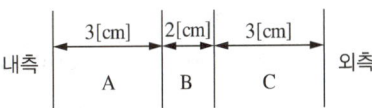

① 0.94[kcal/m · h · ℃]
② 1.14[kcal/m · h · ℃]
③ 1.24[kcal/m · h · ℃]
④ 2.44[kcal/m · h · ℃]

해설
3겹층 평면벽의 평균 열전도율

$$\lambda = \frac{L_A + L_B + L_C}{\frac{L_A}{\lambda_A} + \frac{L_B}{\lambda_B} + \frac{L_C}{\lambda_C}}$$

$$= \frac{0.03 + 0.02 + 0.03}{\frac{0.03}{1} + \frac{0.02}{2} + \frac{0.03}{1}} \approx 1.14[kcal/m \cdot h \cdot ℃]$$

88 피치가 200[mm] 이하이고, 골의 깊이가 38[mm] 이상인 것의 파형 노통의 종류로 가장 적절한 것은?

① 모리슨형   ② 브라운형
③ 폭스형   ④ 리즈포지형

해설
파형 노통의 종류별 피치 및 골의 깊이(단위 : [mm])

노통의 종류	피치	골의 깊이
모리슨형	200 이하	32 이상
데이톤형	200 이하	38 이상
폭스형	200 이하	38 이상
파브스형	230 이하	35 이상
리즈포지형	200 이하	57 이상
브라운형	230 이하	41 이상

89 온수 발생 보일러에서 안전밸브를 설치해야 할 최소 운전 온도기준은?

① 80[℃] 초과   ② 100[℃] 초과
③ 120[℃] 초과 ④ 140[℃] 초과

해설
온수 보일러의 안전밸브
• 온수온도가 120[℃] 초과 시 안전밸브를 설치해야 한다.
• 안전밸브는 보일러 상부에 설치해야 한다.
• 안전밸브는 보일러 내부의 관에 연결하여서는 안 된다.
• 안전밸브는 중심선을 수직으로 하여 설치해야 한다.
• 안전밸브 연결 시에 나사로 된 연결관을 사용한다.

90 물을 사용하는 설비에서 부식을 초래하는 인자로 가장 거리가 먼 것은?

① 용존산소   ② 용존 탄산가스
③ pH   ④ 실리카(SiO_2)

해설
물 사용설비에서 부식을 초래하는 인자 : 용존산소, 용존 탄산가스, pH 등

91 보일러 형식에 따른 분류 중 원통형 보일러에 해당하지 않는 것은?

① 관류 보일러　　② 노통 보일러
③ 입형 보일러　　④ 노통 연관식 보일러

해설
관류 보일러 : 드럼 없이 초임계압하에서 증기를 발생시키는 강제순환 보일러이다. 드럼이 없고 관만으로 구성시켜서 긴 관의 일단에서 급수를 펌프로 압입하여 도중에서 한꺼번에 가열·증발·과열시켜 과열증기로 내보내는 초고압 보일러이다.

92 강판의 두께가 20[mm]이고, 리벳의 직경이 28.2[mm]이며, 피치 50.1[mm]의 1줄 겹치기 리벳조인트가 있다. 이 강판의 효율은?

① 34.7[%]　　② 43.7[%]
③ 53.7[%]　　④ 63.7[%]

해설
강판의 효율
$$\eta_t = \left(1 - \frac{d}{p}\right) \times 100[\%] = \left(1 - \frac{28.2}{50.1}\right) \times 100[\%] \approx 43.7[\%]$$

93 노통 보일러 중 원통형의 노통이 2개인 보일러는?

① 라몬트 보일러
② 바브콕 보일러
③ 다우삼 보일러
④ 랭커셔 보일러

해설
원통형 보일러의 종류
- 입형 : 입형 횡관, 코크란, 입형 연관
- 횡형 : 노통(코니시 : 노통 1개, 랭커셔 : 노통 2개), 연관(횡연관(외분식), 기관차, 케와니), 노통 연관(스코치, 브로돈카프스, 하우든 존슨 : 선박용, 노통 연관 패키지형 : 육용)

94 다음 중 열전도율이 가장 낮은 것은?

① 니켈　　② 탄소강
③ 스케일　　④ 그을음

해설
열전도율 순 : 니켈 > 탄소강 > 스케일 > 그을음

95 두께 4[mm] 강의 평판에서 고온측 면의 온도가 100[℃]이고, 저온측 면의 온도가 80[℃]이며, 단위면적당 매분 30,000[kJ]의 전열을 한다고 하면 이 강판의 열전도율은?

① 50[W/m·K]　　② 100[W/m·K]
③ 150[W/m·K]　　④ 200[W/m·K]

해설
$Q = \lambda(\Delta T/L)$ 이므로
$$\lambda = \frac{QL}{\Delta T} = \frac{30,000 \times 10^3 \times 0.004}{373 - 353} = 6,000[\text{J}/(\min \cdot \text{m} \cdot \text{K})]$$
$$= \frac{6,000}{60}[\text{J}/(\sec \cdot \text{mK})] = 100[\text{W}/\text{mK}]$$

96 원통형 보일러의 내면이나 관 벽 등 전열면에 스케일이 부착될 때 발생되는 현상이 아닌 것은?

① 열전달률이 매우 작아 열전달 방해
② 보일러의 파열 및 변형
③ 물의 순환속도 저하
④ 전열면의 과열에 의한 증발량 증가

해설
전열면에 스케일이 부착될 때 발생되는 현상
- 스케일은 열전도율이 대단히 작으므로 보일러에서 열전도의 방해물질로 작용한다.
- 스케일은 전열면에 부착되어 과열을 일으키고 더 크게 성장한다.
- 스케일로 인하여 연료 소비가 많아진다.
- 스케일로 인하여 배기가스의 온도가 높아진다.
- 고압 수관식 보일러의 증발관에 스케일이 부착되면 파열을 일으킨다.

정답 91 ① 92 ② 93 ④ 94 ④ 95 ② 96 ④

97 외경 76[mm], 내경 68[mm], 유효 길이 4,800[mm]의 수관 96개로 된 수관식 보일러가 있다. 이 보일러의 시간당 증발량은?(단, 수관 이외 부분의 전열면적은 무시하며, 전열면적 1[m²]당의 증발량은 26.9[kg/h]이다)

① 2,659[kg/h]
② 2,759[kg/h]
③ 2,859[kg/h]
④ 2,959[kg/h]

해설
수관식 보일러의 시간당 증발량
$G_B = \gamma_0 (\pi D_o L) \times Z$
$= 26.9 \times (3.14 \times 0.076 \times 4.8) \times 96 \simeq 2,959[kg/h]$

98 열정산에 대한 설명으로 틀린 것은?

① 원칙적으로 정격부하 이상에서 정상 상태로 적어도 2시간 이상의 운전결과에 따른다.
② 발열량은 원칙적으로 사용 시 연료의 총발열량으로 한다.
③ 최대 출열량을 시험할 경우에는 반드시 최대 부하에서 시험을 한다.
④ 증기의 건도는 98[%] 이상인 경우에 시험함을 원칙으로 한다.

해설
최대 출열량을 시험할 경우에는 반드시 정격부하에서 시험을 한다.

99 3×1.5×0.1인 탄소강판의 열전도계수가 35[kcal/m·h·℃], 아랫면의 표면온도는 40[℃]로 단열되고, 위 표면온도는 30[℃]일 때, 주위 공기 온도를 20[℃]라 하면 아래 표면에서 위 표면으로 강판을 통한 전열량은?(단, 기타 외기온도에 의한 열량은 무시한다)

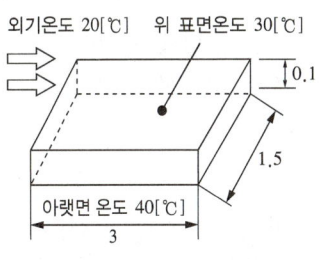

① 12,750[kcal/h]
② 13,750[kcal/h]
③ 14,750[kcal/h]
④ 15,750[kcal/h]

해설
전열량
$Q = \lambda(\Delta T/L) = kA(\Delta T/L)$
$= 35 \times (3 \times 1.5) \times \dfrac{10}{0.1} = 15,750[kcal/h]$

100 고유황인 벙커 C를 사용하는 보일러의 부대장치 중 공기예열기의 적정온도는?

① 30~50[℃]
② 60~100[℃]
③ 110~120[℃]
④ 180~350[℃]

해설
공기예열기 : 배기가스의 여열을 이용하여 연소용 공기를 예열시켜 공급하는 장치로, 적정온도는 180~350[℃]이다.

2016년 제4회 과년도 기출문제

제1과목 | 연소공학

01 석탄 연소 시 발생하는 버드 네스트(Bird Nest) 현상은 주로 어느 전열면에서 가장 많은 피해를 일으키는가?

① 과열기
② 공기예열기
③ 급수예열기
④ 화격자

해설

버드 네스트(Bird Nest) : 석탄 연소 시 석탄재의 용융이 낮거나 화구 출구의 연소가스온도가 높을 때 재가 용융 상태 그대로 과열기나 재열기의 전열면에 새둥지 모양처럼 부착 및 성장한 물질

02 CO_2와 연료 중의 탄소분을 알고 있을 때 건연소가스량(G)을 구하는 식은?

① $\dfrac{1.867 \cdot C}{(CO_2)}$ [Nm³/kg]

② $\dfrac{(CO_2)}{1.867 \cdot C}$ [Nm³/kg]

③ $\dfrac{1.867 \cdot C}{21 \cdot (CO_2)}$ [Nm³/kg]

④ $\dfrac{21 \cdot (CO_2)}{1.867 \cdot C}$ [Nm³/kg]

해설

CO_2와 연료 중의 탄소분을 알고 있을 때의 건연소가스량

$G' = \dfrac{1.867 \times C}{(CO_2)}$ [Nm³/kg]

03 과잉공기량이 많을 때 일어나는 현상으로 옳은 것은?

① 배기가스에 의한 열손실이 감소한다.
② 연소실의 온도가 높아진다.
③ 연료소비량이 적어진다.
④ 불완전연소물의 발생이 적어진다.

해설

과잉공기량이 많을 때 일어나는 현상
• 불완전연소물의 발생이 적어진다.
• 배기가스에 의한 열손실이 증가한다.
• 연소실의 온도가 낮아진다.
• 연료소비량이 많아진다.

04 고체연료를 사용하는 어느 열기관의 출력이 3,000[kW]이고, 연료소비율이 매시간 1,400[kg]일 때 이 열기관의 열효율은?(단, 고체연료의 중량비는 C = 81.5[%], H = 4.5[%], O = 8[%], S = 2[%], w = 4[%]이다)

① 25[%]
② 28[%]
③ 30[%]
④ 32[%]

해설

$H_h = 8,100C + 34,000(H - O/8) + 2,500S$
$\quad = 8,100 \times 0.815 + 34,000 \times (0.045 - 0.08/8) + 2,500 \times 0.02$
$\quad = 7,841.5 [kcal/kg]$

$\therefore H_L = H_h - 600(9H + w)$
$\quad = 7,841.5 - 600 \times (9 \times 0.045 + 0.04)$
$\quad = 7,574.5 [kcal/kg]$

열기관의 열효율

$\eta = \dfrac{Q_{out}(출열)}{Q_{in}(입열)} \times 100 = \dfrac{Q_{out}}{H_L \times G_f} \times 100 [\%]$

$= \dfrac{3,000[kW] \times \dfrac{860[kcal/h]}{1[kW]}}{7,574.5[kcal/kg] \times 1,400[kg/h]} \times 100 \simeq 24.33[\%]$

정답 1 ① 2 ① 3 ④ 4 ①

05 건조공기를 사용하여 수성가스를 연소시킬 때 공기량은?(단, 공기과잉률 : 1.30, CO_2 : 4.5[%], O_2 : 0.2[%], CO : 38[%], H_2 : 52.0[%], N_2 : 5.3[%]이다)

① 4.95[Nm^3/kg]
② 4.27[Nm^3/kg]
③ 3.50[Nm^3/kg]
④ 2.77[Nm^3/kg]

해설
$$A = mA_0$$
$$= 1.3 \times \left(\frac{1}{0.21}\right)\left\{\frac{CO}{2} + \frac{H_2}{2} + \sum\left(m + \frac{n}{4}\right)C_m H_n - O_2\right\}$$
$$= 1.3 \times \left(\frac{1}{0.21}\right)\left\{\frac{0.38}{2} + \frac{0.52}{2} - 0.002\right\} \approx 2.77 [Nm^3/Nm^3]$$

06 화염검출기와 가장 거리가 먼 것은?

① 플레임 아이
② 플레임 로드
③ 스태빌라이저
④ 스택 스위치

해설
화염검출기의 종류
- 플레임 아이 : 주로 오일용으로 사용한다.
- 플레임 로드 : 화염의 이온화를 이용한 것으로, 주로 가스 점화버너에 사용한다.
- 스택 스위치 : 주로 저용량 보일러에 사용한다.
- CdS 광전도 셀 : 주로 오일용으로 사용한다.

07 연료 중에 회분이 많을 경우 연소에 미치는 영향으로 옳은 것은?

① 발열량이 증가한다.
② 연소 상태가 고르게 된다.
③ 클링커의 발생으로 통풍을 방해한다.
④ 완전연소되어 잔류물을 남기지 않는다.

해설
연료 중 회분이 많으면 클링커의 발생으로 통풍이 방해된다.

08 기체연료의 연소방법에 해당하는 것은?

① 증발연소
② 표면연소
③ 분무연소
④ 확산연소

해설
확산연소는 기체연료의 연소방법에 해당된다.

09 연소 시 점화 전에 연소실가스를 몰아내는 환기를 무엇이라고 하는가?

① 프리퍼지
② 가압퍼지
③ 불착화퍼지
④ 포스트퍼지

해설
점화장치의 프리퍼지 : 연소 시 점화 전에 연소실 가스를 몰아내는 환기

10 고체연료의 일반적인 특징에 대한 설명으로 틀린 것은?

① 회분이 많고 발열량이 적다.
② 연소효율이 낮고 고온을 얻기 어렵다.
③ 점화 및 소화가 곤란하고 온도 조절이 어렵다.
④ 완전연소가 가능하고 연료의 품질이 균일하다.

해설
고체연료는 완전연소가 어렵고 연료의 품질이 균일하지 못하다.

11 다음 연료 중 발열량[kcal/kg]이 가장 큰 것은?

① 중유 ② 프로판
③ 무연탄 ④ 코크스

해설
저위발열량
- 프로판 : 11,050[kcal/kg]
- 중유 : 10,000[kcal/kg]
- 코크스 : 7,000[kcal/kg]
- 무연탄 : 6,400[kcal/kg](수입), 4,600[kcal/kg](국내)

12 연소 배기가스 중의 O_2나 CO_2 함유량을 측정하는 경제적인 이유로 가장 적당한 것은?

① 연소 배기가스량 계산을 위하여
② 공기비를 조절하여 열효율을 높이고 연료소비량을 줄이기 위해서
③ 환원염의 판정을 위하여
④ 완전연소가 되는지 확인하기 위해서

해설
연소 배기가스 중의 O_2, CO_2 함유량을 측정·분석하는 경제적인 이유 : 연소 상태 판단, 공기비 계산 및 조절로 열효율 향상, 연료소비량 감소 등

13 기체연료의 일반적인 특징에 대한 설명으로 틀린 것은?

① 화염온도의 상승이 비교적 용이하다.
② 연소 후에 유해성분의 잔류가 거의 없다.
③ 연소장치의 온도 및 온도 분포의 조절이 어렵다.
④ 액체연료에 비해 연소 공기비가 작다.

해설
기체연료는 연소장치의 온도 및 온도 분포의 조절이 용이하다.

14 연소가스와 외부공기의 밀도차에 의해서 생기는 압력차를 이용하는 통풍방법은?

① 자연통풍 ② 평행통풍
③ 압입통풍 ④ 유인통풍

해설
자연통풍 : 연소가스와 외부공기의 밀도차에 의해 발생되는 압력차를 이용하는 통풍방법

15 화염온도를 높이려고 할 때 조작방법으로 틀린 것은?

① 공기를 예열한다.
② 과잉공기를 사용한다.
③ 연료를 완전연소시킨다.
④ 노벽 등의 열손실을 막는다.

해설
화염온도를 높이려고 할 때 조작방법
- 공기를 예열한다.
- 연료를 완전연소시킨다.
- 노벽 등의 열손실을 막는다.
- 과잉공기를 적게 공급한다.
- 발열량이 높은 연료를 사용한다.

16 고체연료의 연소방법 중 미분탄연소의 특징이 아닌 것은?

① 연소실의 공간을 유효하게 이용할 수 있다.
② 부하변동에 대한 응답성이 우수하다.
③ 소형의 연소로에 적합하다.
④ 낮은 공기비로 높은 연소효율을 얻을 수 있다.

해설
미분탄연소는 소형의 연소로에 부적합하다.

정답 11 ② 12 ② 13 ③ 14 ① 15 ② 16 ③

17 건타입 버너에 대한 설명으로 옳은 것은?

① 연소가 다소 불량하다.
② 비교적 대형이며 구조가 복잡하다.
③ 버너에 송풍기가 장치되어 있다.
④ 보일러나 열교환기에는 사용할 수 없다.

해설
건(Gun)타입 버너
- 연소가 양호하다.
- 소형이며 구조가 간단하다.
- 버너에 송풍기가 장치되어 있다.
- 보일러나 열교환기에 사용 가능하다.

18 중량비로 C(86[%]), H(14[%])의 조성을 갖는 액체연료를 매시간당 100[kg] 연소시켰을 때 생성되는 연소가스의 조성이 체적비로 CO_2(12.5[%]), O_2(3.7[%]), N_2(83.8[%])일 때 1시간당 필요한 연소용 공기량은?

① 11.4[Sm^3]   ② 1,140[Sm^3]
③ 13.7[Sm^3]   ④ 1,368[Sm^3]

해설
공기비
$$m = \frac{N_2}{N_2 - 3.76(O_2 - 0.5CO)} = \frac{83.8}{83.8 - 3.76 \times 3.7} \simeq 1.2$$
$$A = 100 \times mA_0$$
$$= 100 \times 1.2 \times \frac{1}{0.21} \times \left\{1.867C + 5.6\left(H - \frac{O}{8}\right) + 0.7S\right\}$$
$$= 100 \times 1.2 \times \frac{1}{0.21} \times (1.867 \times 0.86 + 5.6 \times 0.14)$$
$$\simeq 1,368[Sm^3]$$

19 어떤 중유연소 가열로의 발생가스를 분석했을 때 체적비로 CO_2 12.0[%], O_2 8.0[%], N_2 80[%]의 결과를 얻었다. 이 경우의 공기비는?(단, 연료 중에는 질소가 포함되어 있지 않다)

① 1.2   ② 1.4
③ 1.6   ④ 1.8

해설
$$m = \frac{N_2}{N_2 - 3.76(O_2 - 0.5CO)}$$
$$= \frac{79}{79 - 3.76 \times (8 - 0.5 \times 0)} \simeq 1.6$$

20 수소 4[kg]을 과잉공기계수 1.4의 공기로 완전연소시킬 때 발생하는 연소가스 중의 산소량은?

① 3.20[kg]   ② 4.48[kg]
③ 6.40[kg]   ④ 12.8[kg]

해설
수소의 연소방정식 : $H_2 + 0.5O_2 \rightarrow H_2O$
수소의 연소방정식에서 수소 1[mol]에 대응하는 산소의 몰수는 0.5[mol]이며, 수소 4[kg]는 2[kmol]이므로, 완전연소 시 산소 1[kmol]이 연소반응한다. 그리고 과잉공기계수 m = 1.4이므로 산소 0.4[kmol]이 연소가스 중에 남으므로 그 무게는 32 × 0.4 = 12.8[kg]이 된다.

제2과목 | 열역학

21 액화공정을 나타낸 그래프에서 ⓐ, ⓑ, ⓒ 과정 중 액화가 불가능한 공정을 나타낸 것은?

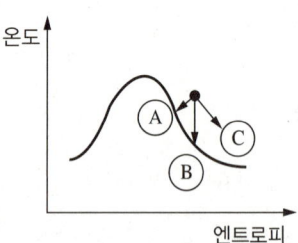

① ⓐ
② ⓑ
③ ⓒ
④ ⓐ, ⓑ, ⓒ

해설
액화공정에서 엔트로피는 감소하므로 엔트로피가 증가하는 ⓒ 과정에서는 액화가 불가능하다.

22 1기압 30[℃]의 물 3[kg]을 1기압 건포화증기로 만들려면 약 몇 [kJ]의 열량을 가하여야 하는가?(단, 30[℃]와 100[℃] 사이의 물의 평균 정압비열은 4.19[kJ/kg·K], 1기압 100[℃]에서의 증발잠열은 2,257[kJ/kg], 1기압 30[℃] 물의 엔탈피는 126[kJ/kg]이다)

① 4,130
② 5,100
③ 6,240
④ 7,650

해설
건포화증기 형성에 필요한 열량
$Q = $ 가열량(현열) + 잠열량 $= m_1 C \Delta t + m_2 \gamma_0$
$= 3 \times 4.19 \times (100-30) + 3 \times 2,257 \simeq 7,650 [kJ]$

23 실린더 내에 있는 온도 300[K]의 공기 1[kg]을 등온 압축할 때 냉각된 열량이 114[kJ]이다. 공기의 초기 체적이 V라면 최종 체적은 약 얼마가 되는가?(단, 이 과정은 이상기체의 가역과정이며, 공기의 기체상수는 0.287[kJ/kg·K]이다)

① $0.27\,V$
② $0.38\,V$
③ $0.46\,V$
④ $0.59\,V$

해설
$Q = mRT \ln \dfrac{V_2}{V_1}$
$-114 = 1 \times 0.287 \times 300 \times \ln \dfrac{V_2}{V_1}$,
$\ln \dfrac{V_2}{V_1} = -\dfrac{114}{86.1} = -1.324$, $\dfrac{V_2}{V_1} = e^{-1.324} \simeq 0.27$,
$V_2 = 0.27\,V_1$

24 다음 중 상온에서 비열비 C_p/C_v 값이 가장 큰 기체는?

① He
② O_2
③ CO_2
④ CH_4

해설
단원자인 He의 비열비가 $k = 1.67$로 가장 크다.

정답 21 ③ 22 ④ 23 ① 24 ①

25 냉동 사이클의 성능계수와 동일한 온도 사이에서 작동하는 역Carnot 사이클의 성능계수에 관계되는 사항으로서 옳은 것은?(단, T_H = 고온부, T_L = 저온부의 절대온도이다)

① 냉동 사이클의 성능계수가 역Carnot 사이클의 성능계수보다 높다.
② 냉동 사이클의 성능계수는 냉동 사이클에 공급한 일을 냉동효과로 나눈 것이다.
③ 역Carnot 사이클이 성능계수는 $\dfrac{T_L}{T_H - T_L}$ 로 표시할 수 있다.
④ 냉동 사이클의 성능계수는 $\dfrac{T_H}{T_H - T_L}$ 로 표시할 수 있다.

해설
① 역카르노 사이클의 성능계수가 냉동 사이클의 성능계수보다 높다.
② 냉동 사이클의 성능계수는 냉동효과(저온체에서의 흡수열량)를 냉동 사이클에 공급한 일로 나눈 것이다.
④ 냉동 사이클의 성능계수는 $\dfrac{T_L}{T_H - T_L}$ 로 표시할 수 있다.

26 다음 그림은 어떤 사이클과 가장 가까운가?

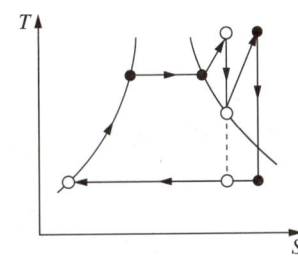

① 디젤(Diesel) 사이클
② 재열(Reheat) 사이클
③ 합성(Composite) 사이클
④ 재생(Regenerative) 사이클

해설
문제의 그림은 증기원동소 사이클 중 재열 사이클의 $T-S$ 선도이다.

27 800[℃]의 고온 열원과 20[℃]의 저온 열원 사이에서 작동하는 카르노 사이클의 효율은?

① 0.727
② 0.542
③ 0.458
④ 0.273

해설
카르노 사이클의 효율
$\eta_c = 1 - \dfrac{T_2}{T_1} = 1 - \dfrac{20+273}{800+273} = 0.727$

28 2.4[MPa], 450[℃]인 과열증기를 160[kPa]가 될 때까지 단열적으로 분출시킬 때 출구속도는 960[m/sec]이었다. 속도계수는 얼마인가?(단, 초속은 무시하고 입구와 출구 엔탈피는 각각 $h_1 = 3,350[kJ/kg]$, $h_2 = 2,692[kJ/kg]$이다)

① 0.225
② 0.543
③ 0.769
④ 0.837

해설
$\phi = \dfrac{\text{비가역 단열팽창 시 노즐 출구속도}}{\text{가역 단열팽창 시 노즐 출구속도}} = \dfrac{v_2'}{v_2}$
$= \dfrac{960}{44.72\sqrt{h_1-h_2}} = \dfrac{960}{44.72\sqrt{3,350-2,692}}$
$= \dfrac{960}{1,147} \simeq 0.837$

29 증기압축 냉동 사이클에서 응축온도는 동일하고 증발온도가 다음과 같을 때 성능계수가 가장 큰 것은?

① -20[℃]
② -25[℃]
③ -30[℃]
④ -40[℃]

해설
증발온도가 높을수록, 응축온도가 낮을수록 성능계수는 크다.

30 이상기체가 정압과정으로 온도가 150[℃] 상승하였을 때 엔트로피 변화는 정적과정으로 동일 온도만큼 상승하였을 때 엔트로피 변화의 몇 배인가? (단, k는 비열비이다)

① $1/k$ ② k
③ 1 ④ $k-1$

해설

$$\frac{\Delta S_p}{\Delta S_v} = \frac{mC_p \ln \frac{T_2}{T_1}}{mC_v \ln \frac{T_2}{T_1}} = \frac{C_p}{C_v} = k$$

31 다음 그림과 같은 $T-S$ 선도를 갖는 사이클은?

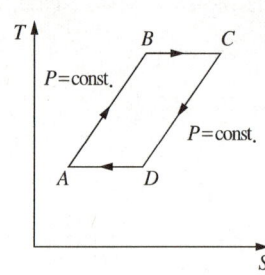

① Brayton 사이클
② Ericsson 사이클
③ Carnot 사이클
④ Stirling 사이클

해설
문제 그림의 $T-S$ 선도는 2개의 등온과정과 2개의 등압과정으로 구성된 에릭슨 사이클이다.

32 Carnot 사이클로 작동하는 가역기관이 800[℃]의 고온열원으로부터 5,000[kW]의 열을 받고 30[℃]의 저온열원에 열을 배출할 때 동력은 약 몇 [kW]인가?

① 440 ② 1,600
③ 3,590 ④ 4,560

해설

$$\eta_c = \frac{W_{net}}{Q_1} = 1 - \frac{Q_2}{Q_1} = 1 - \frac{T_2}{T_1} = 1 - \frac{30+273}{800+273}$$
$$= 1 - \frac{303}{1,073} = 0.7176 \text{이며}$$

$\eta_c = \frac{W_{net}}{Q_1}$ 이므로, $0.7176 = \frac{W_{net}}{5,000}$ 에서

$W_{net} = 0.7176 \times 5,000 = 3,588 \simeq 3,590[\text{kW}]$

33 가역 또는 비가역과 관련된 식으로 옳게 나타낸 것은?

① $\oint_{가역} \frac{\delta Q}{T} = 0$ ② $\oint_{비가역} \frac{\delta Q}{T} = 0$
③ $\oint_{가역} \frac{\delta Q}{T} > 0$ ④ $\oint_{가역} \frac{\delta Q}{T} < 0$

해설
클라우지우스(Clausius)의 폐적분값 : $\oint \frac{\delta Q}{T} \leq 0$(항상 성립)
• 가역 사이클 : $\oint \frac{\delta Q}{T} = 0$
• 비가역 사이클 : $\oint \frac{\delta Q}{T} < 0$

34 물체 A와 B가 각각 물체 C와 열평형을 이루었다면 A와 B도 서로 열평형을 이룬다는 열역학 법칙은?

① 제0법칙 ② 제1법칙
③ 제2법칙 ④ 제3법칙

해설
열역학 제0법칙(열평형의 법칙)
• 물체 A와 B가 각각 물체 C와 열평형을 이루었다면 물체 A와 B도 서로 열평형을 이룬다는 열역학 법칙이다.
• 제3의 물체와 열평형에 있는 두 물체는 그들 상호 간에도 열평형에 있으며 물체의 온도는 서로 같다.
• 두 계가 다른 한 계와 열평형을 이룬다면, 그 두 계는 서로 열평형을 이룬다.

35 보일러에서 송풍기 입구의 공기가 15[℃], 100[kPa] 상태에서 공기예열기로 매분 500[m³]가 들어가 일정한 압력하에서 140[℃]까지 온도가 올라갔을 때 출구에서의 공기유량은 몇 [m³/min]인가?(단, 이상기체로 가정한다)

① 617[m³/min] ② 717[m³/min]
③ 817[m³/min] ④ 917[m³/min]

해설

$\dfrac{Q_1}{T_1} = \dfrac{Q_2}{T_2}$ 에서

$Q_2 = Q_1 \times \dfrac{T_2}{T_1} = 500 \times \dfrac{140+273}{15+273} \simeq 717[\text{m}^3/\text{min}]$

36 저발열량 11,000[kcal/kg]인 연료를 연소시켜서 900[kW]의 동력을 얻기 위해서는 매분당 약 몇 [kg]의 연료를 연소시켜야 하는가?(단, 연료는 완전연소되며 발생한 열량의 50[%]가 동력으로 변환된다고 가정한다)

① 1.37 ② 2.34
③ 3.82 ④ 4.17

해설

$m_f = \dfrac{H}{H_L \times \eta} = \dfrac{900[\text{kW}]}{11,000[\text{kcal/kg}] \times 0.5}$

$= \dfrac{900[\text{kW}]}{(11,000 \times 4.186)[\text{kJ/kg}] \times 0.5}$

$= \dfrac{900 \times 60}{(11,000 \times 4.186) \times 0.5}[\text{kg/min}] \simeq 2.345[\text{kg/min}]$

37 증기의 속도가 빠르고, 입·출구 사이의 높이차도 존재하여 운동에너지 및 위치에너지를 무시할 수 없다고 가정하고, 증기는 이상적인 단열 상태에서 개방시스템 내로 흘러들어가 단위질량유량당 축일(W_s)을 외부로 제공하고 시스템으로부터 흘러나온다고 할 때, 단위질량유량당 축일을 어떻게 구할 수 있는가?(단, v는 비체적, P는 압력, V는 속도, g는 중력가속도, z는 높이를 나타내며, 하첨자 i는 입구, e는 출구를 나타낸다)

① $W_s = \int_i^e P dv$

② $W_s = -\int_i^e v dP$

③ $W_s = \int_i^e P dv + \dfrac{1}{2}(V_i^2 - V_e^2) + g(z_i - z_e)$

④ $W_s = -\int_i^e v dP + \dfrac{1}{2}(V_i^2 - V_e^2) + g(z_i - z_e)$

해설

증기의 속도가 빠르고, 입·출구 사이의 높이차도 존재하여 운동에너지 및 위치에너지를 무시할 수 없다고 가정하고, 증기는 이상적인 단열 상태에서 개방시스템 내로 흘러 들어가 단위질량유량당 축일(W_s)을 외부로 제공하고 시스템으로부터 흘러나온다고 할 때, 단위질량유량당 축일(W_s)의 계산식은 다음과 같다.

$W_s = -\int_i^e V dP + \dfrac{1}{2}(v_i^2 - v_e^2) + g(z_i - z_e)$

(여기서, V : 비체적, P : 압력, v : 속도, z : 높이, i : 입구, e : 출구)

38 압력 150[kPa], 온도 97[℃]의 압축공기를 대기 중으로 분출시키는 과정이 가역 단열과정이라면 분출속도는 몇 [m/sec]인가?(단, 공기의 비열비는 1.4, 기체상수는 0.287[kJ/kg·K]이며 최초의 속도는 무시한다)

① 150   ② 282
③ 320   ④ 415

해설
가역 단열과정에서 압축공기의 분출속도
$$v_2 = \sqrt{\frac{2kRT_1}{k-1}\left[1-\left(\frac{P_2}{P_1}\right)^{\frac{k-1}{k}}\right]}$$
$$= \sqrt{\frac{2\times1.4\times287\times(97+273)}{1.4-1}\left[1-\left(\frac{101.3}{150}\right)^{\frac{1.4-1}{1.4}}\right]}$$
$$\simeq 281[\text{m/sec}]$$

40 '일을 열로 바꾸는 것은 용이하고 완전히 되는 것에 반하여 열을 일로 바꾸는 것은 그 효율이 절대로 100[%]가 될 수 없다'는 말은 어떤 법칙에 해당되는가?

① 열역학 제1법칙
② 열역학 제2법칙
③ 줄(Joule)의 법칙
④ 푸리에(Fourier)의 법칙

해설
열역학 제2법칙(엔트로피 법칙 = 비가역법칙(에너지 흐름의 방향성) = 실제적 법칙 = 제2종 영구기관 부정의 법칙)
• 사이클에 의해 일을 발생시킬 때는 고온체와 저온체가 필요하다.
• 열은 온도가 높은 곳에서 낮은 곳으로 이동한다.
• 열은 외부동력 없이 저온체에서 고온체로 이동할 수 없다.
• 열은 차가운 물체에서 더운 물체로 스스로는 이동하지 않는다.
• 열은 스스로 고온에서 저온으로는 이동할 수 있지만, 저온에서 고온으로는 이동하지 않는다.
• 열에너지가 모두 역학적 에너지로 전환되는 것은 불가능하다.
• 열을 저온의 열원으로부터 고온의 열원으로 전달하는 것은 불가능하다.
• 일을 열로 바꾸는 것은 용이하고 완전히 되는 것에 반하여, 열을 일로 바꾸는 것은 그 효율이 절대로 100[%]가 될 수 없다.

39 0[℃]의 물 1,000[kg]을 24시간 동안에 0[℃]의 얼음으로 냉각하는 냉동능력은 몇 [kW]인가?(단, 얼음의 융해열은 335[kJ/kg]이다)

① 2.15   ② 3.88
③ 14   ④ 14,000

해설
24시간 동안의 냉동능력
$q_1 = m(C\Delta t + \gamma_0)/24 = 1,000\times335/24 \simeq 13,958[\text{kJ/h}]$
$= 13,958/3,600 \simeq 3.88[\text{kW}]$

제3과목 | 계측방법

41 다음 중 고온의 노 내 온도 측정을 위해 사용되는 온도계로 가장 부적절한 것은?

① 제게르콘(Seger Cone) 온도계
② 백금저항 온도계
③ 방사 온도계
④ 광고 온도계

해설
고온의 노 내 온도 측정용 온도계 : 제게르콘(Seger Cone) 온도계, 방사 온도계, 광고온계 등

42 가스분석계의 특징에 관한 설명으로 틀린 것은?

① 적정한 시료가스의 채취장치가 필요하다.
② 선택성에 대한 고려가 필요 없다.
③ 시료가스의 온도 및 압력의 변화로 측정오차를 유발할 우려가 있다.
④ 계기의 교정에는 화학분석에 의해 검정된 표준 시료가스를 이용한다.

해설
② 선택성에 대해 고려하여야 한다.

43 월트만(Waltman)식과 관련된 설명으로 옳은 것은?

① 전자식 유량계의 일종이다.
② 용적식 유량계 중 박막식이다.
③ 유속식 유량계 중 터빈식이다.
④ 차압식 유량계 중 노즐식과 벤투리식을 혼합한 것이다.

해설
월트만(Waltman)식은 유속식 유량계 중 터빈식이다.

44 다음 가스분석법 중 흡수식인 것은?

① 오르자트법   ② 밀도법
③ 자기법   ④ 음향법

해설
오르자트법은 흡수식 가스분석법이다.

45 내경 10[cm]의 관에 물이 흐를 때 피토관에 의해 측정된 유속이 5[m/sec]이라면 유량은?

① 19[kg/sec]   ② 29[kg/sec]
③ 39[kg/sec]   ④ 49[kg/sec]

해설
$Q = Av = \dfrac{\pi}{4}(0.1)^2 \times 5 = 0.03925[\text{m}^3/\text{sec}] = 39.25[\text{kg/sec}]$

46 방사 온도계의 특징에 대한 설명으로 옳은 것은?

① 방사율에 의한 보정량이 적다.
② 이동물체에 대한 온도 측정이 가능하다.
③ 저온도에 대한 측정에 적합하다.
④ 응답속도가 느리다.

해설
방사 온도계의 특징
• 측정 대상의 온도의 영향이 작다.
• 이동 물체에 대한 온도 측정이 가능하다.
• 고온도에 대한 측정에 적합하다.
• 1,000[℃] 이상, 최고 2,000[℃]까지 고온 측정이 가능하다.
• 응답속도가 빠르다.
• 발신기의 온도가 상승하지 않도록 필요에 따라 냉각한다.
• 노벽과의 사이에 수증기, 탄산가스 등이 있으면 오차가 생기므로 주의해야 한다.
• 방사율에 대한 보정량이 크다.
• 측정거리에 따라 오차 발생이 크다.

47 광고온도계의 특징에 대한 설명으로 옳은 것은?

① 비접촉식 온도측정법 중 가장 정도가 높다.
② 넓은 측정온도(0~3,000[℃]) 범위를 갖는다.
③ 측정이 자동적으로 이루어져 개인오차가 발생하지 않는다.
④ 방사온도계에 비하여 방사율에 대한 보정량이 크다.

해설
광고온계의 특징
• 정도가 우수하여 비접촉식 온도측정기 중 가장 정확한 측정이 가능하다.
• 방사 온도계에 비해 방사율에 대한 보정량이 적다.
• 구조가 간단하고 휴대가 편리하다.
• 측정 온도범위는 700~2,000[℃]이며, 900[℃] 이하의 경우 오차가 발생된다.
• 측정시간이 지연된다.
• 측정인력이 필요하다(사람의 손이 필요하다).
• 기록, 경보, 자동제어는 불가능하다.

48 조리개부가 유선형에 가까운 형상으로 설계되어 축류의 영향을 비교적 적게 받게 하고, 조리개에 의한 압력손실을 최대한으로 줄인 조리개 형식의 유량계는?

① 원판(Disc)
② 벤투리(Venturi)
③ 노즐(Nozzle)
④ 오리피스(Orifice)

해설
벤투리관(Venturi) : 조리개부가 유선형에 가까운 형상으로 설계되어 축류의 영향을 비교적 적게 받게 하고, 조리개에 의한 압력손실을 최대한으로 줄인 조리개 형식의 유량계

49 다음 보기의 특징을 가지는 가스분석계는?

|보기|
• 가동 부분이 없고 구조도 비교적 간단하며, 취급이 용이하다.
• 가스의 유량, 압력, 점성의 변화에 대하여 지시오차가 거의 발행하지 않는다.
• 열선은 유리로 피복되어 있어 측정가스 중 가연성 가스에 대한 백금의 촉매작용을 막아 준다.

① 연소식 O_2계
② 적외선 가스분석계
③ 자기식 O_2계
④ 밀도식 CO_2계

해설
자기식 O_2계
• 산소가스의 매우 높은 자성을 이용하는 가스분석계이다.
• 열선(저항선)의 냉각작용이 강해지면 온도가 저하되고, 온도 저하에 의한 전기저항의 변화를 측정한다.
• 자기풍 세기 : O_2농도에 비례, 열선온도에 반비례한다.
• 자화율 : 열선온도에 반비례한다.
• 가동 부분이 없고 구조도 비교적 간단하며 취급이 용이하다.
• 가스의 유량, 압력, 점성의 변화에 대하여 지시오차가 거의 발생하지 않는다.
• 열선은 유리로 피복되어 있어 측정가스 중의 가연성 가스에 대한 백금의 촉매작용을 막아 준다.
• 다른 가스의 영향이 없고 계기 자체의 지연시간이 작다.
• 감도가 크고 정도는 1[%] 내외이다.

50 개수로에서의 유량은 위어(Weir)로 측정한다. 다음 중 위어에 속하지 않는 것은?

① 예봉 위어
② 이각 위어
③ 삼각 위어
④ 광정 위어

해설
개수로 유량측정용 위어(Weir)의 종류 : 삼각 위어(V-notch), 예봉 위어, 광정 위어, 사각 위어

47 ① 48 ② 49 ③ 50 ②

51 자동제어장치에서 조절계의 입력신호 전송방법에 따른 분류로 가장 거리가 먼 것은?

① 전기식
② 수증기식
③ 유압식
④ 공기압식

해설
조절계의 입력신호 전송방식 : 공기압식, 유압식, 전기식

52 유속 측정을 위해 피토관을 사용하는 경우 양쪽 관 높이의 차(Δh)를 측정하여 유속(V)을 구하는데 이때 V는 Δh와 어떤 관계가 있는가?

① Δh에 반비례
② Δh의 제곱에 반비례
③ $\sqrt{\Delta h}$에 비례
④ $\frac{1}{\Delta h}$에 비례

해설
피토관의 유속은 $v = \sqrt{2g\Delta h} = \sqrt{2g(P_t - P_s)/\gamma}$ 이므로, 피토관의 유속은 $v \propto \sqrt{\Delta h}$ 이므로 $\sqrt{\Delta h}$에 비례한다.
(여기서, v : 유속[m/sec], g : 중력가속도[m/sec^2], P_t : 피토관의 전압[kgf/m^2], P_s : 정압[kgf/m^2], γ : 유체의 비중량[kg/m^3])

53 하겐-푸아죄유 방정식의 원리를 이용한 점도계는?

① 낙구식 점도계
② 모세관 점도계
③ 회전식 점도계
④ 오스트발트 점도계

해설
하겐-푸아죄유 방정식(또는 원리)을 이용한 점도계 : 오스트발트 점도계, 세이볼트 점도계

54 다음 측정방법 중 화학적 가스분석방법은?

① 열전도율법
② 도전율법
③ 적외선 흡수법
④ 연소열법

해설
연소열법은 화학적 가스분석방법이며, ①, ②, ③은 모두 물리적 가스분석방법이다.

55 피드백(Feedback) 제어계에 관한 설명으로 틀린 것은?

① 입력과 출력을 비교하는 장치는 반드시 필요하다.
② 다른 제어계보다 정확도가 증가된다.
③ 다른 제어계보다 제어 폭이 감소된다.
④ 급수제어에 사용된다.

해설
피드백 제어계는 다른 제어계보다 제어 폭이 증가된다.

정답 51 ② 52 ③ 53 ④ 54 ④ 55 ③

56 다음 중 실제값이 나머지 3개와 다른 값을 갖는 것은?

① 273.15[K]   ② 0[℃]
③ 460[°R]   ④ 32[°F]

해설
①, ②, ④는 물의 빙점과 같은 온도이며, ③은 492[°R]가 되어야 물의 빙점이 된다.

57 베르누이 방정식을 적용할 수 있는 가정으로 옳게 나열된 것은?

① 무마찰, 압축성 유체, 정상 상태
② 비점성유체, 등유속, 비정상 상태
③ 뉴턴유체, 비압축성 유체, 정상 상태
④ 비점성유체, 비압축성 유체, 정상 상태

해설
베르누이 방정식의 가정 : 비점성유체(무마찰), 비압축성 유체, 정상 상태(밀도와 비중량 일정)

58 액주식 압력계에 사용되는 액체의 구비조건으로 틀린 것은?

① 온도 변화에 의한 밀도 변화가 커야 한다.
② 액면은 항상 수평이 되어야 한다.
③ 점도와 팽창계수가 작아야 한다.
④ 모세관현상이 작아야 한다.

해설
온도 변화에 의한 밀도 변화는 작아야 한다.

59 다음 중 급열, 급랭에 약하며 이중 보호관 외관에 사용되는 비금속 보호관은?(단, 상용온도는 약 1,450[℃]이다)

① 자기관   ② 유리관
③ 석영관   ④ 내열강

해설
자기 : 최고 측정온도는 1,600[℃] 이하이며, 상용 사용온도는 약 1,450[℃]이다. 급열이나 급랭에 약하며 이중 보호관 외관에 사용되는 비금속 보호관 재료이다.

60 다음 중 피토관(Pitot Tube)의 유속 V[m/sec]를 구하는 식은?(단, P_t: 전압[kg/m²], P_s: 정압[kg/m²], γ : 비중량[kg/m³], g : 중력가속도[m/sec²]이다)

① $V = \sqrt{2g(P_s + P_t)/\gamma}$
② $V = \sqrt{2g^2(P_t + P_s)/\gamma}$
③ $V = \sqrt{2g(P_s^2 + P_t)/\gamma}$
④ $V = \sqrt{2g(P_t - P_s)/\gamma}$

해설
베르누이 방정식은 $\dfrac{P_1}{\gamma} + \dfrac{v_1^2}{2g} + z_1 = \dfrac{P_2}{\gamma} + \dfrac{v_2^2}{2g} + z_2$ 이며
여기서, $z_1 = z_2$, $v_2 = 0$이므로
$\dfrac{P_1}{\gamma} + \dfrac{v_1^2}{2g} = \dfrac{P_2}{\gamma} + \dfrac{v_2^2}{2g}$ 에서 $\dfrac{v_1^2}{2g} = \dfrac{P_2 - P_1}{\gamma} = \dfrac{P_t - P_s}{\gamma}$ 이다.
따라서, $v_1 = \sqrt{2g(P_t - P_s)/\gamma}$ 이다.

제4과목 | 열설비재료 및 관계법규

61 마그네시아 벽돌에 대한 설명으로 틀린 것은?

① 마그네사이트 또는 수산화마그네슘을 주원료로 한다.
② 산성 벽돌로서 비중과 열전도율이 크다.
③ 열팽창성이 크며 스폴링이 약하다.
④ 1,500[℃] 이상으로 가열하여 소성한다.

해설
마그네시아 내화물
- 염기성이며 마그네사이트 또는 수산화마그네슘을 주원료로 한다.
- 1,500[℃] 이상으로 가열하여 소성한다.
- 산성 슬래그와 접촉하여 쉽게 침식되나 염기성 슬래그에 대한 내침식성이 크다.
- 염기성 제강로의 노재로 주로 사용된다.
- 내화도가 SK36~42로 매우 높다.
- 열팽창률이 크므로 내스폴링성이 좋지 않다.

62 에너지이용합리화법에 따라 국가에너지절약추진위원회의 당연직위원에 해당되지 않는 자는?

① 한국전력공사사장
② 국무조정실 국무2차장
③ 고용노동부차관
④ 한국에너지공단이사장

해설
고용노동부차관은 국가에너지절약추진위원회와 무관하다.
※ 에너지이용합리화법 개정(2018.4.17)에 따라 관련 법령이 삭제됨(국가에너지절약추진위원회 폐지)

63 셔틀요(Shuttle Kiln)의 특징에 대한 설명으로 가장 거리가 먼 것은?

① 가마의 보유열보다 대차의 보유열이 열 절약의 요인이 된다.
② 급랭파가 생기지 않을 정도의 고온에서 제품을 꺼낸다.
③ 가마 1개당 2대 이상의 대차가 있어야 한다.
④ 작업이 불편하여 조업하기가 어렵다.

해설
작업이 간편하고 조업이 용이하여 조업주기가 단축된다.

64 에너지법에서 정의하는 에너지가 아닌 것은?

① 연 료
② 열
③ 원자력
④ 전 기

해설
에너지법에서 정한 에너지의 종류 : 열, 연료, 전기

65 산업통상자원부장관의 에너지 손실요인을 줄이기 위한 개선명령을 정당한 사유 없이 이행하지 아니한 자에 대한 1회 위반 시 과태료 부과 금액은?

① 10만원
② 50만원
③ 100만원
④ 300만원

해설
에너지 손실요인 감축 개선명령을 정당한 사유 없이 1회 이행하지 아니한 자는 300만원 이하의 과태료가 부과된다.

정답 61 ② 62 ③ 63 ④ 64 ③ 65 ④

66 에너지이용합리화법에 따라 1년 이하 징역 또는 1천만원 이하의 벌금기준에 해당하는 자는?

① 검사대상기기의 검사를 받지 아니한 자
② 생산 또는 판매 금지명령을 위반한 자
③ 검사대상기기관리자를 선임하지 아니한 자
④ 효율관리기자재에 대한 에너지사용량의 측정결과를 신고하지 아니한 자

해설
① 1년 이하 징역 또는 1천만원 이하의 벌금
② 2천만원 이하의 벌금
③ 1천만원 이하의 벌금
④ 1천5백만원 이하의 벌금

68 다음 중 최고 안전사용온도가 가장 높은 보온재는?

① 탄화 코르크   ② 폴리스티렌 발포제
③ 폼글라스   ④ 세라믹 파이버

해설
최고 안전사용온도
• 세라믹 파이버 : 1,100[℃]
• 탄화 코르크 : 120[℃]
• 폼 글라스 : 120[℃]
• 폴리스티렌 발포제 : 70[℃]

69 내화도가 높고 용융점 부근까지 하중에 견디기 때문에 각종 가마의 천장에 주로 사용되는 내화물은?

① 규석 내화물
② 납석 내화물
③ 샤모트 내화물
④ 마그네시아 내화물

해설
규석 내화물 : 내화도가 높고 용융점 부근까지 하중에 견디기 때문에 각종 가마의 천장에 주로 사용되는 내화물

67 최고 안전사용온도가 600[℃] 이상의 고온용 무기질 보온재는?

① 펄라이트(Pearlite)
② 폼 유리(Foam Glass)
③ 석 면
④ 규조토

해설
① 펄라이트 : 650[℃]
② 폼 유리 : 120[℃]
③ 석면 : 450[℃]
④ 규조토 : 500[℃]

70 보온재, 단열재 및 보랭재 등을 구분하는 기준은?

① 열전도율   ② 안전 사용온도
③ 압 력   ④ 내화도

해설
안전 사용온도 : 보온재, 단열재 및 보랭재 등을 구분하는 기준

71 민간사업주관자 중 에너지 사용계획을 수립하여 산업통상자원부장관에게 제출하여야 하는 사업자의 기준은?

① 연간 연료 및 열을 2천[TOE] 이상 사용하거나 전력을 5백만[kWh] 이상 사용하는 시설을 설치하고자 하는 자
② 연간 연료 및 열을 3천[TOE] 이상 사용하거나 전력을 1천만[kWh] 이상 사용하는 시설을 설치하고자 하는 자
③ 연간 연료 및 열을 5천[TOE] 이상 사용하거나 전력을 2천만[kWh] 이상 사용하는 시설을 설치하고자 하는 자
④ 연간 연료 및 열을 1만[TOE] 이상 사용하거나 전력을 4천만[kWh] 이상 사용하는 시설을 설치하고자 하는 자

해설
민간사업주관자[TOE]
다음의 어느 하나에 해당하는 시설을 설치하려는 자
• 연간 5천[TOE] 이상의 연료 및 열을 사용하는 시설
• 연간 2천만[kWh] 이상의 전력을 사용하는 시설

72 에너지이용합리화법에 따라 규정된 검사의 종류와 적용대상의 연결로 틀린 것은?

① 용접검사 : 동체, 경판 및 이와 유사한 부분을 용접으로 제조하는 경우의 검사
② 구조검사 : 강판, 관 또는 주물류를 용접, 확대, 조립, 주조 등에 따라 제조하는 경우의 검사
③ 개조검사 : 증기 보일러를 온수 보일러로 개조하는 경우의 검사
④ 재사용검사 : 사용 중 연속 재사용하고자 하는 경우의 검사

해설
재사용검사 : 사용 중지 후 재사용하고자 하는 경우의 검사

73 에너지이용합리화법에 따라 에너지사용량이 대통령령이 정하는 기준량 이상이 되는 에너지다소비사업자는 전년도의 분기별 에너지사용량, 제품생산량 등의 사항을 언제까지 신고하여야 하는가?

① 매년 1월 31일   ② 매년 3월 31일
③ 매년 6월 30일   ④ 매년 12월 31일

해설
에너지다소비사업자는 다음의 사항을 산업통상자원부령으로 정하는 바에 따라 매년 1월 31일까지 그 에너지사용시설이 있는 지역을 관할하는 시·도지사에게 신고하여야 한다.
• 전년도의 분기별 에너지사용량, 제품생산량
• 해당 연도의 분기별 에너지사용예정량, 제품생산예정량
• 에너지사용기자재의 현황
• 전년도의 분기별 에너지이용 합리화 실적 및 해당 연도의 분기별 계획
• 상기의 사항에 관한 업무를 담당하는 자(이하 에너지관리자)의 현황

74 샤모트질(Chamotte) 벽돌의 주성분은?

① Al_2O_3, $2SiO_2$, $2H_2O$
② Al_2O_3, $7SiO_2$, H_2O
③ FeO, Cr_2O_3
④ $MgCO_3$

해설
샤모트질(Chamotte) 벽돌의 주성분 : Al_2O_3, $2SiO_2$, $2H_2O$

75 에너지법에 따라 국가에너지 기본계획 및 에너지 관련 시책의 효과적인 수립·시행을 위한 에너지 총조사는 몇 년을 주기로 하여 실시하는가?

① 1년마다   ② 2년마다
③ 3년마다   ④ 5년마다

해설
에너지 총조사는 3년마다 실시한다.

76 단열효과에 대한 설명으로 틀린 것은?

① 열확산계수가 작아진다.
② 열전도계수가 작아진다.
③ 노 내 온도가 균일하게 유지된다.
④ 스폴링현상을 촉진시킨다.

해설
단열효과는 스폴링현상을 감소시킨다.

77 에너지이용합리화법에 따라 에너지다소비사업자라 함은 연료, 열 및 전력의 연간 사용량의 합계가 몇 티오이[TOE] 이상인가?

① 1,000　　② 1,500
③ 2,000　　④ 3,000

해설
에너지다소비사업자 : 연료·열 및 전력의 연간 사용량의 합계가 2천[TOE] 이상인 자

78 유체의 역류를 방지하여 한쪽 방향으로만 흐르게 하는 밸브로 리프트식과 스윙식으로 대별되는 것은?

① 회전밸브　　② 게이트밸브
③ 체크밸브　　④ 앵글밸브

해설
체크밸브 : 역류방지밸브

79 진주암, 흑석 등을 소성·팽창시켜 다공질로 하여 접착제와 석면 등과 같은 무기질섬유를 배합하여 성형한 것은?

① 유리면
② 펄라이트
③ 석 고
④ 규산칼슘

해설
펄라이트 : 진주암, 흑석 등을 소성·팽창시켜 다공질로 하여 접착제와 석면 등과 같은 무기질섬유를 배합하여 성형한 단열 보온재로 최고 사용온도 600[℃] 이상의 고온용이다.

80 용광로에 장입하는 코크스의 역할이 아닌 것은?

① 철광석 중의 황분을 제거
② 가스 상태로 선철 중에 흡수
③ 선철을 제조하는 데 필요한 열원을 공급
④ 연소 시 환원성 가스를 발생시켜 철의 환원을 도모

해설
코크스의 역할
• 흡탄작용(가스 상태로 선철 중에 흡수)
• 선철을 제조하는 데 필요한 열원 공급(탄소의 연소에 따른 열원 공급 역할)
• 연소 시 환원성 가스를 발생시켜 철의 환원을 도모(철광석 및 산화물의 환원제 역할)
• 용선과 슬래그에 열을 주는 열교환 매체 역할
• 고로 내 통기를 위한 스페이스 제공(고로 내의 가스통풍을 양호하게 함)

정답 76 ④　77 ③　78 ③　79 ②　80 ①

제5과목 | 열설비설계

81 맞대기 용접은 용접방법에 따라서 그루브를 만들어야 한다. 판의 두께가 50[mm] 이상인 경우에 적합한 그루브의 형상은?(단, 자동용접은 제외한다)

① V형　　② H형
③ R형　　④ A형

해설
판 두께와 그루브 형상
• V형 : 6~16[mm]
• H형 : 19[mm] 이상
• R형 : 12~38[mm]
• A형 : 없음

82 향류열교환기의 대수평균온도차가 300[℃], 열관류율이 15[kcal/m²·h·℃], 열교환 면적이 8[m²]일 때 열교환 열량은?

① 16,000[kcal/h]　　② 26,000[kcal/h]
③ 36,000[kcal/h]　　④ 46,000[kcal/h]

해설
$Q = KA \times LMTD = 15 \times 8 \times 300 = 36,000[\text{kcal/h}]$

83 보일러의 만수보존법에 대한 설명으로 틀린 것은?

① 밀폐 보존방식이다.
② 겨울철 동결에 주의하여야 한다.
③ 2~3개월의 단기 보존에 사용된다.
④ 보일러수는 pH가 6 정도로 유지되도록 한다.

해설
만수보존법
• 보존기간이 6개월 미만(2~3개월)인 단기보존의 경우에 적용한다.
• 밀폐보존방식이다.
• 겨울철 동결에 주의하여야 한다.
• 보일러수는 pH가 7.5~8.2 정도로 유지되도록 한다.
• 약품 첨가, 방청도료, 생석회 건조제 등을 사용한다.

84 육용강제 보일러에서 동체의 최소 두께에 대한 설명으로 틀린 것은?

① 안지름이 900[mm] 이하의 것은 6[mm](단, 스테이를 부착할 경우)
② 안지름이 900[mm] 초과 1,350[mm] 이하의 것은 8[mm]
③ 안지름이 1,350[mm] 초과 1,850[mm] 이하의 것은 10[mm]
④ 안지름이 1,850[mm] 초과하는 것은 12[mm]

해설
안지름이 900[mm] 이하이며 스테이를 부착한 경우 : 8[mm]

85 다음 중 3[kg/cm²g] 압력의 증기 2.8[ton/h]를 공급하는 배관의 지름으로 가장 적합한 것은?(단, 증기의 비체적은 0.4709[m³/kg]이며, 평균 유속은 30[m/sec]이다)

① 1[inch]　　② 3[inch]
③ 4[inch]　　④ 5[inch]

해설
$Q = Av = \dfrac{\pi d^2}{4} \times v$에서 $d = \sqrt{\dfrac{4Q}{\pi v}}$
$= \sqrt{\dfrac{4 \times 2.8 \times 1,000 \times 0.4709}{3.14 \times 30 \times 3,600}} \approx 0.125[\text{m}] \approx 5[\text{inch}]$

정답　81 ②　82 ③　83 ④　84 ①　85 ④

86 보일러의 용기에 판 두께가 12[mm], 용접 길이가 230[cm]인 판을 맞대기 용접했을 때 45,000[kg]의 인장하중이 작용한다면 인장응력은?

① 100[kg/cm²]   ② 145[kg/cm²]
③ 163[kg/cm²]   ④ 255[kg/cm²]

해설
인장응력
$$\sigma = \frac{W}{A} = \frac{W}{hl} = \frac{45,000}{1.2 \times 230} \approx 163[\text{kg/cm}^2]$$

87 다음 중 사이펀 관(Siphon Tube)과 관련 있는 것은?

① 수면계   ② 안전밸브
③ 압력계   ④ 어큐뮬레이터

해설
압력계 : 보일러의 압력을 지시하며, 압력계 사이에 U자형 사이펀 관을 장착하여 고온 증기를 냉각하여 압력 지시의 오류를 막는다.

88 최고 사용압력이 7[kgf/cm²]인 증기용 강제 보일러의 수압시험압력은 얼마로 하여야 하는가?

① 10.1[kgf/cm²]   ② 11.1[kgf/cm²]
③ 12.1[kgf/cm²]   ④ 13.1[kgf/cm²]

해설
최고 사용압력 7[kgf/cm²]의 증기용 강제 보일러 수압시험압력 : 12.1[kgf/cm²]

89 보일러의 효율을 입·출열법에 의하여 계산하려고 할 때, 입열항목에 속하지 않는 것은?

① 연료의 현열
② 연소가스의 현열
③ 공기의 현열
④ 연료의 발열량

해설
연소가스의 현열은 출열항목에 속한다.

90 관 스테이를 용접으로 부착하는 경우에 대한 설명으로 옳은 것은?

① 용접의 다리 길이는 10[mm] 이상으로 한다.
② 스테이의 끝은 판의 외면보다 안쪽에 있어야 한다.
③ 관 스테이의 두께는 4[mm] 이상으로 한다.
④ 스테이의 끝은 화염에 접촉하는 판의 바깥으로 5[mm]를 초과하여 돌출해서는 안 된다.

해설
① 용접의 다리 길이는 4[mm] 이상으로 한다.
② 스테이의 끝은 판의 외면보다 안쪽에 있어서는 안 된다.
④ 스테이의 끝은 화염에 접촉하는 판의 바깥으로 10[mm]를 초과하여 돌출해서는 안 된다.

91 리벳 이음 대비 용접 이음의 장점으로 옳은 것은?

① 이음효율이 좋다.
② 잔류응력이 발생되지 않는다.
③ 진동에 대한 감쇠력이 높다.
④ 응력집중에 대하여 민감하지 않다.

해설
② 잔류응력이 발생된다.
③ 진동에 대한 감쇠력이 낮다.
④ 응력집중에 대하여 민감하다.

92 열팽창에 의한 배관의 이동을 구속 또는 제한하는 것을 리스트레인트(Restraint)라고 한다. 리스트레인트의 종류에 해당하지 않는 것은?

① 앵커(Anchor) ② 스토퍼(Stopper)
③ 리지드(Rigid) ④ 가이드(Guide)

해설
리스트레인트(Restraint)의 종류 : 앵커(Anchor), 스토퍼(Stopper), 가이드(Guide)

93 줄-톰슨계수(Joule-Thomson Coefficient, μ)에 대한 설명으로 옳은 것은?

① μ가 (−)일 때 기체가 팽창함에 따라 온도는 내려간다.
② μ가 (+)일 때 기체가 팽창함에 따라 온도는 일정하다.
③ μ의 부호는 온도의 함수이다.
④ μ의 부호는 열량의 함수이다.

해설
① μ가 (−)일 때 기체가 팽창함에 따라 온도는 올라간다.
② μ가 (+)일 때 기체가 압축함에 따라 온도는 내려간다.
③, ④ μ의 부호는 온도의 함수이다.

94 수관식 보일러에 속하지 않는 것은?

① 코니시 보일러   ② 바브콕 보일러
③ 라몬트 보일러   ④ 벤슨 보일러

해설
코니시 보일러는 원통식 보일러에 속한다.

95 보일러를 옥내에 설치하는 경우에 대한 설명으로 틀린 것은?

① 불연성 물질의 격벽으로 구분된 장소에 설치한다.
② 보일러 동체 최상부로부터 천장, 배관 등 보일러 상부에 있는 구조물까지의 거리는 0.3[m] 이상으로 한다.
③ 연도의 외측으로부터 0.3[m] 이내에 있는 가연성 물체에 대하여는 금속 이외의 불연성 재료로 피복한다.
④ 연료를 저장할 때에는 소형 보일러의 경우 보일러 외측으로부터 1[m] 이상 거리를 두거나 반격벽으로 할 수 있다.

해설
보일러 동체 최상부로부터 천장, 배관 등 보일러 상부에 있는 구조물까지의 거리는 대형 보일러는 1.2[m] 이상, 소형 보일러는 0.6[m] 이상으로 한다.

정답 91 ① 92 ③ 93 ③ 94 ① 95 ②

96 원통형 보일러의 특징이 아닌 것은?

① 구조가 간단하고 취급이 용이하다.
② 부하변동에 의한 압력 변화가 작다.
③ 보유 수량이 적어 파열 시 피해가 작다.
④ 고압 및 대용량에는 부적당하다.

해설
보유 수량이 적어 파열 시 피해가 작은 것은 수관식 보일러이다.

97 급수펌프인 인젝터의 특징에 대한 설명으로 틀린 것은?

① 구조가 간단하여 소형에 사용된다.
② 별도의 소요동력이 필요하지 않다.
③ 송수량의 조절이 용이하다.
④ 소량의 고압증기로 다량을 급수할 수 있다.

해설
인젝터는 송수량의 조절이 용이하지 않다.

98 보일러 배기가스에 대한 설명으로 틀린 것은?

① 배기가스 열손실은 같은 연소조건일 경우에 연소가스량이 적을수록 작아진다.
② 배기가스의 열량을 회수하기 위한 방법으로 급수예열기와 공기예열기를 적용한다.
③ 배기가스의 열량을 회수함에 따라 배기가스의 온도가 낮아지고 효율이 상승하지만 160[℃] 이상부터는 효율이 일정하다.
④ 배기가스 온도는 발생증기의 포화온도 이하로 낮출 수 없어 보일러의 증기압력이 높아짐에 따라 배기가스 손실도 크다.

해설
배기가스의 열량을 회수함에 따라 배기가스의 온도가 낮아지고 효율이 상승한다.

99 보일러 급수처리 중 사용목적에 따른 청관제의 연결로 틀린 것은?

① pH 조정제 : 암모니아
② 연화제 : 인산소다
③ 탈산소제 : 하이드라진
④ 가성취하방지제 : 아황산소다

해설
가성취하방지제는 인산나트륨, 타닌, 리그린, 질산나트륨 등이며 아황산소다는 탈산소제이다.

100 열매체 보일러의 특징이 아닌 것은?

① 낮은 압력에서도 고온의 증기를 얻을 수 있다.
② 물처리장치나 청관제 주입장치가 필요하다.
③ 겨울철 동결의 우려가 작다.
④ 안전관리상 보일러 안전밸브는 밀폐식 구조로 한다.

해설
열매체 보일러는 청관제 주입장치가 필요하지 않다.

2017년 제1회 과년도 기출문제

제1과목 | 연소공학

01 프로판(C_3H_8) 5[Nm^3]를 이론산소량으로 완전연소 시켰을 때의 건연소가스량은 몇 [Nm^3]인가?

① 5
② 10
③ 15
④ 20

[해설]
프로판 연소방정식은 $C_3H_8 + 5O_2 \rightarrow 3CO_2 + 4H_2O$이므로,
건연소가스량은 $3CO_2$의 양이다.
따라서, 건연소가스량은 5[Nm^3]×3=15[Nm^3]이다.

02 다음 집진장치 중에서 미립자 크기에 관계없이 집진효율이 가장 높은 장치는?

① 세정 집진장치
② 여과 집진장치
③ 중력 집진장치
④ 원심력 집진장치

[해설]
미립자 크기와 관계없이 집진효율이 가장 높은 장치는 여과 집진장치다.

03 연소 시 100[℃]에서 500[℃]로 온도가 상승하였을 경우 500[℃]의 열복사에너지는 100[℃]에서의 열복사에너지의 약 몇 배가 되겠는가?

① 16.2
② 17.1
③ 18.5
④ 19.3

[해설]
슈테판-볼츠만의 열복사법칙 $R(T) = \sigma T^4$에 의하면 열복사에너지는 온도의 4승에 비례하므로
$\left(\dfrac{T_2}{T_1}\right)^4 = \left(\dfrac{500+273}{100+273}\right)^4 \simeq 18.5$배가 된다.

04 고체연료의 연료비를 식으로 바르게 나타낸 것은?

① $\dfrac{고정탄소[\%]}{휘발분[\%]}$

② $\dfrac{회분[\%]}{휘발분[\%]}$

③ $\dfrac{고정탄소[\%]}{회분[\%]}$

④ $\dfrac{가연성\ 성분\ 중\ 탄소[\%]}{유리수소[\%]}$

05 일산화탄소 1[Nm^3]를 연소시키는 데 필요한 공기량[Nm^3]은 약 얼마인가?

① 2.38
② 2.67
③ 4.31
④ 4.76

[해설]
일산화탄소의 연소방정식은 $CO + 0.5O_2 \rightarrow CO_2$이다.
$A_0 = \dfrac{O_0}{0.21} = \dfrac{0.5}{0.21} \simeq 2.38[Nm^3]$

06 기체연료의 특징으로 틀린 것은?

① 연소효율이 높다.
② 고온을 얻기 쉽다.
③ 단위용적당 발열량이 크다.
④ 누출되기 쉽고 폭발의 위험성이 크다.

[해설]
단위용적당 발열량이 작다.

정답 1 ③ 2 ② 3 ③ 4 ① 5 ① 6 ③

07 기체연료의 저장방식이 아닌 것은?

① 유수식　　② 고압식
③ 가열식　　④ 무수식

해설
기체연료의 저장방식 : 저압식(유수식, 무수식), 고압식

08 어떤 열설비에서 연료가 완전연소하였을 경우 배기가스 내의 과잉 산소농도가 10[%]이었다. 이때 연소기기의 공기비는 약 얼마인가?

① 1.0　　② 1.5
③ 1.9　　④ 2.5

해설
공기비 $m = \dfrac{21}{21 - O_2[\%]} = \dfrac{21}{21-10} \simeq 1.9$

09 부탄(C_4H_{10}) 1[kg]의 이론습배기가스량은 약 몇 [Nm³/kg]인가?

① 10　　② 13
③ 16　　④ 19

해설
부탄의 연소방정식
$C_4H_{10} + 6.5O_2 \rightarrow 4CO_2 + 5H_2O$

$O_0 = \dfrac{1}{58} \times 6.5 \times 22.4 \simeq 2.5 [\text{Nm}^3/\text{kg}]$

$A_0 = \dfrac{O_0}{0.21} = \dfrac{2.5}{0.21} \simeq 11.95 [\text{Nm}^3/\text{kg}]$

이론습배기가스량
$= (1-0.21)A_0 + \dfrac{1}{58} \times 22.4 \times (4+5)$
$= 0.79 \times 11.95 + \dfrac{22.4 \times 9}{58}$
$\simeq 13 [\text{Nm}^3/\text{kg}]$

10 코크스 고온 건류온도[℃]는?

① 500~600　　② 1,000~1,200
③ 1,500~1,800　　④ 2,000~2,500

해설
코크스 고온 건류온도 : 1,000~1,200[℃]

11 액화석유가스를 저장하는 가스설비의 내압성능에 대한 설명으로 옳은 것은?

① 최대 압력의 1.2배 이상의 압력으로 내압시험을 실시하여 이상이 없어야 한다.
② 최대 압력의 1.5배 이상의 압력으로 내압시험을 실시하여 이상이 없어야 한다.
③ 상용압력의 1.2배 이상의 압력으로 내압시험을 실시하여 이상이 없어야 한다.
④ 상용압력의 1.5배 이상의 압력으로 내압시험을 실시하여 이상이 없어야 한다.

해설
액화석유가스를 저장하는 가스설비의 내압성능 : 상용압력의 1.5배 이상의 압력으로 내압시험을 실시하여 이상이 없어야 한다.

12 메탄 50V[%], 에탄 25V[%], 프로판 25V[%]가 섞여 있는 혼합기체의 공기 중에서의 연소하한계는 약 몇 [%]인가?(단, 메탄, 에탄, 프로판의 연소하한계는 각각 5V[%], 3V[%], 2.1V[%]이다)

① 2.3　　② 3.3
③ 4.3　　④ 5.3

해설
$\dfrac{100}{LFL} = \sum \dfrac{V_i}{L_i}$
$= \dfrac{V_1}{L_1} + \dfrac{V_2}{L_2} + \dfrac{V_3}{L_3}$
$= \dfrac{50}{5} + \dfrac{25}{3} + \dfrac{25}{2.1} \simeq 30.2$ 이므로,

$LFL = \dfrac{100}{30.2} \simeq 3.3$

13 환열식의 전열면적[m²]과 전열량[kcal/h] 사이의 관계는?(단, 전열면적은 F, 전열량은 Q, 총괄 전열계수는 V이며, $\triangle t_m$은 평균 온도차이다)

① $Q = F/\triangle t_m$
② $Q = F \times \triangle t_m$
③ $Q = F \times V \times \triangle t_m$
④ $Q = V/(F \times \triangle t_m)$

해설
환열실(리큐퍼레이터) 전열량
$Q = FV\triangle t_m$
(여기서, F : 전열면적, V : 총괄 전열계수, $\triangle t_m$: 평균 온도차)

14 탄소의 발열량은 약 몇 [kcal/kg]인가?

$$C + O_2 \rightarrow CO_2 + 97,600[kcal/kmol]$$

① 8,133
② 9,760
③ 48,800
④ 97,600

해설
주어진 연소방정식은 발열량이 97,600[kcal/kmol] 몰수당인 탄소의 발열량을 [kcal/kg]의 단위로 계산하는 문제이므로,

탄소 1[kg]당 발열량 = $\dfrac{97,600[kcal/kmol]}{12[kg/kmol]} \approx 8,133[kcal/kg]$

15 고체연료의 일반적인 특징으로 옳은 것은?

① 점화 및 소화가 쉽다.
② 연료의 품질이 균일하다.
③ 완전연소가 가능하며 연소효율이 높다.
④ 연료비가 저렴하고 연료를 구하기 쉽다.

해설
고체연료의 일반적인 특성
• 점화 및 소화가 쉽지 않다.
• 연료의 품질이 균일하지 않다.
• 완전연소가 가능하지 않고 연소효율이 낮다.

16 연소가스의 조성에서 O_2를 옳게 나타낸 식은?(단, L_0 : 이론 공기량, G : 실제 습연소가스량, m : 공기비이다)

① $\dfrac{L_0}{G} \times 100$
② $\dfrac{0.21 L_0}{G} \times 100$
③ $\dfrac{(m-1)L_0}{G} \times 100$
④ $\dfrac{0.21(m-1)L_0}{G} \times 100$

해설
산소의 몰분율(연소가스 조성 중 산소값)
$M = \dfrac{0.21(m-1)A_0}{G}$
(여기서, m : 공기과잉률, A_0 : 이론공기량, G : 실제 배기가스량)

17 고체연료의 연소방식으로 옳은 것은?

① 포트식 연소
② 화격자 연소
③ 심지식 연소
④ 증발식 연소

해설
고체연료의 연소장치 : 화격자 연소장치, 유동층 연소장치, 미분탄 연소장치

18 CO_{2max}는 19.0[%], CO_2는 10.0[%], O_2는 3.0[%]일 때 과잉공기계수(m)는 얼마인가?

① 1.25
② 1.35
③ 1.46
④ 1.90

해설
과잉공기계수 $m = \dfrac{CO_{2max}}{CO_2} = \dfrac{19}{10} = 1.9$

19 1[mol]의 이상기체가 40[℃], 35[atm]으로부터 1[atm]까지 단열 가역적으로 팽창하였다. 최종 온도는 약 몇 [K]가 되는가?(단, 비열비는 1.67이다)

① 75　　　　② 88
③ 98　　　　④ 107

해설

$$\frac{T_2}{T_1} = \left(\frac{V_1}{V_2}\right)^{k-1} = \left(\frac{P_2}{P_1}\right)^{\frac{k-1}{k}}$$

$$T_2 = T_1 \times \left(\frac{V_1}{V_2}\right)^{k-1} = T_1 \times \left(\frac{P_2}{P_1}\right)^{\frac{k-1}{k}}$$

$$= (40+273) \times \left(\frac{1}{35}\right)^{\frac{1.67-1}{1.67}} \simeq 75[K]$$

20 중유 1[kg] 속에 수소 0.15[kg], 수분 0.003[kg]이 들어 있다면 이 중유의 고발열량이 10^4[kcal/kg]일 때, 이 중유 2[kg]의 총저위발열량은 약 몇 [kcal]인가?

① 12,000　　　　② 16,000
③ 18,400　　　　④ 20,000

해설

총저위발열량
$H_L = [H_h - 600(w+9H)] \times$ 연료 무게
$= [10,000 - 600 \times (0.003 + 9 \times 0.15)] \times 2 \simeq 18,400[\text{kcal}]$

제2과목 | 열역학

21 50[℃]의 물의 포화액체와 포화증기의 엔트로피는 각각 0.703[kJ/(kg · K)], 8.07[kJ/(kg · K)]이다. 50[℃]의 습증기의 엔트로피가 4[kJ/(kg · K)]일 때 습증기의 건도는 약 몇 [%]인가?

① 31.7　　　　② 44.8
③ 51.3　　　　④ 62.3

해설

$s_x = s' + x(s'' - s')$ 에서

건조도 $x = \dfrac{s_x - s'}{s'' - s'} = \dfrac{4 - 0.703}{8.07 - 0.703} \simeq 44.8[\%]$

22 스로틀링(Throttling)밸브를 이용하여 Joule-Thomson 효과를 보고자 한다. 압력이 감소함에 따라 온도가 반드시 감소하려면 Joule-Thomson 계수 μ는 어떤 값을 가져야 하는가?

① $\mu = 0$　　　　② $\mu > 0$
③ $\mu < 0$　　　　④ $\mu \neq 0$

해설

압력이 감소함에 따라 온도가 감소하는 조건은 줄-톰슨 계수 $\mu = \dfrac{\partial T}{\partial P} = \dfrac{T_1 - T_2}{P_1 - P_2} > 0$ 이다.

23 이상적인 증기압축식 냉동장치에서 압축기 입구를 1, 응축기 입구를 2, 팽창밸브 입구를 3, 증발기 입구를 4로 나타낼 때 온도(T)-엔트로피(S) 선도(수직축 T, 수평축 S)에서 수직선으로 나타나는 과정은?

① 1-2 과정　　　　② 2-3 과정
③ 3-4 과정　　　　④ 4-1 과정

해설

이상적인 증기압축식 냉동사이클의 T-S 선도에서 1 → 2(압축기 입구 → 응축기 입구)과정은 직선으로 나타난다.

24 이상기체로 구성된 밀폐계의 변화과정을 나타낸 것 중 틀린 것은?(단, δq는 계로 들어온 순열량, dh는 엔탈피 변화량, δW는 계가 한 순일, du는 내부에너지의 변화량, ds는 엔트로피 변화량을 나타낸다)

① 등온과정에서 $\delta q = \delta W$
② 단열과정에서 $\delta q = 0$
③ 정압과정에서 $\delta q = ds$
④ 정적과정에서 $\delta q = du$

해설
정압과정에서 $\delta q = dh$

25 공기의 기체상수가 0.287[kJ/(kg·K)]일 때 표준상태(0[℃], 1기압)에서 밀도는 약 몇 [kg/m³]인가?

① 1.29
② 1.87
③ 2.14
④ 2.48

해설
밀도 $\rho = \dfrac{m}{V}$ 이므로 $PV = mRT$에서 밀도식을 유도하면,

$\rho = \dfrac{m}{V} = \dfrac{P}{RT} = \dfrac{101.325}{0.287 \times 273} \simeq 1.29 [\text{kg/m}^3]$

26 랭킨(Rankine) 사이클에서 재열을 사용하는 목적은?

① 응축기 온도를 높이기 위해서
② 터빈압력을 높이기 위해서
③ 보일러 압력을 낮추기 위해서
④ 열효율을 개선하기 위해서

해설
랭킨 사이클에서 재열을 사용하면 열효율을 개선할 수 있다. 이렇게 랭킨 사이클을 개선한 사이클을 재열 사이클이라고 한다.

27 불꽃점화기관의 기본 사이클인 오토 사이클에서 압축비가 10이고, 기체의 비열비가 1.4일 때 이 사이클의 효율은 약 몇 [%]인가?

① 43.6
② 51.4
③ 60.2
④ 68.5

해설
$\eta_o = 1 - \left(\dfrac{1}{\varepsilon}\right)^{k-1} = 1 - \left(\dfrac{1}{10}\right)^{1.4-1} \simeq 60.2[\%]$

28 110[kPa], 20[℃]의 공기가 정압과정으로 온도가 50[℃]만큼 상승한 다음(즉, 70[℃]가 됨), 등온과정으로 압력이 반으로 줄어들었다. 최종 비체적은 최초 비체적의 약 몇 배인가?

① 0.585
② 1.17
③ 1.71
④ 2.34

해설
보일-샤를의 법칙
$\dfrac{P_1 V_1}{T_1} = \dfrac{P_2 V_2}{T_2} = C(일정)$

$\dfrac{P_1 V_1}{20 + 273} = \dfrac{P_1 V_2}{2 \times (70 + 273)}$ 이므로,

$V_2 = \dfrac{2 \times 343}{293} V_1 \simeq 2.34 V_1$

정답 24 ③ 25 ① 26 ④ 27 ③ 28 ④

29 초기조건이 100[kPa], 60[℃]인 공기를 정적과정을 통해 가열한 후 정압에서 냉각과정을 통하여 500[kPa], 60[℃]로 냉각할 때 이 과정에서 전체 열량의 변화는 약 몇 [kJ/kmol]인가?(단, 정적비열은 20[kJ/(kmol·K)], 정압비열은 28[kJ/(kmol·K)]이며, 이상기체로 가정한다)

① -964
② -1,964
③ -10,656
④ -20,656

해설
전체 변화열량(Q) = 정적과정에서의 변화열량(Q_v) + 정압과정에서의 변화열량(Q_p) $\dfrac{P_1 V_1}{T_1} = \dfrac{P_2 V_2}{T_2}$ 에서

$T_2 = \dfrac{P_2}{P_1} T_1 = \dfrac{500}{100} \times (60+273) = 5 \times 333 = 1,665[K]$ 이며

$T_3 = 60 + 273 = 333[K] = T_1$ 이므로,
$Q = Q_v + Q_p = C_v(T_2 - T_1) + C_p(T_3 - T_2)$
$= C_v(T_2 - T_1) + C_p(T_1 - T_2) = C_v(T_2 - T_1) - C_p(T_2 - T_1)$
$= (C_v - C_p)(T_2 - T_1) = -R(T_2 - T_1)$
$= -8 \times (1,665 - 333) = -8 \times 1,332 = -10,656[kJ/kmol]$

30 최저 온도, 압축비 및 공급열량이 같을 경우 사이클의 효율이 큰 것부터 작은 순서대로 옳게 나타낸 것은?

① 오토 사이클 > 디젤 사이클 > 사바테 사이클
② 사바테 사이클 > 오토 사이클 > 디젤 사이클
③ 디젤 사이클 > 오토 사이클 > 사바테 사이클
④ 오토 사이클 > 사바테 사이클 > 디젤 사이클

해설
열효율의 크기 순서
- 초온, 초압, 최저 온도, 압축비, 공급열량, 가열량, 연료단절비 등이 같은 경우
  오토 사이클 > 사바테 사이클 > 디젤 사이클
- 최고 압력이 일정한 경우
  디젤 사이클 > 사바테 사이클 > 오토 사이클

31 냉매가 구비해야 할 조건 중 틀린 것은?

① 증발열이 클 것
② 비체적이 작을 것
③ 임계온도가 높을 것
④ 비열비(정압비열/정적비열)가 클 것

해설
냉매의 비열비(정압비열/정적비열)는 작아야 한다.

32 보일러로부터 압력 1[MPa]로 공급되는 수증기의 건도가 0.95일 때 이 수증기 1[kg]당의 엔탈피는 약 몇 [kcal]인가?(단, 1[MPa]에서 포화액의 비엔탈피는 181.2[kcal/kg], 포화증기의 비엔탈피는 662.9[kcal/kg]이다)

① 457.6
② 638.8
③ 810.9
④ 1,120.5

해설
$h_x = h' + x(h'' - h') = 181.2 + 0.95 \times (662.9 - 181.2)$
$\simeq 638.8[kcal/kg]$

33 Gibbs의 상률(상법칙, Phase Rule)에 대한 설명 중 틀린 것은?

① 상태의 자유도와 혼합물을 구성하는 성분물질의 수, 그리고 상의 수에 관계되는 법칙이다.
② 평형이든 비평형이든 무관하게 존재하는 관계식이다.
③ Gibbs의 상률은 강도성 상태량과 관계한다.
④ 단일성분의 물질이 기상, 액상, 고상 중 임의의 2상이 공존할 때 상태의 자유도는 1이다.

해설
Gibbs의 상률은 평형일 때 존재하는 관계식이다.

34 열역학 제2법칙에 관한 다음 설명 중 옳지 않은 것은?

① 100[%]의 열효율을 갖는 열기관은 존재할 수 없다.
② 단일 열원으로부터 열을 전달받아 사이클 과정을 통해 모두 일로 변화시킬 수 있는 열기관이 존재할 수 있다.
③ 열은 저온부로 고온부로 자연적으로 전달되지는 않는다.
④ 고립계에서 엔트로피는 항상 증가하거나 일정하게 보존된다.

해설
단일 열원으로부터 열을 전달받아 사이클 과정을 통해 모두 일로 변화시킬 수 있는 열기관은 존재할 수 없다. 사이클에 의하여 일을 발생시킬 때는 고온체와 저온체가 필요하다.

35 1[MPa], 400[℃]인 큰 용기 속의 공기가 노즐을 통하여 100[kPa]까지 등엔트로피 팽창을 한다. 출구속도는 약 몇 [m/sec]인가?(단, 비열비는 1.4이고 정압비열은 1.0[kJ/(kg·K)]이며 노즐 입구에서의 속도는 무시한다)

① 569 ② 805
③ 910 ④ 1,107

해설
비열비 $k = 1.4 = \dfrac{C_p}{C_v} = \dfrac{1.0}{C_v}$ 에서

정적비열 $C_v = \dfrac{1.0}{1.4} \approx 0.7143 \, [\text{kJ/kgK}]$

∴ 기체상수 $R = C_p - C_v = 1.0 - 0.7143 = 0.2857 \, [\text{kJ/kgK}]$

∴ 출구속도

$v_2 = \sqrt{\dfrac{2kRT_1}{k-1}\left[1 - \left(\dfrac{P_2}{P_1}\right)^{\frac{k-1}{k}}\right]}$

$= \sqrt{\dfrac{2 \times 1.4 \times (0.2857 \times 1{,}000) \times (400+273)}{1.4-1} \times \left[1 - \left(\dfrac{100}{1{,}000}\right)^{\frac{1.4-1}{1.4}}\right]}$

$= \sqrt{\dfrac{2 \times 1.4 \times 285.7 \times 673}{0.4} \times 0.482} = \sqrt{648{,}740} \approx 805 \, [\text{m/s}]$

36 온도가 400[℃]인 열원과 300[℃]인 열원 사이에서 작동하는 카르노 열기관이 있다. 이 열기관에서 방출되는 300[℃]의 열은 또 다른 카르노 열기관으로 공급되어, 300[℃]의 열원과 100[℃]의 열원 사이에서 작동한다. 이와 같은 복합 카르노 열기관의 전체 효율은 약 몇 [%]인가?

① 44.57[%] ② 59.43[%]
③ 74.29[%] ④ 29.72[%]

해설
$\eta_c = 1 - \dfrac{T_2}{T_1} = 1 - \dfrac{100+273}{400+273} = 1 - \dfrac{373}{673} \approx 0.4457 = 44.57[\%]$

37 온도가 각각 −20[℃], 30[℃]인 두 열원 사이에서 작동하는 냉동 사이클이 이상적인 역카르노 사이클을 이루고 있다. 냉동기에 공급된 일이 15[kW]이면 냉동용량(냉각열량)은 약 몇 [kW]인가?

① 2.5 ② 3.0
③ 76   ④ 91

해설
$\varepsilon_R = \dfrac{T_2}{T_1 - T_2} = \dfrac{253}{303 - 253} = 5.06 = \dfrac{q_2}{W_c}$ 에서

$q_2 = 5.06 W_c = 5.06 \times 15 \approx 76 \, [\text{kW}]$

38 이상기체 5[kg]이 250[℃]에서 120[℃]까지 정적과정으로 변화한다. 엔트로피 감소량은 약 몇 [kJ/K]인가?(단, 정적비열은 0.653[kJ/(kg·K)]이다)

① 0.933 ② 0.439
③ 0.274 ④ 0.187

해설
$\Delta S = m C_v \ln \dfrac{T_2}{T_1} = 5 \times 0.653 \times \ln\left(\dfrac{120+273}{250+273}\right)$

$\approx -0.933 \, [\text{kJ/K}]$

정답 34 ② 35 ② 36 ① 37 ③ 38 ①

39 압력이 200[kPa]로 일정한 상태로 유지되는 실린더 내의 이상기체가 체적 0.3[m³]에서 0.4[m³]로 팽창될 때 이상기체가 한 일의 양은 몇 [kJ]인가?

① 20 ② 40
③ 60 ④ 80

해설
$_1W_2 = \int PdV = P(V_2 - V_1) = 200 \times (0.4 - 0.3) = 20[kJ]$

40 500[K]의 고온 열저장조와 300[K]의 저온 열저장조 사이에서 작동되는 열기관이 낼 수 있는 최대 효율은?

① 100[%] ② 80[%]
③ 60[%] ④ 40[%]

해설
$\eta = 1 - \dfrac{T_2}{T_1} = 1 - \dfrac{300}{500} = 40[\%]$

42 지름 400[mm]인 관 속에 5[kg/sec]로 공기가 흐르고 있다. 관 속의 압력은 200[kPa], 온도는 23[℃], 공기의 기체상수 R이 287[J/kg·K]라고 할 때 공기의 평균 속도는 약 몇 [m/sec]인가?

① 2.4 ② 7.7
③ 16.9 ④ 24.1

해설
$PV = mRT$의 양변을 V로 나누면
$P = \left(\dfrac{m}{V}\right)RT = \rho RT$가 되므로

밀도 $\rho = \dfrac{P}{RT} = \dfrac{200 \times 10^3}{287 \times (23+273)} \approx 2.354[kg/m^3]$

질량유량 $\dot{m} = \rho Av$에서

공기의 평균 속도 $v = \dfrac{\dot{m}}{\rho A} = \dfrac{5}{2.354 \times \dfrac{\pi}{4} \times 0.4^2} \approx 16.9[m/s]$

제3과목 | 계측방법

41 열전대 온도계에 대한 설명으로 옳은 것은?

① 흡습 등으로 열화된다.
② 밀도차를 이용한 것이다.
③ 자기가열에 주의해야 한다.
④ 온도에 대한 열기전력이 크며 내구성이 좋다.

해설
① 흡습 등으로 열화되지 않는다.
② 열기전력차를 이용한 것이다.
③ 자기가열에 주의할 필요가 없다.

43 다음 열전대 종류 중 측정온도에 대한 기전력의 크기로 옳은 것은?

① IC > CC > CA > PR
② IC > PR > CC > CA
③ CC > CA > PR > IC
④ CC > IC > CA > PR

해설
열전대 측정온도에 대한 기전력의 크기순 : IC > CC > CA > PR

44 2,000[℃]까지 고온 측정이 가능한 온도계는?

① 방사 온도계
② 백금저항 온도계
③ 바이메탈 온도계
④ Pt-Rh 열전식 온도계

해설
방사 온도계는 2,000[℃]까지 고온 측정이 가능하다.

45 다음 그림과 같은 경사관식 압력계에서 P_2는 50 [kg/m²]일 때 측정압력 P_1은 약 몇 [kg/m²]인가?(단, 액체의 비중은 1이다)

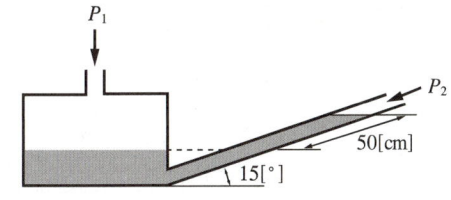

① 130
② 180
③ 320
④ 530

해설
$\Delta P = P_1 - P_2 = \gamma l \sin\theta$에서
$P_1 = P_2 + \gamma l \sin\theta = 50 + 1,000 \times 0.5 \times \sin 15 \approx 180 [\text{kg/m}^2]$

46 SI 기본단위를 바르게 표현한 것은?

① 시간 : 분
② 질량 : 그램
③ 길이 : 밀리미터
④ 전류 : 암페어

해설
① 시간 : 초
② 질량 : 킬로그램
③ 길이 : 미터

47 전자유량계의 특징으로 틀린 것은?

① 응답이 빠른 편이다.
② 압력손실이 거의 없다.
③ 높은 내식성을 유지할 수 있다.
④ 모든 액체의 유량 측정이 가능하다.

해설
전자유량계는 점도가 높은 유체의 측정도 가능하지만, 도전성 유체에 한하여 사용한다.

48 오르자트식 가스분석계로 측정하기 어려운 것은?

① O_2
② CO_2
③ CH_4
④ CO

해설
오르자트식 가스분석계 : 연소가스의 주성분인 이산화탄소(CO_2), 산소(O_2), 일산화탄소(CO)를 분석 및 측정하는 가스분석기

49 불연속제어로서 탱크의 액위를 제어하는 방법으로 주로 이용되는 것은?

① P동작
② PI동작
③ PD동작
④ 온오프동작

해설
온오프동작은 불연속제어로서 주로 탱크의 액위를 제어하는 방법으로 이용된다.

50 관로에 설치된 오리피스 전후의 압력차는?

① 유량의 제곱에 비례한다.
② 유량의 제곱근에 비례한다.
③ 유량의 제곱에 반비례한다.
④ 유량의 제곱근에 반비례한다.

해설
유량 $Q = \gamma A v = k\sqrt{2g\Delta P/\gamma}$ 이므로, 관로에 설치된 오리피스 전후의 압력차 ΔP는 유량의 제곱에 비례한다.

51 염화리튬이 공기 수증기압과 평형을 이룰 때 생기는 온도 저하를 저항 온도계로 측정하여 습도를 알아내는 습도계는?

① 듀셀 노점계
② 아스만 습도계
③ 광전관식 노점계
④ 전기저항식 습도계

해설
듀셀 노점계(가열식 노점계)
염화리튬이 공기 수증기압과 평형을 이룰 때 생기는 온도 저하를 저항 온도계 측정으로 습도를 알아내는 습도계이다.
• 저습도 측정이 가능하다.
• 구조가 간단하고 고장이 적다.
• 고압에서 사용이 가능하지만, 응답이 늦다.

52 유량 측정에 쓰이는 Tap방식이 아닌 것은?

① 베나 탭
② 코너 탭
③ 압력 탭
④ 플랜지 탭

해설
유량 측정에 사용되는 Tap방식 : 베나 탭, 코너 탭, 플랜지 탭 등

53 다음 보기에서 설명하는 제어동작은?

┌보기┐
• 부하 변화가 커도 잔류편차가 생기지 않는다.
• 급변할 때 큰 진동이 생긴다.
• 전달 느림이나 쓸모없는 시간이 크면 사이클링의 주기가 커진다.

① D동작
② PI동작
③ PD동작
④ P동작

해설
PI(비례적분동작) : 적분동작은 비례동작을 사용했을 때 발생하는 잔류편차의 문제점을 제거하기 위한 것
• 잔류편차를 제거하여 정상 특성을 개선한다.
• 간헐현상이 발생한다.
• 부하 변화가 커도 잔류편차가 생기지 않는다.
• 급변할 때 큰 진동이 생긴다.
• 전달 느림이나 쓸모없는 시간이 크면 사이클링의 주기가 커진다.

54 제어시스템에서의 응답이 계단 변화가 도입된 후에 얻게 될 최종적인 값을 얼마나 초과하게 되는지를 나타내는 척도는?

① 오프셋
② 쇠퇴비
③ 오버슈트
④ 응답시간

해설
오버슈트(Overshoot) : 응답 중에 생기는 입력과 출력 사이의 편차량
• 최대편차량
• $\dfrac{\text{최대 초과량}}{\text{최종 목표값}} \times 100[\%]$
• 제어시스템에서의 응답이 계단 변화가 도입된 후에 얻게 될 최종적인 값을 얼마나 초과하게 되는지를 나타내는 척도
• 자동제어 안정성 척도

55 다음 온도계 중 측정범위가 가장 높은 것은?

① 광온도계
② 저항 온도계
③ 열전 온도계
④ 압력 온도계

해설
광고온계(광온도계) : 특정 파장을 온도계 내에 통과시켜 온도계 내 전구 필라멘트의 휘도를 육안으로 직접 비교하여 온도를 측정하는 비접촉식 온도계이다.
- 정도가 우수하여 비접촉식 온도측정기 중 가장 정확한 측정이 가능하다.
- 방사 온도계에 비해 방사율에 대한 보정량이 작다.
- 구조가 간단하고 휴대가 편리하다.
- 측정온도범위는 700~2,000[℃]이며, 900[℃] 이하의 경우 오차가 발생된다.
- 측정시간이 지연된다.
- 측정인력이 필요하다(사람의 손이 필요하다).
- 기록, 경보, 자동제어는 불가능하다.

56 기체연료의 시험방법 중 CO의 흡수액은?

① 발연 황산액
② 수산화칼륨 30% 수용액
③ 알칼리성 파이로갈롤 용액
④ 암모니아성 염화 제1동 용액

해설
흡수제(용액)
- CO : 암모니아성 염화 제1동 용액
- CO_2 : 30[%]의 수산화칼륨(KOH) 용액
- O_2 : 알칼리성 파이로갈롤 용액
- 중탄화수소($C_m H_n$) : 발연 황산(진한 황산)

57 차압식 유량계의 종류가 아닌 것은?

① 벤투리
② 오리피스
③ 터빈유량계
④ 플로 노즐

해설
차압식 유량계 : 오리피스미터, 플로 노즐, 벤투리미터

58 단열식 열량계로 석탄 1.5[g]을 연소시켰더니 온도가 4[℃] 상승하였다. 통 내의 유량이 2,000[g], 열량계의 물 당량이 500[g]일 때 이 석탄의 발열량은 약 몇 [J/g]인가?(단, 물의 비열은 4.19[J/g·K]이다)

① 2.23×10^4
② 2.79×10^4
③ 4.19×10^4
④ 6.98×10^4

해설
물 당량 500[g]은 연료의 질량을 물의 질량으로 환산한 값이므로 석탄의 발열량은

$$Q = mC_w \Delta T = \left(\frac{2,000 + 500}{1.5}\right) \times 4.19 \times 4 \approx 2.79 \times 10^4 [J/g]$$

59 2원자 분자를 제외한 CO_2, CO, CH_4 등의 가스를 분석할 수 있으며, 선택성이 우수하고 저농도의 분석에 적합한 가스분석법은?

① 적외선법
② 음향법
③ 열전도율법
④ 도전율법

해설
적외선식 가스분석계 : 대상 성분가스만이 강하게 흡수하는 파장의 광선을 이용하는 가스분석계이다.
- 저농도의 분석에 적합하며 선택성이 우수하다.
- CO_2, CO, CH_4 등의 가스 분석이 가능하다.
- 대칭성 2원자 분자(N_2, O_2, H_2, Cl_2 등), 단원자 가스(He, Ar 등) 등의 분석은 불가능하다.

60 국제단위계(SI)에서 길이단위의 설명으로 틀린 것은?

① 기본단위이다.
② 기호는 K이다.
③ 명칭은 미터이다.
④ 빛이 진공에서 1/299,792,458초 동안 진행한 경로의 길이이다.

해설
국제단위계(SI)에서 길이단위의 기호는 m이다.

제4과목 | 열설비재료 및 관계법규

61 샤모트(Chamotte) 벽돌에 대한 설명으로 옳은 것은?

① 일반적으로 기공률이 크고 비교적 낮은 온도에서 연화되며 내스폴링성이 좋다.
② 흑연질 등을 사용하며 내화도와 하중 연화점이 높고 열 및 전기전도도가 크다.
③ 내식성과 내마모성이 크며 내화도는 SK35 이상으로 주로 고온부에 사용된다.
④ 하중 연화점이 높고 가소성이 커 염기성 제강로에 주로 사용된다.

해설
샤모트질 내화물 : 카올린을 미리 SK10~14 정도로 1차 소성하여 탈수 후 분쇄한 것으로서 고온에서 광물상을 안정화한 산성 내화물이다.
- 주성분 : Al_2O_3, $2SiO_2$, $2H_2O$
- 성형 및 소결성을 좋게 하기 위하여 샤모트 이외에 가소성 생점토를 가한다.
- 일반적으로 기공률이 크고 비교적 낮은 온도(SK28~34)에서 연화되며 내스폴링성이 좋다.
- 용도 : 일반 가마용

62 에너지이용합리화법에 따라 최대 1천만원 이하의 벌금에 처할 대상자에 해당되는 않는 자는?

① 검사대상기기관리자를 정당한 사유 없이 선임하지 아니한 자
② 검사대상기기의 검사를 정당한 사유 없이 받지 아니한 자
③ 검사에 불합격한 검사대상기기를 임의로 사용한 자
④ 최저 소비효율 기준에 미달된 효율관리기자재를 생산한 자

해설
최저 소비효율 기준에 미달된 효율관리기자재를 생산한 자에게는 과태료 부과 또는 개선명령을 통보한다.

63 배관설비의 지지를 위한 필요조건에 관한 설명으로 틀린 것은?

① 온도의 변화에 따른 배관 신축을 충분히 고려하여야 한다.
② 배관 시공 시 필요한 배관 기울기를 용이하게 조정할 수 있어야 한다.
③ 배관설비의 진동과 소음을 외부로 쉽게 전달할 수 있어야 한다.
④ 수격현상 및 외부로부터 진동과 힘에 대하여 견고하여야 한다.

해설
③ 배관설비의 진동과 소음이 외부로 쉽게 전달되지 않고, 조정이 가능해야 한다.

64 길이 7[m], 외경 200[mm], 내경 190[mm]의 탄소강관에 360[℃] 과열증기를 통과시키면 이때 늘어나는 관의 길이는 몇 [mm]인가?(단, 주위 온도는 20[℃]이고, 관의 선팽창계수는 0.000013[mm/mm·℃]이다)

① 21.15
② 25.71
③ 30.94
④ 36.48

해설
관의 늘어난 길이
$\lambda = L\alpha\Delta t = 7,000 \times 0.000013 \times 340 \approx 30.94[mm]$

65 에너지이용합리화법에 따라 에너지 사용계획을 수립하여 산업통상자원부장관에게 제출하여야 하는 민간사업주관자의 기준은?

① 연간 5백만[kWh] 이상의 전력을 사용하는 시설을 설치하려는 자
② 연간 1천만[kWh] 이상의 전력을 사용하는 시설을 설치하려는 자
③ 연간 1천5백만[kWh] 이상의 전력을 사용하는 시설을 설치하려는 자
④ 연간 2천만[kWh] 이상의 전력을 사용하는 시설을 설치하려는 자

[해설]
민간사업주관자
다음의 어느 하나에 해당하는 시설을 설치하려는 자
• 연간 5천[TOE] 이상의 연료 및 열을 사용하는 시설
• 연간 2천만[kWh] 이상의 전력을 사용하는 시설

66 관의 신축량에 대한 설명으로 옳은 것은?

① 신축량은 관의 열팽창계수, 길이, 온도차에 반비례한다.
② 신축량은 관의 열팽창계수, 길이, 온도차에 비례한다.
③ 신축량은 관의 길이, 온도차에는 비례하지만 열팽창계수에는 반비례한다.
④ 신축량은 관의 열팽창계수에 비례하고 온도차와 길이에 반비례한다.

[해설]
관의 신축량은 관의 열팽창계수, 길이, 온도차에 비례한다.

67 에너지이용합리화법에 따라 인정검사대상기기관리자의 교육을 이수한 자가 조종할 수 없는 것은?

① 압력용기
② 용량이 581.5[kW]인 열매체를 가열하는 보일러
③ 용량이 700[kW]의 온수 발생 보일러
④ 최고사용압력이 1[MPa] 이하이고, 전열면적이 10[m^2] 이하인 증기보일러

[해설]
③ 온수를 발생하는 보일러로서 용량이 581.5[kW] 이하이어야 한다.

68 에너지이용 합리화법상의 '목표에너지원단위'란?

① 열사용기기당 단위시간에 사용할 열의 사용목표량
② 각 회사마다 단위기간 동안 사용할 열의 사용목표량
③ 에너지를 사용하여 만드는 제품의 단위당 에너지사용목표량
④ 보일러에서 증기 1톤을 발생할 때 사용할 연료의 사용목표량

[해설]
목표에너지원단위 : 에너지를 사용하여 만드는 제품의 단위당 에너지 사용 목표량

69 에너지이용합리화법상의 효율관리기자재에 속하지 않는 것은?

① 전기철도　　② 삼상유도전동기
③ 전기세탁기　　④ 자동차

[해설]
효율관리기자재 : 전기냉장고, 전기냉방기, 전기세탁기, 조명기기, 삼상유도전동기, 자동차, 그 밖에 산업통상자원부장관이 그 효율의 향상이 특히 필요하다고 인정하여 고시하는 기자재 및 설비

70 가마를 축조할 때 단열재를 사용함으로써 얻을 수 있는 효과로 틀린 것은?

① 작업온도까지 가마의 온도를 빨리 올릴 수 있다.
② 가마의 벽을 얇게 할 수 있다.
③ 가마 내의 온도 분포가 균일하게 된다.
④ 내화벽돌의 내·외부 온도가 급격히 상승한다.

해설
가마 축조 시 단열재의 효과
- 작업온도까지 가마의 온도를 빨리 올릴 수 있다.
- 가마의 벽을 얇게 할 수 있다.
- 가마 내의 온도 분포가 균일하게 된다.
- 내화 벽돌의 내·외부 온도가 급격히 상승되는 것을 방지한다.

71 에너지이용 합리화법에 따라 검사대상기기관리자의 신고사유가 발생한 경우 발생한 날로부터 며칠 이내에 신고하여야 하는가?

① 7일   ② 15일
③ 30일 ④ 60일

해설
검사대상기기관리자의 신고사유가 발생한 경우 발생한 날로부터 30일 이내 신고해야 한다.

72 다음은 보일러의 급수밸브 및 체크밸브 설치기준에 관한 설명이다. (   ) 안에 알맞은 것은?

급수밸브 및 체크밸브의 크기는 전열면적 10[m²] 이하의 보일러에서는 관의 호칭(가) 이상, 전열면적 10[m²]를 초과하는 보일러에서는 호칭 (나) 이상이어야 한다.

① 가 : 5A, 나 : 10A
② 가 : 10A, 나 : 15A
③ 가 : 15A, 나 : 20A
④ 가 : 20A, 나 : 30A

해설
보일러의 급수밸브 및 체크밸브 설치기준
- 전열면적 10[m²] 이하의 보일러 : 관의 호칭 15A 이상
- 전열면적 10[m²]를 초과하는 보일러 : 관의 호칭 20A 이상

73 에너지이용합리화법에 따라 산업통상자원부장관은 에너지를 합리적으로 이용하게 하기 위하여 몇 년마다 에너지이용합리화에 관한 기본계획을 수립하여야 하는가?

① 2년   ② 3년
③ 5년   ④ 10년

해설
산업통상자원부장관은 에너지이용합리화에 관한 기본계획을 5년마다 수립하여야 한다.

74 산성 내화물이 아닌 것은?

① 규석질 내화물
② 납석질 내화물
③ 샤모트질 내화물
④ 마그네시아 내화물

해설
마그네시아 내화물은 염기성 내화물이다.

정답 70 ④ 71 ③ 72 ③ 73 ③ 74 ④

75 고압 배관용 탄소강관에 대한 설명으로 틀린 것은?

① 관의 소재로는 킬드강을 사용하여 이음매 없이 제조된다.
② KS 규격 기호로 SPPS라고 표기한다.
③ 350[℃] 이하, 100[kg/cm^2] 이상의 압력범위에서 사용이 가능하다.
④ NH$_3$ 합성용 배관, 화학공업의 고압유체수송용에 사용한다.

해설
고압 배관용 탄소강관은 KS 규격기호에서 SPPH로 표기한다.

76 크롬이나 크롬마그네시아 벽돌이 고온에서 산화철을 흡수하여 표면이 부풀어 오르고 떨어져 나가는 현상은?

① 버스팅(Bursting)   ② 스폴링(Spalling)
③ 슬래킹(Slaking)   ④ 큐어링(Curing)

해설
버스팅(Bursting) : 크롬이나 크롬마그네시아 벽돌이 고온에서 산화철을 흡수하여 표면이 부풀어 오르고 떨어져 나가는 현상

77 내화물의 구비조건으로 틀린 것은?

① 상온에서 압축강도가 작을 것
② 내마모성 및 내침식성을 가질 것
③ 재가열 시 수축이 작을 것
④ 사용온도에서 연화 변형하지 않을 것

해설
상온에서 압축강도가 커야 한다.

78 에너지이용합리화법에 따라 에너지저장의무를 부과할 수 있는 대상자가 아닌 자는?

① 전기사업법에 의한 전기사업자
② 도시가스사업법에 의한 도시가스사업자
③ 풍력사업법에 의한 풍력사업자
④ 석탄산업법에 의한 석탄가공업자

해설
에너지저장의무 부과대상자 : 전기사업법에 따른 전기사업자, 도시가스사업법에 따른 도시가스사업자, 석탄산업법에 따른 석탄가공업자, 집단에너지사업법에 따른 집단에너지사업자, 연간 2만 석유환산톤[TOE] 이상의 에너지를 사용하는 자

79 배관의 신축 이음에 대한 설명으로 틀린 것은?

① 슬리브형은 단식과 복식의 2종류가 있으며, 고온·고압에 사용한다.
② 루프형은 고압에 잘 견디며, 주로 고압증기의 옥외 배관에 사용한다.
③ 벨로스형은 신축으로 인한 응력을 받지 않는다.
④ 스위블형은 온수 또는 저압증기의 배관에 사용하며, 큰 신축에 대하여는 누설의 염려가 있다.

해설
고온·고압에 적절한 것은 루프형이다.

80 에너지이용합리화법에 따른 특정열 사용기자재가 아닌 것은?

① 주철제 보일러
② 금속 소둔로
③ 2종 압력용기
④ 석유난로

해설
석유난로는 특정열사용기자재가 아니다.

정답 75 ② 76 ① 77 ① 78 ③ 79 ① 80 ④

제5과목 | 열설비설계

81 급수에서 ppm 단위에 대한 설명으로 옳은 것은?

① 물 1[mL] 중에 함유한 시료의 양을 [g]으로 표시한 것
② 물 100[mL] 중에 함유한 시료의 양을 [mg]으로 표시한 것
③ 물 1,000[mL] 중에 함유한 시료의 양을 [g]으로 표시한 것
④ 물 1,000[mL] 중에 함유한 시료의 양을 [mg]으로 표시한 것

해설
ppm(part per million) : 백만 분의 1단위
• 물 1,000[mL](1[L]=1,000[cc]) 중에 함유된 시료의 양을 [mg]으로 표시한 것
• ppm의 환산단위 : [mg/kg], [g/ton], [mg/L]

82 다음 그림과 같이 가로×세로×높이가 3[m]×1.5[m]×0.03[m]인 탄소강판이 놓여 있다. 열전도계수(k)가 43[W/m·K]이며, 표면온도는 20[℃]였다. 이때 탄소강판 아랫면에 열유속($q'' = q/A$) 600[kcal/m²·h]을 가할 경우, 탄소강판에 대한 표면온도 상승(ΔT[℃])은?

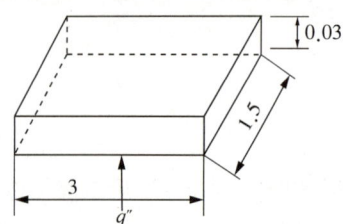

① 0.243[℃] ② 0.264[℃]
③ 0.486[℃] ④ 1.973[℃]

해설
열유속
$q'' = q/A = K \cdot A \cdot \Delta t / A = K \cdot \Delta t = k \cdot \Delta T / L$

$\therefore \Delta T = \dfrac{q''L}{k} = \dfrac{600 \times 0.03}{43} \times \dfrac{1,000 \times 4.184}{3,600} = 0.4865$[℃]

83 금속판을 전열체로 하여 유체를 가열하는 방식으로 열팽창에 대한 염려가 없고 플랜지 이음으로 되어 있어 내부 수리가 용이한 열교환기 형식은?

① 유동두식 ② 플레이트식
③ 융스트롬식 ④ 스파이럴식

해설
스파이럴식 열교환기 : 금속판을 전열체로 하여 유체를 가열하는 방식의 열교환기
• 열팽창에 대한 염려가 없다.
• 플랜지 이음이다.
• 내부 수리가 용이하다.

84 보일러의 용량을 산출하거나 표시하는 값으로 적합하지 않은 것은?

① 상당증발량 ② 보일러 마력
③ 전열면적 ④ 재열계수

해설
보일러의 용량 산출(표시)량 : 상당증발량(G_e), (전열면의) 증발률, 연소율, 전열면적, 상당방열면적(EDR), 정격출력, 보일러 마력 등

85 강제순환식 수관 보일러는?

① 라몬트(Lamont) 보일러
② 타쿠마(Takuma) 보일러
③ 슐저(Sulzer) 보일러
④ 벤슨(Benson) 보일러

해설
라몬트 보일러는 강제순환식 보일러이다.

86 연료 1[kg]이 연소하여 발생하는 증기량의 비를 무엇이라고 하는가?

① 열발생률
② 환산증발 배수
③ 전열면 증발률
④ 증기량 발생률

해설
환산증발 배수 또는 상당증발 배수 : 연료 1[kg]이 연소하여 발생하는 증기량의 비
$$\frac{G_e}{G_f}$$
(여기서, G_e : 실제증기 발생량, G_f : 연료소비량)

87 저온 부식의 방지방법이 아닌 것은?

① 과잉공기를 적게 하여 연소한다.
② 발열량이 높은 황분을 사용한다.
③ 연료첨가제(수산화마그네슘)를 이용하여 노점 온도를 낮춘다.
④ 연소 배기가스의 온도가 너무 낮지 않게 한다.

해설
저온 부식 방지방법
• 과잉공기를 적게 하여 배기가스 중의 산소를 감소시키고 배기가스 온도를 올린다.
• 연소 배기가스의 온도가 너무 낮지 않게 한다.
• 절탄기(이코노마이저), 공기예열기의 배기가스 온도를 황의 노점온도 이상으로 유지한다.
• 연료첨가제(수산화마그네슘)를 사용하여 황의 노점온도를 낮춘다.
• 연료 중의 황성분을 제거한다.
• 유황분을 제거하기 위한 연료 전처리를 실시한다.
• 저유황 중유를 사용한다.
• 절연면에 내식재료를 사용하거나 전열면을 내식재료로 피복(보호피막처리)한다.

88 보일러 송풍장치의 회전수 변환을 통한 급기 풍량제어를 위하여 2극 유도전동기에 인버터를 설치하였다. 주파수가 55[Hz]일 때 유도전동기의 회전수는?

① 1,650[rpm]
② 1,800[rpm]
③ 3,300[rpm]
④ 3,600[rpm]

해설
유도전동기의 회전수
$$N = \frac{120f}{P} = \frac{120 \times 55}{2} = 3,300[\text{rpm}]$$

89 보일러의 성능시험방법 및 기준에 대한 설명으로 옳은 것은?

① 증기건도의 기준은 강철제 또는 주철제로 나누어 정해져 있다.
② 측정은 매 1시간마다 실시한다.
③ 수위는 최초 측정치에 비해서 최종 측정치가 적어야 한다.
④ 측정 기록 및 계산양식은 제조사에서 정해진 것을 사용한다.

해설
증기건도 측정은 매 10분마다 실시하며 강철제 또는 주철제로 구분하여 강철제 0.98, 주철제 0.97로 정해져 있다.

90 동일 조건에서 열교환기의 온도효율이 높은 순서대로 나열한 것은?

① 향류 > 직교류 > 병류
② 병류 > 직교류 > 향류
③ 직교류 > 향류 > 병류
④ 직교류 > 병류 > 향류

해설
동일한 조건에서 열교환기의 온도효율이 높은 순서
향류 > 직교류 > 병류

91 어떤 연료 1[kg]당 발열량이 6,320[kcal]이다. 이 연료 50[kg/h]을 연소시킬 때 발생하는 열이 모두 일로 전환된다면 이때 발생하는 동력은?

① 300[PS]　　② 400[PS]
③ 500[PS]　　④ 600[PS]

해설

$H = H_L \times G_f$
$= 6,320[\text{kcal/kg}] \times 50[\text{kg/h}] = 6,320 \times 50[\text{kcal/h}]$
$= \dfrac{6,320 \times 50}{632}[\text{PS}] = 500[\text{PS}]$

92 유체의 압력손실은 배관설계 시 중요한 인자이다. 압력손실과의 관계로 틀린 것은?

① 압력손실은 관마찰계수에 비례한다.
② 압력손실은 유속의 제곱에 비례한다.
③ 압력손실은 관의 길이에 반비례한다.
④ 압력손실은 관의 내경에 반비례한다.

해설

압력 강하는 $\Delta p = \gamma h_L = \gamma f \dfrac{l}{d} \dfrac{v^2}{2g}$ 이므로, 압력손실은 관의 길이에 비례한다.

93 공기예열기의 효과에 대한 설명으로 틀린 것은?

① 연소효율을 증가시킨다.
② 과잉공기량을 줄일 수 있다.
③ 배기가스 저항이 줄어든다.
④ 저질탄 연소에 효과적이다.

해설

공기예열기는 배기가스 저항을 증가시킨다.

94 이중 열교환기의 총괄 전열계수가 69[kcal/m²·h·℃]일 때, 더운 액체와 찬 액체를 향류로 접속시켰더니 더운 면의 온도가 65[℃]에서 25[℃]로 내려가고 찬 면의 온도가 20[℃]에서 53[℃]로 올라갔다. 단위면적당의 열교환량은?

① 498[kcal/m²·h]
② 552[kcal/m²·h]
③ 2,415[kcal/m²·h]
④ 2,760[kcal/m²·h]

해설

대수평균온도차는 $LMTD = \dfrac{\Delta_1 - \Delta_2}{\ln(\Delta_1/\Delta_2)} = \dfrac{12-5}{\ln(12/5)} \approx 8[℃]$

이며, 열교환열량 $Q = KA \times LMTD$에서 단위면적당 열교환량 $Q' = K \times LMTD = 69 \times 8 = 552[\text{kcal/m}^2 \cdot \text{h}]$

95 연관식 패키지 보일러와 랭커셔 보일러의 장단점에 대한 비교 설명으로 틀린 것은?

① 열효율은 연관식 패키지 보일러가 좋다.
② 부하변동에 대한 대응성은 랭커셔 보일러가 작다.
③ 설치면적당의 증발량은 연관식 패키지 보일러가 크다.
④ 수처리는 연관식 패키지 보일러가 더 간단하다.

해설

연관식 패키지 보일러와 랭커셔 보일러의 비교 : 연관식 패키지 보일러가 랭커셔 보일러보다 열효율, 부하변동 대응성이 크고 설치면적당 증발량이 크지만, 수처리는 랭커셔 보일러가 더 간단하다.

96 인젝터의 작동순서로 옳은 것은?

> ㉮ 인젝터의 정지밸브을 연다.
> ㉯ 증기밸브을 연다.
> ㉰ 급수밸브을 연다.
> ㉱ 인젝터의 핸들을 연다.

① ㉮ → ㉯ → ㉰ → ㉱
② ㉮ → ㉰ → ㉯ → ㉱
③ ㉱ → ㉯ → ㉰ → ㉮
④ ㉱ → ㉰ → ㉯ → ㉮

해설
인젝터의 작동 순서 : 정지밸브 → 급수밸브 → 증기밸브 → 핸들

97 프라이밍 및 포밍 발생 시의 조치에 대한 설명으로 틀린 것은?

① 안전밸브를 전개하여 압력을 강하시킨다.
② 증기 취출을 서서히 한다.
③ 연소량을 줄인다.
④ 저압운전을 하지 않는다.

해설
프라이밍과 포밍 발생 시 조치사항
• 먼저 연소를 억제한다.
• 연소량을 줄인다(가볍게 한다).
• 증기 취출을 서서히 한다.
• 수위가 출렁거리면 조용히 취출을 한다.
• 보일러 물을 조사한다.
• 저압 운전을 하지 않는다.
• 압력을 규정압력으로 유지한다.
• 보일러수의 일부를 분출하고 새로운 물을 넣는다.
• 안전밸브, 수면계의 시험과 압력계 연락관을 취출하여 본다.

98 방열유체의 전열 유닛수(NTU)가 3.5, 온도차가 105 [℃]이고, 열교환기의 전열효율이 1일 때 대수평균온도차(LMTD)는?

① 22.3[℃]   ② 30[℃]
③ 62[℃]   ④ 367.5[℃]

해설
$$LMTD = \frac{온도차}{\left(\frac{열관류율 \times 전열면적}{유량 \times 비열}\right)} = \frac{온도차}{전열유닛수} = \frac{\Delta t}{NTU}$$
$$= \frac{105}{3.5} = 30[℃]$$

99 보일러수로서 가장 적절한 pH는?

① 5 전후   ② 7 전후
③ 11 전후   ④ 14 이상

해설
보일러수 중에 적당량의 수산화나트륨을 포함시켜 보일러의 부식 및 스케일 부착을 방지하기 위하여 pH 10.5~11.5의 약알칼리성을 유지한다(가장 적정 : 11 전후).

100 노통식 보일러에서 파형부의 길이가 230[mm] 미만인 파형 노통의 최소 두께(t)를 결정하는 식은? (단, P는 최고의 사용압력[MPa], D는 노통의 파형부에서의 최대 내경과 최소 내경은 평균치[mm], C는 노통의 종류에 따른 상수이다)

① $10PD$ ② $\dfrac{10P}{D}$
③ $\dfrac{C}{10PD}$ ④ $\dfrac{10PD}{C}$

해설
노통식 보일러 파형부 길이 230[mm] 미만인 노통의 최소 두께
• $t = \dfrac{PD}{C}$[mm] (여기서, P : 최고 사용압력[kgf/cm²])
• $t = \dfrac{10PD}{C}$[mm] (여기서, P : 최고 사용압력[MPa])
※ 공통조건
  D : 노통의 파형부에서의 최대 내경과 최소 내경의 평균치(모리슨형 노통에서는 최소 내경에 50[mm]를 더한 값), C : 노통의 종류에 따른 상수

정답 96 ② 97 ① 98 ② 99 ③ 100 ④

2017년 제2회 과년도 기출문제

제1과목 | 연소공학

01 다음 중 분젠식 가스버너가 아닌 것은?

① 링버너　　② 슬릿버너
③ 적외선버너　　④ 블라스트버너

해설
분젠식 가스버너 : 가스를 노즐로 분출시켜 운동에너지에 의해 공기 구멍으로 연소에 필요한 공기를 흡입하여 연소시키는 가스버너이다. 가스의 유출속도를 점차 빠르게 하면 난류현상으로 연소가 빨라지므로 불꽃 모양은 엉클어지면서 짧아진다. 종류로는 링버너, 적외선버너, 슬릿버너 등이 있다.

02 200[kg]의 물체가 10[m]의 높이에서 지면으로 떨어졌다. 최초의 위치에너지가 모두 열로 변했다면 약 몇 [kcal]의 열이 발생하겠는가?

① 2.5　　② 3.6
③ 4.7　　④ 5.8

해설
$W = mgh = (200 \times 9.8) \times 10 = 19,600[\text{N} \cdot \text{m}] = 19,600[\text{J}]$
$= \dfrac{19,600}{4.186}[\text{cal}] \simeq 4,682[\text{cal}] \simeq 4.7[\text{kcal}]$

03 비중이 0.8(60[°F]/60[°F])인 액체연료의 API도는?

① 10.1　　② 21.9
③ 36.8　　④ 45.4

해설
API도 $= \dfrac{141.5}{S} - 131.5 = \dfrac{141.5}{0.8} - 131.5 \simeq 45.4$

04 다음의 혼합가스 1[Nm³]의 이론공기량[Nm³/Nm³]은?(단, C_3H_8 : 70[%], C_4H_{10} : 30[%]이다)

① 24　　② 26
③ 28　　④ 30

해설
연소방정식을 기준으로 혼합가스의 이론공기량을 구한다.
• 프로판의 연소방정식 : $C_3H_8 + 5O_2 \rightarrow 3CO_2 + 4H_2O$
• 부탄의 연소방정식 : $C_4H_{10} + 6.5O_2 \rightarrow 4CO_2 + 5H_2O$
프로판 70[%], 부탄 30[%]이므로 이론공기량은
$A_0 = \dfrac{O_0}{0.21} = \dfrac{5 \times 0.7 + 6.5 \times 0.3}{0.21} \simeq 26[\%]$

05 증기운 폭발의 특징에 대한 설명으로 틀린 것은?

① 폭발보다 화재가 많다.
② 연소에너지의 약 20[%]만 폭풍파로 변한다.
③ 증기운의 크기가 클수록 점화될 가능성이 커진다.
④ 점화 위치가 방출점에서 가까울수록 폭발 위력이 크다.

해설
점화 위치가 방출점에서 멀수록 폭발효율이 증가하므로 폭발 위력이 커진다.

정답　1 ④　2 ③　3 ④　4 ②　5 ④

06 액체연료 연소장치 중 회전식 버너의 특징에 대한 설명으로 틀린 것은?

① 분무각은 10~40[°] 정도이다.
② 유량 조절범위는 1 : 5 정도이다.
③ 자동제어에 편리한 구조로 되어 있다.
④ 부속설비가 없으며 화염이 짧고 안정한 연소를 얻을 수 있다.

해설
분무각은 에어노즐의 안내날개 각도에 따르지만 보통 40~80[°] 정도이다.

08 연소장치의 연소효율(E_c)식이 다음과 같을 때 H_2는 무엇을 의미하는가?(단, H_c : 연료의 발열량, H_1 : 연재 중의 미연탄소에 의한 손실이다)

$$E_c = \frac{H_c - H_1 - H_2}{H_c}$$

① 전열손실
② 현열손실
③ 연료의 저발열량
④ 불완전연소에 따른 손실

해설
연소효율
$$\eta_c = \frac{H_c - H_1 - H_2}{H_c}$$
(여기서, H_c : 연료의 발열량, H_1 : 미연탄소에 의한 열손실, H_2 : 불완전연소에 따른 손실 또는 CO가스에 따른 손실)

07 액체연료의 미립화 시 평균 분무입경에 직접적인 영향을 미치는 것이 아닌 것은?

① 액체연료의 표면장력
② 액체연료의 점성계수
③ 액체연료의 탁도
④ 액체연료의 밀도

해설
액체연료의 미립화 시 평균 분무 입경에 직접적인 영향을 미치는 요소 : 표면장력, 점성계수, 밀도

09 집진장치 중 하나인 사이클론의 특징으로 틀린 것은?

① 원심력 집진장치이다.
② 다량의 물 또는 세정액을 필요로 한다.
③ 함진가스의 충돌로 집진기의 마모가 쉽다.
④ 사이클론 전체로서의 압력손실은 입구 헤드의 4배 정도이다.

해설
사이클론 집진기 : 분진을 포함하고 있는 가스를 선회시켜 입자에 원심력을 주어 분리시키는 방법이다. 고성능 집진장치의 전처리용으로 주로 사용하며, 집진효율을 80[%] 정도이고, 시설비가 가장 싸다. 함진가스의 충돌로 집집기의 마모가 쉽게 일어나고 사이클론 전체로서의 압력손실은 입구 헤드의 4배 정도이다. 입구의 속도가 클수록, 본체의 길이가 길수록, 입자의 지름 및 밀도가 클수록, 동반되는 분진량이 많을수록, 내벽이 미끄러울수록, 직경비가 클수록 집진효율이 향상된다.

정답 6 ① 7 ③ 8 ④ 9 ②

10 연소를 계속 유지시키는 데 필요한 조건에 대한 설명으로 옳은 것은?

① 연료에 산소를 공급하고 착화온도 이하로 억제한다.
② 연료에 발화온도 미만의 저온 분위기를 유지시킨다.
③ 연료에 산소를 공급하고 착화온도 이상으로 유지한다.
④ 연료에 공기를 접촉시켜 연소속도를 저하시킨다.

해설
연소를 계속 유지시키는 데 필요한 조건 : 연료에 산소를 공급하고 착화온도 이상으로 유지한다.

11 다음 중 일반적으로 연료가 갖추어야 할 구비조건이 아닌 것은?

① 연소 시 배출물이 많아야 한다.
② 저장과 운반이 편리해야 한다.
③ 사용 시 위험성이 작아야 한다.
④ 취급이 용이하고 안전하며 무해하여야 한다.

해설
연료는 연소 시 배출물이 적어야 한다.

12 연료를 공기 중에서 연소시킬 때 질소산화물에서 가장 많이 발생하는 오염물질은?

① NO
② NO_2
③ N_2O
④ NO_3

해설
연료를 공기 중에서 연소시킬 때 질소산화물에서 가장 많이 발생하는 오염물질은 NO이다.

13 연료의 발열량에 대한 설명으로 틀린 것은?

① 기체연료는 그 성분으로부터 발열량을 계산할 수 있다.
② 발열량의 단위는 고체와 액체연료의 경우 단위중량당(통상연료 [kg]당) 발열량으로 표시한다.
③ 고위발열량은 연료의 측정열량에 수증기 증발잠열을 포함한 연소열량이다.
④ 일반적으로 액체연료는 비중이 크면 체적당 발열량은 감소하고, 중량당 발열량은 증가한다.

해설
액체연료는 비중이 크면 체적당 발열량은 증가하고, 중량당 발열량은 감소한다.

14 일반적인 천연가스에 대한 설명으로 가장 거리가 먼 것은?

① 주성분은 메탄이다.
② 발열량이 비교적 높다.
③ 프로판가스보다 무겁다.
④ LNG는 대기압하에서 비등점이 −162[℃]인 액체이다.

해설
천연가스는 프로판 가스보다 가볍다.

15 최소 점화에너지에 대한 설명으로 틀린 것은?

① 혼합기의 종류에 의해서 변한다.
② 불꽃방전 시 일어나는 에너지의 크기는 전압의 제곱에 비례한다.
③ 최소 점화에너지는 연소속도 및 열전도가 작을수록 큰 값을 갖는다.
④ 가연성 혼합기체를 점화시키는 데 필요한 최소 에너지를 최소 점화에너지라고 한다.

해설
최소 점화에너지 : 가연성 혼합기체(가스 및 증기, 분체 등)의 점화에 필요한 최소 에너지로 연소속도, 열전도도, 질소농도 등에 따라 증가되며 압력, 산소농도 등에 따라 감소된다.

16 보일러의 열정산 시 출열에 해당하지 않는 것은?

① 연소배가스 중 수증기의 보유열
② 불완전연소에 의한 손실열
③ 건연소배가스의 현열
④ 급수의 현열

해설
급수의 현열은 입열에 해당된다.

17 다음 중 열정산의 목적이 아닌 것은?

① 열효율을 알 수 있다.
② 장치의 구조를 알 수 있다.
③ 새로운 장치설계를 위한 기초자료를 얻을 수 있다.
④ 장치의 효율 향상을 위한 개조 또는 운전조건 개선 등의 자료를 얻을 수 있다.

해설
열정산의 목적
- 열손실과 열효율, 열설비의 성능, 열의 행방 파악
- 연소장치의 운전 상태 파악
- 장치의 고장이나 결함 발견
- 새로운 장치설계를 위한 기초 자료 확보
- 조업방법 개선 자료 확보
- 열효율 향상을 위한 개조 자료 확보
- 운전조건의 개선 자료 확보

18 고위발열량이 9,000[kcal/kg]인 연료 3[kg]이 연소할 때의 총저위발열량은 몇 [kcal]인가?(단, 이 연료 1[kg]당 수소분은 15[%], 수분은 1[%]의 비율로 들어 있다)

① 12,300　　② 24,552
③ 43,882　　④ 51,888

해설
총저위발열량
$H_L = $ 연료무게 $\times \{H_h - 600(9H+w)\}$
$= 3 \times \{9,000 - 600 \times (9 \times 0.15 + 0.01)\} = 24,552[\text{kcal}]$

19 어떤 연도가스의 조성이 다음과 같을 때 과잉공기의 백분율은 얼마인가?(단, CO_2는 11.9[%], CO는 1.6[%], O_2는 4.1[%], N_2는 82.4[%]이고 공기 중 질소와 산소의 부피비는 79 : 21이다)

① 15.7[%] ② 17.7[%]
③ 19.7[%] ④ 21.7[%]

해설
공기비
$$m = \frac{N_2}{N_2 - 3.76(O_2 - 0.5CO)}$$
$$= \frac{82.4}{82.4 - 3.76 \times (4.1 - 0.5 \times 1.6)} = 1.177$$이므로,
과잉공기 백분율은
$\phi = (m-1) \times 100[\%] = (1.177-1) \times 100[\%] = 17.7[\%]$

20 연돌의 통풍력은 외기온도에 따라 변화한다. 만일 다른 조건이 일정하게 유지되고 외기온도만 높아진다면 통풍력은 어떻게 되겠는가?

① 통풍력은 감소한다.
② 통풍력은 증가한다.
③ 통풍력은 변화하지 않는다.
④ 통풍력은 증가하다 감소한다.

해설
외기온도가 올라가면 통풍력은 감소한다.

제2과목 | 열역학

21 성능계수가 4.8인 증기압축냉동기의 냉동능력 1[kW]당 소요동력[kW]은?

① 0.21 ② 1.0
③ 2.3   ④ 4.8

해설
냉동기 성능계수
$\varepsilon_R = \frac{Q_e}{W_c}$에서 $W_c = \frac{Q_e}{\varepsilon_R} = \frac{1}{4.8} \approx 0.21[kW]$

22 다음 중 이상적인 교축과정(Throttling Process)은?

① 등온과정   ② 등엔트로피 과정
③ 등엔탈피 과정 ④ 정압과정

해설
이상기체의 교축과정 : 엔탈피 일정(등엔탈피 과정), 압력 강하, 온도 강하, 엔트로피 증가

23 100[℃] 건포화증기 2[kg]이 온도 30[℃]인 주위로 열을 방출하여 100[℃] 포화액으로 되었다. 전체(증기 및 주위)의 엔트로피 변화는 약 얼마인가?(단, 100[℃]에서의 증발잠열은 2,257[kJ/kg]이다)

① -12.1[kJ/K] ② 2.8[kJ/K]
③ 12.1[kJ/K]   ④ 24.2[kJ/K]

해설
$$\Delta S = S_2 - S_1 = \frac{m\gamma}{T_2} - \frac{m\gamma}{T_1}$$
$$= \frac{2 \times 2,257}{30+273} - \frac{2 \times 2,257}{100+273}$$
$$= 14.9 - 12.1 = 2.8[kJ/K]$$

24 다음 중 어떤 압력 상태의 과열 수증기 엔트로피가 가장 작은가?(단, 온도는 동일하다고 가정한다)

① 5기압　　② 10기압
③ 15기압　　④ 20기압

해설
기압이 높을수록 엔트로피가 작아지므로, 엔트로피가 가장 작은 경우는 20기압이다.

25 피스톤이 장치된 용기 속의 온도 100[℃], 압력 200[kPa], 체적 0.1[m³]의 이상기체 0.5[kg]이 압력이 일정한 과정으로 체적이 0.2[m³]으로 되었다. 이때 전달된 열량은 약 몇 [kJ]인가?(단, 이 기체의 정압비열은 5[kJ/(kg·K)]이다)

① 200　　② 250
③ 746　　④ 933

해설
$Q = mC_p \Delta T = 0.5 \times 5 \times 373 \simeq 933 [\text{kJ}]$

26 이상기체 1[kg]의 압력과 체적이 각각 P_1, V_1에서 P_2, V_2로 등온 가역적으로 변할 때 엔트로피 변화($\triangle S$)는?(단, R은 기체상수이다)

① $\triangle S = R \ln \dfrac{P_1}{P_2}$　　② $\triangle S = \dfrac{V_1}{V_2} \ln R$

③ $\triangle S = R \ln \dfrac{V_1}{V_2}$　　④ $\triangle S = \dfrac{P_1}{P_2} \ln R$

해설
가역 등온과정에서의 엔트로피 변화량
$\Delta S = mR \ln \dfrac{V_2}{V_1} = mR \ln \dfrac{P_1}{P_2}$

27 다음 중 열역학적 계에 대한 에너지 보존의 법칙에 해당하는 것은?

① 열역학 제0법칙
② 열역학 제1법칙
③ 열역학 제2법칙
④ 열역학 제3법칙

해설
② 열역학 제1법칙 : 에너지 보존의 법칙
① 열역학 제0법칙 : 열평형의 법칙
③ 열역학 제2법칙 : 엔트로피 증가의 법칙
④ 열역학 제3법칙 : 엔트로피 절댓값의 정의

28 체적 4[m³], 온도 290[K]의 어떤 기체가 가역 단열 과정으로 압축되어 체적 2[m³], 온도 340[K]로 되었다. 이상기체라고 가정하면 기체의 비열비는 약 얼마인가?

① 1.091　　② 1.229
③ 1.407　　④ 1.667

해설
$\dfrac{T_2}{T_1} = \left(\dfrac{V_1}{V_2} \right)^{k-1}$ 의 양변에 로그를 취하면,

$\ln \dfrac{T_2}{T_1} = (k-1) \ln \dfrac{V_1}{V_2}$ 이므로 $\ln \dfrac{340}{290} = (k-1) \ln \dfrac{4}{2}$ 이다.

이것은 $0.159 = (k-1) \times 0.693$이므로,
$k = 1 + 0.229 = 1.229$이다.

정답　24 ④　25 ④　26 ①　27 ②　28 ②

29 압력 1[MPa], 온도 400[℃]의 이상기체 2[kg]이 가역 단열과정으로 팽창하여 압력이 500[kPa]로 변화한다. 이 기체의 최종 온도는 약 몇 [℃]인가? (단, 이 기체의 정적비열은 3.12[kJ/kg·K], 정압비열은 5.21[kJ/kg·K]이다)

① 237
② 279
③ 510
④ 622

해설

비열비 $k = \dfrac{C_p}{C_v} = \dfrac{5.21}{3.12} \approx 1.67$

$\dfrac{T_2}{T_1} = \left(\dfrac{V_1}{V_2}\right)^{k-1} = \left(\dfrac{P_2}{P_1}\right)^{\frac{k-1}{k}}$ 에서

$T_2 = T_1 \times \left(\dfrac{V_1}{V_2}\right)^{k-1} = T_1 \times \left(\dfrac{P_2}{P_1}\right)^{\frac{k-1}{k}}$

$= (400+273) \times \left(\dfrac{500}{1,000}\right)^{\frac{1.67-1}{1.67}} \approx 510[\text{K}] = 237[℃]$

30 대기압이 100[kPa]인 도시에서 두 지점의 계기압력비가 '5 : 2'라면 절대압력비는?

① 1.5 : 1
② 1.75 : 1
③ 2 : 1
④ 주어진 정보로는 알 수 없다.

해설

주어진 정보에 계기압력비만 있으므로, 이것만으로는 절대압력비를 알 수 없다.

31 체적이 3[L], 질량이 15[kg]인 물질의 비체적[cm³/g]은?

① 0.2
② 1.0
③ 3.0
④ 5.0

해설

단위질량당 체적(절대단위계)

$V_s = \dfrac{V}{m} = \dfrac{3,000}{15,000} = 0.2[\text{cm}^3/\text{g}]$

32 물의 삼중점(Triple Point)의 온도는?

① 0[K]
② 273.16[℃]
③ 73[K]
④ 273.16[K]

해설

삼중점(Triple Point) : 273.16[K](0.01[℃]), 수증기압 6.11[hPa]

33 역카르노 사이클로 운전되는 냉방장치가 실내온도 10[℃]에서 30[kW]의 열량을 흡수하여 20[℃] 응축기에서 방열한다. 이때 냉방에서 필요한 최소 동력은 약 몇 [kW]인가?

① 0.03
② 1.06
③ 30
④ 60

해설

$(COP)_R = \varepsilon_R = \dfrac{\text{저온체에서의 흡수열량}}{\text{공급일}}$

$= \dfrac{30}{W_c} = \dfrac{T_2}{T_1 - T_2} = \dfrac{283}{293-283} = 28.3$

$W_c = \dfrac{30}{28.3} \approx 1.06[\text{kW}]$

34 랭킨 사이클의 순서를 차례대로 옳게 나열한 것은?

① 단열압축 → 정압가열 → 단열팽창 → 정압냉각
② 단열압축 → 등온가열 → 단열팽창 → 정적냉각
③ 단열압축 → 등적가열 → 등압팽창 → 정압냉각
④ 단열압축 → 정압가열 → 단열팽창 → 정적냉각

해설

랭킨 사이클의 순서 : 단열압축 → 정압가열 → 단열팽창 → 정압냉각

35 이상기체의 단위질량당 내부에너지 u, 엔탈피 h, 엔트로피 s에 관한 다음의 관계식 중에서 모두 옳은 것은?(단, T는 온도, p는 압력, v는 비체적을 나타낸다)

① $Tds = du - vdp$, $Tds = dh - pdv$
② $Tds = du + pdv$, $Tds = dh - vdp$
③ $Tds = du - vdp$, $Tds = dh + pdv$
④ $Tds = du + pdv$, $Tds = dh + vdp$

해설
상태량 간의 관계식(이상기체의 내부에너지, 엔탈피, 엔트로피 관계식)
- $Tds = du + pdv$
  (여기서, u : 단위질량당 내부에너지, h : 비엔탈피, s : 비엔트로피, T : 절대온도, p : 압력, v : 비체적)
- $Tds = dh - vdp$
- 가역과정, 비가역과정 모두에 대하여 성립한다.
- 가역과정의 경로에 따라 적분할 수 있다.
- 비가역과정의 경로에 대해서는 적분할 수 없다.

36 이상기체가 등온과정에서 외부에 하는 일에 대한 관계식으로 틀린 것은?(단, R은 기체상수이고, 계에 대해서 m은 질량, V는 부피, P는 압력을 나타낸다. 또한, 하첨자 '1'은 변경 전, 하첨자 '2'는 변경 후를 나타낸다)

① $P_1 V_1 \ln \dfrac{V_2}{V_1}$ ② $P_1 V_1 \ln \dfrac{P_2}{P_1}$
③ $mRT \ln \dfrac{P_1}{P_2}$ ④ $mRT \ln \dfrac{V_2}{V_1}$

해설
가역 등온과정에서 외부에 하는 일(팽창)
$_1W_2 = \int PdV = P_1 V_1 \ln \dfrac{V_2}{V_1} = P_1 V_1 \ln \dfrac{P_1}{P_2}$
$= mRT \ln \dfrac{V_2}{V_1} = mRT \ln \dfrac{P_1}{P_2}$

37 다음 가스동력 사이클에 대한 설명으로 틀린 것은?

① 오토 사이클의 이론 열효율은 작동유체의 비열비와 압축비에 의해서 결정된다.
② 카르노 사이클의 최고 및 최저 온도와 스털링 사이클의 최고 및 최저 온도가 서로 같을 경우 두 사이클의 이론 열효율은 동일하다.
③ 디젤 사이클에서 가열과정은 정적과정으로 이루어진다.
④ 사바테 사이클의 가열과정은 정적과 정압과정이 복합적으로 이루어진다.

해설
디젤 사이클에서 가열과정은 정압과정으로 이루어진다.

38 다음 그림과 같이 작동하는 열기관 사이클(Cycle)은?(단, γ는 비열비이고, P는 압력, V는 체적, T는 온도, S는 엔트로피이다)

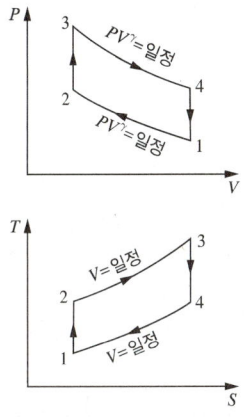

① 스털링(Stirling) 사이클
② 브레이턴(Brayton) 사이클
③ 오토(Otto) 사이클
④ 카르노(Carnot) 사이클

해설
오토 사이클
- 구성 : 2개의 등적과정과 2개의 등엔트로피 과정
- 과정 : 가역 단열(등엔트로피)압축, 가역 정적가열, 가역 단열(등엔트로피)팽창, 가역 정적방열

39 오존층 파괴와 지구온난화 문제로 인해 냉동장치에 사용하는 냉매의 선택에 있어서 주의를 요한다. 이와 관련하여 다음 중 오존파괴 지수가 가장 큰 냉매는?

① R-134a
② R-123
③ 암모니아
④ R-11

해설
R-11(CCl_3F) : 오존파괴 지수가 가장 큰 냉매로, 비등점이 비교적 높고, 냉매가스의 비중이 커 주로 터보식 압축기에 사용한다.

40 증기동력 사이클의 구성요소 중 복수기(Condenser)가 하는 역할은?

① 물을 가열하여 증기로 만든다.
② 터빈에 유입되는 증기의 압력을 높인다.
③ 증기를 팽창시켜서 동력을 얻는다.
④ 터빈에서 나오는 증기를 물로 바꾼다.

해설
증기동력 사이클의 구성요소 복수기(Condenser)는 터빈에서 나오는 증기를 물로 바꾸는 역할을 한다.

제3과목 | 계측방법

41 다음 각 습도계의 특징에 대한 설명으로 틀린 것은?

① 노점 습도계는 저습도를 측정할 수 있다.
② 모발 습도계는 2년마다 모발을 바꾸어 주어야 한다.
③ 통풍 건습구 습도계는 2.5~5[m/sec]의 통풍이 필요하다.
④ 저항식 습도계는 직류전압을 사용하여 측정한다.

해설
저항식 습도계는 교류전압을 사용하여 측정한다.

42 화학적 가스분석계의 연소식 O_2계의 특징이 아닌 것은?

① 원리가 간단하다.
② 취급이 용이하다.
③ 가스의 유량 변동에도 오차가 없다.
④ O_2 측정 시 팔라듐계가 이용된다.

해설
연소식 O_2계 : 시료가스가 가연성인 경우 일정량의 시료가스에 가연성 가스(수소 등)를 혼합하여 촉매를 넣고 연소시켰을 때 반응열에 의해 온도 상승이 생기는데, 이 반응열이 측정가스 중에 산소 농도에 비례한다는 것을 이용한다.
• 원리가 간단하며 취급이 용이하다.
• O_2 측정 시 팔라듐(Palladium)계가 이용된다.
• 가스의 유량이 변동되면 오차가 발생한다.

39 ④ 40 ④ 41 ④ 42 ③ **정답**

43 자동제어의 일반적인 동작 순서로 옳은 것은?

① 검출 → 판단 → 비교 → 조작
② 검출 → 비교 → 판단 → 조작
③ 비교 → 검출 → 판단 → 조작
④ 비교 → 판단 → 검출 → 조작

해설
자동제어의 일반적인 동작순서 : 검출 → 비교 → 판단 → 조작

44 피토관 유량계에 관한 설명이 아닌 것은?

① 흐름에 대해 충분한 강도를 가져야 한다.
② 더스트가 많은 유체 측정에는 부적당하다.
③ 피토관의 단면적은 관 단면적의 10[%] 이상이어야 한다.
④ 피토관을 유체 흐름의 방향으로 일치시킨다.

해설
피토관의 단면적은 관 단면적의 1[%] 이하이어야 한다.

45 램, 실린더, 기름탱크, 가압펌프 등으로 구성되어 있으며 탄성식 압력계의 일반 교정용으로 주로 사용되는 압력계는?

① 분동식 압력계
② 격막식 압력계
③ 침종식 압력계
④ 벨로스식 압력계

해설
(표준)분동식(피스톤식) 압력계
• 램, 실린더, 기름탱크, 가압펌프 등으로 구성된 압력계
• 용도 : 주로 탄성식 압력계의 일반 교정용 시험기로 사용한다.

46 온도의 정의 정점 중 평형수소의 삼중점은 얼마인가?

① 13.80[K]   ② 17.04[K]
③ 20.24[K]   ④ 27.10[K]

해설
평형수소의 3중점
$-259.34[℃] = -259.34 + 273.15 = 13.81[K]$

47 부자(Float)식 액면계의 특징으로 틀린 것은?

① 원리 및 구조가 간단하다.
② 고압에도 사용할 수 있다.
③ 액면이 심하게 움직이는 곳에 사용하기 좋다.
④ 액면 상하한계에 경보용 리밋 스위치를 설치할 수 있다.

해설
부자(Float)식 액면계 : 고압 밀폐탱크의 액면 측정용으로 가장 많이 이용되는 액면계이다.
• 원리와 구조가 간단하다.
• 고압에도 사용 가능하다.
• 액면의 상하한계에 경보용 리밋 스위치를 설치할 수 있다.
• 액면이 심하게 움직이는 곳에는 사용하기 어렵다.
• 용도 : 경보 및 액면제어용으로 널리 사용한다.

48 보일러의 자동제어 중에서 ACC가 나타내는 것은 무엇인가?

① 연소제어   ② 급수제어
③ 온도제어   ④ 유압제어

해설
보일러 자동제어(ABC)의 종류
• 자동연소제어 : ACC(Automatic Combustion Control)
• 자동급수제어(수위제어) : FWC(Feed Water Control)
• 증기온도제어 : STC(Steam Temperature Control)
• 증기압력제어 : SPC(Steam Pressure Control)

49 측정하고자 하는 상태량과 독립적 크기를 조정할 수 있는 기준량과 비교하여 측정·계측하는 방법은?

① 보상법 ② 편위법
③ 치환법 ④ 영위법

해설
영위법 : 측정하고자 하는 상태량과 독립적 크기를 조정할 수 있는 기준량과 비교하여 측정·계측하는 방법

50 자동제어계와 직접 관련이 없는 장치는?

① 기록부 ② 검출부
③ 조절부 ④ 조작부

해설
자동제어의 4대 기본장치 : 조절부, 조작부, 검출부, 비교부

51 물을 함유한 공기와 건조공기의 열전도율 차이를 이용하여 습도를 측정하는 것은?

① 고분자 습도센서
② 염화리튬 습도센서
③ 서미스터 습도센서
④ 수정진동자 습도센서

해설
서미스터 습도센서 : 물을 함유한 공기와 건조공기의 열전도율 차이를 이용하여 습도를 측정하는 습도센서로, 사용온도의 영역이 넓고 응답이 신속하다.

52 광고온계의 사용상 주의점이 아닌 것은?

① 광학계의 먼지, 상처 등을 수시로 점검한다.
② 측정자 간의 오차가 발생하지 않고 정확하다.
③ 측정하는 위치와 각도를 같은 조건으로 한다.
④ 측정체와의 사이에 연기나 먼지 등이 생기지 않도록 주의한다.

해설
광고온계의 사용상 주의점
• 개인차가 발생되므로 여러 명이 모여서 측정한다.
• 측정하는 위치와 각도를 같은 조건으로 한다.
• 광학계의 먼지, 상처 등을 수시로 점검한다.
• 측정체와의 사이에 연기나 먼지 등이 생기지 않도록 주의한다.

53 순간치를 측정하는 유량계에 속하지 않는 것은?

① 오벌(Oval) 유량계
② 벤투리(Venturi) 유량계
③ 오리피스(Orifice) 유량계
④ 플로 노즐(Flow-nozzle) 유량계

해설
차압식 유량계
• 관로 내 조임기구(오리피스, 노즐, 벤투리관)를 설치하고 유량의 크기에 따라 전후에 발생하는 차압 측정으로 유량을 구하는 유량계
• 측정원리 : 베르누이 방정식, 연속의 법칙(질량보존의 법칙)
• 조리개식 유량계 또는 (스로틀(Throttle) 기구에 의하여 유량 측정(순간치 측정)하므로) 교축기구식이라고도 함

54 열전대 온도계의 보호관으로 사용되는 다음 재료 중 상용 사용온도가 높은 순으로 옳게 나열된 것은?

① 석영관 > 자기관 > 동관
② 석영관 > 동관 > 자기관
③ 자기관 > 석영관 > 동관
④ 동관 > 자기관 > 석영관

해설
자기관 1,600[℃] 이하, 석영관 1,100[℃] 이하, 동관 400[℃] 이하

55 가스크로마토그래피의 특징에 대한 설명으로 틀린 것은?

① 미량성분의 분석이 가능하다.
② 분리성능이 좋고 선택성이 우수하다.
③ 1대의 장치로는 여러 가지 가스를 분석할 수 없다.
④ 응답속도가 다소 느리고 동일한 가스의 연속 측정이 불가능하다.

해설
가스크로마토그래피는 1대의 장치로 여러 가지 가스를 분석할 수 있다.

56 바이메탈 온도계의 특징으로 틀린 것은?

① 구조가 간단하다.
② 온도 변화에 대하여 응답이 빠르다.
③ 오래 사용 시 히스테리시스 오차가 발생한다.
④ 온도 자동 조절이나 온도보상장치에 이용된다.

해설
바이메탈 온도계는 온도 변화에 대한 응답이 느리다.

57 다음 중 접촉식 온도계가 아닌 것은?

① 저항 온도계
② 방사 온도계
③ 열전 온도계
④ 유리 온도계

해설
방사 온도계는 대표적인 비접촉식 온도계다.

58 유량측정기기 중 유체가 흐르는 단면적이 변함으로써 직접 유체의 유량을 읽을 수 있는 기기, 즉 압력차를 측정할 필요가 없는 장치는?

① 피토튜브
② 로터미터
③ 벤투리미터
④ 오리피스미터

해설
로터미터 : 부표(Float)와 관의 단면적 차이를 이용하여 유량 측정하는 면적식 순간 유량계로, 유체가 흐르는 단면적이 변함으로써 직접 유체의 유량을 읽을 수 있고 압력차를 측정할 필요가 없다.

59 관로의 유속을 피토관으로 측정할 때 마노미터의 수주가 50[cm]이었다. 이때 유속은 약 몇 [m/sec]인가?

① 3.13
② 2.21
③ 1.0
④ 0.707

해설
$v = \sqrt{2g\Delta h} = \sqrt{2 \times 9.8 \times 0.5} \approx 3.13 [\text{m/sec}]$

60 다음 중 유도단위에 속하지 않는 것은?

① 비 열
② 압 력
③ 습 도
④ 열 량

해설
비열, 압력, 열량 등은 유도단위이다.

정답 55 ③ 56 ② 57 ② 58 ② 59 ① 60 ③

제4과목 | 열설비재료 및 관계법규

61 배관용 강관의 기호로서 틀린 것은?

① SPP : 일반배관용 탄소강관
② SPPS : 압력배관용 탄소강관
③ SPHT : 고온배관용 탄소강관
④ STS : 저온배관용 탄소강관

[해설]
SPLT : 저온배관용 탄소강관

62 온수탱크의 나면과 보온면으로부터 방산열량을 측정한 결과 각각 1,000[kcal/m² · h], 300[kcal/m² · h] 이었을 때, 이 보온재의 보온효율[%]은?

① 30
② 70
③ 93
④ 233

[해설]
보온재의 보온효율
$\eta = 1 - \dfrac{Q_2}{Q_1} = 1 - \dfrac{300}{1,000} = 0.7 = 70[\%]$

63 내화 모르타르의 구비조건으로 틀린 것은?

① 시공성 및 접착성이 좋아야 한다.
② 화학성분 및 광물 조성이 내화 벽돌과 유사해야 한다.
③ 건조, 가열 등에 의한 수축팽창이 커야 한다.
④ 필요한 내화도를 가져야 한다.

[해설]
내화 모르타르는 건조, 가열 등에 의한 수축팽창이 작아야 한다.

64 다음 중 연속식 요가 아닌 것은?

① 등 요
② 윤 요
③ 터널요
④ 고리가마

[해설]
조업방식에 따른 요의 분류
• 불연속식(단가마) : 횡염식, 승염식, 도염식
• 반연속식 : 등요, 셔틀요
• 연속식 : 윤요, 터널요, 고리가마

65 다음 중 에너지이용합리화법에 따라 에너지관리산업기사의 자격을 가진 자가 조종할 수 없는 보일러는?

① 용량이 10[t/h]인 보일러
② 용량이 20[t/h]인 보일러
③ 용량이 581.5[kW]인 온수 발생 보일러
④ 용량이 40[t/h]인 보일러

[해설]
에너지관리산업기사 자격을 가진 자의 보일러 관리범위는 용량이 10[t/h]를 초과하고, 30[t/h] 이하인 보일러이다.

66 중성 내화물 중 내마모성이 크며 스폴링을 일으키기 쉬운 것으로, 염기성 평로에서 산성 벽돌과 염기성 벽돌을 섞어서 축로할 때 서로의 침식을 방지하는 목적으로 사용하는 것은?

① 탄소질 벽돌
② 크롬질 벽돌
③ 탄화규소질 벽돌
④ 포스테라이트 벽돌

[해설]
크롬질 내화물 : 염기성 평로에서 산성 벽돌과 염기성 벽돌을 섞어서 축로할 때 서로의 침식을 방지하는 목적으로 사용되는 염기성 내화물로, 내마모성이 크지만 스폴링을 일으키기 쉽다.

정답 61 ④ 62 ② 63 ③ 64 ① 65 ④ 66 ②

67 다이어프램 밸브(Diaphragm Valve)의 특징이 아닌 것은?

① 유체의 흐름이 주는 영향이 비교적 작다.
② 기밀을 유지하기 위한 패킹이 불필요하다.
③ 주된 용도가 유체의 역류를 방지하기 위한 것이다.
④ 산 등의 화학약품을 차단하는 데 사용하는 밸브이다.

> 해설
> 주된 용도가 유체의 역류를 방지하기 위한 것은 체크밸브이다.

68 에너지이용합리화법에 따라 에너지다소비사업자에게 에너지 손실요인의 개선명령을 할 수 있는 자는?

① 산업통상자원부장관
② 시·도지사
③ 한국에너지공단이사장
④ 에너지관리진단기관협회장

> 해설
> 산업통상자원부장관은 에너지관리지도 결과, 에너지가 손실되는 요인을 줄이기 위하여 필요하다고 인정되면 에너지다소비사업자에게 에너지 손실요인의 개선을 명할 수 있다.

69 에너지이용합리화법에 따라 에너지다소비사업자가 그 에너지사용시설이 있는 지역을 관할하는 시·도지사에게 신고하여야 하는 사항이 아닌 것은?

① 전년도의 분기별 에너지사용량, 제품생산량
② 해당 연도의 분기별 에너지사용예정량, 제품생산예정량
③ 내년도의 분기별 에너지이용 합리화 계획
④ 에너지사용기자재의 현황

> 해설
> 에너지다소비업자가 신고해야 하는 사항
> • 전년도의 분기별 에너지사용량, 제품생산량
> • 해당 연도의 분기별 에너지사용예정량, 제품생산예정량
> • 에너지사용기자재의 현황
> • 전년도의 분기별 에너지이용 합리화 실적 및 해당 연도의 분기별 계획
> • 상기의 사항에 관한 업무를 담당하는 자(에너지관리자)의 현황

70 용광로를 고로라고도 하는데 이는 무엇을 제조하는 데 사용되는가?

① 주 철   ② 주 강
③ 선 철   ④ 포 금

> 해설
> 용광로(고로) : 조직의 화학 변화를 동반하는 소성 및 가소를 목적으로 하는 선철 제조용 노로, 주원료는 철광석, 코크스, 석회석이다.

정답 67 ③ 68 ① 69 ③ 70 ③

71 에너지이용합리화법에 따라 검사대상기기의 적용 범위에 해당하는 것은?

① 최고 사용압력이 0.05[MPa]이고, 동체의 안지름이 300[mm]이며, 길이가 500[mm]인 강철제 보일러
② 정격용량이 0.3[MW]인 철금속 가열로
③ 내용적 0.05[m^3], 최고 사용압력이 0.3[MPa]인 기체를 보유하는 2종 압력용기
④ 가스사용량이 10[kg/h]인 소형 온수 보일러

해설
① 최고 사용압력 0.1[MPa] 이하이고, 동체 안지름 300[mm] 이하이며, 길이 600[mm] 이하인 강철제 보일러, 주철제 보일러
② 정격용량이 0.58[MW]를 초과하는 철금속 가열로
④ 가스 사용량이 17[kg/h](도시가스는 232.6[kW])를 초과하는 소형 온수 보일러

72 에너지이용합리화법에 따라 에너지 수급 안정을 위해 에너지 공급을 제한조치하고자 할 경우, 산업통상자원부장관은 조치 예정일 며칠 전에 이를 에너지공급자 및 에너지사용자에게 예고하여야 하는가?

① 3일　　② 7일
③ 10일　　④ 15일

해설
산업통상자원부장관은 에너지 수급의 안정을 위한 조치를 하려는 경우에는 그 사유, 기간 및 대상자 등을 정하여 조치 예정일 7일 이전에 에너지사용자, 에너지공급자 또는 에너지사용기자재의 소유자와 관리자에게 예고하여야 한다.

73 글로브밸브(Globe Valve)에 대한 설명으로 틀린 것은?

① 유량 조절이 용이하므로 자동조절밸브 등에 응용시킬 수 있다.
② 유체의 흐름 방향이 밸브 몸통 내부에서 변한다.
③ 디스크 형상에 따라 앵글밸브, Y형 밸브, 니들밸브 등으로 분류된다.
④ 조작력이 적어 고압의 대구경 밸브에 적합하다.

해설
글로브밸브 : 밸브의 몸통이 둥근 달걀형 밸브로서 유체의 압력 감소가 크므로 압력을 필요로 하지 않는 경우나, 유량 조절용, 차단용으로 적합한 밸브로 구형 밸브 또는 옥형 밸브라고도 한다.
• 유량 조절이 용이하므로 자동조절밸브 등에 응용시킬 수 있다.
• 유체의 흐름 방향이 밸브 몸통 내부에서 변한다.
• 디스크 형상에 따라 앵글밸브, Y형 밸브, 니들밸브 등으로 분류된다.
• 압력손실과 조작력이 크다.

74 에너지이용합리화법에 따라 냉난방온도의 제한대상 건물에 해당하는 것은?

① 연간 에너지 사용량이 5백[TOE] 이상인 건물
② 연간 에너지 사용량이 1천[TOE] 이상인 건물
③ 연간 에너지 사용량이 1천5백[TOE] 이상인 건물
④ 연간 에너지 사용량이 2천[TOE] 이상인 건물

해설
냉난방온도 제한대상 건물 : 연간 에너지 사용량이 2천[TOE] 이상인 건물

75 요로의 정의가 아닌 것은?

① 전열을 이용한 가열장치
② 원재료의 산화반응을 이용한 장치
③ 연료의 환원반응을 이용한 장치
④ 열원에 따라 연료의 발열반응을 이용한 장치

해설
요로의 정의 : 요(Kiln, 가마)와 노(Furnace)
• 전열을 이용한 가열장치
• 연료의 환원반응을 이용한 장치
• 열원에 따라 연료의 발열반응을 이용한 장치
• 물체(주로 비금속재료)에 열을 가하여 소성하는 장치
• 재료를 가열하여 물리적·화학적 성질을 변화시키는 가열장치
• 석탄, 석유, 가스, 전기 등의 에너지를 다량으로 사용하는 설비
• 물체를 가열하여 용융시키거나 소성을 통하여 가공 생산하는 공업장치로서 열원에 따라 연료의 발열반응을 이용하는 장치, 전열을 이용하는 장치 및 연료의 환원반응을 이용하는 장치의 3종류로 크게 구분할 수 있다.

76 노재의 화학적 성질을 잘못 짝지은 것은?

① 샤모트질 벽돌 : 산성
② 규석질 벽돌 : 산성
③ 돌로마이트질 벽돌 : 염기성
④ 크롬질 벽돌 : 염기성

해설
크롬질 벽돌 : 중성

77 다음 보온재 중 최고 안전사용온도가 가장 높은 것은?

① 석 면
② 펄라이트
③ 폼 글라스
④ 탄화마그네슘

해설
② 펄라이트 : 650[℃]
① 석면 : 450[℃]
③ 폼 글라스 : 120[℃]
④ 탄화마그네슘 : 250[℃]

78 에너지이용합리화법에 따라 산업통상자원부장관은 에너지이용합리화에 관한 기본계획을 몇 년 마다 수립하여야 하는가?

① 3년
② 5년
③ 7년
④ 10년

해설
산업통상자원부장관은 에너지이용합리화에 관한 기본계획을 5년 마다 수립하여야 한다.

79 윤요(Ring Kiln)에 대한 설명으로 옳은 것은?

① 석회소성용으로 사용된다.
② 열효율이 나쁘다.
③ 소성이 균일하다.
④ 종이 칸막이가 있다.

해설
윤요(Ring Kiln, 고리가마) : 피열물을 정지시켜 놓고 소성대의 위치를 바꾸어 가며 주로 벽돌, 기와, 보도타일 등의 건축재료를 소성하는 연속식 가마이다.
• 종이 칸막이가 있다.
• 단가마보다 약 65[%] 정도 연료 절약이 가능하다.
• 열효율이 좋다.
• 소성이 균일하지 않다.

80 에너지이용합리화법에 따라 검사를 받아야 하는 검사대상기기 중 소형 온수 보일러의 적용범위 기준은?

① 가스 사용량이 10[kg/h]를 초과하는 보일러
② 가스 사용량이 17[kg/h]를 초과하는 보일러
③ 가스 사용량이 21[kg/h]를 초과하는 보일러
④ 가스 사용량이 25[kg/h]를 초과하는 보일러

해설
가스 사용량이 17[kg/h](도시가스는 232.6[kW])를 초과하는 소형 온수 보일러이다.

정답 75 ② 76 ④ 77 ② 78 ② 79 ④ 80 ②

제5과목 | 열설비설계

81 전열면에 비등 기포가 생겨 열유속이 급격하게 증대하며, 가열면상에 서로 다른 기포의 발생이 나타나는 비등과정을 무엇이라고 하는가?

① 단상액체 자연대류
② 핵비등(Nucleate Boiling)
③ 천이비등(Transition Boiling)
④ 포밍(Foaming)

[해설]
핵비등(Nucleate Boiling) : 전열면에 비등 기포가 생겨 열유속이 급격하게 증대하며 가열면상에 서로 다른 기포의 발생이 나타나는 비등과정

82 다음 그림의 용접 이음에서 생기는 인장응력은 약 몇 [kgf/cm²]인가?

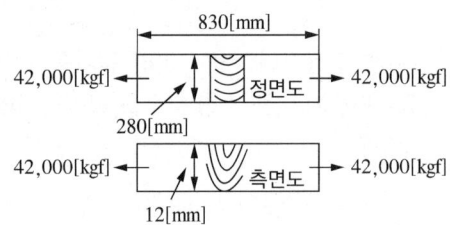

① 1,250
② 1,400
③ 1,550
④ 1,600

[해설]
용접부의 인장응력
$\sigma = \dfrac{W}{hl} = \dfrac{42,000}{1.2 \times 28} = 1,250 [\text{kgf/cm}^2]$

83 용접봉 피복제의 역할이 아닌 것은?

① 용융금속의 정련작용을 하며 탈산제 역할을 한다.
② 용융금속의 급랭을 촉진시킨다.
③ 용융금속에 필요한 원소를 보충해 준다.
④ 피복제의 강도를 증가시킨다.

[해설]
용접봉 피복제는 용융금속의 급랭을 완화시킨다.

84 보일러의 일상점검계획에 해당하지 않는 것은?

① 급수배관 점검
② 압력계 상태 점검
③ 자동제어장치 점검
④ 연료의 수요량 점검

[해설]
보일러의 일상점검 : 급수배관 점검, 압력계 상태 점검, 자동제어장치 점검 등

85 증기 및 온수 보일러를 포함한 주철제 보일러의 최고 사용압력이 0.43[MPa] 이하일 경우의 수압시험압력은?

① 0.2[MPa]로 한다.
② 최고 사용압력의 2배의 압력으로 한다.
③ 최고 사용압력의 2.5배의 압력으로 한다.
④ 최고 사용압력의 1.3배에 0.3[MPa]를 더한 압력으로 한다.

[해설]
주철제 보일러 : 최고 사용압력이 0.43[MPa] 이하일 때는 그 최고 사용압력의 2배의 압력으로 한다. 다만, 시험압력이 0.2[MPa] 미만인 경우에는 0.2[MPa]로 한다.

86 보일러수의 분출목적이 아닌 것은?

① 물의 순환을 촉진한다.
② 가성취화를 방지한다.
③ 프라이밍 및 포밍을 촉진한다.
④ 관수의 pH를 조절한다.

해설
보일러수를 분출하면 프라이밍 및 포밍을 방지한다.

87 보일러의 열정산 시 출열항목이 아닌 것은?

① 배기가스에 의한 손실열
② 발생증기 보유열
③ 불완전연소에 의한 손실열
④ 공기의 현열

해설
공기의 현열은 입열항목이다.

88 온수 보일러에 있어서 급탕량이 500[kg/h]이고, 공급 주관의 온수온도가 80[℃], 환수 주관의 온수 온도가 50[℃]이라 할 때, 이 보일러의 출력은? (단, 물의 평균비열은 1[kcal/kg·℃]이다)

① 10,000[kcal/h] ② 12,500[kcal/h]
③ 15,000[kcal/h] ④ 17,500[kcal/h]

해설
$Q = mC\Delta T = 500 \times 1 \times 30 = 15,000[kcal/h]$

89 노통 보일러에 두께 13[mm] 이하의 경판을 부착하였을 때 거짓 스테이의 하단과 노통 상단과 완충폭(브레이징 스페이스)은 몇 [mm] 이상으로 하여야 하는가?

① 230[mm] ② 260[mm]
③ 280[mm] ④ 300[mm]

해설
노통 보일러의 브레이징 스페이스 기준 수치
• 경판 두께 13[mm] 이하 : 230[mm] 이상
• 경판 두께 15[mm] 이하 : 260[mm] 이상
• 경판 두께 17[mm] 이하 : 280[mm] 이상
• 경판 두께 19[mm] 이하 : 300[mm] 이상
• 경판 두께 19[mm] 초과 : 320[mm] 이상

90 열교환기의 격벽을 통해 정상적으로 열교환이 이루어지고 있을 경우 단위시간에 대한 교환열량 $\dot{q}$ (열유속, [kcal/m²·h])의 식은?(단, $\dot{Q}$는 열교환량[kcal/h], A는 전열면적[m²]이다)

① $\dot{q} = A\dot{Q}$ ② $\dot{q} = \dfrac{A}{\dot{Q}}$
③ $\dot{q} = \dfrac{\dot{Q}}{A}$ ④ $\dot{q} = A(\dot{Q}-1)$

해설
단위시간에 대한 교환열량(열유속) 계산식($\dot{q}$)
$\dot{q} = \dfrac{\dot{Q}}{A}$
(여기서, $\dot{Q}$: 열교환량, A : 전열면적)

91 보일러의 노통이나 화실과 같은 원통 부분이 외측으로부터의 압력에 견딜 수 없게 되어 눌려 찌그러져 찢어지는 현상을 무엇이라 하는가?

① 블리스터　② 압 궤
③ 팽 출　　　④ 래미네이션

해설
압궤(Collapse) : 보일러의 노통이나 화실과 같은 원통 부분이 외측으로부터의 압력에 견딜 수 없게 되어 눌려 찢어지는 현상

92 스케일(Scale)에 대한 설명으로 틀린 것은?

① 스케일로 인하여 연료 소비가 많아진다.
② 스케일은 규산칼슘, 황산칼슘이 주성분이다.
③ 스케일로 인하여 배기가스의 온도가 낮아진다.
④ 스케일은 보일러에서 열전도의 방해물질이다.

해설
스케일로 인하여 배기가스의 온도가 높아진다.

93 10[kg/cm²]의 압력하에 2,000[kg/h]로 증발하고 있는 보일러의 급수온도가 20[℃]일 때 환산증발량은?(단, 발생증기의 엔탈피는 600[kcal/kg]이다)

① 2,152[kg/h]
② 3,124[kg/h]
③ 4,562[kg/h]
④ 5,260[kg/h]

해설
환산증발량
$$G_e = \frac{G_a(h_2 - h_1)}{539} = \frac{2,000 \times (600 - 20)}{539} \simeq 2,152[kg/h]$$

94 보일러 부하의 급변으로 인하여 동 수면에서 작은 입자의 물방울이 증기와 혼입하여 튀어 오르는 현상을 무엇이라고 하는가?

① 캐리오버　② 포 밍
③ 프라이밍　④ 피 팅

해설
프라이밍(Priming) : 보일러 부하의 급변으로 인하여 동 수면에서 작은 입자의 물방울이 증기와 혼입하여 튀어 오르는 현상

95 순환식(자연 또는 강제) 보일러가 아닌 것은?

① 타쿠마 보일러
② 야로 보일러
③ 벤손 보일러
④ 라몬트 보일러

해설
벤손 보일러는 관류 보일러이다.

96 노통 보일러의 수면계 최저 수위 부착 기준으로 옳은 것은?

① 노통 최고부 위 50[mm]
② 노통 최고부 위 100[mm]
③ 연관의 최고부 위 10[mm]
④ 연소실 천장판 최고부 위 연관 길이의 1/3

해설
노통 보일러 수면계 최저 수위의 부착 기준 : 연관의 최고부 위 75[mm]이다. 다만, 연관 최고 부분보다 노통 윗면이 높은 것으로서는 노통 최고부(플랜지부 제외) 위 100[mm]이다.

97 과열기에 대한 설명으로 틀린 것은?

① 보일러에서 발생한 포화증기를 가열하여 증기의 온도를 높이는 장치이다.
② 저압 보일러의 효율을 상승시키기 위하여 주로 사용된다.
③ 증기의 열에너지가 커 열손실이 많아질 수 있다.
④ 고온 부식의 우려와 연소가스의 저항으로 압력손실이 크다.

해설
폐열 회수로 어느 정도 열효율은 상승되지만 주로 저압 보일러에 사용되는 것은 아니다.

98 수관식과 비교하여 노통 연관식 보일러의 특징으로 옳은 것은?

① 설치면적이 크다.
② 연소실을 자유로운 형상으로 만들 수 있다.
③ 파열 시 비교적 위험하다.
④ 청소가 곤란하다.

해설
노통 연관식 보일러의 특징
- 설치면적이 작고 설치가 간단하며 청소가 쉽다.
- 제작과 취급이 용이하며 가격이 저렴하다.
- 내분식이므로 방산손실열량이 적다.
- 보일러의 크기에 비하여 전열면적이 크고 효율이 좋다.
- 보유 수량이 많아 파열 시 위험하다.
- 고압이나 대용량 보일러에는 부적당하다.
- 노통 바깥면과 이것에 가장 가까운 연관 면과의 틈새는 50[mm] 이상이어야 한다.

99 수관식 보일러에서 핀 패널식 튜브가 한쪽 면에 방사열, 다른 면에는 접촉열을 받을 경우 열전달계수를 얼마로 하여 전열면적을 계산하는가?

① 0.4 ② 0.5
③ 0.7 ④ 1.0

해설
수관식 보일러에서 핀(Fin) 패널식 튜브가 한쪽 면에 방사열, 다른 면에는 접촉열을 받을 경우 전열면적의 계산은 열전달계수를 0.7로 하여 구한다.

100 스팀트랩(Steam Trap) 부착 시 얻는 효과가 아닌 것은?

① 베이퍼로크 현상을 방지한다.
② 응축수로 인한 설비의 부식을 방지한다.
③ 응축수를 배출함으로써 수격작용을 방지한다.
④ 관 내 유체의 흐름에 대한 마찰저항을 감소시킨다.

해설
증기트랩(Steam Trap)
증기관의 도중에 설치하여 증기를 사용하는 설비의 배관 내에 고여 있는 응축수(증기의 일부가 드레인된 상태)를 자동 배출시키는 장치이다.
- 응축수 배출로 수격작용 방지
- 응축수에 의한 설비 부식 방지
- 관 내 유체 흐름에 대한 마찰저항 감소

2017년 제4회 과년도 기출문제

제1과목 | 연소공학

01 다음 중 중유의 성질에 대한 설명으로 옳은 것은?

① 점도에 따라 1, 2, 3급 중유로 구분한다.
② 원소 조성은 H가 가장 많다.
③ 비중은 약 0.72~0.76 정도이다.
④ 인화점은 약 60~150[℃] 정도이다.

[해설]
중유 : 비중 0.85~0.99이며 점도에 따라 A중유, B중유, C중유로 구분한다. A중유는 C중유보다 점성과 수분 함유량이 적다. C중유는 주로 대형 디젤기관 및 대형 보일러에 사용된다. 원소 조성성분은 C 84~87[%], H 10~12[%]이며 인화점은 60~70[℃] 이상(약 60~150[℃] 정도)이다.

02 연료시험에서 사용되는 장치 중에서 주로 기체연료시험에 사용되는 것은?

① 세이볼트(Saybolt) 점도계
② 톰슨(Thomson) 열량계
③ 오르자트(Orsat) 분석장치
④ 펜스키 마텐스(Pensky Martens) 장치

[해설]
오르자트 분석장치는 주로 기체연료의 시험에 사용된다.

03 산포식 스토커를 이용한 강제통풍일 때 일반적인 화격자 부하는 어느 정도인가?

① 90~110[$kg/m^2 \cdot h$]
② 150~200[$kg/m^2 \cdot h$]
③ 210~250[$kg/m^2 \cdot h$]
④ 260~300[$kg/m^2 \cdot h$]

[해설]
산포식 스토커를 이용한 강제통풍일 때 화격자 부하는 150~200 [$kg/m^2 \cdot h$] 정도이다.

04 다음 중 착화온도가 가장 높은 연료는?

① 갈탄
② 메탄
③ 중유
④ 목탄

[해설]
② 메탄 : 615~682[℃]
① 갈탄 : 250~450[℃]
③ 중유 : 530~580[℃]
④ 목탄 : 250~300[℃]

05 다음 중 연소온도에 직접적인 영향을 주는 요소로 가장 거리가 먼 것은?

① 공기 중의 산소농도
② 연료의 저위발열량
③ 연소실 크기
④ 공기비

[해설]
연소온도에 영향을 주는 요인 : 공기비, 연소용 공기 중의 산소농도, 연료의 저위발열량, 연소효율(연소온도에 가장 큰 영향을 미치는 요인은 연소용 공기의 공기비이다)

정답 1 ④ 2 ③ 3 ② 4 ② 5 ③

06 공기를 사용하여 중유를 무화시키는 형식으로 다음의 조건을 만족하면서 부하변동이 많은데 가장 적합한 버너의 형식은?

- 유량 조절범위 = 1 : 10 정도
- 연소 시 소음이 발생
- 점도가 커도 무화가 가능
- 분무각도가 30[°] 정도로 작음

① 로터리식　　② 저압기류식
③ 고압기류식　　④ 유압식

해설
고압기류식 버너 : 분무각도가 30[°] 정도로 작으며 연소 시 소음이 발생하지만 점도가 높은 연료도 무화가 가능하며, 유량 조절범위가 1 : 10 정도로 큰 버너이며, 2~7[kg/cm²]의 고압증기에 사용된다.

---

07 공기나 연료의 예열효과에 대한 설명으로 옳지 않은 것은?

① 연소실 온도를 높게 유지
② 착화열을 감소시켜 연료를 절약
③ 연소효율 향상과 연소 상태의 안정
④ 이론공기량이 감소함

해설
공기나 연료를 예열하면 이론공기량이 증가한다.

---

08 탄화수소계 연료(C_xH_y)를 연소시켜 얻은 연소생성물을 분석한 결과 CO_2 9[%], CO 1[%], O_2 8[%], N_2 82[%]의 체적비를 얻었다. y/x의 값은 얼마인가?

① 1.52　　② 1.72
③ 1.92　　④ 2.12

해설
$C_xH_y + a(O_2 + 3.76)N_2 \rightarrow 9CO_2 + CO + 8O_2 + bH_2O + 82N_2$
- C : $x = 9 + 1 = 10$
- N : $7.52a = 82 \times 2$이므로 $a = 21.8$
- O : $2a = 9 \times 2 + 1 + 16 + b$에서 $b = 8.6$
- H : $y = 2b$에서 $y = 17.2$
- ∴ $y/x = 17.2/10 = 1.72$

---

09 다음 집진장치의 특성에 대한 설명으로 옳지 않은 것은?

① 사이클론 집진기는 분진이 포함된 가스를 선회운동시켜 원심력에 의해 분진을 분리한다.
② 전기식 집진장치는 대치시킨 2개의 전극 사이에 고압의 교류전장을 가해 통과하는 미립자를 집진하는 장치이다.
③ 가스 흡입구에 벤투리관을 조합하여 먼지를 세정하는 장치를 벤투리 스크러버라고 한다.
④ 백필터는 바닥을 위쪽으로 달아매고 하부에서 백 내부로 송입하여 집진하는 방식이다.

해설
전기식(코트렐식) 집진장치
직류전원으로 불평등 전계를 형성하고 이 전계에 코로나 방전을 이용하여 가스 중의 입자에 전하를 주어 (−)로 대전된 입자를 전기력(쿨롱력)에 의해 집진극(+)으로 이동시켜 미립자를 분리 및 포집하는 장치(건식, 습식)이다.
- 방전극을 음, 집진극을 양으로 한다.
- 전기 집진은 쿨롱력에 의해 포집된다.
- 포집입자의 직경은 0.05~20[μm] 정도이다.
- 집진효율이 90~99.9[%]로서 높은 편이다.
- 광범위한 온도범위에서 설계가 가능하다.
- 낮은 압력손실로 대량의 가스처리가 가능하다.

---

10 1차, 2차 연소 중 2차 연소에 대한 설명으로 가장 적절한 것은?

① 불완전연소에 의해 발생한 미연가스가 연도 내에서 다시 연소하는 것
② 공기보다 먼저 연료를 공급했을 경우 1차, 2차 반응에 의해서 연소하는 것
③ 완전연소에 의한 연소가스가 2차 공기에 의해서 폭발되는 것
④ 점화할 때 착화가 늦었을 경우 재점화에 의해서 연소하는 것

해설
1차 연소와 2차 연소
- 1차 연소 : 화실 내에서의 연소
- 2차 연소 : 불완전연소에 의해 발생한 미연가스가 연도 내에서 다시 연소하는 것

정답　6 ③　7 ④　8 ②　9 ②　10 ①

11 CO_{2max}가 24.0[%], CO_2가 14.2[%], CO가 3.0[%]라면 연소가스 중의 산소는 약 몇 [%]인가?

① 3.8 ② 5.0
③ 7.1 ④ 10.1

해설
$$CO_{2max} = \frac{21 \times (CO_2[\%] + CO[\%])}{21 - O_2[\%] + 0.395 \times CO[\%]}$$ 에서
$$24.0 = \frac{21 \times (14.2 + 3.0)}{21 - O_2[\%] + 0.395 \times 3.0} = \frac{361.2}{22.185 - O_2[\%]}$$ 이므로,
$O_2 \simeq 7.1[\%]$

12 기체연료의 체적 분석결과 H_2가 45[%], CO가 40[%], CH_4가 15[%]이다. 이 연료 $1[m^3]$를 연소하는 데 필요한 이론공기량은 몇 $[m^3]$인가?(단, 공기 중의 산소 : 질소의 체적비는 1 : 3.77이다)

① 3.12 ② 2.14
③ 3.46 ④ 4.43

해설
이론공기량
$$A_0 = 4.77 \times \left\{ \frac{CO}{2} + \frac{H_2}{2} + \sum \left(m + \frac{n}{4}\right) C_m H_n - O_2 \right\}$$
$$= 4.77 \times \left\{ \frac{0.4}{2} + \frac{0.45}{2} + 2 \times 0.15 \right\} \simeq 3.46 [m^3]$$

13 다음 연소반응식 중 옳은 것은?

① $C_2H_6 + 3O_2 \rightarrow 2CO_2 + 4H_2O$
② $C_3H_8 + 5O_2 \rightarrow 2CO_2 + 6H_2O$
③ $C_4H_{10} + 6O_2 \rightarrow 4CO_2 + 5H_2O$
④ $CH_4 + 2O_2 \rightarrow CO_2 + 2H_2O$

해설
① 에탄 : $C_2H_6 + 3.5O_2 \rightarrow 2CO_2 + 3H_2O$
② 프로판 : $C_3H_8 + 5O_2 \rightarrow 3CO_2 + 4H_2O$
③ 부탄 : $C_4H_{10} + 6.5O_2 \rightarrow 4CO_2 + 5H_2O$

14 단일기체 $10[Nm^3]$의 연소가스를 분석한 결과 CO_2 : $8[Nm^3]$, CO : $2[Nm^3]$, H_2O : $20[Nm^3]$을 얻었다면 이 기체연료는?

① CH_4 ② C_2H_2
③ C_2H_4 ④ C_2H_6

해설
단순하게 비교하면 C가 10이고 H가 $2 \times 20 = 40$이므로, 연료는 탄화수소 CH_4다.

15 다음 대기오염 방지를 위한 집진장치 중 습식 집진장치에 해당하지 않는 것은?

① 백필터 ② 충진탑
③ 벤투리 스크러버 ④ 사이클론 스크러버

해설
백필터는 건식 집진장치이다.

16 중량비로 탄소 84[%], 수소 13[%], 유황 2[%]의 조성으로 되어 있는 경유의 이론공기량은 약 몇 $[Nm^3/kg]$인가?

① 5 ② 7
③ 9 ④ 11

해설
이론공기량
$$A_0 = \left(\frac{22.4}{0.21}\right) \times \left\{ \frac{C}{12} + \frac{(H - O/8)}{4} + \frac{S}{32} \right\}$$
$$= \left(\frac{22.4}{0.21}\right) \times \left\{ \frac{0.84}{12} + \frac{0.13}{4} + \frac{0.02}{32} \right\} = 106.67 \times 0.103 \simeq 11$$

정답 11 ③ 12 ③ 13 ④ 14 ① 15 ① 16 ④

17 폭굉(Detonation)현상에 대한 설명으로 옳지 않은 것은?

① 확산이나 열전도의 영향을 주로 받는 기체역학적 현상이다.
② 물질 내에 충격파가 발생하여 반응을 일으킨다.
③ 충격파에 의해 유지되는 화학반응현상이다.
④ 반응의 전파속도가 그 물질 내에서 음속보다 빠른 것을 말한다.

해설
폭굉(Detonation)
• 물질 내에 충격파가 발생하며 반응을 일으키고 그 반응을 유지하는 현상이다.
• 관 내에서 연소파가 일정거리 진행 후 연소속도가 급격히 빨라지는 현상이다.
• 연소파의 전파속도가 초음속이 되는 경우이다.
• 충격파에 의해 유지되는 화학반응현상이다.
• 반응의 전파속도가 그 물질 내에서 음속보다 빠르다.
• 연소속도는 1,000~3,500[m/sec]이다.

18 다음 연소범위에 대한 설명으로 옳은 것은?

① 온도가 높아지면 좁아진다.
② 압력이 상승하면 좁아진다.
③ 연소상한계 이상의 농도에서는 산소농도가 너무 높다.
④ 연소하한계 이하의 농도에서는 가연성 증기의 농도가 너무 낮다.

해설
① 온도가 높아지면 연소범위는 넓어진다.
② 압력이 상승하면 연소범위는 넓어진다.
③ 연소상한계 이상의 농도에서는 산소농도가 너무 낮다.

19 다음의 무게조성을 가진 중유의 저위발열량은 약 몇 [kcal/kg]인가?(단, 다음의 조성은 중유 1[kg] 당 함유된 각 성분의 양이다)

C : 84[%], H : 13[%], O : 0.5[%]
S : 2[%], w : 0.5[%]

① 8,600
② 10,548
③ 13,600
④ 17,600

해설
$H_h = 8,100C + 34,000(H - O/8) + 2,500S$
$= 8,100 \times 0.84 + 34,000(0.13 - 0.005/8) + 2,500 \times 0.02$
$\simeq 11,253 [kcal/kg]$
$\therefore H_L = H_h - 600(9H + w)$
$= 11,253 - 600 \times (9 \times 0.13 + 0.005) = 10,548 [kcal/kg]$

20 다음 중 중유 첨가제의 종류에 포함되지 않는 것은?

① 슬러지 분산제
② 안티녹제
③ 조연제
④ 부식방지제

해설
노 또는 보일러에 사용하는 연소용 중유의 성질
• 비중 : 일반적으로 큰 것
• 점도 : 사용 지역에 적합한 것을 선택
• 인화점 : 낮은 것은 화재의 위험성이 있으므로 예열온도보다 5[℃] 정도 높은 것
• 잔류 탄소 : 적은 것을 택할 것
• 첨가제 : 슬러지 분산제, 조연제, 부식방지제

제2과목 | 열역학

21 저위발열량 40,000[kJ/kg]인 연료를 쓰고 있는 열기관에서 이 열이 전부 일로 바꾸어지고, 연료소비량이 20[kg/h]이라면 발생되는 동력은 약 몇 [kW]인가?

① 110 ② 222
③ 316 ④ 820

해설

$\eta = \dfrac{H}{H_L \times m_f}$ 에서

$H = \eta \times H_L \times m_f = 1 \times 40,000 \times 20 = 800,000 [\text{kJ/h}]$

$= \dfrac{800,000}{3,600} [\text{kW}] \simeq 222 [\text{kW}]$

22 N₂와 O₂의 기체상수는 각각 0.297[kJ/kg·K] 및 0.260[kJ/kg·K]이다. N₂가 0.7[kg], O₂가 0.3[kg]인 혼합가스의 기체상수는 약 몇 [kJ/kg·K]인가?

① 0.213 ② 0.254
③ 0.286 ④ 0.312

해설

혼합기체의 기체상수

$R = \dfrac{m_{N_2}}{m} \times R_{N_2} + \dfrac{m_{O_2}}{m} \times R_{O_2}$

$= 0.7 \times 0.297 + 0.3 \times 0.260 \simeq 0.286 [\text{kJ/kg·K}]$

23 폐쇄계에서 경로 A → C → B를 따라 110[J]의 열이 계로 들어오고 50[J]의 일을 외부에 할 경우 B → D → A를 따라 계가 되돌아올 때 계가 40[J]의 일을 받는다면 이 과정에서 계는 얼마의 열을 방출 또는 흡수하는가?

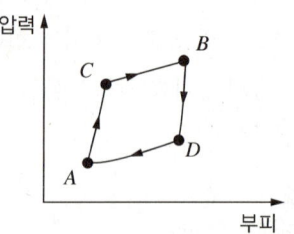

① 30[J] 방출 ② 30[J] 흡수
③ 100[J] 방출 ④ 100[J] 흡수

해설

110[J]의 열을 받고, 50[J]의 일을 하고, 40[J]의 일을 받았으므로 전체적으로는 10[J]의 일을 하고 나머지 100[J]의 열을 방출한 것이다.

24 온도와 관련된 설명으로 옳지 않은 것은?

① 온도 측정의 타당성에 대한 근거는 열역학 제0법칙이다.
② 온도가 0[℃]에서 10[℃]로 변화하면, 절대온도는 0[K]에서 283.15[K]로 변화한다.
③ 섭씨온도는 물의 어는점과 끓는점을 기준으로 삼는다.
④ SI 단위계에서 온도의 단위는 켈빈 단위를 사용한다.

해설

온도가 0[℃]에서 10[℃]로 변화하면, 절대온도는 273.15[K]에서 283.15[K]로 변한다.

25 일반적으로 사용되는 냉매로 가장 거리가 먼 것은?

① 암모니아　② 프레온
③ 이산화탄소　④ 오산화인

해설
인이 연소할 때 생기는 백색가루인 오산화인(P_2O_5)은 냉매제가 아니라 흡수제, 건조제, 탈수제 등으로 사용된다.

26 이상적인 카르노(Carnot) 사이클의 구성에 대한 설명으로 옳은 것은?

① 2개의 등온과정과 2개의 단열과정으로 구성된 가역 사이클이다.
② 2개의 등온과정과 2개의 정압과정으로 구성된 가역 사이클이다.
③ 2개의 등온과정과 2개의 단열과정으로 구성된 비가역 사이클이다.
④ 2개의 등온과정과 2개의 정압과정으로 구성된 비가역 사이클이다.

해설
카르노 사이클(Carnot Cycle) : 2개의 등온 변화(과정)와 2개의 단열 변화(과정=등엔트로피 변화)로 구성된 가역 사이클(실제로 존재하지 않는 이상 사이클)이며 열기관 사이클 중에서 열효율이 최대인 사이클이다. 카르노 사이클을 구성하는 과정은 '등온팽창 → 단열팽창 → 등온압축 → 단열압축'으로 진행된다.

27 밀폐계의 등온과정에서 이상기체가 행한 단위질량당 일은?(단, 압력과 부피는 P_1, V_1에서 P_2, V_2로 변하며, T는 온도, R은 기체상수이다)

① $RT \ln\left(\dfrac{P_1}{P_2}\right)$

② $\ln\left(\dfrac{V_1}{V_2}\right)$

③ $(P_2 - P_1)(V_2 - V_1)$

④ $R \ln\left(\dfrac{P_1}{P_2}\right)$

해설
밀폐계의 등온과정에서 이상기체가 행한 단위질량당 일
$W = RT \ln\left(\dfrac{P_1}{P_2}\right)$

28 다음 중 열역학 제1법칙을 설명한 것으로 가장 옳은 것은?

① 제3의 물체와 열평형에 있는 두 물체는 그들 상호 간에도 열평형에 있으며, 물체의 온도는 서로 같다.
② 열을 일로 변환할 때 또는 일을 열로 변환할 때 전체 계의 에너지 총량은 변하지 않고 일정하다.
③ 흡수한 열을 전부 일로 바꿀 수는 없다.
④ 절대 영도, 즉 0[K]에는 도달할 수 없다.

해설
열역학 제1법칙
- 에너지보존의 법칙=가역법칙=양적 법칙=제1종 영구기관 부정의 법칙
- 열을 일로 변환할 때 또는 일을 열로 변환할 때 전체 계의 에너지 총량은 변화하지 않고 일정하다.
- 계의 내부에너지 변화량은 계에 들어온 열에너지에서 계가 외부에 해 준 일을 뺀 양과 같다. $\Delta U = \Delta Q - \Delta W$
- 물체에 공급된 에너지는 물체의 내부에너지를 높이거나 외부에 일을 하므로, 에너지의 양은 일정하게 보존된다.

정답 25 ④　26 ①　27 ①　28 ②

29 다음 중 수증기를 사용하는 증기동력 사이클은?

① 랭킨 사이클 ② 오토 사이클
③ 디젤 사이클 ④ 브레이턴 사이클

해설
랭킨 사이클은 증기동력 사이클로 수증기 사용동력 플랜트 발전소의 열역학 사이클 등 증기원동소의 사이클로 이용된다.

30 성능계수가 5.0, 압축기에서 냉매의 단위질량당 압축하는 데 요구되는 에너지가 200[kJ/kg]인 냉동기에서 냉동능력 1[kW]당 냉매의 순환량[kg/h]은?

① 1.8 ② 3.6
③ 5.0 ④ 20.0

해설
냉매순환량

$$G = \frac{냉동능력}{냉동효과} = \frac{q_1}{q_2}$$

$$= \frac{1[\text{kW}]}{\varepsilon_R W_c} = \frac{3{,}600[\text{kJ/h}]}{5 \times 200[\text{kJ/kg}]} = 3.6[\text{kg/h}]$$

31 압력이 100[kPa]인 공기를 정적과정으로 200[kPa]의 압력이 되었다. 그 후 정압과정으로 비체적이 1[m³/kg]에서 2[m³/kg]으로 변하였다고 할 때 이 과정 동안의 총엔트로피의 변화량은 약 몇 [kJ/(kg·K)]인가?(단, 공기의 정적비열은 0.7[kJ/(kg·K)], 정압비열은 1.0[kJ/kg·K]이다)

① 0.31 ② 0.52
③ 1.04 ④ 1.18

해설

$$\Delta S_{total} = \Delta S_1 + \Delta S_2 = C_v \ln\left(\frac{P_2}{P_1}\right) + C_p \ln\left(\frac{V_2}{V_1}\right)$$

$$= 0.7 \times \ln\left(\frac{200}{100}\right) + 1.0 \times \ln\left(\frac{2}{1}\right) = 1.18[\text{kJ/kg·K}]$$

32 다음 중 과열증기(Superheated Steam)의 상태가 아닌 것은?

① 주어진 압력에서 포화증기 온도보다 높은 온도
② 주어진 비체적에서 포화증기 압력보다 높은 압력
③ 주어진 온도에서 포화증기 비체적보다 낮은 비체적
④ 주어진 온도에서 포화증기 엔탈피보다 높은 엔탈피

해설
과열증기는 주어진 압력에서 포화증기 비체적보다 높은 비체적 상태이다.

33 1[MPa]의 포화증기가 등온 상태에서 압력이 700[kPa]까지 내려갈 때 최종 상태는?

① 과열증기 ② 습증기
③ 포화증기 ④ 포화액

해설
1[MPa]의 포화증기가 등온 상태에서 압력이 700[kPa]까지 내려갈 때 최종 상태는 과열증기 상태가 된다.

정답 29 ① 30 ② 31 ④ 32 ③ 33 ①

34 다음 그림은 단열, 등압, 등온, 등적을 나타내는 압력(P)-부피(V), 온도(T)-엔트로피(S) 선도이다. 각 과정에 대한 설명으로 옳은 것은?

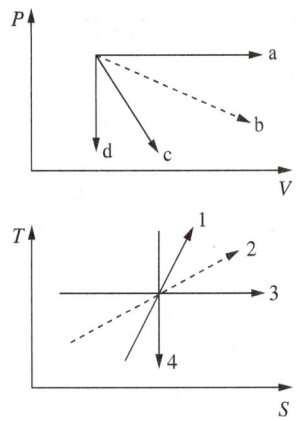

① a는 등적과정이고, 4는 가역 단열과정이다.
② b는 등온과정이고, 3은 가역 단열과정이다.
③ c는 등적과정이고, 2는 등압과정이다.
④ d는 등적과정이고, 4는 가역 단열과정이다.

해설
• 등압과정 : a, 2   • 등온과정 : b, 3
• 가역 단열과정 : c, 4   • 등적과정 : d, 1

35 역카르노 사이클로 작동하는 냉동 사이클이 있다. 저온부가 −10[℃]로 유지되고, 고온부가 40[℃]로 유지되는 상태를 A상태라고 하고, 저온부가 0[℃], 고온부가 50[℃]로 유지되는 상태를 B상태라고 할 때, 성능계수는 어느 상태의 냉동 사이클이 얼마나 높은가?

① A상태의 사이클이 약 0.8만큼 높다.
② A상태의 사이클이 약 0.2만큼 높다.
③ B상태의 사이클이 약 0.8만큼 높다.
④ B상태의 사이클이 약 0.2만큼 높다.

해설
A상태의 성능계수 $\varepsilon_{R(A)} = \dfrac{T_2}{T_1 - T_2} = \dfrac{263}{313 - 263} = 5.26$

B상태의 성능계수 $\varepsilon_{R(B)} = \dfrac{T_2}{T_1 - T_2} = \dfrac{273}{323 - 273} = 5.46$

$\therefore \varepsilon_{R(B)} - \varepsilon_{R(A)} = 5.46 - 5.26 = 0.2$

36 다음 중 랭킨 사이클의 열효율을 높이는 방법으로 옳지 않은 것은?

① 복수기의 압력을 상승시킨다.
② 사이클의 최고 온도를 높인다.
③ 보일러의 압력을 상승시킨다.
④ 재열기를 사용하여 재열 사이클로 운전한다.

해설
랭킨 사이클의 열효율을 높이기 위해서는 복수기의 압력을 내려야 한다.

37 비가역 사이클에 대한 클라우지우스(Clausius) 적분에 대하여 옳은 것은?(단, Q는 열량, T는 온도이다)

① $\oint \dfrac{\delta Q}{T} > 0$ ② $\oint \dfrac{\delta Q}{T} \geq 0$
③ $\oint \dfrac{\delta Q}{T} = 0$ ④ $\oint \dfrac{\delta Q}{T} < 0$

해설
가역 사이클 : $\oint \dfrac{\delta Q}{T} = 0$, 비가역 사이클 : $\oint \dfrac{\delta Q}{T} < 0$

38 디젤 사이클에서 압축비가 20, 단절비(Cut-off Ratio)가 1.7일 때 열효율은 약 몇 [%]인가?(단, 비열비는 1.4이다)

① 43   ② 66
③ 72   ④ 84

해설
$\eta_d = 1 - \left(\dfrac{1}{\varepsilon}\right)^{k-1} \times \dfrac{\sigma^k - 1}{k(\sigma - 1)}$
$= 1 - \left(\dfrac{1}{20}\right)^{1.4-1} \times \dfrac{1.7^{1.4} - 1}{1.4 \times (1.7 - 1)} = 0.66 = 66[\%]$

39 이상기체 2[kg]을 정압과정으로 50[℃]에서 150[℃]로 가열할 때, 필요한 열량은 약 몇 [kJ]인가? (단, 이 기체의 정적비열은 3.1[kJ/(kg·K)]이고, 기체상수는 2.1[kJ/(kg·K)]이다)

① 210
② 310
③ 620
④ 1,040

해설
$C_p - C_v = R$ 에서
$C_p = R + C_v = 2.1 + 3.1 = 5.2[kJ/kg·K]$
$\delta Q = dH = mC_p dT = 2 \times 5.2 \times 100 = 1,040[kJ]$

40 다음 중 압력이 일정한 상태에서 온도가 변하였을 때의 체적 팽창계수 β에 관한 식으로 옳은 것은? (단, 식에서 V는 부피, T는 온도, P는 압력을 의미한다)

① $\beta = -\dfrac{1}{P}\left(\dfrac{\partial P}{\partial T}\right)_V$

② $\beta = -\dfrac{1}{V}\left(\dfrac{\partial V}{\partial P}\right)_T$

③ $\beta = \dfrac{1}{V}\left(\dfrac{\partial V}{\partial T}\right)_P$

④ $\beta = \dfrac{1}{T}\left(\dfrac{\partial T}{\partial P}\right)_V$

해설
체적 팽창계수
$\beta = \dfrac{1}{V}\left(\dfrac{\partial V}{\partial T}\right)_p$

제3과목 | 계측방법

41 벨로스(Bellows) 압력계에서 벨로스 탄성의 보조로 코일 스프링을 조합하여 사용하는 주된 이유는?

① 감도를 증대시키기 위하여
② 측정 압력범위를 넓히기 위하여
③ 측정 지연시간을 없애기 위하여
④ 히스테리시스 현상을 없애기 위하여

해설
벨로스 압력계에서는 히스테리시스 현상을 없애기 위하여 벨로스 탄성의 보조로 코일 스프링을 조합하여 사용한다.

42 유량계의 교정방법 중 기체유량계의 교정에 가장 적합한 방법은?

① 밸런스를 사용하여 교정한다.
② 기준 탱크를 사용하여 교정한다.
③ 기준 유량계를 사용하여 교정한다.
④ 기준 체적관을 사용하여 교정한다.

해설
기체유량계는 기준 체적관을 사용하여 교정한다.

43 차압식 유량계에 대한 설명으로 옳지 않은 것은?

① 관로에 오리피스, 플로 노즐 등이 설치되어 있다.
② 정도(精度)가 좋으나 측정범위가 좁다.
③ 유량은 압력차의 평방근에 비례한다.
④ 레이놀즈수가 10^5 이상에서 유량계수가 유지된다.

해설
차압식 유량계는 정도가 좋고 측정범위도 넓다.

44 다음 중 바이메탈 온도계의 측온범위는?

① -200~200[℃]
② -30~360[℃]
③ -50~500[℃]
④ -100~700[℃]

해설
바이메탈 온도계의 측정범위 : -50~500[℃]

45 열전 온도계에 대한 설명으로 틀린 것은?

① 접촉식 온도계에서 비교적 낮은 온도 측정에 사용한다.
② 열기전력이 크고 온도 증가에 따라 연속적으로 상승해야 한다.
③ 기준접점의 온도를 일정하게 유지해야 한다.
④ 측온저항체와 열전대는 소자를 보호관 속에 넣어 사용한다.

해설
접촉식 온도계에서 비교적 높은 온도 측정에 사용된다.

46 베크만 온도계에 대한 설명으로 옳은 것은?

① 빠른 응답성의 온도를 얻을 수 있다.
② 저온용으로 적합하여 약 -100[℃]까지 측정할 수 있다.
③ -60~350[℃] 정도의 측정온도범위인 것이 보통이다.
④ 모세관의 상부에 수은을 봉입한 부분에 대해 측정 온도에 따라 남은 수은의 양을 가감하여 그 온도 부분의 온도차를 0.01[℃]까지 측정할 수 있다.

해설
① 응답성은 그리 좋지 않다.
②, ③ 측정온도범위는 -20~160[℃] 정도인 것이 보통이다.

47 관로의 유속을 피토관으로 측정할 때 수주의 높이가 30[cm]이었다. 이때 유속은 약 몇 [m/sec]인가?

① 1.88
② 2.42
③ 3.88
④ 5.88

해설
피토관의 유속
$v = \sqrt{2g\Delta h} = \sqrt{2 \times 9.8 \times 0.3} \approx 2.42 [m/sec]$

48 제어시스템에서 조작량이 제어편차에 의해서 정해진 두 개의 값이 어느 편인가를 택하는 제어방식으로 제어결과가 다음과 같은 동작은?

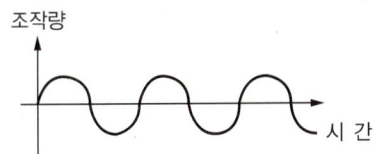

① 온오프동작
② 비례동작
③ 적분동작
④ 미분동작

해설
온오프동작

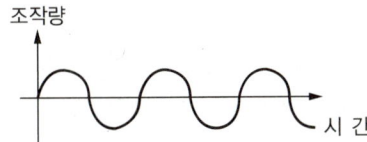

- 조작량이 제어편차에 의해서 정해진 2개의 값이 어느 편인가를 택하는 제어방식
- 편차의 정(+), 부(-)에 의해서 조작신호가 최대, 최소가 되는 제어동작
- 2위치 제어 또는 뱅뱅제어
- 탱크의 액위를 제어하는 방법으로 주로 이용

49 액체와 고체연료의 열량을 측정하는 열량계는?

① 봄베식 ② 융커스식
③ 클리브랜드식 ④ 태그식

해설
봄베식 열량계 : 액체와 고체연료의 열량을 측정하는 열량계

50 다음 중 열전대 온도계에서 사용되지 않는 것은?

① 동-콘스탄탄 ② 크로멜-알루멜
③ 철-콘스탄탄 ④ 알루미늄-철

해설
알루미늄-철로 된 것은 열전도 온도계로 사용할 수 없다.

51 2.2[kΩ]의 저항에 220[V]의 전압이 사용되었다면 1초당 발생한 열량은 몇 [W]인가?

① 12 ② 22
③ 32 ④ 42

해설
$Q = VI = (IR)I = I^2R = \left(\dfrac{V}{R}\right)^2 R = \dfrac{V^2}{R} = \dfrac{220^2}{2.2 \times 10^3} = 22[W]$

52 수지관 속에 비중이 0.9인 기름이 흐르고 있다. 다음 그림과 같이 액주계를 설치하였을 때 압력계의 지시값은 몇 [kg/cm²]인가?

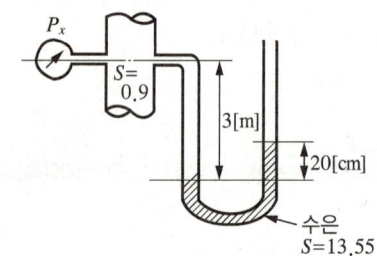

① 0.001 ② 0.01
③ 0.1 ④ 1.0

해설
$P_x + 1{,}000 S \times 3 = (1{,}000 \times 13.55) \times 0.2 = 2{,}710$에서
$P_x = 2{,}710 - (1{,}000 \times 0.9 \times 3) = 2{,}710 - 2{,}700 = 10[kg/m^2]$
$= 0.001[kg/cm^2]$

53 가스분석 방법 중 CO_2의 농도를 측정할 수 없는 방법은?

① 자기법
② 도전율법
③ 적외선법
④ 열도전율법

해설
자기법은 O_2농도 측정은 가능하지만, CO_2농도 측정은 불가능하다.

54 측정량과 크기가 거의 같은 미리 알고 있는 양의 분동을 준비하여 분동과 측정량의 차이로부터 측정량을 구하는 방식은?

① 편위법
② 보상법
③ 치환법
④ 영위법

해설
보상법 : 측정량의 크기가 거의 같은 미리 알고 있는 양의 분동을 준비하여 분동과 측정량의 차이로부터 측정량을 구하는 방법

55 연소가스 중의 CO와 H_2의 측정에 주로 사용되는 가스분석계는?

① 과잉공기계
② 질소가스계
③ 미연소가스계
④ 탄산가스계

해설
미연소식 가스계 : 일산화탄소(CO)와 수소(H_2) 분석에 주로 사용한다.

56 다음 중 가스분석 측정법이 아닌 것은?

① 오르자트법
② 적외선 흡수법
③ 플로 노즐법
④ 가스크로마토그래피법

해설
가스분석법에 플로 노즐법은 없다. 플로 노즐은 차압식 유량계에 해당된다.

57 미리 정해진 순서에 따라 순차적으로 진행하는 제어방식은?

① 시퀀스 제어
② 피드백 제어
③ 피드포워드 제어
④ 적분제어

해설
시퀀스 제어 : 미리 정해진 순서에 따라 순차적으로 진행하는 제어방식이다.

58 마노미터의 종류 중 압력 계산 시 유체의 밀도에는 무관하고 단지 마노미터 액의 밀도에만 관계되는 것은?

① Open-end 마노미터
② Sealed-end 마노미터
③ 차압(Differential) 마노미터
④ Open-end 마노미터와 Sealed-end 마노미터

해설
차압(Differential) 마노미터 : 압력 계산 시 유체의 밀도에는 무관하고 단지 마노미터 액의 밀도에만 관계되는 마노미터

정답 54 ② 55 ③ 56 ③ 57 ① 58 ③

59 자동제어에서 동작신호의 미분값을 계산하여 이것과 동작신호를 합한 조작량 변화를 나타내는 동작은?

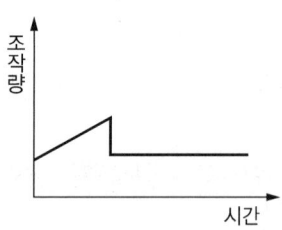

① D동작
② P동작
③ PD동작
④ PID동작

해설
PD동작(비례미분동작) : 동작신호의 미분값을 계산하여 이것과 동작신호를 합한 조작량 변화를 나타내는 동작

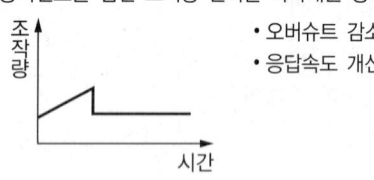

• 오버슈트 감소
• 응답속도 개선

60 다음 중 스로틀(Throttle) 기구에 의하여 유량을 측정하지 않는 유량계는?

① 오리피스미터
② 플로 노즐
③ 벤투리미터
④ 오벌미터

해설
①, ②, ③은 차압식 유량계로 스로틀(Throttle) 기구에 의하여 유량을 측정한다. 오벌미터는 용적식 유량계이다.

제4과목 | 열설비재료 및 관계법규

61 보온을 두껍게 하면 방산열량(Q)은 적게 되지만 보온재의 비용(P)은 증대된다. 이때 경제성을 고려한 최소치의 보온재 두께를 구하는 식은?

① $Q+P$
② Q^2+P
③ $Q+P^2$
④ Q^2+P^2

해설
경제성을 고려한 보온재의 최소 두께 : $Q+P$
(여기서, Q : 방산열량, P : 보온재의 비용)

62 내화물의 제조공정의 순서로 옳은 것은?

① 혼련 → 성형 → 분쇄 → 소성 → 건조
② 분쇄 → 성형 → 혼련 → 건조 → 소성
③ 혼련 → 분쇄 → 성형 → 소성 → 건조
④ 분쇄 → 혼련 → 성형 → 건조 → 소성

해설
소성 내화물의 제조공정
분쇄 → 혼련 → 성형 → 건조 → 소성 → 제품

63 터널가마(Tunnel Kiln)의 장점이 아닌 것은?

① 소성이 균일하여 제품의 품질이 좋다.
② 온도 조절의 자동화가 쉽다.
③ 열효율이 좋아 연료비가 절감된다.
④ 사용연료의 제한을 받지 않고 전력소비가 적다.

해설
터널요(터널가마)
- 전체 길이 : 30~100[m]
- 예열, 소성, 냉각이 연속적으로 이루어지며 연소가스는 소성대에서 배기된다.
- 대량 생산이 가능하며 유지비가 저렴하다.
- 소성이 균일하여 제품의 품질이 좋다.
- 산화 환원 소성의 조절이 쉽고 노 내 온도 조절이 용이하며 온도 조절의 자동화가 쉽다.
- 열효율이 좋아 연료비가 절감된다.
- 소성 서랭시간이 짧다.
- 가마의 바닥면적이 생산량에 비해 작고 노무비가 절감된다.
- 열절연을 위하여 샌드실(Sand Seal) 장치를 마련한다.
- 대차가 필요하다.
- 사용연료에 제한이 따른다.
- 제품의 품질, 크기, 형상 등에 제한을 받는다.

64 다음 중 배관의 호칭법으로 사용되는 스케줄 번호를 산출하는 데 직접적인 영향을 미치는 것은?

① 관의 외경
② 관의 사용온도
③ 관의 허용응력
④ 관의 열팽창계수

해설
스케줄 번호 산출에 영향을 주는 요인은 관의 외경, 관의 사용온도, 관의 허용응력, 사용압력 등이며, 이 중에서 스케줄 번호 산출에 직접적인 영향을 미치는 요인은 관의 허용응력과 사용압력이다.

65 에너지이용합리화법에서 정한 에너지다소비사업자의 에너지관리기준이란?

① 에너지를 효율적으로 관리하기 위하여 필요한 기준
② 에너지관리 현황 조사에 대한 필요한 기준
③ 에너지 사용량 및 제품 생산량에 맞게 에너지를 소비하도록 만든 기준
④ 에너지관리 진단결과 손실요인을 줄이기 위하여 필요한 기준

해설
에너지다소비사업자의 에너지관리기준 : 에너지를 효율적으로 관리하기 위하여 필요한 기준

66 내화물의 스폴링(Spalling) 시험방법에 대한 설명으로 틀린 것은?

① 시험체는 표준형 벽돌을 110±5[℃]에서 건조하여 사용한다.
② 전 기공률 45[%] 이상의 내화 벽돌은 공랭법에 의한다.
③ 시험편을 노 내에 삽입한 후 소정의 시험온도에 도달하고 나서 약 15분간 가열한다.
④ 수랭법의 경우 노 내에서 시험편을 꺼내어 재빠르게 가열면 측을 눈금의 위치까지 물에 잠기게 하여 약 10분간 냉각한다.

해설
내화물의 스폴링 시험방법
- 시험체는 표준형 벽돌을 110±5[℃]에서 건조하여 사용한다.
- 전 기공률 45[%] 이상 내화 벽돌은 공랭법에 의한다.
- 공랭법의 경우 시험편을 노 내에 삽입 후 약 15분간 가열 후 15분간 공랭시킨다.
- 수랭법의 경우 시험편을 노 내에 삽입한 후 약 15분간 가열한 후 노 내에서 시험편을 꺼내어 재빠르게 가열면 측을 눈금 위치까지 물에 잠기게 하여 약 10분간 냉각시킨다.

정답 63 ④ 64 ③ 65 ① 66 ④

67 고알루미나(High Alumina)질 내화물의 특성에 대한 설명으로 옳은 것은?

① 급열, 급랭에 대한 저항성이 작다.
② 고온에서 부피 변화가 크다.
③ 하중 연화온도가 높다.
④ 내마모성이 작다.

해설
고알루미나질 내화물
- 고대 : 급열·급랭에 대한 저항성, 내화도, 하중 연화온도, 내식성, 내마모성
- 저소 : 고온에서의 부피 변화

68 견요의 특징에 대한 설명으로 틀린 것은?

① 석회석 클링커 제조에 널리 사용된다.
② 하부에서 연료를 장입하는 형식이다.
③ 제품의 예열을 이용하여 연소용 공기를 예열한다.
④ 이동 화상식이며 연속 요에 속한다.

해설
견요(선가마)
- 석회석 클링커 제조에 널리 사용한다.
- 연료를 상부에서 장입한다.
- 제품의 예열을 이용하여 연소용 공기를 예열한다.
- 연속 요에 속하며 이동 화상식이다.

69 에너지이용합리화법에 따라 산업통상자원부장관이 국내외 에너지 사정의 변동으로 에너지 수급에 중대한 차질이 발생될 경우 수급 안정을 위해 취할 수 있는 조치사항이 아닌 것은?

① 에너지의 배급
② 에너지의 비축과 저장
③ 에너지의 양도·양수의 제한 또는 금지
④ 에너지 수급의 안정을 위하여 산업통상자원부령으로 정하는 사항

해설
④ 에너지사용의 시기, 방법 및 에너지사용기자재의 사용 제한 또는 금지 등 대통령령으로 정하는 사항

70 에너지이용합리화법에 따라 에너지다소비사업자는 연료·열 및 전력의 연간 사용량의 합계가 얼마 이상인 자를 나타내는가?

① 1천[TOE] 이상인 자
② 2천[TOE] 이상인 자
③ 3천[TOE] 이상인 자
④ 5천[TOE] 이상인 자

해설
에너지다소비사업자 : 연료, 열 및 전력의 연간 사용량의 합계가 2천[TOE] 이상인 자

71 에너지이용합리화법에 따라 에너지이용 합리화에 관한 기본계획 사항에 포함되지 않는 것은?

① 에너지 절약형 경제구조로의 전환
② 에너지 이용 합리화를 위한 기술 개발
③ 열사용기자재의 안전관리
④ 국가에너지정책목표를 달성하기 위하여 대통령령으로 정하는 사항

해설
국가에너지정책목표를 달성하기 위하여 대통령령으로 정하는 사항은 국가에너지기본계획이다.

72 에너지이용합리화법에 따라 고효율에너지 인증대상기자재에 해당되지 않는 것은?

① 펌프
② 무정전 전원장치
③ 가정용 가스 보일러
④ 발광다이오드 등 조명기기

해설
고효율에너지인증대상기자재 : 펌프, 산업건물용 보일러, 무정전 전원장치, 폐열회수형 환기장치, 발광다이오드(LED) 등 조명기기, 그 밖에 산업통상자원부장관이, 특히 에너지 이용의 효율성이 높아 보급을 촉진할 필요가 있다고 인정하여 고시하는 기자재 및 설비

73 에너지이용합리화법에 따라 검사대상기기의 설치자가 변경된 경우 새로운 검사대상기기의 설치자는 그 변경일부터 최대 며칠 이내에 검사대상기기 설치자 변경신고서를 제출하여야 하는가?

① 7일   ② 10일
③ 15일   ④ 20일

해설
검사대상기기의 설치자가 변경된 경우 : 15일 이내 변경신고서를 공단 이사장에게 제출

74 보온 단열재의 재료에 따른 구분에서 약 850~1,200[℃] 정도까지 견디며, 열손실을 줄이기 위해 사용되는 것은?

① 단열재   ② 보온재
③ 보랭재   ④ 내화 단열재

75 에너지이용합리화법에 따라 열사용기자재 중 2종 압력용기의 적용범위로 옳은 것은?

① 최고 사용압력이 0.1[MPa]를 초과하는 기체를 그 안에 보유하는 용기로서 내부 부피가 0.05[m³] 이상인 것
② 최고 사용압력이 0.2[MPa]를 초과하는 기체를 그 안에 보유하는 용기로서 내부 부피가 0.04[m³] 이상인 것
③ 최고 사용압력이 0.1[MPa]를 초과하는 기체를 그 안에 보유하는 용기로서 내부 부피가 0.03[m³] 이상인 것
④ 최고 사용압력이 0.2[MPa]를 초과하는 기체를 그 안에 보유하는 용기로서 내부 부피가 0.02[m³] 이상인 것

해설
2종 압력용기 : 최고 사용압력이 0.2[MPa]를 초과하는 기체를 그 안에 보유하는 용기로서 내부 부피가 0.04[m³] 이상인 것, 동체의 안지름이 200[mm] 이상(증기 헤더의 경우에는 동체의 안지름이 300[mm] 초과)이고, 그 길이가 1천[mm] 이상인 것

정답 71 ④ 72 ③ 73 ③ 74 ① 75 ②

76 요로에 대한 설명으로 틀린 것은?

① 재료를 가열하여 물리적 및 화학적 성질을 변화시키는 가열장치이다.
② 석탄, 석유, 가스, 전기 등의 에너지를 다량으로 사용하는 설비이다.
③ 사용목적은 연료를 가열하여 수증기를 만들기 위함이다.
④ 조업방식에 따라 불연속식, 반연속식, 연속식으로 분류된다.

해설
요로 : 요(Kiln, 가마)와 노(Furnace)
• 전열을 이용한 가열장치
• 연료의 환원반응을 이용한 장치
• 열원에 따라 연료의 발열반응을 이용한 장치
• 물체(주로 비금속재료)에 열을 가하여 소성하는 장치
• 재료를 가열하여 물리적 및 화학적 성질을 변화시키는 가열장치
• 석탄, 석유, 가스, 전기 등의 에너지를 다량으로 사용하는 설비
• 물체를 가열하여 용융시키거나 소성을 통하여 가공 생산하는 공업장치로서 열원에 따라 연료의 발열반응을 이용하는 장치, 전열을 이용하는 장치 및 연료의 환원반응을 이용하는 장치의 3종류로 크게 구분할 수 있다.

77 다음 중 전로법에 의한 제강 작업시의 열원은?

① 가스의 연소열
② 코크스의 연소열
③ 석회석의 반응열
④ 용선 내의 불순원소의 산화열

해설
전로법에 의한 제강작업 시의 열원은 용선 내의 불순원소의 산화열이다.

78 배관 내 유체의 흐름을 나타내는 무차원수인 레이놀즈수(R_e)의 층류 흐름 기준은?

① $R_e < 1,000$
② $R_e < 2,100$
③ $2,100 < R_e$
④ $2,100 < R_e < 4,000$

해설
임계 레이놀즈수 : $R_e = 2,320$ 또는 2,100
• 층류 : 임계 레이놀즈수 이하
• 난류 : 임계 레이놀즈수 이상

79 규산칼슘 보온재에 대한 설명으로 가장 거리가 먼 것은?

① 규산에 석회 및 석면섬유를 섞어서 성형하고 다시 수증기로 처리하여 만든 것이다.
② 플랜트 설비의 탑조류, 가열로, 배관류 등의 보온공사에 많이 사용된다.
③ 가볍고 단열성과 내열성은 뛰어나지만 내산성이 작고 끓는 물에 쉽게 붕괴된다.
④ 무기질 보온재로 다공질이며 최고 안전 사용온도는 약 650[℃] 정도이다.

해설
규산칼슘 보온재
• 규산에 석회 및 석면섬유를 섞어 성형하고 다시 수증기로 처리하여 만든다.
• 무기질 보온재로 다공질이다.
• 가볍고 기계적 강도가 우수하다.
• 압축강도, 굽힘강도, 내마모성, 내열성, 내수성 등이 우수하다.
• 시공이 용이하다.
• 용도 : 탱크, 노벽, 플랜트 설비의 탑조류, 가열로, 배관류 등의 보온공사 등
• 최고 안전사용온도 : 약 650[℃]

정답 76 ③ 77 ④ 78 ② 79 ③

80 에너지이용합리화법에서 에너지의 절약을 위해 정한 '자발적 협약'의 평가기준이 아닌 것은?

① 계획 대비 달성률 및 투자실적
② 자원 및 에너지의 재활용 노력
③ 에너지 절약을 위한 연구개발 및 보급 촉진
④ 에너지 절감량 또는 에너지의 합리적인 이용을 통한 온실가스 배출 감축량

해설
자발적 협약의 평가기준
- 계획대비 달성률 및 투자실적
- 자원 및 에너지의 재활용 노력
- 에너지 절감량 또는 에너지의 합리적인 이용을 통한 온실가스 배출 감축량
- 그밖에 에너지 절감 또는 에너지의 합리적인 이용을 통한 온실가스 배출 감축에 관한 사항

제5과목 | 열설비설계

81 프라이밍 및 포밍이 발생한 경우 조치 방법으로 틀린 것은?

① 압력을 규정압력으로 유지한다.
② 보일러수의 일부를 분출하고 새로운 물을 넣는다.
③ 증기밸브를 열고 수면계의 수위 안정을 기다린다.
④ 안전밸브, 수면계의 시험과 압력계 연락관을 취출하여 본다.

해설
프라이밍과 포밍 발생 시 조치사항
- 먼저 연소를 억제한다.
- 연소량을 줄인다(가볍게 한다).
- 증기 취출을 서서히 한다.
- 수위가 출렁거리면 조용히 취출한다.
- 보일러 물을 조사한다.
- 저압 운전을 하지 않는다.
- 압력을 규정압력으로 유지한다.
- 보일러수의 일부를 분출하고 새로운 물을 넣는다.
- 안전밸브, 수면계의 시험과 압력계 연락관을 취출하여 본다.

82 다음 무차원수에 대한 설명으로 틀린 것은?

① Nusselt수는 열전달계수와 관계가 있다.
② Prandtl수는 동점성계수와 관계가 있다.
③ Reynolds수는 층류 및 난류와 관계가 있다.
④ Stanton수는 확산계수와 관계가 있다.

해설
스탠턴(Stanton)수
열전달률과 관계가 있으며, $S_t = \dfrac{\alpha}{C_p \rho v}$ 로 계산한다.
(여기서, α : 열전달율, C_p : 정압비열, ρ : 유체밀도, v : 유체속도)

83 NaOH 8[g]을 200[L]의 수용액에 녹이면 pH는?

① 9 ② 10
③ 11 ④ 12

해설
NaOH의 몰수=8/40=0.2[M]이며 NaOH → Na$^+$ + OH$^-$에서 NaOH 1개가 이온화하면 1개가 생기므로,
[OH$^-$] = [NaOH]=0.2/200=0.001[M]이다.
따라서, pOH=−log[OH]=−log0.001=3이므로
pH=14−3=11

84 상향 버킷식 증기트랩에 대한 설명으로 틀린 것은?

① 응축수의 유입구와 유출구의 차압이 없어도 배출이 가능하다.
② 가동 시 공기 빼기를 하여야 하며 겨울철 동결 우려가 있다.
③ 배관계통에 설치하여 배출용으로 사용된다.
④ 장치의 설치는 수평으로 한다.

해설
상향 버킷식 증기트랩은 응축수의 유입구와 유출구의 차압으로 배출시킨다.

85 결정조직을 조정하고 연화시키기 위한 열처리 조작으로 용접에서 발생한 잔류응력을 제거하기 위한 것은?

① 뜨임(Tempering) ② 풀림(Annealing)
③ 담금질(Quenching) ④ 불림(Normalizing)

해설
② 풀림 : 용접 잔류응력 제거 열처리
① 뜨임 : 인성 부여 열처리
③ 담금질 : 경도 증가 열처리
④ 불림 : 조직 균일화 열처리

86 유량 7[m³/sec]의 주철제 도수관의 지름[mm]은?(단, 평균 유속(V)은 3[m/sec]이다)

① 680 ② 1,312
③ 1,723 ④ 2,163

해설
$Q = Av = \dfrac{\pi d^2}{4} v$ 이므로, $d = \sqrt{\dfrac{4Q}{\pi v}} = \sqrt{\dfrac{4 \times 7}{3.14 \times 3}}$
$\simeq 1.723[m] = 1,723[mm]$

87 노통 보일러에서 갤러웨이관(Galloway Tube)을 설치하는 이유가 아닌 것은?

① 전열면적의 증가 ② 물의 순환 증가
③ 노통의 보강 ④ 유동저항 감소

해설
다음의 목적을 위하여 노통 보일러의 노통 상하부를 약 30[°] 정도로 관통시킨 원추형 관인 갤러웨이(Galloway)관 2~3개를 직각으로 설치한다.
• 노통 보강
• 보일러수의 원활한 순환
• 전열면적의 증가

88 이온교환체에 의한 경수의 연화원리에 대한 설명으로 옳은 것은?

① 수지의 성분과 Na형의 양이온과 결합하여 경도성분 제거
② 산소 원자와 수지가 결합하여 경도성분 제거
③ 물속의 음이온과 양이온이 동시에 수지와 결합하여 경도성분 제거
④ 수지가 물속의 모든 이물질과의 결합하여 경도성분 제거

해설
이온교환법 : 수지의 성분과 Na형의 양이온이 결합하여 경도성분을 제거하여 경수를 연화시키는 방법
• 양이온 교환수지는 소금 또는 염화수소, 황산 등으로 재생
• 음이온 교환수지는 수산화나트륨(가성소다), 염화나트륨(소금), 암모니아, 탄산나트륨 등으로 재생

89 증발량 2[ton/h], 최고 사용압력이 10[kg/cm²], 급수온도 20[℃], 최대 증발률 25[kg/m²·h]인 원통 보일러에서 평균 증발률을 최대 증발률의 90[%]로 할 때, 평균 증발량[kg/h]은?

① 1,200 ② 1,500
③ 1,800 ④ 2,100

해설
평균 증발량 = 2,000 × 0.9 = 1,800[kg/h]

90 피복아크용접에서 루트 간격이 크게 되었을 때 보수하는 방법으로 틀린 것은?

① 맞대기 이음에서 간격이 6[mm] 이하일 때에는 이음부의 한쪽 또는 양쪽에 덧붙이를 하고 깎아내어 간격을 맞춘다.
② 맞대기 이음에서 간격이 16[mm] 이상일 때에는 판의 전부 혹은 일부를 바꾼다.
③ 필렛용접에서 간격이 1.5~4.5[mm]일 때에는 그대로 용접해도 좋지만 벌어진 간격만큼 각장을 작게 한다.
④ 필렛용접에서 간격이 1.5[mm] 이하일 때에는 그대로 용접한다.

해설
필렛용접에서 간격이 1.5~4.5[mm]일 때에는 그대로 용접해도 좋지만 벌어진 간격만큼 각장을 크게 한다.

91 보일러의 과열에 의한 압궤(Collapse)의 발생 부분이 아닌 것은?

① 노통 상부　② 화실 천장
③ 연 관　　　④ 거싯 스테이

해설
압궤(Collapse) : 보일러의 노통이나 화실과 같은 원통 부분이 외측으로부터의 압력에 견딜 수 없게 되어 눌려 찢어지는 현상으로 노통 상부, 화실 천장, 연관 등에서 발생된다.

92 보일러수의 분출시기가 아닌 것은?

① 보일러 가동 전 관수가 정지되었을 때
② 연속 운전일 경우 부하가 가벼울 때
③ 수위가 지나치게 낮아졌을 때
④ 프라이밍 및 포밍이 발생할 때

해설
보일러수의 분출시기
• 보일러의 가동 전 관수가 정지되었을 때
• 연속 운전일 경우 부하가 낮아졌을 때
• 수위가 지나치게 높아졌을 때
• 프라이밍 및 포밍이 발생할 때

93 최고 사용압력 1.5[MPa], 파형 형상에 따른 정수(C)를 1,100으로 할 때 노통의 평균 지름이 1,100[mm]인 파형 노통의 최소 두께는?

① 10[mm]　② 15[mm]
③ 20[mm]　④ 25[mm]

해설
$$t = \frac{10PD}{C} = \frac{10 \times 1.5 \times 1,100}{1,100} = 15[mm]$$

94 동체의 안지름이 2,000[mm], 최고 사용압력이 12[kg/cm²]인 원통 보일러 동판의 두께[mm]는?(단, 강판의 인장강도 40[kg/mm²], 안전율 4.5, 용접부의 이음효율(η) 0.71, 부식 여유는 2[mm]이다)

① 12　② 16
③ 19　④ 21

해설
$$t = \frac{PD}{2\sigma_a \eta} + C = \frac{PDS}{2\sigma_u \eta} + C$$
$$= \frac{12 \times 2,000 \times 4.5}{2 \times 40 \times 10^2 \times 0.71} + 2 \approx 21[mm]$$

정답 90 ③ 91 ④ 92 ② 93 ② 94 ④

95 아래 벽체구조의 열관류율[kcal/h·m²·℃]은? (단, 내측 열전도저항값은 0.05[m²·h·℃/kcal]이며, 외측 열전도저항값은 0.13[m²·h·℃/kcal]이다)

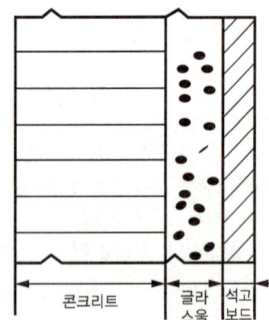

재 료	두께[mm]	열전도율[kcal/h·m·℃]
내 측		
① 콘크리트	200	1.4
② 글라스울	75	0.033
③ 석고보드	20	0.21
외 측		

① 0.37 ② 0.57
③ 0.87 ④ 0.97

해설
열관류율

$$K = \frac{1}{R} = \frac{1}{\left(\frac{1}{\alpha_i} + \sum_{i=1}^{n} \frac{L_i}{\lambda_i} + \frac{1}{\alpha_o}\right)}$$

$$= \frac{1}{0.05 + \left(\frac{0.2}{1.4} + \frac{0.075}{0.033} + \frac{0.02}{0.21}\right) + 0.13}$$

$$\simeq 0.37 [kcal/m^2 \cdot h \cdot ℃]$$

96 보일러에 부착되어 있는 압력계의 최고 눈금은 보일러의 최고 사용압력의 최대 몇 배 이하의 것을 사용해야 하는가?

① 1.5배 ② 2.0배
③ 3.0배 ④ 3.5배

해설
바깥지름 10[mm] 이상이며, 압력계의 눈금범위는 보일러의 최고 사용압력의 1.5배 이상 최대 3.0배 이하의 것을 사용해야 한다.

97 보일러 응축수 탱크의 가장 적절한 설치 위치는?

① 보일러 상단부와 응축수 탱크의 하단부를 일치시킨다.
② 보일러 하단부와 응축수 탱크의 하단부를 일치시킨다.
③ 응축수 탱크는 응축수 회수배관보다 낮게 설치한다.
④ 응축수 탱크는 송출 증기관과 동일한 양정을 갖는 위치에 설치한다.

해설
응축수 탱크
• 응축수 회수배관보다 낮게 설치한다.
• 크기 : 펌프용량의 2배 이상
• 응축수 펌프용량 : 응축수 발생량의 3배 이상

98 수관 보일러에서 수랭 노벽의 설치목적으로 가장 거리가 먼 것은?

① 고온의 연소열에 의해 내화물이 연화·변형되는 것을 방지하기 위하여
② 물의 순환을 좋게 하고 수관의 변형을 방지하기 위하여
③ 복사열을 흡수시켜 복사에 의한 열손실을 줄이기 위하여
④ 전열면적을 증가시켜 전열효율을 상승시키고, 보일러 효율을 높이기 위하여

해설
수랭 노벽 설치목적
• 고온의 연소열에 의한 내화물의 연화·변형 방지
• 복사열 흡수로 복사에 의한 열손실 감소
• 전열면적 증가로 전열효율 상승 및 보일러 효율 향상

100 코니시 보일러의 노통을 한쪽으로 편심 부착시키는 주된 목적은?

① 강도상 유리하므로
② 전열면적을 크게 하기 위하여
③ 내부 청소를 간편하게 하기 위하여
④ 보일러 물의 순환을 좋게 하기 위하여

해설
코니시 보일러 : 원통형 보일러의 노통이 편심으로 설치되어 관수의 순환작용을 촉진시킬 수 있는 보일러(노통을 한쪽으로 편심 부착하는 이유는 보일러 물의 순환을 좋게 하기 위함임)

99 보일러 설치 공간의 계획 시 바닥으로부터 보일러 동체의 최상부까지의 높이가 4.4[m]라면, 바닥으로부터 상부 건축구조물까지의 최소 높이는 얼마 이상을 유지하여야 하는가?

① 5.0[m] 이상 ② 5.3[m] 이상
③ 5.6[m] 이상 ④ 5.9[m] 이상

해설
보일러 설치 공간 계획 시 바닥으로부터 보일러 동체의 최상부의 높이가 4.4[m]라면, 바닥으로부터 상부 건축 구조물까지의 최소 높이는 5.6[m] 이상을 유지해야 한다.

정답 98 ② 99 ③ 100 ④

2018년 제1회 과년도 기출문제

제1과목 | 연소공학

01 고체연료에 대비한 액체연료의 성분 조성비는?

① H_2 함량이 적고, O_2 함량이 적다.
② H_2 함량이 많고, O_2 함량이 적다.
③ O_2 함량이 많고, H_2 함량이 많다.
④ O_2 함량이 많고, H_2 함량이 적다.

[해설]
고체연료 대비 액체연료의 성분 조성비는 H_2 함량이 많고, O_2 함량이 적다.

02 연돌에서 배출되는 연기의 농도를 1시간 동안 측정한 결과가 다음과 같을 때 매연의 농도율은 몇 [%] 인가?

[측정결과]
- 농도 4도 : 10분
- 농도 3도 : 15분
- 농도 2도 : 15분
- 농도 1도 : 20분

① 25 ② 35
③ 45 ④ 55

[해설]
매연의 농도율

$R = \dfrac{\text{매연농도값}}{\text{측정시간(분)}} \times 20[\%]$

$= \dfrac{4 \times 10 + 3 \times 15 + 2 \times 15 + 1 \times 20}{10 + 15 + 15 + 20} \times 20[\%] = 45[\%]$

03 탄산가스 최대량(CO_{2max})에 대한 설명 중 ( )에 알맞은 것은?

( )으로 연료를 완전연소시킨다고 가정을 할 경우에 연소가스 중의 탄산가스량을 이론건연소가스량에 대한 백분율로 표시한 것이다.

① 실제공기량   ② 과잉공기량
③ 부족공기량   ④ 이론공기량

[해설]
탄산가스 최대량 : 이론공기량으로 연료를 완전연소시킨다고 가정할 경우에 연소가스 중의 탄산가스량을 이론건연소가스량에 대한 백분율로 표시한 것

04 연소 배기가스 중 가장 많이 포함된 기체는?

① O_2 ② N_2
③ CO_2 ④ SO_2

[해설]
연소 배기가스에 가장 많이 포함된 기체는 질소(N_2)가스이다.

05 전압은 분압의 합과 같다는 법칙은?

① 아마가의 법칙   ② 게이뤼삭의 법칙
③ 돌턴의 법칙   ④ 헨리의 법칙

[해설]
① 아마가(Amaget)의 법칙 : 혼합기체의 전체 체적은 부분 체적의 합과 같다.
② 게이뤼삭(Gay-Lussac)의 법칙 : 부피가 일정할 때 압력과 온도는 서로 비례한다. 샤를의 법칙이라고도 한다.
④ 헨리(Henry)의 법칙 : 일정 온도에서 기체의 용해도가 용매와 평형을 이루고 있는 그 기체의 부분압력에 비례한다는 법칙이다.

1 ② 2 ③ 3 ④ 4 ② 5 ③

06 액화석유가스(LPG)의 성질에 대한 설명으로 틀린 것은?

① 인화 폭발의 위험성이 크다.
② 상온, 대기압에서는 액체이다.
③ 가스의 비중은 공기보다 무겁다.
④ 기화잠열이 커서 냉각제로도 이용 가능하다.

해설
액화석유가스(LPG)는 상온, 대기압에서 항상 기체로 존재한다.

07 다음 중 매연의 발생원인으로 가장 거리가 먼 것은?

① 연소실 온도가 높을 때
② 연소장치가 불량한 때
③ 연료의 질이 나쁠 때
④ 통풍력이 부족할 때

해설
연소실의 온도가 낮을 때 매연이 발생한다.

08 일반적으로 기체연료의 연소방식을 크게 2가지로 분류한 것은?

① 등심연소와 분산연소
② 액면연소와 증발연소
③ 증발연소와 분해연소
④ 예혼합연소와 확산연소

해설
기체연료의 2대 연소방식 : 예혼합연소, 확산연소

09 연소에 관한 용어, 단위 및 수식의 표현으로 옳은 것은?

① 화격자 연소율의 단위 : $[kg/m^2 \cdot h]$
② 공기비(m) : $\dfrac{이론공기량(A_0)}{실제공기량(A)}(m>1.0)$
③ 이론연소가스량(고체연료인 경우) : $[Nm^3/Nm^3]$
④ 고체연료의 저위발열량(H_1)의 관계식 :
$H_1 = H_h - 600(9H - w)[kcal/kg]$

해설
② 공기비 $m = \dfrac{실제공기량}{이론공기량} = \dfrac{A}{A_0}(m>1.0)$
③ 고체연료의 이론연소가스량 : $[Nm^3/kg]$
④ 고체연료의 저위발열량(H_L) :
$H_L = H_h - 600(9H + w)[kcal/kg]$

10 연소관리에 있어 연소 배기가스를 분석하는 가장 직접적인 목적은?

① 공기비 계산
② 노 내압 조절
③ 연소열량 계산
④ 매연농도 산출

해설
연소관리에 있어서 연소 배기가스를 분석하는 가장 직접적인 목적은 공기비를 계산하기 위함이다.

정답 6 ② 7 ① 8 ④ 9 ① 10 ①

11 코크스로가스를 100[Nm³] 연소한 경우 습연소가스량과 건연소가스량의 차이는 약 몇 [Nm³]인가?(단, 코크스로가스의 조성(용량[%])은 CO₂ 3[%], CO 8[%], CH₄ 30 [%], C₂H₄ 4[%], H₂ 50[%] 및 N₂ 5[%])

① 108　　② 118
③ 128　　④ 138

해설
코크스로가스 100[Nm³] → CO₂ 3[%], CO 8[%], CH₄ 30[%], C₂H₄ 4[%], H₂ 50[%], N₂ 5[%]
$CO + 0.5O_2 \rightarrow CO_2$
　8　　4
$CH_4 + 2O_2 \rightarrow CO_2 + 2H_2O$
　30　　60
$C_2H_4 + 3O_2 \rightarrow 2CO_2 + 2H_2O$
　4　　12
$H_2 + 0.5O_2 \rightarrow H_2O$
　50　25
- 이론산소량 = 4 + 60 + 12 + 25 = 101[Nm³]
- 이론질소량 = 101 × (79/21) = 379.95[Nm³]
- CO₂량 = 3 + 8 + 30 + 8 = 49[Nm³]
- N₂량 = 5 + 379.95 = 384.95[Nm³]
- H₂O량 = 60 + 8 + 50 = 118[Nm³]
- 건연소가스량 = 49 + 384.95 = 433.95[Nm³]
- 습연소가스량 = 433.95 + 118 = 551.95[Nm³]
따라서, 습연소가스량 − 건연소가스량 = 551.95 − 433.95 = 118[Nm³]

12 석탄을 연소시킬 경우 필요한 이론산소량은 약 몇 [Nm³/kg]인가?(단, 중량비 조성은 C : 86[%], H : 4[%], O : 8[%], S : 2[%]이다)

① 1.49　　② 1.78
③ 2.03　　④ 2.45

해설
이론산소량
$O_0 = 22.4 \times \sum (\text{각 가연원소의 필요산소량})$
$= 22.4 \times \left\{ \frac{C}{12} + \frac{(H - O/8)}{4} + \frac{S}{32} \right\}$
$= 1.867C + 5.6\left(H - \frac{O}{8}\right) + 0.7S$
$= 1.867 \times 0.86 + 5.6\left(0.04 - \frac{0.08}{8}\right) + 0.7 \times 0.02$
$\simeq 1.78[\text{Nm}^3/\text{kg}]$

13 불꽃연소(Flaming Combustion)에 대한 설명으로 틀린 것은?

① 연소속도가 느리다.
② 연쇄반응을 수반한다.
③ 연소사면체에 의한 연소이다.
④ 가솔린의 연소가 이에 해당한다.

해설
불꽃연소는 연소속도가 매우 빠르다.

14 N₂와 O₂의 가스정수가 다음과 같을 때, N₂가 70[%]인 N₂와 O₂의 혼합가스의 가스정수는 약 몇 [kgf·m/kg·K]인가?(단, 가스정수는 N₂ : 30.26[kgf·m/kg·K], O₂ : 26.49[kgf·m/kg·K]이다)

① 19.24　　② 23.24
③ 29.13　　④ 34.47

해설
혼합가스의 가스정수
$R = 30.26 \times 0.7 + 26.49 \times 0.3 \simeq 29.13[\text{kgf} \cdot \text{m/kg} \cdot \text{K}]$

15 다음 대기오염물 제거방법 중 분진의 제거방법으로 가장 거리가 먼 것은?

① 습식세정법
② 원심분리법
③ 촉매산화법
④ 중력침전법

해설
대기오염 제거방법 중 분진 제거방법으로는 습식세정법, 원심분리법, 중력침전법, 전기식 방법, 여과식 방법 등이 있다.

11 ② 12 ② 13 ① 14 ③ 15 ③

16 고체연료의 공업분석에서 고정탄소를 산출하는 식은?

① 100 − (수분[%] + 회분[%] + 질소[%])
② 100 − (수분[%] + 회분[%] + 황분[%])
③ 100 − (수분[%] + 황분[%] + 휘발분[%])
④ 100 − (수분[%] + 회분[%] + 휘발분[%])

해설
고체연료의 공업분석에서의 고정탄소 산출식
100 − (수분[%] + 회분[%] + 휘발분[%])

17 세정 집진장치의 입자포집원리에 대한 설명으로 틀린 것은?

① 액적에 입자가 충돌하여 부착한다.
② 입자를 핵으로 한 증기의 응결에 의하여 응집성을 증가시킨다.
③ 미립자의 확산에 의하여 액적과의 접촉을 좋게 한다.
④ 배기의 습도 감소에 의하여 입자가 서로 응집한다.

해설
습식(세정식) 집진장치 : 액적, 액방울이나 액막과 같은 작은 매진과 관성에 의한 충돌 부착, 배기의 습도(습기) 증가로 입자의 응집성 증가에 의한 부착, 미립자(작은 매진) 확산에 의한 액적과의 접촉을 좋게 하여 부착, 입자(매진)를 핵으로 한 증기의 응결에 의한 응집성 증가 등의 입자포집원리를 이용하며, 종류로는 유수식, 가압수식(벤투리 스크러버, 사이클론 스크러버, 제트 스크러버, 충전탑), 회전식 등이 있다.

18 다음 중 연료연소 시 최대 탄산가스농도(CO_{2max})가 가장 높은 것은?

① 탄 소
② 연료유
③ 역청탄
④ 코크스로가스

해설
최대 탄산가스농도가 가장 높은 것은 탄소 함량이 가장 높은 것이다.

19 프로판가스 1[kg]을 연소시킬 때 필요한 이론공기량은 약 몇 [Sm³/kg]인가?

① 10.2
② 11.3
③ 12.1
④ 13.2

해설
프로판가스의 연소방정식은 $C_3H_8 + 5O_2 \rightarrow 3CO_2 + 4H_2O$이므로, 필요한 이론공기량은 $A_0 = 5 \times \dfrac{1}{0.21} \times \dfrac{22.4}{44} \simeq 12.1[\text{Sm}^3/\text{kg}]$ 이다.

20 다음 기체 중 폭발범위가 가장 넓은 것은?

① 수 소
② 메 탄
③ 벤 젠
④ 프로판

해설
폭발범위
• 수소 : 4.1~75[%]
• 메탄 : 5~15[%]
• 벤젠 : 1.4~7.4[%]
• 프로판 : 2.1~9.5[%]

제2과목 | 열역학

21 다음 그림과 같은 압력-부피선도($P-V$ 선도)에서 A에서 C로의 정압과정 중 계는 50[J]의 일을 받아들이고 25[J]의 열을 방출하며, C에서 B로의 정적과정 중 75[J]의 열을 받아들인다면, B에서 A로의 과정이 단열일 때 계가 얼마의 일[J]을 하겠는가?

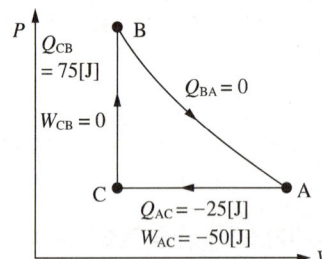

① 25[J] ② 50[J]
③ 75[J] ④ 100[J]

해설
B에서 A로 단열과정에서의 계가 하는 일
받아들인 일 − 방출한 열
$= (_AW_C +\, _CW_B) -\, _BQ_A$
$= (50 + 75) - 25 = 100[\text{J}]$

22 다음 엔트로피에 관한 설명으로 옳은 것은?

① 비가역 사이클에서 클라우지우스(Clausius)의 적분은 영(0)이다.
② 두 상태 사이의 엔트로피 변화는 경로에는 무관하다.
③ 여러 종류의 기체가 서로 확산되어 혼합하는 과정은 엔트로피가 감소한다고 볼 수 있다.
④ 우주 전체의 엔트로피는 궁극적으로 감소되는 방향으로 변화한다.

해설
① 비가역 사이클에서 클라우지우스의 적분은 0보다 작다.
③ 여러 종류의 기체가 서로 확산되어 혼합하는 과정은 엔트로피가 증가한다고 볼 수 있다.
④ 우주 전체의 엔트로피는 궁극적으로 증가되는 방향으로 변화한다.

23 폴리트로픽 과정을 나타내는 다음 식에서 폴리트로픽 지수 n과 관련하여 옳은 것은?(단, P는 압력, V는 부피이고, C는 상수이다. 또한, k는 비열비이다)

$$PV^n = C$$

① $n = \infty$: 단열과정
② $n = 0$: 정압과정
③ $n = k$: 등온과정
④ $n = 1$: 정적과정

해설
폴리트로픽 지수(n)와 상태 변화의 관계식
- n의 범위 : $-\infty \sim +\infty$
- $n = 0$이면, $P = C$: 등압 변화(정압과정)
- $n = 1$이면, $T = C$: 등온 변화(등온과정)
- $n = k(=1.4)$: 단열 변화(단열과정)
- $n = \infty$이면, $V = C$: 등적 변화(정적과정)
- $n > k$이면, 팽창에 의한 열량은 방열량이 되며 온도는 올라간다.
- $1 < n < k$이면, 압축에 의한 열량은 흡열량이 되며 온도는 내려간다.

24 어떤 연료의 1[kg]의 발열량이 36,000[kJ]이다. 이 열이 전부 일로 바뀌고, 1시간마다 30[kg]의 연료가 소비된다고 하면 발생하는 동력은 약 몇 [kW]인가?

① 4 ② 10
③ 300 ④ 1,200

해설
$H = Qm_f$
$= 36,000[\text{kJ/kg}] \times 30[\text{kg/h}]$
$= \dfrac{36,000 \times 30}{3,600} = 300[\text{kW}]$

25 다음 설명과 가장 관계되는 열역학적 법칙은?

> - 열은 그 자신만으로는 저온의 물체로부터 고온의 물체로 이동할 수 없다.
> - 외부에 어떠한 영향을 남기지 않고 한 사이클 동안에 계가 열원으로부터 받은 열을 모두 일로 바꾸는 것은 불가능하다.

① 열역학 제0법칙 ② 열역학 제1법칙
③ 열역학 제2법칙 ④ 열역학 제3법칙

해설
열역학 제2법칙
- 사이클에 의하여 일을 발생시킬 때는 고온체와 저온체가 필요하다.
- 열은 온도가 높은 곳에서 낮은 곳으로 이동한다.
- 열은 그 자신만으로는 저온의 물체로부터 고온의 물체로 이동할 수 없다.
- 열은 차가운 물체에서 더운 물체로 스스로 이동하지 않는다.
- 열은 스스로 고온에서 저온으로 이동할 수 있지만, 저온에서 고온으로는 이동하지 않는다.
- 열에너지가 모두 역학적 에너지로 전환되는 것은 불가능하다.
- 일을 열로 바꾸는 것은 용이하고 완전히 되는 것에 반하여, 열을 일로 바꾸는 것은 그 효율이 절대로 100[%]가 될 수 없다.
- 외부에 어떠한 영향을 남기지 않고 한 사이클 동안에 계가 열원으로부터 받은 열을 모두 일로 바꾸는 것은 불가능하다.

26 다음 중 일반적으로 냉매로 쓰이지 않는 것은?

① 암모니아 ② CO
③ CO_2 ④ 할로겐화탄소

해설
일산화탄소는 일반적으로 냉매로 사용되지 않는다.

27 카르노 사이클에서 최고 온도는 600[K]이고, 최저 온도는 250[K]일 때 이 사이클의 효율은 약 몇 [%]인가?

① 41 ② 49
③ 58 ④ 64

해설
카르노 사이클의 효율
$\eta_c = 1 - \dfrac{T_2}{T_1} = 1 - \dfrac{250}{600} = 0.5833 \simeq 58[\%]$

28 CO_2 기체 20[kg]을 15[℃]에서 215[℃]로 가열할 때 내부에너지의 변화는 약 몇 [kJ]인가?(단, 이 기체의 정적비열은 0.67[kJ/(kg·K)]이다)

① 134 ② 200
③ 2,680 ④ 4,000

해설
내부 에너지의 변화
$\Delta U = Q = m C_v \Delta T = 20 \times 0.67 \times 200 = 2,680[kJ]$

29 다음 그림과 같은 피스톤-실린더 장치에서 피스톤의 질량은 40[kg]이고, 피스톤 면적이 0.05[m²]일 때 실린더 내의 절대압력은 약 몇 [bar]인가?(단, 국소 대기압은 0.96[bar]이다)

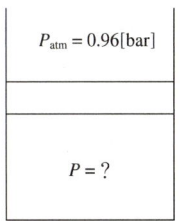

① 0.964 ② 0.982
③ 1.038 ④ 1.122

해설
$P_1 = \dfrac{W}{A} = \dfrac{40}{0.05} = 800[kg/m^2] = 0.08[kg/cm^2]$

$P_2 = P_0 + P_1 = 0.96 + \left(1.013 \times \dfrac{0.08}{1.033}\right) \simeq 1.038[bar]$

30 처음 온도, 압축비, 공급열량이 같은 경우 열효율의 크기를 옳게 나열한 것은?

① Otto Cycle > Sabathe Cycle > Diesel Cycle
② Sabathe Cycle > Diesel Cycle > Otto Cycle
③ Diesel Cycle > Sabathe Cycle > Otto Cycle
④ Sabathe Cycle > Otto Cycle > Diesel Cycle

해설
열효율의 크기 순서
- 초온, 초압, 최저 온도, 압축비, 공급열량, 가열량, 연료 단절비 등이 같은 경우 : 오토 사이클 > 사바테 사이클 > 디젤 사이클
- 최고 압력이 일정한 경우 : 디젤 사이클 > 사바테 사이클 > 오토 사이클

31 증기터빈의 노즐 출구에서 분출하는 수증기의 이론속도와 실제속도를 각각 C_t와 C_a라고 할 때 노즐효율 η_n의 식으로 옳은 것은?(단, 노즐 입구에서의 속도는 무시한다)

① $\eta_n = \dfrac{C_a}{C_t}$ ② $\eta_n = \left(\dfrac{C_a}{C_t}\right)^2$

③ $\eta_n = \sqrt{\dfrac{C_a}{C_t}}$ ④ $\eta_n = \left(\dfrac{C_a}{C_t}\right)^3$

해설
증기터빈의 노즐효율
$\eta_n = \left(\dfrac{C_a}{C_t}\right)^2$
(여기서, C_a : 수증기의 실제속도, C_t : 수증기의 이론속도, 초속은 무시한다)

32 냉장고가 저온체에서 30[kW]의 열을 흡수하여 고온체로 40[kW]의 열을 방출한다. 이 냉장고의 성능계수는?

① 2 ② 3
③ 4 ④ 5

해설
성능계수
$(COP)_R = \varepsilon_R = \dfrac{증발열량}{압축열량} = \dfrac{증발열량}{응축열량 - 증발열량}$
$= \dfrac{30}{40-30} = \dfrac{30}{10} = 3$

33 임계점(Critical Point)에 대한 설명 중 옳지 않은 것은?

① 액상, 기상, 고상이 함께 존재하는 점을 말한다.
② 임계점에서는 액상과 기상을 구분할 수 없다.
③ 임계압력 이상이 되면 상변화과정에 대한 구분이 나타나지 않는다.
④ 물의 임계점에서의 압력과 온도는 약 22.09[MPa], 374.14[℃]이다.

해설
액상, 기상, 고상이 함께 존재하는 점은 임계점이 아니라 삼중점이다.

34 −30[℃], 200[atm]의 질소를 단열과정을 거쳐서 5[atm]까지 팽창했을 때의 온도는 약 얼마인가? (단, 이상기체의 가역과정이고 질소의 비열비는 1.41이다)

① 6[℃] ② 83[℃]
③ −172[℃] ④ −190[℃]

해설

단열과정에서는 $\dfrac{T_2}{T_1} = \left(\dfrac{V_1}{V_2}\right)^{k-1} = \left(\dfrac{P_2}{P_1}\right)^{\frac{k-1}{k}}$ 이므로,

$T_2 = T_1 \times \left(\dfrac{P_2}{P_1}\right)^{\frac{k-1}{k}} = (273-30) \times \left(\dfrac{5}{200}\right)^{\frac{1.41-1}{1.41}}$
$\simeq 83[K] = 83 - 273 = -190[℃]$

35 다음 그림과 같은 브레이턴 사이클에서 효율(η)은? (단, P는 압력, v는 비체적이며, T_1, T_2, T_3, T_4는 각각의 지점에서의 온도이다. q_{in}과 q_{out}은 사이클에서 열이 들어오고 나감을 의미한다)

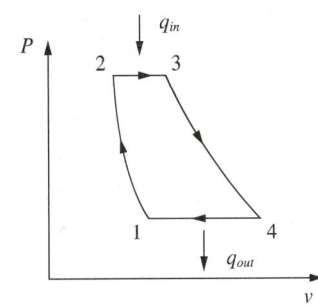

① $\eta = 1 - \dfrac{T_3 - T_2}{T_4 - T_1}$ ② $\eta = 1 - \dfrac{T_1 - T_2}{T_3 - T_4}$

③ $\eta = 1 - \dfrac{T_4 - T_1}{T_3 - T_2}$ ④ $\eta = 1 - \dfrac{T_3 - T_4}{T_1 - T_2}$

해설

브레이턴 사이클의 열효율

$\eta_B = 1 - \dfrac{Q_2}{Q_1} = 1 - \dfrac{T_4 - T_1}{T_3 - T_2} = 1 - \left(\dfrac{1}{\varepsilon}\right)^{\frac{k-1}{k}}$

(여기서, ε : 압축비, k : 비열비)

36 온도 30[℃], 압력 350[kPa]에서 비체적이 0.449 [m³/kg]인 이상기체의 기체상수는 몇 [kJ/(kg·K)]인가?

① 0.143 ② 0.287
③ 0.518 ④ 0.842

해설

기체의 상태방정식 $PV = mRT$에서 양변을 Pm으로 나누면
$\dfrac{V}{m} = \dfrac{RT}{P}$ 이며 비체적 $V_s = \dfrac{V}{m}$ 이므로
$0.449 = \dfrac{R \times (30 + 273.15)}{350}$
∴ 기체상수 $R = \dfrac{350 \times 0.449}{30 + 273.15} \simeq 0.518[kJ/kg \cdot K]$

37 열펌프(Heat Pump) 사이클에 대한 성능계수(COP)는 다음 중 어느 것을 입력일(Work Input)로 나누어 준 것인가?

① 고온부 방출열
② 저온부 흡수열
③ 고온부가 가진 총에너지
④ 저온부가 가진 총에너지

해설

열펌프의 성능계수

$(COP)_H = \varepsilon_H = \dfrac{\text{고온체에 공급한 열량}}{\text{공급일}} = \dfrac{\text{고온부 방출열}}{\text{입력일}}$

38 다음 (　) 안에 들어갈 말로 옳은 것은?

일반적으로 교축(Throttling)과정에서는 외부에 대하여 일을 하지 않고, 열교환이 없으며, 속도 변화가 거의 없음에 따라 (　)(은)는 변하지 않는다고 가정한다.

① 엔탈피 ② 온 도
③ 압 력 ④ 엔트로피

해설

일반적으로 교축과정에서는 외부에 대하여 일을 하지 않고 열교환이 없으며 속도 변화가 거의 없음에 따라 엔탈피는 변하지 않는다고 가정한다.

39 랭킨 사이클로 작동하는 증기동력 사이클에서 효율을 높이기 위한 방법으로 거리가 먼 것은?

① 복수기에서의 압력을 상승시킨다.
② 터빈 입구의 온도를 높인다.
③ 보일러의 압력을 상승시킨다.
④ 재열 사이클(Reheat Cycle)로 운전한다.

해설
랭킨 사이클로 작동하는 증기동력 사이클에서 효율을 높이기 위해서는 복수기에서의 압력을 낮춰야 한다.

40 가역적으로 움직이는 열기관이 300[℃]의 고열원으로부터 200[kJ]의 열을 흡수하여 40[℃]의 저열원으로 열을 배출하였다. 이때 40[℃]의 저열원으로 배출한 열량은 약 몇 [kJ]인가?

① 27 ② 45
③ 73 ④ 109

해설
배출열량
$Q = 200 \times \dfrac{313}{573} \approx 109[kJ]$

제3과목 | 계측방법

41 불연속 제어동작으로 편차 정(+), 부(-)에 의해서 조작신호가 최대, 최소가 되는 제어동작은?

① 미분동작   ② 적분동작
③ 비례동작   ④ 온-오프동작

해설
불연속동작 : 온오프동작

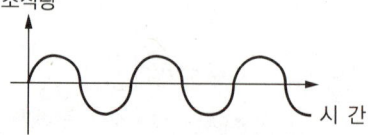

- 조작량이 제어편차에 의해서 정해진 2개의 값이 어느 편인가를 택하는 제어방식
- 편차의 정(+), 부(-)에 의해서 조작신호가 최대, 최소가 되는 제어동작
- 2위치 제어 혹은 뱅뱅제어
- 탱크의 액위를 제어하는 방법으로 주로 이용

42 물리적 가스분석계의 측정법이 아닌 것은?

① 밀도법   ② 세라믹법
③ 열전도율법   ④ 자동 오르자트법

해설
자동 오르자트법은 화학적 가스분석계의 측정법이다.

43 다음 중 압력식 온도계를 이용하는 방법으로 가장 거리가 먼 것은?

① 고체팽창식   ② 액체팽창식
③ 기체팽창식   ④ 증기팽창식

해설
고체팽창식 온도계는 바이메탈 온도계에 속한다.

44 유속 10[m/sec]의 물속에 피토관을 세울 때 수주의 높이는 약 몇 [m]인가?(단, 여기서 중력가속도 g = 9.8[m/sec²]이다)

① 0.51 ② 5.1
③ 0.12 ④ 1.2

해설
피토관의 유속
$v = \sqrt{2g\Delta h}$ 에서 $h = \dfrac{v^2}{2g} = \dfrac{10^2}{2 \times 9.8} \approx 5.1[\text{m}]$

45 내경이 50[mm]인 원관에 20[℃] 물이 흐르고 있다. 층류로 흐를 수 있는 최대 유량은 약 몇 [m³/sec]인가?(단, 임계 레이놀즈수(R_e)는 2,320이고, 20[℃]일 때 동점성계수(ν) = 1.0064×10⁻⁶[m²/sec]이다)

① 5.33×10^{-5}
② 7.36×10^{-5}
③ 9.16×10^{-5}
④ 15.23×10^{-5}

해설
$R_e = \dfrac{vd}{\nu}$ 에서 $v = \dfrac{\nu R_e}{d}$ 이며,

유량은 $Q = Av = \dfrac{\pi d^2}{4} \times \dfrac{\nu R_e}{d}$

$= \dfrac{3.14 \times 50 \times 10^{-3} \times 1.0064 \times 10^{-6} \times 2,320}{4}$

$\approx 9.16 \times 10^{-5} [\text{m}^3/\text{sec}]$

46 다음 중 액면측정방법으로 가장 거리가 먼 것은?

① 유리관식 ② 부자식
③ 차압식   ④ 박막식

해설
액면측정
- 직접 측정식 : 유리관식, 검척식, 부자식
- 간접 측정식 : 압력검출식, 차압식, 편위식, 정전용량식, 전극식, 초음파식, 기포식, γ선식

47 전기저항 온도계의 특징에 대한 설명으로 틀린 것은?

① 원격 측정에 편리하다.
② 자동제어의 적용이 용이하다.
③ 1,000[℃] 이상의 고온 측정에 특히 정확하다.
④ 자기 가열오차가 발생하므로 보정이 필요하다.

해설
전기저항식 온도계 중에서 백금저항 온도계의 최고 측정 가능 온도가 가장 높은데 그 온도는 500[℃] 이하이다.

48 피드백 제어에 대한 설명으로 틀린 것은?

① 폐회로방식이다.
② 다른 제어계보다 정확도가 증가한다.
③ 보일러 점화 및 소화 시 제어한다.
④ 다른 제어계보다 제어폭이 증가한다.

해설
보일러 점화 및 소화에는 피드백 제어가 사용되지 않고 시퀀스 제어가 사용된다.

49 서로 맞서 있는 2개 전극 사이의 정전용량은 전극 사이에 있는 물질 유전율의 함수이다. 이러한 원리를 이용한 액면계는?

① 정전용량식 액면계
② 방사선식 액면계
③ 초음파식 액면계
④ 중추식 액면계

해설
정전용량식 액면계 : 검출소자를 액 속에 넣어 액위에 따른 정전용량의 변화를 측정하여 액면 높이를 측정하는 액면계로, 서로 맞서 있는 2개 전극 사이의 정전용량은 전극 사이에 있는 물질 유전율의 함수이다.
- 측정범위가 넓다.
- 유전율이 온도에 따라 변화되는 곳에는 사용할 수 없다.
- 구조가 간단하고 보수가 용이하다.
- 습기가 있거나 전극에 피측정체를 부착하는 곳에는 부적당하다.

50 기준 수위에서의 압력과 측정 액면계에서의 압력의 차이로부터 액위를 측정하는 방식으로 고압 밀폐형 탱크의 측정에 적합한 액면계는?

① 차압식 액면계
② 편위식 액면계
③ 부자식 액면계
④ 유리관식 액면계

해설
차압식 액면계 : 기준 수위에서의 압력과 측정 액면계에서 압력의 차이로부터 정압 측정하여 액위를 구하며 고압 밀폐탱크에 사용되는 액면계(다이어프램식, U자관식)

51 SI단위계에서 물리량과 기호가 틀린 것은?

① 질량 : [kg]
② 온도 : [℃]
③ 물질량 : [mol]
④ 광도 : [cd]

해설
온도 : [K]

52 다음 중 습도계의 종류로 가장 거리가 먼 것은?

① 모발 습도계
② 듀셀 노점계
③ 초음파식 습도계
④ 전기저항식 습도계

해설
습도계의 종류 중 초음파식은 없다.

53 액주에 의한 압력 측정에서 정밀 측정을 위한 보정으로 반드시 필요로 하지 않는 것은?

① 모세관현상의 보정
② 중력의 보정
③ 온도의 보정
④ 높이의 보정

해설
액주식 압력계의 보정 : 모세관현상의 보정, 중력의 보정, 온도의 보정

54 다음 중 1,000[℃] 이상의 고온을 측정하는 데 적합한 온도계는?

① CC(동-콘스탄탄)열전 온도계
② 백금저항 온도계
③ 바이메탈 온도계
④ 광고온계

해설
광고온계는 1,000[℃] 이상의 고온 측정에 적합하다.

55 자동제어에서 전달함수의 블록선도를 다음 그림과 같이 등가변환시킨 것으로 적합한 것은?

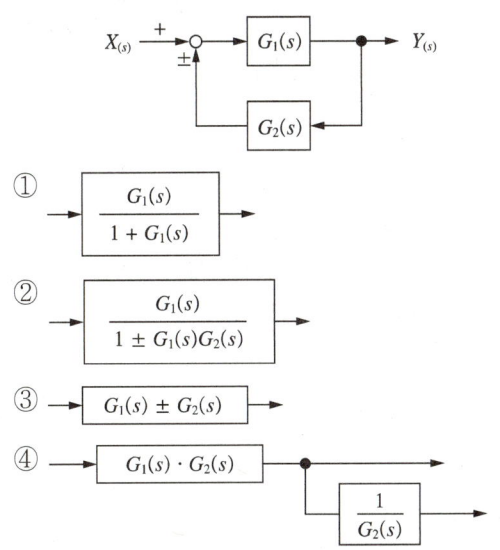

해설
블록선도의 등가변환

블록선도	등가변환
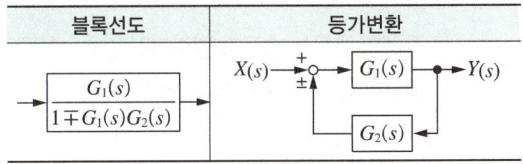	

56 다음 중 백금-백금·로듐 열전대 온도계에 대한 설명으로 가장 적절한 것은?

① 측정 최고 온도는 크로멜-알루멜 열전대보다 낮다.
② 열기전력이 다른 열전대에 비하여 가장 높다.
③ 안정성이 양호하여 표준용으로 사용된다.
④ 200[℃] 이하의 온도 측정에 적당하다.

해설
① 측정 최고온도는 크로멜-알루멜 열전대보다 높다.
② 열기전력이 다른 열전대에 비하여 작다.
④ 측정 온도범위는 0~1,600[℃]이다.

57 다이어프램 압력계의 특징이 아닌 것은?

① 점도가 높은 액체에 부적합하다.
② 먼지가 함유된 액체에 적합하다.
③ 대기압과의 차가 작은 미소압력의 측정에 사용한다.
④ 다이어프램으로 고무, 스테인리스 등의 탄성체 박판이 사용된다.

해설
구조상 먼지 등을 함유한 액체나 점도가 높은 액체에도 적합하다.

58 다음 중 차압식 유량계가 아닌 것은?

① 오리피스(Orifice)
② 벤투리관(Venturi)
③ 로터미터(Rotameter)
④ 플로 노즐(Flow-nozzle)

해설
로터미터는 면적식 유량계이다.

59 다음 유량계 중 유체압력손실이 가장 적은 것은?

① 유속식(Impeller식) 유량계
② 용적식 유량계
③ 전자식 유량계
④ 차압식 유량계

해설
유량계 중 전자식 유량계의 유체압력손실이 가장 작다.

정답 55 ② 56 ③ 57 ① 58 ③ 59 ③

60 2개의 수은 유리 온도계를 사용하는 습도계는?

① 모발 습도계
② 건습구 습도계
③ 냉각식 습도계
④ 저항식 습도계

해설
2개의 수은 유리 온도계를 사용하는 습도계는 건습구 습도계이다.

62 관의 신축량에 대한 설명으로 옳은 것은?

① 신축량은 관의 열팽창계수, 길이, 온도차에 반비례한다.
② 신축량은 관의 길이, 온도차에는 비례하지만 열팽창계수에는 반비례한다.
③ 신축량은 관의 열팽창계수, 길이, 온도차에 비례한다.
④ 신축량은 관의 열팽창계수에 비례하고 온도차와 길이에 반비례한다.

해설
관의 신축량은 관의 열팽창계수, 길이, 온도차에 비례한다.

제4과목 | 열설비재료 및 관계법규

61 에너지이용합리화법에 따라 대통령령으로 정하는 일정 규모 이상의 에너지를 사용하는 사업을 실시하거나 시설을 설치하려는 경우 에너지사용계획을 수립하여, 사업 실시 전 누구에게 제출하여야 하는가?

① 대통령
② 시·도지사
③ 산업통상자원부장관
④ 에너지 경제연구원장

해설
도시개발사업이나 산업단지개발사업 등 대통령령으로 정하는 일정 규모 이상의 에너지를 사용하는 사업을 실시하거나 시설을 설치하려는 자(사업주관자)는 그 사업의 실시와 시설의 설치로 에너지 수급에 미칠 영향과 에너지 소비로 인한 온실가스(이산화탄소만을 말한다)의 배출에 미칠 영향을 분석하고, 소요에너지의 공급계획 및 에너지의 합리적 사용과 그 평가에 관한 계획(에너지사용계획)을 수립하여, 그 사업의 실시 또는 시설의 설치 전에 산업통상자원부장관에게 제출하여야 한다.

63 유체가 관 내를 흐를 때 생기는 마찰로 인한 압력손실에 대한 설명으로 틀린 것은?

① 유체의 흐르는 속도가 빨라지면 압력손실도 커진다.
② 관의 길이가 짧을수록 압력손실은 작아진다.
③ 비중량이 큰 유체일수록 압력손실이 작다.
④ 관의 내경이 커지면 압력손실은 작아진다.

해설
비중량이 큰 유체일수록 압력손실이 크다.

64 열팽창에 의한 배관의 측면 이동을 구속 또는 제한하는 장치가 아닌 것은?

① 앵커
② 스톱
③ 브레이스
④ 가이드

해설
열팽창에 의한 배관의 이동을 구속 또는 제한하는 것을 리스트레인트(Restraint)라고 하며 종류로는 앵커(Anchor), 스토퍼(Stopper), 가이드(Guide) 등이 있다.

65 제철 및 제강공정 중 배소로의 사용목적으로 가장 거리가 먼 것은?

① 유해성분의 제거
② 산화도의 변화
③ 분상광석의 괴상으로의 소결
④ 원광석의 결합수의 제거와 탄산염의 분해

해설
배소로(Roasting Furnace)의 사용목적
- 화학적 조정과 물리적 조직 변화 발생
- 원광석의 결합수(화합수)의 제거와 탄산염의 분해
- 황, 인 등의 유해성분 제거
- 산화도를 변화시켜 자력선광을 할 수 있도록 하며 제련을 용이하게 한다.

66 에너지이용합리화법에 따라 용접검사가 면제되는 대상범위에 해당되지 않는 것은?

① 주철제 보일러
② 강철제 보일러 중 전열면적이 5[m²] 이하이고, 최고 사용압력이 0.35[MPa] 이하인 것
③ 압력용기 중 동체의 두께가 6[mm] 미만인 것으로서 최고 사용압력[MPa]과 내부 부피[m³]를 곱한 수치가 0.02 이하인 것
④ 온수 보일러로서 전열면적이 20[m²] 이하이고, 최고 사용압력이 0.3[MPa] 이하인 것

해설
용접검사 면제대상
- 강철제 보일러 중 전열면적이 5[m²] 이하이고, 최고 사용압력이 0.35[MPa] 이하인 것
- 주철제 보일러
- 1종 관류 보일러
- 온수 보일러 중 전열면적이 18[m²] 이하이고, 최고 사용압력이 0.35[MPa] 이하인 것
- 용접 이음(동체와 플랜지와의 용접 이음 제외)이 없는 강관을 동체로 한 헤더
- 압력용기 중 동체의 두께가 6[mm] 미만인 것으로서 최고 사용압력[MPa]과 내부 부피[m³]를 곱한 수치가 0.02 이하(난방용의 경우에는 0.05 이하)인 것
- 전열교환식인 압력용기로 최고 사용압력이 0.35[MPa] 이하이고, 동체의 안지름이 600[mm] 이하인 것

67 규조토질 단열재의 안전사용온도는?

① 300~500[℃]
② 500~800[℃]
③ 800~1,200[℃]
④ 1,200~1,500[℃]

해설
규조토질 단열재의 안전사용온도 : 800~1,200[℃]

68 에너지원별 에너지열량 환산기준으로 총발열량[kcal]이 가장 높은 연료는?(단, 1[L] 또는 1[kg] 기준이다)

① 휘발유
② 항공유
③ B-C유
④ 천연가스

해설
총발열량[kcal/L](에너지법 시행규칙 별표)
- 휘발유 : 7,810
- 항공유 : 8,720
- B-C유 : 9,960
- 천연가스 : 13,060

69 에너지이용합리화법에 따라 에너지사용안정을 위한 에너지저장의무부과대상자에 해당되지 않는 사업자는?

① 전기사업법에 따른 전기사업자
② 석탄산업법에 따른 석탄가공업자
③ 집단에너지사업법에 따른 집단에너지사업자
④ 액화석유가스사업법에 따른 액화석유가스사업자

해설
에너지저장의무 부과대상자 : 전기사업법에 따른 전기사업자, 도시가스사업법에 따른 도시가스사업자, 석탄산업법에 따른 석탄가공업자, 집단에너지사업법에 따른 집단에너지사업자, 연간 2만 석유환산톤[TOE] 이상의 에너지를 사용하는 자

70 용광로에서 코크스가 사용되는 이유로 가장 거리가 먼 것은?

① 열량을 공급한다.
② 환원성 가스를 생성시킨다.
③ 일부의 탄소는 선철 중에 흡수된다.
④ 철광석을 녹이는 용제역할을 한다.

해설
용광로에서 코크스의 역할
- 흡탄작용(가스 상태로 선철 중에 흡수)
- 선철을 제조하는 데 필요한 열원 공급(탄소의 연소에 따른 열원 공급역할)
- 연소 시 환원성 가스를 발생시켜 철의 환원을 도모(철광석 및 산화물의 환원제 역할)
- 용선과 슬래그에 열을 주는 열교환 매체역할
- 고로 내 통기를 위한 스페이스 제공(고로 내의 가스 통풍을 양호하게 함)

71 내화물의 부피 비중을 바르게 표현한 것은?(단, W_1 : 시료의 건조 중량(kg), W_2 : 함수시료의 수중 중량(kg), W_3 : 함수시료의 중량(kg)이다)

① $\dfrac{W_1}{W_3 - W_2}$
② $\dfrac{W_3}{W_1 - W_2}$
③ $\dfrac{W_3 - W_2}{W_1}$
④ $\dfrac{W_2 - W_3}{W_1}$

해설
부피비중(D_b, Bulk Specific Gravity) : $D_b = \dfrac{W_1}{W_3 - W_2}$

(여기서, W_1 : 시료의 건조중량[kg], W_2 : 함수시료의 수중중량[kg], W_3 : 함수시료의 중량[kg])

72 다음 중 피가열물이 연소가스에 의해 오염되지 않은 가마는?

① 직화식 가마
② 반머플가마
③ 머플가마
④ 직접식 가마

해설
머플가마에서는 피가열물이 연소가스에 의해 오염되지 않는다.

73 에너지법에 따른 용어의 정의에 대한 설명으로 틀린 것은?

① 에너지사용시설이란 에너지를 사용하는 공장·사업장 등의 시설이나 에너지를 전환하여 사용하는 시설을 말한다.
② 에너지사용자란 에너지를 사용하는 소비자를 말한다.
③ 에너지공급자란 에너지를 생산·수입·전환·수송·저장 또는 판매하는 사업자를 말한다.
④ 에너지란 연료·열 및 전기를 말한다.

해설
에너지사용자 : 에너지사용시설의 소유자 또는 관리자

정답 70 ④ 71 ① 72 ③ 73 ②

74 에너지이용합리화법에 따라 에너지이용합리화 기본계획에 포함되지 않는 것은?

① 에너지 이용 합리화를 위한 기술개발
② 에너지의 합리적인 이용을 통한 공해성분(SO$_x$, NO$_x$)의 배출을 줄이기 위한 대책
③ 에너지 이용 합리화를 위한 가격예시제의 시행에 관한 사항
④ 에너지 이용 합리화를 위한 홍보 및 교육

해설
에너지이용합리화 기본계획 포함사항
- 에너지 절약형 경제구조로의 전환
- 에너지 이용효율의 증대
- 에너지 이용 합리화를 위한 기술개발
- 에너지 이용 합리화를 위한 홍보 및 교육
- 에너지원 간 대체
- 열사용기자재의 안전관리
- 에너지 이용 합리화를 위한 가격예시제의 시행
- 에너지의 합리적인 이용을 통한 온실가스의 배출을 줄이기 위한 대책
- 그 밖에 에너지 이용 합리화를 추진하기 위하여 필요한 사항으로서 산업통상자원부령으로 정하는 사항

75 에너지이용합리화법에 따른 효율관리기자재의 제조업자가 효율관리시험기관으로부터 측정결과를 통보받은 날 또는 자체 측정을 완료한 날부터 그 측정결과를 며칠 이내에 한국에너지공단에 신고하여야 하는가?

① 15일 ② 30일
③ 60일 ④ 90일

해설
효율관리기자재의 제조업자 또는 수입업자는 효율관리시험기관으로부터 측정결과를 통보받은 날 또는 자체 측정을 완료한 날부터 각각 90일 이내에 그 측정결과를 한국에너지공단에 신고하여야 한다.

76 에너지이용합리화법에 따른 특정열사용기자재 품목에 해당하지 않는 것은?

① 강철제 보일러 ② 구멍탄용 온수 보일러
③ 태양열 집열기 ④ 태양광 발전기

해설
특정열사용기자재 및 설치·시공범위

구분	품목명	설치·시공범위
보일러	강철제 보일러, 주철제 보일러, 온수 보일러, 구멍탄용 온수 보일러, 축열식 전기 보일러, 캐스케이드 보일러, 가정용 화목보일러	해당 기기의 설치·배관 및 세관
태양열집열기		
압력용기	1종 압력용기, 2종 압력용기	
요업요로	연속식 유리용융가마, 불연속식 유리용융가마, 유리용융 도가니 가마, 터널가마, 도염식 가마, 셔틀가마, 석회용선가마	해당 기기의 설치를 위한 시공
금속요로	용선로, 비철금속용융로, 금속소둔로, 철금속가열로, 금속균열로	

77 시멘트 제조에 사용하는 회전가마(Rotary Kiln)는 다음 여러 구역으로 구분된다. 다음 중 탄산염 원료가 주로 분해되어지는 구역은?

① 예열대 ② 하소대
③ 건조대 ④ 소성대

해설
하소대 : 탄산염 원료 분해 구역

78 내화물 SK-26번이면 용융온도 1,580[℃]에 견디어야 한다. SK-30번이라면 약 몇 [℃]에 견디어야 하는가?

① 1,460[℃] ② 1,670[℃]
③ 1,780[℃] ④ 1,800[℃]

해설
내화물의 사용온도범위 : SK26번 1,580[℃], SK30번 1,670[℃], SK34번 1,750[℃], SK40번 1,920[℃], SK42번 2,000[℃]

정답 74 ② 75 ④ 76 ④ 77 ② 78 ②

79 에너지이용합리화법에 따라 에너지다소비사업자가 산업통상자원부령으로 정하는 바에 따라 신고하여야 하는 사항이 아닌 것은?

① 전년도의 분기별 에너지 사용량, 제품 생산량
② 해당 연도의 분기별 에너지 사용예정량, 제품생산예정량
③ 에너지사용기자재의 현황
④ 에너지 이용효과, 에너지수급체계의 영향 분석 현황

해설

에너지다소비사업자의 신고
- 전년도의 분기별 에너지 사용량, 제품 생산량
- 해당 연도의 분기별 에너지 사용예정량, 제품 생산예정량
- 에너지사용기자재의 현황
- 전년도의 분기별 에너지 이용 합리화 실적 및 해당 연도의 분기별 계획
- 상기의 사항에 관한 업무를 담당하는 자(에너지관리자)의 현황

80 에너지법에 따라 지역에너지계획은 몇 년 이상을 계획기간으로 하여 수립·시행하는가?

① 3년 ② 5년
③ 7년 ④ 10년

해설

특별시장, 광역시장, 특별자치시장, 도지사 또는 특별자치도지사는 관할 구역의 지역적 특성을 고려하여 저탄소녹색성장기본법에 따른 에너지 기본계획의 효율적인 달성과 지역경제의 발전을 위한 지역에너지계획을 5년마다 5년 이상을 계획기간으로 하여 수립·시행하여야 한다.

※ 저탄소녹색성장기본법은 폐지되고, 2022년 7월 1일부터 기후위기 대응을 위한 탄소중립·녹색성장 기본법이 시행된다.

제5과목 | 열설비설계

81 내화벽의 열전도율이 0.9[kcal/m·h·℃]인 재질로 된 평면 벽의 양측 온도가 800[℃]와 100[℃]이다. 이 벽을 통한 단위면적당 열전달량이 1,400 [kcal/m²·h]일 때, 벽 두께[cm]는?

① 25 ② 35
③ 45 ④ 55

해설

열전달량 $Q = K \cdot F \cdot \Delta t = \dfrac{k}{b} \times F \times \Delta t$ 에서

벽 두께 $b = \dfrac{k \times F \times \Delta t}{Q} = \dfrac{0.9 \times 1 \times (800-100)}{1,400} = 0.45[\text{m}]$
$= 45[\text{cm}]$

82 보일러에서 용접 후에 풀림처리를 하는 주된 이유는?

① 용접부의 열응력을 제거하기 위해
② 용접부의 균열을 제거하기 위해
③ 용접부의 연신율을 증가시키기 위해
④ 용접부의 강도를 증가시키기 위해

해설

보일러에서 용접 후 풀림처리를 하는 주된 이유는 용접부의 열응력을 제거하기 위함이다.

83 보일러 운전 및 성능에 대한 설명으로 틀린 것은?

① 보일러 송출증기의 압력을 낮추면 방열손실이 감소한다.
② 보일러의 송출압력이 증가할수록 가열에 이용할 수 있는 증기의 응축잠열은 작아진다.
③ LNG를 사용하는 보일러의 경우 총방열량의 약 10[%]는 배기가스 내부의 수증기에 흡수된다.
④ LNG를 사용하는 보일러의 경우 배기가스로부터 발생되는 응축수의 pH는 11~12 범위에 있다.

해설
LNG를 사용하는 보일러의 경우 배기가스로부터 발생되는 응축수는 산성이며 pH는 4 정도이다.

84 보일러 내처리제와 그 작용에 대한 연결로 틀린 것은?

① 탄산나트륨 – pH 조정
② 수산화나트륨 – 연화
③ 타닌 – 슬러지 조정
④ 암모니아 – 포밍 방지

해설
포밍방지제 : 고급 지방산 에스테르, 폴리아마이드, 고급 지방산 알코올, 프탈산 아마이드 등

85 급수처리방법 중 화학적 처리방법은?

① 이온교환법   ② 가열연화법
③ 증류법   ④ 여과법

해설
②, ③, ④는 물리적 처리방법이다.

86 보일러에서 연소용 공기 및 연소가스가 통과하는 순서로 옳은 것은?

① 송풍기 → 절탄기 → 과열기 → 공기예열기 → 연소실 → 굴뚝
② 송풍기 → 연소실 → 공기예열기 → 과열기 → 절탄기 → 굴뚝
③ 송풍기 → 공기예열기 → 연소실 → 과열기 → 절탄기 → 굴뚝
④ 송풍기 → 연소실 → 공기예열기 → 절탄기 → 과열기 → 굴뚝

해설
보일러에서 연소용 공기 및 연소가스가 통과하는 순서
송풍기 → 공기예열기 → 연소실 → 과열기 → 절탄기 → 굴뚝

87 자연순환식 수관보일러에서 물의 순환에 관한 설명으로 틀린 것은?

① 순환을 높이기 위하여 수관을 경사지게 한다.
② 발생증기의 압력이 높을수록 순환력이 커진다.
③ 순환을 높이기 위하여 수관 직경을 크게 한다.
④ 순환을 높이기 위하여 보일러수의 비중차를 크게 한다.

해설
발생증기의 압력이 높을수록 순환력은 작아진다.

정답 83 ④ 84 ④ 85 ① 86 ③ 87 ②

88 최고 사용압력이 1[MPa]인 수관 보일러의 보일러수 수질관리기준으로 옳은 것은?(pH는 25[℃] 기준으로 한다)

① pH 7~9, M알칼리도 100~800[mgCaCO₃/L]
② pH 7~9, M알칼리도 80~600[mgCaCO₃/L]
③ pH 11~11.8, M알칼리도 100~800[mgCaCO₃/L]
④ pH 11~11.8, M알칼리도 80~600[mgCaCO₃/L]

해설
최고 사용압력이 1[MPa]인 수관보일러의 보일러수 수질관리 기준 : pH 11~11.8(25[℃] 기준), M알칼리도 100~800[mgCaCO₃/L]

89 보일러 운전 시 유지해야 할 최저 수위에 관한 설명으로 틀린 것은?

① 노통 연관 보일러에서 노통이 높은 경우에는 노통 상면보다 75[mm] 상부(플랜지 제외)
② 노통 연관 보일러에서 연관이 높은 경우에는 연관 최상위보다 75[mm] 상부
③ 횡연관 보일러에서 연관 최상위보다 75[mm] 상부
④ 입형 보일러에서 연소실 천장판 최고부보다 75[mm] 상부(플랜지 제외)

해설
최저 수위의 위치 : 수면계의 부착 위치

보일러 종류	부착 위치
직립형 보일러	연소실 천장판 최고부(플랜지부 제외) 위 75[mm]
직립형 연관 보일러	연소실 천장판 최고부 위 연관 길이의 1/3
수평 연관 보일러	연관의 최고부 위 75[mm]
노통 연관 보일러	연관의 최고부 위 75[mm]. 다만, 연관 최고 부분보다 노통 윗면이 높은 것으로서는 노통 최고부(플랜지부 제외) 위 100[mm]
노통 보일러	노통 최고부(플랜지부를 제외) 위 100[mm]

90 긴 관의 일단에서 급수를 펌프로 압입하여 도중에서 가열, 증발, 과열을 한꺼번에 시켜 과열증기로 내보내는 보일러로서 드럼이 없고, 관만으로 구성된 보일러는?

① 이중 증발 보일러   ② 특수 열매 보일러
③ 연관 보일러   ④ 관류 보일러

해설
관류 보일러 : 드럼 없이 초임계압하에서 증기를 발생시키는 강제순환 보일러(드럼이 없고 관만으로 구성시켜서 긴 관의 일단에서 급수를 펌프로 압입하여 도중에서 한꺼번에 가열, 증발, 과열시켜 과열증기로 내보내는 초고압 보일러)

91 저온가스 부식을 억제하기 위한 방법이 아닌 것은?

① 연료 중의 유황성분을 제거한다.
② 첨가제를 사용한다.
③ 공기예열기 전열면 온도를 높인다.
④ 배기가스 중 바나듐의 성분을 제거한다.

해설
배기가스 중의 바나듐 성분의 제거는 고온 부식을 억제하기 위한 방법 중의 하나이다.

92 태양열 보일러가 800[W/m²]의 비율로 열을 흡수한다. 열효율이 9[%]인 장치로 12[kW]의 동력을 얻으려면 전열면적[m²]의 최소 크기는 얼마이어야 하는가?

① 0.17   ② 1.35
③ 107.8   ④ 166.7

해설
동력 P, 단위면적당 흡수열량 Q, 전열면적 A, 열교환기의 효율 η일 때
$P = Q \times A \times \eta$
$12 \times 10^3 = 800 \times A \times 0.09$
∴ 전열면적 $A = \dfrac{12 \times 10^3}{800 \times 0.09} \approx 166.7 [m^3]$

93 내압을 받는 어떤 원통형 탱크의 압력은 3[kg/cm²], 직경은 5[m], 강판 두께는 10[mm]이다. 이 탱크의 이음효율을 75[%]로 할 때, 강판의 인장강도[kg/mm²]는 얼마로 하여야 하는가?(단, 탱크의 반경 방향으로 두께에 응력이 유기되지 않는 이론값을 계산한다)

① 10
② 20
③ 300
④ 400

해설
$\sigma_1 = \dfrac{PD}{2t\eta} = \dfrac{3 \times 10^{-2} \times 5 \times 10^3}{2 \times 10 \times 0.75} = 10 [\text{kg/mm}^2]$

94 연도(굴뚝)설계 시 고려사항으로 틀린 것은?

① 가스 유속을 적당한 값으로 한다.
② 적절한 굴곡저항을 위해 굴곡부를 많이 만든다.
③ 급격한 단면 변화를 피한다.
④ 온도 강하가 작도록 한다.

해설
굴뚝에 굴곡부가 많으면 배기가스저항으로 압력손실이 커진다.

95 과열증기의 특징에 대한 설명으로 옳은 것은?

① 관 내 마찰저항이 증가한다.
② 응축수로 되기 어렵다.
③ 표면에 고온 부식이 발생하지 않는다.
④ 표면의 온도를 일정하게 유지한다.

해설
① 관 내 마찰저항이 감소한다.
③ 표면에 고온 부식이 발생한다.
④ 표면의 온도가 변한다.

96 프라이밍이나 포밍의 방지대책에 대한 설명으로 틀린 것은?

① 주증기밸브를 급히 개방한다.
② 보일러수를 농축시키지 않는다.
③ 보일러수 중의 불순물을 제거한다.
④ 과부하가 되지 않도록 한다.

해설
주증기밸브를 서서히 개방한다.

97 보일러수 5[ton] 중에 불순물이 40[g] 검출되었다. 함유량은 몇 [ppm]인가?

① 0.008
② 0.08
③ 8
④ 80

해설
ppm(parts per million)은 백만분의 1단위이며 물 1,000[mL](1[L]=1,000[cc]) 중에 함유된 시료의 양을 [mg]으로 표시한 것이므로, 함유량 $= \dfrac{40}{5 \times 1,000 \times 1,000} = 8[\text{ppm}]$이다.

98 2중관 열교환기에 있어서 열관류율(K)의 근사식은?(단, F_i : 내관 내면적, F_o : 내관 외면적, α_i : 내관 내면과 유체 사이의 경막계수, α_o : 내관 외면과 유체 사이의 경막계수, 전열계산은 내관 외면 기준일 때이다)

① $\dfrac{1}{\left(\dfrac{1}{\alpha_i F_i}+\dfrac{1}{\alpha_o F_o}\right)}$ ② $\dfrac{1}{\left(\dfrac{1}{\alpha_i \dfrac{F_i}{F_o}}+\dfrac{1}{\alpha_o}\right)}$

③ $\dfrac{1}{\left(\dfrac{1}{\alpha_i}+\dfrac{1}{\alpha_o \dfrac{F_i}{F_o}}\right)}$ ④ $\dfrac{1}{\left(\dfrac{1}{\alpha_o F_i}+\dfrac{1}{\alpha_i F_o}\right)}$

해설
2중관 열교환기의 열관류율의 근사식(전열계산은 내관 외면 기준)
열관류율 $K=\dfrac{1}{R}=\dfrac{1}{\left(\dfrac{1}{\alpha_i F_i}+\dfrac{1}{\alpha_o F_o}\right)}$
(여기서, R : 열저항률, α_i : 내관 내면과 유체 사이의 경막계수, F_i : 내관 내면적, α_o : 내관외면과 유체 사이의 경막계수, F_i : 내관 외면적)

99 24,500[kW]의 증기원동소에 사용하고 있는 석탄의 발열량이 7,200[kcal/kg]이고 원동소의 열효율이 23[%]이라면, 매시간당 필요한 석탄의 양[ton/h]은?(단, 1[kW]는 860[kcal/h]로 한다)

① 10.5   ② 12.7
③ 15.3   ④ 18.2

해설
공급열량 Q_{in}, 사용열량(유효열량) Q_{out}, 매시간당 필요한 석탄의 양 m_f, 석탄의 발열량 H_L 일 때
열기관의 열효율 $\eta=\dfrac{Q_{out}}{Q_{in}}=\dfrac{Q_{out}}{m_f\times H_L}$ 이므로
매시간당 필요한 석탄의 양 $m_f=\dfrac{Q_{out}}{H_L\times \eta}=\dfrac{24,500\times 860}{7,200\times 0.23}$
$\simeq 12,723[kg/h]\simeq 12.7[ton/h]$

100 다음 중 증기관의 크기를 결정할 때 고려해야 할 사항으로 가장 거리가 먼 것은?
① 가 격
② 열손실
③ 압력 강하
④ 증기온도

해설
증기관의 크기 결정 고려사항 : 가격, 열손실, 압력 강하 등

PART 02 | 과년도 + 최근 기출복원문제

2018년 제2회 과년도 기출문제

제1과목 | 연소공학

01 다음 중 연소 전에 연료와 공기를 혼합하여 버너에서 연소하는 방식인 예혼합 연소방식 버너의 종류가 아닌 것은?

① 저압버너 ② 중압버너
③ 고압버너 ④ 송풍버너

해설
예혼합 연소방식 버너의 종류 : 저압버너, 고압버너, 송풍버너

02 프로판(Propane)가스 2[kg]을 완전연소시킬 때 필요한 이론공기량은 약 몇 [Nm³]인가?

① 6   ② 8
③ 16 ④ 24

해설
프로판 가스의 연소방정식 : $C_3H_8 + 5O_2 \rightarrow 3CO_2 + 4H_2O$
프로판 2[kg]은 2/44 = 0.045[kmol]이므로,
이론산소량은 $O_0 = 0.045 \times 5 \times 22.4 \simeq 5.091 [\text{Nm}^3]$
이론공기량은 $A_0 = \dfrac{O_0}{0.21} = \dfrac{5.091}{0.21} \simeq 24 [\text{Nm}^3]$

03 기체연료용 버너의 구성요소가 아닌 것은?

① 가스량 조절부
② 공기/가스 혼합부
③ 보염부
④ 통풍구

해설
통풍구는 통풍장치나 연소장치의 구성요소에 해당된다.

04 등유($C_{10}H_{20}$)를 연소시킬 때 필요한 이론공기량은 약 몇 [Nm³/kg]인가?

① 15.6 ② 13.5
③ 11.4 ④ 9.2

해설
등유의 연소방정식 : $C_{10}H_{20} + 15O_2 \rightarrow 10CO_2 + 10H_2O$
• 등유 1[kg] 연소에 필요한 이론산소량 :
$O_0 = 15 \times 22.4 \times \dfrac{1}{140} = 2.4 [\text{Nm}^3/\text{kg}]$
• 등유 1[kg] 연소에 필요한 이론공기량 :
$A_0 = \dfrac{O_0}{0.21} = \dfrac{2.4}{0.21} \simeq 11.4 [\text{Nm}^3/\text{kg}]$

05 연도가스 분석결과 CO_2 12.0[%], O_2 6.0[%], CO 0.0[%]이라면 $CO_{2\max}$는 몇 [%]인가?

① 13.8 ② 14.8
③ 15.8 ④ 16.8

해설
CO 성분이 0[%]일 때
$CO_{2\max} = \dfrac{21 \times CO_2[\%]}{21 - O_2[\%]} = \dfrac{21 \times 12.0}{21 - 6.0} = 16.8[\%]$

정답 1 ② 2 ④ 3 ④ 4 ③ 5 ④

06 연소 상태에 따라 매연 및 먼지의 발생량이 달라진다. 다음 설명 중 잘못된 것은?

① 매연은 탄화수소가 분해 연소할 경우에 미연의 탄소입자가 모여서 된 것이다.
② 매연의 종류 중 질소산화물 발생을 방지하기 위해서는 과잉공기량을 늘리고 노 내압을 높게 한다.
③ 배기 먼지를 적게 배출하기 위한 건식 집진장치는 사이클론, 멀티클론, 백필터 등이 있다.
④ 먼지입자는 연료에 포함된 회분의 양, 연소방식, 생산물질의 처리방법 등에 따라서 발생하는 것이다.

[해설]
매연의 종류 중 질소산화물 발생을 방지하기 위해서는 과잉공기량을 줄이고 노 내압을 낮게 한다.

07 다음 중 중유연소의 장점이 아닌 것은?

① 회분을 전혀 함유하지 않으므로 이것에 의한 장해는 없다.
② 점화 및 소화가 용이하며, 화력의 가감이 자유로워 부하변동에 적용이 용이하다.
③ 발열량이 석탄보다 크고, 과잉공기가 적어도 완전연소시킬 수 있다.
④ 재가 적게 남으며, 발열량, 품질 등이 고체연료에 비해 일정하다.

[해설]
회분을 전혀 함유하지 않으므로 이것에 의한 장해가 없는 연료는 기체연료이다.

08 연소가스에 들어 있는 성분을 CO_2, C_mH_n, O_2, CO의 순서로 흡수 분리시킨 후 체적 변화로 조성을 구하고, 이어 잔류가스에 공기나 산소를 혼합, 연소시켜 성분을 분석하는 기체연료 분석방법은?

① 헴펠법　　② 치환법
③ 리비히법　④ 에슈카법

[해설]
헴펠법 : 연소가스 중에 들어 있는 성분을 이산화탄소(CO_2), 중탄화수소(C_mH_n), 산소(O_2) 등의 순서로 흡수체에 접촉 분리시킨 후 체적 변화로 조성을 구하고, 이어 잔류가스에 공기나 산소를 혼합, 연소시켜 성분을 분석하는 기체연료 분석방법

09 수소가 완전 연소하여 물이 될 때, 수소와 연소용 산소와 물의 몰(mol)비는?

① 1 : 1 : 1　② 1 : 2 : 1
③ 2 : 1 : 2　④ 2 : 1 : 3

[해설]
수소의 연소방정식 : $H_2 + 0.5O_2 \rightarrow H_2O$이므로, 몰비는
수소 : 산소 : 물 = 1 : 0.5 : 1 = 2 : 1 : 2

10 연소가스 중의 질소산화물 생성을 억제하기 위한 방법으로 틀린 것은?

① 2단 연소
② 고온연소
③ 농담 연소
④ 배기가스 재순환연소

[해설]
고온연소는 연소가스 중의 질소산화물을 더 증가시킨다.

11 최소 착화에너지(MIE)의 특징에 대한 설명으로 옳은 것은?

① 질소농도의 증가는 최소 착화에너지를 감소시킨다.
② 산소농도가 많아지면 최소 착화에너지는 증가한다.
③ 최소 착화에너지는 압력 증가에 따라 감소한다.
④ 일반적으로 분진의 최소 착화에너지는 가연성 가스보다 작다.

해설
최소 점화에너지 혹은 최소 착화에너지(MIE) : 가연성 혼합기체(가스 및 증기, 분체 등)의 점화에 필요한 최소 에너지로, 연소속도, 열전도도, 질소농도 등에 따라 증가되며 압력, 산소농도 등에 따라 감소된다.

12 액체연료 1[kg] 중에 같은 질량의 성분이 포함될 때, 다음 중 고위발열량에 가장 크게 기여하는 성분은?

① 수 소   ② 탄 소
③ 황   ④ 회 분

해설
고위발열량에 가장 크게 기여하는 성분은 수소이다.

13 버너에서 발생하는 역화의 방지대책과 거리가 먼 것은?

① 버너온도를 높게 유지한다.
② 리프트 한계가 큰 버너를 사용한다.
③ 다공버너의 경우 각각의 연료 분출구를 작게 한다.
④ 연소용 공기를 분할 공급하여 일차 공기를 착화 범위보다 작게 한다.

해설
버너 부근의 온도가 아니라 연소실, 화실, 노, 노통의 온도를 높게 유지한다.

14 연소관리에 있어서 과잉공기량 조절 시 다음 중 최소가 되게 조절하여야 할 것은?(단, L_s : 배기가스에 의한 열손실량, L_i : 불완전연소에 의한 열손실량, L_c : 연소에 의한 열손실량, L_r : 열복사에 의한 열손실량일 때를 나타낸다)

① $L_s + L_i$ ② $L_s + L_r$
③ $L_i + L_c$ ④ L_i

해설
과잉공기량 조절 시 최소로 조절해야 할 대상
$L_s + L_i$
(여기서, L_s : 배기가스에 의한 열손실량, L_i : 불완전연소에 의한 열손실량)

15 보일러실에 자연환기가 안 될 때 실외로부터 공급하여야 할 공기는 벙커 C유 1[L]당 최소 몇 [Nm³]이 필요한가?(단, 벙커 C유의 이론공기량은 10.24 [Nm³/kg], 비중은 0.96, 연소장치의 공기비는 1.3으로 한다)

① 11.34   ② 12.78
③ 15.69   ④ 17.85

해설
$A = mA_0 = 1.3 \times 0.96 \times 10.24 \simeq 12.78 [\text{Nm}^3/\text{L}]$

16 다음 중 분해 폭발성 물질이 아닌 것은?

① 아세틸렌   ② 하이드라진
③ 에틸렌   ④ 수 소

해설
분해 폭발성 물질 : 아세틸렌, 하이드라진, (산화)에틸렌, 5류 위험물

17 과잉공기량이 연소에 미치는 영향으로 가장 거리가 먼 것은?

① 열효율
② CO 배출량
③ 노 내 온도
④ 연소 시 와류 형성

해설
과잉공기량은 열효율, CO 배출량 노 내 온도 등에 영향을 미치지만 연소 시 와류는 화실 주위의 윈드박스로 인하여 형성된다.

18 다음 중 습식 집진장치의 종류가 아닌 것은?

① 멀티클론(Multiclone)
② 제트 스크러버(Jet Scrubber)
③ 사이클론 스크러버(Cyclone Scrubber)
④ 벤투리 스크러버(Venturi Scrubber)

해설
멀티클론은 건식 집진장치이다.

19 다음 석탄의 성질 중 연소성과 가장 관계가 적은 것은?

① 비 열
② 기공률
③ 점결성
④ 열전도율

해설
점결성은 연소성과는 거리가 멀고 주로 코크스의 제조성과 관련 있다.

20 미분탄연소의 특징이 아닌 것은?

① 큰 연소실이 필요하다.
② 마모 부분이 많아 유지비가 많이 든다.
③ 분쇄시설이나 분진처리시설이 필요하다.
④ 중유연소기에 비해 소요동력이 적게 필요하다.

해설
미분탄연소 시 소요동력이 많이 든다.

제2과목 | 열역학

21 압력이 1,000[kPa]이고, 온도가 400[℃]인 과열증기의 엔탈피는 약 몇 [kJ/kg]인가?(단, 압력이 1,000[kPa]일 때 포화온도는 179.1[℃], 포화증기의 엔탈피는 2,775[kJ/kg]이고, 과열증기의 평균비열은 2.2[kJ/(kg · K)]이다)

① 1,547
② 2,452
③ 3,261
④ 4,453

해설
과열증기의 엔탈피
$h_B = h'' + C_B(t_B - t_A)$
$= 2,775 + 2.2 \times (400 - 179.1) \approx 3,261 [kJ/kg]$
(여기서, h'' : 포화증기의 엔탈피, C_B : 과열증기의 평균비열, t_B : 과열증기의 온도, t_A : 포화증기의 온도)

22 밀폐계에서 비가역 단열과정에 대한 엔트로피 변화를 옳게 나타낸 식은?(단, S는 엔트로피, C_p는 정압비열, T는 온도, R은 기체상수, P는 압력, Q는 열량을 나타낸다)

① $dS = 0$
② $dS > 0$
③ $dS = C_p \dfrac{dT}{T} - R \dfrac{dP}{P}$
④ $dS = \dfrac{\delta Q}{T}$

해설
비가역 단열 변화에서의 엔트로피 변화 : $dS > 0$

24 다음 공기 표준 사이클(Air Standard Cycle) 중 두 개의 등온과정과 두 개의 정압과정으로 구성된 사이클은?

① 디젤(Diesel) 사이클
② 사바테(Sabathe) 사이클
③ 에릭슨(Ericsson) 사이클
④ 스터링(Stirling) 사이클

해설
에릭슨(Ericsson) 사이클 : 가스터빈의 기본 사이클이며 등온 변화 2개와 정압 변화 2개로 구성되어 있다.

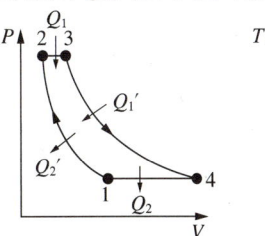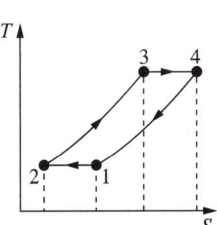

에릭슨 사이클의 과정 : 등온압축 → 정압가열 → 등온팽창 → 정압방열

23 이상기체 1[mol]이 그림의 b과정(2 → 3 과정)을 따를 때 내부에너지의 변화량은 약 몇 [J]인가?(단, 정적비열은 $1.5 \times R$이고, 기체상수 R은 8.314[kJ/(kmol·K)]이다)

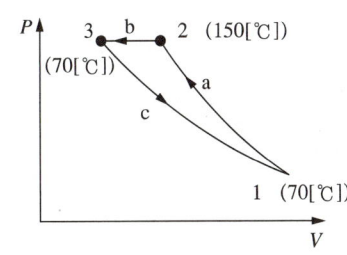

① -333
② -665
③ -998
④ $-1,662$

해설
내부에너지 변화량
$\Delta U = C_v \Delta T = 1.5 \times 8.314 \times (343 - 423) \approx -998[J]$

25 동일한 온도, 압력조건에서 포화수 1[kg]과 포화증기 4[kg]을 혼합하여 습증기가 되었을 때 이 증기의 건도는?

① 20[%]   ② 25[%]
③ 75[%]   ④ 80[%]

해설
건도
$x = \dfrac{증기\ 중량}{습증기\ 중량} = \dfrac{4}{1+4} = 0.8 = 80[\%]$

26 압력 200[kPa], 체적 1.66[m³]의 상태에 있는 기체가 정압조건에서 초기 체적의 $\frac{1}{2}$로 줄었을 때 이 기체가 행한 일은 약 몇 [kJ]인가?

① -166　　② -198.5
③ -236　　④ -245.5

해설
기체가 행한 일
$W = \int F ds = 200 \times \left(\frac{1}{2} - 1\right) \times 1.66 = -166[kJ]$

27 공기를 작동유체로 하는 Diesel Cycle의 온도범위가 32~3,200[℃]이고, 이 사이클의 최고 압력이 6.5[MPa], 최초 압력이 160[kPa]일 경우 열효율은 약 얼마인가?(단, 공기의 비열비는 1.4이다)

① 41.4[%]　　② 46.5[%]
③ 50.9[%]　　④ 55.8[%]

해설
압축비와 단절비를 구해서 열효율 식에 대입한다.

압축비 $\varepsilon = \left(\frac{P_2}{P_1}\right)^{\frac{1}{k}} = \left(\frac{6,500}{160}\right)^{\frac{1}{1.4}} = 14$

단절비 $\sigma = \frac{V_3}{V_2} = \frac{T_3}{T_2} = \frac{3,200 + 273}{T_1 \varepsilon^{k-1}}$
$= \frac{3,473}{305 \times 14^{0.4}} \approx 3.96$

열효율 $\eta_d = 1 - \left(\frac{1}{\varepsilon}\right)^{k-1} \times \frac{\sigma^k - 1}{k(\sigma - 1)}$
$= 1 - \left(\frac{1}{14}\right)^{1.4-1} \times \frac{3.96^{1.4} - 1}{1.4 \times (3.96 - 1)} \approx 50.9[\%]$

28 실린더 속에 100[g]의 기체가 있다. 이 기체가 피스톤의 압축에 따라서 2[kJ]의 일을 받고 외부로 3[kJ]의 열을 방출했다. 이 기체의 단위 [kg]당 내부에너지는 어떻게 변화하는가?

① 1[kJ/kg] 증가한다.
② 1[kJ/kg] 감소한다.
③ 10[kJ/kg] 증가한다.
④ 10[kJ/kg] 감소한다.

해설
기체 100[g]의 내부에너지 변화량
$\Delta U = U_2 - U_1 = -3 - (-2) = -1[kJ/100g] = -10[kJ/kg]$
이므로, 단위 [kg]당 내부에너지는 10[kJ/kg] 감소한다.

29 냉동기에 사용되는 냉매의 구비조건으로 옳지 않은 것은?

① 응고점이 낮을 것
② 액체의 표면장력이 작을 것
③ 임계점(Critical Point)이 낮을 것
④ 비열비가 작을 것

해설
냉매는 임계점이 높아야 한다.

30 다음 온도(T)-엔트로피(S) 선도에 나타난 랭킨(Rankine) 사이클의 효율을 바르게 나타낸 것은?

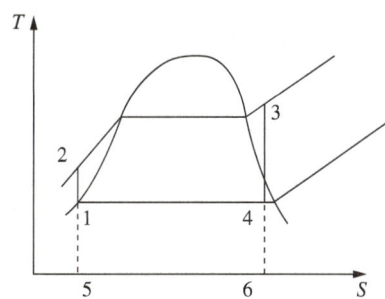

① $\dfrac{\text{면적 } 1-2-3-4-1}{\text{면적 } 5-2-3-6-5}$

② $1-\dfrac{\text{면적 } 1-2-3-4-1}{\text{면적 } 5-2-3-6-5}$

③ $\dfrac{\text{면적 } 1-4-6-5-1}{\text{면적 } 5-2-3-6-5}$

④ $\dfrac{\text{면적 } 1-2-3-4-1}{\text{면적 } 5-1-4-6-5}$

해설
랭킨 사이클의 효율
$\eta_R = \dfrac{\text{면적 } 1-2-3-4-1}{\text{면적 } 5-2-3-6-5}$

31 어떤 기체의 이상기체 상수는 2.08[kJ/(kg·K)]이고, 정압비열은 5.24[kJ/(kg·K)]일 때 이 가스의 정적비열은 약 몇 [kJ/(kg·K)]인가?

① 2.18　② 3.16
③ 5.07　④ 7.20

해설
정적비열
$C_v = C_p - R = 5.24 - 2.08 = 3.16$ [kJ/kg·K]

32 98.1[kPa], 60[℃]에서 질소 2.3[kg], 산소 1.8[kg]의 기체 혼합물이 등엔트로피 상태로 압축되어 압력이 343[kPa]로 되었다. 이때 내부에너지 변화는 약 몇 [kJ]인가?(단, 혼합기체의 정적비열은 0.711[kJ/(kg·K)]이고, 비열비는 1.4이다)

① 325　② 417
③ 498　④ 562

해설
가역 단열과정에서
$T_2 = T_1 \left(\dfrac{P_2}{P_1}\right)^{\frac{k-1}{k}}$
$= (60+273) \times \left(\dfrac{343}{98.1}\right)^{\frac{1.4-1}{1.4}} \simeq 476$[K] 이며,

내부에너지 변화량은
$\Delta U = m C_v dT$
$= (2.3+1.8) \times 0.711 \times (476-333) \simeq 417$[kJ] 이다.

33 다음 그림과 같은 카르노 냉동 사이클에서 성적계수는 약 얼마인가?(단, 각 사이클에서의 엔탈피(h)는 $h_1 \simeq h_4 = 98$[kJ/kg], $h_2 = 231$[kJ/kg], $h_3 = 282$[kJ/kg]이다)

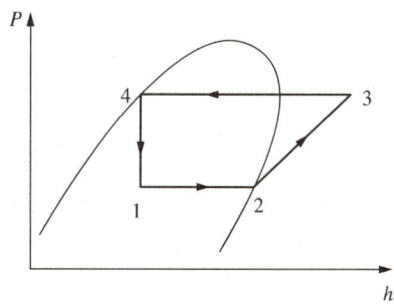

① 1.9　② 2.3
③ 2.6　④ 3.3

해설
카르노 냉동 사이클의 성적계수
$\varepsilon_R = \dfrac{\text{저온체에서의 흡수열량}}{\text{공급일}} = \dfrac{231-98}{282-231} = \dfrac{133}{51} \simeq 2.6$

34 일정한 질량유량으로 수평하게 증기가 흐르는 노즐이 있다. 노즐 입구에서 엔탈피 3,205[kJ/kg]이고, 증기속도는 15[m/sec]이다. 노즐 출구에서의 증기 엔탈피가 2,994[kJ/kg]일 때 노즐 출구에서의 증기의 속도는 약 몇 [m/sec]인가?(단, 정상상태로서 외부와의 열교환은 없다고 가정한다)

① 500 ② 550
③ 600 ④ 650

해설
단열 노즐 출구에서의 증기속도
$v_2 = 44.72\sqrt{h_1 - h_2} = 44.72\sqrt{3,205 - 2,994} \simeq 650 [\text{m/sec}]$

35 비압축성 유체의 체적팽창계수 β에 대한 식으로 옳은 것은?

① $\beta = 0$ ② $\beta = 1$
③ $\beta > 0$ ④ $\beta < 1$

해설
비압축성 유체의 체적팽창계수 : $\beta = 0$

36 이상기체를 등온과정으로 초기 체적의 $\frac{1}{2}$로 압축하려 한다. 이때 필요한 압축일의 크기는?(단, m은 질량, R은 기체상수, T는 온도이다)

① $\frac{1}{2}mRT \times \ln 2$ ② $mRT \times \ln 2$
③ $2mRT \times \ln 2$ ④ $mRT \times \left(\ln \frac{1}{2}\right)^2$

해설
필요한 압축일의 크기
$W = mRT \ln 2$

37 표준 증기압축 냉동 사이클을 설명한 것으로 옳지 않은 것은?

① 압축과정에서는 기체 상태의 냉매가 단열압축되어 고온·고압의 상태가 된다.
② 증발과정에서는 일정한 압력 상태에서 저온부로부터 열을 공급받아 냉매가 증발한다.
③ 응축과정에서는 냉매의 압력이 일정하며 주위로의 열방출을 통해 냉매가 포화액으로 변한다.
④ 팽창과정은 단열 상태에서 일어나며, 대부분 등엔트로피 팽창을 한다.

해설
팽창과정은 등엔탈피 팽창을 한다.

38 Rankine Cycle의 4개 과정으로 옳은 것은?

① 가역 단열팽창 → 정압방열 → 가역 단열압축 → 정압가열
② 가역 단열팽창 → 가역 단열압축 → 정압가열 → 정압방열
③ 정압가열 → 정압방열 → 가역 단열압축 → 가역 단열팽창
④ 정압방열 → 정압가열 → 가역 단열압축 → 가역 단열팽창

해설
랭킨 사이클의 순서 : 단열압축 → 정압가열 → 단열팽창 → 정압냉각

39 온도가 800[K]이고, 질량이 10[kg]인 구리를 온도 290[K]인 100[kg]의 물속에 넣었을 때 이 계 전체의 엔트로피 변화는 몇 [kJ/K]인가?(단, 구리와 물의 비열은 각각 0.398[kJ/(kg·K)], 4.185[kJ/(kg·K)]이고, 물은 단열된 용기에 담겨 있다)

① -3.973
② 2.897
③ 4.424
④ 6.870

해설

$m_1 C_1 T_1 + m_2 C_2 T_2 = m_1 C_1 T_m + m_2 C_2 T_m$ 에서

$T_m = \dfrac{m_1 C_1 T_1 + m_2 C_2 T_2}{m_1 C_1 + m_2 C_2}$

$= \dfrac{10 \times 0.398 \times 800 + 100 \times 4.185 \times 290}{10 \times 0.398 + 100 \times 4.185} \simeq 294.8[K]$

$\Delta S = \dfrac{\delta Q}{T} = m_1 C_1 \ln \dfrac{T_m}{T_1} + m_2 C_2 \ln \dfrac{T_m}{T_2}$

$= 10 \times 0.398 \times \ln \dfrac{294.8}{800} + 100 \times 4.185 \times \ln \dfrac{294.8}{290}$

$\simeq 2.897 [kJ/K]$

40 다음 중 포화액과 포화증기의 비엔트로피 변화량에 대한 설명으로 옳은 것은?

① 온도가 올라가면 포화액의 비엔트로피는 감소하고 포화증기의 비엔트로피는 증가한다.
② 온도가 올라가면 포화액의 비엔트로피는 증가하고 포화증기의 비엔트로피는 감소한다.
③ 온도가 올라가면 포화액과 포화증기의 비엔트로피는 감소한다.
④ 온도가 올라가면 포화액과 포화증기의 비엔트로피는 증가한다.

해설
포화액과 포화증기의 비엔트로피 변화량 : 온도가 올라가면 포화액의 비엔트로피는 증가하고, 포화증기의 비엔트로피는 감소한다.

제3과목 | 계측방법

41 다음 중 용적식 유량계에 해당하는 것은?

① 오리피스미터
② 습식가스미터
③ 로터미터
④ 피토관

해설
용적식 유량계 : 오벌식(오벌미터), 원판식, 피스톤형, 루트형, (습식) 가스미터

42 다음 중 계량단위에 대한 일반적인 요건으로 가장 적절하지 않은 것은?

① 정확한 기준이 있을 것
② 사용하기 편리하고 알기 쉬울 것
③ 대부분의 계량단위를 60진법으로 할 것
④ 보편적이고 확고한 기반을 가진 안정된 원기가 있을 것

해설
대부분의 계량단위는 10진법으로 해야 한다.

43 베르누이 정리를 응용하여 유량을 측정하는 방법으로 액체의 전압과 정압과의 차로부터 순간치 유량을 측정하는 유량계는?

① 로터미터
② 피토관
③ 임펠러
④ 휘트스톤 브리지

해설
피토관식 유량계 : 어떤 관 속을 흐르는 유체의 한 점에서의 속도를 측정하고자 할 때 가장 적당한 유속 측정이 가능한 유속식 유량계
• 응용원리 : 베르누이 정리
• 액체의 전압과 정압과의 차(동압)로부터 순간치 유량을 측정한다.

44 다음 중 공기식 전송을 하는 계장용 압력계의 공기 압신호는 몇 [kg/cm²]인가?

① 0.2~1.0 ② 1.5~2.5
③ 3~5   ④ 4~20

해설
계장용 압력계 : 압력 데이터 0.2~1.0[kg/cm²]의 공기압 신호압력으로 공기식 전송을 하는 압력계

45 다음 가스분석방법 중 물리적 성질을 이용한 것이 아닌 것은?

① 밀도법
② 연소열법
③ 열전도율법
④ 가스크로마토그래프법

해설
연소열법은 화학식 가스분석방법에 속한다.

46 다음 그림과 같은 U자관에서 유도되는 식은?

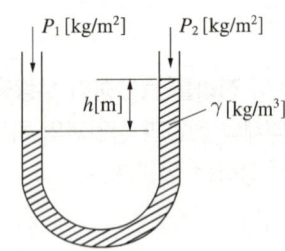

① $P_1 = P_2 - h$ ② $h = \gamma(P_1 - P_2)$
③ $P_1 + P_2 = \gamma h$ ④ $P_1 = P_2 + \gamma h$

해설
U자관 압력유도식
$P_1 = P_2 + \gamma h$

47 다음 중 송풍량을 일정하게 공급하려고 할 때 가장 적당한 제어방식은?

① 프로그램 제어 ② 비율제어
③ 추종제어   ④ 정치제어

해설
송풍량을 일정하게 공급하려고 할 때 가장 적당한 제어방식은 정치제어이다.

48 다음 중 비접촉식 온도계는?

① 색 온도계   ② 저항 온도계
③ 압력식 온도계 ④ 유리 온도계

해설
②, ③, ④는 접촉식 온도계이다.

49 열전대 온도계 보호관 중 내열강 SEH-5에 대한 설명으로 옳지 않은 것은?

① 내식성, 내열성 및 강도가 좋다.
② 자기관에 비해 저온측정에 사용된다.
③ 유황가스 및 산화염에도 사용이 가능하다.
④ 사용온도는 800[℃]이고, 최고 사용온도는 850[℃]까지 가능하다.

해설
사용온도는 1,050[℃]이고, 최고 사용온도는 1,200[℃]까지 가능하다.

50 열전대 온도계의 보호관 중 상용 사용온도가 약 1,000[℃]이며 내열성, 내산성이 우수하나 환원성 가스에 기밀성이 약간 떨어지는 것은?

① 카보런덤관　② 자기관
③ 석영관　　　④ 황동관

> **해설**
> 석영관 : 최고 측정온도는 1,100[℃] 이하이며, 상용 사용온도는 약 1,000[℃]이다. 내열성, 내산성이 우수하나 환원성 가스에 기밀성이 약간 떨어진다.

51 다음 중 가스의 열전도율이 가장 큰 것은?

① 공 기　② 메 탄
③ 수 소　④ 이산화탄소

> **해설**
> 수소는 열전도도가 매우 크며 열에 대해 안정적이다.

52 1차 제어장치가 제어량을 측정하여 제어명령을 발하고, 2차 제어장치가 이 명령을 바탕으로 제어량을 조절할 때, 다음 중 측정제어로 가장 적절한 것은?

① 추치제어　　　② 프로그램 제어
③ 캐스케이드 제어　④ 시퀀스 제어

> **해설**
> 캐스케이드 제어에서는 1차 제어장치로 제어량을 측정하고, 2차 제어장치로 제어량을 조절한다.

53 폐루프를 형성하여 출력측의 신호를 입력측에 되돌리는 제어를 의미하는 것은?

① 뱅 뱅
② 리 셋
③ 시퀀스
④ 피드백

> **해설**
> 피드백 : 폐루프를 형성하여 출력측의 신호를 입력측에 되돌리는 제어

54 20[L]인 물의 온도를 15[℃]에서 80[℃]로 상승시키는 데 필요한 열량은 약 몇 [kJ]인가?

① 4,680
② 5,442
③ 6,320
④ 6,860

> **해설**
> 필요한 열량
> $Q = 20 \times 4.186 \times 65 \simeq 5,442[kJ]$

55 U자관 압력계에 사용되는 액주의 구비조건이 아닌 것은?

① 열팽창계수가 작을 것
② 모세관현상이 작을 것
③ 화학적으로 안정될 것
④ 점도가 클 것

> **해설**
> U자관 압력계에 사용되는 액주의 점도는 크지 않아야 한다.

56 온도계의 동작지연에 있어서 온도계의 최초 지시치가 T_0[℃], 측정한 온도가 x[℃]일 때, 온도계 지시치 T[℃]와 시간 τ와의 관계식은?(단, λ는 시정수이다)

① $dT/d\tau = (x - T_0)/\lambda$
② $dT/d\tau = \lambda/(x - T_0)$
③ $dT/d\tau = (\lambda - x)/T_0$
④ $dT/d\tau = T_0/(\lambda - x)$

해설
온도계의 동작지연에 있어서 온도계 지시치와 시간과의 관계식
$$\frac{dT}{d\tau} = \frac{(x - T_0)}{\lambda}$$
(여기서, T : 온도계의 지시치, x : 측정온도, τ : 시간, λ : 시정수)

57 다음 용어에 대한 설명으로 옳지 않은 것은?

① 측정량 : 측정하고자 하는 양
② 값 : 양의 크기를 함께 수와 기준
③ 제어편차 : 목표치에 제어량을 더한 값
④ 양 : 수와 기준으로 표시할 수 있는 크기를 갖는 현상이나 물체 또는 물질의 성질

해설
제어편차 : 목표치에서 제어량을 뺀 값

58 다음 집진장치 중 코트렐식과 관계가 있는 방식으로, 코로나 방전을 일으키는 것과 관련 있는 집진기로 가장 적절한 것은?

① 전기식 집진기   ② 세정식 집진기
③ 원심식 집진기   ④ 사이클론 집진기

해설
전기식 집진장치(코트렐식) : 직류전원으로 불평등 전계를 형성하고 이 전계에 코로나 방전을 이용하여 가스 중의 입자에 전하를 주어 (−)로 대전된 입자를 전기력(쿨롱력)에 의해 집진극(+)으로 이동시켜 미립자를 분리 및 포집하는 장치이다(건식, 습식).
• 방전극을 음, 집진극을 양으로 한다.
• 전기집진은 쿨롱력에 의해 포집된다.
• 포집입자의 직경은 0.05~20[μm] 정도이다.
• 집진효율이 90~99.9[%]로서 높은 편이다.
• 광범위한 온도범위에서 설계가 가능하다.
• 낮은 압력손실로 대량의 가스처리가 가능하다.

59 다음 중 수분흡수법에 의해 습도를 측정할 때 흡수제로 사용하기에 가장 적절하지 않은 것은?

① 오산화인
② 피크린산
③ 실리카겔
④ 황산

해설
피크린산은 수분흡수법에 의한 습도 측정 시의 흡수제로 부적절하다.

60 다음 중 오리피스(Orifice), 벤투리관(Venturitube)을 이용하여 유량을 측정하고자 할 때 필요한 값으로 가장 적절한 것은?

① 측정기구 전후의 압력차
② 측정기구 전후의 온도차
③ 측정기구 입구에 가해지는 압력
④ 측정기구의 출구 압력

해설
오리피스, 벤투리관을 이용하여 유량 측정을 할 때 측정기구 전후의 압력차가 필요하다.

제4과목 | 열설비재료 및 관계법규

61 에너지이용합리화법에서 목표에너지원단위란 무엇인가?

① 연료의 단위당 제품 생산 목표량
② 제품의 단위당 에너지 사용 목표량
③ 제품의 생산 목표량
④ 목표량에 맞는 에너지 사용량

해설
목표에너지원단위 : 에너지를 사용하여 만드는 제품의 단위당 에너지 사용 목표량 또는 건축물의 단위면적당 에너지 사용 목표량

62 연료를 사용하지 않고 용선의 보유열과 용선 속 불순물의 산화열에 의하여 노 내 온도를 유지하며 용강을 얻는 것은?

① 평 로   ② 고 로
③ 반사로   ④ 전 로

해설
전로(Converter) : 연료를 사용하지 않고 용선의 보유열과 용선 속의 불순물의 산화열에 의해서 노 내 온도를 유지하며 용강을 얻는 제강로(LD 전로 : 생석회(CaCO)와 같은 매용제가 필요한 노)

63 보온재 내 공기 이외의 가스를 사용하는 경우 가스분자량이 공기의 분자량보다 적으면 보온재의 열전도율의 변화는?

① 동일하다.
② 낮아진다.
③ 높아진다.
④ 높아지다가 낮아진다.

해설
보온재 내 공기 이외의 가스를 사용하는 경우 가스분자량이 공기의 분자량보다 적으면 보온재의 열전도율은 높아진다.

64 에너지법에서 정의하는 용어에 대한 설명으로 틀린 것은?

① 에너지사용자란 에너지사용시설의 소유자 또는 관리자를 말한다.
② 에너지사용시설이란 에너지를 사용하는 공장, 사업장 등의 시설이나 에너지를 전환하여 사용하는 시설을 말한다.
③ 에너지공급자란 에너지를 생산, 수입, 전환, 수송, 저장, 판매하는 사업자를 말한다.
④ 연료란 석유, 석탄, 대체에너지 기타 열 등으로 제품의 원료로 사용되는 것을 말한다.

해설
연료 : 석유·가스·석탄, 그 밖에 열을 발생하는 열원(제외 : 제품의 원료로 사용되는 것)

65 연속가마, 반연속가마, 불연속가마의 구분방식은 어떤 것인가?

① 온도 상승속도   ② 사용목적
③ 조업방식   ④ 전열방식

해설
조업방식에 의한 가마의 분류 : 연속가마, 반연속가마, 불연속가마 등

66 터널가마에서 샌드 실(Sand Seal) 장치가 마련되어 있는 주된 이유는?

① 내화 벽돌 조각이 아래로 떨어지는 것을 막기 위하여
② 열절연의 역할을 하기 위하여
③ 찬바람이 가마 내로 들어가지 않도록 하기 위하여
④ 요차를 잘 움직이게 하기 위하여

해설
터널가마에 샌드 실(Sand Seal) 장치가 마련되어 있는 주된 이유는 열절연의 역할을 하기 위함이다.

정답 61 ② 62 ④ 63 ③ 64 ④ 65 ③ 66 ②

67 외경 65[mm]의 증기관이 수평으로 설치되어 있다. 증기관의 보온된 표면온도는 55[℃], 외기온도는 20[℃]일 때 관의 열손실량[W]은?(단, 이때 복사열은 무시한다)

① 29.5   ② 36.6
③ 44.0   ④ 60.0

해설
문제에 오류가 있다.
푸리에 열전도법칙에 의하면, 시간당 손실열량 $Q = \lambda A \dfrac{(t_1 - t_2)}{L}$
이므로 열전도율, 내경, 두께 등의 데이터가 필요하다.
(여기서, λ : 열전도율, A : 벽면의 단면적, t_1 : 외면의 온도, t_2 : 내면의 온도, L : 벽의 두께)

68 다음 중 중성 내화물에 속하는 것은?

① 납석질 내화물   ② 고알루미나질 내화물
③ 반규석질 내화물 ④ 샤모트질 내화물

해설
고알루미나질 내화물은 중성 내화물이며 나머지는 모두 산성 내화물이다.

69 에너지이용합리화법에 따라 인정검사대상기기관리자의 교육을 이수한 자의 조종범위에 해당하지 않는 것은?

① 용량이 3[t/h]인 노통 연관식 보일러
② 압력용기
③ 온수를 발생하는 보일러로서 용량이 300[kW]인 것
④ 증기 보일러로서 최고 사용압력이 0.5[MPa]이고 전열면적이 9[m²]인 것

해설
인정검사대상기기관리자의 교육을 이수한 자의 관리범위
• 증기 보일러로서 최고 사용압력이 1[MPa] 이하이고, 전열면적이 10[m²] 이하인 것
• 온수 발생 및 열매체를 가열하는 보일러로서 용량이 581.5[kW] 이하인 것
• 압력용기

70 관로의 마찰손실수두의 관계에 대한 설명으로 틀린 것은?

① 유체의 비중량에 반비례한다.
② 관 지름에 반비례한다.
③ 유체의 속도에 비례한다.
④ 관 길이에 비례한다.

해설
유체속도의 제곱에 비례한다.

71 작업이 간편하고 조업주기가 단축되며 요체의 보유열을 이용할 수 있어 경제적인 반연속식 요는?

① 셔틀요   ② 윤 요
③ 터널요   ④ 도염식 요

해설
셔틀요(Shuttle Kiln)
• 가마의 보유열보다 대차의 보유열이 열 절약의 요인이 된다.
• 급랭파가 안 생길 정도의 고온에서 제품을 꺼낸다.
• 가마 1개당 2대 이상의 대차가 있어야 한다.
• 요체의 보유열을 이용할 수 있으므로 경제적이다.
• 작업이 간편하고 조업이 용이하여 조업주기가 단축된다.

72 에너지이용합리화법에 따라 검사대상기기관리자의 해임신고는 신고사유가 발생한 날로부터 며칠 이내에 하여야 하는가?

① 15일   ② 20일
③ 30일   ④ 60일

해설
검사대상기기관리자의 선임, 해임, 퇴직신고는 신고사유가 발생한 날로부터 30일 이내에 한국에너지공단에 신고하여야 한다.

73 다음 열사용기자재에 대한 설명으로 가장 적절한 것은?

① 연료 및 열을 사용하는 기기, 축열식 전기기기와 단열성 자재를 말한다.
② 일명 특정열사용기자재라고도 한다.
③ 연료 및 열을 사용하는 기기만을 말한다.
④ 기기의 설치 및 시공에 있어 안전관리, 위해방지 또는 에너지 이용의 효율관리가 특히 필요하다고 인정되는 기자재를 말한다.

해설
열사용기자재 : 연료 및 열을 사용하는 기기, 축열식 전기기기와 단열성 자재

74 보온재의 열전도율에 대한 설명으로 틀린 것은?

① 재료의 두께가 두꺼울수록 열전도율이 낮아진다.
② 재료의 밀도가 클수록 열전도율이 낮아진다.
③ 재료의 온도가 낮을수록 열전도율이 낮아진다.
④ 재질 내 수분이 적을수록 열전도율이 낮아진다.

해설
재료의 밀도가 클수록 열전도율은 높아진다.

75 다이어프램 밸브(Diaphragm Valve)에 대한 설명으로 틀린 것은?

① 화학약품을 차단함으로써 금속 부분의 부식을 방지한다.
② 기밀을 유지하기 위한 패킹을 필요로 하지 않는다.
③ 저항이 작아 유체의 흐름이 원활하다.
④ 유체가 일정 이상의 압력이 되면 작동하여 유체를 분출시킨다.

해설
유체가 일정 이상의 압력이 되면 작동하여 유체를 분출시키는 밸브는 안전밸브이다.

76 에너지이용합리화법에 따라 자발적 협약체결기업에 대한 지원을 받기 위해 에너지 사용자와 정부 간 자발적 협약의 평가기준에 해당하지 않은 것은?

① 에너지 절감량 또는 온실가스 배출 감축량
② 계획 대비 달성률 및 투자실적
③ 자원 및 에너지의 재활용 노력
④ 에너지 이용 합리화 자금 활용실적

해설
자발적 협약의 평가기준
• 계획 대비 달성률 및 투자실적
• 자원 및 에너지의 재활용 노력
• 에너지 절감량 또는 에너지의 합리적인 이용을 통한 온실가스 배출 감축량
• 그밖에 에너지 절감 또는 에너지의 합리적인 이용을 통한 온실가스 배출 감축에 관한 사항

77 다음 중 고온용 보온재가 아닌 것은?

① 우모펠트
② 규산칼슘
③ 세라믹 파이버
④ 펄라이트

해설
우모펠트는 고온용 보온재가 아니라 저온에서 사용되는 유기질 보온재이며 방습처리가 필요하다.

78 에너지이용합리화법에 따른 검사대상기기에 해당하지 않는 것은?

① 가스 사용량이 17[kg/h]를 초과하는 소형 온수 보일러
② 정격용량이 0.58[MW]를 초과하는 철금속 가열로
③ 온수를 발생시키는 보일러로서 대기 개방형인 주철제 보일러
④ 최고 사용압력이 0.2[MPa]를 초과하는 증기를 보유하는 용기로서 내용적이 0.004[m³] 이상인 용기

해설
검사대상기기

구 분	검사대상 기기	적용범위
보일러	강철제 보일러, 주철제 보일러	다음의 어느 하나에 해당하는 것은 제외 1. 최고 사용압력 0.1[MPa] 이하이고, 동체 안지름이 300[mm] 이하이며, 길이가 600[mm] 이하인 것 2. 최고 사용압력이 0.1[MPa] 이하이고, 전열면적이 5[m²] 이하인 것 3. 2종 관류 보일러 4. 온수를 발생시키는 보일러로서 대기 개방형인 것
	소형 온수 보일러	가스를 사용하는 것으로서 가스 사용량이 17[kg/h](도시가스는 232.6[kW])를 초과하는 것
	캐스케이드 보일러	에너지이용합리화법 시행규칙 별표 1에 따른 캐스케이드 보일러의 적용범위에 따른다.
압력 용기	1종 압력용기, 2종 압력용기	에너지이용합리화법 시행규칙 별표 1에 따른 압력용기의 적용범위에 따른다.
요 로	철금속 가열로	정격용량이 0.58[MW]를 초과하는 것

79 에너지이용합리화법에 따라 검사대상기기의 설치자가 사용 중인 검사대상기기를 폐기한 경우에는 폐기한 날부터 최대 며칠 이내에 검사대상기기 폐기신고서를 한국에너지공단 이사장에게 제출하여야 하는가?

① 7일 ② 10일
③ 15일 ④ 20일

해설
검사대상기기를 폐기한 경우 : 15일 이내 폐기신고서를 한국에너지공단 이사장에게 제출한다.

80 에너지이용합리화법에 따라 냉난방 온도의 제한온도 기준 및 건물의 지정기준에 대한 설명으로 틀린 것은?

① 공공기관의 건물은 냉방온도 26[℃] 이상, 난방온도 20[℃] 이하의 제한온도를 둔다.
② 판매시설 및 공항은 냉방온도의 제한온도는 25[℃] 이상으로 한다.
③ 숙박시설 중 객실 내부 구역의 냉방온도의 제한온도는 26[℃] 이상으로 한다.
④ 의료법에 의한 의료기관의 실내 구역은 제한온도를 적용하지 않을 수 있다.

해설
냉난방온도의 제한온도를 적용하지 않을 수 있는 건물 : 의료기관의 실내구역, 식품 등의 품질관리를 위해 냉난방 온도의 제한온도 적용이 적절하지 않은 구역, 숙박시설 중 객실 내부 구역, 그 밖에 관련 법령 또는 국제기준에서 특수성을 인정하거나 건물의 용도상 냉난방 온도의 제한온도를 적용하는 것이 적절하지 않다고 산업통상자원부장관이 고시하는 구역

제5과목 | 열설비설계

81 다음 중 기수분리의 방법에 따른 분류로 가장 거리가 먼 것은?

① 장애판을 이용한 것
② 그물을 이용한 것
③ 방향 전환을 이용한 것
④ 압력을 이용한 것

해설
기수분리방법(사용원리)에 따른 분류 : 장애판(스크러버)을 이용한 것, 그물(스크린)을 이용한 것, 방향 전환을 이용한 것, 원심력을 이용한 것 또는 이들의 조합을 이루는 것 등

82 맞대기 용접은 용접방법에 따라 그루브를 만들어야 한다. 판 두께 10[mm]에 할 수 있는 그루브의 형상이 아닌 것은?

① V형
② R형
③ H형
④ J형

해설
판 두께에 따른 그루브 형상
- 1~5[mm] : I형
- 6~16[mm] : J형, R형, V형
- 12~38[mm] : 양면 J형, K형, U형, X형
- 19[mm] 이상 : H형

83 보일러와 압력용기에서 일반적으로 사용되는 계산식에 의해 산정되는 두께에 부식 여유를 포함한 두께를 무엇이라 하는가?

① 계산 두께
② 실제 두께
③ 최소 두께
④ 최대 두께

해설
최소 두께 : 보일러와 압력용기에서 일반적으로 사용되는 계산식에 의해 산정되는 두께로서 부식 여유를 포함한 두께

84 바이메탈 트랩에 대한 설명으로 옳은 것은?

① 배기능력이 탁월하다.
② 과열증기에도 사용할 수 있다.
③ 개폐온도의 차가 작다.
④ 밸브 폐색의 우려가 있다.

해설
바이메탈(Bimetal)식 증기트랩
- 증기와 응축수의 온도 차이를 이용한다.
- 구조상 고압에 적당하다.
- 배기능력이 탁월하다.
- 배압이 높아도 작동이 가능하다.
- 드레인 배출온도를 변화시킬 수 있다.
- 증기 누출이 없다.
- 밸브 폐색의 우려가 없다.
- 과열증기에는 사용할 수 없다.
- 개폐 온도차가 크다.

85 보일러의 증발량이 20[ton/h]이고, 보일러 본체의 전열면적이 450[m²]일 때, 보일러의 증발률 [kg/m²·h]은?

① 24
② 34
③ 44
④ 54

해설
전열면의 증발률(보일러의 증발률) : 전열면적에 대한 실제 증발량과의 비

실제 증발량/전열면적 $= G_a/A = \dfrac{20,000}{450} \simeq 44[kg/m^2 \cdot h]$

86 히트파이프의 열교환기에 대한 설명으로 틀린 것은?

① 열저항이 작아 낮은 온도차에서도 열회수가 가능
② 전열면적을 크게 하기 위해 핀 튜브를 사용
③ 수평, 수직, 경사구조로 설치 가능
④ 별도 구동장치의 동력이 필요

해설
별도 구동장치의 동력이 불필요하다.

87 열교환기에 입구와 출구의 온도차가 각각 $\triangle\theta'$, $\triangle\theta''$ 일 때 대수평균 온도차($\triangle\theta m$)의 식은?(단, $\triangle\theta' > \triangle\theta''$ 이다)

① $\dfrac{\ln\dfrac{\triangle\theta'}{\triangle\theta''}}{\triangle\theta' - \triangle\theta''}$ ② $\dfrac{\ln\dfrac{\triangle\theta''}{\triangle\theta'}}{\triangle\theta' - \triangle\theta''}$

③ $\dfrac{\triangle\theta' - \triangle\theta''}{\ln\dfrac{\triangle\theta'}{\triangle\theta''}}$ ④ $\dfrac{\triangle\theta' - \triangle\theta''}{\ln\dfrac{\triangle\theta''}{\triangle\theta'}}$

해설
대수평균온도차
$LMTD = \dfrac{\Delta_1 - \Delta_2}{\ln(\Delta_1/\Delta_2)}$
(여기서, Δ_1 : 고온유체의 입구측에서의 유체온도차, Δ_2 : 고온유체의 출구측에서의 유체온도차)

88 물의 탁도(Turbidity)에 대한 설명으로 옳은 것은?

① 증류수 1[L] 속에 정제 카올린 1[mg]을 함유하고 있는 색과 동일한 색의 물을 탁도 1도의 물로 한다.
② 증류수 1[L] 속에 정제 카올린 1[g]을 함유하고 있는 색과 동일한 색의 물을 탁도 1도의 물로 한다.
③ 증류수 1[L] 속에 황산칼슘 1[mg]을 함유하고 있는 색과 동일한 색의 물을 탁도 1도의 물로 한다.
④ 증류수 1[L] 속에 환산칼슘 1[g]을 함유하고 있는 색과 동일한 색의 물을 탁도 1도의 물로 한다.

해설
탁도 : 카올린 1[mg]이 증류수 1[L] 속에 들어 있을 때의 색과 같은 색을 가지는 물을 탁도 1도의 물이라고 한다.

89 육용강제 보일러에서 길이 스테이 또는 경사 스테이를 핀 이음으로 부착할 경우, 스테이 휜 부분의 단면적은 스테이 소요 단면적의 얼마 이상으로 하여야 하는가?

① 1.0배   ② 1.25배
③ 1.5배   ④ 1.75배

해설
육용강제 보일러에서 봉 스테이 또는 경사 스테이를 핀 이음으로 부착할 경우, 스테이 링부, 스테이 휜 부분의 단면적은 스테이 소요 단면적의 1.25배 이상으로 하여야 한다.

90 증기 10[t/h]를 이용하는 보일러의 에너지 진단결과가 다음 표와 같다. 이때 공기비 개선을 통한 에너지 절감률[%]은?

명 칭	결과값
입열합계([kcal/kg] - 연료)	9,800
개선 전 공기비	1.8
개선 후 공기비	1.1
배기가스 온도[℃]	110
이론공기량([Nm³/kg] - 연료)	10.696
연소공기 평균비열[kcal/kg·℃]	0.31
송풍공기온도[℃]	20
연료의 저위발열량[kcal/Nm³]	9,540

① 1.6   ② 2.1
③ 2.8   ④ 3.2

해설
공기비 조절 전의 손실열은
$Q_1 = 10.696 \times 0.31 \times (1.8 - 1) \times (110 - 20) \approx 238.7[\text{kcal/kg}]$
공기비 조절 후의 손실열은
$Q_2 = 10.696 \times 0.31 \times (1.1 - 1) \times (110 - 20) \approx 29.8[\text{kcal/kg}]$
연료의 저위발열량은 $H_L = 9,540[\text{kcal/Nm}^3]$이므로,
공기비 개선을 통한 에너지 절감률은
$\dfrac{Q_1 - Q_2}{H_L} = \dfrac{238.7 - 29.8}{9,540} \approx 0.021 = 2.1[\%]$이다.

정답 87 ③ 88 ① 89 ② 90 ②

91 저압용으로 내식성이 크고, 청소하기 쉬운 구조이며, 증기압이 2[kg/cm²] 이하의 경우에 사용되는 절탄기는?

① 강관식   ② 이중관식
③ 주철관식   ④ 황동관식

해설
절탄기의 종류
- 강관식 : 고압용 절탄기
- 주철관식 : 저압용으로 내식성이 크고, 청소하기 쉬운 구조이며, 증기압이 2[kg/cm²] 이하인 경우에 사용되는 절탄기

92 다음 보기에서 설명하는 보일러 보존방법은?

┌ 보기 ┐
- 보존기간이 6개월 이상인 경우 적용한다.
- 1년 이상 보존할 경우 방청도료를 도포한다.
- 약품의 상태는 1~2주마다 점검하여야 한다.
- 동 내부의 산소 제거는 숯불 등을 이용한다.

① 석회밀폐 건조보존법
② 만수보존법
③ 질소가스 봉입보존법
④ 가열건조법

해설
(석회밀폐) 건조보존법
- 보존기간이 6개월 이상인 장기 보존의 경우 적용한다.
- 1년 이상 보존할 경우 방청도료를 도포한다.
- 약품의 상태는 1~2주마다 점검하여야 한다.
- 동 내부의 산소 제거는 숯불 등을 이용한다.

93 노통 보일러의 평형 노통을 일체형으로 제작하면 강도가 약해지는 결점이 있다. 이러한 결점을 보완하기 위하여 몇 개의 플랜지형 노통으로 제작하는데, 이때의 이음부를 무엇이라 하는가?

① 브리징 스페이스   ② 거싯 스테이
③ 평형 조인트   ④ 아담슨 조인트

해설
아담슨(Adamson) 조인트 : 노통 보일러에서 일어나는 열팽창 흡수역할을 하는 이음이며, 몇 개의 플랜지형 노통 제작 시의 이음부로 사용된다.

94 해수 마그네시아 침전반응을 바르게 나타낸 식은?

① $3MgO \cdot 2SiO_2 \cdot 2H_2O + 3CO_2$
    $\rightarrow 3MgCO_3 + 2SO_2 + 2H_2O$
② $CaCO_3 + MgCO_3 \rightarrow CaMg(CO_3)_2$
③ $CaMg(CO_3)_2 + MgCO_3 \rightarrow 2MgCO_3 + CaCO_3$
④ $MgCO_3 + Ca(OH)_2 \rightarrow Mg(OH)_2 + CaCO_3$

해설
해수 마그네시아 침전반응의 화학반응식
$MgCO_3 + Ca(OH)_2 \rightarrow Mg(OH)_2 + CaCO_3$

95 다음 중 인젝터의 시동 순서로 옳은 것은?

㉮ 핸들을 연다.
㉯ 증기밸브를 연다.
㉰ 급수밸브를 연다.
㉱ 급수 출구관에 정지밸브가 열렸는지 확인한다.

① ㉱→㉰→㉯→㉮   ② ㉯→㉰→㉮→㉱
③ ㉰→㉯→㉱→㉮   ④ ㉱→㉰→㉮→㉯

해설
인젝터의 작동 순서(시동 순서)와 정지 순서
- 작동 순서 : 정지밸브 → 급수밸브 → 증기밸브 → 핸들
- 정지 순서 : 핸들 → 증기밸브 → 급수밸브 → 정지밸브

96 원수(原水) 중의 용존산소를 제거할 목적으로 사용되는 약제가 아닌 것은?

① 타 닌
② 하이드라진
③ 아황산나트륨
④ 폴리아마이드

해설
폴리아마이드는 포밍방지제로 사용된다.

97 지름이 5[cm]인 강관(50[W/m·K]) 내에 98[K]의 온수가 0.3[m/sec]로 흐를 때, 온수의 열전달계수[W/m²·K]는?(단, 온수의 열전도도는 0.68[W/m·K]이고, N_u수(Nusselt number)는 160이다)

① 1,238
② 2,176
③ 3,184
④ 4,232

해설
강관을 흐르는 온수의 열전달계수
$K = N_u \times \dfrac{k}{D} = 160 \times \dfrac{0.68}{0.05} \simeq 2,176 [W/m^2 \cdot K]$

98 보일러 사고의 원인 중 제작상의 원인으로 가장 거리가 먼 것은?

① 재료 불량
② 구조 및 설계 불량
③ 용접 불량
④ 급수처리 불량

해설
급수처리 불량은 취급상의 원인이다.

99 급수처리에서 양질의 급수를 얻을 수 있으나 비용이 많이 들어 보급수의 양이 적은 보일러 또는 선박 보일러에서 해수로부터 청수를 얻고자 할 때 주로 사용하는 급수처리방법은?

① 증류법
② 여과법
③ 석회소다법
④ 이온교환법

해설
증류법 : 양질의 급수를 얻을 수 있으나 비용이 많이 들어 보급수의 양이 적은 보일러 또는 선박 보일러에서 해수로부터 청수를 얻고자 할 때 주로 사용하는 급수처리법

100 육용강제 보일러에서 오목면에 압력을 받는 스테이가 없는 접시형 경판으로 노통을 설치할 경우, 경판의 최소 두께[mm]를 구하는 식으로 옳은 것은?(단, P : 최고 사용압력[kg/cm²], R : 접시 모양 경판의 중앙부에서의 내면 반지름[mm], σ_a : 재료의 허용 인장응력[kg/mm²], η : 경판 자체의 이음효율, A : 부식 여유[mm]이다)

① $t = \dfrac{PR}{150\sigma_a \eta} + A$
② $t = \dfrac{150PR}{(\sigma_a + \eta)A}$
③ $t = \dfrac{PA}{150\sigma_a \eta} + R$
④ $t = \dfrac{AR}{\sigma_a \eta} + 150$

해설
육용강제 보일러에 접시 모양 경판으로 노통 설치 시 경판의 최소 두께
$t = \dfrac{PR}{150\sigma_a \eta} + A$
(여기서, P : 최고 사용압력, R : 접시 모양 경판의 중앙부에서의 내면 반지름, σ_a : 재료의 허용 인장응력, η : 경판 자체의 이음효율, A : 부식 여유)

2018년 제4회 과년도 기출문제

제1과목 | 연소공학

01 연돌에서의 배기가스 분석결과 CO_2 14.2[%], O_2 4.5[%], CO 0[%]일 때 탄산가스의 최대량 CO_{2max}[%]는?

① 10.5 ② 15.5
③ 18.0 ④ 20.5

해설
탄산가스 최대량
$$CO_{2max} = \frac{21 \times CO_2[\%]}{21 - O_2[\%]} = \frac{21 \times 14.2}{21 - 4.5} \simeq 18.0[\%]$$

02 순수한 CH_4를 건조공기로 연소시키고 난 기체 화합물을 응축기로 보내 수증기를 제거시킨 다음, 나머지 기체를 Orsat법으로 분석한 결과, 부피비로 CO_2가 8.21[%], CO가 0.41[%], O_2가 5.02[%], N_2가 86.36[%]이었다. CH_4 1[kg-mol]당 약 [kg-mol]의 건조공기가 필요한가?

① 7.3 ② 8.5
③ 10.3 ④ 12.1

해설
공기비
$$m = \frac{N_2}{N_2 - 3.76(O_2 - 0.5CO)}$$
$$= \frac{86.36}{86.36 - 3.76 \times (5.02 - 0.5 \times 0.41)} \simeq 1.265$$
이며
메탄의 연소방정식 $CH_4 + 2O_2 \rightarrow CO_2 + 2H_2O$에서 메탄의 이론 공기량 $A_0 = O_0/0.21 = 2/0.21 = 9.52[Nm^3/Nm^3]$이므로, 메탄의 실제공기량은 $A = mA_0 = 1.265 \times 9.52 \simeq 12.1[kg-mol]$이다.

03 표준 상태에서 고위발열량과 저위발열량의 차이는?

① 80[cal/g]
② 539[kcal/mol]
③ 9,200[kcal/mol]
④ 9,702[cal/mol]

해설
고위발열량과 저위발열량은 물의 차이이며 물의 잠열은 539[cal/g]이므로, 차이량은 539 × 18 = 9,702[cal/mol]이다.

04 로터리 버너를 장시간 사용하였더니 노벽에 카본이 많이 붙어 있었다. 다음 중 주된 원인은?

① 공기비가 너무 컸다.
② 화염이 닿는 곳이 있었다.
③ 연소실 온도가 너무 높았다.
④ 중유의 예열온도가 너무 높았다.

해설
로터리 버너를 장시간 사용했을 때 노벽에 카본이 많이 붙어 있다면 화염에 닿는 곳이 있었기 때문이다.

05 내화재로 만든 화구에서 공기와 가스를 따로 연소실에 송입하여 연소시키는 방식으로 대형 가마에 적합한 가스연료 연소장치는?

① 방사형 버너 ② 포트형 버너
③ 선회형 버너 ④ 건타입형 버너

해설
포트형 버너 : 내화재로 만든 단면적이 큰 화구에서 공기와 기체연료를 별도로 공급하여 연소시키므로 모두 예열 가능하며 대형 가마에 적합한 가스연료 연소장치

정답 1 ③ 2 ④ 3 ④ 4 ② 5 ②

06 다음 중 기상 폭발에 해당되지 않는 것은?

① 가스 폭발 ② 분무 폭발
③ 분진 폭발 ④ 수증기 폭발

해설
수증기 폭발은 기상 폭발이 아니라 물리적 폭발인 증기압력 폭발이다.

07 부탄가스의 폭발 하한값은 1.8Vol[%]이다. 크기가 10×20×3[m]인 실내에서 부탄의 질량이 최소 약 몇 [kg]일 때 폭발할 수 있는가?(단, 실내 온도는 25[℃]이다)

① 24.1 ② 26.1
③ 28.5 ④ 30.5

해설
폭발량
부탄 분자량 × 폭발 가능 몰수

$58 \times \dfrac{(10 \times 20 \times 3) \times 0.018}{22.4} \times \dfrac{273}{25+273} \simeq 25.6[kg]$ 이상이므로, 제일 가까운 답은 26.1[kg]이다.

08 연소기의 배기가스 연도에 댐퍼를 부착하는 이유로 가장 거리가 먼 것은?

① 통풍력을 조절한다.
② 과잉공기를 조절한다.
③ 배기가스의 흐름을 차단한다.
④ 주연도, 부연도가 있는 경우에는 가스의 흐름을 바꾼다.

해설
연소기의 배기가스 연도에 댐퍼를 부착하는 이유
• 통풍력을 조절한다.
• 배기가스의 흐름을 차단한다.
• 주연도, 부연도가 있는 경우에는 가스의 흐름을 바꾼다.
• 배기가스, 연소물질 외부 습기, 빗물, 이물질 등의 유입을 차단한다.
• 에너지를 절약한다.

09 다음 중 습한 함진가스에 가장 적절하지 않은 집진장치는?

① 사이클론
② 멀티클론
③ 스크러버
④ 여과식 집진기

해설
여과식 집진기는 건식 집진장치이므로 습한 함진가스의 집진처리에 부적합하다.

10 경유 1,000[L]를 연소시킬 때 발생하는 탄소량은 약 몇 [TC]인가?(단, 경유의 석유환산계수는 0.92[TOE/kL], 탄소배출계수는 0.837[TC/TOE]이다)

① 77 ② 7.7
③ 0.77 ④ 0.077

해설
탄소배출량 $= 0.92 \times 0.837 \simeq 0.77[TC]$

11 공기비 1.3에서 메탄을 연소시킨 경우 단열 연소온도는 약 몇 [K]인가?(단, 메탄의 저발열량은 49[MJ/kg], 배기가스의 평균 비열은 1.29[kJ/kg·K]이고, 고온에서의 열분해는 무시하고, 연소 전 온도는 25[℃]이다)

① 1,663　　② 1,932
③ 1,965　　④ 2,230

해설
메탄의 연소방정식 $CH_4 + 2O_2 \rightarrow CO_2 + 2H_2O$에서
메탄의 이론공기량은
$A_0 = O_0/0.21 = 2/0.21 \simeq 9.5[Nm^3/Nm^3]$이며,
실제습배기가스량은 $G = G' + (m-1)A_0$
$= [(1-0.21) \times 9.5 + 1 + 2]$
$+ (1.3-1) \times 9.5 \simeq 13$이다.
온도를 고려하면 $G = 13 \times \dfrac{25+273}{273} \simeq 14.2[Nm^3/Nm^3]$이다.
이것을 [kg]당으로 계산하면,
$G = 14.2 \times \dfrac{22.4}{16} \simeq 19.9[Nm^3/kg]$이다.
따라서, 단열 연소온도는
$t = t_1 + \dfrac{H_L}{G \times C_p} = 25 + \dfrac{49,000}{19.9 \times 1.29} \simeq 1,933[K]$

13 체적이 0.3[m^3]인 용기 안에 메탄(CH_4)과 공기 혼합물이 들어 있다. 공기는 메탄을 연소시키는 데 필요한 이론공기량보다 20[%] 더 들어 있고, 연소 전 용기의 압력은 300[kPa], 온도는 90[℃]이다. 연소 전 용기 안에 있는 메탄의 질량은 약 몇 [g]인가?

① 27.6　　② 33.7
③ 38.4　　④ 42.1

해설
메탄의 연소방정식
$CH_4 + 2O_2 \rightarrow CO_2 + 2H_2O$

공기 중 메탄의 함유율 $= \dfrac{1}{1 + 2 \times \dfrac{1.2}{0.21}} \simeq 0.08046$

이상기체의 상태방정식 $PV = \dfrac{W}{M}RT$에서

$W = \dfrac{\dfrac{300}{101} \times 0.3 \times (0.08046 \times 16)}{0.082 \times (90+273)} \simeq 0.0384[kg] = 38.4[g]$

12 다음 기체연료에 대한 설명 중 틀린 것은?

① 고온연소에 의한 국부 가열의 염려가 크다.
② 연소 조절 및 점화, 소화가 용이하다.
③ 연료의 예열이 쉽고 전열효율이 좋다.
④ 적은 공기로 완전연소시킬 수 있으며 연소효율이 높다.

해설
고온연소에 의한 국부 가열의 염려가 큰 것은 액체연료이다.

14 가스버너로 연료가스를 연소시키면서 가스의 유출속도를 점차 빠르게 하였다. 이때 어떤 현상이 발생하겠는가?

① 불꽃이 엉클어지면서 짧아진다.
② 불꽃이 엉클어지면서 길어진다.
③ 불꽃형태는 변함없으나 밝아진다.
④ 별다른 변화를 찾기 힘들다.

해설
가스버너로 연료가스를 연소시키면서 가스의 유출속도를 점차 빠르게 하면, 불꽃이 엉클어지면서 짧아진다.

정답　11 ②　12 ①　13 ③　14 ①

15 다음과 같이 조성된 발생로 내 가스를 15[%]의 과잉공기로 완전연소시켰을 때 건연소가스량[Sm³/Sm³]은?(단, 발생로 가스의 조성은 CO 31.3[%], CH₄ 2.4[%], H₂ 6.3[%], CO₂ 0.7[%], N₂ 59.3[%]이다)

① 1.99　　② 2.54
③ 2.87　　④ 3.01

해설

연소방정식
- 일산화탄소 : $CO + 0.5O_2 \rightarrow CO_2$
- 메탄 : $CH_4 + 2O_2 \rightarrow CO_2 + 2H_2O$
- 수소 : $H_2 + 0.5O_2 \rightarrow H_2O$

건연소가스량
$G' = (m - 0.21)A_0 +$ (연료 중의 $CO_2 + N_2 +$ 생성된 CO_2의 양)

$= (1.15 - 0.21) \times \dfrac{O_0}{0.21} + (0.007 + 0.593 + 1 \times 0.313 + 1 \times 0.024)$

$= (1.15 - 0.21) \times \dfrac{0.5 \times 0.313 + 2 \times 0.024 + 0.5 \times 0.063}{0.21} + 0.937$

$= 0.94 \times 1.1238 + 0.937 \approx 1.99 [Sm^3/Sm^3]$

16 다음 액체연료 중 비중이 가장 낮은 것은?

① 중유　　② 등유
③ 경유　　④ 가솔린

해설

주요 액체연료의 비중
- 가솔린(휘발유) : 0.65~0.8
- 등유 : 0.78~0.8
- 경유 : 0.81~0.88
- 중유 : 0.85~0.99

17 프로판가스(C_3H_8) 1[Nm³]을 완전연소시키는 데 필요한 이론공기량은 약 몇 [Nm³]인가?

① 23.8　　② 11.9
③ 9.52　　④ 5

해설

프로판 가스의 연소방정식은 $C_3H_8 + 5O_2 \rightarrow 3CO_2 + 4H_2O$이므로, 이론공기량은 $A_0 = \dfrac{O_0}{0.21} = \dfrac{5}{0.21} \approx 23.8 [Nm^3/Nm^3]$ 이다.

18 다음 석탄류 중 연료비가 가장 높은 것은?

① 갈탄　　② 무연탄
③ 흑갈탄　　④ 반역청탄

해설

연료비 : 무연탄 > 반역청탄 > 흑갈탄 > 갈탄

19 탄소 1[kg]의 연소에 소요되는 공기량은 약 몇 [Nm³]인가?

① 5.0　　② 7.0
③ 9.0　　④ 11.0

해설

탄소 1[kg]의 연소에 소요되는 공기량
$A_0 = 22.4 \times \dfrac{1}{12} \times \dfrac{1}{0.21} \approx 9 [Nm^3/kg]$

20 석탄을 완전연소시키기 위하여 필요한 조건에 대한 설명 중 틀린 것은?

① 공기를 예열한다.
② 통풍력을 좋게 한다.
③ 연료를 착화온도 이하로 유지한다.
④ 공기를 적당하게 보내 피연물과 잘 접촉시킨다.

해설
석탄을 완전연소시키려면 연료를 착화온도 이상으로 유지해야 한다.

22 증기터빈에서 증기유량이 1.1[kg/sec]이고, 터빈 입구와 출구의 엔탈피는 각각 3,100[kJ/kg], 2,300[kJ/kg]이다. 증기속도는 입구에서 15[m/sec], 출구에서는 60[m/sec]이고, 이 터빈의 축 출력이 800[kW]일 때 터빈과 주위 사이에서 발생하는 열전달량은?

① 주위로 78.1[kW]의 열을 방출한다.
② 주위로 95.8[kW]의 열을 방출한다.
③ 주위로 124.9[kW]의 열을 방출한다.
④ 주위로 168.4[kW]의 열을 방출한다.

해설
손실 전 출력
$$W = 1.1 \times \left[(h_1 - h_2) + \frac{v_i^2 - v_o^2}{2} \right]$$
$$= 1.1 \times \left[(3,100 - 2,300) + \frac{15^2 - 60^2}{2} \times 10^{-3} \right]$$
$$\simeq 878.1 [kJ/s]$$ 이므로,

주위 발생열량은 $Q = 878.1 - 800 = 78.1[kJ/s]$가 된다. 즉, 주위로 78.1[kW]의 열을 방출한다.

제2과목 | 열역학

21 비열이 일정한 이상기체 1[kg]에 대하여 다음 중 옳은 식은?(단, P는 압력, V는 체적, T는 온도, C_p는 정압비열, C_v는 정적비열, U는 내부에너지이다)

① $\Delta U = C_p \times \Delta T$
② $\Delta U = C_p \times \Delta V$
③ $\Delta U = C_v \times \Delta T$
④ $\Delta U = C_v \times \Delta P$

해설
정적 상태에서의 내부에너지 변화량
$\Delta U = C_v \Delta T$

23 피스톤이 설치된 실린더에 압력 0.3[MPa], 체적 0.8[m³]인 습증기 4[kg]이 들어 있다. 압력이 일정한 상태에서 가열하여 습증기의 건도가 0.9가 되었을 때 수증기에 의한 일은 몇 [kJ]인가?(단, 0.3[MPa]에서 비체적은 포화액이 0.001[m³/kg], 건포화증기가 0.60[m³/kg]이다)

① 205.5
② 237.2
③ 305.5
④ 408.1

해설
처음의 건조도는 $x = \dfrac{(0.8/4) - 0.001}{0.60 - 0.001} = 0.33$,
나중의 건조도는 $x' = 0.9 - 0.33 = 0.57$이므로,
수증기에 의한 일은
$W = G \times x' \times P(V_2 - V_1)$
$= 4 \times 0.57 \times 300 \times (0.60 - 0.001) \simeq 408.1[kJ]$ 이다.

정답 20 ③ 21 ③ 22 ① 23 ④

24 제1종 영구기관이 실현 불가능한 것과 관계 있는 열역학 법칙은?

① 열역학 제0법칙 ② 열역학 제1법칙
③ 열역학 제2법칙 ④ 열역학 제3법칙

해설
제1종 영구기관이 실현 불가능한 것과 관계가 있는 열역학 법칙은 열역학 제1법칙이다.

25 열펌프(Heat Pump)의 성능계수에 대한 설명으로 옳은 것은?

① 냉동 사이클의 성능계수와 같다.
② 가해 준 일에 의해 발생한 저온체에서 흡수한 열량과의 비이다.
③ 가해 준 일에 의해 발생한 고온체에 방출한 열량과의 비이다.
④ 열펌프의 성능계수는 1보다 작다.

해설
열펌프의 성능계수 : 가해 준 일에 의해 발생한 고온체에 방출한 열량과의 비

26 다음 그림 Otto Cycle 기반으로 작동하는 실제 내연기관에서 나타나는 압력(P)-부피(V) 선도이다. 다음 중 이 사이클에서 일(Work) 생산과정에 해당하는 것은?

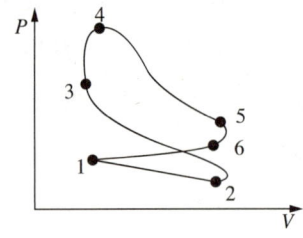

① 2 → 3 ② 3 → 4
③ 4 → 5 ④ 5 → 6

해설
문제 그림의 오토 사이클에서 일의 생산과정은 4 → 5 과정이다.

27 증기압축 냉동 사이클에서 증발기 입·출구에서의 냉매의 엔탈피는 각각 29.2, 306.8[kcal/kg]이다. 1시간에 1냉동 톤당의 냉매 순환량[kg/(h·RT)]은 얼마인가?(단, 1냉동톤[RT]은 3,320[kcal/h]이다)

① 15.04 ② 11.96
③ 13.85 ④ 18.06

해설
냉매순환량 = $\dfrac{1냉동톤}{냉매의\ 증발잠열} = \dfrac{3,320}{306.8 - 29.2} ≒ 11.96[kg/h]$

28 다음 중 냉매가 구비해야 할 조건으로 옳지 않은 것은?

① 비체적이 클 것
② 비열비가 작을 것
③ 임계점(Critical Point)이 높을 것
④ 액화하기가 쉬울 것

해설
냉매는 비체적이 작아야 한다.

29 400[K]로 유지되는 항온조 내의 기체에 80[kJ]의 열이 공급되었을 때, 기체의 엔트로피 변화량은 몇 [kJ/K]인가?

① 0.01   ② 0.03
③ 0.2   ④ 0.3

해설
$$\Delta S = \frac{\delta Q}{T} = \frac{80}{400} = 0.2 [\text{kJ/K}]$$

32 온도 127[℃]에서 포화수 엔탈피는 560[kJ/kg], 포화증기의 엔탈피는 2,720[kJ/kg]일 때 포화수 1[kg]이 포화증기로 변화하는 데 따르는 엔트로피의 증가는 몇 [kJ/K]인가?

① 1.4   ② 5.4
③ 9.8   ④ 21.4

해설
엔트로피 증가량
$$\Delta S = \frac{\delta Q}{T} = \frac{2,720 - 560}{127 + 273} \simeq 5.4 [\text{kJ/K}]$$

30 다음 그림은 어떤 사이클에 가장 가까운가?(단, T는 온도, S는 엔트로피이며, 사이클 순서는 $A \to B \to C \to D \to E \to F \to A$ 순으로 작동한다)

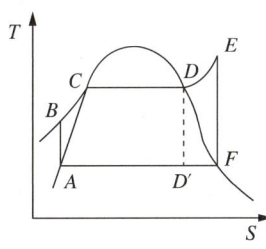

① 디젤 사이클   ② 냉동 사이클
③ 오토 사이클   ④ 랭킨 사이클

해설
문제에 제시된 그림은 랭킨 사이클의 $T-S$ 선도이다.

31 건포화증기(Dry Saturated Vapor)의 건도는 얼마인가?

① 0   ② 0.5
③ 0.7   ④ 1

해설
건포화증기의 건도는 $x = 1$이다.

33 이상기체 상태식은 사용조건이 극히 제한되어 있어서 이를 실제조건에 적용하기 위한 여러 상태식이 개발되었다. 다음 중 실제기체(Real Gas)에 대한 상태식에 속하지 않은 것은?

① 오일러(Euler) 상태식
② 비리얼(Virial) 상태식
③ 반 데르 발스(Van der Waals) 상태식
④ 비티-브리지먼(Beattie-Bridgeman) 상태식

해설
실제기체의 상태방정식 : 반 데르 발스(Van der Waals) 상태방정식, 비리얼(Virial) 상태방정식, 비티-브리지먼(Beattie-Bridgeman) 상태방정식

정답 29 ③ 30 ④ 31 ④ 32 ② 33 ①

34 어떤 압축기에 23[℃]의 공기 1.2[kg]이 들어 있다. 이 압축기를 등온과정으로 하여 100[kPa]에서 800[kPa]까지 압축하고자 할 때 필요한 일은 약 몇 [kJ]인가? (단, 공기의 기체상수는 0.287[kJ/(kg·K)]이다)

① 212　　② 367
③ 509　　④ 673

해설

$$_1W_2 = \int PdV = P_1V_1\ln\frac{V_2}{V_1} = P_1V_1\ln\frac{P_1}{P_2} = mRT\ln\frac{V_2}{V_1}$$

$$= mRT\ln\frac{P_1}{P_2} = 1.2 \times 0.287 \times (23+273)\ln\frac{100}{800} \simeq -212[kJ]$$

이므로, 212[kJ]만큼의 일을 받아야 한다.

35 어떤 기체의 정압비열(c_p)이 다음 식으로 표현될 때 32[℃]와 800[℃] 사이에서 이 기체의 평균 정압비열($\overline{c_p}$)은 약 몇 [kJ/(kg·℃)]인가? (단, c_p의 단위는 [kJ/(kg·℃)]이고, T의 단위는 [℃]이다)

$$c_p = 353 + 0.24T - 0.9 \times 10^{-4}T^2$$

① 353　　② 433
③ 574　　④ 698

해설

$$Q = mc_p\Delta T = m\int_{T_1}^{T_2} c_p dt$$

$$= 353 \times (800-32) + 0.24 \times \frac{800^2 - 32^2}{2} - 0.9 \times 10^{-4}$$

$$\times \frac{800^3 - 32^3}{3}$$

$$= 271{,}104 + 76{,}677 - 15{,}359 = 332{,}422$$

$$\therefore c_p = \frac{Q}{\Delta T} = \frac{332{,}422}{800-32} \simeq 433[kJ/kg \cdot ℃]$$

36 다음 그림과 같이 역카르노 사이클로 운전하는 냉동기의 성능계수(COP)는 약 얼마인가? (단, T_1는 24[℃], T_2는 -6[℃]이다)

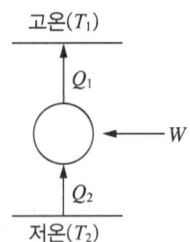

① 7.124　　② 8.905
③ 10.048　　④ 12.845

해설

냉동기의 성능계수

$$\varepsilon_R = \frac{T_2}{T_1 - T_2} = \frac{-6+273}{(24+273)-(-6+273)} = 8.9$$

37 다음 4개의 물질에 대해 비열비가 거의 동일하다고 가정할 때, 동일한 온도 T에서 음속이 가장 큰 것은?

① Ar(평균 분자량 : 40[g/mol])
② 공기(평균 분자량 : 29[g/mol])
③ CO(평균 분자량 : 28[g/mol])
④ H_2(평균 분자량 : 2[g/mol])

해설

비열비가 거의 동일하다고 가정할 때 동일한 온도에서 음속이 가장 빠른 경우는 평균 분자량이 가장 작은 기체이다.

38 카르노 사이클에서 온도 T의 고열원으로부터 열량 Q를 흡수하고, 온도 T_0의 저열원으로 열량 Q_0를 방출할 때, 방출열량 Q_0에 대한 식으로 옳은 것은?(단, η_c는 카르노 사이클의 열효율이다)

① $\left(1-\dfrac{T_0}{T}\right)Q$ ② $(1+\eta_c)Q$

③ $(1-\eta_c)Q$ ④ $\left(1+\dfrac{T_0}{T}\right)Q$

해설
카르노 사이클에서의 방출열량
$Q_o = (1-\eta_c)Q$

39 0[℃], 1기압(101.3[kPa])하에 공기 10[m³]가 있다. 이를 정압조건으로 80[℃]까지 가열하는 데 필요한 열량은 약 몇 [kJ]인가?(단, 공기의 정압비열은 1.0[kJ/(kg·K)]이고, 정적비열은 0.71[kJ/(kg·K)]이며 공기의 분자량은 28.96[kg/kmol]이다)

① 238   ② 546
③ 1,033   ④ 2,320

해설
필요한 열량
$Q = mC_p\Delta T = \left(10\times\dfrac{29}{22.4}\right)\times 1.0\times 80 \simeq 1,033[kJ]$

40 보일러의 게이지압력이 800[kPa]일 때 수은기압계가 측정한 대기압력이 856[mmHg]를 지시했다면 보일러 내의 절대압력은 약 몇 [kPa]인가?

① 810   ② 914
③ 1,320   ④ 1,656

해설
절대압력 $= 800 + 856\times\dfrac{101.325}{760} \simeq 914[kPa]$

제3과목 | 계측방법

41 다음 제어방식 중 잔류편차(Off-set)를 제거하여 응답시간이 가장 빠르며 진동이 제거되는 제어방식은?

① P   ② I
③ PI   ④ PID

해설
PID동작(비례적분미분동작) : 잔류편차를 제거하여 응답시간이 가장 빠르고 진동이 제거되는 제어방식

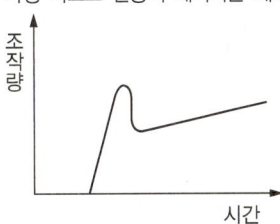

- PI + PD
- 제어계의 난이도가 큰 경우 가장 적합한 제어동작
- 가장 최적의 제어동작
- 잔류편차 제거
- D동작으로 인한 응답 촉진, 안정화 도모
- 조작량

$y = K_p\left(\varepsilon + \dfrac{1}{T_I}\int \varepsilon\, dt + T_D\dfrac{d\varepsilon}{dt}\right)$

$\left(\text{여기서, } K_p : \text{비례정수},\ \varepsilon : \text{편차},\ T_I : \text{적분시간},\ \dfrac{1}{T_I} : \text{리셋률},\right.$
$\left. T_D : \text{미분시간}\right)$

42 보일러 공기예열기의 공기유량을 측정하는 데 가장 적합한 유량계는?

① 면적식 유량계   ② 차압식 유량계
③ 열선식 유량계   ④ 용적식 유량계

해설
열선식 유량계 : 보일러 공기예열기의 공기유량을 측정하는 데 가장 적합한 유량계
- 기체의 종류가 바뀌거나 조성이 변하면 정도가 떨어지게 된다.
- 기체의 질량유량의 직접 측정이 가능하다.
- 종류 : 토마스식 유량계, 열선 풍속계(미풍계), 서멀 유량계

43 다음 유량계 종류 중에서 적산식 유량계는?

① 용적식 유량계
② 차압식 유량계
③ 면적식 유량계
④ 동압식 유량계

해설
용적식 유량계 : 적산식 유량계로서 정밀도가 우수하며 오벌식(오벌미터), 원판식, 피스톤형, 루트형, (습식)가스미터 등의 종류가 있다.

44 다음 연소가스 중 미연소가스계로 측정 가능한 것은?

① CO
② CO_2
③ NH_3
④ CH_4

해설
미연소식 가스계 : 주로 일산화탄소(CO)와 수소(H_2) 분석에 사용한다.

45 가스크로마토그래피법에서 사용하는 검출기 중 수소염이온화검출기를 의미하는 것은?

① ECD
② FID
③ HCD
④ FTD

해설
수소염이온화검출기(FID ; Flame Ionization Detector) : 수소연소 노즐, 이온수집기와 함께 대극 및 배기구로 구성되는 본체와 이 전극 사이에 직류전압을 주어 흐르는 이온전류를 측정하기 위한 직류전압 변환회로, 감도조절부, 신호감쇄부 등으로 구성된다.

46 시스(Sheath) 열전대의 특징이 아닌 것은?

① 응답속도가 빠르다.
② 국부적인 온도 측정에 적합하다.
③ 피측온체의 온도 저하 없이 측정할 수 있다.
④ 매우 가늘어서 진동이 심한 곳에는 사용할 수 없다.

해설
시스(Sheath) 열전대는 매우 가늘고 가소성이 있다.

47 전기저항식 온도계 중 백금(Pt) 측온저항체에 대한 설명으로 틀린 것은?

① 0[℃]에서 500[Ω]을 표준으로 한다.
② 측정온도는 최고 약 500[℃] 정도이다.
③ 저항온도계수는 작으나 안정성이 좋다.
④ 온도 측정 시 시간 지연의 결점이 있다.

해설
백금 측온저항체는 0[℃]에서 100[Ω], 50[Ω], 25[Ω] 등을 사용한다.

48 스프링 저울 등 측정량이 원인이 되어 그 직접적인 결과로 생기는 지시로부터 측정량을 구하는 방법으로, 정밀도는 낮으나 조작이 간단한 것은?

① 영위법
② 치환법
③ 편위법
④ 보상법

해설
편위법 : 측정량의 크기에 따라 지침 등을 편위시켜 측정량을 구하는 방법으로 감도는 떨어지지만 취급이 쉬우며, 신속하게 측정할 수 있어 전압계 및 전류계 등의 공업용 기기로 많이 사용된다.

정답 43 ① 44 ① 45 ② 46 ④ 47 ① 48 ③

49 −200~500[℃]의 측정범위를 가지며, 측온저항체 소선으로 주로 사용되는 저항소자는?

① 구리선 ② 백금선
③ Ni선   ④ 서미스터

해설
백금저항 온도계
- 온도 측정범위가 −200~500[℃]로 넓다.
- 사용 온도범위가 넓어 저항온도계의 저항체 중 재질이 가장 우수하다.
- 안정성과 재현성이 우수하다.
- 고온에서 열화가 적고 일반적으로 가장 많이 사용된다.
- 0[℃]에서 100[Ω], 50[Ω], 25[Ω] 등을 사용한다.
- 저항온도계수가 비교적 낮고 가격이 비싸다.
- 온도 측정시간이 지연된다.

50 저항식 습도계의 특징으로 틀린 것은?

① 저온도의 측정이 가능하다.
② 응답이 늦고 정도가 좋지 않다.
③ 연속 기록, 원격 측정, 자동제어에 이용된다.
④ 교류전압에 의하여 저항치를 측정하여 상대습도를 표시한다.

해설
저항식 습도계는 응답이 빠르고 정도가 우수하다.

51 다음 액주계에서 γ, γ_1이 비중량을 표시할 때 압력 (P_X)을 구하는 식은?

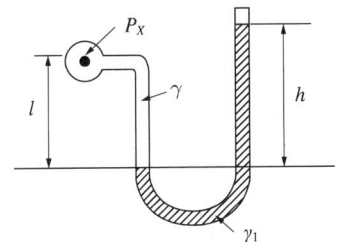

① $P_X = \gamma_1 h + \gamma l$ ② $P_X = \gamma_1 h - \gamma l$
③ $P_X = \gamma_1 l - \gamma h$ ④ $P_X = \gamma_1 l + \gamma h$

해설
압력
$P_x + \gamma l = \gamma_1 h$
$P_x = \gamma_1 h - \gamma l$

52 다음 중 가장 높은 온도를 측정할 수 있는 온도계는?

① 저항 온도계   ② 열전대 온도계
③ 유리제 온도계 ④ 광전관 온도계

해설
최고 측정 가능 온도
- 광전관 온도계 : 3,000[℃]
- 저항 온도계 : 500[℃]
- 열전대 온도계 : 1,600[℃]
- 유리제 온도계 : 750[℃]

53 원인을 알 수 없는 오차로서 측정할 때마다 측정값이 일정하지 않고 분포현상을 일으키는 오차는?

① 과오에 의한 오차
② 계통적 오차
③ 계량기 오차
④ 우연오차

해설
우연오차 : 원인을 알 수 없는 오차로서 측정할 때마다 측정값이 일정하지 않고 분포현상을 일으키는 오차

54 피토관으로 측정한 동압이 10[mmH₂O]일 때 유속이 15[m/sec]이었다면 동압이 20[mmH₂O]일 때의 유속은 약 몇 [m/sec]인가?(단, 중력가속도는 9.8[m/sec²]이다)

① 18　　　　② 21.2
③ 30　　　　④ 40.2

해설
유 속
$$v_2 = 15 \times \frac{\sqrt{20}}{\sqrt{10}} \approx 21.2 [\text{m/sec}]$$

55 차압식 유량계에서 교축 상류 및 하류에서의 압력이 P_1, P_2일 때 체적 유량이 Q_1이라면, 압력이 각각 처음보다 2배만큼씩 증가했을 때의 Q_2는 얼마인가?

① $Q_2 = 2Q_1$　　　② $Q_2 = \frac{1}{2}Q_1$
③ $Q_2 = \sqrt{2}Q_1$　　④ $Q_2 = \frac{1}{\sqrt{2}}Q_1$

해설
유량 $Q = \gamma A v = k\sqrt{2g\Delta P/\gamma}$ 에서 ΔP가 2배로 증가되므로 유량은 $\sqrt{2}$ 배가 증가된다. 따라서, $Q_2 = \sqrt{2}Q_1$ 이다.

56 다음 중 압력식 온도계가 아닌 것은?

① 고체팽창식　　② 기체팽창식
③ 액체팽창식　　④ 증기팽창식

해설
고체팽창식 온도계는 압력식 온도계가 아니라 바이메탈 온도계이다.

57 편차의 정(+), 부(-)에 의해서 조작신호가 최대, 최소가 되는 제어동작은?

① 온오프동작　　② 다위치동작
③ 적분동작　　　④ 비례동작

해설
불연속동작 : 온오프동작

58 정전용량식 액면계의 특징에 대한 설명 중 틀린 것은?

① 측정범위가 넓다.
② 구조가 간단하고 보수가 용이하다.
③ 유전율이 온도에 따라 변화되는 곳에도 사용할 수 있다.
④ 습기가 있거나 전극에 피측정체를 부착하는 곳에는 부적당하다.

해설
유전율이 온도에 따라 변화되는 곳에서는 사용 불가능하다.

59 출력측의 신호를 입력측에 되돌려 비교하는 제어방법은?

① 인터로크(Inter Lock)
② 시퀀스(Sequence)
③ 피드백(Feed-back)
④ 리셋(Reset)

해설
피드백 제어 : 폐루프를 형성하여 출력측의 신호를 입력측에 되돌리는 제어

정답　54 ②　55 ③　56 ①　57 ①　58 ③　59 ③

60 헴펠식(Hempel Type) 가스분석장치에 흡수되는 가스와 사용하는 흡수제의 연결이 잘못된 것은?

① CO : 차아황산소다
② O_2 : 알칼리성 파이로갈롤용액
③ CO_2 : 30[%] KOH 수용액
④ C_mH_n : 진한 황산

해설
CO : 암모니아성 염화 제1동 용액

제4과목 | 열설비재료 및 관계법규

61 에너지이용합리화법에 따라 특정열사용기자재의 설치·시공이나 세관을 업으로 하는 자는 어디에 등록을 하여야 하는가?

① 행정안전부장관
② 한국열관리시공협회
③ 한국에너지공단 이사장
④ 시·도지사

해설
특정열사용기자재 중 산업통상자원부령으로 정하는 검사대상기기(이하 검사대상기기)의 제조업자는 그 검사대상기기의 제조에 관하여 시·도지사의 검사를 받아야 한다.

62 에너지이용합리화법에 따라 대기전력경고표지대상 제품인 것은?

① 디지털카메라 ② 텔레비전
③ 셋톱박스 ④ 유무선전화기

해설
대기전력 경고표지대상 제품 : 프린터, 복합기, 전자레인지, 팩시밀리, 복사기, 스캐너, 오디오, DVD플레이어, 라디오카세트, 도어폰, 유무선전화기, 비데, 모뎀, 홈 게이트웨이

63 에너지법에서 정한 에너지에 해당하지 않는 것은?

① 열 ② 연료
③ 전기 ④ 원자력

해설
에너지법에서 정한 에너지 : 연료, 열 및 전기

64 다음 그림의 배관에서 보온하기 전 표면 열전달률(a)이 12.3[kcal/m² · h · ℃]이었다. 여기에 글라스울 보온통으로 시공하여 방산열량이 28[kcal/m · h]가 되었다면 보온효율은 얼마인가?(단, 외기온도는 20[℃]이다)

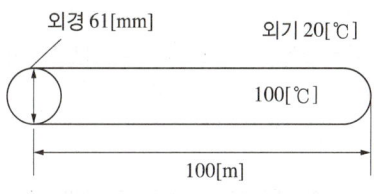

〈배관에서의 열손실(보온되지 않은 것)〉

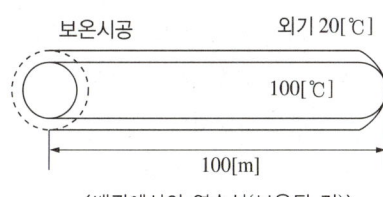

〈배관에서의 열손실(보온된 것)〉

① 44[%] ② 56[%]
③ 85[%] ④ 93[%]

해설
- 면적 $A = \pi dl = 3.14 \times 61 \times 10^{-3} \times 100 \approx 19.2[m^2]$
- 보온 전 손실열량
  $Q_1 = \lambda(\Delta T/L) = aA(\Delta T/L)$
  $= \dfrac{12.3 \times 19.2 \times 80}{100} \approx 188.9[kcal/m \cdot h]$
- 보온 후 손실열량 $Q_2 = 28[kcal/m \cdot h]$
- 보온효율 $\eta = \dfrac{Q_1 - Q_2}{Q_1} = \dfrac{188.9 - 28}{188.9} \approx 0.85 = 85[\%]$

65 도염식 요는 조업방법에 의해 분류할 경우 어떤 형식에 속하는가?

① 불연속식
② 반연속식
③ 연속식
④ 불연속식과 연속식의 절충형식

[해설]
도염식 요는 조업방법에 의해 분류할 경우 불연속식에 속한다.

66 원관을 흐르는 층류에 있어서 유량의 변화는?

① 관의 반지름의 제곱에 반비례해서 변한다.
② 압력 강하에 반비례하여 변한다.
③ 점성계수에 비례하여 변한다.
④ 관의 길이에 반비례해서 변한다.

[해설]
원관을 흐르는 층류에 있어서 유량의 변화는 관의 길이에 반비례한다.

67 에너지이용합리화법에 따라 에너지 공급자의 수요관리투자계획에 대한 설명으로 틀린 것은?

① 한국지역난방공사는 수요관리투자계획 수립대상이 되는 에너지 공급자이다.
② 연차별 수요관리투자계획은 해당 연도 개시 2개월 전까지 제출하여야 한다.
③ 제출된 수요관리투자 계획을 변경하는 경우에는 그 변경한 날부터 15일 이내에 변경사항을 제출하여야 한다.
④ 수요관리투자계획 시행결과는 다음 연도 6월 말일까지 산업통상자원부장관에게 제출하여야 한다.

[해설]
에너지공급자는 연차별 수요관리투자계획을 해당 연도 개시 2개월 전까지, 그 시행결과를 다음 연도 2월 말일까지 산업통상자원부장관에게 제출하여야 하며, 제출된 투자계획을 변경하는 경우에는 그 변경한 날부터 15일 이내에 산업통상자원부장관에게 그 변경된 사항을 제출하여야 한다.

68 요로 내에서 생성된 연소가스의 흐름에 대한 설명으로 틀린 것은?

① 가열물의 주변에 저온가스가 체류하는 것이 좋다.
② 같은 흡입조건하에서 고온가스는 천장쪽으로 흐른다.
③ 가연성 가스를 포함하는 연소가스는 흐르면서 연소가 진행된다.
④ 연소가스는 일반적으로 가열실 내에 충만되어 흐르는 것이 좋다.

[해설]
가열물의 주변에 고온가스가 체류하는 것이 좋다.

69 에너지이용합리화법에 따라 에너지사용계획을 수립하여 산업통상자원부장관에게 제출하여야 하는 사업주관자가 실시하려는 사업의 종류가 아닌 것은?

① 도시개발사업
② 항만건설사업
③ 관광단지개발사업
④ 박람회 조경사업

[해설]
에너지사용계획수립대상사업 : 도시개발사업, 산업단지개발사업, 에너지개발사업, 항만건설사업, 철도건설사업, 공항건설사업, 관광단지개발사업, 개발촉진지구개발사업 또는 지역종합개발사업

70 샤모트(Chamotte) 벽돌의 원료로서 샤모트 이외에 가소성 생점토(生粘土)를 가하는 주된 이유는?

① 치수 안전을 위하여
② 열전도성을 좋게 하기 위하여
③ 성형 및 소결성을 좋게 하기 위하여
④ 건조 소성, 수축을 미연에 방지하기 위하여

> 해설
> 샤모트 벽돌의 원료로서 샤모트 이외에 가소성 생점토를 가하는 주된 이유는 성형 및 소결성을 좋게 하기 위함이다.

71 일반적으로 압력배관용에 사용되는 강관의 온도범위는?

① 800[℃] 이하
② 750[℃] 이하
③ 550[℃] 이하
④ 350[℃] 이하

> 해설
> 일반적으로 사용되는 압력배관용 강관의 온도범위는 350[℃] 이하이다.

72 에너지이용합리화법에 따라 가스를 사용하는 소형 온수 보일러인 경우 검사대상기기의 적용기준은?

① 가스사용량이 시간당 17[kg]을 초과하는 것
② 가스사용량이 시간당 20[kg]을 초과하는 것
③ 가스사용량이 시간당 27[kg]을 초과하는 것
④ 가스사용량이 시간당 30[kg]을 초과하는 것

> 해설
> 소형 온수 보일러의 검사대상기기의 적용기준 : 가스를 사용하는 것으로서 가스사용량이 17[kg/h](도시가스는 232.6[kW])를 초과하는 것

73 에너지이용합리화법에 따라 열사용기자재 관리에 대한 설명으로 틀린 것은?

① 계속사용검사는 검사유효기간의 만료일이 속하는 연도의 말까지 연기할 수 있으며, 연기하려는 자는 검사대상기기 검사연기신청서를 한국에너지공단 이사장에게 제출하여야 한다.
② 한국에너지공단 이사장은 검사에 합격한 검사대상기기에 대해서 검사신청인에게 검사일부터 7일 이내에 검사증을 발급하여야 한다.
③ 검사대상기기관리자의 선임신고는 신고사유가 발생한 날로부터 20일 이내에 하여야 한다.
④ 검사대상기기의 설치자가 사용 중인 검사대상기기를 폐기한 경우에는 폐기한 날부터 15일 이내에 검사대상기기 폐기신고서를 한국에너지공단 이사장에게 제출하여야 한다.

> 해설
> 검사대상기기 관리자의 선임, 해임, 퇴직신고는 신고사유가 발생한 날로부터 30일 이내에 한국에너지공단에 신고하여야 한다.

74 보온재 시공 시 주의해야 할 사항으로 가장 거리가 먼 것은?

① 사용 개소의 온도에 적당한 보온재를 선택한다.
② 보온재의 열전도성 및 내열성을 충분히 검토한 후 선택한다.
③ 사용처의 구조 및 크기 또는 위치 등에 적합한 것을 선택한다.
④ 가격이 가장 저렴한 것을 선택한다.

> 해설
> 보온재 시공 시 가격이 저렴한 것만 찾으면 안 된다. 가격이 적정한 것을 선택해야 한다.

정답 70 ③ 71 ④ 72 ① 73 ③ 74 ④

75 에너지이용합리화법에 따라 연간 에너지사용량이 30만[TOE]인 자가 구역별로 나누어 에너지 진단을 하고자 할 때 에너지 진단주기는?

① 1년
② 2년
③ 3년
④ 5년

해설
연간 에너지사용량이 20만[TOE] 이상인 자가 부분 에너지 진단(구역별로 나누어 진단)을 할 때의 에너지 진단주기 : 3년

76 에너지이용합리화법에 따라 검사대상기기의 검사 유효기간으로 틀린 것은?

① 보일러의 개조검사는 2년이다.
② 보일러의 계속사용검사는 1년이다.
③ 압력용기의 계속사용검사는 2년이다.
④ 보일러의 설치 장소 변경검사는 1년이다.

해설
보일러의 개조검사의 검사 유효기간은 1년이다.

77 다음 중 노체 상부로부터 노구(Throat), 샤프트(Shaft), 보시(Bosh), 노상(Hearth)으로 구성된 노(爐)는?

① 평 로
② 고 로
③ 전 로
④ 코크스로

해설
용광로(고로)

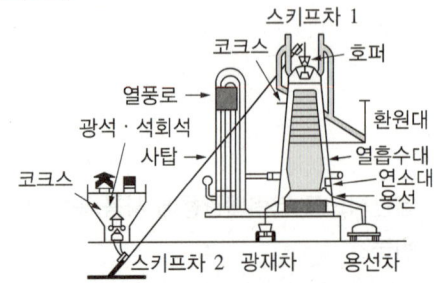

- 조직의 화학 변화를 동반하는 소성 및 가소를 목적으로 하는 노
- 구성 : 노구(Throat), 샤프트(Shaft), 보시(Bosh), 노상(Hearth)
- 용도 : 선철 제조
- 주원료 : 철광석, 코크스, 석회석
- 용량 : 1일 생산량을 톤[ton]으로 결정
- 종류 : 철피식, 철대식, 절충식

78 다음 보온재 중 재질이 유기질 보온재에 속하는 것은?

① 우레탄폼
② 펄라이트
③ 세라믹 파이버
④ 규산칼슘 보온재

해설
유기질 보온재 : 우레탄폼(폴리우레탄폼), 코르크, 우모 및 양모, 합성수지(기포성 수지), 폴리스티렌폼 등

79 열처리로 경화된 재료를 변태점 이상의 적당한 온도로 가열한 다음 서서히 냉각하여 강의 입도를 미세화하여 조직을 연화, 내부응력을 제거하는 노는?

① 머플로
② 소성로
③ 풀림로
④ 소결로

해설
풀림로 : 열처리로 경화된 재료를 변태점 이상의 적당한 온도로 가열한 다음 서서히 냉각하여 강의 입도를 미세화하여 조직을 연화, 내부응력을 제거하는 노

80 에너지이용합리화법에 따라 에너지 사용량이 대통령령으로 정하는 기준량 이상인 자는 산업통상자원부령으로 정하는 바에 따라 매년 언제까지 시·도지사에게 신고하여야 하는가?

① 1월 31일까지
② 3월 31일까지
③ 6월 30일까지
④ 12월 31일까지

해설
에너지다소비사업자는 산업통상자원부령으로 정하는 바에 따라 매년 1월 31일까지 그 에너지사용시설이 있는 지역을 관할하는 시·도지사에게 신고하여야 한다.

제5과목 | 열설비설계

81 보일러 사용 중 저수위 사고의 원인으로 가장 거리가 먼 것은?

① 급수펌프가 고장이 났을 때
② 급수 내관이 스케일로 막혔을 때
③ 보일러의 부하가 너무 작을 때
④ 수위 검출기가 이상이 있을 때

해설
보일러 사용 중 이상 감수(저수위 사고)의 원인
• 급수펌프가 고장이 났을 때
• 급수 내관이 스케일로 막혔을 때
• 수위검출기에 이상이 있을 때
• 수면계의 연락관이 막혀 수위를 모를 때
• 분출장치, 급수밸브, 방출콕 또는 밸브, 보일러 연결부 등에서 누설이 될 때
• 급수밸브 및 체크밸브가 고장이 나서 보일러수가 급수탱크로 역류할 때
• 수면계의 유리가 오손되어 수위를 오인할 때
• 수면계 막힘·고장, 밸브 개폐 오류에 의해 수위를 오판할 때
• 자동급수제어장치가 고장 나거나 작동이 불량할 때
• 증기 토출량이 지나치게 과대할 때
• 펌프용량이 증발능력에 비해 과소한 것을 설치했을 때
• 갑자기 정전사고가 발생했을 때
• 보일러 운전 중 안전관리자가 자리를 이탈했을 때

82 인젝터의 장단점에 관한 설명으로 틀린 것은?

① 급수를 예열하므로 열효율이 좋다.
② 급수온도가 55[℃] 이상으로 높으면 급수가 잘된다.
③ 증기압이 낮으면 급수가 곤란하다.
④ 별도의 소요동력이 필요 없다.

해설
급수온도가 50[℃] 이상으로 높으면 급수가 잘되지 않는다.

83 보일러수 내의 산소를 제거할 목적으로 사용하는 약품이 아닌 것은?

① 타닌
② 아황산나트륨
③ 가성소다
④ 하이드라진

해설
가성소다는 용존산소제거제가 아니라 경수연화제, pH 조정제, 알칼리조정제 등으로 사용된다.

84 연소실에서 연도까지 배치된 보일러 부속설비의 순서를 바르게 나타낸 것은?

① 과열기 → 절탄기 → 공기예열기
② 절탄기 → 과열기 → 공기예열기
③ 공기예열기 → 과열기 → 절탄기
④ 과열기 → 공기예열기 → 절탄기

해설
폐열회수 순서
(보일러 본체) → (증발관) → 과열기 → (재열기) → 절탄기 → 공기예열기

85 최고 사용압력이 1.5[MPa]를 초과한 강철제 보일러의 수압시험압력은 그 최고 사용압력의 몇 배로 하는가?

① 1.5
② 2
③ 2.5
④ 3

해설
강철제 보일러의 수압시험압력
- 최고 사용압력이 0.43[MPa] 이하일 때에는 그 최고 사용압력의 2배의 압력으로 한다. 다만, 그 시험압력이 0.2[MPa] 미만인 경우에는 0.2[MPa]로 한다.
- 보일러의 최고 사용압력이 0.43[MPa] 초과 1.5[MPa](15[kg/cm^2]) 이하일 때에는 그 최고 사용압력의 1.3배에 0.3[MPa]를 더한 압력으로 한다.
- 보일러의 최고 사용압력이 1.5[MPa]를 초과할 때에는 그 최고 사용압력의 1.5배의 압력으로 한다.

86 판형 열교환기의 일반적인 특징에 대한 설명으로 틀린 것은?

① 구조상 압력손실이 작고 내압성은 크다.
② 다수의 파형이나 반구형의 돌기를 프레스 성형하여 판을 조합한다.
③ 전열면의 청소나 조립이 간단하고, 고점도에도 적용할 수 있다.
④ 판의 매수 조절이 가능하여 전열면적 증감이 용이하다.

해설
판형 열교환기는 구조상 압력손실이 크고 내압성이 작다.

87 노통 연관 보일러의 노통 바깥면과 이에 가장 가까운 연관의 면과는 얼마 이상의 틈새를 두어야 하는가?

① 5[mm]
② 10[mm]
③ 20[mm]
④ 50[mm]

해설
노통 연관 보일러의 노통 바깥면과 이에 가장 가까운 연관의 면과는 50[mm] 이상의 틈새를 두어야 한다.

정답 83 ③ 84 ① 85 ① 86 ① 87 ④

88 다음 그림과 같이 폭 150[mm], 두께 10[mm]의 맞대기 용접 이음에 작용하는 인장응력은?

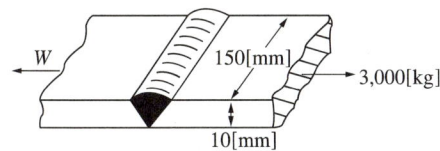

① 2[kg/cm²]
② 15[kg/cm²]
③ 100[kg/cm²]
④ 200[kg/cm²]

해설
용접부의 인장응력
$\sigma = \dfrac{W}{hl} = \dfrac{3,000}{10 \times 150} = 2[\text{kg/mm}^2] = 200[\text{kg/cm}^2]$

89 서로 다른 고체 물질 A, B, C 인 3개의 평판이 서로 밀착되어 복합체를 이루고 있다. 정상 상태에서의 온도분포가 다음 그림과 같을 때, 어느 물질의 열전도도가 가장 작은가?(단, 온도 $T_1 = 1,000[℃]$, $T_2 = 800[℃]$, $T_3 = 550[℃]$, $T_4 = 250[℃]$이다)

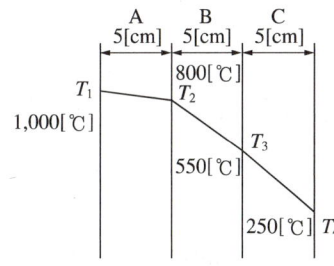

① A
② B
③ C
④ 모두 같다.

해설
고체 물질의 두께가 같을 때 온도 저하가 클수록 열전도도가 작으므로 온도저하가 가장 큰 C물질의 열전도도가 가장 작다.

90 다음 보일러 중에서 드럼이 없는 구조의 보일러는?
① 야로 보일러
② 슐저 보일러
③ 타쿠마 보일러
④ 벨록스 보일러

해설
슐저 보일러는 관류 보일러이며 드럼이 없는 구조를 지닌다.

91 보일러의 발생증기가 보유한 열량이 3.2×10^6[kcal/h]일 때 이 보일러의 상당증발량은?
① 2,500[kg/h]
② 3,512[kg/h]
③ 5,937[kg/h]
④ 6,847[kg/h]

해설
상당증발량(환산증발량)
$G_e = \dfrac{G_a(h_2 - h_1)}{539} = \dfrac{3,200,000}{539} \simeq 5,937[\text{kg/h}]$

92 압력용기를 옥내에 설치하는 경우에 관한 설명으로 옳은 것은?
① 압력용기와 천장과의 거리는 압력용기 본체 상부로부터 1[m] 이상이어야 한다.
② 압력용기의 본체와 벽과의 거리는 최소 1[m] 이상이어야 한다.
③ 인접한 압력용기와의 거리는 최소 1[m] 이상이어야 한다.
④ 유독성 물질을 취급하는 압력용기는 1개 이상의 출입구 및 환기장치가 있어야 한다.

해설
압력용기의 옥내 설치
• 압력용기와 천장과의 거리는 압력용기 본체 상부로부터 1[m] 이상이어야 한다.
• 압력용기의 본체와 벽의 거리는 최소 0.3[m] 이상이어야 한다.
• 인접한 압력용기와의 거리는 최소 0.3[m] 이상이어야 한다.
• 유독성 물질을 취급하는 압력용기는 2개 이상의 출입구나 환기장치를 설치해야 한다.

93 열의 이동에 대한 설명으로 틀린 것은?

① 전도란 정지하고 있는 물체 속을 열이 이동하는 현상을 말한다.
② 대류란 유동 물체가 고온 부분에서 저온 부분으로 이동하는 현상을 말한다.
③ 복사란 전자파의 에너지 형태로 열이 고온 물체에서 저온 물체로 이동하는 현상을 말한다.
④ 열관류란 유체가 열을 받으면 밀도가 작아져서 부력이 생기기 때문에 상승현상이 일어나는 것을 말한다.

해설
유체가 열을 받으면 밀도가 작아져서 부력이 생기므로 상승현상이 일어나는 것은 대류현상이다.

94 수증기관에 만곡관을 설치하는 주된 목적은?

① 증기관 속의 응결수를 배제하기 위하여
② 열팽창에 의한 관의 팽창작용을 흡수하기 위하여
③ 증기의 통과를 원활히 하고 급수의 양을 조절하기 위하여
④ 강수량의 순환을 좋게 하고 급수량의 조절을 쉽게 하기 위하여

해설
수증기관에 만곡관을 설치하는 주된 목적은 열팽창에 의한 관의 팽창작용을 흡수하기 위함이다.

95 노통 보일러에서 브레이징 스페이스란 무엇을 말하는가?

① 노통과 거싯 스테이와의 거리
② 관군과 거싯 스테이 사이의 거리
③ 동체와 노통 사이의 최소거리
④ 거싯 스테이 간의 거리

해설
노통 보일러에서 브레이징 스페이스 : 노통과 거싯 스테이와의 거리

96 보일러의 성능시험 시 측정은 매 몇 분마다 실시하여야 하는가?

① 5분   ② 10분
③ 15분 ④ 20분

해설
보일러의 성능시험 시 측정은 10분마다 실시해야 한다.

97 보일러 급수처리방법에서 수중에 녹아 있는 기체 중 탈기기장치에서 분리, 제거하는 대표적 용존가스는?

① O_2, CO_2 ② SO_2, CO
③ NO_3, CO ④ NO_2, CO_2

해설
탈기법 : 탈기기로 산소(O_2)가스, 이산화탄소(CO_2)가스 등을 제거(진공탈기법, 가열탈기법)하는 방법

정답 93 ④ 94 ② 95 ① 96 ② 97 ①

98 보일러의 연소가스에 의해 보일러 급수를 예열하는 장치는?

① 절탄기
② 과열기
③ 재열기
④ 복수기

해설
절탄기 : 보일러의 연소가스에 의해 보일러 급수를 예열하는 장치

100 보일러 안전사고의 종류가 아닌 것은?

① 노통, 수관, 연관 등의 파열 및 균열
② 보일러 내의 스케일 부착
③ 동체, 노통, 화실의 압궤 및 수관, 연관 등 전열면의 팽출
④ 연도나 노 내의 가스 폭발, 역화 그 외의 이상연소

해설
보일러 내의 스케일 부착으로 인하여 열전도가 저하되고 전열 방해, 강도 저하 등을 가져 오지만, 스케일 부착 그 자체만으로는 안전사고라고 할 수 없다.

99 두께 25[mm]인 철판의 넓이 1[m²]당 전열량이 매시간 2,000[kcal]가 되려면 양면의 온도차는 얼마여야 하는가?(단, 철판의 열전도율은 50[kcal/m·h·℃]이다)

① 1[℃]
② 2[℃]
③ 3[℃]
④ 4[℃]

해설
전열량(열전달량)

$Q = \lambda(\Delta T/L)$ 에서 $\Delta T = \dfrac{QL}{\lambda} = \dfrac{2{,}000 \times 25 \times 10^{-3}}{50} = 1[℃]$

2019년 제1회 과년도 기출문제

제1과목 | 연소공학

01 중유의 탄수소비가 증가함에 따른 발열량의 변화는?

① 무관하다.
② 증가한다.
③ 감소한다.
④ 초기에는 증가하다가 점차 감소한다.

해설
중유의 탄수소비가 증가하면 발열량은 감소한다.

02 통풍방식 중 평형통풍에 대한 설명으로 틀린 것은?

① 통풍력이 커서 소음이 심하다.
② 안정한 연소를 유지할 수 있다.
③ 노 내 정압을 임의로 조절할 수 있다.
④ 중형 이상의 보일러에는 사용할 수 없다.

해설
평형통풍은 중형 이상의 대형 보일러나 고성능 보일러에 사용한다.

03 다음 보기 조성의 액체연료를 완전연소시키기 위해 필요한 이론공기량은 약 몇 [Sm³/kg]인가?

| 보기 |
| C : 0.70kg, H : 0.10kg, O : 0.05kg
| S : 0.05kg, N : 0.09kg, Ash : 0.01kg

① 8.9   ② 11.5
③ 15.7 ④ 18.9

해설
이론공기량

$$A_0 = \frac{1}{0.21} \times \left\{1.867C + 5.6\left(H - \frac{O}{8}\right) + 0.7S\right\}$$

$$= \frac{1}{0.21} \times \left\{1.867 \times 0.7 + 5.6 \times \left(0.1 - \frac{0.05}{8}\right) + 0.7 \times 0.05\right\}$$

$$= \frac{1}{0.21} \times \{1.3069 + 0.525 + 0.035\}$$

$$= \frac{1.8669}{0.21} \approx 8.9 [Sm^3/kg]$$

04 목탄이나 코크스 등 휘발분이 없는 고체연료에서 일어나는 일반적인 연소형태는?

① 표면연소
② 분해연소
③ 증발연소
④ 확산연소

해설
목탄이나 코크스 등 휘발분이 없는 고체연료에서 일어나는 일반적인 연소형태는 표면연소이다.

05 다음 기체연료 중 고위발열량[MJ/Sm³]이 가장 큰 것은?

① 고로가스 ② 천연가스
③ 석탄가스 ④ 수성가스

해설
고위발열량[MJ/Sm³]
- 고로가스 : 900
- 수성가스 : 2,600
- 석탄가스 : 4,500
- 천연가스(LNG) : 11,000

※ 1[MJ/Sm³] ≃ (4.186/1,000) × [kcal/Sm³]

06 기체연료가 다른 연료에 비하여 연소용 공기가 적게 소요되는 가장 큰 이유는?

① 확산연소가 되므로
② 인화가 용이하므로
③ 열전도가 크므로
④ 착화온도가 낮으므로

해설
기체연료는 확산연소가 되므로 다른 연료에 비해 연소용 공기가 적게 소요된다.

07 증기의 성질에 대한 설명으로 틀린 것은?

① 증기의 압력이 높아지면 증발열이 커진다.
② 증기의 압력이 높아지면 비체적이 감소한다.
③ 증기의 압력이 높아지면 엔탈피가 커진다.
④ 증기의 압력이 높아지면 포화온도가 높아진다.

해설
증기의 압력이 높아지면 증발열이 감소된다.

08 다음 연료의 발열량을 측정하는 방법으로 가장 거리가 먼 것은?

① 열량계에 의한 방법
② 연소방식에 의한 방법
③ 공업분석에 의한 방법
④ 원소분석에 의한 방법

해설
연료의 발열량 측정방법의 종류 : 열량계에 의한 방법, 공업분석에 의한 방법, 원소분석에 의한 방법

09 댐퍼를 설치하는 목적으로 가장 거리가 먼 것은?

① 통풍력을 조절한다.
② 가스의 흐름을 조절한다.
③ 가스가 새어나가는 것을 방지한다.
④ 덕트 내 흐르는 공기 등의 양을 제어한다.

해설
댐퍼 설치의 목적
- 통풍력 조절, 배기가스의 흐름 차단
- 주연도, 부연도가 있는 경우 가스 흐름 변경
- 안전상의 이유 : 배기가스, 연소물질, 외부 습기, 빗물, 이물질 등의 유입 차단
- 절약상의 이유 : 에너지 절약

10 다음 중 중유의 착화온도[℃]로 가장 적합한 것은?

① 250~300 ② 325~400
③ 400~440 ④ 530~580

해설
중유의 착화온도[℃] : 530~580

정답 5 ② 6 ① 7 ① 8 ② 9 ③ 10 ④

11 고체 및 액체연료의 발열량을 측정할 때 정압열량계가 주로 사용된다. 이 열량계 안에 2[L]의 물이 있는데 5[g]의 시료를 연소시킨 결과 물의 온도가 20[℃] 상승하였다. 이 열량계의 열손실율을 10[%]라고 가정할 때, 발열량은 약 몇 [cal/g]인가?

① 4,800
② 6,800
③ 8,800
④ 10,800

해설
시료 5[g]의 연소열량 = 물 2[L]의 온도를 20[℃] 올린 열량
∴ $G_f \times H_L = mC\Delta t \times (1+\eta)$
∴ 발열량 $H_L = \dfrac{mC\Delta t \times (1+\eta)}{G_f}$
$= \dfrac{(2 \times 10^3) \times 1 \times 20 \times (1+0.1)}{5}$
$= 8,800 [\text{cal/g}]$

12 99[%] 집진을 요구하는 어느 공장에서 70[%] 효율을 가진 전처리장치를 이미 설치하였다. 주처리장치는 약 몇 [%]의 효율을 가진 것이어야 하는가?

① 98.7
② 96.7
③ 94.7
④ 92.7

해설
집진장치의 전체 효율 계산식
$\eta_t = \eta_1 + \eta_2(1-\eta_1)$
(여기서, η_t : 전체 효율, η_1 : 기존 집진장치의 효율, η_2 : 추가 집진장치의 효율)
$0.99 = 0.7 + \eta_2(1-0.7) = 0.7 + 0.3\eta_2$ 이므로
$\eta_2 = \dfrac{0.29}{0.3} \approx 0.967 = 96.7[\%]$

13 저탄장 바닥의 구배와 실외에서의 탄층 높이로 가장 적절한 것은?

① 구배 1/50~1/100, 높이 2[m] 이하
② 구배 1/100~1/150, 높이 4[m] 이하
③ 구배 1/150~1/200, 높이 2[m] 이하
④ 구배 1/200~1/250, 높이 4[m] 이하

해설
탄장 바닥의 구배와 실외에서의 탄층 높이
• 구배 : 1/100 ~ 1/150
• 높이 : 4[m] 이하

14 위험성을 나타내는 성질에 관한 설명으로 옳지 않은 것은?

① 착화온도와 위험성은 반비례한다.
② 비등점이 낮으면 인화 위험성이 높아진다.
③ 인화점이 낮은 연료는 대체로 착화온도가 낮다.
④ 물과 혼합하기 쉬운 가연성 액체는 물과의 혼합에 의해 증기압이 높아져 인화점이 낮아진다.

해설
물과 혼합하기 쉬운 가연성 액체는 물과의 혼합에 의해 증기압이 낮아져 인화점이 높아진다.

15 보일러의 열효율(η) 계산식으로 옳은 것은? (단, h_s : 발생증기, h_w : 급수의 엔탈피, G_a : 발생증기량, G_f : 연료소비량, H_l : 저위발열량이다)

① $\eta = \dfrac{H_l \times G_f}{(h_s + h_w) G_a}$

② $\eta = \dfrac{(h_s - h_w) G_a}{H_l \times G_f}$

③ $\eta = \dfrac{(h_s + h_w) G_a}{H_l \times G_f}$

④ $\eta = \dfrac{(h_s - h_w) G_a G_f}{H_l}$

해설
보일러의 열효율(η) 계산식
$\eta = \dfrac{(h_s - h_w) G_a}{H_l \times G_f}$

16 질량 기준으로 C 85%, H 12%, S 3%의 조성으로 되어 있는 중유를 공기비 1.1로 연소할 때 건연소가스량은 약 몇 [Nm³/kg]인가?

① 9.7 ② 10.5
③ 11.3 ④ 12.1

해설
이론공기량
$A_0 = \left(\dfrac{22.4}{0.21}\right) \times \left\{\dfrac{C}{12} + \dfrac{(H - O/8)}{4} + \dfrac{S}{32}\right\}$
$= \left(\dfrac{22.4}{0.21}\right) \times \left\{\dfrac{0.85}{12} + \dfrac{0.12}{4} + \dfrac{0.03}{32}\right\}$
$= 106.67 \times 0.102 \simeq 10.88$

건연소가스량
$G' = (m - 0.21) A_0 + 22.4\{(C/12) + (S/32) + (N/28)\}$
$= (1.1 - 0.21) \times 10.88 + 22.4\{(0.85/12) + (0.03/32)\}$
$= 9.68 + 1.61 \simeq 11.3$

17 공기와 연료의 혼합기체의 표시에 대한 설명 중 옳은 것은?

① 공기비는 연공비의 역수와 같다.
② 연공비(Fuel Air Ratio)라 함은 가연 혼합기 중의 공기와 연료의 질량비로 정의된다.
③ 공연비(Air Fuel Ratio)라 함은 가연 혼합기 중의 연료와 공기의 질량비로 정의된다.
④ 당량비(Equivalence Ratio)는 실제연공비와 이론연공비의 비로 정의된다.

해설
① 공기비는 연소과정 중 사용되는 공기량과 연료량의 비로 정의된다.
② 연공비(Fuel Air Ratio)는 가연 혼합기 중의 연료와 공기의 질량비로 정의된다.
③ 공연비(Air Fuel Ratio)는 가연 혼합기 중의 공기와 연료의 질량비로 정의된다.

18 석탄에 함유되어 있는 성분 중 ㉮ 수분, ㉯ 휘발분, ㉰ 황분이 연소에 미치는 영향으로 가장 적합하게 각각 나열한 것은?

① ㉮ 발열량 감소
　㉯ 연소 시 긴 불꽃 생성
　㉰ 연소기관의 부식
② ㉮ 매연 발생
　㉯ 대기오염 감소
　㉰ 착화 및 연소 방해
③ ㉮ 연소 방해
　㉯ 발열량 감소
　㉰ 매연 발생
④ ㉮ 매연 발생
　㉯ 발열량 감소
　㉰ 점화 방해

해설
석탄에 함유되어 있는 성분이 연소에 미치는 영향
• 수분 : 발열량 감소
• 휘발분 : 연소 시 긴 불꽃 생성
• 황분 : 연소기관의 부식

19 배기가스와 외기의 평균온도가 220[℃]와 25[℃]이고, 0[℃], 1기압에서 배기가스와 대기의 밀도는 각각 0.770[kg/m³]와 1.186[kg/m³]일 때 연돌의 높이는 약 몇 [m]인가?(단, 연돌의 통풍력 Z = 52.85[mmH₂O]이다)

① 60 ② 80
③ 100 ④ 120

해설
통풍력 $Z_{th} = 273H \times \left(\dfrac{\gamma_a}{T_a} - \dfrac{\gamma_g}{T_g}\right)$[mmH₂O] 이므로

$52.85 = 273H \times \left(\dfrac{1.186}{25+273} - \dfrac{0.770}{220+273}\right) = 273H \times 0.00242$

$H = \dfrac{52.85}{273 \times 0.00242} \simeq 80[\text{m}]$

20 다음 그림은 어떤 노의 열정산도이다. 발열량이 2,000[kcal/Nm³]인 연료를 이 가열로에서 연소시켰을 때 강재가 함유하는 열량은 약 몇 [kcal/Nm³]인가?

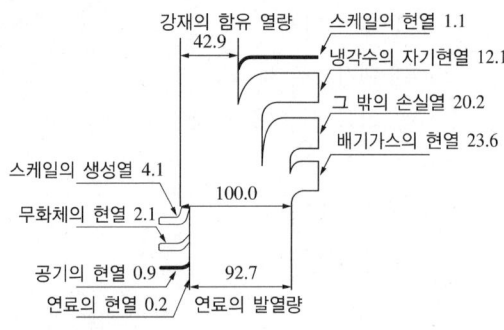

① 259.75 ② 592.25
③ 867.43 ④ 925.57

해설
강재가 함유하는 열량을 x라고 하면 주어진 조건에서 $2,000 : 92.7 = x : 42.9$이므로,

$x = \dfrac{2,000 \times 42.9}{92.7} \simeq 925.57[\text{kcal/Nm}^3]$

제2과목 | 열역학

21 물체의 온도 변화 없이 상(Phase, 相) 변화를 일으키는데 필요한 열량은?

① 비열   ② 점화열
③ 잠열   ④ 반응열

해설
잠열 : 물체의 온도 변화 없이 상(Phase, 相) 변화를 일으키는데 필요한 열량

22 열역학 제2법칙과 관련하여 가역 또는 비가역 사이클 과정 중 항상 성립하는 것은?(단, Q는 시스템에 출입하는 열량이고, T는 절대온도이다)

① $\oint \dfrac{\delta Q}{T} = 0$ ② $\oint \dfrac{\delta Q}{T} > 0$

③ $\oint \dfrac{\delta Q}{T} \geq 0$ ④ $\oint \dfrac{\delta Q}{T} \leq 0$

해설
클라우지우스(Clausius)의 폐적분값 : $\oint \dfrac{\delta Q}{T} \leq 0$(항상 성립)

- 가역 사이클 : $\oint \dfrac{\delta Q}{T} = 0$
- 비가역 사이클 : $\oint \dfrac{\delta Q}{T} < 0$

23 어느 밀폐계와 주위 사이에 열의 출입이 있다. 이것으로 인한 계와 주위의 엔트로피의 변화량을 각각 ΔS_1, ΔS_2로 하면 엔트로피 증가의 원리를 나타내는 식으로 옳은 것은?

① $\Delta S_1 > 0$
② $\Delta S_2 > 0$
③ $\Delta S_1 + \Delta S_2 > 0$
④ $\Delta S_1 - \Delta S_2 > 0$

해설
엔트로피 증가의 원리를 나타내는 식 : $\Delta S_1 + \Delta S_2 > 0$

24 100[kPa]의 포화액이 펌프를 통과하여 1,000[kPa]까지 단열압축된다. 이때 필요한 펌프의 단위질량당 일은 약 몇 [kJ/kg]인가?(단, 포화액의 비체적은 0.001[m³/kg]으로 일정하다)

① 0.9
② 1.0
③ 900
④ 1,000

해설
$$_1W_2 = \int PdV$$
$$= V(P_2 - P_1) = 0.001 \times (1{,}000 - 100) = 0.9 [kJ/kg]$$

25 다음 중 랭킨 사이클의 과정을 옳게 나타낸 것은?

① 단열압축 → 정적가열 → 단열팽창 → 정압냉각
② 단열압축 → 정압가열 → 단열팽창 → 정적냉각
③ 단열압축 → 정압가열 → 단열팽창 → 정압냉각
④ 단열압축 → 정적가열 → 단열팽창 → 정적냉각

해설
랭킨 사이클의 과정 : 단열압축 → 정압가열 → 단열팽창 → 정압냉각

26 냉동 사이클에서 냉매의 구비조건으로 가장 거리가 먼 것은?

① 임계온도가 높을 것
② 증발열이 클 것
③ 인화 및 폭발의 위험성이 낮을 것
④ 저온, 저압에서 응축이 잘되지 않을 것

해설
냉동 사이클에서 냉매는 저온, 저압에서 응축이 잘되어야 한다.

27 어떤 열기관이 역카르노 사이클로 운전하는 열펌프와 냉동기로 작동될 수 있다. 동일한 고온열원과 저온열원 사이에서 작동될 때, 열펌프와 냉동기의 성능계수(COP)는 다음과 같은 관계식으로 표시될 수 있는데, ( ) 안에 알맞은 값은?

$$COP_{열펌프} = COP_{냉동기} + (\quad)$$

① 0
② 1
③ 1.5
④ 2

해설
$COP_{열펌프} = COP_{냉동기} + 1$

28 -50[℃]의 탄산가스가 있다. 이 가스가 정압과정으로 0[℃]가 되었을 때 변경 후의 체적은 변경 전의 체적 대비 약 몇 배가 되는가?(단, 탄산가스는 이상기체로 간주한다)

① 1.094배
② 1.224배
③ 1.375배
④ 1.512배

해설
정압과정에서 온도가 -50[℃]에서 0[℃]으로 변화되었으므로
$\dfrac{V_1}{T_1} = \dfrac{V_2}{T_2} = C$에서 $\dfrac{V_1}{-50+273} = \dfrac{V_2}{0+273}$이며
$V_2 = \dfrac{273}{223} V_1 \simeq 1.224 V_1$

29 물 1[kg]이 100[℃]의 포화액 상태로부터 동일 압력에서 100[℃]의 건포화증기로 증발할 때까지 2,280[kJ]을 흡수하였다. 이때 엔트로피의 증가는 약 몇 [kJ/K]인가?

① 6.1
② 12.3
③ 18.4
④ 25.6

해설
$\Delta S = \dfrac{Q}{T_s} = \dfrac{2,280}{100+273} \simeq 6.1 [\text{kJ/K}]$

30 이상기체에서 정적비열 C_v와 정압비열 C_p와의 관계를 나타낸 것으로 옳은 것은?(단, R은 기체상수이고, k는 비열비이다)

① $C_v = k \times C_p$
② $C_v = \dfrac{1}{2} \times C_p$
③ $C_v = C_p + R$
④ $C_v = C_p - R$

해설
이상기체의 정압비열과 정적비열의 관계
$C_p - C_v = R$, $C_p/C_v = k$

31 랭킨 사이클의 열효율 증대방안으로 가장 거리가 먼 것은?

① 복수기의 압력을 낮춘다.
② 과열증기의 온도를 높인다.
③ 보일러의 압력을 상승시킨다.
④ 응축기의 온도를 높인다.

해설
랭킨 사이클의 열효율을 높이려면 응축기의 온도를 내린다.

32 압력이 1.2[MPa]이고, 건도가 0.65인 습증기 10[m³]의 질량은 약 몇 [kg]인가?(단, 1.2[MPa]에서 포화액과 포화증기의 비체적은 각각 0.0011373[m³/kg], 0.1662[m³/kg]이다)

① 87.83
② 92.23
③ 95.11
④ 99.45

해설
비체적 $v_x = v' + x(v'' - v')$
$= 0.0011373 + 0.65 \times (0.1662 - 0.0011373)$
$= 0.10843 [\text{m}^3/\text{kg}]$
습증기 10[m³]의 질량
$m = \dfrac{10[\text{m}^3]}{0.10843[\text{m}^3/\text{kg}]} \simeq 92.23[\text{kg}]$

33 비열비가 1.41인 이상기체가 1[MPa], 500[L]에서 가역 단열과정으로 120[kPa]로 변할 때 이 과정에서 한 일은 약 몇 [kJ]인가?

① 561
② 625
③ 715
④ 825

해설
$_1W_2 = \int PdV = \dfrac{P_1 V_1}{k-1} \left[1 - \left(\dfrac{P_2}{P_1}\right)^{\frac{k-1}{k}} \right]$
$= \dfrac{1,000 \times 0.5}{1.41-1} \left[1 - \left(\dfrac{120}{1,000}\right)^{\frac{1.41-1}{1.41}} \right] \simeq 561[\text{kJ}]$

34 40[m³]의 실내에 있는 공기의 질량은 약 몇 [kg]인가?(단, 공기의 압력은 100[kPa], 온도는 27[℃]이며, 공기의 기체상수는 0.287[kJ/(kg·K)]이다)

① 93
② 46
③ 10
④ 2

해설
$PV = mRT$에서
$100 \times 40 = m \times 0.287 \times (27+273)$이므로
$m = \dfrac{4,000}{0.287 \times 300} \simeq 46[\text{kg}]$

35 냉동 용량 6RT(냉동톤)인 냉동기의 성능계수가 2.4이다. 이 냉동기를 작동하는 데 필요한 동력은 약 몇 [kW]인가?(단, 1RT(냉동톤)은 3.86[kW]이다)

① 3.33
② 5.74
③ 9.65
④ 18.42

해설

동력 $H = \dfrac{6 \times 3.86}{2.4} = 9.65 \text{[kW]}$

36 자동차 타이어의 초기 온도와 압력이 각각 15[℃], 150[kPa]이었다. 이 타이어에 공기를 주입하여 타이어 안의 온도가 30[℃]가 되었다고 하면, 타이어의 압력은 약 몇 [kPa]인가?(단, 타이어 내의 부피는 0.1[m³]이고, 부피 변화는 없다고 가정한다)

① 158
② 177
③ 211
④ 233

해설

$\dfrac{P_1 V_1}{T_1} = \dfrac{P_2 V_2}{T_2}$ 에서 $V_1 = V_2$ 이므로, $\dfrac{P_1}{T_1} = \dfrac{P_2}{T_2}$ 이며

$P_2 = \dfrac{P_1}{T_1} \times T_2 = \dfrac{150}{15+273} \times (30+273) \approx 158 \text{[kPa]}$

37 노즐에서 가역 단열팽창하여 분출하는 이상기체가 있다고 할 때 노즐 출구에서의 유속에 대한 관계식으로 옳은 것은?(단, 노즐 입구에서의 유속은 무시할 수 있을 정도로 작다고 가정하고, 노즐 입구의 단위질량당 엔탈피는 h_i, 노즐 출구의 단위질량당 엔탈피는 h_o이다)

① $\sqrt{h_i - h_o}$
② $\sqrt{h_o - h_i}$
③ $\sqrt{2(h_i - h_o)}$
④ $\sqrt{2(h_o - h_i)}$

해설

노즐 출구에서의 유속에 대한 관계식 : $\sqrt{2(h_i - h_o)}$

38 디젤 사이클에서 압축비는 16, 기체의 비열비는 1.4, 체절비(또는 분사 단절비)는 2.5라고 할 때 이 사이클의 효율은 약 몇 [%]인가?

① 59[%]
② 62[%]
③ 65[%]
④ 68[%]

해설

디젤 사이클의 효율

$\eta_d = 1 - \left(\dfrac{1}{\varepsilon}\right)^{k-1} \times \dfrac{\sigma^k - 1}{k(\sigma - 1)}$

$= 1 - \left(\dfrac{1}{16}\right)^{1.4-1} \times \dfrac{2.5^{1.4} - 1}{1.4 \times (2.5 - 1)} \approx 0.59 = 59\text{[\%]}$

39 다음 중 가스터빈의 사이클로 가장 많이 사용되는 사이클은?

① 오토 사이클
② 디젤 사이클
③ 랭킨 사이클
④ 브레이튼 사이클

해설

가스터빈의 사이클로 가장 많이 사용되는 사이클은 브레이튼 사이클이다.

40 다음 중 용량성 상태량(Extensive Property)에 해당하는 것은?

① 엔탈피
② 비체적
③ 압력
④ 절대온도

해설

상태량 : 종량성 성질, 강도성 성질

- 종량성 성질(Extensive Property) : 질량에 비례하는 상태량(무게, 체적, 질량, 엔트로피, 엔탈피, 에너지 등)으로, 시량 특성 또는 용량성 상태량이라고도 한다.
- 강도성 성질(Intensive Property) : 물질의 양과는 무관한 상태량(절대온도, 압력, 비체적, 비질량, 밀도, 조성, 몰분율 등)으로, 시강 특성이라고도 한다.

제3과목 | 계측방법

41 단요소식 수위제어에 대한 설명으로 옳은 것은?

① 발전용 고압 대용량 보일러의 수위제어에 사용되는 방식이다.
② 보일러의 수위만을 검출하여 급수량을 조절하는 방식이다.
③ 부하변동에 의한 수위 변화 폭이 대단히 작다.
④ 수위조절기의 제어동작은 PID동작이다.

해설
단요소식 수위제어는 보일러의 수위만을 검출하여 급수량을 조절하는 방식이다.

42 다음 중 액면 측정방법이 아닌 것은?

① 액압측정식
② 정전용량식
③ 박막식
④ 부자식

해설
액면 측정방법
- 직접식 : 유리관식(직관식), 검척식, 부자식
- 간접식 : 차압식(액압 측정식), 편위식, 정전용량식, 전극식, 초음파식, 기포식, 감마선식

43 유로에 고정된 교축기구를 두어 그 전후의 압력차를 측정하여 유량을 구하는 유량계의 형식이 아닌 것은?

① 벤투리미터
② 플로 노즐
③ 로터미터
④ 오리피스

해설
유로에 고정된 교축기구를 두어 그 전후의 압력차를 측정하여 유량을 구하는 유량계의 형식 : 벤투리미터, 플로 노즐, 오리피스

44 오차와 관련된 설명으로 틀린 것은?

① 흩어짐이 큰 측정을 정밀하다고 한다.
② 오차가 작은 계량기는 정확도가 높다.
③ 계측기가 가지고 있는 고유의 오차를 기차라고 한다.
④ 눈금을 읽을 때 시선의 방향에 따른 오차를 시차라고 한다.

해설
흩어짐이 작은 측정을 정밀하다고 한다.

45 측정하고자 하는 액면을 직접 자로 측정하여 자의 눈금을 읽음으로써 액면을 측정하는 방법의 액면계는?

① 검척식 액면계
② 기포식 액면계
③ 직관식 액면계
④ 플로트식 액면계

해설
검척식 액면계 : 측정하고자 하는 액면을 직접 자로 측정하여 자의 눈금을 읽음으로써, 액면을 측정하는 방법의 액면계

46 Thermister(서미스터)의 특징이 아닌 것은?

① 소형이며 응답이 빠르다.
② 온도계수가 금속에 비하여 매우 작다.
③ 흡습 등에 의하여 열화되기 쉽다.
④ 전기저항체 온도계이다.

해설
서미스터는 온도계수가 금속에 비하여 매우 크다.

41 ② 42 ③ 43 ③ 44 ① 45 ① 46 ② 정답

47 전자유량계로 유량을 측정하기 위해서 직접 계측하는 것은?

① 유체에 생기는 과전류에 의한 온도 상승
② 유체에 생기는 압력 상승
③ 유체 내에 생기는 와류
④ 유체에 생기는 기전력

해설
전자유량계로 유량을 측정하기 위해서 직접 계측하는 것은 유체에 생기는 기전력이다.

48 고온 물체로부터 방사되는 특정파장을 온도계 속으로 통과시켜 온도계 내의 전구 필라멘트의 휘도를 육안으로 직접 비교하여 온도를 측정하는 것은?

① 열전 온도계   ② 광고온계
③ 색 온도계   ④ 방사 온도계

해설
광고온계 : 고온 물체로부터 방사되는 특정파장을 온도계 속으로 통과시켜 온도계 내의 전구 필라멘트의 휘도를 육안으로 직접 비교하여 온도를 측정하는 온도계

49 조절계의 제어작동 중 제어편차에 비례한 제어동작은 잔류편차(Off-set)가 생기는 결점이 있는데, 이 잔류편차를 없애기 위한 제어동작은?

① 비례동작   ② 미분동작
③ 2위치 동작   ④ 적분동작

해설
잔류편차를 없애기 위한 제어동작은 적분동작이다.

50 다이어프램식 압력계의 압력 증가 현상에 대한 설명으로 옳은 것은?

① 다이어프램에 가해진 압력에 의해 격막이 팽창한다.
② 링크가 아랫방향으로 회전한다.
③ 섹터기어가 시계 방향으로 회전한다.
④ 피니언은 시계 방향으로 회전한다.

해설
① 다이어프램에 가해진 압력에 의해 격막이 변형된다.
② 링크가 윗방향으로 회전한다.
③ 섹터기어가 반시계 방향으로 회전한다.

51 다음 중 직접식 액위계에 해당하는 것은?

① 정전용량식   ② 초음파식
③ 플로트식   ④ 방사선식

해설
정전용량식, 초음파식, 방사선식은 간접식이며, 플로트식은 직접식이다.

52 램, 실린더, 기름탱크, 가압펌프 등으로 구성되어 있으며 다른 압력계의 기준기로 사용되는 것은?

① 환상스프링식 압력계
② 부르동관식 압력계
③ 액주형 압력계
④ 분동식 압력계

해설
램, 실린더, 기름탱크, 가압펌프 등으로 구성되어 있으며 다른 압력계의 기준기로 사용되는 것은 분동식 압력계이다.

정답 47 ④ 48 ② 49 ④ 50 ④ 51 ③ 52 ④

53 2개의 제어계를 조합하여 1차 제어장치의 제어량을 측정하여 제어명령을 발하고, 2차 제어장치의 목표치로 설정하는 제어방법은?

① On-off 제어
② Cascade 제어
③ Program 제어
④ 수동제어

해설
Cascade 제어 : 2개의 제어계를 조합하여 1차 제어장치의 제어량을 측정하여 제어명령을 발하고, 2차 제어장치의 목표치로 설정하는 제어방법

54 다음 중 사용 온도범위가 넓어 저항 온도계의 저항체로서 가장 우수한 재질은?

① 백금
② 니켈
③ 동
④ 철

해설
사용 온도범위가 넓어 저항 온도계의 저항체로서 가장 우수한 재질은 백금이다.

55 다음 중 1,000[℃] 이상의 고온체의 연속 측정에 가장 적합한 온도계는?

① 저항 온도계
② 방사 온도계
③ 바이메탈식 온도계
④ 액체압력식 온도계

해설
1,000[℃] 이상인 고온체의 연속 측정에 가장 적합한 온도계는 방사 온도계이다.

56 응답이 빠르고 감도가 높으며 도선저항에 의한 오차를 작게 할 수 있으나, 재현성이 없고 흡습 등으로 열화되기 쉬운 특징을 가진 온도계는?

① 광고온계
② 열전대 온도계
③ 서미스터 저항체 온도계
④ 금속 측온저항체 온도계

해설
서미스터 저항체 온도계 : 응답이 빠르고 감도가 높으며 도선저항에 의한 오차를 작게 할 수 있으나, 재현성이 없고 흡습 등으로 열화되기 쉬운 특징을 가진 온도계

57 다음 열전대의 구비조건으로 가장 적절하지 않은 것은?

① 열기전력이 크고 온도 증가에 따라 연속적으로 상승할 것
② 저항온도 계수가 높을 것
③ 열전도율이 작을 것
④ 전기저항이 작을 것

해설
열전대는 저항온도 계수가 낮아야 한다.

58 휴대용으로 상온에서 비교적 정도가 좋은 아스만(Asman) 습도계는 다음 중 어디에 속하는가?

① 저항 습도계
② 냉각식 노점계
③ 간이 건습구 습도계
④ 통풍형 건습구 습도계

해설
휴대용으로 상온에서 비교적 정도가 좋은 아스만(Asman) 습도계는 통풍형 건습구 습도계에 해당한다.

59 지름이 10[cm]되는 관 속을 흐르는 유체의 유속이 16[m/sec]이었다면 유량은 약 몇 [m³/sec]인가?

① 0.125 ② 0.525
③ 1.605 ④ 1.725

해설
유 량
$$Q = Av = \frac{\pi d^2}{4} \times 16 = 3.14 \times 0.1^2 \times 4 \simeq 0.125 [\text{m}^3/\text{sec}]$$

60 환상천평식(링 밸런스식) 압력계에 대한 설명으로 옳은 것은?

① 경사관식 압력계의 일종이다.
② 히스테리시스 현상을 이용한 압력계이다.
③ 압력에 따른 금속의 신축성을 이용한 것이다.
④ 저압가스의 압력 측정이나 드래프트게이지로 주로 이용된다.

해설
환상천평식(링 밸런스식) 압력계
• 액주식 압력계의 일종이다.
• 도압관은 굵고 짧게 한다.
• 계기는 압력원에 접근하도록 가깝게 설치한다.
• 주로 저압가스의 압력 측정이나 드래프트게이지로 이용된다.

제4과목 | 열설비재료 및 관계법규

61 다음 중 용광로에 장입되는 물질 중 탈황 및 탈산을 위해 첨가하는 것으로 가장 적당한 것은?

① 철광석 ② 망간광석
③ 코크스 ④ 석회석

해설
용광로에 장입되는 물질 중 탈황 및 탈산을 위해 첨가하는 것으로 가장 적당한 것은 망간광석이다.

62 다음 보온재 중 최고 안전 사용온도가 가장 낮은 것은?

① 석 면 ② 규조토
③ 우레탄 폼 ④ 펄라이트

해설
최고 안전 사용온도[℃]
• 우레탄 폼 : 120
• 석면 : 450
• 규조토 : 500
• 펄라이트 : 650

63 연소실의 연도를 축조하려 할 때 유의사항으로 가장 거리가 먼 것은?

① 넓거나 좁은 부분의 차이를 줄인다.
② 가스 정체 공극을 만들지 않는다.
③ 가능한 한 굴곡 부분을 여러 곳에 설치한다.
④ 댐퍼로부터 연도까지의 길이를 짧게 한다.

해설
연소실의 연도는 가능한 한 굴곡 부분을 작게 설치한다.

64 에너지이용합리화법에 따라 검사대상기기에 해당되지 않는 것은?

① 정격용량이 0.4[MW]인 철금속 가열로
② 가스사용량이 18[kg/h]인 소형 온수 보일러
③ 최고 사용압력이 0.1[MPa]이고, 전열면적이 5[m^2]인 주철제 보일러
④ 최고 사용압력이 0.1[MPa]이고, 동체의 안지름이 300[mm]이며, 길이가 600[mm]인 강철제 보일러

해설
정격용량이 0.58[MW]를 초과하는 철금속가열로

65 에너지이용합리화법에 따라 효율관리기자재의 제조업자가 광고매체를 이용하여 효율관리기자재의 광고를 하는 경우에 그 광고내용에 포함시켜야 할 사항은?

① 에너지 최고 효율
② 에너지 사용량
③ 에너지 소비효율
④ 에너지 평균 소비량

해설
에너지이용합리화법에 따라 효율관리기자재의 제조업자가 광고매체를 이용하여 효율관리기자재의 광고를 하는 경우에 그 광고내용에 포함시켜야 할 사항은 에너지 소비효율 등급 또는 에너지 소비효율이다.

66 에너지이용합리화법에 의해 에너지 사용의 제한 또는 금지에 관한 조정·명령, 기타 필요한 조치를 위반한 자에 대한 과태료 기준은 얼마인가?

① 50만원 이하   ② 100만원 이하
③ 300만원 이하 ④ 500만원 이하

해설
에너지이용합리화법에 의해 에너지 사용의 제한 또는 금지에 관한 조정·명령, 기타 필요한 조치를 위반한 자에 대한 과태료 기준 : 300만원 이하

67 보온재의 열전도계수에 대한 설명으로 틀린 것은?

① 보온재의 함수율이 크게 되면 열전도계수도 증가한다.
② 보온재의 기공률이 클수록 열전도계수는 작아진다.
③ 보온재는 열전도계수가 작을수록 좋다.
④ 보온재의 온도가 상승하면 열전도계수는 감소된다.

해설
보온재의 온도가 상승하면 열전도계수는 증가된다.

68 에너지이용합리화법의 목적이 아닌 것은?

① 에너지의 합리적인 이용을 증진
② 국민경제의 건전한 발전에 이바지
③ 지구온난화의 최소화에 이바지
④ 신재생에너지의 기술개발에 이바지

해설
에너지이용합리화법의 목적
· 에너지 수급 안정화
· 에너지의 합리적이고 효율적인 이용 증진
· 에너지 소비로 인한 환경 피해 감소
· 국민경제의 건전한 발전에 및 국민복지의 증진에 이바지
· 지구온난화의 최소화에 이바지

정답 64 ① 65 ③ 66 ③ 67 ④ 68 ④

69 에너지이용합리화법에 따라 시공업의 기술인력 및 검사대상기기관리자에 대한 교육과정과 교육기간의 연결로 틀린 것은?

① 난방시공업 제1종 기술자 과정 : 1일
② 난방시공업 제2종 기술자 과정 : 1일
③ 소형 보일러·압력용기관리자 과정 : 1일
④ 중·대형 보일러관리자 과정 : 2일

해설
중·대형 보일러관리자 과정 : 1일

70 에너지이용합리화법에 따라 냉난방온도의 제한온도 기준 중 난방온도는 몇 [℃] 이하로 정해져 있는가?

① 18
② 20
③ 22
④ 26

해설
에너지이용합리화법에 따라 냉난방온도의 제한온도 기준 중 난방온도는 20[℃] 이하로 정해져 있다.

71 버터플라이밸브의 특징에 대한 설명으로 틀린 것은?

① 90[°] 회전으로 개폐가 가능하다.
② 유량 조절이 가능하다.
③ 완전 열림 시 유체저항이 크다.
④ 밸브 몸통 내에서 밸브대를 축으로 하여 원판 형태의 디스크의 움직임으로 개폐하는 밸브이다.

해설
버터플라이밸브는 완전 열림 시 유체저항이 작다.

72 에너지이용합리화법에 따라 검사대상기기의 검사 유효기간 기준으로 틀린 것은?

① 검사 유효기간은 검사에 합격한 날의 다음날부터 계산한다.
② 검사에 합격한 날이 검사 유효기간 만료일 이전 60일 이내인 경우 검사 유효기간 만료일의 다음 날부터 계산한다.
③ 검사를 연기한 경우의 검사 유효기간은 검사 유효기간 만료일의 다음 날부터 계산한다.
④ 산업통상자원부장관은 검사대상기기의 안전관리 또는 에너지 효율 향상을 위하여 부득이 하다고 인정할 때에는 검사 유효기간을 조정할 수 있다.

해설
검사에 합격한 날이 검사 유효기간 만료일 이전 30일 이내인 경우와 적절히 검사가 연기된 경우에는 검사 유효기간 만료일의 다음 날부터 계산한다.

73 마그네시아 또는 돌로마이트를 원료로 하는 내화물이 수증기의 작용을 받아 $Ca(OH)_2$나 $Mg(OH)_2$를 생성하게 된다. 이때 체적 변화로 인해 노벽에 균열이 발생하거나 붕괴하는 현상을 무엇이라고 하는가?

① 버스팅
② 스폴링
③ 슬래킹
④ 에로존

해설
슬래킹 : 마그네시아 또는 돌로마이트를 원료로 하는 내화물이 수증기의 작용을 받아 $Ca(OH)_2$나 $Mg(OH)_2$를 생성하는데, 이때 체적 변화로 인해 노벽에 균열이 발생하거나 붕괴하는 현상

정답 69 ④ 70 ② 71 ③ 72 ② 73 ③

74 가스로 중 주로 내열강재의 용기를 내부에서 가열하고 그 용기 속에 열처리품을 장입하여 간접 가열하는 노를 무엇이라고 하는가?

① 레토르트로 ② 오븐로
③ 머플로 ④ 레이디언트튜브로

해설
머플로 : 주로 내열강재의 용기를 내부에서 가열하고 그 용기 속에 열처리품을 장입하여 간접 가열하는 노

75 파이프의 열변형에 대응하기 위해 설치하는 이음은?

① 가스 이음 ② 플랜지 이음
③ 신축 이음 ④ 소켓 이음

해설
신축 이음 : 파이프의 열변형에 대응하기 위해 설치하는 이음

76 에너지이용합리화법에 따라 에너지저장의무 부과 대상자가 아닌 것은?

① 전기사업자
② 석탄생산자
③ 도시가스사업자
④ 연간 2만 석유환산톤 이상의 에너지를 사용하는 자

해설
에너지저장의무 부과대상자
- 전기사업법에 따른 전기사업자
- 도시가스사업법에 따른 도시가스사업자
- 석탄산업법에 따른 석탄가공업자
- 집단에너지사업법에 따른 집단에너지사업자
- 연간 2만 석유환산톤[TOE] 이상의 에너지를 사용하는 자

77 85[℃]의 물 120[kg]의 온탕에 10[℃]의 물 140[kg]을 혼합하면 약 몇 [℃]의 물이 되는가?

① 44.6 ② 56.6
③ 66.9 ④ 70.0

해설
$Q = mC\Delta t = m_1 C_1(t_1 - t_m) = m_2 C_2(t_m - t_2)$ 이며 $C_1 = C_2$ 이므로 혼합액체 평균온도 t_m 은

$$t_m = \frac{m_1 t_1 + m_2 t_2}{m_1 + m_2} = \frac{120 \times 85 + 140 \times 10}{120 + 140} \simeq 44.6[℃]$$

78 도염식 가마의 구조에 해당되지 않는 것은?

① 흡입구 ② 대 차
③ 지연도 ④ 화 교

해설
도염식 가마의 구조 : 흡입구, 지연도, 주연도, 화교

79 에너지이용합리화법에 따라 매년 1월 31일까지 전년도의 분기별 에너지 사용량, 제품 생산량을 신고하여야 하는 대상은 연간 에너지 사용량의 합계가 얼마 이상인 경우 해당되는가?

① 1천[TOE] ② 2천[TOE]
③ 3천[TOE] ④ 5천[TOE]

해설
매년 1월 31일까지 전년도의 분기별 에너지 사용량, 제품 생산량을 신고하여야 하는 대상은 연간 에너지사용량의 합계가 2천[TOE] 이상인 경우 해당된다.

80 에너지이용합리화법에 따른 한국에너지공단의 사업이 아닌 것은?

① 에너지의 안정적 공급
② 열사용기자재의 안전관리
③ 신에너지 및 재생에너지 개발사업의 촉진
④ 집단에너지 사업의 촉진을 위한 지원 및 관리

해설
한국에너지공단의 사업
- 에너지이용합리화 및 이를 통한 온실가스의 배출을 줄이기 위한 사업과 국제 협력
- 에너지 기술의 개발, 도입, 지도 및 보급
- 에너지이용합리화, 신에너지 및 재생에너지의 개발과 보급, 집단에너지 공급사업을 위한 자금의 융자 및 지원
- 에너지 진단 및 에너지관리지도
- 신에너지 및 재생에너지 개발사업의 촉진
- 에너지관리에 관한 조사, 연구, 교육 및 홍보
- 에너지이용합리화사업을 위한 토지·건물 및 시설 등의 취득·설치·운영·대여 및 양도
- 집단에너지사업법에 따른 집단에너지 사업의 촉진을 위한 지원 및 관리
- 에너지사용기자재, 에너지 관련 기자재의 효율관리 및 열사용기자재의 안전관리
- 사회취약계층의 에너지 이용 지원
- 산업통상자원부장관, 시·도지사 그 밖의 기관 등이 위탁하는 에너지이용의 합리화와 온실가스의 배출을 줄이기 위한 사업

제5과목 | 열설비설계

81 보일러를 사용하지 않고, 장기간 휴지 상태로 놓을 때 부식을 방지하기 위해서 채워 두는 가스는?

① 이산화탄소 ② 질소가스
③ 아황산가스 ④ 메탄가스

해설
보일러를 사용하지 않고, 장기간 휴지 상태로 놓을 때 부식을 방지하기 위해서 질소가스를 채워 둔다.

82 보일러의 파형노통에서 노통의 평균 지름을 1,000[mm], 최고 사용압력을 11[kgf/cm²]라고 할 때 노통의 최소 두께[mm]는?(단, 평형부 길이가 230[mm] 미만이며, 정수 C는 1,100이다)

① 5   ② 8
③ 10 ④ 13

해설
노통식 보일러 파형부 길이가 230[mm] 미만인 노통의 최소 두께
$$t = \frac{PD}{C} = \frac{11 \times 1,000}{1,100} = 10[\mathrm{mm}]$$

83 보일러 수랭관과 연소실벽 내에 설치된 방사과열기의 보일러 부하에 따른 과열온도 변화에 대한 설명으로 옳은 것은?

① 보일러의 부하 증대에 따라 과열온도는 증가하다가 최대 이후 감소한다.
② 보일러의 부하 증대에 따라 과열온도는 감소하다가 최소 이후 증가한다.
③ 보일러의 부하 증대에 따라 과열온도는 증가한다.
④ 보일러의 부하 증대에 따라 과열온도는 감소한다.

해설
보일러의 부하 증대에 따라 과열온도는 감소한다.

84 육용강제 보일러의 구조에 있어서 동체의 최소 두께 기준으로 틀린 것은?

① 안지름이 900[mm] 이하의 것은 4[mm]
② 안지름이 900[mm] 초과 1,350[mm] 이하의 것은 8[mm]
③ 안지름이 1,350[mm] 초과 1,850[mm] 이하의 것은 10mm
④ 안지름이 1,850[mm] 초과하는 것은 12[mm]

해설
- 안지름이 900mm 이하의 것은 6[mm]
- 안지름이 900mm 이하의 것에 스테이를 부착할 경우는 8[mm]

85 연소실의 체적을 결정할 때 고려사항으로 가장 거리가 먼 것은?

① 연소실의 열부하
② 열소실의 열발생률
③ 연료의 연소량
④ 내화벽돌의 내압 강도

해설
연소실 체적 결정 시 고려사항 : 연소실의 열발생률, 연소실의 열부하, 연료의 연소량

86 급수조절기를 사용할 경우 수압시험 또는 보일러를 시동할 때 조절기가 작동하지 않게 하거나, 모든 자동 또는 수동제어밸브 주위에 수리, 교체하는 경우를 위하여 설치하는 설비는?

① 블로 오프관
② 바이패스관
③ 과열 저감기
④ 수면계

해설
바이패스관 : 급수조절기를 사용할 경우 수압시험 또는 보일러를 시동할 때 조절기가 작동하지 않게 하거나, 모든 자동 또는 수동제어밸브 주위에 수리, 교체하는 경우를 위하여 설치하는 설비

87 보일러 운전 시 캐리오버(Carry-over)를 방지하기 위한 방법으로 틀린 것은?

① 주증기밸브를 서서히 연다.
② 관수의 농축을 방지한다.
③ 증기관을 냉각한다.
④ 과부하를 피한다.

해설
보일러 운전 시 캐리오버 방지대책
· 주증기밸브를 서서히 연다.
· 관수의 농축을 방지한다.
· 과부하를 피한다.
· 보일러 수위를 너무 높게 하지 않는다.
· 유지분이나 불순물이 많은 물을 사용하지 않는다.
· 무리한 연소를 하지 않는다.
· 심한 부하변동 발생요인을 제거한다.
· 기수분리기(스팀 세퍼레이터)를 이용한다.

88 내경 250[mm], 두께 3[mm]의 주철관에 압력 4[kgf/cm²]의 증기를 통과시킬 때 원주 방향의 인장응력[kgf/mm²]은?

① 1.23
② 1.66
③ 2.12
④ 3.28

해설
원주 방향의 인장응력
$\sigma_1 = \dfrac{pd}{2t} = \dfrac{4 \times 250}{100 \times 2 \times 3} \simeq 1.66 [\text{kgf/mm}^2]$

89 강판의 두께가 20[mm]이고, 리벳의 직경이 28.2[mm]이며, 피치 50.1[mm]의 1줄 겹치기 리벳조인트가 있다. 이 강판의 효율은?

① 34.7[%]
② 43.7[%]
③ 53.7[%]
④ 63.7[%]

해설
강판의 효율
$\eta_t = \left(1 - \dfrac{d}{p}\right) \times 100[\%] = \left(1 - \dfrac{28.2}{50.1}\right) \times 100[\%] \simeq 43.7[\%]$

90 급수 및 보일러수의 순도 표시방법에 대한 설명으로 틀린 것은?

① ppm의 단위는 100만분의 1의 단위이다.
② epm은 당량농도라 하고 용액 1[kg] 중에 용존되어 있는 물질의 [mg] 당량수를 의미한다.
③ 알칼리도는 수중에 함유하는 탄산염 등의 알칼리성 성분의 농도를 표시하는 척도이다.
④ 보일러수에서는 재료의 부식을 방지하기 위하여 pH가 7인 중성을 유지하여야 한다.

해설
보일러수 중에 적당량의 수산화나트륨을 포함시켜 보일러의 부식 및 스케일 부착을 방지하기 위하여 pH 10.5~11.5의 약알칼리성을 유지한다.

91 용접부에서 부분 방사선 투과시험의 검사 길이 계산은 몇 [mm] 단위로 하는가?

① 50   ② 100
③ 200   ④ 300

해설
용접부에서 부분 방사선 투과시험의 검사 길이 계산은 300[mm] 단위로 한다.

92 어느 가열로에서 노벽의 상태가 다음과 같을 때 노벽을 관류하는 열량[kcal/h]은 얼마인가?(단, 노벽의 상하 및 둘레가 균일하며, 평균 방열면적 120.5[m²], 노벽의 두께 45[cm], 내벽 표면온도 1,300[℃], 외벽 표면온도 175[℃], 노벽 재질의 열전도율 0.1[kcal/m·h·℃]이다)

① 301.25   ② 30,125
③ 13.556   ④ 13,556

해설
노벽 관류 열량
$$Q = K \cdot F \cdot \Delta t = \frac{k}{b} \times F \times \Delta t = \frac{0.1}{0.45} \times 120.5 \times (1,300 - 175)$$
$$= 30,125 [kcal/h]$$

93 보일러 재료로 이용되는 대부분의 강철제는 200~300[℃]에서 최대의 강도를 유지하나 몇 [℃] 이상이 되면 재료의 강도가 급격히 저하되는가?

① 350℃   ② 450℃
③ 550℃   ④ 650℃

해설
보일러 재료로 이용되는 대부분의 강철제는 200~300[℃]에서 최대의 강도를 유지하지만, 350[℃] 이상이 되면 재료의 강도가 급격히 저하된다.

94 다음 중 보일러 안전장치로 가장 거리가 먼 것은?

① 방폭문   ② 안전밸브
③ 체크밸브   ④ 고저수위경보기

해설
체크밸브는 역류방지밸브이다.

95 계속사용검사기준에 따라 설치한 날로부터 15년 이내인 보일러에 대한 순수처리 수질기준으로 틀린 것은?

① 총경도(mg CaCO₃/L) : 0
② pH(298K{25℃}에서) : 7~9
③ 실리카(mg SiO₂/L) : 흔적이 나타나지 않음
④ 전기 전도율(298K{25℃}에서의) : 0.05[μs/cm] 이하

해설
전기전도율(298K{25℃}에서의) : 0.5[μs/cm] 이하

정답 90 ④ 91 ④ 92 ② 93 ① 94 ③ 95 ④

96 유속을 일정하게 하고 관의 직경을 2배로 증가시켰을 경우 유량은 어떻게 변하는가?

① 2배로 증가
② 4배로 증가
③ 6배로 증가
④ 8배로 증가

해설
유량 $Q = Av = \dfrac{\pi d^2}{4} \times v$ 이므로, 관의 직경을 2배로 증가시키면 유량은 4배로 증가한다.

97 '어떤 주어진 온도에서 최대 복사강도에서의 파장(λ_{max})은 절대온도에 반비례한다.'와 관련된 법칙은?

① Wien의 법칙
② Planck의 법칙
③ Fourier의 법칙
④ Stefan – Boltzmann의 법칙

해설
Wien의 법칙 : 주어진 온도에서 최대 복사강도에서의 파장(λ_{max})은 절대온도에 반비례한다.

98 보일러수 처리의 약제로서 pH를 조정하여 스케일을 방지하는 데 주로 사용되는 것은?

① 리그닌
② 인산나트륨
③ 아황산나트륨
④ 타 닌

해설
보일러수 처리의 약제로서 pH를 조정하여 스케일을 방지하는 데 주로 사용되는 것은 인산나트륨이다.

99 압력용기의 설치 상태에 대한 설명으로 틀린 것은?

① 압력용기의 본체는 바닥보다 30[mm] 이상 높이 설치되어야 한다.
② 압력용기를 옥내에 설치하는 경우 유독성 물질을 취급하는 압력용기는 2개 이상의 출입구 및 환기 장치가 되어 있어야 한다.
③ 압력용기를 옥내에 설치하는 경우 압력용기의 본체와 벽과의 거리는 0.3[m] 이상이어야 한다.
④ 압력용기의 기초가 약하여 내려앉거나 갈라짐이 없어야 한다.

해설
압력용기의 본체는 바닥에서 10[cm] 이상 높이에 설치되어야 한다.

100 강제순환식 보일러의 특징에 대한 설명으로 틀린 것은?

① 증기 발생 소요시간이 매우 짧다.
② 자유로운 구조의 선택이 가능하다.
③ 고압보일러에 대해서도 효율이 좋다.
④ 동력 소비가 적어 유지비가 비교적 적게 든다.

해설
강제순환식 보일러는 동력 소비가 많아 유지비가 비교적 많이 든다.

2019년 제2회 과년도 기출문제

제1과목 | 연소공학

01 여과집진장치의 여과재 중 내산성, 내알칼리성이 모두 좋은 성질을 갖는 것은?

① 테트론 ② 사 란
③ 비닐론 ④ 글라스

해설
여과집진장치의 여과재 중 내산성, 내알칼리성 모두 좋은 성질을 갖는 것은 비닐론이다.

02 $C_m H_n$ 1[Nm³]를 완전연소시켰을 때 생기는 H_2O의 양 [Nm³]은?(단, 분자식의 첨자 m, n과 답항의 n은 상수이다)

① $\dfrac{n}{4}$ ② $\dfrac{n}{2}$
③ n ④ $2n$

해설
탄화수소의 연소방정식은
$C_m H_n + \left(m + \dfrac{n}{4}\right) O_2 \rightarrow m CO_2 + \dfrac{n}{2} H_2O$ 이므로,
$C_m H_n$ 1[Nm³]를 완전연소시켰을 때 생기는 H_2O의 양[Nm³]은 $\dfrac{n}{2}$ 이다.

03 탄소 1[kg]을 완전연소시키는 데 필요한 공기량 [Nm³]은?(단, 공기 중의 산소와 질소의 체적 함유비를 각각 21[%]와 79[%]로 하며 공기 1[kmol]의 체적은 22.4[m³]이다)

① 6.75 ② 7.23
③ 8.89 ④ 9.97

해설
탄소의 연소방정식 $C + O_2 \rightarrow CO_2$에서 탄소 분자량이 12이고 산소 몰수가 1[mol]이므로, 이론산소 요구량 $O_o = 22.4/12 \approx 1.87[Nm^3]$ 이며, 이론공기량은 $A_0 = O_0/0.21 = 1.87/0.21 \approx 8.89[Nm^3/kg]$ 이다.

04 연료 중에 회분이 많을 경우 연소에 미치는 영향으로 옳은 것은?

① 발열량이 증가한다.
② 연소 상태가 고르게 된다.
③ 클링커의 발생으로 통풍을 방해한다.
④ 완전연소되어 잔류물을 남기지 않는다.

해설
① 발열량이 감소한다.
② 연소 상태가 고르지 않게 된다.
④ 불완전연소되어 잔류물이 남는다.

05 다음 중 고체연료의 공업분석에서 계산만으로 산출되는 것은?

① 회 분 ② 수 분
③ 휘발분 ④ 고정탄소

해설
고체연료의 공업분석에서 계산만으로 산출되는 것은 고정탄소이다.

정답 1 ③ 2 ② 3 ③ 4 ③ 5 ④

06 다음 중 매연 생성에 가장 큰 영향을 미치는 것은?

① 연소속도 ② 발열량
③ 공기비 ④ 착화온도

해설
매연 생성에 가장 큰 영향을 미치는 것은 공기비이다.

07 탄소 87[%], 수소 10[%], 황 3[%]의 중유가 있다. 이때 중유의 탄산가스 최대량(CO_{2max})는 약 몇 [%]인가?

① 10.23 ② 16.58
③ 21.35 ④ 25.83

해설
CO_{2max}
$= \dfrac{1.867C}{8.89C + 21.1[H-(O/8)] + 3.33S + 0.8N} \times 100[\%]$
$= \dfrac{1.867 \times 0.87}{8.89 \times 0.87 + 21.1 \times 0.1 + 3.33 \times 0.03} \times 100[\%] \simeq 16.58[\%]$

08 도시가스의 호환성을 판단하는 데 사용되는 지수는?

① 웨버지수(Webbe Index)
② 뒬롱지수(Dulong Index)
③ 릴리지수(Lilly Index)
④ 제이도비흐지수(Zeldovich Index)

해설
웨버지수(Webbe Index) : 도시가스의 호환성을 판단하는 데 사용되는 지수

09 연소설비에서 배출되는 다음의 공해물질 중 산성비의 원인이 되며 가성소다나 석회 등을 통해 제거할 수 있는 것은?

① SO_x ② NO_x
③ CO ④ 매 연

해설
SO_x는 산성비의 원인이 되며, 가성소다나 석회 등을 통해 제거할 수 있다.

10 다음 기체연료 중 고발열량[kcal/Sm³] 이 가장 큰 것은?

① 고로가스
② 수성가스
③ 도시가스
④ 액화석유가스

해설
고발열량[kcal/Sm³]
- 고로가스 : 900
- 수성가스 : 2,650
- 도시가스 : 10,550
- 액화석유가스 : 22,450

11 보일러의 급수 및 발생증기의 엔탈피를 각각 150, 670[kcal/kg]이라고 할 때 20,000[kg/h]의 증기를 얻으려면 공급열량은 약 몇 [kcal/h]인가?

① 9.6×10^6 ② 10.4×10^6
③ 11.7×10^6 ④ 12.2×10^6

해설
보일러의 공급열량
$Q = G(h_2 - h_1)$
$= 20,000 \times (670 - 150) = 10.4 \times 10^6 [kcal/h]$

12 액체의 인화점에 영향을 미치는 요인으로 가장 거리가 먼 것은?

① 온 도
② 압 력
③ 발화 지연시간
④ 용액의 농도

해설
액체연료의 인화점에 영향을 미치는 요인 : 온도, 압력, 용액의 농도

13 고부하의 연소설비에서 연료의 점화나 화염 안정화를 도모하고자 할 때 사용할 수 있는 장치로서 가장 적절하지 않은 것은?

① 분젠버너
② 파일럿버너
③ 플라스마버너
④ 스파크 플러그

해설
분젠버너는 고부하의 연소설비에서 연료의 점화나 화염 안정화를 도모하고자 할 때 사용할 수 있는 장치로는 적절하지 않다.

14 어느 용기에서 압력(P)과 체적(V)의 관계가 $P = (50V + 10) \times 10^2$[kPa]과 같을 때 체적이 2[m³]에서 4[m³]로 변하는 경우 일량은 몇 [MJ]인가? (단, 체적의 단위는 [m³]이다)

① 32
② 34
③ 36
④ 38

해설
일 량
$$_1W_2 = \int PdV = \int_2^4 (50V+10) \times 10^2 dV$$
$$= [(25V^2 + 10V) \times 100]_2^4$$
$$= [(25 \times 4^2 + 10 \times 4) - (25 \times 2^2 + 10 \times 2)] \times 100$$
$$= [(400 + 40) - (100 + 20)] \times 100$$
$$= (440 - 120) \times 100 = 32,000[kJ] = 32[MJ]$$

15 다음 중 폭발의 원인이 나머지 셋과 크게 다른 것은?

① 분진폭발
② 분해폭발
③ 산화폭발
④ 증기폭발

해설
분진폭발, 분해폭발, 산화폭발은 기상폭발에 해당되며, 증기폭발은 응상폭발에 속한다.

16 과잉공기가 너무 많을 때 발생하는 현상으로 옳은 것은?

① 연소온도가 높아진다.
② 보일러 효율이 높아진다.
③ 이산화탄소 비율이 많아진다.
④ 배기가스의 열손실이 많아진다.

해설
① 연소온도가 낮아진다.
② 보일러 효율이 낮아진다.
③ 이산화탄소 비율이 적어진다.

17 연소 생성물(CO_2, N_2) 등의 농도가 높아지면 연소속도에 미치는 영향은?

① 연소속도가 빨라진다.
② 연소속도가 저하된다.
③ 연소속도가 변화 없다.
④ 처음에는 저하되나, 나중에는 빨라진다.

해설
연소 생성물(CO_2, N_2) 등의 농도가 높아지면 연소속도는 저하된다.

정답 12 ③ 13 ① 14 ① 15 ④ 16 ④ 17 ②

18 1[Nm³]의 메탄가스를 공기를 사용하여 연소시킬 때 이론 연소온도는 약 몇 [℃]인가?(단, 대기온도는 15[℃]이고, 메탄가스의 고발열량은 39,767[kJ/Nm³]이고, 물의 증발잠열은 2,017.7[kJ/Nm³]이고, 연소가스의 평균 정압비열은 1.423[kJ/Nm³℃]이다)

① 2,387 ② 2,402
③ 2,417 ④ 2,432

해설
메탄의 연소방정식 $CH_4 + 2O_2 \rightarrow CO_2 + 2H_2O$에서
메탄의 이론공기량
$A_o = O_o/0.21 = 2/0.21 \simeq 9.524 [Nm^3/Nm^3]$이며,
실제 습배기가스량
$G = G' + (m-1)A_o$
$= [(1-0.21) \times 9.524 + 1 + 2] \simeq 10.524$이며,
온도를 고려하면
$G = 10.524 \times \frac{15+273}{273} \simeq 11.102 [Nm^3/Nm^3]$ 이다.
따라서 연소온도는 $t = t_1 + \frac{H_L}{G \times C_p}$
$= 15 + \frac{39,767 - 2,017.7}{11.102 \times 1.423} \simeq 2,402[℃]$

19 연소 배기가스량의 계산식[Nm³/kg]으로 틀린 것은?(단, 습연소가스량 V, 건연소가스량 V', 공기비 m, 이론공기량 A이고, H, O, N, C, S는 원소, w는 수분이다)

① $V = mA + 5.6H + 0.7O + 0.8N + 1.25w$
② $V = (m - 0.21)A + 1.87C + 11.2H + 0.7S + 0.8N + 1.25w$
③ $V' = mA - 5.6H - 0.7O + 0.8N$
④ $V' = (m - 0.21)A + 1.87C + 0.7S + 0.8N$

해설
$V' = mA + 22.4\{(O/32) - (H/4) + (N/28)\}$
$= mA + 0.7O - 5.6H + 0.8N$

20 열정산을 할 때 입열항에 해당하지 않는 것은?

① 연료의 연소열 ② 연료의 현열
③ 공기의 현열   ④ 발생증기열

해설
발생증기열은 출열에 해당된다.

제2과목 | 열역학

21 초기 온도가 20[℃]인 암모니아(NH₃) 3[kg]을 정적과정으로 가열시킬 때, 엔트로피가 1.255[kJ/K]만큼 증가하는 경우 가열량은 약 몇 [kJ]인가?(단, 암모니아 정적비열은 1.56[kJ/(kg·K)]이다)

① 62.2 ② 101
③ 238   ④ 422

해설
$\Delta S = mC_v \ln \frac{T_2}{T_1} = 3 \times 1.56 \times \ln \frac{T_2}{(20+273)} = 1.255$에서
$T_2 \simeq 383[K]$
가열량 $Q = mC_v \Delta T = 3 \times 1.56 \times (383 - 293) \simeq 422[kJ]$

22 오토(Otto) 사이클을 온도-엔트로피($T-S$) 선도로 표시하면 다음 그림과 같다. 작동유체가 열을 방출하는 과정은?

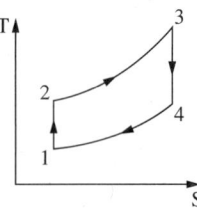

① 1→2 과정 ② 2→3 과정
③ 3→4 과정 ④ 4→1 과정

해설
작동유체가 열을 방출하는 과정 : 4→1 과정

23 밀도가 800[kg/m³]인 액체와 비체적이 0.0015 [m³/kg]인 액체를 질량비 1 : 1로 잘 섞으면 혼합액의 밀도는 약 몇 [kg/m³]인가?

① 721
② 727
③ 733
④ 739

해설
질량비이므로 혼합액의 비체적을 먼저 구하고 역수를 취한 값이 혼합액의 밀도가 된다.

- 혼합액의 비체적 = $\dfrac{1/800 + 0.0015}{2} = 1.375 \times 10^{-3}$ [m³/kg]

- 혼합액의 밀도 = $\dfrac{1}{1.375 \times 10^{-3}} \simeq 727$ [kg/m³]

24 성능계수(COP)가 2.5인 냉동기가 있다. 15냉동톤(Refrigeration ton)의 냉동용량을 얻기 위해서 냉동기에 공급해야 할 동력[kW]은?(단, 1냉동톤은 3.861[kW]이다)

① 20.5
② 23.2
③ 27.5
④ 29.7

해설
냉동기에 공급해야 할 동력
$H = \dfrac{15 \times 3.861}{2.5} \simeq 23.2$ [kW]

25 증기압축 냉동 사이클에서 압축기 입구의 엔탈피는 223[kJ/kg], 응축기 입구의 엔탈피는 268[kJ/kg], 증발기 입구의 엔탈피는 91[kJ/kg]인 냉동기의 성적계수는 약 얼마인가?

① 1.8
② 2.3
③ 2.9
④ 3.5

해설
냉동기의 성능계수
$(COP)_R = \varepsilon_R = \dfrac{\text{저온체에서의 흡수열량}}{\text{공급일}} = \dfrac{q_2}{W_c} = \dfrac{T_2}{T_1 - T_2}$
$= \dfrac{h_1 - h_3}{h_2 - h_1} = \dfrac{223 - 91}{268 - 223} \simeq 2.9$

(여기서, h_1 : 압축기 입구의 냉매 엔탈피, h_2 : 응축기 입구의 냉매 엔탈피, h_3 : 증발기 입구의 엔탈피)

26 다음 보기의 내용과 관계있는 법칙은?

| 보기 |
계가 흡수한 열을 완전히 일로 전환할 수 있는 장치는 없다.

① 열역학 제3법칙
② 열역학 제2법칙
③ 열역학 제1법칙
④ 열역학 제0법칙

해설
① 열역학 제3법칙 : 엔트로피 절댓값의 정의
③ 열역학 제1법칙 : 에너지 보존의 법칙
④ 열역학 제0법칙 : 열평형의 법칙

27 동일한 압력에서 100[℃], 3[kg]의 수증기와 0[℃] 3[kg]의 물의 엔탈피 차이는 약 몇 [kJ]인가? (단, 물의 평균 정압비열은 4.184[kJ/(kg·K)]이고, 100[℃]에서 증발잠열은 2,250[kJ/kg]이다).

① 8,005
② 2,668
③ 1,918
④ 638

해설
- 수증기의 엔탈피
  $h_1 = mCT + m\gamma$
  $= 3 \times 4.184 \times 373 + 3 \times 2,250 \simeq 11,431.9$
- 물의 엔탈피
  $h_2 = mCT = 3 \times 4.184 \times 273 \simeq 3,426.7$
- 수증기와 물의 엔탈피 차이
  $\Delta h = h_1 - h_2 = 11,431.9 - 3,426.7 \simeq 8,005$ [kJ]

28
압력 1[MPa], 온도 210[℃]인 증기는 어떤 상태의 증기인가?(단, 1[MPa]에서의 포화온도는 179[℃]이다)

① 과열증기 ② 포화증기
③ 건포화증기 ④ 습증기

해설
압력 1[MPa]에서의 포화온도는 179[℃]이므로 압력 1[MPa]에서 온도 210[℃]인 증기는 과열증기 상태이다.

29
디젤 사이클로 작동되는 디젤기관의 각 행정의 순서를 옳게 나타낸 것은?

① 단열압축 → 정적가열 → 단열팽창 → 정적방열
② 단열압축 → 정압가열 → 단열팽창 → 정압방열
③ 등온압축 → 정적가열 → 등온팽창 → 정적방열
④ 단열압축 → 정압가열 → 단열팽창 → 정적방열

해설
디젤 사이클로 작동되는 디젤 기관의 행정의 순서 : 단열압축 → 정압가열 → 단열팽창 → 정적방열

30
다음 과정 중 가역적인 과정이 아닌 것은?

① 과정은 어느 방향으로나 진행될 수 있다.
② 마찰을 수반하지 않아 마찰로 인한 손실이 없다.
③ 변화 경로의 어느 점에서도 역학적, 열적, 화학적 등의 모든 평형을 유지하면서 주위에 어떠한 영향도 남기지 않는다.
④ 과정은 이를 조절하는 값을 무한소만큼씩 변화시켜도 역행할 수는 없다.

해설
가역과정은 이를 조절하는 값을 무한소만큼씩 변화시켜 역행할 수 있다.

31
1.5[MPa], 250[℃]의 공기 5[kg]이 폴리트로픽 지수 1.3인 폴리트로픽 변화를 통해 팽창비가 5가 될 때까지 팽창하였다. 이때 내부에너지의 변화는 약 몇 [kJ]인가?(단, 공기의 정적비열은 0.72[kJ/(kg·K)]이다)

① -1002 ② -721
③ -144 ④ -72

해설
$$\frac{T_2}{T_1} = \left(\frac{V_1}{V_2}\right)^{n-1}$$
$$T_2 = T_1 \times \left(\frac{V_1}{V_2}\right)^{n-1}$$
$$= (250+273) \times \left(\frac{1}{5}\right)^{1.3-1} \simeq 323[K]$$
$$\Delta U = mC_v(T_2 - T_1)$$
$$= 5 \times 0.72 \times (323-523) = -720[kJ/kg]$$

32
수증기를 사용하는 기본 랭킨 사이클에서 응축기 압력을 낮출 경우 발생하는 현상에 대한 설명으로 옳지 않은 것은?

① 열이 방출되는 온도가 낮아진다.
② 열효율이 높아진다.
③ 터빈 날개의 부식 발생 우려가 커진다.
④ 터빈 출구에서 건도가 높아진다.

해설
수증기를 사용하는 기본 랭킨 사이클에서 응축기 압력을 낮추면 터빈 출구에서 건도가 낮아진다.

33 80[℃]의 물 100[kg]과 50[℃]의 물 50[kg]을 혼합한 물의 온도는 약 몇 [℃]인가?(단, 물의 비열은 일정하다)

① 70　　② 65
③ 60　　④ 55

해설
$Q = mC\Delta t = m_1 C_1 (t_1 - t_m) = m_2 C_2 (t_m - t_2)$ 이며
$C_1 = C_2$ 이므로, 혼합액체의 평균 온도 t_m 은
$t_m = \dfrac{m_1 t_1 + m_2 t_2}{m_1 + m_2} = \dfrac{100 \times 80 + 50 \times 50}{100 + 50} = 70[℃]$

34 열역학 제1법칙은 기본적으로 무엇에 관한 내용인가?

① 열의 전달
② 온도의 정의
③ 엔트로피의 정의
④ 에너지의 보존

해설
열역학 제1법칙은 기본적으로 에너지의 보존에 관한 내용이다.

35 이상적인 가역 단열 변화에서 엔트로피는 어떻게 되는가?

① 감소한다.
② 증가한다.
③ 변하지 않는다.
④ 감소하다 증가한다.

해설
이상적인 가역 단열 변화에서 엔트로피는 변하지 않는다.

36 반지름이 0.55[cm]이고, 길이가 1.94[cm]인 원통형 실린더 안에 어떤 기체가 들어 있다. 이 기체의 질량이 8[g]이라면, 실린더 안에 들어 있는 기체의 밀도는 약 몇 [g/cm³]인가?

① 2.9　　② 3.7
③ 4.3　　④ 5.1

해설
밀도 $= \dfrac{m}{V} = \dfrac{m}{\dfrac{\pi d^2}{4} \times l} = \dfrac{8 \times 4}{\pi \times 1.1^2 \times 1.94} \simeq 4.3 [g/cm^3]$

37 다음 사이클(Cycle) 중 물과 수증기를 오가면서 동력을 발생시키는 플랜트에 적용하기 적합한 것은?

① 랭킨 사이클　　② 오토 사이클
③ 디젤 사이클　　④ 브레이튼 사이클

해설
물과 수증기를 오가면서 동력을 발생시키는 플랜트에 적용하기 적합한 사이클은 랭킨 사이클이다.

38 압력 100[kPa], 체적 3[m³]인 이상기체가 등엔트로피 과정을 통하여 체적 2[m³]으로 변하였다. 이 과정 중에 기체가 한 일은 약 몇 [kJ]인가?(단, 기체상수는 0.488 [kJ/(kg·K)], 정적비열은 1.642 [kJ/(kg·K)]이다)

① -113　　② -129
③ -137　　④ -143

해설
$C_p - C_v = R$ 에서 $C_p - 1.642 = 0.488$ 이므로,
$C_p = 0.488 + 1.642 = 2.13$ 이며
비열비는 $k = \dfrac{C_p}{C_v} = \dfrac{2.13}{1.642} \simeq 1.30$ 이다.
기체가 한 일은
$_1 W_2 = \int P dV = \dfrac{P_1 V_1}{k-1} \left[1 - \left(\dfrac{V_1}{V_2} \right)^{k-1} \right]$
$= \dfrac{100 \times 3}{1.3 - 1} \times \left[1 - \left(\dfrac{3}{2} \right)^{1.3-1} \right] \simeq -129 [kJ]$

정답 33 ①　34 ④　35 ③　36 ③　37 ①　38 ②

39 카르노 사이클(Carnot Cycle)로 작동하는 가역기관에서 650[℃]의 고열원으로부터 18,830[kJ/min]의 에너지를 공급받아 일을 하고, 65[℃]의 저열원에 방열시킬 때 방열량은 약 몇 [kW]인가?

① 1.92
② 2.61
③ 115.0
④ 156.5

해설
$1[W] = 1[J/sec]$ 이므로

$Q_1 = 18,830[kJ/min] = \dfrac{18,830}{60}[kJ/s] \simeq 313.8[kW]$ 이다.

$\eta_c = \dfrac{W_{net}}{Q_1} = 1 - \dfrac{Q_2}{Q_1} = 1 - \dfrac{T_2}{T_1} = 1 - \dfrac{65+273}{650+273} = 1 - \dfrac{338}{923}$

$\simeq 0.634$ 이며, $\eta_c = \dfrac{W_{net}}{Q_1}$ 이므로,

$0.634 = \dfrac{W_{net}}{313.8}$ 에서 $W_{net} = 0.634 \times 313.8 \simeq 198.9[kW]$ 이며, 따라서 방열량은 $313.8 - 198.9 \simeq 115[kW]$ 이다.

40 냉동기의 냉매로서 갖추어야 할 요구조건으로 옳지 않은 것은?

① 비체적이 커야 한다.
② 불활성이고 안정적이어야 한다.
③ 증발온도에서 높은 잠열을 가져야 한다.
④ 액체의 표면장력이 작아야 한다.

해설
냉동기의 냉매는 비체적이 작아야 한다.

제3과목 | 계측방법

41 국제단위계(SI)를 분류한 것으로 옳지 않은 것은?

① 기본단위
② 유도단위
③ 보조단위
④ 응용단위

해설
국제단위계(SI)의 분류 : 기본단위, 유도단위, 보조단위

42 색 온도계의 특징이 아닌 것은?

① 방사율의 영향이 크다.
② 광흡수의 영향이 적다.
③ 응답이 빠르다.
④ 구조가 복잡하며 주위로부터 빛 반사의 영향을 받는다.

해설
방사율의 영향을 받지 않는다.

43 탄성압력계에 속하지 않는 것은?

① 부자식 압력계
② 다이어프램 압력계
③ 벨로스식 압력계
④ 부르동관 압력계

해설
탄성압력계 : 다이어프램 압력계, 벨로스식 압력계, 부르동판 압력계

39 ③ 40 ① 41 ④ 42 ① 43 ①

44 다음 중 차압식 유량계가 아닌 것은?

① 플로 노즐   ② 로터미터
③ 오리피스미터   ④ 벤투리미터

해설
차압식 유량계 : 플로 노즐, 오리피스미터, 벤투리미터

45 용적식 유량계에 대한 설명으로 틀린 것은?

① 측정 유체의 맥동에 의한 영향이 적다.
② 점도가 높은 유량의 측정은 곤란하다.
③ 고형물의 혼입을 막기 위해 입구측에 여과기가 필요하다.
④ 종류에는 오벌식, 루트식, 로터리 피스톤식 등이 있다.

해설
용적식 유량계는 점도가 높은 유량의 측정이 가능하다.

46 다음 중 파스칼의 원리를 가장 바르게 설명한 것은?

① 밀폐용기 내의 액체에 압력을 가하면 압력은 모든 부분에 동일하게 전달된다.
② 밀폐용기 내의 액체에 압력을 가하면 압력은 가한 점에만 전달된다.
③ 밀폐용기 내의 액체에 압력을 가하면 압력은 가한 반대편으로만 전달된다.
④ 밀폐용기 내의 액체에 압력을 가하면 압력은 가한 점으로부터 일정 간격을 두고 차등적으로 전달된다.

해설
파스칼의 원리 : 밀폐용기 내의 액체에 압력을 가하면 압력은 모든 부분에 동일하게 전달된다.

47 다음 중 화학적 가스분석계에 해당하는 것은?

① 고체흡수제를 이용하는 것
② 가스의 밀도와 점도를 이용하는 것
③ 흡수용액의 전기전도도를 이용하는 것
④ 가스의 자기적 성질을 이용하는 것

해설
고체흡수제를 이용하는 것은 화학적 가스분석계에 해당한다.

48 측온저항체의 구비조건으로 틀린 것은?

① 호환성이 있을 것
② 저항의 온도계수가 작을 것
③ 온도와 저항의 관계가 연속적일 것
④ 저항값이 온도 이외의 조건에서 변하지 않을 것

해설
측온저항체는 저항의 온도계수가 커야 한다.

49 비접촉식 온도 측정방법 중 가장 정확한 측정을 할 수 있으나 연속 측정이나 자동제어에 응용할 수 없는 것은?

① 광고온계
② 방사 온도계
③ 압력식 온도계
④ 열전대 온도계

해설
광고온계는 비접촉식 온도 측정방법 중 가장 정확한 측정을 할 수 있으나, 연속 측정이나 자동제어에는 응용할 수 없다.

50 화염검출방식으로 가장 거리가 먼 것은?
① 화염의 열을 이용
② 화염의 빛을 이용
③ 화염의 색을 이용
④ 화염의 전기전도성을 이용

해설
화염검출방식으로 화염의 색은 이용되지 않는다.

51 가스온도를 열전대 온도계를 써서 측정할 때 주의해야 할 사항으로 틀린 것은?
① 열전대는 측정하고자 하는 곳에 정확히 삽입하며 삽입된 구멍에 냉기가 들어가지 않게 한다.
② 주위의 고온체로부터의 복사열의 영향으로 인한 오차가 생기지 않도록 해야 한다.
③ 단자의 +, -를 보상도선의 -, +와 일치하도록 연결하여 감온부의 열팽창에 의한 오차가 발생하지 않도록 한다.
④ 보호관의 선택에 주의한다.

해설
단자의 +, -를 보상도선의 +, -와 일치하도록 연결하여 감온부의 열팽창에 의한 오차가 발생하지 않도록 하여야 한다.

52 공기압식 조절계에 대한 설명으로 틀린 것은?
① 신호로 사용되는 공기압은 약 0.2~1.0[kg/cm²]이다.
② 관로저항으로 전송 지연이 생길 수 있다.
③ 실용상 2,000[m] 이내에서는 전송 지연이 없다.
④ 신호 공기압은 충분히 제습, 제진한 것이 요구된다.

해설
실용상 100[m] 이내에서는 전송 지연이 없다.

53 다음 중 융해열을 측정할 수 있는 열량계는?
① 금속 열량계
② 융커스형 열량계
③ 시차주사 열량계
④ 디페닐에테르 열량계

해설
시차주사 열량계 : 융해열을 측정할 수 있는 열량계

54 자동제어시스템의 입력신호에 따른 출력 변화의 설명으로 과도응답에 해당되는 것은?
① 1차보다 응답속도가 느린 지연요소
② 정상 상태에 있는 계에 격한 변화의 압력을 가했을 때 생기는 출력의 변화
③ 입력 변화에 따른 출력에 지연이 생겨 시간이 경과한 후 어떤 일정한 값에 도달하는 요소
④ 정상 상태에 있는 요소의 입력을 스텝형태로 변화 할 때 출력이 새로운 값에 도달스텝입력에 의한 출력의 변화 상태

해설
과도응답 : 정상 상태에 있는 계에 격한 변화의 입력을 가했을 때 생기는 출력의 변화

55 보일러의 계기에 나타난 압력이 6[kg/cm²]이다. 이를 절대압력으로 표시할 때 가장 가까운 값은 몇 [kg/cm²]인가?
① 3
② 5
③ 6
④ 7

해설
절대압력 = 대기압력 + 계기압력 = 1 + 6 = 7[kg/cm²]

56 세라믹식 O₂계의 특징으로 틀린 것은?

① 연속 측정이 가능하며, 측정범위가 넓다.
② 측정부의 온도 유지를 위해 온도 조절용 전기로가 필요하다.
③ 측정가스의 유량이나 설치 장소 주위의 온도 변화에 의한 영향이 적다.
④ 저농도 가연성 가스의 분석에 적합하고 대기오염 관리 등에서 사용된다.

해설
세라믹식 O_2계 : (전기적 성질인) 기전력을 이용하여 산소농도를 측정하는 가스분석계
- 고온이 되면 산소이온만 통과시키고 전자나 양이온을 거의 통과시키지 않는 특수한 도전성을 나타내는 지르코니아(Zr)의 특성을 이용하여 산소 농담을 전지를 만들어 시료가스 중의 산소농도를 측정한다.
- 비교적 응답이 빠르며(5~30초) 측정가스의 유량이나 설치 장소의 주위 온도 변화에 의한 영향이 적다.
- 연속 측정이 가능하며 측정범위가 광범위([ppm]~[%])하다.
- 측정부의 온도 유지를 위하여 온도 조절 전기로가 필요하다.

57 화씨[°F]와 섭씨[℃]의 눈금이 같게 되는 온도는 몇 [℃]인가?

① 40   ② 20
③ -20 ④ -40

해설
화씨[°F]와 섭씨[℃]의 눈금이 같게 되는 온도는 -40[°F], [℃]이다.

58 다음 중 자동제어에서 미분동작을 설명한 것으로 가장 적절한 것은?

① 조절계의 출력 변화가 편차에 비례하는 동작
② 조절계의 출력 변화의 크기와 지속시간에 비례하는 동작
③ 조절계의 출력 변화가 편차의 변화속도에 비례하는 동작
④ 조작량이 어떤 동작신호의 값을 경계로 하여 완전히 전개 또는 전폐되는 동작

해설
미분동작 : 조절계의 출력 변화가 편차의 변화속도에 비례하는 동작

59 일반적으로 오르자트 가스분석기로 어떤 가스를 분석할 수 있는가?

① CO_2, SO_2, CO
② CO_2, SO_2, O_2
③ SO_2, CO, O_2
④ CO_2, O_2, CO

해설
일반적으로 오르자트 가스분석기로 CO_2, O_2, CO 가스를 분석할 수 있다.

60 전자유량계의 특징이 아닌 것은?

① 유속 검출에 지연시간이 없다.
② 유체의 밀도와 점성의 영향을 받는다.
③ 유로에 장애물이 없고 압력손실, 이물질 부착의 염려가 없다.
④ 다른 물질이 섞여 있거나 기포가 있는 액체도 측정이 가능하다.

해설
전자유량계는 유체의 밀도와 점성의 영향을 받지 않는다.

정답 56 ④ 57 ④ 58 ③ 59 ④ 60 ②

제4과목 | 열설비재료 및 관계법규

61 소성 내화물의 제조공정으로 가장 적절한 것은?

① 분쇄 → 혼련 → 건조 → 성형 → 소성
② 분쇄 → 혼련 → 성형 → 건조 → 소성
③ 분쇄 → 건조 → 혼련 → 성형 → 소성
④ 분쇄 → 건조 → 성형 → 소성 → 혼련

해설
소성 내화물의 제조공정 : 분쇄 → 혼련 → 성형 → 건조 → 소성

62 에너지이용합리화법에 따라 에너지 사용의 제한 또는 금지에 관한 조정·명령, 그 밖에 필요한 조치를 위반한 에너지사용자에 대한 과태료 부과 기준은?

① 300만원 이하 ② 100만원 이하
③ 50만원 이하   ④ 10만원 이하

해설
에너지 사용의 제한 또는 금지에 관한 조정·명령, 그 밖에 필요한 조치를 위반한 에너지사용자에 대해 300만원 이하의 과태료를 부과한다.

63 소성이 균일하고 소성시간이 짧고 일반적으로 열효율이 좋으며 온도 조절의 자동화가 쉬운 특징의 연속식 가마는?

① 터널가마   ② 도염식 가마
③ 승염식 가마   ④ 도염식 둥근가마

해설
터널가마 : 소성이 균일하고 소성시간이 짧고 일반적으로 열효율이 좋으며 온도 조절의 자동화가 쉬운 특징의 연속식 가마

64 내화물에 대한 설명으로 틀린 것은?

① 샤모트질 벽돌은 카올린을 미리 SK10~14 정도로 1차 소성하여 탈수 후 분쇄한 것으로서 고온에서 광물상을 안정화한 것이다.
② 제게르콘 22번의 내화도는 1,530[℃]이며, 내화물은 제게르콘 26번 이상의 내화도를 가진 벽돌을 말한다.
③ 중성질 내화물은 고알루미나질, 탄소질, 탄화규소질, 크롬질 내화물이 있다.
④ 용융 내화물은 원료를 일단 용융 상태로 한 다음에 주조한 내화물이다.

해설
제게르콘 20번의 내화도는 1,530[℃]이며, 내화물은 제게르콘 26번 1,580[℃] 이상의 내화도를 가진 벽돌을 말한다.

65 에너지이용합리화법에 따라 검사대상기기 관리대행기관으로 지정(변경 지정) 받으려는 자가 첨부하여 제출해야 하는 서류가 아닌 것은?

① 장비명세서
② 기술인력명세서
③ 변경사항을 증명할 수 있는 서류(변경 지정의 경우만 해당)
④ 향후 3년간의 안전관리대행사업계획서

해설
검사대상기기 관리대행기관 신청을 위한 제출서류 : 장비명세서, 기술인력명세서, 향후 1년간의 안전관리대행사업계획서, 변경사항을 증명할 수 있는 서류(변경 지정의 경우만 해당)

정답 61 ② 62 ① 63 ① 64 ② 65 ④

66 에너지법에 따른 지역에너지 계획에 포함되어야 할 사항이 아닌 것은?

① 해당 지역에 대한 에너지 수급의 추이와 전망에 관한 사항
② 해당 지역에 대한 에너지의 안정적 공급을 위한 대책에 관한 사항
③ 해당 지역에 대한 에너지 효율적 사용을 위한 기술개발에 관한 사항
④ 해당 지역에 대한 미활용 에너지원의 개발·사용을 위한 대책에 관한 사항

해설
지역계획에는 해당 지역에 대한 다음의 사항이 포함되어야 한다.
• 에너지 수급의 추이와 전망에 관한 사항
• 에너지의 안정적 공급을 위한 대책에 관한 사항
• 신재생에너지 등 환경친화적 에너지 사용을 위한 대책에 관한 사항
• 에너지 사용의 합리화와 이를 통한 온실가스의 배출감소를 위한 대책에 관한 사항
• 집단에너지사업법에 따라 집단에너지 공급대상지역으로 지정된 지역의 경우 그 지역의 집단에너지 공급을 위한 대책에 관한 사항
• 미활용 에너지원의 개발·사용을 위한 대책에 관한 사항
• 그 밖에 에너지시책 및 관련 사업을 위하여 시·도지사가 필요하다고 인정하는 사항

67 실리카(Silica) 전이 특성에 대한 설명으로 옳은 것은?

① 규석(Quartz)은 상온에서 가장 안정된 광물이며 상압에서 573[℃] 이하 온도에서 안정된 형이다.
② 실리카(Silica)의 결정형은 규석(Quartz), 트리디마이트(Tridymite), 크리스토발라이트(Cristobalite), 카올린(Kaoline)의 4가지 주형으로 구성된다.
③ 결정형이 바뀌는 것을 전이라고 하며 전이속도를 빠르게 작용토록 하는 성분을 광화제라고 한다.
④ 크리스토발라이트(Cristobalite)에서 용융실리카(Fused Silica)로 전이에 따른 부피 변화 시 20[%]가 수축한다.

해설
① 실리카의 3가지 주형 중에서 규석(석영, Quartz)은 상온에서 가장 안정된 광물로, 상압에서 870[℃] 이하 온도에서 안정된 형이며 573[℃] 이하에서 안정한 α석영(저온석영)과 573[℃] 이상에서 안정한 β석영(고온석영)의 2가지 형태로 존재한다.
② 실리카(Silica)의 결정형은 규석(석영, Quartz), 트리디마이트(Tridymaite), 크리스토발라이트(Cristobalite)의 3가지 주형(Principal Form)으로 구성된다.
④ 크리스토발라이트(Cristobalite)에서 용융실리카(Fused Silica)로 전이에 따른 부피 변화 시 20[%] 팽창된다.

68 에너지이용합리화법에 따라 평균에너지소비효율의 산정방법에 대한 설명으로 틀린 것은?

① 기자재의 종류별 에너지 소비효율의 산정방법은 산업통상자원부장관이 정하여 고시한다.
② 평균에너지소비효율은

$$\dfrac{\text{기자재 판매량}}{\sum\left[\dfrac{\text{기자재 종류별 국내 판매량}}{\text{기자재 종류별 에너지소비효율}}\right]}\text{이다.}$$

③ 평균에너지소비효율의 개선기간은 개선명령을 받은 날부터 다음해 1월 31일까지로 한다.
④ 평균에너지소비효율의 개선명령을 받은 자는 개선명령을 받은 날부터 60일 이내에 개선명령 이행계획을 수립하여 제출하여야 한다.

해설
평균에너지소비효율의 개선기간은 개선명령을 받은 날부터 다음해 12월 31일까지로 한다.

69 다음 중 MgO-SiO₂계 내화물은?

① 마그네시아질 내화물
② 돌로마이트질 내화물
③ 마그네시아-크롬질 내화물
④ 포스테라이트질 내화물

해설
포스테라이트 내화물 : MgO-SiO₂계 내화물(2MgO-SiO₂)이며 제강로, 비철금속 용해로의 내화물로 사용한다.

70 노통 연관보일러에서 파형노통에 대한 설명으로 틀린 것은?

① 강도가 크다.
② 제작비가 비싸다.
③ 스케일의 생성이 쉽다.
④ 열의 신축에 의한 탄력성이 나쁘다.

해설
파형노통은 열의 신축에 의한 탄력성이 좋다.

71 다음 중 에너지이용합리화법에 따라 산업통상자원부장관 또는 시·도지사가 한국에너지공단이사장에게 위탁한 업무가 아닌 것은?

① 에너지사용계획의 검토
② 에너지절약전문기업의 등록
③ 냉난방온도의 유지·관리 여부에 대한 점검 및 실태 파악
④ 에너지이용합리화 기본계획의 수립

해설
산업통상자원부장관 또는 시·도지사가 한국에너지공단이사장에게 위탁한 업무
• 에너지사용계획의 검토
• 에너지절약전문기업의 등록
• 냉난방온도의 유지·관리 여부에 대한 점검 및 실태 파악 등

72 에너지이용합리화법에 따라 효율관리기자재의 제조업자는 효율관리시험기관으로부터 측정결과를 통보받은 날부터 며칠 이내에 그 측정결과를 한국에너지공단에 신고하여야 하는가?

① 15일　　② 30일
③ 60일　　④ 90일

해설
효율관리기자재의 제조업자는 효율관리시험기관으로부터 측정결과를 통보받은 날부터 90일 이내에 그 측정결과를 한국에너지공단에 신고하여야 한다.

73 에너지이용합리화법에 따라 소형 온수 보일러의 적용범위에 대한 설명으로 옳은 것은?(단, 구멍탄용 온수 보일러·축열식 전기 보일러 및 가스 사용량이 17[kg/h] 이하인 가스용 온수 보일러는 제외한다)

① 전열면적이 10[m²] 이하이며, 최고 사용압력이 0.35[MPa] 이하의 온수를 발생하는 보일러
② 전열면적이 14[m²] 이하이며, 최고 사용압력이 0.35[MPa] 이하의 온수를 발생하는 보일러
③ 전열면적이 10[m²] 이하이며, 최고 사용압력이 0.45[MPa] 이하의 온수를 발생하는 보일러
④ 전열면적이 14[m²] 이하이며, 최고 사용압력이 0.45[MPa] 이하의 온수를 발생하는 보일러

해설
에너지이용합리화법에 따라 소형 온수 보일러의 적용범위 : 전열면적이 14[m²] 이하이며, 최고 사용압력이 0.35[MPa] 이하의 온수를 발생하는 보일러

74 에너지이용합리화법에 따라 온수 발생 및 열매체를 가열하는 보일러의 용량은 몇 [kW]를 1[t/h]로 구분하는가?

① 477.8   ② 581.5
③ 697.8   ④ 789.5

해설
온수 발생 및 열매체를 가열하는 보일러의 용량은 697.8[kW]를 1[t/h]로 구분한다.

75 다음은 에너지이용합리화법에서의 보고 및 검사에 관한 내용이다. ⓐ, ⓑ에 들어갈 단어를 나열한 것으로 옳은 것은?

> 공단이사장 또는 검사기관의 장은 매달 검사대상기기의 검사 실적을 다음 달 (ⓐ)일까지 (ⓑ)에게 보고하여야 한다.

① ⓐ : 5, ⓑ : 시·도지사
② ⓐ : 10, ⓑ : 시·도지사
③ ⓐ : 5, ⓑ : 산업통상자원부장관
④ ⓐ : 10, ⓑ : 산업통상자원부장관

해설
공단이사장 또는 검사기관의 장은 매달 검사대상기기의 검사 실적을 다음 달 10일까지 시·도지사에게 보고하여야 한다.

76 보온재의 열전도율이 작아지는 조건으로 틀린 것은?

① 재료의 두께가 두꺼워야 한다.
② 재료의 온도가 낮아야 한다.
③ 재료의 밀도가 높아야 한다.
④ 재료 내 기공이 작고 기공률이 커야 한다.

해설
보온재의 열전도율이 작아지려면 재료의 밀도가 낮아야 한다.

77 볼밸브의 특징에 대한 설명으로 틀린 것은?

① 유로가 배관과 같은 형상으로 유체의 저항이 작다.
② 밸브의 개폐가 쉽고 조작이 간편하여 자동조작밸브로 활용된다.
③ 이음쇠 구조가 없기 때문에 설치 공간이 작아도 되며 보수가 쉽다.
④ 밸브대가 90° 회전하므로 패킹과의 원주 방향 움직임이 크기 때문에 기밀성이 약하다.

해설
밸브대가 90° 회전하므로 패킹과의 원주 방향 움직임이 작아서 개폐시간이 짧아 가스배관에 많이 사용된다.

정답 73 ② 74 ③ 75 ② 76 ③ 77 ④

78 에너지이용합리화법에 따른 양벌규정사항에 해당되지 않는 것은?

① 에너지 저장시설의 보유 또는 저장의무의 부과 시 정당한 이유 없이 이를 거부하거나 이행하지 아니한 자
② 검사대상기기의 검사를 받지 아니한 자
③ 검사대상기기관리자를 선임하지 아니한 자
④ 공무원이 효율관리기자재 제조업자 사무소의 서류를 검사할 때 검사를 방해한 자

해설
에너지이용합리화법을 따른 양벌규정사항
- 에너지 저장시설의 보유 또는 저장의무의 부과 시 정당한 이유 없이 이를 거부하거나 이행하지 아니한 자
- 조정·명령 등의 조치를 위반한 자
- 직무상 알게 된 비밀을 누설하거나 도용한 자
- 검사대상기기의 검사를 받지 아니한 자
- 법을 위반하여 검사대상기기를 사용한 자
- 생산 또는 판매 금지명령을 위반한 자
- 검사대상기기관리자를 선임하지 아니한 자
- 효율관리기자재에 대한 에너지사용량의 측정결과를 신고하지 아니한 자

79 내화물의 구비조건으로 틀린 것은?

① 사용온도에서 연화, 변형되지 않을 것
② 상온 및 사용온도에서 압축강도가 클 것
③ 열에 의한 팽창 수축이 클 것
④ 내마모성 및 내침식성을 가질 것

해설
내화물은 열에 의한 팽창 수축이 작아야 한다.

80 제강 평로에서 채용되고 있는 배열회수방법으로서 배기가스의 현열을 흡수하여 공기나 연료가스 예열에 이용될 수 있도록 한 장치는?

① 축열실　　② 환열기
③ 폐열 보일러　　④ 판형 열교환기

해설
축열실 : 제강 평로에서 채용되고 있는 배열회수방법으로써 배기가스의 현열을 흡수하여 공기나 연료가스 예열에 이용하는 장치

제5과목 | 열설비설계

81 최고 사용압력이 3[MPa] 이하인 수관보일러의 급수 수질에 대한 기준으로 옳은 것은?

① pH(25[℃]) : 8.0~9.5, 경도 : 0[mg $CaCO_3$/L], 용존산소 : 0.1[mg O/L] 이하
② pH(25[℃]) : 10.5~11.0, 경도 : 2[mg $CaCO_3$/L], 용존산소 : 0.1[mg O/L] 이하
③ pH(25[℃]) : 8.5~9.6, 경도 : 0[mg $CaCO_3$/L], 용존산소 : 0.007[mg O/L] 이하
④ pH(25[℃]) : 8.5~9.6, 경도 : 2[mg $CaCO_3$/L], 용존산소 : 1[mg O/L] 이하

해설
최고 사용압력이 3[MPa] 이하인 수관보일러의 급수 수질에 대한 기준 : pH(25[℃]) : 8.0~9.5, 경도 : 0[mg $CaCO_3$/L], 용존산소 : 0.1[mg O/L] 이하

82 맞대기 용접은 용접방법에 따라서 그루브를 만들어야 한다. 판의 두께가 50[mm] 이상인 경우에 적합한 그루브의 형상은?(단, 자동용접은 제외한다)

① V형　　② H형
③ R형　　④ A형

해설
판의 두께가 50[mm] 이상인 경우에 적합한 그루브의 형상은 H형이다.

83 육용강제 보일러에서 동체의 최소 두께로 틀린 것은?

① 안지름이 900[mm] 이하의 것은 6[mm](단, 스테이를 부착할 경우)
② 안지름이 900[mm] 초과 1,350[mm] 이하의 것은 8[mm]
③ 안지름이 1,350[mm] 초과 1,850[mm] 이하의 것은 10[mm]
④ 안지름이 1,850[mm] 초과하는 것은 12[mm]

해설
안지름이 900[mm] 이하이며 스테이를 부착한 경우는 8[mm]이다.

84 표면응축기의 외측에 증기를 보내며 관 속에 물이 흐른다. 사용하는 강관의 내경이 30[mm], 두께가 2[mm]이고 증기의 전열계수는 6,000[kcal/m²·h·℃], 물의 전열계수는 2,500[kcal/m²·h·℃]이다. 강관의 열전도도가 35[kcal/m·h·℃]일 때 총괄 전열계수[kcal/m²·h·℃]는?

① 16 ② 160
③ 1,603 ④ 16,031

해설
총괄 전열계수
$$U = \frac{1}{1/h_1 + L/k + 1/h_2}$$
$$= \frac{1}{1/6,000 + 0.002/35 + 1/2,500} \simeq 1,603 [\text{kcal/m}^2\text{h}℃]$$

85 내경 800[mm]이고, 최고 사용압력이 12[kg/cm²]인 보일러의 동체를 설계하고자 한다. 세로 이음에서 동체판의 두께[mm]는 얼마이어야 하는가?(단, 강판의 인장강도는 35[kg/mm²], 안전계수는 5, 이음효율은 85[%], 부식 여유는 1[mm]로 한다)

① 7 ② 8
③ 9 ④ 10

해설
동체판의 최소 두께
$$t = \frac{PD}{2\sigma_a \eta} + C = \frac{PDS}{2\sigma_u \eta} + C$$
$$= \frac{12 \times 0.01 \times 800 \times 5}{2 \times 35 \times 0.85} + 1 \simeq 9 [\text{mm}]$$

86 보일러 전열면에서 연소가스가 1,000[℃]로 유입하여 500[℃]로 나가며 보일러수의 온도는 210[℃]로 일정하다. 열관류율이 150[kcal/m²·h·℃]일 때, 단위 면적당 열교환량[kcal/m²·h]은?(단, 대수평균온도차를 활용한다)

① 21,118 ② 46,812
③ 67,135 ④ 74,839

해설
$\Delta_1 = 1,000 - 210 = 790[℃]$, $\Delta_2 = 500 - 210 = 290[℃]$
대수평균온도차
$$LMTD = \frac{\Delta_1 - \Delta_2}{\ln(\Delta_1/\Delta_2)} = \frac{790 - 290}{\ln(790/290)}[℃] \text{이며,}$$
열교환량 $Q = KA \times LMTD$에서
단위면적당 열교환량
$$Q' = K \times LMTD$$
$$= 150 \times \frac{790 - 290}{\ln(790/290)} \simeq 74,839 [\text{kcal/m}^2 \cdot \text{h}]$$

정답 83 ① 84 ③ 85 ③ 86 ④

87 직경 200[mm] 철관을 이용하여 매분 1,500[L]의 물을 흘려보낼 때 철관 내의 유속[m/sec]은?

① 0.59　　② 0.79
③ 0.99　　④ 1.19

해설

$Q = Av$에서 $v = \dfrac{Q}{A} = \dfrac{1.5 \times 4}{60 \times 3.14 \times 0.2^2} \approx 0.79 [\text{m/sec}]$

88 다음 그림과 같은 V형 용접 이음의 인장응력(σ)을 구하는 식은?

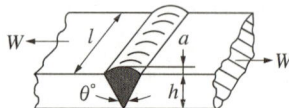

① $\sigma = \dfrac{W}{hl}$　　② $\sigma = \dfrac{2W}{hl}$

③ $\sigma = \dfrac{W}{ha}$　　④ $\sigma = \dfrac{W}{2hl}$

해설

V형 용접 이음의 인장응력 : $\sigma = \dfrac{W}{A} = \dfrac{W}{hl}$

89 래미네이션의 재료가 외부로부터 강하게 열을 받아 소손되어 부풀어 오르는 현상을 무엇이라고 하는가?

① 크 랙　　② 압 궤
③ 블리스터　　④ 만 곡

해설

블리스터 : 래미네이션의 재료가 외부로부터 강하게 열을 받아 소손되어 부풀어 오르는 현상

90 물의 탁도에 대한 설명으로 옳은 것은?

① 카올린 1[g]이 증류수 1[L] 속에 들어 있을 때의 색과 같은 색을 가지는 물을 탁도 1도의 물이라고 한다.
② 카올린 1[mg]이 증류수 1[L] 속에 들어 있을 때의 색과 같은 색을 가지는 물을 탁도 1도의 물이라고 한다.
③ 탄산칼슘 1[g]이 증류수 1[L] 속에 들어 있을 때의 색과 같은 색을 가지는 물을 탁도 1도의 물이라고 한다.
④ 탄산칼슘 1[mg]이 증류수 1[L] 속에 들어 있을 때의 색과 같은 색을 가지는 물을 탁도 1도의 물이라고 한다.

해설

카올린 1[mg]이 증류수 1[L] 속에 들어 있을 때의 색과 같은 색을 가지는 물을 탁도 1도의 물이라고 한다.

91 보일러수에 녹아 있는 기체를 제거하는 탈기기가 제거하는 대표적인 용존가스는?

① O_2　　② H_2SO_4
③ H_2S　　④ SO_2

해설

보일러수에 녹아 있는 기체를 제거하는 탈기기가 제거하는 대표적인 용존가스는 O_2 가스이다.

92 보일러 연소량을 일정하게 하고 저부하 시 잉여증기를 축적시켰다가 갑작스런 부하변동이나 과부하 등에 대처하기 위해 사용되는 장치는?

① 탈기기
② 인젝터
③ 재열기
④ 어큐뮬레이터

해설
어큐뮬레이터 : 보일러 연소량을 일정하게 하고 저부하 시 잉여증기를 축적시켰다가 갑작스런 부하변동이나 과부하 등에 대처하기 위해 사용되는 장치

94 다음 급수펌프 종류 중 회전식 펌프는?

① 워싱턴펌프
② 피스톤펌프
③ 플런저펌프
④ 터빈펌프

해설
①, ②, ③은 왕복식 펌프이다.

95 노 앞과 연도 끝에 통풍 팬을 설치하여 노 내의 압력을 임의로 조절할 수 있는 방식은?

① 자연통풍식
② 압입통풍식
③ 유인통풍식
④ 평형통풍식

해설
평형통풍식 : 노 앞과 연도 끝에 통풍 팬을 설치하여 노 내의 압력을 임의로 조절할 수 있는 방식

93 다음 중 보일러수를 pH 10.5~11.5의 약알칼리로 유지하는 주된 이유는?

① 첨가된 염산이 강재를 보호하기 때문에
② 보일러의 부식 및 스케일 부착을 방지하기 위하여
③ 과잉 알칼리성이 더 좋으나 약품이 많이 소요되므로 원가를 절약하기 위하여
④ 표면에 딱딱한 스케일이 생성되어 부식을 방지하기 때문에

해설
보일러수를 pH 10.5~11.5의 약알칼리로 유지하는 주된 이유는 보일러의 부식 및 스케일 부착을 방지하기 위함이다.

96 다음 보일러 부속장치와 연소가스의 접촉과정을 나타낸 것으로 가장 적합한 것은?

① 과열기 → 공기예열기 → 절탄기
② 절탄기 → 공기예열기 → 과열기
③ 과열기 → 절탄기 → 공기예열기
④ 공기예열기 → 절탄기 → 과열기

해설
보일러 부속장치와 연소가스의 접촉과정 : 과열기 → 절탄기 → 공기예열기

97 보일러의 전열면적이 10[m²] 이상 15[m²] 미만인 경우 방출관의 안지름은 최소 몇 [mm] 이상이어야 하는가?

① 10
② 20
③ 30
④ 50

해설
전열면적에 따른 방출관의 안지름

전열면적[m²]	방출관의 안지름[mm]
10 미만	25 이상
10 이상 15 미만	30 이상
15 이상 20 미만	40 이상
20 이상	50 이상

99 부식 중 점식에 대한 설명으로 틀린 것은?

① 전기화학적으로 일어나는 부식이다.
② 국부 부식으로서 그 진행 상태가 느리다.
③ 보호피막이 파괴되었거나 고열을 받은 수열면 부분에 발생되기 쉽다.
④ 수중 용존산소를 제거하면 점식 발생을 방지할 수 있다.

해설
점식은 국부 부식으로서 그 진행 상태가 빠르다.

98 보일러의 형식에 따른 종류의 연결로 틀린 것은?

① 노통식 원통보일러 – 코니시 보일러
② 노통 연관식 원통보일러 – 라몬트 보일러
③ 자유순환식 수관보일러 – 다쿠마 보일러
④ 관류보일러 – 슐저 보일러

해설
노통 연관식 원통보일러 – 스카치 보일러

100 랭커셔 보일러에 대한 설명으로 틀린 것은?

① 노통이 2개이다.
② 부하변동 시 압력 변화가 작다.
③ 연관보일러에 비해 전열면적이 작고 효율이 낮다.
④ 급수처리가 까다롭고 가동 후 증기 발생시간이 길다.

해설
랭커셔 보일러는 급수가 까다롭지 않고 가동 후 증기 발생시간이 짧다.

2019년 제4회 과년도 기출문제

제1과목 | 연소공학

01 배기가스 출구 연도에 댐퍼를 부착하는 주된 이유가 아닌 것은?

① 통풍력을 조절한다.
② 과잉공기를 조절한다.
③ 가스의 흐름을 차단한다.
④ 주연도, 부연도가 있는 경우에는 가스의 흐름을 바꾼다.

해설
배기가스 연도에 댐퍼를 부착하는 이유
- 통풍력 조절, 배기가스의 흐름 차단
- 주연도, 부연도가 있는 경우 가스 흐름 변경
- 안전상의 이유 : 배기가스, 연소물질, 외부 습기, 빗물, 이물질 등의 유입 차단
- 절약상의 이유 : 에너지 절약

02 도시가스의 조성을 조사하니 H_2 30[v%], CO 6[v%], CH_4 40[v%], CO_2 24[v%]이었다. 이 도시가스를 연소하기 위해 필요한 이론산소량보다 20[%] 많게 공급했을 때 실제공기량은 약 몇 [Nm³/Nm³]인가?(단, 공기 중 산소는 21[v%]이다)

① 2.6　　② 3.6
③ 4.6　　④ 5.6

해설
이론공기량 $A_0 = \dfrac{1}{0.21}\sum$(각 단위가스의 필요산소량)
$= \left(\dfrac{1}{0.21}\right)\left\{\dfrac{0.06}{2} + \dfrac{0.3}{2} + 2 \times 0.4\right\} \simeq 4.67$
$A = mA_0 = 1.2 \times 4.67 \simeq 5.6[\text{Nm}^3/\text{Nm}^3]$

03 A회사에 입하된 석탄의 성질을 조사하였더니 회분 6[%], 수분 3[%], 수소 5[%] 및 고위발열량이 6,000 [kcal/kg]이었다. 실제 사용할 때의 저발열량은 약 몇 [kcal/kg]인가?

① 3,341　　② 4,341
③ 5,712　　④ 6,341

해설
$H_h = 6,000 = H_L + 600(9H + W)$
$\quad = H_L + 600(9 \times 0.05 + 0.03) = H_L + 288$ 이므로,
$H_L = 6,000 - 288 = 5,712[\text{kcal/kg}]$

04 연소 배출가스 중 CO_2 함량을 분석하는 이유로 가장 거리가 먼 것은?

① 연소 상태를 판단하기 위하여
② CO 농도를 판단하기 위하여
③ 공기비를 계산하기 위하여
④ 열효율을 높이기 위하여

해설
연소 배출가스 중 CO_2 함량을 분석하는 이유
- 연소 상태를 판단하기 위하여
- 공기비를 계산하기 위하여
- 열효율을 높이기 위하여

정답　1 ②　2 ④　3 ③　4 ②

05 분무기로 노 내에 분사된 연료에 연소용 공기를 유효하게 공급하여 연소를 좋게 하고, 확실한 착화와 화염의 안정을 도모하기 위해서 공기류를 적당히 조정하는 장치는?

① 자연통풍(Natural Draft)
② 에어레지스터(Air Register)
③ 압입통풍시스템(Forced Draft System)
④ 유인통풍시스템(Induced Draft System)

> **해설**
> 에어레지스터(Air Register) : 분무기로 노 내에 분사된 연료에 연소용 공기를 유효하게 공급하여 연소를 좋게 하고, 확실한 착화와 화염의 안정을 도모하기 위해서 공기류를 적당히 조정하는 장치

06 연료를 구성하는 가연원소로만 나열된 것은?

① 질소, 탄소, 산소
② 탄소, 질소, 불소
③ 탄소, 수소, 황
④ 질소, 수소, 황

> **해설**
> 연료를 구성하는 가연원소 : 탄소, 수소, 황

07 다음 분진의 중력침강속도에 대한 설명으로 틀린 것은?

① 점도에 반비례한다.
② 밀도차에 반비례한다.
③ 중력가속도에 비례한다.
④ 입자직경의 제곱에 비례한다.

> **해설**
> 분진의 중력침강속도는 밀도차에 비례한다.

08 메탄(CH_4) 64[kg]을 연소시킬 때 이론적으로 필요한 산소량은 몇 [kmol]인가?

① 1   ② 2
③ 4   ④ 8

> **해설**
> 메탄의 연소방정식은 $CH_4 + 2O_2 \rightarrow CO_2 + 2H_2O$이며,
> 메탄(CH_4) 64[kg]의 몰수 = $\frac{64}{16}$ = 4[kmol]이므로,
> 산소의 몰수 $4 \times 2 = 8$[kmol]

09 액체연료의 미립화 방법이 아닌 것은?

① 고속기류   ② 충돌식
③ 와류식   ④ 혼합식

> **해설**
> 액체연료의 미립화 방법 : 고속기류, 충돌식, 와류식, 회전식

10 연소가스는 연돌에 200[℃]로 들어가서 30[℃]가 되어 대기로 방출된다. 배기가스가 일정한 속도를 가지려면 연돌 입구와 출구의 면적비를 어떻게 하여야 하는가?

① 1.56   ② 1.93
③ 2.24   ④ 30.2

> **해설**
> 면적비 = $\frac{200 + 273}{30 + 273} \approx 1.56$

11 다음 중 층류연소속도의 측정방법이 아닌 것은?

① 비누거품법　② 적하수은법
③ 슬롯노즐버너법　④ 평면화염버너법

해설
층류연소속도의 측정방법 : 평면화염버너법, 슬롯노즐버너법, 분젠버너법, 비누거품법

12 연료의 조성[wt%]이 다음과 같을 때의 고위발열량은 약 몇 [kcal/kg]인가?(단, C, H, S의 고위발열량은 각각 8,100[kcal/kg], 34,200[kcal/kg], 2,500[kcal/kg]이다)

C : 47.20, H : 3.96, O : 8.36, S : 2.79, N : 0.61, H$_2$O : 14.54, Ash : 22.54

① 4,129　② 4,329
③ 4,890　④ 4,998

해설
$H_h = 8,100C + 34,200(H - O/8) + 2,500S$
$= 8,100 \times 0.472 + 34,200(0.0396 - 0.0836/8)$
$\quad + 2,500 \times 0.0279 \simeq 4,889.88[\text{kcal/kg}]$
$\simeq 4,890[\text{kcal/kg}]$

13 연소 시 배기가스량을 구하는 식으로 옳은 것은?
(단, G : 배기가스량, G_0 : 이론배기가스량, A_0 : 이론공기량, m : 공기비이다)

① $G = G_0 + (m-1)A_0$
② $G = G_0 + (m+1)A_0$
③ $G = G_0 - (m+1)A_0$
④ $G = G_0 + (1-m)A_0$

해설
연소 시 배기가스량을 구하는 식 : $G = G_0 + (m-1)A_0$

14 액체연료의 유동점은 응고점보다 몇 [℃] 높은가?

① 1.5　② 2.0
③ 2.5　④ 3.0

해설
액체연료의 유동점은 응고점보다 2.5[℃] 높다.

15 화염면이 벽면 사이를 통과할 때 화염면에서는 발열량보다 벽면으로의 열손실이 더욱 커서 화염이 더 이상 진행하지 못하고 꺼지게 될 때 벽면 사이의 거리는?

① 소염거리　② 화염거리
③ 연소거리　④ 점화거리

해설
소염거리 : 화염면이 벽면 사이를 통과할 때 화염면에서의 발열량보다 벽면으로의 열손실이 더욱 커서 화염이 더 이상 진행하지 못하고 꺼지게 될 때 벽면 사이의 거리

16 가연성 혼합가스의 폭발한계 측정에 영향을 주는 요소로 가장 거리가 먼 것은?

① 온 도　② 산소농도
③ 점화에너지　④ 용기의 두께

해설
용기의 두께는 가연성 혼합가스의 폭발한계 측정에 영향을 주지 않는다.

17 다음 중 연소효율(η_c)을 옳게 나타낸 식은?(단, H_L : 저위발열량, L_i : 불완전연소에 따른 손실열, L_c : 탄 찌꺼기 속의 미연탄소분에 의한 손실열이다)

① $\dfrac{H_L-(L_c+L_i)}{H_L}$ ② $\dfrac{H_L-(L_c-L_i)}{H_L}$

③ $\dfrac{H_L}{H_L+(L_c+L_i)}$ ④ $\dfrac{H_L}{H_L-(L_c-L_i)}$

해설
연소효율
$\eta_c = \dfrac{H_L-(L_c+L_i)}{H_L}$

18 상온, 상압에서 프로판-공기의 가연성 혼합기체를 완전연소시킬 때 프로판 1[kg]을 연소시키기 위하여 공기는 약 몇 [kg]이 필요한가?(단, 공기 중 산소는 23.15[wt%]이다)

① 13.6   ② 15.7
③ 17.3   ④ 19.2

해설
프로판가스의 연소방정식 $C_3H_8 + 5O_2 \rightarrow 3CO_2 + 4H_2O$에서
C_3H_8의 분자량 : $12 \times 3 + 1 \times 8 = 44$이므로 1[kmol] = 44[kg]
C_3H_8 1[kg]에 대해 완전연소에 필요한 산소량
$= \left(\dfrac{1}{44}\right) \times 5[\text{kmol}] \times 32 \approx 3.6363[\text{kg}]$

따라서, 이론공기량은 $A_0 = \dfrac{\text{이론산소량}}{0.232} = \dfrac{3.6363}{0.232} \approx 15.7[\text{kg}]$

19 연돌 내의 배기가스 비중량 γ_1, 외기 비중량 γ_2, 연돌의 높이가 H일 때 연돌의 이론 통풍력(Z)를 구하는 식은?

① $Z = \dfrac{H}{\gamma_1 - \gamma_2}$ ② $Z = \dfrac{\gamma_2 - \gamma_1}{H}$

③ $Z = \dfrac{\gamma_2 - 2\gamma_1}{2H}$ ④ $Z = (\gamma_2 - \gamma_1) \times H$

해설
이론 통풍력(Z)를 구하는 식 : $Z = (\gamma_2 - \gamma_1) \times H$

20 다음 연소범위에 대한 설명 중 틀린 것은?
① 연소 가능한 상한치와 하한치의 값을 가지고 있다.
② 연소에 필요한 혼합가스의 농도를 말한다.
③ 연소범위가 좁으면 좁을수록 위험하다.
④ 연소범위의 하한치가 낮을수록 위험도는 크다.

해설
연소범위는 넓으면 넓을수록 위험하다.

제2과목 | 열역학

21 카르노 열기관이 600[K]의 고열원과 300[K]의 저열원 사이에서 작동하고 있다. 고열원으로부터 300[kJ]의 열을 공급받을 때 기관이 하는 일[kJ]은 얼마인가?

① 150   ② 160
③ 170   ④ 180

해설
$\eta_c = \dfrac{W_{net}}{Q_1} = 1 - \dfrac{Q_2}{Q_1} = 1 - \dfrac{T_2}{T_1}$ 에서
$W_{net} = Q_1\left(1 - \dfrac{T_2}{T_1}\right) = 300 \times \left(1 - \dfrac{300}{600}\right) = 150[\text{kJ}]$

22 열역학적 계란 고려하고자 하는 에너지 변화에 관계되는 물체를 포함하는 영역을 말하는데 이 중 폐쇄계(Closed System)는 어떤 양의 교환이 없는 계를 말하는가?

① 질 량   ② 에너지
③ 일   ④ 열

해설
열역학적 계란 고려하고자 하는 에너지 변화에 관계되는 물체를 포함하는 영역으로, 이 중 폐쇄계(Closed System)는 질량의 교환이 없는 계를 말한다.

정답 17 ① 18 ② 19 ④ 20 ③ 21 ① 22 ①

23 비열비 1.3의 고온 공기를 작동물질로 하는 압축비 5의 오토사이클에서 최소 압력이 206[kPa], 최고 압력이 5,400[kPa]일 때 평균 유효압력[kPa]은?

① 594   ② 794
③ 1,190   ④ 1,390

해설

$PV^k = C$ 에서 $P_2 = P_1 \left(\dfrac{V_1}{V_2}\right)^k = P_1 \varepsilon^k = 206 \times 5^{1.3} \simeq 1,669$

압력비 $\alpha = \dfrac{P_3}{P_2} = \dfrac{5,400}{1,669} \simeq 3.235$

평균 유효압력

$P_{mo} = P_1 \dfrac{(\alpha-1)(\varepsilon^k - \varepsilon)}{(k-1)(\varepsilon - 1)}$

$= 206 \times \dfrac{(3.235-1)(5^{1.3}-5)}{(1.3-1)(5-1)} \simeq 1,190[\text{kPa}]$

24 카르노 사이클에서 공기 1[kg]이 1사이클마다 하는 일이 100[kJ]이고, 고온 227[℃], 저온 27[℃] 사이에서 작용한다. 이 사이클의 작동과정에서 생기는 저온 열원의 엔트로피 증가[kJ/K]는?

① 0.2   ② 0.4
③ 0.5   ④ 0.8

해설

고온 열원에서 발생한 열량을 Q_1, 저온 열원이 흡수한 열량을 Q_2라 하자.

카르노 사이클의 열효율

$\eta_c = \dfrac{W_{net}}{Q_1} = 1 - \dfrac{Q_2}{Q_1} = 1 - \dfrac{T_2}{T_1} = 1 - \dfrac{27+273}{227+273} = 0.4$ 이며

$Q_2 = Q_1(1-\eta_c) = \left(\dfrac{W_{net}}{\eta_c}\right)(1-\eta_c) = \left(\dfrac{100}{0.4}\right) \times (1-0.4)$

$= 150[\text{kJ}]$

∴ 저온 열원의 엔트로피 증가량

$\Delta S_2 = \dfrac{\delta Q}{T_2} = \dfrac{150}{27+273} = 0.5[\text{kJ/K}]$

25 이상기체의 상태 변화와 관련하여 폴리트로픽(Polytropic) 지수 n에 대한 설명으로 옳은 것은?

① '$n = 0$'이면 단열 변화
② '$n = 1$'이면 등온 변화
③ '$n = $ 비열비'이면 정적 변화
④ '$n = \infty$'이면 등압 변화

해설

① $n = 0$이면, $P = C$: 등압 변화
③ $n = k(=1.4)$: 단열 변화
④ $n = \infty$이면, $V = C$: 등적 변화

26 표준 증기압축식 냉동 사이클의 주요 구성요소는 압축기, 팽창밸브, 응축기, 증발기이다. 냉동기가 동작할 때 작동유체(냉매)의 흐름 순서로 옳은 것은?

① 증발기 → 응축기 → 압축기 → 팽창밸브 → 증발기
② 증발기 → 압축기 → 팽창밸브 → 응축기 → 증발기
③ 증발기 → 응축기 → 팽창밸브 → 압축기 → 증발기
④ 증발기 → 압축기 → 응축기 → 팽창밸브 → 증발기

해설

냉동기가 동작할 때 작동유체(냉매)의 흐름 순서 : 증발기 → 압축기 → 응축기 → 팽창밸브 → 증발기

27 피스톤이 장치된 용기 속의 온도 T_1[K], 압력 P_1[Pa], 체적 V_1[m³]의 이상기체 m[kg]이 있고, 정압과정으로 체적이 원래의 2배가 되었다. 이때 이상기체로 전달된 열량은 어떻게 나타내는가?(단, C_v는 정적비열이다)

① mC_vT_1
② $2mC_vT_1$
③ $mC_vT_1 + P_1V_1$
④ $mC_vT_1 + 2P_1V_1$

해설

이상기체로 전달된 열량 $Q = mC_vT_1 + P_1V_1$

28 암모니아 냉동기의 증발기 입구의 엔탈피가 377 [kJ/kg], 증발기 출구의 엔탈피가 1,668[kJ/kg]이며 응축기 입구의 엔탈피가 1,894[kJ/kg]이라면 성능계수는 얼마인가?

① 4.44 ② 5.71
③ 6.90 ④ 9.84

해설
성능계수 $(COP)_R = \dfrac{h_1 - h_3}{h_2 - h_1} = \dfrac{1,668 - 377}{1,894 - 1,668} \simeq 5.71$

29 증기원동기의 랭킨 사이클에서 열을 공급하는 과정에서 일정하게 유지되는 상태량은 무엇인가?

① 압력 ② 온도
③ 엔트로피 ④ 비체적

해설
증기원동기의 랭킨 사이클에서 열을 공급하는 과정에서 일정하게 유지되는 상태량은 압력이다.

30 압력 1,000[kPa], 부피 1[m³]의 이상기체가 등온과정을 팽창하여 부피가 1.2[m³]이 되었다. 이때 기체가 한 일[kJ]은?

① 82.3 ② 182.3
③ 282.3 ④ 382.3

해설
$_1W_2 = \int PdV = P_1V_1 \ln \dfrac{V_2}{V_1}$
$= (1,000 \times 1) \ln \dfrac{1.2}{1} \simeq 182.3 [kJ]$

31 이상적인 교축과정(Throttling Process)에 대한 설명으로 옳은 것은?

① 압력이 증가한다.
② 엔탈피가 일정하다.
③ 엔트로피가 감소한다.
④ 온도는 항상 증가한다.

해설
① 압력이 감소한다.
③ 엔트로피가 증가한다.
④ 온도는 항상 일정하다.

32 다음 중 등엔트로피 과정에 해당하는 것은?

① 등적과정
② 등압과정
③ 가역 단열과정
④ 가역 등온과정

해설
가역 단열과정은 등엔트로피 과정에 해당된다.

33 애드벌룬에 어떤 이상기체 100[kg]을 주입하였더니 팽창 후의 압력이 150[kPa], 온도 300[K]가 되었다. 애드벌룬의 반지름[m]은?(단, 애드벌룬은 완전한 구형(Sphere)이라고 가정하며, 기체상수는 250[J/kg·K]이다)

① 2.29 ② 2.73
③ 3.16 ④ 3.62

해설
$PV = mRT$에서 $V = \dfrac{mRT}{P} = \dfrac{100 \times 250 \times 300}{150 \times 1,000} = 50$이며

구의 체적 $V = \dfrac{4}{3}\pi r^3$에서 $r = \sqrt[3]{\dfrac{3V}{4\pi}} = \sqrt[3]{\dfrac{3 \times 50}{4 \times 3.14}} \simeq 2.29[m]$

34 열역학 제1법칙에 대한 설명으로 틀린 것은?

① 열은 에너지의 한 형태이다.
② 일을 열로 또는 열을 일로 변환할 때 그 에너지 총량은 변하지 않고 일정하다.
③ 제1종의 영구기관을 만드는 것은 불가능하다.
④ 제1종의 영구기관은 공급된 열에너지를 모두 일로 전환하는 가상적인 기관이다.

해설
제1종 영구기관은 에너지 공급 없이도 영원히 일을 계속할 수 있는 가상의 기관이다.

35 랭킨 사이클의 구성요소 중 단열압축이 일어나는 곳은?

① 보일러 ② 터 빈
③ 펌 프   ④ 응축기

해설
랭킨 사이클의 구성요소 중 단열 압축이 일어나는 곳은 펌프이다.

36 랭킨 사이클로 작동되는 발전소의 효율을 높이려고 할 때 초압(터빈 입구의 압력)과 배압(복수기 압력)은 어떻게 하여야 하는가?

① 초압과 배압 모두 올림
② 초압을 올리고 배압을 낮춤
③ 초압은 낮추고 배압을 올림
④ 초압과 배압 모두 낮춤

해설
랭킨 사이클로 작동되는 발전소의 효율을 높이려면 초압(터빈 입구의 압력)은 올리고 배압(복수기 압력)은 낮춘다.

37 80[℃]의 물(엔탈피 335[kJ/kg])과 100[℃]의 건포화수증기(엔탈피 2,676[kJ/kg])를 질량비 1 : 2로 혼합하여 열손실 없는 정상 유동과정으로 95[℃]의 포화액-증기 혼합물 상태로 내보낸다. 95[℃] 포화 상태에서의 포화액 엔탈피가 398[kJ/kg], 포화 증기의 엔탈피가 2,668[kJ/kg]이라면 혼합실 출구의 건도는 얼마인가?

① 0.44 ② 0.58
③ 0.66 ④ 0.72

해설
$$h_m = x(h_f + h_g) = \frac{h + h_s}{m + m_s} = \frac{335 + 2,676}{1.5} = 2,007.3[\text{kJ/kg}]$$
$$x = \frac{h_m}{h_f + h_s} = \frac{2007.3}{398 + 2,668} \simeq 0.66$$

38 증기의 속도가 빠르고, 입출구 사이의 높이차도 존재하여 운동에너지 및 위치에너지를 무시할 수 없다고 가정하고, 증기는 이상적인 단열 상태에서 개방시스템 내로 흘러 들어가 단위질량유량당 축일(w_s)을 외부로 제공하고 시스템으로부터 흘러나온다고 할 때, 단위질량유량당 축일을 어떻게 구할 수 있는가?(단, v는 비체적, P는 압력, V는 속도, g는 중력가속도, z는 높이를 나타내며, 하첨자 i는 입구, e는 출구를 나타낸다)

① $w_s = \int_i^e P dv$

② $w_s = \int_i^e v dP$

③ $w_s = \int_i^e P dv + \frac{1}{2}(V_i^2 - V_e^2) + g(z_i - z_e)$

④ $w_s = \int_i^e v dP + \frac{1}{2}(V_i^2 - V_e^2) + g(z_i - z_e)$

해설
단위질량유량당 축일
$$w_s = \int_i^e v dP + \frac{1}{2}(V_i^2 - V_e^2) + g(z_i - z_e)$$

39 다음 중 증발열이 커서 중형 및 대형의 산업용 냉동기에 사용하기에 가장 적정한 냉매는?

① 프레온-12 ② 탄산가스
③ 아황산가스 ④ 암모니아

해설
암모니아 : 증발열이 커서 중형 및 대형 산업용 냉동기에 사용하기에 가장 적정한 냉매

40 공기 표준 디젤 사이클에서 압축비가 17이고, 단절비(Cut-off Ratio)가 3일 때 열효율[%]은?(단, 공기의 비열비는 1.4이다)

① 52 ② 58
③ 63 ④ 67

해설
열효율
$$\eta_d = 1 - \left(\frac{1}{\varepsilon}\right)^{k-1} \times \frac{\sigma^k - 1}{k(\sigma - 1)}$$
$$= 1 - \left(\frac{1}{17}\right)^{1.4-1} \times \frac{3^{1.4} - 1}{1.4 \times (3-1)} \simeq 0.58 = 58[\%]$$

제3과목 | 계측방법

41 U자관 압력계에 대한 설명으로 틀린 것은?

① 측정압력은 1~1,000[kPa] 정도이다.
② 주로 통풍력을 측정하는 데 사용된다.
③ 측정의 정도는 모세관현상의 영향을 받으므로 모세관현상에 대한 보정이 필요하다.
④ 수은, 물, 기름 등을 넣어 한쪽 또는 양쪽 끝에 측정압력을 도입한다.

해설
측정압력은 5~2,000[mmH$_2$O] 정도이다.

42 가스열량 측정 시 측정항목에 해당되지 않는 것은?

① 시료가스의 온도
② 시료가스의 압력
③ 실내온도
④ 실내 습도

해설
가스열량 측정 시 측정항목 : 시료가스의 온도, 시료가스의 압력, 실내온도

43 다음 중 유량측정의 원리와 유량계를 바르게 연결한 것은?

① 유체에 작용하는 힘 – 터빈유량계
② 유속 변화로 인한 압력차 – 용적식 유량계
③ 흐름에 의한 냉각효과 – 전자기 유량계
④ 파동의 전파시간차 – 조리개 유량계

해설
② 유체에너지 – 용적식 유량계
③ 기전력 – 전자기 유량계
④ 유량의 크기에 따라 전후에 발생하는 차압 – 조리개 유량계

44 산소의 농도를 측정할 때 기전력을 이용하여 분석, 계측하는 분석계는?

① 자기식 O₂계　② 세라믹식 O₂계
③ 연소식 O₂계　④ 밀도식 O₂계

해설
세라믹식 O₂계 : 산소의 농도를 측정할 때 기전력을 이용하여 분석, 계측하는 분석계

45 가스 채취 시 주의하여야 할 사항에 대한 설명으로 틀린 것은?

① 가스의 구성성분의 비중을 고려하여 적정 위치에서 측정하여야 한다.
② 가스 채취구는 외부에서 공기가 잘 통할 수 있도록 하여야 한다.
③ 채취된 가스의 온도, 압력의 변화로 측정오차가 생기지 않도록 한다.
④ 가스성분과 화학반응을 일으키지 않는 관을 이용하여 채취한다.

해설
가스 채취구는 외부에서 공기가 유통되지 않도록 잘 밀폐시켜야 한다.

46 다음 중 온도는 국제단위계(SI단위계)에서 어떤 단위에 해당하는가?

① 보조단위　② 유도단위
③ 특수단위　④ 기본단위

해설
온도는 국제단위계(SI단위계)에서 기본단위에 해당하며 절대온도인 켈빈온도[K]를 사용한다.

47 방사온도계의 발신부를 설치할 때 다음 중 어떠한 식이 성립하여야 하는가?(단, l : 렌즈로부터 수열판까지의 거리, d : 수열판의 직경, L : 렌즈로부터 물체까지의 거리, D : 물체의 직경이다)

① $L/D < l/d$
② $L/D > l/d$
③ $L/D = l/d$
④ $L/l < d/D$

해설
방사온도계의 발신부를 설치할 때 $L/D < l/d$식이 성립하여야 한다.

48 액주에 의한 압력 측정에서 정밀 측정을 할 때 다음 중 필요하지 않은 보정은?

① 온도의 보정
② 중력의 보정
③ 높이의 보정
④ 모세관현상의 보정

해설
액주에 의한 압력 측정에서 정밀 측정을 할 때 필요한 보정 : 온도의 보정, 중력의 보정, 모세관현상의 보정

49 수은 및 알코올 온도계를 사용하여 온도를 측정할 때 계측의 기본원리는 무엇인가?

① 비 열　② 열팽창
③ 압 력　④ 점 도

해설
수은 및 알코올 온도계를 사용하여 온도를 측정할 때 계측의 기본원리는 열팽창이다.

50 다음 각 물리량에 대한 SI 유도단위의 기호로 틀린 것은?

① 압력 – [Pa]
② 에너지 – [cal]
③ 일률 – [W]
④ 자기선속 – [Wb]

해설
에너지 – [J]

51 1차 지연요소에서 시정수(T)가 클수록 응답속도는 어떻게 되는가?

① 응답속도가 빨라진다.
② 응답속도가 느려진다.
③ 응답속도가 일정해진다.
④ 시정수와 응답속도는 상관이 없다.

해설
1차 지연요소에서 시정수(T)가 클수록 응답속도는 느려진다.

52 염화리튬이 공기 수증기압과 평형을 이룰 때 생기는 온도 저하를 저항온도계로 측정하여 습도를 알아내는 습도계는?

① 듀셀 노점계
② 아스만 습도계
③ 광전관식 노점계
④ 전기저항식 습도계

해설
듀셀 노점계 : 염화리튬이 공기 수증기압과 평형을 이룰 때 생기는 온도 저하를 저항온도계로 측정하여 습도를 알아내는 습도계

53 직경 80[mm]인 원관 내에 비중 0.9인 기름이 유속 4[m/sec]로 흐를 때 질량유량은 약 몇 [kg/sec]인가?

① 18
② 24
③ 30
④ 36

해설
질량유량
$Q = \rho A v = (0.9 \times 1,000) \times \left(\dfrac{\pi}{4} \times 0.08^2\right) \times 4 \simeq 18 [\text{kg/sec}]$

54 다음 중에서 비접촉식 온도 측정방법이 아닌 것은?

① 광고온계
② 색 온도계
③ 서미스터
④ 광전관식 온도계

해설
서미스터는 접촉식 온도측정기에 해당된다.

55 아르키메데스의 부력원리를 이용한 액면 측정기기는?

① 차압식 액면계
② 퍼지식 액면계
③ 기포식 액면계
④ 편위식 액면계

해설
편위식 액면계 : 아르키메데스의 부력원리를 이용한 액면 측정기기

56 다음 중 단위에 따른 차원식으로 틀린 것은?

① 동점도 : L^2T^{-1}
② 압력 : $ML^{-1}T^{-2}$
③ 가속도 : LT^{-2}
④ 일 : MLT^{-2}

해설
일
$W = Fs = mas = [M][LT^{-2}][L] = [ML^2T^{-2}]$

57 피드백(Feedback) 제어계에 관한 설명으로 틀린 것은?

① 입력과 출력을 비교하는 장치는 반드시 필요하다.
② 다른 제어계보다 정확도가 증가된다.
③ 다른 제어계보다 제어 폭이 감소된다.
④ 급수제어에 사용된다.

해설
피드백 제어계는 다른 제어계보다 제어 폭이 증가된다.

58 유체의 와류를 이용하여 측정하는 유량계는?

① 오벌 유량계
② 델타 유량계
③ 로터리 피스톤 유량계
④ 로터미터

해설
델타 유량계 : 유체의 와류를 이용하여 측정하는 유량계

59 다음 중 가장 높은 압력을 측정할 수 있는 압력계는?

① 부르동관 압력계
② 다이어프램식 압력계
③ 벨로스식 압력계
④ 링 밸런스식 압력계

해설
부르동관식 압력계
- 곡관에 압력을 가하면 곡률반경이 변화되는 것을 이용한 것이다.
- 구조가 간단하다.
- 재질은 고압용에 니켈(Ni)강, 저압용에 황동, 인청동, 특수청동을 사용한다.
- 주로 고압용(0.5~3,000[kgf/cm²])에 사용된다.
- 높은 압력은 측정 가능하지만 정확도는 낮다.

60 보일러의 자동제어에서 인터로크 제어의 종류가 아닌 것은?

① 압력 초과 ② 저연소
③ 고온도   ④ 불착화

해설
인터로크(Interlock) : 조건이 충족되지 않으면 다음 동작이 진행되지 않고 중지되도록 하는 방법 또는 장치
- 프리퍼지(Prepurge) 인터로크 : 보일러를 자동운전할 경우 송풍기가 작동되지 않으면 연료공급 전자밸브가 열리지 않는 인터로크
- 압력 초과 인터로크 : 제한 설정 압력 초과 시 연료 공급을 차단시키는 인터로크
- 저연소 인터로크 : 운전 중 연소 상태 불량, 연소 초기·연소 정지 시 최대 부하의 30[%] 정도의 저연소 전환 시 연소 전환이 안 되면 연료 공급을 차단시키는 인터로크
- 불착화 인터로크(실화 인터로크) : 착화버너의 소염에 의해 주버너 점화 시 일정시간 내 점화가 되지 않거나 운전 중에 실화되면 연료 공급을 차단시키는 인터로크
- 저수위 인터로크 : 보일러의 수위가 안전 수위 이하가 될 때 연료 공급을 차단시키는 인터로크

정답 56 ④ 57 ③ 58 ② 59 ① 60 ③

제4과목 | 열설비재료 및 관계법규

61 다음 중 최고 사용온도가 가장 낮은 보온재는?

① 유리면 보온재　② 페놀 폼
③ 펄라이트 보온재　④ 폴리에틸렌 폼

해설
최고 사용온도[℃]
- 폴리에틸렌 폼 : 80
- 페놀 폼 : 200
- 유리면 보온재 : 300
- 펄라이트 보온재 : 650

62 셔틀요(Shuttle Kiln)의 특징으로 틀린 것은?

① 가마의 보유열보다 대차의 보유열이 열 절약의 요인이 된다.
② 급랭파가 생기지 않을 정도의 고온에서 제품을 꺼낸다.
③ 가마 1개당 2대 이상의 대차가 있어야 한다.
④ 작업이 불편하여 조업하기가 어렵다.

해설
셔틀요는 작업이 용이하여 조업하기 쉽다.

63 에너지이용합리화법에서 규정한 수요관리 전문기관에 해당하는 것은?

① 한국가스안전공사
② 한국에너지공단
③ 한국전력공사
④ 전기안전공사

해설
에너지이용 합리화법에서 규정한 수요관리 전문기관에 해당하는 것은 한국에너지공단이다.

64 산화 탈산을 방지하는 공구류의 담금질에 가장 적합한 노는?

① 용융염류가열로
② 직접저항가열로
③ 간접저항가열로
④ 아크가열로

해설
용융염류가열로 : 산화 탈산을 방지하는 공구류의 담금질에 가장 적합한 노

65 에너지이용합리화법에 따라 에너지이용합리화 기본계획에 대한 설명으로 틀린 것은?

① 기본계획에는 에너지 이용효율의 증대에 관한 사항이 포함되어야 한다.
② 기본계획에는 에너지 절약형 경제구조로의 전환에 관한 사항이 포함되어야 한다.
③ 산업통상자원부장관은 기본계획을 수립하기 위하여 필요하다고 인정하는 경우 관계 행정기관의 장에게 필요자료 제출을 요청할 수 있다.
④ 시·도지사는 기본계획을 수립하려면 관계 행정기관의 장과 협의한 후 산업통상자원부장관의 심의를 거쳐야 한다.

해설
산업통상자원부장관이 기본계획을 수립하려면 관계 행정기관의 장과 협의한 후 에너지법에 따른 에너지위원회의 심의를 거쳐야 한다.

66 에너지이용합리화법에 따라 용접검사가 면제되는 대상범위에 해당되지 않는 것은?

① 용접 이음이 없는 강관을 동체로 한 헤더
② 최고 사용압력이 0.35[MPa] 이하이고, 동체의 안지름이 600[mm]인 전열교환식 1종 압력용기
③ 전열면적이 30[m²] 이하의 유류용 강철제 증기 보일러
④ 최고사용압력이 0.35[MPa]인 온수 보일러

해설
용접검사 면제대상기기
• 전열면적이 5[m²] 이하이고, 최고 사용압력이 0.35[MPa] 이하인 강철제 보일러
• 주철제 보일러
• 1종 관류 보일러
• 전열면적이 18[m²] 이하이고, 최고 사용압력이 0.35[MPa] 이하인 온수 보일러
• 용접 이음(동체와 플랜지와의 용접 이음은 제외한다)이 없는 강관을 동체로 한 헤더
• 동체의 두께가 6[mm] 미만인 압력용기로서 최고 사용압력[MPa]과 내부 부피[m³]를 곱한 수치가 0.02 이하(난방용의 경우에는 0.05 이하)인 것
• 전열교환식 압력용기로서 최고 사용압력이 0.35[MPa] 이하이고, 동체의 안지름이 600[mm] 이하인 것

67 에너지이용합리화법에 따라 공공사업주관자는 에너지사용계획의 조정 등 조치요청을 받은 경우에는 산업통상자원부령으로 정하는 바에 따라 조치이행계획을 작성하여 제출하여야 한다. 다음 중 이행계획에 반드시 포함되어야 하는 항목이 아닌 것은?

① 이행 예산   ② 이행주체
③ 이행방법   ④ 이행시기

해설
이행계획 작성 포함사항 : 산업통상자원부장관으로부터 요청받은 조치내용, 이행주체, 이행방법, 이행시기

68 유체의 역류를 방지하기 위한 것으로 밸브의 무게와 밸브의 양면 간 압력차를 이용하여 밸브를 자동으로 작동시켜 유체가 한쪽 방향으로만 흐르도록 한 밸브는?

① 슬루스밸브   ② 회전밸브
③ 체크밸브   ④ 버터플라이밸브

해설
체크밸브 : 유체의 역류를 방지하기 위한 것으로 밸브의 무게와 밸브의 양면 간 압력차를 이용하여 밸브를 자동으로 작동시켜 유체가 한쪽 방향으로만 흐르도록 한 밸브

69 다음 중 에너지이용합리화법에 따라 에너지다소비사업자에게 에너지 관리 개선명령을 할 수 있는 경우는?

① 목표원단위보다 과다하게 에너지를 사용하는 경우
② 에너지관리 지도결과 10[%] 이상의 에너지효율 개선이 기대되는 경우
③ 에너지 사용실적이 전년도보다 현저히 증가한 경우
④ 에너지 사용계획 승인을 얻지 아니한 경우

해설
에너지관리 지도결과 10[%] 이상의 에너지 효율 개선이 기대되는 경우 에너지다소비사업자에게 에너지관리 개선명령을 할 수 있다.

70 에너지이용합리화법에 따라 에너지 저장의무 부과 대상자가 아닌 자는?

① 전기사업법에 따른 전기사업자
② 석탄산업법에 따른 석탄가공업자
③ 액화가스사업법에 따른 액화가스사업자
④ 연간 2만 석유환산톤 이상의 에너지를 사용하는 자

해설
에너지저장의무 부과대상자
• 전기사업법에 따른 전기사업자
• 도시가스사업법에 따른 도시가스사업자
• 석탄산업법에 따른 석탄가공업자
• 집단에너지사업법에 따른 집단에너지사업자
• 연간 2만 석유환산톤[TOE] 이상의 에너지를 사용하는 자

정답 66 ③ 67 ① 68 ③ 69 ② 70 ③

71 보온재의 열전도율에 대한 설명으로 옳은 것은?

① 열전도율이 클수록 좋은 보온재이다.
② 보온재 재료의 온도에 관계없이 열전도율은 일정하다.
③ 보온재 재료의 밀도가 작을수록 열전도율은 커진다.
④ 보온재 재료의 수분이 적을수록 열전도율은 작아진다.

해설
① 열전도율이 작을수록 좋은 보온재이다.
② 보온재 재료의 온도에 따라 열전도율은 변한다.
③ 보온재 재료의 밀도가 클수록 열전도율은 커진다.

72 다음 중 에너지이용합리화법에 따른 에너지사용계획의 수립대상이 아닌 것은?

① 고속도로건설사업   ② 관광단지개발사업
③ 항만건설사업   ④ 철도건설사업

해설
에너지사용계획수립대상사업 : 도시개발사업, 산업단지개발사업, 에너지개발사업, 항만건설사업, 철도건설사업, 공항건설사업, 관광단지개발사업, 개발촉진지구개발사업 또는 지역종합개발사업

73 다음 중 규석벽돌로 쌓은 가마 속에서 소성하기에 가장 적절하지 못한 것은?

① 규석질 벽돌   ② 샤모트질 벽돌
③ 납석질 벽돌   ④ 마그네시아질 벽돌

해설
마그네시아질 벽돌은 염기성이라 산성인 규석 벽돌로 쌓은 가마 속에서 소성하기에 부적절하다.

74 에너지이용합리화법에 따라 에너지다소비사업자의 신고에 대한 설명으로 옳은 것은?

① 에너지다소비사업자는 매년 12월 31일까지 사무소가 소재하는 지역을 관할하는 시·도지사에게 신고하여야 한다.
② 에너지다소비사업자의 신고를 받은 시·도지사는 이를 매년 2월 말일까지 산업통상자원부장관에게 보고하여야 한다.
③ 에너지다소비사업자의 신고에는 에너지를 사용하여 만드는 제품·부가가치 등의 단위당 에너지이용효율 감소목표 및 이행방법을 포함하여야 한다.
④ 에너지다소비사업자는 연료·열의 연간 사용량의 합계가 2천[TOE] 이상이고, 전력의 연간 사용량이 4백만[kWh] 이상인 자를 의미한다.

해설
에너지다소비사업자의 신고
• 에너지다소비사업자는 다음의 사항을 산업통상자원부령으로 정하는 바에 따라 매년 1월 31일까지 그 에너지사용시설이 있는 지역을 관할하는 시·도지사에게 신고하여야 한다.
  – 전년도의 분기별 에너지 사용량, 제품 생산량
  – 해당 연도의 분기별 에너지 사용 예정량, 제품 생산 예정량
  – 에너지사용기자재의 현황
  – 전년도의 분기별 에너지이용 합리화 실적 및 해당 연도의 분기별 계획
  – 상기의 사항에 관한 업무를 담당하는 자(이하 에너지관리자)의 현황
• 시·도지사는 신고를 받으면 이를 매년 2월 말일까지 산업통상자원부장관에게 보고하여야 한다.
• 산업통상자원부장관 및 시·도지사는 에너지다소비사업자가 신고한 사항을 확인하기 위하여 필요한 경우 다음의 어느 하나에 해당하는 자에 대하여 에너지다소비사업자에게 공급한 에너지의 공급량 자료를 제출하도록 요구할 수 있다.
  – 한국전력공사법에 따른 한국전력공사
  – 한국가스공사법에 따른 한국가스공사
  – 도시가스사업법에 따른 도시가스사업자
  – 집단에너지사업법에 따른 사업자 및 한국지역난방공사
  – 그 밖에 대통령령으로 정하는 에너지공급기관 또는 관리기관

75 주철관에 대한 설명으로 틀린 것은?

① 제조방법은 수직법과 원심력법이 있다.
② 수도용, 배수용, 가스용으로 사용된다.
③ 인성이 풍부하여 나사 이음과 용접 이음에 적합하다.
④ 주철은 인장강도에 따라 보통 주철과 고급 주철로 분류된다.

해설
주철관
- 탄소 함량 : 약 2[%] 이상
- 제조방법 : 수직법, 원심력법
- 인성이 작아(취성이 커서) 충격에 약하다.
- 적용 이음 : 소켓 이음, 플랜지 이음, 메커니컬 이음, 빅토리 이음, 타이톤 이음 등
- 용접 이음은 불가능하다.
- 용도 : 수도용, 배수용, 가스용
- 주철은 인장강도에 따라 보통 주철과 고급 주철로 분류된다.

76 마그네시아질 내화물이 수증기에 의해서 조직이 약화되어 노벽에 균열이 발생하여 붕괴하는 현상은?

① 슬래킹 현상 ② 더스팅 현상
③ 침식현상 ④ 스폴링 현상

해설
슬래킹 현상 : 마그네시아질 내화물이 수증기에 의해서 조직이 약화되어 노벽에 균열이 발생하여 붕괴되는 현상

77 에너지법에 의한 에너지 총조사는 몇 년 주기로 시행하는가?

① 2년 ② 3년
③ 4년 ④ 5년

해설
에너지법에 의한 에너지 총조사는 3년 주기로 시행한다.

78 에너지이용합리화법에 따라 에너지 절약형 시설 투자 시 세제 지원이 되는 시설 투자가 아닌 것은?

① 노후 보일러 등 에너지다소비 설비의 대체
② 열병합발전사업을 위한 시설 및 기기류의 설치
③ 5[%] 이상의 에너지 절약효과가 있다고 인정되는 설비
④ 산업용 요로 설비의 대체

해설
③ 10[%] 이상의 에너지 절감효과가 있다고 인정되는 시설

79 요로를 균일하게 가열하는 방법이 아닌 것은?

① 노 내 가스를 순환시켜 연소가스량을 많게 한다.
② 가열시간을 되도록 짧게 한다.
③ 장염이나 축차연소를 행한다.
④ 벽으로부터의 방사열을 적절히 이용한다.

해설
요로를 균일하게 가열하려면 가열시간을 되도록 길게 한다.

80 두께 230[mm]의 내화벽돌, 114[mm]의 단열벽돌, 230[mm]의 보통벽돌로 된 노의 평면벽에서 내벽면의 온도가 1,200[℃]이고 외벽면의 온도가 120[℃]일 때, 노벽 1[m²]당 열손실[W]은?(단, 내화벽돌, 단열벽돌, 보통벽돌의 열전도도는 각각 1.2, 0.12, 0.6[W/m·℃]이다)

① 376.9 ② 563.5
③ 708.2 ④ 1,688.1

해설
$$Q = KA(t_1 - t_2) = \frac{1}{R}A(t_1 - t_2)$$
$$= \frac{1}{(l_1/\lambda_1)+(l_2/\lambda_2)+(l_3/\lambda_3)}A(t_1-t_2)$$
$$= \frac{1}{(0.23/1.2)+(0.114/0.12)+(0.23/0.6)} \times 1 \times (1,200-120)$$
$$\simeq 708[\text{kcal/h}]$$

제5과목 | 열설비설계

81 점식(Pitting) 부식에 대한 설명을 옳은 것은?

① 연료 내의 유황성분이 연소할 때 발생하는 부식이다.
② 연료 중에 함유된 바나듐에 의해서 발생하는 부식이다.
③ 산소농도차에 의한 전기화학적으로 발생하는 부식이다.
④ 급수 중에 함유된 암모니아가스에 의해 발생하는 부식이다.

해설
점식(Pitting) 부식은 산소농도차에 의한 전기화학적으로 발생하는 부식이다.

82 열사용설비는 많은 전열면을 가지고 있는데 이러한 전열면이 오손되면 전열량이 감소하고, 열설비의 손상을 초래한다. 이에 대한 방지대책으로 틀린 것은?

① 황분이 적은 연료를 사용하여 저온 부식을 방지한다.
② 첨가제를 사용하여 배기가스의 노점을 상승시킨다.
③ 과잉공기를 적게 하여 저공기비 연소를 시킨다.
④ 내식성이 강한 재료를 사용한다.

해설
첨가제를 사용하여 배기가스의 노점을 낮추어 저온 부식을 방지한다.

83 지름 5[cm]의 파이프를 사용하여 매 시간 4[ton]의 물을 공급하는 수도관이 있다. 이 수도관에서의 물의 속도[m/sec]는?(단, 물의 비중은 1이다)

① 0.12
② 0.28
③ 0.56
④ 0.93

해설
중량유량 $Q = G = \gamma A v$에서
물의 속도 $v = \dfrac{G}{\gamma A} = \dfrac{4,000/3,600}{1,000 \times \left(\dfrac{3.14}{4} \times 0.05^2\right)} \simeq 0.566[\text{m/sec}]$

84 보일러의 만수보존법에 대한 설명으로 틀린 것은?

① 밀폐 보존방식이다.
② 겨울철 동결에 주의하여야 한다.
③ 보통 2~3개월의 단기 보존에 사용된다.
④ 보일러 수는 pH 6 정도 유지되도록 한다.

해설
보일러수는 pH 7.5~8.2 정도 유지되도록 한다.

85 노통 보일러 중 원통형의 노통이 2개 설치된 보일러를 무엇이라고 하는가?

① 랭커셔 보일러
② 라몬트 보일러
③ 바브콕 보일러
④ 다우삼 보일러

해설
랭커셔 보일러 : 노통 보일러 중 원통형의 노통이 2개 설치된 보일러

86 물을 사용하는 설비에서 부식을 초래하는 인자로 가장 거리가 먼 것은?

① 용존산소 ② 용존 탄산가스
③ pH ④ 실리카

해설
물 사용설비에서의 부식 초래인자 : 용존산소, 용존 탄산가스, pH 등

87 노통 보일러에 거싯 스테이를 부착할 경우 경판과의 부착부 하단과 노통 상부 사이에는 완충 폭(브레이징 스페이스)이 있어야 한다. 이때 경판의 두께가 20[mm]인 경우 완충 폭은 최소 몇 [mm] 이상이어야 하는가?

① 230 ② 280
③ 320 ④ 350

해설
노통 보일러의 브레이징 스페이스 기준 수치
- 경판 두께 13[mm] 이하 : 230[mm] 이상
- 경판 두께 15[mm] 이하 : 260[mm] 이상
- 경판 두께 17[mm] 이하 : 280[mm] 이상
- 경판 두께 19[mm] 이하 : 300[mm] 이상
- 경판 두께 19[mm] 초과 : 320[mm] 이상

88 보일러 동체, 드럼 및 일반적인 원통형 고압용기의 동체 두께(t)를 구하는 계산식으로 옳은 것은?(단, P는 최고 사용압력, D는 원통 안지름, σ는 허용 인장응력(원주 방향)이다)

① $t = \dfrac{PD}{\sqrt{2}\,\sigma}$ ② $t = \dfrac{PD}{\sigma}$

③ $t = \dfrac{PD}{2\sigma}$ ④ $t = \dfrac{PD}{4\sigma}$

해설
보일러 동체, 드럼 및 일반적인 원통형 고압용기의 동체 두께(t)를 구하는 계산식 : $t = \dfrac{PD}{2\sigma}$

89 내경이 150[mm]인 연동제 파이프의 인장강도가 80[MPa]이라 할 때, 파이프의 최고 사용압력이 4,000[kPa]이면 파이프의 최소 두께[mm]는?(단, 이음효율은 1, 부식 여유는 1[mm], 안전계수는 1로 한다)

① 2.63 ② 3.71
③ 4.75 ④ 5.22

해설
$$t = \frac{PD}{2\sigma_a \eta} + C = \frac{PDS}{2\sigma_u \eta} + C$$
$$= \frac{4,000 \times 150 \times 1}{2 \times 80 \times 1,000} + 1 = 4.75\,[\text{mm}]$$

90 용접 이음에 대한 설명으로 틀린 것은?

① 두께의 한도가 없다.
② 이음효율이 우수하다.
③ 폭음이 생기지 않는다.
④ 기밀성이나 수밀성이 낮다.

해설
용접 이음은 기밀성이나 수밀성이 우수하다.

91 흑체로부터의 복사에너지는 절대온도의 몇 제곱에 비례하는가?

① $\sqrt{2}$ ② 2
③ 3 ④ 4

해설
흑체로부터의 복사에너지는 절대온도의 4제곱에 비례한다.

92 보일러수 1,500[kg] 중에 불순물이 30[g]이 검출되었다. 이는 몇 [ppm]인가?(단, 보일러수의 비중은 1이다)

① 20　　② 30
③ 50　　④ 60

해설

$$\frac{30}{1,500 \times 1,000} = \frac{1}{50,000} = \frac{20}{1,000,000} = 20[ppm]$$

93 다음 표는 소용량 주철제 보일러에 대한 정의이다. (가), (나) 안에 들어갈 내용으로 옳은 것은?

> 주철제 보일러 중 전열면적이 (가)[m²] 이하이고, 최고 사용압력이 (나)[MPa] 이하인 것

① (가) 4　(나) 1
② (가) 5　(나) 0.1
③ (가) 5　(나) 1
④ (가) 4　(나) 0.1

해설

소용량 주철제 보일러 : 주철제 보일러 중 전열면적이 5[m²] 이하이고, 최고 사용압력이 0.1[MPa] 이하인 것

94 다음 중 스케일의 주성분에 해당되지 않는 것은?

① 탄산칼슘
② 규산칼슘
③ 탄산마그네슘
④ 과산화수소

해설

스케일(Scale) : 보일러 관수 중의 용존 고형물로부터 생성되어 전열면에 부착하여 굳어진 물질
- 보일러에서 스케일 생성 주요인 : 경도성분, 실리카
- 주성분
  - 연질 스케일 : 탄산염(탄산칼슘, 탄산마그네슘), 산화철
  - 경질 스케일 : 황산염(황산칼슘), 규산염(규산칼슘)
- 스케일은 열전도율이 대단히 작으므로 보일러에서 열전도의 방해물질로 작용한다.
- 스케일은 전열면에 부착되어 과열을 일으키고 더 크게 성장한다.
- 스케일로 인하여 연료소비가 많아진다.
- 스케일로 인하여 배기가스의 온도가 높아진다.
- 고압 수관식 보일러의 증발관이 스케일이 부착되면 파열을 일으킨다.

95 보일러의 효율 향상을 위한 운전방법으로 틀린 것은?

① 가능한 한 정격부하로 가동되도록 조업을 계획한다.
② 여러 가지 부하에 대해 열정산을 행하여 그 결과로 얻은 결과를 통해 연소를 관리한다.
③ 전열면의 오손, 스케일 등을 제거하여 전열효율을 향상시킨다.
④ 블로 다운을 조업 중지 때마다 행하여 이상물질이 보일러 내에 없도록 한다.

해설

보일러의 블로(Blow)는 최소한으로 하고, 가능한 한 연속 블로는 하지 않도록 한다.

96 보일러의 부대장치 중 공기예열기 사용 시 나타나는 특징으로 틀린 것은?

① 과잉공기가 많아진다.
② 가스온도 저하에 따라 저온 부식을 초래할 우려가 있다.
③ 보일러 효율이 높아진다.
④ 질소산화물에 의한 대기오염의 우려가 있다.

해설
공기예열기를 사용하면 과잉공기가 적어진다.

97 다음 보기의 특징을 가지는 증기 트랩의 종류는?

| 보기 |
| • 다량의 드레인을 연속적으로 처리할 수 있다.
• 증기 누출이 거의 없다.
• 가동 시 공기 빼기를 할 필요가 없다.
• 수격작용에 다소 약하다.

① 플로트식 트랩 ② 버킷형 트랩
③ 바이메탈식 트랩 ④ 디스크식 트랩

해설
플로트(Float)식 증기트랩
• 다량의 드레인을 연속적으로 처리할 수 있다.
• 증기 누출이 극소이다.
• 가동 시 공기 빼기가 불필요하다.
• 수격작용에 다소 약하다.

98 테르밋(Thermit) 용접에서 테르밋이란 무엇과 무엇의 혼합물인가?

① 붕사와 붕산의 분말
② 탄소와 규소의 분말
③ 알루미늄과 산화철의 분말
④ 알루미늄과 납의 분말

해설
테르밋이란 알루미늄과 산화철의 분말의 혼합물이다.

99 줄-톰슨계수(Joule-Thomson Coefficient, μ)에 대한 설명으로 옳은 것은?

① μ의 부호는 열량의 함수이다.
② μ의 부호는 온도의 함수이다.
③ μ가 (−)일 때 유체의 온도는 교축과정 동안 내려간다.
④ μ가 (+)일 때 유체의 온도는 교축과정 동안 일정하게 유지된다.

해설
줄-톰슨계수(Joule-Thomson coefficient) μ의 부호는 온도의 함수이다.

100 보일러에서 스케일 및 슬러지의 생성 시 나타나는 현상에 대한 설명으로 가장 거리가 먼 것은?

① 스케일이 부착되면 보일러 전열면을 과열시킨다.
② 스케일이 부착되면 배기가스 온도가 떨어진다.
③ 보일러에 연결한 콕, 밸브, 그 외의 구멍을 막히게 한다.
④ 보일러 전열성능을 감소시킨다.

해설
스케일이 부착되면 배기가스 온도가 올라간다.

정답 96 ① 97 ① 98 ③ 99 ② 100 ②

2020년 제1·2회 통합 과년도 기출문제

제1과목 | 연소공학

01 다음과 같은 질량 조성을 가진 석탄의 완전연소에 필요한 이론공기량[kg/kg]은 얼마인가?

> C : 64.0[%], H : 5.3[%], S : 0.1[%], O : 8.8[%], N : 0.8[%], Ash : 12.0[%], Water : 9.0[%]

① 7.5
② 8.8
③ 9.7
④ 10.4

해설
이론공기량

$$A_0 = \frac{\text{이론산소량}}{0.232}$$

$$= \left(\frac{32}{0.232}\right) \times \Sigma(\text{각 가연원소의 필요산소량})$$

$$= \left(\frac{32}{0.232}\right) \times \left\{\frac{C}{12} + \frac{(H-O/8)}{4} + \frac{S}{32}\right\}$$

$$= \frac{1}{0.232} \times \left\{2.667C + 8\left(H - \frac{O}{8}\right) + S\right\}$$

$$= \frac{1}{0.232} \times \left\{2.667 \times 0.64 + 8 \times \left(0.053 - \frac{0.088}{8}\right) + 0.001\right\}$$

$$\simeq 8.810$$

02 링겔만농도표의 측정 대상은?

① 배출가스 중 매연농도
② 배출가스 중 CO농도
③ 배출가스 중 CO_2농도
④ 화염의 투명도

03 다음 중 연소 시 발생하는 질소산화물(NO_x)의 감소방안으로 틀린 것은?

① 질소성분이 적은 연료를 사용한다.
② 화염의 온도를 높게 연소한다.
③ 화실을 크게 한다.
④ 배기가스 순환을 원활하게 한다.

해설
연소 시 질소산화물을 감소시키기 위해서는 화염의 온도를 낮게 연소한다.

04 연료의 일반적인 연소반응의 종류로 틀린 것은?

① 유동층 연소
② 증발연소
③ 표면연소
④ 분해연소

해설
유동층 연소기술은 석탄을 적당히 분쇄하여 만든 석탄입자들과 석회석과 같은 유동매체의 혼합 가루층에 적정 속도의 공기를 불어 넣어 부유유동층(Suspended Fluidized Bed) 상태로 만들어 연소시키는 방법이다. 이 기술에 의하면, 연소 시 비교적 안정성을 잘 유지시킬 수 있고 낮은 온도에서도 연소시킬 수 있기 때문에 저질 연탄이나 원탄 폐석까지도 연소를 가능하게 하고 석회석의 엉겨 붙음을 막으며 그 때문에 일어나는 여러 가지 부작용을 동시에 제거할 수 있다.

05 공기와 혼합 시 가연범위(폭발범위)가 가장 넓은 것은?

① 메 탄
② 프로판
③ 메틸알코올
④ 아세틸렌

해설
가연범위(폭발범위 폭)
• 프로판 : 2.1~9.5(7.4)
• 메탄 : 5~15(10)
• 메틸알코올 : 7~37(30)
• 아세틸렌 : 2.5~82(79.5, 가장 넓음)

정답 1 ② 2 ① 3 ② 4 ① 5 ④

06 11[g]의 프로판이 완전연소 시 생성되는 물의 질량 [g]은?

① 44　　② 34
③ 28　　④ 18

해설
프로판의 연소방정식 : $C_3H_8 + 5O_2 \rightarrow 3CO_2 + 4H_2O$

프로판 11[g]은 $\frac{11}{44}$[mol]이며

프로판 1[mol]이 연소반응하면 4[mol]의 물이 생성되므로

프로판 11[g]이 완전연소하면 $\frac{11}{44} \times 4 \times 18 = 18$[g]의 물이 생성된다.

07 다음 중 역화의 위험성이 가장 큰 연소방식으로서, 설비의 시동 및 정지 시에 폭발 및 화재에 대비한 안전 확보에 각별한 주의를 요하는 방식은?

① 예혼합연소
② 미분탄연소
③ 분무식연소
④ 확산연소

해설
예혼합연소는 가연성 혼합기가 형성되어 있는 상태의 연소로, 증발·분해·혼합과정이 생략되어 연소속도가 매우 빠르며 역화의 위험성이 크다. 설비의 시동 및 정지 시에 폭발 및 화재에 대비한 안전 확보에 각별한 주의를 요하는 방식이다.

08 액체연료에 대한 가장 적합한 연소방법은?

① 화격자연소
② 스토커연소
③ 버너연소
④ 확산연소

해설
③ 버너연소 : 액체, 기체연료
① 화격자연소 : 고체연료
② 스토커연소 : 고체연료(석탄)
④ 확산연소 : 기체연료

09 연료의 발열량에 대한 설명으로 틀린 것은?

① 기체연료는 그 성분으로부터 발열량을 계산할 수 있다.
② 발열량의 단위는 고체와 액체연료의 경우 단위중량당(통상 연료 [kg]당) 발열량으로 표시한다.
③ 고위발열량은 연료의 측정열량에 수증기 증발잠열을 포함한 연소열량이다.
④ 일반적으로 액체연료는 비중이 크면 체적당 발열량은 감소하고, 중량당 발열량은 증가한다.

해설
액체연료는 비중이 크면 체적당 발열량은 증가하고, 중량당 발열량은 감소한다.

10 고체연료의 연료비(Fuel Ratio)를 옳게 나타낸 것은?

① $\frac{고정탄소[\%]}{휘발분[\%]}$　　② $\frac{휘발분[\%]}{고정탄소[\%]}$

③ $\frac{고정탄소[\%]}{수분[\%]}$　　④ $\frac{수분[\%]}{고정탄소[\%]}$

해설
고체연료의 연료비(Fuel Ratio) : $\frac{고정탄소[\%]}{휘발분[\%]}$

11 고체연료의 연소방식으로 옳은 것은?

① 포트식 연소
② 화격자연소
③ 심지식 연소
④ 증발식 연소

해설
①, ③, ④는 액체연료의 연소방식이다.

12 고체연료의 연소가스 관계식으로 옳은 것은?(단, G : 연소가스량, G_0 : 이론연소가스량, A : 실제공기량, A_0 : 이론공기량, a : 연소 생성 수증기량)

① $G_0 = A_0 + 1 - a$
② $G = G_0 - A + A_0$
③ $G = G_0 + A - A_0$
④ $G_0 = A_0 - 1 + a$

해설
고체연료의 연소가스 관계식
$G = G_0 + A - A_0$
여기서, G : 연소가스량 G_0 : 이론연소가스량
A : 실제공기량 A_0 : 이론공기량
a : 연소 생성 수증기량

13 백 필터(Bag-filter)에 대한 설명으로 틀린 것은?

① 여과면의 가스 유속은 미세한 더스트일수록 작게 한다.
② 더스트 부하가 클수록 집진율은 커진다.
③ 여포재에 더스트 일차 부착층이 형성되면 집진율은 낮아진다.
④ 백의 밑에서 가스백 내부로 송입하여 집진한다.

해설
여포재에 더스트 일차 부착층이 형성되면 집진율은 높아진다.

14 유압분무식 버너의 특징에 대한 설명으로 틀린 것은?

① 유량 조절범위가 좁다.
② 연소의 제어범위가 넓다.
③ 무화매체인 증기나 공기가 필요하지 않다.
④ 보일러 가동 중 버너 교환이 가능하다.

해설
유압분무식 버너는 연소의 제어범위가 좁다.

15 다음 중 배기가스와 접촉되는 보일러 전열면으로 증기나 압축공기를 직접 분사시켜서 보일러에 회분, 그을음 등 열전달을 막는 퇴적물을 청소하고 쌓이지 않도록 유지하는 설비는?

① 수트블로어
② 압입통풍시스템
③ 흡입통풍시스템
④ 평형통풍시스템

해설
매연분출장치(Soot Blower, 수트블로어) : 그을음(Soot) 제거기
• 로터리형 : 연도 등의 저온의 전열면에 주로 사용되는 수트블로어
• 롱리트랙터블형 : 삽입형으로 보일러의 고온 전열면 또는 과열기 등에 사용되고, 증기 및 공기를 동시에 분사시켜 취출작업을 하는 수트블로어

16 관성력 집진장치의 집진율을 높이는 방법이 아닌 것은?

① 방해판이 많을수록 집진효율이 우수하다.
② 충돌 직전 처리 가스 속도가 느릴수록 좋다.
③ 출구가스 속도가 느릴수록 미세한 입자가 제거된다.
④ 기류의 방향 전환각도가 작고, 전환 횟수가 많을수록 집진효율이 증가한다.

해설
관성력 집진장치의 집진율을 높이기 위해서는 충돌 직전 처리 가스 속도가 빠를수록 좋다.

17 보일러 연소장치에 과잉공기 10[%]가 필요한 연료를 완전연소할 경우 실제 건연소가스량[Nm³/kg]은 얼마인가?(단, 연료의 이론공기량 및 이론 건연소가스량은 각각 10.5, 9.9[Nm³/kg]이다)

① 12.03 ② 11.84
③ 10.95 ④ 9.98

해설
실제 건연소가스량
$G' = G_0' + (m-1)A_0 = 9.9 + (1.1-1) \times 10.5$
$\quad = 10.95 [\text{Nm}^3/\text{kg}]$

18 연소가스량 10[Nm³/kg], 연소가스의 정압비열 1.34[kJ/Nm³·℃]인 어떤 연료의 저위발열량이 27,200[kJ/kg]이었다면 이론연소온도[℃]는?(단, 연소용 공기 및 연료온도는 5[℃]이다)

① 1,000 ② 1,500
③ 2,000 ④ 2,500

해설
이론연소온도
$T_0 = \dfrac{H_L}{GC} + t = \dfrac{27,200}{10 \times 1.34} + 5 \approx 2,035[℃]$

여기서, H_L : 저위발열량
G : 배기가스량
C : 배기가스의 평균 비열
t : 기준온도

19 표준 상태인 공기 중에서 완전연소비로 아세틸렌이 함유되어 있을 때 이 혼합기체 1[L]당 발열량[kJ]은 얼마인가?(단, 아세틸렌의 발열량은 1,308[kJ/mol]이다)

① 4.1 ② 4.5
③ 5.1 ④ 5.5

해설
아세틸렌의 연소방정식 : $C_2H_2 + 2.5O_2 \rightarrow 2CO_2 + H_2O$

혼합기체 1[L]당 발열량 $= 1,308 \times \dfrac{1}{22.4} \times \dfrac{1}{1 + \dfrac{2.5}{0.21}} \approx 4.5[\text{kJ}]$

20 연소장치의 연소효율(E_C)식이 다음과 같을 때 H_2는 무엇을 의미하는가?(단, H_C : 연료의 발열량, H_1 : 연재 중의 미연탄소에 의한 손실이다)

$$E_C = \dfrac{H_C - H_1 - H_2}{H_C}$$

① 전열손실
② 현열손실
③ 연료의 저발열량
④ 불완전연소에 따른 손실

해설
연소효율 $\eta_c = \dfrac{H_c - H_1 - H_2}{H_c}$

여기서, H_c : 연료의 발열량
H_1 : 미연탄소에 의한 열손실
H_2 : 불완전연소에 따른 손실 또는 CO가스에 따른 손실

제2과목 | 열역학

21 이상기체를 가역 단열팽창시킨 후의 온도는?

① 처음 상태보다 낮게 된다.
② 처음 상태보다 높게 된다.
③ 변함이 없다.
④ 높을 때도 있고 낮을 때도 있다.

해설

$\dfrac{T_2}{T_1} = \left(\dfrac{V_1}{V_2}\right)^{k-1} = \left(\dfrac{P_2}{P_1}\right)^{\frac{k-1}{k}}$ 에서

$T_2 = T_1 \times \left(\dfrac{V_1}{V_2}\right)^{k-1} = T_1 \times \left(\dfrac{P_2}{P_1}\right)^{\frac{k-1}{k}}$ 이므로,

이상기체를 가역 단열팽창시킨 후의 온도는 처음 상태보다 낮아진다.

22 공기 100[kg]을 400[℃]에서 120[℃]로 냉각할 때 엔탈피[kJ] 변화는?(단, 일정 정압비열은 1.0[kJ/kg·K]이다)

① −24,000
② −26,000
③ −28,000
④ −30,000

해설

$\Delta H = 100 \times 1.0 \times (120 - 400) = -28,000$[kJ]

23 성능계수가 2.5인 증기압축 냉동 사이클에서 냉동용량이 4[kW]일 때 소요일은 몇 [kW]인가?

① 1   ② 1.6
③ 4   ④ 10

해설

성능계수 $COP = \dfrac{q_2}{W}$ 에서

소요일 $W = \dfrac{q_2}{COP} = \dfrac{4}{2.5} = 1.6$[kW]

24 열역학 제2법칙을 설명한 것이 아닌 것은?

① 사이클로 작동하면서 하나의 열원으로부터 열을 받아서 이 열을 전부 일로 바꾸는 것은 불가능하다.
② 에너지는 한 형태에서 다른 형태로 바뀔 뿐이다.
③ 제2종 영구기관을 만든다는 것은 불가능하다.
④ 주위에 아무런 변화를 남기지 않고 열을 저온의 열원으로부터 고온의 열원으로 전달하는 것은 불가능하다.

해설

'에너지는 한 형태에서 다른 형태로 바뀔 뿐이다.'는 열역학 제1법칙이다.

25 다음 중 터빈에서 증기의 일부를 배출하여 급수를 가열하는 증기 사이클은?

① 사바테 사이클   ② 재생 사이클
③ 재열 사이클   ④ 오토 사이클

해설

① 사바테 사이클 : 고속 디젤기관의 기본 사이클로 정적 사이클과 정압 사이클이 복합된 것이다.
③ 재열 사이클 : 랭킨 사이클에서 재열을 사용하면 열효율을 개선할 수 있는데, 이렇게 랭킨 사이클을 개선한 사이클을 재열 사이클이라고 한다.
④ 오토 사이클 : 열효율이 압축비만으로 결정되며 동적 사이클이라고 한다(단, 비열비는 일정).

26 80[℃]의 물 50[kg]과 20[℃]의 물 100[kg]을 혼합하면 이 혼합된 물의 온도는 약 몇 [℃]인가?(단, 물의 비열은 4.2[kJ/kg·K]이다)

① 33   ② 40
③ 45   ④ 50

해설

$\dfrac{80 \times 50 + 20 \times 100}{50 + 100} = 40$[℃]

27 랭킨 사이클에서 각 지점의 엔탈피가 다음과 같을 때 사이클의 효율은 약 몇 [%]인가?

- 펌프 입구 : 190[kJ/kg]
- 보일러 입구 : 200[kJ/kg]
- 터빈 입구 : 2,900[kJ/kg]
- 응축기 입구 : 2,000[kJ/kg]

① 25 ② 30
③ 33 ④ 37

해설
랭킨 사이클의 효율

$$\eta_R = \frac{Q_1 - Q_2}{Q_1} = \frac{(h_3 - h_2) - (h_4 - h_1)}{h_3 - h_2}$$

$$= \frac{(2,900 - 200) - (2,000 - 190)}{2,900 - 200} \simeq 0.33 = 33[\%]$$

(여기서, h_1 : 펌프 입구 비엔탈피, h_2 : 보일러 입구 비엔탈피, h_3 : 터빈 입구 비엔탈피, h_4 : 응축기 입구 비엔탈피)

28 냉동 사이클의 작동유체인 냉매의 구비조건으로 틀린 것은?

① 화학적으로 안정될 것
② 임계온도가 상온보다 충분히 높을 것
③ 응축압력이 가급적 높을 것
④ 증발잠열이 클 것

해설
냉동 사이클의 냉매는 응축압력이 낮아야 한다.

29 압력 500[kPa], 온도 240[℃]인 과열증기와 압력 500[kPa]의 포화수가 정상 상태로 흘러들어와 섞인 후 같은 압력의 포화증기 상태로 흘러나간다. 1[kg]의 과열증기에 대하여 필요한 포화수의 양은 약 몇 [kg]인가?(단, 과열증기의 엔탈피는 3,063[kJ/kg]이고, 포화수의 엔탈피는 636[kJ/kg], 증발열은 2,109[kJ/kg]이다)

① 0.15 ② 0.45
③ 1.12 ④ 1.45

해설
과열증기가 잃은 엔탈피와 포화수가 얻은 열량이 같을 때 포화증기가 된다.
- 과열증기가 잃은 엔탈피 = 3,063 − (636 + 2,109) = 318
- 포화수가 얻은 열량 = 2,109 × G_W

318 = 2,109 × G_W

∴ 포화수의 양 $G_W = \dfrac{318}{2,109} \simeq 0.15[kg]$

30 30[℃]에서 150[L]의 이상기체를 20[L]로 가역 단열압축시킬 때 온도가 230[℃]로 상승하였다. 이 기체의 정적 비열은 약 몇 [kJ/kg·K]인가?(단, 기체상수는 0.287 [kJ/kg·K]이다)

① 0.17 ② 0.24
③ 1.14 ④ 1.47

해설

$$T_2 = T_1 \times \left(\frac{V_1}{V_2}\right)^{k-1}$$

$$230 + 273 = (30 + 273) \times \left(\frac{150}{20}\right)^{k-1}$$

$k \simeq 1.25 = \dfrac{C_p}{C_v}$, $C_p = 1.25 C_v$

기체상수 $R = C_p - C_v = 0.287$

$0.287 = 1.25 C_v - C_v$

∴ $C_v = 1.148[kJ/kg \cdot K]$

31 증기에 대한 설명 중 틀린 것은?

① 포화액 1[kg]을 정압하에서 가열하여 포화증기로 만드는 데 필요한 열량을 증발잠열이라고 한다.
② 포화증기를 일정 체적하에서 압력을 상승시키면 과열증기가 된다.
③ 온도가 높아지면 내부에너지가 커진다.
④ 압력이 높아지면 증발잠열이 커진다.

해설
압력이 높아지면 증발잠열이 작아진다.

32 최고 온도 500[℃]와 최저 온도 30[℃] 사이에서 작동되는 열기관의 이론적 효율[%]은?

① 6
② 39
③ 61
④ 94

해설
열기관의 이론적 효율
$$\eta = \frac{T_1 - T_2}{T_1} = \frac{500 - 30}{500 + 273} \approx 0.61 = 61[\%]$$

33 비열이 $\alpha + \beta t + \gamma t^2$로 주어질 때, 온도가 t_1으로부터 t_2까지 변화할 때의 평균비열(C_m)의 식은? (단, α, β, γ는 상수이다)

① $C_m = \alpha + \frac{1}{2}\beta(t_2 + t_1) + \frac{1}{3}\gamma(t_2^2 + t_2 t_1 + t_1^2)$

② $C_m = \alpha + \frac{1}{2}\beta(t_2 - t_1) + \frac{1}{3}\gamma(t_2^2 + t_2 t_1 + t_1^2)$

③ $C_m = \alpha - \frac{1}{2}\beta(t_2 + t_1) + \frac{1}{3}\gamma(t_2^2 - t_2 t_1 - t_1^2)$

④ $C_m = \alpha - \frac{1}{2}\beta(t_2 + t_1) - \frac{1}{3}\gamma(t_2^2 + t_2 t_1 - t_1^2)$

해설
평균 비열
$$C_m = \frac{1}{t_2 - t_1} \int_1^2 C\,dt = \frac{1}{t_2 - t_1} \int_1^2 (\alpha + \beta t + \gamma t^2)\,dt$$
$$= \frac{1}{t_2 - t_1} \left[\alpha t + \frac{1}{2}\beta t^2 + \frac{1}{3}\gamma t^3\right]_{t_1}^{t_2}$$
$$= \frac{1}{t_2 - t_1} \left[\alpha(t_2 - t_1) + \frac{1}{2}\beta(t_2^2 - t_1^2) + \frac{1}{3}\gamma(t_2^3 - t_1^3)\right]$$
$$= \frac{1}{t_2 - t_1} \left[\alpha(t_2 - t_1) + \frac{1}{2}\beta(t_2 + t_1)(t_2 - t_1) + \frac{1}{3}\gamma(t_2 - t_1)(t_2^2 + t_2 t_1 + t_1^2)\right]$$
$$= \alpha + \frac{1}{2}\beta(t_2 + t_1) + \frac{1}{3}\gamma(t_2^2 + t_2 t_1 + t_1^2)$$

34 다음은 열역학 기본법칙을 설명한 것이다. 제0법칙, 제1법칙, 제2법칙, 제3법칙 순으로 옳게 나열된 것은?

> 가. 에너지보존에 관한 법칙이다.
> 나. 에너지의 전달 방향에 관한 법칙이다.
> 다. 절대온도 0[K]에서 완전 결정질의 절대 엔트로피는 0이다.
> 라. 시스템 A가 시스템 B와 열적 평형을 이루고 동시에 시스템 C와도 열적 평형을 이룰 때 시스템 B와 C의 온도는 동일하다.

① 가 - 나 - 다 - 라
② 라 - 가 - 나 - 다
③ 다 - 라 - 가 - 나
④ 나 - 가 - 라 - 다

해설
- 시스템 A가 시스템 B와 열적 평형을 이루고 동시에 시스템 C와도 열적 평형을 이룰 때 시스템 B와 C의 온도는 동일하다(열역학 제0법칙).
- 에너지보존에 관한 법칙이다(열역학 제1법칙).
- 에너지의 전달 방향에 관한 법칙이다(열역학 제2법칙).
- 절대온도 0[K]에서 완전 결정질의 절대 엔트로피는 0이다(열역학 제3법칙).

35 다음 그림은 물의 압력-체적 선도($P-V$)를 나타낸다. $A'ACBB'$ 곡선은 상들 사이의 경계를 나타내며, T_1, T_2, T_3는 물의 $P-V$ 관계를 나타내는 등온곡선들이다. 이 그림에서 점 C는 무엇을 의미하는가?

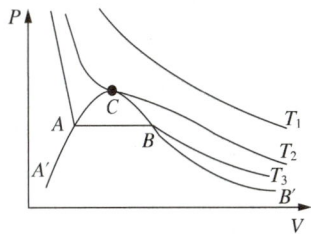

① 변곡점　　② 극대점
③ 삼중점　　④ 임계점

해설
C : 임계점(Critical Point)
- 고온·고압에서 포화액과 포화증기의 구분이 없어지는 상태이다.
- 액상과 기상이 평형 상태로 존재할 수 있는 최고 온도 및 최고 압력이다.
- 임계점에서는 액상과 기상을 구분할 수 없다.
- 물의 임계압력(P_c) : 22[MPa] = 225.65[ata = kg/cm²]
- 물의 임계온도(T_c) : 374.15[℃]
- 증발열 : 0
- 임계온도 이상에서는 순수한 기체를 아무리 압축시켜도 액화되지 않는다.

36 어떤 상태에서 질량이 반으로 줄면 강도성질(Intensive Property) 상태량의 값은?

① 반으로 줄어든다.
② 2배로 증가한다.
③ 4배로 증가한다.
④ 변하지 않는다.

해설
어떤 상태에서 질량이 반으로 줄면 강도성질은 변하지 않고, 종량성질은 반으로 줄어든다.

37 카르노 냉동 사이클의 설명 중 틀린 것은?

① 성능계수가 가장 좋다.
② 실제적인 냉동 사이클이다.
③ 카르노 열기관 사이클의 역이다.
④ 냉동 사이클의 기준이 된다.

해설
카르노 냉동 사이클은 실제적이지 않은 이상적인 냉동 사이클이다.

38 비열비는 1.3이고, 정압비열이 0.845[kJ/kg·K]인 기체의 기체상수[kJ/kg·K]는 얼마인가?

① 0.195
② 0.5
③ 0.845
④ 1.345

해설
비열비 $k = \dfrac{C_p}{C_v} = 1.3$, $C_v = \dfrac{C_p}{1.3}$

∴ 기체상수 $R = C_p - C_v$
$= C_p - \dfrac{C_p}{1.3} = \dfrac{0.3 C_p}{1.3} = \dfrac{0.3 \times 0.845}{1.3}$
$= 0.195 [kJ/kg \cdot K]$

39 오토 사이클에서 열효율이 56.5[%]가 되려면 압축비는 얼마인가?(단, 비열비는 1.4이다)

① 3
② 4
③ 8
④ 10

해설
오토 사이클의 열효율
$\eta_o = 1 - \left(\dfrac{1}{\varepsilon}\right)^{1.4-1} = 1 - \left(\dfrac{1}{\varepsilon}\right)^{0.4} = 0.565$

∴ $\varepsilon = \dfrac{1}{0.435^{2.5}} \simeq 8$

40 유체가 담겨 있는 밀폐계가 어떤 과정을 거칠 때 그 에너지식은 $\Delta U_{12} = Q_{12}$로 표현된다. 이 밀폐계와 관련된 일은 팽창일 또는 압축일뿐이라고 가정할 경우 이 계가 거쳐 간 과정에 해당하는 것은?(단, U는 내부에너지를, Q는 전달된 열량을 나타낸다)

① 등온과정
② 정압과정
③ 단열과정
④ 정적과정

해설
정적과정(Constant Volume Process) : 체적이 일정한 상태에서의 과정

- 압력, 부피, 온도 : $V = C$, $\dfrac{P_1}{T_1} = \dfrac{P_2}{T_2}$
- 절대일(비유동일) : $_1W_2 = \int PdV = 0$
- 공업일(유동일)
  $W_t = -\int VdP = V(P_1 - P_2) = mR(T_1 - T_2)$
- (가)열량 : $_1Q_2 = \Delta U$, $\delta q = du$
- 내부에너지 변화량 : $\Delta U = \Delta Q = mC_v \Delta T$
- 엔탈피 변화량 : $\Delta H = mC_p \Delta T$
- 엔트로피 변화량 : $\Delta S = mC_v \ln \dfrac{T_2}{T_1} = mC_v \ln \dfrac{P_2}{P_1}$

제3과목 | 계측방법

41 피드백 제어에 대한 설명으로 틀린 것은?

① 고액의 설비비가 요구된다.
② 운영하는 데 비교적 고도의 기술이 요구된다.
③ 일부 고장이 있어도 전체 생산에 영향을 미치지 않는다.
④ 수리가 비교적 어렵다.

해설
피드백 제어는 일부 고장이 있어도 전체 생산에 영향을 미친다.

42 가스의 상자성을 이용하여 만든 세라믹식 가스분석계는?

① O_2가스계
② CO_2가스계
③ SO_2가스계
④ 가스크로마토그래피

43 하겐-푸아죄유의 법칙을 이용한 점도계는?

① 세이볼트 점도계
② 낙구식 점도계
③ 스토머 점도계
④ 맥미첼 점도계

해설
- 하겐-푸아죄유 방정식(또는 원리)을 이용한 점도계 : 오스트발트 점도계, 세이볼트 점도계
- 스톡스 법칙을 이용한 점도계 : 낙구식 점도계
- 뉴턴의 점성법칙을 이용한 점도계 : 스토마 점도계, 맥미첼 점도계, 회전식 점도계, 모세관 점도계

44 적분동작(I동작)에 대한 설명으로 옳은 것은?

① 조작량이 동작신호의 값을 경계로 완전 개폐되는 동작
② 출력 변화가 편차의 제곱근에 반비례하는 동작
③ 출력 변화가 편차의 제곱근에 비례하는 동작
④ 출력 변화의 속도가 편차에 비례하는 동작

해설
I 동작(적분동작) : 제어량에 편차가 생겼을 경우 편차의 적분차를 가감해서 조작량의 이동속도가 비례하는 동작으로 유량압력제어에 가장 많이 사용되는 제어이다.
- 편차의 크기와 지속시간이 비례하는 동작이다.
- 잔류편차가 제거된다.
- 진동하는 경향이 있다.
- 제어 안정성이 떨어진다.

45 흡습염(염화리튬)을 이용하여 습도 측정을 위해 대기 중의 습도를 흡수하면 흡수체 표면에 포화용액층을 형성하게 되는데, 이 포화용액과 대기의 증기 평형을 이루는 온도를 측정하는 방법은?

① 흡습법
② 이슬점법
③ 건구습도계법
④ 습구습도계법

해설
이슬점법 : 흡습염(염화리튬)을 이용하여 습도 측정을 위해 대기 중의 습도를 흡수하면 흡수체 표면에 포화용액층이 형성되는데, 이 포화용액과 대기의 증기 평형을 이루는 온도를 측정하는 방법

46 실온 22[℃], 습도 45[%], 기압 765[mmHg]인 공기의 증기분압(P_w)은 약 몇 [mmHg]인가?(단, 공기의 가스 상수는 29.27[kg·m/kg·K], 22[℃]에서 포화압력(P_s)은 18.66[mmHg]이다)

① 4.1
② 8.4
③ 14.3
④ 20.7

해설
$P_w = 18.66 \times 0.45 \times \dfrac{765}{760} \simeq 8.45 [\text{mmHg}]$

정답 41 ③ 42 ① 43 ① 44 ④ 45 ② 46 ②

47 다음 계측기 중 열관리용에 사용되지 않는 것은?

① 유량계
② 온도계
③ 다이얼게이지
④ 부르동관 압력계

해설
다이얼 인디케이터라고도 하는 다이얼게이지는 비교측정기로, 열관리용 계측기로 사용되지 않는다.

48 압력을 측정하는 계기가 다음 그림과 같을 때 용기 안에 들어 있는 물질로 적절한 것은?

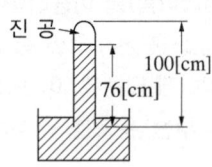

① 알코올   ② 물
③ 공기   ④ 수은

해설
높이가 76[cm]이므로 용기 안에 들어 있는 물질은 수은(Hg)이다.

49 다음에서 열전 온도계 종류가 아닌 것은?

① 철과 콘스탄탄을 이용한 것
② 백금과 백금·로듐을 이용한 것
③ 철과 알루미늄을 이용한 것
④ 동과 콘스탄탄을 이용한 것

해설
철과 알루미늄을 이용한 열전 온도계는 없다.

50 다음 중 계통오차(Systematic Error)가 아닌 것은?

① 계측기오차   ② 환경오차
③ 개인오차   ④ 우연오차

해설
우연오차는 비계통오차이다.

51 유량계에 대한 설명으로 틀린 것은?

① 플로트형 면적유량계는 정밀 측정이 어렵다.
② 플로트형 면적유량계는 고점도 유체에 사용하기 어렵다.
③ 플로 노즐식 교축유량계는 고압유체의 유량 측정에 적합하다.
④ 플로 노즐식 교축유량계는 노즐의 교축을 완만하게 하여 압력손실을 줄인 것이다.

해설
플로트형 면적유량계는 고점도 유체에 사용하기 용이하다.

52 다음 중 광고온계의 측정원리는?

① 열에 의한 금속팽창을 이용하여 측정
② 이종금속 접합점의 온도차에 따른 열기전력을 측정
③ 피측정물의 전파장의 복사에너지를 열전대로 측정
④ 피측정물의 휘도와 전구의 휘도를 비교하여 측정

해설
광고온계의 측정원리는 피측정물의 휘도와 전구의 휘도를 비교하여 측정하는 것이다. 열원으로부터 방사되는 가시광선 중 특정한 파장(0.65μ의 적색 단파장)의 빛과 기기 내의 표준열원으로부터 나오는 같은 파장의 빛의 강도를 비교함으로써 온도를 측정할 수 있다. 그러나 같은 온도라도 열원이 다른 물질이면 방사율이 달라져서 방사되어 나오는 빛의 파장의 분포와 강도가 달라지므로 이에 대한 보정이 필요하다.

53 전기저항 온도계의 특징에 대한 설명으로 틀린 것은?

① 자동 기록이 가능하다.
② 원격 측정이 용이하다.
③ 1,000[℃] 이상의 고온 측정에서 특히 정확하다.
④ 온도가 상승함에 따라 금속의 전기저항이 증가하는 현상을 이용한 것이다.

해설
전기저항 온도계로 1,000[℃] 이상의 고온 측정은 불가능하다. 최고 500[℃]까지만 측정이 가능하다.

54 다음 중 자동조작장치로 쓰이지 않는 것은?

① 전자개폐기
② 안전밸브
③ 전동밸브
④ 댐 퍼

55 액주식 압력계에서 액주에 사용되는 액체의 구비조건으로 틀린 것은?

① 모세관현상이 클 것
② 점도나 팽창계수가 작을 것
③ 항상 액면을 수평으로 만들 것
④ 증기에 의한 밀도 변화가 되도록 작을 것

해설
액주식 압력계에서 액주에 사용되는 액체는 모세관현상이 작아야 한다.

56 다음 중 물리적 가스분석계와 거리가 먼 것은?

① 가스크로마토그래프법
② 자동 오르자트법
③ 세라믹식
④ 적외선 흡수식

해설
자동 오르자트법은 화학적 가스분석계의 한 방법으로 사용된다.

57 다음 중 탄성압력계의 탄성체가 아닌 것은?

① 벨로스
② 다이어프램
③ 리퀴드 벌브
④ 부르동관

해설
탄성압력계의 탄성체로 벨로스, 다이어프램, 부르동관 등이 사용된다.

58 초음파 유량계의 특징이 아닌 것은?

① 압력손실이 없다.
② 대유량 측정용으로 적합하다.
③ 비전도성 액체의 유량 측정이 가능하다.
④ 미소기전력을 증폭하는 증폭기가 필요하다.

해설
초음파 유량계는 미소기전력을 증폭하는 증폭기가 필요하지 않다.

정답 53 ③ 54 ② 55 ① 56 ② 57 ③ 58 ④

59 차압식 유량계에서 압력차가 처음보다 4배 커지고, 관의 지름이 $\frac{1}{2}$로 되었다면 나중 유량(Q_2)과 처음 유량(Q_1)의 관계를 옳게 나타낸 것은?

① $Q_2 = 0.71 \times Q_1$
② $Q_2 = 0.5 \times Q_1$
③ $Q_2 = 0.35 \times Q_1$
④ $Q_2 = 0.25 \times Q_1$

해설

유량 $Q = \gamma A v = k\sqrt{2g\Delta P/\gamma}$

- $Q_1 = k\sqrt{2g\Delta P/\gamma}$ 이며, 압력차의 변화에 따라
  $Q_2 = k\sqrt{2g4\Delta P/\gamma} = 2(k\sqrt{2g\Delta P/\gamma}) = 2Q_1$
- $Q_1 = \gamma A v$이며, 지름의 변화에 따라 $Q_2 = \gamma \frac{1}{4} A v = \frac{1}{4} Q_1$

따라서 압력차와 지름의 변화에 따라 $Q_2 = \frac{2}{4} Q_1 = 0.5 Q_1$

60 방사고온계로 물체의 온도를 측정하니 1,000[℃]였다. 전방사율이 0.7이면 진온도는 약 몇 [℃]인가?

① 1,119   ② 1,196
③ 1,284   ④ 1,392

해설

진온도 $= \dfrac{1,000 + 273}{0.7^{1/4}} \simeq 1,392[K] \simeq 1,119[℃]$

제4과목 | 열설비재료 및 관계법규

61 매끈한 원관 속을 흐르는 유체의 레이놀즈수가 1,800일 때의 관마찰계수는?

① 0.013   ② 0.015
③ 0.036   ④ 0.053

해설

관마찰계수 $f = \dfrac{64}{R_e} = \dfrac{64}{1,800} \simeq 0.036$

62 사용압력이 비교적 낮은 증기, 물 등의 유체수송관에 사용하며, 백관과 흑관으로 구분되는 강관은?

① SPP   ② SPPH
③ SPPY   ④ SPA

해설

- SPP(Steel Pipe Piping, 일반배관용 탄소강관) : 350[℃] 이하에서 사용압력 10[kg/cm²] 이하인 저압의 관(증기, 물 등의 유체수송관)에 사용하며 백관과 흑관으로 구분되는 강관으로 가스관이라고도 한다.
- SPPH(Steel Pipe for Pressure High, 고압배관용 탄소강관) : 350[℃] 이하, 100[kg/cm²](= 9.8[N/mm²]) 이상의 압력범위에 사용이 가능하며 NH₃ 합성용 배관, 화학공업의 고압유체 수송용에 사용한다.
- SPPS(Steel Pope Pressure Service, 압력배관용 탄소강관) : 350[℃] 이하에서 사용압력 9.8[N/mm²] 이하인 압력배관용 강관이다.
- SPA(Steel Pipe Alloy, 배관용 합금강관) : 주로 고온도의 배관에 사용되는 합금강관이다.

63 축요(築窯) 시 가장 중요한 것은 적합한 지반(地盤)을 고르는 것이다. 다음 중 지반의 적부시험으로 틀린 것은?

① 지내력시험   ② 토질시험
③ 팽창시험   ④ 지하탐사

해설

축요 시 지반의 적부시험 : 지내력시험, 토질시험, 지하탐사

64 밸브의 몸통이 둥근 달걀형 밸브로서, 유체의 압력 감소가 크므로 압력이 필요로 하지 않을 경우나 유량 조절용이나 차단용으로 적합한 밸브는?

① 글로브밸브
② 체크밸브
③ 버터플라이밸브
④ 슬루스밸브

해설
② 체크밸브 : 역류방지밸브
③ 버터플라이 밸브 : 원판형 디스크가 축을 중심으로 90° 회전(Quater Turn)하여 관로를 개폐하는 구조의 밸브
④ 슬루스밸브 : 게이트밸브라고도 하며, 디스크가 배관의 횡단면과 평행하게 상하로 이동하면서 개폐되는 밸브

65 에너지이용합리화법에 따라 산업통상자원부장관은 에너지 사정 등의 변동으로 에너지 수급에 중대한 차질이 발생할 우려가 있다고 인정되면 필요한 범위에서 에너지 사용자, 공급자 등에게 조정·명령 그 밖에 필요한 조치를 할 수 있다. 이에 해당되지 않는 항목은?

① 에너지의 개발
② 지역별, 주요 수급자별 에너지 할당
③ 에너지의 비축
④ 에너지의 배급

해설
수급 안정을 위한 조치사항(조정·명령, 그 밖에 필요한 조치)
• 지역별, 주요 수급자별 에너지 할당
• 에너지공급설비의 가동 및 조업
• 에너지의 비축과 저장
• 에너지의 도입·수출입 및 위탁가공
• 에너지공급자 상호 간의 에너지의 교환 또는 분배 사용
• 에너지의 유통시설과 그 사용 및 유통경로
• 에너지의 배급
• 에너지의 양도·양수의 제한 또는 금지

66 에너지이용합리화법상 온수 발생용량이 0.5815[MW]를 초과하며 10[t/h] 이하인 보일러에 대한 검사대상기기관리자의 자격으로 모두 고른 것은?

ㄱ. 에너지관리기능장
ㄴ. 에너지관리기사
ㄷ. 에너지관리산업기사
ㄹ. 에너지관리기능사
ㅁ. 인정검사대상기기관리자의 교육을 이수한 자

① ㄱ, ㄴ
② ㄱ, ㄴ, ㄷ
③ ㄱ, ㄴ, ㄷ, ㄹ
④ ㄱ, ㄴ, ㄷ, ㄹ, ㅁ

해설
검사대상기기관리자의 자격 및 관리범위

관리자의 자격	관리범위
에너지관리기능장 또는 에너지관리기사	용량이 30[t/h]를 초과하는 보일러
에너지관리기능장, 에너지관리기사 또는 에너지관리산업기사	용량이 10[t/h]를 초과하고 30[t/h] 이하인 보일러
에너지관리기능장, 에너지관리기사, 에너지관리산업기사 또는 에너지관리기능사	용량이 10[t/h] 이하인 보일러
에너지관리기능장, 에너지관리기사, 에너지관리산업기사, 에너지관리기능사 또는 인정검사대상기기관리자의 교육을 이수한 자	1. 증기보일러로서 최고사용압력이 1[MPa] 이하이고, 전열면적이 10[m²] 이하인 것 2. 온수발생 및 열매체를 가열하는 보일러로서 용량이 581.5[kW] 이하인 것 3. 압력용기

67 다음 중 내화 모르타르의 분류에 속하지 않는 것은?

① 열경성
② 화경성
③ 기경성
④ 수경성

해설
내화 모르타르의 분류
• 열경성 : 고온에서 세라믹 본드에 의해 경화하는 내화 모르타르
• 기경성 : 상온에서 화학결합제 의해 경화하는 내화 모르타르
• 수경성 : 수경성이 있는 시멘트를 결합제로 사용하여 시멘트의 수화반응에 의해 강도를 부여하는 모르타르

정답 64 ① 65 ① 66 ③ 67 ②

68 염기성 슬래그나 용융금속에 대한 내침식성이 크므로 염기성 제강로의 노재로 주로 사용되는 내화벽돌은?

① 마그네시아질   ② 규석질
③ 샤모트질   ④ 알루미나질

해설
② 규석질 내화벽돌 : 주성분은 SiO_2(실리카)이며 내화도가 높다 (SK31~34, 1,690~1,750[℃]). 용융점 부근까지 하중에 견디며, 하중 연화온도가 높고 온도 변화가 작다.
③ 샤모트질 내화벽돌 : 카올린을 미리 SK10~14 정도로 1차 소성하여 탈수 후 분쇄한 것으로서, 고온에서 광물상을 안정화한 산성 내화물이며 주성분은 Al_2O_3, $2SiO_2$, $2H_2O$ 등이다.
④ 알루미나질 내화벽돌 : 급열·급랭에 대한 저항성, 내화도, 하중연화온도, 내식성, 내마모성이 크고 고온에서 부피 변화가 작다.

69 에너지법에서 정한 용어의 정의에 대한 설명으로 틀린 것은?

① 에너지란 연료·열 및 전기를 말한다.
② 연료란 석유·가스·석탄, 그 밖에 열을 발생하는 열원을 말한다.
③ 에너지사용자란 에너지를 전환하여 사용하는 자를 말한다.
④ 에너지사용기자재란 열사용기자재나 그 밖에 에너지를 사용하는 기자재를 말한다.

해설
에너지사용자 : 에너지사용시설의 소유자 또는 관리자

70 에너지이용합리화법에서 정한 열사용기자재의 적용범위로 옳은 것은?

① 전열면적이 $20[m^2]$ 이하인 소형 온수 보일러
② 정격소비전력이 50[kW] 이하인 축열식 전기 보일러
③ 1종 압력용기로서 최고 사용압력[MPa]과 부피 $[m^3]$를 곱한 수치가 0.01을 초과하는 것
④ 2종 압력용기로서 최고 사용압력이 0.2[MPa]를 초과하는 기체를 그 안에 보유하는 용기로서 내부 부피가 $0.04[m^3]$ 이상인 것

해설
① 전열면적이 $14[m^2]$ 이하이고, 최고 사용압력이 0.35[MPa] 이하의 온수를 발생하는 소형 온수 보일러
② 정격소비전력이 30[kW] 이하이고, 최고 사용압력이 0.35[MPa] 이하인 축열식 전기 보일러
③ 1종 압력용기로서 최고 사용압력[MPa]과 부피$[m^3]$를 곱한 수치가 0.004를 초과하는 것

71 에너지이용합리화법에서 정한 에너지저장시설의 보유 또는 저장의무의 부과 시 정당한 이유 없이 이를 거부하거나 이행하지 아니한 자에 대한 벌칙 기준은?

① 500만원 이하의 벌금
② 1천만원 이하의 벌금
③ 1년 이하의 징역 또는 1천만원 이하의 벌금
④ 2년 이하의 징역 또는 2천만원 이하의 벌금

해설
2년 이하의 징역 또는 2천만원 이하의 벌금
• 에너지저장시설의 보유 또는 저장의무의 부과 시 정당한 이유 없이 이를 거부하거나 이행하지 아니한 자
• 조정·명령 등의 조치를 위반한 자
• 직무상 알게 된 비밀을 누설하거나 도용한 자

72 에너지이용합리화법에 따라 검사대상기기 검사 중 개조검사의 적용대상이 아닌 것은?

① 온수 보일러를 증기 보일러로 개조하는 경우
② 보일러 섹션의 증감에 의하여 용량을 변경하는 경우
③ 동체·경판·광판·관모음 또는 스테이의 변경으로서 산업통상자원부장관이 정하여 고시하는 대수리의 경우
④ 연료 또는 연소방법을 변경하는 경우

해설
증기 보일러를 온수 보일러로 개조하는 경우 개조검사의 적용대상이 된다.

73 에너지이용합리화법상 특정열사용기자재 및 설치·시공범위에 해당하지 않는 품목은?

① 압력용기
② 태양열집열기
③ 태양광 발전장치
④ 금속요로

해설
특정열사용기자재 및 설치·시공범위

구 분	품목명	설치·시공범위
보일러	강철제 보일러, 주철제 보일러, 온수 보일러, 구멍탄용 온수 보일러, 축열식 전기 보일러, 캐스케이드 보일러, 가정용 화목보일러	해당 기기의 설치·배관 및 세관
태양열집열기		
압력용기	1종 압력용기, 2종 압력용기	
요업요로	연속식 유리용융가마, 불연속식 유리용융가마, 유리용융 도가니가마, 터널가마, 도염식 가마, 셔틀가마, 석회용선가마	해당 기기의 설치를 위한 시공
금속요로	용선로, 비철금속용융로, 금속소둔로, 철금속가열로, 금속균열로	

74 에너지이용합리화법상 검사대상기기설치자가 해당 기기의 검사를 받지 않고 사용하였을 경우 벌칙 기준으로 옳은 것은?

① 2년 이하의 징역 또는 2천만원 이하의 벌금
② 1년 이하의 징역 또는 1천만원 이하의 벌금
③ 2천만원 이하의 과태료
④ 1천만원 이하의 과태료

해설
1년 이하의 징역 또는 1천만원 이하의 벌금
• 검사대상기기의 검사를 받지 아니한 자
• 검사에 불합격된 검사대상기기를 사용한 자
• 검사에 불합격된 검사대상기기를 수입한 자

75 에너지이용합리화법상 공공사업주관자는 에너지사용계획을 수립하여 산업통상자원부장관에게 제출하여야 한다. 공공사업주관자가 설치하려는 시설 기준으로 옳은 것은?

① 연간 2,500[TOE] 이상의 연료 및 열을 사용 또는 연간 2천만[kWh] 이상의 전력을 사용
② 연간 2,500[TOE] 이상의 연료 및 열을 사용 또는 연간 1천만[kWh] 이상의 전력을 사용
③ 연간 5,000[TOE] 이상의 연료 및 열을 사용 또는 연간 2천만[kWh] 이상의 전력을 사용
④ 연간 5,000[TOE] 이상의 연료 및 열을 사용 또는 연간 1천만[kWh] 이상의 전력을 사용

해설
공공사업주관자가 설치하려는 시설 기준 : 연간 2,500[TOE] 이상의 연료 및 열 사용 또는 연간 1천만[kWh] 이상의 전력 사용

정답 72 ① 73 ③ 74 ② 75 ②

76 에너지법에서 정한 열사용기자재의 정의에 대한 내용이 아닌 것은?

① 연료를 사용하는 기기
② 열을 사용하는 기기
③ 단열성 자재 및 축열식 전기기기
④ 폐열회수장치 및 전열장치

해설
열사용기자재 : 연료 및 열을 사용하는 기기, 축열식 전기기기와 단열성 자재로서 산업통상자원부령으로 정하는 것

77 공업용 노에 있어서 폐열회수장치로 가장 적합한 것은?

① 댐 퍼
② 백필터
③ 바이패스 연도
④ 리큐퍼레이터

해설
리큐퍼레이터(환열기) : 공업용 노에 있어서 폐열회수장치로 가장 적합한 장치이며 연도측 가까이 설치한다.

78 다음 중 산성 내화물에 속하는 벽돌은?

① 고알루미나질
② 크롬 – 마그네시아질
③ 마그네시아질
④ 샤모트질

해설
① 고알루미나질 : 중성 내화물
② 크롬 – 마그네시아질 : 염기성 내화물
③ 마그네시아질 : 염기성 내화물

79 보온재의 열전도율에 대한 설명으로 옳은 것은?

① 배관 내 유체의 온도가 높을수록 열전도율은 감소한다.
② 재질 내 수분이 많을 경우 열전도율은 감소한다.
③ 비중이 클수록 열전도율은 감소한다.
④ 밀도가 작을수록 열전도율은 감소한다.

해설
① 배관 내 유체의 온도가 낮을수록 열전도율은 감소한다.
② 재질 내 수분이 적을 경우 열전도율은 감소한다.
③ 비중이 작을수록 열전도율은 감소한다.

80 다음 중 불연속식 요에 해당하지 않는 것은?

① 횡염식 요
② 승염식 요
③ 터널요
④ 도염식 요

해설
터널요는 연속식 노에 해당된다.

제5과목 | 열설비설계

81 입형 횡관 보일러의 안전저수위로 가장 적당한 것은?

① 하부에서 75[mm] 지점
② 횡관 전 길이의 1/3 높이
③ 화격자 하부에서 100[mm] 지점
④ 화실 천장판에서 상부 75[mm] 지점

해설
① 입형 횡관 보일러 : 상부에서 75[mm] 지점
② 입형 연관 보일러 : 연관 전 길이의 1/3 높이
③ 코크란 보일러 : 상부 연관에서 75[mm] 지점

82 보일러 급수 중에 함유되어 있는 칼슘(Ca) 및 마그네슘(Mg)의 농도를 나타내는 척도는?

① 탁 도
② 경 도
③ BOD
④ pH

해설
• 경도 : 보일러 급수 중에 함유되어 있는 칼슘(Ca) 및 마그네슘(Mg)의 농도를 나타내는 척도이다.
• 탁도 : 카올린 1[mg]이 증류수 1[L] 속에 들어 있을 때의 색과 같은 색을 가지는 물을 탁도 1도의 물이라고 한다.

83 보일러 운전 중 경판의 적절한 탄성을 유지하기 위한 완충폭을 무엇이라고 하는가?

① 아담슨 조인트
② 브레이징 스페이스
③ 용접 간격
④ 그루빙

해설
브리싱 스페이스(Breathing Space) : 노통의 신축호흡거리(노통 보일러에 경판 부착 시 거싯 스테이의 하단과 노통 상단 사이의 거리)로 경판의 탄성(강도)을 높이기 위한 완충폭의 역할을 한다.

84 보일러 장치에 대한 설명으로 틀린 것은?

① 절탄기는 연료 공급을 적당히 분배하여 완전연소를 위한 장치이다.
② 공기예열기는 연소가스의 예열로 공급 공기를 가열시키는 장치이다.
③ 과열기는 포화증기를 가열시키는 장치이다.
④ 재열기는 원동기에서 팽창한 포화증기를 재가열시키는 장치이다.

해설
절탄기는 보일러에서 배출되는 가스를 이용하여 급수를 가열하는 장치이다.

85 보일러수의 처리방법 중 탈기장치가 아닌 것은?

① 가압 탈기장치
② 가열 탈기장치
③ 진공 탈기장치
④ 막식 탈기장치

해설
가압하면 오히려 공기가 녹아 들어가므로 탈기장치의 종류에 가압 탈기장치는 없다.

86 보일러의 과열 방지대책으로 가장 거리가 먼 것은?

① 보일러 수위를 낮게 유지할 것
② 고열 부분에 스케일 슬러지 부착을 방지할 것
③ 보일러수를 농축하지 말 것
④ 보일러수의 순환을 좋게 할 것

해설
보일러의 과열을 방지하기 위해서는 보일러 수위를 높게 유지해야 한다.

정답 81 ④ 82 ② 83 ② 84 ① 85 ① 86 ①

87 최고 사용압력이 3.0[MPa] 초과 5.0[MPa] 이하인 수관보일러의 급수 수질기준에 해당하는 것은?(단, 25[℃]를 기준으로 한다)

① pH : 7~9, 경도 : 0mg CaCO₃/L
② pH : 7~9, 경도 : 1mg CaCO₃/L 이하
③ pH : 8~9.5, 경도 : 0mg CaCO₃/L
④ pH : 8~9.5, 경도 : 1mg CaCO₃/L 이하

해설
25[℃] 기준의 최고 사용압력이 3.0[MPa] 초과 5.0[MPa] 이하인 수관보일러의 급수 수질기준은 pH 8~9.5, 경도 0mg CaCO₃/L 이다.

88 다음 중 보일러 본체의 구조가 아닌 것은?

① 노 통   ② 노 벽
③ 수 관   ④ 절탄기

해설
보일러 본체의 구조 : 노통, 노벽, 수관 등

89 보일러 수압시험에서 시험수압은 규정된 압력의 몇 [%] 이상 초과하지 않도록 하여야 하는가?

① 3[%]   ② 6[%]
③ 9[%]   ④ 12[%]

90 평형 노통과 비교한 파형 노통의 장점이 아닌 것은?

① 청소 및 검사가 용이하다.
② 고열에 의한 신축과 팽창이 용이하다.
③ 전열면적이 크다.
④ 외압에 대한 강도가 크다.

해설
파형 노통은 청소 및 검사가 용이하지 않다(단점).

91 내부로부터 155[mm], 97[mm], 224[mm]의 두께를 가지는 3층의 노벽이 있다. 이들의 열전도율[W/m·℃]은 각각 0.121, 0.069, 1.21이다. 내부의 온도 710[℃], 외벽의 온도 23[℃]일 때 1[m²]당 열손실량[W/m²]은?

① 58   ② 120
③ 239   ④ 564

해설
$$\text{열손실량} = \frac{710 - 23}{\frac{0.155}{0.121} + \frac{0.097}{0.069} + \frac{0.224}{1.21}} \approx 239[W/m^2]$$

92 다음 중 수관식 보일러의 장점이 아닌 것은?

① 드럼이 작아 구조상 고온·고압의 대용량에 적합하다.
② 연소실 설계가 자유롭고, 연료의 선택범위가 넓다.
③ 보일러수의 순환이 좋고, 전열면 증발률이 크다.
④ 보유 수량이 많아 부하변동에 대하여 압력변동이 작다.

해설
수관식 보일러는 보유 수량이 적어 부하변동에 대하여 압력변동이 크다.

93 다음 중 보일러의 탈산소제로 사용되지 않는 것은?

① 타 닌
② 하이드라진
③ 수산화나트륨
④ 아황산나트륨

해설
수산화나트륨은 보일러의 탈산소제로 부적합하다. 수산화나트륨은 물에 녹아서 강염기성의 수용액을 만든다.

94 외경과 내경이 각각 6[cm], 4[cm]이고, 길이가 2[m]인 강관이 두께 2[cm]인 단열재로 둘러싸여 있다. 이때 관으로부터 주위 공기로의 열손실이 400[W]라고 하면 관 내벽과 단열재 외면의 온도차는?(단, 주어진 강관과 단열재의 열전도율은 각각 15[W/m·℃], 0.2[W/m·℃]이다)

① 53.5[℃]   ② 82.2[℃]
③ 120.6[℃] ④ 155.6[℃]

해설
$$\frac{\Delta T}{\sum \frac{\ln(r_2/r_1)}{2\pi Lk}} = 400$$

$$\frac{\Delta T}{\frac{\ln(3/2)}{2\pi \times 2 \times 15} + \frac{\ln(5/3)}{2\pi \times 2 \times 0.2}} = 400$$

$\Delta T \simeq 82.2[℃]$

95 보일러의 과열에 의한 압궤의 발생 부분이 아닌 것은?

① 노통 상부   ② 화실 천장
③ 연 관   ④ 거싯 스테이

해설
보일러의 과열에 의한 압궤의 발생 가능 부분 : 노통 상부, 화실 천장, 연관 등

96 보일러의 성능시험방법 및 기준에 대한 설명으로 옳은 것은?

① 증기건도의 기준은 강철제 또는 주철제로 나누어 정해져 있다.
② 측정은 매 1시간마다 실시한다.
③ 수위는 최초 측정치에 비해서 최종 측정치가 적어야 한다.
④ 측정 기록 및 계산 양식은 제조사에서 정해진 것을 사용한다.

해설
증기건도 측정은 매 10분마다 실시하며 강철제 또는 주철제로 구분하여 강철제 0.98, 주철제 0.97로 정해져 있다.

97 보일러 설치·시공 기준상 보일러를 옥내에 설치하는 경우에 대한 설명으로 틀린 것은?

① 불연성 물질의 격벽으로 구분된 장소에 설치한다.
② 보일러 동체 최상부로부터 천장, 배관 등 보일러 상부에 있는 구조물까지의 거리는 0.3[m] 이상으로 한다.
③ 연도의 외측으로부터 0.3[m] 이내에 있는 가연성 물체에 대하여는 금속 이외의 불연성 재료로 피복한다.
④ 연료를 저장할 때에는 소형 보일러의 경우 보일러 외측으로부터 1[m] 이상 거리를 두거나 반격벽으로 할 수 있다.

해설
보일러 동체 최상부로부터 천장, 배관 등 보일러 상부에 있는 구조물까지의 거리는 대형 보일러는 1.2[m] 이상, 소형 보일러는 0.6[m] 이상으로 한다.

정답 93 ③ 94 ② 95 ④ 96 ① 97 ②

98 보일러에 설치된 기수분리기에 대한 설명으로 틀린 것은?

① 발생된 증기 중에서 수분을 제거하고 건포화증기에 가까운 증기를 사용하기 위한 장치이다.
② 증기부의 체적이나 높이가 작고 수면의 면적이 증발량에 비해 작은 때는 기수공발이 일어날 수 있다.
③ 압력이 비교적 낮은 보일러의 경우는 압력이 높은 보일러보다 증기와 물의 비중량 차이가 극히 작아 기수분리가 어렵다.
④ 사용원리는 원심력을 이용한 것, 스크러버를 지나게 하는 것, 스크린을 사용하는 것 또는 이들의 조합을 이루는 것 등이 있다.

해설
비교적 압력이 낮은 보일러는 압력이 높은 보일러보다 증기와 물의 비중량 차이가 커서 기수분리가 용이하다.

99 안지름이 30[mm], 두께가 2.5[mm]인 절탄기용 주철관의 최소 분출압력[MPa]은?(단, 재료의 허용인장응력은 80[MPa]이고 핀 붙이를 하였다)

① 0.92　　② 1.14
③ 1.31　　④ 2.61

해설
절탄기용 주철관의 최소 두께(t)
$$t = \frac{PD}{2\sigma_a - 1.2P} + C = 2.5 = \frac{P \times 30}{2 \times 80 - 1.2P} + 2$$
∴ 분출압력 $P \approx 2.61[MPa]$

100 외경 30[mm]의 철관에 두께 15[mm]의 보온재를 감은 증기관이 있다. 관 표면의 온도가 100[℃], 보온재의 표면온도가 20[℃]인 경우 관의 길이 15[m]인 관의 표면으로부터의 열손실[W]은?(단, 보온재의 열전도율은 0.06[W/m·℃]이다)

① 312　　② 464
③ 542　　④ 653

해설
원형관 열전도 열손실
$$Q = \frac{2\pi kL(t_1 - t_2)}{\ln(r_2/r_1)} = \frac{2\pi \times 0.06 \times 15 \times (100-20)}{\ln(0.03/0.015)} \approx 653[W]$$

2020년 제3회 과년도 기출문제

제1과목 | 연소공학

01 링겔만농도표는 어떤 목적으로 사용되는가?
① 연돌에서 배출되는 매연농도 측정
② 보일러수의 pH 측정
③ 연소가스 중의 탄산가스 농도 측정
④ 연소가스 중의 SO_x 농도 측정

02 연소가스를 분석한 결과 CO_2 : 12.5[%], O_2 : 3.0% 일 때, CO_{2max}[%]는?(단, 해당 연소가스에 CO는 없는 것으로 가정한다)
① 12.62 ② 13.45
③ 14.58 ④ 15.03

해설
$$CO_{2max} = \frac{21 \times CO_2[\%]}{21 - O_2[\%]} = \frac{21 \times 12.5}{21 - 3.0} \simeq 14.58[\%]$$

03 화염온도를 높이려고 할 때 조작방법으로 틀린 것은?
① 공기를 예열한다.
② 과잉공기를 사용한다.
③ 연료를 완전연소시킨다.
④ 노 벽 등의 열손실을 막는다.

해설
화염온도를 높이려고 할 때 조작방법
• 공기를 예열한다.
• 연료를 완전연소시킨다.
• 노 벽 등의 열손실을 막는다.
• 과잉공기를 적게 공급한다.
• 발열량이 높은 연료를 사용한다.

04 일반적인 정상연소의 연소속도를 결정하는 요인으로 가장 거리가 먼 것은?
① 산소농도
② 이론공기량
③ 반응온도
④ 촉 매

해설
연소속도에 영향을 미치는 인자 : 연료(가연물) 종류, 산화성 물질 종류, 산소농도, 가연물과 산화성 물질의 혼합비율, 촉매, 연료의 밀도 · 비열(작을수록 연소속도 증가), 연료의 열전도율 · 화염온도 · 연소온도(반응온도) · 압력(크거나 높을수록 연소속도 증가)

05 다음과 같은 조성의 석탄가스를 연소시켰을 때의 이론 습연소가스량[Nm^3/Nm^3]은?

성 분	CO	CO_2	H_2	CH_4	N_2
부피[%]	8	1	50	37	4

① 2.94 ② 3.94
③ 4.61 ④ 5.61

해설
$A_0 = \frac{1}{0.21}\Sigma$(각 단위가스의 필요산소량)
$= \left(\frac{1}{0.21}\right)\left\{\frac{CO}{2} + \frac{H_2}{2} + \Sigma\left(m + \frac{n}{4}\right)C_mH_n - O_2\right\}$
$= \frac{0.5 \times 0.08 + 0.5 \times 0.5 + 2 \times 0.37 - 0}{0.21} \simeq 4.9[Nm^3/Nm^3]$
$G = (m - 0.21)A_0 + CO + H_2 + \Sigma(m + n/2)C_mH_n + (N_2 + CO_2 + H_2O)$
$= 0.79 \times 4.9 + 0.08 + 0.5 + 3 \times 0.37 + 0.04 + 0.01$
$\simeq 5.61[Nm^3/Nm^3]$

정답 1 ① 2 ③ 3 ② 4 ② 5 ④

06 다음 연소가스의 성분 중 대기오염물질이 아닌 것은?

① 입자상 물질
② 이산화탄소
③ 황산화물
④ 질소산화물

해설
연소가스의 성분 중 대기오염물질 : 입자상 물질(매연, 검댕, 먼지, 안개, 훈연 등과 중금속류의 미립자), 황산화물, 질소산화물, 일산화탄소, 탄화수소 등

07 옥탄(C_8H_{18})이 과잉공기율 2로 연소 시 연소가스 중의 산소 부피비[%]는?

① 6.4
② 10.1
③ 12.9
④ 20.2

해설
옥탄의 연소방정식 : $C_8H_{18} + 12.5O_2 \rightarrow 8CO_2 + 9H_2O$

- 이론공기량 $A_0 = \dfrac{O_0}{0.21} = \dfrac{12.5}{0.21} \approx 59.52 [m^3/Sm^3]$
- 이론배기가스량 $G_0 = (1-0.21) \times 59.52 + (8+9)$
  $\approx 64 [m^3/Sm^3]$
- 실제배기가스량 $G = G_0 + (m-1)A_0 = 64 + (2-1) \times 59.52$
  $\approx 123.52 [m^3/Sm^3]$

∴ 산소의 몰분율 $M = \dfrac{0.21(m-1)A_0}{G}$
$= \dfrac{0.21 \times (2-1) \times 59.52}{123.52}$
≈ 0.1012

연소가스 중의 산소 부피비[%]는 약 10.1[%]이다.

08 C_2H_6 1[Nm^3]을 연소했을 때의 건연소가스량[Nm^3]은?(단, 공기 중 산소의 부피비는 21[%]이다)

① 4.5
② 15.2
③ 18.1
④ 22.4

해설
에탄의 연소방정식 : $C_2H_6 + 3.5O_2 \rightarrow 2CO_2 + 3H_2O$
건연소가스량 $G' = (1-0.21) \times \dfrac{1 \times 3.5}{0.21} + 2 \approx 15.2 [Nm^3]$

09 연소장치의 연돌 통풍에 대한 설명으로 틀린 것은?

① 연돌의 단면적은 연도의 경우와 마찬가지로 연소량과 가스의 유속에 관계한다.
② 연돌의 통풍력은 외기온도가 높아짐에 따라 통풍력이 감소하므로 주의가 필요하다.
③ 연돌의 통풍력은 공기의 습도 및 기압에 관계없이 외기온도에 따라 달라진다.
④ 연돌의 설계에서 연돌 상부 단면적을 하부 단면적보다 작게 한다.

해설
연돌의 통풍력은 공기의 습도 및 기압, 외기온도 등에 따라 달라진다.

10 고체연료 연소장치 중 쓰레기 소각에 적합한 스토커는?

① 계단식 스토커
② 고정식 스토커
③ 산포식 스토커
④ 하입식 스토커

해설
계단식 스토커 : 쓰레기 소각로에 적합하며 저질연료의 연소가 가능한 연소장치

11 헵탄(C_7H_{16}) 1[kg]을 완전연소하는 데 필요한 이론공기량[kg]은?(단, 공기 중 산소질량비는 23[%]이다)

① 11.64
② 13.21
③ 15.30
④ 17.17

해설
헵탄(C_7H_{16})의 연소방정식 : $C_7H_{16} + 11O_2 \rightarrow 7CO_2 + 8H_2O$
헵탄(C_7H_{16}) 1[kg]을 완전연소하는 데 필요한 이론공기량
$= \dfrac{1}{100} \times 11 \times \dfrac{32}{0.23} \approx 15.30 [kg]$

12 액체연료 중 고온건류하여 얻은 타르계 중유의 특징에 대한 설명으로 틀린 것은?

① 화염의 방사율이 크다.
② 황의 영향이 작다.
③ 슬러지를 발생시킨다.
④ 석유계 액체연료이다.

해설
타르계 중유는 타르계 액체연료이다.

13 고체연료의 연료비를 식으로 바르게 나타낸 것은?

① $\dfrac{\text{고정탄소}[\%]}{\text{휘발분}[\%]}$ ② $\dfrac{\text{회분}[\%]}{\text{휘발분}[\%]}$

③ $\dfrac{\text{고정탄소}[\%]}{\text{회분}[\%]}$ ④ $\dfrac{\text{가연성성분 중 탄소}[\%]}{\text{유리수소}[\%]}$

14 어떤 탄화수소 C_aH_b의 연소가스를 분석한 결과, 용적[%]에서 CO_2 : 8.0[%], CO : 0.9[%], O_2 : 8.8[%], N_2 : 82.3[%]이다. 이 경우의 공기와 연료의 질량비(공연비)는?(단, 공기 분자량은 28.96이다)

① 6 ② 24
③ 36 ④ 162

해설
$C_aH_b + x(O_2 + 3.76N_2)$
$\rightarrow 8CO_2 + 0.9CO + 8.8O_2 + yH_2O + 82.3N_2$
• C : $a = 8 + 0.9 = 8.9$
• N : $7.52x = 82.3 \times 2$이므로 $x = 21.89$
• O : $2x = 8 \times 2 + 0.9 + 8.8 \times 2 + y$에서 $y = 9.28$
• H : $b = 2y$에서 $b = 18.56$
위에서 구한 값을 모두 식에 대입하면 연소방정식은 다음과 같다.
$C_{8.9}H_{18.56} + 21.89(O_2 + 3.76N_2)$
$\rightarrow 8CO_2 + 0.9CO + 8.8O_2 + 9.28H_2O + 82.3N_2$

∴ 공연비 $= \dfrac{\text{공기량}}{\text{연료량}} = \dfrac{21.89 \times 4.76 \times 28.96}{12 \times 8.9 + 18.56} \simeq 24$

15 LPG용기의 안전관리 유의사항으로 틀린 것은?

① 밸브는 천천히 열고 닫는다.
② 통풍이 잘되는 곳에 저장한다.
③ 용기의 저장 및 운반 중에는 항상 40[℃] 이상을 유지한다.
④ 용기의 전락 또는 충격을 피하고 가까운 곳에 인화성 물질을 피한다.

해설
LPG용기의 저장 및 운반 중에는 항상 40[℃] 이하를 유지해야 한다.

16 연료비가 크면 나타나는 일반적인 현상이 아닌 것은?

① 고정탄소량이 증가한다.
② 불꽃은 단염이 된다.
③ 매연의 발생이 적다.
④ 착화온도가 낮아진다.

해설
연료비가 크면 탄화도가 높고, 탄화도가 높을수록 착화온도는 높아진다.

17 연소가스 부피 조성이 CO_2 : 13[%], O_2 : 8[%], N_2 : 79[%]일 때 공기과잉계수(공기비)는?

① 1.2 ② 1.4
③ 1.6 ④ 1.8

해설
공기비 $m = \dfrac{N_2}{N_2 - 3.76(O_2 - 0.5CO)}$
$= \dfrac{79}{79 - 3.76 \times (8 - 0.5 \times 0)} \simeq 1.6$

18 1[Nm³]의 질량이 2.59[kg]인 기체는 무엇인가?

① 메탄(CH_4)
② 에탄(C_2H_6)
③ 프로판(C_3H_8)
④ 부탄(C_4H_{10})

해설
1[Nm³]의 질량이 2.59[kg]이므로
1[kmol]의 질량 = 2.59 × 22.4 ≒ 58이다.
따라서 이 기체는 부탄(C_4H_{10})이다.

19 액체연료의 미립화 시 평균 분무 입경에 직접적인 영향을 미치는 것이 아닌 것은?

① 액체연료의 표면장력
② 액체연료의 점성계수
③ 액체연료의 탁도
④ 액체연료의 밀도

해설
액체연료의 미립화 시 평균 분무 입경에 직접적인 영향을 미치는 요소 : 표면장력, 점성계수, 밀도

20 품질이 좋은 고체연료의 조건으로 옳은 것은?

① 고정탄소가 많을 것
② 회분이 많을 것
③ 황분이 많을 것
④ 수분이 많을 것

해설
품질이 좋은 고체연료는 고정탄소가 많고, 회분·황분·수분 등은 적어야 한다.

제2과목 | 열역학

21 디젤 사이클에서 압축비가 20, 단절비(Cut-off Ratio)가 1.7일 때 열효율[%]은?(단, 비열비는 1.4이다)

① 43
② 66
③ 72
④ 84

해설
$$\eta_d = 1 - \left(\frac{1}{\varepsilon}\right)^{k-1} \times \frac{\sigma^k - 1}{k(\sigma - 1)}$$
$$= 1 - \left(\frac{1}{20}\right)^{1.4-1} \times \frac{1.7^{1.4} - 1}{1.4 \times (1.7 - 1)} \approx 0.66 = 66[\%]$$

22 열역학적 사이클에서 열효율이 고열원과 저열원의 온도만으로 결정되는 것은?

① 카르노 사이클
② 랭킨 사이클
③ 재열 사이클
④ 재생 사이클

해설
카르노 사이클은 열효율이 고열원과 저열원의 온도만으로 결정된다.
카르노 사이클 열기관의 열효율
$$\eta_c = \frac{W_{net}}{Q_1} = 1 - \frac{Q_2}{Q_1} = 1 - \frac{T_2}{T_1}$$
여기서, Q_1 : 고열원의 열량 Q_2 : 저열원의 열량
T_1 : 고열원의 온도 T_2 : 저열원의 온도

23 비엔탈피가 326[kJ/kg]인 어떤 기체가 노즐을 통하여 단열적으로 팽창되어 비엔탈피가 322[kJ/kg]으로 되어 나간다. 유입속도를 무시할 때 유출속도[m/sec]는?(단, 노즐 속의 유동은 정상류이며 손실은 무시한다)

① 4.4
② 22.6
③ 64.7
④ 89.4

해설
단열 노즐 출구에서의 유출속도
$v_2 = 44.72\sqrt{h_1 - h_2} = 44.72\sqrt{326 - 322} = 89.44[\text{m/sec}]$

24 다음 $T-S$ 선도에서 냉동 사이클의 성능계수를 옳게 나타낸 것은?(단, u는 내부에너지, h는 엔탈피를 나타낸다)

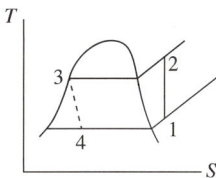

① $\dfrac{h_1 - h_4}{h_2 - h_1}$ ② $\dfrac{h_2 - h_1}{h_1 - h_4}$

③ $\dfrac{u_1 - u_4}{u_2 - u_1}$ ④ $\dfrac{u_2 - u_1}{u_1 - u_4}$

25 열역학 제2법칙에 대한 설명이 아닌 것은?

① 제2종 영구기관의 제작은 불가능하다.
② 고립계의 엔트로피는 감소하지 않는다.
③ 열은 자체적으로 저온에서 고온으로 이동이 곤란하다.
④ 열과 일은 변환이 가능하며, 에너지보존법칙이 성립한다.

해설
'열과 일은 변환이 가능하며, 에너지보존법칙이 성립한다.'는 설명은 열역학 제1법칙이다.

26 좋은 냉매의 특성으로 틀린 것은?

① 낮은 응고점
② 낮은 증기의 비열비
③ 낮은 열전달계수
④ 단위질량당 높은 증발열

해설
좋은 냉매는 열전달계수가 높아야 한다.

27 다음 중에서 가장 높은 압력을 나타내는 것은?

① 1[atm] ② 10[kgf/cm^2]
③ 105[Pa] ④ 14.7[psi]

해설
② 10[kgf/cm^2] = 1.033 × 101,325 = 104,668.7[Pa]
① 1[atm] = 101,325[Pa]
③ 105[Pa]
④ 14.7[psi] = 101,325[Pa]

28 랭킨 사이클에서 복수기 압력을 낮추면 어떤 현상이 나타나는가?

① 복수기의 포화온도는 상승한다.
② 이론 열효율이 낮아진다.
③ 터빈 출구부에 부식 문제가 생긴다.
④ 터빈 출구부의 증기건도가 높아진다.

해설
응축기 압력을 낮출 경우 방출되는 열이 방출되는 온도가 낮아지고, 정미일이 증가되어 이론 열효율이 증가하지만, 터빈 출구에서 수분 함유량이 증가(건도 감소)되어 터빈 출구부에 부식 문제가 생긴다.

29 다음 관계식 중에서 틀린 것은?(단, m은 질량, U는 내부에너지, H는 엔탈피, W는 일, C_p와 C_v는 각각 정압비열과 정적비열이다)

① $dU = mC_v dT$

② $C_p = \dfrac{1}{m}\left(\dfrac{\partial H}{\partial T}\right)_p$

③ $\delta W = mC_p dT$

④ $C_v = \dfrac{1}{m}\left(\dfrac{\partial U}{\partial T}\right)_v$

해설
$\delta Q = dH = mC_p dT$

30 유동하는 기체의 압력을 P, 속력을 V, 밀도를 ρ, 중력 가속도를 g, 높이를 z, 절대온도는 T, 정적비열을 C_V라고 할 때 기체의 단위질량당 역학적 에너지에 포함되지 않는 것은?

① $\dfrac{P}{\rho}$　　② $\dfrac{V^2}{2}$

③ gz　　④ $C_V T$

해설
유동하는 기체의 단위질량당 역학적 에너지
$E = \dfrac{P}{\rho} + \dfrac{v^2}{2} + gz = C$

여기서, P : 압력　　ρ : 밀도
　　　　v : 속도　　g : 중력가속도
　　　　z : 높이　　C : 일정

31 1[kg]의 이상기체(C_p = 1.0[kJ/kg·K], C_v = 0.71 [kJ/kg·K])가 가역 단열과정으로 P_1 = 1[MPa], V_1 = 0.6[m³]에서 P_2 = 100[kPa]으로 변한다. 가역 단열과정 후 이 기체의 부피 V_2와 온도 T_2는 각각 얼마인가?

① V_2 = 2.24[m³], T_2 = 1,000[K]

② V_2 = 3.08[m³], T_2 = 1,000[K]

③ V_2 = 2.24[m³], T_2 = 1,060[K]

④ V_2 = 3.08[m³], T_2 = 1,060[K]

해설
- $k = C_p / C_v = 1/0.71 \simeq 1.408$
  $R = C_p - C_v = 1.0 - 0.71 = 0.29$

- $\dfrac{T_2}{T_1} = \left(\dfrac{V_1}{V_2}\right)^{k-1} = \left(\dfrac{P_2}{P_1}\right)^{\frac{k-1}{k}}$

  $\left(\dfrac{0.6}{V_2}\right)^{1.408-1} = \left(\dfrac{100}{1,000}\right)^{\frac{1.408-1}{1.408}}$

  $\therefore V_2 \simeq 3.08[m^3]$

- $P_1 V_1 = RT_1$
  $T_1 = \dfrac{P_1 V_1}{R} = \dfrac{1,000 \times 0.6}{0.29} = 2,069[K]$

  $\dfrac{T_2}{T_1} = \left(\dfrac{V_1}{V_2}\right)^{k-1}$

  $\therefore T_2 = T_1 \times \left(\dfrac{V_1}{V_2}\right)^{k-1} = 2,069 \times \left(\dfrac{0.6}{3.08}\right)^{1.408-1}$
  $\simeq 1,060[K]$

32 다음 그림은 랭킨 사이클의 온도-엔트로피($T-S$) 선도이다. 상태 1~4의 비엔탈피값이 $h_1=192$ [kJ/kg], $h_2=194$[kJ/kg], $h_3=2,802$[kJ/kg], $h_4=2,010$[kJ/kg]이라면 열효율[%]은?

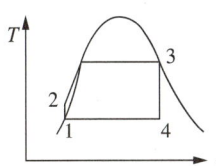

① 25.3　　　② 30.3
③ 43.6　　　④ 49.7

해설
랭킨 사이클의 열효율
$$\eta_R = \frac{W_{net}}{Q_1} = \frac{h_3-h_4}{h_3-h_1}$$
$$= \frac{2,802-2,010}{2,802-192} \simeq 0.303 = 30.3[\%]$$

34 압력 500[kPa], 온도 423[K]의 공기 1[kg]이 압력이 일정한 상태로 변하고 있다. 공기의 일이 122[kJ]이라면 공기에 전달된 열량[kJ]은 얼마인가?(단, 공기의 정적비열은 0.7165[kJ/kg·K], 기체상수는 0.287[kJ/kg·K]이다)

① 426　　　② 526
③ 626　　　④ 726

해설
$C_p = R + C_v = 0.287 + 0.7165 = 1.0035$
$_1W_2 = \int PdV = P(V_2-V_1) = mR(T_2-T_1)$
$\quad = 1 \times 0.287 \times (T_2-423) = 122$
$T_2 = 423 + 425 = 848$
∴ 열량 $_1Q_2 = \Delta H = mC_p\Delta T$
$\quad = 1 \times 1.0035 \times (848-423) \simeq 426$[kJ]

33 다음 그림에서 압력 P_1, 온도 t_s의 과열증기의 비엔트로피는 6.16[kJ/kg·K]이다. 상태 1로부터 2까지의 가역 단열팽창 후 압력 P_2에서 습증기로 되었으면, 상태 2인 습증기의 건도 x는 얼마인가?(단, 압력 P_2에서 포화수, 건포화증기의 비엔트로피는 각각 1.30[kJ/kg·K], 7.36[kJ/kg·K]이다)

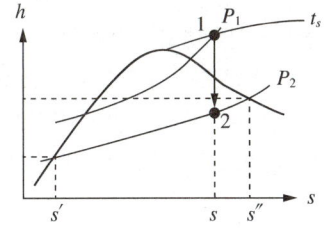

① 0.69　　　② 0.75
③ 0.79　　　④ 0.80

해설
$s_x = s' + x(s''-s')$
건도 $x = \dfrac{s_x-s'}{s''-s'} = \dfrac{6.16-1.30}{7.36-1.30} \simeq 0.8$

35 압력이 1,300[kPa]인 탱크에 저장된 건포화증기가 노즐로부터 100[kPa]로 분출되고 있다. 임계압력 P_c는 몇 [kPa]인가?(단, 비열비는 1.135이다)

① 751　　　② 643
③ 582　　　④ 525

해설
임계압력$(P_c) = P_1\left(\dfrac{2}{k+1}\right)^{\frac{k}{k-1}} = 1,300 \times \left(\dfrac{2}{1.135+1}\right)^{\frac{1.135}{1.135-1}}$
$\quad \simeq 751$[kPa]

36 압력이 일정한 용기 내에 이상기체를 외부에서 가열하였다. 온도가 T_1에서 T_2로 변화하였고, 기체의 부피가 V_1에서 V_2로 변화하였다. 공기의 정압비열 C_p에 대한 식으로 옳은 것은?(단, 이 이상기체의 압력은 p, 전달된 단위질량당 열량은 q이다)

① $C_p = \dfrac{q}{p}$ ② $C_p = \dfrac{q}{T_2 - T_1}$

③ $C_p = \dfrac{q}{V_2 - V_1}$ ④ $C_p = p \times \dfrac{V_2 - V_1}{T_2 - T_1}$

해설

$q = C_p(T_2 - T_1)$이므로 $C_p = \dfrac{q}{T_2 - T_1}$

37 최저 온도, 압축비 및 공급 열량이 같을 경우 사이클의 효율이 큰 것부터 작은 순서대로 옳게 나타낸 것은?

① 오토 사이클 > 디젤 사이클 > 사바테 사이클
② 사바테 사이클 > 오토 사이클 > 디젤 사이클
③ 디젤 사이클 > 오토 사이클 > 사바테 사이클
④ 오토 사이클 > 사바테 사이클 > 디젤 사이클

해설

사이클의 효율 비교
- 초온, 초압, 최저 온도, 압축비, 공급열량, 가열량, 연료 단절비 등이 같은 경우 : 오토 사이클 > 사바테 사이클 > 디젤 사이클
- 최고 압력이 일정한 경우 : 디젤 사이클 > 사바테 사이클 > 오토 사이클

38 다음 중 상온에서 비열비값이 가장 큰 기체는?

① He ② O_2
③ CO_2 ④ CH_4

해설

보기 중에서 상온에서 비열비값이 가장 큰 기체는 가장 가벼운 He이다.

39 $-35[℃]$, $22[MPa]$의 질소를 가역단열과정으로 $500[kPa]$까지 팽창했을 때의 온도$[℃]$는?(단, 비열비는 1.41이고, 질소를 이상기체로 가정한다)

① -180 ② -194
③ -200 ④ -206

해설

$\dfrac{T_2}{T_1} = \left(\dfrac{P_2}{P_1}\right)^{\frac{k-1}{k}}$

$T_2 = T_1 \times \left(\dfrac{P_2}{P_1}\right)^{\frac{k-1}{k}} = (-35 + 273) \times \left(\dfrac{0.5}{22}\right)^{\frac{1.4-1}{1.4}}$

$\simeq 79[K] = -194[℃]$

40 역카르노 사이클로 작동하는 냉장고가 있다. 냉장고 내부의 온도가 $0[℃]$이고, 이곳에서 흡수한 열량이 $10[kW]$이고, $30[℃]$의 외기로 열이 방출된다고 할 때 냉장고를 작동하는 데 필요한 동력$[kW]$은?

① 1.1 ② 10.1
③ 11.1 ④ 21.1

해설

성능계수 $\varepsilon_R = \dfrac{T_2}{T_1 - T_2} = \dfrac{273}{303 - 273} = 9.1$

냉동기 성능계수 $\varepsilon_R = \dfrac{Q_e}{W_c}$, $W_c = \dfrac{Q_e}{\varepsilon_R} = \dfrac{10}{9.1} \simeq 1.1[kW]$

제3과목 | 계측방법

41 국소대기압이 740[mmHg]인 곳에서 게이지압력이 0.4[bar]일 때 절대압력[kPa]은?

① 100   ② 121
③ 139   ④ 156

해설
절대압력 = 대기압력 ± 게이지압력
$$= \left(\frac{740}{760} + \frac{0.4}{1.013}\right) \times 101.325 \approx 139[kPa]$$

42 0[℃]에서 저항이 80[Ω]이고, 저항온도계수가 0.002인 저항온도계를 노 안에 삽입했더니 저항이 160[Ω]이 되었을 때 노 안의 온도는 약 몇 [℃]인가?

① 160[℃]   ② 320[℃]
③ 400[℃]   ④ 500[℃]

해설
저항값 $R_t = R_0(1 + \alpha dt)$
$160 = 80 \times (1 + 0.002 dt)$
$dt = 500 = t_2 - t_1 = t_2 - 0$
∴ 노 안의 온도 $t_2 = 500[℃]$

43 차압식 유량계에 관한 설명으로 옳은 것은?

① 유량은 교축기구 전후의 차압에 비례한다.
② 유량은 교축기구 전후의 차압의 제곱근에 비례한다.
③ 유량은 교축기구 전후의 차압의 근사값이다.
④ 유량은 교축기구 전후의 차압에 반비례한다.

해설
차압식 유량계에서 유량은 교축기구 전후의 차압의 제곱근에 비례한다.
유량 $Q = \gamma Av = k\sqrt{2g\Delta P/\gamma}$
여기서, Q : 유량[m³/sec] γ : 유체의 비중량[kg/m³]
A : 단면적[m²] v : 유속[m/sec]
k : 정수 g : 중력가속도[m/sec²]
ΔP : 압력차[kgf/m²]

44 금속의 전기저항값이 변화되는 것을 이용하여 압력을 측정하는 전기저항 압력계의 특성으로 맞는 것은?

① 응답속도가 빠르고 초고압에서 미압까지 측정한다.
② 구조가 간단하여 압력검출용으로 사용한다.
③ 먼지의 영향이 작고, 변동에 대한 적응성이 작다.
④ 가스 폭발 등 급속한 압력 변화를 측정하는 데 사용한다.

해설
전기저항식 압력계 : 금속의 전기저항값이 변화되는 것을 이용하여 압력을 측정하는 전기식 압력계로, 응답속도가 빠르고 초고압에서 미압까지 측정한다.

45 다음 각 습도계의 특징에 대한 설명으로 틀린 것은?

① 노점 습도계는 저습도를 측정할 수 있다.
② 모발 습도계는 2년마다 모발을 바꾸어 주어야 한다.
③ 통풍 건습구 습도계는 2.5~5[m/sec]의 통풍이 필요하다.
④ 저항식 습도계는 직류전압을 사용하여 측정한다.

해설
저항식 습도계는 교류전압을 사용하여 측정한다.

46 기준 입력과 주피드백 신호의 차에 의해서 일정한 신호를 조작요소에 보내는 제어장치는?

① 조절기   ② 전송기
③ 조작기   ④ 계측기

정답 41 ③ 42 ④ 43 ② 44 ① 45 ④ 46 ①

47 다음 온도계 중 비접촉식 온도계로 옳은 것은?

① 유리제 온도계
② 압력식 온도계
③ 전기저항식 온도계
④ 광고온계

해설
①, ②, ③은 접촉식 온도계이다.

48 전자유량계의 특징에 대한 설명 중 틀린 것은?

① 압력손실이 거의 없다.
② 내식성 유지가 곤란하다.
③ 전도성 액체에 한하여 사용할 수 있다.
④ 미소한 측정전압에 대하여 고성능의 증폭기가 필요하다.

해설
전자유량계는 내식성 유지가 가능하다.

49 가스크로마토그래피는 기체의 어떤 특성을 이용하여 분석하는 장치인가?

① 분자량 차이
② 부피 차이
③ 분압 차이
④ 확산속도 차이

해설
가스크로마토그래피는 기체의 확산속도 차이를 이용하여 분석하는 장치이다.

50 피토관에 의한 유속 측정식은 다음과 같다.

$$V = \sqrt{\frac{2g(P_1 - P_2)}{\gamma}}$$

이때 P_1, P_2 각각의 의미는?(단, V는 유속, g는 중력가속도이고, γ는 비중량이다)

① 동압과 전압을 뜻한다.
② 전압과 정압을 뜻한다.
③ 정압과 동압을 뜻한다.
④ 동압과 유체압을 뜻한다.

51 다음 각 압력계에 대한 설명으로 틀린 것은?

① 벨로스 압력계는 탄성식 압력계이다.
② 다이어프램 압력계의 박판재료로 인청동, 고무를 사용할 수 있다.
③ 침종식 압력계는 압력이 낮은 기체의 압력 측정에 적당하다.
④ 탄성식 압력계의 일반 교정용 시험기로는 전기식 표준압력계가 주로 사용된다.

해설
탄성식 압력계의 일반 교정용 시험기로 주로 분동식 표준압력계가 사용된다.

52 서로 다른 2개의 금속판을 접합시켜서 만든 바이메탈 온도계의 기본 작동원리는?

① 두 금속판의 비열의 차
② 두 금속판의 열전도도의 차
③ 두 금속판의 열팽창계수의 차
④ 두 금속판의 기계적 강도의 차

해설
서로 다른 2개의 금속판을 접합시켜서 만든 바이메탈 온도계는 두 금속판의 열팽창계수의 차를 기본 작동원리로 한다.

53 자동연소제어장치에서 보일러 증기압력의 자동제어에 필요한 조작량은?

① 연료량과 증기압력
② 연료량과 보일러 수위
③ 연료량과 공기량
④ 증기압력과 보일러 수위

해설
자동연소제어장치에서 보일러 증기압력의 자동제어에 필요한 조작량은 연료량과 공기량이다.

54 제베크(Seebeck)효과에 대하여 가장 바르게 설명한 것은?

① 어떤 결정체를 압축하면 기전력이 일어난다.
② 성질이 다른 두 금속의 접점에 온도차를 두면 열기전력이 일어난다.
③ 고온체로부터 모든 파장의 전방사에너지는 절대 온도의 4승에 비례하여 커진다.
④ 고체가 고온이 되면 단파장 성분이 많아진다.

해설
제베크(Seebeck)효과 : 성질이 다른 두 금속의 접점에 온도차를 두면 열기전력이 일어나는 현상

55 유량 측정에 사용되는 오리피스가 아닌 것은?

① 베나 탭
② 게이지 탭
③ 코너 탭
④ 플랜지 탭

해설
유량측정계의 종류 : 피토관식(유속식), 차압식(오리피스미터, 플로 노즐, 벤투리미터), 면적식, 용적식(로터리 피스톤형, 회전자형, 드럼형 가스미터), 와류식, 전자식, 열선식, 임펠러식, 초음파식 등

56 유량계의 교정방법 중 기체유량계의 교정에 가장 적합한 방법은?

① 밸런스를 사용하여 교정한다.
② 기준 탱크를 사용하여 교정한다.
③ 기준 유량계를 사용하여 교정한다.
④ 기준 체적관을 사용하여 교정한다.

해설
기체유량계는 기준 체적관을 사용하여 교정한다.

57 저항 온도계에 활용되는 측온저항체 종류에 해당되는 것은?

① 서미스터(Thermistor) 저항 온도계
② 철-콘스탄탄(IC) 저항 온도계
③ 크로멜(Chromel) 저항 온도계
④ 알루멜(Alumel) 저항 온도계

해설
서미스터(Thermistor) 저항 온도계는 저항 온도계에 활용되는 측온저항체에 해당된다.

58 공기 중에 있는 수증기 양과 그때의 온도에서 공기 중에 최대로 포함할 수 있는 수증기의 양을 백분율로 나타낸 것은?

① 절대습도
② 상대습도
③ 포화증기압
④ 혼합비

59 다음 가스분석계 중 화학적 가스분석계가 아닌 것은?

① 밀도식 CO_2계
② 오르자트식
③ 헴펠식
④ 자동화학식 CO_2계

해설
밀도식 CO_2계는 물리적 가스분석계에 해당된다.

60 가스크로마토그래피의 구성요소가 아닌 것은?

① 유량계
② 칼럼검출기
③ 직류증폭장치
④ 캐리어 가스통

해설
가스크로마토그래피의 구성요소 : 유량계(유량측정기), 칼럼(Column)검출기, 캐리어 가스통

제4과목 | 열설비재료 및 관계법규

61 에너지이용합리화법령에 따라 산업통상자원부장관은 에너지 수급 안정을 위하여 에너지 사용자에게 필요한 조치를 할 수 있는데 이 조치의 해당사항이 아닌 것은?

① 지역별, 주요 수급자별 에너지 할당
② 에너지공급설비의 정지·명령
③ 에너지의 비축과 저장
④ 에너지사용기자재의 사용 제한 또는 금지

해설
수급 안정을 위한 조치사항(조정·명령, 그 밖에 필요한 조치)
• 지역별, 주요 수급자별 에너지 할당
• 에너지공급설비의 가동 및 조업
• 에너지의 비축과 저장
• 에너지의 도입·수출입 및 위탁가공
• 에너지공급자 상호 간의 에너지의 교환 또는 분배 사용
• 에너지의 유통시설과 그 사용 및 유통경로
• 에너지의 배급
• 에너지의 양도·양수의 제한 또는 금지

62 에너지이용합리화법령에 따라 검사대상기기관리자는 선임된 날부터 얼마 이내에 교육을 받아야 하는가?

① 1개월 ② 3개월
③ 6개월 ④ 1년

해설
에너지이용합리화법령에 따라 검사대상기기관리자는 선임된 날부터 6개월 이내에 교육을 받아야 한다.

정답 59 ① 60 ③ 61 ② 62 ③

63 내화물 사용 중 온도의 급격한 변화 또는 불균일한 가열 등으로 균열이 생기거나 표면이 박리되는 현상을 무엇이라고 하는가?

① 스폴링　② 버스팅
③ 연 화　④ 수 화

> **해설**
> ② 버스팅(Bursting) : 크롬이나 크롬-마그네시아 벽돌이 고온에서 산화철을 흡수하여 표면이 부풀어 오르고 떨어져 나가는 현상

64 무기질 보온재에 대한 설명으로 틀린 것은?

① 일반적으로 안전사용온도범위가 넓다.
② 재질 자체가 독립 기포로 안정되어 있다.
③ 비교적 강도가 높고 변형이 작다.
④ 최고 사용온도가 높아 고온에 적합하다.

> **해설**
> 무기질 보온재는 재질 자체가 독립 기포로 안정되어 있지 않다.

65 다음 밸브 중 유체가 역류하지 않고 한쪽 방향으로만 흐르게 하는 밸브는?

① 감압밸브　② 체크밸브
③ 팽창밸브　④ 릴리프밸브

66 에너지이용합리화법령에서 에너지 사용의 제한 또는 금지에 대한 내용으로 틀린 것은?

① 에너지 사용의 시기 및 방법의 제한
② 에너지 사용시설 및 에너지사용기자재에 사용할 에너지의 지정 및 사용에너지의 전환
③ 특정 지역에 대한 에너지 사용의 제한
④ 에너지 사용 설비에 관한 사항

> **해설**
> 에너지 사용의 시기·방법 및 에너지사용기자재의 사용 제한 또는 금지 등 대통령령으로 정하는 사항
> • 에너지사용시설 및 에너지사용기자재에 사용할 에너지의 지정 및 사용 에너지의 전환
> • 위생접객업소 및 그 밖의 에너지사용시설에 대한 에너지 사용의 제한
> • 차량 등 에너지사용기자재의 사용 제한
> • 에너지 사용의 시기 및 방법의 제한
> • 특정 지역에 대한 에너지 사용의 제한

67 단열효과에 대한 설명으로 틀린 것은?

① 열확산계수가 작아진다.
② 열전도계수가 작아진다.
③ 노 내 온도가 균일하게 유지된다.
④ 스폴링 현상을 촉진시킨다.

> **해설**
> 단열효과는 스폴링 현상을 방지한다.

68 고압 증기의 옥외 배관에 가장 적당한 신축 이음방법은?

① 오프셋형
② 벨로스형
③ 루프형
④ 슬리브형

> **해설**
> 루프형 신축 이음방법은 고압증기의 옥외 배관에 적합하다.

정답 63 ①　64 ②　65 ②　66 ④　67 ④　68 ③

69 중유 소성을 하는 평로에서 축열실의 역할로서 가장 옳은 것은?

① 제품을 가열한다.
② 급수를 예열한다.
③ 연소용 공기를 예열한다.
④ 포화증기를 가열하여 과열증기로 만든다.

해설
중유 소성을 하는 평로에서 축열실은 연소용 공기를 예열한다.
축열실 : 배기가스에 현열을 흡수하여 공기나 연료가스 예열에 이용하여 열효율을 증가시키는 배열회수장치

70 다음 중 셔틀요(Shuttle Kiln)는 어디에 속하는가?

① 반연속 요   ② 승염식 요
③ 연속 요   ④ 불연속 요

해설
셔틀요(Shuttle Kiln)는 반연속 요에 해당된다.

71 에너지이용합리화법령에 따라 인정검사대상기기관리자의 교육을 이수한 자가 관리할 수 없는 검사대상기기는?

① 압력용기
② 열매체를 가열하는 보일러로서 용량이 581.5[kW] 이하인 것
③ 온수를 발생하는 보일러로서 용량이 581.5[kW] 이하인 것
④ 증기 보일러로서 최고 사용압력이 2[MPa] 이하이고, 전열면적이 5[m²] 이하인 것

해설
인정검사대상기기관리자의 교육을 이수한 자의 관리범위 : 증기 보일러로서 최고 사용압력이 1[MPa] 이하이고, 전열면적이 10[m²] 이하인 것

72 에너지이용합리화법령에 따른 에너지이용합리화 기본계획에 포함되어야 할 내용이 아닌 것은?

① 에너지이용효율의 증대
② 열사용기자재의 안전관리
③ 에너지 소비 최대화를 위한 경제구조로의 전환
④ 에너지원 간 대체

해설
에너지이용합리화 기본계획 포함사항
- 에너지 절약형 경제구조로의 전환
- 에너지이용효율의 증대
- 에너지이용합리화를 위한 기술개발
- 에너지이용합리화를 위한 홍보 및 교육
- 에너지원 간 대체
- 열사용기자재의 안전관리
- 에너지이용합리화를 위한 가격예시제의 시행
- 에너지의 합리적인 이용을 통한 온실가스의 배출을 줄이기 위한 대책
- 그 밖에 에너지이용합리화를 추진하기 위하여 필요한 사항으로서 산업통상자원부령으로 정하는 사항

73 단열재를 사용하지 않는 경우의 방출열량이 350[W]이고, 단열재를 사용할 경우의 방출열량이 100[W]라고 하면 이때의 보온효율은 약 몇 [%]인가?

① 61   ② 71
③ 81   ④ 91

해설
단열재의 보온효율 $\eta = 1 - \dfrac{Q}{Q_1} = 1 - \dfrac{100}{350} \simeq 71[\%]$

74 에너지이용합리화법령에 따라 검사대상기기 관리대행기관으로 지정을 받기 위하여 산업통상자원부장관에게 제출하여야 하는 서류가 아닌 것은?

① 장비명세서
② 기술인력명세서
③ 기술인력고용계약서 사본
④ 향후 1년간 안전관리대행사업계획서

해설
검사대상기기 관리대행기관 신청을 위한 제출서류 : 장비명세서, 기술인력명세서, 향후 1년간의 안전관리대행사업계획서, 변경사항을 증명할 수 있는 서류(변경 지정의 경우만 해당)

75 에너지이용합리화법의 목적으로 가장 거리가 먼 것은?

① 에너지의 합리적 이용을 증진
② 에너지 소비로 인한 환경 피해 감소
③ 에너지원의 개발
④ 국민경제의 건전한 발전과 국민복지의 증진

해설
에너지이용합리화법의 목적
- 에너지 수급 안정화
- 에너지의 합리적이고 효율적인 이용 증진
- 에너지 소비로 인한 환경 피해 감소
- 국민경제의 건전한 발전에 및 국민복지의 증진에 이바지
- 지구온난화의 최소화에 이바지

76 에너지이용합리화법령상 산업통상자원부장관이 에너지다소비사업자에게 개선명령을 할 수 있는 경우는 에너지관리지도 결과 몇 [%] 이상의 에너지 효율개선이 기대될 때로 규정하고 있는가?

① 10   ② 20
③ 30   ④ 50

77 용광로에서 선철을 만들 때 사용되는 주원료 및 부재료가 아닌 것은?

① 규선석   ② 석회석
③ 철광석   ④ 코크스

해설
용광로(고로) : 조직의 화학 변화를 동반하는 소성 및 가소를 목적으로 하는 선철 제조용 노
주원료 : 철광석, 코크스, 석회석

78 에너지이용합리화법령상 특정열사용기자재 설치·시공범위가 아닌 것은?

① 강철제 보일러 세관
② 철금속 가열로의 시공
③ 태양열집열기 배관
④ 금속균열로의 배관

해설
특정열사용기자재 및 설치·시공범위

구 분	품목명	설치·시공범위
보일러	강철제 보일러, 주철제 보일러, 온수 보일러, 구멍탄용 온수 보일러, 축열식 전기 보일러, 캐스케이드 보일러, 가정용 화목보일러	해당 기기의 설치·배관 및 세관
태양열집열기		
압력용기	1종 압력용기, 2종 압력용기	
요업요로	연속식 유리용융가마, 불연속식 유리용융가마, 유리용융 도가니가마, 터널가마, 도염식 가마, 셔틀가마, 석회용선가마	해당 기기의 설치를 위한 시공
금속요로	용선로, 비철금속용융로, 금속소둔로, 철금속가열로, 금속균열로	

정답 74 ③ 75 ③ 76 ① 77 ① 78 ④

79 에너지이용합리화법령에서 정한 에너지 사용자가 수립하여야 할 자발적 협약이행계획에 포함되지 않는 것은?

① 협약 체결 전년도의 에너지 소비 현황
② 에너지관리체제 및 관리방법
③ 전년도의 에너지 사용량·제품 생산량
④ 효율 향상 목표 등의 이행을 위한 투자계획

[해설]
에너지 사용자가 수립해야 하는 자발적 협약이행계획
- 협약 체결 전년도 에너지 소비 현황
- 에너지를 사용하여 만드는 제품
- 부가가치 등의 단위당 에너지이용효율 향상 목표
- 효율 향상 목표 등의 이행을 위한 투자계획
- 온실가스 배출 감축 목표
- 에너지관리체제 및 관리방법
- 그 밖에 효율 향상 목표 등을 이행하기 위하여 필요한 사항

80 터널가마(Tunnel Kiln)의 특징에 대한 설명 중 틀린 것은?

① 연속식 가마이다.
② 사용연료에 제한이 없다.
③ 대량 생산이 가능하고, 유지비가 저렴하다.
④ 노 내 온도 조절이 용이하다.

[해설]
터널요(터널가마)
- 3대 구조부 : 예열부, 소성부, 냉각부
- 소성온도 : 1,300[℃] 정도의 고온
- 전체 길이 : 30~100[m]
- 예열, 소성, 냉각이 연속적으로 이루어지며 연소가스는 소성대에서 배기된다.
- 대량 생산이 가능하며 유지비가 저렴하다.
- 소성이 균일하여 제품의 품질이 좋다.
- 산화환원 소성의 조절이 쉽고 노 내 온도 조절이 용이하며 온도 조절의 자동화가 쉽다.
- 열효율이 좋아 연료비가 절감된다.
- 소성 서랭시간이 짧다.
- 가마의 바닥면적이 생산량에 비해 작고 노무비가 절감된다.
- 열 절연을 위하여 샌드 실(Sand Seal) 장치를 마련한다.
- 대차가 필요하다.
- 사용연료에 제한이 따른다.
- 제품의 품질, 크기, 형상 등에 제한을 받는다.

제5과목 | 열설비설계

81 연도 등의 저온의 전열면에 주로 사용되는 수트블로어의 종류는?

① 삽입형
② 예열기 클리너형
③ 로터리형
④ 건형(Gun Type)

[해설]
수트블로어(Soot Blower, 매연분출장치) : 그을음(Soot) 제거기
- 로터리형 : 연도 등의 저온의 전열면에 주로 사용되는 수트블로어
- 롱리트랙터블형 : 삽입형으로 보일러의 고온 전열면 또는 과열기 등에 사용되고, 증기 및 공기를 동시에 분사시켜 취출작업을 하는 수트블로어

82 플래시 탱크의 역할로 옳은 것은?

① 저압의 증기를 고압의 응축수로 만든다.
② 고압의 응축수를 저압의 증기로 만든다.
③ 고압의 증기를 저압의 응축수로 만든다.
④ 저압의 응축수를 고압의 증기로 만든다.

[해설]
플래시 탱크는 고압의 응축수를 저압의 증기로 만든다.

83 다이어프램 밸브의 특징에 대한 설명으로 틀린 것은?

① 역류를 방지하기 위한 것이다.
② 유체의 흐름에 주는 저항이 작다.
③ 기밀(氣密)할 때 패킹이 불필요하다.
④ 화학약품을 차단하여 금속 부분의 부식을 방지한다.

[해설]
역류를 방지하기 위한 밸브는 체크밸브이다.

84 다음 그림과 같은 노랭수벽의 전열면적[m²]은? (단, 수관의 바깥지름 30[mm], 수관의 길이 5[m], 수관의 수 200개이다)

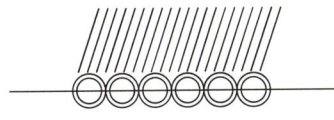

① 24 ② 47
③ 72 ④ 94

해설
반나관 노랭수벽의 전열면적
$A = \frac{\pi}{2}DLN = \frac{\pi}{2} \times 0.030 \times 5 \times 200 \simeq 47[\text{m}^2]$

85 지름이 d, 두께가 t인 얇은 살 두께의 원통 안에 압력 P가 작용할 때 원통에 발생하는 길이 방향의 인장응력은?

① $\dfrac{\pi dP}{4t}$ ② $\dfrac{\pi dP}{t}$

③ $\dfrac{dP}{4t}$ ④ $\dfrac{dP}{2t}$

해설
• 원통에 발생하는 길이 방향의 인장응력 : $\sigma_2 = \dfrac{dP}{4t}$
• 원통에 발생하는 반경 방향의 인장응력 : $\sigma_1 = \dfrac{dP}{2t}$

86 스케일(Scale)에 대한 설명으로 틀린 것은?
① 스케일로 인하여 연료소비가 많아진다.
② 스케일은 규산칼슘, 황산칼슘이 주성분이다.
③ 스케일은 보일러에서 열전달을 저하시킨다.
④ 스케일로 인하여 배기가스의 온도가 낮아진다.

해설
스케일로 인하여 배기가스의 온도는 높아진다.

87 노통 연관식 보일러에서 평형부의 길이가 230[mm] 미만인 파형 노통의 최소 두께[mm]를 결정하는 식은?(단, P는 최고 사용압력[MPa], D는 노통의 파형부에서의 최대 내경과 최소 내경의 평균치(모리슨형 노통에서는 최소 내경에 50[mm]를 더한 값)[mm], C는 노통의 종류에 따른 상수이다)

① $10PDC$ ② $\dfrac{10PC}{D}$

③ $\dfrac{C}{10PD}$ ④ $\dfrac{10PD}{C}$

해설
노통식 보일러 파형부 길이 230[mm] 미만인 노통의 최소 두께
• $t = \dfrac{PD}{C}[\text{mm}]$ (여기서, P : 최고 사용압력[kgf/cm²])
• $t = \dfrac{10PD}{C}[\text{mm}]$ (여기서, P : 최고 사용압력[MPa])

※ 공통조건
  D : 노통의 파형부에서의 최대 내경과 최소 내경의 평균치(모리슨형 노통에서는 최소 내경에 50[mm]를 더한 값), C : 노통의 종류에 따른 상수

88 가로 50[cm], 세로 70[cm]인 300[℃]로 가열된 평판에 20[℃]의 공기를 불어주고 있다. 열전달계수가 25[W/m²·℃]일 때 열전달량은 몇 [kW]인가?

① 2.45 ② 2.72
③ 3.34 ④ 3.96

해설
열전달량
$Q = K \cdot F \cdot \Delta t = 25 \times (0.5 \times 0.7) \times (300 - 20)$
$= 2,450[\text{W}] = 2.45[\text{kW}]$

89 수질(水質)을 나타내는 ppm의 단위는?
① 1만분의 1단위 ② 십만분의 1단위
③ 백만분의 1단위 ④ 1억분의 1단위

90 유량 2,200[kg/h]인 80[℃]의 벤젠을 40[℃]까지 냉각시키고자 한다. 냉각수 온도를 입구 30[℃], 출구 45[℃]로 하여 대향류 열교환기 형식의 이중관식 냉각기를 설계할 때 적당한 관의 길이[m]는? (단, 벤젠의 평균비열은 1,884[J/kg·℃], 관 내경 0.0427[m], 총괄 전열계수는 600[W/m²·℃]이다)

① 8.7　　　② 18.7
③ 28.6　　　④ 38.7

해설
- $\dot{Q} = \dot{m} C_m \Delta T = (2,200/3,600) \times 1,884 \times (40-80)$
  $\simeq -46,053[W] = 46,053[W]$ (냉각)
- $\Delta T_1 = 80 - 45 = 35[℃]$
  $\Delta T_2 = 40 - 30 = 10[℃]$
  $\Delta T_m = \dfrac{\Delta T_1 - \Delta T_2}{\ln\left(\dfrac{\Delta T_1}{\Delta T_2}\right)} = \dfrac{35 - 10}{\ln\left(\dfrac{35}{10}\right)} \simeq 19.96[℃]$
- 전열면적 $A = \dfrac{46,053}{600 \times 19.96} \simeq 3.845$
  전열면적 $A = \pi DL$이므로,
  $\therefore$ 관의 길이 $L = \dfrac{A}{\pi D} = \dfrac{3.845}{\pi \times 0.0427} \simeq 28.67[m]$

91 가스용 보일러의 배기가스 중 이산화탄소에 대한 일산화탄소의 비는 얼마 이하여야 하는가?

① 0.001　　　② 0.002
③ 0.003　　　④ 0.005

해설
가스용 보일러의 배기가스 중 이산화탄소에 대한 일산화탄소의 비는 0.002 이하이어야 한다.

92 오일 버너로서 유량 조절범위가 가장 넓은 버너는?

① 스팀 제트　　　② 유압분무식 버너
③ 로터리 버너　　④ 고압 공기식 버너

해설
오일 버너로서 유량 조절범위가 가장 넓은 버너는 고압 공기식 버너이다.

93 원통형 보일러의 내면이나 관 벽 등 전열면에 스케일이 부착될 때 발생되는 현상이 아닌 것은?

① 열전달률이 매우 작아 열전달 방해
② 보일러의 파열 및 변형
③ 물의 순환속도 저하
④ 전열면의 과열에 의한 증발량 증가

해설
전열면에 스케일이 부착될 때 발생되는 현상
- 스케일은 열전도율이 매우 작아 보일러에서 열전도의 방해물질로 작용한다.
- 스케일은 전열면에 부착되어 과열을 일으키고 더 크게 성장한다.
- 스케일로 인하여 연료 소비가 많아진다.
- 스케일로 인하여 배기가스의 온도가 높아진다.
- 고압 수관식 보일러의 증발관에 스케일이 부착되면 파열을 일으킨다.

94 배관용 탄소강관을 압력용기의 부분에 사용할 때에는 설계압력이 몇 [MPa] 이하일 때 가능한가?

① 0.1　　　② 1
③ 2　　　　④ 3

95 보일러의 급수처리방법에 해당되지 않는 것은?

① 이온교환법　　② 응집법
③ 희석법　　　　④ 여과법

해설
보일러의 급수처리방법 : 약품첨가법, 증류법, 이온교환법, 제오라이트법, 침강법, 응집법, 여과법, 기폭법, 탈기법 등

90 ③　91 ②　92 ④　93 ④　94 ②　95 ③

96 수관식 보일러에 속하지 않는 것은?

① 코니시 보일러
② 바브콕 보일러
③ 라몬트 보일러
④ 벤슨 보일러

> **해설**
> 코니시 보일러는 원통형 보일러에 속한다.

97 평 노통, 파형 노통, 화실 및 직립 보일러 화실판의 최고 두께는 몇 [mm] 이하이어야 하는가?(단, 습식 화실 및 조합 노통 중 평 노통은 제외한다)

① 12
② 22
③ 32
④ 42

> **해설**
> 평 노통, 파형 노통, 화실 및 직립 보일러 화실판의 최고 두께는 22[mm] 이하이어야 한다(단, 습식 화실 및 조합 노통 중 평 노통은 제외).

98 다음 중 보일러의 전열효율을 향상시키기 위한 장치로 가장 거리가 먼 것은?

① 수트블로어
② 인젝터
③ 공기예열기
④ 절탄기

> **해설**
> 보일러의 전열효율을 향상시키기 위한 장치 : 수트블로어, 공기예열기, 절탄기 등

99 보일러수의 분출목적이 아닌 것은?

① 프라이밍 및 포밍을 촉진한다.
② 물의 순환을 촉진한다.
③ 가성취화를 방지한다.
④ 관수의 pH를 조절한다.

> **해설**
> 보일러수는 프라이밍 및 포밍을 방지한다.

100 수관식 보일러에 대한 설명으로 틀린 것은?

① 증기 발생의 소요시간이 짧다.
② 보일러 순환이 좋고, 효율이 높다.
③ 스케일의 발생이 적고, 청소가 용이하다.
④ 드럼이 작아 구조적으로 고압에 적당하다.

> **해설**
> 수관식 보일러는 스케일 발생이 많고, 청소가 용이하지 않다.

정답 96 ① 97 ② 98 ② 99 ① 100 ③

2020년 제4회 과년도 기출문제

제1과목 | 연소공학

01 집진장치에 대한 설명으로 틀린 것은?

① 전기집진기는 방전극을 음, 집진극을 양으로 한다.
② 전기집진은 쿨롱(Coulomb)력에 의해 포집된다.
③ 소형 사이클론을 직렬시킨 원심력 분리장치를 멀티스크러버(Multi-scrubber)라고 한다.
④ 여과집진기는 함진가스를 여과재에 통과시키면서 입자를 분리하는 장치이다.

해설
소형 사이클론을 병렬시킨 원심력 분리장치를 멀티 스크러버(Multi-scrubber)라고 한다.

02 이론습연소가스량 G_{ow}와 이론 건연소가스량 G_{od}의 관계를 나타낸 식으로 옳은 것은?(단, H는 수소체적비, w는 수분체적비를 나타내고, 식의 단위는 [Nm³/kg]이다)

① $G_{od} = G_{ow} + 1.25(9\text{H}+w)$
② $G_{od} = G_{ow} - 1.25(9\text{H}+w)$
③ $G_{od} = G_{ow} + (9\text{H}+w)$
④ $G_{od} = G_{ow} - (9\text{H}-w)$

해설
습연소가스량(G_{ow})과 건연소가스량(G_{od})의 관계식은
$G_{ow} = G_{od} + 1.25(9\text{H}+w)$ 이므로
$G_{od} = G_{ow} - 1.25(9\text{H}+w)$

03 저압공기 분무식 버너의 특징이 아닌 것은?

① 구조가 간단하여 취급이 간편하다.
② 공기압이 높으면 무화공기량이 줄어든다.
③ 점도가 낮은 중유도 연소할 수 있다.
④ 대형 보일러에 사용된다.

해설
저압공기 분무식 버너는 소형 보일러에 사용된다.

04 기체연료의 장점이 아닌 것은?

① 열효율이 높다.
② 연소의 조절이 용이하다.
③ 다른 연료에 비하여 제조비용이 싸다.
④ 다른 연료에 비하여 회분이나 매연이 나오지 않고 청결하다.

해설
기체연료는 다른 연료에 비해 제조비용이 비싸다(단점).

05 환열실의 전열면적[m²]과 전열량[W] 사이의 관계는?(단, 전열면적은 F, 전열량은 Q, 총괄 전열계수는 V이며, Δt_m은 평균 온도차이다)

① $Q = \dfrac{F}{\Delta t_m}$
② $Q = F \times \Delta t_m$
③ $Q = F \times V \times \Delta t_m$
④ $Q = \dfrac{V}{F \times \Delta t_m}$

06 연소가스와 외부공기의 밀도차에 의해서 생기는 압력차를 이용하는 통풍방법은?

① 자연통풍 ② 평형통풍
③ 압입통풍 ④ 유인통풍

해설
② 평형통풍 : 노 앞과 연돌 하부에 송풍기를 설치하여 대기압 이상의 공기를 압입송풍시켜 노에 밀어 넣고, 노의 압력은 흡인 송풍시켜 항상 대기압보다 약간 낮은 압력으로 유지시키는 방식이다. 즉, 압입통풍과 흡입통풍을 합한 방식이다.
③ 압입통풍 : 노 앞에 설치된 송풍기에 의해 연소용 공기를 노 내부로 압입하는 방식이다.
④ 유인통풍 : 송풍기로 연소가스를 빨아들여 연도 끝으로 배출시키는 방식이다.

07 분젠버너를 사용할 때 가스의 유출속도를 점차 빠르게 하면 불꽃 모양은 어떻게 되는가?

① 불꽃이 엉클어지면서 짧아진다.
② 불꽃이 엉클어지면서 길어진다.
③ 불꽃의 형태는 변화 없고 밝아진다.
④ 아무런 변화가 없다.

08 메탄 50[V%], 에탄 25[V%], 프로판 25[V%]가 섞여 있는 혼합기체의 공기 중에서 연소 하한계는 약 몇 [%]인가?(단, 메탄, 에탄, 프로판의 연소 하한계는 각각 5[V%], 3[V%], 2.1[V%]이다)

① 2.3 ② 3.3
③ 4.3 ④ 5.3

해설
연소 하한계(LFL)
$$\frac{100}{LFL} = \sum \frac{V_i}{L_i}$$
$$= \frac{50}{5} + \frac{25}{3} + \frac{25}{2.1} \simeq 30.238$$
∴ $LFL \simeq 3.3[\%]$

09 다음 성분 중 연료의 조성을 분석하는 방법 중에서 공업분석으로 알 수 없는 것은?

① 수분(w) ② 회분(A)
③ 휘발분(V) ④ 수소(H)

해설
공업분석 : 수분, 회분, 휘발분, 고정탄소 순으로 분석한다.

10 가연성 혼합기의 공기비가 1.0일 때 당량비는?

① 0 ② 0.5
③ 1.0 ④ 1.5

해설
가연성 혼합기의 공기비가 1.0일 때의 당량비는 1.0이다.

11 B중유 5[kg]을 완전연소시켰을 때 저위발열량은 약 몇 [MJ]인가?(단, B중유의 고위발열량은 41,900 [kJ/kg], 중유 1[kg]에 수소 H는 0.2[kg], 수증기 w는 0.1[kg] 함유되어 있다)

① 96 ② 126
③ 156 ④ 186

해설
저위발열량 $H_L = \{H_h - 600(9H+w)\} \times$ 연료 무게
여기서, 600은 [cal] 개념이므로 [kJ]로 환산하면 $600 \times 4.185 = 2,511$이 된다.
∴ $H_L = \{H_h - 2,511(9H+w)\} \times$ 연료 무게
  $= \{41,900 - 2,511 \times (9 \times 0.2 + 0.1)\} \times 5$
  $\simeq 185,646[kJ]$
  $\simeq 186[MJ]$

12 다음 중 굴뚝의 통풍력을 나타내는 식은?(단, h는 굴뚝 높이, γ_a는 외기의 비중량, γ_g는 굴뚝 속의 가스의 비중량, g는 중력가속도이다)

① $h(\gamma_g - \gamma_a)$
② $h(\gamma_a - \gamma_g)$
③ $\dfrac{h(\gamma_g - \gamma_a)}{g}$
④ $\dfrac{h(\gamma_a - \gamma_g)}{g}$

13 효율이 60[%]인 보일러에서 12,000[kJ/kg]의 석탄을 150[kg] 연소시켰을 때의 열손실은 몇 [MJ]인가?

① 720
② 1,080
③ 1,280
④ 1,440

해설
석탄 1[kg]에 대한 열손실을 x라고 하면
$\dfrac{12,000 - x}{12,000} = 0.6$, $x = 4,800$[kJ]
∴ 석탄 150[kg]에 대한 열손실
$= 150x = 150 \times 4,800$
$= 720,000$[kJ] $= 720$[MJ]

14 연료의 연소 시 CO₂max[%]는 어느 때의 값인가?

① 실제공기량으로 연소 시
② 이론공기량으로 연소 시
③ 과잉공기량으로 연소 시
④ 이론량보다 적은 공기량으로 연소 시

해설
연료의 연소 시 CO₂max[%]는 이론공기량으로 연소했을 때의 값이다.

15 다음 각 성분의 조성을 나타낸 식 중에서 틀린 것은?(단, m : 공기비, L_0 : 이론공기량, G : 가스량, G_0 : 이론건연소 가스량이다)

① $(CO_2) = \dfrac{1.867C - (CO)}{G} \times 100$
② $(O_2) = \dfrac{0.21(m-1)L_0}{G} \times 100$
③ $(N_2) = \dfrac{0.8N + 0.79mL_0}{G} \times 100$
④ $(CO_2)_{max} = \dfrac{1.867C + 0.7S}{G_0} \times 100$

해설
고체, 액체연료가 완전연소하면 연소가스 중의 CO₂량은 $(C/12) \times 22.4$[Nm³/kg]이 된다.
∴ CO₂ 성분의 조성 $= \dfrac{\text{연소가스 중의 CO}_2\text{량}}{\text{가스량}} \times 100$
$= \dfrac{(C/12) \times 22.4}{G} \times 100$
$= \dfrac{1.867C}{G} \times 100$

16 중유에 대한 설명으로 틀린 것은?

① A중유는 C중유보다 점성이 작다.
② A중유는 C중유보다 수분 함유량이 작다.
③ 중유는 점도에 따라 A급, B급, C급으로 나뉜다.
④ C중유는 소형 디젤기관 및 소형 보일러에 사용된다.

해설
C중유는 대형 디젤기관 및 대형 보일러에 사용된다.

17 중유의 저위발열량이 41,860[kJ/kg]인 원료 1[kg]을 연소시킨 결과 연소열이 31,400[kJ/kg]이고, 유효출열이 30,270[kJ/kg]일 때 전열효율과 연소효율은 각각 얼마인가?

① 96.4[%], 70[%]   ② 96.4[%], 75[%]
③ 72.3[%], 75[%]   ④ 72.3[%], 96.4[%]

해설

- 전열효율 $\eta_r = \dfrac{\text{유효열량}}{\text{실제 연소열량}} \times 100[\%]$

  $= \dfrac{30,270}{31,400} \times 100[\%] \simeq 96.4[\%]$

- 연소효율 $\eta_e = \dfrac{\text{실제 연소열량}}{\text{연료의 발열량}} \times 100[\%]$

  $= \dfrac{31,400}{41,860} \times 100[\%] \simeq 75[\%]$

18 수소 1[kg]을 완전히 연소시키는 데 요구되는 이론산소량은 몇 [Nm³]인가?

① 1.86   ② 2.8
③ 5.6   ④ 26.7

해설

수소의 연소방정식 : $H_2 + 0.5O_2 \rightarrow H_2O$
수소 1[kg]은 0.5[kmol]이므로,
요구되는 이론산소량은 $0.5 \times 0.5 \times 22.4 = 5.6[Nm^3]$

19 액체연료의 연소방법으로 틀린 것은?

① 유동층 연소   ② 등심연소
③ 분무연소   ④ 증발연소

해설

유동층 연소 : 석탄 분쇄입자와 유동매체(석회석)의 혼합 가루층에 적정 속도의 공기를 불어 넣은 부유 유동층 상태에서의 연소(기술)

20 제조 기체연료에 포함된 성분이 아닌 것은?

① C   ② H_2
③ CH_4 ④ N_2

해설

C(탄소)는 제조 고체연료에 포함된 성분이다.

제2과목 | 열역학

21 1[mol]의 이상기체가 25[℃], 2[MPa]로부터 100[kPa]까지 가역단열적으로 팽창하였을 때 최종 온도[K]는? (단, 정적비열 C_v는 $\dfrac{3}{2}R$이다)

① 60   ② 70
③ 80   ④ 90

해설

정적비열 C_v는 $\dfrac{3}{2}R$이므로,

정압비열 $C_p = R + C_v = R + \dfrac{3}{2}R = \dfrac{5}{2}R$

∴ 비열비 $k = \dfrac{C_p}{C_v} = \dfrac{5}{2} \times \dfrac{2}{3} \simeq 1.67$

가역 단열과정이므로

$\dfrac{T_2}{T_1} = \left(\dfrac{V_1}{V_2}\right)^{k-1} = \left(\dfrac{P_2}{P_1}\right)^{\frac{k-1}{k}}$

$\dfrac{T_2}{25+273} = \left(\dfrac{100}{2,000}\right)^{\frac{1.67-1}{1.67}} \simeq 0.3$

∴ $T_2 = 298 \times 0.3 \simeq 90[K]$

22 비열비(k)가 1.4인 공기를 작동유체로 하는 디젤엔진의 최고 온도(T_3) 2,500[K], 최저 온도(T_1)가 300[K], 최고 압력(P_3)이 4[MPa], 최저 압력(P_1)이 100[kPa]일 때 차단비(Cut Off Ratio, γ_c)는 얼마인가?

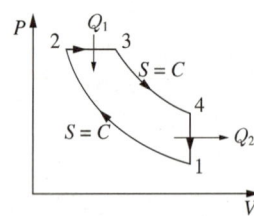

① 2.4 ② 2.9
③ 3.1 ④ 3.6

해설

압축비 $\varepsilon = \left(\dfrac{P_3}{P_1}\right)^{\frac{1}{k}} = \left(\dfrac{4,000}{100}\right)^{\frac{1}{1.4}} \simeq 13.94$

차단비 $\sigma = \dfrac{V_3}{V_2} = \dfrac{T_3}{T_2} = \dfrac{T_3}{T_1 \varepsilon^{k-1}} = \dfrac{2,500}{300 \times 13.94^{1.4-1}} \simeq 2.9$

23 분자량이 29인 1[kg]의 이상기체가 실린더 내부에 채워져 있다. 처음에 압력 400[kPa], 체적 0.2[m³]인 이 기체를 가열하여 체적 0.076[m³], 온도 100[℃]가 되었다. 이 과정에서 받은 일[kJ]은?(단, 폴리트로픽 과정으로 가열한다)

① 90 ② 95
③ 100 ④ 104

해설

• $P_1 V_1 = nRT_1$

$400 \times 0.2 = \left(\dfrac{1}{29}\right) \times 8.314 \times T_1$

$T_1 \simeq 279[\text{K}]$

• $\dfrac{T_2}{T_1} = \left(\dfrac{V_1}{V_2}\right)^{n-1} = \left(\dfrac{P_2}{P_1}\right)^{\frac{n-1}{n}}$

$\dfrac{373}{279} = \left(\dfrac{0.2}{0.076}\right)^{n-1} = \left(\dfrac{P_2}{400}\right)^{\frac{n-1}{n}}$

$n \simeq 1.3,\ P_2 \simeq 1,406[\text{kPa}]$

∴ $_1W_2 = \int P dV = P_1 V_1^n \int_1^2 \left(\dfrac{1}{V}\right)^n dV$

$= \dfrac{1}{n-1}(P_1 V_1 - P_2 V_2)$

$= \dfrac{1}{1.3-1}(400 \times 0.2 - 1,406 \times 0.076)$

$\simeq -90[\text{kJ}]$

$= 90[\text{kJ}]$(받은 일)

24 임의의 과정에 대한 가역성과 비가역성을 논의하는 데 적용되는 법칙은?

① 열역학 제0법칙
② 열역학 제1법칙
③ 열역학 제2법칙
④ 열역학 제3법칙

해설

열역학 제2법칙
엔트로피 법칙=비가역법칙(에너지 흐름의 방향성)=실제적 법칙=제2종 영구기관 부정의 법칙

25 100[kPa], 20[℃]의 공기를 0.1[kg/sec]의 유량으로 900[kPa]까지 등온압축할 때 필요한 공기압축기의 동력[kW]은?(단, 공기의 기체상수는 0.287[kJ/kg·K]이다)

① 18.5 ② 64.5
③ 75.7 ④ 185

해설

$P_1 V_1 = mRT_1$ 에서 $V_1 = \dfrac{mRT_1}{P_1}$

공기압축기의 동력

$H = P_1 V_1 \times \ln\dfrac{P_2}{P_1} = P_1 \times \dfrac{mRT_1}{P_1} \times \ln\dfrac{P_2}{P_1} = mRT_1 \ln\dfrac{P_2}{P_1}$

$= 0.1 \times 0.287 \times (20+273) \times \ln\dfrac{900}{100} \approx 18.5 [\text{kW}]$

26 증기압축 냉동 사이클의 증발기 출구, 증발기 입구에서 냉매의 비엔탈피가 각각 1,284[kJ/kg], 122[kJ/kg]이면 압축기 출구측에서 냉매의 비엔탈피[kJ/kg]는?(단, 성능계수는 4.4이다)

① 1,316 ② 1,406
③ 1,548 ④ 1,632

해설

성능계수$(COP)_R = \varepsilon_R = \dfrac{흡수열}{받은\ 일} = \dfrac{q_2}{W_c}$

$= \dfrac{q_2}{q_1 - q_2} = \dfrac{T_2}{T_1 - T_2}$

$= \dfrac{h_1 - h_4}{h_2 - h_1}$

$4.4 = \dfrac{1,284 - 122}{h_2 - 1,284}$

∴ 압축기 출구측에서 냉매의 비엔탈피 $h_2 \approx 1,548 [\text{kJ/Kg}]$

27 다음 그림은 공기 표준 오토 사이클이다. 효율 η에 관한 식으로 틀린 것은?(단, ε은 압축비, k는 비열비이다)

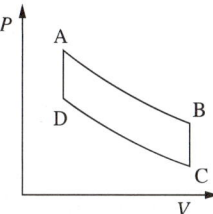

① $\eta = 1 - \dfrac{T_B - T_C}{T_A - T_D}$ ② $\eta = 1 - \varepsilon\left(\dfrac{1}{\varepsilon}\right)^k$

③ $\eta = 1 - \dfrac{T_B}{T_A}$ ④ $\eta = 1 - \dfrac{P_B - P_C}{P_A - P_D}$

해설

공기 표준 오토 사이클의 효율

$\eta = \dfrac{유효한\ 일}{공급열량} = \dfrac{W}{Q_1} = \dfrac{공급열량 - 방출열량}{공급열량}$

$= 1 - \dfrac{T_B - T_C}{T_A - T_D} = 1 - \varepsilon\left(\dfrac{1}{\varepsilon}\right)^k$

$= 1 - \dfrac{T_B}{T_A}$

28 정상 상태에서 작동하는 개방시스템에 유입되는 물질의 비엔탈피가 h_1이고, 이 시스템 내에 단위질량당 열을 q만큼 전달해 주는 것과 동시에 축을 통한 단위질량당 일을 w만큼 시스템으로 가해 주었을 때, 시스템으로부터 유출되는 물질의 비엔탈피 h_2를 옳게 나타낸 것은?(단, 위치에너지와 운동에너지는 무시한다)

① $h_2 = h_1 + q - w$ ② $h_2 = h_1 - q - w$
③ $h_2 = h_1 + q + w$ ④ $h_2 = h_1$

해설

시스템으로부터 유출되는 물질의 비엔탈피
$h_2 = h_1 + q + w$

여기서, h_1 : 정상 상태에서 작동하는 개방시스템에 유입되는 물질의 비엔탈피
q : 시스템 내에 단위질량당 전달열
w : 축을 통하여 시스템에 가해 준 단위질량당 일

정답 25 ① 26 ③ 27 ④ 28 ③

29 다음 중 오존층을 파괴하며 국제협약에 의해 사용이 금지된 CFC 냉매는?

① R-12
② HFO1234yf
③ NH₃
④ CO₂

해설

R-12(CCl₂F₂) : 프레온 냉매 중 제일 먼저 개발되어 왕복식 압축기에 가장 많이 사용되는 등 널리 사용되어 왔지만, 지구온난화지수와 오존파괴지수가 매우 높아 지구온난화를 야기하고 오존층을 파괴하므로 국제협약에 의해 사용이 금지된 CFC 냉매이다.

30 2[kg], 30[℃]인 이상기체가 100[kPa]에서 300[kPa]까지 가역 단열과정으로 압축되었다면 최종 온도[℃]는?(단, 이 기체의 정적비열은 750[J/kg·K], 정압비열은 1,000[J/kg·K]이다)

① 99
② 126
③ 267
④ 399

해설

비열비 $k = \dfrac{C_p}{C_v} = \dfrac{1,000}{750} \simeq 1.3333$

가역 단열과정이므로

$$\dfrac{T_2}{T_1} = \left(\dfrac{V_1}{V_2}\right)^{k-1} = \left(\dfrac{P_2}{P_1}\right)^{\frac{k-1}{k}}$$

$\dfrac{T_2}{30+273} = \left(\dfrac{300}{100}\right)^{\frac{1.3333-1}{1.3333}} \simeq 1.316$

$T_2 = 303 \times 1.316 \simeq 399[K] = 126[℃]$

31 수증기를 사용하는 기본 랭킨 사이클의 복수기 압력이 10[kPa], 보일러 압력이 2[MPa], 터빈일이 792[kJ/kg], 복수기에서 방출되는 열량이 1,800[kJ/kg]일 때 열효율[%]은?(단, 펌프에서 물의 비체적은 1.01×10⁻³[m³/kg]이다)

① 30.5
② 32.5
③ 34.5
④ 36.5

해설

$W_p = v_1(P_2 - P_1) = 1.01 \times 10^{-3} \times (2,000 - 10)$
   $\simeq 2.01[kJ/kg]$

∴ 열효율 $\eta_R = \dfrac{W_t - W_p}{Q_1} = \dfrac{792 - 2.01}{792 + 1,800} \simeq 0.305 = 30.5[\%]$

32 랭킨 사이클의 터빈 출구 증기의 건도를 상승시켜 터빈 날개의 부식을 방지하기 위한 사이클은?

① 재열 사이클
② 오토 사이클
③ 재생 사이클
④ 사바테 사이클

해설

재열 사이클 : 랭킨 사이클을 개선한 사이클로 랭킨 사이클의 터빈 출구 증기의 건도를 상승시켜 터빈 날개의 부식을 방지하기 위한 사이클이다. 랭킨 사이클의 단열팽창과정 도중 추출한 증기는 재열기에서 재가열되고, 터빈에 되돌려서 팽창하게 해 열효율을 높인다. 고압 증기터빈에서 저압 증기터빈으로 유입되는 증기의 건도를 높여 상대적으로 높은 보일러 압력을 사용할 수 있게 하고, 터빈일을 증가시키며, 터빈 출구의 건도를 높인다.

33 다음 중 강도성 상태량이 아닌 것은?

① 압 력
② 온 도
③ 비체적
④ 체 적

해설

체적은 종량성 상태량에 해당한다.

34 97[℃]로 유지되고 있는 항온조가 실내온도 27[℃]인 방에 놓여 있다. 어떤 시간에 1,000[kJ]의 열이 항온조에서 실내로 방출되었다면, 다음 설명 중 틀린 것은?

① 항온조 속의 물질의 엔트로피 변화는 약 -2.7 [kJ/K]이다.
② 실내 공기의 엔트로피의 변화는 약 3.3[kJ/K]이다.
③ 이 과정은 비가역적이다.
④ 항온조와 실내 공기의 총엔트로피는 감소하였다.

해설
④ $\Delta S_{total} = \Delta S_1 + \Delta S_2 = -2.7 + 3.3 = +0.6$[kJ/K]이므로 항온조와 실내공기의 총엔트로피는 증가하였다.
① $\Delta S_1 = -\dfrac{1,000}{97+273} \simeq -2.7$[kJ/K]
② $\Delta S_2 = \dfrac{1,000}{27+273} \simeq 3.3$[kJ/K]
③ 원래대로 되돌아가지 않으므로 비가역과정이다.

35 표준기압(101.3[kPa]), 20[℃]에서 상대습도 65[%]인 공기의 절대습도[kg/kg]는?(단, 건조공기와 수증기는 이상기체로 간주하며, 각각의 분자량은 29, 18로 하고, 20[℃]의 수증기의 포화압력은 2.25[kPa]로 한다)

① 0.0091
② 0.0202
③ 0.0452
④ 0.0724

해설
절대습도
$y = 0.622 \times \dfrac{\phi P_s}{P - \phi P_s} = 0.622 \times \dfrac{0.65 \times 2.25}{101.3 - 0.65 \times 2.25}$
$\simeq 0.0091$[kg/kg]

36 증기의 기본적 성질에 대한 설명으로 틀린 것은?

① 임계압력에서 증발열은 0이다.
② 증발잠열은 포화압력이 높아질수록 커진다.
③ 임계점에서는 액체와 기체의 상에 대한 구분이 없다.
④ 물의 3중점은 물과 얼음과 증기의 3상이 공존하는 점이며 이 점의 온도는 0.01[℃]이다.

해설
증발잠열은 포화압력이 낮아질수록 커진다.

37 이상기체가 등온과정에서 외부에 하는 일에 대한 관계식으로 틀린 것은?(단, R은 기체상수이고, 계에 대해서 m은 질량, V는 부피, P는 압력, T는 온도를 나타낸다. 하첨자 '1'은 변경 전, 하첨자 '2'는 변경 후를 나타낸다)

① $P_1 V_1 \ln \dfrac{V_2}{V_1}$
② $P_1 V_1 \ln \dfrac{P_2}{P_1}$
③ $mRT \ln \dfrac{P_1}{P_2}$
④ $mRT \ln \dfrac{V_2}{V_1}$

해설
절대일(비유동일)
$_1W_2 = \int PdV = P_1 V_1 \ln \dfrac{V_2}{V_1} = P_1 V_1 \ln \dfrac{P_1}{P_2} = mRT \ln \dfrac{V_2}{V_1}$
$= mRT \ln \dfrac{P_1}{P_2}$

38 이상적인 표준증기압축식 냉동 사이클에서 등엔탈피 과정이 일어나는 곳은?

① 압축기
② 응축기
③ 팽창밸브
④ 증발기

39 초기의 온도, 압력이 100[℃], 100[kPa] 상태인 이상기체를 가열하여 200[℃], 200[kPa] 상태가 되었다. 기체의 초기 상태 비체적이 0.5[m³/kg]일 때, 최종 상태의 기체 비체적[m³/kg]은?

① 0.16
② 0.25
③ 0.32
④ 0.50

해설
- 초 기
$P_1 V_1 = m_1 R T_1$
$\dfrac{V_1}{m_1} = \dfrac{RT_1}{P_1} = \dfrac{R(100+273)}{100} = 0.5$
$R \simeq 0.134$

- 최 종
$P_2 V_2 = m_2 R T_2$
$\dfrac{V_2}{m_2} = \dfrac{RT_2}{P_2} = \dfrac{0.134 \times (200+273)}{200} \simeq 0.32 [\text{m}^3/\text{kg}]$

40 열손실이 없는 단단한 용기 안에 20[℃]의 헬륨 0.5[kg]을 15[W]의 전열기로 20분간 가열하였다. 최종 온도[℃]는?(단, 헬륨의 정적비열은 3.116[kJ/kg·K], 정압비열은 5.193[kJ/kg·K]이다)

① 23.6
② 27.1
③ 31.6
④ 39.5

해설
$Q = m C_v \Delta T$
$15 \times 20 \times 60 \times 10^{-3} = 0.5 \times 3.116 \times (T_2 - 20)$
$18 = 1.558 \times (T_2 - 20)$
$T_2 \simeq 31.6 [℃]$

제3과목 | 계측방법

41 가스크로마토그래피의 구성요소가 아닌 것은?

① 검출기
② 기록계
③ 칼럼(분리관)
④ 지르코니아

해설
가스크로마토그래피의 구성요소 : 유량측정기, 칼럼(분리관), 검출기, 캐리어 가스통, 기록계

42 방사율에 의한 보정량이 적고 비접촉법으로는 정확한 측정이 가능하나 사람 손이 필요한 결점이 있는 온도계는?

① 압력계형 온도계
② 전기저항 온도계
③ 열전대 온도계
④ 광고온계

해설
광고온계 : 파장을 이용(특정파장을 온도계 내에 통과시켜 온도계 내의 전구 필라멘트의 휘도를 육안으로 직접 비교하여 온도를 측정하는 비접촉식 온도계)하며 방사율에 의한 보정량이 적고 비접촉법으로는 정확한 측정이 가능하나 사람의 손이 필요한 결점이 있는 온도계이다.

43 자동제어계에서 응답을 나타낼 때 목표치를 기준한 앞뒤의 진동으로 시간의 지연을 필요로 하는 시간적 동작의 특성을 의미하는 것은?

① 동특성
② 스텝응답
③ 정특성
④ 과도응답

해설
동특성 : 자동제어계에서 응답을 나타낼 때 목표치를 기준한 앞뒤의 진동으로 시간의 지연을 필요로 하는 시간적 동작의 특성

44 색 온도계에 대한 설명으로 옳은 것은?

① 온도에 따라 색이 변하는 일원적인 관계로부터 온도를 측정한다.
② 바이메탈 온도계의 일종이다.
③ 유체의 팽창 정도를 이용하여 온도를 측정한다.
④ 기전력의 변화를 이용하여 온도를 측정한다.

해설
색 온도계 : 파장을 이용한다.
- 온도에 따라 색이 변하는 일원적인 관계로부터 온도를 측정하는 비접촉식 온도계
- 측정 온도범위 : 600~2,000[℃]
- 색에 따른 온도 : 어두운 색 600[℃], 적색 800[℃], 오렌지색 1,000[℃], 노란색 1,200[℃], 눈부신 황백색 1,500[℃], 매우 눈부신 흰색 2,000[℃], 푸른 기가 있는 흰백색 2,500[℃]

45 관 속을 흐르는 유체가 층류로 되려면?

① 레이놀즈수가 4,000보다 많아야 한다.
② 레이놀즈수가 2,100보다 적어야 한다.
③ 레이놀즈수가 4,000이어야 한다.
④ 레이놀즈수와는 관계가 없다.

해설
관 속을 흐르는 유체가 층류로 되려면 레이놀즈수가 2,100보다 적어야 한다.

46 다음 중 사하중계(Dead Weight Gauge)의 주된 용도는?

① 압력계 보정   ② 온도계 보정
③ 유체밀도 측정 ④ 기체 무게 측정

해설
사하중계(Dead Weight Gauge)는 기본적인 압력 측정의 기준이 되는 게이지로, 분동식 압력교정기라고도 한다.

47 시스(Sheath) 열전대 온도계에서 열전대가 있는 보호관 속에 충전되는 물질로 구성된 것은?

① 실리카, 마그네시아
② 마그네시아, 알루미나
③ 알루미나, 보크사이트
④ 보크사이트, 실리카

해설
시스(Sheath) 열전대 온도계에서 열전대가 있는 보호관 속에 충전되는 물질은 마그네시아, 알루미나이다.

48 지름이 각각 0.6[m], 0.4[m]인 파이프가 있다. (1)에서의 유속이 8[m/sec]이면 (2)에서의 유속[m/sec]은 얼마인가?

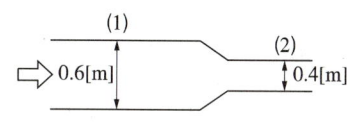

① 16   ② 18
③ 20   ④ 22

해설
$A_1 v_1 = A_2 v_2$

$\dfrac{\pi \times 0.6^2}{4} \times 8 = \dfrac{\pi \times 0.4^2}{4} \times v_2$

$v_2 = \left(\dfrac{0.6}{0.4}\right)^2 \times 8 = 18\,[\text{m/sec}]$

49 열전도율형 CO_2 분석계의 사용 시 주의사항에 대한 설명 중 틀린 것은?

① 브리지의 공급 전류의 점검을 확실하게 한다.
② 셀의 주위 온도와 측정가스 온도는 거의 일정하게 유지시키고 온도의 과도한 상승을 피한다.
③ H_2를 혼입시키면 정확도를 높이므로 같이 사용한다.
④ 가스의 유속을 일정하게 하여야 한다.

해설
열전도율형 CO_2분석계는 H_2를 혼입시키면 정확도가 떨어지므로 같이 사용하면 안 된다.

50 열전대 온도계에서 열전대선을 보호하는 보호관 단자로부터 냉접점까지는 보상도선을 사용한다. 이때 보상도선의 재료로서 가장 적합한 것은?

① 백금로듐
② 알루멜
③ 철 선
④ 동-니켈 합금

해설
보상도선의 재료는 동-니켈 합금이 적합하다.

51 점도 1[Pa·sec]와 같은 값은?

① 1[kg/m·sec]
② 1[P]
③ 1[kgf·sec/m^2]
④ 1[cP]

해설
점도 1[Pa·sec] = 1[kg/m·sec]

52 다음 중 미세한 압력차를 측정하기에 적합한 액주식 압력계는?

① 경사관식 압력계
② 부르동관 압력계
③ U자관식 압력계
④ 저항선 압력계

해설
경사관식(액주형) 압력계(Inclined Micromanometer)
- 눈금을 확대하여 읽을 수 있는 구조로 되어 있다.
- 미세압 측정용으로 가장 적합하다.
- 정도가 우수하여 주로 정밀 측정에 사용된다.
- 통풍계로 사용 가능하다.

53 제어량에 편차가 생겼을 경우 편차의 적분차를 가감해서 조작량의 이동속도가 비례하는 동작으로서, 잔류편차가 제어되나 제어 안정성은 떨어지는 특징을 가진 동작은?

① 비례동작
② 적분동작
③ 미분동작
④ 다위치동작

해설
- 비례동작 : 조작부를 편차의 크기에 비례하여 움직이게 하는 동작
- 미분동작 : 조절계의 출력 변화가 편차의 변화속도에 비례하는 동작(오차 증가를 미연에 방지하고 진동을 억제)

54 다음 중 간접식 액면 측정방법이 아닌 것은?

① 방사선식 액면계
② 초음파식 액면계
③ 플로트식 액면계
④ 저항전극식 액면계

해설
플로트식 액면계는 직접식 액면계이다.

55 액체와 고체연료의 열량을 측정하는 열량계는?

① 봄베식
② 융커스식
③ 클리블랜드식
④ 태그식

해설
액체와 고체연료의 열량을 측정하는 열량계는 봄베식이다.

56 분동식 압력계에서 300[MPa] 이상 측정할 수 있는 것에 사용되는 액체로 가장 적합한 것은?

① 경 유   ② 스핀들유
③ 피마자유   ④ 모빌유

해설
분동식 압력계에서 300[MPa] 이상 측정할 수 있는 것에 사용되는 액체로 모빌유가 적합하다.

57 물을 함유한 공기와 건조공기의 열전도율 차이를 이용하여 습도를 측정하는 것은?

① 고분자 습도센서
② 염화리튬 습도센서
③ 서미스터 습도센서
④ 수정진동자 습도센서

해설
서미스터 습도센서 : 물을 함유한 공기와 건조공기의 열전도율 차이를 이용하여 습도를 측정하는 습도센서로, 사용온도의 영역이 넓고 응답이 신속하다.

58 측정량과 크기가 거의 같은 미리 알고 있는 양의 분동을 준비하여 분동과 측정량의 차이로부터 측정량을 구하는 방식은?

① 편위법   ② 보상법
③ 치환법   ④ 영위법

해설
① 편위법 : 측정량의 크기에 따라 지침 등을 편위시켜 측정량을 구하는 방법으로, 감도는 떨어지지만 취급이 쉬우며 신속하게 측정할 수 있어 전압계 및 전류계 등의 공업용 기기로 많이 사용된다.
③ 치환법 : 정확한 기준과 비교 측정하여 측정기 자신의 부정확한 원인이 되는 오차를 제거하기 위하여 사용되는 방법으로, 다이얼게이지를 이용하여 두께를 측정하는 방법 등이 이에 해당한다.
④ 영위법 : 측정하고자 하는 상태량과 독립적 크기를 조정할 수 있는 기준량과 비교하여 측정·계측하는 방법이다.

59 다음 중 그림과 같은 조작량 변화동작은?

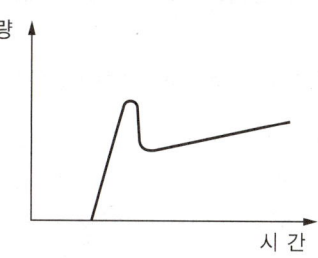

① PI동작
② ON-OFF동작
③ PID동작
④ PD동작

해설
PID동작에 대한 조작량-시간선도이다.

60 오리피스 유량계에 대한 설명으로 틀린 것은?

① 베르누이의 정리를 응용한 계기이다.
② 기체와 액체에 모두 사용이 가능하다.
③ 유량계수 C는 유체의 흐름이 층류이거나 와류의 경우 모두 같고 일정하며 레이놀즈수와 무관하다.
④ 제작과 설치가 쉬우며, 경제적인 교축기구이다.

해설
유량계수(C)는 유체의 흐름이 층류냐, 와류냐에 따라 달라지며 레이놀즈수에 비례한다.
$$C = \frac{C_v}{\sqrt{1-\left(\frac{d_2}{d_1}\right)^2}}$$

정답 56 ④ 57 ③ 58 ② 59 ③ 60 ③

제4과목 | 열설비재료 및 관계법규

61 용선로(Cupola)에 대한 설명으로 틀린 것은?

① 대량 생산이 가능하다.
② 용해 특성상 용탕에 탄소, 황, 인 등의 불순물이 들어가기 쉽다.
③ 다른 용해로에 비해 열효율이 좋고 용해시간이 빠르다.
④ 동합금, 경합금 등 비철금속 용해로로 주로 사용된다.

[해설]
용선로는 주로 주철 용해로로 사용된다.

62 다음 중 터널요에 대한 설명으로 옳은 것은?

① 예열, 소성, 냉각이 연속적으로 이루어지며 대차의 진행 방향과 같은 방향으로 연소가스가 진행된다.
② 소성시간이 길기 때문에 소량 생산에 적합하다.
③ 인건비, 유지비가 많이 든다.
④ 온도 조절의 자동화가 쉽지만 제품의 품질, 크기, 형상 등에 제한을 받는다.

[해설]
① 예열, 소성, 냉각이 연속적으로 이루어지며 연소가스는 소성대에서 배기된다.
② 소성 서랭시간이 짧고 대량 생산이 가능하다.
③ 인건비, 유지비가 적게 든다.

63 에너지이용합리화법령상 산업통상자원부장관 또는 시·도지사가 한국에너지공단 이사장에게 권한을 위탁한 업무가 아닌 것은?

① 에너지관리지도
② 에너지사용계획의 검토
③ 열사용기자재 제조업의 등록
④ 효율관리기자재의 측정결과 신고의 접수

[해설]
산업통상자원부장관 또는 시·도지사가 한국에너지공단 이사장에게 위탁한 업무
• 에너지관리지도
• 에너지사용계획의 검토
• 에너지절약전문기업의 등록
• 냉난방온도의 유지·관리 여부에 대한 점검 및 실태 파악
• 효율관리기자재의 측정결과 신고의 접수

64 에너지이용합리화법령상 최고 사용압력[MPa]과 내부 부피(m^3)을 곱한 수치가 0.004를 초과하는 압력용기 중 1종 압력용기에 해당되지 않는 것은?

① 증기를 발생시켜 액체를 가열하며 용기 안의 압력이 대기압을 초과하는 압력용기
② 용기 안의 화학반응에 의하여 증기를 발생하는 것으로 용기 안의 압력이 대기압을 초과하는 압력용기
③ 용기 안의 액체의 성분을 분리하기 위하여 해당 액체를 가열하는 것으로 용기 안의 압력이 대기압을 초과하는 압력용기
④ 용기 안의 액체의 온도가 대기압에서의 비점을 초과하지 않는 압력용기

[해설]
1종 압력용기 : 용기 안의 액체 온도가 대기압에서의 비점을 초과하는 압력용기

정답 61 ④ 62 ④ 63 ③ 64 ④

65 기밀을 유지하기 위한 패킹이 불필요하고 금속 부분이 부식될 염려가 없어 산 등의 화학약품을 차단하는 데 주로 사용하는 밸브는?

① 앵글밸브
② 체크밸브
③ 다이어프램밸브
④ 버터플라이밸브

해설
다이어프램(Diaphragm)밸브
- 내약품성, 내열성의 고무로 만든 것을 밸브 시트에 밀어 붙여서 유량을 조절하는 밸브이다.
- 유체의 흐름에 주는 저항이 작다.
- 저항이 작아 유체 흐름이 원활하다.
- 화학약품을 차단하여 금속 부분의 부식을 방지한다.
- 기밀을 유지하기 위한 패킹이 필요하지 않다.

66 에너지이용합리화법상 에너지사용계획을 수립하여 제출하여야 하는 사업 주관자로서 해당되지 않는 사업은?

① 항만건설사업
② 도로건설사업
③ 철도건설사업
④ 공항건설사업

해설
에너지사용계획수립대상사업 : 도시개발사업, 산업단지개발사업, 에너지개발사업, 항만건설사업, 철도건설사업, 공항건설사업, 관광단지개발사업, 개발촉진지구개발사업 또는 지역종합개발사업

67 에너지이용합리화법에서 정한 에너지절약전문기업 등록의 취소요건이 아닌 것은?

① 규정에 의한 등록기준에 미달하게 된 경우
② 사업수행과 관련하여 다수의 민원을 일으킨 경우
③ 동법에 따른 에너지절약전문기업에 대한 업무에 관한 보고를 하지 아니하거나 거짓으로 보고한 경우
④ 정당한 사유 없이 등록 후 3년 이상 계속하여 사업수행 실적이 없는 경우

해설
에너지절약전문기업의 등록 취소(산업통상자원부장관) : 에너지절약전문기업이 다음의 어느 하나에 해당하면 등록을 취소하거나 지원을 중단할 수 있다.
- 등록 취소 : 거짓이나 그 밖의 부정한 방법으로 등록을 한 경우
- 등록 취소 또는 지원 중단 : 거짓이나 그 밖의 부정한 방법으로 지원을 받거나 지원받은 자금을 다른 용도로 사용한 경우, 에너지절약전문기업으로 등록한 업체가 그 등록의 취소를 신청한 경우, 타인에게 자기의 성명이나 상호를 사용하여 사업을 수행하게 하거나 에너지절약전문기업 등록증을 대여한 경우, 등록기준에 미달하게 된 경우, 보고를 하지 아니하거나 거짓으로 보고한 경우 또는 같은 항에 따른 검사를 거부·방해 또는 기피한 경우, 정당한 사유 없이 등록한 후 3년 이내에 사업을 시작하지 아니하거나 3년 이상 계속하여 사업수행 실적이 없는 경우

68 에너지이용합리화법령상 열사용기자재에 해당하는 것은?

① 금속요로
② 선박용 보일러
③ 고압가스 압력용기
④ 철도차량용 보일러

해설
열사용기자재 지정품목 : 보일러(강철제 보일러·주철제 보일러, 소형 온수 보일러, 구멍탄용 온수 보일러, 축열식 전기 보일러, 캐스케이드 보일러, 가정용 화목 보일러), 압력용기(1종 압력용기, 2종 압력용기), 요로(용업요로 : 연속식 유리용융가마·불연속식 유리용융가마·유리용융도가니가마·터널가마·도염식가마·셔틀가마·회전가마 및 석회용선가마, 금속요로 : 용선로·비철금속용융로·금속소둔로·철금속가열로 및 금속균열로), 태양열집열기, 집단에너지사업법의 적용을 받는 발전 전용 보일러 및 압력용기

69 에너지이용합리화법령에 따라 인정검사대상기기 관리자의 교육을 이수한 사람의 관리범위 기준은 증기 보일러로서 최고 사용압력이 1[MPa] 이하이고, 전열면적이 최대 얼마 이하일 때인가?

① 1[m²] ② 2[m²]
③ 5[m²] ④ 10[m²]

70 에너지이용합리화법령에서 정한 검사대상기기의 계속사용검사에 해당하는 것은?

① 운전성능검사 ② 개조검사
③ 구조검사 ④ 설치검사

[해설]
계속사용검사: 안전검사, 운전성능검사

71 에너지이용합리화법상 에너지이용합리화 기본계획에 따라 실시계획을 수립하고 시행하여야 하는 대상이 아닌 자는?

① 기초지방자치단체 시장
② 관계 행정기관의 장
③ 특별자치도지사
④ 도지사

[해설]
관계 행정기관의 장과 특별시장·광역시장·도지사 또는 특별자치도지사는 기본계획에 따라 에너지이용합리화에 관한 실시계획을 수립하고 시행하여야 한다.

72 에너지이용합리화법에 따라 에너지다소비사업자가 그 에너지사용시설이 있는 지역을 관할하는 시·도지사에게 신고하여야 할 사항에 해당되지 않는 것은?

① 전년도의 분기별 에너지 사용량, 제품 생산량
② 에너지사용기자재의 현황
③ 사용 에너지원의 종류 및 사용처
④ 해당 연도의 분기별 에너지 사용 예정량, 제품 생산 예정량

[해설]
에너지다소비사업자는 다음의 사항을 산업통상자원부령으로 정하는 바에 따라 매년 1월 31일까지 그 에너지사용시설이 있는 지역을 관할하는 시·도지사에게 신고하여야 한다.
- 전년도의 분기별 에너지 사용량, 제품 생산량
- 해당 연도의 분기별 에너지 사용 예정량, 제품 생산 예정량
- 에너지사용기자재의 현황
- 전년도의 분기별 에너지이용합리화 실적 및 해당 연도의 분기별 계획
- 상기의 사항에 관한 업무를 담당하는 자(이하 에너지관리자)의 현황

73 지르콘(ZrSiO₄) 내화물의 특징에 대한 설명 중 틀린 것은?

① 열팽창률이 작다.
② 내스폴링성이 크다.
③ 염기성 용재에 강하다.
④ 내화도는 일반적으로 SK37~38 정도이다.

[해설]
지르콘(ZrSiO₄) 내화물은 염기성 용재에 약하다.

69 ④ 70 ① 71 ① 72 ③ 73 ③

74 요로의 정의가 아닌 것은?

① 전열을 이용한 가열장치
② 원재료의 산화반응을 이용한 장치
③ 연료의 환원반응을 이용한 장치
④ 열원에 따라 연료의 발열반응을 이용한 장치

해설
요로는 원재료의 환원반응을 이용한 장치이다.

75 견요의 특징에 대한 설명으로 틀린 것은?

① 석회석 클링커 제조에 널리 사용된다.
② 하부에서 연료를 장입하는 형식이다.
③ 제품의 예열을 이용하여 연소용 공기를 예열한다.
④ 이동 화상식이며 연속 요에 속한다.

해설
견요는 상부에서 연료를 장입하는 형식이다.

76 전기와 열의 양도체로서 내식성, 굴곡성이 우수하고 내압성도 있어 열교환기의 내관 및 화학공업용으로 사용되는 관은?

① 동 관
② 강 관
③ 주철관
④ 알루미늄관

해설
동관 : 전기와 열의 양도체로서 내식성과 굴곡성이 우수하고 내압성도 있어서 열교환기의 내관(Tube) 및 화학공업용으로 사용되는 관으로, 직경 20[mm] 이하의 경우 플레어 이음(압축이음)을 한다.

77 옥내온도는 15[℃], 외기온도가 5[℃]일 때 콘크리트 벽(두께 10[cm], 길이 10[m] 및 높이 5[m])을 통한 열손실이 1,700[W]이라면 외부 표면 열전달계수[W/m²·℃]는?(단, 내부 표면 열전달계수는 9.0[W/m²·℃]이고, 콘크리트 열전도율은 0.87[W/m²·℃]이다)

① 12.7
② 14.7
③ 16.7
④ 18.7

해설
- $Q = KA\Delta T$
  $1,700 = K \times (5 \times 10) \times (15-5)$
  $K = 3.4 [W/m^2 \cdot ℃]$
- $K = \dfrac{1}{R} = \dfrac{1}{\dfrac{1}{\alpha_i} + \dfrac{l}{\lambda} + \dfrac{1}{\alpha_o}}$

  $3.4 = \dfrac{1}{\dfrac{1}{9} + \dfrac{0.1}{0.87} + \dfrac{1}{\alpha_o}}$

  $\therefore \alpha_o \simeq 14.7 [W/m^2 \cdot ℃]$

78 다음 중 연속 가열로의 종류가 아닌 것은?

① 푸셔식 가열로
② 워킹-빔식 가열로
③ 대차식 가열로
④ 회전로상식 가열로

해설
대차식 가열로는 반연속식 가열로에 해당한다.

정답 74 ② 75 ② 76 ① 77 ② 78 ③

79 다음 강관의 표시기호 중 배관용 합금강 강관은?

① SPPH
② SPHT
③ SPA
④ STA

해설
③ SPA : 배관용 합금강 강관
① SPPH : 고압배관용 탄소강관
② SPHT : 고온배관용 탄소강관

80 크롬이나 크롬마그네시아 벽돌이 고온에서 산화철을 흡수하여 표면이 부풀어 오르고 떨어져 나가는 현상은?

① 버스팅(Bursting)
② 스폴링(Spalling)
③ 슬래킹(Slaking)
④ 큐어링(Curing)

해설
② 스폴링(Spalling) : 온도의 급격한 변동 또는 불균일한 가열 등으로 내화물에 열응력이 생겨 표면이 갈라지는 균열이 생기거나 표면이 박리되는 현상
③ 슬래킹(Slaking) : 염기성 내화물이 수증기에 의해서 조직이 약화되는 현상

제5과목 | 열설비설계

81 보일러의 노통이나 화실과 같은 원통 부분이 외측으로부터의 압력에 견딜 수 없게 되어 눌려 찌그러져 찢어지는 현상을 무엇이라고 하는가?

① 블리스터
② 압 궤
③ 팽 출
④ 래미네이션

해설
② 압궤 : 보일러의 노통이나 화실과 같은 원통 부분이 외측으로부터의 압력에 견딜 수 없게 되어 눌려 찢어지는 현상으로 노통 상부, 화실 천장, 연관 등에서 발생된다.
① 블리스터 : 래미네이션의 재료가 외부로부터 강하게 열을 받아 소손되어 부풀어 오르는 현상이다.
③ 팽출 : 내압을 받아 밖으로 부푸는 현상으로 수관에서 발생된다.
④ 래미네이션 : 강판, 강관이 기포에 의해 내부에서 2장 이상으로 분리되는 현상이다.

82 두께 150[mm] 적벽돌과 100[mm]인 단열벽돌로 구성되어 있는 내화벽돌의 노벽이 있다. 적벽돌과 단열벽돌의 열전도율은 각각 1.4[W/m·℃], 0.07[W/m·℃]일 때 단위면적당 손실열량은 약 몇 [W/m²]인가?(단, 노 내 벽면의 온도는 800[℃]이고, 외벽면의 온도는 100[℃]이다)

① 336
② 456
③ 587
④ 635

해설
열관류율 $K = \dfrac{1}{R} = \dfrac{1}{\dfrac{l_1}{\lambda_1} + \dfrac{l_2}{\lambda_2}} = \dfrac{1}{\dfrac{0.15}{1.4} + \dfrac{0.1}{0.07}} \simeq 0.651$

∴ 손실열량 $q = Q/A = K(t_1 - t_2) = 0.651 \times (800 - 100)$
$\simeq 456 [\text{W/m}^2]$

83 보일러의 성능 계산 시 사용되는 증발률[kg/m² · h]에 대한 설명으로 옳은 것은?

① 실제증발량에 대한 발생증기 엔탈피와의 비
② 연료소비량에 대한 상당증발량과의 비
③ 상당증발량에 대한 실제증발량과의 비
④ 전열면적에 대한 실제증발량과의 비

> **해설**
> 보일러의 성능 계산 시 사용되는 증발률[kg/m² · h] : 전열면적에 대한 실제증발량과의 비

85 다음 그림과 같이 내경과 외경이 D_i, D_o일 때, 온도는 각각 T_i, T_o, 관 길이가 L인 중공원관이 있다. 관 재질에 대한 열전도율을 k라고 할 때, 열저항 R을 나타낸 식으로 옳은 것은?(단, 전열량(W)은 $Q = \dfrac{T_i - T_o}{R}$로 나타낸다)

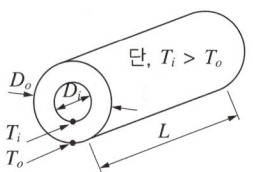

① $\dfrac{D_o - D_i}{2}$ ② $\dfrac{D_o - D_i}{2\pi(D_o - D_i)Lk}$

③ $\dfrac{D_o - D_i}{2\pi(D_o + D_i)Lk}$ ④ $\dfrac{\ln\dfrac{D_o}{D_i}}{2\pi Lk}$

84 수관 보일러의 특징에 대한 설명으로 옳은 것은?

① 최대 압력이 1[MPa] 이하인 중소형 보일러에 적용이 일반적이다.
② 연소실 주위에 수관을 배치하여 구성한 수랭벽을 노에 구성한다.
③ 수관의 특성상 기수분리의 필요가 없는 드럼리스 보일러의 특징을 갖는다.
④ 열량을 전열면에서 잘 흡수시키기 위해 2 - 패스, 3 - 패스, 4 - 패스 등의 흐름 구성을 갖도록 설계한다.

> **해설**
> 수관보일러 : 연소실 주위에 직경이 작은 수관을 주체로 하여 배치·구성한 보일러
> • 연소실의 크기와 형태를 자유롭게 설계할 수 있다.
> • 고압증기의 발생에 적합하다.
> • 시동시간이 짧고 과열 위험성이 작으며, 파열 시 피해가 작다.
> • 증발률이 크고 열효율이 높다.
> • 고압·대용량에 적합하다.
> • 전열면에 비해서 관수 보유량이 적어 압력변동이 크다.
> • 구조가 복잡하고, 스케일 발생이 많고, 청소가 용이하지 않다.

86 입형 보일러의 특징에 대한 설명으로 틀린 것은?

① 설치면적이 좁다.
② 전열면적이 작고 효율이 낮다.
③ 증발량이 적으며 습증기가 발생한다.
④ 증기실이 커서 내부 청소 및 검사가 쉽다.

> **해설**
> 입형 보일러는 화실과 증기실이 작아서 내부 청소와 검사가 쉽지 않다.

87 보일러의 부속장치 중 여열장치가 아닌 것은?

① 공기예열기
② 송풍기
③ 재열기
④ 절탄기

> **해설**
> 폐열회수장치(여열장치) : 과열기, 재열기, 절탄기, 공기예열기

정답 83 ④ 84 ② 85 ④ 86 ④ 87 ②

88 관석(Scale)에 대한 설명으로 틀린 것은?

① 규산칼슘, 황산칼슘 등이 관석의 주성분이다.
② 관석에 의해 배기가스의 온도가 올라간다.
③ 관석에 의해 관내수의 순환이 불량해진다.
④ 관석의 열전도율이 아주 높아 전열면이 과열되어 각종 부작용을 일으킨다.

해설
관석은 열전도율이 아주 낮아 전열면에 부착되면 과열을 일으키고 각종 부작용을 일으킨다.

89 보일러의 일상점검계획에 해당하지 않는 것은?

① 급수배관 점검
② 압력계 상태 점검
③ 자동제어장치 점검
④ 연료의 수요량 점검

해설
보일러의 일상 점검 : 급수배관 점검, 압력계 상태 점검, 자동제어장치 점검 등

90 주위 온도가 20[℃], 방사율이 0.3인 금속 표면의 온도가 150[℃]인 경우에 금속 표면으로부터 주위로 대류 및 복사가 발생될 때의 열유속(Heat Flux)은 약 몇 [W/m²]인가?(단, 대류 열전달계수는 h = 20[W/m²·K], 슈테판-볼츠만 상수는 σ = 5.7 × 10⁻⁸[W/m²·K⁴]이다)

① 3,020 ② 3,330
③ 4,270 ④ 4,630

해설
열유속(Heat Flux) = 대류 열유속 + 복사 열유속
$= h(T_2 - T_1) + \varepsilon\sigma(T_2^4 - T_1^4)$
$= 20 \times [(150+273) - (20+273)] + 0.3 \times 5.7 \times 10^{-8} \times [(150+273)^4 - (20+273)^4]$
$\approx 3,020[W/m^2]$

91 보일러에서 용접 후에 풀림처리를 하는 주된 이유는?

① 용접부의 열응력을 제거하기 위해
② 용접부의 균열을 제거하기 위해
③ 용접부의 연신율을 증가시키기 위해
④ 용접부의 강도를 증가시키기 위해

해설
보일러에서 용접 후에 풀림처리를 하는 주된 이유는 용접부의 열응력을 제거하기 위해서이다.

92 증발량이 1,200[kg/h]이고, 상당증발량이 1,400[kg/h]일 때 사용연료가 140[kg/h]이고, 비중이 0.8[kg/L]이면 상당증발 배수는 얼마인가?

① 8.6 ② 10
③ 10.7 ④ 12.5

해설
상당증발 배수 $= \dfrac{G_e}{G_f} = \dfrac{1,400}{140} = 10$

93 보일러에서 발생하는 저온 부식의 방지방법이 아닌 것은?

① 연료 중의 황 성분을 제거한다.
② 배기가스의 온도를 노점온도 이하로 유지한다.
③ 과잉공기를 적게 하여 배기가스 중의 산소를 감소시킨다.
④ 전열 표면에 내식재료를 사용한다.

해설
배기가스의 온도를 노점온도 이상으로 유지하여 저온 부식을 방지한다.

94 점식(Pitting)에 대한 설명으로 틀린 것은?

① 진행속도가 아주 느리다.
② 양극반응의 독특한 형태이다.
③ 스테인리스강에서 흔히 발생한다.
④ 재료 표면의 성분이 고르지 못한 곳에 발생하기 쉽다.

해설
점식은 진행속도가 아주 빠르다.

95 급수 불순물과 그에 따른 보일러 장해와의 연결이 틀린 것은?

① 철 – 수지산화
② 용존산소 – 부식
③ 실리카 – 캐리오버
④ 경도 성분 – 스케일 부착

해설
① 철 – 부식

96 보일러수의 분출시기가 아닌 것은?

① 보일러 가동 전 관수가 정지되었을 때
② 연속 운전일 경우 부하가 가벼울 때
③ 수위가 지나치게 낮아졌을 때
④ 프라이밍 및 포밍이 발생할 때

해설
보일러수의 분출시기
• 보일러 가동 전 관수가 정지되었을 때
• 연속 운전일 경우 부하가 가벼울 때
• 수위가 지나치게 높아졌을 때
• 프라이밍 및 포밍이 발생할 때

97 두께 10[mm]의 판을 지름 18[mm]의 리벳으로 1열 리벳 겹치기 이음할 때, 피치는 최소 몇 [mm] 이상이어야 하는가?(단, 리벳 구멍의 지름은 21.5[mm]이고, 리벳의 허용 인장응력은 40[N/mm^2], 허용 전단응력은 36[N/mm^2]으로 하며, 강판의 인장응력과 전단응력은 같다)

① 40.4 ② 42.4
③ 44.4 ④ 46.4

해설
걸리는 하중을 W, 리벳지름을 d_1, 리벳 구멍의 지름을 d_2, 피치를 p라고 할 때

• 전단응력 $\tau = \dfrac{4W}{\pi d_1^2}$

하중 $W = \dfrac{\tau \pi d_1^2}{4} = \dfrac{36 \times \pi \times 18^2}{4} \approx 9,160[N]$

• 인장응력 $\sigma_t = \dfrac{W}{A} = \dfrac{W}{(p-d_2)t}$

$40 = \dfrac{9,160}{(p-21.5) \times 10}$

∴ 피치 $p \approx 44.4[mm]$

98 과열기에 대한 설명으로 틀린 것은?

① 포화증기를 과열증기로 만드는 장치이다.
② 포화증기의 온도를 높이는 장치이다.
③ 고온 부식이 발생하지 않는다.
④ 연소가스의 저항으로 압력손실이 크다.

해설
과열기에서 고온 부식이 발생할 수 있다.

99 열정산에 대한 설명으로 틀린 것은?

① 원칙적으로 정격부하 이상에서 정상 상태로 적어도 2시간 이상의 운전결과에 따른다.
② 발열량은 원칙적으로 사용 시 연료의 총발열량으로 한다.
③ 최대 출열량을 시험할 경우에는 반드시 최대 부하에서 시험을 한다.
④ 증기의 건도는 98[%] 이상인 경우에 시험함을 원칙으로 한다.

해설
- 최대 출열량을 시험할 경우에는 반드시 정격부하에서 실시한다.
- 시험은 시험 보일러를 다른 보일러와 무관한 상태로 하여 실시한다.

100 외경 76[mm], 내경 68[mm], 유효 길이 4,800[mm]의 수관 96개로 된 수관식 보일러가 있다. 이 보일러의 시간당 증발량은 약 몇 [kg/h]인가?(단, 수관 이외 부분의 전열면적은 무시하며, 전열면적 1[m²]당 증발량은 26.9[kg/h]이다)

① 2,660
② 2,760
③ 2,860
④ 2,960

해설
수관식 보일러의 시간당 증발량
$G_B = \gamma_0 (\pi D_o L) \times Z$
$= 26.9 \times (\pi \times 0.076 \times 4.8) \times 96$
$\simeq 2,960 [kg/h]$

2021년 제1회 과년도 기출문제

제1과목 | 연소공학

01 고체연료의 연소방법이 아닌 것은?

① 미분탄 연소　② 유동층 연소
③ 화격자 연소　④ 액중 연소

해설
액중 연소(Submerged Combustion) : 액면상에 위치한 연소실에서 고부하연소를 행하고 연소가 완료된 고온의 연소가스를 액체 중에 미세한 기포로 분산시켜 가열하는 기체연료 연소방법이다. 연소가스와 액체 사이에서 열교환뿐 아니라 물질교환이 동시에 일어나며 에너지 절약과 효율이 매우 우수한 초에너지 절약형, 초고효율 연소기술이다.

02 다음 연료 중 저위발열량이 가장 높은 것은?

① 가솔린　② 등 유
③ 경 유　④ 중 유

해설
저위발열량[kcal/kg]
- 가솔린 : 11,000
- 등유 : 10,700
- 경유 : 10,500
- 중유 : 10,000

03 고체연료를 사용하는 어떤 열기관의 출력이 3,000 [kW]이고, 연료소비율이 1,400[kg/h]일 때 이 열기관의 열효율은 약 몇 [%]인가?(단, 이 고체연료의 저위발열량은 28[MJ/kg]이다)

① 28　② 38
③ 48　④ 58

해설
$$\eta = \frac{Q}{H_L \times G_f} \times 100[\%]$$
- $Q = 3,000[\text{kW}] = 860 \times 3,000[\text{kcal/h}]$
- $H_L = 28[\text{MJ/kg}] \times \frac{238.8[\text{kcal/kg}]}{1[\text{MJ/kg}]} = 6,686.4[\text{kcal/kg}]$
- $G_f = 1,400[\text{kg/h}]$

$$\therefore \eta = \frac{860 \times 3,000[\text{kcal/h}]}{6,686.4[\text{kcal/kg}] \times 1,400[\text{kg/h}]} \times 100[\%] \simeq 28[\%]$$

04 연소가스 분석결과가 CO_2 13[%], O_2 8[%], CO 0[%]일 때 공기비는 약 얼마인가?(단, CO_{2max}는 21[%]이다)

① 1.22　② 1.42
③ 1.62　④ 1.82

해설
공기비 $m = \dfrac{CO_{2\max}}{CO_2} = \dfrac{21}{13} \simeq 1.62$

05 연소가스 중의 질소산화물 생성을 억제하기 위한 방법으로 틀린 것은?

① 2단 연소　② 고온연소
③ 농담연소　④ 배기가스 재순환연소

해설
고온연소는 연소가스 중에 있는 질소산화물을 더 증가시킨다.

정답　1 ④　2 ①　3 ①　4 ③　5 ②

06 C_8H_{18} 1[mol]을 공기비 2로 연소시킬 때 연소가스 중 산소의 몰분율은?

① 0.065 ② 0.073
③ 0.086 ④ 0.101

해설
옥탄의 연소방정식 : $C_8H_{18} + 12.5O_2 \rightarrow 8CO_2 + 9H_2O$

- 이론공기량 $A_0 = \dfrac{O_0}{0.21} = \dfrac{12.5}{0.21} \simeq 59.52 [m^3/Sm^3]$
- 이론배기가스량
  $G_0 = (1-0.21) \times 59.52 + (8+9) \simeq 64 [m^3/Sm^3]$
- 실제배기가스량
  $G = G_0 + (m-1)A_0 = 64 + (2-1) \times 59.52$
  $\simeq 123.52 [m^3/Sm^3]$
- ∴ 산소의 몰분율
  $M = \dfrac{0.21(m-1)A_0}{G}$
  $= \dfrac{0.21 \times (2-1) \times 59.52}{123.52} = \dfrac{12.5}{123.52} \simeq 0.1012$

07 메탄(CH_4)가스를 공기 중에 연소시키려고 한다. CH_4의 저위발열량이 50,000[kJ/kg]이라면 고위발열량은 약 몇 [kJ/kg]인가?(단, 물의 증발잠열은 2,450[kJ/kg]으로 한다)

① 51,700 ② 55,500
③ 58,600 ④ 64,200

해설
메탄의 연소방정식 : $CH_4 + 2O_2 \rightarrow CO_2 + 2H_2O$
고위발열량 = 저위발열량 + 물의 증발잠열
$= 50,000 + \dfrac{2 \times 18}{1 \times 16} \times 2,450 \simeq 55,513 [kJ/kg]$

08 연돌의 실제 통풍압이 35[mmH₂O] 송풍기의 효율은 70[%], 연소가스량이 200[m³/min]일 때 송풍기의 소요동력은 약 몇 [kW]인가?

① 0.84 ② 1.15
③ 1.63 ④ 2.21

해설
송풍기의 소요동력
$H = \dfrac{PQ}{\eta}$
(여기서, P : 송풍기의 출구 풍압[mmAq], Q : 송풍량[m³/min], η : 효율)

∴ $H = \dfrac{35[mmH_2O] \times 200[m^3/min]}{0.7}$
$= \dfrac{35[kg/m^2] \times \left(200[m^3/min] \times \dfrac{1[min]}{60[sec]}\right)}{0.7}$
$\simeq 166.7 [kg \cdot m/sec]$
$\simeq 1,633.7[W] = 1.63[kW]$

※ $1[mmH_2O] = 1[mmAq] = 1[kg/m^2]$
※ $1[kg \cdot m/sec] \simeq 9.8[W]$

09 기체연료의 장점이 아닌 것은?

① 연소 조절이 용이하다.
② 운반과 저장이 용이하다.
③ 회분이나 매연이 적어 청결하다.
④ 적은 공기로 완전연소가 가능하다.

해설
기체연료는 운반과 저장이 용이하지 않다.

10 질량비로 프로판 45[%], 공기 55[%]인 혼합가스가 있다. 프로판가스의 발열량이 100[MJ/Nm³]일 때 혼합가스의 발열량은 약 몇 [MJ/Nm³]인가? (단, 공기의 발열량은 무시한다)

① 29
② 31
③ 33
④ 35

해설
프로판을 1, 공기를 2, 혼합기체를 3이라고 하자.
프로판(C_3H_8)이 질량비로 45[%]이므로, 몰수비(또는 체적비)는
$$V_1 = \frac{22.4}{44} \times 0.45 \simeq 0.2291$$
공기가 질량비로 55[%]이므로 몰수비(또는 체적비)는
$$V_2 = \frac{22.4}{29} \times 0.55 \simeq 0.4248$$
혼합가스의 몰수비(또는 체적비)
$$V_3 = V_1 + V_2 = 0.2291 + 0.4248 = 0.6539$$
∴ 혼합가스의 발열량
$$Q_3 = Q_1 \times \frac{\text{프로판의 체적비}}{\text{전체 체적비}} = 100 \times \frac{V_1}{V_3}$$
$$= 100 \times \frac{0.2291}{0.6539} \simeq 35 [\text{MJ/Nm}^3]$$

11 다음 중 중유의 성질에 대한 설명으로 옳은 것은?

① 점도에 따라 1, 2, 3급 중유로 구분한다.
② 원소 조성은 H가 가장 많다.
③ 비중은 약 0.72~0.76 정도이다.
④ 인화점은 약 60~150[℃] 정도이다.

해설
① 점도에 따라 A, B, C급 중유로 구분한다.
② 원소 조성은 C(탄소)가 가장 많다.
③ 비중은 약 0.85~0.99 정도이다.

12 연소에서 고온 부식의 발생에 대한 설명으로 옳은 것은?

① 연료 중 황분의 산화에 의해서 일어난다.
② 연료 중 바나듐의 산화에 의해서 일어난다.
③ 연료 중 수소의 산화에 의해서 일어난다.
④ 연료의 연소 후 생기는 수분이 응축해서 일어난다.

13 다음 연료 중 이론공기량[Nm³/Nm³]이 가장 큰 것은?

① 오일가스
② 석탄가스
③ 액화석유가스
④ 천연가스

해설
각 가스의 주성분의 연소방정식에서 산소요구량이 가장 큰 가스의 이론공기량이 가장 크다.
③ 액화석유가스의 주성분 : 프로판, 부탄
  • 프로판의 연소방정식 : $C_3H_8 + 5O_2 \rightarrow 3CO_2 + 4H_2O$
  • 부탄의 연소방정식 : $C_4H_{10} + 6.5O_2 \rightarrow 4CO_2 + 5H_2O$
① 오일가스의 주성분 : C_nH_{2n} 35.3[%], CH_4 29[%]
  • C_nH_{2n}의 연소방정식 : $C_nH_{2n} + 1.5nO_2 \rightarrow nCO_2 + nH_2O$
  • 메탄의 연소방정식 : $CH_4 + 2O_2 \rightarrow CO_2 + 2H_2O$
② 석탄가스의 주성분 : 수소, 메탄
  • 수소의 연소방정식 : $H_2 + 0.5O_2 \rightarrow H_2O$
  • 메탄의 연소방정식 : $CH_4 + 2O_2 \rightarrow CO_2 + 2H_2O$
④ 천연가스의 주성분 : 메탄
  • 메탄의 연소방정식 : $CH_4 + 2O_2 \rightarrow CO_2 + 2H_2O$
따라서 ③번의 액화석유가스의 이론공기량이 가장 크다.

14 연소 시 점화 전에 연소실 가스를 몰아내는 환기를 무엇이라고 하는가?

① 프리퍼지 ② 가압퍼지
③ 불착화퍼지 ④ 포스트퍼지

16 다음 중 매연의 발생원인으로 가장 거리가 먼 것은?

① 연소실 온도가 높을 때
② 연소장치가 불량한 때
③ 연료의 질이 나쁠 때
④ 통풍력이 부족할 때

해설
연소실 온도가 낮을 때 매연이 발생한다.

17 가연성 액체에서 발생한 증기의 공기 중 농도가 연소범위 내에 있을 경우 불꽃을 접근시키면 불이 붙는데, 이때 필요한 최저온도를 무엇이라고 하는가?

① 기화온도 ② 인화온도
③ 착화온도 ④ 임계온도

15 다음 반응식을 가지고 CH_4의 생성 엔탈피를 구하면 몇 [kJ]인가?

```
C + O₂ → CO₂ + 394[kJ]
H₂ + (1/2)O₂ → H₂O + 241[kJ]
CH₄ + 2O₂ → CO₂ + 2H₂O + 802[kJ]
```

① −66 ② −70
③ −74 ④ −78

해설
문제에서 제시된 3개의 반응식을 순서대로 각각 ㉠, ㉡, ㉢이라 하고, ㉠ + 2×㉡ − ㉢을 하면 $C + 2H_2 → CH_4 + 74[kJ]$가 된다.
∴ CH_4의 생성 엔탈피 = −74[kJ]

18 다음 기체 중 폭발범위가 가장 넓은 것은?

① 수 소 ② 메 탄
③ 벤 젠 ④ 프로판

해설
폭발범위[%], ( )는 폭발범위 폭
• 수소 : 4.1~75(70.9)
• 메탄 : 5~15(10)
• 벤젠 : 1.4~7.4(6)
• 프로판 : 2.1~9.5(7.4)

19 로터리 버너로 벙커 C유를 연소시킬 때 분무가 잘 되게 하기 위한 조치로서 가장 거리가 먼 것은?

① 점도를 낮추기 위하여 중유를 예열한다.
② 중유 중의 수분을 분리, 제거한다.
③ 버너 입구 배관부에 스트레이너를 설치한다.
④ 버너 입구의 오일압력을 100[kPa] 이상으로 한다.

해설
버너 입구의 오일압력은 30~50[kPa]로 한다.

20 분자식이 C_mH_n인 탄화수소가스 1[Nm³]을 완전 연소시키는 데 필요한 이론공기량은 약 몇 [Nm³]인가?(단, C_mH_n의 m, n은 상수이다)

① $m + 0.25n$
② $1.19m + 4.76n$
③ $4m + 0.5n$
④ $4.76m + 1.19n$

해설
기체연료의 이론공기량

$A_0 = \dfrac{1}{0.21}\sum$(각 단위가스의 필요산소량)

$= \left(\dfrac{1}{0.21}\right)\left\{\dfrac{CO}{2} + \dfrac{H_2}{2} + \sum\left(\dfrac{m+n}{4}\right)C_mH_n - O_2\right\}$

$= \left(\dfrac{1}{0.21}\right) \times \left(m + \dfrac{n}{4}\right) = \left(\dfrac{1}{0.21}\right) \times \left(\dfrac{4m+n}{4}\right)$

$= \dfrac{4m+n}{0.21 \times 4} = \dfrac{4m+n}{0.84} = 4.76m + 1.19n$

제2과목 | 열역학

21 원통형 용기에 기체상수 0.529[kJ/kg·K]의 가스가 온도 15[℃]에서 압력 10[MPa]로 충전되어 있다. 이 가스를 대부분 사용한 후에 온도가 10[℃]로, 압력이 1[MPa]로 떨어졌다. 소비된 가스는 약 몇 [kg]인가?(단, 용기의 체적은 일정하며 가스는 이상기체로 가정하고, 초기 상태에서 용기 내의 가스질량은 20[kg]이다)

① 12.5   ② 18.0
③ 23.7   ④ 29.0

해설
$PV = mRT$식을 이용한다.

• $V = \dfrac{m_1 RT_1}{P_1} = \dfrac{20[kg] \times 0.529[kJ/kg \cdot K] \times (15+273)[K]}{10[MPa]}$

$= \dfrac{20[kg] \times 0.529[kPa \cdot m^3/kg \cdot K] \times (15+273)[K]}{10 \times 10^3[kPa]}$

$\approx 0.305[m^3]$

• $m_2 = \dfrac{P_2 V}{RT_2} = \dfrac{1[MPa] \times 0.305[m^3]}{0.529[kJ/kg \cdot K] \times (10+273)[K]}$

$= \dfrac{10^3[kPa] \times 0.305[m^3]}{0.529[kPa \cdot m^3/kg \cdot K] \times (10+273)[K]}$

$\approx 2[kg]$

∴ 소비된 가스 $m = m_1 - m_2 = 20 - 2 \approx 18[kg]$

22 0[℃]의 물 1,000[kg]을 24시간 동안에 0[℃]의 얼음으로 냉각하는 냉동능력은 약 몇 [kW]인가? (단, 얼음의 융해열은 335[kJ/kg]이다)

① 2.15   ② 3.88
③ 14   ④ 14,000

해설
24시간 동안의 냉동능력

$q_1 = m(C\Delta t + \gamma_0)/24 = 1,000 \times 335/24 \approx 13,958[kJ/h]$

$= 13,958/3,600 \approx 3.88[kW]$

23 부피 500[L]인 탱크 내에 건도 0.95의 수증기가 압력 1,600[kPa]로 들어 있다. 이 수증기의 질량은 약 몇 [kg]인가?(단, 이 압력에서 건포화증기의 비체적은 v_g = 0.1237[m³/kg], 포화수의 비체적은 v_f = 0.001 [m³/kg]이다)

① 4.83　　② 4.55
③ 4.25　　④ 3.26

해설

건도 $x = \dfrac{\text{증기 중량}}{\text{습증기 중량}} = \dfrac{v_x - v_f}{v_g - v_f} = \dfrac{(V/G) - v'}{v'' - v'}$

$= \dfrac{(0.5/G) - 0.001}{0.1237 - 0.001} = 0.95$

∴ 수증기의 질량 $G = \dfrac{0.5}{0.95 \times 0.1227 + 0.001} \simeq 4.25[\text{kg}]$

24 단열 변화에서 압력, 부피, 온도를 각각 P, V, T로 나타낼 때 항상 일정한 식은?(단, k는 비열비이다)

① PV^{k-1}　　② $TV^{\frac{1-k}{k}}$
③ TP^k　　④ $TP^{\frac{1-k}{k}}$

해설

단열 변화에서 압력, 부피, 온도를 각각 P, V, T로 나타낼 때, $PV^k = C$, $TV^{k-1} = C$, $PT^{\frac{k}{1-k}} = C$, $TP^{\frac{1-k}{k}} = C$이다.

25 오존층 파괴와 지구온난화 문제로 인해 냉동장치에 사용하는 냉매의 선택에 있어서 주의를 요한다. 이와 관련하여 다음 중 오존파괴지수가 가장 큰 냉매는?

① R-134a　　② R-123
③ 암모니아　　④ R-11

해설

오존파괴지수(ODP ; Ozone Depletion Potential) : 화합물질의 오존 파괴 정도를 숫자로 표시한 것으로 숫자가 클수록 오존 파괴 정도가 크다. 보통 CFC-11(삼염화불화탄소, CCl₃F)의 오존파괴 능력을 1로 보았을 때 상대적인 파괴능력을 나타낸다.
R-11(CCl₃F) : 오존파괴지수가 가장 큰 냉매로, 비등점이 비교적 높고, 냉매가스의 비중이 커 주로 터보식 압축기에 사용한다.

26 다음 그림은 Rankine 사이클의 $h-s$ 선도이다. 등엔트로피 팽창과정을 나타내는 것은?

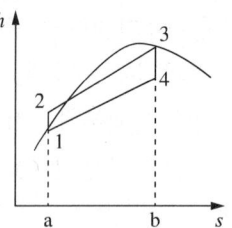

① 1 → 2
② 2 → 3
③ 3 → 4
④ 4 → 1

해설

③ 3 → 4 : 단열팽창(등엔트로피 팽창과정)
① 1 → 2 : 단열압축
② 2 → 3 : 정압가열
④ 4 → 1 : 정압냉각

27 이상기체의 내부에너지 변화 du를 옳게 나타낸 것은?(단, C_p는 정압비열, C_v는 정적비열, T는 온도이다)

① $C_p dT$
② $C_v dT$
③ $(C_p/C_v)dT$
④ $C_v C_p dT$

해설

$C_v = du/dT$이므로 $du = C_v dT$이다.

28 다음 그림은 Carnot 냉동 사이클을 나타낸 것이다. 이 냉동기의 성능계수를 옳게 표현한 것은?

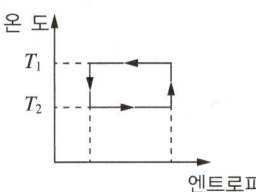

① $\dfrac{T_1 - T_2}{T_1}$ ② $\dfrac{T_1 - T_2}{T_2}$

③ $\dfrac{T_2}{T_1 - T_2}$ ④ $\dfrac{T_1}{T_1 - T_2}$

해설

냉동기의 성능계수 $COP = \dfrac{T_2}{T_1 - T_2}$

29 교축과정에서 일정한 값을 유지하는 것은?

① 압력 ② 엔탈피
③ 비체적 ④ 엔트로피

30 분자량이 16, 28, 32 및 44인 이상기체를 각각 같은 용적으로 혼합하였다. 이 혼합가스의 평균 분자량은?

① 30 ② 33
③ 35 ④ 40

해설

혼합가스의 평균 분자량 $= \dfrac{16 + 28 + 32 + 44}{4} = 30$

31 초기조건이 100[kPa], 60[℃]인 공기를 정적과정을 통해 가열한 후 정압에서 냉각과정을 통하여 500[kPa], 60[℃]로 냉각할 때 이 과정에서 전체 열량의 변화는 약 몇 [kJ/kmol]인가?(단, 정적비열은 20[kJ/kmol·K], 정압비열은 28[kJ/kmol·K]이며, 이상기체로 가정한다)

① -964 ② $-1,964$
③ $-10,656$ ④ $-20,656$

해설

전체 열량 변화량(Q)
= 정적과정에서의 변화열량(Q_v) + 정압과정에서의 변화열량(Q_p)

$\dfrac{P_1 V_1}{T_1} = \dfrac{P_2 V_2}{T_2}$ 에서

$T_2 = \dfrac{P_2}{P_1} T_1 = \dfrac{500}{100} \times (60 + 273) = 5 \times 333 = 1,665$[K] 이며

$T_3 = 60 + 273 = 333$[K] $= T_1$ 이므로

$Q = Q_v + Q_p = C_v(T_2 - T_1) + C_p(T_3 - T_2)$
$= C_v(T_2 - T_1) + C_p(T_1 - T_2)$
$= C_v(T_2 - T_1) - C_p(T_2 - T_1) = (C_v - C_p)(T_2 - T_1)$
$= -R(T_2 - T_1) = -8 \times (1,665 - 333)$
$= -8 \times 1,332 = -10,656$[kJ/kmol]

32 피스톤이 장치된 실린더 안의 기체가 체적 V_1에서 V_2로 팽창할 때 피스톤에 해 준 일은 $W = \displaystyle\int_{V_1}^{V_2} P dV$로 표시될 수 있다. 이 기체는 이 과정을 통하여 $PV^2 = C$(상수)의 관계를 만족시켜 준다면 W를 옳게 나타낸 것은?

① $P_1 V_1 - P_2 V_2$ ② $P_2 V_2 - P_1 V_1$
③ $P_1 V_1^2 - P_2 V_2^2$ ④ $P_2 V_2^2 - P_1 V_1^2$

해설

$PV^2 = C$(상수)에서 $P = \dfrac{C}{V^2}$ 이므로

$W = \displaystyle\int_{V_1}^{V_2} P dV = \int_{V_1}^{V_2} \left(\dfrac{C}{V^2}\right) dV$

$= C \displaystyle\int_{V_1}^{V_2} \left(\dfrac{1}{V^2}\right) dV = PV^2 \int_{V_1}^{V_2} \left(\dfrac{1}{V^2}\right) dV$

$= \dfrac{1}{2-1}(P_1 V_1 - P_2 V_2) = P_1 V_1 - P_2 V_2$

33 다음 설명과 가장 관계되는 열역학적 법칙은?

> - 열은 그 자신만으로는 저온의 물체로부터 고온의 물체로 이동할 수 없다.
> - 외부에 어떠한 영향을 남기지 않고 한 사이클 동안에 계가 열원으로부터 받은 열을 모두 일로 바꾸는 것은 불가능하다.

① 열역학 제0법칙
② 열역학 제1법칙
③ 열역학 제2법칙
④ 열역학 제3법칙

해설
③ 열역학 제2법칙: 엔트로피 증가의 법칙
① 열역학 제0법칙: 열평형의 법칙
② 열역학 제1법칙: 에너지보존의 법칙
④ 열역학 제3법칙: 엔트로피 절댓값의 정의

34 이상기체가 A상태(T_A, P_A)에서 B상태(T_B, P_B)로 변화하였다. 정압비열 C_p가 일정할 경우 비엔트로피의 변화 ΔS를 옳게 나타낸 것은?

① $\Delta S = C_p \ln \dfrac{T_A}{T_B} + R \ln \dfrac{P_B}{P_A}$

② $\Delta S = C_p \ln \dfrac{T_B}{T_A} + R \ln \dfrac{P_B}{P_A}$

③ $\Delta S = C_p \ln \dfrac{T_A}{T_B} - R \ln \dfrac{P_B}{P_A}$

④ $\Delta S = C_p \ln \dfrac{T_B}{T_A} - R \ln \dfrac{P_B}{P_A}$

해설
정압비열 C_p가 일정할 경우 비엔트로피의 변화
$\Delta S = C_p \ln \dfrac{T_B}{T_A} - R \ln \dfrac{P_B}{P_A}$

35 보일러에서 송풍기 입구의 공기가 15[℃], 100[kPa] 상태에서 공기예열기로 500[m³/min]가 들어가 일정한 압력하에서 140[℃]까지 온도가 올라갔을 때 출구에서의 공기유량은 약 몇 [m³/min]인가?(단, 이상기체로 가정한다)

① 617
② 717
③ 817
④ 917

해설
$\dfrac{PV}{T}$ = 일정

체적 V 대신에 유량 Q를 적용하여도 성립하며, $P_1 = P_2$이므로
$\dfrac{Q_1}{T_1} = \dfrac{Q_2}{T_2}$

$\therefore Q_2 = \dfrac{Q_1 \times T_2}{T_1} = \dfrac{500 \times (140+273)}{15+273} \simeq 717 [\text{m}^3/\text{min}]$

36 다음 그림은 물의 상평형도를 나타내고 있다. a~d에 대한 용어로 옳은 것은?

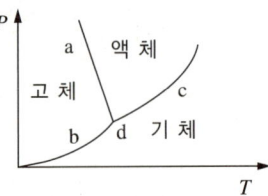

① a : 승화곡선
② b : 용융곡선
③ c : 증발곡선
④ d : 임계점

해설
① a : 용융곡선(융해곡선)
② b : 승화곡선
④ d : 삼중점

37 스로틀링(Throttling) 밸브를 이용하여 Joule-Thomson 효과를 보고자 한다. 압력이 감소함에 따라 온도가 반드시 감소하게 되는 Joule-Thomson 계수 μ의 값으로 옳은 것은?

① $\mu = 0$ ② $\mu > 0$
③ $\mu < 0$ ④ $\mu \neq 0$

해설
압력이 감소함에 따라 온도가 반드시 감소하므로
Joule-Thomson 계수 $\mu = \dfrac{\partial T}{\partial P} = \dfrac{T_1 - T_2}{P_1 - P_2} > 0$이다.

38 터빈 입구에서의 내부에너지 및 엔탈피가 각각 3,000[kJ/kg], 3,300[kJ/kg]인 수증기가 압력이 100[kPa], 건도 0.9인 습증기로 터빈을 나간다. 이때 터빈의 출력은 약 몇 [kW]인가?(단, 발생되는 수증기의 질량유량은 0.2[kg/sec]이고, 입출구의 속도차와 위치에너지는 무시한다. 100[kPa]에서의 상태량은 다음 표와 같다)

단위 : [kJ/kg]	포화수	건포화증기
내부에너지 u	420	2,510
엔탈피 h	420	2,680

① 46.2   ② 93.6
③ 124.2 ④ 169.2

해설
- 터빈 출구 엔탈피
$h_2 = h_f + x(h_g - h_f) = 420 + 0.9 \times (2,680 - 420)$
$= 2,454 [kJ/kg]$
- 터빈에서 발생되는 출력=터빈에서의 엔탈피 변화량
$W_T = \Delta h = h_1 - h_2 = 3,300 - 2,454 = 846 [kJ/kg]$
∴ 질량유량을 고려한 터빈의 출력
$W_T = 846 [kJ/kg] \times 0.2 [kg/sec] = 169.2 [kW]$
※ $1[kW] = 1[kJ/sec]$

39 오토 사이클의 열효율에 영향을 미치는 인자들만 모은 것은?

① 압축비, 비열비
② 압축비, 차단비
③ 차단비, 비열비
④ 압축비, 차단비, 비열비

해설
오토 사이클의 열효율
$\eta_o = \dfrac{\text{유효한 일}}{\text{공급열량}} = \dfrac{W}{Q_1} = \dfrac{\text{공급열량} - \text{방출열량}}{\text{공급열량}}$
$= \dfrac{mC_V(T_3 - T_2) - mC_V(T_4 - T_1)}{mC_V(T_3 - T_2)} = 1 - \dfrac{T_4 - T_1}{T_3 - T_2}$
$= 1 - \left(\dfrac{1}{\varepsilon}\right)^{k-1}$
(여기서, ε : 압축비, k : 비열비)

40 Rankine 사이클의 4개 과정으로 옳은 것은?

① 가역 단열팽창 → 정압방열 → 가역 단열압축 → 정압가열
② 가역 단열팽창 → 가역 단열압축 → 정압가열 → 정압방열
③ 정압가열 → 정압방열 → 가역 단열압축 → 가역 단열팽창
④ 정압방열 → 정압가열 → 가역 단열압축 → 가역 단열팽창

정답 37 ② 38 ④ 39 ① 40 ①

제3과목 | 계측방법

41 레이놀즈수를 나타낸 식으로 옳은 것은?(단, D는 관의 내경, μ는 유체의 점도, ρ는 유체의 밀도, U는 유체의 속도이다)

① $\dfrac{D\mu U}{\rho}$ ② $\dfrac{DU\rho}{\mu}$

③ $\dfrac{D\mu\rho}{U}$ ④ $\dfrac{\mu\rho U}{D}$

해설

레이놀즈수 $R_e = \dfrac{DU\rho}{\mu}$

(여기서, D : 관의 내경, U : 유체의 속도, ρ : 유체의 밀도, μ : 유체의 점도)

42 복사온도계에서 전 복사에너지는 절대온도의 몇 승에 비례하는가?

① 2   ② 3
③ 4   ④ 5

해설

복사온도계에서 전 복사에너지는 절대온도의 4승에 비례한다(슈테판 – 볼츠만의 법칙).

43 물리량과 SI 기본단위의 기호가 틀린 것은?

① 질량 : [kg]   ② 온도 : [℃]
③ 물질량 : [mol]   ④ 광도 : [cd]

해설

온도 : [K]

44 단열식 열량계로 석탄 1.5[g]을 연소시켰더니 온도가 4[℃] 상승하였다. 통 내 물의 질량이 2,000[g], 열량계의 물당량이 500[g]일 때 이 석탄의 발열량은 약 몇 [J/g]인가?(단, 물의 비열은 4.19[J/g·K]이다)

① 2.23×10^4 ② 2.79×10^4
③ 4.19×10^4 ④ 6.98×10^4

해설

물당량 500[g]은 연료의 질량을 물의 질량으로 환산한 값이므로, 석탄의 발열량

$Q = mC_w \Delta T = \left(\dfrac{2,000 + 500}{1.5}\right) \times 4.19 \times 4 \simeq 2.79 \times 10^4 \, [\text{J/g}]$

45 다음 중 유도단위 대상에 속하지 않는 것은?

① 비 열   ② 압 력
③ 습 도   ④ 열 량

해설

유도단위는 기본단위를 조합하여 만든 단위로 비열[cal/g·℃], 압력[Pa], 열량[cal] 등이 유도단위에 속한다.

46 피드백 제어에 대한 설명으로 틀린 것은?

① 폐회로로 구성된다.
② 제어량에 대한 수정동작을 한다.
③ 미리 정해진 순서에 따라 순차적으로 제어한다.
④ 반드시 입력과 출력을 비교하는 장치가 필요하다.

해설

미리 정해진 순서에 따라 순차적으로 제어하는 것은 시퀀스 제어이다.

47 다음 그림과 같이 수은을 넣은 차압계를 이용하는 액면계에 있어 수은면의 높이차(h)가 50.0[mm]일 때 상부의 압력 취출구에서 탱크 내 액면까지의 높이(H)는 약 몇 [mm]인가?(단, 액의 밀도(ρ)는 999[kg/m³]이고, 수은의 밀도(ρ_0)는 13,550[kg/m³]이다)

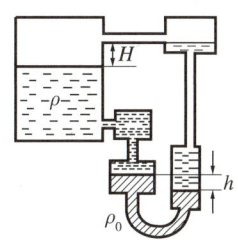

① 578　　② 628
③ 678　　④ 728

해설
$H+h = \dfrac{\rho_0}{\rho} \times h$ 이므로, $H = \left(\dfrac{13,550}{999} \times 50\right) - 50 \simeq 628[\text{mm}]$

48 열전대 온도계에 대한 설명으로 옳은 것은?

① 흡습 등으로 열화된다.
② 밀도차를 이용한 것이다.
③ 자기가열에 주의해야 한다.
④ 온도에 대한 열기전력이 크며 내구성이 좋다.

해설
① 습기에 강하다.
② 열기전력의 차를 이용한 것이다.
③ 자기가열에 주의할 필요 없다.

49 다음 열교환기의 제어에 해당하는 제어의 종류로 옳은 것은?

> 유체의 온도를 제어하는 데 온도 조절의 출력으로 열교환기에 유입되는 증기의 유량을 제어하는 유량조절기의 설정치를 조절한다.

① 추종제어　　② 프로그램제어
③ 정치제어　　④ 캐스케이드제어

해설
① 추종제어(Follow-up Control) : 목표값의 변화가 시간적으로 임의로 변하는 제어(서보기구)
② 프로그램제어 : 사전에 정해진 프로그램에 따라 제어량을 변화시키는 제어(열차 운전, 산업로봇 운전, 엘리베이터 자동 조정)
③ 정치제어(Constant-value Control) : 목표값이 시간적으로 변하지 않고 일정한 제어(프로세스제어, 자동 조정)

50 다음 중 수분흡수법에 의해 습도를 측정할 때 흡수제로 사용하기에 가장 적절하지 않은 것은?

① 오산화인　　② 피크린산
③ 실리카겔　　④ 황 산

해설
수분흡수법에 의해 습도를 측정할 때 사용하는 흡수제 : 오산화인, 실리카겔, 황산 등

51 저항 온도계에 관한 설명 중 틀린 것은?

① 구리는 -200~500[℃]에서 사용한다.
② 시간 지연이 작아 응답이 빠르다.
③ 저항선의 재료로는 저항온도계수가 크며, 화학적으로나 물리적으로 안정한 백금, 니켈 등을 쓴다.
④ 저항 온도계는 금속의 가는 선을 절연물에 감아서 만든 측온저항체의 저항치를 재어서 온도를 측정한다.

해설
구리는 0~120[℃]에서 사용하며 저항률이 낮다.

정답 47 ② 48 ④ 49 ④ 50 ② 51 ①

52 가스크로마토그래피는 다음 중 어떤 원리를 응용한 것인가?

① 증 발 ② 증 류
③ 건 조 ④ 흡 착

53 직각으로 굽힌 유리관의 한쪽을 수면 바로 밑에 넣고 다른 쪽은 연직으로 세워 수평 방향으로 0.5 [m/sec]의 속도로 움직이면 물은 관 속에서 약 몇 [m] 상승하는가?

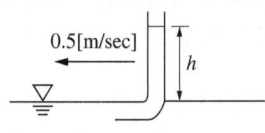

① 0.01 ② 0.02
③ 0.03 ④ 0.04

[해설]
유속 $v = \sqrt{2gh}$
∴ 상승 높이 $h = \dfrac{v^2}{2g} = \dfrac{0.5^2}{2 \times 9.8} \approx 0.01[\text{m}]$

54 관로에 설치한 오리피스 전후의 차압이 1.936[mmH₂O]일 때 유량이 22[m³/h]이다. 차압이 1.024[mmH₂O]이면 유량은 몇 [m³/h]인가?

① 15 ② 16
③ 17 ④ 18

[해설]
유량 $Q = \gamma Av = k\sqrt{2g\Delta P/\gamma}$ 이므로, 관로에 설치된 오리피스 유량은 전후의 압력차 ΔP의 제곱근에 비례한다.
차압 변경 시의 유량
$Q_2 = Q_1 \times \sqrt{\dfrac{\Delta P_2}{\Delta P_1}} = 22 \times \sqrt{\dfrac{1.024}{1.936}} = 16[\text{m}^3/\text{h}]$

55 다음 중 탄성 압력계에 속하는 것은?

① 침종 압력계
② 피스톤 압력계
③ U자관 압력계
④ 부르동관 압력계

[해설]
탄성 압력계 : 부르동관 압력계, 벨로스 압력계, 다이어프램 압력계

56 액주식 압력계에 사용되는 액체의 구비조건으로 틀린 것은?

① 온도 변화에 의한 밀도 변화가 커야 한다.
② 액면은 항상 수평이 되어야 한다.
③ 점도와 팽창계수가 작아야 한다.
④ 모세관현상이 작아야 한다.

[해설]
액주식 압력계의 액체는 온도 변화에 의한 밀도 변화가 작아야 한다.

57 다음 중 가스분석 측정법이 아닌 것은?

① 오르자트법
② 적외선 흡수법
③ 플로 노즐법
④ 열전도율법

[해설]
플로 노즐법은 유량 측정법의 한 종류이다.

52 ④ 53 ① 54 ② 55 ④ 56 ① 57 ③

58 액체의 팽창하는 성질을 이용하여 온도를 측정하는 것은?

① 수은 온도계
② 저항 온도계
③ 서미스터 온도계
④ 백금-로듐 열전대 온도계

해설
수은 온도계 : 액체의 팽창하는 성질을 이용하여 온도를 측정하는 온도계

59 전자유량계에 대한 설명으로 틀린 것은?

① 응답이 매우 빠르다.
② 제작 및 설치비용이 비싸다.
③ 고점도 액체는 측정이 어렵다.
④ 액체의 압력에 영향을 받지 않는다.

해설
전자유량계는 고점도 액체 측정이 가능하다.

60 비례동작만 사용할 경우와 비교할 때 적분동작을 같이 사용하면 제거할 수 있는 문제로 옳은 것은?

① 오프셋
② 외 란
③ 안정성
④ 빠른 응답

제4과목 | 열설비재료 및 관계법규

61 용광로의 원료 중 코크스의 역할로 옳은 것은?

① 탈황작용
② 흡탄작용
③ 매용제(媒鎔劑)
④ 탈산작용

해설
용광로의 원료 중 코크스의 역할
• 흡탄작용(가스 상태로 선철 중에 흡수)
• 선철을 제조하는 데 필요한 열원 공급(탄소의 연소에 따른 열원 공급 역할)
• 연소 시 환원성 가스를 발생시켜 철의 환원 도모(철광석 및 산화물의 환원제 역할)
• 용선과 슬래그에 열을 주는 열교환매체 역할
• 고로 내 통기를 위한 스페이스 제공(고로 내의 가스 통풍을 양호하게 함)

62 단조용 가열로에서 재료에 산화 스케일이 가장 많이 생기는 가열방식은?

① 반간접식
② 직화식
③ 무산화 가열방식
④ 급속 가열방식

63 에너지이용합리화법령상 에너지사용계획을 수립하여 산업통상자원부장관에게 제출하여야 하는 공공사업주관자가 설치하려는 시설기준으로 옳은 것은?

① 연간 1천[TOE] 이상의 연료 및 열을 사용하는 시설
② 연간 2천[TOE] 이상의 연료 및 열을 사용하는 시설
③ 연간 2천5백[TOE] 이상의 연료 및 열을 사용하는 시설
④ 연간 1만[TOE] 이상의 연료 및 열을 사용하는 시설

해설
에너지사용계획 수립대상자
- 공공사업주관자 : 다음의 어느 하나에 해당하는 시설을 설치하려는 자
  - 연간 2천5백[TOE] 이상의 연료 및 열을 사용하는 시설
  - 연간 1천만[kWh] 이상의 전력을 사용하는 시설
- 민간사업주관자 : 다음의 어느 하나에 해당하는 시설을 설치하려는 자
  - 연간 5천[TOE] 이상의 연료 및 열을 사용하는 시설
  - 연간 2천만[kWh] 이상의 전력을 사용하는 시설

64 고온용 무기질 보온재로서 석영을 녹여 만들며 내약품성이 뛰어나고, 최고 사용온도가 1,100[℃] 정도인 것은?

① 유리섬유(Glass Wool)
② 석면(Asbestos)
③ 펄라이트(Pearlite)
④ 세라믹 파이버(Ceramic Fiber)

해설
① 유리섬유(Glass Wool) : 용융유리를 섬유화한 것으로, 유리섬유 사이에 밀봉된 공기층이 단열층 역할을 한다. 최고 안전사용온도는 300[℃]이다.
② 석면(Asbestos) : 진동을 받는 부분이나 곡관부에 사용한다. 최고 안전사용온도는 450[℃]이다.
③ 펄라이트(Pearlite) : 진주암, 흑석 등을 소성·팽창시켜 다공질로 하여 접착제와 석면 등과 같은 무기질섬유를 배합하여 성형한다. 최고 안전사용온도는 650[℃]이다.

65 다음 중 전기로에 해당되지 않는 것은?

① 푸셔로   ② 아크로
③ 저항로   ④ 유도로

해설
전기로 : 아크로, 저항로, 유도로

66 내화물의 분류방법으로 적합하지 않는 것은?

① 원료에 의한 분류
② 형상에 의한 분류
③ 내화도에 의한 분류
④ 열전도율에 의한 분류

해설
내화물의 분류방법
- 원료에 의한 분류
- 형상에 의한 분류
- 내화도에 의한 분류

67 유체의 역류를 방지하여 한쪽 방향으로만 흐르게 하는 밸브로 리프트식과 스윙식으로 대별되는 것은?

① 회전밸브   ② 게이트밸브
③ 체크밸브   ④ 앵글밸브

해설
③ 체크밸브 : 역류방지밸브이다. 유체의 역류를 방지하여 한쪽 방향으로만 흐르게 하는 밸브로, 리프트식과 스윙식으로 대별되는 밸브이다.
② 게이트밸브 : 디스크가 배관의 횡단면과 평행하게 상하로 이동하면서 개폐되는 밸브이다.

68 에너지이용합리화법령에 따라 에너지절약전문기업의 등록이 취소된 에너지절약전문기업은 원칙적으로 등록 취소일로부터 최소 얼마의 기간이 지나면 다시 등록할 수 있는가?

① 1년
② 2년
③ 3년
④ 5년

해설
에너지절약전문기업의 등록이 취소된 에너지절약전문기업은 원칙적으로 등록 취소일로부터 최소 2년의 기간이 지나면 다시 등록을 할 수 있다.

69 신재생에너지법령상 신재생에너지 중 의무공급량이 지정되어 있는 에너지 종류는?

① 해양에너지
② 지열에너지
③ 태양에너지
④ 바이오에너지

해설
신재생에너지법령상 신재생에너지 중 태양에너지는 의무공급량이 지정되어 있다.

70 에너지이용합리화법령에 따라 에너지다소비사업자에게 에너지 손실요인의 개선명령을 할 수 있는 자는?

① 산업통상자원부장관
② 시・도지사
③ 한국에너지공단이사장
④ 에너지관리진단기관협회장

해설
산업통상자원부장관은 에너지관리 지도결과, 에너지가 손실되는 요인을 줄이기 위하여 필요하다고 인정하면 에너지다소비사업자에게 에너지 손실요인의 개선을 명할 수 있다.

71 연소가스(화염)의 진행 방향에 따라 요로를 분류할 때 종류로 옳은 것은?

① 연속식 가마
② 도염식 가마
③ 직화식 가마
④ 셔틀 가마

해설
도염식 가마 : 불꽃이 올라가서 가마 천장에 부딪쳐 가마 바닥의 흡입 구멍으로 빠지는 구조의 가마

72 에너지이용합리화법령상 산업통상자원부장관이 에너지저장의무를 부과할 수 있는 대상자의 기준으로 틀린 것은?

① 연간 1만 석유환산톤 이상의 에너지를 사용하는 자
② 전기사업법에 따른 전기사업자
③ 석탄산업법에 따른 석탄가공업자
④ 집단에너지사업법에 따른 집단에너지사업자

해설
에너지저장의무 부과대상자
• 전기사업법에 따른 전기사업자
• 도시가스사업법에 따른 도시가스사업자
• 석탄산업법에 따른 석탄가공업자
• 집단에너지사업법에 따른 집단에너지사업자
• 연간 2만 석유환산톤 이상의 에너지를 사용하는 자

정답 68 ② 69 ③ 70 ① 71 ② 72 ①

73 에너지이용합리화법령상 검사대상기기의 검사유효기간에 대한 설명으로 옳은 것은?

① 설치 후 3년이 지난 보일러로서 설치 장소 변경검사 또는 재사용검사를 받은 보일러는 검사 후 1개월 이내에 운전성능검사를 받아야 한다.
② 보일러의 계속사용검사 중 운전성능검사에 대한 검사유효기간은 해당 보일러가 산업통상자원부장관이 정하여 고시하는 기준에 적합한 경우에는 3년으로 한다.
③ 개조검사 중 연료 또는 연소방법의 변경에 따른 개조검사의 경우에는 검사유효기간을 1년으로 한다.
④ 철금속가열로의 재사용검사의 검사유효기간은 1년으로 한다.

> **해설**
> ② 보일러의 계속사용검사 중 운전성능검사에 대한 검사유효기간은 해당 보일러가 산업통상자원부장관이 정하여 고시하는 기준에 적합한 경우에는 2년으로 한다.
> ③ 개조검사 중 연료 또는 연소방법의 변경에 따른 개조검사의 경우에는 검사유효기간을 적용하지 않는다.
> ④ 철금속가열로의 재사용검사의 검사유효기간은 2년으로 한다.

74 에너지이용합리화법령에 따라 산업통상자원부령으로 정하는 광고매체를 이용하여 효율관리기자재의 광고를 하는 경우에는 그 광고내용에 동법에 따른 에너지소비효율등급 또는 에너지소비효율을 포함하여야 한다. 이때 효율관리기자재 관련업자에 해당하지 않는 것은?

① 제조업자 ② 수입업자
③ 판매업자 ④ 수리업자

> **해설**
> **효율관리기자재 관련업자** : 제조업자, 수입업자, 판매업자

75 고압배관용 탄소강관(KS D 3564)의 호칭지름의 기준이 되는 것은?

① 배관의 안지름
② 배관의 바깥지름
③ 배관의 (안지름 + 바깥지름)/2
④ 배관나사의 바깥지름

76 배관의 신축 이음에 대한 설명으로 틀린 것은?

① 슬리브형은 단식과 복식의 2종류가 있으며 고온·고압에 사용한다.
② 루프형은 고압에 잘 견디며, 주로 고압증기의 옥외 배관에 사용한다.
③ 벨로스형은 신축으로 인한 응력을 받지 않는다.
④ 스위블형은 온수 또는 저압증기의 배관에 사용하며, 큰 신축에 대하여는 누설의 염려가 있다.

> **해설**
> **신축 이음의 종류** : 슬리브형, 루프형(곡관형), 벨로스형, 스위블형
> • 슬리브형 : 단식, 복식이 있다.
> • 루프형(곡관형) : 고온, 고압에 잘 견디며 주로 고압증기의 옥외 배관에 사용한다.
> • 벨로스형 : 신축으로 인한 응력을 받지 않는다.
> • 스위블형 : 온수 또는 저압증기의 배관에 사용하며 큰 신축에 대해서는 누설의 염려가 있다.

정답 73 ① 74 ④ 75 ② 76 ①

77 고알루미나(High Alumina)질 내화물의 특성에 대한 설명으로 옳은 것은?

① 내마모성이 작다.
② 하중 연화온도가 높다.
③ 고온에서 부피 변화가 크다.
④ 급열·급랭에 대한 저항성이 작다.

해설
① 내마모성이 우수하다.
③ 고온에서 부피 변화가 작다.
④ 급열·급랭에 대한 저항성이 우수하다.

78 에너지이용합리화법령에 따라 에너지사용량이 대통령령이 정하는 기준량 이상이 되는 에너지다소비사업자는 전년도의 분기별 에너지사용량·제품생산량 등의 사항을 언제까지 신고하여야 하는가?

① 매년 1월 31일
② 매년 3월 31일
③ 매년 6월 30일
④ 매년 12월 31일

해설
에너지다소비사업자의 신고 등
에너지사용량이 대통령령으로 정하는 기준량 이상인 자(이하 '에너지다소비사업자'라 한다)는 다음의 사항을 산업통상자원부령으로 정하는 바에 따라 매년 1월 31일까지 그 에너지사용시설이 있는 지역을 관할하는 시·도지사에게 신고하여야 한다.
• 전년도의 분기별 에너지사용량·제품생산량
• 해당 연도의 분기별 에너지사용예정량·제품생산예정량
• 에너지사용기자재의 현황
• 전년도의 분기별 에너지이용 합리화 실적 및 해당 연도의 분기별 계획
• 위의 사항에 관한 업무를 담당하는 자(이하 '에너지관리자'라 한다)의 현황

79 신재생에너지법령상 바이오에너지가 아닌 것은?

① 식물의 유지를 변환시킨 바이오디젤
② 생물유기체를 변환시켜 얻어지는 연료
③ 폐기물의 소각열을 변환시킨 고체의 연료
④ 쓰레기매립장의 유기성 폐기물을 변환시킨 매립지 가스

해설
바이오에너지의 기준
• 생물유기체를 변환시켜 얻어지는 기체, 액체 또는 고체의 연료
• 위의 연료를 연소 또는 변환시켜 얻어지는 에너지
※ 위의 에너지가 신재생에너지가 아닌 석유제품 등과 혼합된 경우에는 생물유기체로부터 생산된 부분만 바이오에너지로 본다.
바이오에너지의 범위
• 생물유기체를 변환시킨 바이오가스, 바이오에탄올, 바이오액화유 및 합성가스
• 쓰레기매립장의 유기성 폐기물을 변환시킨 매립지 가스
• 동물·식물의 유지(油脂)를 변환시킨 바이오디젤 및 바이오중유
• 생물유기체를 변환시킨 땔감, 목재칩, 펠릿 및 숯 등의 고체연료
 – 식물의 유지를 변환시킨 바이오디젤
 – 생물유기체를 변환시켜 얻어지는 연료
 – 쓰레기매립장의 유기성 폐기물을 변환시킨 매립지 가스

80 보온이 안 된 어떤 물체의 단위면적당 손실열량이 $1,600[kJ/m^2]$이었는데, 보온한 후에 단위면적당 손실열량이 $1,200[kJ/m^2]$이라면 보온효율은 얼마인가?

① 1.33   ② 0.75
③ 0.33   ④ 0.25

해설
단열재의 보온효율
$$\eta = 1 - \frac{Q_2}{Q_1} = 1 - \frac{1,200}{1,600} = 0.25$$

제5과목 | 열설비설계

81 노통 보일러에서 브레이징 스페이스란 무엇을 말하는가?

① 노통과 거싯 스테이와의 거리
② 관군과 거싯 스테이와의 거리
③ 동체와 노통 사이의 최소 거리
④ 거싯 스테이 간의 거리

82 연관의 바깥지름이 75[mm]인 연관보일러 관판의 최소 두께는 몇 [mm] 이상이어야 하는가?

① 8.5
② 9.5
③ 12.5
④ 13.5

해설
연관의 바깥지름 75[mm]인 연관보일러 관판의 최소 두께
$t = \dfrac{D}{10} + 5[\text{mm}] = \dfrac{75}{10} + 5 = 12.5[\text{mm}]$

83 보일러 부하의 급변으로 인하여 동 수면에서 작은 입자의 물방울이 증기와 혼입하여 튀어 오르는 현상을 무엇이라고 하는가?

① 캐리오버
② 포밍
③ 프라이밍
④ 피팅

해설
① 캐리오버 : 보일러수 중에 용해 또는 현탁되어 있던 불순물로 인해 보일러수가 비등해 증기와 함께 혼합된 상태로 보일러 본체 밖으로 나오는 현상이다.
② 포밍 : 전열면에 비등기포가 생겨 열유속이 급격하게 증대하며 가열면상에 서로 다른 기포의 발생이 나타나는 비등과정이다.
④ 피팅 : 물속의 용존산소에 의한 부식으로, 스테인리스강에서 흔히 발생한다.

84 맞대기 용접이음에서 질량 120[kg], 용접부의 길이가 3[cm], 판의 두께가 2[mm]라고 할 때 용접부의 인장응력은 약 몇 [MPa]인가?

① 4.9
② 19.6
③ 196
④ 490

해설
인장응력 $\sigma = \dfrac{W}{A} = \dfrac{W}{hl}$
$= \dfrac{120[\text{kg}]}{2[\text{mm}] \times 30[\text{mm}]} = 2[\text{kg/mm}^2] \approx 19.6[\text{MPa}]$
※ $1[\text{kg/mm}^2] \approx 9.8[\text{MPa}]$

85 보일러에 스케일이 1[mm] 두께로 부착되었을 때 연료의 손실은 몇 [%]인가?

① 0.5
② 1.1
③ 2.2
④ 4.7

해설
보일러 스케일 두께에 따른 연료손실

스케일 두께[mm]	0.5	1	2	3	4	5	6
연료의 손실[%]	1.1	2.2	4.0	4.7	6.3	6.8	8.2

86 다음 중 용해 경도성분 제거방법으로 적절하지 않은 것은?

① 침전법
② 소다법
③ 석회법
④ 이온법

해설
용해 경도성분 제거방법 : 소다법, 석회법, 이온법

87 급수펌프인 인젝터의 특징에 대한 설명으로 틀린 것은?

① 구조가 간단하여 소형에 사용된다.
② 별도의 소요동력이 필요하지 않다.
③ 송수량의 조절이 용이하다.
④ 소량의 고압증기로 다량의 급수가 가능하다.

해설
인젝터(Injector) : 증기의 열에너지를 압력에너지로 변환시키고 다시 이를 운동에너지로 변환하여 급수하는 비동력 급수장치이다.
• 구조가 간단하고 별도의 소요동력이 필요하지 않다.
• 소량의 고압증기로 다량을 급수할 수 있다.
• 소형 저압용 보일러에 사용된다.
• 송수량의 조절이 불편하다.
• 급수온도가 높으면 작동이 불가능하다.

88 보일러 사고의 원인 중 제작상의 원인으로 가장 거리가 먼 것은?

① 재료 불량
② 구조 및 설계 불량
③ 용접 불량
④ 급수처리 불량

해설
보일러 사고의 원인 중 제작상의 원인 : 재료 불량, 구조 및 설계 불량, 용접 불량 등

89 육용강제 보일러에서 오목면에 압력을 받는 스테이가 없는 접시형 경판으로 노통을 설치할 경우, 경판의 최소 두께[mm]를 구하는 식으로 옳은 것은?(단, P : 최고 사용압력[MPa], R : 접시 모양 경판의 중앙부에서의 내면 반지름[mm], σ_a : 재료의 허용인장응력[MPa], η : 경판 자체의 이음효율, A : 부식 여유[mm]이다)

① $t = \dfrac{PR}{1.5\sigma_a\eta} + A$ ② $t = \dfrac{1.5PR}{(\sigma_a + \eta)A}$

③ $t = \dfrac{PA}{1.5\sigma_a\eta} + R$ ④ $t = \dfrac{AR}{\sigma_a\eta} + 1.5$

90 노통 보일러의 설명으로 틀린 것은?

① 구조가 비교적 간단하다.
② 노통에는 파형과 평형이 있다.
③ 내분식 보일러의 대표적인 보일러이다.
④ 코니시 보일러와 랭커셔 보일러의 노통은 모두 1개이다.

해설
코니시 보일러의 노통은 1개, 랭커셔 보일러의 노통은 2개이다.

91 연관의 안지름이 140[mm]이고, 두께가 5[mm]일 때 연관의 최고 사용압력은 약 몇 [MPa]인가?

① 1.12 ② 1.63
③ 2.25 ④ 2.83

해설
$t = \dfrac{PD}{70} + 1.5 [\text{mm}]$

$5 = \dfrac{P \times (140 + 5 \times 2)}{70} + 1.5$

$\therefore P \simeq 1.63 [\text{MPa}]$

정답 87 ③ 88 ④ 89 ① 90 ④ 91 ②

92 최고 사용압력 1.5[MPa], 파형 형상에 따른 정수(C)를 1,100, 노통의 평균 안지름이 1,100[mm]일 때, 파형 노통판의 최소 두께는 몇 [mm]인가?

① 12 ② 15
③ 24 ④ 30

해설
파형 노통판의 최소 두께
$$t = \frac{10PD}{C} = \frac{10 \times 1.5 \times 1,100}{1,100} = 15[\text{mm}]$$

93 다음 그림과 같이 길이가 L인 원통 벽에서 전도에 의한 열전달률 q[W]을 아래 식으로 나타낼 수 있다. 아래 식 중 R을 그림에 주어진 r_o, r_i, L로 표시하면?(단, k는 원통 벽의 열전도율이다)

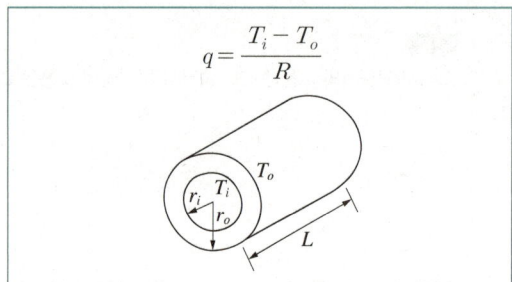

$$q = \frac{T_i - T_o}{R}$$

① $\dfrac{2\pi L}{\ln(r_o/r_i)k}$ ② $\dfrac{\ln(r_o/r_i)}{2\pi Lk}$

③ $\dfrac{2\pi L}{\ln(r_o - r_i)k}$ ④ $\dfrac{\ln(r_o - r_i)}{2\pi Lk}$

해설
열전달률 $q = \dfrac{2\pi Lk(T_i - T_o)}{\ln(r_o/r_i)} = \dfrac{T_i - T_o}{R}$

$\therefore R = \dfrac{\ln(r_o/r_i)}{2\pi Lk}$

94 급수에서 [ppm] 단위에 대한 설명으로 옳은 것은?

① 물 1[mL] 중에 함유한 시료의 양을 [g]으로 표시한 것
② 물 100[mL] 중에 함유한 시료의 양을 [mg]으로 표시한 것
③ 물 1,000[mL] 중에 함유한 시료의 양을 [g]으로 표시한 것
④ 물 1,000[mL] 중에 함유한 시료의 양을 [mg]으로 표시한 것

해설
급수에서 [ppm] 단위 : 물 1,000[mL] 중에 함유한 시료의 양을 [mg]으로 표시한 것

95 횡연관식 보일러에서 연관의 배열을 바둑판 모양으로 하는 주된 이유는?

① 보일러 강도 증가
② 증기 발생 억제
③ 물의 원활한 순환
④ 연소가스의 원활한 흐름

해설
횡연관식 보일러에서 연관의 배열을 바둑판 모양으로 하는 주된 이유는 물의 원활한 순환을 위해서이다.

정답 92 ② 93 ② 94 ④ 95 ③

96 상당증발량이 5.5[t/h], 연료소비량이 350[kg/h]인 보일러의 효율은 약 몇 [%]인가?(단, 효율 산정 시 연료의 저위발열량 기준으로 하며, 값은 40,000 [kJ/kg]이다)

① 38　　　　② 52
③ 65　　　　④ 89

해설
보일러의 효율
$$\eta_B = \frac{G_a(h_2-h_1)}{H_L \times G_f} \times 100[\%] = \frac{G_e \times 539[\text{kcal/kg}]}{H_L \times G_f} \times 100[\%]$$
$$= \frac{G_e \times 2,257[\text{kJ/kg}]}{H_L \times G_f} \times 100[\%]$$
$$= \frac{5.5 \times 1,000 \times 2,257}{40,000 \times 350} \times 100[\%] \simeq 89[\%]$$

※ 증발잠열 539[kcal/kg] = 2,257[kJ/kg]

97 보일러 안전사고의 종류가 아닌 것은?

① 노통, 수관, 연관 등의 파열 및 균열
② 보일러 내의 스케일 부착
③ 동체, 노통, 화실의 압궤 및 수관, 연관 등 전열면의 팽출
④ 연도나 노 내의 가스 폭발, 역화 그 외의 이상연소

해설
보일러 안전사고의 종류(주요 위험요인)와 원인
- 균열, 파열 : 이상압력 상승, 버너 노즐의 막힘으로 인한 국부 가열, 압궤(Collapse), 전열면의 팽출(Bulge)
- 폭발 : 자동급수장치 고장으로 인한 저수위 급수, 착화 불량에 따른 연소실 역화(Back Fire), 그 외의 이상연소

98 실제증발량이 1,800[kg/h]인 보일러에서 상당증발량은 약 몇 [kg/h]인가?(단, 증기엔탈피와 급수엔탈피는 각각 2,780[kJ/kg], 80[kJ/kg]이다)

① 1,210　　　　② 1,480
③ 2,020　　　　④ 2,150

해설
상당증발량
$$G_e = \frac{G_a(h_2-h_1)}{2,257} = \frac{1,800 \times (2,780-80)}{2,257} \simeq 2,150[\text{kg/h}]$$

99 노벽의 두께가 200[mm]이고, 그 외측은 75[mm]의 보온재로 보온되고 있다. 노벽의 내부 온도가 400[℃]이고, 외측 온도가 38[℃]일 경우 노벽의 면적이 10[m²]라면 열손실은 약 몇 [W]인가?(단, 노벽과 보온재의 평균 열전도율은 각각 3.3[W/m·℃], 0.13[W/m·℃]이다)

① 4,678　　　　② 5,678
③ 6,678　　　　④ 7,678

해설
노벽의 열손실
$$Q = KA(t_1-t_2) = \frac{1}{R}A(t_1-t_2)$$
$$= \frac{1}{(l_1/\lambda_1)+(l_2/\lambda_2)}A(t_1-t_2)$$
$$= \frac{1}{(0.2/3.3)+(0.075/0.13)} \times 10 \times (400-38) \simeq 5,678[\text{W}]$$

100 보일러 내처리를 위한 pH 조정제가 아닌 것은?

① 수산화나트륨　　　② 암모니아
③ 제1인산나트륨　　　④ 아황산나트륨

해설
pH 조정제 : pH를 조절하여 부식, 스케일 등을 방지한다.
- pH 높임 : 수산화나트륨(가성소다), 탄산나트륨(탄산소다), 암모니아
- pH 낮춤 : 황산, 인산, 인산나트륨
- 탄산나트륨 : 고압 보일러에 사용 불가(수온이 상승하면 가수분해되어 이산화탄소와 산화나트륨이 생성되어 부식 촉진)
※ 아황산나트륨은 탈산소제로 사용된다.

정답 96 ④　97 ②　98 ④　99 ②　100 ④

2021년 제2회 과년도 기출문제

제1과목 | 연소공학

01 폐열회수에 있어서 검토해야 할 사항이 아닌 것은?

① 폐열의 증가방법에 대해서 검토한다.
② 폐열회수의 경제적 가치에 대해서 검토한다.
③ 폐열의 양 및 질과 이용가치에 대해서 검토한다.
④ 폐열회수방법과 이용방안에 대해서 검토한다.

해설
폐열회수에 있어서 폐열의 감소방법에 대해서 검토한다.

02 프로판(C_3H_8) 및 부탄(C_4H_{10})이 혼합된 LPG를 건조공기로 연소시킨 가스를 분석하였더니 CO_2 11.32[%], O_2 3.76[%], N_2 84.92[%]의 부피 조성을 얻었다. LPG 중 프로판의 부피는 부탄의 약 몇 배인가?

① 8배
② 11배
③ 15배
④ 20배

해설
• 연소반응식
$$mC_3H_8 + nC_4H_{10} + x\left(O_2 + \frac{79}{21}N_2\right) \rightarrow$$
$$11.32CO_2 + 3.76O_2 + yH_2O + 84.92N_2$$
• 항등식의 성질을 이용한 각 원소별 방정식
C : $3m + 4n = 11.32$
H : $8m + 10n = 2y$
O : $2x = 11.32 \times 2 + 3.76 \times 2 + y = 30.16 + y$
N : $\frac{79}{21} \times x = 84.92$이므로 $x \simeq 22.574$

O의 식과 N의 식을 연립하면,
$2 \times 22.574 = 30.16 + y$
$y = 45.148 - 30.16 = 14.988$
y는 14.988이다.

H의 식을 n으로 정리하면,
$8m + 10n = 2 \times 14.988 = 29.976$
$8m + 10n = 29.976$

$n = \frac{29.976 - 8m}{10} = 2.9976 - 0.8m$이며,

이를 C의 식에 대입하면,
$3m + 4 \times (2.9976 - 0.8m) = 11.32$
$m = \frac{0.6704}{0.2} = 3.352$

C의 식에 m값을 대입하면,
$3 \times 3.352 + 4n = 11.32$
$n = \frac{11.32 - 10.056}{4} = 0.316$

따라서 프로판은 $3.352C_3H_8$이며, 부탄은 $0.316C_4H_{10}$이다.

• 프로판과 부탄의 부피비
프로판의 부피비 :
부탄의 부피비 = $\frac{3.352}{3.352 + 0.316} : \frac{0.316}{3.352 + 0.316}$
$= 0.91385 : 0.08615$

∴ $\frac{\text{프로판의 부피비}}{\text{부탄의 부피비}} = \frac{0.91385}{0.08615} \simeq 10.61 \simeq 11$배

03 황 2[kg]을 완전연소시키는 데 필요한 산소의 양은 몇 [Nm³]인가?(단, S의 원자량은 32이다)

① 0.70
② 1.00
③ 1.40
④ 3.33

해설
황의 연소방정식 : $S + O_2 \rightarrow SO_2$
∴ 이론산소량 $O_0 = \left(\frac{2}{32}\right) \times 1 \times 22.4 = 1.4[Nm^3]$

04 다음 가스 중 저위발열량[MJ/kg]이 가장 낮은 것은?

① 수 소
② 메 탄
③ 일산화탄소
④ 에 탄

해설
저위발열량[MJ/kg]
• 수소 : 120.5
• 메탄 : 50.0
• 일산화탄소 : 10.2
• 에탄 : 47.5

정답 1 ① 2 ② 3 ③ 4 ③

05 매연을 발생시키는 원인이 아닌 것은?

① 통풍력이 부족할 때
② 연소실 온도가 높을 때
③ 연료를 너무 많이 투입했을 때
④ 공기와 연료가 잘 혼합되지 않을 때

해설
연소실 온도가 낮을 때 매연이 발생한다.

06 연돌에서 배기가스 분석결과 CO_2 14.2[%], O_2 4.5[%], CO 0[%]일 때 탄산가스의 최대량 CO_{2max}[%]는?

① 10　　② 15
③ 18　　④ 20

해설
$CO_{2max}[\%] = \dfrac{21 \times CO_2[\%]}{21 - O_2[\%]} = \dfrac{21 \times 14.2}{21 - 4.5} \approx 18[\%]$

07 CH_4와 공기를 사용하는 열설비의 온도를 높이기 위해 산소(O_2)를 추가로 공급하였다. 연료유량 10 [Nm^3/h]의 조건에서 완전연소가 이루어졌으며, 수증기 응축 후 배기가스에서 계측된 산소(O_2)의 농도가 5[%]이고, 이산화탄소(CO_2)의 농도가 10[%]라면, 추가로 공급된 산소의 유량은 약 몇 [Nm^3/h]인가?

① 2.4　　② 2.9
③ 3.4　　④ 3.9

해설
연료 CH_4 유량이 10[Nm^3/h]이므로,
전체 산소유량은 $10 \times 2.5 = 25[Nm^3/h]$이다.
추가로 공급된 산소의 유량을 α라 하면
전체 산소유량 $25 = \dfrac{10 \times 8.5}{3.76} + \alpha$이므로
$\alpha \approx 2.4[Nm^3/h]$이다.

08 수소가 완전연소하여 물이 될 때 수소와 연소용 산소와 물의 몰(mol)비는?

① 1 : 1 : 1　　② 1 : 2 : 1
③ 2 : 1 : 2　　④ 2 : 1 : 3

해설
수소의 연소방정식은 $H_2 + 0.5O_2 \rightarrow H_2O$이므로
수소와 연소용 산소와 물의 몰(mol)비는 1 : 0.5 : 1 = 2 : 1 : 2이다.

09 액체연료가 갖는 일반적인 특징이 아닌 것은?

① 연소온도가 높기 때문에 국부과열을 일으키기 쉽다.
② 발열량은 높지만 품질이 일정하지 않다.
③ 화재, 역화 등의 위험이 크다.
④ 연소할 때 소음이 발생한다.

해설
액체연료는 발열량이 높고 품질이 일정하다.

10 중유의 탄수소비가 증가함에 따른 발열량의 변화는?

① 무관하다.
② 증가한다.
③ 감소한다.
④ 초기에는 증가하다가 점차 감소한다.

해설
중유의 탄수소비가 증가함에 따른 발열량은 감소한다.

정답　5 ②　6 ③　7 ①　8 ③　9 ②　10 ③

11 다음 연소반응식 중에서 틀린 것은?

① $CH_4 + 2O_2 \rightarrow CO_2 + 2H_2O$

② $C_2H_6 + 3\frac{1}{2}O_2 \rightarrow 2CO_2 + 3H_2O$

③ $C_3H_8 + 5O_2 \rightarrow 3CO_2 + 4H_2O$

④ $C_4H_{10} + 9O_2 \rightarrow 4CO_2 + 5H_2O$

해설

$C_4H_{10} + 6.5O_2 \rightarrow 4CO_2 + 5H_2O$

12 탄소 1[kg]을 완전연소시키는 데 필요한 공기량은 몇 [Nm³]인가?

① 22.4 ② 11.2
③ 9.6   ④ 8.89

해설

탄소의 연소방정식 : $C + O_2 \rightarrow CO_2$

탄소 1[kg]을 완전연소시키는 데 필요한 산소량(이론산소량)

$O_0 = \frac{1}{12} \times 22.4 \simeq 1.87 [Nm^3]$

탄소 1[kg]을 완전연소시키는 데 필요한 공기량(이론공기량)

$A_0 = \frac{O_0}{0.21} = \frac{1.87}{0.21} \simeq 8.89 [Nm^3]$

13 액체연료 연소장치 중 회전식 버너의 특징에 대한 설명으로 틀린 것은?

① 분무각은 10~40[°] 정도이다.
② 유량 조절범위는 1 : 5 정도이다.
③ 자동제어에 편리한 구조로 되어 있다.
④ 부속설비가 없으며 화염이 짧고 안정한 연소를 얻을 수 있다.

해설

분무각은 에어노즐의 안내날개 각도에 따르지만 보통 40~80[°] 정도이다.

14 폭굉(Detonation)현상에 대한 설명으로 옳지 않은 것은?

① 확산이나 열전도의 영향을 주로 받는 기체역학적 현상이다.
② 물질 내에 충격파가 발생하여 반응을 일으킨다.
③ 충격파에 의해 유지되는 화학반응현상이다.
④ 반응의 전파속도가 그 물질 내에서 음속보다 빠른 것을 말한다.

해설

확산이나 열전도의 영향을 주로 받는 기체역학적 현상은 대류이다.

15 연소배기가스의 분석결과 CO_2의 함량이 13.4[%] 이다. 벙커 C유(55[L/h])의 연소에 필요한 공기량은 약 몇 [Nm³/min]인가?(단 벙커 C유의 이론공기량은 12.5[Nm³/kg]이고, 밀도는 0.93[g/cm³] 이며 CO_{2max}는 15.5[%]이다)

① 12.33 ② 49.03
③ 63.12 ④ 73.99

해설

- 공기비 $m = \frac{CO_{2max}}{CO_2} = \frac{15.5}{13.4} = 1.157$
- 연료소비량 $= 55[L/h] \times 0.93[kg/L] = 51.15[kg/h]$

$\therefore A = mA_0 = 51.15[kg/h] \times 1.157 \times 12.5[Nm^3/kg]$

$\simeq 739.8[Nm^3/h] \simeq 12.33[Nm^3/min]$

※ $1[g/cm^3] = 1[kg/L]$

16 위험성을 나타내는 성질에 관한 설명으로 옳지 않은 것은?

① 착화온도와 위험성은 반비례한다.
② 비등점이 낮으면 인화 위험성이 높아진다.
③ 인화점이 낮은 연료는 대체로 착화온도가 낮다.
④ 물과 혼합하기 쉬운 가연성 액체는 물과의 혼합에 의해 증기압이 높아져 인화점이 낮아진다.

해설
물과 혼합하기 쉬운 가연성 액체는 물과의 혼합에 의해 증기압이 낮아져 인화점이 높아진다.

17 고체연료의 공업분석에 고정탄소를 산출하는 식은?

① 100 − (수분[%] + 회분[%] + 질소[%])
② 100 − (수분[%] + 회분[%] + 황분[%])
③ 100 − (수분[%] + 황분[%] + 휘발분[%])
④ 100 − (수분[%] + 회분[%] + 휘발분[%])

18 저질탄 또는 조분탄의 연소방식이 아닌 것은?

① 분무식   ② 산포식
③ 쇄상식   ④ 계단식

해설
분무식은 액체연료의 연소방식이다.

19 기체연료의 저장방식이 아닌 것은?

① 유수식   ② 고압식
③ 가열식   ④ 무수식

해설
기체연료의 저장방식 : 저압식(유수식, 무수식), 고압식

20 연소실에서 연소된 연소가스의 자연통풍력을 증가시키는 방법으로 틀린 것은?

① 연돌의 높이를 높인다.
② 배기가스의 비중량을 크게 한다.
③ 배기가스 온도를 높인다.
④ 연도의 길이를 짧게 한다.

해설
연소가스의 자연통풍력을 증가시키려면 배기가스의 비중량을 작게 한다.

제2과목 | 열역학

21 냉매가 갖추어야 하는 요건으로 거리가 먼 것은?

① 증발잠열이 작아야 한다.
② 화학적으로 안정되어야 한다.
③ 임계온도가 높아야 한다.
④ 증발온도에서 압력이 대기압보다 높아야 한다.

해설
냉매는 증발잠열이 커야 한다.

22 20[℃]의 물 10[kg]을 대기압하에서 100[℃]의 수증기로 완전히 증발시키는 데 필요한 열량은 약 몇 [kJ]인가?(단, 수증기의 증발잠열은 2,257[kJ/kg]이고, 물의 평균비열은 4.2[kJ/kg·K]이다)

① 800
② 6,190
③ 25,930
④ 61,900

해설
물을 수증기로 완전히 증발시키는 데 필요한 열량
$Q = Q_S + Q_L$
(여기서, Q_S : 20[℃]의 물을 100[℃]의 포화수로 만드는 데 소요되는 가열량, Q_L : 잠열량=100[℃]의 물을 100[℃]의 증기로 만드는 데 소요되는 가열량)
$Q_S = mC(t_2 - t_1) = 10 \times 4.2 \times (100 - 20) = 3,360$ [kJ]
$Q_L = m\gamma_0 = 10 \times 2,257 = 22,570$ [kJ]
따라서, $Q = Q_S + Q_L = 3,360 + 22,570 = 25,930$ [kJ]

23 증기압축 냉동사이클을 사용하는 냉동기에서 냉매의 상태량은 압축 전후 엔탈피가 각각 379.11[kJ/kg]와 424.77[kJ/kg]이고, 교축팽창 후 엔탈피가 241.46[kJ/kg]이다. 압축기의 효율이 80[%], 소요동력이 4.14[kW]라면, 이 냉동기의 냉동용량은 약 몇 [kW]인가?

① 6.98
② 9.98
③ 12.98
④ 15.98

해설
냉동기의 냉동용량을 x라고 하면
이론소비동력 $= \dfrac{424.77 - 379.11}{379.11 - 241.46} \times x = \dfrac{45.66x}{137.65}$ 이며,

$\eta = \dfrac{\text{이론소비동력}}{\text{실제소비동력}} = 0.8$ 이므로 대입하면

$\eta = \dfrac{\frac{45.66x}{137.65}}{4.14} = 0.8$ 이 된다.

∴ 냉동기의 냉동용량 $x = \dfrac{0.8 \times 137.65 \times 4.14}{45.66} \simeq 9.98$ [kW]

24 초기 체적이 V_i 상태에 있는 피스톤이 외부로 일을 하여 최종적으로 체적이 V_f인 상태로 되었다. 다음 중 외부로 가장 많은 일을 한 과정은?(단, n은 폴리트로픽 지수이다)

① 등온과정
② 정압과정
③ 단열과정
④ 폴리트로픽 과정($n > 0$)

해설
같은 체적 변화에서는 정압과정이 가장 많은 일을 하고 일의 부호가 모두 양수이며 기체가 팽창하면서 피스톤을 밀어냈으므로 외부로 일을 한 것이다. 폴리트로픽 과정에서 지수 $n > 0$이므로 등온과 단열 사이에 존재하며 지수가 올라갈수록 일이 적어지며, 정적과정에서 한 일은 0이다.

25 가스동력 사이클에 대한 설명으로 틀린 것은?

① 에릭슨 사이클은 2개의 정압과정과 2개의 단열과정으로 구성된다.
② 스털링 사이클은 2개의 등온과정과 2개의 정적과정으로 구성된다.
③ 앳킨스 사이클은 2개의 단열과정과 정적 및 정압과정으로 구성된다.
④ 르누아 사이클은 정적과정으로 급열하고, 정압과정으로 방열하는 사이클이다.

> **해설**
> 에릭슨 사이클은 2개의 정압과정과 2개의 등온과정으로 구성된다.

26 노즐에서 임계 상태에서의 압력을 P_c, 비체적을 v_c, 최대 유량을 G_c, 비열비를 k라고 할 때 임계 단면적에 대한 식으로 옳은 것은?

① $2G_c\sqrt{\dfrac{v_c}{kP_c}}$ ② $G_c\sqrt{\dfrac{v_c}{2kP_c}}$
③ $G_c\sqrt{\dfrac{v_c}{kP_c}}$ ④ $G_c\sqrt{\dfrac{2v_c}{kP_c}}$

> **해설**
> 최대 유량 $G_c = A_c \times \sqrt{\dfrac{kP_c}{v_c}}$ 이므로
> 노즐의 임계 단면적 $A_c = G_c\sqrt{\dfrac{v_c}{kP_c}}$ 이다.

27 증기터빈에서 상태 ⓐ의 증기를 규정된 압력까지 단열에 가깝게 팽창시켰다. 이때 증기터빈 출구에서의 증기 상태는 그림의 각각 ⓑ, ⓒ, ⓓ, ⓔ이다. 이 중 터빈의 효율이 가장 좋을 때 출구의 증기 상태로 옳은 것은?

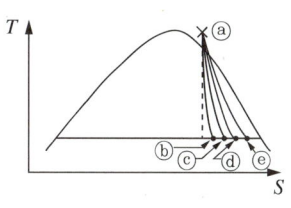

① ⓑ ② ⓒ
③ ⓓ ④ ⓔ

28 물의 임계압력에서의 잠열은 몇 [kJ/kg]인가?

① 0 ② 333
③ 418 ④ 2,260

29 랭킨 사이클에 과열기를 설치할 경우 과열기의 영향으로 발생하는 현상에 대한 설명으로 틀린 것은?

① 열이 공급되는 평균온도가 상승한다.
② 열효율이 증가한다.
③ 터빈 출구의 건도가 높아진다.
④ 펌프 일이 증가한다.

> **해설**
> 랭킨 사이클에 과열기를 설치하면 펌프 일이 감소한다.

30 110[kPa], 20[℃]의 공기가 반지름 20[cm], 높이 40[cm]인 원통형 용기 안에 채워져 있다. 이 공기의 무게는 몇 [N]인가?(단, 공기의 기체상수는 287 [J/kg · K]이다)

① 0.066 ② 0.64
③ 6.7   ④ 66

해설

$PV = mRT$

$(110 \times 10^3)[\text{Pa}] \times \pi \times (0.2[\text{m}])^2 \times 0.4[\text{m}]$
$= m \times 287[\text{J/kg} \cdot \text{K}] \times (20+273)[\text{K}]$

$\therefore m = \dfrac{(110 \times 10^3)[\text{Pa}] \times \pi \times (0.2[\text{m}])^2 \times 0.4[\text{m}]}{287[\text{J/kg} \cdot \text{K}] \times (20+273)[\text{K}]}$

$\simeq 0.0658[\text{kg}] \simeq 0.64[\text{N}]$

※ $1[\text{Pa}] = 1[\text{J/m}^3]$
※ $1[\text{kg}] \simeq 9.8[\text{N}]$

32 온도와 관련된 설명으로 틀린 것은?

① 온도 측정의 타당성에 대한 근거는 열역학 제0법칙이다.
② 온도가 0[℃]에서 10[℃]로 변화하면 절대온도는 0[K]에서 283.15[K]로 변화한다.
③ 섭씨온도는 물의 어는점과 끓는점을 기준으로 삼는다.
④ SI단위계에서 온도의 단위는 켈빈 단위를 사용한다.

해설

온도가 0[℃]에서 10[℃]로 변화하면 절대온도는 273.15[K]에서 283.15[K]로 변화한다.

31 냉동효과가 200[kJ/kg]인 냉동 사이클에서 4[kW]의 열량을 제거하는 데 필요한 냉매순환량은 몇 [kg/min]인가?

① 0.02 ② 0.2
③ 0.8   ④ 1.2

해설

냉매순환량

$G = \dfrac{냉동능력}{냉동효과} = \dfrac{q_1}{q_2} = \dfrac{4[\text{kW}]}{200[\text{kJ/kg}]}$

$= \dfrac{4[\text{kJ/sec}] \times \dfrac{60[\text{sec}]}{1[\text{min}]}}{200[\text{kJ/kg}]} = 1.2[\text{kg/min}]$

※ $1[\text{kW}] = 1[\text{kJ/sec}]$

33 압력 3,000[kPa], 온도 400[℃]인 증기의 내부에너지가 2,926[kJ/kg]이고, 엔탈피는 3,230[kJ/kg]이다. 이 상태에서 비체적은 약 몇 [m³/kg]인가?

① 0.0303 ② 0.0606
③ 0.101   ④ 0.303

해설

$\Delta U = \Delta H - \Delta W = 3,230 - (3,000 \times x) = 2,926$

$\therefore 비체적\ x = \dfrac{(3,230-2,926)[\text{kJ/kg}]}{3,000[\text{kPa}]}$

$= \dfrac{(3,230-2,926)[\text{kJ/kg}]}{3,000[\text{kJ/m}^3]} \simeq 0.101[\text{m}^3/\text{kg}]$

※ $1[\text{kPa}] = 1[\text{kJ/m}^3]$

34 다음과 같이 몰리에르(엔탈피-엔트로피)선도에서 가역단열과정을 나타내는 선의 형태로 옳은 것은?

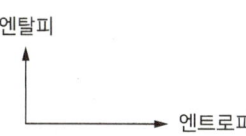

① 엔탈피축에 평행하다.
② 기울기가 양수(+)인 곡선이다.
③ 기울기가 음수(-)인 곡선이다.
④ 엔트로피축에 평행하다.

해설
몰리에르(엔탈피-엔트로피)선도에서 가역단열과정을 나타내는 선의 형태는 엔탈피축에 평행하다.

35 노점온도(Dew Point Temperature)에 대한 설명으로 옳은 것은?

① 공기, 수증기의 혼합물에서 수증기의 분압에 대한 수증기 과열 상태 온도
② 공기, 가스의 혼합물에서 가스의 분압에 대한 가스의 과랭 상태 온도
③ 공기, 수증기의 혼합물을 가열시켰을 때 증기가 없어지는 온도
④ 공기, 수증기의 혼합물에서 수증기의 분압에 해당하는 수증기의 포화온도

36 정압과정에서 어느 한 계(System)에 전달된 열량은 그 계에서 어떤 상태량의 변화량과 양이 같은가?

① 내부에너지 ② 엔트로피
③ 엔탈피   ④ 절대일

해설
정압과정에서 어느 한 계(System)에 전달된 열량은 그 계에서 엔탈피의 변화량과 양이 같다.

37 열역학적 관계식 $TdS = dH - VdP$에서 용량성 상태량(Extensive Property)이 아닌 것은?(단, S : 엔트로피, H : 엔탈피, V : 체적, P : 압력, T : 절대온도이다)

① S ② H
③ V ④ P

해설
압력은 강도성 상태량이다.

38 30[℃]에서 기화잠열이 173[kJ/kg]인 어떤 냉매의 포화액-포화증기 혼합물 4[kg]을 가열하여 건도가 20[%]에서 70[%]로 증가되었다. 이 과정에서 냉매의 엔트로피 증가량은 약 몇 [kJ/K]인가?

① 11.5   ② 2.31
③ 1.14   ④ 0.29

해설
• 열량 $Q = m\gamma = 4 \times 173 = 692$[kJ]
• 건도 증가량 $\Delta x = 0.7 - 0.2 = 0.5$
∴ 엔트로피 증가량
$\Delta S = \dfrac{Q}{T} \times \Delta x = \dfrac{692}{(30+273)} \times 0.5 \simeq 1.14$[kJ/K]

39 다음과 같은 압축비와 차단비를 가지고 공기로 작동되는 디젤 사이클 중에서 효율이 가장 높은 것은?(단, 공기의 비열비는 1.4이다)

① 압축비 : 11, 차단비 : 2
② 압축비 : 11, 차단비 : 3
③ 압축비 : 13, 차단비 : 2
④ 압축비 : 13, 차단비 : 3

해설
디젤 사이클의 열효율 : $\eta_d = 1 - \left(\dfrac{1}{\varepsilon}\right)^{k-1} \times \dfrac{\sigma^k - 1}{k(\sigma - 1)}$
(여기서, ε : 압축비, k : 비열비, σ : 차단비)
따라서 압축비가 크고 차단비가 작을수록 열효율이 높으므로, ③번의 열효율이 가장 높다.

40 이상기체가 '$Pv^n = $ 일정' 과정을 가지고 변하는 경우에 적용할 수 있는 식으로 옳은 것은?(단, q : 단위질량당 공급된 열량, u : 단위질량당 내부에너지, T : 온도, P : 압력, v : 비체적, R : 기체상수, n : 상수이다)

① $\delta q = du + \dfrac{nRdT}{1-n}$
② $\delta q = du + \dfrac{RdT}{1-n}$
③ $\delta q = du + \dfrac{(1-n)RdT}{n}$
④ $\delta q = du + (1-n)RdT$

해설
폴리트로픽 과정에서 $\delta q = du + \dfrac{RdT}{1-n}$ 이다.

제3과목 | 계측방법

41 방사고온계의 장점이 아닌 것은?

① 고온 및 이동 물체의 온도 측정이 쉽다.
② 측정시간의 지연이 작다.
③ 발신기를 이용한 연속 기록이 가능하다.
④ 방사율에 의한 보정량이 작다.

해설
방사고온계는 방사율에 의한 보정량이 크다는 것이 단점이다.

42 액주식 압력계의 종류가 아닌 것은?

① U자관형　② 경사관식
③ 단관형　　④ 벨로스식

해설
벨로스식은 탄성식 압력계이다.

43 불규칙하게 변하는 주변 온도와 기압 등이 원인이 되며, 측정 횟수가 많을수록 오차의 합이 0에 가까운 특징이 있는 오차의 종류는?

① 개인오차　② 우연오차
③ 과오오차　④ 계통오차

해설
우연오차는 불규칙하게 변하는 주변의 온도와 기압 등이 원인이 되며, 측정 횟수가 많을수록 오차의 합이 0에 가까운 특징이 있다. 우연오차는 비계통오차에 해당한다.

정답 39 ③　40 ②　41 ④　42 ④　43 ②

44 열전대(Thermocouple)는 어떤 원리를 이용한 온도계인가?

① 열팽창률차 ② 전위차
③ 압력차   ④ 전기저항차

해설
열전대(Thermocouple)는 전위차를 이용한 온도계이다.

45 다음 중 압력식 온도계가 아닌 것은?

① 액체팽창식 온도계
② 열전 온도계
③ 증기압식 온도계
④ 가스압력식 온도계

해설
온도계의 종류 : 액체팽창식 온도계, 증기압식 온도계, 가스압력식 온도계(또는 차압식, 기포식, 액저압식으로도 구분한다)

46 액면계에 대한 설명으로 틀린 것은?

① 유리관식 액면계는 경유탱크의 액면을 측정하는 것이 가능하다.
② 부자식은 액면이 심하게 움직이는 곳에는 사용하기 곤란하다.
③ 차압식 유량계는 정밀도가 좋아서 액면제어용으로 가장 많이 사용된다.
④ 편위식 액면계는 아르키메데스의 원리를 이용하는 액면계이다.

해설
액면제어용으로는 부자식 액면계가 많이 사용된다.

47 다음 중 습도계의 종류로 가장 거리가 먼 것은?

① 모발 습도계
② 듀셀 노점계
③ 초음파식 습도계
④ 전기저항식 습도계

해설
습도계의 종류 : 건습구 습도계, 모발 습도계, 듀셀 노점계, 통풍건습구 습도계(아스만 습도계), 전기저항식 습도계, 서미스터 습도센서, 고분자 습도센서, 염화리튬 습도센서, 수정진동자 습도센서 등

48 1차 지연요소에서 시정수 T가 클수록 응답속도는 어떻게 되는가?

① 일정하다.
② 빨라진다.
③ 느려진다.
④ T와 무관하다.

해설
1차 지연요소에서 시정수 T가 클수록 응답속도는 느려진다.

49 차압식 유량계의 종류가 아닌 것은?

① 벤투리
② 오리피스
③ 터빈유량계
④ 플로 노즐

해설
터빈유량계는 유속식 유량계이다.

50 압력 측정에 사용되는 액체의 구비조건 중 틀린 것은?

① 열팽창계수가 클 것
② 모세관현상이 작을 것
③ 점성이 작을 것
④ 일정한 화학성분을 가질 것

해설
압력 측정에 사용되는 액체는 열팽창계수가 작아야 한다.

51 기체 크로마토그래피에 대한 설명으로 틀린 것은?

① 캐리어기체로는 수소, 질소 및 헬륨 등이 사용된다.
② 충전재로는 활성탄, 알루미나 및 실리카겔 등이 사용된다.
③ 기체의 확산속도 특성을 이용하여 기체의 성분을 분리하는 물리적인 가스분석기이다.
④ 적외선 가스분석기에 비하여 응답속도가 빠르다.

해설
기체 크로마토그래피는 적외선 가스분석기에 비해 응답속도가 느리다.

52 20[L]인 물의 온도를 15[℃]에서 80[℃]로 상승시키는 데 필요한 열량은 약 몇 [kJ]인가?

① 4,200
② 5,400
③ 6,300
④ 6,900

해설
$Q_1 = mC\Delta t = 20[kg] \times 4.184[kJ/kg \cdot K] \times (80-15)[K]$
$\simeq 5,439[kJ]$
※ $1[L] = 1[kg]$

53 다음 중 송풍량을 일정하게 공급하려고 할 때 가장 적당한 제어방식은?

① 프로그램제어
② 비율제어
③ 추종제어
④ 정치제어

해설
송풍량을 일정하게 공급할 때 가장 적당한 제어방식은 정치제어이다.

정답 49 ③ 50 ① 51 ④ 52 ② 53 ④

54 피토관에 대한 설명으로 틀린 것은?

① 5[m/sec] 이하의 기체에서는 적용하기 힘들다.
② 먼지나 부유물이 많은 유체에는 부적당하다.
③ 피토관의 머리 부분은 유체의 방향에 대하여 수직으로 부착한다.
④ 흐름에 대하여 충분한 강도를 가져야 한다.

해설
피토관의 머리 부분은 유체의 방향에 대하여 수평으로 부착한다.

55 다음 중 1,000[℃] 이상의 고온체의 연속 측정에 가장 적합한 온도계는?

① 저항 온도계
② 방사 온도계
③ 바이메탈식 온도계
④ 액체압력식 온도계

56 가스분석계의 특징에 관한 설명으로 틀린 것은?

① 적정한 시료가스의 채취장치가 필요하다.
② 선택성에 대한 고려가 필요 없다.
③ 시료가스의 온도 및 압력의 변화로 측정오차를 유발할 우려가 있다.
④ 계기의 교정에는 화학분석에 의해 검정된 표준시료가스를 이용한다.

해설
가스분석계는 선택성에 대한 고려가 필요하다.

57 차압식 유량계에 있어 조리개 전후의 압력 차이가 P_1에서 P_2로 변할 때 유량은 Q_1에서 Q_2로 변했다. Q_2에 대한 식으로 옳은 것은?(단, $P_2 = 2P_1$이다)

① $Q_2 = Q_1$
② $Q_2 = \sqrt{2}\,Q_1$
③ $Q_2 = 2Q_1$
④ $Q_2 = 4Q_1$

해설
$Q_1 = k\sqrt{2g\Delta P/\gamma}$
$Q_2 = k\sqrt{2g2\Delta P/\gamma} = \sqrt{2}(k\sqrt{2g\Delta P/\gamma}) = \sqrt{2}\,Q_1$

58 용적식 유량계에 대한 설명으로 옳은 것은?

① 적산유량의 측정에 적합하다.
② 고점도에는 사용할 수 없다.
③ 발신기 전후에 직관부가 필요하다.
④ 측정유체의 맥동에 의한 영향이 크다.

해설
② 용적식 유량계는 고점도에 사용할 수 있다.
③ 발신기 전후에 직관부가 필요하지 않다.
④ 측정유체의 맥동에 의한 영향이 작다.

정답 54 ③ 55 ② 56 ② 57 ② 58 ①

59 편차의 정(+), 부(−)에 의해서 조작신호가 최대, 최소가 되는 제어동작은?

① 온오프동작
② 다위치동작
③ 적분동작
④ 비례동작

해설
편차의 정(+), 부(−)에 의해서 조작신호가 최대, 최소가 되는 제어동작은 온오프동작이다.

60 다이어프램 압력계의 특징이 아닌 것은?

① 점도가 높은 액체에 부적합하다.
② 먼지가 함유된 액체에 적합하다.
③ 대기압과의 차가 작은 미소압력의 측정에 사용한다.
④ 다이어프램으로 고무, 스테인리스 등의 탄성체 박판이 사용된다.

해설
다이어프램 압력계는 점도가 높은 액체에 적합하다.

제4과목 | 열설비재료 및 관계법규

61 내식성, 굴곡성이 우수하고 양도체이며 내압성도 있어서 열교환기용 전열관, 급수관 등 화학공업용으로 주로 사용되는 관은?

① 주철관
② 동 관
③ 강 관
④ 알루미늄관

해설
동관은 내식성, 굴곡성이 우수하고 양도체이며, 내압성도 있어서 주로 열교환기용 전열관, 급수관 등 화학공업용으로 사용된다.

62 크롬벽돌이나 크롬-마그벽돌이 고온에서 산화철을 흡수하여 표면이 부풀어 오르고 떨어져 나가는 현상은?

① 버스팅
② 큐어링
③ 슬래킹
④ 스폴링

해설
③ 슬래킹(Slaking) : 염기성 내화물이 수증기에 의해서 조직이 약화되는 현상
④ 스폴링(Spalling) : 온도의 급격한 변동 또는 불균일한 가열 등으로 내화물에 열응력이 생겨 표면이 갈라지는 균열이 생기거나 표면이 박리되는 현상

정답 59 ① 60 ① 61 ② 62 ①

63 에너지이용합리화법령에 따라 열사용기자재관리에 대한 설명으로 틀린 것은?

① 계속사용검사는 검사유효기간의 만료일이 속하는 연도의 말까지 연기할 수 있으며, 연기하려는 자는 검사대상기기 검사연기신청서를 한국에너지공단이사장에게 제출하여야 한다.
② 한국에너지공단이사장은 검사에 합격한 검사대상기기에 대해서 검사신청인에게 검사일로부터 7일 이내에 검사증을 발급하여야 한다.
③ 검사대상기기관리자의 선임신고는 신고사유가 발생한 날로부터 20일 이내에 하여야 한다.
④ 검사대상기기의 설치자가 사용 중인 검사대상기기를 폐기한 경우에는 폐기한 날부터 15일 이내에 검사대상기기 폐기신고서를 한국에너지공단이사장에게 제출하여야 한다.

해설
검사대상기기관리자의 선임, 해임, 퇴직신고는 신고사유가 발생한 날로부터 30일 이내에 한국에너지공단에 신고하여야 한다.

64 다음 중 에너지이용합리화법령에 따른 검사대상기기에 해당하는 것은?

① 정격용량이 0.5[MW]인 철금속 가열로
② 가스 사용량이 20[kg/h]인 소형 온수 보일러
③ 최고 사용압력이 0.1[MPa]이고, 전열면적이 4[m²]인 강철제 보일러
④ 최고 사용압력이 0.1[MPa]이고, 동체 안지름이 300[mm]이며, 길이가 500[mm]인 강철제 보일러

해설
② 가스를 사용하는 것으로서 가스사용량이 17[kg/h](도시가스는 232.6[kW])를 초과하는 소형 온수 보일러
① 정격용량이 0.58[MW]를 초과하는 철금속 가열로
③ 최고 사용압력 0.1[MPa] 이하이고, 전열면적이 5[m²] 이하인 강철제 보일러
④ 최고 사용압력 0.1[MPa] 이하이고, 동체 안지름 300[mm] 이하이며, 길이 600[mm] 이하인 강철제 보일러

65 배관의 축 방향 응력 σ[kPa]을 나타낸 식은?(단, d : 배관의 내경[mm], p : 배관의 내압[kPa], t : 배관의 두께[mm]이며, t는 충분히 얇다)

① $\sigma = \dfrac{p\pi d}{4t}$ ② $\sigma = \dfrac{pd}{4t}$
③ $\sigma = \dfrac{p\pi d}{2t}$ ④ $\sigma = \dfrac{pd}{2t}$

해설
관에 작용하는 응력
• 배관의 축 방향 응력 : $\sigma_2 = \dfrac{pd}{4t}$
• 배관의 반경 방향 응력 : $\sigma_1 = \dfrac{pd}{2t}$

66 에너지이용합리화법령상 효율관리기자재에 대한 에너지소비효율등급을 거짓으로 표시한 자에 해당하는 과태료는?

① 3백만원 이하 ② 5백만원 이하
③ 1천만원 이하 ④ 2천만원 이하

해설
효율관리기자재에 대한 에너지소비효율등급을 거짓으로 표시한 자에 해당하는 과태료는 2천만원 이하이다.

67 고온용 무기질 보온재로서 경량이고 기계적 강도가 크며 내열성, 내수성이 강하고 내마모성이 있어 탱크, 노벽 등에 적합한 보온재는?

① 암 면 ② 석 면
③ 규산칼슘 ④ 탄산마그네슘

해설
규산칼슘은 고온용 무기질 보온재로서 경량이고 기계적 강도가 크며, 내열성과 내수성이 강하고 내마모성이 있어 탱크, 노벽 등에 적합하다.

68 에너지이용합리화법령에 따라 효율관리기자재의 제조업자 또는 수입업자는 효율관리시험기관에서 해당 효율관리기자재의 에너지 사용량을 측정받아야 한다. 이 시험기관은 누가 지정하는가?

① 과학기술정보통신부장관
② 산업통상자원부장관
③ 기획재정부장관
④ 환경부장관

해설
효율관리기자재의 제조업자 또는 수입업자는 효율관리시험기관에서 해당 효율관리기자재의 에너지사용량을 측정받아야 하는데 이 시험기관은 산업통상자원부장관이 지정한다.

69 다음은 에너지이용합리화법령상 에너지의 수급 차질에 대비하기 위하여 산업통상자원부장관이 에너지저장의무를 부과할 수 있는 대상자의 기준이다. ( ) 안에 들어갈 용어는?

연간 ( ) 석유환산톤 이상의 에너지를 사용하는 자

① 1천 ② 5천
③ 1만 ④ 2만

해설
에너지저장의무를 부과할 수 있는 대상자의 기준 : 연간 2만 석유환산톤 이상의 에너지를 사용하는 자

70 에너지이용합리화법령에 따라 자발적 협약체결기업에 대한 지원을 받기 위해 에너지사용자와 정부 간 자발적 협약의 평가기준에 해당하지 않는 것은?

① 계획 대비 달성률 및 투자 실적
② 에너지이용합리화 자금 활용 실적
③ 자원 및 에너지의 재활용 노력
④ 에너지 절감량 또는 에너지의 합리적인 이용을 통한 온실가스 배출 감축량

해설
자발적 협약의 평가기준
• 계획 대비 달성률 및 투자 실적
• 자원 및 에너지의 재활용 노력
• 에너지 절감량 또는 에너지의 합리적인 이용을 통한 온실가스 배출 감축량
• 그밖에 에너지 절감 또는 에너지의 합리적인 이용을 통한 온실가스 배출 감축에 관한 사항

71 보온재의 구비조건으로 틀린 것은?

① 불연성일 것
② 흡수성이 클 것
③ 비중이 작을 것
④ 열전도율이 작을 것

해설
보온재는 흡수성이 작아야 한다.

72 작업이 간편하고 조업주기가 단축되며 요체의 보유열을 이용할 수 있어 경제적인 반연속식 요는?

① 셔틀요 ② 윤요
③ 터널요 ④ 도염식 요

해설
셔틀요(Shuttle Kiln)
• 가마의 보유열보다 대차의 보유열이 열 절약의 요인이 된다.
• 급랭파가 안 생길 정도의 고온에서 제품을 꺼낸다.
• 가마 1개당 2대 이상의 대차가 있어야 한다.
• 요체의 보유열을 이용할 수 있으므로 경제적이다.
• 작업이 간편하고 조업이 용이하여 조업주기가 단축된다.

73 에너지법령상 시·도지사는 관할 구역의 지역적 특성을 고려하여 저탄소녹색성장기본법에 따른 에너지기본계획의 효율적인 달성과 지역경제의 발전을 위한 지역에너지계획을 몇 년마다 수립·시행하여야 하는가?

① 2년
② 3년
③ 4년
④ 5년

해설
시·도지사는 관할 구역의 지역적 특성을 고려하여 저탄소녹색성장기본법에 따른 에너지기본계획의 효율적인 달성과 지역경제의 발전을 위한 지역에너지계획을 5년마다 수립·시행하여야 한다.
※ 저탄소녹색성장기본법은 폐지되고, 2022년 7월 1일부터 기후위기 대응을 위한 탄소중립·녹색성장 기본법이 시행된다.

74 에너지이용합리화법령에 따라 에너지절약전문기업의 등록신청 시 등록신청서에 첨부해야 할 서류가 아닌 것은?

① 사업계획서
② 보유장비명세서
③ 기술인력명세서(자격증명서 사본 포함)
④ 감정평가업자가 평가한 자산에 대한 감정평가서(법인인 경우)

해설
에너지절약전문기업의 등록신청 첨부서류(한국에너지공단에 제출)
• 사업계획서
• 보유장비명세서 및 기술인력명세서(자격증명서 사본 포함)
• 감정평가 및 감정평가사에 관한 법률 제2조제4호에 따른 감정평가법인 등이 평가한 자산에 대한 감정평가서(개인인 경우만 해당)
• 공인회계사법 제7조에 따른 공인회계사가 검증한 최근 1년 이내의 재무상태표(법인인 경우만 해당)

75 에너지이용합리화법령상 검사의 종류가 아닌 것은?

① 설계검사
② 제조검사
③ 계속사용검사
④ 개조검사

해설
에너지이용합리화법령상 검사의 종류
• 제조검사(용접검사, 구조검사)
• 설치검사
• 개조검사
• 설치 장소 변경검사
• 재사용검사
• 계속사용검사(안전검사, 운전성능검사)

76 제철 및 제강공정 중 배소로의 사용목적으로 가장 거리가 먼 것은?

① 유해성분의 제거
② 산화도의 변화
③ 분상광석의 괴상으로의 소결
④ 원광석의 결합수의 제거와 탄산염의 분해

해설
배소로의 사용목적
• 화학적 조정과 물리적 조직 변화 발생
• 원광석의 결합수(화합수)의 제거와 탄산염의 분해
• 황, 인 등의 유해성분 제거
• 산화도를 변화시켜 자력선광을 할 수 있도록 하며 제련을 용이하게 한다.

77 샤모트(Chamotte) 벽돌의 원료로서 샤모트 이외에 가소성 생점토(生粘土)를 가하는 주된 이유는?

① 치수 안정을 위하여
② 열전도성을 좋게 하기 위하여
③ 성형 및 소결성을 좋게 하기 위하여
④ 건조 소성, 수축을 미연에 방지하기 위하여

해설
샤모트(Chamotte) 벽돌의 원료로서 샤모트 이외에 가소성 생점토(生粘土)를 가하는 주된 이유는 성형 및 소결성을 좋게 하기 위해서이다.

정답 73 ④ 74 ④ 75 ① 76 ③ 77 ③

78 에너지이용합리화법령상 특정열사용기자재의 설치·시공이나 세관(洗罐)을 업으로 하는 자는 어떤 법령에 따라 누구에게 등록하여야 하는가?

① 건설산업기본법, 시·도지사
② 건설산업기본법, 과학기술정보통신부장관
③ 건설기술진흥법, 시장·구청장
④ 건설기술진흥법, 산업통상자원부장관

해설
특정열사용기자재의 설치·시공이나 세관(洗罐)을 업으로 하는 자는 건설산업기본법에 따라 시·도지사에게 등록하여야 한다.

79 소성가마 내 열의 전열방법으로 가장 거리가 먼 것은?

① 복 사
② 전 도
③ 전 이
④ 대 류

해설
소성가마 내 열의 전열방법 : 복사, 전도, 대류

80 도염식 가마(Down Draft Kiln)에서 불꽃의 진행 방향으로 옳은 것은?

① 불꽃이 올라가서 가마 천장에 부딪쳐 가마 바닥의 흡입 구멍으로 빠진다.
② 불꽃이 처음부터 가마 바닥과 나란하게 흘러 굴뚝으로 나간다.
③ 불꽃이 연소실에서 위로 올라가 천장에 닿아서 수평으로 흐른다.
④ 불꽃의 방향이 일정하지 않으나 대개 가마 밑에서 위로 흘러나간다.

해설
도염식 가마의 불꽃 진행 방향 : 불꽃이 올라가서 가마 천장에 부딪쳐 가마 바닥의 흡입 구멍으로 빠진다.

제5과목 | 열설비설계

81 프라이밍 및 포밍의 발생원인이 아닌 것은?

① 보일러를 고수위로 운전할 때
② 증기부하가 작고 증발 수면이 넓을 때
③ 주증기밸브를 급히 열었을 때
④ 보일러수에 불순물, 유지분이 많이 포함되어 있을 때

해설
증기부하가 크고 증발 수면이 좁을 때 프라이밍 및 포밍이 발생한다.

82 노통 보일러에 갤러웨이관을 직각으로 설치하는 이유로 적절하지 않은 것은?

① 노통을 보강하기 위하여
② 보일러수의 순환을 돕기 위하여
③ 전열면적을 증가시키기 위하여
④ 수격작용을 방지하기 위하여

해설
다음의 목적을 위하여 노통 보일러의 노통 상하부를 약 30[°] 정도로 관통시킨 원추형 관인 갤러웨이(Galloway)관 2~3개를 직각으로 설치한다.
- 노통을 보강하기 위하여
- 보일러수의 순환을 돕기 위하여
- 전열면적을 증가시키기 위하여

83 다음 각 보일러의 특징에 대한 설명 중 틀린 것은?

① 입형 보일러는 좁은 장소에도 설치할 수 있다.
② 노통 보일러는 보유 수량이 적어 증기 발생 소요시간이 짧다.
③ 수관 보일러는 구조상 대용량 및 고압용에 적합하다.
④ 관류 보일러는 드럼이 없어 초고압 보일러에 적합하다.

해설
노통 보일러는 보유 수량이 많아 증기 발생 소요시간이 길다.

84 수관식 보일러에 급수되는 TDS가 2,500[μS/cm]이고, 보일러수의 TDS는 5,000[μS/cm]이다. 최대 증기 발생량이 10,000[kg/h]라고 할 때 블로 다운량[kg/h]은?

① 2,000
② 4,000
③ 8,000
④ 10,000

해설
블로 다운량 = 증기 발생량 × $\dfrac{\text{급수 TDS}}{\text{보일러수 최대 허용 TDS} - \text{급수 TDS}}$

= $10,000 \times \dfrac{2,500}{5,000 - 2,500}$ = 10,000[kg/h]

85 일반적으로 보일러에 사용되는 중화방청제가 아닌 것은?

① 암모니아
② 하이드라진
③ 탄산나트륨
④ 포름산나트륨

해설
보일러에 사용되는 중화방청제 : 암모니아, 하이드라진, 탄산나트륨

86 원통형 보일러의 노통이 편심으로 설치되어 관수의 순환작용을 촉진시켜 줄 수 있는 보일러는?

① 코니시 보일러
② 라몬트 보일러
③ 케와니 보일러
④ 기관차 보일러

해설
코니시 보일러 : 원통형 보일러의 노통이 편심으로 설치되어 관수의 순환작용을 촉진시켜 줄 수 있는 보일러
※ 노통을 한쪽으로 편심 부착하는 이유 : 보일러 물의 순환을 좋게 하기 위해

87 두께 20[cm]의 벽돌 내측에 10[mm]의 모르타르와 5[mm]의 플라스터 마무리를 시행하고, 외측은 두께 15[mm]의 모르타르 마무리를 시공하였다. 다음 계수를 참고할 때 다층벽의 총열관류율[W/m²·℃]은?

- 실내 측벽 열전달계수 $h_1 = 8[\text{W/m}^2 \cdot ℃]$
- 실외 측벽 열전달계수 $h_2 = 20[\text{W/m}^2 \cdot ℃]$
- 플라스터 열전도율 $\lambda_1 = 0.5[\text{W/m} \cdot ℃]$
- 모르타르 열전도율 $\lambda_2 = 1.3[\text{W/m} \cdot ℃]$
- 벽돌 열전도율 $\lambda_3 = 0.65[\text{W/m} \cdot ℃]$

① 1.95
② 4.57
③ 8.72
④ 12.31

해설
총열관류율

$K = \dfrac{1}{R} = \dfrac{1}{\left(\dfrac{1}{h_1} + \sum_{i=1}^{n}\dfrac{L_i}{\lambda_i} + \dfrac{1}{h_2}\right)}$

$= \dfrac{1}{\dfrac{1}{8} + \left(\dfrac{0.2}{0.65} + \dfrac{0.01}{1.3} + \dfrac{0.005}{0.5} + \dfrac{0.015}{1.3}\right) + \dfrac{1}{20}}$

$\approx 1.95[\text{W/m}^2 \cdot ℃]$

88 공기예열기 설치에 따른 영향으로 틀린 것은?

① 연소효율을 증가시킨다.
② 과잉공기량을 줄일 수 있다.
③ 배기가스 저항이 줄어든다.
④ 질소산화물에 의한 대기오염의 우려가 있다.

해설
배기가스 온도가 내려가면 배기가스 저항이 증가한다.

89 관판의 두께가 20[mm]이고, 관 구멍의 지름이 51[mm]인 연관의 최소 피치[mm]는 얼마인가?

① 35.5　　② 45.5
③ 52.5　　④ 62.5

해설
연관의 최소 피치
$p = (1 + 4.5/t)d = (1 + 4.5/20) \times 51 \simeq 62.5 \text{[mm]}$
(여기서, t : 연관판 두께, d : 관 구멍의 지름)

90 100[kN]의 인장하중을 받는 한쪽 덮개판 맞대기 리벳 이음이 있다. 리벳의 지름이 15[mm], 리벳의 허용전단응력이 60[MPa]일 때 최소 몇 개의 리벳이 필요한가?

① 10　　② 8
③ 6　　④ 4

해설
허용전단응력 $\tau_a = \dfrac{W}{nA}$

$60 = \dfrac{100 \times 10^3}{n \times \dfrac{\pi}{4} \times 15^2}$

∴ 필요한 리벳의 수 $n \simeq 9.44 \simeq 10$개

91 이상적인 흑체에 대하여 단위면적당 복사에너지 E와 절대온도 T의 관계식으로 옳은 것은?(단, σ는 슈테판-볼츠만 상수이다)

① $E = \sigma T^2$　　② $E = \sigma T^4$
③ $E = \sigma T^6$　　④ $E = \sigma T^8$

해설
이상적인 흑체에 대하여 단위면적당 복사에너지 E와 절대온도 T의 관계식 : $E = \sigma T^4$

92 보일러의 내부 청소 목적에 해당하지 않는 것은?

① 스케일 슬러지에 의한 보일러 효율 저하 방지
② 수면계 노즐 막힘에 의한 장해 방지
③ 보일러수 순환 저해 방지
④ 수트블로어에 의한 매연 제거

해설
보일러의 내부 청소 목적
• 스케일 슬러지에 의한 보일러의 효율 저하 방지
• 수면계 노즐 막힘에 의한 장해 방지
• 보일러수 순환 저해 방지

93 증기압력 120[kPa]의 포화증기(포화온도 104.25[℃], 증발잠열 2,245[kJ/kg])를 내경 52.9[mm], 길이 50[m]인 강관을 통해 이송하고자 할 때 트랩 선정에 필요한 응축수량[kg]은?(단, 외부온도 0[℃], 강관의 질량 300[kg], 강관비열 0.46[kJ/kg·℃]이다)

① 4.4
② 6.4
③ 8.4
④ 10.4

해설
$Q = mC\Delta t = w\gamma_0$
$\therefore w = \dfrac{mC\Delta t}{\gamma_0} = \dfrac{300 \times 0.46 \times (104.25 - 0)}{2,245} \approx 6.4[kg]$

94 프라이밍 현상을 설명한 것으로 틀린 것은?

① 절탄기의 내부에 스케일이 생긴다.
② 안전밸브, 압력계의 기능을 방해한다.
③ 워터해머(Water Hammer)를 일으킨다.
④ 수면계의 수위가 요동해서 수위를 확인하기 어렵다.

해설
프라이밍 현상과 절탄기의 내부에 스케일이 생기는 것은 연관성이 작다.

95 노통 연관식 보일러의 특징에 대한 설명으로 옳은 것은?

① 외분식이므로 방산손실열량이 크다.
② 고압이나 대용량 보일러로 적당하다.
③ 내부 청소가 간단하므로 급수처리가 필요 없다.
④ 보일러의 크기에 비하여 전열면적이 크고 효율이 좋다.

해설
① 내분식이므로 방산손실열량이 작다.
② 고압이나 대용량 보일러에는 부적당하다.
③ 내부 청소가 간단하지 않고 급수처리가 필요하다.

96 압력용기에 대한 수압시험의 압력기준으로 옳은 것은?

① 최고 사용압력이 0.1[MPa] 이상의 주철제 압력용기는 최고 사용압력의 3배이다.
② 비철금속제 압력용기는 최고 사용압력의 1.5배의 압력에 온도를 보정한 압력이다.
③ 최고 사용압력이 1[MPa] 이하의 주철제 압력용기는 0.1[MPa]이다.
④ 법랑 또는 유리 라이닝한 압력용기는 최고 사용압력의 1.5배의 압력이다.

해설
① 최고 사용압력이 0.1[MPa]를 초과하는 경우, 주철제 압력용기는 최고 사용압력의 2배이다.
③ 최고 사용압력이 1[MPa] 이하의 주철제 압력용기는 최고 사용압력의 1.3배에 0.3[MPa]를 더한 압력이다.
④ 법랑 또는 유리 라이닝한 압력용기는 최고 사용압력이다.

97 내압을 받는 보일러 동체의 최고 사용압력은?(단, t : 두께[mm], P : 최고 사용압력[MPa], D_i : 동체 내경[mm], η : 길이 이음효율, σ_a : 허용인장응력 [MPa], α : 부식 여유, k : 온도상수이다)

① $P = \dfrac{2\sigma_a \eta (t-\alpha)}{D_i + (1-k)(t-\alpha)}$

② $P = \dfrac{2\sigma_a \eta (t-\alpha)}{D_i + 2(1-k)(t-\alpha)}$

③ $P = \dfrac{4\sigma_a \eta (t-\alpha)}{D_i + 2(1-k)(t-\alpha)}$

④ $P = \dfrac{4\sigma_a \eta (t-\alpha)}{D_i + (1-k)(t-\alpha)}$

> **해설**
> 내압을 받는 보일러 동체의 최고 사용압력
> $P = \dfrac{2\sigma_a \eta (t-\alpha)}{D_i + 2(1-k)(t-\alpha)}$

98 보일러의 스테이를 수리·변경하였을 경우 실시하는 검사는?

① 설치검사 ② 대체검사
③ 개조검사 ④ 개체검사

> **해설**
> 보일러의 스테이를 수리·변경한 경우 개조검사를 실시한다.

99 보일러의 전열면에 부착된 스케일 중 연질성분인 것은?

① $Ca(HCO_3)_2$ ② $CaSO_4$
③ $CaCl_2$ ④ $CaSiO_3$

> **해설**
> ②, ③, ④는 경질성분이다.

100 보일러의 용량을 산출하거나 표시하는 값으로 틀린 것은?

① 상당증발량
② 보일러 마력
③ 재열계수
④ 전열면적

> **해설**
> 보일러의 용량 산출(표시)량 : 상당증발량(G_e), 전열면적 및 전열면의 증발률, 정격출력, 상당방열면적(EDR), 보일러 마력 등

정답 97 ② 98 ③ 99 ① 100 ③

2021년 제4회 과년도 기출문제

제1과목 | 연소공학

01 과잉공기를 공급하여 어떤 연료를 연소시켜 건연소가스를 분석하였다. 그 결과 CO₂, O₂, N₂의 함유율이 각각 16[%], 1[%], 83[%]이었다면 이 연료의 최대 탄산가스율은 몇 [%]인가?

① 15.6　　② 16.8
③ 17.4　　④ 18.2

해설

공기비 $m = \dfrac{N_2}{N_2 - 3.76(O_2 - 0.5CO)}$

$= \dfrac{83}{83 - 3.76 \times (1 - 0.5 \times 0)} \simeq 1.048$

$= \dfrac{CO_{2\max}}{CO_2}$

∴ $CO_{2\max} = m \times CO_2 = 1.048 \times 16 \simeq 16.8$

02 전기식 집진장치에 대한 설명 중 틀린 것은?

① 포집입자의 직경은 30~50[μm] 정도이다.
② 집진효율이 90~99.9[%]로서 높은 편이다.
③ 고전압장치 및 정전설비가 필요하다.
④ 낮은 압력손실로 대량의 가스처리가 가능하다.

해설
포집입자의 직경은 0.05~20[μm] 정도이다.

03 C₂H₄가 10[g] 연소할 때 표준상태인 공기는 160[g] 소모되었다. 이때 과잉공기량은 약 몇 [g]인가?(단, 공기 중의 산소의 중량비는 23.2[%]이다)

① 12.22　　② 13.22
③ 14.22　　④ 15.22

해설
에틸렌의 연소방정식 : $C_2H_4 + 3O_2 \rightarrow 2CO_2 + 2H_2O$

• 이론산소량 $O_0 = \dfrac{10}{28} \times (3 \times 32) \simeq 34.286[g]$

• 이론공기량 $A_0 = \dfrac{O_0}{0.232} = \dfrac{34.286}{0.232} \simeq 147.78[g]$

∴ 과잉공기량 = $160 - 147.78 \simeq 12.22[g]$

04 공기를 사용하여 기름을 무화시키는 형식으로, 200~700[kPa]의 고압공기를 이용하는 고압식과 5~200[kPa]의 저압공기를 이용하는 저압식이 있으며, 혼합방식에 의해 외부 혼합식과 내부 혼합식으로도 구분하는 버너의 종류는?

① 유압분무식 버너　　② 회전식 버너
③ 기류분무식 버너　　④ 건타입 버너

해설
기류분무식 버너 : 공기를 사용하여 기름을 무화시키는 형식으로 고압식과 저압식이 있으며, 혼합방식에 의해 외부 혼합식과 내부 혼합식으로도 구분한다.
• 고압기류식 버너 : 분무각도가 30[°] 정도로 작으며 연소 시 소음이 발생하지만, 점도가 높은 연료도 무화가 가능하며 유량 조절범위가 1:10 정도로 큰 버너이다. 2~7[kg/cm²](200~700[kPa])의 고압증기에 사용된다.
• 저압기류식 버너 : 분무각도가 30~60[°]까지 가능하며 유량 조절범위가 넓은 버너이다. 0.05~2[kg/cm²](5~200[kPa])의 저압증기에 사용된다.

정답　1 ②　2 ①　3 ①　4 ③

05 증기운 폭발의 특징에 대한 설명으로 틀린 것은?

① 폭발보다 화재가 많다.
② 연소에너지의 약 20[%]만 폭풍파로 변한다.
③ 증기운의 크기가 클수록 점화될 가능성이 커진다.
④ 점화 위치가 방출점에서 가까울수록 폭발 위력이 크다.

해설
증기운 폭발(UVCE)은 점화 위치가 방출점에서 멀수록 폭발 위력이 크다.

06 다음 중 연소 전에 연료와 공기를 혼합하여 버너에서 연소하는 방식인 예혼합 연소방식 버너의 종류가 아닌 것은?

① 포트형 버너
② 저압버너
③ 고압버너
④ 송풍버너

해설
포트형 버너는 확산연소방식 버너이다.

07 프로판 1[Nm³]를 공기비 1.1로서 완전연소시킬 경우 건연소가스량은 약 몇 [Nm³]인가?

① 20.2 ② 24.2
③ 26.2 ④ 33.2

해설
프로판의 연소방정식 : $C_3H_8 + 5O_2 \rightarrow 3CO_2 + 4H_2O$
건연소가스량 $G' = (1.1-0.21) \times \dfrac{1 \times 5}{0.21} + 3 \approx 24.2[\text{Nm}^3]$

08 인화점이 50[℃] 이상인 원유, 경유 등에 사용되는 인화점 시험방법으로 가장 적절한 것은?

① 태그 밀폐식
② 아벨펜스키 밀폐식
③ 클리블랜드 개방식
④ 펜스키마텐스 밀폐식

해설
① 태그 밀폐식 : 인화점이 93[℃] 이하인 시료(원유, 가솔린, 등유, 항공터빈연료유 등)에 사용되는 인화점 시험방법
② 아벨펜스키 밀폐식 : 인화점이 50[℃] 이하인 시료에 사용되는 인화점 시험방법
③ 클리블랜드 개방식 : 인화점이 80[℃] 이상인 시료(석유 아스팔트, 유동 파라핀, 에어필터유, 석유 왁스, 방청유, 전기 절연유, 열처리유, 절삭유제, 각종 윤활유)에 사용되는 인화점 시험방법(원유 및 연료유는 제외)

09 탄소 12[kg]을 과잉공기계수 1.2의 공기로 완전연소시킬 때 발생하는 연소가스량은 약 몇 [Nm³]인가?

① 84   ② 107
③ 128 ④ 149

해설
탄소의 연소방정식 : $C + O_2 \rightarrow CO_2$
연소가스량
$G = 22.4 \times [(m-0.21)A_0 + CO + H_2 + \sum(m+n/2)C_mH_n + (N_2 + CO_2 + H_2O)]$
$= 22.4 \times \left[(1.2-0.21) \times \dfrac{1}{0.21} + 1\right] = 128[\text{Nm}^3]$

※ 탄소 12[kg] = 1[kmol] = 22.4[kL]

10 다음 표와 같은 질량분율을 갖는 고체연료의 총질량이 2.8[kg]일 때 고위발열량과 저위발열량은 각각 약 몇 [MJ]인가?

> C(탄소) : 80.2[%], H(수소) : 12.3[%]
> S(황) : 2.5[%], w(수분) : 1.2[%]
> O(산소) : 1.1[%], 회분 : 2.7[%]

반응식	고위발열량 [MJ/kg]	저위발열량 [MJ/kg]
$C + O_2 \rightarrow CO_2$	32.79	32.79
$H + \frac{1}{4}O_2 \rightarrow \frac{1}{2}H_2O$	141.9	120.0
$S + O_2 \rightarrow SO_2$	9.265	9.265

① 44, 41 ② 123, 115
③ 156, 141 ④ 723, 786

해설
- 고위발열량
$H_h = 2.8 \times [32.79C + 141.9(H - O/8) + 9.265S]$
$= 2.8 \times [32.79 \times 0.802 + 141.9 \times (0.123 - 0.011/8)$
$\quad + 9.265 \times 0.025]$
$\simeq 123[MJ/kg]$
- 저위발열량
$H_L = 2.8 \times [32.79C + 120(H - O/8) + 9.265S - 2.5w]$
$= 2.8 \times [32.79 \times 0.802 + 120 \times (0.123 - 0.011/8)$
$\quad + 9.265 \times 0.025 - 2.5 \times 0.012]$
$\simeq 115[MJ/kg]$

11 CH_4 가스 1[Nm³]를 30[%] 과잉공기로 연소시킬 때 완전연소에 의해 생성되는 실제 연소가스의 총량은 약 몇 [Nm³]인가?

① 2.4 ② 13.4
③ 23.1 ④ 82.3

해설
메탄의 연소방정식 : $CH_4 + 2O_2 \rightarrow CO_2 + 2H_2O$
연소가스량
$G = 1 \times [(m - 0.21)A_0 + CO + H_2 + \sum(m + n/2)C_mH_n$
$\quad + (N_2 + CO_2 + H_2O)]$
$= 1 \times \left[(1.3 - 0.21) \times \frac{2}{0.21} + 1 + 2\right] \simeq 13.4[Nm^3]$

12 가스연소 시 강력한 충격파와 함께 폭발의 전파속도가 초음속이 되는 현상은?

① 폭발연소 ② 충격파연소
③ 폭연(Deflagration) ④ 폭굉(Detonation)

해설
폭굉(Detonation)
- 물질 내에 충격파가 발생하며 반응을 일으키고, 그 반응을 유지하는 현상이다.
- 관 내에서 연소파가 일정거리 진행 후 연소속도가 급격히 빨라지는 현상이다.
- 연소파의 전파속도가 초음속이 되는 경우는 데토네이션이다.
- 충격파에 의해 유지되는 화학반응현상이다.
- 반응의 전파속도가 그 물질 내에서 음속보다 빠른 것을 말한다.
- 연소속도 : 1,000~3,500[m/sec]

13 다음 연소범위에 대한 설명으로 옳은 것은?

① 온도가 높아지면 좁아진다.
② 압력이 상승하면 좁아진다.
③ 연소상한계 이상의 농도에서는 산소농도가 너무 높다.
④ 연소하한계 이하의 농도에서는 가연성 증기의 농도가 너무 낮다.

해설
① 온도가 높아지면 넓어진다.
② 압력이 상승하면 일반적으로 넓어진다.
③ 연소상한계 이상의 농도에서는 산소농도가 너무 낮다.

14 연돌의 설치목적이 아닌 것은?

① 배기가스의 배출을 신속히 한다.
② 가스를 멀리 확산시킨다.
③ 유효 통풍력을 얻는다.
④ 통풍력을 조절해 준다.

해설
연돌 설치로 통풍력을 조절할 수는 없다.

정답 10 ② 11 ② 12 ④ 13 ④ 14 ④

15 고체연료에 비해 액체연료의 장점에 대한 설명으로 틀린 것은?

① 화재, 역화 등의 위험이 작다.
② 회분이 거의 없다.
③ 연소효율 및 열효율이 좋다.
④ 저장운반이 용이하다.

해설
고체연료는 화재, 역화 등의 위험이 크다.

16 고온 부식을 방지하기 위한 대책이 아닌 것은?

① 연료에 첨가제를 사용하여 바나듐의 융점을 낮춘다.
② 연료를 전처리하여 바나듐, 나트륨, 황분을 제거한다.
③ 배기가스온도를 550[℃] 이하로 유지한다.
④ 전열면을 내식재료로 피복한다.

해설
고온 부식을 방지하기 위해서는 연료에 첨가제를 사용하여 바나듐의 융점을 높인다.

17 과잉공기량이 증가할 때 나타나는 현상이 아닌 것은?

① 연소실의 온도가 저하된다.
② 배기가스에 의한 열손실이 많아진다.
③ 연소가스 중의 SO_3이 현저히 줄어 저온 부식이 촉진된다.
④ 연소가스 중의 질소산화물 발생이 심하여 대기오염을 초래한다.

해설
연소가스 중의 SO_3이 현저히 증가하면 저온 부식이 촉진된다.

18 어떤 연료가스를 분석하였더니 보기와 같았다. 이 가스 1[Nm³]를 연소시키는 데 필요한 이론산소량은 몇 [Nm³]인가?

|보기|
수소 : 40[%], 일산화탄소 : 10[%], 메탄 : 10[%]
질소 : 25[%], 이산화탄소 : 10[%], 산소 : 5[%]

① 0.2 ② 0.4
③ 0.6 ④ 0.8

해설
기체연료의 이론산소량[Nm³/Nm³]
$O_0 = \sum$(각 단위가스의 필요산소량)
$= \dfrac{CO}{2} + \dfrac{H_2}{2} + \sum\left(m + \dfrac{n}{4}\right)C_mH_n - O_2$
$= \dfrac{0.1}{2} + \dfrac{0.4}{2} + 2 \times 0.1 - 0.05 = 0.4[Nm^3]$

19 기체연료에 대한 일반적인 설명으로 틀린 것은?

① 회분 및 유해물질의 배출량이 적다.
② 연소 조절 및 점화, 소화가 용이하다.
③ 인화의 위험성이 작고, 연소장치가 간단하다.
④ 소량의 공기로 완전연소할 수 있다.

해설
기체연료는 인화의 위험성이 크고, 연소장치가 간단하지 않다.

20 298.15[K], 0.1[MPa] 상태의 일산화탄소를 같은 온도의 이론공기량으로 정상 유동과정으로 연소시킬 때 생성물의 단열화염온도를 주어진 표를 이용하여 구하면 약 몇 [K]인가?(단, 이 조건에서 CO 및 CO_2의 생성 엔탈피는 각각 −110,529 [kJ/kmol], −393,522[kJ/kmol]이다)

CO_2의 기준상태에서 각각의 온도까지 엔탈피 차	
온도[K]	엔탈피 차[kJ/kmol]
4,800	266,500
5,000	279,295
5,200	292,123

① 4,835 ② 5,058
③ 5,194 ④ 5,306

해설
CO와 CO_2의 생성 엔탈피 차
= −110,529 − (−393,522) = 282,993[kJ/kmol]이므로
문제의 표에서 단열화염온도는 5,000~5,200[K] 사이이다.
5,000[K]와 5,200[K]의 중간 온도인 5,100[K]에서의 엔탈피 차를 시행착오법으로 계산하면
$279{,}295 + \dfrac{292{,}123 - 279{,}295}{2} = 285{,}709$[kJ/kmol]이므로
단열화염온도는 5,000~5,200[K] 사이이다.
∴ CO와 CO_2의 생성 엔탈피 차는 5,100[K]에서의 엔탈피 차보다 작으므로 보기 중에서 5,058[K]가 구하고자 하는 단열화염온도에 가장 가깝다.

제2과목 | 열역학

21 온도 T_1인 이상기체를 가역단열과정으로 압축하였다. 압력이 P_1에서 P_2로 변하였을 때, 압축 후의 온도 T_2를 옳게 나타낸 것은?(단, k는 이상기체의 비열비를 나타낸다)

① $T_2 = T_1 \left(\dfrac{P_2}{P_1}\right)^{\frac{k}{k-1}}$

② $T_2 = T_1 \left(\dfrac{P_2}{P_1}\right)^{\frac{k}{1-k}}$

③ $T_2 = T_1 \left(\dfrac{P_2}{P_1}\right)^{\frac{k-1}{k}}$

④ $T_2 = T_1 \left(\dfrac{P_2}{P_1}\right)^{\frac{1-k}{k}}$

해설
가역단열과정이므로
$\dfrac{T_2}{T_1} = \left(\dfrac{V_1}{V_2}\right)^{k-1} = \left(\dfrac{P_2}{P_1}\right)^{\frac{k-1}{k}}$
∴ $T_2 = T_1 \left(\dfrac{P_2}{P_1}\right)^{\frac{k-1}{k}}$

22 공기가 압력 1[MPa], 체적 0.4[m³]인 상태에서 50[℃]의 등온과정으로 팽창하여 체적이 4배로 되었다. 엔트로피의 변화는 약 몇 [kJ/K]인가?

① 1.72 ② 5.46
③ 7.32 ④ 8.83

해설
$PV_1 = mRT$
$mR = \dfrac{PV_1}{T} = \dfrac{1{,}000 \times 0.4}{50+273} \simeq 1.238$[kPa·m³/K]
$\simeq 1.238$[kJ/K]
∴ 엔트로피 변화량
$\Delta S = mR \ln \dfrac{V_2}{V_1} = 1.238 \times \ln 4 \simeq 1.72$[kJ/K]

23 수증기가 노즐 내를 단열적으로 흐를 때 출구 엔탈피가 입구 엔탈피보다 15[kJ/kg]만큼 작아진다. 노즐 입구에서의 속도를 무시할 때 노즐 출구에서의 수증기 속도는 약 몇 [m/sec]인가?

① 173
② 200
③ 283
④ 346

해설
$v_2 = 44.72\sqrt{h_1 - h_2} = 44.72\sqrt{15} \simeq 173 [\mathrm{m/sec}]$

24 오토 사이클과 디젤 사이클의 열효율에 대한 설명 중 틀린 것은?

① 오토 사이클의 열효율은 압축비와 비열비만으로 표시된다.
② 차단비가 1에 가까워질수록 디젤 사이클의 열효율은 오토 사이클의 열효율에 근접한다.
③ 압축 초기 압력과 온도, 공급 열량, 최고 온도가 같을 경우 디젤 사이클의 열효율이 오토 사이클의 열효율보다 높다.
④ 압축비와 차단비가 클수록 디젤 사이클의 열효율은 높아진다.

해설
디젤 사이클의 열효율 $\eta_d = 1 - \left(\dfrac{1}{\varepsilon}\right)^{k-1} \times \dfrac{\sigma^k - 1}{k(\sigma - 1)}$ 이므로 압축비가 클수록, 차단비가 작을수록 디젤 사이클의 열효율은 높아진다.
(여기서, ε : 압축비, k : 비열비, σ : 차단비)

25 정상 상태로 흐르는 유체의 에너지 방정식을 다음과 같이 표현할 때 ( ) 안에 들어갈 용어로 옳은 것은?(단, 유체에 대한 기호의 의미는 아래와 같고, 첨자 1과 2는 각각 입·출구를 나타낸다)

$$\dot{Q} + \dot{m}\left[h_1 + \dfrac{V_1^2}{2} + (\ )_1\right]$$
$$= \dot{W}_s + \dot{m}\left[h_2 + \dfrac{V_2^2}{2} + (\ )_2\right]$$

기호	의미	기호	의미
$\dot{Q}$	시간당 받는 열량	$\dot{W}_s$	시간당 주는 일량
$\dot{m}$	질량유량	s	비엔트로피
h	비엔탈피	u	비내부에너지
V	속도	P	압력
g	중력가속도	z	높이

① s
② u
③ gz
④ P

해설
정상 상태로 흐르는 유체의 에너지 방정식
$$\dot{Q} + \dot{m}\left[h_1 + \dfrac{V_1^2}{2} + gz_1\right] = \dot{W}_s + \dot{m}\left[h_2 + \dfrac{V_2^2}{2} + gz_2\right]$$

26 증기에 대한 설명 중 틀린 것은?

① 동일 압력에서 포화증기는 포화수보다 온도가 더 높다.
② 동일 압력에서 건포화증기를 가열한 것이 과열증기이다.
③ 동일 압력에서 과열증기는 건포화증기보다 온도가 더 높다.
④ 동일 압력에서 습포화증기와 건포화증기는 온도가 같다.

해설
동일 압력에서 포화증기와 포화수의 온도는 같다.

27 매시간 2,000[kg]의 포화수증기를 발생하는 보일러가 있다. 보일러 내의 압력은 200[kPa]이고, 이 보일러에는 매시간 150[kg]의 연료가 공급된다. 이 보일러의 효율은 약 얼마인가?(단, 보일러에 공급되는 물의 엔탈피는 84[kJ/kg]이고, 200[kPa]에서 포화증기의 엔탈피는 2,700[kJ/kg]이며, 연료의 발열량은 42,000[kJ/kg]이다)

① 77[%] ② 80[%]
③ 83[%] ④ 86[%]

해설
보일러의 효율
$$\eta_B = \frac{G_a(h_2-h_1)}{G_f \times H_L} = \frac{2,000\times(2,700-84)}{150\times 42,000} \simeq 0.83 = 83[\%]$$

28 보일러의 게이지압력이 800[kPa]일 때 수은기압계가 측정한 대기압력이 856[mmHg]를 지시했다면 보일러 내의 절대압력은 약 몇 [kPa]인가?(단, 수은의 비중은 13.6이다)

① 810   ② 914
③ 1,320 ④ 1,656

해설
절대압력 = 대기압 + 게이지압력
$$= \frac{856}{760}\times 101.325 + 800 \simeq 914[kPa]$$

29 정상 상태(Steady State)에 대한 설명으로 옳은 것은?

① 특정 위치에서만 물성값을 알 수 있다.
② 모든 위치에서 열역학적 함수값이 같다.
③ 열역학적 함수값은 시간에 따라 변하기도 한다.
④ 유체 물성이 시간에 따라 변하지 않는다.

해설
정상 상태(Steady State) : 계의 모든 조건(온도, 압력, 물질의 질량, 유량 등)이 시간에 따라 변하지 않고 일정한 상태이다.

30 대기압이 100[kPa]인 도시에서 두 지점의 계기압력비가 '5 : 2'라면 절대압력비는?

① 1.5 : 1
② 1.75 : 1
③ 2 : 1
④ 주어진 정보로는 알 수 없다.

해설
주어진 정보에 계기압력비만 있으므로, 이것만으로는 절대압력비를 알 수 없다.

31 실온이 25[℃]인 방에서 역카르노 사이클 냉동기가 작동하고 있다. 냉동 공간은 −30[℃]로 유지되며, 이 온도를 유지하기 위해 작동유체가 냉동 공간으로부터 100[kW]를 흡열하려고 할 때 전동기가 해야 할 일은 약 몇 [kW]인가?

① 22.6   ② 81.5
③ 207   ④ 414

해설
성능계수 $\varepsilon_R = \dfrac{\text{저온체에서의 흡수열량}}{\text{공급일}} = \dfrac{q_2}{W_c} = \dfrac{T_2}{T_1-T_2}$

$$\frac{100}{W_c} = \frac{-30+273}{(25+273)-(-30+273)}$$

∴ 전동기가 해야 할 일 $W_c \simeq 22.6[kW]$

32 열역학 제2법칙과 관련하여 가역 또는 비가역 사이클 과정 중 항상 성립하는 것은?(단, Q는 시스템에 출입하는 열량이고, T는 절대온도이다)

① $\oint \frac{\delta Q}{T} = 0$ ② $\oint \frac{\delta Q}{T} > 0$

③ $\oint \frac{\delta Q}{T} \geq 0$ ④ $\oint \frac{\delta Q}{T} \leq 0$

해설
클라우지우스(Clausius)의 폐적분값 : $\oint \frac{\delta Q}{T} \leq 0$(항상 성립)
- 가역 사이클 : $\oint \frac{\delta Q}{T} = 0$
- 비가역 사이클 : $\oint \frac{\delta Q}{T} < 0$

33 다음 중 열역학 제2법칙과 관련된 것은?

① 상태 변화 시 에너지는 보존된다.
② 일을 100[%] 열로 변환시킬 수 있다.
③ 사이클 과정에서 시스템이 한 일은 시스템이 받은 열량과 같다.
④ 열은 저온부로부터 고온부로 자연적으로 전달되지 않는다.

해설
열역학 제2법칙(엔트로피 법칙=비가역법칙(에너지 흐름의 방향성)=실제적 법칙=제2종 영구기관 부정의 법칙)
- 임의의 과정에 대한 가역성과 비가역성을 논의하는 데 적용되는 법칙이다.
- 진공 중에서의 가스 확산은 비가역적이다.
- 고립계 내부의 엔트로피 총량은 언제나 증가한다.
- 자연계에서 일어나는 모든 현상은 규칙적이고 체계화된 정도가 감소하는 방향으로 일어난다. 즉, 자연계에서 일어나는 현상은 한 방향으로만 진행된다.
- 열은 저온부로부터 고온부로 자연적으로 전달되지 않는다.

34 터빈에서 2[kg/sec]의 유량으로 수증기를 팽창시킬 때 터빈의 출력이 1,200[kW]라면 열손실은 몇 [kW]인가?(단, 터빈 입구와 출구에서 수증기의 엔탈피는 각각 3,200[kJ/kg]와 2,500[kJ/kg]이다)

① 600 ② 400
③ 300 ④ 200

해설
손실동력 = 이론 출력 − 실제 출력
= 2 × (3,200 − 2,500) − 1,200 = 200[kW]

35 이상기체의 폴리트로픽 변화에서 항상 일정한 것은?(단, P : 압력, T : 온도, V : 부피, n : 폴리트로픽 지수)

① VT^{n-1} ② $\frac{PT}{V}$

③ TV^{1-n} ④ PV^n

해설
폴리트로픽 과정(Polytropic Process) : 'PV^n =일정'으로 기술할 수 있는 과정이다.

36 공기 오토 사이클에서 최고 온도가 1,200[K], 압축 초기 온도가 300[K], 압축비가 8일 경우 열 공급량은 약 몇 [kJ/kg]인가?(단, 공기의 정적비열은 0.7165[kJ/kg·K], 비열비는 1.4이다)

① 366　　② 466
③ 566　　④ 666

해설

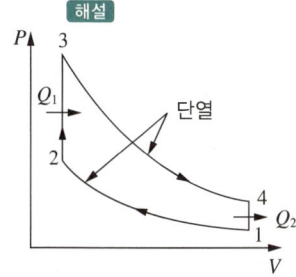 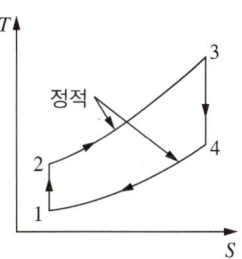

- 최고 온도 $T_3 = 1,200[K]$
- 압축 초기 온도 $T_1 = 300[K]$
- 1 → 2 단열압축과정에서 $TV^{k-1} = C$ 이므로

$$T_1 V_1^{k-1} = T_2 V_2^{k-1}$$

$$T_2 = T_1 \times \left(\frac{V_1}{V_2}\right)^{k-1} = T_1 \times \varepsilon^{k-1}$$

$$= 300 \times 8^{1.4-1} \simeq 689.2[K]$$

∴ 1 → 2 등적연소과정에서 열 공급량
$$Q_1 = C_v(T_3 - T_2) = 0.7165 \times (1,200 - 689.2)$$
$$\simeq 366[kJ/kg]$$

37 온도 45[℃]인 금속 덩어리 40[g]을 15[℃]인 물 100[g]에 넣었을 때, 열평형이 이루어진 후 두 물질의 최종 온도는 몇 [℃]인가?(단, 금속의 비열은 0.9[J/g·℃], 물의 비열은 4[J/g·℃]이다)

① 17.5　　② 19.5
③ 27.4　　④ 29.4

해설

금속을 1, 물을 2, 최종 온도를 T_m 이라고 하면
열량 $Q = m_1 C_1 \Delta T_1 = m_2 C_2 \Delta T_2$
$40 \times 0.9 \times (45 - T_m) = 100 \times 4 \times (T_m - 15)$
$36 \times (45 - T_m) = 400 \times (T_m - 15)$
∴ $T_m \simeq 17.5[℃]$

38 온도차가 있는 두 열원 사이에서 작동하는 역카르노 사이클을 냉동기로 사용할 때 성능계수를 높이려면 어떻게 해야 하는가?

① 저열원의 온도를 높이고, 고열원이 온도를 높인다.
② 저열원의 온도를 높이고, 고열원의 온도를 낮춘다.
③ 저열원의 온도를 낮추고, 고열원의 온도를 높인다.
④ 저열원의 온도를 낮추고, 고열원의 온도를 낮춘다.

해설

온도차가 있는 두 열원 사이에서 작동하는 역카르노 사이클을 냉동기로 사용할 때 성능계수를 높이려면 성능계수 $(COP)_R = \dfrac{T_2}{T_1 - T_2}$ 이므로, 저열원의 온도를 높이고 고열원의 온도를 낮춘다.

39 일정한 압력 300[kPa]으로, 체적 0.5[m³]의 공기가 외부로부터 160[kJ]의 열을 받아 그 체적이 0.8[m³]로 팽창하였다. 내부에너지의 증가량은 몇 [kJ]인가?

① 30　　② 70
③ 90　　④ 160

해설

$_1W_2 = Q - \Delta U$ 이므로
내부에너지의 증가량
$\Delta U = Q - {_1W_2} = Q - P(V_2 - V_1)$
$= 160 - 300 \times (0.8 - 0.5) = 70[kJ]$

40 냉동기의 냉매로서 갖추어야 할 요구조건으로 틀린 것은?

① 증기의 비체적이 커야 한다.
② 불활성이고 안정적이어야 한다.
③ 증발온도에서 높은 잠열을 가져야 한다.
④ 액체의 표면장력이 작아야 한다.

해설

냉매는 증기의 비체적이 작아야 한다.

제3과목 | 계측방법

41 계측에 있어 측정의 참값을 판단하는 계의 특성 중 동특성에 해당하는 것은?

① 감 도
② 직선성
③ 히스테리시스 오차
④ 응 답

해설
동특성 : 자동제어계에서 응답을 나타낼 때 목표치를 기준으로 한 앞뒤의 진동으로 시간의 지연을 필요로 하는 시간적 동작의 특성

42 광고온계의 측정 온도범위로 가장 적합한 것은?

① 100~300[℃]
② 100~500[℃]
③ 700~2,000[℃]
④ 4,000~5,000[℃]

해설
광고온계(광온도계) : 특정 파장을 온도계 내에 통과시켜 온도계 내의 전구 필라멘트의 휘도를 육안으로 직접 비교하여 온도를 측정하는 비접촉식 온도계
• 정도가 우수하여 비접촉식 온도측정기 중 가장 정확한 측정이 가능하다.
• 구조가 간단하고 휴대가 편리하다.
• 측정 온도범위는 700~2,000[℃]이며, 900[℃] 이하의 경우 오차가 발생한다.

43 오리피스에 의한 유량 측정에서 유량에 대한 설명으로 옳은 것은?

① 압력차에 비례한다.
② 압력차의 제곱근에 비례한다.
③ 압력차에 반비례한다.
④ 압력차의 제곱근이 반비례한다.

해설
오리피스에 의한 유량 측정에서
유량 $Q = C \cdot A v_m = C \cdot A \sqrt{\dfrac{2g}{1-(d_2/d_1)^4} \times \dfrac{P_1 - P_2}{\gamma}}$ 이므로
압력차의 제곱근에 비례한다.

44 휴대용으로 상온에서 비교적 정밀도가 좋은 아스만 습도계는 다음 중 어디에 속하는가?

① 저항 습도계
② 냉각식 노점계
③ 간이 건습구 습도계
④ 통풍형 건습구 습도계

해설
휴대용으로 상온에서 비교적 정밀도가 좋은 아스만 습도계는 통풍형 건습구 습도계에 해당한다.
• 상온에서 비교적 정확도가 좋다.
• 비교적 가격이 저렴하다.
• 2.5~5[m/sec]의 통풍이 필요하다.
• 습도 측정 시 계산이 필요하다.
• 증류수 공급, 거즈 설치 시 관리가 필요하다
• 안정에 많은 시간이 소요되며 숙련이 필요하다.

45 서미스터 온도계의 특징이 아닌 것은?

① 소형이며 응답이 빠르다.
② 저항온도계수가 금속에 비하여 매우 작다.
③ 흡습 등에 의하여 열화되기 쉽다.
④ 전기저항체 온도계이다.

해설
서미스터 온도계는 저항온도계수가 금속에 비해 매우 크다.

46 다음 유량계 중에서 압력손실이 가장 작은 것은?

① Float형 면적 유량계
② 열전식 유량계
③ Rotary Piston형 용적식 유량계
④ 전자식 유량계

해설
전자식 유량계의 특징
- 유속 검출에 지연시간이 없어 응답이 매우 빠르다.
- 압력손실이 거의 없다.
- 정도는 약 1[%]이고, 고성능 증폭기를 필요로 한다.
- 전도성 액체(도전성 유체)에 한하여 사용할 수 있다.
- 유체의 밀도, 점성 등에 영향을 받지 않아 밀도, 점도가 높은 유체의 측정도 가능하다.

47 다음 중 가스 크로마토그래피의 흡착제로 쓰이는 것은?

① 미분탄
② 활성탄
③ 유연탄
④ 신 탄

해설
가스 크로마토그래피의 칼럼에 사용되는 흡착제 : 활성탄, 실리카 겔, 활성알루미나

48 다음 중 상온·상압에서 열전도율이 가장 큰 기체는?

① 공 기
② 메 탄
③ 수 소
④ 이산화탄소

해설
열전도율이 가장 큰 기체는 비중이 가장 작은 수소이다.

49 노 내압을 제어하는 데 필요하지 않은 조작은?

① 급수량
② 공기량
③ 연료량
④ 댐 퍼

해설
노 내압을 제어하는 조작 : 공기량, 연료량, 댐퍼

정답 45 ② 46 ④ 47 ② 48 ③ 49 ①

50 오르자트식 가스분석계로 CO를 흡수제에 흡수시켜 조성을 정량하려고 한다. 이때 흡수제의 성분으로 옳은 것은?

① 발연 황산액
② 수산화칼륨 30[%] 수용액
③ 알칼리성 파이로갈롤 용액
④ 암모니아성 염화 제1동 용액

해설
오르자트식 가스분석계의 흡수제(용액)
- CO : 암모니아성 염화 제1동 용액
- CO_2 : 30[%]의 수산화칼륨(KOH) 용액
- O_2 : 알칼리성 파이로갈롤 용액
- 중탄화수소(C_mH_n) : 발연 황산(진한 황산)

51 스프링 저울 등 측정량이 원인이 되어 그 직접적인 결과로 생기는 지시로부터 측정량을 구하는 방법으로, 정밀도는 낮으나 조작이 간단한 방법은?

① 영위법
② 치환법
③ 편위법
④ 보상법

해설
③ 편위법 : 측정량의 크기에 따라 지침 등을 편위시켜 측정량을 구하는 방법이다. 스프링 저울 등 측정량이 원인이 되어 그 직접적인 결과로 생기는 지시로부터 측정량을 구한다. 감도는 떨어지지만 취급이 쉽고, 신속하게 측정할 수 있어 전압계 및 전류계 등의 공업용 기기로 많이 사용된다.
① 영위법 : 측정하고자 하는 상태량과 독립적 크기를 조정할 수 있는 기준량과 비교하여 측정·계측하는 방법이다.
② 치환법 : 정확한 기준과 비교 측정하여 측정기 자신의 부정확한 원인이 되는 오차를 제거하기 위하여 사용되는 방법으로, 다이얼 게이지를 이용하여 두께를 측정하는 방법 등이 이에 해당한다.
④ 보상법 : 측정량의 크기가 거의 같은 미리 알고 있는 양의 분동을 준비하여 분동과 측정량의 차이로부터 측정량을 구하는 방법이다.

52 다음은 피드백 제어계의 구성을 나타낸 것이다. ( ) 안에 가장 적절한 것은?

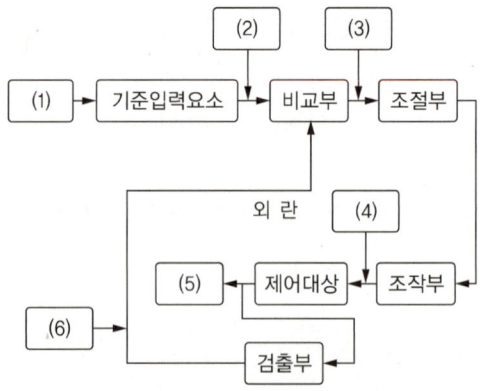

① (1) 조작량, (2) 동작신호, (3) 목표치, (4) 기준입력신호, (5) 제어편차, (6) 제어량
② (1) 목표치, (2) 기준입력신호, (3) 동작신호, (4) 조작량, (5) 제어량, (6) 주피드백 신호
③ (1) 동작신호, (2) 오프셋, (3) 조작량, (4) 목표치, (5) 제어량, (6) 설정신호
④ (1) 목표치, (2) 설정신호, (3) 동작신호, (4) 오프셋, (5) 제어량, (6) 주피드백 신호

해설
피드백 제어 : 폐루프를 형성하여 출력측의 신호를 입력측에 되돌리는 제어

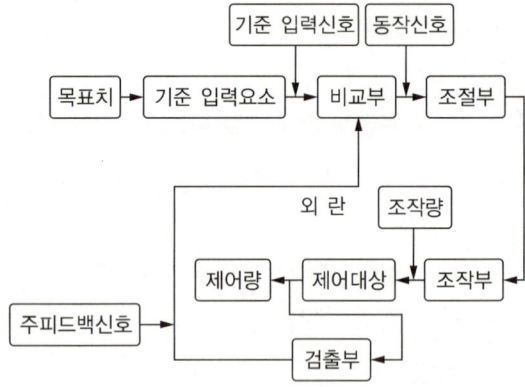

53 압력 측정을 위해 지름 1[cm]의 피스톤을 갖는 사하중계(Dead Weight)를 이용할 때 사하중계의 추, 피스톤 그리고 팬(Pan)의 전체 무게가 6.14[kgf]이라면 게이지압력은 약 몇 [kPa]인가?(단, 중력가속도는 9.81[m/sec²]이다)

① 76.7　　② 86.7
③ 767　　④ 867

해설
게이지압력
$$P_g = \frac{W}{A} = \frac{6.14[\text{kgf}] \times 9.81[\text{m/sec}^2]}{\frac{\pi}{4} \times (0.01[\text{m}])^2}$$
$$\approx 766,915[\text{kgf/m} \cdot \text{sec}^2]$$
$$\approx 767[\text{kPa}]$$
※ $1[\text{kgf/m} \cdot \text{sec}^2] = 1[\text{Pa}] = 10^{-3}[\text{kPa}]$

54 오차와 관련된 설명으로 틀린 것은?

① 흩어짐이 큰 측정을 정밀하다고 한다.
② 오차가 작은 계량기는 정확도가 높다.
③ 계측기가 가지고 있는 고유의 오차를 기차라고 한다.
④ 눈금을 읽을 때 시선의 방향에 따른 오차를 시차라고 한다.

해설
흩어짐이 작은 측정을 정밀하다고 한다.

55 다음 중 면적식 유량계는?

① 오리피스미터　　② 로터미터
③ 벤투리미터　　④ 플로노즐

해설
①, ③, ④는 차압식 유량계이다.

56 열전대용 보호관으로 사용되는 재료 중 상용온도가 높은 순으로 나열한 것은?

① 석영관 > 자기관 > 동관
② 석영관 > 동관 > 자기관
③ 자기관 > 석영관 > 동관
④ 동관 > 자기관 > 석영관

57 측온저항체의 설치방법으로 틀린 것은?

① 내열성, 내식성이 커야 한다.
② 유속이 가장 빠른 곳에 설치하는 것이 좋다.
③ 가능한 한 파이프 중앙부의 온도를 측정할 수 있게 한다.
④ 파이프 길이가 아주 짧을 때에는 유체의 방향으로 굴곡부에 설치한다.

해설
측온저항체는 유속이 가장 느린 곳에 설치하는 것이 좋다.

58 −200~500[℃]의 측정범위를 가지며 측온저항체 소선으로 주로 사용되는 저항소자는?

① 백금선　　② 구리선
③ Ni선　　④ 서미스터

해설
측정범위
• 백금선 : −200~500[℃]
• 구리선 : 0~120[℃]
• Ni선 : −50~300[℃]
• 서미스터 : −100~300[℃]

정답 53 ③　54 ①　55 ②　56 ①　57 ②　58 ①

59 대기압 750[mmHg]에서 계기압력이 325[kPa]이다. 이때 절대압력은 약 몇 [kPa]인가?

① 223
② 327
③ 425
④ 501

해설
절대압력 = 대기압 + 계기압력
$$= \frac{750}{760} \times 101.325 + 325 \simeq 425[kPa]$$

60 특정 파장을 온도계 내에 통과시켜 온도계 내의 전구 필라멘트의 휘도를 육안으로 직접 비교하여 온도를 측정하므로 정밀도는 높지만 측정인력이 필요한 비접촉 온도계는?

① 광고온계
② 방사 온도계
③ 열전대 온도계
④ 저항 온도계

해설
광고온계(광온도계) : 특정 파장을 온도계 내에 통과시켜 온도계 내의 전구 필라멘트의 휘도를 육안으로 직접 비교하여 온도를 측정하는 비접촉식 온도계
- 정도가 우수하여 비접촉식 온도측정기 중 가장 정확한 측정이 가능하다.
- 방사 온도계에 비해 방사율에 대한 보정량이 적다.
- 구조가 간단하고 휴대가 편리하다.
- 측정 온도범위는 700~2,000[℃]이며, 900[℃] 이하의 경우 오차가 발생한다.
- 측정시간이 지연된다.
- 측정 인력이 필요하다(사람의 손이 필요하다).
- 기록, 경보, 연속 측정, 자동제어는 불가능하다.

제4과목 | 열설비재료 및 관계법규

61 염기성 내화벽돌이 수증기의 작용을 받아 생성되는 물질이 비중 변화에 의하여 체적 변화를 일으켜 노벽에 균열이 발생하는 현상은?

① 스폴링(Spalling)
② 필링(Peeling)
③ 슬래킹(Slaking)
④ 스웰링(Swelling)

해설
슬래킹(Slaking)
- 염기성 내화물이 수증기에 의해서 조직이 약화되는 현상이다.
- 마그네시아 또는 돌로마이트 등을 원료로 하는 염기성 내화물의 내화열이 수증기의 작용을 받아 Ca(OH)$_2$나 Mg(OH)$_2$를 생성하는데, 이때 큰 비중 변화에 의해 체적 변화가 일어나 노벽에 균열이 발생하거나 붕괴하는 현상이다.
- 슬래킹은 염기성 내화 벽돌의 공통적인 취약성이다.

62 배관용 강관기호에 대한 명칭이 틀린 것은?

① SPP : 배관용 탄소강관
② SPPS : 압력배관용 탄소강관
③ SPPH : 고압배관용 탄소강관
④ STS : 저온배관용 탄소강관

해설
저온배관용 탄소강관(SPLT) : 영점 이하의 저온에서 사용되는 탄소강관

63 에너지이용합리화법령상 특정열사용기자재와 설치·시공범위 기준이 바르게 연결된 것은?

① 강철제 보일러 : 해당 기기의 설치·배관 및 세관
② 태양열 집열기 : 해당 기기의 설치를 위한 시공
③ 비철금속 용융로 : 해당 기기의 설치·배관 및 세관
④ 축열식 전기보일러 : 해당 기기의 설치를 위한 시공

[해설]
② 태양열 집열기 : 해당 기기의 설치·배관 및 세관
③ 비철금속 용융로 : 해당 기기의 설치를 위한 시공
④ 축열식 전기보일러 : 해당 기기의 설치·배관 및 세관

64 에너지이용합리화법령상 에너지사용계획의 협의 대상사업 범위기준으로 옳은 것은?

① 택지의 개발사업 중 면적이 10만[m²] 이상
② 도시개발사업 중 면적이 30만[m²] 이상
③ 공항개발사업 중 면적이 20만[m²] 이상
④ 국가산업단지의 개발사업 중 면적이 5만[m²] 이상

[해설]
에너지사용계획수립대상사업 : 도시개발사업, 산업단지개발사업, 에너지개발사업, 항만건설사업, 철도건설사업, 공항건설사업, 관광단지개발사업, 개발촉진지구개발사업 또는 지역종합개발사업

65 에너지이용합리화법령에 따라 사용연료를 변경함으로써 검사대상이 아닌 보일러가 검사대상으로 되었을 경우 해당되는 검사는?

① 구조검사   ② 설치검사
③ 개조검사   ④ 재사용검사

[해설]
설치검사 : 신설한 경우의 검사(사용연료의 변경에 의하여 검사대상이 아닌 보일러가 검사대상으로 되는 경우의 검사를 포함한다)

66 요의 구조 및 형상에 의한 분류가 아닌 것은?

① 터널요   ② 셔틀요
③ 횡 요   ④ 승염식 요

[해설]
승염식 요는 화염 진행방식에 따른 분류에 해당한다.

67 다음 중 에너지이용합리화법령상 2종 압력용기에 해당하는 것은?

① 보유하고 있는 기체의 최고 사용압력이 0.1[MPa]이고, 내부 부피가 0.05[m³]인 압력용기
② 보유하고 있는 기체의 최고 사용압력이 0.2[MPa]이고, 내부 부피가 0.02[m³]인 압력용기
③ 보유하고 있는 기체의 최고 사용압력이 0.3[MPa]이고, 동체의 안지름이 350[mm]이며, 그 길이가 1,050[mm]인 증기 헤더
④ 보유하고 있는 기체의 최고 사용압력이 0.4[MPa]이고 동체의 안지름이 150[mm]이며 그 길이가 1,500[mm]인 압력용기

[해설]
• ① : 1종 압력용기
• ②, ④ : 1종, 2종 압력용기에 해당되지 않는다.

정답 63 ① 64 ② 65 ② 66 ④ 67 ③

68 규산칼슘 보온재에 대한 설명으로 거리가 가장 먼 것은?

① 규산에 석회 및 석면 섬유를 섞어서 성형하고 다시 수증기로 처리하여 만든 것이다.
② 플랜트 설비의 탑조류, 가열로, 배관류 등의 보온 공사에 많이 사용된다.
③ 가볍고 단열성과 내열성은 뛰어나지만 내산성이 작고 끓는 물에 쉽게 붕괴된다.
④ 무기질 보온재로 다공질이며 최고 안전사용온도는 약 650[℃] 정도이다.

해설
규산칼슘 보온재는 가볍고 단열성과 내열성이 뛰어나며 내산성이 우수하고 끓는 물에 쉽게 붕괴되지 않는다.

69 관의 신축량에 대한 설명으로 옳은 것은?

① 신축량은 관의 열팽창계수, 길이, 온도차에 반비례한다.
② 신축량은 관의 길이, 온도차에는 비례하지만 열팽창계수에는 반비례한다.
③ 신축량은 관의 열팽창계수, 길이, 온도차에 비례한다.
④ 신축량은 관의 열팽창계수에 비례하고 온도차와 길이에 반비례한다.

해설
신축량은 관의 열팽창계수, 길이, 온도차에 비례한다.

70 에너지이용합리화법령상 검사대상기기검사 중 용접검사 면제대상 기준이 아닌 것은?

① 압력용기 중 동체의 두께가 8[mm] 미만인 것으로서 최고 사용압력[MPa]과 내부 부피[m^3]를 곱한 수치가 0.02 이하인 것
② 강철제 또는 주철제 보일러이며, 온수 보일러 중 전열면적이 18[m^2] 이하이고, 최고 사용압력이 0.35[MPa] 이하인 것
③ 강철제 보일러 중 전열면적이 5[m^2] 이하이고, 최고 사용압력이 0.35[MPa] 이하인 것
④ 압력용기 중 전열교환식인 것으로서 최고 사용압력이 0.35[MPa] 이하이고, 동체의 안지름이 600[mm] 이하인 것

해설
용접검사 면제대상기기
- 전열면적이 5[m^2] 이하이고, 최고 사용압력이 0.35[MPa] 이하인 강철제 보일러
- 주철제 보일러
- 1종 관류 보일러
- 전열면적이 18[m^2] 이하이고, 최고 사용압력이 0.35[MPa] 이하인 온수 보일러
- 용접 이음(동체와 플랜지와의 용접이음은 제외한다)이 없는 강관을 동체로 한 헤더
- 동체의 두께가 6[mm] 미만인 압력용기로서 최고 사용압력[MPa]과 내부 부피[m^3]를 곱한 수치가 0.02 이하(난방용의 경우에는 0.05 이하)인 것
- 전열교환식 압력용기로서 최고 사용압력이 0.35[MPa] 이하이고, 동체의 안지름이 600[mm] 이하인 것

71 포스터라이트에 대한 설명으로 옳은 것은?

① 주성분은 Mg_2SiO_4이다.
② 내식성이 나쁘고 기공률은 작다.
③ 돌로마이트에 비해 소화성이 크다.
④ 하중연화점은 크나 내화도는 SK 28로 작다.

해설
② 내식성이 우수하고, 기공률이 크다.
③ 돌로마이트에 비해 소화성이 작다.
④ 하중연화점과 내화도(SK35~37)가 높다.

72 선철을 강철로 만들기 위하여 고압공기나 산소를 취입시키고, 산화열에 의해 노 내 온도를 유지하며 용강을 얻는 노(Furnace)는?

① 평로　　② 고로
③ 반사로　④ 전로

해설
① 평로(Open-hearth Furnace) : 고체, 액체 또는 기체연료의 연소가스가 노 내의 용융재료 위로 통하는 구조의 가수 축열실을 갖는 횡형의 고정 또는 기울일 수 있는 강철로 만든 노이다.
② 고로(Blast Furnace) : 내화 벽돌 또는 돌을 재료로 하여 외부를 철로 보강한 수직형 또는 원통형의 노로서 그 안에 코크스 및 기타의 적당한 원료 및 용제를 섞은 광석에 가압한 공기를 공급하여 광석을 용해하여 선철을 얻는 노이다. 일반적으로 용광로라고도 한다.
③ 반사로 : LPG가스·석탄·중유 등을 연료로 하여 노벽이나 천장에서의 반사·복사열을 이용하여 금속을 용해·제련하는 노이다. 용광로가 출현하기 이전에는 제련용의 노로 사용되었으나 현재는 구리·알루미늄 및 그들의 합금, 가단주철 등을 대량으로 융해할 때에 채용되고 유리 융해에 사용된다.

73 에너지이용합리화법령상 에너지사용량이 대통령령으로 정하는 기준량 이상인 자는 산업통상자원부령으로 정하는 바에 따라 매년 언제까지 시·도지사에게 신고하여야 하는가?

① 1월 31일까지
② 3월 31일까지
③ 6월 30일까지
④ 12월 31일까지

해설
에너지사용량이 대통령령으로 정하는 기준량 이상인 자는 산업통상자원부령으로 정하는 바에 따라 매년 1월 31일까지 시·도지사에게 신고하여야 한다.

74 다음 중 에너지이용합리화법령상 에너지이용합리화 기본계획에 포함될 사항이 아닌 것은?

① 열사용기자재의 안전관리
② 에너지절약형 경제구조로 전환
③ 에너지이용합리화를 위한 기술개발
④ 한국에너지공단의 운영계획

해설
에너지이용합리화 기본계획 포함사항
- 에너지절약형 경제구조로의 전환
- 에너지이용효율의 증대
- 에너지이용합리화를 위한 기술개발
- 에너지이용합리화를 위한 홍보 및 교육
- 에너지원 간 대체
- 열사용기자재의 안전관리
- 에너지이용합리화를 위한 가격 예시제 시행
- 에너지의 합리적인 이용을 통한 온실가스의 배출을 줄이기 위한 대책
- 그 밖에 에너지이용합리화를 추진하기 위하여 필요한 사항으로서 산업통상자원부령으로 정하는 사항

75 에너지이용합리화법령상 효율관리기자재의 제조업자가 효율관리시험기관으로부터 측정결과를 통보받은 날 또는 자체 측정을 완료한 날부터 그 측정결과를 며칠 이내에 한국에너지공단에 신고하여야 하는가?

① 15일　② 30일
③ 60일　④ 90일

해설
효율관리기자재의 제조업자가 효율관리시험기관으로부터 측정결과를 통보받은 날 또는 자체 측정을 완료한 날부터 그 측정결과를 90일 이내에 한국에너지공단에 신고하여야 한다.

76 제강 평로에서 채용되고 있는 배열회수방법으로서 배기가스의 현열을 흡수하여 공기나 연료가스 예열에 이용될 수 있도록 한 장치는?

① 축열실
② 환열실
③ 폐열 보일러
④ 판형 열교환기

해설
② 환열실 : 공업용 노에 있어서 폐열회수장치로 가장 적합한 장치로, 연도측 가까이 설치한다.
③ 폐열 보일러 : 폐가스 중의 폐열을 최대한 회수하여 증기 또는 온수를 발생시키는 보일러이다.
④ 판형 열교환기 : 다수의 전열판, 개스킷, 프레임 및 조임볼트 등의 주요 부품으로 구성된 열교환기이다. 전열판은 강한 난류를 형성시켜 높은 열교환 성능을 이끌어 내며, 개스킷은 1, 2차측 유체의 유로를 구성함과 동시에 실링(Sealing)의 역할을 한다.

77 산 등의 화학약품을 차단하는 데 주로 사용하며 내약품성, 내열성의 고무로 만든 것을 밸브시트에 밀어붙여 기밀용으로 사용하는 밸브는?

① 다이어프램밸브
② 슬루스밸브
③ 버터플라이밸브
④ 체크밸브

해설
② 슬루스밸브 : 일반적으로 가장 많이 사용하는 밸브로서, 유체의 흐름을 열고 닫는 대표적인 밸브로 게이트밸브라고도 한다. 완전히 열면 유동저항이 매우 작고 구조상 밸브 내에 유체가 남지 않는다. 값이 다소 비싸고 개폐시간이 길다.
③ 버터플라이밸브 : 개구경의 관로에 적용되며 조름(Throttle)밸브로 사용된다.
④ 체크밸브 : 유체의 역류를 방지하여 한쪽 방향으로만 흐르게 하는 것으로, 리프트식과 스윙식으로 대별되는 밸브이다.

78 용광로에 장입하는 코크스의 역할이 아닌 것은?

① 철광석 중의 황분 제거
② 가스 상태로 선철 중에 흡수
③ 선철을 제조하는 데 필요한 열원 공급
④ 연소 시 환원성 가스를 발생시켜 철의 환원 도모

해설
코크스의 역할
• 흡탄작용(가스 상태로 선철 중에 흡수)
• 선철을 제조하는 데 필요한 열원 공급(탄소의 연소에 따른 열원 공급 역할)
• 연소 시 환원성 가스를 발생시켜 철의 환원 도모(철광석 및 산화물의 환원제 역할)
• 용선과 슬래그에 열을 주는 열교환매체 역할
• 고로 내 통기를 위한 스페이스 제공(고로 내의 가스 통풍을 양호하게 함)

79 고알루미나질 내화물의 특징에 대한 설명으로 거리가 가장 먼 것은?

① 중성내화물이다.
② 내식성, 내마모성이 작다.
③ 내화도가 높다.
④ 고온에서 부피 변화가 작다.

해설
고알루미나질 내화물은 내식성과 내마모성이 우수하다.

80 에너지이용합리화법령상 검사에 불합격된 검사대상기기를 사용한 자의 벌칙 기준은?

① 500만원 이하의 벌금
② 1년 이하의 징역 또는 1천만원 이하의 벌금
③ 2년 이하의 징역 또는 2천만원 이하의 벌금
④ 3천만원 이하의 벌금

해설
검사에 불합격된 검사대상기기를 사용한 자의 벌칙 기준 : 1년 이하의 징역 또는 1천만원 이하의 벌금

제5과목 | 열설비설계

81 저온가스 부식을 억제하기 위한 방법이 아닌 것은?

① 연료 중의 유황성분을 제거한다.
② 첨가제를 사용한다.
③ 공기예열기 전열면 온도를 높인다.
④ 배기가스 중 바나듐의 성분을 제거한다.

해설
배기가스 중 바나듐의 성분 제거는 고온 부식의 방지방법에 해당한다.

82 보일러에서 과열기의 역할로 옳은 것은?

① 포화증기의 압력을 높인다.
② 포화증기의 온도를 높인다.
③ 포화증기의 압력과 온도를 높인다.
④ 포화증기의 압력은 낮추고, 온도는 높인다.

해설
보일러에서 과열기의 역할 : 포화증기의 온도를 높인다.

83 맞대기 용접은 용접방법에 따라서 그루브를 만들어야 한다. 판의 두께가 50[mm] 이상인 경우에 적합한 그루브의 형상은?(단, 자동용접은 제외한다)

① V형 ② R형
③ H형 ④ A형

해설
판 두께에 따른 맞대기 용접의 그루브 형상
• 1~5[mm] : I형
• 6~16[mm] : J형, R형, V형
• 12~38[mm] : 양면 J형, K형, U형, X형
• 19[mm] 이상 : H형

84 연료 1[kg]이 연소하여 발생하는 증기량의 비를 무엇이라고 하는가?

① 열발생률
② 증발배수
③ 전열면 증발률
④ 증기량 발생률

해설
증발배수[kg/kg] : 연료 1[kg]이 연소하여 발생하는 증기량의 비
• 실제증발배수 : $\dfrac{G_a}{G_f}$

  (여기서, G_a : 실제증발량, G_f : 연료소비량)

• 환산증발배수 또는 상당증발배수 : $\dfrac{G_e}{G_f}$

  (여기서, G_e : 환산증발량, G_f : 연료소비량)

85 노통 연관 보일러의 노통의 바깥면과 이것에 가장 가까운 연관의 면 사이에는 몇 [mm] 이상의 틈새를 두어야 하는가?

① 10 ② 20
③ 30 ④ 50

86 열매체 보일러에 대한 설명으로 틀린 것은?

① 저압으로 고온의 증기를 얻을 수 있다.
② 겨울철에도 동결의 우려가 작다.
③ 물이나 스팀보다 전열특성이 좋으며, 열매체 종류와 상관없이 사용온도한계가 일정하다.
④ 다우섬, 모빌섬, 카네크롤 보일러 등이 이에 해당한다.

해설
열매체 보일러는 물이나 스팀보다 전열특성이 좋으며, 열매체의 종류에 따라 사용온도의 한계가 차별화된다.

87 파형 노통의 최소 두께가 10[mm], 노통의 평균지름이 1,200[mm]일 때, 최고 사용압력은 약 몇 [MPa]인가?(단, 끝의 평형부 길이가 230[mm] 미만이며, 정수 C는 985이다)

① 0.56 ② 0.63
③ 0.82 ④ 0.95

해설
파형 노통의 최소 두께 $t = \dfrac{10PD}{C}$

최고 사용압력 $P = \dfrac{tC}{10D} = \dfrac{0.01 \times 985}{10 \times 1.2} \approx 0.82 [\text{MPa}]$

88 보일러수에 녹아 있는 기체를 제거하는 탈기기가 제거하는 대표적인 용존가스는?

① O_2 ② H_2SO_4
③ H_2S ④ SO_2

해설
보일러수에 녹아 있는 기체를 제거하는 탈기기가 제거하는 용존가스 : O_2, CO_2

89 보일러의 과열방지책이 아닌 것은?

① 보일러수를 농축시키지 않을 것
② 보일러수의 순환을 좋게 할 것
③ 보일러의 수위를 낮게 유지할 것
④ 보일러 동 내면의 스케일 고착을 방지할 것

해설
보일러의 과열을 방지하기 위해서는 보일러의 수위가 낮아지지 않도록 적정 수위를 유지해야 한다.

90 프라이밍이나 포밍의 방지대책에 대한 설명으로 틀린 것은?

① 주증기밸브를 급히 개방한다.
② 보일러수를 농축시키지 않는다.
③ 보일러수 중의 불순물을 제거한다.
④ 과부하가 되지 않도록 한다.

해설
주증기밸브를 서서히 개방해야 프라이밍이나 포밍이 발생하지 않는다.

91 물의 탁도에 대한 설명으로 옳은 것은?

① 카올린 1[g]이 증류수 1[L] 속에 들어 있을 때의 색과 같은 색을 가지는 물을 탁도 1도의 물이라고 한다.
② 카올린 1[mg]이 증류수 1[L] 속에 들어 있을 때의 색과 같은 색을 가지는 물을 탁도 1도의 물이라고 한다.
③ 탄산칼슘 1[g]이 증류수 1[L] 속에 들어 있을 때의 색과 같은 색을 가지는 물을 탁도 1도의 물이라고 한다.
④ 탄산칼슘 1[mg]이 증류수 1[L] 속에 들어 있을 때의 색과 같은 색을 가지는 물을 탁도 1도의 물이라고 한다.

92 다음 그림과 같이 가로×세로×높이가 3[m]×1.5[m]×0.03[m]인 탄소 강판이 놓여 있다. 강판의 열전도율은 43[W/m·K]이고, 탄소강판 아랫면에 열유속 700[W/m²]을 가한 후 정상 상태가 되었다면 탄소강판의 윗면과 아랫면의 표면온도 차이는 약 몇 [℃]인가?(단, 열유속은 아래에서 위 방향으로만 진행한다)

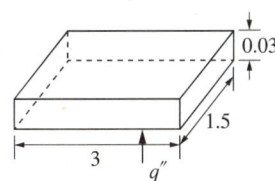

① 0.243
② 0.264
③ 0.488
④ 1.973

해설
$q'' = q/A = \lambda(\Delta T/L)/A = k(\Delta T/L)$
$\therefore \Delta T = \dfrac{q''L}{k} = \dfrac{700 \times 0.03}{43} \approx 0.488[℃]$

93 연관 보일러에서 연관의 최소 피치를 구하는 데 사용하는 식은?(단, p는 연관의 최소 피치[mm], t는 관판의 두께[mm], d는 관 구멍의 지름[mm]이다)

① $p = \left(1 + \dfrac{t}{4.5}\right)d$
② $p = (1+d)\dfrac{4.5}{t}$
③ $p = \left(1 + \dfrac{4.5}{t}\right)d$
④ $p = \left(1 + \dfrac{d}{4.5}\right)t$

해설
연관 보일러 연관의 최소 피치 $p = \left(1 + \dfrac{4.5}{t}\right)d$

94 증기 보일러에 수질관리를 위한 급수처리 또는 스케일 부착 방지 및 제거를 위한 시설을 해야 하는 용량 기준은 몇 [t/h] 이상인가?

① 0.5
② 1
③ 3
④ 5

해설
증기 보일러에 수질관리를 위한 급수처리 또는 스케일 부착 방지 및 제거를 위한 시설을 해야 하는 용량 기준은 1[t/h] 이상이다.

95 보일러의 열정산 시 출열항목이 아닌 것은?

① 배기가스에 의한 손실열
② 발생 증기 보유열
③ 불완전연소에 의한 손실열
④ 공기의 현열

해설
공기의 현열은 입열항목에 해당한다.

96 보일러에서 사용하는 안전밸브의 방식으로 가장 거리가 먼 것은?

① 중추식
② 탄성식
③ 지렛대식
④ 스프링식

해설
보일러에서 사용하는 안전밸브의 방식 : 중추식, 지렛대식, 스프링식

정답 92 ③ 93 ③ 94 ② 95 ④ 96 ②

97 내경 200[mm], 외경 210[mm]의 강관에 증기가 이송되고 있다. 증기 강관의 내면온도는 240[℃], 외면온도는 25[℃]이며, 강관의 길이가 5[m]일 경우 발열량[kW]은 얼마인가?(단, 강관의 열전도율은 50[W/m·℃], 강관의 내외면의 온도는 시간 경과에 관계없이 일정하다)

① 6.6×10^3
② 6.9×10^3
③ 7.3×10^3
④ 7.6×10^3

해설
원형 강관의 발열량
$$Q = \frac{2\pi k L(t_1 - t_2)}{\ln(r_2/r_1)}$$
$$= \frac{2\pi \times 50 \times 5 \times (240-25)}{\ln(0.105/0.1)} \approx 6.9 \times 10^3 [kW]$$

98 보일러에 대한 용어 정의 중 잘못된 것은?

① 1종 관류 보일러 : 강철제 보일러 중 전열면적 5[m²] 이하이고, 최고 사용압력이 0.35[MPa] 이하인 것
② 설계압력 : 보일러 및 그 부속품 등의 강도 계산에 사용되는 압력으로서 가장 가혹한 조건에서 결정한 압력
③ 최고 사용온도 : 설계압력을 정할 때 설계압력에 대응하여 사용조건으로부터 정해지는 온도
④ 전열면적 : 한쪽 면이 연소가스 등에 접촉하고 다른 면이 물에 접촉하는 부분의 면을 연소가스 등의 쪽에서 측정한 면적

해설
1종 관류 보일러 : 강철제 보일러 중 헤더의 안지름이 150[mm] 이하이고, 전열면적이 5[m²] 초과 10[m²] 이하이며, 최고 사용압력이 1[MPa] 이하인 관류 보일러(기수분리기를 장치한 경우에는 기수분리기의 안지름이 300[mm] 이하이고, 그 내부 부피가 0.07[m³] 이하인 것만 해당)

99 다음 중 보일러수의 pH를 조절하기 위한 약품으로 적당하지 않은 것은?

① NaOH
② Na_2CO_3
③ Na_3PO_4
④ $Al_2(SO_4)_3$

해설
pH 조정제 : pH를 조절하여 부식, 스케일 등을 방지한다.
• pH 높임 : 수산화나트륨(NaOH, 가성소다), 탄산나트륨(Na_2CO_3, 탄산소다), 암모니아
• pH 낮춤 : 황산, 인산, 인산나트륨(Na_3PO_4)

100 육용강제 보일러에서 길이 스테이 또는 경사 스테이를 핀 이음으로 부착할 경우, 스테이 휠 부분의 단면적은 스테이 소요 단면적의 얼마 이상으로 하여야 하는가?

① 1.0배
② 1.25배
③ 1.5배
④ 1.75배

해설
육용강제 보일러에서 길이 스테이 또는 경사 스테이를 핀 이음으로 부착할 경우, 스테이 휠 부분의 단면적은 스테이 소요 단면적의 1.25배 이상으로 하여야 한다.

2022년 제1회 과년도 기출문제

제1과목 | 연소공학

01 보일러 등의 연소장치에서 질소산화물(NO_x)의 생성을 억제할 수 있는 연소방법이 아닌 것은?

① 2단 연소
② 저산소(저공기비)연소
③ 배기의 재순환연소
④ 연소용 공기의 고온 예열

해설
질소산화물 생성 억제 및 경감방법
• 물분사법, 2단 연소법, 배기가스 재순환연소법, 저산소(저공기비)연소법, 저온연소법, 농담연소법
• 건식법 환원제(암모니아, 탄화수소, 일산화탄소)를 사용한다.
• 연료와 공기의 혼합을 양호하게 하여 연소온도를 낮춘다.
• 저온 배출가스 일부를 연소용 공기에 혼입해서 연소용 공기 중의 산소농도를 저하시킨다.
• 저소감 : 과잉공기량, 연소온도, 연소용 공기 중의 산소농도, 노 내 가스 잔류시간, 미연소분
• 질소성분을 함유하지 않은 연료를 사용한다.

02 다음 중 연료 연소 시 최대 탄산가스농도(CO_{2max})가 가장 높은 것은?

① 탄 소   ② 연료유
③ 역청탄   ④ 코크스로가스

해설
최대 탄산가스농도가 가장 높은 것은 탄소 함량이 가장 높은 것이다.

03 체적비로 메탄이 15[%], 수소가 30[%], 일산화탄소가 55[%]인 혼합기체가 있다. 각각의 폭발상한계가 다음 표와 같을 때 이 기체의 공기 중에서 폭발상한계는 약 몇 [vol%]인가?

구 분	메 탄	수 소	일산화탄소
폭발상한계[vol%]	15	75	74

① 46.7   ② 45.1
③ 44.3   ④ 42.5

해설
연소상한계(UFL) 공식 $\dfrac{100}{UFL} = \sum \dfrac{V_i}{L_i}$ 에서

$\dfrac{100}{UFL} = \dfrac{15}{15} + \dfrac{30}{75} + \dfrac{55}{74} \simeq 2.143$ 이므로 $UFL \simeq 46.7[\text{vol}\%]$

04 어떤 고체연료를 분석하니 중량비로 수소 10[%], 탄소 80[%], 회분 10[%]이었다. 이 연료 100[kg]을 완전연소시키기 위하여 필요한 이론공기량은 약 몇 [Nm^3]인가?

① 206   ② 412
③ 490   ④ 978

해설
이론공기량
$A_0 = 100 \times \left(\dfrac{22.4}{0.21}\right) \times \left\{\dfrac{C}{12} + \dfrac{(H-O/8)}{4} + \dfrac{S}{32}\right\}$
$= 100 \times \left(\dfrac{22.4}{0.21}\right) \times \left(\dfrac{0.8}{12} + \dfrac{0.1}{4}\right) \simeq 978[\text{Nm}^3]$

정답 1 ④ 2 ① 3 ① 4 ④

05 점화에 대한 설명으로 틀린 것은?

① 연료가스의 유출속도가 너무 느리면 실화가 발생한다.
② 연소실의 온도가 낮으면 연료의 확산이 불량해진다.
③ 연료의 예열온도가 낮으면 무화 불량이 발생한다.
④ 점화시간이 늦으면 연소실 내로 역화가 발생한다.

해설
연료가스의 유출속도가 너무 빠르면 실화가 발생한다.

06 고체연료의 일반적인 특징에 대한 설명으로 틀린 것은?

① 회분이 많고 발열량이 적다.
② 연소효율이 낮고 고온을 얻기 어렵다.
③ 점화 및 소화가 곤란하고 온도 조절이 어렵다.
④ 완전연소가 가능하고 연료의 품질이 균일하다.

해설
고체연료는 완전연소가 어렵고 연료의 품질이 균일하지 못하다. 완전연소가 가능하고, 연료의 품질이 균일한 것은 기체연료이다.

07 등유, 경유 등의 휘발성이 큰 연료를 접시 모양의 용기에 넣어 증발연소시키는 방식은?

① 분해연소   ② 확산연소
③ 분무연소   ④ 포트식 연소

해설
① 분해연소 : 석탄, 목재와 같은 연료가 연소 초기에 화염을 내면서 연소하는 과정이다.
② 확산연소 : 일정한 양의 가연성 기체에 산소를 접촉시켜 점화원을 주면 산소와 접촉하고 있는 부분부터 불꽃을 내면서 연소하는 기체연료의 연소방식이다.
③ 분무연소 : 액체연료를 미립화하여 연소시키는 연소방식으로, 공업적으로 가장 많이 이용되는 액체연료의 연소방식이며 무화연소라고도 한다.

08 액체 연소장치 중 회전식 버너의 일반적인 특징으로 옳은 것은?

① 분사각은 20~50[°] 정도이다.
② 유량 조절범위는 1 : 3 정도이다.
③ 사용 유압은 30~50[kPa] 정도이다.
④ 화염이 길어 연소가 불안정하다.

해설
① 분사각은 40~80[°] 정도이다.
② 유량 조절범위는 1 : 5 정도이다.
④ 화염이 짧고 안정한 연소를 얻을 수 있다.

09 $C_m H_n$ 1[Nm³]를 공기비 1.2로 연소시킬 때 필요한 실제공기량은 약 몇 [Nm³]인가?

① $\dfrac{1.2}{0.21}\left(m+\dfrac{n}{2}\right)$ ② $\dfrac{1.2}{0.21}\left(m+\dfrac{n}{4}\right)$

③ $\dfrac{1.2}{0.79}\left(m+\dfrac{n}{2}\right)$ ④ $\dfrac{1.2}{0.79}\left(m+\dfrac{n}{4}\right)$

해설
탄화수소의 연소방정식
$C_m H_n + \left(m+\dfrac{n}{4}\right)O_2 \rightarrow mCO_2 + \dfrac{n}{2}H_2O$

• 이론산소량 $O_o = \left(m+\dfrac{n}{4}\right)$[Nm³]

• 이론공기량 $A_o = \dfrac{1}{0.21}\left(m+\dfrac{n}{4}\right)$[Nm³]

• 실제공기량 $A = 공기비 \times A_o = \dfrac{1.2}{0.21}\left(m+\dfrac{n}{4}\right)$[Nm³]

10 메탄올(CH_3OH) 1[kg]을 완전연소하는 데 필요한 이론공기량은 약 몇 [Nm^3]인가?

① 40
② 4.5
③ 5.0
④ 5.5

해설
- 메탄올의 분자량 : 32
- 메탄올의 연소방정식 : $CH_3OH + 1.5O_2 \rightarrow CO_2 + 2H_2O$
  - 이론산소량 $O_o = \frac{1}{32} \times 1.5 \times 22.4 = 1.05[Nm^3]$
  - 이론공기량 $A_o = \frac{1.05}{0.21} = 5[Nm^3]$

11 중량비가 C : 87[%], H : 11[%], S : 2[%]인 중유를 공기비 1.3으로 연소할 때 건조배출가스 중 CO_2의 부피비는 약 몇 [%]인가?

① 8.7
② 10.5
③ 12.2
④ 15.6

해설
- 이론공기량
$$A_0 = \left(\frac{22.4}{0.21}\right) \times \left\{\frac{C}{12} + \frac{(H-O/8)}{4} + \frac{S}{32}\right\}$$
$$= \left(\frac{22.4}{0.21}\right) \times \left(\frac{0.87}{12} + \frac{0.11}{4} + \frac{0.02}{32}\right)$$
$$= 106.67 \times 0.100625 \simeq 10.734[Nm^3/kg]$$
- 건조배출가스량
$$G' = (m - 0.21)A_0 + 22.4\{(C/12) + (S/32) + (N/28)\}$$
$$= (1.3 - 0.21) \times 10.734 + 22.4\{(0.87/12) + (0.02/32)\}$$
$$= 11.7 + 1.638 = 13.338[Nm^3/kg]$$
- CO_2 생성량 $= \frac{C}{12} \times 22.4 = \frac{0.87}{12} \times 22.4 = 1.624[Nm^3/kg]$
∴ 건조배출가스 중 CO_2의 부피비 $= \frac{1.624}{13.338} \times 100 \simeq 12.2[\%]$

12 액체의 인화점에 영향을 미치는 요인으로 가장 거리가 먼 것은?

① 온 도
② 압 력
③ 발화 지연시간
④ 용액의 농도

해설
액체연료의 인화점에 영향을 미치는 요인 : 온도, 압력, 용액의 농도

13 고위발열량이 37.7[MJ/kg]인 연료 3[kg]이 연소할 때의 저위발열량은 몇 [MJ]인가?(단, 이 연료의 중량비는 수소 15[%], 수분 1[%]이다)

① 52
② 103
③ 184
④ 217

해설
저위발열량 $H_L = [H_h - 2.5 \times (9H + w)] \times$연료 무게
$= [37.7 - 2.5 \times (9 \times 0.15 + 0.01)] \times 3$
$\simeq 103[MJ]$

14 다음 중 고속운전에 적합하고 구조가 간단하며 풍량이 많아 배기 및 환기용으로 적합한 송풍기는?

① 다익형 송풍기
② 플레이트형 송풍기
③ 터보형 송풍기
④ 축류형 송풍기

해설
④ 축류형 송풍기 : 풍량이 증가하면 동력이 감소하는 경향을 나타내며 집진기에도 설치 가능한 송풍기(비행기 프로펠러형, 디스크형)로 고속 운전, 고압력에 적합하며 주로 배기용, 환기용으로 많이 사용한다.
① 다익형 송풍기(시로코 송풍기) : 대표적인 전향 날개 형태를 지닌 원심 송풍기이다. 회전차의 지름이 작은 소형·경량의 송풍기로 풍량이 많은 편이지만, 고온·고압·고속에는 부적합하다.
② 플레이트형 송풍기 : 6~12개의 날개를 지니며 풍량이 많아 배기가스 흡출용으로 이용되는 방사형 배치의 송풍기이다. 구조가 간단하며 대용량에 적합하지만, 대형이며 무겁고 설비비가 고가이다. 보일러의 흡인통풍(Induced Draft)방식에 가장 많이 사용하는 송풍기 형식이다.
③ 터보형 송풍기 : 후향 날개 형태를 지니며 효율이 60~75[%] 정도로 좋은 편이고 작은 동력으로도 운전이 가능한 원심 송풍기로, 고온·고압·대용량에 적합하지만, 소음이 크고 가격이 고가이다.

15 통풍방식 중 평형통풍에 대한 설명으로 틀린 것은?

① 통풍력이 커서 소음이 심하다.
② 안정한 연소를 유지할 수 있다.
③ 노 내 정압을 임의로 조절할 수 있다.
④ 중형 이상의 보일러에는 사용할 수 없다.

> **해설**
> 평형통풍방식은 대용량, 고성능, 대규모에 경제적이다.

16 저위발열량 7,470[kJ/kg]의 석탄을 연소시켜 13,200[kg/h]의 증기를 발생시키는 보일러의 효율은 약 몇 [%]인가?(단, 석탄의 공급은 6,040[kg/h]이고, 증기의 엔탈피는 3,107[kJ/kg], 급수의 엔탈피는 96[kJ/kg]이다)

① 64   ② 74
③ 88   ④ 94

> **해설**
> 보일러의 효율
> $$\eta_B = \frac{G_a(h_2 - h_1)}{H_L \times G_f} \times 100[\%]$$
> $$= \frac{13,200 \times (3,107 - 96)}{7,470 \times 6,040} \times 100[\%]$$
> $$= 88[\%]$$

17 불꽃연소(Flaming Combustion)에 대한 설명으로 틀린 것은?

① 연소속도가 느리다.
② 연쇄반응을 수반한다.
③ 연소사면체에 의한 연소이다.
④ 가솔린의 연소가 이에 해당한다.

> **해설**
> 불꽃연소는 연소속도가 매우 빠르다.

18 폭굉유도거리(DID)가 짧아지는 조건으로 틀린 것은?

① 관지름이 크다.
② 공급압력이 높다.
③ 관 속에 방해물이 있다.
④ 연소속도가 큰 혼합가스이다.

> **해설**
> 폭굉유도거리(DID)는 관지름이 작을수록 짧아진다.

19 버너에서 발생하는 역화의 방지대책과 거리가 먼 것은?

① 버너온도를 높게 유지한다.
② 리프트 한계가 큰 버너를 사용한다.
③ 다공 버너의 경우 각각의 연료 분출구를 작게 한다.
④ 연소용 공기를 분할 공급하여 1차 공기를 착화범위보다 작게 한다.

> **해설**
> 버너에서 발생하는 역화를 방지하려면 버너 부근의 온도가 아니라 연소실, 화실, 노, 노통의 온도를 높게 유지한다.

20 다음 기체연료 중 단위질량당 고위발열량이 가장 큰 것은?

① 메 탄   ② 수 소
③ 에 탄   ④ 프로판

> **해설**
> 단위질량당 고위발열량[kcal/kg]
> • 프로판(C_3H_8) : 12,040
> • 에탄(C_2H_6) : 12,410
> • 메탄(CH_4) : 13,320
> • 수소(H_2) : 34,000

제2과목 | 열역학

21 순수물질로 된 밀폐계가 가역 단열과정 동안 수행한 일의 양과 같은 것은?(단, U는 내부에너지, H는 엔탈피, Q는 열량이다)

① $-\Delta H$
② $-\Delta U$
③ 0
④ Q

[해설]
순수물질로 된 밀폐계가 가역 단열과정 동안 수행한 일의 양은 내부에너지의 감소량과 같다.

22 물체의 온도 변화 없이 상(Phase, 相) 변화를 일으키는 데 필요한 열량은?

① 비 열
② 점화열
③ 잠 열
④ 반응열

[해설]
잠열(Latent Heat) : 물체의 온도 변화 없이 상(Phase, 相) 변화를 일으키는 데 필요한 열량으로 증발열, 융해열, 승화열이 이에 해당한다.

23 다음 중 포화액과 포화증기의 비엔트로피 변화에 대한 설명으로 옳은 것은?

① 온도가 올라가면 포화액의 비엔트로피는 감소하고, 포화증기의 비엔트로피는 증가한다.
② 온도가 올라가면 포화액의 비엔트로피는 증가하고, 포화증기의 비엔트로피는 감소한다.
③ 온도가 올라가면 포화액과 포화증기의 비엔트로피는 감소한다.
④ 온도가 올라가면 포화액과 포화증기의 비엔트로피는 증가한다.

[해설]
포화액과 포화증기의 비엔트로피 변화량 : 온도가 올라가면 포화액의 비엔트로피는 증가하고 포화증기의 비엔트로피는 감소한다.

24 다음 중 과열증기(Superheated Steam)의 상태가 아닌 것은?

① 주어진 압력에서 포화증기 온도보다 높은 온도
② 주어진 비체적에서 포화증기 압력보다 높은 압력
③ 주어진 온도에서 포화증기 비체적보다 낮은 비체적
④ 주어진 온도에서 포화증기 엔탈피보다 높은 엔탈피

[해설]
과열증기는 주어진 압력에서 포화증기 비체적보다 높은 비체적 상태이다.

정답 21 ② 22 ③ 23 ② 24 ③

25 400[K], 1[MPa]의 이상기체 1[kmol]이 700[K], 1[MPa]로 정압팽창할 때 엔트로피 변화는 약 몇 [kJ/K]인가?(단, 정압비열은 28[kJ/kmol·K]이다)

① 15.7 ② 19.4
③ 24.3 ④ 39.4

해설

정압과정에서의 엔트로피 변화량

$$\Delta S = m C_p \ln\frac{T_2}{T_1} = 1 \times 28 \times \ln\frac{700}{400} \simeq 15.7 [kJ/K]$$

26 체적이 일정한 용기에 400[kPa]의 공기 1[kg]이 들어 있다. 용기에 달린 밸브를 열고 압력이 300[kPa]이 될 때까지 대기 속으로 공기를 방출하였다. 용기 내의 공기가 가역 단열 변화라면 용기에 남아 있는 공기의 질량은 약 몇 [kg]인가?(단, 공기의 비열비는 1.4이다)

① 0.614 ② 0.714
③ 0.814 ④ 0.914

해설

단열과정이므로 $\frac{T_2}{T_1} = \left(\frac{P_2}{P_1}\right)^{\frac{k-1}{k}} = \left(\frac{300}{400}\right)^{\frac{1.4-1}{1.4}} \simeq 0.921$

$\frac{T_1}{T_2} = \frac{1}{0.921} \simeq 1.0858$

$P_1 V_1 = m_1 R T_1$에서 $V_1 = \frac{m_1 R T_1}{P_1}$

$P_2 V_2 = m_2 R T_2$에서 $V_2 = \frac{m_2 R T_2}{P_2}$

체적이 일정한 용기이므로 $V_1 = V_2$

$\therefore \frac{m_1 R T_1}{P_1} = \frac{m_2 R T_2}{P_2}$에서 $\frac{1 \times T_1}{400} = \frac{m_2 \times T_2}{300}$이므로

∴ 용기에 남아 있는 공기의 질량

$m_2 = \frac{300}{400} \times \frac{T_1}{T_2} = \frac{3}{4} \times 1.0858 \simeq 0.814 [kg]$

27 다음 중 이상기체에 대한 식으로 옳은 것은?(단, 각 기호에 대한 설명은 다음과 같다)

- u : 단위질량당 내부에너지
- h : 비엔탈피
- T : 온도
- R : 기체상수
- P : 압력
- v : 비체적
- k : 비열비
- C_v : 정적비열
- C_P : 정압비열

① $\frac{du}{dT} - \frac{dh}{dT} = R$ ② $h = u + \frac{Pv}{RT}$

③ $C_v = \frac{R}{k-1}$ ④ $C_P = \frac{kC_v}{k-1}$

해설

③ $k = \frac{C_P}{C_v}$에서 $C_P = kC_v$이며 $C_P - C_v = R$이므로

$kC_v - C_v = R$

$\therefore C_v = \frac{R}{k-1}$

① $C_P = \left(\frac{dh}{dT}\right)_P$이며 $C_v = \left(\frac{du}{dT}\right)_v$이다.

$C_P - C_v = R$이므로 $\frac{dh}{dT} - \frac{du}{dT} = R$

② $Pv = RT$이므로 $h = u + Pv = u + RT$

④ $k = \frac{C_P}{C_v}$에서 $C_P = kC_v$

28 밀폐된 피스톤-실린더 장치 안에 들어 있는 기체가 팽창을 하면서 일을 한다. 압력 P[MPa]와 부피 V[L]의 관계가 다음과 같을 때, 내부에 있는 기체의 부피가 5[L]에서 두 배로 팽창하는 경우 이 장치가 외부에 한 일은 약 몇 [kJ]인가?(단, a = 3[MPa/L²], b = 2[MPa/L], c = 1[MPa])

$$P = 5(aV^2 + bV + c)$$

① 4,175　　② 4,375
③ 4,575　　④ 4,775

해설
외부에 한 일
$$_1W_2 = \int_5^{10} PdV = \int_5^{10} 5(aV^2 + bV + c)dV$$
$$= \int_5^{10} 5(3V^2 + 2V + 1)dV$$
$$= 5[V^3 + V^2 + V]_5^{10}$$
$$= 5[(10^3 + 10^2 + 10) - (5^3 + 5^2 + 5)]$$
$$= 5 \times (1,110 - 155)$$
$$= 5 \times 955$$
$$= 4,775[kJ]$$

29 다음 중 열역학 제2법칙에 대한 설명으로 틀린 것은?

① 에너지 보존에 대한 법칙이다.
② 제2종 영구기관은 존재할 수 없다.
③ 고립계에서 엔트로피는 감소하지 않는다.
④ 열은 외부 동력 없이 저온체에서 고온체로 이동할 수 없다.

해설
에너지 보존에 대한 법칙은 열역학 제1법칙이다.

30 이상기체의 단위질량당 내부에너지 u, 비엔탈피 h, 비엔트로피 s에 관한 다음의 관계식 중에서 모두 옳은 것은?(단, T는 온도, p는 압력, v는 비체적을 나타낸다)

① $Tds = du - vdp$, $Tds = dh - pdv$
② $Tds = du + pdv$, $Tds = dh - vdp$
③ $Tds = du - vdp$, $Tds = dh + pdv$
④ $Tds = du + pdv$, $Tds = dh + vdp$

해설
상태량 간의 관계식(이상기체의 내부에너지, 엔탈피, 엔트로피 관계식)
- $Tds = du + pdv$
  (여기서, u : 단위질량당 내부에너지, h : 비엔탈피, s : 비엔트로피, T : 절대온도, p : 압력, v : 비체적)
- $Tds = dh - vdp$
- 가역과정, 비가역과정 모두에 대하여 성립한다.
- 가역과정의 경로에 따라 적분할 수 있다.
- 비가역과정의 경로에 대해서는 적분할 수 없다.

31 폴리트로픽 과정에서의 지수(Polytropic Index)가 비열비와 같을 때의 변화는?

① 정적 변화　　② 가역 단열 변화
③ 등온 변화　　④ 등압 변화

해설
폴리트로픽 지수(n)와 상태 변화의 관계식
- n의 범위 : $-\infty \sim +\infty$
- $n = 0$이면, $P = C$: 등압 변화(정압과정)
- $n = 1$이면, $T = C$: 등온 변화(등온과정)
- $n = k(=1.4)$: 단열 변화(단열과정)
- $n = \infty$이면, $V = C$: 등적 변화(정적과정)
- $n > k$이면, 팽창에 의한 열량은 방열량이 되며 온도는 올라간다.
- $1 < n < k$이면, 압축에 의한 열량은 흡열량이 되며 온도는 내려간다.

32 체적 0.4[m³]인 단단한 용기 안에 100[℃]의 물 2[kg]이 들어 있다. 이 물의 건도는 얼마인가?(단, 100[℃]의 물에 대해 포화수 비체적 v_f = 0.00104 [m³/kg], 건포화증기 비체적 v_g = 1.672[m³/kg]이다)

① 11.9[%]   ② 10.4[%]
③ 9.9[%]   ④ 8.4[%]

해설
- 포화액 : 비체적 v', 내부에너지 u', 엔탈피 h', 엔트로피 s'
- 건포화증기 : 비체적 v'', 내부에너지 u'', 엔탈피 h'', 엔트로피 s''

습증기의 건도 $x = \dfrac{증기중량}{습증기중량} = \dfrac{v_x - v'}{v'' - v'} = \dfrac{(V/G) - v'}{v'' - v'}$

$= \dfrac{(0.4/2) - 0.00104}{1.672 - 0.00104} \simeq 0.119$

$= 11.9[\%]$

33 다음 그림과 같은 브레이턴 사이클에서 열효율(η)은?(단, P는 압력, v는 비체적이며, T_1, T_2, T_3, T_4는 각각의 지점에서의 온도이다. 또한 q_{in}과 q_{out}은 사이클에서 열이 들어오고 나감을 의미한다)

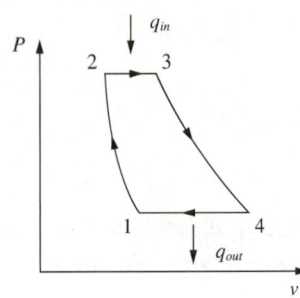

① $\eta = 1 - \dfrac{T_3 - T_2}{T_4 - T_1}$ ② $\eta = 1 - \dfrac{T_1 - T_2}{T_3 - T_4}$
③ $\eta = 1 - \dfrac{T_4 - T_1}{T_3 - T_2}$ ④ $\eta = 1 - \dfrac{T_3 - T_4}{T_1 - T_2}$

해설
브레이턴 사이클의 열효율

$\eta_B = \dfrac{유효일}{공급열} = \dfrac{W_{net}}{q_{in}} = \dfrac{q_{in} - q_{out}}{q_{in}} = 1 - \dfrac{T_4 - T_1}{T_3 - T_2}$

$= 1 - \left(\dfrac{1}{\varepsilon}\right)^{\frac{k-1}{k}}$

(여기서, ε : 압축비, k : 비열비)

34 역카르노 사이클로 작동하는 냉동 사이클이 있다. 저온부가 -10[℃], 고온부가 40[℃]로 유지되는 상태를 A상태라 하고, 저온부가 0[℃], 고온부가 50[℃]로 유지되는 상태를 B상태라 할 때, 성능계수는 어느 상태의 냉동사이클이 얼마나 더 높은가?

① A상태의 사이클이 0.8만큼 더 높다.
② A상태의 사이클이 0.2만큼 더 높다.
③ B상태의 사이클이 0.8만큼 더 높다.
④ B상태의 사이클이 0.2만큼 더 높다.

해설
- A상태의 냉동 사이클의 성능계수

$(COP)_R = \dfrac{T_2}{T_1 - T_2} = \dfrac{-10 + 273}{(40 + 273) - (-10 + 273)} = 5.26$

- B상태의 냉동 사이클의 성능계수

$(COP)_R = \dfrac{T_2}{T_1 - T_2} = \dfrac{0 + 273}{(50 + 273) - (0 + 273)} = 5.46$

∴ 냉동 사이클의 성능계수는 B상태의 사이클이 0.2만큼 더 높다.

35 가솔린 기관의 이상 표준 사이클인 오토 사이클(Otto Cycle)에 대한 설명 중 옳은 것을 모두 고른 것은?

> ㄱ. 압축비가 증가할수록 열효율이 증가한다.
> ㄴ. 가열과정은 일정한 체적하에서 이루어진다.
> ㄷ. 팽창과정은 단열 상태에서 이루어진다.

① ㄱ, ㄴ   ② ㄱ, ㄷ
③ ㄴ, ㄷ   ④ ㄱ, ㄴ, ㄷ

해설
오토 사이클(Otto Cycle)
- 압축비가 증가할수록 열효율이 증가한다.
- 가열과정은 일정한 체적하에서 이루어진다.
- 팽창과정은 단열 상태에서 이루어진다.

36 다음과 같은 특징이 있는 냉매의 종류는?

- 냉동 창고 등 저온용으로 사용
- 산업용의 대용량 냉동기에 널리 사용
- 아연 등을 침식시킬 우려가 있음
- 연소성과 폭발성이 있음

① R-12
② R-22
③ R-134a
④ NH_3

해설
④ 암모니아(NH_3, R-717) : 냉매의 증발열이 매우 커서 표준(이상) 사이클에서 동일 냉동능력에 대한 냉매순환량이 가장 적고, 냉동효과가 가장 좋은 냉매이다.
① R-12(CCl_2F_2) : 프레온 냉매 중 제일 먼저 개발되어 왕복식 압축기에 가장 많이 사용되는 등 널리 사용되었다.
② R-22($CHClF_2$) : 비열비가 작아(k=1.18) 토출가스 온도가 낮고, 성질이 암모니아와 흡사한 냉매이다.
③ R-134a(CH_2FCF_3) : R-12의 대체냉매로 개발되어 가정용 냉장고 및 자동차 에어컨에 사용된다.

37 압축기에서 냉매의 단위질량당 압축하는데 요구되는 에너지가 200[kJ/kg]일 때, 냉동기에서 냉동능력 1[kW]당 냉매의 순환량은 약 몇 [kg/h]인가? (단, 냉동기의 성능계수는 5.0이다)

① 1.8
② 3.6
③ 5.0
④ 20.0

해설
냉매순환량
$G = \dfrac{냉동능력}{냉동효과} = \dfrac{q_1}{q_2} = \dfrac{1[kW]}{\varepsilon_R W_c}$
$= \dfrac{3,600[kJ/h]}{5.0 \times 200[kJ/kg]} = 3.6[kg/h]$

38 40[m^3]의 실내에 있는 공기의 질량은 약 몇 [kg]인가?(단, 공기의 압력은 100[kPa], 온도는 27[℃]이며, 공기의 기체상수는 0.287[kJ/kg·K]이다)

① 93
② 46
③ 10
④ 2

해설
$PV = mRT$에서 $100 \times 40 = m \times 0.287 \times (27+273)$이므로
$m = \dfrac{4,000}{0.287 \times 300} \simeq 46[kg]$

39 동일한 최고 온도, 최저 온도 사이에 작동하는 사이클 중 최대의 효율을 나타내는 사이클은?

① 오토 사이클
② 디젤 사이클
③ 카르노 사이클
④ 브레이턴 사이클

해설
카르노 사이클(Carnot Cycle) : 2개의 등온 변화(과정)와 2개의 단열 변화(과정=등엔트로피 변화)로 구성된 가역 사이클(실제로 존재하지 않는 이상 사이클)이며, 열기관 사이클 중에서 열효율이 최대인 사이클이다. 카르노 사이클을 구성하는 과정은 '등온팽창 → 단열팽창 → 등온압축 → 단열압축'으로 진행된다.

40 랭킨(Rankine) 사이클에서 응축기의 압력을 낮출 때 나타나는 현상으로 옳은 것은?

① 이론 열효율이 낮아진다.
② 터빈 출구의 증기건도가 낮아진다.
③ 응축기의 포화온도가 높아진다.
④ 응축기 내의 절대압력이 증가한다.

해설
① 이론 열효율이 높아진다.
③ 응축기의 포화온도가 낮아진다.
④ 응축기 내의 절대압력이 저하된다.

제3과목 | 계측방법

41 다음 가스분석법 중 흡수식인 것은?

① 오르자트법 ② 밀도법
③ 자기법 ④ 음향법

해설
오르자트법은 화학적 가스분석법이며, 용액흡수제를 사용하는 흡수식 가스분석법이다.

42 상온, 1기압에서 공기유속을 피토관으로 측정할 때 동압이 100[mmAq]이면 유속은 약 몇 [m/s]인가?(단, 공기의 밀도는 1.3[kg/m³]이다)

① 3.2 ② 12.3
③ 38.8 ④ 50.5

해설
공기유속
$v = \sqrt{2g\Delta P/\gamma} = \sqrt{2 \times 9.8 \times 100/1.3} \approx 38.8[m/s]$

43 유량 측정에 쓰이는 탭(Tap)방식이 아닌 것은?

① 베나 탭 ② 코너 탭
③ 압력 탭 ④ 플랜지 탭

해설
유량 측정에 쓰이는 탭(Tap)방식 : 베나 탭, 코너 탭, 플랜지 탭

44 보일러의 자동제어에서 제어장치의 명칭과 제어량의 연결이 잘못된 것은?

① 자동연소제어장치 – 증기압력
② 자동급수제어장치 – 보일러 수위
③ 과열증기온도 제어장치 – 증기온도
④ 캐스케이드 제어장치 – 노 내 압력

해설
자동연소제어장치의 제어량과 조작량

제어량	조작량
증기압력	공기량, 연료량
노 내 압력	연소가스량

45 측정하고자 하는 상태량과 독립적 크기를 조정할 수 있는 기준량과 비교하여 측정, 계측하는 방법은?

① 보상법 ② 편위법
③ 치환법 ④ 영위법

해설
① 보상법 : 측정량의 크기가 거의 같은 미리 알고 있는 양의 분동을 준비하여 분동과 측정량의 차이로 측정량을 구하는 방법이다.
② 편위법 : 스프링 저울 등 측정량이 원인이 되어 그 직접적인 결과로 생기는 지시로부터 측정량을 구하는 방법으로, 정밀도는 낮으나 조작이 간단하다.
③ 치환법 : 다이얼게이지를 이용하여 두께를 측정하는 방법 등이 치환법에 해당하며, 정확한 기준과 비교 측정하여 측정기 자신의 부정확한 원인이 되는 오차를 제거하기 위해 사용하는 방법이다.

46 다음 비례 – 적분동작에 대한 설명에서 ( ) 안에 들어갈 알맞은 용어는?

비례동작에 발생하는 (　　)을(를) 제거하기 위해 적분동작과 결합한 제어

① 오프셋 ② 빠른 응답
③ 지 연 ④ 외 란

해설
비례 – 적분동작 : 비례동작에 발생하는 오프셋을 제거하기 위해 적분동작과 결합한 제어

47 안지름 1,000[mm]의 원통형 물탱크에서 안지름 150[mm]인 파이프로 물을 수송할 때 파이프의 평균 유속이 3[m/s]이었다. 이때 유량(Q)과 물탱크 속의 수면이 내려가는 속도(V)는 약 얼마인가?

① $Q = 0.053[\text{m}^3/\text{s}]$, $V = 6.75[\text{cm/s}]$
② $Q = 0.831[\text{m}^3/\text{s}]$, $V = 6.75[\text{cm/s}]$
③ $Q = 0.053[\text{m}^3/\text{s}]$, $V = 8.31[\text{cm/s}]$
④ $Q = 0.831[\text{m}^3/\text{s}]$, $V = 8.31[\text{cm/s}]$

해설

유량 $Q = Av = \dfrac{\pi}{4} \times 0.15^2 \times 3 \simeq 0.053[\text{m}^3/\text{s}]$

원통형 물탱크의 단면적을 A_2, 수면이 내려가는 속도를 V라고 하면

$Q = A_2 V = \dfrac{\pi}{4} \times 1^2 \times V = 0.053$ 이므로

수면이 내려가는 속도

$V = \dfrac{0.053 \times 4}{3.14} \simeq 0.0675[\text{m/s}] = 6.75[\text{cm/s}]$

48 램, 실린더, 기름탱크, 가압펌프 등으로 구성 되어 있으며 탄성식 압력계의 일반 교정용으로 주로 사용되는 압력계는?

① 분동식 압력계   ② 격막식 압력계
③ 침종식 압력계   ④ 벨로스식 압력계

해설

② 격막식 압력계(다이어프램 압력계) : 박막으로 격실을 만들고 압력 변화에 따른 격막의 변위를 링크, 섹터, 피니언 등에 의해 지침에 전달하여 지시계로 나타내는 탄성식 압력계이다.
③ 침종식 압력계 : 수은이나 기름 위에 종 모양의 플로트(부자)를 액 속에 넣고 압력에 따라 떠오르는 플로트의 변위량으로 압력을 측정하는 압력계이다.
④ 벨로스식 압력계 : 벨로스의 내부 또는 외부에 압력을 가하여 중심축 방향으로 팽창 및 수축을 일으키는 양으로 압력을 구하는 탄성식 압력계이다.

49 다음 측정 관련 용어에 대한 설명으로 틀린 것은?

① 측정량 : 측정하고자 하는 양
② 값 : 양의 크기를 함께 표현하는 수와 기준
③ 제어편차 : 목표치에 제어량을 더한 값
④ 양 : 수와 기준으로 표시할 수 있는 크기를 갖는 현상이나 물체 또는 물질의 성질

해설
제어편차 : 목표치에 제어량을 뺀 값

50 부자식(Float) 면적 유량계에 대한 설명으로 틀린 것은?

① 압력손실이 작다.
② 정밀 측정에는 부적합하다.
③ 대유량의 측정에 적합하다.
④ 수직배관에만 적용이 가능하다.

해설
부자식 면적 유량계는 소유량 측정에 적합하다.

51 액주식 압력계에 필요한 액체의 조건으로 틀린 것은?

① 점성이 클 것
② 열팽창계수가 작을 것
③ 성분이 일정할 것
④ 모세관현상이 작을 것

해설
액주식 압력계에 사용하는 액체는 점성이 작아야 한다.

정답 47 ① 48 ① 49 ③ 50 ③ 51 ①

52 서미스터의 재질로서 적합하지 않은 것은?

① Ni ② Co
③ Mn ④ Pb

> **해설**
> 서미스터의 재질 : 니켈(Ni), 코발트(Co), 망간(Mn), 철(Fe), 구리(Cu)

53 저항식 습도계의 특징으로 틀린 것은?

① 저온도의 측정이 가능하다.
② 응답이 늦고 정밀도가 좋지 않다.
③ 연속 기록, 원격 측정, 자동제어에 이용된다.
④ 교류전압에 의하여 저항치를 측정하여 상대습도를 표시한다.

> **해설**
> 저항식 습도계는 응답이 빠르고, 정도가 우수하다.

54 가스미터의 표준기로도 이용되는 가스미터의 형식은?

① 오벌형
② 드럼형
③ 다이어프램형
④ 로터리 피스톤형

55 물체의 온도를 측정하는 방사고온계에서 이용하는 원리는?

① 제베크효과
② 필터효과
③ 윈 – 프랑크의 법칙
④ 슈테판 – 볼츠만의 법칙

> **해설**
> 물체의 온도를 측정하는 방사고온계에서 이용하는 원리 : 슈테판 – 볼츠만의 법칙

56 자동제어의 특성에 대한 설명으로 틀린 것은?

① 작업능률이 향상된다.
② 작업에 따른 위험 부담이 감소된다.
③ 인건비는 증가하나 시간이 절약된다.
④ 원료나 연료를 경제적으로 운영할 수 있다.

> **해설**
> 자동제어는 인건비가 감소하며 시간이 절약된다.

57 1,000[℃] 이상인 고온의 노 내 온도 측정을 위해 사용되는 온도계로 가장 적합하지 않은 것은?

① 제게르콘(Seger Cone) 온도계
② 백금저항 온도계
③ 방사 온도계
④ 광고온계

> **해설**
> 1,000[℃] 이상인 고온의 노 내 온도 측정을 위해 사용되는 온도계로 제게르콘(Seger Cone) 온도계, 방사 온도계, 광고온계 등이 적합하다.

정답 52 ④ 53 ② 54 ② 55 ④ 56 ③ 57 ②

58 내열성이 우수하고 산화 분위기 중에서도 강하며, 가장 높은 온도까지 측정이 가능한 열전대의 종류는?

① 구리 – 콘스탄탄
② 철 – 콘스탄탄
③ 크로멜 – 알루멜
④ 백금 – 백금·로듐

해설
① 구리 – 콘스탄탄(CC) 열전대 온도계 : T형(기전력 특성이 안정되고 정확하기 때문에 실험용으로 폭넓게 사용되며 주로 저온용으로 사용된다)
② 철 – 콘스탄탄(IC) 열전대 온도계 : J형(가격이 저렴하고 다양한 곳에서 사용하며 환원성 분위기에는 강하지만 산화 분위기에는 약하다)
③ 크로멜 – 알루멜(CA) 열전대 온도계 : K형(다양한 특성을 지녀 신뢰성이 높은 산업용 열전대로 가장 널리 사용된다)

59 열전대 온도계에 대한 설명으로 틀린 것은?

① 보호관 선택 및 유지관리에 주의한다.
② 단자의 (+)와 보상도선의 (−)를 결선해야 한다.
③ 주위의 고온체로부터 복사열의 영향으로 인한 오차가 생기지 않도록 주의해야 한다.
④ 열전대는 측정하고자 하는 곳에 정확히 삽입하여 삽입한 구멍을 통하여 냉기가 들어가지 않게 한다.

해설
열전대 온도계는 단자의 (+), (−)를 보상도선의 (+), (−)와 일치하도록 연결하여 감온부의 열팽창에 의한 오차가 발생하지 않도록 하여야 한다.

60 압력센서인 스트레인게이지의 응용원리로 옳은 것은?

① 온도의 변화
② 전압의 변화
③ 저항의 변화
④ 금속선의 굵기 변화

해설
압력센서인 스트레인게이지의 응용원리 : 저항의 변화

제4과목 | 열설비재료 및 관계법규

61 다음 중 중성 내화물에 속하는 것은?

① 납석질 내화물
② 고알루미나질 내화물
③ 반규석질 내화물
④ 샤모트질 내화물

해설
중성질 내화물에는 고알루미나질, 탄소질, 탄화규소질, 크롬질 내화물이 있다.

62 에너지이용합리화법령상 검사대상기기에 대한 검사의 종류가 아닌 것은?

① 계속사용검사
② 개방검사
③ 개조검사
④ 설치 장소 변경검사

해설
검사대상기기에 대한 검사의 종류
• 제조검사(용접검사, 구조검사)
• 설치검사
• 개조검사
• 설치 장소 변경검사
• 재사용검사
• 계속사용검사(안전검사, 운전성능검사)

정답 58 ④ 59 ② 60 ③ 61 ② 62 ②

63 에너지이용합리화법령상 규정된 특정열사용기자재 품목이 아닌 것은?

① 축열식 전기 보일러 ② 태양열 집열기
③ 철금속 가열로 ④ 용광로

해설
특정열사용기자재

구 분	품목명
보일러	강철제 보일러, 주철제 보일러, 온수 보일러, 구멍탄용 온수 보일러, 축열식 전기 보일러, 캐스케이드 보일러, 가정용 화목보일러
태양열집열기	태양열집열기
압력용기	1종 압력용기, 2종 압력용기
요업요로	연속식 유리용융가마, 불연속식 유리용융가마, 유리용융도가니가마, 터널가마, 도염식 각가마, 셔틀가마, 석회용선가마
금속요로	용선로, 비철금속용융로, 금속소둔로, 철금속 가열로, 금속균열로

64 회전가마(Rotary Kiln)에 대한 설명으로 틀린 것은?

① 일반적으로 시멘트, 석회석 등의 소성에 사용된다.
② 온도에 따라 소성대, 가소대, 예열대, 건조대 등으로 구분된다.
③ 소성대에는 황산염이 함유된 클링커가 용융되어 내화벽돌을 침식시킨다.
④ 시멘트 클링커의 제조방법에 따라 건식법, 습식법, 반건식법으로 분류된다.

해설
회전가마는 주로 황산염과 관련성이 없는 제조 분야인 시멘트 제조에 사용된다.

65 에너지이용합리화법령상 검사대상기기관리자를 해임한 경우 한국에너지공단 이사장에게 그 사유가 발생한 날부터 신고해야하는 기간은 며칠 이내인가?(단, 국방부장관이 관장하고 있는 검사대상기기관리자는 제외한다)

① 7일 ② 10일
③ 20일 ④ 30일

해설
검사대상기기관리자의 선임·해임·퇴직 신고는 신고사유가 발생한 날로부터 30일 이내에 한국에너지공단에 신고하여야 한다.

66 강관 이음방법이 아닌 것은?

① 나사 이음 ② 용접 이음
③ 플랜지 이음 ④ 플레어 이음

해설
플레어 이음은 압축 이음이라고도 하며 직경 20[mm] 이하의 동관에 적용한다.

67 다이어프램 밸브(Diaphragm Valve)의 특징이 아닌 것은?

① 유체의 흐름이 주는 영향이 비교적 작다.
② 기밀을 유지하기 위한 패킹이 불필요하다.
③ 주된 용도가 유체의 역류를 방지하기 위한 것이다.
④ 산 등의 화학약품을 차단하는 데 사용하는 밸브이다.

해설
주된 용도가 유체의 역류를 방지하기 위한 것은 체크밸브이다.

정답 63 ④ 64 ③ 65 ④ 66 ④ 67 ③

68 연속가마, 반연속가마, 불연속가마의 구분방식은 어떤 것인가?

① 온도 상승속도
② 사용목적
③ 조업방식
④ 전열방식

해설
조업방식에 따른 요의 분류
- 불연속식(단가마) : 횡염식, 승염식, 도염식
- 반연속식 : 등요, 셔틀요
- 연속식 : 윤요, 터널요, 고리가마

69 다음 보온재 중 최고 안전사용온도가 가장 낮은 것은?

① 유리섬유
② 규조토
③ 우레탄 폼
④ 펄라이트

해설
최고 안전사용온도[℃]
- 펄라이트 : 650
- 규조토 : 500
- 유리섬유(글라스울) : 300
- 우레탄 폼 : 120

70 윤요(Ring Kiln)에 대한 일반적인 설명으로 옳은 것은?

① 종이 칸막이가 있다.
② 열효율이 나쁘다.
③ 소성이 균일하다.
④ 석회소성용으로 사용된다.

해설
윤요(Ring Kiln, 고리가마) : 피열물을 정지시켜 놓고 소성대의 위치를 바꾸어 가며 주로 벽돌, 기와, 보도타일 등의 건축재료를 소성하는 연속식 가마이다.
- 종이 칸막이가 있다.
- 단가마보다 약 65[%] 정도 연료 절약이 가능하다.
- 열효율이 좋다.
- 소성이 균일하지 않다.

71 에너지이용합리화법령상 에너지절약전문기업의 사업이 아닌 것은?

① 에너지사용시설의 에너지절약을 위한 관리·용역사업
② 에너지절약형 시설 투자에 관한 사업
③ 신에너지 및 재생에너지원의 개발 및 보급사업
④ 에너지 절약활동 및 성과에 대한 금융상·세제상의 지원

해설
에너지절약전문기업의 지원
정부는 제3자로부터 위탁을 받아 다음의 어느 하나에 해당하는 사업을 하는 자로서 산업통상자원부장관에게 등록을 한 자(이하 에너지절약전문기업)가 에너지절약사업과 이를 통한 온실가스의 배출을 줄이는 사업을 하는 데에 필요한 지원을 할 수 있다.
- 에너지사용시설의 에너지절약을 위한 관리·용역사업
- 에너지절약형 시설 투자에 관한 사업
- 그 밖에 대통령령으로 정하는 에너지절약을 위한 사업(신에너지 및 재생에너지원의 개발 및 보급사업, 에너지절약형 시설 및 기자재의 연구개발사업)

72 에너지이용합리화법령상 검사대상기기의 계속사용검사 유효기간 만료일이 9월 1일 이후인 경우 계속사용검사를 연기할 수 있는 기간 기준은 몇 개월 이내인가?

① 2개월
② 4개월
③ 6개월
④ 10개월

해설
검사대상기기의 계속사용검사 유효기간 만료일이 9월 1일 이후인 경우 계속사용검사를 연기할 수 있는 기간 기준은 4개월 이내이다.

정답 68 ③ 69 ③ 70 ① 71 ④ 72 ②

73 에너지이용합리화법에 따라 에너지이용합리화에 관한 기본계획 사항에 포함되지 않는 것은?

① 에너지절약형 경제구조로의 전환
② 에너지이용합리화를 위한 기술 개발
③ 열사용기자재의 안전관리
④ 국가에너지정책목표를 달성하기 위하여 대통령령으로 정하는 사항

해설
국가에너지정책목표를 달성하기 위하여 대통령령으로 정하는 사항은 국가에너지기본계획에 해당한다.

74 에너지이용합리화법령상 시공업자단체에 대한 설명으로 틀린 것은?

① 시공업자는 산업통상자원부장관의 인가를 받아 시공업자단체를 설립할 수 있다.
② 시공업자단체는 개인으로 한다.
③ 시공업자는 시공업자단체에 가입할 수 있다.
④ 시공업자단체는 시공업에 관한 사항을 정부에 건의할 수 있다.

해설
에너지이용합리화법령상 시공업자단체는 법인으로 한다.

75 에너지이용합리화법령상 검사대상기기에 해당되지 않는 것은?

① 2종 관류 보일러
② 정격용량이 1.2[MW]인 철금속가열로
③ 도시가스 사용량이 300[kW]인 소형 온수 보일러
④ 최고사용압력이 0.3[MPa], 내부 부피가 0.04[m³]인 2종 압력용기

해설
2종 관류 보일러는 검사 제외 대상기기이다.

76 두께 230[mm]의 내화벽돌이 있다. 내면의 온도가 320[℃]이고, 외면의 온도가 150[℃]일 때 이 벽면 10[m²]에서 손실되는 열량[W]은?(단, 내화벽돌의 열전도율은 0.96[W/m·℃]이다)

① 710
② 1,632
③ 7,096
④ 14,391

해설
손실되는 열량
$$Q = K \cdot F \cdot \Delta t = \frac{0.96}{0.23} \times 10 \times (320 - 150) \simeq 7,096[W]$$

77 에너지법령상 에너지원별 에너지열량 환산기준으로 총발열량이 가장 낮은 연료는?(단, 1[L] 기준이다)

① 윤활유
② 항공유
③ B-C유
④ 휘발유

해설
총발열량[kcal/L](에너지법 시행규칙 별표)
• B-C유 : 9,960
• 윤활유 : 9,550
• 항공유 : 8,720
• 휘발유 : 7,810

78 보온재의 구비조건으로 가장 거리가 먼 것은?

① 밀도가 작을 것
② 열전도율이 작을 것
③ 재료가 부드러울 것
④ 내열, 내약품성이 있을 것

해설
보온재의 구비조건
• 고대 : 내화도, 불연성, 내열성, 내약품성, 보온능력, 내구성
• 저소 : 밀도, 비중, 무게, 열전도율, 흡수성, 흡습성
• 적절 : 기계적 강도

정답 73 ④ 74 ② 75 ① 76 ③ 77 ④ 78 ③

79 에너지이용합리화법령상 연간 에너지 사용량이 20만 [TOE] 이상인 에너지다소비사업자의 사업장이 받아야 하는 에너지 진단주기는 몇 년인가?(단, 에너지 진단은 전체 진단이다)

① 3
② 4
③ 5
④ 6

해설
연간 에너지사용량이 20만[TOE] 이상인 자가 전체 에너지 진단을 할 때의 에너지 진단주기, 연간 에너지사용량이 20만[TOE] 미만인 자가 전체 에너지 진단을 할 때의 에너지 진단주기 : 5년

80 감압밸브에 대한 설명으로 틀린 것은?

① 작동방식에는 직동식과 파일럿식이 있다.
② 증기용 감압밸브의 유입측에는 안전밸브를 설치하여야 한다.
③ 감압밸브를 설치할 때는 직관부를 호칭경의 10배 이상으로 하는 것이 좋다.
④ 감압밸브를 2단으로 설치할 경우에는 1단의 설정압력을 2단보다 높게 하는 것이 좋다.

해설
증기용 감압밸브의 출구측에는 안전밸브를 설치하여야 한다.

제5과목 | 열설비설계

81 epm(equivalents per million)에 대한 설명으로 옳은 것은?

① 물 1[L]에 함유되어 있는 불순물의 양을 [mg]으로 나타낸 것
② 물 1톤에 함유되어 있는 불순물의 양을 [mg]으로 나타낸 것
③ 물 1[L] 중에 용해되어 있는 물질을 [mg] 당량수로 나타낸 것
④ 물 1[gallon] 중에 함유된 grain의 양을 나타낸 것

해설
epm(equivalents per million)은 당량농도라 하고, 물 1[L] 중에 용해되어 있는 물질을 [mg] 당량수로 나타낸 것이다.

82 증기트랩장치에 관한 설명으로 옳은 것은?

① 증기관의 도중이나 상단에 설치하여 압력의 급상승 또는 급히 물이 들어가는 경우 다른 곳으로 빼내는 장치이다.
② 증기관의 도중이나 말단에 설치하여 증기의 일부가 응축되어 고여 있을 때 자동적으로 빼내는 장치이다.
③ 보일러 동에 설치하여 드레인을 빼내는 장치이다.
④ 증기관의 도중이나 말단에 설치하여 증기를 함유한 침전물을 분리시키는 장치이다.

해설
증기트랩장치는 증기관의 도중이나 말단에 설치하여 증기를 사용하는 설비의 배관 내에 고여 있는 응축수를 자동적으로 빼내는 장치이다.

83 저온 부식의 방지방법이 아닌 것은?

① 과잉공기를 적게 하여 연소한다.
② 발열량이 높은 황분을 사용한다.
③ 연료첨가제(수산화마그네슘)를 이용하여 노점 온도를 낮춘다.
④ 연소 배기가스의 온도가 너무 낮지 않게 한다.

해설
저온 부식을 방지하기 위해서는 황분이 적은 것을 사용한다.

84 급수처리에서 양질의 급수를 얻을 수 있으나 비용이 많이 들어 보급수의 양이 적은 보일러 또는 선박 보일러에서 해수로부터 청수(Pure Water)를 얻고자 할 때 주로 사용하는 급수처리방법은?

① 증류법 ② 여과법
③ 석회소다법 ④ 이온교환법

해설
② 여과법 : 부유물, 유지분 등을 필터로 걸러내는 방법
③ 석회소다법 : 급수에 석회소다를 첨가하여 경도성분을 불용성 화합물을 만들어 제거하는 약품첨가법
④ 이온교환법 : 수지의 성분과 Na형의 양이온이 결합하여 경도성분을 제거하여 경수를 연화시키는 방법

85 보일러 설치 · 시공기준상 대형 보일러를 옥내에 설치할 때 보일러 동체 최상부에서 보일러실 상부에 있는 구조물까지의 거리는 얼마 이상이어야 하는가?(단, 주철제 보일러는 제외한다)

① 60[cm] ② 1[m]
③ 1.2[m] ④ 1.5[m]

해설
대형 보일러를 옥내에 설치할 때 보일러 동체 최상부에서 보일러실 상부에 있는 구조물까지의 거리는 1.2[m] 이상이어야 한다(단, 주철제 보일러는 제외한다).

86 보일러에 설치된 과열기의 역할로 틀린 것은?

① 포화증기의 압력 증가
② 마찰저항 감소 및 관 내 부식 방지
③ 엔탈피 증가로 증기 소비량 감소 효과
④ 과열증기를 만들어 터빈의 효율 증대

해설
과열기(Superheater) : 보일러에서 발생한 포화증기를 가열하여 압력 변화 없이 온도만 상승시켜 과열증기로 만드는 장치로 다음과 같은 특징을 지닌다.
• 마찰저항 감소 및 관 내 부식을 방지한다.
• 엔탈피 증가로 증기소비량을 감소시킨다.
• 과열증기를 만들어 터빈효율을 증대시킨다.
• 증기의 열에너지가 커 열손실이 많아질 수 있다.
• 바나듐에 의해 과열기 전열면에 고온 부식이 발생될 수 있다.
• 연소가스의 저항으로 압력손실이 크다.

87 지름이 d[cm], 두께가 t[cm]인 얇은 두께의 밀폐된 원통 안에 압력 P[MPa]가 작용할 때 원통에 발생하는 원주 방향의 인장응력[MPa]을 구하는 식은?

① $\dfrac{\pi dP}{2t}$ ② $\dfrac{\pi dP}{4t}$
③ $\dfrac{dP}{2t}$ ④ $\dfrac{dP}{4t}$

해설
• 원주 방향의 인장응력 : $\dfrac{dP}{2t}$[MPa]
• 축 방향의 인장응력 : $\dfrac{dP}{4t}$[MPa]

88 일반적으로 리벳이음과 비교할 때 용접이음의 장점으로 옳은 것은?

① 이음효율이 좋다.
② 잔류응력이 발생되지 않는다.
③ 진동에 대한 감쇠력이 높다.
④ 응력집중에 대하여 민감하지 않다.

> 해설
> ② 잔류응력이 발생된다(단점).
> ③ 진동에 대한 감쇠력이 낮다(단점).
> ④ 응력집중에 대하여 민감하다(단점).

89 보일러 설치검사기준에 대한 사항 중 틀린 것은?

① 5[t/h] 이하의 유류 보일러의 배기가스 온도는 정격부하에서 상온과의 차가 300[℃] 이하이어야 한다.
② 저수위안전장치는 사고를 방지하기 위해 먼저 연료를 차단한 후 경보를 울리게 해야 한다.
③ 수입 보일러의 설치검사의 경우 수압시험은 필요하다.
④ 수압시험 시 공기를 빼고 물을 채운 후 천천히 압력을 가하여 규정된 시험수압에 도달된 후 30분이 경과된 뒤에 검사를 실시하여 검사가 끝날 때까지 그 상태를 유지한다.

> 해설
> 저수위안전장치는 연료 차단 전에 경보가 울려야 한다.

90 열사용기자재의 검사 및 검사 면제에 관한 기준상 보일러 동체의 최소 두께로 틀린 것은?

① 안지름이 900[mm] 이하의 것 : 6[mm](단, 스테이를 부착할 경우)
② 안지름이 900[mm] 초과 1,350[mm] 이하의 것 : 8[mm]
③ 안지름이 1,350[mm] 초과 1,850[mm] 이하의 것 : 10[mm]
④ 안지름이 1,850[mm] 초과하는 것 : 12[mm]

> 해설
> 안지름이 900[mm] 이하의 것 : 8[mm](단, 스테이를 부착할 경우)

91 노통 보일러 중 원통형의 노통이 2개 설치된 보일러를 무엇이라고 하는가?

① 라몬트 보일러   ② 바브콕 보일러
③ 다우섬 보일러   ④ 랭커셔 보일러

> 해설
> ① 라몬트 보일러(Lamont Boiler) : 헤더와 수관 사이에 라몬트 노즐을 설치하여 병렬로 배치된 가는 수관 내의 보일러수가 균등하게 유동하여 각 수관 내에 보일러수가 균일하게 흐르게 하여 보일러수의 순환을 개선한 보일러이다.
> ② 배브콕 보일러(Babcock Boiler, 수관 섹셔널 보일러) : 수관의 배열이 드럼과 약 15[°] 경사져 있고 물 드럼 대신에 교환이 용이한 헤더를 수관의 양 끝단에 설치한 보일러이다.
> ③ 다우섬 보일러(Dowtherm Boiler) : 물 대신 특수 유체인 다우섬을 보일러에 넣어 가열하여 낮은 압력에서 고온 증기 및 고온도의 액체를 열사용처로 공급하여 증류, 가열, 건조를 목적으로 사용하는 열매체 보일러이다.

92 급수온도 20[℃]인 보일러에서 증기압력이 1[MPa] 이며, 이때 온도 300[℃]의 증기가 1[t/h]씩 발생될 때 상당증발량은 약 몇 [kg/h]인가?(단, 증기압력 1[MPa]에 대한 300[℃]의 증기엔탈피는 3,052 [kJ/kg], 20[℃]에 대한 급수엔탈피는 83[kJ/kg]이다)

① 1,315
② 1,565
③ 1,895
④ 2,325

해설
상당증발량
$$G_e = \frac{G_a(h_2 - h_1)}{2,257} = \frac{1,000 \times (3,052 - 83)}{2,257} \approx 1,315 [\text{kg/h}]$$

93 전열면에 비등기포가 생겨 열유속이 급격하게 증대하며, 가열면상에 서로 다른 기포의 발생이 나타나는 비등과정을 무엇이라고 하는가?

① 단상액체 자연대류
② 핵비등
③ 천이비등
④ 포 밍

해설
핵비등(Nucleate Boiling) : 전열면에 비등기포가 생겨 열유속이 급격하게 증대하며 가열면상에 서로 다른 기포의 발생이 나타나는 비등과정

94 고압 증기터빈에서 팽창되어 압력이 저하된 증기를 가열하는 보일러의 부속장치는?

① 재열기
② 과열기
③ 절탄기
④ 공기예열기

해설
① 재열기(Reheater) : 과열증기가 원동기에서 팽창되어 일을 하고 나면 포화증기가 되는데 이 포화증기를 재가열시켜 다시 과열증기로 만드는 장치이다. 고압 증기터빈에서 팽창되어 압력이 저하된 증기를 가열하는 보일러의 부속장치이다.
② 과열기(Superheater) : 연도에 흐르는 연소가스의 열을 이용하여 고온의 과열증기를 만드는 장치이다.
③ 절탄기(Economizer) : 보일러 본체나 과열기를 가열하고 연도에 남아 흐르는 연소가스의 열(여열)을 회수하여 급수를 예열하는 장치로, 급수예열기라고도 한다.
④ 공기예열기(Air Preheater) : 보일러 본체나 과열기를 가열하고 연도에 남아 흐르는 연소가스의 열(폐열)을 이용하여 연소실에 들어가는 연소용 공기를 예열하는 장치이다.

95 보일러 슬러지 중에 염화마그네슘이 용존되어 있을 경우 180[℃] 이상에서 강의 부식을 방지하기 위한 적정 pH는?

① 5.2±0.7
② 7.2±0.7
③ 9.2±0.7
④ 11.2±0.7

96 다음 중 보일러 내처리에 사용하는 pH 조정제가 아닌 것은?

① 수산화나트륨
② 타 닌
③ 암모니아
④ 제3인산나트륨

해설
pH 조정제 : pH를 조절하여 부식, 스케일 등을 방지한다.
• pH 높임 : 수산화나트륨(가성소다), 탄산나트륨(탄산소다), 암모니아
• pH 낮춤 : 황산, 인산, 제3인산나트륨(인산소다)

97 소용량 주철제 보일러에 대한 설명에서 ( ) 안에 들어갈 내용으로 옳은 것은?

소용량 주철제 보일러는 주철제 보일러 중 전열면적이 (㉠)[m²] 이하이고, 최고 사용압력이 (㉡)[MPa] 이하인 보일러이다.

① ㉠ 4 ㉡ 0.1
② ㉠ 5 ㉡ 0.1
③ ㉠ 4 ㉡ 0.5
④ ㉠ 5 ㉡ 0.5

98 외경 30[mm], 벽 두께 2[mm]의 관 내측과 외측의 열전달계수는 모두 3,000[W/m²·K]이다. 관 내부온도가 외부보다 30[°C]만큼 높고, 관의 열전도율이 100[W/m·K]일 때 관의 단위길이당 열손실량은 약 몇 [W/m]인가?

① 2,979 ② 3,324
③ 3,824 ④ 4,174

해설

대수평균면적 $F_m = \dfrac{2\pi L(r_2 - r_1)}{\ln \dfrac{r_2}{r_1}}$

$= \dfrac{2 \times 3.14 \times 1 \times (0.015 - 0.013)}{\ln \dfrac{0.015}{0.013}}$

$\simeq 0.08777$

열관류율 $K = \dfrac{1}{\dfrac{1}{\alpha_1} + \dfrac{b}{\lambda} + \dfrac{1}{\alpha_2}} = \dfrac{1}{\dfrac{1}{3,000} + \dfrac{0.002}{100} + \dfrac{1}{3,000}}$

$\simeq 1,456 [\text{W/m}^2 \cdot \text{K}]$

관의 단위길이당 열손실량 $Q = K \cdot F_m \cdot \Delta t$
$= 1,456 \times 0.08777 \times 30$
$\simeq 3,834 [\text{W/m}]$

99 다음 그림과 같은 V형 용접이음의 인장응력(σ)을 구하는 식은?

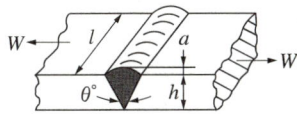

① $\sigma = \dfrac{W}{hl}$ ② $\sigma = \dfrac{2W}{hl}$
③ $\sigma = \dfrac{W}{ha}$ ④ $\sigma = \dfrac{W}{2hl}$

해설

V형 용접이음의 인장응력(σ)
$\sigma = \dfrac{W}{A} = \dfrac{W}{hl}$

100 대향류 열교환기에서 고온 유체의 온도는 T_{H1}에서 T_{H2}로, 저온 유체의 온도는 T_{C1}에서 T_{C2}로 열교환에 의해 변화된다. 열교환기의 대수평균온도차(LMTD)를 옳게 나타낸 것은?

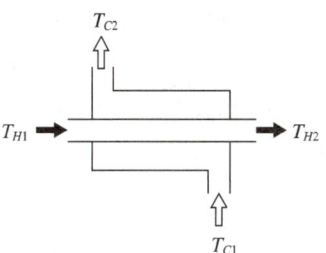

① $\dfrac{T_{H1} - T_{H2} + T_{C2} - T_{C1}}{\ln\left(\dfrac{T_{H1} - T_{C1}}{T_{H2} - T_{C2}}\right)}$

② $\dfrac{T_{H1} + T_{H2} - T_{C1} - T_{C2}}{\ln\left(\dfrac{T_{H1} - T_{H2}}{T_{C2} - T_{C1}}\right)}$

③ $\dfrac{T_{H2} - T_{H1} + T_{C2} - T_{C1}}{\ln\left(\dfrac{T_{H1} - T_{C2}}{T_{H2} - T_{C1}}\right)}$

④ $\dfrac{T_{H1} - T_{H2} + T_{C1} - T_{C2}}{\ln\left(\dfrac{T_{H1} - T_{C2}}{T_{H2} - T_{C1}}\right)}$

해설
열교환기의 대수평균온도차(LMTD) :
$\dfrac{T_{H1} - T_{H2} + T_{C1} - T_{C2}}{\ln\left(\dfrac{T_{H1} - T_{C2}}{T_{H2} - T_{C1}}\right)}$

2022년 제2회 과년도 기출문제

제1과목 | 연소공학

01 세정 집진장치의 입자포집원리에 대한 설명으로 틀린 것은?

① 액적에 입자가 충돌하여 부착한다.
② 입자를 핵으로 한 증기의 응결에 의하여 응집성을 증가시킨다.
③ 미립자의 확산에 의하여 액적과의 접촉을 좋게 한다.
④ 배기의 습도 감소에 의하여 입자가 서로 응집한다.

해설
습식(세정식) 집진장치 : 액적, 액방울이나 액막과 같은 작은 매진과 관성에 의한 충돌 부착, 배기의 습도(습기) 증가로 입자의 응집성 증가에 의한 부착, 미립자(작은 매진) 확산에 의한 액적과의 접촉을 좋게 하여 부착, 입자(매진)를 핵으로 한 증기의 응결에 의한 응집성 증가 등의 입자포집원리를 이용하며, 종류로는 유수식, 가압수식(벤투리 스크러버, 사이클론 스크러버, 제트 스크러버, 충전탑), 회전식 등이 있다.

02 저위발열량 93,766[kJ/Nm³]의 C_3H_8을 공기비 1.2로 연소시킬 때 이론 연소온도는 약 몇 [K]인가?(단, 배기가스의 평균비열은 1.653[kJ/Nm³·K]이고, 다른 조건은 무시한다)

① 1,656 ② 1,756
③ 1,856 ④ 1,956

해설
프로판의 연소방정식 : $C_3H_8 + 5O_2 \rightarrow 3CO_2 + 4H_2O$

이론공기량 $A_0 = \dfrac{O_0}{0.21} = \dfrac{5}{0.21} = 23.81 [Sm^3/Sm^3]$

이론 배기가스량 $G_0 = (1-0.21) \times 23.81 + (3+4)$
$= 25.81 [Sm^3/Sm^3]$

실제 배기가스량 $G = G_0 + (m-1)A_0$
$= 25.81 + (1.2-1) \times 23.81$
$= 30.57 [Sm^3/Sm^3]$

이론연소온도 $T_0 = \dfrac{H_L}{GC} = \dfrac{93,766}{30.57 \times 1.653} \simeq 1,856 [K]$

03 탄소(C) 84[w%], 수소(H) 12[w%], 수분 4[w%]의 중량조성을 갖는 액체연료에서 수분을 완전히 제거한 다음 1시간당 5[kg]을 완전연소시키는 데 필요한 이론공기량은 약 몇 [Nm³/h]인가?

① 55.6 ② 65.8
③ 73.5 ④ 89.2

해설
수분을 완전 제거한 후 변경된 탄소, 수소의 각 [w%] 계산
• 탄소(C)의 [w%] $= \dfrac{84}{84+12} \times 100 = 87.5 [w\%]$
• 수소(H)의 [w%] $= \dfrac{12}{84+12} \times 100 = 12.5 [w\%]$

∴ 이론공기량 $A_0 = 5 \times \left(\dfrac{22.4}{0.21}\right) \times \left\{\dfrac{C}{12} + \dfrac{(H-O/8)}{4} + \dfrac{S}{32}\right\}$
$= 5 \times \left(\dfrac{22.4}{0.21}\right) \times \left(\dfrac{0.875}{12} + \dfrac{0.125}{4}\right)$
$\simeq 55.6 [Nm^3/h]$

정답 1 ④ 2 ③ 3 ①

04 다음 체적비[%]의 코크스로가스 1[Nm³]를 완전연소시키기 위하여 필요한 이론공기량은 약 몇 [Nm³]인가?

CO_2 : 2.1, C_2H_4 : 3.4, O_2 : 0.1, N_2 : 3.3,
CO : 6.6, CH_4 : 32.5, H_2 : 52.0

① 0.97　　② 2.97
③ 4.97　　④ 6.97

해설
완전연소 시 각 성분의 이론산소량(O_0)을 계산한다.
- 이산화탄소와 질소 : 불연성 가스이므로 $O_0 = 0$
- 산소 : $O_0 = -0.1 \times 0.01 = -0.001 [Nm^3]$
- C_2H_4의 연소방정식 : $C_2H_4 + 3O_2 \rightarrow 2CO_2 + 2H_2O$
  ∴ $O_0 = 3 \times 0.034 = 0.102 [Nm^3]$
- CO의 연소방정식 : $CO + 0.5O_2 \rightarrow CO_2$
  ∴ $O_0 = 0.5 \times 0.066 = 0.033 [Nm^3]$
- CH_4의 연소방정식 : $CH_4 + 2O_2 \rightarrow CO_2 + 2H_2O$
  ∴ $O_0 = 2 \times 0.325 = 0.65 [Nm^3]$
- H_2의 연소방정식 : $H_2 + 0.5O_2 \rightarrow H_2O$
  ∴ $O_0 = 0.5 \times 0.52 = 0.26 [Nm^3]$

∴ 전체 필요한 산소량
$O_0 = -0.001 + 0.102 + 0.033 + 0.65 + 0.26 = 1.044 [Nm^3]$

∴ 전체 필요한 공기량 $A_0 = \dfrac{O_0}{0.21} = \dfrac{1.044}{0.21} \simeq 4.97 [Nm^3]$

05 표준 상태에서 메탄 1[mol]이 연소할 때 고위발열량과 저위발열량의 차이는 약 몇 [kJ]인가?(단, 물의 증발잠열은 44[kJ/mol]이다)

① 42　　② 68
③ 76　　④ 88

해설
메탄(CH_4)의 연소방정식 : $CH_4 + 2O_2 \rightarrow CO_2 + 2H_2O$
∴ 고위발열량과 저위발열량의 차이 $2 \times 44 = 88 [kJ]$

06 가연성 혼합가스의 폭발한계 측정에 영향을 주는 요소로 가장 거리가 먼 것은?

① 온 도　　② 산소농도
③ 점화에너지　　④ 용기의 두께

해설
용기의 두께는 가연성 혼합가스의 폭발한계 측정에 영향을 주지 않는다.

07 가스폭발 위험 장소의 분류에 속하지 않은 것은?

① 제0종 위험 장소　　② 제1종 위험 장소
③ 제2종 위험 장소　　④ 제3종 위험 장소

해설
가스폭발 위험 장소의 분류 : 제0종 위험 장소, 제1종 위험 장소, 제2종 위험 장소

08 기계분(스토커) 화격자 중 연소하고 있는 석탄의 화층 위에 석탄을 기계적으로 산포하는 방식은?

① 횡입(쇄상)식　　② 상입식
③ 하입식　　④ 계단식

해설
기계분(스토커) 화격자 중 연소하고 있는 석탄의 화층 위에 석탄을 기계적으로 산포하는 방식은 상입식이다.

정답 4 ③　5 ④　6 ④　7 ④　8 ②

09 중유를 연소하여 발생된 가스를 분석하였더니 체적비로 CO_2는 14[%], O_2는 7[%], N_2는 79[%]이었다. 이때 공기비는 약 얼마인가?(단, 연료에 질소는 포함하지 않는다)

① 1.4 ② 1.5
③ 1.6 ④ 1.7

해설
공기비
$$m = \frac{N_2}{N_2 - 3.76(O_2 - 0.5CO)}$$
$$= \frac{79}{79 - 3.76 \times (7 - 0.5 \times 0)} \simeq 1.5$$

10 일반적인 천연가스에 대한 설명으로 가장 거리가 먼 것은?

① 주성분은 메탄이다.
② 옥탄가가 높아 자동차 연료로 사용이 가능하다.
③ 프로판가스보다 무겁다.
④ LNG는 대기압하에서 비등점이 -162[℃]인 액체이다.

해설
천연가스는 프로판가스보다 가볍다.

11 다음 중 일반적으로 연료가 갖추어야 할 구비조건이 아닌 것은?

① 연소 시 배출물이 많아야 한다.
② 저장과 운반이 편리해야 한다.
③ 사용 시 위험성이 작아야 한다.
④ 취급이 용이하고 안전하며 무해하여야 한다.

해설
연료는 연소 시 배출물이 적어야 한다.

12 코크스의 적정 고온 건류온도[℃]는?

① 500~600 ② 1,000~1,200
③ 1,500~1,800 ④ 2,000~2,500

13 수소 4[kg]을 과잉공기계수 1.4의 공기로 완전연소시킬 때 발생하는 연소가스 중의 산소량은 약 몇 [kg]인가?

① 3.20 ② 4.48
③ 6.40 ④ 12.8

해설
수소의 연소방정식 : $H_2 + 0.5O_2 \rightarrow H_2O$
수소 4[kg]은 2[kmol]이므로
요구되는 이론산소량 $= 2 \times 0.5 \times 32 = 32[kg]$
연소가스 중의 산소량 $= (m-1) \times O_0 = (1.4-1) \times 32$
$= 12.8[kg]$

14 액화석유가스(LPG)의 성질에 대한 설명으로 틀린 것은?

① 인화 폭발의 위험성이 크다.
② 상온, 대기압에서는 액체이다.
③ 가스의 비중은 공기보다 무겁다.
④ 기화잠열이 커서 냉각제로도 이용 가능하다.

해설
액화석유가스는 상온, 대기압에서 기체이다.

15 다음 대기오염 방지를 위한 집진장치 중 습식 집진장치에 해당하지 않는 것은?

① 백필터
② 충진탑
③ 벤투리 스크러버
④ 사이클론 스크러버

해설
백필터는 건식 집진장치이다.

16 황(S) 1[kg]을 이론공기량으로 완전연소시켰을 때 발생하는 연소가스량은 약 몇 [Nm³]인가?

① 0.70　　② 2.00
③ 2.63　　④ 3.33

해설
황(S) 1[kg] = $\frac{1}{32}$[kmol]

황의 연소방정식 : $S + O_2 \rightarrow SO_2$

∴ 연소가스량 = $22.4 \times \left(\frac{1}{32} \times 1 + \frac{1}{32} \times 3.76\right) \approx 3.33$[Nm³]

17 대도시의 광화학 스모그(Smog) 발생의 원인 물질로 문제가 되는 것은?

① NO_x　　② He
③ CO　　④ CO_2

해설
대도시의 광화학 스모그(Smog) 발생의 원인 물질로 문제가 되는 것은 NO_x 이다.

18 기체연료의 일반적인 특징으로 틀린 것은?

① 연소효율이 높다.
② 고온을 얻기 쉽다.
③ 단위용적당 발열량이 크다.
④ 누출되기 쉽고 폭발의 위험성이 크다.

해설
기체연료는 단위질량당 발열량이 크지만, 단위용적당 발열량은 작다.

19 다음 반응식으로부터 프로판 1[kg]의 발열량은 약 몇 [MJ]인가?

$C + O_2 \rightarrow CO_2 + 406$[kJ/mol]
$H_2 + \frac{1}{2}O_2 \rightarrow H_2O + 241$[kJ/mol]

① 33.1　　② 40.0
③ 49.6　　④ 65.8

해설
프로판(C_3H_8)의 연소방정식 : $C_3H_8 + 5O_2 \rightarrow 3CO_2 + 4H_2O$

프로판(C_3H_8) 1[kg]의 발열량 = $\frac{1}{44} \times (3 \times 406 + 4 \times 241)$
≈ 49.6[MJ]

20 석탄, 코크스, 목재 등을 적열 상태로 가열하고, 공기로 불완전연소시켜 얻는 연료는?

① 천연가스　　② 수성가스
③ 발생로가스　　④ 오일가스

해설
석탄, 코크스, 목재 등을 적열 상태로 가열하고, 공기로 불완전연소시켜 얻는 연료는 발생로가스이다.

제2과목 | 열역학

21 다음 중 물의 임계압력에 가장 가까운 값은?

① 1.03[kPa]   ② 100[kPa]
③ 22[MPa]   ④ 63[MPa]

해설
- 물의 임계압력(P_c) : 22[MPa] = 225.65[ata = kg/cm²]
- 물의 임계온도(T_c) : 374.15[℃]

22 27[℃], 100[kPa]에 있는 이상기체 1[kg]을 700[kPa]까지 가역 단열압축하였다. 이때 소요된 일의 크기는 몇 [kJ]인가?(단, 이 기체의 비열비는 1.4, 기체상수는 0.287 [kJ/kg·K]이다)

① 100   ② 160
③ 320   ④ 400

해설

$$_1W_2 = \int PdV = \frac{mRT_1}{k-1}\left[1-\left(\frac{P_2}{P_1}\right)^{\frac{k-1}{k}}\right]$$

$$= \frac{1 \times 0.287 \times (27+273)}{1.4-1} \times \left[1 - 7^{\frac{1.4-1}{1.4}}\right] \simeq -160[\text{kJ}]$$

$$= 160[\text{kJ}] (소요된 일의 크기)$$

23 'PV^n = 일정'인 과정에서 밀폐계가 하는 일을 나타낸 식은?(단, P는 압력, V는 부피, n은 상수이며, 첨자 1, 2는 각각 과정 전후 상태를 나타낸다)

① $P_2V_2 - P_1V_1$

② $\dfrac{P_1V_1 - P_2V_2}{n-1}$

③ $\dfrac{P_2V_2^{n-1} - P_1V_1^{n-1}}{n-1}$

④ $P_1V_1^n(V_2 - V_1)$

해설

$$_1W_2 = \int_1^2 PdV = P_1V_1^n \int_1^2 \left(\frac{1}{V}\right)^n dV = \frac{P_1V_1 - P_2V_2}{n-1}$$

24 압력 1[MPa]인 포화액의 비체적 및 비엔탈피는 각각 0.0012[m³/kg], 762.8[kJ/kg]이고, 포화증기의 비체적 및 비엔탈피는 각각 0.1944[m³/kg], 2,778.1[kJ/kg]이다. 이 압력에서 건도가 0.7인 습증기의 단위질량당 내부에너지는 약 몇 [kJ/kg]인가?

① 2,037.1   ② 2,173.8
③ 2,251.3   ④ 2,393.5

해설
포화액을 ′라 하면 $v' = 0.0012[\text{m}^3/\text{kg}]$, $h' = 762.8[\text{kJ/kg}]$
$u' = h' - pv' = 762.8 - 1,000 \times 0.0012 = 761.6[\text{kJ/kg}]$
포화증기를 ″라 하면 $v'' = 0.1944[\text{m}^3/\text{kg}]$, $h'' = 2,778.1[\text{kJ/kg}]$
$u'' = h'' - pv'' = 2,778.1 - 1,000 \times 0.1944 = 2,583.7[\text{kJ/kg}]$
건도가 0.7인 습증기의 단위질량당 내부에너지
$u_x = u' + x(u'' - u') = 761.6 + 0.7 \times (2,583.7 - 761.6)$
$= 2,037.07[\text{kJ/kg}]$

25 냉동능력을 나타내는 단위로 0[℃]의 물 1,000[kg]을 24시간 동안에 0[℃]의 얼음으로 만드는 능력을 무엇이라 하는가?

① 냉동계수   ② 냉동마력
③ 냉동톤   ④ 냉동률

해설
냉동톤 : 냉동능력을 나타내는 단위로, 0[℃]의 물 1,000[kg]을 24시간 동안에 0[℃]의 얼음으로 만드는 능력

정답 21 ③ 22 ② 23 ② 24 ① 25 ③

26 압축비가 5인 오토 사이클 기관이 있다. 이 기관이 15~1,500[℃]의 온도범위에서 작동할 때 최고 압력은 약 몇 [kPa]인가?(단, 최저 압력은 100[kPa], 비열비는 1.4이다)

① 3,080　② 2,650
③ 1,961　④ 1,247

해설

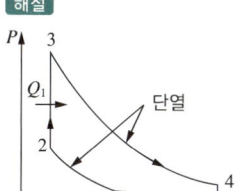

(1→2) 압축 후의 온도
$$T_2 = T_1 \times \left(\frac{V_1}{V_2}\right)^{k-1} = T_1 \times \varepsilon^{k-1} = (15+273) \times 5^{1.4-1}$$
$$\simeq 548.25[K]$$

(1→2) 압축 후의 압력
$PV^k = C$ 에서
$$P_2 = P_1 \times \left(\frac{V_1}{V_2}\right)^k = P_1 \times \varepsilon^k = 100 \times 5^{1.4} \simeq 951.83[kPa]$$

∴ 최고 압력 $P_{max} = P_3 = P_2 \times \left(\frac{T_3}{T_2}\right) = 951.83 \times \frac{1,500+273}{548.25}$
$$\simeq 3,078.15[kPa]$$

27 온도 30[℃], 압력 350[kPa]에서 비체적이 0.449 [m³/kg]인 이상기체의 기체상수는 약 몇 [kJ/kg·K]인가?

① 0.143　② 0.287
③ 0.518　④ 0.842

해설

기체의 상태방정식 $PV = mRT$에서 양변을 Pm으로 나누면
$\frac{V}{m} = \frac{RT}{P}$이며 비체적 $V_s = \frac{V}{m}$이므로

$0.449 = \frac{R \times (30+273.15)}{350}$

∴ 기체상수 $R = \frac{350 \times 0.449}{30+273.15} \simeq 0.518[kJ/kg \cdot K]$

28 브레이턴 사이클의 이론 열효율을 높일 수 있는 방법으로 틀린 것은?

① 공기의 비열비를 감소시킨다.
② 터빈에서 배출되는 공기의 온도를 낮춘다.
③ 연소기로 공급되는 공기의 온도를 낮춘다.
④ 공기압축기의 압력비를 증가시킨다.

해설
브레이턴 사이클의 이론 열효율을 높이려면 공기의 비열비를 더 크게 하고, 연소기로 공급되는 공기의 온도를 높인다.

29 다음 중 이상적인 랭킨 사이클의 과정으로 옳은 것은?

① 단열압축 → 정적가열 → 단열팽창 → 정압방열
② 단열압축 → 정압가열 → 단열팽창 → 정적방열
③ 단열압축 → 정압가열 → 단열팽창 → 정압방열
④ 단열압축 → 정적가열 → 단열팽창 → 정적방열

해설
이상적인 랭킨 사이클의 과정 : 단열압축 → 정압가열 → 단열팽창 → 정압방열

30 열역학 제1법칙을 설명한 것으로 옳은 것은?

① 절대영도, 즉 0[K]에는 도달할 수 없다.
② 흡수한 열을 전부 일로 바꿀 수는 없다.
③ 열을 일로 변환할 때 또는 일을 열로 변환할 때 전체 계의 에너지 총량은 변하지 않고 일정하다.
④ 제3의 물체와 열평형에 있는 두 물체는 그들 상호 간에도 열평형에 있으며, 물체의 온도는 서로 같다.

해설
① 열역학 제3법칙
② 열역학 제2법칙
④ 열역학 제0법칙(열평형의 법칙)

31 냉매가 구비해야 할 조건 중 틀린 것은?

① 증발열이 클 것
② 비체적이 작을 것
③ 임계온도가 높을 것
④ 비열비가 클 것

해설
냉매는 비열비가 작아야 한다.

32 성능계수가 4.3인 냉동기가 1시간 동안 30[MJ]의 열을 흡수한다. 이 냉동기를 작동하기 위한 동력은 약 몇 [kW]인가?

① 0.25　② 1.94
③ 6.24　④ 10.4

해설
냉동기의 성능계수 $\varepsilon_R = \dfrac{q_2}{W_c} = 4.3$에서
동력(공급일)은
$W_c = \dfrac{q_2}{4.3} = \dfrac{30[\text{MJ/h}]}{4.3} = \dfrac{30\times 10^6[\text{J/h}]}{4.3} = \dfrac{30\times 10^6[\text{J/s}]}{4.3\times 3,600}$
$= 1,937.98[\text{W}] \simeq 1.94[\text{kW}]$

33 단열 밀폐되어 있는 탱크 A, B가 밸브로 연결되어 있다. 두 탱크에 들어 있는 공기(이상기체)의 질량은 같고, A탱크의 체적은 B탱크 체적의 2배, A탱크의 압력은 200[kPa], B탱크의 압력은 100[kPa]이다. 밸브를 열어서 평형이 이루어진 후 최종 압력은 약 몇 [kPa]인가?

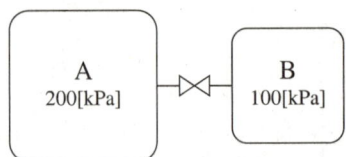

① 120　② 133
③ 150　④ 167

해설
최종 압력을 P라 하면
$(P_A - P) \times V_A = (P - P_B) \times V_B$
A탱크의 체적은 B탱크 체적의 2배이므로 $V_A = 2V_B$
$(P_A - P) \times 2V_B = (P - P_B) \times V_B$
$(200 - P) \times 2 = P - 100$
∴ 최종 압력 $P = \dfrac{500}{3} \simeq 166.67[\text{kPa}] \simeq 167[\text{kPa}]$

34 한 과학자가 자기가 만든 열기관이 80[℃]와 10[℃] 사이에서 작동하면서 100[kJ]의 열을 받아 20[kJ]의 유용한 일을 할 수 있다고 주장한다. 이 주장에 위배되는 열역학 법칙은?

① 열역학 제0법칙　② 열역학 제1법칙
③ 열역학 제2법칙　④ 열역학 제3법칙

해설
카르노 사이클의 열효율 $\eta_c = 1 - \dfrac{T_2}{T_1} = 1 - \dfrac{10+273}{80+273}$
$= 1 - 0.802$
$\simeq 19.83[\%]$
과학자가 만든 열기관의 열효율 $\eta = \dfrac{W_{net}}{Q_1} = \dfrac{20}{100} = 20[\%]$
결과적으로 $\eta > \eta_c$, 즉 과학자가 만든 열기관의 열효율이 가장 효율이 높은 카르노 사이클보다 더 높다는 것이므로, 열역학 제2법칙에 위배된다.

35 랭킨 사이클로 작동하는 증기 동력 사이클에서 효율을 높이기 위한 방법으로 거리가 먼 것은?

① 복수기(응축기)에서의 압력을 상승시킨다.
② 터빈 입구의 온도를 높인다.
③ 보일러의 압력을 상승시킨다.
④ 재열 사이클(Reheat Cycle)로 운전한다.

해설
랭킨 사이클로 작동하는 증기 동력 사이클에서 효율을 높이기 위해서는 복수기(응축기)에서의 압력을 낮춘다.

36 CH_4의 기체상수는 약 몇 [kJ/kg·K]인가?

① 3.14   ② 1.57
③ 0.83   ④ 0.52

해설
일반기체상수 $\overline{R} = mR$이므로
∴ CH_4의 기체상수 $R = \dfrac{\overline{R}}{m} = \dfrac{8.314}{16} \approx 0.52 [\text{kJ/kg·K}]$

37 압력 300[kPa]인 이상기체 150[kg]이 있다. 온도를 일정하게 유지하면서 압력을 100[kPa]로 변화시킬 때 엔트로피 변화는 약 몇 [kJ/K]인가?(단, 기체의 정적비열은 1.735[kJ/kg·K], 비열비는 1.299이다)

① 62.7   ② 73.1
③ 85.5   ④ 97.2

해설
$\Delta S = mR\ln\dfrac{V_2}{V_1} = mR\ln\dfrac{P_1}{P_2} = m(C_p - C_v)\ln\dfrac{P_1}{P_2}$
$= mC_v(k-1)\ln\dfrac{P_1}{P_2} = 150 \times 1.735 \times (1.299 - 1) \times \ln\dfrac{300}{100}$
$\approx 85.5 [\text{kJ/K}]$

38 밀폐계가 300[kPa]의 압력을 유지하면서 체적이 0.2[m³]에서 0.4[m³]로 증가하였고, 이 과정에서 내부에너지는 20[kJ] 증가하였다. 이때 계가 받은 열량은 약 몇 [kJ]인가?

① 9   ② 80
③ 90   ④ 100

해설
계가 한 일량
$W = P\Delta V = P(V_2 - V_1) = 300 \times (0.4 - 0.2) = 60[\text{kJ}]$
∴ 계가 받은 열량(계에 가한 열량)
$Q = U + W = 20 + 60 = 80[\text{kJ}]$

39 다음 그림에서 이상기체를 A에서 가역적으로 단열 압축시킨 후 정적과정으로 C까지 냉각시키는 과정에 해당되는 것은?

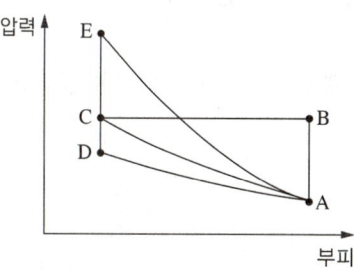

① A − B − C   ② A − C
③ A − D − C   ④ A − E − C

해설
- A − E : 단열 압축
- E − C : 정적 냉각

40 다음 식 중 이상기체 상태에서의 가역 단열과정을 나타내는 식으로 옳지 않은 것은?(단, P, T, V, k는 각각 압력, 온도, 부피, 비열비이고, 아래 첨자 1, 2는 과정 전후를 나타낸다)

① $\dfrac{T_2}{T_1} = \left(\dfrac{V_1}{V_2}\right)^{k-1}$

② $\dfrac{V_1}{V_2} = \left(\dfrac{P_2}{P_1}\right)^{\frac{1}{k}}$

③ $P_1 V_1^k = P_2 V_2^k$

④ $\dfrac{T_2}{T_1} = \left(\dfrac{P_2}{P_1}\right)^{\frac{1-k}{k}}$

해설
가역 단열과정에서의 압력, 부피, 온도의 관계
$PV^k = C$, $TV^{k-1} = C$, $PT^{\frac{k}{1-k}} = C$, $TP^{\frac{1-k}{k}} = C$
$\dfrac{T_2}{T_1} = \left(\dfrac{V_1}{V_2}\right)^{k-1} = \left(\dfrac{P_2}{P_1}\right)^{\frac{k-1}{k}}$

제3과목 | 계측방법

41 링밸런스식 압력계에 대한 설명으로 옳은 것은?

① 도압관은 가늘고 긴 것이 좋다.
② 측정 대상 유체는 주로 액체이다.
③ 계기를 압력원에 가깝게 설치해야 한다.
④ 부식성 가스나 습기가 많은 곳에서도 정밀도가 좋다.

해설
① 도압관은 굵고 짧은 것이 좋다.
② 측정 대상 유체는 주로 기체이다.
④ 부식성 가스나 습기가 많은 곳에서는 정밀도가 떨어진다.

42 다음과 같이 자동제어에서 응답속도를 빠르게 하고 외란에 대해 안정적으로 제어하려 한다. 이때 추가해야 할 제어동작은?

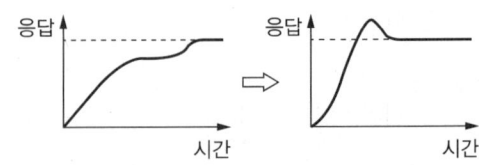

① 다위치동작　② P동작
③ I동작　　　④ D동작

해설
자동제어에서 응답속도를 빠르게 하고 외란에 대해 안정적으로 제어하려 할 때 추가해야 할 제어동작은 D동작이다.

43 가스온도를 열전대 온도계를 사용하여 측정할 때 주의해야 할 사항이 아닌 것은?

① 열전대는 측정하고자 하는 곳에 정확히 삽입하며 삽입된 구멍에 냉기가 들어가지 않게 한다.
② 주위의 고온체로부터의 복사열의 영향으로 인한 오차가 생기지 않도록 해야 한다.
③ 단자와 보상도선의 (+), (-)를 서로 다른 기호끼리 연결하여 감온부의 열팽창에 의한 오차가 발생하지 않도록 한다.
④ 보호관의 선택에 주의한다.

해설
단자와 보상도선의 (+), (-)를 서로 같은 기호끼리 연결하여 감온부의 열팽창에 의한 오차가 발생하지 않도록 한다.

44 다음 중 측온저항체로 사용되지 않는 것은?

① Cu   ② Ni
③ Pt   ④ Cr

해설
측온저항체로 사용되는 것 : Cu, Ni, Pt

45 다음 중 용적식 유량계에 해당하는 것은?

① 오리피스미터   ② 습식 가스미터
③ 로터미터   ④ 피토관

해설
① 오리피스미터 : 차압식 유량계
③ 로터미터 : 면적식 유량계
④ 피토관 : 유속식 유량계

46 측정온도범위가 약 0~700[℃] 정도이며, (-)측이 콘스탄탄으로 구성된 열전대는?

① J형   ② R형
③ K형   ④ S형

해설
① J형 : 측정온도범위가 약 0~700[℃] 정도이며, (-)측이 콘스탄탄으로 구성된 열전대이다.
② R형(Pt-13%Rh / Pt) : 측정온도범위가 약 0~1,600[℃] 정도이며, (-)측이 백금으로 구성된 열전대로 1,400[℃]까지는 연속적으로, 1,600[℃]까지는 간헐적으로 산화 및 비활성 분위기 내에서 되지만, 세라믹 절연관과 보호관으로 올바르게 보호했더라도 진공, 환원 또는 금속증기 분위기 내에서는 사용이 불가하다.
③ K형(CA) : 측정온도범위가 약 -20~1,250[℃] 정도이며, (-)측이 알루멜로 구성된 열전대이다.
④ S형(Pt-10%Rh / Pt) : 1886년 르샤틀리에 의해 처음으로 개발된 역사적인 열전대로 측정온도범위가 약 0~1,600[℃] 정도이며, (-)측이 백금으로 구성된 열전대이다.

47 측온저항체에 큰 전류가 흐를 때 줄열에 의해 측정하고자 하는 온도보다 높아지는 현상인 자기가열(自己加熱)현상이 있는 온도계는?

① 열전대 온도계   ② 압력식 온도계
③ 서미스터 온도계   ④ 광고온계

해설
서미스터(Thermistor) (측온)저항(체) 온도계 : 금속산화물 분말을 혼합 소결시킨 반도체로 만든 전기저항식 온도계이다.
- 조성성분 : 니켈(Ni), 코발트(Co), 망간(Mn), 철(Fe), 구리(Cu)
- 온도 측정범위 : -100~300[℃]
- 자기가열현상이 있다.
- 응답이 빠르고 감도가 높다.
- 도선저항에 의한 오차를 작게 할 수 있다.
- 소형으로 좁은 장소의 측온에 적합하다.
- 저항온도계수가 부특성이며 저항온도계 중 저항값이 가장 크다.
- 저항온도계수는 25[℃]에서 백금의 10배 정도이다.
- 온도 증가에 따라 전기저항이 감소된다.
- 온도 변화에 따른 저항 변화가 직선성이 아니다.
- 재현성과 호환성이 좋지 않다.
- 특성을 고르게 얻기가 어렵다(소자의 온도 특성인 균일성을 얻기 어렵다).
- 흡습 등으로 열화되기 쉽다.
- 충격에 대한 기계적 강도가 떨어진다.

48 중유를 사용하는 보일러의 배기가스를 오르자트 가스분석계의 가스뷰렛에 시료가스량을 50[mL] 채취하였다. CO_2 흡수피펫을 통과한 후 가스뷰렛에 남은 시료는 44[mL]이었고, O_2 흡수피펫에 통과한 후에는 41.8[mL], CO 흡수피펫에 통과한 후 남은 시료량은 41.4[mL]이었다. 배기가스 중에 CO_2, O_2, CO는 각각 몇 [vol%]인가?

① 6, 2.2, 0.4   ② 12, 4.4, 0.8
③ 15, 6.4, 1.2   ④ 18, 7.4, 1.8

해설
$$CO_2 = \frac{50-44}{50} \times 100 = 12[vol\%]$$

$$O_2 = \frac{44-41.8}{50} \times 100 = 4.4[vol\%]$$

$$CO = \frac{41.8-41.4}{50} \times 100 = 0.8[vol\%]$$

정답 44 ④   45 ②   46 ①   47 ③   48 ②

49 세라믹(Ceramic)식 O₂계의 세라믹 주원료는?

① Cr$_2$O$_3$ ② Pb
③ P$_2$O$_5$ ④ ZrO$_2$

[해설]
세라믹(Ceramic)식 O$_2$계의 세라믹 주원료 : ZrO$_2$

50 국제단위계(SI)에서 길이의 설명으로 틀린 것은?

① 기본단위이다.
② 기호는 m이다.
③ 명칭은 미터이다.
④ 소리가 진공에서 1/229,792,458초 동안 진행한 경로의 길이이다.

[해설]
1[m]란 빛이 진공에서 1/299,792,458초 동안 진행한 경로의 길이이다.

51 오벌(Oval)식 유량계로 유량을 측정할 때 지시값의 오차 중 히스테리시스 차의 원인이 되는 것은?

① 내부 기어의 마모
② 유체의 압력 및 점성
③ 측정자의 눈의 위치
④ 온도 및 습도

[해설]
오벌(Oval)식 유량계로 유량을 측정할 때 지시값의 오차 중 히스테리시스 차의 원인 : 내부 기어의 마모

52 다음 중 압전저항효과를 이용한 압력계는?

① 액주형 압력계
② 아네로이드 압력계
③ 박막식 압력계
④ 스트레인게이지식 압력계

[해설]
스트레인게이지식 압력계 : 압전저항효과를 이용한 전기식 압력계

53 가스분석계에서 연소가스 분석 시 비중을 이용하여 가장 측정이 용이한 기체는?

① NO$_2$ ② O$_2$
③ CO$_2$ ④ H$_2$

[해설]
가스분석계에서 연소가스 분석 시 비중을 이용하여 가장 측정이 용이한 기체는 CO$_2$이다.

54 전자유량계에서 안지름이 4[cm]인 파이프에 3[L/s]의 액체가 흐르고, 자속밀도 1,000[gauss]의 평등자계 내에 있다면 이때 검출되는 전압은 약 [mV]인가?(단, 자속분포의 수정 계수는 1이고, 액체의 비중은 1이다)

① 5.5   ② 7.5
③ 9.5   ④ 11.5

[해설]
유량 $Q = Av$에서

유속 $v = \dfrac{Q}{A} = \dfrac{4Q}{\pi d^2} = \dfrac{4 \times 3 \times 1,000}{\pi \times 4^2} \simeq 238.73[cm/s]$

검출되는 전압은 자속분포수정계수, 자속밀도, 유동관 직경, 유체의 평균 속도에 비례한다.

∴ 검출되는 전압
$E = \varepsilon B d v \times 10^{-5}[mV]$
$= 1 \times 1,000 \times 4 \times 238.73 \times 10^{-5}[mV] \simeq 9.549[mV]$

49 ④ 50 ④ 51 ① 52 ④ 53 ③ 54 ③

55 액주형 압력계 중 경사관식 압력계의 특징에 대한 설명으로 옳은 것은?

① 일반적으로 U자관보다 정밀도가 낮다.
② 눈금을 확대하여 읽을 수 있는 구조이다.
③ 통풍계로 사용할 수 없다.
④ 미세압 측정이 불가능하다.

해설
① 일반적으로 U자관보다 정밀도가 높다.
③ 통풍계로는 사용할 수 있다.
④ 미세압 측정이 가능하다.

56 자동제어에서 비례동작에 대한 설명으로 옳은 것은?

① 조작부를 측정값의 크기에 비례하여 움직이게 하는 것
② 조작부를 편차의 크기에 비례하여 움직이게 하는 것
③ 조작부를 목표값의 크기에 비례하여 움직이게 하는 것
④ 조작부를 외란의 크기에 비례하여 움직이게 하는 것

해설
자동제어에서 비례동작은 조작부를 편차의 크기에 비례하여 움직이게 하는 동작이다.

57 흡착제에서 관을 통해 각각 기체의 독자적인 이동 속도에 의해 분리시키는 방법으로, CO_2, CO, N_2, H_2, CH_4 등을 모두 분석할 수 있어 분리 능력과 선택성이 우수한 가스분석계는?

① 밀도법
② 기체크로마토그래피법
③ 세라믹법
④ 오르자트법

해설
기체크로마토그래피법 : 흡착제에서 관을 통해 각각 기체의 독자적인 이동속도에 의해 분리시키는 방법으로, CO_2, CO, N_2, H_2, CH_4 등을 모두 분석할 수 있어 분리능력과 선택성이 우수한 가스분석계이다.

58 보일러의 자동제어에서 인터로크 제어의 종류가 아닌 것은?

① 고온도
② 저연소
③ 불착화
④ 압력 초과

해설
인터로크(Interlock)는 조건이 충족되지 않으면 다음 동작이 진행되지 않고 중지되도록 하는 방법 내지는 장치이다. 보일러의 자동제어 중 인터로크 제어의 종류로 고온도 인터로크 제어는 존재하지 않는다.

정답 55 ② 56 ② 57 ② 58 ①

59 광고온계의 특징에 대한 설명으로 옳은 것은?

① 비접촉식 온도측정법 중 가장 정밀도가 높다.
② 넓은 특정온도(0~3,000[℃]) 범위를 갖는다.
③ 측정이 자동적으로 이루어져 개인오차가 발생하지 않는다.
④ 방사온도계에 비하여 방사율에 대한 보정량이 크다.

해설
광고온계(광온도계) : 특정 파장을 온도계 내에 통과시켜 온도계 내의 전구 필라멘트의 휘도를 육안으로 직접 비교하여 온도를 측정하는 비접촉식 온도계
• 정도가 우수하여 비접촉식 온도측정기 중 가장 정확한 측정이 가능하다.
• 방사 온도계에 비해 방사율에 대한 보정량이 적다.
• 구조가 간단하고 휴대가 편리하다.
• 측정 온도범위는 700~2,000[℃]이며, 900[℃] 이하의 경우 오차가 발생한다.
• 측정시간이 지연된다.
• 측정 인력이 필요하다(사람의 손이 필요하다).
• 기록, 경보, 연속 측정, 자동제어는 불가능하다.

60 열전대 온도계의 보호관으로 석영관을 사용하였을 때의 특징으로 틀린 것은?

① 급랭, 급열에 잘 견딘다.
② 기계적 충격에 약하다.
③ 산성에 대하여 약하다.
④ 알칼리에 대하여 약하다.

해설
열전대 온도계의 보호관으로 석영관을 사용하면 산성에 강하다.
석영관 : 최고 측정온도는 1,100[℃] 이하이며 상용 사용온도는 약 1,000[℃]이다. 내열성, 내산성이 우수하나 환원성 가스에 기밀성이 약간 떨어진다.

제4과목 | 열설비재료 및 관계법규

61 다음은 보일러의 급수밸브 및 체크밸브 설치기준에 관한 설명이다. ( ) 안에 알맞은 것은?

> 급수밸브 및 체크밸브의 크기는 전열면적 10[m²] 이하의 보일러에서는 호칭 (㉠) 이상, 전열면적 10[m²]를 초과하는 보일러에서는 호칭 (㉡) 이상이어야 한다.

① ㉠ 5A, ㉡ 10A
② ㉠ 10A, ㉡ 15A
③ ㉠ 15A, ㉡ 20A
④ ㉠ 20A, ㉡ 30A

해설
보일러의 급수밸브 및 체크밸브 설치기준
• 전열면적 10[m²] 이하의 보일러 : 관의 호칭 15A 이상
• 전열면적 10[m²]를 초과하는 보일러 : 관의 호칭 20A 이상

62 에너지이용합리화법령상 에너지사용계획을 수립하여 산업통상자원부장관에게 제출하여야 하는 공공사업주관자의 설치 시설기준으로 옳은 것은?

① 연간 2천5백[TOE] 이상의 연료 및 열을 사용하는 시설
② 연간 5천[TOE] 이상의 연료 및 열을 사용하는 시설
③ 연간 2천5백만[kWh] 이상의 전력을 사용하는 시설
④ 연간 5천만[kWh] 이상의 전력을 사용하는 시설

해설
에너지사용계획 수립 대상자
• 공공사업주관자 : 다음의 어느 하나에 해당하는 시설을 설치하려는 자
 − 연간 2천5백[TOE] 이상의 연료 및 열을 사용하는 시설
 − 연간 1천만[kWh] 이상의 전력을 사용하는 시설
• 민간사업주관자 : 다음의 어느 하나에 해당하는 시설을 설치하려는 자
 − 연간 5천[TOE] 이상의 연료 및 열을 사용하는 시설
 − 연간 2천만[kWh] 이상의 전력을 사용하는 시설

정답 59 ① 60 ③ 61 ③ 62 ①

63 에너지이용합리화법령에 따라 에너지관리산업기사 자격을 가진 자는 관리가 가능하나, 에너지관리기능사 자격을 가진 자는 관리할 수 없는 보일러 용량의 범위는?

① 5[t/h] 초과 10[t/h] 이하
② 10[t/h] 초과 30[t/h] 이하
③ 20[t/h] 초과 40[t/h] 이하
④ 30[t/h] 초과 60[t/h] 이하

해설
10[t/h] 초과 30[t/h] 이하인 보일러 관리자의 자격 : 에너지관리기능장, 에너지관리기사, 에너지관리산업기사

64 터널가마의 일반적인 특징이 아닌 것은?

① 소성이 균일하여 제품의 품질이 좋다.
② 온도 조절의 자동화가 쉽다.
③ 열효율이 좋아 연료비가 절감된다.
④ 사용 연료의 제한을 받지 않고 전력 소비가 작다.

해설
터널가마는 사용 연료의 제한을 받고(가스 또는 중유) 전력 소비가 크다.

65 점토질 단열재의 특징으로 틀린 것은?

① 내스폴링성이 작다.
② 노벽이 얇아져서 노의 중량이 적다.
③ 내화재와 단열재의 역할을 동시에 한다.
④ 안전사용온도는 1,300~1,500℃ 정도이다.

해설
점토질 단열재는 내스폴링성이 크다.

66 에너지이용합리화법령상 에너지다소비사업자는 산업통상자원부령으로 정하는 바에 따라 에너지사용기자재의 현황을 매년 언제까지 시·도지사에게 신고하여야 하는가?

① 12월 31일까지
② 1월 31일까지
③ 2월 말까지
④ 3월 31일까지

해설
에너지다소비사업자는 에너지사용기자재의 현황을 매년 1월 31일까지 시·도지사에게 신고하여야 한다.

67 글로브밸브(Globe Valve)에 대한 설명으로 틀린 것은?

① 밸브 디스크 모양은 평면형, 반구형, 원뿔형, 반원형이 있다.
② 유체의 흐름 방향이 밸브 몸통 내부에서 변한다.
③ 디스크 형상에 따라 앵글밸브, Y형 밸브, 니들밸브 등으로 분류된다.
④ 조작력이 작아 고압의 대구경 밸브에 적합하다.

해설
글로브밸브는 조작력이 크고, 저압의 대구경 밸브에 부적합하다.

68 에너지법령에 의한 에너지 총조사는 몇 년 주기로 시행하는가?(단, 간이 조사는 제외한다)

① 2년
② 3년
③ 4년
④ 5년

69 캐스터블 내화물의 특징이 아닌 것은?

① 소성할 필요가 없다.
② 접합부 없이 노체를 구축할 수 있다.
③ 사용 현장에서 필요한 형상으로 성형할 수 있다.
④ 온도의 변동에 따라 스폴링을 일으키기 쉽다.

해설
캐스터블 내화물은 내스폴링이 좋다.

70 다음 중 보랭재가 구비해야 할 조건이 아닌 것은?

① 탄력성이 있고 가벼워야 한다.
② 흡수성이 작아야 한다.
③ 열전도율이 작아야 한다.
④ 복사열의 투과에 대한 저항성이 없어야 한다.

해설
보랭재는 복사열의 투과에 대한 저항성이 있어야 한다.

71 열팽창에 의한 배관의 측면 이동을 구속 또는 제한하는 장치가 아닌 것은?

① 앵커   ② 스토퍼
③ 브레이스   ④ 가이드

해설
열팽창에 의한 배관의 측면 이동을 구속 또는 제한하는 장치 : 앵커, 스토퍼, 가이드

72 다음 중 에너지이용합리화법령에 따라 에너지다소비사업자에게 에너지관리 개선명령을 할 수 있는 경우는?

① 목표 원단위보다 과다하게 에너지를 사용하는 경우
② 에너지관리지도 결과 10[%] 이상의 에너지효율 개선이 기대되는 경우
③ 에너지 사용실적이 전년도보다 현저히 증가한 경우
④ 에너지 사용계획 승인을 얻지 아니한 경우

해설
에너지관리지도 결과 10[%] 이상의 에너지효율 개선이 기대되는 경우 에너지 다소비사업자에게 에너지관리 개선명령을 할 수 있다.

73 에너지이용합리화법령에 따라 에너지사용계획에 대한 검토결과 공공사업주관자가 조치요청을 받은 경우, 이를 이행하기 위하여 제출하는 이행계획에 포함되어야 할 내용이 아닌 것은?(단, 산업통상자원부장관으로부터 요청 받은 조치의 내용은 제외한다)

① 이행주체   ② 이행방법
③ 이행장소   ④ 이행시기

해설
에너지사용계획 검토결과 공공사업주관자가 조치요청을 받았을 때, 제출해야 하는 조치이행계획 포함 내용 : 이행주체, 이행방법, 이행시기 등(산업통상부장관)

74 도염식 요는 조업방법에 의해 분류할 경우 어떤 형식인가?

① 불연속식
② 반연속식
③ 연속식
④ 불연속식과 연속식과 절충형식

해설
조업방식에 따른 요의 분류
- 불연속식(단가마) : 횡염식, 승염식, 도염식
- 반연속식 : 등요, 셔틀요
- 연속식 : 윤요, 터널요, 고리가마

75 에너지이용합리화법에 따라 산업통상자원부장관이 국내외 에너지 사정의 변동으로 에너지 수급에 중대한 차질이 발생될 경우 수급 안정을 위해 취할 수 있는 조치사항이 아닌 것은?

① 에너지의 배급
② 에너지의 비축과 저장
③ 에너지의 양도·양수의 제한 또는 금지
④ 에너지 수급의 안정을 위하여 산업통상자원부령으로 정하는 사항

해설
수급 안정을 위한 조치사항(조정·명령, 그 밖에 필요한 조치)
- 지역별·주요 수급자별 에너지 할당
- 에너지공급설비의 가동 및 조업
- 에너지의 비축과 저장
- 에너지의 도입·수출입 및 위탁가공
- 에너지공급자 상호 간의 에너지의 교환 또는 분배 사용
- 에너지의 유통시설과 그 사용 및 유통경로
- 에너지의 배급
- 에너지의 양도·양수의 제한 또는 금지

76 에너지이용합리화법령에 따라 효율관리기자재의 제조업자는 효율관리시험기관으로부터 측정결과를 통보받은 날부터 며칠 이내에 그 측정결과를 한국에너지공단에 신고하여야 하는가?

① 15일   ② 30일
③ 60일   ④ 90일

해설
효율관리기자재의 제조업자는 효율관리시험기관으로부터 측정결과를 통보받은 날부터 90일 이내에 그 측정결과를 한국에너지공단에 신고하여야 한다.

77 에너지이용합리화법령에 따라 산업통상자원부장관이 위생접객업소 등에 에너지 사용의 제한조치를 할 때에는 며칠 이전에 제한내용을 예고하여야 하는가?

① 7일   ② 10일
③ 15일   ④ 20일

해설
산업통상자원부장관이 위생접객업소 등에 에너지사용의 제한조치를 할 때에는 7일 이전에 제한 내용을 예고하여야 한다.

78 에너지이용합리화법상 에너지다소비사업자의 신고와 관련하여 다음 ( ) 안에 들어갈 수 없는 것은?(단, 대통령령은 제외한다)

> 산업통상자원부장관 및 시·도지사는 에너지다소비사업자가 신고한 사항을 확인하기 위하여 필요한 경우 (   )에 대하여 에너지다소비사업자에게 공급한 에너지의 공급량 자료를 제출하도록 요구할 수 있다.

① 한국전력공사 ② 한국가스공사
③ 한국가스안전공사 ④ 한국지역난방공사

해설
산업통상자원부장관 및 시·도지사는 에너지다소비사업자가 신고한 사항을 확인하기 위하여 필요한 경우 다음의 어느 하나에 해당하는 자에 대하여 에너지다소비사업자에게 공급한 에너지의 공급량 자료를 제출하도록 요구할 수 있다.
• 한국전력공사
• 한국가스공사
• 도시가스사업자
• 한국지역난방공사
• 그 밖에 대통령령으로 정하는 에너지공급기관 또는 관리기관

79 다음 보온재 중 재질이 유기질 보온재에 속하는 것은?

① 우레탄폼 ② 펄라이트
③ 세라믹 파이버 ④ 규산칼슘 보온재

해설
②, ③, ④는 무기질 보온재이다.

80 다음 중 제강로가 아닌 것은?

① 고 로 ② 전 로
③ 평 로 ④ 전기로

해설
고로는 제선로이다.

제5과목 | 열설비설계

81 급수처리방법 중 화학적 처리방법은?

① 이온교환법 ② 가열연화법
③ 증류법 ④ 여과법

해설
②, ③, ④는 물리적 처리방법이다.

82 서로 다른 고체 물질 A, B, C인 3개의 평판이 서로 밀착되어 복합체를 이루고 있다. 정상 상태에서의 온도 분포가 다음 그림과 같을 때, 어느 물질의 열전도도가 가장 작은가?(단, 온도 $T_1 = 1,000[℃]$, $T_2 = 800[℃]$, $T_3 = 550[℃]$, $T_4 = 250[℃]$이다)

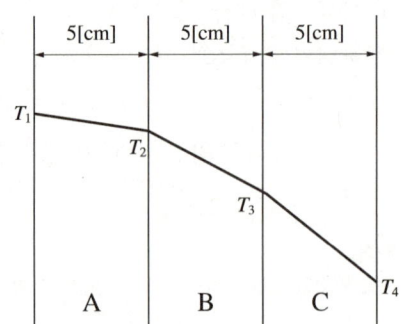

① A ② B
③ C ④ 모두 같다.

해설
고체 물질의 두께가 같으면 온도 저하가 클수록 열전도도가 작으므로, 온도 저하가 가장 큰 C물질의 열전도도가 가장 작다.

83 다음 중 사이펀 관이 직접 부착된 장치는?

① 수면계 ② 안전밸브
③ 압력계 ④ 어큐뮬레이터

해설
사이펀 관이 직접 부착된 장치는 압력계이다.

84 파이프 내경 D[mm]를 유량 Q[m³/s]와 평균속도 V[m/s]로 표시한 식으로 옳은 것은?

① $D = 1,128\sqrt{\dfrac{Q}{V}}$

② $D = 1,128\sqrt{\dfrac{\pi V}{Q}}$

③ $D = 1,128\sqrt{\dfrac{Q}{\pi V}}$

④ $D = 1,128\sqrt{\dfrac{V}{Q}}$

해설
$Q = AV = \dfrac{\pi d^2 V}{4} = 0.785\,Vd^2$ 에서

$d = \sqrt{\dfrac{Q}{0.785\,V}} \simeq 1.1287\sqrt{\dfrac{Q}{V}}\,[\text{m}] \simeq 1,128\sqrt{\dfrac{Q}{V}}\,[\text{mm}]$

85 수관 보일러와 비교한 원통 보일러의 특징에 대한 설명으로 틀린 것은?

① 구조상 고압용 및 대용량에 적합하다.
② 구조가 간단하고 취급이 비교적 용이하다.
③ 전열면적당 수부의 크기는 수관 보일러에 비해 크다.
④ 형상에 비해서 전열면적이 작고 열효율은 낮은 편이다.

해설
원통 보일러는 구조상 고압용 및 대용량에 부적합하다.

86 보일러의 강도 계산에서 보일러 동체 속에 압력이 생기는 경우 원주 방향의 응력은 축 방향 응력의 몇 배 정도인가?(단, 동체 두께는 매우 얇다고 가정한다)

① 2배 ② 4배
③ 8배 ④ 16배

해설
보일러의 강도 계산에서 보일러 동체 속에 압력이 생기는 경우 원주 방향의 응력은 축 방향 응력의 2배 정도이다.

87 다음 중 특수 열매체 보일러에서 가열 유체로 사용되는 것은?

① 폴리아마이드 ② 다우섬
③ 덱스트린 ④ 에스테르

해설
다우섬은 특수 열매체 보일러에서 가열 유체로 사용되며 이러한 보일러를 다우섬 보일러라고 한다.

88 다음 중 보일러 안전장치로 가장 거리가 먼 것은?

① 방폭문 ② 안전밸브
③ 체크밸브 ④ 고저수위경보기

해설
체크밸브는 역류방지밸브이다.

정답 83 ③ 84 ① 85 ① 86 ① 87 ② 88 ③

89 보일러의 만수보존법에 대한 설명으로 틀린 것은?

① 밀폐 보존방식이다.
② 겨울철 동결에 주의하여야 한다.
③ 보통 2~3개월의 단기 보존에 사용된다.
④ 보일러 수는 pH 6 정도 유지되도록 한다.

해설
보일러 수는 pH 7.5~8.2 정도로 유지되도록 한다.

90 유체의 압력손실에 대한 설명으로 틀린 것은?(단, 관마찰계수는 일정하다)

① 유체의 점성으로 인해 압력손실이 생긴다.
② 압력손실은 유속의 제곱에 비례한다.
③ 압력손실은 관의 길이에 반비례한다.
④ 압력손실은 관의 내경에 반비례한다.

해설
압력 강하 $\Delta p = \gamma h_L = \gamma f \dfrac{l}{d} \dfrac{v^2}{2g}$ 이므로 압력손실은 관의 길이에 비례한다.

91 다음 중 고압 보일러용 탈산소제로서 가장 적합한 것은?

① $(C_6H_{10}O_5)_n$
② Na_2SO_3
③ N_2H_4
④ $NaHSO_3$

해설
N_2H_4(하이드라진)은 용존가스와 반응하여 질소와 물이 생성되고, 용해 고형물 농도가 상승하지 않아 고압 보일러에 주로 사용되는 탈산소제로 사용된다.

92 인젝터의 특징으로 틀린 것은?

① 급수온도가 높으면 작동이 불가능하다.
② 소형 저압 보일러용으로 사용된다.
③ 구조가 간단하다.
④ 열효율은 좋으나 별도의 소요 동력이 필요하다.

해설
인젝터는 구조가 간단하고 별도의 소요동력이 필요하지 않다.

93 일반적인 주철제 보일러의 특징으로 적절하지 않은 것은?

① 내식성이 좋다.
② 인장 및 충격에 강하다.
③ 복잡한 구조라도 제작이 가능하다.
④ 좁은 장소에서도 설치가 가능하다.

해설
주철제 보일러는 인장 및 충격에 약하다.

94 프라이밍 및 포밍 발생 시 조치사항에 대한 설명으로 틀린 것은?

① 안전밸브를 전개하여 압력을 강하시킨다.
② 증기 취출을 서서히 한다.
③ 연소량을 줄인다.
④ 수위를 안정시킨 후 보일러수의 농도를 낮춘다.

해설
프라이밍과 포밍 발생 시 조치사항
• 먼저 연소를 억제한다.
• 연소량을 줄인다(가볍게 한다).
• 증기 취출을 서서히 한다.
• 수위가 출렁거리면 조용히 취출한다.
• 보일러 물을 조사한다.
• 저압운전을 하지 않는다.
• 압력을 규정압력으로 유지한다.
• 보일러수의 일부를 분출하고 새로운 물을 넣는다.
• 안전밸브, 수면계의 시험과 압력계 연락관을 취출해 본다.

정답 89 ④ 90 ③ 91 ③ 92 ④ 93 ② 94 ①

95 이온교환체에 의한 경수의 연화원리에 대한 설명으로 옳은 것은?

① 수지의 성분과 Na형의 양이온과 결합하여 경도 성분 제거
② 산소 원자와 수지가 결합하여 경도성분 제거
③ 물속의 음이온과 양이온이 동시에 수지와 결합하여 경도성분 제거
④ 수지가 물속의 모든 이물질과의 결합하여 경도성분 제거

해설
이온교환법 : 수지의 성분과 Na형의 양이온이 결합하여 경도성분을 제거하여 경수를 연화시키는 방법
• 양이온 교환수지는 소금 또는 염화수소, 황산 등으로 재생
• 음이온 교환수지는 수산화나트륨(가성소다), 염화나트륨(소금), 암모니아, 탄산나트륨 등으로 재생

97 방사과열기에 대한 설명 중 틀린 것은?

① 주로 고온, 고압 보일러에서 접촉과열기와 조합해서 사용한다.
② 화실의 천장부 또는 노벽에 설치한다.
③ 보일러 부하와 함께 증기온도가 상승한다.
④ 과열온도의 변동을 작게 하는 데 사용된다.

해설
방사과열기는 보일러 부하와 함께 증기온도가 내려간다.

96 수관 1개의 길이가 2,200[mm], 수관의 내경이 60[mm], 수관의 두께가 4[mm]인 수관 100개를 갖는 수관 보일러의 전열면적은 약 몇 [m²]인가?

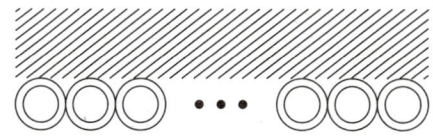

① 42　　② 47
③ 52　　④ 57

해설
수관 보일러의 전열면적
$A = \pi d l n = 3.14 \times (0.06 + 0.004 \times 2) \times 2.2 \times 100 \simeq 47[m^2]$

98 내압을 받는 어떤 원통형 탱크의 압력이 0.3[MPa], 직경이 5[m], 강판 두께가 10[mm]이다. 이 탱크의 이음효율을 75[%]로 할 때, 강판의 인장응력 [N/mm²]은 얼마인가?(단, 탱크의 반경 방향으로 두께에 응력이 유기되지 않는 이론값을 계산한다)

① 200　　② 100
③ 20　　④ 10

해설
원주 방향(반경 방향) 인장응력
$\sigma_1 = \dfrac{PD}{2t\eta} = \dfrac{0.3 \times 5,000}{2 \times 10 \times 0.75} = 100[N/mm^2]$

99 물을 사용하는 설비에서 부식을 초래하는 인자로 가장 거리가 먼 것은?

① 용존산소
② 용존 탄산가스
③ pH
④ 실리카

해설
물 사용설비의 부식을 초래하는 인자 : 용존산소, 용존 탄산가스, pH 등

100 보일러의 모리슨형 파형 노통에서 노통의 최소 안지름이 950[mm], 최고 사용압력을 1.1[MPa]이라 할 때 노통의 최소 두께는 몇 [mm]인가?(단, 평형부 길이가 230[mm] 미만이며, 상수 C는 1,100이다)

① 5 ② 8
③ 10 ④ 13

해설
노통의 최소 두께
$$t = \frac{10PD}{C} = \frac{10 \times 1.1 \times (950+50)}{1,100} = 10[mm]$$

PART 02 | 과년도 + 최근 기출복원문제

2023년 제1회 최근 기출복원문제

※ 이 책에 수록된 2023년 시험부터 시험이 CBT(컴퓨터 기반 시험)로 진행되어 수험자의 기억에 의해 문제를 복원하였습니다. 실제 시행문제와 일부 상이할 수 있음을 알려드립니다.

제1과목 | 연소공학

01 연소 시 100[℃]에서 500[℃]로 온도가 상승하였을 경우 500[℃]의 열복사에너지는 100[℃]에서의 열복사에너지의 약 몇 배가 되겠는가?

① 16.2 ② 17.1
③ 18.5 ④ 19.3

해설
슈테판-볼츠만의 열복사법칙 $R(T) = \sigma T^4$에 의하면 열복사에너지는 온도의 4승에 비례하므로
$\left(\dfrac{T_2}{T_1}\right)^4 = \left(\dfrac{500+273}{100+273}\right)^4 \simeq 18.5$배가 된다.

02 다음 대기오염 방지를 위한 집진장치 중 습식 집진장치에 해당하지 않는 것은?

① 백필터 ② 충진탑
③ 벤투리 스크러버 ④ 사이클론 스크러버

해설
백필터는 건식 집진장치이다.

03 일산화탄소 1[Nm³]를 연소시키는 데 필요한 공기량[Nm³]은 약 얼마인가?

① 2.38 ② 2.67
③ 4.31 ④ 4.76

해설
일산화탄소의 연소방정식은 $CO + 0.5O_2 \rightarrow CO_2$이다.
$A_0 = \dfrac{O_0}{0.21} = \dfrac{0.5}{0.21} \simeq 2.38 [Nm^3]$

04 석탄을 분석하니 다음과 같았다면, 연료비는 약 얼마인가?

휘발분 : 30[%], 회분 : 10[%], 수분 : 5[%]

① 1.4 ② 1.6
③ 1.8 ④ 2.0

해설
연료비 $= \dfrac{고정탄소(\%)}{휘발분(\%)}$
$= \dfrac{100 - (휘발분 + 회분 + 수분)}{휘발분} = \dfrac{55}{30} \simeq 1.83$

05 어떤 열설비에서 연료가 완전연소하였을 경우 배기가스 내의 과잉 산소농도가 10[%]이었다. 이때 연소기기의 공기비는 약 얼마인가?

① 1.0 ② 1.5
③ 1.9 ④ 2.5

해설
공기비 $m = \dfrac{21}{21 - O_2[\%]} = \dfrac{21}{21 - 10} \simeq 1.9$

정답 1 ③ 2 ① 3 ① 4 ③ 5 ③

06 메탄 50V[%], 에탄 25V[%], 프로판 25V[%]가 섞여 있는 혼합기체의 공기 중에서 연소하한계는 약 몇 [%]인가?(단, 메탄, 에탄, 프로판의 연소하한계는 각각 5V[%], 3V[%], 2.1V[%]이다)

① 2.3
② 3.3
③ 4.3
④ 5.3

해설

$$\frac{100}{LFL} = \sum \frac{V_i}{L_i}$$
$$= \frac{V_1}{L_1} + \frac{V_2}{L_2} + \frac{V_3}{L_3}$$
$$= \frac{50}{5} + \frac{25}{3} + \frac{25}{2.1} \approx 30.2 \text{이므로,}$$
$$LFL = \frac{100}{30.2} \approx 3.3$$

07 증기운 폭발의 특징에 대한 설명으로 옳지 않은 것은?

① 폭발보다 화재가 많다.
② 연소에너지의 약 20[%]만 폭풍파로 변한다.
③ 증기운의 크기가 클수록 점화될 가능성이 커진다.
④ 점화 위치가 방출점에서 가까울수록 폭발 위력이 크다.

해설
점화 위치가 방출점에서 멀수록 폭발효율이 증가하므로 폭발 위력도 커진다.

08 다음 중 열정산의 목적이 아닌 것은?

① 열효율을 알 수 있다.
② 장치의 구조를 알 수 있다.
③ 새로운 장치설계를 위한 기초 자료를 얻을 수 있다.
④ 장치의 효율 향상을 위한 개조 또는 운전조건 개선 등의 자료를 얻을 수 있다.

해설
열정산의 목적
• 열손실과 열효율, 열설비의 성능, 열의 행방 파악
• 연소장치의 운전 상태 파악
• 장치의 고장이나 결함 발견
• 새로운 장치설계를 위한 기초 자료 확보
• 조업방법 개선 자료 확보
• 열효율 향상을 위한 개조 자료 확보
• 운전조건의 개선 자료 확보

09 단일기체 10[Nm³]의 연소가스를 분석한 결과 CO_2 : 8[Nm³], CO : 2[Nm³], H_2O : 20[Nm³]을 얻었다면 이 기체연료는?

① CH_4
② C_2H_2
③ C_2H_4
④ C_2H_6

해설
단순하게 비교하면 C가 10이고, H가 2×20=40이므로, 연료는 탄화수소 CH_4이다.

10 불꽃연소(Flaming Combustion)에 대한 설명으로 틀린 것은?

① 연소속도가 느리다.
② 연쇄반응을 수반한다.
③ 연소사면체에 의한 연소이다.
④ 가솔린의 연소가 이에 해당한다.

해설
불꽃연소는 연소속도가 매우 빠르다.

11 최소 착화에너지(MIE)의 특징에 대한 설명으로 옳은 것은?

① 질소농도의 증가는 최소 착화에너지를 감소시킨다.
② 산소농도가 많아지면 최소 착화에너지는 증가한다.
③ 최소 착화에너지는 압력 증가에 따라 감소한다.
④ 일반적으로 분진의 최소 착화에너지는 가연성가스보다 작다.

해설
최소 점화에너지 또는 최소 착화에너지(MIE) : 가연성 혼합기체(가스 및 증기, 분체 등)의 점화에 필요한 최소 에너지로 연소속도, 열전도도, 질소농도 등에 따라 증가되며 압력, 산소농도 등에 따라 감소된다.

12 미분탄연소의 특징이 아닌 것은?

① 큰 연소실이 필요하다.
② 마모 부분이 많아 유지비가 많이 든다.
③ 분쇄시설이나 분진처리시설이 필요하다.
④ 중유연소기에 비해 소요동력이 적게 필요하다.

해설
미분탄연소 시 소요동력이 많이 든다.

13 고체연료의 일반적인 특징으로 옳은 것은?

① 점화 및 소화가 쉽다.
② 연료의 품질이 균일하다.
③ 완전연소가 가능하며 연소효율이 높다.
④ 연료비가 저렴하고, 연료를 구하기 쉽다.

해설
고체연료의 일반적인 특성
• 점화 및 소화가 쉽지 않다.
• 연료의 품질이 균일하지 않다.
• 완전연소가 가능하지 않고 연소효율이 낮다.

14 연소가스 중 질소산화물의 생성을 억제하기 위한 방법으로 옳지 않은 것은?

① 2단 연소
② 고온연소
③ 농담연소
④ 배기가스 재순환연소

해설
고온연소는 연소가스 중의 질소산화물을 더 증가시키므로, 질소산화물의 생성을 억제하기 위해서는 저온연소를 해야 한다.

15 표준 상태에서 고위발열량과 저위발열량의 차이는?

① 80[cal/g]
② 539[kcal/mol]
③ 9,200[kcal/mol]
④ 9,702[cal/mol]

해설
고위발열량과 저위발열량은 물의 차이이다. 물의 잠열은 539[cal/g]이므로, 차이량은 539×18=9,702[cal/mol]이다.

16 경유 1,000[L]를 연소시킬 때 발생하는 탄소량은 약 몇 [TC]인가?(단, 경유의 석유환산계수는 0.92 [TOE/kL], 탄소배출계수는 0.837[TC/TOE]이다)

① 77
② 7.7
③ 0.77
④ 0.077

해설
탄소배출량 = 0.92 × 0.837 ≈ 0.77[TC]

정답 11 ③ 12 ④ 13 ④ 14 ② 15 ④ 16 ③

17 체적이 0.3[m³]인 용기 안에 메탄(CH₄)과 공기 혼합물이 들어 있다. 공기는 메탄을 연소시키는 데 필요한 이론공기량보다 20[%] 더 들어 있고, 연소 전 용기의 압력은 300[kPa], 온도는 90[℃]이다. 연소 전 용기 안에 있는 메탄의 질량은 약 몇 [g]인가?

① 27.6
② 33.7
③ 38.4
④ 42.1

해설
메탄의 연소방정식
$CH_4 + 2O_2 \rightarrow CO_2 + 2H_2O$

공기 중 메탄의 함유율 = $\dfrac{1}{1+2\times\dfrac{1.2}{0.21}} \approx 0.08046$

이상기체의 상태방정식 $PV = \dfrac{W}{M}RT$에서

$W = \dfrac{\dfrac{300}{101}\times 0.3 \times (0.08046\times 16)}{0.082\times(90+273)} \approx 0.0384[kg] = 38.4[g]$

18 다음 중 고속운전에 적합하고 구조가 간단하며, 풍량이 많아 배기 및 환기용으로 적합한 송풍기는?

① 다익형 송풍기
② 플레이트형 송풍기
③ 터보형 송풍기
④ 축류형 송풍기

해설
④ 축류형 송풍기 : 풍량이 증가하면 동력이 감소하는 경향을 나타내며 집진기에도 설치 가능한 송풍기(비행기 프로펠러형, 디스크형)이다. 고속 운전, 고압력에 적합하며 주로 배기용, 환기용으로 많이 사용한다.
① 다익형 송풍기(시로코 송풍기) : 대표적인 전향 날개 형태를 지닌 원심 송풍기이다. 회전차의 지름이 작은 소형·경량의 송풍기로 풍량이 많은 편이지만, 고온·고압·고속에는 부적합하다.
② 플레이트형 송풍기 : 6~12개의 날개를 지니며 풍량이 많아 배기가스 흡출용으로 이용되는 방사형 배치의 송풍기이다. 구조가 간단하며 대용량에 적합하지만, 대형이며 무겁고 설비비가 고가이다. 보일러의 흡입통풍(Induced Draft)방식에 가장 많이 사용하는 송풍기 형식이다.
③ 터보형 송풍기 : 후향 날개 형태를 지니며 효율이 60~75[%] 정도로 좋은 편이다. 작은 동력으로도 운전이 가능한 원심 송풍기로, 고온·고압·대용량에 적합하지만, 소음이 크고 가격이 고가이다.

19 다음 중 분젠(Bunsen)식 가스버너가 아닌 것은?

① 링버너
② 적외선버너
③ 슬릿버너
④ 블라스트버너

해설
블라스트(Blast) 버너는 연소용 공기를 가압하여 강제로 혼합시켜 공급하는 방식이다.
분젠식 가스버너 : 가스를 노즐로 분출시켜 운동에너지에 의해 연소에 필요한 공기를 공기 구멍으로 흡입하여 연소시키는 가스버너이다. 가스의 유출속도를 점차 빠르게 하면 난류현상으로 연소가 빨라지므로 불꽃 모양은 엉클어지면서 짧아진다. 종류에는 링버너, 적외선버너, 슬릿버너 등이 있다.

20 연소를 계속 유지시키는 데 필요한 조건에 대한 설명으로 옳은 것은?

① 연료에 산소를 공급하고, 착화온도 이하로 억제한다.
② 연료에 발화온도 미만의 저온 분위기를 유지시킨다.
③ 연료에 산소를 공급하고, 착화온도 이상으로 유지한다.
④ 연료에 공기를 접촉시켜 연소속도를 저하시킨다.

해설
연소를 계속 유지시키는 데 필요한 조건 : 연료에 산소를 공급하고, 착화온도 이상으로 유지한다.

제2과목 | 열역학

21 압력 200[kPa], 체적 1.66[m³]의 상태에 있는 기체를 정압하에서 열을 제거하였다. 최종 체적이 처음 체적의 반이라면 이 기체에 의하여 행하여진 일은 몇 [kJ]인가?

① -256 ② -188.5
③ -166 ④ -125.5

해설
$$_1W_2 = \int_1^2 PdV = P(V_2 - V_1) = R(T_2 - T_1)$$
$$= 200 \times (0.83 - 1.66) = -166[\text{kJ}]$$

22 어느 밀폐계와 주위 사이에 열의 출입이 있다. 이것으로 인한 계와 주위의 엔트로피 변화량을 각각 ΔS_1, ΔS_2로 하면 엔트로피 증가의 원리를 나타내는 식은?

① $\Delta S_1 > 0$
② $\Delta S_2 > 0$
③ $\Delta S_1 + \Delta S_2 > 0$
④ $\Delta S_1 - \Delta S_2 > 0$

해설
비가역과정에서는 전체 엔트로피 변화량이 증가되므로 엔트로피 증가의 원리를 나타내는 식은 $\Delta S_1 + \Delta S_2 > 0$이다.

23 50[℃]의 물의 포화액체와 포화증기의 엔트로피는 각각 0.703[kJ/(kg·K)], 8.07[kJ/(kg·K)]이다. 50[℃]의 습증기의 엔트로피가 4[kJ/(kg·K)]일 때 습증기의 건도는 약 몇 [%]인가?

① 31.7 ② 44.8
③ 51.3 ④ 62.3

해설
$s_x = s' + x(s'' - s')$에서

건조도 $x = \dfrac{s_x - s'}{s'' - s'} = \dfrac{4 - 0.703}{8.07 - 0.703} \approx 44.8[\%]$

24 온도 0[℃]에서 공기의 음속은 몇 [m/s]인가?(단, 공기의 기체상수는 0.287[kJ/kg·K]이고, 비열비는 1.4이다)

① 312 ② 331
③ 348 ④ 352

해설
공기의 음속
$C = \sqrt{kRT} = \sqrt{1.4 \times 287 \times 273} \approx 331[\text{m/s}]$
(여기서, k : 비열비, R : 기체상수, T : 절대온도)

25 수증기를 사용하는 발전소의 열역학 사이클과 가장 관계 깊은 것은?

① 랭킨 사이클
② 오토 사이클
③ 디젤 사이클
④ 브레이턴 사이클

해설
랭킨 사이클은 증기동력 사이클로, 수증기 사용 동력 플랜트 발전소의 열역학 사이클 등 증기 원동소의 사이클로 이용된다.

26 다음 중 가역적인 과정이 아닌 것은?

① 마찰로 인한 손실이 없다.
② 작용 물체는 전 과정을 통하여 항상 평형 상태에 있다.
③ 과정은 이를 조절하는 값을 무한소만큼씩 변화시켜도 역행할 수는 없다.
④ 과정은 어느 방향으로나 진행될 수 있다.

해설
과정은 이를 조절하는 값을 무한소만큼씩 변화시켜 역행할 수 있다.

27 $k = 1.4$의 공기를 작동유체로 하는 디젤엔진의 최고 온도(T_3) 2,500[K], 최저 온도(T_1)가 300[K], 최고 압력(P_3)가 4[MPa], 최저 압력(P_1)이 100[kPa]일 때 차단비(Cut Off Ratio)는 얼마인가?

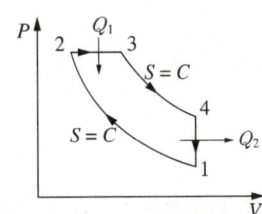

① 2.4 ② 2.9
③ 3.1 ④ 3.6

해설
압축비 $\varepsilon = \left(\dfrac{P_3}{P_1}\right)^{\frac{1}{k}} = \left(\dfrac{40}{1}\right)^{\frac{1}{1.4}} \simeq 14$

차단비 $\sigma = \dfrac{V_3}{V_2} = \dfrac{T_3}{T_2} = \dfrac{T_3}{T_1 \varepsilon^{k-1}} = \dfrac{2,500}{T_1 \varepsilon^{k-1}}$

$= \dfrac{2,500}{300 \times 14^{0.4}} \simeq 2.9$

28 교축(스로틀)과정에서 일정한 값을 유지하는 것은?

① 압력 ② 비체적
③ 엔탈피 ④ 엔트로피

해설
교축(스로틀)과정
• 이상기체의 교축과정 : 온도·엔탈피 일정, 압력 강하, 엔트로피 증가
• 실제 유체의 교축과정 : 엔탈피 일정, 압력·온도 강하, 엔트로피·비체적·속도 증가

29 표준증기압축 냉동시스템에 비교하여 흡수식 냉동시스템의 주된 장점은?

① 압축에 소요되는 일이 줄어든다.
② 시스템의 효율이 상승한다.
③ 장치의 크기가 줄어든다.
④ 열교환기의 수가 줄어든다.

해설
흡수식 냉동시스템은 압축기가 없기 때문에 압축에 소요되는 일이 감소하고 소음 및 진동도 감소한다.

30 다음 중 온도에 따라 증가하지 않는 것은?

① 증발잠열
② 포화액의 내부에너지
③ 포화증기의 엔탈피
④ 포화액의 엔트로피

해설
증발잠열은 온도가 일정할 때 상태만 변화시키는 열량을 의미하므로, 온도에 따라 증가하지 않는다.

31 이상기체 1[mol]이 온도가 23[℃]로 일정하게 유지되는 등온과정으로 부피가 23[L]에서 45[L]로 가역 팽창하였을 때 엔트로피 변화는 몇 [J/K]인가?(단, $\overline{R}$ = 8.314[kJ/kmol·K]이다)

① -5.58
② 5.58
③ -1.67
④ 1.67

해설
$\Delta S = n\overline{R}\ln\dfrac{V_2}{V_1} = 1 \times 8.314 \times \ln\dfrac{45}{23} \approx 5.58 [\text{J/K}]$

32 200[℃]의 고온 열원과 30[℃]의 저온 열원 사이에서 작동하는 카르노 사이클이 하는 일이 10[kJ]이라면, 저온에서 방출되는 열은 얼마인가?

① 10.0[kJ]
② 15.6[kJ]
③ 17.8[kJ]
④ 27.8[kJ]

해설
$\eta_c = \dfrac{W_{net}}{Q_1} = 1 - \dfrac{Q_2}{Q_1} = 1 - \dfrac{T_2}{T_1} = 1 - \dfrac{30+273}{200+273} = 0.36$ 이며,

$Q_2 = Q_1(1-\eta_c) = \left(\dfrac{W_{net}}{\eta_c}\right)(1-\eta_c)$
$= \left(\dfrac{10}{0.36}\right) \times (1-0.36) \approx 17.8 [\text{kJ}]$

33 냉매가 구비해야 할 조건 중 틀린 것은?

① 증발열이 클 것
② 비체적이 작을 것
③ 임계온도가 높을 것
④ 비열비(정압비열/정적비열)가 클 것

해설
냉매의 비열비(정압비열/정적비열)는 작아야 한다.

34 비열이 0.473[kJ/kg·K]인 철 10[kg]의 온도를 20[℃]에서 80[℃]로 높이는 데 필요한 열량은 몇 [kJ]인가?

① 28
② 60
③ 284
④ 600

해설
$Q = mC\Delta t = 10 \times 0.473 \times (80-20) \approx 284 [\text{kJ}]$

35 CH_4의 기체상수는 약 몇 [kJ/kg·K]인가?

① 3.14
② 1.57
③ 0.83
④ 0.52

해설
일반기체상수 $\overline{R} = mR$이므로
∴ CH_4의 기체상수 $R = \dfrac{\overline{R}}{m} = \dfrac{8.314}{16} \approx 0.52 [\text{kJ/kg·K}]$

36 이상기체에 대한 설명 중 틀린 것은?

① 분자와 분자 사이의 거리가 매우 멀다.
② 분자 사이의 인력이 없다.
③ 압축성 인자가 1이다.
④ 내부에너지는 온도와 무관하고 압력과 부피의 함수로 이루어진다.

해설
이상기체의 내부에너지는 압력과 부피와는 무관하고, 온도의 함수만으로 이루어진다.

정답 31 ② 32 ③ 33 ④ 34 ③ 35 ④ 36 ④

37 정압과정으로 5[kg]의 공기에 20[kcal]의 열이 전달되어 공기의 온도가 10[℃]에서 30[℃]로 올랐다. 이 온도범위에서 공기의 평균 비열[kJ/kg·K]을 구하면?

① 0.152　　② 0.321
③ 0.463　　④ 0.837

해설
$Q = mC_p(t_2 - t_1)$ 이므로
$C_p = \dfrac{Q}{m(t_2 - t_1)} = \dfrac{83.736}{5 \times (30-10)} = 0.837[\text{kJ/kg·K}]$

38 $PV^n = C$에서 이상기체의 등온 변화인 경우 폴리트로픽 지수(n)는?

① ∞　　② 1.4
③ 1　　④ 0

해설
폴리트로픽 지수(n)와 상태 변화의 관계식
- n의 범위 : $-\infty \sim +\infty$
- $n = 0$이면, $P = C$: 등압 변화
- $n = 1$이면, $T = C$: 등온 변화
- $n = k(=1.4)$: 단열 변화
- $n = \infty$이면, $V = C$: 등적 변화
- $n > k$이면, 팽창에 의한 열량은 방열량이 되며 온도는 올라간다.
- $1 < n < k$이면, 압축에 의한 열량은 흡열량이 되며 온도는 내려간다.

39 이상기체가 정압과정으로 온도가 150[℃] 상승하였을 때 엔트로피 변화는 정적과정으로 동일 온도만큼 상승하였을 때 엔트로피 변화의 몇 배인가? (단, k는 비열비이다)

① $1/k$　　② k
③ 1　　④ $k-1$

해설
$\dfrac{\Delta S_p}{\Delta S_v} = \dfrac{mC_p \ln \dfrac{T_2}{T_1}}{mC_v \ln \dfrac{T_2}{T_1}} = \dfrac{C_p}{C_v} = k$

40 비가역 사이클에 대한 클라우지우스(Clausius) 적분에 대하여 옳은 것은?(단, Q는 열량, T는 온도이다)

① $\oint \dfrac{\delta Q}{T} > 0$　　② $\oint \dfrac{\delta Q}{T} \geq 0$
③ $\oint \dfrac{\delta Q}{T} = 0$　　④ $\oint \dfrac{\delta Q}{T} < 0$

해설
- 가역 사이클 : $\oint \dfrac{\delta Q}{T} = 0$
- 비가역 사이클 : $\oint \dfrac{\delta Q}{T} < 0$

제3과목 | 계측방법

41 지름 400[mm]인 관 속에 5[kg/sec]로 공기가 흐르고 있다. 관 속의 압력은 200[kPa], 온도는 23[℃], 공기의 기체상수 R이 287[J/kg·K]라고 할 때 공기의 평균 속도는 약 몇 [m/sec]인가?

① 2.4　　② 7.7
③ 16.9　　④ 24.1

해설
$PV = mRT$의 양변을 V로 나누면
$P = \left(\dfrac{m}{V}\right)RT = \rho RT$가 되므로
밀도 $\rho = \dfrac{P}{RT} = \dfrac{200 \times 10^3}{287 \times (23+273)} \approx 2.354[\text{kg/m}^3]$
질량유량 $\dot{m} = \rho A v$에서
공기의 평균 속도 $v = \dfrac{\dot{m}}{\rho A} = \dfrac{5}{2.354 \times \dfrac{\pi}{4} \times 0.4^2} \approx 16.9[\text{m/sec}]$

42 다음 중 용적식 유량계에 해당하는 것은?

① 오리피스미터 ② 습식 가스미터
③ 로터미터   ④ 피토관

해설
① 오리피스미터 : 차압식 유량계
③ 로터미터 : 면적식 유량계
④ 피토관 : 유속식 유량계

43 다음 보기에서 설명하는 제어동작은?

┌ 보기 ┐
- 부하 변화가 커도 잔류편차가 생기지 않는다.
- 급변할 때 큰 진동이 생긴다.
- 전달 느림이나 쓸모없는 시간이 크면 사이클링의 주기가 커진다.

① D동작   ② PI동작
③ PD동작   ④ P동작

해설
PI(비례적분동작) : 적분동작은 비례동작을 사용했을 때 발생하는 잔류편차의 문제점을 제거하기 위한 것이다.
- 잔류편차를 제거하여 정상 특성을 개선한다.
- 간헐현상이 발생한다.
- 부하 변화가 커도 잔류편차가 생기지 않는다.
- 급변할 때 큰 진동이 생긴다.
- 전달 느림이나 쓸모없는 시간이 크면 사이클링의 주기가 커진다.

44 가스검지시험지와 검지가스의 연결이 옳은 것은?

① KI 전분지 : CO
② 리트머스지 : C_2H_2
③ 해리슨시약 : $COCl_2$
④ 염화 제1동 착염지 : 알칼리성 가스

해설
① KI 전분지 : Cl_2
② 리트머스지 : NH_3
④ 염화 제1동 착염지 : C_2H_2

45 다음 중 산소를 분석할 수 없는 가스분석계는?

① 연소식
② 자기식
③ 적외선식
④ 지르코니아식

해설
적외선식 가스분석계 : 대상 성분가스만 강하게 흡수하는 파장의 광선을 이용하는 가스분석계이다.
- 저농도의 분석에 적합하며, 선택성이 우수하다.
- CO_2, CO, CH_4 등의 가스 분석이 가능하다.
- 대칭성 2원자 분자(N_2, O_2, H_2, Cl_2 등), 단원자 가스(He, Ar 등) 등의 분석은 불가능하다.

46 열전대 온도계는 두 종류의 금속선을 접속하여 하나의 회로를 만들어 2개의 접점에 온도차를 부여하여 회로에 접점의 온도와 거의 비례한 전류가 흐르는 것을 이용한 것이다. 이때 응용된 원리는?

① 측온체의 발열현상
② 제베크효과에 의한 열전기력
③ 두 금속의 열전도의 차이
④ 키르히호프의 전류법칙에 의한 저항 강하

해설
열전대 온도계는 제베크효과에 의한 열전기력을 이용한 접촉식 온도계이다.

정답 42 ② 43 ② 44 ③ 45 ③ 46 ②

47 명판에 Ni450이라 쓰인 측온저항체의 100[℃]점에서의 저항값은 얼마인가?(단, Ni의 저항온도계수는 +0.0067이다)

① 752[mΩ]
② 752[Ω]
③ 301[mΩ]
④ 301[Ω]

해설
저항값
$R_t = R_0(1+\alpha dt) = 450 \times (1+0.0067 \times 100) = 752[\Omega]$

48 오르자트 가스분석장치에 사용되는 흡수제와 흡수가스의 연결이 옳은 것은?

① CO 흡수액 - 30[%] KOH 수용액
② O_2 흡수액 - 알칼리성 파이로갈롤 용액
③ CO 흡수액 - 알칼리성 파이로갈롤 용액
④ CO_2 흡수액 - 암모니아성 염화 제1구리 용액

해설
①, ③ CO 흡수액 - 암모니아성 염화제1구리 용액
④ CO_2 흡수액 - 33[%] KOH 수용액

49 경사각이 30°인 다음 그림과 같은 경사관식 압력계에서 차압은 약 얼마인가?

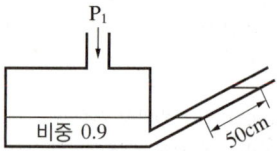

① 0.225[kg/m²]
② 225[kg/cm²]
③ 2.21[kPa]
④ 221[Pa]

해설
차 압
$\Delta P = P_1 - P_2 = \gamma l \sin\theta$
$= 0.9 \times (1,000 \times 9.8) \times 0.5 \times \sin 30°$
$= 2,205[Pa] \simeq 2.21[kPa]$

50 기체 – 크로마토그래피의 충전 칼럼 내의 충전물, 즉 고체 지지체로 일반적으로 가장 많이 사용되는 재질은?

① 실리카겔   ② 활성탄
③ 알루미나   ④ 규조토

해설
• 칼럼에 사용되는 흡착제 충전물(정지상 또는 고체 지지체) : 활성탄, 실리카겔, 규조토, 활성알루미나
• 가장 많이 사용되는 고체 지지체 물질 : 규조토

51 액면계는 액면의 측정방법에 따라 직접법과 간접법으로 구분하는데 간접법 액면계의 종류가 아닌 것은?

① 방사선식   ② 플로트식
③ 압력검출식   ④ 퍼지식

해설
플로트식 액면계는 직접식 액면계이다.

52 유도단위는 어느 단위에서 유도되는가?

① 절대단위
② 중력단위
③ 특수단위
④ 기본단위

해설
유도단위는 기본단위로부터 유도되며, 그 종류는 매우 다양하다.

53 다음 중 실제값이 나머지 3개와 다른 값을 갖는 것은?

① 273.15[K]   ② 0[℃]
③ 460[°R]   ④ 32[°F]

해설
①, ②, ④는 물의 빙점과 같은 온도이며, ③은 492[°R]가 되어야 물의 빙점이 된다.

54 자동제어계와 직접 관련이 없는 장치는?

① 기록부   ② 검출부
③ 조절부   ④ 조작부

해설
자동제어의 4대 기본장치 : 조절부, 조작부, 검출부, 비교부

55 배관의 유속을 피토관으로 측정한 결과 마노미터 수주의 높이가 29[cm]일 때 유속은?

① 1.69[m/sec]
② 2.38[m/sec]
③ 2.94[m/sec]
④ 3.42[m/sec]

해설
$v = \sqrt{2g\Delta h} = \sqrt{2\times 9.8 \times 0.29} \simeq 2.38[\text{m/sec}]$

56 오차와 관련된 설명으로 옳지 않은 것은?

① 흩어짐이 큰 측정을 정밀하다고 한다.
② 오차가 작은 계량기는 정확도가 높다.
③ 계측기가 가지고 있는 고유의 오차를 기차라고 한다.
④ 눈금을 읽을 때 시선의 방향에 따른 오차를 시차라고 한다.

해설
흩어짐이 큰 측정은 산포(분산)가 크다고 한다.

57 액주형 압력계 중 경사관식 압력계의 특징에 대한 설명으로 옳은 것은?

① 일반적으로 U자관보다 정밀도가 낮다.
② 눈금을 확대하여 읽을 수 있는 구조이다.
③ 통풍계로 사용할 수 없다.
④ 미세압 측정이 불가능하다.

해설
① 일반적으로 U자관보다 정밀도가 높다.
③ 통풍계로는 사용할 수 있다.
④ 미세압 측정이 가능하다.

58. 자동제어의 일반적인 동작 순서로 옳은 것은?

① 검출 → 판단 → 비교 → 조작
② 검출 → 비교 → 판단 → 조작
③ 비교 → 검출 → 판단 → 조작
④ 비교 → 판단 → 검출 → 조작

해설
자동제어의 일반적인 동작 순서 : 검출 → 비교 → 판단 → 조작

59. 베크만 온도계에 대한 설명으로 옳은 것은?

① 빠른 응답성의 온도를 얻을 수 있다.
② 저온용으로 적합하여 약 −100[℃]까지 측정할 수 있다.
③ −60~350[℃] 정도의 측정온도 범위인 것이 보통이다.
④ 모세관의 상부에 수은을 봉입한 부분에 대해 측정온도에 따라 남은 수은의 양을 가감하여 그 온도 부분의 온도차를 0.01[℃]까지 측정할 수 있다.

해설
① 응답성은 그리 좋지 않다.
②, ③ −20~160[℃] 정도의 측정온도 범위인 것이 보통이다.

60. 벨로스(Bellows) 압력계에서 벨로스 탄성의 보조로 코일 스프링을 조합하여 사용하는 주된 이유는?

① 감도를 증대시키기 위하여
② 측정 압력범위를 넓히기 위하여
③ 측정 지연시간을 없애기 위하여
④ 히스테리시스 현상을 없애기 위하여

해설
벨로스 압력계에서는 히스테리시스 현상을 없애기 위하여 벨로스 탄성의 보조로 코일 스프링을 조합하여 사용한다.

제4과목 | 열설비재료 및 관계법규

61. 다음은 요로의 정의에 대한 설명이다. ①~④에 들어갈 용어로 틀린 것은?

| 보기 |
요로란 물체를 가열하여 (①)시키거나 (②)을 통하여 가공 생산하는 공업장치로서 (③)에 따라 연료의 발열 반응을 이용하는 장치, 전열을 이용하는 장치 및 연료의 (④)반응을 이용하는 장치의 3종류로 크게 구분할 수 있다.

① 용 융
② 소 성
③ 열 원
④ 산 화

해설
④ 환원

62. 다음 내화물의 특성 중 비중과 관계없는 것은?

① 슬레이킹
② 압축강도
③ 기공률
④ 내화도

해설
내화물의 비중과 관련된 성질 : 압축강도, 기공률, 열전도율, 내화도

63 벽돌, 기와, 보도타일 등의 건축재료를 소성하는 데 주로 사용되는 가마는?

① 고리가마
② 회전가마
③ 선가마
④ 탱크가마

해설
고리가마 : 피열물을 정지시켜 놓고 소성대의 위치를 바꾸어 가며 주로 벽돌, 기와, 보도타일 등의 건축재료를 소성하는 연속식 가마이다.
• 종이 칸막이가 있다.
• 단가마보다 약 65[%] 정도 연료 절약이 가능하다.
• 열효율이 좋다.
• 소성이 균일하지 않다.

64 가스배관의 관경이 13[mm] 이상, 33[mm] 미만일 때의 관의 고정장치 설치 간격으로 옳은 것은?

① 1[m]마다
② 2[m]마다
③ 3[m]마다
④ 4[m]마다

해설
관의 고정장치 설치 간격
• 지름 13[mm] 미만의 경우 : 1[m]
• 지름 13[mm] 이상 33[mm] 미만의 경우 : 2[m]
• 지름 33[mm] 이상의 경우 : 3[m]

65 알루미늄박 보온재의 열전도율의 값으로 가장 옳은 것은?

① 0.014~0.024[kcal/m·h·℃]
② 0.028~0.048[kcal/m·h·℃]
③ 0.14~0.24[kcal/m·h·℃]
④ 0.28~0.48[kcal/m·h·℃]

해설
(금속) 알루미늄박 보온재
• 보온효과 : 복사열에 대한 반사의 특성을 이용한다.
• 열전도율 : 0.028~0.048[kcal/m·h·℃]

66 납석 벽돌의 특성에 대한 설명으로 옳지 않은 것은?

① 비교적 저온에서의 소결이 용이하다.
② 흡수율이 작고, 압축강도가 크다.
③ 내식성이 우수하다.
④ 내화도는 SK34 이상이다.

해설
납석 벽돌의 내화도는 SK28~33 정도이며, 하중 연화점도 높지 않아 일반용으로 사용된다.

67 용광로를 고로라고도 하는데 무엇을 제조하는 데 사용되는가?

① 주 철
② 주 강
③ 선 철
④ 포 금

해설
용광로(고로) : 조직의 화학 변화를 동반하는 소성 및 가소를 목적으로 하는 선철 제조용 노로, 주원료는 철광석, 코크스, 석회석이다.

68 신재생에너지 중 의무공급량이 지정되어 있는 에너지원은?

① 해양에너지
② 지열에너지
③ 태양에너지
④ 바이오에너지

해설
신재생에너지법령상 신재생에너지 중 태양에너지는 의무공급량이 지정되어 있다(단, 태양의 빛에너지를 변환시켜 전기를 생산하는 방식에 한정함).

69 진주암, 흑석 등을 소성·팽창시켜 다공질로 하여 접착제 및 3~15[%]의 석면 등과 같은 무기질 섬유를 배합하여 성형한 고온용 무기질 보온재는?

① 규산칼슘 보온재
② 세라믹 파이버
③ 유리섬유 보온재
④ 펄라이트

해설
펄라이트 : 진주암, 흑석 등을 소성·팽창시켜 다공질로 하여 접착제와 석면 등과 같은 무기질섬유를 배합하여 성형한 단열 보온재로, 최고 사용온도 600[℃] 이상의 고온용이다.

70 보온재 내 공기 이외의 가스를 사용하는 경우 가스 분자량이 공기의 분자량보다 적으면 보온재 열전도율의 변화는?

① 동일하다.
② 작게 된다.
③ 크게 된다.
④ 크다가 작아진다.

해설
가스분자량이 공기의 분자량보다 적으면 보온재 열전도율의 변화는 커진다.

71 에너지이용합리화법에 따라 에너지 사용계획을 수립하여 산업통상자원부장관에게 제출하여야 하는 민간사업주관자의 기준은?

① 연간 5백만[kWh] 이상의 전력을 사용하는 시설을 설치하려는 자
② 연간 1천만[kWh] 이상의 전력을 사용하는 시설을 설치하려는 자
③ 연간 1천5백만[kWh] 이상의 전력을 사용하는 시설을 설치하려는 자
④ 연간 2천만[kWh] 이상의 전력을 사용하는 시설을 설치하려는 자

해설
민간사업주관자
다음의 어느 하나에 해당하는 시설을 설치하려는 자
• 연간 5천[TOE] 이상의 연료 및 열을 사용하는 시설
• 연간 2천만[kWh] 이상의 전력을 사용하는 시설

72 에너지이용합리화법에 따라 에너지저장의무를 부과할 수 있는 대상자가 아닌 자는?

① 전기사업법에 의한 전기사업자
② 도시가스사업법에 의한 도시가스사업자
③ 풍력사업법에 의한 풍력사업자
④ 석탄산업법에 의한 석탄가공업자

해설
에너지저장의무 부과대상자 : 전기사업법에 따른 전기사업자, 도시가스사업법에 따른 도시가스사업자, 석탄산업법에 따른 석탄가공업자, 집단에너지사업법에 따른 집단에너지사업자, 연간 2만 석유환산톤[TOE] 이상의 에너지를 사용하는 자

73 에너지이용합리화법상 에너지다소비사업자의 신고와 관련하여 다음 ( ) 안에 들어갈 수 없는 것은?(단, 대통령령은 제외한다)

> 산업통상자원부장관 및 시·도지사는 에너지다소비사업자가 신고한 사항을 확인하기 위하여 필요한 경우 ( )에 대하여 에너지다소비사업자에게 공급한 에너지의 공급량 자료를 제출하도록 요구할 수 있다.

① 한국전력공사
② 한국가스공사
③ 한국가스안전공사
④ 한국지역난방공사

해설
산업통상자원부장관 및 시·도지사는 에너지다소비사업자가 신고한 사항을 확인하기 위하여 필요한 경우 다음의 어느 하나에 해당하는 자에 대하여 에너지다소비사업자에게 공급한 에너지의 공급량 자료를 제출하도록 요구할 수 있다.
• 한국전력공사
• 한국가스공사
• 도시가스사업자
• 한국지역난방공사
• 그 밖에 대통령령으로 정하는 에너지공급기관 또는 관리기관

74 에너지이용합리화법령상 검사대상기기에 해당되지 않는 것은?
① 2종 관류 보일러
② 정격용량이 1.2[MW]인 철금속 가열로
③ 도시가스 사용량이 300[kW]인 소형 온수 보일러
④ 최고 사용압력이 0.3[MPa], 내부 부피가 0.04[m³]인 2종 압력용기

해설
2종 관류 보일러는 검사 제외 대상기기이다.

75 에너지이용합리화법에 따라 에너지이용 합리화에 관한 기본계획 사항에 포함되지 않는 것은?
① 에너지 절약형 경제구조로의 전환
② 에너지 이용 합리화를 위한 기술 개발
③ 열사용기자재의 안전관리
④ 국가에너지정책목표를 달성하기 위하여 대통령령으로 정하는 사항

해설
국가에너지정책목표를 달성하기 위하여 대통령령으로 정하는 사항은 국가에너지기본계획이다.

76 에너지이용합리화법령에 따라 효율관리기자재의 제조업자는 효율관리시험기관으로부터 측정결과를 통보받은 날부터 며칠 이내에 그 측정결과를 한국에너지공단에 신고하여야 하는가?
① 15일   ② 30일
③ 60일   ④ 90일

해설
효율관리기자재의 제조업자는 효율관리시험기관으로부터 측정결과를 통보받은 날부터 90일 이내에 그 측정결과를 한국에너지공단에 신고하여야 한다.

77 에너지이용합리화법령상 에너지사용량이 대통령령으로 정하는 기준량 이상인 자는 산업통상자원부령으로 정하는 바에 따라 매년 언제까지 시·도지사에게 신고하여야 하는가?
① 1월 31일까지   ② 3월 31일까지
③ 6월 30일까지   ④ 12월 31일까지

해설
에너지사용량이 대통령령으로 정하는 기준량 이상인 자는 산업통상자원부령으로 정하는 바에 따라 매년 1월 31일까지 시·도지사에게 신고하여야 한다.

정답 73 ③ 74 ① 75 ④ 76 ④ 77 ①

78 에너지이용합리화법령상 특정열사용기자재의 설치·시공이나 세관(洗罐)을 업으로 하는 자는 어떤 법령에 따라 누구에게 등록하여야 하는가?

① 건설산업기본법, 시·도지사
② 건설산업기본법, 과학기술정보통신부장관
③ 건설기술진흥법, 시장·구청장
④ 건설기술진흥법, 산업통상자원부장관

79 에너지이용합리화법령상 최고 사용압력[MPa]과 내부 부피(m^3)을 곱한 수치가 0.004를 초과하는 압력용기 중 1종 압력용기에 해당되지 않는 것은?

① 증기를 발생시켜 액체를 가열하며 용기 안의 압력이 대기압을 초과하는 압력용기
② 용기 안의 화학반응에 의하여 증기를 발생하는 것으로 용기 안의 압력이 대기압을 초과하는 압력용기
③ 용기 안의 액체의 성분을 분리하기 위하여 해당 액체를 가열하는 것으로 용기 안의 압력이 대기압을 초과하는 압력용기
④ 용기 안의 액체의 온도가 대기압에서의 비점을 초과하지 않는 압력용기

해설
1종 압력용기 : 용기 안의 액체 온도가 대기압에서의 비점을 초과하는 압력용기

80 에너지이용합리화법령에 따라 에너지절약전문기업의 등록신청 시 등록신청서에 첨부해야 할 서류가 아닌 것은?

① 사업계획서
② 보유장비명세서
③ 기술인력명세서(자격증명서 사본 포함)
④ 감정평가업자가 평가한 자산에 대한 감정평가서(법인인 경우)

해설
에너지절약전문기업의 등록신청 첨부서류(한국에너지공단에 제출)
• 사업계획서
• 보유장비명세서 및 기술인력명세서(자격증명서 사본 포함)
• 부동산 가격공시 및 감정평가에 관한 법률에 따른 감정평가업자가 평가한 자산에 대한 감정평가서(개인인 경우만 해당)
• 공인회계사법 제7조에 따른 공인회계사 또는 세무사법 제6조에 따른 세무사가 검증한 최근 1년 이내의 대차대조표(법인인 경우만 해당)

제5과목 | 열설비설계

81 일반적인 강관에서 스케줄 번호(Schedule Number)가 의미하는 것은?

① 파이프의 외경
② 파이프의 두께
③ 파이프의 내경
④ 파이프의 단면적

해설
스케줄 번호(SCH No.)
• 배관 호칭법으로 사용한다.
• 배관의 두께를 표시한다.
• 스케줄 번호가 클수록 강관의 두께가 두꺼워진다.

정답 78 ① 79 ④ 80 ④ 81 ②

82 저온 부식의 방지방법이 아닌 것은?
① 과잉공기를 적게 하여 연소한다.
② 발열량이 높은 황분을 사용한다.
③ 연료첨가제(수산화마그네슘)를 이용하여 노점 온도를 낮춘다.
④ 연소 배기가스의 온도가 너무 낮지 않게 한다.

해설
저온 부식을 방지하기 위해서는 황분이 적은 것을 사용한다.

83 다음 각 보일러의 특징에 대한 설명 중 틀린 것은?
① 입형 보일러는 좁은 장소에도 설치할 수 있다.
② 노통 보일러는 보유 수량이 적어 증기 발생 소요 시간이 짧다.
③ 수관 보일러는 구조상 대용량 및 고압용에 적합하다.
④ 관류 보일러는 드럼이 없어 초고압 보일러에 적합하다.

해설
노통 보일러는 보유 수량이 많아 증기 발생 소요시간이 길다.

84 보일러의 성능시험방법 및 기준에 대한 설명으로 옳은 것은?
① 증기건도의 기준은 강철제 또는 주철제로 나누어 정해져 있다.
② 측정은 매 1시간마다 실시한다.
③ 수위는 최초 측정치에 비해서 최종 측정치가 적어야 한다.
④ 측정 기록 및 계산양식은 제조사에서 정해진 것을 사용한다.

해설
증기건도 측정은 매 10분마다 실시하며 강철제 또는 주철제로 구분하여 강철제 0.98, 주철제 0.97로 정해져 있다.

85 급수처리방법 중 화학적 처리방법은?
① 이온교환법   ② 가열연화법
③ 증류법   ④ 여과법

해설
②, ③, ④는 물리적 처리방법이다.

86 보일러의 용량을 산출하거나 표시하는 값으로 적합하지 않은 것은?
① 상당증발량   ② 보일러 마력
③ 전열면적   ④ 재열계수

해설
보일러의 용량 산출(표시)량 : 상당증발량(G_e), (전열면의) 증발률, 연소율, 전열면적, 상당방열면적(EDR), 정격출력, 보일러 마력 등

정답 82 ② 83 ② 84 ① 85 ① 86 ④

87 보일러에 설치된 기수분리기에 대한 설명으로 틀린 것은?

① 발생된 증기 중에서 수분을 제거하고 건포화증기에 가까운 증기를 사용하기 위한 장치이다.
② 증기부의 체적이나 높이가 작고 수면의 면적이 증발량에 비해 작은 때는 기수공발이 일어날 수 있다.
③ 압력이 비교적 낮은 보일러의 경우는 압력이 높은 보일러보다 증기와 물의 비중량 차이가 극히 작아 기수분리가 어렵다.
④ 사용원리는 원심력을 이용한 것, 스크러버를 지나게 하는 것, 스크린을 사용하는 것 또는 이들의 조합을 이루는 것 등이 있다.

해설
비교적 압력이 낮은 보일러는 압력이 높은 보일러보다 증기와 물의 비중량 차이가 커서 기수분리가 용이하다.

88 다음 보기에서 설명하는 증기트랩(Trap)은?

┤보기├
- 다량의 드레인을 연속적으로 처리할 수 있다.
- 증기 누출이 거의 없다.
- 가동 시 공기빼기를 할 필요가 없다.

① 플로트식 트랩
② 버킷형 트랩
③ 열동식 트랩
④ 디스크식 트랩

해설
플로트(Float)식 (증기)트랩
- 다량의 드레인을 연속적으로 처리한다.
- 증기 누출이 극소화된다.
- 가동 시 공기빼기가 필요없다.
- 수격작용에 다소 약하다.

89 보일러의 열정산 시 출열항목이 아닌 것은?

① 배기가스에 의한 손실열
② 발생 증기 보유열
③ 불완전연소에 의한 손실열
④ 공기의 현열

해설
공기의 현열은 입열항목에 해당한다.

90 수관 1개의 길이가 2,200[mm], 수관의 내경이 60[mm], 수관의 두께가 4[mm]인 수관 100개를 갖는 수관 보일러의 전열면적은 약 몇 [m²]인가?

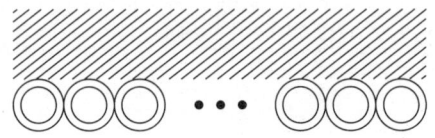

① 42
② 47
③ 52
④ 57

해설
수관 보일러의 전열면적
$A = \pi d l n = 3.14 \times (0.06 + 0.004 \times 2) \times 2.2 \times 100 \simeq 47 [\text{m}^2]$

91 수관식 보일러의 수질을 측정한 결과, 급수 중 불순물의 농도가 60[mg/L], 관수 중 불순물의 농도가 2,500[mg/L]로 나타났다. 시간당 급수량이 2,400[L]이고, 응축수 회수율이 50[%]일 때 분출량은 약 몇 [L/h]인가?

① 25.4
② 27.3
③ 29.5
④ 32.2

해설
분출량
$B_D = \dfrac{W(1-R)d}{r-d} = \dfrac{2,400 \times (1-0.5) \times 60}{2,500 - 60} \simeq 29.5 [\text{L/h}]$
(여기서, W : 시간당 급수량, R : 응축수 회수율, d : 급수 중 불순물 농도, r : 관수 중의 불순물 농도)

92 직경 600[mm], 압력 12[kgf/cm²]의 보일러의 세로 이음을 설계하고자 한다. 강판의 인장강도를 35[kgf/mm²]으로 하고 안전율을 4.75이라 할 때 강판의 두께는 몇 [mm]인가?(단, 리벳의 이음효율은 0.6이고, 부식 여유는 1[mm]로 한다)

① 7.2
② 8.1
③ 9.1
④ 10.2

해설

$$t = \frac{PD}{2\sigma_a \eta} + C = \frac{PDS}{2\sigma_u \eta} + C = \frac{12 \times 600 \times 4.75}{200 \times 35 \times 0.6} + 1 \simeq 9.1[mm]$$

93 다음 중 열관류율의 표시 단위는?

① [kJ/m·h·K]
② [kJ/m²·h·K]
③ [kJ/m³·h·K]
④ [kJ/m⁴·h·K]

해설

열관류율의 표시 단위 : [kcal/m²h℃], [kJ/m²hK], [W/m²K]

94 온수 보일러에서의 안전밸브에 대한 설명으로 옳지 않은 것은?

① 안전밸브는 보일러 상부에 설치해야 한다.
② 안전밸브는 보일러 내부의 관에 연결해서는 안 된다.
③ 안전밸브는 중심선을 수직으로 하여 설치해야 한다.
④ 안전밸브 연결 시에 나사로 된 연결관을 사용해서는 안 된다.

해설

안전밸브 연결 시 나사로 된 연결관을 사용해야 한다.

95 보일러 사용 중 이상 감수(저수위 사고)의 원인이 아닌 것은?

① 급수펌프가 고장이 났을 때
② 수면계의 연락관이 막혀 수위를 모를 때
③ 증기의 발생량이 많을 때
④ 분출장치에서 누설이 될 때

해설

보일러 사용 중 이상 감수(저수위 사고)의 원인
- 급수펌프가 고장이 났을 때
- 급수 내관이 스케일로 막혔을 때
- 수위검출기에 이상이 있을 때
- 수면계의 연락관이 막혀 수위를 모를 때
- 분출장치, 급수밸브, 방출콕 또는 밸브, 보일러 연결부 등에서 누설이 될 때
- 급수밸브 및 체크밸브가 고장 나서 보일러수가 급수탱크로 역류할 때
- 수면계의 유리가 오손되어 수위를 오인할 때
- 수면계의 막힘·고장, 밸브의 개폐 오류에 의해 수위를 오판할 때
- 자동급수제어장치가 고장 나거나 작동이 불량할 때
- 증기 토출량이 지나치게 과대할 때
- 펌프용량이 증발능력에 비해 과소한 것을 설치했을 때
- 갑자기 정전사고가 발생했을 때
- 보일러 운전 중 안전관리자가 자리를 이탈했을 때

96 보일러의 용접설계에서 두께가 다른 판을 맞대기 이음할 때 중심선을 일치시킬 경우 얼마 이하의 기울기로 가공하여야 하는가?

① $\frac{1}{2}$
② $\frac{1}{3}$
③ $\frac{1}{4}$
④ $\frac{1}{5}$

해설

맞대기 용접 이음에서 두께가 다른 판의 경우, 중심선 일치를 위하여 1/3 이하의 기울기로 가공한다.

정답 92 ③ 93 ② 94 ④ 95 ③ 96 ②

97 최고 사용압력(P)은 20[kgf/cm²], 안지름(Di)은 600[mm]인 구형의 최소 두께는 약 몇 [mm]인가? (단, 용접 이음효율(η)은 1, 부식 여유(α)는 2.5[mm], 재료의 허용인장강도(σ_a)는 8[kgf/mm²]이다)

① 6.3
② 8.2
③ 9.6
④ 13.0

해설
구형 용기의 최소 두께(t)
$$t = \frac{PD}{400\sigma_a\eta - 0.4P} + \alpha$$
$$= \frac{20 \times 600}{400 \times 8 \times 1 - 0.4 \times 20} + 2.5 \simeq 6.3[mm]$$
(여기서, P : 최고 사용압력, D : 안지름, η : 용접 이음효율, α : 부식 여유)

98 다음 중 보일러수의 pH를 조절하기 위한 약품으로 적당하지 않은 것은?

① NaOH
② Na_2CO_3
③ Na_3PO_4
④ $Al_2(SO_4)_3$

해설
pH 조정제 : pH를 조절하여 부식, 스케일 등을 방지한다.
• pH 높임 : 수산화나트륨(NaOH, 가성소다), 탄산나트륨(Na_2CO_3, 탄산소다), 암모니아
• pH 낮춤 : 황산, 인산, 인산나트륨(Na_3PO_4)

99 용존 고형물이 증가하면 전기전도도는 어떻게 되는가?

① 커지다 작아진다.
② 관계없다.
③ 작아진다.
④ 커진다.

해설
용존 고형물이 증가하면 전기전도도는 커진다.

100 인젝터의 특징에 대한 설명으로 옳지 않은 것은?

① 급수온도가 높으면 작동이 불가능하다.
② 소형 저압 보일러용으로 사용된다.
③ 구조가 간단하다.
④ 열효율은 좋으나 별도의 소요동력이 필요하다.

해설
인젝터의 특징
• 구조가 간단하고, 별도의 소요동력이 필요하지 않다.
• 소량의 고압증기로 다량을 급수할 수 있다.
• 소형 저압용 보일러에 사용된다.
• 송수량의 조절이 불편하다.
• 급수온도가 높으면 작동이 불가능하다.

정답 97 ① 98 ④ 99 ④ 100 ④

2023년 제2회 최근 기출복원문제

PART 02 | 과년도 + 최근 기출복원문제

제1과목 | 연소공학

01 연료 중에 회분이 많을 경우 연소에 미치는 영향으로 옳은 것은?

① 발열량이 증가한다.
② 연소 상태가 고르게 된다.
③ 클링커의 발생으로 통풍을 방해한다.
④ 완전연소되어 잔류물을 남기지 않는다.

해설
① 발열량이 감소한다.
② 연소 상태가 고르지 않게 된다.
④ 불완전연소되어 잔류물이 남는다.

02 연도가스를 분석한 결과값이 각각 CO_2 12.6[%], O_2 6.4[%]일 때 CO_{2max}는?

① 15.1[%] ② 18.1[%]
③ 21.1[%] ④ 24.1[%]

해설
$$CO_{2max} = \frac{21 \times CO_2[\%]}{21 - O_2[\%]} = \frac{21 \times 12.6}{21 - 6.4} \simeq 18.1[\%]$$

03 연료사용설비의 배기가스에 의한 대기오염을 방지하는 방법으로 옳지 않은 것은?

① 집진장치를 설치한다.
② 공기비를 높인다.
③ 연료유의 불순물을 제거한다.
④ 연소장치를 정기적으로 청소한다.

해설
연료사용설비의 배기가스에 의한 대기오염을 방지하려면 적절한 공기비를 유지해야 한다.

04 저탄장 바닥의 구배와 실외에서의 탄층 높이로 가장 적절한 것은?

① 구배 1/50 ~ 1/100, 높이 2[m] 이하
② 구배 1/100 ~ 1/150, 높이 4[m] 이하
③ 구배 1/150 ~ 1/200, 높이 2[m] 이하
④ 구배 1/200 ~ 1/250, 높이 4[m] 이하

해설
저탄장
- 바닥의 구배 : 1/100~1/150(경사 : 배수 양호)
- 30[m²]마다 1개소 이상의 통기구를 마련한다.
- 탄층 높이 : 실내 2[m] 이하, 실외 4[m] 이하

05 다음 기체 중 폭발범위가 가장 넓은 것은?

① 수 소
② 메 탄
③ 프로판
④ 벤 젠

해설
폭발범위[%]
- 수소 : 4.1~75
- 메탄 : 5~15
- 프로판 : 2.1~9.5
- 벤젠 : 1.4~7.4

정답 1 ③ 2 ② 3 ② 4 ② 5 ①

06 다음의 혼합가스 1[Nm³]의 이론공기량[Nm³/Nm³]은?(단, C_3H_8 : 70[%], C_4H_{10} : 30[%]이다)

① 24
② 26
③ 28
④ 30

해설
연소방정식을 기준으로 혼합가스의 이론공기량을 구한다.
• 프로판의 연소방정식 : $C_3H_8 + 5O_2 \rightarrow 3CO_2 + 4H_2O$
• 부탄의 연소방정식 : $C_4H_{10} + 6.5O_2 \rightarrow 4CO_2 + 5H_2O$
프로판 70[%], 부탄 30[%]이므로 이론공기량은
$A_0 = \dfrac{O_0}{0.21} = \dfrac{5 \times 0.7 + 6.5 \times 0.3}{0.21} \simeq 26[\%]$

07 연돌에서 배출되는 연기의 농도를 1시간 동안 측정한 결과가 다음과 같을 때 매연의 농도율은 몇 [%]인가?

[측정결과]
• 농도 4도 : 10분   • 농도 3도 : 15분
• 농도 2도 : 15분   • 농도 1도 : 20분

① 25
② 35
③ 45
④ 55

해설
매연의 농도율
$R = \dfrac{\text{매연농도값}}{\text{측정시간(분)}} \times 20[\%]$
$= \dfrac{4 \times 10 + 3 \times 15 + 2 \times 15 + 1 \times 20}{10 + 15 + 15 + 20} \times 20[\%] = 45[\%]$

08 프로판가스 1[kg]을 연소시킬 때 필요한 이론공기량은 약 몇 [Sm³/kg]인가?

① 10.2
② 11.3
③ 12.1
④ 13.2

해설
프로판가스의 연소방정식은 $C_3H_8 + 5O_2 \rightarrow 3CO_2 + 4H_2O$이므로, 필요한 이론공기량은
$A_0 = 5 \times \dfrac{1}{0.21} \times \dfrac{22.4}{44} \simeq 12.1[Sm^3/kg]$ 이다.

09 다음 중 분해 폭발성 물질이 아닌 것은?

① 아세틸렌
② 하이드라진
③ 에틸렌
④ 수 소

해설
분해 폭발성 물질 : 아세틸렌, 하이드라진, (산화)에틸렌, 5류 위험물

10 공기비 1.3에서 메탄을 연소시킨 경우 단열 연소온도는 약 몇 [K]인가?(단, 메탄의 저발열량은 49[MJ/kg], 배기가스의 평균 비열은 1.29[kJ/kg·K]이고, 고온에서의 열분해는 무시하고, 연소 전 온도는 25[℃]이다)

① 1,663
② 1,932
③ 1,965
④ 2,230

해설
메탄의 연소방정식 $CH_4 + 2O_2 \rightarrow CO_2 + 2H_2O$에서 메탄의 이론공기량은
$A_0 = O_0/0.21 = 2/0.21 \simeq 9.5[Nm^3/Nm^3]$ 이며,
실제습배기가스량은 $G = G' + (m-1)A_0$
$= [(1-0.21) \times 9.5 + 1 + 2]$
$+ (1.3-1) \times 9.5 \simeq 13$이다.
온도를 고려하면 $G = 13 \times \dfrac{25 + 273}{273} \simeq 14.2[Nm^3/Nm^3]$ 이다.
이것을 [kg]당으로 계산하면,
$G = 14.2 \times \dfrac{22.4}{16} \simeq 19.9[Nm^3/kg]$ 이다.
따라서, 단열 연소온도는
$t = t_1 + \dfrac{H_L}{G \times C_p} = 25 + \dfrac{49,000}{19.9 \times 1.29} \simeq 1,933[K]$

11 가스버너로 연료가스를 연소시키면서 가스의 유출속도를 점차 빠르게 할 때 나타나는 현상은?

① 불꽃이 엉클어지면서 짧아진다.
② 불꽃이 엉클어지면서 길어진다.
③ 불꽃형태는 변함없으나 밝아진다.
④ 별다른 변화를 찾기 힘들다.

해설
가스버너로 연료가스를 연소시키면서 가스의 유출속도를 점차 빠르게 하면, 불꽃이 엉클어지면서 짧아진다.

12 다음과 같이 조성된 발생로 내 가스를 15[%]의 과잉공기로 완전연소시켰을 때 건연소가스량[Sm^3/Sm^3]은?(단, 발생로 가스의 조성은 CO 31.3[%], CH_4 2.4[%], H_2 6.3[%], CO_2 0.7[%], N_2 59.3[%]이다)

① 1.99   ② 2.54
③ 2.87   ④ 3.01

해설
연소방정식
• 일산화탄소 : $CO + 0.5O_2 \rightarrow CO_2$
• 메탄 : $CH_4 + 2O_2 \rightarrow CO_2 + 2H_2O$
• 수소 : $H_2 + 0.5O_2 \rightarrow H_2O$

건연소가스량
$G' = (m - 0.21)A_0 +$ (연료 중의 $CO_2 + N_2 +$ 생성된 CO_2 의 양)
$= (1.15 - 0.21) \times \dfrac{O_0}{0.21} + (0.007 + 0.593 + 1 \times 0.313 + 1 \times 0.024)$
$= (1.15 - 0.21) \times \dfrac{0.5 \times 0.313 + 2 \times 0.024 + 0.5 \times 0.063}{0.21} + 0.937$
$= 0.94 \times 1.1238 + 0.937 \simeq 1.99[Sm^3/Sm^3]$

13 액체를 미립화하기 위해 분무할 때 분무를 지배하는 요소가 아닌 것은?

① 액류의 운동량
② 액류의 기체 표면적에 따른 저항력
③ 액류와 액공 사이의 마찰력
④ 액체와 기체 사이의 표면장력

해설
액체연료의 분무를 지배하는 요소(액체를 미립화하기 위해 분무할 때 분무를 지배하는 요소) : 액류의 운동량, 액류와 기체의 표면적에 따른 저항력, 액체와 기체 사이의 표면장력

14 다음 중 연소가스의 노점(Dew Point)에 영향을 많이 주는 것은?

① 연료의 연소온도
② 연소가스 중의 수분 함량
③ 과잉공기의 계수
④ 배기가스의 열회수율

해설
연소가스의 노점(Dew Point)은 연소가스 중의 수분 함량에 가장 영향을 많이 받는다.

15 액체연료 연소장치 중 회전식 버너의 특징에 대한 설명으로 옳지 않은 것은?

① 분무각은 10~40[°] 정도이다.
② 유량 조절범위는 1 : 5 정도이다.
③ 자동제어에 편리한 구조로 되어 있다.
④ 부속설비가 없으며 화염이 짧고 안정한 연소를 얻을 수 있다.

해설
분무각은 에어노즐의 안내날개 각도에 따르지만 보통 40~80[°] 정도이다.

16 연소기의 배기가스 연도에 댐퍼를 부착하는 이유가 아닌 것은?

① 통풍력을 조절한다.
② 과잉공기를 조절한다.
③ 배기가스의 흐름을 차단한다.
④ 주연도, 부연도가 있는 경우에는 가스의 흐름을 바꾼다.

해설
연소기의 배기가스 연도에 댐퍼를 부착하는 이유
- 통풍력을 조절한다.
- 배기가스의 흐름을 차단한다.
- 주연도, 부연도가 있는 경우에는 가스의 흐름을 바꾼다.
- 배기가스, 연소물질, 외부의 습기, 빗물, 이물질 등의 유입을 차단한다.
- 에너지를 절약한다.

17 보일러의 연소용 공기 압입 터보형 송풍기가 풍압이 부족하여 송풍기의 회전수를 1,800[rpm]에서 2,100[rpm]으로 올렸다. 이때 회전수 증가에 의한 풍압은 약 몇 [%] 상승하겠는가?

① 14
② 16
③ 36
④ 42

해설
풍압 $P_2 = P_1 \left(\dfrac{N_2}{N_1}\right)^2 \left(\dfrac{D_2}{D_1}\right)^2$ 이므로

$P_2/P_1 = \left(\dfrac{2,100}{1,800}\right)^2 \times 1^2 = 1.36$ 이다.

풍압 상승률 $\phi = P_2/P_1 - 1 = 1.36 - 1 = 0.36 = 36[\%]$ 이다.

18 과잉공기량이 연소에 미치는 영향으로 가장 거리가 먼 것은?

① 열효율
② CO 배출량
③ 노 내 온도
④ 연소 시 와류 형성

해설
과잉공기량은 열효율, CO 배출량, 노 내 온도 등에 영향을 미치지만 연소 시 와류는 화실 주위의 윈드박스로 인하여 형성된다.

19 질량비로 프로판 45[%], 공기 55[%]인 혼합가스가 있다. 프로판가스의 발열량이 100[MJ/Nm³]일 때 혼합가스의 발열량은 약 몇 [MJ/Nm³]인가? (단, 공기의 발열량은 무시한다)

① 29
② 31
③ 33
④ 35

해설
프로판을 1, 공기를 2, 혼합기체를 3이라고 하자.
프로판(C_3H_8)이 질량비로 45[%]이므로 몰수비(또는 체적비)는
$V_1 = \dfrac{22.4}{44} \times 0.45 \simeq 0.2291$
공기가 질량비로 55[%]이므로 몰수비(또는 체적비)는
$V_2 = \dfrac{22.4}{29} \times 0.55 \simeq 0.4248$
혼합가스의 몰수비(또는 체적비)
$V_3 = V_1 + V_2 = 0.2291 + 0.4248 = 0.6539$
∴ 혼합가스의 발열량
$Q_3 = Q_1 \times \dfrac{\text{프로판의 체적비}}{\text{전체 체적비}} = 100 \times \dfrac{V_1}{V_3}$
$= 100 \times \dfrac{0.2291}{0.6539} \simeq 35[\text{MJ/Nm}^3]$

20 탄화수소계 연료(C_xH_y)를 연소시켜 얻은 연소생성물을 분석한 결과 CO_2 9[%], CO 1[%], O_2 8[%], N_2 82[%]의 체적비를 얻었다. y/x의 값은 얼마인가?

① 1.52
② 1.72
③ 1.92
④ 2.12

해설
$C_xH_y + a(O_2 + 3.76)N_2 \rightarrow 9CO_2 + CO + 8O_2 + bH_2O + 82N_2$
- C : $x = 9 + 1 = 10$
- N : $7.52a = 82 \times 2$이므로 $a = 21.8$
- O : $2a = 9 \times 2 + 1 + 16 + b$에서 $b = 8.6$
- H : $y = 2b$에서 $y = 17.2$
∴ $y/x = 17.2/10 = 1.72$

제2과목 | 열역학

21 다음 4행정 사이클 구성이 틀린 것은?

① 오토 사이클 : 가역 단열압축, 가역 정적가열, 가역 단열팽창, 가역 정적방열
② 디젤 사이클 : 가역 단열압축, 가역 정압가열, 가역 단열팽창, 가역 정압방열
③ 스털링 사이클 : 가역 등온압축, 가역 정적가열, 가역 등온팽창, 가역 정적방열
④ 브레이턴 사이클 : 가역 단열압축, 가역 정압가열, 가역 단열팽창, 가역 정압방열

해설
디젤 사이클 : 가역 단열압축, 등압가열, 가역 단열팽창, 등적방열

22 냉장고가 저온체에서 30[kW]의 열을 흡수하여 고온체로 40[kW]의 열을 방출한다. 이 냉장고의 성능계수는?

① 2 ② 3
③ 4 ④ 5

해설
성능계수
$$(COP)_R = \varepsilon_R = \frac{증발열량}{압축열량} = \frac{증발열량}{응축열량 - 증발열량}$$
$$= \frac{30}{40-30} = \frac{30}{10} = 3$$

23 어느 기체 혼합물을 10[kPa], 20[℃], 0.2[m³]인 초기 상태로부터 0.1[m³]으로 실린더 내에서 가역 단열압축할 때 최종 상태의 온도는 약 몇 [K]인가? (단, 이 혼합가스의 정적비열은 0.7157[kJ/kgK], 기체상수는 0.2695[kJ/kg]이다)

① 381 ② 387
③ 397 ④ 400

해설
$C_p - C_v = R$에서
$C_p = C_v + R = 0.7157 + 0.2695 = 0.9852$ [kJ/kgK]
$k = \dfrac{C_p}{C_v} = \dfrac{0.9852}{0.715} \simeq 1.38$

∴ $\dfrac{T_2}{T_1} = \left(\dfrac{V_1}{V_2}\right)^{k-1}$ 에서

$T_2 = T_1 \times \left(\dfrac{V_1}{V_2}\right)^{k-1} = 293 \times \left(\dfrac{0.2}{0.1}\right)^{1.38-1} \simeq 381$ [K]

24 압력 500[kPa], 온도 250[℃]의 과열증기 500[kg]에 동일 압력의 주입 수량 x[kg]의 포화수를 주입하여 동일 압력의 건도 93[%]의 습공기를 얻었을 때, 주입량 x는 약 얼마인가?(단, 압력 500[kPa], 온도 250[℃]의 과열증기 엔탈피는 3,347[kJ/kg], 동일 압력에서 포화수의 엔탈피는 758[kJ/kg]이며, 이때 증발잠열은 2,108[kJ/kg]이다)

① 80.6 ② 160.3
③ 230.7 ④ 268.7

해설
• 습증기 비엔탈피
$h_x = h' + x\gamma = 758 + 0.93 \times 2,108 = 2,718.44$ [kJ/kg]
• 습증기 열량 $Q_w = m_1 h_x = 500 \times 2,718.44 = 1,359,220$ [kJ]
• 과열증기 열량 $Q_s = 500 \times 3,347 = 1,673,500$ [kJ]
• 주입 수량 $m = \dfrac{Q_s - Q_w}{h_x - h'} = \dfrac{1,673,500 - 1,359,220}{2,718.44 - 758}$
$= 160.3$ [kg]

정답 21 ② 22 ② 23 ① 24 ②

25 열역학 제2법칙에 대한 설명으로 옳지 않은 것은?

① 진공 중에서의 가스 확산은 비가역적이다.
② 제2종 영구기관은 존재할 수 없다.
③ 사이클에 의하여 일을 발생시킬 때는 고온체만 필요하다.
④ 열은 외부 동력 없이 저온체에서 고온체로 이동할 수 없다.

해설
사이클에 의하여 일을 발생시킬 때는 고온체와 저온체가 모두 필요하다.

26 다음 중 과열증기(Superheated Steam)의 상태가 아닌 것은?

① 주어진 압력에서 포화증기 온도보다 높은 온도
② 주어진 비체적에서 포화증기 압력보다 높은 압력
③ 주어진 온도에서 포화증기 비체적보다 낮은 비체적
④ 주어진 온도에서 포화증기 엔탈피보다 높은 엔탈피

해설
과열증기는 주어진 압력에서 포화증기 비체적보다 높은 비체적 상태이다.

27 온도가 800[K]이고, 질량이 10[kg]인 구리를 온도 290[K]인 100[kg]의 물속에 넣었을 때 이 계 전체의 엔트로피 변화는 몇 [kJ/K]인가?(단, 구리와 물의 비열은 각각 0.398[kJ/(kg·K)], 4.185[kJ/(kg·K)]이고, 물은 단열된 용기에 담겨 있다)

① -3.973
② 2.897
③ 4.424
④ 6.870

해설
$m_1 C_1 T_1 + m_2 C_2 T_2 = m_1 C_1 T_m + m_2 C_2 T_m$ 에서

$T_m = \dfrac{m_1 C_1 T_1 + m_2 C_2 T_2}{m_1 C_1 + m_2 C_2}$

$= \dfrac{10 \times 0.398 \times 800 + 100 \times 4.185 \times 290}{10 \times 0.398 + 100 \times 4.185} \simeq 294.8[K]$

$\Delta S = \dfrac{\delta Q}{T} = m_1 C_1 \ln \dfrac{T_m}{T_1} + m_2 C_2 \ln \dfrac{T_m}{T_2}$

$= 10 \times 0.398 \times \ln \dfrac{294.8}{800} + 100 \times 4.185 \times \ln \dfrac{294.8}{290}$

$\simeq 2.897 [kJ/K]$

28 일정한 압력 300[kPa]으로, 체적 0.5[m³]의 공기가 외부로부터 160[kJ]의 열을 받아 그 체적이 0.8[m³]로 팽창하였다. 내부에너지의 증가량은 몇 [kJ]인가?

① 30
② 70
③ 90
④ 160

해설
$_1W_2 = Q - \Delta U$ 이므로
내부에너지의 증가량
$\Delta U = Q - {_1W_2} = Q - P(V_2 - V_1)$
$= 160 - 300 \times (0.8 - 0.5) = 70[kJ]$

29 저위발열량 40,000[kJ/kg]인 연료를 쓰고 있는 열기관에서 이 열이 전부 일로 바꾸어지고, 연료소비량이 20[kg/h]이라면 발생되는 동력은 약 몇 [kW]인가?

① 110
② 222
③ 316
④ 820

해설

$\eta = \dfrac{H}{H_L \times m_f}$ 에서

$H = \eta \times H_L \times m_f = 1 \times 40,000 \times 20 = 800,000 [\text{kJ/h}]$

$= \dfrac{800,000}{3,600} [\text{kW}] \simeq 222 [\text{kW}]$

30 이상기체에서 정적비열의 정의로 옳은 것은?

① $\left(\dfrac{\partial U}{\partial T}\right)_p$
② KC_p
③ $\left(\dfrac{\partial T}{\partial U}\right)_v$
④ $\left(\dfrac{\partial U}{\partial T}\right)_v$

해설

- 정압비열(C_p) : 압력이 일정하게 유지되는 열역학적 과정에서의 비열이다. 압력이 일정할 때 엔탈피 변화를 온도 변화로 나눈 값으로, 온도에 따라서 다르다.

  $C_p = \left(\dfrac{\partial H}{\partial T}\right)_p$ (여기서, H : 엔탈피, T : 온도)

- 정적비열(C_v) : 물체의 부피가 일정하게 유지되는 열역학적 과정에서의 비열이다. 부피가 일정할 때 내부에너지의 변화를 온도의 변화로 나눈 값으로, 압력에 따라서 다르다.

  $C_v = \left(\dfrac{\partial U}{\partial T}\right)_v$ (여기서, U : 내부에너지, T : 온도)

31 어떤 과학자가 대기압하에서 물의 어는점과 끓는점 사이에서 운전할 때 열효율이 28.6[%]인 열기관을 만들었다고 발표하였다. 다음 설명 중 옳은 것은?

① 근거가 확실한 말이다.
② 경우에 따라 있을 수 있다.
③ 근거가 있다 없다 말할 수 없다.
④ 이론적으로 있을 수 없는 말이다.

해설

대기압하에서 물의 어는점과 끓는점 사이에서 운전할 때 카르노 사이클의 열효율

$\eta_c = 1 - \dfrac{T_2}{T_1} = 1 - \dfrac{0+273}{100+273} = 1 - 0.732 \simeq 26.8[\%]$

과학자가 만든 열기관의 열효율이 28.6[%]이라면 카르노 사이클 열효율보다 높으므로 이론적으로 있을 수 없다.

32 오토 사이클에서 압축비가 8일 때 열효율은 약 몇 [%]인가?(단, 비열비는 1.4이다)

① 56.5
② 58.2
③ 60.5
④ 62.2

해설

오토 사이클의 열효율

$\eta_o = 1 - \left(\dfrac{1}{\varepsilon}\right)^{k-1} = 1 - \left(\dfrac{1}{8}\right)^{1.4-1} \simeq 56.5[\%]$

33 보일러로부터 압력 1[MPa]로 공급되는 수증기의 건도가 0.95일 때 이 수증기 1[kg]당의 엔탈피는 약 몇 [kcal]인가?(단, 1[MPa]에서 포화액의 비엔탈피는 181.2[kcal/kg], 포화증기의 비엔탈피는 662.9[kcal/kg]이다)

① 457.6
② 638.8
③ 810.9
④ 1,120.5

해설

$h_x = h' + x(h'' - h') = 181.2 + 0.95 \times (662.9 - 181.2)$

$\simeq 638.8 [\text{kcal/kg}]$

34 다음 중 비엔트로피의 단위는?

① [kJ/kg·m]
② [kg/kJ·K]
③ [kJ/kPa]
④ [kJ/kg·K]

해설
- 비엔트로피는 단위질량당 엔트로피이다.
- 엔트로피의 단위가 [kJ/K]이므로, 비엔트로피의 단위는 [kJ/kg·K]이다.

35 다음과 같은 용적 조성을 가지는 혼합기체 91.2[g]이 27[℃], 1[atm]에서 차지하는 부피는 약 몇 [L]인가?

| 보기 |
| CO_2 : 13.1[%], O_2 : 7.7[%], N_2 : 79.2[%] |

① 49.2
② 54.2
③ 64.8
④ 73.8

해설
혼합기체의 평균 분자량
$M = (44 \times 0.131) + (32 \times 0.077) + (28 \times 0.792) = 30.404$
$PV = n\bar{R}T$ 에서
부피 $V = \dfrac{n\bar{R}T}{P} = \dfrac{(91.2/30.404) \times 0.082 \times (27+273)}{1}$
$\simeq 73.8[L]$

36 '어떠한 방법으로든 물체의 용도를 절대영도로 내릴 수는 없다.'라고 주장한 사람은?

① Kelvin
② Planck
③ Nernst
④ Carnot

해설
열역학 제3법칙(Nernst) : 어떠한 방법으로든 물체의 용도를 절대영도로 내릴 수는 없다.

37 비열에 대한 설명으로 옳지 않은 것은?

① 정압비열은 정적비열보다 항상 크다.
② 물질의 비열은 물질의 종류와 온도에 따라 달라진다.
③ 비열비가 큰 물질일수록 압축 후의 온도가 더 높다.
④ 물은 비열이 작아 공기보다 온도를 증가시키기 어렵고 열용량도 적다.

해설
물은 비열이 커서 공기보다 온도를 증가시키기 어렵고, 열용량도 크다.

38 열기관의 효율을 길이의 비로 나타낼 수 있는 선도는?

① $P-T$ 선도
② $T-S$ 선도
③ $H-S$ 선도
④ $P-V$ 선도

해설
- 열기관의 효율을 길이의 비로 나타낼 수 있는 선도 : $H-S$ 선도
- 열기관의 효율을 면적비로 나타낼 수 있는 선도 : $T-S$ 선도

39 엔탈피에 대한 설명으로 옳지 않은 것은?

① 열량을 일정한 온도로 나눈 값이다.
② 경로에 따라 변화하지 않는 상태함수이다.
③ 엔탈피의 측정에는 흐름 열량계를 사용한다.
④ 내부에너지와 유통일(흐름 일)의 합으로 나타낸다.

해설
- 엔탈피(Enthalpy, H) : 일정한 압력과 온도에서 물질이 지닌 고유 에너지량(열 함량)
- 엔트로피(Entropy) : 열량을 일정한 온도로 나눈 값

40 1[MPa], 400[℃]인 큰 용기 속의 공기가 노즐을 통하여 100[kPa]까지 등엔트로피 팽창을 한다. 출구속도는 약 몇 [m/sec]인가?(단, 비열비는 1.4이고 정압비열은 1.0[kJ/(kg·K)]이며 노즐 입구에서의 속도는 무시한다)

① 569   ② 805
③ 910   ④ 1,107

해설
비열비 $k = 1.4 = \dfrac{C_p}{C_v} = \dfrac{1.0}{C_v}$ 에서

정적비열 $C_v = \dfrac{1.0}{1.4} \approx 0.7143[kJ/kgK]$

∴ 기체상수 $R = C_p - C_v = 1.0 - 0.7143 = 0.2857[kJ/kgK]$

∴ 출구속도

$v_2 = \sqrt{\dfrac{2kRT_1}{k-1}\left[1-\left(\dfrac{P_2}{P_1}\right)^{\frac{k-1}{k}}\right]}$

$= \sqrt{\dfrac{2\times1.4\times(0.2857\times1,000)\times(400+273)}{1.4-1}\times\left[1-\left(\dfrac{100}{1,000}\right)^{\frac{1.4-1}{1.4}}\right]}$

$= \sqrt{\dfrac{2\times1.4\times285.7\times673}{0.4}\times0.482} = \sqrt{648,740} \approx 805[m/s]$

제3과목 | 계측방법

41 국소대기압이 740[mmHg]인 곳에서 게이지압력이 0.4[kgf/cm²]일 때 절대압력[kgf/cm²]은?

① 1.0   ② 1.2
③ 1.4   ④ 1.6

해설
절대압력 = 대기압 + 게이지압력
$= \dfrac{740}{760}\times1.0332 + 0.4 \approx 1.4[kgf/cm^2]$

42 전자유량계의 특징에 대한 설명으로 옳지 않은 것은?

① 응답이 매우 빠르다.
② 압력손실이 거의 없다.
③ 도전성 유체에 한하여 사용한다.
④ 점도가 높은 유체에는 사용하기 곤란하다.

해설
전자유량계는 점도가 높은 유체도 측정 가능하다.

43 각 가스별 시험방법 등의 연결이 잘못된 것은?

① 암모니아 – 리트머스시험지 – 청색
② 사이안화수소 – 질산구리벤젠지 – 청색
③ 염소 – 염화파라듐지 – 적색
④ 황화수소 – 연당지 – 흑갈색

해설
염소 – KI전분지 – 청색

44 방사 온도계의 특징에 대한 설명으로 옳은 것은?

① 측정 대상의 온도에 영향이 크다.
② 이동 물체에 대한 온도 측정이 가능하다.
③ 저온도에 대한 측정에 적합하다.
④ 응답속도가 느리다.

해설
① 측정 대상의 온도에 대한 영향이 작다.
③ 저온도에 대한 측정에는 적합하지 않다.
④ 응답속도가 빠르다.

45 중유를 사용하는 보일러의 배기가스를 오르자트 가스분석계의 가스뷰렛에 시료가스량을 50[mL] 채취하였다. CO_2 흡수피펫을 통과한 후 가스뷰렛에 남은 시료는 44[mL]이었고, O_2 흡수피펫에 통과한 후에는 41.8[mL], CO 흡수피펫에 통과한 후 남은 시료량은 41.4[mL]이었다. 배기가스 중에 CO_2, O_2, CO는 각각 몇 [vol%]인가?

① 6, 2.2, 0.4
② 12, 4.4, 0.8
③ 15, 6.4, 1.2
④ 18, 7.4, 1.8

해설
$CO_2 = \dfrac{50-44}{50} \times 100 = 12[\text{vol}\%]$

$O_2 = \dfrac{44-41.8}{50} \times 100 = 4.4[\text{vol}\%]$

$CO = \dfrac{41.8-41.4}{50} \times 100 = 0.8[\text{vol}\%]$

46 SI 기본단위를 바르게 표현한 것은?

① 시간 : 분
② 질량 : 그램
③ 길이 : 밀리미터
④ 전류 : 암페어

해설
① 시간 : 초
② 질량 : 킬로그램
③ 길이 : 미터

47 서미스터(Thermistor)에 대한 설명으로 옳지 않은 것은?

① 측정범위는 약 -100~300[℃]이다.
② 수분을 흡수하면 오차가 발생한다.
③ 반도체를 이용하여 온도 변화에 따른 저항 변화를 온도 측정에 이용한다.
④ 주로 감도가 낮고, 온도 변화가 큰 곳의 측정에 이용한다.

해설
서미스터는 주로 감도가 높고, 온도 변화가 작은 곳의 측정에 이용한다.

48 캐스케이드 제어에 대한 설명으로 옳은 것은?

① 비율제어라고도 한다.
② 단일 루프제어에 비해 내란의 영향이 없으나 계 전체의 지연이 크게 된다.
③ 2개의 제어계를 조합하여 제어량을 1차 조절계로 측정하고, 그 조작 출력으로 2차 조절계의 목표치를 설정한다.
④ 물체의 위치, 방위, 자세 등의 기계적 변위를 제어량으로 하는 제어계이다.

해설
캐스케이드 제어(Cascade Control)
- 1차 제어장치가 제어량을 측정하여 제어명령을 하고, 2차 제어장치가 이 명령을 바탕으로 제어량을 조절하는 제어방식
- 2개의 제어계를 조합하여 1차 제어장치의 제어량을 측정하여 제어명령을 발하고, 2차 제어장치의 목표치로 설정하는 제어방식
- 프로세스계 내에 시간 지연이 크거나 외란이 심할 경우 조절계를 이용하여 설정점을 작동시키는 제어방식

정답 44 ② 45 ② 46 ④ 47 ④ 48 ③

49 일반적으로 사용하는 열전대의 종류가 아닌 것은?

① 크로멜 - 백금
② 철 - 콘스탄탄
③ 구리 - 콘스탄탄
④ 백금 - 백금·로듐

해설
크로멜 - 백금으로 만든 열전대는 존재하지 않는다.

50 계측기와 그 구성을 연결한 것으로 틀린 것은?

① 부르동관 - 압력계
② 플로트(浮子) - 온도계
③ 열선 소자 - 가스검지기
④ 운반가스(Carrier Gas) - 가스분석기

해설
플로트(浮子) - 액면계

51 되먹임 제어의 특성에 대한 설명으로 옳지 않은 것은?

① 목표값에 정확히 도달할 수 있다.
② 제어계의 특성을 향상시킬 수 있다.
③ 외부조건의 변화에 영향을 줄일 수 있다.
④ 제어기 부품들의 성능이 다소 나빠지면 큰 영향을 받는다.

해설
되먹임 제어는 제어기 부품들의 성능이 다소 나빠져도 큰 영향을 받지 않는다.

52 150[°F]는 몇 [℃]인가?

① 65.5[℃]
② 88.5[℃]
③ 118.5[℃]
④ 123.5[℃]

해설
$$[℃] = \frac{[°F] - 32}{1.8} [℃] = \frac{150 - 32}{1.8} = \frac{118}{18} \approx 65.5[℃]$$

53 벤투리미터(Venturi Meter)의 특성으로 옳은 것은?

① 오리피스에 비해 가격이 저렴하다.
② 오리피스에 비해 공간을 적게 차지한다.
③ 압력손실이 작고, 측정 정도가 높다.
④ 파이프와 목 부분의 지름비를 변화시킬 수 있다.

해설
벤투리(Venturi) : 조리개부가 유선형에 가까운 형상으로 설계되어 축류의 영향을 비교적 적게 받게 하고, 조리개에 의한 압력손실을 최대한으로 줄인 조리개 형식의 유량계이다.
• 압력손실이 적고, 측정 정도가 높다.
• 파이프와 목 부분의 지름비를 변화시킬 수 없다.
• 구조가 복잡하고 공간을 많이 차지하며, 대형이며 비싸다.

54 색 온도계의 특징이 아닌 것은?

① 방사율의 영향이 크다.
② 광흡수에 영향이 작다.
③ 응답이 빠르다.
④ 구조가 복잡하며 주위로부터 빛 반사의 영향을 받는다.

해설
색 온도계는 방사율의 영향이 작다.

55 점성계수 $\mu = 0.85$poise, 밀도 $\rho = 85[\sec^2/m^4]$인 유체의 동점계수는?

① $1[m^2/\sec]$
② $0.1[m^2/\sec]$
③ $0.01[m^2/\sec]$
④ $0.001[m^2/\sec]$

[해설]
동점성계수
$$\nu = \frac{\mu}{\rho} = \frac{0.85 \times 0.1 [s/m^2]}{85[s^2/m^4]} = 0.001[m^2/\sec]$$

56 보일러의 자동제어에서 인터로크 제어의 종류가 아닌 것은?

① 압력 초과
② 저연소
③ 고온도
④ 불착화

[해설]
보일러의 인터로크 제어 : 프리퍼지, 압력 초과, 저연소, 불착화, 저수위 등

57 저항식 습도계의 특징이 아닌 것은?

① 저온도의 측정이 가능하다.
② 응답이 늦고, 정도가 좋지 않다.
③ 연속기록, 원격 측정, 자동제어에 이용된다.
④ 교류전압에 의하여 저항치를 측정하여 상대습도를 표시한다.

[해설]
저항식 습도계는 응답이 빠르고, 정도가 우수하다.

58 노 내압을 제어하는 데 필요하지 않은 조작은?

① 공기량 조작
② 연료량 조작
③ 급수량 조작
④ 댐퍼의 조작

[해설]
화실 노 내압 제어에 필요한 조작 : 공기량 조작, 연료량 조작, 연소가스 배출량 조작, 댐퍼의 조작

59 베르누이 방정식을 적용할 수 있는 가정으로 옳게 나열된 것은?

① 무마찰, 압축성 유체, 정상 상태
② 비점성유체, 등유속, 비정상 상태
③ 뉴턴유체, 비압축성 유체, 정상 상태
④ 비점성유체, 비압축성 유체, 정상 상태

[해설]
베르누이 방정식의 가정 : 비점성유체(무마찰), 비압축성 유체, 정상 상태(밀도와 비중량 일정)

60 다음 중 가장 높은 압력을 측정할 수 있는 압력계는?

① 부르동관 압력계
② 다이어프램식 압력계
③ 벨로스식 압력계
④ 링밸런스식 압력계

[해설]
부르동관식 압력계
• 곡관에 압력을 가하면 곡률반경이 변화되는 것을 이용한 것이다.
• 구조가 간단하다.
• 재질은 고압용에 니켈(Ni)강, 저압용에 황동, 인청동, 특수청동을 사용한다.
• 주로 고압용(0.5~3,000[kgf/cm²])에 사용된다.
• 높은 압력은 측정 가능하지만, 정확도가 낮다.

제4과목 | 열설비재료 및 관계법규

61 고압 배관용 탄소강관에 대한 설명으로 틀린 것은?

① 관의 소재로는 킬드강을 사용하여 이음매 없이 제조된다.
② KS 규격 기호로 SPPS라고 표기한다.
③ 350[℃] 이하, 100[kg/cm^2] 이상의 압력범위에서 사용이 가능하다.
④ NH$_3$ 합성용 배관, 화학공업의 고압유체 수송용에 사용한다.

[해설]
고압 배관용 탄소강관은 KS 규격기호에서 SPPH로 표기한다.

62 다음 중 캐스터블 내화물의 특성이 아닌 것은?

① 현장에서 필요한 형상으로 성형이 가능하다.
② 내스폴링성이 우수하고, 열전도율이 작다.
③ 열팽창이 크지만, 잔존 수축이 작다.
④ 소성할 필요가 없고, 가마의 열손실이 적다.

[해설]
캐스터블 내화물은 열팽창이 작고, 잔존수축은 크다.

63 파형 노통에 대한 설명으로 옳지 않은 것은?

① 강도가 크다.
② 제작비가 비싸다.
③ 스케일의 생성이 쉽다.
④ 열의 신축에 의한 탄력성이 나쁘다.

[해설]
파형 노통은 열에 의한 신축에 대하여 탄력성이 좋다.

64 몸통이 둥근 달걀형의 밸브로서, 유체의 압력 감소가 커서 압력이 필요하지 않을 경우나 유량 조절용이나 차단용으로 적합한 것은?

① 글로브밸브
② 체크밸브
③ 버터플라이밸브
④ 슬루스밸브

[해설]
① 글로브밸브 : 몸통이 둥근 달걀형의 밸브로서, 유체의 압력 감소가 커서 압력이 필요하지 않거나 유량 조절용이나 차단용으로 적합하다. 구형 밸브 혹은 옥형 밸브라고도 한다.
② 체크밸브 : 역류방지밸브이다.
③ 버터플라이밸브 : 원판형 디스크가 축을 중심으로 90° 회전(Quater Turn)하여 관로를 개폐하는 구조의 밸브이다.
④ 슬루스밸브 : 게이트밸브라고도 하며 디스크가 배관의 횡단면과 평행하게 상하로 이동하면서 개폐되는 밸브이다.

65 플라스틱 내화물에 대한 설명으로 틀린 것은?

① 소결력이 좋고 내식성이 크다.
② 캐스터블 소재보다 고온에 적합하다.
③ 내화도가 높고, 하중 연화점이 낮다.
④ 팽창·수축이 작다.

[해설]
플라스틱 내화물은 내화도와 하중 연화점이 높아야 한다.

66 보온재로서 구비하여야 할 일반적인 조건이 아닌 것은?

① 불연성일 것
② 비중이 작을 것
③ 열전도율이 클 것
④ 어느 정도의 강도가 있을 것

[해설]
보온재는 열손실을 줄이기 위해 열전도율이 작아야 한다.

정답 61 ② 62 ③ 63 ④ 64 ① 65 ③ 66 ③

67 내화물 SK26번이면 용융온도 1,580[℃]에 견디어야 한다. SK30번이라면 약 몇 [℃]에 견디어야 하는가?

① 1,460[℃] ② 1,670[℃]
③ 1,780[℃] ④ 1,800[℃]

해설
내화물의 사용온도 범위 : SK26번 1,580[℃], SK30번 1,670[℃], SK34번 1,750[℃], SK40번 1,920[℃], SK42번 2,000[℃]

68 다음 중 연속 가열로의 종류가 아닌 것은?

① 푸셔(Pusher)식 가열로
② 워킹-빔(Working Beam)식 가열로
③ 대차식 가열로
④ 회전로상식 가열로

해설
연속식 가열로 : 강편을 압연온도까지 가열하기 위하여 사용되는 가열로로, 강제 이동방식에 따라 Pusher Type, Walking Beam Type, Walking Hearth Type, 회전로상식(Rotary 혹은 Roller) Hearth Type) 등이 있다.

69 스폴링(Spalling)의 종류로 가장 거리가 먼 것은?

① 열적 스폴링 ② 기계적 스폴링
③ 화학적 스폴링 ④ 조직적 스폴링

해설
스폴링(Spalling) 현상
• 온도의 급격한 변동 또는 불균일한 가열 등으로 내화물에 열응력이 생겨 표면이 갈라지는 균열이 생기거나 표면이 박리되는 현상이다.
• 스폴링의 종류 : 기계적 스폴링, 조직적 스폴링, 열적 스폴링

70 소성가마 내 열의 전열방법이 아닌 것은?

① 복사 ② 전도
③ 전이 ④ 대류

해설
소성가마 내 열의 전열방법 : 복사, 전도, 대류

71 에너지이용합리화법에서의 양벌규정사항에 해당되지 않는 것은?

① 에너지저장시설의 보유 또는 저장의무의 부과 시 정당한 이유 없이 이를 거부하거나 이행하지 아니한 자
② 검사대상기기의 검사를 받지 아니한 자
③ 검사대상기기관리자를 선임하지 아니한 자
④ 개선명령을 정당한 사유 없이 이행하지 아니한 자

해설
• 양벌규정 : 위반행위자를 포함하여 해당 법인 또는 개인에게도 해당 조문의 벌금형을 과한다.
• 양벌규정인 것 : 에너지저장 시설의 보유 또는 저장의무의 부과 시 정당한 이유 없이 이를 거부하거나 이행하지 아니한 자, 조정·명령 등의 조치를 위반한 자, 직무상 알게 된 비밀을 누설하거나 도용한 자, 검사대상기기의 검사를 받지 아니한 자, 법을 위반하여 검사대상기기를 사용한 자, 생산 또는 판매 금지명령을 위반한 자, 검사대상기기 조종자를 선임하지 아니한 자, 효율관리기자재에 대한 에너지 사용량의 측정결과를 신고하지 아니한 자
• 양벌규정 예외 : 위반행위를 방지하기 위하여 해당 업무에 관하여 상당한 주의와 감독을 게을리하지 아니한 경우
• 양벌규정이 아닌 것 : 개선명령을 정당한 사유 없이 이행하지 아니한 자

72 에너지공급자가 제출하여야 할 수요관리 투자계획에 포함되어야 할 사항이 아닌 것은?(단, 그 밖에 수요관리의 촉진을 위하여 필요하다고 인정하는 사항은 제외한다)

① 장·단기 에너지 수요 전망
② 수요관리의 목표 및 그 달성방법
③ 에너지 연구개발 내용
④ 에너지 절약 잠재량의 추정내용

해설
에너지공급자 제출 수요관리 투자계획 포함사항
• 장·단기 에너지 수요 전망
• 에너지 절약 잠재량의 추정내용
• 수요관리의 목표 및 그 달성방법
• 그 밖에 수요관리의 촉진을 위하여 필요하다고 인정하는 사항

73 에너지이용 합리화법에 따라 검사대상기기관리자의 신고사유가 발생한 경우 발생한 날로부터 며칠 이내에 신고하여야 하는가?

① 7일   ② 15일
③ 30일 ④ 60일

해설
검사대상기기관리자의 신고사유가 발생한 경우 발생한 날로부터 30일 이내 신고해야 한다.

74 에너지이용합리화법령에 따라 에너지사용계획에 대한 검토결과 공공사업주관자가 조치요청을 받은 경우, 이를 이행하기 위하여 제출하는 이행계획에 포함되어야 할 내용이 아닌 것은?(단, 산업통상자원부장관으로부터 요청 받은 조치의 내용은 제외한다)

① 이행주체   ② 이행방법
③ 이행장소   ④ 이행시기

해설
에너지사용계획 검토결과 공공사업주관자가 조치요청을 받았을 때 제출해야 하는 조치이행계획 포함내용 : 이행주체, 이행방법, 이행시기 등(산업통상부장관)

75 다음 중 열사용기자재에 해당하지 않는 것은?

① 연료를 사용하는 기기
② 열을 사용하는 기기
③ 단열성 자재
④ 축전식 전기기기

해설
열사용기자재 제외 품목 : 전기사업자가 설치하는 발전소의 발전전용 보일러 및 압력용기, 기관차 및 철도 차량용 보일러, 고압가스 압력용기, 선박용 보일러 및 압력용기, 2종 압력용기, 축전식 전기기기, 이 규칙에 따라 관리하는 것이 부적합하다고 산업통상자원부장관이 인정하는 수출용 열사용기자재

76 에너지이용합리화법령에 따라 산업통상자원부장관이 위생접객업소 등에 에너지 사용의 제한조치를 할 때에는 며칠 이전에 제한내용을 예고하여야 하는가?

① 7일   ② 10일
③ 15일 ④ 20일

해설
산업통상자원부장관이 위생접객업소 등에 에너지사용의 제한조치를 할 때에는 7일 이전에 제한 내용을 예고하여야 한다.

77 에너지법에서 정한 에너지에 해당하지 않는 것은?

① 열   ② 연료
③ 전 기 ④ 원자력

해설
에너지법에서 정한 에너지 : 연료, 열 및 전기

78 산업통상자원부장관은 에너지 사정 등의 변동으로 에너지 수급에 중대한 차질이 발생할 우려가 있다고 인정되면 필요한 범위에서 에너지 사용자, 공급자 등에게 조정·명령, 그 밖에 필요한 조치를 할 수 있다. 이에 해당되지 않는 항목은?

① 에너지의 개발
② 지역별, 주요 수급자별 에너지 할당
③ 에너지의 비축
④ 에너지의 배급

해설
수급 안정을 위한 조치사항(조정·명령, 그 밖에 필요한 조치)
• 지역별, 주요 수급자별 에너지 할당
• 에너지공급설비의 가동 및 조업
• 에너지의 비축과 저장
• 에너지의 도입·수출입 및 위탁가공
• 에너지공급자 상호 간의 에너지의 교환 또는 분배 사용
• 에너지의 유통시설과 그 사용 및 유통경로
• 에너지의 배급
• 에너지의 양도·양수의 제한 또는 금지
• 에너지사용의 시기·방법 및 에너지사용기자재의 사용 제한 또는 금지 등 대통령령으로 정하는 사항
• 에너지사용시설 및 에너지사용기자재에 사용할 에너지의 지정 및 사용 에너지의 전환
• 위생접객업소 및 그 밖의 에너지사용시설에 대한 에너지 사용의 제한
• 차량 등 에너지사용기자재의 사용 제한
• 에너지 사용의 시기 및 방법의 제한
• 특정 지역에 대한 에너지사용의 제한
• 그 밖에 에너지 수급을 안정시키기 위하여

79 에너지이용합리화법령에 따라 에너지관리산업기사 자격을 가진 자는 관리가 가능하지만, 에너지관리기능사 자격을 가진 자는 관리할 수 없는 보일러 용량의 범위는?

① 5[t/h] 초과 10[t/h] 이하
② 10[t/h] 초과 30[t/h] 이하
③ 20[t/h] 초과 40[t/h] 이하
④ 30[t/h] 초과 60[t/h] 이하

해설
10[t/h] 초과 30[t/h] 이하인 보일러 관리자의 자격 : 에너지관리기능장, 에너지관리기사, 에너지관리산업기사

80 에너지 사용량 신고에 대한 설명으로 옳은 것은?

① 에너지관리대상자는 매년 12월 31일까지 사무소가 소재하는 지역을 관할하는 시·도지사에게 신고하여야 한다.
② 에너지 사용량의 신고를 받은 시·도지사는 이를 매년 2월 말일까지 산업통상자원부장관에게 보고하여야 한다.
③ 에너지 사용량 신고에는 에너지를 사용하여 만드는 제품, 부가가치 등의 단위당 에너지이용효율 향상목표 또는 이산화탄소 배출 감소목표 및 이행방법을 포함하여야 한다.
④ 에너지관리대상자는 연료 및 열의 연간 사용량이 2천[TOE] 이상이고, 전력의 연간 사용량이 4백만[kWh] 이상인 자로 한다.

해설
① 에너지다소비사업자는 산업통상자원부령으로 정하는 바에 따라 매년 1월 31일까지 그 에너지사용시설이 있는 지역을 관할하는 시·도지사에게 신고하여야 한다.
③ 에너지 사용량의 신고에는 전년도의 분기별 에너지 사용량·제품 생산량, 해당 연도의 분기별 에너지 사용 예정량·제품 생산 예정량, 에너지사용기자재의 현황, 전년도의 분기별 에너지이용합리화 실적 및 해당 연도의 분기별 계획, 상기의 사항에 관한 업무를 담당하는 자(이하 에너지관리자)의 현황 등을 포함한다.
④ 에너지관리대상자는 연간 에너지사용량 합계가 2천[TOE] 이상인 자로 한다.

78 ① 79 ② 80 ②

제5과목 | 열설비설계

81 전기저항로에 발열체 저항이 $R[\Omega]$, 여기에 $I[A]$의 정류에 흘렸을 때 발생하는 이론열량은 시간당 얼마인가?

① $864IR[\text{cal}]$
② $846IR[\text{cal}]$
③ $864I^2R[\text{cal}]$
④ $846I^2R[\text{cal}]$

해설
이론열량
$Q = 0.24I^2Rt = 0.24I^2R \times 1h = 0.24I^2R \times 3,600s$
$= 864I^2R[\text{cal}]$

82 열매체 보일러의 특징이 아닌 것은?

① 낮은 압력에서도 고온의 증기를 얻을 수 있다.
② 물처리장치나 청관제 주입장치가 필요하다.
③ 겨울철 동결의 우려가 작다.
④ 안전관리상 보일러 안전밸브는 밀폐식 구조로 한다.

해설
열매체 보일러는 청관제 주입장치가 필요하지 않다.

83 다음 그림과 같이 가로×세로×높이가 3[m]×1.5[m]×0.03[m]인 탄소강판이 놓여 있다. 열전도계수(k)가 43[W/m·K]이며, 표면온도는 20[℃]였다. 이때 탄소강판 아랫면에 열유속($q'' = q/A$) 600[kcal/m²·h]을 가할 경우, 탄소강판에 대한 표면온도 상승($\Delta T[℃]$)은?

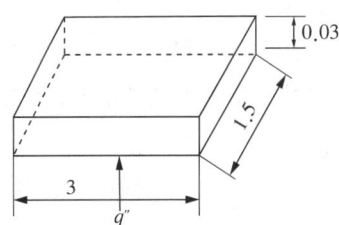

① 0.243[℃] ② 0.264[℃]
③ 0.486[℃] ④ 1.973[℃]

해설
$q'' = q/A = \lambda(\Delta T/L)/A = k(\Delta T/L)$
$\Delta T = \dfrac{q''L}{k} = \dfrac{600 \times 0.03}{43} \times \dfrac{1,000 \times 4.184}{3,600} = 0.4865[℃]$

84 노통 연관식 보일러의 수면계 부착 위치 기준으로 가장 옳은 것은?

① 노통 최고부 위 50[mm]
② 노통 최고부 위 100[mm]
③ 연관의 최고부 위 10[mm]
④ 화실 천장판 최고부 위 연관 길이의 1/3

해설
수면계(수위계)
보일러 내부의 수면 위치를 지시하는 장치로, 부착 위치는 다음과 같다.
• 노통 연관식 보일러 : 노통 최고부(플랜지부 제외) 위 100[mm]
• 직립형 보일러 : 연소실 천장판 최고부 위 75[mm]
• 수평 연관 보일러 : 연관의 최고부 위 75[mm]
• 직립형 연관 보일러 : 연소실 천장판 최고부 위 연관 길이의 1/3

정답 81 ③ 82 ② 83 ③ 84 ②

85 감압밸브 설치 시 주의사항에 대한 설명으로 옳지 않은 것은?

① 감압밸브는 부하설비에 가깝게 설치한다.
② 감압밸브는 반드시 스트레이너를 설치한다.
③ 감압밸브 1차 측에는 동심 리듀서가 설치되어야 한다.
④ 감압밸브 앞에는 기수분리기 또는 스팀트랩에 의해 응축수가 제거되어야 한다.

[해설]
감압밸브 1차 측에는 편심 리듀서를 설치해야 한다.

86 전열면적이 50[m²]인 연관 보일러를 5시간 연소시킨 결과 10,000[kg]의 증기가 발생하였다면, 이 보일러의 전열면 증발률은?

① 20[kg/m²h] ② 30[kg/m²h]
③ 40[kg/m²h] ④ 50[kg/m²h]

[해설]
전열면 증발률 = $\dfrac{시간당\ 증기\ 발생량(G)}{전열면적(A)}$ [kg/m²h]

$= \dfrac{10,000/5}{50} = 40$[kg/m²h]

87 줄-톰슨계수(Joule-Thomson Coefficient, μ)에 대한 설명으로 옳은 것은?

① μ가 (−)일 때 기체가 팽창함에 따라 온도는 내려간다.
② μ가 (+)일 때 기체가 팽창함에 따라 온도는 일정하다.
③ μ의 부호는 온도의 함수이다.
④ μ의 부호는 열량의 함수이다.

[해설]
① μ가 (−)일 때 기체가 팽창함에 따라 온도는 올라간다.
② μ가 (+)일 때 기체가 압축함에 따라 온도는 내려간다.
③, ④ μ의 부호는 온도의 함수이다.

88 보일러의 부속장치 중 여열장치가 아닌 것은?

① 공기예열기
② 송풍기
③ 재열기
④ 절탄기

[해설]
폐열회수장치(여열장치) : 과열기, 재열기, 절탄기, 공기예열기

89 보일러수에 녹아 있는 기체를 제거하는 탈기기(脫氣器)가 제거하는 대표적인 용존가스는?

① O_2 ② H_2SO_4
③ H_2S ④ SO_2

[해설]
탈기법 : 탈기기로 산소(O_2)가스, 이산화탄소(CO_2) 가스 등을 제거하는 방법(진공탈기법, 가열탈기법)

90 프라이밍 및 포밍 발생 시 조치사항에 대한 설명으로 옳지 않은 것은?

① 안전밸브를 전개하여 압력을 강하시킨다.
② 증기 취출을 서서히 한다.
③ 연소량을 줄인다.
④ 수위를 안정시킨 후 보일러수의 농도를 낮춘다.

[해설]
프라이밍과 포밍 발생 시 조치사항
• 먼저 연소를 억제한다.
• 연소량을 줄인다(가볍게 한다).
• 증기 취출을 서서히 한다.
• 수위가 출렁거리면 조용히 취출한다.
• 보일러 물을 조사한다.
• 저압운전을 하지 않는다.
• 압력을 규정압력으로 유지한다.
• 보일러수의 일부를 분출하고 새로운 물을 넣는다.
• 안전밸브, 수면계의 시험과 압력계 연락관을 취출해 본다.

91 다음 중 보일러 구성의 3대 요소가 아닌 것은?

① 본체
② 분출장치
③ 연소장치
④ 부속장치

해설
보일러 구성의 3대 요소 : 본체, 연소장치, 부속장치

92 두께 10[mm]의 강판으로 내경 1,000[mm]인 원통을 만들면 최대 어느 압력까지 사용할 수 있는가? (단, 허용인장응력은 7[kgf/mm²], 이음효율은 70[%]로 한다)

① 7.6[kgf/cm²]
② 8.3[kgf/cm²]
③ 9.7[kgf/cm²]
④ 10.5[kgf/cm²]

해설
$t = \dfrac{PD}{2\sigma_a \eta}$ 에서

$P = \dfrac{2\sigma_a \eta t}{D} = \dfrac{200 \times 7 \times 0.7 \times 10}{1,000} = 9.8[\text{kgf/cm}^2]$

93 일반적인 보일러 운전 중 가장 이상적인 부하율은?

① 20~30[%]
② 30~40[%]
③ 40~60[%]
④ 60~80[%]

해설
보일러의 부하율(ϕ)

• 부하율 공식 : $\phi = \dfrac{\text{실제 사용용량}}{\text{보일러 설계용량}} \times 100[\%]$

• 일반적인 보일러 운전 중 가장 이상적인 부하율 : 60~80[%]

94 두께 20[cm]의 벽돌의 내측에 10[mm]의 모르타르와 5[mm]의 플라스터 마무리로 시행하고, 외측은 두께 15[mm]의 모르타르 마무리로 시공한 다층벽의 열관류율은?(단, 실내측벽 표면의 열전달률은 α_1 = 8[kcal/m²·h·℃], 실외측벽 표면의 열전달률은 α_o = 20[kcal/m²·h·℃], 플라스터의 열전도율은 λ_1 = 0.5[kcal/m·h·℃], 모르타르의 열전도율은 λ_2 = 1.3[kcal/m·h·℃], 벽돌의 열전달률은 λ_3 = 0.65[kcal/m²·h·℃]이다)

① 1.9[kcal/m²·h·℃]
② 4.5[kcal/m²·h·℃]
③ 8.7[kcal/m²·h·℃]
④ 12.1[kcal/m²·h·℃]

해설
$K = \dfrac{1}{R} = \dfrac{1}{\left(\dfrac{1}{\alpha_i} + \sum_{i=1}^{n}\dfrac{L_i}{\lambda_i} + \dfrac{1}{\alpha_o}\right)}$

$= \dfrac{1}{\dfrac{1}{8} + \left(\dfrac{0.2}{0.65} + \dfrac{0.01}{1.3} + \dfrac{0.005}{0.5}\right) + \dfrac{1}{20}}$

$\simeq 1.9[\text{kcal/m}^2 \cdot \text{h} \cdot ℃]$

95 피복아크용접에서 루트의 간격이 크게 되었을 때 보수하는 방법으로 틀린 것은?

① 맞대기 이음에서 간격이 6[mm] 이하일 때는 이음부의 한쪽 또는 양쪽에 덧붙이를 하고 깎아내어 간격을 맞춘다.
② 맞대기 이음에서 간격이 16[mm] 이상일 때는 판의 전부 또는 일부를 바꾼다.
③ 필릿용접에서 간격이 1.5~4.5[mm]일 때는 그대로 용접해도 좋지만 벌어진 간격만큼 각장을 작게 한다.
④ 필릿용접에서 간격이 1.5[mm] 이하일 때는 그대로 용접한다.

[해설]
필릿용접에서 간격이 1.5~4.5[mm]일 때는 그대로 용접해도 좋지만, 벌어진 간격만큼 각장을 크게 한다.

96 보일러 설치검사 사항으로 옳지 않은 것은?

① 5[t/h] 이하 유류 보일러의 배기가스 온도는 정격부하에서 상온과의 차가 315[℃] 이하이어야 한다.
② 보일러의 안전장치는 사고를 방지하기 위해 먼저 연료를 차단한 후 경보를 울리게 해야 한다.
③ 수입 보일러의 설치검사의 경우 수압시험은 필요하다.
④ 보일러 설치검사 시 안전장치기능 테스트를 한다.

[해설]
보일러 안전장치는 사고를 방지하기 위해 먼저 경보기를 울리고 30초 정도 지난 후 연료를 차단한다.

97 증기트랩의 설치목적이 아닌 것은?

① 관의 부식 방지
② 수격작용 발생 억제
③ 마찰저항 감소
④ 응축수 누출 방지

[해설]
증기트랩(Steam Trap) : 증기관의 도중에 설치하여 증기를 사용하는 설비의 배관 내에 고여 있는 응축수(증기의 일부가 드레인된 상태)를 자동 배출시키는 장치
• 응축수 배출로 수격작용을 방지한다.
• 응축수에 의한 설비의 부식을 방지한다.
• 관 내 유체 흐름에 대한 마찰저항을 감소시킨다.

98 강관의 두께가 10[mm]이고, 리벳의 직경이 16.8[mm]이면 리벳 구멍의 피치가 60.2[mm]의 1줄 겹치기 리벳 조인트가 있을 때 이 강판의 효율은?

① 58[%]　　② 62[%]
③ 68[%]　　④ 72[%]

[해설]
강판의 효율
$$\eta_t = \left(1 - \frac{d}{p}\right) \times 100[\%] = \left(1 - \frac{16.8}{60.2}\right) \times 100[\%] \approx 72[\%]$$

99 다음 중 보일러수를 pH 10.5~11.5의 약알칼리로 유지하는 주된 이유는?

① 첨가된 염산이 강재를 보호하기 때문에
② 보일러수 중에 적당량의 수산화나트륨을 포함시켜 보일러의 부식 및 스케일 부착을 방지하기 위하여
③ 과잉 알칼리성이 더 좋지만, 약품이 많이 소요되므로 원가를 절약하기 위하여
④ 표면에 딱딱한 스케일이 생성되어 부식을 방지하기 때문에

해설
보일러수 중에 적당량의 수산화나트륨을 포함시켜 보일러의 부식 및 스케일 부착을 방지하기 위하여 pH 10.5~11.5의 약알칼리성을 유지한다(가장 적정 : 11 전후).

100 다음 중 열교환기의 성능이 저하되는 요인은?

① 온도차의 증가
② 유체의 느린 유속
③ 향류 방향의 유체 흐름
④ 높은 열전도율의 재료 사용

해설
유체의 속도가 느리면 열교환기의 성능이 저하된다.

Win-Q 에너지관리기사

2024년 최근 기출복원문제

PART 3

최근 기출복원문제

2024년 제1회 최근 기출복원문제

제1과목 | 연소공학

01 분젠버너의 가스 유속을 빠르게 했을 때 불꽃이 짧아지는 이유는?

① 층류현상이 생기기 때문에
② 난류현상으로 연소가 빨라지기 때문에
③ 가스와 공기의 혼합이 잘 안 되기 때문에
④ 유속이 빨라서 미처 연소를 못하기 때문에

[해설]
분젠버너를 사용할 때 가스의 유출속도를 점차 빠르게 하면 난류현상으로 연소가 빨라져 불꽃 모양이 엉클어지면서 짧아진다.

02 화염면이 벽면 사이를 통과할 때 화염면에서는 발열량보다 벽면으로의 열손실이 더욱 커서 화염이 더 이상 진행하지 못하고 꺼지게 될 때 벽면 사이의 거리는?

① 소염거리 ② 화염거리
③ 연소거리 ④ 점화거리

[해설]
소염거리 : 화염면이 벽면 사이를 통과할 때 화염면에서의 발열량보다 벽면으로의 열손실이 더욱 커서 화염이 더 이상 진행하지 못하고 꺼지게 될 때 벽면 사이의 거리

03 화학 반응속도를 지배하는 요인에 대한 설명으로 옳은 것은?

① 압력이 증가하면 반응속도는 항상 증가한다.
② 생성물질의 농도가 커지면 반응속도는 항상 증가한다.
③ 자신은 변하지 않고 다른 물질의 화학 변화를 촉진하는 물질을 부촉매라고 한다.
④ 온도가 높을수록 반응속도가 증가한다.

[해설]
① 기체의 경우 압력이 커지면 단위 부피 속 분자수가 많아져서 반응물질의 농도가 증가되어 분자 사이의 충돌수가 증가하여 반응속도가 빨라진다.
② 반응물질의 농도가 커지면 반응속도는 항상 증가한다.
③ 자신은 변하지 않고 다른 물질의 화학 변화를 촉진하는 물질을 촉매라고 한다.

04 가연성 물질의 위험성에 대한 설명으로 틀린 것은?

① 화염일주한계가 작을수록 위험성이 크다.
② 최소 점화에너지가 작을수록 위험성이 크다.
③ 위험도는 폭발상한과 하한의 차를 폭발하한계로 나눈 값이다.
④ 암모니아의 위험도는 2이다.

[해설]
암모니아의 위험도 $H = \dfrac{U-L}{L} = \dfrac{28-15}{15} \approx 0.87$

1 ② 2 ① 3 ④ 4 ④

05 열펌프(Heat Pump) 사이클에 대한 성능계수(COP)는 다음 중 어느 것을 입력일(Work Input)로 나눈 것인가?

① 고온부 방출열
② 저온부 흡수열
③ 고온부가 가진 총에너지
④ 저온부가 가진 총에너지

해설
열펌프의 성능계수
$$(COP)_H = \varepsilon_H = \frac{\text{고온체에 공급한 열량}}{\text{공급일}} = \frac{\text{고온부 방출열}}{\text{입력일}}$$

06 메탄 50[vol%], 에탄 25[vol%], 프로판 25[vol%]가 섞여 있는 혼합기체의 공기 중에서의 연소하한계[vol%]는 얼마인가?(단, 메탄, 에탄, 프로판의 연소하한계는 각각 5[vol%], 3[vol%], 2.1[vol%]이다)

① 2.3
② 3.3
③ 4.3
④ 5.3

해설
$\frac{100}{LFL} = \sum \frac{V_i}{L_i}$ 에서

$\frac{100}{LFL} = \frac{V_1}{L_1} + \frac{V_2}{L_2} + \frac{V_3}{L_3}$

$= \frac{50}{5} + \frac{25}{3} + \frac{25}{2.1} \simeq 30.24$이므로,

$LFL = \frac{100}{30.24} \simeq 3.3[vol\%]$

07 $C_{10}H_{20}$이 완전연소했을 때 산소와 탄산가스의 몰비는?

① 3 : 2
② 1 : 2
③ 2 : 3
④ 2 : 1

해설
연소방정식 : $C_{10}H_{20} + 15O_2 \rightarrow 10CO_2 + 10H_2O$
∴ 산소와 탄산가스의 몰비 = $15O_2 : 10CO_2 = 3 : 2$

08 분진폭발에 대한 설명 중 틀린 것은?

① 분진은 공기 중에 부유하는 경우 가연성이 된다.
② 분진은 구조물 위에 퇴적하는 경우 불연성이다.
③ 분진이 발화·폭발하기 위해서는 점화원이 필요하다.
④ 분진폭발은 입자 표면에 열에너지가 주어져 표면 온도가 상승한다.

해설
분진은 구조물 위에 퇴적하는 경우 가연성이다.

09 다음 중 가연물의 구비조건이 아닌 것은?

① 연소열량이 커야 한다.
② 열전도도가 작아야 된다.
③ 활성화 에너지가 커야 한다.
④ 산소와의 친화력이 좋아야 한다.

해설
가연물은 활성화 에너지가 작아야 한다.

10 가연성 혼합기체가 폭발범위 내에 있을 때 점화원으로 작용할 수 있는 정전기의 방지대책으로 틀린 것은?

① 접지를 실시한다.
② 제전기를 사용하여 대전된 물체를 전기적 중성 상태로 한다.
③ 습기를 제거하여 가연성 혼합기가 수분과 접촉하지 않도록 한다.
④ 인체에서 발생하는 정전기를 방지하기 위하여 방전복 등을 착용하여 정전기 발생을 제거한다.

해설
정전기 방지를 위해 상대습도 약 70[%] 이상으로 습기를 유지한다.

11 저질탄 또는 조분탄의 연소방식이 아닌 것은?

① 분무식   ② 산포식
③ 쇄상식   ④ 계단식

해설
분무식은 액체연료의 연소방식이다.

12 액체연료의 발열량 산출식으로 옳은 것은?(단, H_L : 저위발열량, H_h : 고위발열량, 연료 1kg 중의 C, H, O, S이다)

① $H_h = 33.9C + 144(H - O/8) + 10.5S[MJ/kg]$
② $H_h = 33.9C + 119.6(H - O/8) + 9.3S[MJ/kg]$
③ $H_L = 33.9C + 119.6(H + O/8) + 9.3S[MJ/kg]$
④ $H_L = 33.9C + 142.C(H + O/8) + 9.3S[MJ/kg]$

해설
고체연료와 액체연료의 발열량
• 고체연료와 액체연료의 고위발열량
 - $H_h = 8,100C + 34,000(H - O/8) + 2,500S$
  $= H_L + 600(9H + w)[kcal/kg]$
 - $H_h = 33.9C + 144(H - O/8) + 10.5S[MJ/kg]$
• 고체연료와 액체연료의 저위발열량
 - $H_L = H_h - 600(9H + w)[kcal/kg]$
 - $H_L = H_h - 2.5(9H + w)[MJ/kg]$

13 고로가스의 주요 가연분은?

① 수 소   ② 탄 소
③ 탄화수소   ④ 일산화탄소

해설
고로가스의 주성분은 질소(55.8[%]), 일산화탄소(25.4[%]), 수소(13[%])이다. 그중 주요 가연분은 가연성이 높고 발열량이 높은 일산화탄소이다.

정답 10 ③ 11 ① 12 ① 13 ④

14 C중유 사용 시 그을음이 많이 나와 원인을 체크하고 있다. 다음 방법 중 옳지 않은 것은?

① 화염이 닿고 있지 않은지 점검한다.
② 연소실 온도가 너무 높지 않은지 점검한다.
③ 연소실 열부하가 많지 않은지 점검한다.
④ 통풍력이 부족하지 않은지 점검한다.

해설
C중유 사용 시 그을음이 많이 나올 경우 연소실 온도가 너무 낮지 않은지 점검해야 한다.

15 SO_x에 관한 설명으로 틀린 것은?

① 대기 중에서는 SO_2가 SO_3로, SO_3는 SO_2로 다시 변한다.
② 액체연료 연소 시 온도가 높을 수록 SO_3의 생산량은 적다.
③ 대기 중에 존재하는 황화합물 중에서 가장 많은 것은 SO_2이다.
④ SO_x는 연소 시 직접 생기는 경우도 있고, SO_2가 산화하여 생기는 경우도 있다.

해설
대기 중의 황산화물이 많은 순은 $SO_x > SO_2 > SO_3$이다.

16 다음 중 고체연료의 전황분 측정방법은?

① 에슈카법 ② 셰필드 고온법
③ 중량법   ④ 리비히법

해설
에슈카법은 고체연료의 전황분 측정방법이다.

17 연소로에서의 흡출(吸出)통풍에 대한 설명으로 틀린 것은?

① 노 안은 항상 부압(-)으로 유지된다.
② 흡출기로 배기가스를 방출하므로 연돌의 높이에 관계없이 연소할 수 있다.
③ 고온가스에 대한 송풍기의 재질이 견딜 수 있어야 한다.
④ 가열 연소용 공기를 사용하며 경제적이다.

해설
가열 연소용 공기를 사용하며 경제적인 통풍은 노 안을 항상 정압(+)으로 유지하는 압입통풍이다.

18 가연성 액체에서 발생한 증기의 공기 중 농도가 연소범위 내에 있을 경우 불꽃을 접근시키면 불이 붙는데, 이때 필요한 최저 온도란?

① 기화온도 ② 인화온도
③ 착화온도 ④ 임계온도

해설
인화점 또는 인화온도
• 가연성 액체에서 발생한 증기의 공기 중 농도가 연소범위 내에 있을 때 불꽃을 접근시키면 불이 붙는 최저 온도이다.
• 가솔린 -20[℃], 벤졸 -10[℃], 등유 30~60[℃], 경유 50~70[℃], 중유 60~150[℃]

정답 14 ② 15 ③ 16 ① 17 ④ 18 ②

19 다음과 같은 조성의 석탄가스를 연소시켰을 때의 이론습연소가스량[Nm³/Nm³]은?

성 분	CO	CO₂	H₂	CH₄	N₂
부피[%]	8	1	50	37	4

① 5.61
② 4.61
③ 3.94
④ 2.94

해설

$A_0 = \dfrac{1}{0.21} \sum$(각 단위가스의 필요산소량)

$= \left(\dfrac{1}{0.21}\right)\left\{\dfrac{CO}{2} + \dfrac{H_2}{2} + \sum\left(m+\dfrac{n}{4}\right)C_mH_n - O_2\right\}$

$= \dfrac{0.5 \times 0.08 + 0.5 \times 0.5 + 2 \times 0.37}{0.21} \simeq 4.9[\text{Nm}^3/\text{Nm}^3]$

$G = (m-0.21)A_0 + CO + H_2 + \sum(m+n/2)C_mH_n + (N_2 + CO_2 + H_2O)$

$= 0.79 \times 4.9 + 0.08 + 0.5 + 3 \times 0.37 + (0.04 + 0.01)$

$\simeq 5.61[\text{Nm}^3/\text{Nm}^3]$

제2과목 | 열역학

21 어떤 물질의 온도 T에 따른 정압비열이 $C_p = a + bT + cT^{-2}$로 계산될 때 이 물질 1[mol]을 25[℃]에서 100[℃]로 가열할 때 엔탈피 변화량(ΔH)는 몇 [J/mol]인가?(단, $a = 1.18[\text{J/mol}\cdot\text{K}]$, $b = 7.12 \times 10^{-4}[\text{J/mol}\cdot\text{K}]$, $c = 0[\text{J/mol}\cdot\text{K}]$이다)

① 104.4
② 105.5
③ 106.4
④ 107.5

해설

$\Delta H = \displaystyle\int_{T_1}^{T_2} C_p dT = \int_{T_1}^{T_2}(a+bT)dT$

$= a(T_2 - T_1) + \dfrac{1}{2}b(T_2^2 - T_1^2)$

$= 1.18 \times (373 - 298) + \dfrac{1}{2} \times (7.12 \times 10^{-4})(373^2 - 298^2)$

$\simeq 106.4[\text{J/mol}]$

여기서, $T_1 = 25 + 273 = 298[\text{K}]$
$T_2 = 100 + 273 = 373[\text{K}]$

---

20 1차, 2차 연소 중 2차 연소란?

① 공기보다 먼저 연료를 공급했을 경우 1차, 2차 반응에 의해서 연소하는 것
② 불완전연소에 의해 발생하는 미연가스가 연도 내에서 다시 연소하는 것
③ 완전연소에 의한 연소가스가 2차 공기에 의해서 폭발하는 것
④ 점화할 때 착화가 늦었을 경우 재점화에 의해서 연소하는 것

해설

1차 연소와 2차 연소
- 1차 연소 : 화실 내에서의 연소
- 2차 연소 : 불완전연소에 의해 발생한 미연가스가 연도 내에서 다시 연소하는 것

---

22 다음 반응식을 이용하여 메탄(CH_4)의 생성열을 계산하면 얼마인가?

㉠ $C + O_2 \rightarrow CO_2$ $\Delta H = -97.2[\text{kcal/mol}]$
㉡ $H_2 + \dfrac{1}{2}O_2 \rightarrow H_2O$ $\Delta H = -57.6[\text{kcal/mol}]$
㉢ $CH_4 + 2O_2 \rightarrow CO_2 + 2H_2O$ $\Delta H = -194.4[\text{kcal/mol}]$

① $\Delta H = -17[\text{kcal/mol}]$
② $\Delta H = -18[\text{kcal/mol}]$
③ $\Delta H = -19[\text{kcal/mol}]$
④ $\Delta H = -20[\text{kcal/mol}]$

해설

㉠ + 2×㉡ − ㉢을 하면, $C + 2H_2 \rightarrow CH_4$가 된다.

발열량(반응물의 생성열) = 생성물의 생성열 − 반응물의 반응열(연소열)

$\Delta H = \{-97.2 + 2 \times (-57.6)\} - (-194.4) = -18[\text{kcal/mol}]$

23 어떤 기체의 확산속도가 SO_2의 2배였다. 이 기체는 어떤 물질로 추정되는가?

① 수 소
② 메 탄
③ 산 소
④ 질 소

해설

그레이엄의 기체 확산속도의 법칙 $\dfrac{v_A}{v_B} = \sqrt{\dfrac{M_B}{M_A}}$ 에서

② $\dfrac{v_{CH_4}}{v_{SO_2}} = \sqrt{\dfrac{M_{SO_2}}{M_{CH_4}}} = \sqrt{\dfrac{64}{16}} = 2$배

① $\dfrac{v_{H_2}}{v_{SO_2}} = \sqrt{\dfrac{M_{SO_2}}{M_{H_2}}} = \sqrt{\dfrac{64}{2}} = \sqrt{32}$ 배

③ $\dfrac{v_{O_2}}{v_{SO_2}} = \sqrt{\dfrac{M_{SO_2}}{M_{O_2}}} = \sqrt{\dfrac{64}{32}} = \sqrt{2}$ 배

④ $\dfrac{v_{N_2}}{v_{SO_2}} = \sqrt{\dfrac{M_{SO_2}}{M_{N_2}}} = \sqrt{\dfrac{64}{28}} = \sqrt{2.29}$ 배

24 밀폐된 용기 속에 3[atm], 25[℃]에서 프로판과 산소가 2 : 8의 몰비로 혼합되어 있으며, 이것이 연소하면 다음 식과 같다. 연소 후 용기 내의 온도가 2,500[K]로 되었다면 용기 내의 압력은 약 몇 [atm]이 되는가?

$$2C_3H_8 + 8O_2 \rightarrow 6H_2O + 4CO_2 + 2CO + 2H_2O$$

① 3
② 15
③ 25
④ 35

해설

• 반응 전 상태방정식 $P_1 V_1 = m_1 R_1 T_1$
• 반응 후 상태방정식 $P_2 V_2 = m_2 R_2 T_2$

$V_1 = V_2$, $R_1 = R_2$이므로, $\dfrac{P_1}{P_2} = \dfrac{m_1 T_1}{m_2 T_2}$

$\therefore P_2 = \dfrac{P_1 m_2 T_2}{m_1 T_1} = \dfrac{3 \times 14 \times 2,500}{10 \times (25+273)} \simeq 35[atm]$

25 동일한 압축비 및 연료 단절비에서 열효율이 큰 순서는?

① Otto Cycle > Sabathe Cycle > Diesel Cycle
② Sabathe Cycle > Diesel Cycle > Otto Cycle
③ Diesel Cycle > Sabathe Cycle > Otto Cycle
④ Sabathe Cycle > Otto Cycle > Diesel Cycle

해설

동일한 압축비와 동일한 연료 단절비의 조건에서 열효율이 큰 순서 : 오토 사이클 > 사바테 사이클 > 디젤 사이클

26 체적이 0.4[m³]인 단단한 용기 안에 100[℃]의 물 2[kg]이 들어 있다. 이 물의 건도는 얼마인가?(단, 100[℃]의 물에 대해 포화수 비체적 v_f = 0.00104 [m³/kg], 건포화증기 비체적 v_g = 1.672[m³/kg]이다)

① 11.9[%]
② 10.4[%]
③ 9.9[%]
④ 8.4[%]

해설

• 포화액 : 비체적 v', 내부에너지 u', 엔탈피 h', 엔트로피 s'
• 건포화증기 : 비체적 v'', 내부에너지 u'', 엔탈피 h'', 엔트로피 s''

습증기의 건도 $x = \dfrac{증기중량}{습증기중량} = \dfrac{v_x - v'}{v'' - v'} = \dfrac{(V/G) - v'}{v'' - v'}$

$= \dfrac{(0.4/2) - 0.00104}{1.672 - 0.00104} \simeq 0.119$

$= 11.9[\%]$

27 직경이 일정한 수평관에 교축밸브가 장치되어 있으며 공기가 흐른다. 밸브 상류의 공기는 800[kPa], 30[℃]이고, 밸브 하류의 압력은 600[kPa]이다. 밸브가 잘 단열되어 있을 때 밸브 하류에서의 공기온도는 얼마인가?(단, 공기를 이상기체로 가정한다)

① 70[℃] ② 30[℃]
③ 20[℃] ④ 0[℃]

해설
이상기체의 교축팽창 시 밸브가 잘 단열되어 있으면 압력 강하, 온도 일정, 등엔탈피, 엔트로피 증가 등의 현상을 가져오므로 밸브 하류의 공기온도는 상류의 온도와 같은 30[℃]이다.

28 공기를 작동유체로 하는 Diesel Cycle의 온도범위가 32~3,200[℃]이고, 이 사이클의 최고 압력이 6.5[MPa], 최초 압력이 160[kPa]일 경우 열효율은 약 얼마인가?(단, 공기의 비열비는 1.4이다)

① 41.4[%] ② 46.5[%]
③ 50.9[%] ④ 55.8[%]

해설
압축비와 단절비를 구해서 열효율 식에 대입한다.

압축비 $\varepsilon = \left(\dfrac{P_2}{P_1}\right)^{\frac{1}{k}} = \left(\dfrac{6,500}{160}\right)^{\frac{1}{1.4}} = 14$

단절비 $\sigma = \dfrac{V_3}{V_2} = \dfrac{T_3}{T_2} = \dfrac{3,200+273}{T_1 \varepsilon^{k-1}}$

$= \dfrac{3,473}{305 \times 14^{0.4}} \simeq 3.96$

열효율 $\eta_d = 1 - \left(\dfrac{1}{\varepsilon}\right)^{k-1} \times \dfrac{\sigma^k - 1}{k(\sigma - 1)}$

$= 1 - \left(\dfrac{1}{14}\right)^{1.4-1} \times \dfrac{3.96^{1.4} - 1}{1.4 \times (3.96 - 1)} \simeq 50.9[\%]$

29 열역학 제2법칙에 대한 설명으로 옳지 않은 것은?

① 열은 온도가 높은 곳에서 낮은 곳으로 흐른다.
② 전열선에 전기를 가하면 열은 나지만 전열선을 가열하여도 전력을 얻을 수 없다.
③ 열기관의 효율에 대한 이론적인 한계를 결정한다.
④ 전체 에너지의 양은 항상 보존된다.

해설
전체 에너지 양이 항상 보존된다는 것은 열역학 제1법칙이다.

30 랭킨(Rankine) 사이클의 이론 열효율을 향상시키는 방안이 아닌 것은?

① 보일러 압력을 낮춘다.
② 증기를 고온으로 과열시킨다.
③ 응축기 압력을 낮춘다.
④ 응축기 온도를 낮춘다.

해설
랭킨 사이클의 이론 열효율을 향상시키기 위해서는 복수기 압력(배압)을 낮춘다.

31 압력을 일정하게 유지하면서 15[kg·m]의 이상기체를 300[K]에서 500[K]까지 가열하였다. 엔트로피 변화는 몇 [kJ/K]인가?(단, 기체상수는 0.189 [kJ/kg·K], 비열비는 1.289이다)

① 5.273　　② 6.459
③ 7.441　　④ 8.175

해설

$C_p = \dfrac{k}{k-1}R = \dfrac{1.289}{1.289-1} \times 0.189 = 0.843[\text{kJ/kg·K}]$

$\Delta S = mC_p \ln \dfrac{T_2}{T_1} = 15 \times 0.843 \times \ln \dfrac{500}{300} \approx 6.459[\text{kJ/K}]$

32 노점온도(Dew Point Temperature)에 대한 설명으로 가장 옳은 것은?

① 공기, 수증기의 혼합물에서 수증기의 분압에 대한 수증기 과열 상태 온도
② 공기, 가스의 혼합물에서 가스의 분압에 대한 가스의 과랭 상태 온도
③ 공기, 수증기의 혼합물을 가열시켰을 때 증기가 없어지는 온도
④ 공기, 수증기의 혼합물에서 수증기의 분압에 해당하는 수증기의 포화온도

해설
노점온도(Dew Point Temperature) : 공기, 수증기의 혼합물에서 수증기의 분압에 해당하는 수증기의 포화온도

33 물에 관한 설명으로 옳지 않은 것은?

① 물은 4[℃] 부근에서 비체적이 최대가 된다.
② 물이 얼어 고체가 되면 밀도가 감소한다.
③ 임계온도보다 높은 온도에서는 액상과 기상을 구분할 수 없다.
④ 액체 상태의 물을 가열하여 온도가 상승하는 경우, 이때 공급한 열을 현열이라고 한다.

해설
물은 4[℃] 부근에서 비체적이 최소가 된다.

34 이상기체의 상태 변화와 관련하여 폴리트로픽(Polytropic) 지수 n에 대한 설명 중 옳은 것은?

① $n = 0$이면 단열 변화
② $n = 1$이면 등온 변화
③ $n =$ 비열비이면 정적 변화
④ $n = \infty$이면 등압 변화

해설
폴리트로픽 지수(n)와 상태 변화의 관계식
- n의 범위 : $-\infty \sim +\infty$
- $n = 0$이면, $P = C$: 등압 변화
- $n = 1$이면, $T = C$: 등온 변화
- $n = k(=1.4)$: 단열 변화
- $n = \infty$이면, $V = C$: 등적 변화
- $n > k$이면, 팽창에 의한 열량은 방열량이 되며 온도는 올라간다.
- $1 < n < k$이면, 압축에 의한 열량은 흡열량이 되며 온도는 내려간다.

35 온도 250[℃], 질량 50[kg]인 금속을 20[℃]의 물속에 넣었다. 최종 평형 상태에서의 온도가 30[℃]이면 물의 양은 약 몇 [kg]인가?(단, 열손실은 없으며, 금속의 비열은 0.5[kJ/kg·K], 물의 비열은 4.18[kJ/kg·K]이다)

① 108.3　　② 131.6
③ 167.7　　④ 182.3

해설
열역학 제0법칙인 열평형의 법칙을 적용하면, 금속의 방열량은 물의 흡열량과 같다.
$m_1 C_1 (t_1 - t_m) = m_2 C_2 (t_m - t_2)$ 에서
$m_2 = \dfrac{m_1 C_1 (t_1 - t_m)}{C_2 (t_m - t_2)} = \dfrac{50 \times 0.5 \times (250-30)}{4.18 \times (30-20)} \simeq 131.6 [\text{kg}]$

36 Gibbs의 상률(상법칙, Phase Rule)에 대한 설명 중 틀린 것은?

① 상태의 자유도와 혼합물을 구성하는 성분물질의 수, 그리고 상의 수에 관계되는 법칙이다.
② 평형이든 비평형이든 무관하게 존재하는 관계식이다.
③ Gibbs의 상률은 강도성 상태량과 관계한다.
④ 단일성분의 물질이 기상, 액상, 고상 중 임의의 2상이 공존할 때 상태의 자유도는 1이다.

해설
Gibbs의 상률은 평형일 때 존재하는 관계식이다.

37 체적이 3[L], 질량이 15[kg]인 물질의 비체적[cm³/g]은?

① 0.2　　② 1.0
③ 3.0　　④ 5.0

해설
단위질량당 체적(절대단위계)
$V_s = \dfrac{V}{m} = \dfrac{3,000}{15,000} = 0.2 [\text{cm}^3/\text{g}]$

38 압력 1[MPa], 온도 400[℃]의 이상기체 2[kg]이 가역 단열과정으로 팽창하여 압력이 500[kPa]로 변화한다. 이 기체의 최종 온도는 약 몇 [℃]인가? (단, 이 기체의 정적비열은 3.12[kJ/kg·K], 정압비열은 5.21[kJ/kg·K]이다)

① 237　　② 279
③ 510　　④ 622

해설
비열비 $k = \dfrac{C_p}{C_v} = \dfrac{5.21}{3.12} \simeq 1.67$

$\dfrac{T_2}{T_1} = \left(\dfrac{V_1}{V_2}\right)^{k-1} = \left(\dfrac{P_2}{P_1}\right)^{\frac{k-1}{k}}$ 에서

$T_2 = T_1 \times \left(\dfrac{V_1}{V_2}\right)^{k-1} = T_1 \times \left(\dfrac{P_2}{P_1}\right)^{\frac{k-1}{k}}$

$= (400+273) \times \left(\dfrac{500}{1,000}\right)^{\frac{1.67-1}{1.67}} \simeq 510[\text{K}] = 237[℃]$

39 역카르노 사이클로 작동하는 냉동 사이클이 있다. 저온부가 −10[℃]로 유지되고, 고온부가 40[℃]로 유지되는 상태를 A상태라고 하고, 저온부가 0[℃], 고온부가 50[℃]로 유지되는 상태를 B상태라고 할 때, 성능계수는 어느 상태의 냉동 사이클이 얼마나 높은가?

① A상태의 사이클이 약 0.8만큼 높다.
② A상태의 사이클이 약 0.2만큼 높다.
③ B상태의 사이클이 약 0.8만큼 높다.
④ B상태의 사이클이 약 0.2만큼 높다.

해설

A상태의 성능계수 $\varepsilon_{R(A)} = \dfrac{T_2}{T_1 - T_2} = \dfrac{263}{313 - 263} = 5.26$

B상태의 성능계수 $\varepsilon_{R(B)} = \dfrac{T_2}{T_1 - T_2} = \dfrac{273}{323 - 273} = 5.46$

∴ $\varepsilon_{R(B)} - \varepsilon_{R(A)} = 5.46 - 5.26 = 0.2$

40 비가역 사이클에 대한 클라우지우스(Clausius) 적분에 대하여 옳은 것은?(단, Q는 열량, T는 온도이다)

① $\oint \dfrac{\delta Q}{T} > 0$ ② $\oint \dfrac{\delta Q}{T} \geq 0$
③ $\oint \dfrac{\delta Q}{T} = 0$ ④ $\oint \dfrac{\delta Q}{T} < 0$

해설
• 가역 사이클 : $\oint \dfrac{\delta Q}{T} = 0$
• 비가역 사이클 : $\oint \dfrac{\delta Q}{T} < 0$

제3과목 | 계측방법

41 압력계의 눈금은 1.5[MPa·g]이며, 대기압이 730[mmHg]일 때 절대압력은 몇 [kg/cm²]인가?

① 14.29[kg/cm²]   ② 15.29[kg/cm²]
③ 16.29[kg/cm²]   ④ 17.29[kg/cm²]

해설
절대압력 = 대기압 + 게이지압력
$= \dfrac{730}{760} \times 1.033 + \dfrac{1.5}{0.1013} \times 1.033 \approx 16.29$

42 비례제어기는 60[℃]에서 100[℃] 사이의 온도를 조절하는 데 사용된다. 이 제어기로 측정된 온도가 81[℃]에서 89[℃]로 될 때의 비례대(Proportional Band)는?

① 10[%]   ② 20[%]
③ 30[%]   ④ 40[%]

해설
비례대(Proportional Band)
$PB = \dfrac{CR}{SR} \times 100[\%] = \dfrac{89 - 81}{100 - 60} \times 100[\%] = 20[\%]$

43 니켈, 망간, 코발트 구리 등의 금속산화물을 압축·소결시켜 만든 온도계는?

① 바이메탈 온도계
② 서미스터 저항체 온도계
③ 제게르콘 온도계
④ 방사온도계

해설
서미스터(Thermistor) (측온)저항(체) 온도계 : 금속산화물 분말을 혼합 소결시킨 반도체로 만든 전기저항식 온도계
- 이용현상 : 온도에 의한 전기저항의 변화
- 조성성분 : 니켈(Ni), 코발트(Co), 망간(Mn), 철(Fe), 구리(Cu)
- 온도 측정범위 : $-100 \sim 300[℃]$
- 자기가열현상이 있다.
- 응답이 빠르고 감도가 높다.
- 도선저항에 의한 오차를 작게 할 수 있다.
- 소형으로 좁은 장소의 측온에 적합하다.
- 저항온도계수가 부특성이며, 저항온도계 중 저항값이 가장 크다.
- 저항온도계수는 25[℃]에서 백금의 10배 정도이다.
- 재현성과 호환성이 좋지 않다.
- 특성을 고르게 얻기 어렵다(소자의 온도특성인 균일성을 얻기 어렵다).
- 흡습 등으로 열화되기 쉽다.
- 충격에 대한 기계적 강도가 떨어진다.

44 계측기기의 감도(Sensitivity)에 대한 설명으로 틀린 것은?

① 감도가 좋으면 측정시간이 길어진다.
② 감도가 좋으면 측정범위가 좁아진다.
③ 계측기가 측정량의 변화에 민감한 정도이다.
④ 측정량의 변화를 지시량의 변화로 나누어 준 값이다.

해설
감도는 측정량 변화에 대한 지시량 변화의 비로 나타낸다.

45 공업계기의 구비조건으로 가장 거리가 먼 것은?

① 구조가 복잡해도 정밀한 측정이 우선이다.
② 주변환경에 대하여 내구성이 있어야 한다.
③ 경제적이며 수리가 용이하여야 한다.
④ 원격 조정 및 연속 측정이 가능하여야 한다.

해설
공업계기의 구비조건
- 구조가 간단해야 한다.
- 주변환경에 대하여 내구성이 있어야 한다.
- 경제적이며 수리가 용이하여야 한다.
- 원격 조정 및 연속 측정이 가능하여야 한다.

46 다음 중 피토관의 유속 $v_1[m/s]$를 구하는 식은? (단, g : 중력 가속도 $9.8[m/s^2]$, P_t : 전압$[kg/m^2]$, P_s : 정압$[kg/m^2]$, γ : 유체의 비중량$[kg/m^3]$)

① $v_1 = \sqrt{2g(P_t \times P_s)/\gamma}$
② $v_1 = \sqrt{2g(P_s + P_t)/\gamma}$
③ $v_1 = \sqrt{2g(P_t - P_s)/\gamma}$
④ $v_1 = \sqrt{2g(P_s - P_t)/\gamma}$

해설
베르누이 방정식
$$\frac{P_1}{\gamma} + \frac{v_1^2}{2g} + z_1 = \frac{P_2}{\gamma} + \frac{v_2^2}{2g} + z_2$$
여기서, $z_1 = z_2$, $v_2 = 0$이므로,
$\frac{P_1}{\gamma} + \frac{v_1^2}{2g} = \frac{P_2}{\gamma}$ 에서 $\frac{v_1^2}{2g} = \frac{P_2 - P_1}{\gamma} = \frac{P_t - P_s}{\gamma}$ 이다.
∴ $v_1 = \sqrt{2g(P_t - P_s)/\gamma}$

43 ② 44 ④ 45 ① 46 ③

47 다음 중 가스분석 측정법이 아닌 것은?

① 오르자트법
② 적외선 흡수법
③ 플로 노즐법
④ 가스크로마토그래피법

해설
가스분석법에 플로 노즐법은 없다. 플로 노즐은 차압식 유량계에 해당된다.

48 베크만 온도계에 대한 설명으로 옳은 것은?

① 빠른 응답성의 온도를 얻을 수 있다.
② 저온용으로 적합하여 약 -100[℃]까지 측정할 수 있다.
③ 측정온도의 범위는 -60~350[℃] 정도가 보통이다.
④ 모세관의 상부에 수은을 봉입한 부분에 대해 측정온도에 따라 남은 수은의 양을 가감하여 그 온도 부분의 온도차를 0.01[℃]까지 측정할 수 있다.

해설
① 응답성은 좋지 않다.
②, ③ 측정온도의 범위는 -20~160[℃] 정도가 보통이다.

49 내경이 50[mm]인 원관에 20[℃] 물이 흐르고 있다. 층류로 흐를 수 있는 최대 유량은 약 몇 [m³/sec]인가?(단, 임계 레이놀즈수(R_e)는 2,320이고, 20[℃]일 때 동점성계수(ν) = 1.0064 × 10⁻⁶[m²/sec]이다)

① 5.33×10^{-5}
② 7.36×10^{-5}
③ 9.16×10^{-5}
④ 15.23×10^{-5}

해설
$R_e = \dfrac{vd}{\nu}$ 에서 $v = \dfrac{\nu R_e}{d}$ 이며,

유량은 $Q = Av = \dfrac{\pi d^2}{4} \times \dfrac{\nu R_e}{d}$

$= \dfrac{3.14 \times 50 \times 10^{-3} \times 1.0064 \times 10^{-6} \times 2,320}{4}$

$\approx 9.16 \times 10^{-5} \, [\text{m}^3/\text{sec}]$

50 다음 중 백금-백금·로듐 열전대 온도계에 대한 설명으로 가장 옳은 것은?

① 측정 최고 온도는 크로멜-알루멜 열전대보다 낮다.
② 열기전력이 다른 열전대에 비하여 가장 높다.
③ 안정성이 양호하여 표준용으로 사용된다.
④ 200[℃] 이하의 온도 측정에 적당하다.

해설
① 측정 최고 온도는 크로멜-알루멜 열전대보다 높다.
② 열기전력이 다른 열전대에 비하여 작다.
④ 측정온도의 범위는 0~1,600[℃]이다.

51 U자관 압력계에 사용되는 액주의 구비조건이 아닌 것은?

① 열팽창계수가 작을 것
② 모세관현상이 작을 것
③ 화학적으로 안정될 것
④ 점도가 클 것

해설
U자관 압력계에 사용되는 액주의 점도는 크지 않아야 한다.

52 다음 용어에 대한 설명으로 옳지 않은 것은?

① 측정량 : 측정하고자 하는 양
② 값 : 양의 크기를 함께 수와 기준
③ 제어편차 : 목표치에 제어량을 더한 값
④ 양 : 수와 기준으로 표시할 수 있는 크기를 갖는 현상이나 물체 또는 물질의 성질

해설
제어편차 : 목표치에서 제어량을 뺀 값

53 차압식 유량계에서 압력차가 처음보다 4배 커지고, 관의 지름이 $\frac{1}{2}$로 되었다면 나중 유량(Q_2)과 처음 유량(Q_1)의 관계를 옳게 나타낸 것은?

① $Q_2 = 0.71 \times Q_1$
② $Q_2 = 0.5 \times Q_1$
③ $Q_2 = 0.35 \times Q_1$
④ $Q_2 = 0.25 \times Q_1$

해설
유량 $Q = \gamma Av = k\sqrt{2g\Delta P/\gamma}$
- $Q_1 = k\sqrt{2g\Delta P/\gamma}$ 이며, 압력차의 변화에 따라 $Q_2 = k\sqrt{2g4\Delta P/\gamma} = 2(k\sqrt{2g\Delta P/\gamma}) = 2Q_1$
- $Q_1 = \gamma Av$이며, 지름의 변화에 따라 $Q_2 = \gamma \frac{1}{4}Av = \frac{1}{4}Q_1$

따라서 압력차와 지름의 변화에 따라 $Q_2 = \frac{2}{4}Q_1 = 0.5Q_1$

54 피드백 제어에 대한 설명으로 틀린 것은?

① 고액의 설비비가 요구된다.
② 운영하는 데 비교적 고도의 기술이 요구된다.
③ 일부 고장이 있어도 전체 생산에 영향을 미치지 않는다.
④ 비교적 수리가 어렵다.

해설
피드백 제어는 일부 고장이 있어도 전체 생산에 영향을 미친다.

55 다음 각 습도계의 특징에 대한 설명으로 틀린 것은?

① 노점 습도계는 저습도를 측정할 수 있다.
② 모발 습도계는 2년마다 모발을 바꾸어 주어야 한다.
③ 통풍 건습구 습도계는 2.5~5[m/sec]의 통풍이 필요하다.
④ 저항식 습도계는 직류전압을 사용하여 측정한다.

해설
저항식 습도계는 교류전압을 사용하여 측정한다.

57 제베크(Seebeck)효과에 대한 설명으로 가장 옳은 것은?

① 어떤 결정체를 압축하면 기전력이 일어난다.
② 성질이 다른 두 금속의 접점에 온도차를 두면 열기전력이 일어난다.
③ 고온체로부터 모든 파장의 전방사에너지는 절대온도의 4승에 비례하여 커진다.
④ 고체가 고온이 되면 단파장 성분이 많아진다.

해설
제베크(Seebeck)효과 : 성질이 다른 두 금속의 접점에 온도차를 두면 열기전력이 일어나는 현상

56 전자유량계의 특징에 대한 설명 중 틀린 것은?

① 압력손실이 거의 없다.
② 내식성 유지가 곤란하다.
③ 전도성 액체에 한하여 사용할 수 있다.
④ 미소한 측정전압에 대하여 고성능의 증폭기가 필요하다.

해설
전자유량계는 내식성 유지가 가능하다.

58 다음 중 간접식 액면 측정방법이 아닌 것은?

① 방사선식 액면계
② 초음파식 액면계
③ 플로트식 액면계
④ 저항전극식 액면계

해설
플로트식 액면계는 직접식 액면계이다.

59 휴대용으로 상온에서 비교적 정밀도가 좋은 아스만 습도계는 다음 중 어디에 속하는가?

① 저항 습도계
② 냉각식 노점계
③ 간이 건습구 습도계
④ 통풍형 건습구 습도계

해설
휴대용으로 상온에서 비교적 정밀도가 좋은 아스만 습도계는 통풍형 건습구 습도계에 해당한다.
• 상온에서 비교적 정확도가 좋다.
• 비교적 가격이 저렴하다.
• 2.5~5[m/sec]의 통풍이 필요하다.
• 습도 측정 시 계산이 필요하다.
• 증류수 공급, 거즈 설치 시 관리가 필요하다
• 안정에 많은 시간이 소요되며 숙련이 필요하다.

60 금속의 전기저항값이 변화되는 것을 이용하여 압력을 측정하는 전기저항 압력계의 특성으로 옳은 것은?

① 응답속도가 빠르고 초고압에서 미압까지 측정한다.
② 구조가 간단하여 압력검출용으로 사용한다.
③ 먼지의 영향이 작고, 변동에 대한 적응성이 작다.
④ 가스 폭발 등 급속한 압력 변화를 측정하는 데 사용한다.

해설
전기저항식 압력계 : 금속의 전기저항값이 변화되는 것을 이용하여 압력을 측정하는 전기식 압력계로, 응답속도가 빠르고 초고압에서 미압까지 측정한다.

제4과목 | 열설비재료 및 관계법규

61 내화물 SK26번이면 용융온도 1,580[℃]에 견디어야 한다. SK30번이라면 약 몇 [℃]에 견디어야 하는가?

① 1,460[℃]　　② 1,670[℃]
③ 1,780[℃]　　④ 1,800[℃]

해설
내화물의 사용온도범위 : SK26번 1,580[℃], SK30번 1,670[℃], SK34번 1,750[℃], SK40번 1,920[℃], SK42번 2,000[℃]

62 원관을 흐르는 층류에 있어서 유량의 변화는?

① 관의 반지름의 제곱에 비례해서 증가한다.
② 압력 강하에 반비례하여 증가한다.
③ 관의 길이에 비례하여 증가한다.
④ 점성계수에 반비례해서 증가한다.

해설
① 관의 지름의 4제곱에 비례하여 증가한다.
② 압력 강하에 비례하여 증가한다.
③ 관의 길이에 반비례하여 증가한다.

63 용접검사가 면제되는 대상기기가 아닌 것은?

① 용접 이음이 없는 강관을 동체로 한 헤더
② 최고 사용압력이 0.35[MPa] 이하이고, 동체의 안지름이 600[mm]인 전열교환식 1종 압력용기
③ 전열면적이 30[m²] 이하의 유류용 주철제 증기 보일러
④ 전열면적이 18[m²] 이하이고, 최고 사용압력이 0.35[MPa]인 온수 보일러

해설
용접검사 면제대상기기(에너지이용합리화법 시행규칙 별표 3의6)
- 전열면적이 5[m²] 이하이고, 최고 사용압력이 0.35[MPa] 이하인 강철제 보일러
- 주철제 보일러
- 1종 관류 보일러
- 전열면적이 18[m²] 이하이고, 최고 사용압력이 0.35[MPa] 이하인 온수 보일러
- 용접 이음(동체와 플랜지와의 용접 이음은 제외한다)이 없는 강관을 동체로 한 헤더
- 동체의 두께가 6[mm] 미만인 압력용기로서 최고 사용압력 [MPa]과 내부 부피[m³]를 곱한 수치가 0.02 이하(난방용의 경우에는 0.05 이하)인 것
- 전열교환식 압력용기로서 최고 사용압력이 0.35[MPa] 이하이고, 동체의 안지름이 600[mm] 이하인 것

64 보온재의 시공방법에 대한 설명으로 틀린 것은?

① 물로 반죽하여 시공하는 보온재의 1차 시공 시 보온재의 두께는 50[mm]가 적당하다.
② 판상 보온재를 사용할 경우 두께가 75[mm]를 초과하는 경우에는 층을 두 개로 나누어 시공한다.
③ 보온재는 열전도성 및 내열성을 충분히 검토한 후 선택하여 사용하여야 한다.
④ 내화 벽돌을 사용할 경우 일반 보온재를 내층에, 내화 벽돌은 외층으로 하여 밀착·시공한다.

해설
물로 반죽하여 시공하는 보온재의 1차 시공 시 보온재의 두께는 25[mm]가 적당하다.

65 에너지이용합리화법령에 따라 효율관리기자재의 제조업자는 효율관리시험기관으로부터 측정결과를 통보받은 날부터 며칠 이내에 그 측정결과를 한국에너지공단에 신고하여야 하는가?

① 15일 ② 30일
③ 90일 ④ 120일

해설
효율관리기자재의 제조업자는 효율관리시험기관으로부터 측정결과를 통보받은 날부터 90일 이내에 그 측정결과를 한국에너지공단에 신고하여야 한다.

66 요의 구조 및 형상에 의한 분류가 아닌 것은?

① 터널요 ② 셔틀요
③ 횡 요   ④ 승염식 요

해설
승염식 요는 화염 진행방식에 따른 분류이다.

67 다음 중 에너지이용합리화법의 목적이 아닌 것은?

① 에너지 수급 안정화
② 국민경제의 건전한 발전에 이바지
③ 에너지 소비로 인한 환경 피해 감소
④ 연료 수급 및 가격 조정

해설
에너지이용합리화법의 목적
- 에너지 수급 안정화
- 에너지의 합리적이고 효율적인 이용 증진
- 에너지 소비로 인한 환경 피해 감소
- 국민경제의 건전한 발전에 및 국민복지의 증진에 이바지
- 지구온난화의 최소화에 이바지

68 다음 중 열전도율이 낮은 재료에서 높은 재료 순으로 옳게 표기된 것은?

① 물 → 유리 → 콘크리트 → 석고보드 → 스티로폼 → 공기
② 공기 → 스티로폼 → 석고보드 → 물 → 유리 → 콘크리트
③ 스티로폼 → 유리 → 공기 → 석고보드 → 콘크리트 → 물
④ 유리 → 스티로폼 → 물 → 콘크리트 → 석고보드 → 공기

해설
열전도율 순(낮은 것 → 높은 것)
공기 → 스티로폼 → 석고보드 → 고무 → 물 → 유리 → 콘크리트 → 철 → 알루미늄 → 구리

69 단열효과에 대한 설명으로 틀린 것은?

① 열확산계수가 작아진다.
② 열전도계수가 작아진다.
③ 노 내 온도가 균일하게 유지된다.
④ 스폴링현상을 촉진시킨다.

해설
단열효과는 스폴링현상을 감소시킨다.

70 길이 7[m], 외경 200[mm], 내경 190[mm]의 탄소강관에 360[℃] 과열증기를 통과시키면 이때 늘어나는 관의 길이는 몇 [mm]인가?(단, 주위 온도는 20[℃]이고, 관의 선팽창계수는 0.000013[mm/mm·℃]이다)

① 21.15 ② 25.71
③ 30.94 ④ 36.48

해설
관의 늘어난 길이
$\lambda = L\alpha\Delta t = 7,000 \times 0.000013 \times 340 \approx 30.94[\text{mm}]$

71 에너지이용합리화법에 따라 에너지다소비사업자에게 에너지 손실요인의 개선명령을 할 수 있는 자는?

① 산업통상자원부장관
② 시·도지사
③ 한국에너지공단이사장
④ 에너지관리진단기관협회장

해설
산업통상자원부장관은 에너지관리지도 결과, 에너지가 손실되는 요인을 줄이기 위하여 필요하다고 인정하면 에너지다소비사업자에게 에너지 손실요인의 개선을 명할 수 있다(에너지이용합리화법 제34조).

72 에너지법령상 에너지원별 에너지열량 환산기준으로 총발열량[kcal]이 가장 높은 연료는?(단, 1[L] 또는 1[kg] 기준이다)

① 윤활유 ② 항공유
③ B-C유 ④ 천연가스

해설
총발열량[kcal/L](에너지법 시행규칙 별표)
· B-C유 : 9,980 · 윤활유 : 9,450
· 항공유 : 8,720 · 천연가스 : 13,080

정답 68 ② 69 ④ 70 ③ 71 ① 72 ④

73 다음 중 평균효율관리기자재에 해당하는 것은?

① 승용자동차
② 가전제품
③ 산업용 보일러
④ 조명기기

해설
평균효율관리기자재(에너지이용합리화법 시행규칙 제11조) : 승용자동차(총중량 3.5[ton] 미만), 승합자동차(승차 인원이 15인승 이하, 총중량이 3.5[ton] 미만), 화물자동차(총중량이 3.5[ton] 미만)

74 에너지 공급을 제한하고자 할 경우 산업통상자원부장관은 공급 제한일 며칠 전에 이를 에너지공급자 및 에너지 사용 제한대상자에게 예고하여야 하는가?

① 3일
② 7일
③ 10일
④ 15일

해설
에너지 공급 제한의 예고 : 제한대상자에게 7일 전에 예고해야 한다.

75 육용강재 보일러에 있어서 접시 모양 경판으로 노통을 설치할 경우, 경판의 최소 두께 t[mm]를 구하는 식은?(단, P : 최고사용압력[kg/cm²], R : 접시 모양 경판의 중앙부에서의 내면 반지름[mm], σ_a : 재료의 허용인장응력[kgf/mm²], η : 경판 자체의 이음효율, A : 부식 여유[mm])

① $t = \dfrac{PR}{150\sigma_a\eta} + A$

② $t = \dfrac{150PR}{(\sigma_a + \eta)} + A$

③ $t = \dfrac{PA}{150(\sigma_a\eta)} + R$

④ $t = \dfrac{AR}{\sigma_a\eta} + 150$

해설
육용강재 보일러에 접시모양 경판으로 노통 설치 시 경판의 최소 두께(t)

$t = \dfrac{PR}{150\sigma_a\eta} + A$ [mm]

여기서, P : 최고사용압력
R : 접시 모양 경판의 중앙부에서의 내면 반지름
σ_a : 재료의 허용인장응력
η : 경판 자체의 이음효율
A : 부식 여유

76 노재의 화학적 성질을 잘못 짝지은 것은?

① 샤모트질 벽돌 : 산성
② 규석질 벽돌 : 산성
③ 돌로마이트질 벽돌 : 염기성
④ 크롬질 벽돌 : 염기성

해설
크롬질 벽돌 : 중성

77 에너지법상 연료에 해당되지 않는 것은?

① 석유
② 원유가스
③ 천연가스
④ 제품 원료로 사용되는 석탄

해설
연료(에너지법 제2조) : 석유·가스·석탄, 그 밖에 열을 발생하는 열원(熱源)을 말한다. 다만, 제품의 원료로 사용되는 것은 제외한다.

78 글로브밸브(Globe Valve)에 대한 설명으로 틀린 것은?

① 유량 조절이 용이하므로 자동조절밸브 등에 응용시킬 수 있다.
② 유체의 흐름 방향이 밸브 몸통 내부에서 변한다.
③ 디스크 형상에 따라 앵글밸브, Y형 밸브, 니들밸브 등으로 분류된다.
④ 조작력이 작아 고압의 대구경 밸브에 적합하다.

해설
글로브밸브 : 밸브의 몸통이 둥근 달걀형 밸브이다. 유체의 압력 감소가 커서 압력이 필요하지 않은 경우나 유량 조절용, 차단용으로 적합하다. 구형 밸브 또는 옥형 밸브라고도 한다.
• 유량 조절이 용이하므로 자동조절밸브 등에 응용시킬 수 있다.
• 유체의 흐름 방향이 밸브 몸통 내부에서 변한다.
• 디스크 형상에 따라 앵글밸브, Y형 밸브, 니들밸브 등으로 분류된다.
• 압력손실과 조작력이 크다.

79 산업통상자원부장관이 정하는 바에 따라 수수료를 납부하여야 하는 경우는?

① 제조업의 허가를 신청하는 경우
② 검사대상기기의 검사를 받고자 하는 경우
③ 에너지관리대상자의 지정을 받고자 하는 경우
④ 열사용기자재의 형식 승인을 얻고자 하는 경우

해설
수수료(에너지이용합리화법 제67조) : 다음의 어느 하나에 해당하는 자는 산업통상자원부령으로 정하는 바에 따라 수수료를 내야 한다.
• 고효율에너지기자재의 인증을 신청하려는 자
• 에너지 진단을 받으려는 자
• 검사대상기기의 검사를 받으려는 자
• 검사대상기기의 검사를 받으려는 제조업자

80 에너지이용합리화법에 따라 검사대상기기설치자의 변경신고는 변경일로부터 15일 이내에 누구에게 신고하여야 하는가?

① 한국에너지공단이사장
② 산업통상자원부장관
③ 지방자치단체장
④ 관할소방서장

해설
에너지이용합리화법에 따라 검사대상기기설치자의 변경신고는 변경일로부터 15일 이내에 한국에너지공단이사장에게 하여야 한다(에너지이용합리화법 시행규칙 제31조의24).

제5과목 | 열설비설계

81 보일러의 열정산 시 출열항목이 아닌 것은?

① 배기가스에 의한 손실열
② 발생 증기 보유열
③ 불완전연소에 의한 손실열
④ 공기의 현열

해설
공기의 현열은 입열항목이다.

82 노통 보일러의 수면계 최저 수위 부착 기준으로 옳은 것은?

① 노통 최고부 위 50[mm]
② 노통 최고부 위 100[mm]
③ 연관의 최고부 위 10[mm]
④ 연소실 천장판 최고부 위 연관 길이의 1/3

해설
노통 보일러 수면계 최저 수위의 부착 기준 : 연관의 최고부 위 75[mm]이다. 다만, 연관 최고 부분보다 노통 윗면이 높은 것으로서는 노통 최고부(플랜지부 제외) 위 100[mm]이다.

83 다음 중 용접봉 피복제의 역할이 아닌 것은?

① 아크열에 의해 분해되어 아크를 안정되게 한다.
② 용착금속의 급랭을 촉진시켜 조직을 좋게 한다.
③ 산화 및 질화를 방지한다.
④ 탈산작용을 돕고 용융금속의 금속학적 반응에 중요한 작용을 한다.

해설
용접봉 피복제는 슬래그가 되어 용착금속의 급랭을 막아 조직을 좋게 한다.

84 스케일(Scale)에 대한 설명으로 틀린 것은?

① 스케일로 인하여 연료 소비가 많아진다.
② 스케일은 규산칼슘, 황산칼슘이 주성분이다.
③ 스케일로 인하여 배기가스의 온도가 낮아진다.
④ 스케일은 보일러에서 열전도의 방해물질이다.

해설
스케일로 인하여 배기가스의 온도가 높아진다.

85 NaOH 8[g]을 200[L]의 수용액에 녹이면 pH는?

① 9
② 10
③ 11
④ 12

해설
NaOH의 몰수 = 8/40 = 0.2[M]이며 NaOH → $Na^+ + OH^-$ 에서 NaOH 1개가 이온화하면 1개가 생기므로,
$[OH^-] = [NaOH] = 0.2/200 = 0.001[M]$이다.
따라서, $pOH = -\log[OH] = -\log 0.001 = 3$이므로
$pH = 14 - 3 = 11$

86 내화벽의 열전도율이 0.9[kcal/m·h·℃]인 재질로 된 평면 벽의 양측 온도가 800[℃]와 100[℃]이다. 이 벽을 통한 단위면적당 열전달량이 1,400 [kcal/m²·h]일 때, 벽 두께[cm]는?

① 25
② 35
③ 45
④ 55

해설
열전달량 $Q = K \cdot F \cdot \Delta t = \frac{k}{b} \times F \times \Delta t$ 에서
벽 두께 $b = \frac{k \times F \times \Delta t}{Q} = \frac{0.9 \times 1 \times (800-100)}{1,400} = 0.45[m]$
$= 45[cm]$

정답 81 ④ 82 ② 83 ② 84 ③ 85 ③ 86 ③

87 보일러에서 연소용 공기 및 연소가스가 통과하는 순서로 옳은 것은?

① 송풍기 → 절탄기 → 과열기 → 공기예열기 → 연소실 → 굴뚝
② 송풍기 → 연소실 → 공기예열기 → 과열기 → 절탄기 → 굴뚝
③ 송풍기 → 공기예열기 → 연소실 → 과열기 → 절탄기 → 굴뚝
④ 송풍기 → 연소실 → 공기예열기 → 절탄기 → 과열기 → 굴뚝

[해설]
보일러에서 연소용 공기 및 연소가스가 통과하는 순서
송풍기 → 공기예열기 → 연소실 → 과열기 → 절탄기 → 굴뚝

88 태양열 보일러가 800[W/m²]의 비율로 열을 흡수한다. 열효율이 9[%]인 장치로 12[kW]의 동력을 얻으려면 전열면적[m²]의 최소 크기는 얼마이어야 하는가?

① 0.17
② 1.35
③ 107.8
④ 166.7

[해설]
동력 P, 단위면적당 흡수열량 Q, 전열면적 A, 열교환기의 효율 η일 때
$P = Q \times A \times \eta$
$12 \times 10^3 = 800 \times A \times 0.09$
∴ 전열면적 $A = \dfrac{12 \times 10^3}{800 \times 0.09} \approx 166.7[\text{m}^3]$

89 인젝터의 정지 순서로 옳은 것은?

㉮ 핸들을 연다.
㉯ 증기밸브을 연다.
㉰ 급수밸브을 연다.
㉱ 급수 출수관에 정지밸브가 열렸는지 확인한다.

① ㉮ → ㉯ → ㉰ → ㉱
② ㉯ → ㉰ → ㉮ → ㉱
③ ㉰ → ㉯ → ㉱ → ㉮
④ ㉱ → ㉰ → ㉯ → ㉮

[해설]
인젝터의 작동 순서(시동 순서)와 정지 순서
• 작동 순서 : 정지밸브 → 급수밸브 → 증기밸브 → 핸들
• 정지 순서 : 핸들 → 증기밸브 → 급수밸브 → 정지밸브

90 보일러 사용 중 저수위 사고의 원인으로 가장 거리가 먼 것은?

① 급수펌프가 고장이 났을 때
② 급수 내관이 스케일로 막혔을 때
③ 증기 토출량이 지나치게 과소할 때
④ 수위검출기에 이상이 있을 때

[해설]
보일러 사용 중 이상 감수(저수위 사고)의 원인
• 급수펌프가 고장이 났을 때
• 급수 내관이 스케일로 막혔을 때
• 수위검출기에 이상이 있을 때
• 수면계의 연락관이 막혀 수위를 모를 때
• 분출장치, 급수밸브, 방출콕 또는 밸브, 보일러 연결부 등에서 누설이 될 때
• 급수밸브 및 체크밸브가 고장 나서 보일러수가 급수탱크로 역류할 때
• 수면계의 유리가 오손되어 수위를 오인할 때
• 수면계 막힘·고장, 밸브 개폐 오류에 의해 수위를 오판할 때
• 자동급수제어장치가 고장 나거나 작동이 불량할 때
• 증기 토출량이 지나치게 과대할 때
• 펌프용량이 증발능력에 비해 과소한 것을 설치했을 때
• 갑자기 정전사고가 발생했을 때
• 보일러 운전 중 안전관리자가 자리를 이탈했을 때

91 압력용기의 설치 상태에 대한 설명으로 틀린 것은?

① 압력용기의 본체는 바닥보다 30[mm] 이상 높이 설치되어야 한다.
② 압력용기를 옥내에 설치하는 경우 유독성 물질을 취급하는 압력용기는 2개 이상의 출입구 및 환기장치가 되어 있어야 한다.
③ 압력용기를 옥내에 설치하는 경우 압력용기의 본체와 벽과의 거리는 0.3[m] 이상이어야 한다.
④ 압력용기의 기초가 약하여 내려앉거나 갈라짐이 없어야 한다.

> **해설**
> 압력용기의 본체는 바닥에서 10[cm] 이상 높이에 설치되어야 한다.

92 다음 중 열교환기의 성능이 향상되는 요인이 아닌 것은?

① 온도차의 증가
② 유체의 느린 유속
③ 향류 방향의 유체 흐름
④ 높은 열전율의 재료 사용

> **해설**
> 유체의 속도가 느리면 열교환기의 성능이 저하된다.

93 보일러 설치검사 사항 중 틀린 것은?

① 보일러의 안전장치는 사고를 방지하기 위해 먼저 경보기를 울리고 30초 정도 지난 후 연료를 차단한다.
② 5[t/h] 이하의 유류 보일러의 배기가스 온도는 정격 부하에서 상온과의 차가 215[℃] 이하이어야 한다.
③ 수입 보일러의 설치검사의 경우 수압시험이 필요하다.
④ 보일러 설치검사 시 안전장치 기능 테스트를 한다.

> **해설**
> 5[t/h] 이하의 유류 보일러의 배기가스 온도는 정격 부하에서 상온과의 차가 315[℃] 이하이어야 한다.

94 플로트식 트랩의 특징으로 옳지 않은 것은?

① 다량의 드레인을 연속적으로 처리할 수 있다.
② 증기의 누출이 많은 편이다.
③ 가동 시 공기빼기가 불필요하다.
④ 수격작용에 다소 약하다.

> **해설**
> 플로트식 트랩은 증기의 누출이 매우 적다.

정답 91 ① 92 ② 93 ② 94 ②

95 다음 중 경판의 탄성(강도)을 높이기 위한 것은?

① 아담슨 조인트
② 브리싱 스페이스
③ 용접 조인트
④ 그루빙

해설
브리싱 스페이스(Breathing Space) : 노통의 신축호흡거리(노통 보일러에 경판 부착 시 거싯 스테이의 하단과 노통 상단 사이의 거리)로 경판의 탄성(강도)을 높이기 위한 완충폭의 역할을 한다.

96 전열요소가 회전하는 재생식 공기예열기는?

① 판형 공기예열기
② 관형 공기예열기
③ 융스트롬(Ljungstrom) 공기예열기
④ 로테뮐러(Rothemuhle) 공기예열기

해설
재생식 공기예열기(융스트롬 공기예열기) : 금속판을 일정 시간 열가스와 접촉시킨 후 회전시켜 공기와 열교환하는 방식

97 증기로 공기를 가열하는 열교환기에서 가열원으로 150[℃]의 증기가 열교환기 내부에서 포화상태를 유지하고, 이때 유입공기의 입·출구 온도는 25[℃]와 85[℃]이다. 열교환기에서의 전열량이 3,333[kJ/h], 전열면적이 13[m^2]이라고 할 때 열교환기의 총괄 열전달계수[kJ/m^2·h·℃]는?

① 2.79
② 2.89
③ 3.17
④ 3.27

해설
$\Delta t_1 = 150 - 25 = 125[℃]$
$\Delta t_2 = 150 - 85 = 65[℃]$

대수평균온도차 $\Delta t_m = \dfrac{\Delta t_1 - \Delta t_2}{\ln(\Delta t_1/\Delta t_2)} = \dfrac{125 - 65}{\ln(125/65)}$
$\simeq 91.75[℃]$

열교환열량 $Q = KF\Delta t_m$

∴ 총괄 열전달계수 $K = \dfrac{Q}{F \times \Delta t_m} = \dfrac{3,333}{13 \times 91.75}$
$\simeq 2.79[kJ/m^2 \cdot h \cdot ℃]$

98 온수보일러의 안전밸브 설치에 대한 설명으로 옳지 않은 것은?

① 안전밸브는 보일러 하부에 설치해야 한다.
② 온수온도가 120[℃] 초과 시 안전밸브를 설치하여야 한다.
③ 안전밸브는 보일러 내부의 관에 연결하여서는 안 된다.
④ 안전밸브 연결 시 나사로 된 연결관을 사용한다.

해설
온수보일러의 안전밸브
• 안전밸브는 보일러 상부에 설치해야 한다.
• 온수온도가 120[℃] 초과 시 안전밸브를 설치하여야 한다.
• 안전밸브는 보일러 내부의 관에 연결하여서는 안 된다.
• 안전밸브는 중심선을 수직으로 하여 설치해야 한다.
• 안전밸브 연결 시 나사로 된 연결관을 사용한다.

99 열매체 보일러의 특징에 대한 설명으로 옳지 않은 것은?

① 저압으로 고온의 증기를 얻을 수 있다.
② 겨울철에도 동결의 우려가 적다.
③ 보일러 안전밸브는 개방식 구조로 한다.
④ 인화성, 자극성이 있다.

해설
열매체 보일러의 특징
- 저압으로 고온의 증기를 얻을 수 있다.
- 겨울철 동결의 우려가 적다.
- 부식의 염려가 없으므로 청관제 주입장치가 필요하지 않다.
- 안전관리상 보일러 안전밸브는 밀폐식 구조로 한다.
- 열매체의 종류에 따라 사용온도의 한계가 차별화된다.
- 인화성, 자극성이 있다.

100 보일러에 설치된 기수분리기에 대한 설명으로 틀린 것은?

① 발생된 증기 중에서 수분을 제거하고 건포화증기에 가까운 증기를 사용하기 위한 장치이다.
② 증기부의 체적이나 높이가 작고 수면의 면적이 증발량에 비해 작은 때는 기수공발이 일어날 수 있다.
③ 압력이 비교적 낮은 보일러의 경우는 압력이 높은 보일러보다 증기와 물의 비중량 차이가 극히 작아 기수분리가 어렵다.
④ 사용원리는 원심력을 이용한 것, 스크러버를 지나게 하는 것, 스크린을 사용하는 것 또는 이들의 조합을 이루는 것 등이 있다.

해설
비교적 압력이 낮은 보일러는 압력이 높은 보일러보다 증기와 물의 비중량 차이가 커서 기수분리가 용이하다.

2024년 제2회 최근 기출복원문제

제1과목 | 연소공학

01 유압분무식 버너의 특징에 대한 설명 중 틀린 것은?

① 기름의 점도가 너무 높으면 무화가 나빠진다.
② 유지 및 보수가 간단하다.
③ 대용량의 버너 제작이 용이하다.
④ 분무 유량 조절의 범위가 넓다.

해설
분무 유량 조절의 범위가 좁다(2 : 1).

02 다음 중 건식 집진장치가 아닌 것은?

① 사이클론(Cyclone)
② 백필터(Bag Filter)
③ 멀티클론(Multiclone)
④ 사이클론 스크러버(Cyclone Scrubber)

해설
사이클론 스크러버는 습식 집진장치이다.

03 연돌의 높이 100[m], 배기가스의 평균 온도 210[℃], 외기온도 20[℃], 대기의 비중량 γ_1 = 1.29[kg/Nm³], 배기가스의 비중량 γ_2 = 1.35[kg/Nm³]일 때, 연돌의 통풍력은?

① 15.9[mmH₂O]
② 16.4[mmH₂O]
③ 43.9[mmH₂O]
④ 52.7[mmH₂O]

해설
$$Z_{th} = 273H \times \left(\frac{\gamma_a}{T_a} - \frac{\gamma_g}{T_g}\right)$$
$$= 273 \times 100 \times \left(\frac{1.29}{20+273} - \frac{1.35}{210+273}\right)$$
$$= 43.9[mmH_2O]$$

04 연소가스 중 질소산화물의 생성을 억제하기 위한 방법으로 옳지 않은 것은?

① 2단 연소
② 고온연소
③ 농담연소
④ 배기가스 재순환연소

해설
고온연소는 연소가스 중의 질소산화물을 더 증가시키므로, 질소산화물의 생성을 억제하기 위해서는 저온연소를 해야 한다.

05 중유를 A급, B급, C급으로 구분하는 기준은?

① 발열량
② 인화점
③ 착화점
④ 점 도

해설
중유를 A급, B급, C급으로 구분하는 기준은 점도이다.

정답 1 ④ 2 ④ 3 ③ 4 ② 5 ④

06 열병합 발전소에서 배기가스를 사이클론에서 전처리하고 전기 집진장치에서 먼지를 제거하고 있다. 사이클론 입구, 전기집진기 입구와 출구에서의 먼지농도가 각각 95, 10, 0.5[g/Nm³]일 때 종합집진율은?

① 85.7% ② 90.8%
③ 95.0% ④ 99.5%

해설
종합집진율
$\left(1 - \dfrac{0.5}{95}\right) \times 100[\%] \simeq 99.5[\%]$

07 탄소 6[kg]을 완전히 연소시키는데 요구되는 이론공기량[Nm³]은?

① 53.33 ② 64.33
③ 72.55 ④ 83.55

해설
탄소의 연소방정식 : $C + O_2 \rightarrow CO_2$

이론산소 요구량 $O_o = 22.4 \times \dfrac{6}{12} = 11.2$이며

이론공기량은 $A_o = \dfrac{O_0}{0.21} = \dfrac{11.2}{0.21} \simeq 53.33[Nm^3]$

08 예혼합연소에 대한 설명으로 옳지 않은 것은?

① 난류 연소속도는 연료의 종류, 온도, 압력에 대응하는 고윳값을 갖는다.
② 전형적인 층류 예혼합화염은 원추상화염이다.
③ 층류 예혼합화염의 경우 대기압에서의 화염 두께는 매우 얇다.
④ 난류 예혼합화염은 층류 화염보다 훨씬 높은 연소속도를 가진다.

해설
층류 (예혼합)연소속도는 연료의 종류, 혼합기의 조성, 온도, 압력에 대응하는 고윳값을 가지며 흐름의 상태와는 무관하다.

09 가로, 세로, 높이가 각각 3[m], 4[m], 3[m]인 가스저장소에 최소 몇 [L]의 부탄가스가 누출되면 폭발될 수 있는가?(단, 부탄가스의 폭발범위는 1.8~8.4[%]이다)

① 460 ② 560
③ 660 ④ 760

해설
- 방의 체적 : $3 \times 4 \times 3 = 36[m^3] = 36{,}000[L]$
- 폭발 가능 누출량은 $36{,}000 \times 0.018 = 648[L]$이므로 보기 중 ③ 660[L]가 폭발 가능 최소 누출량에 가장 근접한다.

정답 6 ④ 7 ① 8 ① 9 ③

10 배관 내 혼합가스의 한 점에서 착화되었을 때 연소파가 일정거리를 진행한 후 급격히 화염 전파속도가 증가되어 1,000~3,500[m/sec]에 도달하는 경우가 있다. 이와 같은 현상은?

① 폭발(Explosion)
② 폭굉(Detonation)
③ 충격(Shock)
④ 연소(Combustion)

[해설]
폭굉(Detonation)
- 염소파의 화염 전파속도가 음속을 돌파할 때 그 선단에 충격파가 발달하게 되는 현상
- 가스의 화염(연소) 전파속도가 음속보다 큰 것으로 파면선단의 압력파에 의해 파괴작용을 일으키는 현상
- 배관 내 혼합가스의 한 점에서 착화되었을 때 연소파가 일정거리를 진행한 후 급격히 화염 전파속도가 증가되어 1,000~3,500[m/sec]에 도달하는 현상

11 미연소혼합기의 흐름이 화염 부근에서 층류에서 난류로 바뀌었을 때의 현상으로 옳지 않은 것은?

① 화염의 성질이 크게 바뀌며 화염대의 두께가 증대한다.
② 예혼합연소일 경우 화염전파속도가 가속된다.
③ 적화식 연소는 난류 확산연소로서 연소율이 높다.
④ 확산연소일 경우는 단위면적당 연소율이 높아진다.

[해설]
미연소혼합기의 흐름이 화염 부근에서 층류에서 난류로 바뀌었을 때의 현상
- 화염의 성질이 크게 바뀌며 화염대의 두께가 증대한다.
- 예혼합연소일 경우 화염 전파속도가 가속된다.
- 적화식 연소는 난류 확산연소로서 연소율이 낮다.
- 확산연소일 경우는 단위면적당 연소율이 높아진다.

12 소화의 종류 중 주변의 공기 또는 산소를 차단시켜 소화하는 방법은?

① 억제소화   ② 냉각소화
③ 제거소화   ④ 질식소화

[해설]
질식소화
- 이산화탄소 등으로 가연물을 덮는 방법(분말 소화기, 포말 소화기, CO_2 소화기, 할로겐화합물 소화약제 등)
- 산소(공기)를 차단하여 연소에 필요한 산소농도 이하가 되게 하여 소화하는 방법

13 다음 보기는 가스 폭발에 관한 설명이다. 옳은 내용으로만 짝지어진 것은?

┤보기├
㉠ 안전간격이 큰 것일수록 위험하다.
㉡ 폭발범위가 넓은 것은 위험하다.
㉢ 가스압력이 커지면 통상 폭발범위는 넓어진다.
㉣ 연소속도가 크면 안전하다.
㉤ 가스 비중이 큰 것은 낮은 곳에 체류할 위험이 있다.

① ㉢, ㉣, ㉤
② ㉡, ㉢, ㉣, ㉤
③ ㉡, ㉢, ㉤
④ ㉠, ㉡, ㉢, ㉤

[해설]
㉠ 안전간격이 작은 것일수록 위험하다.
㉣ 연소속도가 크면 위험하다.

정답 10 ② 11 ③ 12 ④ 13 ③

14 고체연료를 사용하는 어느 열기관의 출력이 3,000 [kW]이고, 연료소비율이 매시간 1,400[kg]일 때 이 열기관의 열효율은?(단, 고체연료의 중량비는 C = 81.5[%], H = 4.5[%], O = 8[%], S = 2[%], w = 4[%]이다)

① 25[%]   ② 28[%]
③ 30[%]   ④ 32[%]

해설
$H_h = 8,100C + 34,000(H - O/8) + 2,500S$
$= 8,100 \times 0.815 + 34,000 \times (0.045 - 0.08/8) + 2,500 \times 0.02$
$= 7,841.5 [kcal/kg]$
$\therefore H_L = H_h - 600(9H + w)$
$= 7,841.5 - 600 \times (9 \times 0.045 + 0.04)$
$= 7,574.5 [kcal/kg]$

열기관의 열효율
$\eta = \dfrac{Q_{out}(출열)}{Q_{in}(입열)} \times 100 = \dfrac{Q_{out}}{H_L \times G_f} \times 100 [\%]$

$= \dfrac{3,000[kW] \times \dfrac{860[kcal/h]}{1[kW]}}{7,574.5[kcal/kg] \times 1,400[kg/h]} \times 100 \simeq 24.33[\%]$

15 어떤 중유연소 가열로의 발생가스를 분석했을 때 체적비로 CO_2 12.0[%], O_2 8.0[%], N_2 80[%]의 결과를 얻었다. 이 경우의 공기비는?(단, 연료 중에는 질소가 포함되어 있지 않다)

① 1.2   ② 1.4
③ 1.6   ④ 1.8

해설
$m = \dfrac{N_2}{N_2 - 3.76(O_2 - 0.5CO)}$
$= \dfrac{79}{79 - 3.76 \times (8 - 0.5 \times 0)} \simeq 1.6$

16 프로판(C_3H_8) 5[Nm^3]를 이론산소량으로 완전연소시켰을 때의 건연소가스량은 몇 [Nm^3]인가?

① 5   ② 10
③ 15   ④ 20

해설
프로판 연소방정식은 $C_3H_8 + 5O_2 \rightarrow 3CO_2 + 4H_2O$이므로, 건연소가스량은 $3CO_2$의 양이다.
따라서, 건연소가스량은 5[Nm^3] × 3 = 15[Nm^3]이다.

17 증기운 폭발의 특징에 대한 설명으로 틀린 것은?

① 폭발보다 화재가 많다.
② 연소에너지의 약 20[%]만 폭풍파로 변한다.
③ 증기운의 크기가 클수록 점화될 가능성이 커진다.
④ 점화 위치가 방출점에서 가까울수록 폭발 위력이 크다.

해설
점화 위치가 방출점에서 멀수록 폭발효율이 증가하므로 폭발 위력이 커진다.

18 비중이 0.8(60[°F]/60[°F])인 액체연료의 API도는?

① 10.1   ② 21.9
③ 36.8   ④ 45.4

해설
API도 $= \dfrac{141.5}{S} - 131.5 = \dfrac{141.5}{0.8} - 131.5 \simeq 45.4$

19 연돌에서 배출되는 연기의 농도를 1시간 동안 측정한 결과가 다음과 같을 때 매연의 농도율은 몇 [%]인가?

[측정결과]
- 농도 4도 : 10분
- 농도 3도 : 15분
- 농도 2도 : 15분
- 농도 1도 : 20분

① 25
② 35
③ 45
④ 55

해설
매연의 농도율

$$R = \frac{\text{매연농도값}}{\text{측정시간(분)}} \times 20[\%]$$

$$= \frac{4 \times 10 + 3 \times 15 + 2 \times 15 + 1 \times 20}{10 + 15 + 15 + 20} \times 20[\%] = 45[\%]$$

20 고체연료에 대비 액체연료의 성분 조성비는?

① H_2 함량과 O_2 함량이 모두 적다.
② H_2 함량이 많고, O_2 함량이 적다.
③ O_2 함량과 H_2 함량이 모두 많다.
④ O_2 함량이 많고, H_2 함량이 적다.

해설
고체연료 대비 액체연료의 성분 조성비는 H_2 함량이 많고, O_2 함량이 적다.

제2과목 | 열역학

21 온도에 대한 설명으로 옳지 않은 것은?

① 열역학적 온도의 기준은 절대영도(0[K])이다.
② 실용 온도계에서 사용되는 기준 온도는 물의 삼중점 온도 273.16[K](0.01[℃])이다.
③ 액체와 기체의 상이 구분 가능한 가장 높은 온도와 압력이 되는 점을 임계점이라고 하며, 여기서 액화가 가능한 최고의 온도를 임계온도라고 한다. 이 온도 이상에서는 아무리 높은 압력을 가해도 증기를 액체로 바꿀 수 없다.
④ 온도를 직접 측정하기보다는 잘 재현될 수 있는 물의 어는점과 끓는점을 기준으로 온도계를 교정한다.

해설
온도 변화에 따른 물질 특성 변화(부피, 압력, 저항 등)를 관측하여 측정에 이용한다. 즉, 온도를 직접 측정하기보다는 잘 재현될 수 있는 물의 삼중점 온도(0[℃])를 기준으로, 이로부터 온도계를 교정한다.

22 다음 중 카르노 사이클의 과정에 해당하지 않는 것은?

① 정적가열
② 단열팽창
③ 등온압축
④ 단열압축

해설
카르노 사이클을 구성하는 과정은 '등온팽창 → 단열팽창 → 등온압축 → 단열압축'으로 진행된다.

23 화씨[°F]와 섭씨[℃]의 눈금이 같아지는 온도는 몇 [℃]인가?

① 40 ② 20
③ -20 ④ -40

해설
화씨[°F]와 섭씨[℃]의 눈금이 같아지는 온도는 -40[°F], [℃]이다.

24 엔탈피(Enthalpy)와 관련된 설명으로 틀린 것은?

① 엔탈피는 계가 품고 있거나 보유하는 총괄적 에너지이다.
② 엔탈피는 일(Work)과 유사한 성질의 경로함수이다.
③ 엔탈피는 교축(Throtting)과정을 통하여 일반적으로 변화하지 않는 물성치이다.
④ 엔탈피는 반응이 일어날 때 계가 얻은 열 또는 잃은 열과 같으므로 엔탈피를 반응열이라고도 한다.

해설
엔탈피는 에너지와 유사한 성질의 상태함수이다.

25 다음의 PV선도와 TS선도는 어떤 사이클에 대한 것인가?

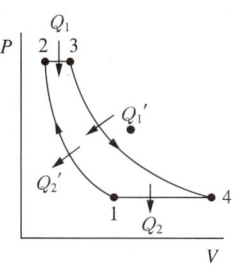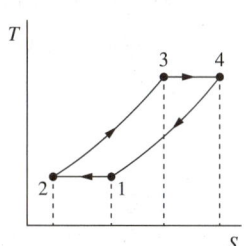

① 디젤(Diesel) 사이클
② 사바테(Sabathe) 사이클
③ 에릭슨(Ericsson) 사이클
④ 스터링(Stirling) 사이클

해설
에릭슨(Ericsson) 사이클은 가스터빈의 기본 사이클로, 등온 변화 2개와 정압 변화 2개로 구성된다. 등온압축 → 정압가열 → 등온팽창 → 정압방열의 과정으로 진행된다.

26 2[kg]의 기체를 0.15[MPa], 15[℃]에서 체적이 0.1[m³]가 될 때까지 등온압축할 때 압축 후 압력은 약 몇 [MPa]인가?(단, 비열은 각각 C_p = 0.8 [kJ/kg·K], C_v = 0.6[kJ/kg·K]이다)

① 1.10 ② 1.15
③ 1.20 ④ 1.25

해설
$R = C_p - C_v = 0.8 - 0.6 = 0.2 [kJ/kg \cdot K]$ 이며
$P_1 V_1 = mRT_1$ 에서 $0.15 \times V_1 = 2 \times 0.2 \times (15 + 273)$ 이므로
$V_1 = 768 [kJ/MPa] = 0.768 [m^3]$ 이다.
등온압축 시 $P_1 V_1 = P_2 V_2$ 이므로
$P_2 = P_1 \times \dfrac{V_1}{V_2} = 0.15 \times \dfrac{0.768}{0.1} \approx 1.15 [MPa]$ 이다.

정답 23 ④ 24 ② 25 ③ 26 ②

27 어떤 연료의 발열량이 10,000[kcal/kg]일 때 이 연료 1[kg]이 연소해서 30[%]가 유용한 일로 바뀔 수 있다면 500[kg]의 무게를 들어 올릴 수 있는 높이는 약 얼마인가?

① 26[m] ② 260[m]
③ 2.6[km] ④ 26[km]

해설
$Q = 10,000[\text{kcal/kg}] = 10,000 \times 4.184[\text{kJ/kg}]$
$= 41,840[\text{kJ/kg}] = 41,840 \times 10^3[\text{J/kg}]$
$0.3Q = W = mgh$
$0.3 \times (41,840 \times 10^3) \times 1 = 500 \times 9.8 \times h$
$\therefore h = \dfrac{0.3 \times (41,840 \times 10^3) \times 1}{500 \times 9.8} \simeq 2,562[\text{m}] \simeq 2.6[\text{km}]$

28 질량 40[kg], 온도 427[℃]의 강철 주물(C_p = 500[J/kg·℃])을 온도 27[℃], 200[kg]의 기름 (C_p = 2,500[J/kg·℃])속에서 급랭시킨다. 열손실이 없다면 전체 엔트로피(Entropy) 변화는 얼마인가?

① 6,060[J/K] ② 7,061[J/K]
③ 8,060[J/K] ④ 9,085[J/K]

해설
강철 주물을 1, 기름을 2라 하고, 강철 주물을 기름에 넣은 후의 온도를 T_m이라 하면,
강철 주물이 잃은 열 = 기름이 얻은 열
$Q_1 = m_1 C_{p_1} \Delta T_1 = 40 \times 500 \times (427 - T_m)$
$Q_2 = m_2 C_{p_2} \Delta T_2 = 200 \times 2,500 \times (T_m - 27)$
$Q_1 = Q_2$이므로
$40 \times 500 \times (427 - T_m) = 200 \times 2,500 \times (T_m - 27)$
$\therefore T_m \simeq 42.4[℃] = 315.4[\text{K}]$
전체 엔트로피(Entropy) 변화 = 강철 주물의 엔트로피 변화량 + 기름의 엔트로피 변화량
$\therefore \Delta S = m_1 C_{P_1} \ln \dfrac{T_m}{T_1} + m_2 C_{P_2} \ln \dfrac{T_m}{T_2}$
$= 40 \times 500 \times \ln \dfrac{315.4}{427+273} + 200 \times 2,500 \times \ln \dfrac{315.4}{27+273}$
$\simeq 9,085[\text{J/K}]$

29 0.5[bar]에서 6[m³]의 기체와 1.5[bar]에서 2[m³]의 기체를 부피가 8[m³]인 용기에 넣을 경우 압력은?(단, 온도는 일정하며, 이상기체로 가정한다)

① 0.65[bar] ② 0.75[bar]
③ 0.85[bar] ④ 0.95[bar]

해설
$PV =$ 일정
$P_1 V_1 + P_2 V_2 = P_3 V_3$
$0.5 \times 6 + 1.5 \times 2 = P_3 \times 8$
$\therefore P_3 = \dfrac{0.5 \times 6 + 1.5 \times 2}{8} = 0.75[\text{bar}]$

30 증기압축 냉동 사이클에서 응축온도는 동일하고 증발온도가 다음과 같을 때 성능계수가 가장 큰 것은?

① -20[℃] ② -25[℃]
③ -30[℃] ④ -40[℃]

해설
증발온도가 높을수록, 응축온도가 낮을수록 성능계수는 크다.

31 $C_p/C_v = 1.41$인 공기 1[m³]을 5[atm]에서 20[atm]으로 단열압축 시 최종 체적은 얼마인가? (단, 이상기체로 가정한다)

① 0.18[m³] ② 0.37[m³]
③ 0.74[m³] ④ 3.7[m³]

해설
$\dfrac{T_2}{T_1} = \left(\dfrac{V_1}{V_2}\right)^{k-1} = \left(\dfrac{P_2}{P_1}\right)^{\frac{k-1}{k}}$ 에서
$\left(\dfrac{1}{V_2}\right)^{1.4-1} = \left(\dfrac{20}{5}\right)^{\frac{1.4-1}{1.4}}$
$\therefore V_2 \simeq 0.37[\text{m}^3]$

32 열역학적 성질에 관한 설명 중 틀린 것은?(단, C_p는 정압 열용량, C_v는 정적 열용량, R은 기체상수이다)

① 일은 상태함수가 아니다.
② 이상기체에 있어서 $C_p - C_v = R$의 식이 성립한다.
③ 크기 성질은 그 물질의 양과 관계가 있다.
④ 변화하려는 경향이 최대일 때 그 계는 평형에 도달하게 된다.

해설
변화하려는 경향이 최소일 때 그 계는 평형에 도달하게 된다.

33 압축비 4.5인 오토 사이클(Otto Cycle)에 있어서 압축비가 7.5로 되었다고 하면, 열효율은 몇 배가 되겠는가?(단, 작동유체는 이상기체이며, 열용량의 비 $C_p/C_v = 1.4$이다)

① 1.22 ② 1.96
③ 2.86 ④ 3.31

해설
$\eta_1 = 1 - \left(\frac{1}{\varepsilon}\right)^{k-1} = 1 - \left(\frac{1}{4.5}\right)^{1.4-1} \simeq 0.45$

$\eta_2 = 1 - \left(\frac{1}{\varepsilon}\right)^{k-1} = 1 - \left(\frac{1}{7.5}\right)^{1.4-1} \simeq 0.55$

$\therefore \frac{\eta_2}{\eta_1} = \frac{0.55}{0.45} \simeq 1.22$

34 20[℃], 740[mmHg]에서 N_2 79[mol%], O_2 21[mol%]일 때 공기의 밀도[g/L]는?

① 1.17 ② 1.23
③ 1.35 ④ 1.42

해설
분자량 $M = 0.79 \times 28 + 0.21 \times 32 = 28.84 [g/mol]$

$PV = nRT = \frac{w}{M}RT$ 에서

공기의 밀도
$\rho = \frac{w}{V} = \frac{PM}{RT} = \frac{(740/760) \times 28.84}{0.082 \times (20+273)} \simeq 1.17 [g/L]$

35 100[℃], 765[mmHg]에서 기체 혼합물의 분석값이 CO_2 8[vol%], O_2 12[vol%], N_2 80[vol%]이었다. 이때 CO_2 분압은 약 몇 [mmHg]인가?

① 14.1 ② 31.1
③ 61.2 ④ 107.5

해설
CO_2 분압 = $765 \times 0.08 = 61.2 [mmHg]$

정답 32 ④ 33 ① 34 ① 35 ③

36 에틸렌 글라이콜(Ethylene Glycol)의 비열값이 다음과 같은 온도의 함수일 때, 0~100[℃] 사이의 온도범위 내에서 비열의 평균값은 몇 [cal/g·℃]인가?

$$C_p[\text{cal/g} \cdot ℃] = 0.55 + 0.001\text{T}$$

① 0.60
② 0.65
③ 0.70
④ 0.75

해설
비열의 평균값

$$\overline{C_p} = \frac{\int_0^{100} C_p dT}{\Delta T} = \frac{\int_0^{100}(0.55 + 0.001T)dT}{100-0}$$

$$= \frac{0.55 \times 100 + 0.001 \times \frac{100^2}{2}}{100} = 0.6[\text{cal/g} \cdot ℃]$$

37 다음과 같은 일반적인 베르누이 방정식에 적용되는 조건이 아닌 것은?

$$\frac{P}{\rho g} + \frac{v^2}{2g} + Z = \text{Constant}$$

① 직선관에서만의 흐름이다.
② 마찰이 없는 흐름이다.
③ 정상 상태의 흐름이다.
④ 같은 유선상에 있는 흐름이다.

해설
일반적인 베르누이 방정식 적용되는 조건
• 직선관, 곡선관 모두에서의 흐름이다.
• 마찰이 없는 흐름이다.
• 정상 상태의 흐름이다.
• 같은 유선상에 있는 흐름이다.
• 비압축성 유체이다.

38 20[℃] 물로부터 0[℃]의 얼음을 시간당 50[kg] 만드는 냉동기의 냉동톤은 약 얼마인가?(단, 얼음의 융해열은 80[kcal/kg]이고, 1냉동톤은 3,320[kcal/h]로 한다)

① 1.31
② 1.51
③ 1.72
④ 1.92

해설
$q_1 = m(C\Delta t + \gamma_0) = 50 \times (1 \times 20 + 80) = 5,000[\text{kcal/h}]$

냉동톤 $RT = \frac{q_2}{3,320} = \frac{5,000}{3,320} \approx 1.51$

39 다음 상태 중에서 이상기체 상태방정식으로 공기의 비체적을 계산할 때 오차가 가장 작은 것은?

① 1[MPa], −100[℃]
② 1[MPa], 100[℃]
③ 0.1[MPa], −100[℃]
④ 0.1[MPa], 100[℃]

해설
이상기체 상태방정식으로 공기의 비체적을 계산할 때 저압이고, 고온일수록 오차가 가장 작다.

40 열화학반응식을 이용하여 클로로폼의 생성열을 계산하면 약 얼마인가?

$$CHCl_3(g) + \frac{1}{2}O_2(g) + H_2O(aq) \rightleftarrows CO_2 + 3HCl(aq)$$
$$\Delta H_R = -121,800[cal] \cdots (1)$$
$$H_2(g) + \frac{1}{2}O_2(g) \rightarrow H_2O(l)$$
$$\Delta H_1 = -68,317.4[cal] \cdots (2)$$
$$C(s) + O_2(g) \rightarrow O_2(g)$$
$$\Delta H_2 = -94,051.8[cal] \cdots (3)$$
$$\frac{1}{2}H_2(g) + \frac{1}{2}Cl_2(g) \rightleftarrows HCl(g)$$
$$\Delta H_3 = -40,023[cal] \cdots (4)$$

① 28,108[cal]
② -28,108[cal]
③ 24,003[cal]
④ -24,003[cal]

해설
클로로폼 생성식
$$C(s) + \frac{1}{2}H_2(g) + \frac{3}{2}Cl_2(g) \rightarrow CHCl_3(g)$$
$\Delta H = -(1) - (2) + (3) + 3 \times (4)$
$\quad = 121,800 + 68,317.4 - 94,051.8 + 3 \times (-40,023)$
$\quad = -24,003.4[cal]$

제3과목 | 계측방법

41 어느 가정에 설치된 가스미터의 기차를 검사하기 위해 계량기의 지시량을 보니 100[m³]이었다. 다시 기준기로 측정하였더니 95[m³]이었다면, 기차는 약 몇 [%]인가?

① 0.05
② 0.95
③ 5
④ 95

해설
기차 $= \dfrac{100-95}{100} \times 100[\%] = 5[\%]$

42 30[℃], 760[mmHg]에서 공기의 수증기압이 25[mmHg]이고, 같은 온도에서 포화수증기압이 0.0433[kgf/cm²]일 때, 상대습도[%]는?

① 48.6
② 52.7
③ 58.4
④ 78.5

해설
상대습도
$H_r = \dfrac{P_A}{P_A°} \times 100 = \dfrac{25}{0.0433} \times \dfrac{1.0332}{760} \times 100 \simeq 78.5[\%]$

43 피토관(Pitot Tube) 사용 시 주의사항으로 틀린 것은?

① 5[m/sec] 이하의 기체에는 부적당하다.
② 더스트(Dust), 미스트(Mist) 등이 많은 유체에는 적합하지 않다.
③ 피토관의 헤드 부분은 유동 방향에 대해 약간 경사지게 부착한다.
④ 흐름에 대해 충분한 강도를 가져야 한다.

[해설]
피토관의 헤드 부분은 유동 방향에 대해 평행하게 부착한다.

44 비중이 0.8인 액체의 압력이 2[kg/cm²]일 때 액면 높이(Head)는 약 몇 [m]인가?

① 16 ② 25
③ 32 ④ 40

[해설]
$P = \gamma h$ 이므로, $h = \dfrac{P}{\gamma} = \dfrac{2 \times 10^4}{0.8 \times 10^3} = 25[\text{m}]$

45 가스누출검지기 중 가스와 공기의 열전도도가 다른 것을 측정원리로 하는 검지기는?

① 반도체식 검지기
② 접촉연소식 검지기
③ 서모스탯식 검지기
④ 불꽃이온화식 검지기

[해설]
① 반도체식 검지기 : 세라믹 반도체 표면에 가스가 접촉했을 때 전기전도도의 변화를 이용하는 방식
② 접촉연소식 검지기 : 가연성 가스와 산소와의 반응열을 전기신호로 변환하여 가스의 유무 및 농도를 감지하는 방식
④ 불꽃이온화식 검지기 : 수소 불꽃 속에 탄화수소가 들어가면 불꽃의 전기전도도가 증대하는 현상을 이용한 방식

46 천연가스를 상온 상압에서 150[m³/min]의 유량으로 수송한다. 이 조건에서 공정 파이프 라인(Line)의 최적 유속을 1[m/sec]로 하려면 사용관의 직경은 약 몇 [m]로 하여야 하는가?

① 1.58 ② 1.78
③ 2.24 ④ 2.48

[해설]
유량 $Q = 150[\text{m}^3/\text{min}] = 2.5[\text{m}^3/\text{sec}]$
유량 $Q = Av$ 이므로 $2.5 = \dfrac{\pi}{4}d^2 \times 1$
∴ 사용관의 직경 $d = \sqrt{\dfrac{4 \times 2.5}{\pi}} \simeq 1.785[\text{m}]$

47 가스레인지를 점화할 때의 적용에 적합한 제어는?

① 시퀀스 제어
② 인터로크
③ 피드백 제어
④ 캐스케이드 제어

해설
① 시퀀스 제어 : 제어프로그램에 의해 미리 결정된 순서대로 제어신호가 출력되어 순차적인 제어를 행하는 제어
② 인터로크 : 설비가 오조작되거나 정상적인 제조를 할 수 없는 경우 자동적으로 원재료를 차단하는 제어
③ 피드백 제어 : 입력과 출력을 비교하고 그 차이(오차)를 이용해서 입력에 영향을 주는 제어
④ 캐스케이드 제어 : 1차 제어장치가 제어량을 측정하여 제어명령을 하고, 2차 제어장치가 이 명령을 바탕으로 제어량을 조절하는 제어방식

48 열전대 온도계가 구비해야 할 사항에 대한 설명으로 옳지 않은 것은?

① 온도 변화에 따른 열기전력이 커야 한다.
② 단자의 +, -를 보상도선의 +, -와 일치하도록 연결하여 감온부의 열팽창에 의한 오차가 발생하지 않도록 하여야 한다.
③ 같은 종류의 열전대 소선에는 그 특성이 균일하여 호환성이 있어야 한다.
④ 열전도율이 작고, 전기저항온도계수는 커야 한다.

해설
열전도율과 전기저항온도계수는 모두 작아야 한다.

49 침종식 압력계에 대한 설명으로 틀린 것은?

① 봉입액은 자주 세정 혹은 교환하여 청정하도록 유지한다.
② 계기 설치는 똑바로 수직으로 하여야 한다.
③ 압력 취출구에서 압력계까지 배관은 가능한 한 짧게 한다.
④ 봉입액의 양은 일정하게 유지해야 한다.

해설
계기 설치는 똑바로 수평으로 해야 한다.

50 다음 그림은 열전대의 결선방법에 대한 개념도이다. 보상접점을 표시하는 부분은?

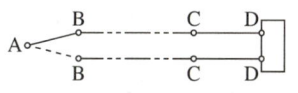

① A
② B
③ C
④ D

해설
- A : 열접점(측온접점)
- B : 보상접점
- C : 냉접점
- AB : 열전대
- BC : 보상도선
- D : 측정단자

51 자동제어계에서 안정성의 척도가 되는 것은?

① 감쇠
② 정상편차
③ 지연시간
④ 오버슈트(Overshoot)

해설
오버슈트는 제어시스템에서의 응답이 계단 변화가 도입된 후에 얻게 될 최종적인 값을 얼마나 초과하게 되는지 나타내는 척도로, 자동제어계에서 안정성의 척도가 된다.

52 비중량이 950[kgf/m³]인 기름 20[L]의 중량은?

① 17[kgf] ② 18[kgf]
③ 19[kgf] ④ 20[kgf]

해설
중량 $W = \gamma V = 950 \times (20 \times 10^{-3}) = 19[kgf]$

53 노 내압을 제어하는 데 필요하지 않는 조작은?

① 공기량 조작
② 연료량 조작
③ 급수량 조작
④ 댐퍼의 조작

해설
화실 노 내압 제어에 필요한 조작 : 공기량 조작, 연료량 조작, 연소가스 배출량 조작, 댐퍼의 조작

54 지면에서 30°로 경사진 경사관식 압력계는 경사지지 않은 압력계에 비해서 눈금은 어떻게 되는가?

① 1.2배 확대된다.
② 2.0배 확대된다.
③ 2.2배 확대된다.
④ 2.5배 확대된다.

해설
경사지지 않은 압력계의 관의 길이를 L, 경사관식 압력계의 관의 길이를 x라고 하면,
$\sin 30° = \dfrac{L}{x}$
$x = \dfrac{L}{\sin 30°} = \dfrac{L}{0.5} = 2L$이므로
지면에서 30°로 경사진 경사관식 압력계는 경사지지 않은 압력계에 비해서 눈금은 2.0배 확대된다.

55 다음 중 증기압식 온도계에 사용되지 않는 것은?

① 아닐린 ② 프레온
③ 에틸에테르 ④ 알코올

해설
증기압식 온도계에 사용되는 사용 봉입액 물질 : 프로판, 염화에틸, 부탄, 에테르, 물, 톨루엔, 아닐린, 프레온, 에틸에테르, 염화메틸 등

56 다음 중 포스겐가스의 검지에 사용되는 시험지는?

① 해리슨시험지
② 리트머스시험지
③ 연당지
④ 염화제1구리 착염지

해설
시험지법에서의 검지 가스별 시험지와 누설 변색 색상
• 아세틸렌(C_2H_2) : 염화제1동착염지 – 적색
• 암모니아(NH_3) : (적색) 리트머스시험지 – 청색
• 염소(Cl_2) : KI 전분지(아이오딘화칼륨, 녹말종이) – 청색
• 일산화탄소(CO) : 염화팔라듐지 – 흑색
• 시안화수소(HCN) : 질산구리벤젠지(초산벤젠지) – 청색
• 포스겐($COCl_2$) : 해리슨시험지 – 심등색
• 황화수소(H_2S) : 연당지(초산납지) – 흑(갈)색

52 ③ 53 ③ 54 ② 55 ④ 56 ①

57 용적식 유량계의 특징에 대한 설명 중 옳지 않은 것은?

① 유체의 물성치(온도, 압력 등)에 의한 영향을 거의 받지 않는다.
② 점도가 높은 액의 유량 측정에는 적합하지 않다.
③ 유량계 전후의 직관 길이에 영향을 받지 않는다.
④ 외부 에너지의 공급이 없어도 측정할 수 있다.

해설
용적식 유량계는 점도가 높은 액의 유량 측정에 적합하다.

58 물체는 고온이 되면 온도 상승과 더불어 짧은 파장의 에너지를 발산한다. 이러한 원리를 이용하는 색온도계의 온도와 색과의 관계가 바르게 짝지어진 것은?

① 800[℃] – 오렌지색
② 1,000[℃] – 노란색
③ 1,200[℃] – 눈부신 황백색
④ 2,000[℃] – 매우 눈부신 흰색

해설
색 온도계의 색과 온도[℃] : 어두운 색 600, 붉은색 800, 오렌지색 1,000, 노란색 1,200, 눈부신 황백색 1,500, 매우 눈부신 흰색 2,000, 푸른 기가 있는 흰색 2,500

59 다음 중 액면계의 종류로만 나열된 것은?

① 플로트식, 퍼지식, 차압식, 정전용량식
② 플로트식, 터빈식, 액비중식, 광전관식
③ 퍼지식, 터빈식, 오벌식, 차압식
④ 퍼지식, 터빈식, 루츠식, 차압식

해설
액면계의 분류
- 직접 측정식 : 유리관식(직관식), 검척식, 플로트식, 사이트 글라스
- 간접 측정식 : 차압식, 편위식(부력식), 정전용량식, 전극식(전도도식), 초음파식, 퍼지식(기포식), 방사선식(γ선식), 슬립튜브식, 레이더식, 중추식, 중량식

60 다음 중 압력이 가장 낮은 것은?

① 760[mmHg]
② 101.3[kPa]
③ 14.2[psi]
④ 1[bar]

해설
③ $14.2[\text{psi}] = \dfrac{14.2}{14.7} \simeq 0.966[\text{atm}]$
① 760[mmHg] = 1[atm]
② 101.3[kPa] = 1[atm]
④ $1[\text{bar}] = \dfrac{1}{1.013} \simeq 0.987[\text{atm}]$

정답 57 ② 58 ④ 59 ① 60 ③

제4과목 | 열설비재료 및 관계법규

61 다음 중 제강로가 아닌 것은?

① 고 로 ② 전 로
③ 평 로 ④ 전기로

해설
고로는 제선로이다.

62 요로 내에서 생성된 연소가스의 흐름에 대한 설명으로 옳지 않은 것은?

① 가열물의 주변에 고온가스가 체류하는 것이 좋다.
② 연소가스는 가열실 내에 충만되어 흐르는 것은 바람직하지 않다.
③ 같은 흡입조건하에서 고온가스는 천장쪽으로 흐른다.
④ 가연성 가스를 포함하는 연소가스는 흐르면서 연소가 진행된다.

해설
연소가스는 일반적으로 가열실 내에 충만되어 흐르는 것이 좋다.

63 마그네시아 내화물에 대한 설명으로 옳지 않은 것은?

① 마그네사이트 또는 수산화마그네슘을 주원료로 한다.
② 염기성이며 내스폴링이 우수하다.
③ 내화도가 SK36~42로 매우 높다.
④ 1,500[℃] 이상으로 가열하여 소성한다.

해설
마그네시아 내화물의 특징
• 염기성이며, 마그네사이트 또는 수산화마그네슘을 주원료로 한다.
• 1,500[℃] 이상으로 가열하여 소성한다.
• 산성 슬래그와 접촉하여 쉽게 침식되지만, 염기성 슬래그에 대한 내침식성이 크다.
• 주로 염기성 제강로의 노재로 사용한다.
• 내화도가 SK36~42로 매우 높다.
• 열팽창률이 커서 내스폴링성이 좋지 않다.

64 연소실의 연도 축조 시의 유의사항으로 옳지 않은 것은?

① 넓거나 좁은 부분의 차이를 줄인다.
② 가스 정체 공극을 만들지 않는다.
③ 가능한 한 굴곡 부분을 없앤다.
④ 댐퍼로부터 연도까지의 길이는 약간 길게 한다.

해설
연소실의 연도 축조 시 댐퍼로부터 연도까지의 길이를 짧게 한다.

65 실리카(Silica)의 전이 특성에 대한 설명으로 옳지 않은 것은?

① 온도 변화에 따라 결정형이 달라진다.
② 가열온도가 높아질수록 비중이 작아진다.
③ 광화제가 전이를 지연시킨다.
④ 실리카의 전이는 짧은 시간에 매우 빠르게 이루어진다.

해설
광화제가 전이를 촉진시킨다.

66 기계설비산업의 육성과 기계설비의 효율적인 유지관리 및 성능 확보를 위하여 기계설비 발전 기본계획을 몇 년마다 수립·시행하여야 하는가?

① 2년　　② 3년
③ 4년　　④ 5년

해설
국토교통부장관은 기계설비산업의 육성과 기계설비의 효율적인 유지관리 및 성능 확보를 위하여 기계설비 발전 기본계획을 5년마다 수립·시행하여야 한다(기계설비법 제5조).

67 기계설비산업을 위한 전문인력 양성기관의 교육시설 및 인력 요건에 따른 교육시설 및 인력에 대한 설명으로 옳지 않은 것은?

① 교육시설 : 전용면적이 55[m²] 이상인 강의실 하나 이상
② 교육시설 : 실습을 위한 장비가 갖추어진 실습장 하나 이상
③ 인력 : 전문인력의 양성과 자질 향상을 위한 교육훈련을 운영할 수 있는 전문 교수요원 1명 이상
④ 인력 : 전문인력의 양성과 자질 향상을 위한 교육훈련을 운영·관리하는 전담 관리자 1명 이상

해설
교육시설 : 전용면적이 66[m²] 이상인 강의실 하나 이상(기계설비법 시행령 별표 4)

68 에너지이용합리화법에 따라 에너지다소비사업자라 함은 연료, 열 및 전력의 연간 사용량의 합계가 몇 [TOE] 이상인가?

① 1,000　　② 1,500
③ 2,000　　④ 3,000

해설
에너지다소비사업자 : 연료·열 및 전력의 연간 사용량의 합계가 2천[TOE] 이상인 자

69 스케줄 번호 산출에 영향을 미치는 요인이 아닌 것은?

① 관의 외경
② 관의 사용온도
③ 관의 허용응력
④ 관의 열팽창계수

해설
스케줄 번호 산출에 영향을 미치는 요인 : 관의 외경, 관의 사용온도, 관의 허용응력, 사용압력

70 에너지이용 합리화법령상 연간 에너지사용량이 20만[TOE] 이상인 에너지다소비사업자의 사업장이 받아야 하는 에너지 진단주기는 몇 년인가?(단, 에너지진단은 전체 진단이다)

① 3년　　　② 4년
③ 5년　　　④ 6년

해설
연간 에너지사용량이 20만[TOE] 이상인 자가 전체 에너지 진단을 할 때의 에너지 진단 주기, 연간 에너지사용량이 20만[TOE] 미만인 자가 전체 에너지 진단을 할 때의 에너지 진단주기는 5년이다(에너지이용합리화법 시행령 별표 3).

71 유체의 역류를 방지하여 한쪽 방향으로만 흐르게 하는 밸브로, 리프트식과 스윙식으로 대별되는 것은?

① 회전밸브　　② 게이트밸브
③ 체크밸브　　④ 앵글밸브

해설
체크밸브는 역류방지밸브이다.

72 한국에너지공단의 사업에 해당하지 않는 것은?

① 신에너지 및 재생에너지 개발사업의 수행
② 집단에너지사업의 촉진을 위한 지원 및 관리
③ 사회취약계층의 에너지이용 지원
④ 에너지이용의 합리화와 온실가스의 배출을 줄이기 위한 사업

해설
신에너지 및 재생에너지 개발사업의 촉진이 한국에너지공단 사업 중의 하나이다.

정답 69 ④　70 ③　71 ③　72 ①

73 특정열사용기자재 및 설치·시공범위가 해당 기기의 설치를 위한 시공만의 조건인 것은?

① 보일러
② 태양열집열기
③ 압력용기
④ 요업요로

해설
특정열사용기자재 및 설치·시공범위(에너지이용합리화법 시행규칙 별표 3의2)

구 분	품목명	설치·시공범위
보일러	강철제 보일러, 주철제 보일러, 온수 보일러, 구멍탄용 온수 보일러, 축열식 전기 보일러, 캐스케이드 보일러, 가정용 화목보일러	해당 기기의 설치·배관 및 세관
태양열 집열기	태양열 집열기	
압력용기	1종 압력용기, 2종 압력용기	
요업요로	연속식 유리용융가마, 불연속식 유리용융가마, 유리용융도가니가마, 터널가마, 도염식 각가마, 셔틀가마, 석회용선가마	해당 기기의 설치를 위한 시공
금속요로	용선로, 비철금속용융로, 금속소둔로, 철금속가열로, 금속균열로	

74 보온재의 시공방법에 대한 설명으로 틀린 것은?

① 물로 반죽하여 시공하는 보온재의 1차 시공 시 보온재의 두께는 25[mm]가 적당하다.
② 판상 보온재를 사용할 경우 두께가 70[mm]를 초과하는 경우에는 층을 두 개로 나누어 시공한다.
③ 보온재는 열전도성 및 내열성을 충분히 검토한 후 선택하여 사용하여야 한다.
④ 내화벽돌을 사용할 경우 일반 보온재를 내층에, 내화벽돌은 외층으로 하여 밀착·시공한다.

해설
판상 보온재를 사용할 경우 두께가 75[mm]를 초과하는 경우에는 층을 두 개로 나누어 시공한다.

75 냉난방(가동) 제한온도 기준으로 옳지 않은 것은?

① 냉난방온도 제한 대상 건물은 연간 에너지사용량이 2천[TOE] 이상인 건물이다.
② 냉방제한온도는 26[℃] 이상이다. 다만, 판매시설 및 공항의 경우는 다르다.
③ 판매시설 및 공항의 냉방제한온도는 24[℃] 이상이다.
④ 난방제한온도는 20[℃] 이하이다.

해설
판매시설 및 공항의 냉방제한온도는 25[℃] 이상이다.

76 붙박이 에너지사용기자재의 효율관리에 대한 설명으로 옳지 않은 것은?

① 건축물의 난방, 냉방, 급탕, 조명, 환기를 위한 제품은 제외한다.
② 전기냉장고, 전기세탁기, 식기세척기는 포함된다.
③ 에너지의 최고소비효율 또는 최소사용량의 기준을 고시해야 한다.
④ 에너지의 소비효율등급 또는 대기전력 기준을 고시해야 한다.

해설
에너지의 최저소비효율 또는 최대사용량의 기준을 고시해야 한다(에너지이용합리화법 제35조의 2).

77 고압 배관용 탄소강관에 대한 설명으로 옳지 않은 것은?

① KS 규격기호로 SPPH라고 표기한다.
② 관의 소재로는 림드강을 사용하여 이음매 없이 제조된다.
③ 350[℃] 이하, 100[kg/cm^2] 이상의 압력범위에 사용이 가능하다.
④ NH$_3$ 합성용 배관, 화학공업의 고압유체 수송용에 사용한다.

[해설]
관의 소재로는 킬드강을 사용하여 이음매 없이 제조된다.

78 고효율에너지인증대상기자재 제외 기자재와 관련된 설명으로 틀린 것은?

① 해당 기자재를 고효율에너지인증대상기자재로 정한지 7년이 지난 경우일 것
② 해당 기자재의 에너지이용효율에 대한 기술 수준이 해당 기자재를 더 이상 고효율에너지인증대상기자재로 인정할 필요성이 없을 만큼 이미 보편화되었을 것
③ 해당 기자재의 연간 판매 대수가 해당 연도의 고효율에너지인증대상기자재 전체 판매 대수의 100분의 10을 넘는 경우일 것
④ 해당 기자재를 고효율에너지인증대상기자재로 인증한 건수가 최근 3년간 연간 10건 이하인 경우일 것

[해설]
해당 기자재를 고효율에너지인증대상기자재로 정한지 10년이 지난 경우일 것(에너지이용합리화법 시행규칙 별표 2의2)

79 평균에너지소비효율에 대한 설명으로 옳지 않은 것은?

① 평균에너지소비효율은 효율관리기자재의 에너지소비효율 합계를 그 기자재의 총수로 나누어 산출한 값이다.
② 평균에너지소비효율의 개선기간은 개선명령으로부터 다음 해 12월 31일까지로 한다.
③ 평균에너지소비효율의 개선명령을 수행하는 자는 개선명령일부터 30일 이내에 개선명령이행계획을 수립하여 산업통상부장관에게 제출하여야 한다.
④ 산업통상자원부장관은 평균에너지소비효율의 개선명령이행계획을 검토한 결과 평균에너지소비효율의 개선계획이 미흡하다고 인정되는 경우에는 조정·보완을 요청할 수 있다.

[해설]
평균에너지소비효율의 개선명령을 받은 자는 개선명령일부터 60일 이내에 개선명령이행계획을 수립하여 산업통상부장관에게 제출하여야 한다(에너지이용합리화법 시행규칙 제12조).

80 배관의 신축이음에 대한 설명으로 옳지 않은 것은?

① 슬리브형은 단식과 복식의 두 종류가 있으며, 신축량이 넓고 설치 공간을 적게 차지한다.
② 루프형은 고압에 잘 견디며, 주로 고압증기의 옥외 배관에 사용한다.
③ 벨로스형은 고온·고압에 적절하다.
④ 스위블형은 온수 또는 저압증기의 배관에 사용하며, 큰 신축에 대하여는 누설의 염려가 있다.

[해설]
고온·고압에 적절한 것은 루프형이다. 벨로스형은 고압에는 부적합하지만, 신축으로 인한 응력을 받지 않는다.

77 ② 78 ① 79 ③ 80 ③

제5과목 | 열설비설계

81 3층의 벽돌로 된 노벽이 있다. 내부로부터 각 벽돌의 두께는 각각 10[cm], 8[cm], 30[cm]이고, 열전도도는 각각 0.10[kcal/m·h·℃], 0.05[kcal/m·h·℃], 1.5[kcal/m·h·℃]이고, 노벽의 내면 온도는 1,000[℃]이고, 외면온도는 40[℃]일 때 단위면적당의 열손실은 약 얼마인가?(단, 벽돌 간의 접촉저항은 무시한다)

① 343[kcal/m²·h]
② 533[kcal/m²·h]
③ 694[kcal/m²·h]
④ 830[kcal/m²·h]

해설
전체 열손실 $Q = K \cdot F \cdot \Delta t$
단위면적당 열손실

$$Q/F = K \cdot F \cdot \Delta t / F = \frac{1}{\frac{b_1}{\lambda_1} + \frac{b_2}{\lambda_2} + \frac{b_3}{\lambda_3}} \times \Delta t$$

$$= \frac{1}{\frac{0.1}{0.1} + \frac{0.08}{0.05} + \frac{0.3}{1.5}} \times (1,000 - 40)$$

$$\approx 343 [\text{kcal/m}^2 \cdot \text{h}]$$

82 유체의 압력손실은 배관설계 시 중요한 인자이다. 압력손실과의 관계로 틀린 것은?

① 압력손실은 관마찰계수에 비례한다.
② 압력손실은 유속의 제곱에 비례한다.
③ 압력손실은 관의 길이에 반비례한다.
④ 압력손실은 관의 내경에 반비례한다.

해설
압력 강하는 $\Delta p = \gamma h_L = \gamma f \frac{l}{d} \frac{v^2}{2g}$ 이므로, 압력손실은 관의 길이에 비례한다.

83 이중 열교환기의 총괄 전열계수가 69[kcal/m²·h·℃]일 때, 더운 액체와 찬 액체를 향류로 접속시켰더니 더운 면의 온도가 65[℃]에서 25[℃]로 내려가고, 찬 면의 온도가 20[℃]에서 53[℃]로 올라갔다. 단위면적당의 열교환량[kcal/m²·h]은?

① 498[kcal/m²·h]
② 552[kcal/m²·h]
③ 2,415[kcal/m²·h]
④ 2,760[kcal/m²·h]

해설
대수평균온도차는 $LMTD = \frac{\Delta_1 - \Delta_2}{\ln(\Delta_1/\Delta_2)} = \frac{12 - 5}{\ln(12/5)} \approx 8[℃]$

이며, 열교환열량 $Q = KA \times LMTD$에서 단위면적당 열교환량
$Q' = K \times LMTD = 69 \times 8 = 552 [\text{kcal/m}^2 \cdot \text{h}]$

84 보일러수로서 가장 적절한 pH는?

① 5 전후
② 7 전후
③ 11 전후
④ 14 이상

해설
보일러수 중에 적당량의 수산화나트륨을 포함시켜 보일러의 부식 및 스케일 부착을 방지하기 위하여 pH 10.5~11.5의 약알칼리성을 유지한다(가장 적정 : 11 전후).

85 수관식 보일러에서 핀 패널식 튜브가 한쪽 면에 방사열, 다른 면에는 접촉열을 받을 경우 열전달계수를 얼마로 하여 전열면적을 계산하는가?

① 0.4
② 0.5
③ 0.7
④ 1.0

해설
수관식 보일러에서 핀(Fin) 패널식 튜브가 한쪽 면에 방사열, 다른 면에는 접촉열을 받을 경우 전열면적의 계산은 열전달계수를 0.7로 하여 구한다.

86 보일러의 일상점검계획에 해당하지 않는 것은?

① 급수배관 점검
② 압력계 상태 점검
③ 자동제어장치 점검
④ 연료의 수요량 점검

해설
보일러의 일상점검 : 급수배관 점검, 압력계 상태 점검, 자동제어장치 점검 등

87 강관의 두께가 10[mm]이고, 리벳의 직경이 16.8[mm]이면 리벳 구멍의 피치가 60.2[mm]의 1줄 겹치기 리벳 조인트가 있을 때 이 강판의 효율은?

① 58[%]   ② 62[%]
③ 68[%]   ④ 72[%]

해설
강판의 효율
$\eta_t = \left(1 - \dfrac{d}{p}\right) \times 100[\%] = \left(1 - \dfrac{16.8}{60.2}\right) \times 100[\%] \approx 72[\%]$

88 보일러에 부착되어 있는 압력계의 최고 눈금은 보일러의 최고사용압력의 최대 몇 배 이하의 것을 사용해야 하는가?

① 1.5배   ② 2.0배
③ 3.0배   ④ 3.5배

해설
바깥지름 10[mm] 이상이며, 압력계의 눈금범위는 보일러의 최고사용압력의 1.5배 이상 최대 3.0배 이하의 것을 사용해야 한다.

89 보일러 응축수 탱크의 가장 적절한 설치 위치는?

① 보일러 상단부와 응축수 탱크의 하단부를 일치시킨다.
② 보일러 하단부와 응축수 탱크의 하단부를 일치시킨다.
③ 응축수 탱크는 응축수 회수배관보다 낮게 설치한다.
④ 응축수 탱크는 송출 증기관과 동일한 양정을 갖는 위치에 설치한다.

해설
응축수 탱크
• 응축수 회수배관보다 낮게 설치한다.
• 크기 : 펌프 용량의 2배 이상
• 응축수 펌프 용량 : 응축수 발생량의 3배 이상

90 다음 중 경수연화제가 아닌 것은?

① 타 닌
② 가성소다
③ 염화나트륨
④ 제오라이트(Zeolite)

해설
타닌은 슬러지 조정, 용존산소 제거 등에 사용된다.

91 보일러 설치 공간의 계획 시 바닥으로부터 보일러 동체의 최상부까지의 높이가 4.4[m]라면, 바닥으로부터 상부 건축구조물까지의 최소 높이는 얼마 이상을 유지하여야 하는가?

① 5.0[m] 이상 ② 5.3[m] 이상
③ 5.6[m] 이상 ④ 5.9[m] 이상

해설
보일러 설치 공간 계획 시 바닥으로부터 보일러 동체의 최상부의 높이가 4.4[m]라면, 바닥으로부터 상부 건축 구조물까지의 최소 높이는 5.6[m] 이상을 유지해야 한다.

92 과열증기의 특징에 대한 설명으로 옳은 것은?

① 관 내 마찰저항이 증가한다.
② 응축수로 되기 어렵다.
③ 표면에 고온 부식이 발생하지 않는다.
④ 표면의 온도를 일정하게 유지한다.

해설
① 관 내 마찰저항이 감소한다.
③ 표면에 고온 부식이 발생한다.
④ 표면의 온도가 변한다.

93 프라이밍이나 포밍의 방지대책에 대한 설명으로 틀린 것은?

① 주증기밸브를 급히 개방한다.
② 보일러수를 농축시키지 않는다.
③ 보일러수 중의 불순물을 제거한다.
④ 과부하가 되지 않도록 한다.

해설
프라이밍이나 포밍을 방지하기 위해 주증기밸브를 서서히 개방한다.

94 두께 45[cm]의 벽돌로 된 평판 노벽을 두께 8.5[cm] 석면으로 보온하였다. 내면온도와 외면온도가 각각 1,000[℃]와 40[℃]일 때 벽돌과 석면사이의 계면온도는 몇 [℃]가 되는가?(단, 벽돌 노벽과 석면의 열전도도는 각각 3.0[kcal/m·h·℃], 0.1[kcal/m·h·℃]이다)

① 296[℃] ② 632[℃]
③ 856[℃] ④ 904[℃]

해설
벽돌과 석면사이의 계면온도를 x라 하면
$Q_1 = Q_2$
$K_1 \cdot F_1 \cdot \Delta t_1 = K_2 \cdot F_2 \cdot \Delta t_2$
$\dfrac{1}{0.45/3.0} \times 1 \times (1,000-x) = \dfrac{1}{0.085/0.1} \times 1 \times (x-40)$
∴ $x \simeq 856[℃]$

95 다음 중 보일러 구성의 3대 요소에 해당되지 않는 것은?

① 본 체
② 분출장치
③ 연소장치
④ 부속장치

해설
보일러 구성의 3대 요소 : 본체, 연소장치, 부속장치

96 보일러를 옥내에 설치하는 경우에 대한 설명으로 옳지 않은 것은?

① 불연성 물질의 격벽으로 구분된 장소에 설치한다.
② 보일러 동체 최상부로부터 천장, 배관 등 보일러 상부에 있는 구조물까지의 거리는 대형 보일러는 1.2[m] 이상, 소형 보일러는 0.6[m] 이상으로 한다.
③ 연도의 외측으로부터 0.5[m] 이내에 있는 가연성 물체에 대하여는 금속 이외의 불연성 재료로 피복한다.
④ 연료를 저장할 때에는 소형 보일러의 경우 보일러 외측으로부터 1[m] 이상 거리를 두거나 반격벽으로 할 수 있다.

해설
연도의 외측으로부터 0.3[m] 이내에 있는 가연성 물체에 대하여는 금속 이외의 불연성 재료로 피복한다.

97 공기예열기의 효과에 대한 설명으로 틀린 것은?

① 연소효율을 증가시킨다.
② 과잉공기량을 줄일 수 있다.
③ 배기가스 저항이 줄어든다.
④ 저질탄 연소에 효과적이다.

해설
공기예열기는 배기가스 저항을 증가시킨다.

98 수면계에 대한 설명으로 옳지 않은 것은?

① 단관식 관류 보일러를 제외한 다른 형식의 보일러에는 2개 이상의 유리 수면계를 부착하여야 한다.
② 2개 이상의 원격 지시 수면계를 설치하는 경우에 한하여 유리 수면계를 1개 이상으로 할 수 있다.
③ 유리 수면계는 상하에 밸브 또는 콕을 갖추어야 하며, 한눈에 그것의 개폐 여부를 알 수 있는 구조이어야 한다. 다만, 소형 관류 보일러에서는 밸브 또는 콕을 갖추지 아니할 수 있다.
④ 원형 보일러에서는 특별한 경우를 제외하고, 수면계를 상용 수위가 중심선에 오도록 부착한다.

해설
증기보일러에는 2개(소용량 및 소형 관류 보일러는 1개)이상의 유리 수면계를 부착하여야 한다. 다만, 단관식 관류 보일러는 제외한다.

99 연관판의 두께가 5[mm]이고, 관 구멍의 지름이 5[mm]일 때 연관 보일러 연관의 최소 피치[mm]는?

① 6.5　　② 7.5
③ 8.5　　④ 9.5

해설
연관판 두께 t[mm], 관 구멍의 지름 d[mm]일 때 연관 보일러 연관의 최소 피치(p)
$p = \left(1 + \dfrac{4.5}{t}\right)d = \left(1 + \dfrac{4.5}{5}\right) \times 5 = 9.5$[mm]

100 판 두께에 따른 맞대기 용접의 그루브 형상으로 옳지 않은 것은?

① 1~5[mm] : I형
② 6~16[mm] : J형, R형, V형
③ 12~38[mm] : 양면 J형, K형, U형, X형
④ 19[mm] 이상 : Y형

해설
판 두께에 따른 맞대기 용접의 그루브 형상
- 1~5[mm] : I형
- 6~16[mm] : J형, R형, V형
- 12~38[mm] : 양면 J형, K형, U형, X형
- 19[mm] 이상 : H형

참 / 고 / 문 / 헌

- 강정길, 설철수, 이상렬(2016). **난방 및 보일러설비**. 원창출판사.

- 경태환(2007). **신연소·방화공학**. 동화기술.

- 김동진, 박남섭, 김동균, 김동호, 김홍석(2014). **공업열역학**. 문운당.

- 김원회, 김준식(2002). **센서공학**. 문운당.

- 노승탁(2016). **공업열역학**. 성안당.

- 박홍채, 오기동, 이윤복(2012). **내화물공학개론**. 구양사.

- 성재용(2009). **에너지설비유동계측 및 가시화**. 아진.

- 에너지관리공단(2015). **보일러 에너지 절약 가이드북**. 신기술.

- 전영남(2017). **연소와 에너지**. 청문각.

- 정호신, 엄동석(2006). **용접공학**. 문운당.

- 최병철(2016). **연소공학**. 문운당.

- 한국에너지공단. **보일러 및 압력용기 기술규격**

- 국가법령정보센터(http://www.law.go.kr)

Win-Q 에너지관리기사 필기

개정6판1쇄 발행	2025년 02월 05일 (인쇄 2024년 12월 27일)
초 판 발 행	2019년 03월 05일 (인쇄 2019년 01월 04일)
발 행 인	박영일
책 임 편 집	이해욱
편 저	박병호
편 집 진 행	윤진영, 최 영
표지디자인	권은경, 길전홍선
편집디자인	정경일, 조준영
발 행 처	(주)시대고시기획
출 판 등 록	제10-1521호
주 소	서울시 마포구 큰우물로 75 [도화동 538 성지 B/D] 9F
전 화	1600-3600
팩 스	02-701-8823
홈 페 이 지	www.sdedu.co.kr
I S B N	979-11-383-8639-5(13550)
정 가	31,000원

※ 저자와의 협의에 의해 인지를 생략합니다.
※ 이 책은 저작권법의 보호를 받는 저작물이므로 동영상 제작 및 무단전재와 배포를 금합니다.
※ 잘못된 책은 구입하신 서점에서 바꾸어 드립니다.

윙크

Win Qualification의 약자로서
자격증 도전에 승리하다의
의미를 갖는 시대에듀
자격서 브랜드입니다.

시대에듀

Win-Q

단기 합격을 위한 **완전 학습서** 시리즈

기술자격증 도전에
승리하다!

자격증 취득에 승리할 수 있도록
Win-Q시리즈가 완벽하게 준비하였습니다.

빨간키
핵심요약집으로
시험 전 최종점검

핵심이론
시험에 나오는 핵심만
쉽게 설명

빈출문제
꼭 알아야 할 내용을
다시 한번 풀이

기출문제
시험에 자주 나오는
문제유형 확인

NAVER 카페 대자격시대 - 기술자격 학습카페 cafe.naver.com/sidaestudy / 응시료 지원이벤트

시대에듀가 만든
기술직 공무원 합격 대비서

테크 바이블 시리즈!
TECH BIBLE SERIES

기술직 공무원 기계일반
별판 | 24,000원

기술직 공무원 기계설계
별판 | 24,000원

기술직 공무원 물리
별판 | 23,000원

기술직 공무원 화학
별판 | 21,000원

기술직 공무원 재배학개론+식용작물
별판 | 35,000원

기술직 공무원 환경공학개론
별판 | 21,000원

www.sdedu.co.kr

한눈에 이해할 수 있도록 체계적으로 정리한 **핵심이론**

철저한 시험유형 파악으로 만든 **필수확인문제**

국가직·지방직 등 **최신 기출문제와 상세 해설**

기술직 공무원 건축계획
별판 | 30,000원

기술직 공무원 전기이론
별판 | 23,000원

기술직 공무원 전기기기
별판 | 23,000원

기술직 공무원 생물
별판 | 20,000원

기술직 공무원 임업경영
별판 | 20,000원

기술직 공무원 조림
별판 | 20,000원

※도서의 이미지와 가격은 변경될 수 있습니다.